高等院校化学化工教学改革新形态教材

编委会

序

教材建设是高等学校教学改革的重要内容,也是衡量教学质量提高的关键指标。高校化学化工基础理论课教材在近几年教学改革中取得了丰硕成果,编写了不少有特色的教材或讲义,但就其内容而言基本上大同小异,在编写形式和介绍方法以及内容的取舍等方面不尽相同,充分体现了各校化学基础理论课的改革特色,但大多数限于本校自己使用,面不广、量不大。由于各校化学基础课教师相互交流、相互讨论、相互学习、相互取长补短的机会少,各校教材建设的特色得不到有效推广,不能实施优质资源共享;又由于近几年教学经验丰富的老师纷纷退休,年轻教师走上教学第一线,特别是江苏高校广大教师迫切希望联合编写有特色的化学化工理论课教材,同时希望在编写教材的过程中,实现教师之间相互教学探讨,既能实现优质资源共享,又能加快对年轻教师的培养。

为此,由南京大学化学化工学院姚天扬、孙尔康两位教授牵头,以地方院校为主,自愿参加为原则,组织了南京大学、南京理工大学、苏州大学、南京师范大学、南京工业大学、南京邮电大学、南通大学、苏州科技大学、南京晓庄师院、淮阴师范学院、盐城工学院、盐城师范学院、常熟理工学院、江苏海洋大学、淮阴工学院、江苏第二师范学院、南京大学金陵学院、南理工泰州科技学院等 18 所江苏省高等院校,同时吸收了解放军第二军医大学、湖北工业大学、华东交通大学、湖南文理学院、衡阳师范学院、九江学院等 6 所省外院校,共计 24 所高等学校的化学专业、应用化学专业、化工专业基础理论课一线主讲教师,共同联合编写“高等院校化学化工教学改革新形态教材”一套,该系列教材包括《无机化学》《无机化学简明教程》《有机化学(上、下册)》《有机化学简明教程》《分析化学》《物理化学(上、下册)》《物理化学简明教程》《化工原理》《化工原理简明教程》《仪器分析》《无机及分析化学》《大学化学(上、下册)》《普通化学》《高分子导论》《化学与社会》《化学教学论》《生物化学简明教程》《化工导论》等 18 部。

该系列教材适合于不同层次院校的化学基础理论课教学任务需求,同时适应不同教学体系改革的需求。

该系列教材体现如下几个特点：

1. 系统介绍各门基础理论课的知识点，突出重点，突出应用，删除陈旧内容，增加学科前沿内容。

2. 该系列教材将基础理论、学科前沿、学科应用有机融合，体现教材的时代性、先进性、应用性和前瞻性。

3. 教材中充分吸取各校改革特色，实现教材优质资源共享。

4. 每门教材都引入近几年相关的文献资料，特别是有关应用方面的文献资料，便于学有余力的学生自主学习。

该系列教材的编写得到了江苏省教育厅高教处、江苏省高等教育学会、相关高校化学化工系以及南京大学出版社的大力支持和帮助，在此表示感谢！

该系列教材已被评为“十二五”江苏省高等学校重点教材。

该系列教材是由高校联合编写的分层次、多元化的化学基础理论课教材，是我们工作的一项尝试。尽管经过多次讨论，在编写形式、编写大纲、内容的取舍等方面提出了统一的要求，但参编教师众多，水平不一，在教材中难免会出现一些疏漏或错误，敬请读者和专家提出批评和指正，以便我们今后修改和订正。

编委会

第二版前言

无机化学是高等院校化学大类以及与化学相关的专业所开设的第一门必修的专业基础课程,同时也是高中化学的延伸课程,其主要读者是大学一年级学生。如何在加强与中学衔接的同时体现大学化学的特点?如何转变无机化学仅为基础的陈旧观点而体现出现代无机化学的特点?如何实现无机化学的“三基教育”与现代多学科交叉发展的统一?如何将理论与实践有机地融合而实现素质教育?如何从“以人为本”的角度出发实现多层次的分类教育?这些都是近年来高校在无机化学课程教学与改革研究方面重点探索的问题,并取得了一定的实践成效。编者认为基础无机化学课程有三大特点:首先,容易与中学课程重复,让学生产生似曾相识而忽视大学无机化学的内容与特点,甚至失去对未知事物探索的兴趣与激情,从而缺乏学习的动力;其次,本课程的学习涉及原理方面的内容广而多,应避免与后续化学课程产生概念等方面的混淆,让学生少则嚼不透、多则嚼不烂,如何把握这些内容的多少以及深浅程度是十分重要的;第三,元素化学知识是无机化学的最主要的部分,这部分内容繁多、庞杂、零碎,易使学生产生枯燥乏味而失去学习的兴趣。

编者结合多年教学改革的实践,着眼于科学性、时代性、应用性来激发学生的学习兴趣,在编写本书时有以下具体做法:

1. 通过无机化学与现代生活、无机物合成简介这两章以及各章的文献讨论题向学生展示现代无机化学的风采,让学生了解现代无机化学涉及范围广、与现实生活有密切的联系,从而扭转学生经四年中学化学学习后而形成的“无机化学是传统的、没什么可学、没什么可研究的”的观念,为学生打开无机化学的大门,从而激发学习与探索的激情。

2. 针对原理部分的内容,充分理解这些内容编入本书的目的就是为了让学生能够很好地、顺利地学习无机化学,因此我们的主次之分主要体现在必须“够”:一方面,作为基础类课程,重点在基础理论、基本知识“双基”的系统性、完整性的教育。在注重双基教育的同时,强化现代无机化学的特点,以改变学生心中无机化学“只是充塞陈旧基础理论和实验结果”的不良印象，因此在其他后续课程中不会详述的内容必须要“够量”；另一方面，后续物理化学、结构化学将会详述的内容，只要概念、结论、公式等“够用”即行，不必面面俱到，如热力学、动力学、原子结构、分子结构等一些内容。

3. 除了在各章的内容中增加无机化学最新发展的内容，还增加一些应用性的内容，从而解决学习无机化学有什么用、用来干什么的困惑，将无机化学的理论学习与实际相结合，从而提高学生的学习兴趣。

本教材第一版是集众多高校无机化学课程一线教师多年的教学实践经验及教学改革成果，通过不断探索、总结、归纳、交流与研讨整合编写而成，并在教学实践中得到了很好的应用，取得了良好的效果。新版细心修正了存在的不足，包括勘误与内容文字表述，更新了部分章节、习题与拓展阅读材料。此外，还添加了二维码电子资源，如微课、动画、电子课件等，既彰显了信息化教学改革的追求，也提高了学生自主学习的效果和积极性。参加本书编写的人员有：苏州大学郎建平、卞国庆，贾定先，倪春燕，袁亚仙，李红喜、任志刚；常熟理工学院唐晓艳、殷文宇、马运声；盐城师范学院陶建清、王俊，邢蓉，顾云兰；淮阴师范学院蒋正静，王红艳；湖南文理学院刘学文；南京晓庄学院王小峰，段海宝，郑波。全书由郎建平、唐晓艳、陶建清统稿；南京理工大学陆路德教授审阅全书，并提出了宝贵的修改意见。

本书在编写过程中，我们参考了兄弟院校编写的有关教材和专著，以及国内外相关的资料和文献，在此向有关作者深表谢意。

由于编者水平有限，书中不妥、疏漏之处在所难免，敬请有关专家和广大师生批评指正，我们将十分乐意得到这方面的反馈意见。

编　者

2020 年 6 月

目　录

第1章　绪　论

§1.1　无机化学的研究对象

我们知道,宇宙中的万物从宏观世界的天体、银河、日月、星辰、河流、海洋、动植物、细菌和微生物到微观世界的电子、中子、光子等基本粒子,都是不依赖于我们的意识而客观存在的实实在在的东西,也就是说世界是由物质所组成的,而客观存在的物质是不能创造,也不能消灭,只能在一定的条件下相互转化。人类只能认识物质,却不能创造和消灭物质。一切自然科学(包括化学在内)都以客观存在的物质世界为考察和研究的对象。

1.1.1　什么是化学

通常说:化学是研究物质的组成、结构、性质与变化规律的科学。然而这种说法太宽乏,不够准确。目前人们将客观存在的物质划分为实物和场(如电磁场、引力场等)两种基本形态,化学研究的对象是实物,场不属于化学研究的范畴。就实物而言,大至宇观的天体,小至微观的基本粒子,可分为若干层次,如宇观物质(宇宙、星云、星体、星辰)、宏观物质(海洋、河流、城市、高楼大厦、动植物、汽车等)、介观物质(光学显微镜尺度、微米尺度、纳米尺度的物质)和微观物质(分子、原子、中子、电子、离子、质子、原子核、夸克、亚原子微粒等),这些不同层次的物质并不都是化学研究的对象。

化学研究的是化学物质。从宏观角度讲,物体(气、液、固等)是由化学物质所构成的,如构成水汽、水、冰、霜、露等物体的化学物质都是水(H_2O),构成玻璃杯、玻璃球、玻璃板等物体的化学物质都是玻璃;从微观的角度来看,化学物质的最低层次是原子(包括原子发生电子得失而形成的单原子离子),层次比原子更低的亚原子微粒(subatomic particles),如电子、质子、原子核等,就不是化学研究的对象,比原子高一层次的化学物质是原子以强相互作用力(通称化学键)结合形成原子聚集体。若将单独存在的原子和所有原子聚集体都称为"分子"(molecules),这样现代意义上的"分子"内涵显然就不同于140多年前建立的传统意义上的概念(即中学教科书里说的保持物质性质的"最小"微粒),它包括各种单原子分子(如稀有气体原子)、各种气态原子或单核离子,也包括以共价键结合的传统意义的分子,还包括离子晶体(如食盐)、原子晶体(如金刚石)或金属晶体(如银)等的单晶(其晶粒可大可小)以及各种聚合度不同的高分子。现代意义上的"分子"可准确地表述为"分子层次"(molecular scale),其本质上是**核-电子体系**。恩格斯在《自然辩证法》中将化学定义为关于原子的科学——研究原子的化合与化分,实质上是指原子之间的强相互作用力的形成和破坏,或者说分子的形成与破坏,本质上仍是指分子层次。

综上所述，**化学是在分子层次上研究化学物质的组成、结构、性质与变化的科学。**人们将比传统分子低一个层次而比原子高一个层次称为亚分子层次(submolecular scale)；比传统分子高一个层次称为超分子层次(supramolecular scale)。这些均属于化学研究的范畴，它们均属于广义的分子层次，因为本质上它们的变化都是通过相互作用而发生原子间的结合与分解。就目前学科分类而言，有些层次的研究尽管利用了化学的思想和方法，却不是属于化学，而是其他学科研究的对象，例如细胞的组成、结构、性质和变化是生物学研究的对象；硅制成的集成电路芯片的结构、性能是物理学研究的对象。然而，随着学科间的交叉越来越广泛，学科间的分界必将越来越模糊，化学研究的对象也将随着科学的发展而不断拓展。

化学研究的**内容**主要包括化学物质的分类、合成、反应、分离、表征、设计、性质、应用以及它们的相互关系。

1.1.2 无机化学

最初的化学主要是研究无机物，如陶瓷、火药等的制造，铁器、铜器以及丹药的炼制。在当时尚无人探索有机物的秘密，因为当时的人们相信有机物是动物和植物的产物，是生命力的作用所产生的，人是无能为力的。15 世纪后半叶，随着元素、化合物、分解等科学概念的产生，无机化学知识渐成体系，标志着作为化学重要组成的无机化学进入了萌芽阶段。

天平的发明与使用将化学的研究推进到定量的时代，从而促使了一系列的基本定律和原子分子学说的出现，如 1748 年罗曼诺索夫(Ломоносов)的质量守恒定律；1744 年拉瓦锡(Lavoisier)的氧化理论；1799 年普劳斯特(Proust)的定比定律(又名定组成定律)；1803 年开始有道尔顿(Dalton)建立的倍比定律、当量定律、原子学说、相对原子量概念；1808 年盖•吕萨克(Gay-Lussac)的气体简比定律；1811 年阿伏伽德罗(Avogadro)的分子论；1840 年盖斯(Hess)的盖斯定律。这些基本规律和原子分子学说的产生和建立，使化学成为一门科学。

1869 年门捷列夫(Меиделеев)将当时已知的 63 种元素按原子量和化学性质之间的递变规律排列起来，组成了一个元素周期系并找到其中的规律，从而创立了元素周期律，奠定了无机化学这门学科的理论基础。

19 世纪末叶到 20 世纪初，一系列物理学方面的新发现(如电子、原子核、放射性等)以及量子力学的出现，使物质结构理论得到了极大的发展，也促使了化学从微观的角度弄清了许多化合物的性能与结构的关系，给无机物和有机物的合成提供了理论指导，特别是合成出的有机物数量急剧上升。化学研究的领域也越来越广泛，已不是每一个化学家所能全面涉猎的，有必要进一步专业化。化学最早被划分为两个分支学科——无机化学和有机化学，后又划分为四个学科：即以碳氢化合物及其衍生物为研究对象的有机化学、以所有元素及其化合物(除了碳氢化合物及其衍生物)为研究对象的无机化学、以物质化学组成的鉴定方法及其原理为研究对象的分析化学、应用物理测量方法和数学处理方法研究物质及其反应以探索化学性质与物理性质间关联规律的物理化学。

随着学科的发展，无机化学、有机化学、分析化学和物理化学四大经典化学分支之间相互交叉融合，它们的界限也越来越模糊。例如，配位化学是无机化学的一个重要分支，由于进入配位化合物结构的有机化合物(配体)种类繁多致使配合物的数量巨大。又例如，金属有机化合物和有机金属化合物就很难确定是无机化合物还是有机化合物，研究它们的人有的可称为无机化学家，也可称为有机化学家。再如，硅与氢形成的“硅烷”与碳氢化合物的结构相似，性质却相去甚远，按结构应归属于有机化学，按性质却应归属于无机化学，通常人们称它们为“有机硅”。而分析化学的重要分支——仪器分析的原理基本上属于物理化学的范畴，或者说是物理化学原理的应用。

随着学科间不断交叉融合与拓展，新的学科不断出现。尼龙于1935年被美国科学家卡罗瑟斯(Carothers)及其科研组研制出来，这是世界上第一种合成纤维，它的出现使纺织品的面貌焕然一新，它的合成是合成纤维工业的重大突破，同时也是高分子化学的一个重要里程碑。小分子通过聚合或缩合形成的高分子(Polymer，又称聚合物)越来越多、应用越来越广，致使从有机化学中分离出一门新的二级学科——高分子化学。另外，化学工程学研究的是化学实验室的化学合成与化学过程放大为生产规模后出现的各种新规律，该学科可以认为是化学与工程学的交叉学科，不属于纯化学的二级学科。化学与各学科交叉形成了许多新的学科，例如地球化学、环境化学、生物化学(包括植物生理等内容时也可称为生命化学)、农业化学、工业化学，乃至天体化学和宇宙化学，还有固体化学、药物化学、核化学(放射化学与辐射化学)，以及化学信息学、化学商品学、化学教育学等等。凡以化学为主词的这些交叉学科可看作纯化学与某一学科交叉而扩大，学科的主题仍是化学，而以化学为修饰词的学科可认为是以化学为主要对象的其他相应学科的二级学科。

无机化学是研究无机物质的组成、结构、反应、性质和应用的科学，它是化学学科中历史最悠久的分支学科。无机物质是指除碳氢化合物等有机物外，所有化学元素和它们的化合物。

无机化学学科在自身发展中不断与其他学科交叉与融合，形成了以传统基础学科为依托、面向材料和生命科学的发展态势，其学科内涵大为拓展。我国无机化学学科目前已形成了配位化学及分子材料和器件、无机固体化学及功能材料、生物无机化学、有机金属化学、团簇化学、无机纳米材料及器件、稀土化学及功能材料、核化学和放射化学、物理无机化学等分支学科。随着化学科学和相关科学的发展，无机化学与其他化学分支学科的界限将会日益模糊，无机化学与有机化学、物理化学、材料科学、生命科学、环境科学、能源科学和信息科学等学科的交叉将更加活跃，从而将形成更多的重要交叉学科。

1.1.3 无机化学的发展与任务

自18世纪后半叶到19世纪初期，在无机化学形成一门独立的化学分支学科之前，可以说一部化学发展史就是无机化学发展史。19世纪中叶以后，伴随有机化学的蓬勃发展，无机化学却处于停滞不前的状态。20世纪40年代以来，由于原子能工业、电子工业、计算机、宇航、激光等新兴的工业与尖端科学技术的发展，对特殊性能的无机材料的需求日益增多，无机化学又重新得到很快的发展。特别是结构理论的发展(化学键、配合物)和现代物理方法的引入，使人们对无机物的结构和变化规律有了比较系统的认识，积累了丰富的热力学和动力学数据，在此基础上建立了大规模无机工业体系。工业的发展和科学的发展相互促进，推动了无机化学的“复兴”。

百年来，获得诺贝尔化学奖的重大研究成就与无机化学相关的就有：1904年，威廉·拉姆齐爵士(Sir William Ramsay)发现了空气中的惰性气体元素，并确定了它们在元素周期表中的位置；1906年，亨利·莫瓦桑(Henri Moissan)研究并分离了氟元素；1908年，欧内斯特·

卢瑟福(Ernest Rutherford)发现了放射性的半衰期,发现并命名了 α 射线和 β 射线;1911 年,玛丽亚·居里(Marie Curie)发现了镭和钋,提纯并研究了镭的性质;1913 年,阿尔弗莱德·维尔纳(Alfred Werner)提出了过渡金属配合物八面体构型;1914 年,西奥多·威廉·理查兹(Theodore William Richards)精确测量了大量元素的原子质量;1921 年,弗雷德里克·索迪(Frederick Soddy)对放射性物质以及同位素进行了研究;1922 年,弗朗西斯·威廉·阿斯顿(Francis William Aston)借助其发明的质谱仪发现了大量非放射性元素的同位素,并阐明了整数法则;1934 年,哈罗德·克莱顿·尤里(Harold Clayton Urey)发现了氢的同位素氘;1935 年,让·弗雷德里克·约里奥-居里(Jean Freédéric Joliot-Curie)与伊雷娜·约里奥-居里(Iréne Joliot-Curie)发现了稳定的人工放射性;1943 年,乔治·查尔斯·德海韦西(György Charles de Hevesy)在化学过程研究中使用同位素作为示踪物;1944 年,奥托·哈恩(Otto Hahn)发现重核的裂变;1951 年,埃德温·玛蒂森·麦克米伦(Edwin Mattison McMillan)和格伦·西奥多·西博格(Glenn Theodore Seaborg)发现了超铀元素;1960 年,威拉德·弗兰克·利比(Willard Frank Libby)发展了使用^{14}C同位素进行年代测定的方法;1973 年,恩斯特·奥托·菲舍尔(Ernst Otto Fischer)与杰弗里·威尔金森爵士(Sir Geoffrey Wilkinson)对金属有机化合物进行了研究;1976 年,威廉·纳恩·利普斯科姆(William Nunn Lipscomb)对硼烷结构进行了研究;1983 年,亨利·陶布(Herry Taube)对金属配位化合物电子转移机理进行了研究;1996 年,罗伯特·弗洛伊德·柯尔(Robert Floyd Curl)与哈罗德·克罗托(Walter Kroto)、理查德·斯莫利(Richard Smalley)发现了富勒烯;2011 年,丹·谢赫特曼(Dan Shechtman)发现了准晶。

此外,1987 年获奖的超分子化学、2001 年的手性催化、2005 年的烯烃复分解反应、2010 年的钯催化交叉偶联反应等,也都与金属离子的识别和参与的配位催化有关。

不难看出,100 多年来,无机化学的研究重心也在逐渐发生变化,从前 50 年发现新元素、研究与运用放射性和创造新的元素,到发现元素(B,C)和化合物(配合物、金属有机化合物、准晶等)新的成键或新的结构形式,再到金属参与的各种反应及其机理的研究。

无机化学学科的发展具有以下的规律:无机化学学科的形成和发展与人类认识自然、适应自然和改造世界的进化历史息息相关;无机化学学科是其他化学分支学科的基础和先导,它的发展也离不开其他化学分支学科的支持和营养;无机化学为物质科学、生命科学、材料科学、信息科学、环境科学和能源科学等学科提供了物质基础;无机化学学科的发展是人类社会可持续发展的必然需求。

无机化学学科的发展趋势:无机化学与其他学科的交叉与融合更加深入广泛;无机化学的理论与实验研究更趋紧密结合,更加注重多尺度效应;无机化学的非常规合成方法发展迅速;基于无机化学的过程工程加速向应用转化。

§1.2 无机化学课程的特点和学习方法

1.2.1 无机化学课程的特点

无机化学作为化学的一个二级学科,是研究除碳氢化合物及其衍生物以外的所有元素及其化合物，其研究对象繁多，涉及元素周期表中的所有元素，从这个角度来讲，无机化学可以说是**元素化学**。无机化学从分子、团簇、纳米、介观、体相等多层次、多尺度上研究物质的组成和结构以及物质的反应与组装，探索物质的性质和功能，它涉及物质存在的气、液、固、等离子等各种相态，具有研究对象和反应复杂、涉及结构和相态多样以及构效关系敏感等特点。

无机化学作为高等院校课程的名称，与无机化学作为化学二级学科，内涵并不完全相同。为了元素知识以及后续课程的学习，作为高校一年级学生入门课程的无机化学课程必须包含许多化学基础原理的内容，而这些本质上是属于物理化学。这些化学基础原理的知识在高校无机化学课程中的作用只是当需要时会用、够用，因此不需要弄清一些理论的来龙去脉，一般也不必借助微积分等高等数学。因此高校无机化学课程一方面具有内容广、知识点多而琐碎，给学生有纷杂零乱的感觉；另一方面一些知识在初高中时已有接触，在学习时给学生造成已学过的错觉，易造成重复的印象。

1.2.2 无机化学课程的学习方法

通常无机化学课程是高等学校新生入学后第一门专业基础课程。尽管中学化学绝大部分内容是无机化学方面的知识，但这些都是最基本的知识，只是让中学生去认识了解，即只知其然而不知其所以然，同时元素的知识点繁多，很容易让中学生将化学误解为“理科中的文科”。当开始学习无机化学课程，容易因曾了解而失去新鲜感，失去学习的兴趣与动力。因此，首先要充分了解无机化学学科的研究对象、现代无机化学学科的发展特点与趋势、无机化学学科发展与人类社会经济发展的关系，并充分认识高校无机化学课程与中学化学的区别，从而激发起学习的兴趣。

其次，化学作为一门实践性的自然科学，要充分认识实践与课程学习的关系。实践出真知是一个最基本的真理，实践性自然科学的知识只有通过实践才能真正地懂得。因此，学习化学要充分重视实验，只有让实验与理论相辅相成、相互验证，才能真正理解、认识化学元素知识的规律，通过规律将琐碎的元素知识串联起来，彻底改变对化学是“理科中的文科”之误解。实践活动还包括习题和学年作业、讨论与辩解、参观与现场教学、文献检索与课题调研、专题研究与报告、科学研究、毕业论文设计等。学生应充分利用学校的平台开展各种各样的实践活动，在实践中激发兴趣，增加学习的热情与动力。

再次，尊重事实、归纳总结、勇于创新。在学习中应该尊重实验事实，了解概念或原理形成的基础和目的，从而避免钻牛角尖。学习中要学会从点到线、从线到面不断归纳总结，既要从点的角度掌握“个体”——知识点，又要从线、面的角度宏观地全面理解“整体”——规律。在此基础上，将“个体”与“整体”串联起来，不断体会、理解创造的过程，形成创新意识，勇于去尝试创新。

讲究方法是学习效率的重要保证。学习方法既有通则，又无定则，应不断总结和交流学习方法，逐步形成最适合自己的学习方法。

第 2 章　化学热力学基础

§2.1　基 本 概 念

2.1.1　系统和环境

物质世界是无穷尽的，研究问题只能选取其中的一部分。**系统**是人们将其作为研究对象的那部分物质世界，即被研究的物质和它们所占有的空间。简而言之，系统就是被研究的对象。除系统之外的物质世界就叫作**环境**。系统与环境之间有时有明显的界限，如包括细胞壁在内的细胞是一个系统，它用细胞壁与环境隔开；有的则没有明显的界线，如研究的系统是一块雨云，它与环境的界限就很模糊。系统和环境合起来，在热力学上称为宇宙。

系统与环境之间可以有物质和能量的传递。按传递情况的不同，通常将系统分为三类：

敞开系统　系统与环境之间既有能量的交换又有物质的交换。

封闭系统　系统与环境之间有能量的交换但没有物质的交换。

孤立系统　系统与环境之间既无能量的交换，又无物质的交换。

例如，在一敞口杯中盛满热水，以热水为系统则是一个敞开系统。降温过程中系统向环境放出热量，又不断有水分子变为水蒸气逸出。若在杯上加一个不让水蒸发出去的盖子，则避免了与环境间的物质交换，于是得到一个封闭系统。若将杯子换成一个理想的保温瓶，杜绝了能量交换，于是得到一个孤立系统。

在热力学中，我们主要研究封闭系统。

2.1.2　状态和状态函数

当系统的温度、压力、体积、物态、物质的量、相、各种能量等一定时，我们就说系统处于一个**状态**(state)，而描述系统状态的物理量称之为**状态函数**(state function)。

例如，某理想气体是我们研究的系统，其物质的量 $n=1$ mol，压强 $p=1.013\times10^5$ Pa，体积 $V=22.41$ L，热力学温度 $T=273.2$ K，我们说它处于标准状况。这里的 n、p、V 和 T 就是系统的状态函数，理想气体的标准状况就是由这些状态函数确定下来的系统的一种状态。

当系统的状态发生变化时，状态函数的数值也相应地改变，但其变化值只取决于系统的始态和终态，而与系统变化时所经历的途径无关。状态函数的改变量经常用该状态函数前加希腊字母 Δ 表示，如始态的热力学温度为 T_1，终态的热力学温度为 T_2，状态函数 T 的改变量 $\Delta T=T_2-T_1$。如果系统经历了环程变化，此时，系统状态函数的变化值都等于零。

总之，状态函数的特征是：状态一定则值一定，状态变化则值改变；异途同归变值相等，周而复始变值为零。

化学热力学涉及四个重要的状态函数，分别是热力学能(U)、焓(H)、熵(S)和吉布斯自由能(G)。

有些状态函数，如V和n等所表示的系统的性质与物质的量有关系，具有加和性，如一瓶氢、氧混合气体的物质的量是瓶中两种气体物质的量的总和。系统中具有加和性的某些状态函数称为系统的广度性质(或称容量性质)。n、V以及本章将要学到的热力学能、焓、熵、吉布斯自由能等都是广度性质。

有些状态函数，如p和T系统的性质，不具有加和性，不能说系统的温度等于各部分温度之和，系统的这类性质，称为强度性质。

2.1.3　过程和途径

当系统的状态确定之后，系统的性质不再随时间变化而改变。可是当系统从始态到终态时，某些性质随时间的变化发生了改变，这种改变成为**过程**。常见的过程可分为：

1. 等温过程

始态、终态的热力学温度相等，并且过程中始终保持这个热力学温度，这种过程叫作等温过程。等温变化与等温过程不同，它只强调始态和终态的热力学温度相同，而对过程中的热力学温度不做任何要求。

2. 等压过程

始态、终态的压力相等，并且过程中始终保持这个压力，这种过程叫作等压过程。等压变化与等压过程不同，它只强调始态与终态的压力相同，而对过程中的压力不做任何要求。

3. 等容过程

始态、终态的容积相等，并且过程中始终保持这个容积，这种过程叫作等容过程。等容变化与等容过程不同，它只强调始态与终态的容积相同，而对过程中的容积不做任何要求。

系统经历一个过程，由始态变化到终态。这种变化过程可以采取多种不同的方式，我们把这每一种具体的方式称为一种**途径**。例如，一定量的某理想气体，由始态(p_1 = 101.3 kPa，T_1 = 273.2 K)变成终态(p_2 = 202.6 kPa，T_2 = 373.2 K)，此过程可以有下列两种不同途径：

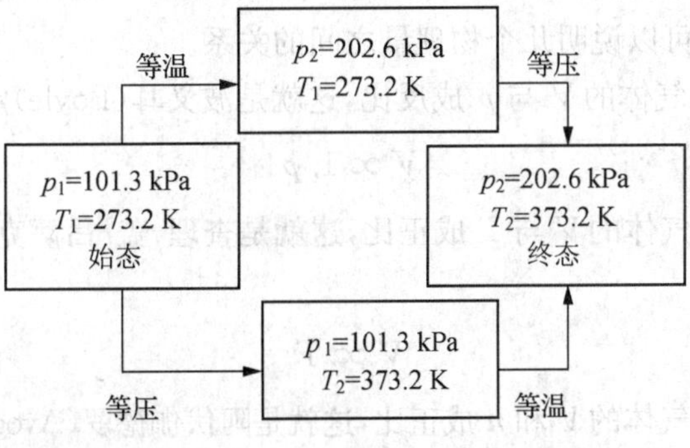

总之，过程的着眼点是始终态，而途径则是具体方式。

2.1.4 热力学标准态

系统的**热力学标准态**是指当系统中气态物质的分压均为标准压力 $p^{\ominus}$(100 kPa)，溶液中溶质的浓度均为 1 mol·L^{-1}时，该热力学系统处于热力学标准态。热力学标准态没有对温度限定，任何温度下都有热力学标准态，它与理想气体标准状态(273.2 K，101 325 Pa)不同。

2.1.5 相

系统中物理性质和化学性质完全相同，而与其他部分有明确界面分隔开来的各部分都叫作**相**。只含一个相的系统叫作**均相系统**或**单相系统**。例如，NaCl 水溶液、碘酒、天然气、金刚石等。相可以由纯物质或均匀混合物组成。相与相之间有界面分开，这种系统叫作**非均相系统**或**多相系统**。

系统里的气体，无论是纯气体还是混合气体，总是 1 个相。系统中若只有一种液体，无论这种液体是纯物质还是(真)溶液，也总是 1 个相。若系统里有 2 种液体，如乙醚与水。中间以液-液界面隔开，为两相系统，考虑到乙醚里溶有少量的水，水里也溶有少量的乙醚，同样只有两相。同样，不相溶的油和水在一起是两相系统，激烈振荡后油和水形成乳浊液，也仍然是两相(一相叫连续相，另一相叫分散相)。又如：一杯水中浮有几块冰，水面上还有水蒸气和空气的混合气体，这是一个三相系统。

2.1.6 气体

气体具有扩散性和可压缩性，主要表现为：气体与固体不同，它没有体积和形状；气体是最易被压缩的一种聚集状态；不同气体能以任意比例相互均匀地混合；气体的密度比液体和固体的密度小很多。

气体有实际气体与理想气体之分。**理想气体**是指气体分子本身没有体积、分子间也没有相互作用的假想情况。对于真实气体，只有在低压高温下，分子间作用力比较小，分子间平均距离比较大，分子自身的体积与气体体积相比，完全微不足道，才能把它近似地看成理想气体。

1. 理想气体状态方程

经常用来描述气体性质的物理量，有压强(p)、体积(V)、热力学温度(T)和物质的量(n)。有一些经验定律可以说明几个物理量之间的关系。

当 n 和 T 一定时，气体的 V 与 p 成反比，这就是波义耳(Boyle)定律，可以表示为

$$V \propto 1/p \tag{2-1}$$

当 n 和 p 一定时，气体的 V 与 T 成正比，这就是查理-盖·吕萨克(Charles-Gay·Lussac)定律，可以表示为

$$V \propto T \tag{2-2}$$

当 p 和 T 一定时，气体的 V 和 n 成正比，这就是阿伏伽德罗(Avogadro)定律，可以表示为

$$V \propto n \tag{2-3}$$

以上三个经验定律的表达式(2-1)、式(2-2)和式(2-3)可以合并成下式：

$$V \propto \frac{nT}{p} \tag{2-4}$$

实验测得式(2-4)中的比例系数是 R，于是得到

$$V \propto \frac{nRT}{p}$$

通常写成

$$pV = nRT \tag{2-5}$$

这就是大家较为熟悉的理想气体状态方程式。在国际单位制中，热力学温度 T 和物质的量 n 的单位是固定不变的，分别为 K 和 mol，而气体的压力 p 和体积 V 的单位却有许多取法，这时，状态方程中的气体常量 R 的取值(包括单位)也就随之而变，在进行计算时，一定要注意正确取用 R 值：

p 的单位	V 的单位	R 的取值(包括单位)
atm	L	0.082 06 $L \cdot atm \cdot mol^{-1} \cdot K^{-1}$
kPa	L	8.314 $L \cdot kPa \cdot mol^{-1} \cdot K^{-1}$

【例 2-1】 在容积为 20.0 L 的真空钢瓶内充入氯气，当热力学温度为 298 K 时，测得瓶内气体的压强为 1.01×10^7 Pa。试计算钢瓶内氯气的质量，以 kg 表示。

解： 由 $pV = nRT$，推出 $m = \frac{MpV}{RT}$，即

$$m = \frac{71.0 \times 10^{-3}\ kg \cdot mol^{-1} \times 1.01 \times 10^7\ Pa \times 20.0 \times 10^{-3}\ m^3}{8.314\ m^3 \cdot Pa \cdot mol^{-1} \cdot K^{-1} \times 298\ K}$$

$$= 5.78\ kg$$

【例 2-2】 在 298 K 和 1.01×10^5 Pa 压强下，UF_6(密度最大的一种气态物质)的密度是多少？其密度是 H_2 的多少倍？

解： 由 $pV = nRT$，推出 $\rho = \frac{pM}{RT}$，即

$$\rho_{UF6} = \frac{1.01 \times 10^5\ Pa \times 352 \times 10^{-3}\ kg \cdot mol^{-1}}{8.314\ m^3 \cdot Pa \cdot mol^{-1} \cdot K^{-1} \times 298\ K}$$

$$= 14.3\ kg \cdot m^{-3}$$

$$\rho_{H2} = \frac{1.01 \times 10^5\ Pa \times 2.02 \times 10^{-3}\ kg \cdot mol^{-1}}{8.314\ m^3 \cdot Pa \cdot mol^{-1} \cdot K^{-1} \times 298\ K}$$

$$= 0.082\ kg \cdot m^{-3}$$

$$\frac{\rho_{UF6}}{\rho_{H2}} = \frac{14.3\ kg \cdot m^{-2}}{0.082\ kg \cdot m^{-3}} = 174.4(\text{倍})$$

【例 2-3】 利用蒸气密度法测定某种易挥发的液体的相对分子质量。操作过程如下：先使一盛有该种液体的瓶子浸泡在温度高于其沸点的其他液体中间接加热，待液体完全蒸发后封住瓶口，取出瓶子并冷却，称量；再设法测量瓶子的容积，据此就可以求出该液体分子的摩尔质量（近似值）。已知某次实验的数据如下：室温 288.5 K，水浴热力学温度 373 K，瓶子盛满蒸气时质量为 23.720 g，瓶子盛满空气时质量为 23.449 g，瓶子盛满水时质量为 201.5 g，大气压强为 1.012×10^5 Pa。求出该液体分子的摩尔质量。

解： 瓶子的容积为

$$\frac{201.5\times10^{-3}-23.449\times10^{-3}}{1}=0.178\,1(\mathrm{dm}^3)$$

瓶内空气质量为 $0.178\,1\times1.293\times\dfrac{273}{288.5}\times\dfrac{1.012\times10^5}{1.013\times10^5}=0.217\,7(\mathrm{g})$

瓶内蒸气质量为 $23.720-(23.449-0.217\,7)=0.488\,7(\mathrm{g})$

所以，液体分子的摩尔质量即蒸气的摩尔质量为

$$M=\frac{mRT}{pV}=\frac{0.488\,7\times10^{-3}\times8.314\times373\times10^3}{1.012\times10^5 0.178\,1\times10^{-3}}=84.1(\mathrm{g\cdot mol^{-1}})$$

该液体的相对分子质量(M_r)为 84.1。

用此方法测得的相对分子质量是近似值，而且当蒸气分子有缔合现象时，此法不能适用。

2. 分压定律

理想气体混合物中每一种气体叫作组分气体，组分气体 B 在相同热力学温度下占有与混合气体相同体积时所产生的压力，叫作组分气体 B 的分压。

1810 年道尔顿发现，低压下气体混合物的总压等于组成该气体混合物的各组分气体的分压之和，这一经验定律被称为道尔顿分压定律，其数学表达式为：

$$p=p_1+p_2+\cdots$$

或

$$p=\sum_B p_B \tag{2-6}$$

式中：p 为混合气体的总压；p_1，p_2，…为各组分气体的分压。

对于理想气体混合物，在 T、V 一定条件下，压力只与气体的物质的量有关，根据理想气体状态方程，如果以 n_B表示 B 组分气体的物质的量，p_B表示它的分压，在热力学温度 T 时，混合气体体积为 V，则

$$p_BV=n_BRT$$

$$p_B=\frac{n_BRT}{V} \tag{2-7}$$

视频 分压定律和混合理想气体

以 n 表示混合气体中各组分气体的物质的量之和。即

$$n=n_1+n_2+\cdots=\sum_B n_B$$

则

$$p=\frac{n_1RT}{V}+\frac{n_2RT}{V}+\cdots=p_1+p_2+\cdots$$

以理想气体状态方程除以(2-7)，得

$$\frac{p_B}{p}=\frac{n_B}{n}$$

令：$\frac{n_B}{n}=x_B$，则

$$p_B=\frac{n_B}{n}p=x_Bp \tag{2-8}$$

式中 x_B 为 B 组分气体的物质的量分数，又称为摩尔分数。式(2-8)表明，混合气体中某组分气体的分压等于该组分的摩尔分数与总压的乘积。

【例 2-4】 有一 5.0 L 的容器，内盛 32 g O_2 和 14 g N_2，求 295 K 时 N_2、O_2 的分压及混合气体的总压。

解：$n_{O_2}=\frac{32\ g}{32\ g\cdot mol^{-1}}=1.0\ mol$

$$p_{O_2}=\frac{n_{O_2}RT}{V_总}=\frac{1.0\ mol\times 8.314\ m^3\cdot Pa\cdot mol^{-1}\cdot K^{-1}\times 295\ K}{5.0\times 10^{-3}\ m^3}=4.91\times 10^5\ Pa$$

同理求得　$p_{N_2}=2.45\times 10^5\ Pa$

$$p_总=p_{N_2}+p_{O_2}=4.91\times 10^5\ Pa+2.45\times 10^5\ Pa=7.36\times 10^5\ Pa$$

【例 2-5】 将一定量的固体氯酸钾和二氧化锰混合物加热分解后，称得其质量减少了 0.480 g，同时测得用排水集气法收集起来的氧气的体积为 0.377 dm^3，此时的热力学温度为 294 K，大气压强为 9.96×10^4 Pa。试计算氧气的相对分子质量。

解：用排水集气法得到的是 O_2 和水蒸气的混合气体，水的分压与该温度下的饱和蒸气压相等，查表得 $p_{H_2O}=2.48\times 10^3$ Pa。

由于 $p_总=p_{O_2}+p_{H_2O}$，故

$$p_{O_2}=p_总-p_{H_2O}=9.96\times 10^4-2.48\times 10^3=9.71\times 10^4(Pa)$$

$$n_{O_2}=\frac{p_{O_2}V_总}{RT}=\frac{9.71\times 10^4\times 0.337\times 10^{-3}}{8.314\times 294}=0.015\,0(mol)$$

$$M_{O_2}=\frac{m_{O_2}}{n_{O_2}}=\frac{0.480}{0.015\,0}=32.0(g\cdot mol^{-1})$$

氧气的相对分子质量为 32.0。

【例 2-6】 由 8.8 g CO_2、28 g N_2 和 25.6 g O_2 组成的混合气体总压为 4.052×10^5 Pa，求各组分气体的分压。

解：先求得各组分气体的物质的量分数(摩尔分数)，代入式(2-8)即可得各组分气体的分压。

$$n(CO_2) = 8.8\ g/44\ g \cdot mol^{-1} = 0.20\ mol$$

$$n(N_2) = 28\ g/28\ g \cdot mol^{-1} = 1.00\ mol$$

$$n(O_2) = 25.6\ g/32\ g \cdot mol^{-1} = 0.80\ mol$$

$$x(CO_2)\ \frac{n(CO_2)}{[n(CO_2)+n(N_2)+n(O_2)]} = 0.10$$

$$x(N_2)\ \frac{n(N_2)}{[n(CO_2)+n(N_2)+n(O_2)]} = 0.50$$

$$x(O_2)\ \frac{n(O_2)}{[n(CO_2)+n(N_2)+n(O_2)]} = 0.40$$

$$p(CO_2) = 0.10 \times 4.052 \times 10^5\ Pa = 4.1 \times 10^4\ Pa$$

$$p(N_2) = 0.50 \times 4.052 \times 10^5\ Pa = 2.0 \times 10^5\ Pa$$

$$p(O_2) = 0.40 \times 4.052 \times 10^5\ Pa = 1.6 \times 10^5\ Pa$$

3. 气体扩散定律

1831 年，英国物理学家格拉罕姆(Graham)指出，同温同压下某种气态物质的扩散速度与其密度的平方根成反比，这就是气体扩散定律。若以 u_i 表示第 i 种气体的扩散速度，ρ_i 表示其密度，则有

$$\frac{u_A}{u_B} = \sqrt{\frac{\rho_B}{\rho_A}} \quad 或 \quad u_i \propto \sqrt{\frac{1}{\rho_i}} \tag{2-9}$$

根据理想气体状态方程，同温同压下，气体的密度比等于气体的摩尔质量比，所以(2-9)又可写成

$$\frac{\mu_A}{\mu_B} = \sqrt{\frac{M_B}{M_A}} \tag{2-10}$$

【例 2-7】 已知氯气的相对分子质量为 71，且臭氧与氯气的扩散速度的比值为 1.193，试求臭氧的分子式。

解：

$$\frac{u_{臭氧}}{u_{Cl_2}} = \sqrt{\frac{M_{Cl_2}}{M_{臭氧}}} = 1.193$$

$$M_{臭氧} = \frac{M_{Cl_2}}{1.193^2} = \frac{71}{1.193^2} = 49.9$$

$49.9/16 \approx 3$ 则臭氧的分子式为 O_3。

【例 2-8】 50 mL 氧气通过多孔性隔膜扩散需 20 s，20 mL 另一种气体通过该膜扩散需 9.2 s，求这种气体的相对分子质量。

解：单位时间内气体扩散的体积是和扩散的速度成正比，故

$$\frac{u_{O_2}}{u_X} = \frac{50/20}{20/9.2} = \sqrt{\frac{M_X}{M_{O_2}}} = \sqrt{\frac{M_X}{32}}$$

可得 $$M_X = 42$$

§2.2 热力学第一定律

2.2.1 热和功

当系统发生变化时会与环境进行能量交换，其形式主要有两种，分别为热传递和做功。功和热都不是系统自身的性质，而且它们也不是系统的状态函数。只在系统发生变化时，热和功才能够在系统和环境之间传递能量。热和功都具有能量单位，可为 J、kJ。

1. 热(Q)

因温度的差别而引起系统与环境之间能量交换，这种被传递的能量称为**热**。正如热能自动地从高温物体传到低温物体，以热的形式传递能量带有一定的方向性。热力学中以 Q 值的正、负号来表明热传递的方向。若 Q 为正值，即 $Q > 0$，则环境向系统传递热量，系统吸热；若 Q 为负值，即 $Q < 0$，则系统向环境放热，系统放热。

热(Q)与系统变化的具体途径有关，它不是状态函数。从数学的角度看，热是泛函，它没有全微分，不能用全微分符号 d，只能用变分符号 δQ。当系统的始态、终态确定之后，热的数值还会随途径的不同而变化。

2. 功(W)

系统与环境之间的另一种能量传递形式，称为**功**，热力学中以 W 来表示。若功 W 为正值，即 $W > 0$，则环境对系统做功；若 W 为负值，即 $W < 0$，则系统对环境做功。

功(W)又可分为体积功和非体积功。反应发生时伴随系统体积变化而做的功为体积功，有时也称为膨胀功(expansion work)，并用符号 W_e 表示。如气缸中气体的膨胀或被压缩(见图 2-1)。在恒定外压过程中，p_{ex}是恒定的，系统膨胀必须克服外压。若忽略活塞的质量，活塞与气缸壁间又无摩擦力，活塞的截面积为 A，活塞移动的距离为 l，在定温下系统对环境做功，$W = -F_{ex} \cdot l$。F_{ex}为外界环境作用在活塞上的力，$F_{ex} = p_{ex} \cdot A$。所以

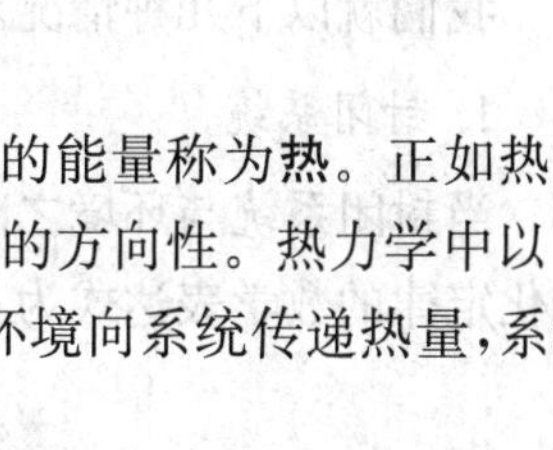

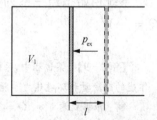

图 2-1 系统膨胀做功示意图

$$W = -p_{ex} \cdot A \cdot l = -p_{ex} \cdot \Delta V = -p_{ex}(V_2 - V_1)$$

式中 V_2、V_1 分别为膨胀后和膨胀前气缸的容积，即气体的体积。

在定容过程中系统与环境传递能量时，由于 $V_2 = V_1$，$\Delta V = 0$，$W = 0$，即定容过程中系统与环境之间没有体积功的交换。

除了膨胀功以外,还有电功、表面功等其他功,这些功称为非体积功,用符号 W_f 表示。所以 $W = W_e + W_f$。当系统不做非体积功或者不考虑它的非体积功时,W 仅指体积功。

2.2.2 热力学能(U)

系统内部各种形式能量的总和称为**热力学能**,以前称为**内能**。通常用 U 表示。

在不考虑系统的整体动能和势能的情况下,热力学能包括了系统中分子或原子的位能、转动能、振动能、平动能、电子运动能及原子核内的能量等。虽然热力学能无法具体测得,但任何系统在一定状态下热力学能是一定的,属于状态函数,仅是与系统的始态和终态有关,即 $\Delta U = U_{终} - U_{始}$。热力学能是广度量,有加和性。

2.2.3 热力学第一定律

经过人类的验证可知:自然界存在的所有能量既不可能无缘无故地产生,也不会无缘无故地消失,只会从一种形式转变为另一种形式,这个就是**能量守恒和转化定律,即热力学第一定律**。

我们就以下几种情况对热力学第一定律进行讨论。

1. 封闭系统

当封闭系统与环境之间的能量传递不仅有做功的形式,还有热的形式时,则能量守恒与转化定律的数学表达式为

$$U_2 - U_1 = Q + W\text{(封闭系统)}$$

或

$$\Delta U = Q + W\text{(封闭系统)} \qquad (2-11)$$

式(2-11)为封闭系统的热力学第一定律的数学表达式。即封闭系统发生状态变化时,其热力学能的变化等于变化过程中环境与系统传递的热与功的总和。

2. 孤立系统

因为 $Q = 0$,$W = 0$,所以 $\Delta U = 0$。即孤立系统的热力学能 U 是守恒的。

3. 循环过程

系统由始态经一系列变化又回到原来状态的过程叫作循环过程。$\Delta U = 0$,所以 $Q = -W$。

【例 2-9】 某过程中,系统从环境吸收热量 100 J,同时对环境做体积功 20 J。求过程中系统热力学能的改变量和环境热力学能改变量。

解: 根据题意可知:$Q = 100\ \text{J}$,$W = -20\ \text{J}$。

由热力学第一定律的数学表达式(2-11)可得

$$\Delta U = Q + W = 100\ \text{J} + (-20)\ \text{J} = 80\ \text{J}$$

系统的热力学能 U 增加了 80 J,环境的热力学能 U 减少了 80 J。作为量度性质的热力学能,对宇宙来说其改变量当然是零。这就更加说明了热力学第一定律的能量守恒的实质。

2.2.4 焓(*H*)

大多数情况下，化学反应是在“敞口”容器中进行的，系统压力与环境压力相等(此系统不与环境交换物质，即是封闭系统)，即恒压。这时的反应热称为**等压反应热**，以 Q_p 表示。在等压过程中，体积功 $W=-p\Delta V=-p(V_2-V_1)$。若非体积功为零，假设一封闭系统在变化中只做体积功，不做其他功，则

$$\Delta U=Q_p+W=Q_p-p(V_2-V_1)$$
$$U_2-U_1=Q_p-p(V_2-V_1)$$
$$Q_p=(U_2+pV_2)-(U_1+pV_1)$$

因为 U、P、V 都是系统的状态函数，故它们的组合 $(U+pV)$ 一定也具有状态函数的性质。因此，我们将 $(U+pV)$ 定义为在热力学上新的状态函数 $\boldsymbol{H}$，称为**焓**(enthalpy)：

$$H\equiv U+pV$$

因此：$\Delta H=H_2-H_1=Q_p$。

焓和热力学能、体积等物理量一样是系统的性质，在一定状态下，每一种物质都有特定的焓。焓也是广度性质，具有能量的量纲，但没有确切的物理意义。

对于一个化学反应，当 $\Delta H>0$，则表示系统从环境吸收热量，称此反应为吸热反应；当 $\Delta H<0$，则表示系统放热给环境，称此反应为放热反应。

【例2-10】 1 mol Hg(l)在沸点(630 K)可逆地蒸发，其蒸发热为 54.56 kJ·mol^{-1}。求蒸发1 mol Hg 的 Q_V、Q_p、ΔU、W 和 ΔH。

解： $Hg(l) \rightleftharpoons Hg(g)$

$$\Delta_r H_m^\ominus(630\ K)=Q_p=54.56\ kJ\cdot mol^{-1}$$

$$W=-p\Delta V=-RT(g)=-8.314\times10^{-3}\ kJ\cdot mol^{-1}\cdot K^{-1}\times630\ K\times(1-0)$$
$$=-5.24\ kJ\cdot mol^{-1}$$

$$\Delta_r U_m^\ominus(630\ K)=Q_p+W=54.56\ KJ\cdot mol^{-1}+(-5.24\ kJ\cdot mol^{-1})$$
$$=49.32\ kJ\cdot mol^{-1}$$

$$Q_V=\Delta_r U_m^\ominus(630\ K)=49.32\ kJ\cdot mol^{-1}$$

§2.3 化学反应热

2.3.1 热化学方程式

热力学是专门研究能量相互转变过程中所遵循的法则的一门科学。把热力学的理论、规律以及研究方法，用之于研究化学现象就产生了化学热力学。

1. 标准摩尔焓变

在一定条件下，化学反应过程中吸收或放出的热量，称为**反应热**。反应热与反应条件

有关，在等温等压和不做非体积功的过程中，封闭系统从环境所吸收的热等于系统焓的增加。

$$Q_p = \Delta H$$

若再做其他功(例如电池放电做功)，则反应的热效应不等于系统的状态函数 H 的变化量 ΔH。

由于通常的化学反应都是在等压下进行的，而且等温等压过程不做其他功时的热效应是可以测定的，所以，定义焓这个状态函数具有实际的应用价值。

例如：$2H_2(g) + O_2(g) \xlongequal{\quad} 2H_2O(g) \qquad \Delta_r H_m^{\ominus}(298.15\ K) = -483.64\ kJ \cdot mol^{-1}$

符号 $\Delta_r H_m^{\ominus}(298.15\ K)$ 中的下标"r"表示是反应的焓变，下标"m"表示发生 1 mol 反应的焓变[如 2 mol H_2 与 1 mol O_2 完全反应生成 2 mol H_2O(气)放出的热]，上标"⊖"表明反应是在热力学标准态下进行的，括号内是反应的温度。$\Delta_r H_m^{\ominus}$ 为**标准摩尔焓变**，简称**反应焓**。

对于：
$$H_2(g) + \frac{1}{2}O_2(g) \xlongequal{\quad} 2H_2O(g)$$
$$\Delta_r H_m^{\ominus}(298.15\ K) = -241.82\ kJ \cdot mol^{-1}$$

此时，单位中的 mol^{-1} 是指 1 mol H_2 与 0.5 mol O_2 完全反应生成 1 mol H_2O(气)，所以，这个反应的标准摩尔焓变在数值上等于上一个反应标准摩尔焓变的一半。

【例 2-11】 用燃烧弹测出，氯气和氢气每合成 1 mol HCl 气体放出 92.307 kJ 的热，求反应焓。

解： $1/2H_2(g) + 1/2Cl_2(g) \xlongequal{\quad} HCl(g)$

$$Q_v = -92.307\ kJ \cdot mol^{-1}$$
$$\Delta_r U_m^{\ominus} = -92.307\ kJ \cdot mol^{-1}$$
$$\Delta_r H_m^{\ominus} = \Delta_r U_m^{\ominus} + \Delta n(g)RT;\ \Delta n(g) = 0$$
$$\Delta_r H_m^{\ominus} = -92.307\ kJ \cdot mol^{-1}$$

2. 热化学方程式

表示化学反应及其反应的标准摩尔焓变关系的化学反应方程式，叫作热化学方程式。例如：

$$2H_2(g) + O_2(g) \xlongequal{\quad} 2H_2O(g) \quad \Delta_r H_m^{\ominus}(298.15\ K) = -483.64\ kJ \cdot mol^{-1}$$

该式表示，在热力学温度为 298.15 K 的等压过程中，各气体分压均为标准压力 $p^{\ominus}$ 下，反应进度为 1 mol 时，该反应的标准摩尔焓变。

反应的标准摩尔焓变与许多因素有关，正确地写出热化学方程式必须注意以下几点：

(1) 注明反应的热力学温度和压力。处于热力学标准状态时在右上标用"⊖"表示，如果反应是在 298 K 下进行的，习惯上可不注明热力学温度。

注明反应温度是因为反应的焓变随温度改变而有所不同。例如：

$$CH_4(g) + H_2O(g) \longrightarrow CO(g) + 3H_2(g)$$
$$\Delta_r H_m^\ominus(298.15\ K) = 206.15\ kJ \cdot mol^{-1}$$
$$\Delta_r H_m^\ominus(1\,273\ K) = 227.23\ kJ \cdot mol^{-1}$$

所以，书写热化学方程式时应该标明反应热力学温度。

(2) 注明物质的聚集状态或晶形。反应物和生成物的聚集状态不同或固体物质的晶形不同，则反应热不同。因此写热化学方程式，常用 g 表示气态，l 表示液态，s 表示固态。例如：

$$2H_2(g) + O_2(g) \longrightarrow 2H_2O(g) \quad \Delta_r H_m^\ominus(298.15\ K) = -483.64\ kJ \cdot mol^{-1}$$
$$2H_2(g) + O_2(g) \longrightarrow 2H_2O(l) \quad \Delta_r H_m^\ominus(298.15\ K) = -571.66\ kJ \cdot mol^{-1}$$

(3) 方程式中的配平系数只表示计量数，不表示分子数，因此必要时可写成分数。但计量数不同时，同一反应的反应热数值也不同。例如：

$$2H_2(g) + O_2(g) \longrightarrow 2H_2O(g) \quad \Delta_r H_m^\ominus(298.15\ K) = -483.64\ kJ \cdot mol^{-1}$$
$$H_2(g) + \frac{1}{2}O_2(g) \longrightarrow 2H_2O(g) \quad \Delta_r H_m^\ominus(298.15\ K) = -241.82\ kJ \cdot mol^{-1}$$

通过比较可以发现，化学反应计量式中虽然各物质的聚集状态相同，但由于计量数不同，最后导致 $\Delta_r H_m^\ominus$ 不同。

3. 标准摩尔生成焓

物质 B 的标准摩尔生成焓 $\Delta_f H_m^\ominus$(B，相态，T)定义为：在热力学温度 T 下，由处于标准状态的各种元素的最稳定的单质生成标准状态下 1 mol 物质 B 的热效应，叫作这种温度下物质 B 的**标准摩尔生成焓**。标准摩尔生成焓的符号 $\Delta_f H_m^\ominus$ 中，ΔH_m 表示恒压下的摩尔反应热，f 是 formation 的字头，有生成之意，"⊖"表示物质处于标准状态，标准摩尔生成焓的单位为 $J \cdot mol^{-1}$。当然处于标准状态下的各元素的最稳定单质的标准生成焓为零。

例如：碳有多种同素异形体——石墨、金刚石、无定形碳、石墨烯、碳纳米管和 C_{60} 等，其中最稳定的是石墨。又如，O_2(g)、H_2(g)、Br_2(l)、I_2(s)等是 T(=298.15 K)，$p^\ominus$ 下相应元素的最稳定单质。但是个别情况下，按习惯参考状态的单质并不是最稳定的，如磷的参考状态的单质是白磷 P_4(s，白磷)。实际上，白磷不及红磷和黑鳞稳定。

$$H_2(g,\ 10^5\ Pa) + \frac{1}{2}O_2(g,\ 10^5\ Pa) \longrightarrow H_2O(l)$$
$$\Delta_r H_m^\ominus(298.15\ K) = -285.8\ kJ \cdot mol^{-1}$$

H_2O(l)的标准摩尔生成焓 $\Delta_f H_m^\ominus[H_2O(l)] = -285.8\ kJ \cdot mol^{-1}$。

上述表明最稳定单质的标准摩尔生成焓都等于零。生成焓仅是一个相对值，相对于稳定单质的焓变等于零。

标准摩尔生成焓是物质性质的重要数据之一，一些物质在 298 K 下的标准摩尔生成焓可查表 2-1。

表 2-1 一些物质 298 K 时的标准摩尔生成焓

物 质	$\Delta_f H_m^\ominus$/kJ·mol^{-1}	物质	$\Delta_f H_m^\ominus$/kJ·mol^{-1}	物 质	$\Delta_f H_m^\ominus$/kJ·mol^{-1}
$Br_2(g)$	30.907	F(g)	134.93	BaO(s)	−553.50
C(s)金刚石	1.895	KCl(c)	−436.747	$BaCO_3(s)$	−1 216.30
C(g)	716.682	$MgCl_2(s)$	−641.32	AgCl(s)	−127.068
CO(g)	−110.525	$NH_3(g)$	−46.11	ZnO(s)	−348.28
$CO_2(g)$	−393.509	NO(g)	90.25	$SiO_2(s)$	−859.39
$CH_4(g)$	−74.81	$C_2H_6(g)$	−84.68	$HNO_3(l)$	−174.10
CaO(s)	−635.09	$CaCO_3(s)$	−1 206.90	H(g)	217.965
$Ca(OH)_2(s)$	−986.10	$NO_2(g)$	33.18	Cl(g)	121.68
CuO(s)	−157.30	NaCl(s)	−411.153	$SiH_4(g)$	34.30
$H_2O(l)$	−285.83	$Na_2O_2(s)$	−510.87	$Na^+(aq)$	−240.30
$H_2O(g)$	−241.818	NaOH(s)	−426.73	$Cl^-(aq)$	−167.08
HF(g)	−271.10	O(g)	249.17	$Ag^+(aq)$	105.58
HCl(g)	−92.307	$PbSO_4(s)$	−918.39	$CuSO_4·5H_2O(s)$	−2 279.65
HBr(g)	−36.40	$NH_4NO_3(s)$	−365.14	$CuSO_4(s)$	−771.36
HI(g)	26.50	HCN(g)	130.54		
$H_2S(g)$	−20.63	MgO(s)	−601.70		

2.3.2 Hess 定律

1840 年俄国科学家盖斯(G.H. Hess)在测试中和热的实验中预见到,一个反应分步进行释放出来的热与一步进行释放出来的热是相等的,即化学反应热效应一定定律。化学反应不管是一步完成或几步完成,其总反应所放出的热或吸收的热总是相同的。其实质是,化学反应的焓变只与始态和终态有关,而与途径无关。这一规律被后人称为**"盖斯(Hess)定律"**。

利用盖斯定律,我们可以借助一些已知的反应焓来求取同一反应条件下的未知的反应焓。热化学方程式可以进行简单的加减代数运算,从而可以利用已准确测量过热效应的反应,通过代数组合,计算难以测量的反应热。

例如:求 $3CO(g)+Fe_2O_3(s) = 2Fe(s)+3CO_2(g)$ 的反应热。根据标准摩尔生成焓的定义,则有:

(1) $CO(g) = C(石墨,s)+\frac{1}{2}O_2(g)$ $\Delta_r H_1^\ominus = -\Delta_f H_m^\ominus(CO, g)$

(2) $Fe_2O_3(s) = 2Fe(s)+\frac{3}{2}O_2(g)$ $\Delta_r H_2^\ominus = -\Delta_f H_m^\ominus(Fe_2O_3, s)$

(3) $C(石墨,s)+O_2(g) = CO_2(g)$ $\Delta_r H_3^\ominus = \Delta_f H_m^\ominus(CO_2, g)$

根据盖斯定律,总反应=3(1)+(2)+3(3)

$$\Delta_r H_m^\ominus = 3\,\Delta_r H_1^\ominus + \Delta_r H_2^\ominus + 3\Delta_r H_3^\ominus$$

即 $\Delta_r H_m^\ominus = -3\Delta_f H_m^\ominus(CO, g) - \Delta_f H_m^\ominus(Fe_2O_3, s) + 3\Delta_f H_m^\ominus(CO_2, g)$

由此可见标准摩尔焓变等于产物的标准摩尔生成焓总和减去反应物的标准摩尔生成焓

总和。对于任意化学反应：

$$aA + bB = dD + eE$$

式中 A、B、D、E 代表物质的化学式，a、b、d、e 代表化学计量数。

$$\Delta_r H_m^\ominus = d\Delta_f H_m^\ominus(D) + e\Delta_f H_m^\ominus(E) - a\Delta_f H_m^\ominus(A) - b\Delta_f H_m^\ominus(B)$$

即 $$\Delta_r H_m^\ominus = \sum_B \nu_B \Delta_f H_m^\ominus(B) \qquad (2-12)$$

式中：B 代表物质（反应物和产物）；ν_B 代表物质 B 的化学计量数，对于产物是正值，对于反应物是负值，在数值上等于物质前的系数。

实际上，$\Delta_f H_m^\ominus$(B，相态，T)是物质 B 的生成反应的标准摩尔焓变。书写 B 的生成反应计量式时，要使 B 的化学计量数 $\nu_B = +1$。如 CH_3OH(g)的生成反应：

$$C(石墨, s, 298.15\ K, p^\ominus) + 2H_2(g, 298.15\ K, p^\ominus) + \frac{1}{2}O_2(g, 298.15\ K, p^\ominus) \longrightarrow CH_3OH(g, 298.15\ K, p^\ominus)$$

$$\Delta_f H_m^\ominus(CH_3OH, g, 298.15\ K) = \Delta_r H_m^\ominus(298.15\ K) = -200.66\ kJ \cdot mol^{-1}$$

【例 2-12】 已知下列反应：

(1) $2Fe(s) + \frac{3}{2}O_2(g) \longrightarrow Fe_2O_3(s)$ $\Delta_r H_{m1}^\ominus = -822.2\ kJ \cdot mol^{-1}$

(2) $2FeO(s) + \frac{1}{2}O_2(g) \longrightarrow Fe_2O_3(s)$ $\Delta_r H_{m2}^\ominus = -284.1\ kJ \cdot mol^{-1}$

(3) $H_2(g) + \frac{1}{2}O_2(g) \longrightarrow H_2O(l)$ $\Delta_r H_{m3}^\ominus = -286.0\ kJ \cdot mol^{-1}$

(4) $Fe(s) + 2H^+(aq) \longrightarrow Fe^{2+}(aq) + H_2(g)$ $\Delta_r H_{m4}^\ominus = -86.2\ kJ \cdot mol^{-1}$

计算 $FeO(s) + 2H^+(aq) \longrightarrow H_2O(l) + Fe^{2+}(aq)$ 的 $\Delta_r H_m^\ominus$。

解： 由 $\frac{1}{2}(2) - \frac{1}{2}(1) + (3) + (4)$ 得

$$FeO(s) + 2H^+(aq) = Fe^{2+} + H_2O(g)$$

故 $$\Delta_r H_m^\ominus = \frac{1}{2}\Delta_r H_{m2}^\ominus - \frac{1}{2}\Delta_r H_{m1}^\ominus + \Delta_r H_{m3}^\ominus + \Delta_r H_{m4}^\ominus$$

$$= \left[\frac{1}{2}(-284.1) - \frac{1}{2}(-822.2) + (-286.0) + (-86.2)\right]\ kJ \cdot mol^{-1}$$

$$= -103.2(kJ \cdot mol^{-1})$$

1. 利用方程式组合计算反应的标准摩尔焓变

我们知道碳燃烧的产物可能有两种：CO 和 CO_2。当氧气充足时，碳燃烧反应可以得到 CO_2，这一反应的反应焓变是能够通过实验测定的。可是，当氧气不充足时，碳燃烧并不能得到纯净的 CO，而是得到 CO 与 CO_2 的混合物。因此，不能直接测定 $\Delta_f H_m^\ominus$(CO，g)。由于 CO 燃烧焓也能由实验测定，因此可根据 Hess 定律求得 $\Delta_f H_m^\ominus$(CO，g)。

【例 2-13】 已知 298.15 K 下，反应：

(1) $C(石墨,s) + O_2(g) \longrightarrow CO_2(g) \qquad \Delta_r H_{m(1)} = -393.5\ kJ \cdot mol^{-1}$

(2) $CO(g) + \frac{1}{2}O_2(g) \longrightarrow CO_2(g) \qquad \Delta_r H_{m(2)} = -283.0\ kJ \cdot mol^{-1}$

求 $C(石墨) + \frac{1}{2}O_2(g) \longrightarrow CO(g)$ 的 $\Delta_r H_m$。

解：根据盖斯定律，可得

$$\Delta_r H_m^{\ominus} = \Delta_r H_{m(1)}^{\ominus} - \Delta_r H_{m(2)}^{\ominus}$$

$$= -393.5\ kJ \cdot mol^{-1} - (-283.0)kJ \cdot mol^{-1} = -110.5\ kJ \cdot mol^{-1}$$

多个化学反应计量式相加(或相减)，所得化学反应计量式的 $\Delta_r H_m^{\ominus}(T)$ 等于原各计量式的 $\Delta_r H_m^{\ominus}(T)$ 之和(或之差)。

2. 利用标准摩尔生成焓计算反应的标准摩尔焓变

【例 2-14】 硝酸生产中的重要过程是以铂(Pt)为催化剂的氨氧化。反应在定压下进行，其反应方程式为：$4NH_3(g) + 5O_2(g) = 4NO(g) + 6H_2O(g)$，试利用反应物和产物的标准摩尔生成焓计算 298.15 K 下该反应的标准摩尔焓变。

解：由附表查得 298.15 K 时，$\Delta_f H_m^{\ominus}(NH_3, g) = -46.11\ kJ \cdot mol^{-1}$，$\Delta_f H_m^{\ominus}(NO, g) = 90.25\ kJ \cdot mol^{-1}$，$\Delta_f H_m^{\ominus}(H_2O, g) = -241.82\ kJ \cdot mol^{-1}$，$\Delta_f H_m^{\ominus}(O_2, g) = 0$。

$$\Delta_r H^{\ominus} = \sum_B \nu_B \Delta_f H^{\ominus}(B) = 4\Delta_f H_m^{\ominus}(NO, g) + 6\Delta_f H_m^{\ominus}(H_2O, g) - 4\Delta_f H_m^{\ominus}(NH_3, g)$$

$$= 4(90.25\ kJ \cdot mol^{-1}) + 6(-241.82\ kJ \cdot mol^{-1}) - 4(-46.11\ kJ \cdot mol^{-1})$$

$$= -905.48\ kJ \cdot mol^{-1}$$

§2.4 化学热力学的应用

2.4.1 自发变化

在没有外界作用或干扰的情况下，系统自身发生变化的过程称为**自发变化**。实际上，自然界中任何宏观自动进行的变化过程都是具有方向性的。例如：当有两个温度不同的物体相接触，热可以自动地从高温物体传导到低温物体，直到两者温度相等。这是没有借助于外部环境的作用而自发进行的过程(又称自发变化)；再如：冰箱中取出的冰块在常温下会熔化；暴露在潮湿空气中的铁块会生锈；锌片放入硫酸铜稀溶液中能置换出铜等等。然而它们的逆过程则是非自发的。

自发变化一般具有以下的基本特征：① 在没有外界作用或干扰的情况下，系统自身会发生变化；② 自发变化会沿着一个方向不断进行直到平衡，或者说，自发变化的最大限度是系统的平衡状态；③ 自发变化不受时间约束，与反应速率无关；④ 自发变化和非自发变化都是可能进行的。但是,只有自发变化能自动发生,而非自发变化必须借助于一定的外部作用才能发生。例如用水泵抽水,就能使水从低处流向高处,在电流的作用下,水分解成氢气和氧气。没有外部作用,非自发变化将不能继续进行。

研究热力学能帮助我们预测某一过程能否自发地进行。

2.4.2　焓和自发变化

早在 1878 年,法国化学家 M. Berthelot 和丹麦化学家 J. Thomsen 就提出：自发的化学反应趋向于系统释放出最多的热。即反应的焓减少($\Delta H<0$),反应将能自发进行。这种以反应焓变作为判断反应方向的依据,简称焓变判据。

将一小球投入碗中,小球不断地滚动,直至动能消失静止于碗底,处于最低势能的状态,就是一个典型事例。化学反应中,许多放热反应都能自发地进行,系统总是趋向于从高能状态转变为低能状态(这时系统往往会对外做功或释放能量)。这一经验规律是能量判断的依据,即焓变是决定一个化学反应能否自发进行的一个重要因素。

多数能自发进行的化学反应是放热反应。例如：在常温、常压下,氢氧化亚铁被氧化为氢氧化铁的反应就是一个自发的放热反应。其热化学方程式为

$$4Fe(OH)_2(s)+2H_2O(l)+O_2(g) = 4Fe(OH)_3(s)\quad \Delta_r H_m^{\ominus}(298\ K)=-444.3\ kJ\cdot mol^{-1}$$

有一些吸热反应在室温条件下不能自发进行,但在较高温度下或者催化剂的作用下却能自发进行。例如：氢气与氧气混合后并不会立即发生反应,但一经引发则反应就会自动进行,甚至发生爆炸。其化学反应式为

$$H_2(g)+\frac{1}{2}O_2(g) = H_2O(l)\qquad \Delta_r H_m^{\ominus}(298.15\ K)=-285.83\ kJ\cdot mol^{-1}$$

此外,有不少吸热反应在室温条件下也能自发进行。例如：

(1) 氯化铵的溶解：

$$NH_4Cl(s) \xlongequal{H_2O} NH_4^+(aq)+Cl^-(aq)$$

$$\Delta_r H_m^{\ominus}=9.76\ kJ\cdot mol^{-1}$$

(2) 氢氧化钡晶体与氯化铵溶液的反应：

$$Ba(OH)_2\cdot 8H_2O(s)+2NH_4^+(aq) = Ba^{2+}(aq)+2NH_3(g)+10H_2O(l)$$

$$\Delta_r H_m^{\ominus}=1.221\ kJ\cdot mol^{-1}$$

反应放热有可能自发进行,反应吸热也有可能自发进行,这说明反应的焓变只是与反应能否自发进行有关的一个因素,但不是唯一因素。有些吸热反应($\Delta H>0$)在一定条件下能自发进行,说明放热($\Delta H<0$)只是使反应自发进行的因素之一,而不是唯一的因素;当温度升高时,另外一个因素将变得更重要。在热力学中,决定反应自发性的另一个状态函数是熵。

2.4.3　熵的初步概念

1. 熵(S)

混乱度表示系统的不规则或无序状态。混乱度增加即表示系统变得更无序了。系统的

混乱度增大是自发过程的又一种趋势。

热力学上用熵来描述物质的混乱度。系统的有序性越高，即混乱度越低，熵值就越低。每一过程有焓的变化，也有熵的变化。热力学上把描述系统混乱度的状态函数叫作**熵**，用 S 表示，它是广度性质，与物质的量有关。若用 Ω 表示微观状态数，则有：

$$S = k\ln\Omega \tag{2-13}$$

式中 $k = 1.38\times10^{-23}\ \mathrm{J\cdot K^{-1}}$，叫作波尔兹曼(Boltzmann)常数，从式(2-13)可以看出熵的单位和波尔兹曼常数的单位相同，即为 $\mathrm{J\cdot K^{-1}}$，熵是一种具有加和性的状态函数，系统的熵值越大则微观状态数 Ω 越大，即混乱度越大。因此若用状态函数表示化学反应向着混乱度增大的方向进行这一事实，可以认为化学反应趋向于熵值的增加，即趋向于 $\Delta_r S > 0$。

人们根据一系列实验现象，得出了**热力学第三定律**：在 0 K 时任何完整晶体中的原子或分子只是一种排列形式，即只有唯一的微观状态函数，其熵值为零。在标准压力下 1 mol 纯物质的熵值叫作**标准熵**。用符号 $S^{\ominus}$ 表示，其单位是 $\mathrm{J\cdot K^{-1}\cdot mol^{-1}}$。附录中热力学数据表中给出了部分物质的标准熵。

根据熵的物理意义，我们可得出以下规律：

(1) 熵与物态有关：对相同质量的同一物质，其固态的熵小于液态的熵，液态的熵小于气态的熵，即 $S_{固} < S_{液} < S_{气}$。

(2) 熵与分子的组成和结构有关：对不同的物质，其组成分子及其结构越复杂，熵就越大。而简单分子的熵值一般较小。

(3) 熵与系统的物质的量 n 有关：系统的 n 值越大，其熵值越大。

(4) 熵与热力学温度有关：熵随着系统热力学温度的升高而增大。

(5) 熵与压力有关：随着系统压力的加大，熵值减小。因为压力加大，系统的有序程度加大，则熵就减小。

2. 化学反应的熵变

需要说明的是：标准熵值 $S^{\ominus}$ 与标准生成热 $\Delta_f H_m^{\ominus}$ 不同，$\Delta_f H_m^{\ominus}$ 是以最稳定单质的焓值为零的相对数值，因为焓 H 的实际数值不能得到；而标准熵 $S^{\ominus}$ 不是相对数值，它的值可以求得。

化学反应的熵变($\Delta_r S_m^{\ominus}$)与焓变($\Delta_f H_m^{\ominus}$)的计算方法相同。例如，对于反应：

$$aA + bB \longrightarrow dD + eE$$

$$\Delta_r S_m^{\ominus} = \sum_B \nu_B S_m^{\ominus}(B) \tag{2-14}$$

【例 2-15】 求反应 $3Fe(s) + 2O_2(g) \longrightarrow Fe_3O_4(s)$ 的标准熵变。

解：查附录得：$S^{\ominus}(Fe, s) = 27.28\ \mathrm{J\cdot K^{-1}\cdot mol^{-1}}$，$S^{\ominus}(O_2, g) = 205.138\ \mathrm{J\cdot K^{-1}\cdot mol^{-1}}$，$S^{\ominus}(Fe_3O_4, s) = 146.4\ \mathrm{J\cdot K^{-1}\cdot mol^{-1}}$，代入(2-13)式得

$$\begin{aligned}\Delta_r S_m^{\ominus} &= 146.4\ \mathrm{J\cdot K^{-1}\cdot mol^{-1}} - 3\times27.28\ \mathrm{J\cdot K^{-1}\cdot mol^{-1}} - 2\times205.138\ \mathrm{J\cdot K^{-1}\cdot mol^{-1}}\\ &= -345.716\ \mathrm{J\cdot K^{-1}\cdot mol^{-1}}\end{aligned}$$

2.4.4　Gibbs 自由能

1. 吉布斯自由能

吉布斯自由能(有时简称自由能或吉布斯函数)是用以判断在一个封闭系统内是否发生一个自发过程的状态函数之一。吉布斯自由能的符号定义为 $\boldsymbol{G}$,是为了纪念美国化学家吉布斯(Gibbs J.W)。吉布斯最先提出自由能的概念,直到十九世纪末,也就是吉布斯自由能概念提出后的二十年,吉布斯的这一杰出贡献才得到世界科学界的公认。

封闭系统在等温等压条件下向环境可能做的最大有用功,对应于状态函数吉布斯自由能的变化量。

$$\Delta G = W'_{\max} \tag{2-15}$$

对于一个化学反应,吉布斯自由能的变化量 ΔG 可以通过电化学方法测得,即

$$\Delta G = -nFE \tag{2-16}$$

式中:n 表示化学反应转移的电子数;F 为法拉第常数;E 为由该化学反应组成的可逆原电池的电动势。

吉布斯自由能的变化可以作为等温等压不做有用功的条件下,过程或化学反应是否自发进行的判据:

$\Delta G < 0$,过程或化学反应是自发的;

$\Delta G > 0$,过程或化学反应是非自发的(逆过程或逆反应自发);

$\Delta G = 0$,系统处于平衡态。

对于一个化学反应,可以像给出它的标准摩尔反应焓 $\Delta_f H_m^\ominus$一样给出它的标准摩尔反应自由能变化 $\Delta_r G_m^\ominus$(为简洁起见,常简称反应自由能),例如:

$$H_2(g) + \frac{1}{2}O_2(g) = H_2O(g) \qquad \Delta_r G_m^\ominus(298.15\ K) = -228.572\ kJ \cdot mol^{-1}$$

表明若 1 mol H_2 与 0.5 mol O_2 在 298.15 K 的标态下发生等温等压反应,生成 1 mol H_2O(气),即发生 1 mol 反应,其吉布斯自由能的变化量为-228.572 kJ。同样的道理,若将氢气与氧气的反应写成:

$$2H_2(g) + O_2(g) = 2H_2O \qquad \Delta_r G_m^\ominus(298.15\ K) = -457.144\ kJ \cdot mol^{-1}$$

此时反应自由能的单位中的 mol^{-1}(每摩尔)是指 2 mol H_2 与 1 mol O_2 生成 2 mol H_2O(气)。

2. 标准摩尔生成吉布斯自由能

物质 B 的标准摩尔生成吉布斯自由能 $\Delta_f G_m^\ominus$(B,相态,T)定义为:在热力学温度 T 下,由处于标准状态的各种元素的最稳定的单质生成标准状态下 1 mol 物质 B 的吉布斯自由能改变量,叫作在该热力学温度下物质 B 的标准摩尔生成吉布斯自由能。标准摩尔生成自由能的符号 $\Delta_f G_m^\ominus$中,其单位为 $J \cdot mol^{-1}$。当然处于标准状态下的各元素的最稳定的单质的标准生成吉布斯自由能为零。

同由标准摩尔生成焓求算反应的焓变一样，可以通过下式求算化学反应的标准摩尔反应吉布斯自由能变化 $\Delta_r G_m^\ominus$。

$$\Delta_r G_m^\ominus = \sum_B \nu_B \Delta_f G^\ominus \tag{2-17}$$

式中：B代表物质(反应物和产物)；ν_B代表物质B的化学计量数，对于产物是正值，对于反应物是负值。该式表明，一个化学反应的标准摩尔反应吉布斯自由能变化等于在标准压力下，按照所给反应式发生1 mol反应时，产物的标准生成吉布斯自由能总和减去反应物的标准生成吉布斯自由能的总和。

【例2-16】 计算过氧化氢分解反应的标准摩尔吉布斯自由能变化。

$$H_2O_2(l) \longrightarrow H_2O(l) + \frac{1}{2}O_2(g)$$

解： 查表得：$\Delta_f G_m^\ominus(H_2O_2, l) = -120.35\ \text{kJ}\cdot\text{mol}^{-1}$，$\Delta_f G_m^\ominus(H_2O, l) = -237.129\ \text{kJ}\cdot\text{mol}^{-1}$，而 $\Delta_f G_m^\ominus(O_2, g) = 0\ \text{kJ}\cdot\text{mol}^{-1}$。

由式(2-17)得

$$\Delta_r G_m^\ominus = 1\times\Delta_f G_m^\ominus(H_2O, l) + 1/2\times\Delta_f G_m^\ominus(O_2, g) - 1\times\Delta_f G_m^\ominus(H_2O_2, l)$$

将查得的数据代入，得

$$\Delta_r G_m^\ominus = -273.129\ \text{kJ}\cdot\text{mol}^{-1} - (-120.35\ \text{kJ}\cdot\text{mol}^{-1}) = -116.779\ \text{kJ}\cdot\text{mol}^{-1}$$

视频 吉布斯-亥姆霍兹公式

3. 吉布斯-亥姆霍兹(Gibbs-Helmholtz)公式

对于一个化学反应而言，$\Delta_r H_m^\ominus$表示化学反应中的能量变化；$\Delta_r S_m^\ominus$表示化学反应中的混乱度变化；而$\Delta_r G_m^\ominus$数值的正负则决定了反应自发进行的方向。它们之间的关系可以用吉布斯-亥姆霍兹(Gibbs-Helmholtz)公式表示：

$$\Delta_r G_m^\ominus = \Delta_r H_m^\ominus - T\Delta_r S_m^\ominus \tag{2-18}$$

式中T为热力学温度，若把标态符号“⊖”、下标r、m都删去，该式照样成立。即

$$\Delta G = \Delta H - T\Delta S \tag{2-19}$$

式(2-19)表明等温等压下化学反应的方向和限度的判据——吉布斯自由能的变化值是由两项决定的，一项是焓变，另一项是与熵变化有关的“$T\Delta S$”。ΔG综合了ΔH和ΔS对反应方向的影响。由于ΔH和ΔS受温度变化的影响很小，所以在一般温度范围内，可以用298 K的$\Delta_r H_m^\ominus$及$\Delta_r S_m^\ominus$代替，因此，可以近似计算出非常温下的吉布斯自由能变化量：

$$\Delta_r G_m^\ominus(T) = \Delta_r H_m^\ominus(298\ \text{K}) - T\Delta_r S_m^\ominus(298\ \text{K}) \tag{2-20}$$

式(2-20)显示：$\Delta_r G_m^\ominus$受温度变化的影响不可忽略。当$\Delta_r H_m^\ominus < 0$，$\Delta_r S_m^\ominus > 0$时，$\Delta_r G_m^\ominus$恒为负，反映在任何温度下都可以自发进行；而当$\Delta_r H_m^\ominus > 0$，$\Delta_r S_m^\ominus < 0$时，$\Delta_r G_m^\ominus > 0$，反应在任何温度下都不能自发进行；当$\Delta_r H_m^\ominus > 0$，$\Delta_r S_m^\ominus > 0$，只有T值大时才可能使$\Delta_r G_m^\ominus < 0$，故反应在高温时自发进行；当$\Delta_r H_m^\ominus < 0$，$\Delta_r S_m^\ominus < 0$，只有T值小时才可能使$\Delta_r G_m^\ominus < 0$，故反应在低温时自发进行。

【例 2－17】 讨论温度变化对下面反应的方向的影响。

$$CaCO_3(s) \longrightarrow CaO(s) + CO_2(g)$$

解：查表得：

	$CaCO_3(s)$	$CaO(s)$	$CO_2(g)$
$\Delta_f G_m^{\ominus}(kJ \cdot mol^{-1})$	$-1\,128.80$	-604.00	-394.36
$\Delta_f H_m^{\ominus}(kJ \cdot mol^{-1})$	$-1\,206.90$	-635.10	-393.51
$S_m^{\ominus}(J \cdot K^{-1} \cdot mol^{-1})$	92.90	39.75	213.64

$$\begin{aligned}\Delta_r G_m^{\ominus}(298\,K) &= \Delta_f G_m^{\ominus}(CaO, s) + \Delta_f G_m^{\ominus}(CO_2, g) - \Delta_f G_m^{\ominus}(CaCO_3, s) \\ &= [(-604.00) + (-394.36) - (-1\,128.80)]\ kJ \cdot mol^{-1} \\ &= 130.44\ kJ \cdot mol^{-1}\end{aligned}$$

$\Delta_r G_m^{\ominus}(298\,K) > 0$，故反应在常温下不能自发进行。

$$\begin{aligned}\Delta_f H_m^{\ominus}(298\,K) &= \Delta_f H_m^{\ominus}(CaO, s) + \Delta_f H_m^{\ominus}(CO_2, g) - \Delta_f H_m^{\ominus}(CaCO_3, s) \\ &= [(-635.10) + (-393.51) - (-1\,206.90)]\ kJ \cdot mol^{-1} \\ &= 178.32\ kJ \cdot mol^{-1} > 0(\text{吸热})\end{aligned}$$

$$\begin{aligned}\Delta_r S_m^{\ominus}(298\,K) &= S_m^{\ominus}(CaO, s) + S_m^{\ominus}(CO_2, g) - S_m^{\ominus}(CaCO_3, s) \\ &= [(39.75) + (213.64) - (92.90)]\ kJ \cdot mol^{-1} \\ &= 169.60\ J \cdot mol^{-1} \cdot K^{-1} > 0(\text{熵增大})\end{aligned}$$

根据 $\Delta_r G_m^{\ominus}(T) = \Delta_r H_m^{\ominus}(298\,K) - T\Delta_r S_m^{\ominus}(298\,K)$

当 $\Delta_r G_m^{\ominus}(T) < 0$ 时，则 $\Delta_r H_m^{\ominus}(298\,K) < T\Delta_r S_m^{\ominus}(298\,K)$

$$T > \frac{\Delta_r H_m^{\ominus}}{\Delta_r S_m^{\ominus}} = \frac{178.29 \times 1\,000}{160.49} = 1\,110.90(K)$$

由此可见，当 $T > 1\,110.90\,K$ 时，反应的 $\Delta_r G_m^{\ominus}(T) < 0$，故反应可以自发进行。$CaCO_3(s)$ 在温度高于 1 110.90 K 时分解。

§2.5 化学平衡

在研究化学反应的过程中，预测反应的方向和限度是至关重要的。如果一个反应在通常意义上根本不可能发生，采取任何加快速率的措施都是毫无意义的，只有对由反应物向产物转化是可能的反应，才有可能改变或者控制外界条件，使其以一定的反应速率达到反应的最大限度——**化学平衡**。

2.5.1 可逆反应与化学平衡

1. 可逆反应

在各种化学反应中，有些反应几乎能进行到底，如氯酸钾 $KClO_3(s)$ 的分解反应：

$$2KClO_3(s) \xrightarrow{MnO_2} 2KCl(s) + 3O_2(g)$$

该反应逆向进行的趋势很小。通常认为，KCl 不能与 O_2 直接反应生成 $KClO_3$，像这种在通常意义上实际上只能向一个方向进行“到底”的反应，叫作**不可逆反应**。

但是，绝大多数化学反应都是可逆的。在同一条件下，既能向正反应方向进行，同时又能向逆反应方向进行的反应，叫作**可逆反应**(reversible reaction)。例如，在一定温度下，将氢气和碘蒸气充入密闭容器中，则有气态碘化氢生成：

$$H_2(g) + I_2(g) \longrightarrow 2HI(g)$$

而将气态的碘化氢充入另一密闭容器中，在同样条件下，它会分解为氢气和碘蒸气：

$$2HI(g) \longrightarrow H_2(g) + I_2(g)$$

上述两个反应同时发生并且方向相反，可以写成下列形式：

$$H_2(g) + I_2(g) \rightleftharpoons 2HI(g)$$

这种在同一条件下，体系中既存在正方向进行的反应，同时又存在逆方向进行的反应称为可逆反应。

例如，高温下反应：

$$CO(g) + H_2O(g) \rightleftharpoons CO_2(g) + H_2(g)$$

一氧化碳与水蒸气作用生产二氧化碳与氢气的同时，也进行着二氧化碳与氢气反应生产一氧化碳与水蒸气的过程。

可以认为几乎所有的化学反应都具有可逆性，只是有些反应在人们已知的条件下，逆反应进行的程度极为微小，从表面上看似乎只朝着一个方向进行，以至于逆反应被忽略，例如：钡离子与硫酸根的沉淀反应：

$$Ba^{2+}(aq) + SO_4^{2-}(aq) \rightleftharpoons BaSO_4(s)$$

表面上看是一个生成沉淀的单向反应，其本质上也是一个可逆反应，因为将 $BaSO_4(s)$ 放到水中，经过一段时间，最终也能达到上述平衡，只不过其逆反应的趋势非常小而已。但就我们所研究的可逆反应而言，主要是指那些在同一条件下，正反应趋势与逆反应趋势相差不是很大的反应。

2. 化学平衡

化学平衡的建立是以可逆反应为前提的。可逆反应的进行，必然导致化学平衡状态的实现。**化学平衡**(chemical equilibrium)是指在宏观条件一定的可逆反应中，化学反应正逆反应速率相等，反应物和生成物各组分浓度不再改变的状态。因而，化学平衡是一种“动态平衡(dynamic equilibrium)”。

例如高温下，在一个密闭容器中进行的反应：$CO(g) + H_2O(g) \rightleftharpoons CO_2(g) + H_2(g)$。在反应开始时，CO 与 H_2O 以较快的速率生成 H_2 和 CO_2（正反应），随着容器中 H_2 和 CO_2 的积累，H_2 与 CO_2 反应生成 CO 和 H_2O（逆反应）的速率逐渐增大。当正反应速率和逆反应速率相等时，容器内各物质的分压（或浓度）维持一定，不再随时间而变化，此时该系统便达到了化学平衡状态。在化学平衡状态下，系统中各化学反应仍在进行，只不过是各反应物生成产物的速率与各产物又变成反应物的速率相等而已。只要系统的温度、压力维持不变，也不从系统中取走或加入任何物质，这种平衡状态就可以永远维持下去。从上例可以看出，处于化学平衡状态的化学反应具有以下几个特点：

（1）能够建立化学平衡的化学反应必定是在封闭系统中和恒温条件下进行的可逆反应。

（2）化学反应达到化学平衡状态的标志是各反应物、各产物的浓度（或气体分压）不再随时间而变化。

（3）可逆反应的化学平衡条件是正逆反应速率相等。

（4）化学平衡状态是有条件的动态平衡。当条件改变时，平衡状态将被破坏，直到在新的条件下建立起新的动态平衡。

2.5.2　平衡常数

视频　平衡常数

1. 经验平衡常数

可逆反应达到化学平衡时，系统中各物质的浓度（或气体分压）不再改变。为了进一步研究平衡状态时的系统特征，我们进行如下实验，等温 1 473 K，在四个密闭容器中分别充入不同浓度的 CO_2、H_2、CO 和 H_2O 的混合气体，如表 2 - 2 中起始浓度栏所示。各容器中的反应达到平衡后，各物质的平衡浓度列于表 2 - 2 中平衡浓度列，平衡时各容器的 $[c(CO)\times c(H_2O)]/[c(CO_2)\times c(H_2)]$ 也一并列于表 2 - 2。

表 2 - 2　$CO_2(g)+H_2(g) \rightleftharpoons CO(g)+H_2O(g)$ 的实验数据

编号	起始浓度/mol·L^{-1}				平衡浓度/mol·L^{-1}				$\frac{c(CO)\times c(H_2O)}{c(CO_2)\times c(H_2)}$（平衡时）
	CO_2	H_2	CO	H_2O	CO_2	H_2	CO	H_2O	
1	0.01	0.01	0	0	0.004	0.004	0.006 0	0.006 0	2.3
2	0.01	0.02	0	0	0.022	0.001 22	0.007 8	0.007 8	2.3
3	0.01	0.01	0.001	0	0.004 1	0.0041	0.006 9	0.005 9	2.4
4	0	0	0.02	0.02	0.008 2	0.008 2	0.011 8	0.011 8	2.1

分析表 2 - 2 数据我们可以得出如下结论：在恒温下，可逆反应无论从正反应开始还是从逆反应开始，最后达到平衡时，尽管每种物质浓度在各个系统中并不一致，但是生成物平衡浓度的乘积与反应物平衡浓度的乘积之比却是一个恒定值。

上述反应的反应式中各物质的计量数都是 1，对于计量数不是 1 或不全是 1 的可逆反应，这种关系又怎么体现呢？表 2 - 3 给出了反应 $2HI(g) \rightleftharpoons H_2(g)+I_2(g)$ 在 698.1 K 下进行反应的实验数据。结果表明，达到平衡时 $[c(H_2)\times c(I_2)]/[c(HI)]^2$ 是一个恒定的值。

表 2-3 $2HI(g) \rightleftharpoons H_2(g) + I_2(g)$ 的实验数据

编号	起始浓度/$mmol \cdot L^{-1}$			平衡浓度/$mmol \cdot L^{-1}$			$\frac{c(H_2) \times c(I_2)}{[c(HI)]^2}$ 平衡时
	I_2	H_2	HI	I_2	H_2	HI	
1	0	0	4.488 8	0.478 9	0.478 9	3.531 0	1.840×10^{-2}
2	0	0	10.691 8	1.140 9	1.140 9	8.410 0	1.840×10^{-2}
3	7.509 8	11.336 7	0	0.737 8	4.564 7	13.544 0	1.836×10^{-2}
4	11.964 2	10.666 3	0	3.129 2	1.831 3	17.671 0	1.835×10^{-2}

对于任一可逆反应，在一定温度下达到平衡时，系统中各物质的浓度之间存在如下关系：

$$aA + bB \rightleftharpoons dD + eE$$

$$\frac{[c(D)]^d \cdot [c(E)]^e}{[c(A)]^a \cdot [(B)]^b} = K_c \tag{2-21}$$

式中 K_c 称为化学反应的经验平衡常数。上面的叙述，可以归结为：在一定温度下，可逆反应达到平衡时，生成物的浓度以反应方程式中计量数为指数的幂的乘积与反应物的浓度以反应方程式中计量数为指数的幂的乘积之比是一个常数。

从式(2-21)可以看出，经验平衡常数 K_c 一般是有量纲及单位的，只有当反应物的计量数之和与生成物的计量数之和相等时，K_c 才是无量纲量。

如果化学反应是气相反应，平衡常数既可以用上述平衡时各物质的浓度之间的关系表示，也可以用平衡时各物质的分压之间的关系表示。如反应：

$$aA(g) + bB(g) \rightleftharpoons dD(g) + eE(g)$$

在某温度下达到平衡，则有

$$K_p = \frac{(p_D)^d (p_E)^e}{(P_A)^a (p_B)^b} \tag{2-22}$$

式中的经验平衡常数 K_p 是用平衡时系统中各物质的分压来表示的平衡常数。上面气相反应当然也可以用 K_c 来表示。同一反应的 K_c 和 K_p 一般来说单位与数值都是不相等的，但它们所表示的却是同一个平衡状态，因此两者之间存在一定的关系，可以根据理想气体状态方程进行相互换算，写成通式可表示如下：

$$K_c = \prod_i c_i^{\nu_i}, K_p = \prod_i p_i^{\nu_i}$$

$$K_p = \prod_i (c_i RT)^{\nu_i} = (RT)^{\sum_i \nu_i} \cdot \prod_i c_i^{\nu_i} = K_c (RT)^{\sum_i \nu_i}$$

在书写平衡常数表达式时，不要把反应系统中纯固体、纯液体以及稀溶液中的水的浓度写进去，例如：

$$CaCO_3(s) \rightleftharpoons CaO(s) + CO_2(g)$$

$$K_p = p_{CO}$$

$$Cr_2O_7^{2-}(aq) + H_2O(l) \rightleftharpoons 2CrO_4^{2-}(aq) + 2H^+$$

$$K_c = \frac{[c(CrO_4^{2-})]^2 \times [c(H^+)]^2}{c(Cr_2O_7^{2-})}$$

平衡常数的表达式及其数值与化学反应方程式的写法有关，例如：

$$N_2(g) + 3H_2(g) \rightleftharpoons 2NH_3(g)$$

$$K'_p = \frac{[p(NH_3)]^2}{p(N_2) \times [p(H_2)]^3}$$

$$\frac{1}{2}N_2(g) + \frac{3}{2}H_2(g) \rightleftharpoons NH_3(g)$$

$$K''_p = \frac{p[NH_3]}{[p(N_2)]^{\frac{1}{2}} \times [p(H_2)]^{\frac{3}{2}}}$$

$$2NH_3(g) \rightleftharpoons N_2(g) + 3H_2(g)$$

$$K'''_p = \frac{p(N_2) \times [p(H_2)]^3}{[p(NH_3)]^2}$$

$$K'_p = (K''_p)^2 = \frac{1}{K'''_p}$$

方程式的配平系数扩大 n 倍时，反应的平衡常数 K 将变成 K^n；而逆反应的平衡常数与正反应的平衡常数互为倒数。

两个反应方程式相加(相减)时，所得的反应方程式的平衡常数，可由原来的两个反应方程式的平衡常数相乘(相除)得到。例如：

$$\begin{array}{lll} & 2NO(g) + O_2(g) \rightleftharpoons 2NO_2(g) & K_1 \\ +) & 2NO_2(g) \rightleftharpoons N_2O_4(g) & K_2 \\ \hline & 2NO(g) + O_2(g) \rightleftharpoons N_2O_4(g) & K_3 = K_1 \cdot K_2 \end{array}$$

2. 标准平衡常数

在等温等压条件下进行的化学反应，当反应物和产物都处在标准状态时，则热力学中的平衡常数为**标准平衡常数**，以 $K^\ominus$ 表示。如化学反应：

$$a\,A(g) + b\,B(aq) + c\,C(s) \rightleftharpoons x\,X(g) + y\,Y(aq) + z\,Z(l)$$

$$K^\ominus = \frac{\left(\frac{p(X)}{p^\ominus}\right)^x \times \left(\frac{c(Y)}{c^\ominus}\right)^y}{\left(\frac{p(A)}{p^\ominus}\right)^a \times \left(\frac{c(B)}{c^\ominus}\right)^b}$$

标准平衡常数与经验平衡常数之间既有区别又有联系，主要区别是量纲(或单位)不一样。经验平衡常数有量纲，且它的量纲与反应方程式的写法有关，只有在 $\gamma = 0$ 时才无量纲(或者说量纲为一)，而标准平衡常数无量纲(或者说标准平衡常数是量纲为一的量)。

3. 多重平衡规则

如果某反应可以由几个反应相加(或相减)得到,则该反应的平衡常数就等于各个反应的平衡常数之积(或之商)。这种关系就叫作**多重平衡规则**。

根据化学平衡定律,多重平衡规则可以证明如下:

(1) $CO(g)+1/2O_2(g) \rightleftharpoons CO_2(g)$

$$K_{(1)}=\frac{c(CO_2)}{c(CO)\times[c(O_2)]^{\frac{1}{2}}}$$

(2) $H_2O(g) \rightleftharpoons H_2(g)+1/2O_2(g)$

$$K_{(2)}=\frac{c(H_2)\times[c(O_2)]^{\frac{1}{2}}}{c(H_2O)}$$

将(1)、(2)两个反应相加,得

(3) $CO(g)+H_2O(g) \rightleftharpoons CO_2(g)+H_2(g)$

$$K_{(3)}=\frac{c(CO_2)\times c(H_2)}{c(CO)\times c(H_2O)}=K_{(1)}\times K_{(2)}$$

应用多重平衡规则,可以由已知反应的平衡常数求算由已知反应的代数和所组成的未知反应的平衡常数。这个规则在以后的学习中经常用到。

2.5.3 平衡的移动

化学反应达到化学平衡时,宏观上反应不再进行;但是微观上正、逆反应仍在进行,并且两者的速率相等。影响反应速率的外界因素,如浓度、压力和温度等对化学平衡也同样会产生影响。当外界条件改变时,向某一方向进行的反应速率大于向相反方向进行的速率,化学平衡状态被破坏,直到正、逆反应的速率再次相等,此时系统的组成已发生了变化,建立起与新条件相适应的新的化学平衡,像这样因外界条件的改变使化学反应从一种化学平衡状态转变到另一种化学平衡状态的过程,叫作**化学平衡的移动**。

1. 浓度对化学平衡的影响

在其他条件不变时,增大反应物的浓度或者减小生成物的浓度,有利于正反应地进行,平衡向右方向移动;增加生成物的浓度或者减小反应物的浓度,有利于逆反应地进行,平衡向左方向移动。浓度虽然可以使化学平衡发生移动,但是它不能改变标准平衡常数的数值,因为在一定的温度下 $K^{\ominus}$ 值一定。

【例 2-18】 设在一密闭容器中进行如下反应:

$$CO_2(g) \rightleftharpoons CO(g)+\frac{1}{2}O_2(g)$$

25℃时,该反应的平衡常数 $K_c=1.72\times10^{-46}(mol\cdot L^{-1})^{1/2}$。设 CO_2 的起始浓度为 $1.00\ mol\cdot L^{-1}$ 时,达到平衡时 CO 的平衡浓度是多少?

解：

$$CO_2(g) \rightleftharpoons CO(g) + \frac{1}{2}O_2(g)$$

起始浓度/mol·L^{-1}	1.00	0	0
浓度变化/mol·L^{-1}	$-x$	x	$\frac{1}{2}x$
平衡浓度/mol·L^{-1}	$1.00-x$	x	$\frac{1}{2}x$

$$K_c = \frac{c(CO) \times c(O_2)^{\frac{1}{2}}}{c(CO_2)} = \frac{x\left(\frac{1}{2}x\right)^{\frac{1}{2}}}{1.00-x} = 1.72 \times 10^{-46}(\text{mol} \cdot \text{L}^{-1})^{\frac{1}{2}}$$

根据 K_c 的大小可以判断出 x 是一个很小的数，所以　$1.00-x \approx 1.00$

解得　$x = 3.90 \times 10^{-31}\ \text{mol} \cdot \text{L}^{-1}$

【例 2-19】 在某溶液中，$AgNO_3$、$Fe(NO_3)_2$ 和 $Fe(NO_3)_3$ 的浓度分别为 1.00×10^{-2} mol·L^{-1}、0.100 mol·L^{-1} 和 1.00×10^{-3} mol·L^{-1}，可发生如下反应：

$$Fe^{2+}(aq) + Ag^+(aq) = Fe^{3+}(aq) + Ag(s)$$

25℃，$K^\ominus = 3.2$。求：(1) 平衡时 Ag^+、Fe^{2+}、Fe^{3+} 的浓度各为多少？(2) Ag^+ 转化率为多少？(3) 如果保持最初 Ag^+、Fe^{3+} 的浓度不变，只改变 Fe^{2+} 浓度，使 $c(Fe^{2+}) = 0.300\ \text{mol} \cdot \text{L}^{-1}$，在新条件下 Ag^+ 的转化率。

解：(1) 平衡组成的计算：

$$Fe^{2+}(aq) + Ag^+(aq) = Fe^{3+}(aq) + Ag(s)$$

起始浓度/mol·L^{-1}	0.100	1.00×10^{-2}	1.00×10^{-3}
浓度变化/mol·L^{-1}	$-x$	$-x$	x
平衡浓度/mol·L^{-1}	$0.100-x$	$1.00\times10^{-2}-x$	$1.00\times10^{-3}+x$

$$K^\ominus = \frac{c(Fe^{3+})/c^\ominus}{[c(Fe^{2+})/c^\ominus][c(Ag^+)/c^\ominus]}$$

$$3.2 = \frac{1.00 \times 10^{-3} + x}{(0.100-x) \times (1.00 \times 10^{-2} - x)}$$

$$3.2x^2 - 1.52x + 2.2 \times 10^{-3} = 0$$

解得　$x = 1.60 \times 10^{-3}$

平衡时，$c(Ag^+) = 8.4 \times 10^{-3}\ \text{mol} \cdot \text{L}^{-1}$

$c(Fe^{2+}) = 9.84 \times 10^{-2}\ \text{mol} \cdot \text{L}^{-1}$

$c(Fe^{3+}) = 2.6 \times 10^{-3}\ \text{mol} \cdot \text{L}^{-1}$

(2)　$$\alpha(Ag^+) = \frac{c_0(Ag^+) - c(Ag^+)}{c_0(Ag^+)} = \frac{1.6 \times 10^{-3}}{1.0 \times 10^{-2}} \times 100\% = 16\%$$

(3) 设新条件下 Ag^+ 的平衡转化率为 α_2，则

平衡时，$c(Fe^{2+}) = (0.300 - 1.00 \times 10^{-2}\alpha_2)\text{mol} \cdot \text{L}^{-1}$

$$c(Ag^+) = [1.00 \times 10^{-2}(1-\alpha_2)]\text{mol} \cdot \text{L}^{-1}$$

$$c(Fe^{3+}) = (1.00 \times 10^{-3} + 1.00 \times 10^{-2}\alpha_2)\text{mol} \cdot \text{L}^{-1}$$

$$\frac{1.0 \times 10^{-3} + 1.0 \times 10^{-2}\alpha_2}{(0.300 - 1.00 \times 10^{-2}\alpha_2) \times [1.00 \times 10^{-2}(1-\alpha_2)]} = 3.2$$

即

$$\alpha_2 = 43\%$$

上题中由于增加了反应物 Fe^{2+} 的浓度，使平衡向右移动，Ag^+ 的转化率有所提高。因此，对于可逆反应，若提高某一反应物的浓度或降低产物的浓度，都可使平衡向着减少反应物浓度和增加产物浓度的方向移动。在化工生产中，常利用这一原理来提高反应物的转化率。

2. 压力对化学平衡的影响

对于有气体参加的反应且反应前后气体分子数不等，当其他条件不变时，达到化学平衡后，增大总压强，化学平衡向气体分子数减少即气体体积缩小的方向移动；减小总压强，化学平衡向气体分子数增加即气体体积增大的方向移动。若反应前后气体总分子数(总体积)不变，改变总压强不会造成平衡的移动。

视频 压强对化学平衡的影响

例如，对于合成氨反应：

$$N_2(g) + 3H_2(g) \rightleftharpoons 2NH_3(g)$$

在某温度下反应达到平衡时：

$$K^\ominus = \frac{(p_{NH_3}/p^\ominus)^2}{(p_{N_2}/p^\ominus)(p_{H_2}/p^\ominus)^3}$$

如果将平衡系统的总压力增加至原来的 2 倍，这时各组分的分压分别变为原来的 2 倍，反应商为

$$Q_p = \frac{(2p_{NH_3}/p^\ominus)^2}{(2p_{N_2}/p^\ominus)(2p_{H_2}/p^\ominus)^3} = \frac{1}{4}K^\ominus$$

即 $Q_p < K^\ominus$，原平衡被破坏，反应向右进行。随着反应的进行，p_{N_2} 和 p_{H_2} 不断下降，p_{NH_3} 不断增高，最后使 $Q_p = K^\ominus$，系统在新的条件下重新达到平衡。从上面的分析可以看出，增大总压力时，化学平衡向气体分子数减少的方向移动。

对于有气体参加的反应系统，经常将体积的变化归结为浓度或压强的变化来讨论。体积增大相当于浓度减小或压力减小，而体积减小相当于浓度或压力的增大。

【例 2-20】 在常温(298.15 K)常压(100 kPa)下，将 NO_2 和 N_2O_4 两种气体装入一注射器。求：

(1) 达到平衡时，两种气体的分压和浓度分别为多大？

(2) 推进注射器活塞，将混合气体的体积减小一半，达到平衡时，两种气体的分压和浓度多大？已知：反应 $2NO_2(g) \rightleftharpoons N_2O_4(g)$ 的标准平衡常数为 6.74。

解：(1)

$$2NO_2(g) \rightleftharpoons N_2O_4(g)$$

平衡时
$$K^{\ominus} = \frac{p(N_2O_4)/p^{\ominus}}{[p(NO_2)/p^{\ominus}]^2} = 6.74$$

将 $p^{\ominus} = 1 \times 10^5$ Pa 代入，得

$$\frac{p(N_2O_4)}{[p(NO_2)]^2} = 6.74 \times 10^{-5}\ \mathrm{Pa^{-1}} \qquad ①$$

$$p(N_2O_4) + p(NO_2) = 100\ \mathrm{kPa} \qquad ②$$

解①和②的联立方程，得

$$p(N_2O_4) = 68.2\ \mathrm{kPa};\ p(NO_2) = 31.8\ \mathrm{kPa}$$

代入 $c = p/RT$（由 $pV = nRT$ 变形而得，R 应取值 $8.314\ \mathrm{kPa \cdot L \cdot mol^{-1} \cdot K^{-1}}$），得

$$c(N_2O_4) = 0.027\,5\ \mathrm{mol \cdot L^{-1}};\ c(NO_2) = 0.012\,8\ \mathrm{mol \cdot L^{-1}}$$

(2) 体积减小一半，总压增大，平衡向生成 $N_2O_4(g)$ 的方向移动。

	$2NO_2(g) \rightleftharpoons$	$N_2O_4(g)$
体积压缩后分压/kPa	2×31.8	2×68.2
分压变化/kPa	$-2x$	x
新平衡分压/kPa	$2\times31.8-2x$	$2\times68.2+x$

$$K^{\ominus} = \frac{p'(N_2O_4)/p^{\ominus}}{[p'(NO_2)/p^{\ominus}]^2} = 6.74$$

即
$$\frac{(2\times68.2+x)/p^{\ominus}}{[(2\times31.8-2x)/p^{\ominus}]^2} = 6.74$$

得
$$x = 8.62$$

（另一解 x'=58.7 kPa 不合理，弃去）

$$p'(N_2O_4) = 2\times68.2\ \mathrm{kPa} + 8.62\ \mathrm{kPa} = 145\ \mathrm{kPa}$$
$$p'(NO_2) = 2\times31.8\ \mathrm{kPa} - 2x = 46.36\ \mathrm{kPa}$$

代入 $c' = p'/RT$，得

$$c'(N_2O_4) = 145\ \mathrm{kPa}/(8.314\ \mathrm{kPa \cdot L \cdot mol^{-1} \cdot K^{-1}} \times 298.15\ \mathrm{K}) = 0.058\ \mathrm{mol \cdot L^{-1}}$$

$$c'(NO_2) = 46.36\ \mathrm{kPa}/(8.314\ \mathrm{kPa \cdot L \cdot mol^{-1} \cdot K^{-1}} \times 298.15\ \mathrm{K}) = 0.019\ \mathrm{mol \cdot L^{-1}}$$

体积压缩一半达新平衡后，两种气体的浓度都增大了，但 $c'(NO_2) < c(NO_2)$，而 $c'(N_2O_4) > 2c(N_2O_4)$，这说明平衡向生成 N_2O_4 的方向移动了。

3. 温度对化学平衡的影响

对于已达到化学平衡的反应，在其他条件不变时，升高反应温度，平衡向吸热反应方向移动（有利于吸热反应）；降低反应温度，平衡向放热反应方向移动（有利于放热反应）。升温总是使正逆反应速率同时提高，降温总是使正逆反应速率同时下降。对于吸热反应来说，升温时正反应速率提高得更多，而造成 $v_{正} > v_{逆}$ 的结果。每个化学反应都有一定的热效应，所以改变温度一定会使平衡移动，不会出现不移动的情况。

视频　温度对化学平衡的影响

在化学热力学中，当反应达到平衡时，可以推导出标准摩尔反应自由能变化 $\Delta_r G_m^\ominus$ 与标准平衡常数 $K^\ominus$ 的关系式：$\Delta_r G_m^\ominus = -RT\ln K^\ominus$，结合等式：$\Delta_r G_m^\ominus = \Delta_r H_m^\ominus - T\Delta_r S_m^\ominus$，得

$$-RT\ln K^\ominus = \Delta_r H_m^\ominus - T\Delta_r S_m^\ominus$$

可变为

$$\ln K^\ominus = \frac{\Delta_r S_m^\ominus}{R} - \frac{\Delta_r H_m^\ominus}{RT}$$

不同温度时，有

$$\ln K_1^\ominus = \frac{\Delta_r S_{m1}^\ominus}{R} - \frac{\Delta_r H_{m1}^\ominus}{RT_1}$$

$$\ln K_2^\ominus = \frac{\Delta_r S_{m2}^\ominus}{R} - \frac{\Delta_r H_{m2}^\ominus}{RT_2}$$

两式相减，且认为 $\Delta_r S_m^\ominus$ 和 $\Delta_r H_m^\ominus$ 均不受温度影响，得

$$\ln\frac{K_2^\ominus}{K_1^\ominus} = \frac{\Delta_r H_m^\ominus}{R}\left(\frac{1}{T_1} - \frac{1}{T_2}\right)$$

整理后，得

$$\ln\frac{K_2^\ominus}{K_1^\ominus} = \frac{\Delta_r H_m^\ominus}{R}\left(\frac{T_2 - T_1}{T_1 T_2}\right) \tag{2-23}$$

对于吸热反应，$\Delta_r H_m^\ominus > 0$，当 $T_2 > T_1$ 时，由式(2-23)可得 $K_2^\ominus > K_1^\ominus$，即平衡常数随温度升高而增大，升高温度平衡向正反应方向移动；反之，当 $T_2 < T_1$ 时，$K_2^\ominus < K_1^\ominus$，平衡向逆反应方向移动。

对于放热反应，$\Delta_r H_m^\ominus < 0$，当 $T_2 > T_1$ 时，$K_2^\ominus < K_1^\ominus$，即平衡常数随温度升高而减小，升高温度平衡向逆反应方向移动；而当 $T_2 < T_1$ 时，$K_2^\ominus > K_1^\ominus$，平衡向正反应方向移动。

总之，当温度升高时平衡向吸热方向移动，降温时平衡向放热方向移动。

【例 2-21】 试计算反应：

$$CO_2(g) + 4H_2(g) \rightleftharpoons CH_4(g) + 2H_2O(g)$$

在 800 K 时的 $K^\ominus$ 值。

解： 利用热力学数据表，分别查出反应物、生成物的 $\Delta_f G_m^\ominus$ 和 $\Delta_f H_m^\ominus$ 数据，并列在相应物质的下面。

	$CO_2(g)$	$4H_2(g)$	$CH_4(g)$	$2H_2O(g)$
$\Delta_f H_m^\ominus/kJ\cdot mol^{-1}$	-393.5	0	-74.8	-241.8
$\Delta_f G_m^\ominus/kJ\cdot mol^{-1}$	-394.4	0	-50.7	-228.6

求算该反应的 $\Delta_r G_m^\ominus$ 和 $\Delta_r H_m^\ominus$。

$$\Delta_r H_m^\ominus = [(-74.8) + 2\times(-241.8)] - (-393.5) = -164.9\ kJ\cdot mol^{-1}$$

$$\Delta_r G_m^\ominus = [(-50.7) + 2\times(-228.6)] - (-394.4) = -113.5\ kJ\cdot mol^{-1}$$

利用公式 $\Delta_r G_m^{\ominus} = -RT\ln K^{\ominus}$，求算 298 K 下 $\lg K^{\ominus}$ 值。

$$\lg K^{\ominus} = \frac{-\Delta_r G^{\ominus}}{2.303RT} = \frac{113.6\times10^3\ \text{J}\cdot\text{mol}^{-1}}{2.303\times8.314\ \text{J}\cdot\text{K}^{-1}\cdot\text{mol}^{-1}\times298\ \text{K}} = 19.89$$

$$K^{\ominus} = 7.8\times10^{19}$$

利用(2-23)式，求算 800 K 下的 $K^{\ominus}$ 值。

$$\lg K^{\ominus}_{800} - 19.90 = \frac{-164.9\times10^3\ \text{J}\cdot\text{mol}^{-1}}{2.303\times8.314\ \text{J}\cdot\text{K}^{-1}\cdot\text{mol}^{-1}}\left(\frac{800\ \text{K}-298\ \text{K}}{298\ \text{K}\times800\ \text{K}}\right) = -18.13$$

$$\lg K^{\ominus}_{800} = 19.90 - 18.13 = 1.77$$

即
$$K^{\ominus}_{800} = 58.9$$

通过计算可知，该反应是放热反应，温度升高，$K^{\ominus}$ 值变小。

4. Le Chatelier 原理(平衡移动原理)

化学平衡必须在一定条件下才能达成，如一定的温度、一定的浓度或分压等。事实上，早在 1887 年，法国化学家勒夏特里(Le chatelier，1850～1936)在总结大量实验事实的基础上提出一个更为概括的规律："任何一个处于化学平衡的系统，假如改变平衡系统的条件之一(温度、压力、浓度等)，系统的平衡将发生移动。平衡移动的方向总是向着减弱这种改变的方向进行。"这就是**勒夏特里原理**(Le Chatelier's principle)。

"化学平衡的移动"是有方向的：增大反应物的浓度，平衡向生成物浓度增大(使反应物浓度降低)的方向移动；增大总压力，平衡向气体分子数减少的方向(使总压力降低的方向)移动；升高温度，平衡向吸热反应方向(使温度降低)的方向移动。

勒夏特里原理是一条具有普遍性的规律，适用于所有的动态平衡系统，还可以用一句更简洁的语言来叙述它：如果对平衡系统施加外力，则平衡将沿着减小外力影响的方向移动。

比如一个可逆反应中，当增加反应物的浓度时，平衡要向正反应方向移动，平衡的移动使得增加的反应物浓度又会逐步减少；但这种减弱不可能消除增加反应物浓度对这种反应物本身的影响，与旧的平衡系统中这种反应物的浓度相比而言，还是增加了。

在有气体参加或生成的可逆反应中，当增加压强时，平衡总是向体积缩小的方向移动，比如在 $N_2 + 3H_2 \rightleftharpoons 2NH_3$ 这个可逆反应中，达到一个平衡后，对这个系统进行加压，比如压强增加为原来的两倍，这时旧的平衡要被打破，平衡向体积缩小的方向移动，即在本反应中向正反应方向移动，建立新的平衡时，增加的压强即被减弱，不再是原平衡的两倍，但这种增加的压强不可能完全被消除，也不是与原平衡相同，而是处于这两者之间。

勒夏特里原理定性地概括了温度对平衡的影响。不论浓度变化、压强变化还是体积变化，它们对化学平衡的影响都是从改变 Q(实时的生成物的浓度以反应方程式中计量数为指数的幂的乘积与反应物的浓度以反应方程式中计量数为指数的幂的乘积之比)而得以实现的。温度对平衡的影响却是从改变平衡常数而产生的，因为平衡常数是温度的函数，随温度变化而变化。

5. Gibbs 函数与化学平衡

$\Delta_r G_m^{\ominus}$能用来判断标准状态下反应进行的方向。实际应用中，反应混合物很少处于相应的标准状态。反应进行时，气体物质的分压和溶液中溶质的浓度均在不断变化之中，直至达到平衡时，$\Delta_r G_m = 0$。$\Delta_r G_m$ 不仅与温度有关，而且与系统组成有关。在化学热力学中，推导出了 $\Delta_r G_m$ 与系统组成间的关系：

$$\Delta_r G_m(T) = \Delta_r G_m^{\ominus}(T) + RT\ln J \tag{2-24}$$

此式称为等温方程，J 为反应商。当反应达到平衡时，$\Delta_r G_m = 0$，$J = K^{\ominus}$，则

$$\Delta_r G_m^{\ominus}(T) = -RT\ln K^{\ominus}(T) \tag{2-25}$$

根据此式可以计算反应的标准平衡常数。将式(2-25)代入式(2-24)中，得

$$\Delta_r G_m(\mathrm{T}) = -RT\ln K^{\ominus} + RT\ln J \tag{2-26}$$

【例 2-22】 求反应：$2SO_2(g) + O_2(g) \rightleftharpoons 2SO_3(g)$ 在 298 K 时的标准平衡常数。

解： 在 298 K 时，查标准生成吉布斯自由能表，得

$$\Delta_f G_m^{\ominus}(SO_2, g) = -300.37\ \mathrm{kJ \cdot mol^{-1}},\ \Delta_f G_m^{\ominus}(SO_3, g) = -370.37\ \mathrm{kJ \cdot mol^{-1}}$$

故反应 $2SO_2(g) + O_2(g) \rightleftharpoons 2SO_3(g)$ 的 $\Delta_r G_m^{\ominus}$ 可由下式求得：

$$\begin{aligned}\Delta_r G_m^{\ominus} &= \sum_B \nu_B \Delta_f G^{\ominus} \\ &= 2(-370.37\ \mathrm{kJ \cdot mol^{-1}}) - 2(-300.37\ \mathrm{kJ \cdot mol^{-1}}) \\ &= -140\ \mathrm{kJ \cdot mol^{-1}}\end{aligned}$$

由式 $\Delta_r G_m^{\ominus} = -RT\ln K^{\ominus}$ 得

$$\ln K^{\ominus} = -\frac{-140 \times 10^3}{8.314 \times 298} = 56.5$$

$$K^{\ominus} = 3.4 \times 10^{24}$$

文献讨论题

［文献 1］ Ji-Tai Li, Jun-Fen Han, Jin-Hui Yang, Tong-Shuang Li. An efficient synthesis of 3,4-dihydropyrimidin-2-ones catalyzed by NH_2SO_3H under ultrasound irradiation. *Ultrasonics Sonochemistry*, **2003**, 10, 119-122.

根据热力学原理，反应过程中的焓变、熵变、温度都会影响化学反应的方向和速率。此外，一些极端外界条件也会对化学反应造成影响。微波化学与技术是一门新兴的交叉性学科。它是在人们对微波场中物质的特性及其相互作用的深入研究基础上，利用现代微波技术来研究物质在微波场作用下的物理和化学行为的一门科学。微波场可以被用来直接作用于化学系统从而促进或改变各类化学反应的反应条件。与传统加热相比，微波加热可使反应速率大大加快，可以提高几倍、几十倍甚至上千倍。同时由于微波为强电磁波，产生的微波等离子体中常可存在普通热力学方法得不到的高能态原子、分子和离子，因而可使一些热力学上不可能发生的反应得以发生。从化学热力学角度分析，微波电磁场的存在，改变了某些热力学函数在决定反应方向、平衡中的分配，从而引起了平衡点的移动，使平衡反应的产率增加。另外，在电磁场中，物质的化学反应性质都会有一定改变。以磁场的作用为例，外加的磁场可改变极性分子的有序状态和化学键的结合强度，从而会影响化学反应的平衡移动。阅读上述文献，分析微波条件对 3,4-二氢嘧啶-2-酮合成反

应的影响。

［文献 2］ Anna Peled，Maria Naddaka and Jean-Paul Lellouche. Smartly designed photoreactive silica nanoparticles and their reactivity. *J. Mater. Chem.*，**2011**，21，11511-11517.

物质在可见光或紫外线的照射下而产生的化学反应被称为光化学反应，它是由反应物的分子吸收光子后所引发的反应。吸收了光子的反应物分子或离子处于激发态，具有较高的反应能量，容易跃过最低势能垒，发生有别于正常条件的化学反应。相对于光化反应，寻常所见的反应均称为热反应。光化学反应与热化学反应相比有着以下几点不同：① 反应活化能不同。在基态情况下，热化学所需活化能来自分子碰撞，靠提高系统的温度可以实现，反应速率受温度影响大；光化学反应所需活化能靠吸收光子供给，分子激发态热力学能较高，反应活化能一般较小，反应速率受温度影响不明显，只要光波长和强度适当，大多在室温或低温下能发生。② 反应结果可能不同。两者产物种类和分布可能不同，热化学反应通道不多，产物主要经由活化能最低的通道。光化学反应机理较复杂，分子吸收光能后处于高能量状态，有可能产生不同的反应过渡态和活性中间体，得到热反应所得不到的某些产物。但由于高激发态分子寿命很短，所以有实际意义的只能是能量较低的几个激发态。尽管如此，这些激发态所处的能量位置仍高于好几种反应通道所需的活化能，故造成其反应复杂性和多样性。③ 化学平衡不同。热反应的平衡状态是热力学性质；光反应的平衡与光强度相关。④ 能量的提供不同。与加热一般只是提高分子运动的平均能量不同，给定波长的能量可比加热所能提供的能量大得多，可使处于基态的电子跃迁到内能很高的激发态，因此反应物分子吸收光后所具有的能量足以使共价键断裂而引发化学反应。阅读上述文献，分析光对于二氧化硅纳米粒子合成和性质的影响。

习题

1. 试述气体的基本特性。

2. 混合后理想气体的物理性质（质量、体积、压力、物质的量、平均相对分子质量等）与混合前各组分之间有什么关系？

3. 35℃的 Cl_2 和 0℃ 的 Cl_2 何者扩散得更快些？通过真空扩散得快，还是通过空气扩散得快？

4. 区分下列基本概念，并举例说明之。

(1) 系统与环境；　(2) 状态与状态函数；

(3) 热和功；　(4) 焓与热力学能；

(5) 热和温度；　(6) 标准状况与标准状态；

(7) 自发变化和非自发变化；　(8) 标准平衡常数和反应商；

(9) 焓、熵和 Gibbs 函数；　(10) $\Delta_r H_m$、$\Delta_r H_m^\ominus$ 和 $\Delta_f H_m^\ominus$

5. 化学上的“可逆反应”与热力学上的“可逆过程”含义是否相同？

6. 反应热与键能有什么关系？

7. 如何预测某些化学反应是吸热反应还是放热反应？

8. 下列叙述是否正确？试解释之。

(1) $Q_p = \Delta H$，H 是状态函数，所以 Q_p 也是状态函数；

(2) 所有生成反应和燃烧反应都是氧化-还原反应。

9. 下列过程是吸热还是放热？

(1) 固体 NH_4Cl 溶解在水中，溶液变冷；

(2) 木炭在炉中燃烧；

(3) 浓硫酸滴加在水中；

(4) 干冰气化。

10. 为什么温度对化学反应的 ΔG 影响很大，对 ΔH 和 ΔS 却影响很小？

11. 已知：$\Delta_f G_m^{\ominus}(H_2S, g) = -33.56\ kJ \cdot mol^{-1}$ 和 $H_2S(g) + \frac{1}{2}O_2(g) = H_2O(l) + S(s)$，$\Delta_r G_m^{\ominus} = -203.64\ kJ \cdot mol^{-1}$，请根据此描述 $H_2S(g)$ 的稳定性。

12. 下列两个反应在 398 K 和标准态时均为非自发反应，其中在高温下仍为非自发反应的是哪一个？为什么？

(1) $Fe_2O_3(s) + \frac{3}{2}C_{(石墨)} = 2Fe(s) + \frac{3}{2}CO_2(g)$

(2) $6C_{(石墨)} + 6H_2O(g) = C_6H_{12}O_6(g)$

13. 试述化学平衡的基本特征。

14. 下列叙述是否正确？并说明之。

(1) 在等温条件下，某反应系统中，反应物开始时的浓度和分压不同，则平衡时系统的组成不同，标准平衡常数也不同；

(2) 对于合成氨反应来说，当温度一定，尽管反应开始时 $n(H_2) : n(N_2) : n(NH_3)$ 不同，但是，只要系统中 $n(N)$、$n(H)$ 保持不变，则平衡组成相同，标准平衡常数不变；

(3) 对放热反应来说，温度升高，标准平衡常数 K 变小；

(4) 催化剂使正、逆反应速率常数增大相同的倍数，而不改变平衡常数。

15. 按照平衡移动的原理，解释下列现象。

(1) 当雨水通过石灰石岩层时，有可能形成山洞，雨水变成了含有 Ca^{2+} 的硬水；

(2) 当硬水在壶中被加热或煮沸时，形成了水垢；

(3) 当硬水慢慢地渗过山洞顶部的岩石层，钟乳石和石笋就有可能形成。

16. 在气相反应的平衡系统中，充入与反应系统无关的气体使系统总压增加，为什么不会使平衡发生移动？

17. 氧气钢瓶的容积为 40.0 L，压力为 10.1 MPa，温度为 27℃。计算钢瓶中氧气的质量。

18. 为测定某盐中的水分，取 1.508 g 样品，与过量 CaC_2 相混，其中水分与 CaC_2 反应，放出乙炔。在 20.0℃，1.00×10^2 kPa，收集干燥的乙炔气体 21.0 cm^3，求该盐中水的质量分数。

19. 某氮气罐温度为 227℃，压力为 500 kPa，氢气罐温度为 27℃，但不知道压力是多少，两罐以旋塞相连，打开旋塞，测定气体混合物的温度为 400 K，压力为 400 kPa，求混合前氢气的压力。

20. 在 25℃时将相同压力的 5.0 L 氮气和 15 L 氧气压缩到一个 10.0 L 的真空容器中，测得混合气体的总压为 150 kPa，求：

(1) 两种气体的初始压力；

(2) 混合气体中氮气和氧气的分压；

(3) 将温度上升到 210℃，容器的总压。

21. 在 25℃，一个容器中充入总压为 100 kPa，体积比为 1 : 1 的 H_2 和 O_2 混合气体，此时两种气体单位时间内与容器器壁碰撞次数多的是 H_2 还是 O_2？为什么？混合气体点燃后（充分反应生成水，忽略生成水的体积），恢复到 25℃，容器中氧气的分压是多少？容器内的总压是多少？（已知在 25℃，饱和水蒸气压为 3 160 Pa）

22. 一定体积的氢和氖混合气体，在 27℃时压力为 202 kPa，加热使该气体的体积膨胀至原体积的 4 倍时，压力变为 101 kPa。求：

(1) 膨胀后混合气体的最终温度是多少？

(2) 若混合气体中 H_2 的质量分数是 25.0%，原始混合气体中氢气的分压是多少？

23. 在容积为 1.00 dm^3 的真空烧瓶中装有 2.69 g PCl_5，在 250℃时 PCl_5 完全气化并部分分解，测其总压力为 100 kPa，求 PCl_5、PCl_3 和 Cl_2 的分压(已知 PCl_5 的相对分子质量为 208)。

24. 在 290 K 和 1.01×10^5 Pa 时，水面上收集了 0.15 L 氮气。经干燥后重 0.172 g，求氮气的相对分子质量和干燥后的体积(干燥后温度、压力不变，已知 290 K 时水的饱和蒸气压为 1.93×10^3 Pa)。

25. 一种未知气体在一台扩散器内以 10.00 mL·s^{-1} 的速度扩散，在此仪器内甲烷气体以 30.00 mL·s^{-1} 的速度扩散，计算此未知气体的相对分子质量。

26. 298 K 下水的蒸发热为 43.98 kJ·mol^{-1}，求蒸发 1 mol 水的 Q_V、Q_p、ΔU、W 和 ΔH。

27. 已知下列数据：

(1) $2C(石墨) + O_2(g) \xlongequal{} 2CO(g)$　　$\Delta_r H^\ominus_{m(1)} = -221.1\ kJ \cdot mol^{-1}$

(2) $C(石墨) + O_2(g) \xlongequal{} CO_2(g)$　　$\Delta_r H^\ominus_{m(2)} = -393.5\ kJ \cdot mol^{-1}$

(3) $2CH_3OH(l) + 3O_2(g) \xlongequal{} 2CO_2(g) + 4H_2O(l)$　　$\Delta_r H^\ominus_{m(3)} = -1\,453.3\ kJ \cdot mol^{-1}$

(4) $2H_2(g) + O_2(g) \xlongequal{} 2H_2O(l)$　　$\Delta_r H^\ominus_{m(4)} = -571.7\ kJ \cdot mol^{-1}$

计算下列反应的焓变 $\Delta_r H^\ominus_m$：

$$CO(g) + 2H_2(g) \xrightarrow{Cr_2O_3,ZnO} CH_3OH(l)$$

28. 100 g 铁粉在 25℃溶于盐酸生成氯化亚铁($FeCl_2$)，(1) 这个反应在烧杯中发生；(2) 这个反应在密闭贮瓶中发生；两种情况相比，哪个放热较多？简述理由。

29. 已知下列热化学反应：

$Fe_2O_3(s) + 3CO(g) \longrightarrow 2Fe(s) + 3CO_2(g)$　　$\Delta_r H^\ominus_m = -27.61\ kJ \cdot mol^{-1}$

$3Fe_2O_3(s) + 3CO(g) \longrightarrow 2Fe_3O_4(s) + CO_2(g)$　　$\Delta_r H^\ominus_m = -58.58\ kJ \cdot mol^{-1}$

$Fe_3O_4(s) + CO(g) \longrightarrow 3FeO(s) + CO_2(g)$　　$\Delta_r H^\ominus_m = +38.07\ kJ \cdot mol^{-1}$

求反应 $FeO(s) + CO(g) \longrightarrow Fe(s) + CO_2(g)$ 的 $\Delta_r H^\ominus_m$。

30. 已知：

(1) $CH_3OH(g) + \frac{3}{2}O_2(g) \longrightarrow CO_2(g) + 2H_2O(l)$　　$\Delta_r H^\ominus_{m(1)} = -763.9\ kJ \cdot mol^{-1}$

(2) $C(s) + O_2(g) \longrightarrow CO_2(g)$　　$\Delta_r H^\ominus_{m(2)} = -393.5\ kJ \cdot mol^{-1}$

(3) $H_2(g) + \frac{1}{2}O_2(g) \longrightarrow H_2O(l)$　　$\Delta_r H^\ominus_{m(3)} = -285.8\ kJ \cdot mol^{-1}$

(4) $CO(g) + \frac{1}{2}O_2(g) \longrightarrow CO_2(g)$　　$\Delta_r H^\ominus_{m(4)} = -283.0\ kJ \cdot mol^{-1}$

求：CO(g)和 $CH_3OH(g)$的标准摩尔生成焓；$CO(g) + 2H_2(g) \xlongequal{} CH_3OH(g)$ 的 $\Delta_r H^\ominus_m$。

31. 已知下列热化学反应方程式：

(1) $C_2H_2(g) + 5/2O_2(g) \longrightarrow 2CO_2(g) + H_2O(l)$　　$\Delta_r H^\ominus_m(1) = 177.4\ kJ \cdot mol^{-1}$

(2) $C(s) + O_2(g) \longrightarrow CO_2(g)$　　$\Delta_r H^\ominus_m(2) = -394\ kJ \cdot mol^{-1}$

(3) $H_2(g) + 1/2O_2(g) \longrightarrow H_2O(l)$　　$\Delta_r H^\ominus_m(3) = -286\ kJ \cdot mol^{-1}$

计算 $\Delta_f H^\ominus_m(C_2H_5, g)$。

32. 已知 298 K 下，下列热化学方程式：

(1) $C(s) + O_2(g) \longrightarrow CO_2(g)$　　$\Delta_r H^\ominus_m(1) = -393.51\ kJ \cdot mol^{-1}$

(2) $2H_2(g) + O_2(g) \longrightarrow 2H_2O(l)$　　$\Delta_r H^\ominus_m(2) = -571.66\ kJ \cdot mol^{-1}$

(3) $CH_3CH_2CH_3(g) + 5O_2(g) \longrightarrow 3CO_2(g) + 4H_2O(l)$ $\Delta_r H_m^\ominus(3) = -2\,220\ kJ \cdot mol^{-1}$

仅由这些化学方程式确定 298 K 下 $\Delta_c H_m^\ominus(CH_3CH_2CH_3, g)$和 $\Delta_f H_m^\ominus(CH_3CH_2CH_3, g)$。

33. 已知在 298 K,100 kPa 下：

	$PCl_3(g)$	P(白)	P(红)	$Cl_2(g)$
$\Delta_f H_m^\ominus/kJ \cdot mol^{-1}$	−287.0	0	−17.6	0
$S_m^\ominus/J \cdot K^{-1} \cdot mol^{-1}$	311.67	41.09	22.80	223.066

$$2P(s,白) + 3Cl_2(g) \rightleftharpoons 2\,PCl_3(g) \qquad \Delta_r H_{m(1)}^\ominus$$

$$2P(s,红) + 3Cl_2(g) \rightleftharpoons 2\,PCl_3(g) \qquad \Delta_r H_{m(2)}^\ominus$$

问：(1) $\Delta_r H_{m(1)}^\ominus$ 和 $\Delta_r H_{m(2)}^\ominus$ 哪个大？

(2) 温度升高时，$\Delta_r G_{m(2)}^\ominus$ 是增大还是减小？为什么？

(3) 温度升高时，反应(2)的平衡常数 $K_{p(2)}^\ominus$ 是增大还是减小？为什么？

34. 碘钨灯因在灯内发生如下可逆反应：

$$W(s) + I_2(g) = WI_2(g)$$

碘蒸气与扩散到玻璃内壁的钨会发生反应生成碘化钨气体，后者扩散到钨丝附近会因钨丝的高温而分解新沉淀到钨丝上去，从而可延长灯丝的使用寿命。

已知在 298 K 时：

	W(s)	$WI_2(g)$	$I_2(g)$
$\Delta_f G_m^\ominus/kJ \cdot mol^{-1}$	0	−8.37	19.327
$S_m^\ominus/J \cdot K^{-1} \cdot mol^{-1}$	33.5	251	260.69

(1) 设玻璃内壁的温度为 623 K，计算上式反应的 $\Delta_r G^\ominus(623\ K)$；

(2) 估算 $WI_2(g)$在钨丝上分解所需的最低温度。

35. 以下反应，哪些在常温的热力学标态下能自发向右进行？哪些不能？

298 K	$\Delta_r H_m^\ominus/kJ \cdot mol^{-1}$	$\Delta_r S_m^\ominus/J \cdot K^{-1} \cdot mol^{-1}$
(1) $2CO_2(g) = 2CO(g) + O_2(g)$	566.1	174
(2) $2N_2O(g) = 2N_2(g) + O_2(g)$	−163	22.6
(3) $2NO_2(g) = 2NO(g)$	113	145
(4) $2NO_2(g) = 2O_2(g) + N_2(g)$	−67.8	120
(5) $CaCO_3(s) = CaO(s) + CO_2(g)$	178.0	161
(6) $C(s) + O_2(g) = CO_2(g)$	−393.5	3.1
(7) $CaF_2(s) + aq = CaF_2(aq)$	6.3	−152

36. 固体氨的摩尔熔化焓变 $\Delta_{fus} H_m^\ominus = 5.65\ kJ \cdot mol^{-1}$，摩尔熔化熵变 $\Delta_{fus} S_m^\ominus = 28.9\ J \cdot K^{-1} \cdot mol^{-1}$。

(1) 计算在 170 K 下氨熔化的标准摩尔 Gibbs 函数；

(2) 在 170 K 标准状态下，氨熔化是自发的吗？

(3) 在标准压力下，固体氨与液体氨达到平衡时的温度是多少？

37. 在一定温度下 $Ag_2O(s)$和 $AgNO_3(s)$受热均能分解。相关反应为：

$$Ag_2O(s) \rightleftharpoons 2Ag(s) + \frac{1}{2}O_2(g)$$

$$2AgNO_3(s) \rightleftharpoons Ag_2O(s) + 2NO_2(g) + \frac{1}{2}O_2(g)$$

假定反应的 $\Delta_r H_m^\ominus$、$\Delta_r S_m^\ominus$不随温度的变化而改变，估算 $Ag_2O(s)$和 $AgNO_3(s)$按上述反应方程式进行

分解时的最低温度，并确定 $AgNO_3(s)$分解的最终产物。

38. 已知下列数据：

$\Delta_f H_m^\ominus(CO_2, g) = -393.5\ kJ \cdot mol^{-1}$，$\Delta_f H_m^\ominus(Fe_2O_3, s) = -824.4\ kJ \cdot mol^{-1}$；$\Delta_f G_m^\ominus(CO_2, g) = -394.4\ kJ \cdot mol^{-1}$，$\Delta_f G_m^\ominus(Fe_2O_3, s) = -742.2\ kJ \cdot mol^{-1}$。

求反应 $Fe_2O_3(s) + \frac{3}{2}C(s) \rightleftharpoons 2Fe(s) + \frac{3}{2}CO_2(g)$ 在什么温度下能自发进行？

39. 查表求反应 $CaCO_3(s) \rightleftharpoons CaO(s) + CO_2(g)$ 能够自发进行的最低温度。

40. 应用 Le Chatelier 原理预测下列平衡在改变平衡条件时，反应的移动方向。

$$AgCl(s) + 2CN^-(aq) \rightleftharpoons [Ag(CN)_2]^-(aq) + Cl^-(aq) \qquad \Delta_r H_m^\ominus = 21\ kJ \cdot mol^{-1}$$

(1) 加入 $NaCN(s)$；(2) 加入 $AgCl(s)$；(3) 降低系统温度；(4) 加入 $H_2O(l)$；(5) 加入 $NaCl(s)$。

41. 已知下列反应在 1 362 K 时的标准平衡常数：

(1) $H_2(g) + \frac{1}{2}S_2(g) \rightleftharpoons H_2S(g) \qquad K_1^\ominus = 0.80$

(2) $3H_2(g) + SO_2(g) \rightleftharpoons H_2S(g) + 2H_2O(g) \quad K_2^\ominus = 1.8 \times 10^4$

计算反应：$4H_2(g) + 2SO_2(g) \rightleftharpoons S_2(g) + 4H_2O(g)$ 在 1 362 K 时的标准平衡常数 $K^\ominus$。

42. 在 699 K 时，反应 $H_2(g) + I_2(g) \rightleftharpoons 2HI(g)$ 的平衡常数 $K^\ominus = 55.3$，如果将2.00 mol H_2 和 2.00 mol I_2作用于 4.00 dm^3 的容器内，问在该温度下达到平衡时有多少 HI 生成？

43. HI 分解反应为 $2HI(g) \rightleftharpoons H_2(g) + I_2(g)$，开始时有 1 mol HI，平衡时有 24.4%的 HI 发生了分解，今欲将分解百分数降低到 10%，试计算应往此平衡系统中加多少摩尔 I_2？

44. 300℃时反应 $PCl_5(g) \rightleftharpoons PCl_3(g) + Cl_2(g)$ 的 $K_p^\ominus = 11.5$。取 2.00 mol PCl_5 与 1.00 mol PCl_3 相混合，在总压为 200 kPa 下反应达平衡，求平衡混合物中各组分的分压。

45. 光气(又称碳酰氯)的合成反应为：$CO(g) + Cl_2(g) \rightleftharpoons COCl_2(g)$，100℃ 下该反应的 $K^\ominus = 1.50 \times 10^8$。若反应开始时，在 1.00 L 容器中 $n_0(CO) = 0.035\ 0$ mol，$n_0(Cl_2) = 0.027\ 0$ mol，$n_0(COCl_2) = 0.010\ 0$ mol，计算平衡时各物种的分压。

46. $PCl_5(g)$在 523 K 达分解平衡：$PCl_5 \rightleftharpoons PCl_3 + Cl_2$，平衡浓度：$c(PCl_5) = 1\ mol \cdot L^{-1}$，$c(PCl_3) = c(Cl_2) = 0.204\ mol \cdot L^{-1}$。若温度不变而压强减小一半，在新的平衡系统中各物质的浓度为多少？

47. 已知在 250℃气相反应：$PCl_5 \rightleftharpoons PCl_3 + Cl_2$ 的 $K_p = 1.85$，若等摩尔的 PCl_3 和 Cl_2 在 5.0 dm^3 容器中在该温度下达平衡，测得 PCl_5 的分压为 100 kPa，求 PCl_3 和 Cl_2 的原始物质的量。

48. 反应 $CO(g) + H_2O(g) \rightleftharpoons CO_2(g) + H_2(g)$ 在 749 K 时的标准平衡常数 $K^\ominus = 2.6$。设(1) 反应起始时 CO 和 H_2O 的浓度都为 1 mol/L(没有生成物，下同)；(2) 起始时 CO 和 H_2O 的摩尔比为 1∶3，求 CO 的平衡转化率。用计算结果来说明勒夏特里原理。

49. 反应：$PCl_5(g) \rightleftharpoons PCl_3(g) + Cl_2(g)$

(1) 523 K 时，将 0.700 mol 的 PCl_5 注入容积为 2.00 L 的密闭容器中，平衡时有0.500 mol PCl_5 被分解了。试计算该温度下的标准平衡常数 $K^\ominus$和 PCl_5 的分解率。

(2) 若在上述容器中已达到平衡后，再加入 0.100 mol Cl_2，则 PCl_5 的分解率与(1)的分解率相比相差多少？

(3) 如开始时在注入 0.700 mol PCl_5 的同时，就注入了 0.100 mol Cl_2，则平衡时 PCl_5 的分解率又是多少？比较(2)、(3)所得结果，可以得出什么结论？

50. 根据 Le Chatelier 原理，讨论下列反应：

$$2Cl_2(g) + 2H_2O(g) \rightleftharpoons 4HCl(g) + O_2(g) \qquad \Delta_r H_m^\ominus > 0$$

将 Cl_2、$H_2O(g)$、$HCl(g)$和 $O_2(g)$四种气体混合后，反应达到平衡时，下列左边的操作条件改变对右面各物理量的平衡数值有何影响(操作条件中没有注明的，是指温度不变和体积不变)？

(1) 增大容器体积	$n(H_2O, g)$	(2) 加 O_2	$n(H_2O, g)$
(3) 加 O_2	$n(O_2, g)$	(4) 加 O_2	$n(HCl, g)$
(5) 减小容器体积	$n(Cl_2, g)$	(6) 减小容器体积	$p(Cl_2)$
(7) 减小容器体积	$K^{\ominus}$	(8) 升高温度	$K^{\ominus}$
(9) 升高温度	$p(HCl)$	(10) 加氮气	$n(HCl, g)$

第3章 化学动力学基础

不同的化学反应，有些进行得很快，几乎瞬间完成，例如爆炸反应、强酸和强碱的中和反应等。有些却进行得很慢，如常温下氢气和氧气化合生成水的反应从宏观上几乎觉察不出来；再如钟乳石的生长、岩石的风化、镭的衰变等，历时千百万年才有显著的变化。

化学热力学研究化学反应中能量的变化、化学反应进行的可能性、反应趋势及进行程度，不涉及时间问题：化学热力学只考虑反应始态与终态之间的差别，而不考虑变化过程的细节。化学反应实际上的发生，即现实性以及反应机理却是动力学研究的范畴。有的反应用化学热力学预见是可以发生的，但这不能反映化学反应进行的快慢，有的反应甚至因速率太慢而事实上并不发生，化学反应的热力学顺序和动力学顺序可能不同。以下面两个反应为例：

$$(1)\ H_2(g)+\frac{1}{2}O_2(g) = H_2O(l) \qquad \Delta_r G_m^{\ominus}=-237.2\ \text{kJ}\cdot\text{mol}^{-1},K^{\ominus}=3.61\times10^{41}$$

$$(2)\ NO(g)+\frac{1}{2}O_2(g) = NO_2(g) \qquad \Delta_r G_m^{\ominus}=-36.3\ \text{kJ}\cdot\text{mol}^{-1},K^{\ominus}=2.29\times10^{6}$$

两个反应的吉布斯自由能的改变量都小于0，且反应(1)的吉布斯自由能的改变量比反应(2)小得多，然而，室温下氢气与氧气混合，尽管这种混合物在热力学上很不稳定，但却观察不到反应的发生（没有水生成）；而当一氧化氮与氧气混合时，反应立刻发生（有红棕色气体生成）。这说明：化学反应速率并不取决于热力学函数改变量的大小，反应的实际进程也不一定与反应的热力学顺序一致。反应(1)比反应(2)的平衡常数大得多，只是表明反应(1)的趋势很大，并不表明反应一定快，反应的趋势大小与反应的速率大小不是一回事。

将反应的可能性变为现实性以及控制化学反应速率在许多实践活动中的重要性是不言而喻的。在大多数情况下，人们希望反应速率加大，例如：在化工生产中，化学反应速率往往是决定生产效率和成本的重要因素；但在另一些情况下，人们又希望能减小反应的速率，例如：金属的腐蚀、塑料的老化、抑制反应中的某些副反应的发生等等。因此，一方面研究反应速率，是为了了解各种因素（浓度、压力、温度、催化剂等）对反应速率的影响，从而给人们提供选择反应条件，控制化学反应按照人们期望的速率发生；另一方面，是为了研究反应物究竟经历什么途径、哪些步骤才能转化为最终产物，即化学反应机理（也称反应历程，reaction mechanism)，以便掌握反应的本质，更好地驾驭反应并使其为人类服务。化学反应速率必然与反应机理有密切关联，了解了反应机理就可以通过选择适当的反应条件使热力学所预期的可能性变为现实性，同时，知道了这些历程，可以找到决定反应速率的关键所在，使得主反应按我们希望的速率和方向进行，而副反应以最小的速率反应加以抑制，在生产上达到多快好省的目的。这两方面正是化学动力学的两个基本任务。例如，在石油炼制和有机合成等化工生产中，常伴有副反应，通过动力学研究可以提高主反应速率，抑制副反应速率，这样既可达到提高主产物产量，又可以减少原材料的浪费及主、副产品分离时的困难；钢铁生锈，水果、粮食、鱼肉等食物的腐败或霉变导致的经济损失十分惊人，使这些反应停止或速率减小以防止或抑制这些反应发生，仍是人类苦苦追求的目标；再如近年来石油泄漏事故频发，我们希望有一种办法能迅速分解泄露到大海里的石油而不影响环境和破坏生态平衡等等。这样的例子还可以举出很多。

§3.1 化学反应速率的定义及其表示法

3.1.1 反应速率的定义

为了定量地比较反应进行的快慢，必须介绍反应速率的概念。按传统的说法，**反应速率**(reaction rate)是指在一定条件下单位时间内某化学反应的反应物转变为生成物的速率。对于均匀体系的恒容反应，习惯用单位时间内反应物浓度的减少或生成物浓度的增加来表示，而且习惯取正值。浓度单位通常用 $mol\cdot L^{-1}$，时间单位视反应快慢，可分别用秒(s)、分(min)或小时(h)等表示。这样，化学反应速率的单位可以为 $mol\cdot L^{-1}\cdot s^{-1}$、$mol\cdot L^{-1}\cdot min^{-1}$、$mol\cdot L^{-1}\cdot h^{-1}$等等。

3.1.2 平均速率

化学反应的平均速率是反应进程中某时间间隔①(Δt)内参与反应的物质的量的变化量，可以用单位时间内反应物的减少的量或者生成物增加的量来表示，一般式表示为：

$$r = |\Delta n_B/\Delta t| \tag{3-1}$$

式中的 Δn_B 是时间间隔 $\Delta t(\equiv t_{终态} - t_{始态})$ 内的参与反应的物质 B 的物质的量的变化量($\Delta n_B \equiv n_{终} - n_{始}$)。

对于在体积一定的密闭容器里进行的化学反应，可以用单位时间内反应物浓度的减少或生成物浓度的增加来表示：

$$r = |\Delta c_B/\Delta t| \tag{3-2}$$

式中 Δc_B是参与反应的物质 B 在 Δt 的时间间隔内发生的浓度变化。取绝对值的原因是反应速率不管大小，总是正值。例如，在给定条件下，合成氨反应：

	N_2 +	$3H_2$ ══	$2NH_3$
起始浓度/$mol\cdot L^{-1}$	2.0	3.0	0
2 s 末浓度/$mol\cdot L^{-1}$	1.8	2.4	0.4

该反应平均速率若根据不同物质的浓度变化可分别表示为：

① 时间(time)、时间间隔(time interval)、持续时间(duration)是同一个意义，时刻(moment)是指特定的瞬间、时间点。但在不引起误解且不十分强调"瞬间"的情况下，通常"时刻"也可用"时间"表示，如"反应物浓度随时间 t 变化"(这里 t 是经过的时间，也是最后的时刻)。

$$\bar{r}(N_2) = -\frac{\Delta c(N_2)}{\Delta t} = -\frac{(1.8-2.0)\,\text{mol}\cdot\text{L}^{-1}}{(2-0)\,\text{s}} = 0.1\ \text{mol}\cdot\text{L}^{-1}\cdot\text{s}^{-1}$$

$$\bar{r}(H_2) = -\frac{\Delta c(H_2)}{\Delta t} = -\frac{(2.4-3.0)\,\text{mol}\cdot\text{L}^{-1}}{(2-0)\,\text{s}} = 0.3\ \text{mol}\cdot\text{L}^{-1}\cdot\text{s}^{-1}$$

$$\bar{r}(NH_3) = \frac{\Delta c(NH_3)}{\Delta t} = \frac{(0.4-0)\,\text{mol}\cdot\text{L}^{-1}}{(2-0)\,\text{s}} = 0.2\ \text{mol}\cdot\text{L}^{-1}\cdot\text{s}^{-1}$$

式中：Δt 表示反应的时间间隔；$\Delta c(N_2)$、$\Delta c(H_2)$、$\Delta c(NH_3)$分别表示 Δt 时间间隔内反应物 N_2、H_2 和生成物 NH_3 浓度的变化。

显然，在同一反应的同一时间间隔内，由于 N_2、H_2 和生成物 NH_3 的计量系数不同，用不同物质表示反应的平均速率也不同：$\bar{r}(N_2):\bar{r}(H_2):\bar{r}(NH_3)=1:3:2$，它们之间的比值为反应方程式中相应物质分子式前的系数比。

3.1.3 瞬时速率

在研究反应速率时，经常要用到某一时刻的反应速率。这时，用平均速率就显得粗糙，因为这段时间里，绝大多数化学反应的速率是随着反应不断进行而越来越慢的，换句话说，绝大多数反应速率不是不随着时间而变的“定速”，而是随反应时间而变的“变速”，同时，影响反应速率的因素也在变化。

通常把某一时刻的化学反应速率称为反应的瞬时速率。即

$$r = \left|\frac{\mathrm{d}c(B)}{\mathrm{d}t}\right| \tag{3-3}$$

或

$$r = \frac{1}{\nu(B)} \times \frac{\mathrm{d}c(B)}{\mathrm{d}t} \tag{3-4}$$

我们以反应 $2N_2O_5 \longrightarrow 4NO_2 + O_2$ 为例加以讨论：

	$2N_2O_5 \longrightarrow$	$4NO_2$	$+\ O_2$
t_1 时	$c_1(N_2O_5)$	$c_1(NO_2)$	$c_1(O_2)$
t_2 时	$c_2(N_2O_5)$	$c_2(NO_2)$	$c_2(O_2)$
t_3 时	$c_3(N_2O_5)$	$c_3(NO_2)$	$c_3(O_2)$

以 O_2 浓度变化表示反应速率，则在 $t_1 \sim t_2$ 这段时间里的平均速率为：

$$\bar{r}_{O_2} = \frac{c_2(O_2) - c_1(O_2)}{t_2 - t_1} = \frac{\Delta c(O_2)_{21}}{\Delta t_{21}}$$

在 $t_2 \sim t_3$ 这段时间里的平均速率为：

$$\bar{r}_{O_2} = \frac{c_3(O_2) - c_2(O_2)}{t_3 - t_2} = \frac{\Delta c(O_2)_{32}}{\Delta t_{32}}$$

一般来说，这两段时间里的平均速率并不相等。

如前所述，也可以用 N_2O_5 浓度的变化表示该反应的速率：

$$\bar{r}_{N_2O_5} = -\frac{\Delta c(N_2O_5)}{\Delta t}$$

在同一段时间里，$\bar{r}_{O_2}$和$\bar{r}_{N_2O_5}$反映的是同一问题，但数值并不相等。

利用实验数据，以反应时间 t 为横坐标，以生成物浓度为纵坐标，可得到生成物浓度 $c(O_2)$对反应时间 t 的曲线。先考虑一下平均速率的意义：

$$\bar{r}_{O_2} = \frac{c_2(O_2) - c_1(O_2)}{t_2 - t_1} = \frac{\Delta c(O_2)}{\Delta t}$$

$$\bar{r}_{O_2} = k_{AB}$$

即为割线 AB 的斜率，如图 3-1(a)。

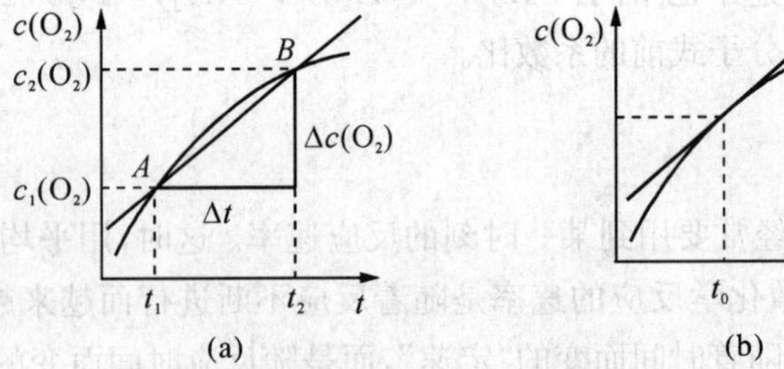

图 3-1　平均速率与瞬时速率的关系

要求得在 $t_1 \sim t_2$ 之间某一时刻 t_0 的反应速率，可在 t_0 两侧选时间间隔 $t_0 - \delta \sim t_0 + \delta$，$\delta$ 越小，即 Δt 越小，则两点间的平均速率越接近 t_0时的速率。当 $\delta \rightarrow 0$（即 $\Delta t \rightarrow 0$）时，割线变成切线，割线 AB 的极限是切线，如图 3-1(b)所示。

$$r_{O_2, t_0} = \lim_{\Delta t \to 0} \frac{\Delta c(O_2)}{\Delta t} = \frac{dc(O_2)}{dt}$$

$$r_{O_2, t_0} = k$$

故 t_0时刻曲线切线的斜率 k 是 t_0时的瞬时速率 r_{O_2, t_0}。

从瞬时速率的定义，可以归纳出瞬时速率的求法：

(1) 作浓度-时刻曲线图；

(2) 在指定时刻的曲线位置上作切线；

(3) 求出切线的斜率(用作图法，量出线段长，求出比值)。

一般而言，对于反应 $a\text{A} + b\text{B} \xlongequal{} g\text{G} + h\text{H}$ 某时刻的瞬时速率之间，有如下的关系：

$$-\frac{r_A}{a} = -\frac{r_B}{b} = \frac{r_G}{g} = \frac{r_H}{h}$$

最有实际意义和理论意义的瞬时速率是初始速率 r_0。

3.1.4　用反应进度定义的反应速率

按国际纯粹与应用化学联合会(IUPAC)推荐，反应速率的定义为：单位体积内反应进度随时间的变化率，即

$$r=\frac{1}{V}\cdot\frac{d\xi}{dt}$$

式中：V 为体系的体积。将式 $d\xi=\nu_B^{-1}\cdot dn_B$ 代入上式得：

$$r=\frac{1}{V}\cdot\frac{\nu_B^{-1}\cdot dn_B}{dt}$$

对于恒容反应，V 不变，令 $\frac{dn_B}{V}=dc_B$，则得：

$$r=\frac{1}{\nu_B}\cdot\frac{dc_B}{dt}$$

例如，对于反应 $N_2+3H_2\longrightarrow 2NH_3$，化学反应速率为：

$$r=\frac{1}{V}\cdot\frac{d\xi}{dt}=\frac{1}{\nu_B}\cdot\frac{dc_B}{dt}$$

$$=-\frac{1}{1}\cdot\frac{dc(N_2)}{dt}=-\frac{1}{3}\cdot\frac{dc(H_2)}{dt}$$

$$=\frac{1}{2}\cdot\frac{dc(NH_3)}{dt}$$

显然，用反应进度定义的反应速率的值与表示速率物质的选择无关，亦即一个反应就只有一个反应速率值，但与计量系数有关，所以在表示反应速率时，必须写明相应的化学计量方程式。

3.1.5 碰撞理论和过渡态理论*

为什么反应速率存在差异？它与哪些因素有关？为了解释这些问题，人们提出了各种理论，其中影响较大的有碰撞理论和过渡状态理论。简述如下：

1. 碰撞理论

1918 年，路易斯(Lewis)运用分子运动论的成果，提出了反应速率的碰撞理论。该理论认为，反应物分子间的相互碰撞是反应进行的必要条件，反应物分子碰撞频率越高，反应速率越快。碰撞频率与反应物浓度有关，反应物浓度越大，反应物分子碰撞的频率越高，反应速率越大。但并不是每次碰撞都能引起反应，能引起反应的碰撞是少数，这种能发生化学反应的碰撞称为有效碰撞。

例如，713 K 下 H_2 与 I_2 合成 HI(g)的反应，若 H_2(g)与 I_2(g)的浓度均为 0.02 mol·L^{-1}，碰撞频率高达 1.27×10^{29} 次/(毫升·秒)，而其中实际上每发生 10^{13} 次碰撞中才有一次能发生反应，其他绝大多数碰撞是无效的弹性碰撞，不能发生反应。对一般反应来说，事实上只有少数或极少数分子碰撞时能发生反应。

有效碰撞的条件是：

(1) 互相碰撞的反应物分子必须具有足够的能量。分子无限接近时，要克服电子云之间的斥力，进而导致分子中的原子重排，即发生化学反应，这就要求分子具有足够的运动速度，即能量。因此，反应物分子具备足够的能量是有效碰撞的必要条件。

一定温度下，体系中大多数分子的能量接近平均能量$\overline{E}$。能量显著大于$\overline{E}$值或显著小于$\overline{E}$值的分子只占极少数或少数。碰撞理论将那些能发生有效碰撞的分子称为活化分子，活化分子所具有的最低能量为

E_c。能量 $E \geqslant E_c$ 的分子分数称为活化分子分数，用 f 表示。

f 又称能量因子，其符合玻尔兹曼能量分布律(Boltzmann因子)：

$$f = e^{-\frac{E_a}{RT}}$$

理论计算表明：$f < 1$。其意义也是能量满足要求的碰撞占总碰撞次数的分数。

后来，塔尔曼(Tolman)又证明，活化分子所具有的平均能量$\overline{E}^*$与反应物分子的平均能量$\overline{E}$的差值称为反应的活化能：

$$E_a = \overline{E}^* - \overline{E}$$

显然，反应的活化能是决定化学反应速率大小的重要因素。E_a越小，活化分子分数就越大，有效碰撞分数也越大，反应速率就越大。每一个反应都有其特定的活化能。E_a可以通过实验测出，所以属经验活化能。大多数化学反应的活化能约在 60～250 kJ·mol^{-1}之间。活化能小于 42 kJ·mol^{-1}的反应，活化分子百分数大，有效碰撞次数多，反应速率很大，可瞬间进行，如酸碱中和反应等。活化能大于420 kJ·mol^{-1}的反应，其反应速率则很小。

(2) 互相碰撞的反应物分子必须有合适的碰撞取向。取向适当，才有可能发生反应。也就是说，仅具有足够能量尚不充分，分子有构型，所以碰撞方向还会有所不同，如反应：$CO(g) + NO_2(g) \xlongequal{} CO_2(g) + NO(g)$，只有合适的碰撞取向，才能发生氧原子的转移，取向不合适，不能发生氧原子的转移(如图 3-2)。

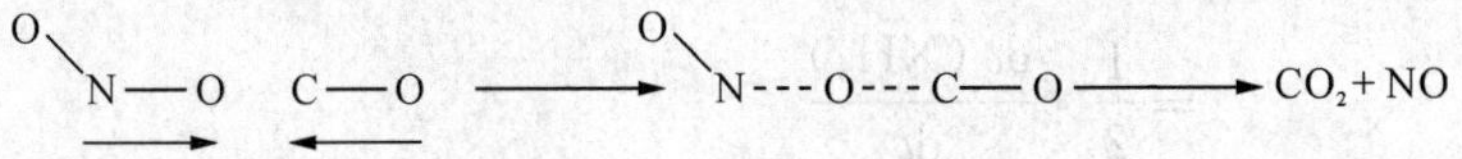

合适的碰撞取向

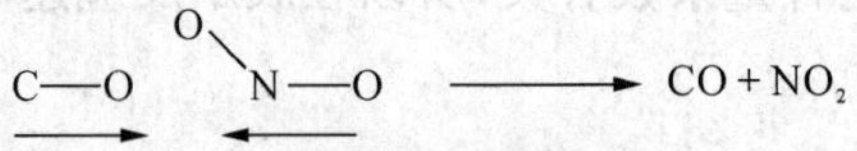

不合适的碰撞取向

图 3-2 分子不同取向的碰撞

综合影响化学反应速率的条件，可写出反应速率表达式：

$$r = Z \cdot P \cdot f = Z \cdot P \cdot e^{-\frac{E_a}{RT}}$$

式中：Z 表示分子碰撞频率，叫作频率因子；P 与反应物分子碰撞时的取向有关，叫作取向因子；f 为能量因子。

总之，根据碰撞理论，互相碰撞的反应物分子必须具有足够的能量，并以合适的碰撞取向才能发生有效碰撞，完成化学键的重组，使化学反应完成。

碰撞理论比较直观，用于简单的双分子反应时，理论计算的结果与实验结果吻合良好，但对于结构复杂的反应，如相对分子质量较大的有机物的反应，理论计算的结果常与实验结果不吻合。它不能说明反应过程及其能量的变化，为此，过渡态理论应运而生。

2. 过渡态理论

过渡态理论是在 20 世纪 30 年代由艾林(Eyring)和佩尔采(Pelzer)在碰撞理论的基础上将量子力学应用于化学动力学提出的。过渡态理论认为，化学反应并不是通过反应物分子的简单碰撞就能完成的，而是在反应物到生成物的过程中经过一个高能量的过渡态，处于过渡态的分子叫作活化配合物。活化配合物是一种高能量的不稳定的反应物原子组合体，它能较快地分解为新的能量较低的较稳定的生成物。活化配合物所处的状态称为过渡状态。因此，过渡态理论又称为活化配合物理论。

以反应 $NO_2(g)+CO(g) \longrightarrow NO(g)+CO_2(g)$ 为例，当 NO_2 和 CO 分子相互远离时，相互作用弱，势能较低。然而当有足够能量的 NO_2 和 CO 分子在合适的碰撞取向上相互碰撞时，分子充分接近，作用增强，动能转化为势能，NO_2 和 CO 价电子云可互相穿透，形成活化配合物[O—N…O…C—O]，此时，体系的能量最大，在活化配合物中，原有的 N…O 键部分地破裂，新的 C…O 键部分地形成。若反应完成，旧键破裂，新键形成，转变为生成物分子(如图 3-3 所示)。

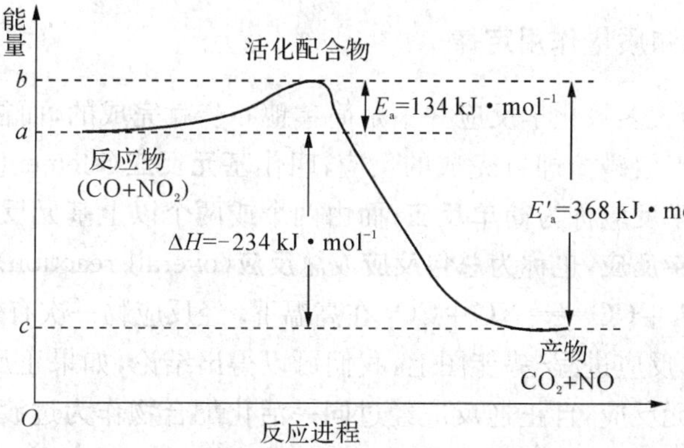

图 3-3 过渡态理论的反应进程—能量变化示意图

从图 3-3 可以见到，反应物 NO_2 和 CO 首先吸收能量(活化能 $E_a=134\ kJ\cdot mol^{-1}$)才能达到过渡状态，形成活化配合物，然后跃过这个能垒，形成产物分子 NO 和 CO_2，放出 $368\ kJ\cdot mol^{-1}$ 能量 E'_a，因此：

$$\Delta_r H_m^{\ominus} = E_a - E'_a$$

$E_a < E'_a$，$\Delta_r H_m^{\ominus} < 0$ 为放热反应；$E_a > E'_a$，$\Delta_r H_m^{\ominus} > 0$ 为吸热反应。这样，就把动力学参数活化能与热力学参数反应焓联系起来了。

此外，过渡态理论还提出了活化熵的概念，认为由反应物到达过渡态，不仅要“爬山”而且要找到要爬的“坡”，即找到正确的方向，这就与熵有关，称为活化熵。活化熵越大，意味着越容易找到爬坡的方位，或者，上山的路有好多条，不必挤到一条小道上去，或者峰顶是个很大的平台，反应物分子从许多条路都可以登上山峰，因而，反应物就越容易变成活化络合物。因此，为全面地讨论分子反应动力学，不但需要考虑活化能(克服能垒爬过山峰)，还要考虑活化熵(找到爬上山峰的道路或有多条登峰路线或峰顶的宽容度)。大多数反应，活化熵对反应速率的影响相对于活化能是可以忽略的。但对有的反应，特别是酶催化反应，活化熵有时会起到很大的作用。例如，蛋白水解反应，用某些蛋白水解酶作催化剂竟比用酸(H^+)催化的活化能高出 $12\ kJ\cdot mol^{-1}$，而用酶催化剂水解蛋白远比酸催化效率高得多，这是由于酶催化的活化熵很大，使常温下形成过渡态的 $T\Delta S$ 约达 $45\ kJ\cdot mol^{-1}$，相比之下，酸催化的活化熵几乎为零，总的结果是保证了酶催化的高效率。因此，在生物化学中，总是既讨论活化能，又讨论活化熵，而且需要用活化自由能来讨论分子动力学。活化熵的概念也解释了有的反应的活化能很小，反应速率却很小，可认为这是由于它们的活化熵很小的缘故。

§3.2 浓度(或压力)对反应速率的影响

化学反应速率的大小，首先取决于反应物的本性。例如，简单无机物之间的反应一般比有机物之间的反应快；而就无机物之间的反应而言，溶液中离子之间进行的反应又比分子之间进行的反应快。除了反应物的本性外，反应速率还与反应物的浓度(或压力)、温度和催化剂等因素有关。同一个反应，在不同浓度（或压力）、温度下，是否使用催化剂以及使用不同催化剂时，反应速率不尽相同。本节讨论在一定温度下，浓度（或压力）对反应速率的影响。经验告诉我们，化学反应进行的快慢是受反应物浓度（或压力）影响的，例如，灼热的铁丝在纯氧中燃烧比在空气中燃烧更为剧烈，这是由于在纯氧环境中氧气的浓度比空气中氧气浓度大所致。显然，反应物浓度越大，活化分子浓度也越大，反应速率越大。

3.2.1 基元反应和质量作用定律

大量事实表明，绝大多数化学反应并不是简单地一步就完成的，而往往是分步完成的。反应物粒子经过一次有效碰撞即可完成的反应，叫作**基元反应**（elementary reaction），由一个基元反应构成的化学反应称为**简单反应**；而由两个或两个以上基元反应构成的化学反应称为**非基元反应**或**复杂反应**，也称为**总包反应**或**总反应**（overall reaction）。

前面提到的：$NO_2+CO = NO+CO_2$ 在高温下，经反应物一次有效碰撞，即可完成反应，故为基元反应。从反应进程-势能图上，我们可以得出结论，如果正反应是基元反应，则其逆反应也必然是基元反应，且正逆反应经过同一活化配合物作为过渡态。这就是**微观可逆性原理**。

正反应：$NO_2+CO \longrightarrow \overset{O\diagdown}{N}\cdots O\cdots C—O \longrightarrow NO+CO_2$

逆反应：$NO+CO_2 \longrightarrow \overset{O\diagdown}{N}\cdots O\cdots C—O \longrightarrow NO_2+CO$

再如：$SO_2Cl_2 \longrightarrow SO_2+Cl_2$，$2NO_2 \longrightarrow 2NO+O_2$ 等都是基元反应。

反应：$H_2+I_2 = 2HI$，不是基元反应，实验证明，有人根据实验事实和量子力学计算提出它由三个基元反应构成：

(1) $I_2 = 2I$

(2) $2I = I_2$

(3) $I+I+H_2 = 2HI$

所以，$H_2+I_2 = 2HI$ 称为**复杂反应**，其中(1)、(2)和(3)三个基元反应称为复杂反应的基元步骤。

基元反应或非基元反应的基元步骤，其反应速率和反应物浓度之间，有严格的数量关系，即遵循**质量作用定律**。例如基元反应：

$$aA+bB=gG+hH$$

则

$$r=kc^a(A)c^b(B) \tag{3-5}$$

恒温下，基元反应的速率同反应物浓度幂的乘积成正比，幂指数等于反应方程式中的化学计量数。这就是**质量作用定律**（law of mass action）。质量作用定律的数学表达式，如式(3-5)，经常称为**反应速率方程**。速率方程中，$c(A)$、$c(B)$表示某时刻反应物的浓度，r 是反应的瞬时速率，即反应物浓度为 $c(A)$、$c(B)$时的瞬时速率。

k 是速率常量，在反应过程中不随浓度变化，但 k 是温度的函数，不同温度下，k 值不同。a、b 的和，称为这个基元反应的**反应级数**（order of reaction），可以说，该反应是$(a+b)$

级反应。也可以说，反应对 A 是 a 级的，对 B 是 b 级的。在基元反应中，由 a 个 A 分子和 b 个 B 分子，经一次有效碰撞完成反应，我们说，这个反应的分子数是 $(a+b)$，或者说这个反应是 $(a+b)$ 分子反应。只有基元反应，才能说反应分子数。在基元反应中，反应级数和反应分子数数值相等，但反应分子数是微观量，反应级数是宏观量。

【例 3-1】 写出下列基元反应的速率方程，指出反应级数和反应分子数。

(1) $SO_2Cl_2 = SO_2 + Cl_2$

(2) $2NO_2 = 2NO + O_2$

(3) $NO_2 + CO = NO + CO_2$

解： (1) $r = kc(SO_2Cl_2)$ 一级反应 单分子反应

(2) $r = kc(NO_2)^2$ 二级反应 双分子反应

(3) $r = kc(NO_2)c(CO)$ 二级反应 双分子反应

或：反应级数为 2，反应分子数为 2。

3.2.2 速率方程

如前所述，基元反应或复杂反应的基元步骤，可以根据质量作用定律写出速率方程，并确定反应级数。复杂反应，则要根据实验写出速率方程，并确定反应级数。

早在 1850 年，卫海密(wilhelmy)通过溶液旋光度的变化发现，蔗糖在酸催化下水解成葡萄糖和果糖的反应：

$$\underset{\text{蔗糖}}{C_{12}H_{22}O_{11}} + \underset{\text{溶剂}}{H_2O} \xrightarrow{\text{酸催化}} \underset{\text{葡萄糖}}{C_6H_{12}O_6} + \underset{\text{果糖}}{C_6H_{12}O_6}$$

蔗糖的物质的量 n 随时间 t 的变化率具有如下方程：

$$-\frac{dn(C_{12}H_{22}O_{11})}{dt} = k'n(C_{12}H_{22}O_{11}) \quad (k' \text{ 为常量})$$

反应在恒容条件下进行，则上式可写为：

$$-\frac{dc(C_{12}H_{22}O_{11})}{dt} = kc(C_{12}H_{22}O_{11}) \quad (k \text{ 为常量})$$

这是最早见于记录的用实验方法测定反应速率受反应物质的量或者浓度影响的定量方程。这种方程曾长期称为“**质量作用定律**”，现称“**速率方程**”。

用实验方法建立化学反应的速率方程是研究动力学的首要任务。有的反应，表面看来属于同一个反应类型，可是，实验测得的速率方程却大相径庭，例如氢气与碘蒸气的反应、氢气与溴蒸气的反应以及氢气与氯气的反应。

$$H_2 + I_2 = 2HI \qquad r = kc(H_2)c(I_2)$$

$$H_2 + Br_2 = 2HBr \qquad r = \frac{kc(H_2)c^{\frac{1}{2}}(Br_2)}{1 + \dfrac{k'c(HBr)}{c(Br_2)}}$$

$$H_2 + Cl_2 = 2HCl \qquad r = kc(H_2)c^{\frac{1}{2}}(Cl_2)$$

对于氢气与碘单质的反应，反应速率与反应产物的浓度无关，对于氢气与溴单质的反应，速率是与产物的浓度有关的，$c(HBr)$出现在速率方程的分母里，说明反应将随产物浓度增大而减慢，即产物增多将会阻碍反应的进行，而对于氢气与氯气的反应，其速率方程与氢气与溴单质的反应速率方程相比，分母中后一项消失了，表明反应产物浓度增大对反应也无影响。理论分析告诉我们，这三个反应的历程是不同的。从化学动力学的角度来看，反应类型是否相同，不是指它们的化学方程式是否相同，而是指它们的反应历程是否相同，在§3.5节还会谈到，有的反应，即使速率方程是相同的，反应历程也可能不同。表3-1给出了用实验测得的一些反应的速率方程。

表3-1 一些化学反应的速率方程与反应级数

化学方程式	速率方程	反应级数
$NH_3 \xrightarrow{W催化} N_2 + 3H_2$	$r = k$	0
$2H_2O_2 = 2H_2O + O_2$	$r = kc(H_2O_2)$	1
$CH_3CHO = CH_4 + CO$	$r = kc^{\frac{3}{2}}(CH_3CHO)$	1.5
$S_2O_8^{2-} + 2I^- = 2SO_4^{2-} + I_2$	$r = kc(S_2O_8^{2-})c(I^-)$	2
$4HBr + O_2 = 2H_2O + 2Br_2$	$r = kc(HBr)c(O_2)$	2
$2NO_2 = 2NO + O_2$	$r = kc^2(NO_2)$	2
$NO_2 + CO = 2NO + CO_2 (T > 523\ K)$	$r = kc(NO_2)c(CO)$	2
$2NO + 2H_2 = N_2 + 2H_2O$	$r = kc^2(NO)c(H_2)$	3

从表3-1列举的一些化学反应的速率方程已经可以看出，速率方程中浓度的方次跟相应化学方程式中物质的计量系数无必然的联系，不可能根据配平了的化学方程式的系数写出速率方程。

在书写速率方程式时，应注意以下情况：

(1) 稀溶液中有溶剂参加的化学反应，其速率方程中不必列出溶剂的浓度。因为在稀溶液中，溶剂量很大，在整个反应过程中，溶剂量变化甚微，因此溶剂的浓度可近似地看作常数而合并到速率常数项中。例如，蔗糖稀溶液中，蔗糖水解为葡萄糖和果糖的反应。

根据质量作用定律：

$$r = k'c(C_{12}H_{22}O_{11})c(H_2O)$$

令 $k = k'c(H_2O)$，可得：$r = kc(C_{12}H_{22}O_{11})$。

由此可见，若反应过程中，某一反应物的浓度变化甚微时，速率方程式中不必列出该物质的浓度。类似的情况还有如以酸(H^+)或碱(OH^-)为反应物的反应，当酸碱出现在速率方程中时，若反应是在保持酸碱浓度不变的缓冲溶液中进行时，反应就会降级；再如某些均相催化反应，若催化剂的浓度不随时间而变，反应速率就只与反应物(催化剂的底物)的浓度有关。这种情形也称为准级数反应。

(2) 固体或纯液体参加的化学反应，如果它们不溶于其他反应介质则不存在“浓度”的概念，而它们的“密度”各有定值，可以体现在 k 内。因此，在速率方程式中不必列出固体或纯液体的“浓度”项。

在速率方程中，只写有变化的项，固体物质不写；大量存在的 H_2O 不写。如：

$$Na + 2H_2O \longrightarrow 2NaOH + H_2$$

按基元反应：$r = k$。

必须指出，质量作用定律只适用于基元反应。大多数化学反应是反应物要经过若干步基元反应才能转变为生成物的非基元反应。对非基元反应来说，质量作用定律只适用于非基元反应中的每一步基元反应。因此，一般不能根据非基元反应的总反应直接书写速率方程。

通过前面的讨论可知，对于基元反应(简单反应)或复杂反应的基元步骤，可以根据质量作用定律写出速率方程，各反应物的反应级数与其化学方程式的计量数是一致的。如果实验测得某反应的速率方程，各反应物的反应级数与其化学方程式的计量数不一致，基本就可断定为复杂反应。可依此来分析反应可能的微观过程——在微观上反应是分几步完成的，即反应历程(反应机理)。例：

$$NO_2 + CO \rightarrow NO + CO_2$$

实验测得：温度高于 523 K 时，速率方程为：$r = kc(NO_2) \cdot c(CO)$；温度低于 523 K 时，速度方程为：$r = kc^2(NO_2)$。说明该反应在不同温度时，反应机理是不相同的。有人通过实验证明，高温时该反应是一个一步完成的基元反应；低温时，则是分步进行的复杂反应，并推测其机理可能包括两个反应：

$$NO_2 + NO_2 \longrightarrow NO_3 + NO(\text{慢反应}) \tag{3-1}$$

$$NO_3 + CO \longrightarrow NO_2 + CO_2(\text{快反应}) \tag{3-2}$$

因为反应(3-1)是慢反应，整个反应的速率由此反应决定，故又称为控速步骤。因而该反应速率与 NO_2浓度的平方成正比，这样的解释与实验结果基本符合。

值得注意的是，如果由实验测出来的速率方程式与质量作用定律给出的相一致，即各反应物的反应级数与其化学方程式的计量数一致，并不能得出该反应是简单反应的结论。最典型的例子就是前面提到的氢气和碘蒸气反应生成碘化氢气体的反应：$H_2 + I_2 = 2HI$。半个世纪以来，一直认为这个反应是一个简单反应，它的计量方程式就是基元反应方程式，方程式中反应物的计量系数之和正好是它的反应分子数——双分子反应，速率方程为：$r = kc(H_2)c(I_2)$。然而，后来发展起来的量子化学却在理论上否定了这一反应历程。有人认为该反应是一个复杂反应，根据新的实验事实和量子力学计算提出是由单分子反应、双分子反应和三分子反应连串的。

显然，一个反应机理是否正确的必要条件是：由这个反应机理可以推导出由实验获得的速率方程。如何由提出的反应机理推导出实验速率方程，将留待后续课程中讨论。

3.2.3　反应级数

前面已提到基元反应的反应级数。一般地，对具有 $r = kc^m(A)c^n(B)$ 形式速率方程的化学反应，反应物浓度的指数 m、n 分别称为反应物 A 和 B 的反应级数。各反应级数的代数和称为该反应的总反应级数，即总反应级数为 $(m+n)$。分析表 3-1 中各反应的级数可以看出：

(1) 反应级数不一定是整数，可以是分数也可以是零。对具有 $r=kc^m(\mathrm{A})c^n(\mathrm{B})$ 形式速率方程的反应，级数有意义；对于如氢气与溴蒸气这样的具有非规则速率方程反应，反应级数无意义。

(2) 反应级数与反应速率：反应级数的大小表示浓度对反应速率影响程度。级数越大，速率受浓度的影响越大。具体讲：一级反应的反应速率与反应物浓度的一次方成正比，反应物浓度加倍，反应速率亦加倍；二级反应的速率与浓度的二次方成正比，反应物浓度加倍，反应速率增加 4 倍；零级反应，例 N_2O 在金粉表面热分解：$2N_2O \longrightarrow 2N_2 + O_2$，但能促进 N_2O 分解的表面位置是有限量的。当金表面已为 N_2O 饱和时，被吸附的 N_2O 不断分解，气相的 N_2O 就不断补充到金的表面，因此再增加气相 N_2O 浓度对反应速率就没有影响，而呈零级反应。酶的催化反应、光敏反应往往也是零级反应，其速率方程为：$r=k$，说明该反应的反应物浓度与反应速率无关。实验表明，反应的总级数一般不超过 3。

(3) 反应级数与方程式中反应物系数不一定相等，因而不能直接由反应方程式导出反应级数，应依据实验事实确定。

反应级数的确定，实际上是速率方程式的确定。具体步骤通常是：首先是通过实验，测得反应物浓度随时刻的变化，得到 $c \sim t$ 数据，再绘制 $c \sim t$ 曲线，从而求得反应速率，这样就可找出反应速率与浓度的函数关系。

3.2.4 速率常量 k

在 $r=kc^m(\mathrm{A})c^n(\mathrm{B})$ 形式的速率方程中，k 称为速率常量，它的物理意义为单位浓度下的反应速率。表示当 $c(\mathrm{A})$、$c(\mathrm{B})$ 均为 $1\ \mathrm{mol \cdot L^{-1}}$ 时的速率。这时，$k=\dfrac{r}{c}$，因此 k 有时称为比速率，k 是常量。在反应过程中，不随浓度而改变；但 k 是温度的函数，温度对速率的影响，表现在对 k 的影响上。由于速率常量与浓度无关，因而是一个重要的表征反应动力学性质的参数，若不用速率常量表征反应的动力学性质，就必须注明浓度条件。笼统地，我们可以说，速率常量越大的反应，表明反应进行得越快。速率常量很大的反应，可以称为快速反应，例如，大多数酸碱反应速率常量的数量级为 $10^{10}\ \mathrm{mol^{-1} \cdot L \cdot s^{-1}}$。但应特别注意，两个反应级数不同的反应，对比它们的速率常量大小是毫无意义的。或者说，它们的速率常量并没有可比性，这是因为，速率方程总级数不同时，速率常量的量纲与单位是不同的，量纲与单位不同的物理量是不能对比的。严格地说，速率常量只是一个比例系数，是排除浓度对速率的影响时表征反应速率的物理量。换句话说，只有当温度、反应介质、催化剂、固体的表面性质，甚至反应容器的形状和器壁的性质等都固定时，速率常数才是真正意义的常量。k 作为比例系数，不仅要使等式两边数值相等，而且，物理学量纲与单位也要一致。当浓度以 $\mathrm{mol \cdot L^{-1}}$ 为单位，时间以 s 为单位时，情况如下：

零级反应，$r=k$，k 单位与 r 的一致，为 $\mathrm{mol \cdot L^{-1} \cdot s^{-1}}$；

一级反应，$r=kc$，$k=\frac{r}{c}=\frac{\mathrm{mol \cdot L^{-1} \cdot s^{-1}}}{(\mathrm{mol \cdot L^{-1}})}=\mathrm{s^{-1}}$，单位：$\mathrm{s^{-1}}$；

二级反应，$r=kc^2$，$k=\frac{r}{c^2}=\frac{\mathrm{mol \cdot L^{-1} \cdot s^{-1}}}{(\mathrm{mol \cdot L^{-1}})^2}$，单位：$(\mathrm{mol \cdot L^{-1}})^{-1} \cdot \mathrm{s^{-1}}$，或$\mathrm{L \cdot mol^{-1} \cdot s^{-1}}$。

以此类推：n 级反应，k 单位为：$(\mathrm{mol \cdot L^{-1}})^{-(n-1)} \cdot \mathrm{s^{-1}}$ 或 $\mathrm{L}^{n-1} \cdot \mathrm{mol}^{1-n} \cdot \mathrm{s^{-1}}$。

于是，根据给出的反应速率常量，可以判断反应的级数。

在影响速率常量的诸因素中，最重要的是温度，详情将在下节讨论。总之，速率常量与浓度无关，却是温度的函数。

3.2.5 由实验数据建立速率方程

怎样用实验方法确定速率方程呢？具体的实验方法很多，将在物理化学课程里详尽讨论。这里，我们只讨论怎样根据实验获得的数据建立速率方程，采取初始速率法确定反应级数。下面用举例的形式讨论。

【例3-2】 根据下列实验数据，写出下列反应的速率方程，并确定反应级数。

$$a\mathrm{A}+b\mathrm{B}=y\mathrm{Y}+z\mathrm{Z}$$

实验编号	$c_0(\mathrm{A})/\mathrm{mol \cdot L^{-1}}$	$c_0(\mathrm{B})/\mathrm{mol \cdot L^{-1}}$	$r_\mathrm{Y}/\mathrm{mol \cdot L^{-1} \cdot s^{-1}}$
1	1.0	1.0	1.5×10^{-3}
2	2.0	1.0	3.0×10^{-3}
3	1.0	2.0	5.9×10^{-3}

解： 由实验1和2得：$r_\mathrm{Y} \propto c_0(\mathrm{A})$；

由实验1和3得：$r_\mathrm{Y} \propto c_0(\mathrm{B})^2$。

即
$$r_\mathrm{Y}=k_\mathrm{Y}c(\mathrm{A})c(\mathrm{B})^2 \qquad (1)$$

将实验1的数据代入(1)式，得：

$$k_\mathrm{Y}=\frac{r_\mathrm{Y}}{c(\mathrm{A})c(\mathrm{B})^2}=\frac{1.5\times10^{-3}}{1.0\times1.0^2}=1.5\times10^{-3}(\mathrm{L^2 \cdot mol^{-2} \cdot s^{-1}})$$

故(1)式的速率方程为：$r_\mathrm{Y}=1.5\times10^{-3}c(\mathrm{A})c(\mathrm{B})^2$。

据此可知，反应对A是一级，对B是二级，反应属三级反应。

因为不知道是否是基元反应，不能妄说分子数。有了速率方程，可求出任何 $c(\mathrm{A})$、$c(\mathrm{B})$时的反应速率，同样也可求出 r_A、r_B 和 r_Z。

复杂反应的速率方程，还可以根据它的反应机理，即根据各基元步骤写出。

3.2.6 浓度与反应时间的关系

化学动力学不仅关注反应物浓度对反应速率的影响，同样关注反应物浓度随时间的变化情况。利用反应速率方程的微分表达式推导出相应的积分表达式，可得到反应物浓度与时间的关系式。本节介绍两类具有最简单级数的反应。

1. 零级反应

零级反应的特点是反应速率与反应物浓度无关。某零级反应

$$\mathrm{A} = \mathrm{B}$$

若以反应物A的浓度变化表示反应速率，则该反应的速率方程微分表达式为

$$-\frac{\mathrm{d}c(\mathrm{A})}{\mathrm{d}t} = k$$

整理，得

$$-\mathrm{d}c(\mathrm{A}) = k\,\mathrm{d}t$$

若反应物A的初始浓度为 $c(\mathrm{A})_0$，t 时刻的浓度为 $c(\mathrm{A})_t$，对上式两侧同时积分

$$\int_{c(\mathrm{A})_0}^{c(\mathrm{A})_t} \mathrm{d}c(\mathrm{A}) = k\int_0^t \mathrm{d}t$$

整理，得

$$c(\mathrm{A})_t = c(\mathrm{A})_0 - kt$$

以上两式为零级反应的积分表达式。若已知反应物的初始浓度和速率常量 k，通过积分表达式就可求出反应物在任意时刻的浓度。

零级反应的积分表达式也可以写成：

$$c(\mathrm{A})_0 - c(\mathrm{A})_t = kt$$

即反应物浓度的改变量与时间成正比。这是零级反应的特点之一。

【例3-3】 反应A══B为零级反应，经过100 min反应物A消耗了25%。求经过200 min反应物A消耗了多少？

解 设A的初始浓度为 $c(\mathrm{A})_0$，则经过100 min A的浓度为 $c(\mathrm{A})_{100\,\mathrm{min}} = 0.75\times c(\mathrm{A})_0\ \mathrm{mol\cdot L^{-1}}$。代入式 $c(\mathrm{A})_t = c(\mathrm{A})_0 - kt$，得：

$$0.75\times c(\mathrm{A})_0 = c(\mathrm{A})_0 - k\times 100$$

$$k = 2.5\times 10^{-3}\times c(\mathrm{A})_0\ \mathrm{mol\cdot L^{-1}\cdot min^{-1}}$$

第200 min开始时

$$c(\mathrm{A})_{200\,\mathrm{min}} = c(\mathrm{A})_0 - 2.5\times 10^{-3}\times c(\mathrm{A})_0\times 200 = 0.5\times c(\mathrm{A})_0(\mathrm{mol\cdot L^{-1}})$$

所以反应物A消耗了50%。

另一种解法：由于 $c(\mathrm{A})_0 - c(\mathrm{A})_t = kt$，则

第100 min开始时

$$c(\mathrm{A})_0 - c(\mathrm{A})_{100\,\mathrm{min}} = k\times 100$$

第200 min开始时

$$c(\mathrm{A})_0 - c(\mathrm{A})_{200\,\mathrm{min}} = k\times 200$$

两式相除，整理得

$$c(\mathrm{A})_{200\,\mathrm{min}} = 0.5c(\mathrm{A})_0$$

所以反应物A消耗了50%。

反应物消耗一半所需的时间称为半衰期，用 $t_{1/2}$ 表示。半衰期的大小也能体现反应速率的快慢，反应的 $t_{1/2}$ 越短，表明反应的速率越快。

将反应达半衰期时的浓度 $c(\mathrm{A})_t=\frac{1}{2}c(\mathrm{A})_0$ 代入零级反应积分式，得

$$\frac{1}{2}c(\mathrm{A})_0=c(\mathrm{A})_0-kt_{1/2}$$

整理，得

$$t_{1/2}=\frac{c(\mathrm{A})_0}{2k}$$

可见，零级反应的半衰期与反应物的初始浓度成正比，与反应的速率常量成反比。

反应总级数为零的反应并不多，已知的零级反应中最多的是表面催化反应。例如，氨在钨丝上的分解反应：

$$NH_3\xrightarrow{\text{W 催化}}N_2+3H_2$$

2. 一级反应

凡是反应速率只与物质浓度的一次方成正比的化学反应称为一级反应。常见的一级反应如：放射性元素的蜕变反应、蔗糖的水解反应、分子重排反应等等。

视频　一级反应和半衰期

某一级反应为：

$$\mathrm{A}=\!=\!=\mathrm{B}$$

以反应物 A 的浓度改变表示反应的速率，则反应的速率方程微分表达式为：

$$-\frac{\mathrm{d}c(\mathrm{A})}{\mathrm{d}t}=kc(\mathrm{A})$$

整理，得

$$-\frac{\mathrm{d}c(\mathrm{A})}{c(\mathrm{A})}=k\,\mathrm{d}t$$

反应物 A 的初始浓度为 $c(\mathrm{A})_0$，t 时刻的浓度为 $c(\mathrm{A})_t$，对上式两边同时积分：

$$-\int_{c(\mathrm{A})_0}^{c(\mathrm{A})_t}\frac{\mathrm{d}c(\mathrm{A})}{c(\mathrm{A})}=k\int_0^t\mathrm{d}t$$

得

$$\ln c(\mathrm{A})_t-\ln c(\mathrm{A})_0=-kt$$

转换成常用对数式为：

$$\lg c(\mathrm{A})_t=\lg c(\mathrm{A})_0-\frac{k}{2.303}t$$

由一级反应速率方程的积分表达式，可以求得一级反应的反应物的瞬时浓度。

将 $c(\mathrm{A})_t=\frac{1}{2}c(\mathrm{A})_0$ 代入一级反应的速率方程的积分表达式，得一级反应的半衰期为：

$$t_{1/2}=\frac{0.693\,2}{k}$$

可见，一级反应的半衰期只与速率常量有关，与反应物的初始浓度无关。这是一级反应的一个突出特点。

【例 3-4】 反应物 A 的浓度随时间变化情况如下：

t/min	0	1	2	3	4	5
$c(\mathrm{A})/(\mathrm{mol\cdot L^{-1}})$	1.00	0.72	0.50	0.36	0.25	0.18

求：(1) 反应的速率常量；(2) 3 min 时反应的瞬时速率。

解： 从表中数据可知，反应物的浓度从 1 $\mathrm{mol\cdot L^{-1}}$ 减小到 0.5 $\mathrm{mol\cdot L^{-1}}$ 所需的时间是 2 min，从 0.5 $\mathrm{mol\cdot L^{-1}}$ 减小到 0.25 $\mathrm{mol\cdot L^{-1}}$ 所需要的时间也是 2 min。即反应物的浓度每消耗一半所需要的时间是一个常数，因此该反应为一级反应，$t_{1/2}=2$ min。

(1) 对于一级反应

$$t_{1/2}=\frac{0.693\,2}{k}$$

得

$$k=0.35\ \mathrm{min^{-1}}$$

(2) 该反应的速率方程为：

$$r=kc(\mathrm{A})$$

反应至 3 min 时，反应的瞬时速率为：

$$r_{3\,\mathrm{min}}=kc(\mathrm{A})_{3\,\mathrm{min}}=0.35\times0.36=0.13(\mathrm{mol\cdot L^{-1}\cdot min^{-1}})$$

§3.3 温度对反应速率的影响

温度对反应速率的影响是很显然的。食物夏季易变质，但保存在冰箱里可以延缓食物的变质时间；用高压锅煮食物，因为温度高使煮熟食物的时间变短。可见，温度对化学反应速率有很大影响。从反应速率方程可见，影响反应速率的因素有两个即 k 和 $c_{(\mathrm{B})}$，k 与温度有关，T 增大，一般 k 也增大，但 $k\sim T$ 不是线性关系。按照碰撞理论，温度升高时分子运动速率加快，使分子碰撞的频率增加，同时活化分子的分数增加，使分子有效碰撞的分数增加，所以反应速率增大。按照过渡态理论，升高温度使反应物分子的平均能量提高，相当于减小了活化能值，所以反应速率加快。

3.3.1 范特霍夫经验规则

1884 年荷兰物理化学家范特霍夫(J. H. Van't Hoff)根据实验事实归纳出一条经验规

则：反应温度每升高 10 K，反应速率或反应速率常量一般增大 2～4 倍。即

$$\frac{r_{(T+10\,\mathrm{K})}}{r_T}=\frac{k_{(T+10\,\mathrm{K})}}{k_T}=2\sim 4$$

例如，N_2O_5 分解为 NO_2 和 O_2 的反应，308 K 时的反应速率为 298 K 时的 3.81 倍。研究表明，升高温度不仅能使分子间碰撞次数增多，更重要的是更多的分子获得能量转变为活化分子。

3.3.2　阿仑尼乌斯公式

视频 阿伦尼乌斯公式

在范特霍夫归纳出经验规则的两年后，阿仑尼乌斯（H. A. Arrhenius）提出了反应速率与温度的定量关系，温度对反应速率的影响表现在对反应速率常数的影响，即

$$k=A\mathrm{e}^{-\frac{E_a}{RT}}$$

式中：k 为反应速率常量；A 为指前因子；E_a为反应的活化能。

由于速率常量 k 与热力学温度 T 呈指数关系，因此温度的微小变化，将导致 k 值的较大变化。阿仑尼乌斯公式的对数形式为：

$$\ln k=-\frac{E_a}{RT}+\ln A$$

常用对数形式表示为：

$$\lg k=-\frac{E_a}{2.303RT}+\lg A$$

用阿仑尼乌斯公式讨论速率与温度的关系时，可以近似地认为活化能 E_a和指前因子 A 不随温度的改变而改变。

温度 T_1 时速率常量为 k_1，则

$$\lg k_1=-\frac{E_a}{2.303RT_1}+\lg A$$

温度 T_2 时速率常量为 k_2，则

$$\lg k_2=-\frac{E_a}{2.303RT_2}+\lg A$$

两式相减并整理，得

$$\lg\frac{k_2}{k_1}=\frac{E_a}{2.303R}\left(\frac{T_2-T_1}{T_1T_2}\right)$$

若已知活化能，则可以由已知温度下的速率常量求得另一温度下的速率常量。温度对反应速率的影响，还表现在不同的温度区间，升高温度时反应速率增加的倍数不同。例如，活化能 $E_a=150\ \mathrm{kJ\cdot mol^{-1}}$ 时，反应温度从 400 K 升高至 410 K，k_2 与 k_1 的比值为 3.0；反应温度从 600 K 升高至 610 K，k_2 与 k_1 的比值为 1.6。可见在较低温区间升高温度时速率常

量增大的倍数较大，而在较高温区间升高温度时速率常量增大的倍数较小。因此对于低温进行的反应，可采用升温的方法提高反应速率。

3.3.3 活化能对反应速率的影响

对于

$$\lg k = -\frac{E_a}{2.303RT} + \lg A$$

如果以 $\lg k$ 对 $\frac{1}{T}$ 作图，在直角坐标系内将得到一条直线，直线的斜率为 $-\frac{E_a}{2.303R}$。因此，由直线的斜率可以求得反应的活化能 E_a。

图 3-4 表示温度 T 与速率常数 k 的关系 $\left(\lg k-\frac{1}{T}\text{图}\right)$。直线Ⅱ的斜率的绝对值大于直线Ⅰ，原因在于活化能 E_a(Ⅱ)大于 E_a(Ⅰ)。活化能 E_a 越大，温度 T 对反应速率 k 的影响越大，即活化能越大，反应速率受温度的影响越大。

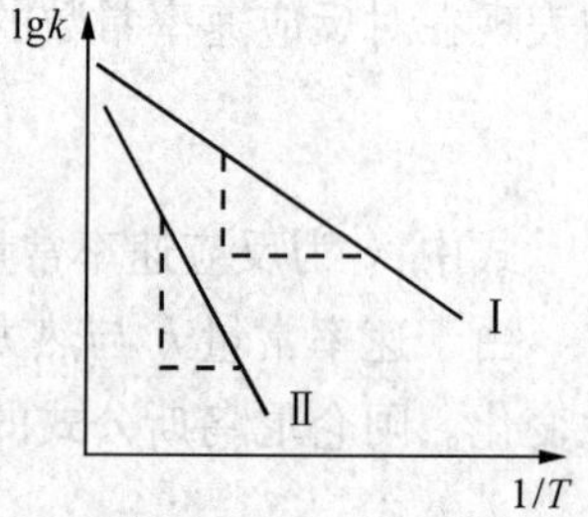

图 3-4 温度 *T* 与速率常数 *k* 的关系

例如，若活化能 $E_a = 50\ \text{kJ} \cdot \text{mol}^{-1}$，反应温度从 400 K 升高至 420 K，$k_2$ 与 k_1 的比值为 2.0；若活化能 $E_a = 150\ \text{kJ} \cdot \text{mol}^{-1}$，反应温度从 400 K 升高至 420 K，$k_2$ 与 k_1 的比值为 8.5。

由两个温度下的速率常量，可直接计算反应的活化能 E_a。

$$E_a = \frac{2.303RT_1T_2}{T_2 - T_1}\lg\frac{k_2}{k_1}$$

由上式直接计算活化能只涉及两个实验点，比作图法求得的活化能的误差大，因为作图法涉及多个实验点。

【例 3-5】 某反应 300 K 时的速率常量为 $9.86\times10^{-2}\ \text{L}\cdot\text{mol}^{-1}\cdot\text{s}^{-1}$，320 K 时速率常量为 $8.57\times10^{-1}\ \text{L}\cdot\text{mol}^{-1}\cdot\text{s}^{-1}$。求：

(1) 反应的活化能 E_a；

(2) 310 K 和 320 K 时的速率常量；

(3) 温度每升高 10 K 速率常量增加的倍数。

解 (1)

$$E_a = \frac{2.303RT_1T_2}{T_2 - T_1}\lg\frac{k_2}{k_1}$$

$$= \frac{2.303\times8.314\times10^{-3}\times300\times320}{320-300}\lg\frac{8.57\times10^{-1}}{9.86\times10^{-2}}$$

$$= 86.3(\text{kJ} \cdot \text{mol}^{-1})$$

(2) 将已知数据代入得

$$\lg\frac{k_2}{k_1} = \frac{E_a}{2.303R}\left(\frac{T_2 - T_1}{T_1T_2}\right)$$

310 K 时，$k_{310\,\mathrm{K}} = 2.98 \times 10^{-1}\ \mathrm{L \cdot mol^{-1} \cdot s^{-1}}$

330 K 时，$k_{330\,\mathrm{K}} = 2.31\ \mathrm{L \cdot mol^{-1} \cdot s^{-1}}$

(3) $\frac{k_{310}}{k_{300}} = 3.02, \frac{k_{320}}{k_{310}} = 2.88, \frac{k_{330}}{k_{320}} = 2.70$。

【例 3-5】计算结果表明，温度每升高 10 K，反应速率增加的倍数在 2～4 倍，这表明范特霍夫定律是有实验基础的。

§3.4 催化剂对反应速率的影响

3.4.1 催化剂的概念

广义地讲，凡是能够改变反应速率的物质都是催化剂，但通常并不包括能改变反应速率的溶剂。从催化反应的状态，可把催化剂分为均相催化剂和异相催化剂（多相催化剂）两大类；从催化剂加快还是减慢反应速率的角度，可把催化剂分为正催化剂和负催化剂两大类。

3.4.2 催化剂与化学反应

过渡态理论认为，催化剂加快反应速率的原因是改变了反应的途径。对大多数反应而言，主要是通过改变了活化配合物而降低了活化能，这一效应可用图 3-5 形象地描述。

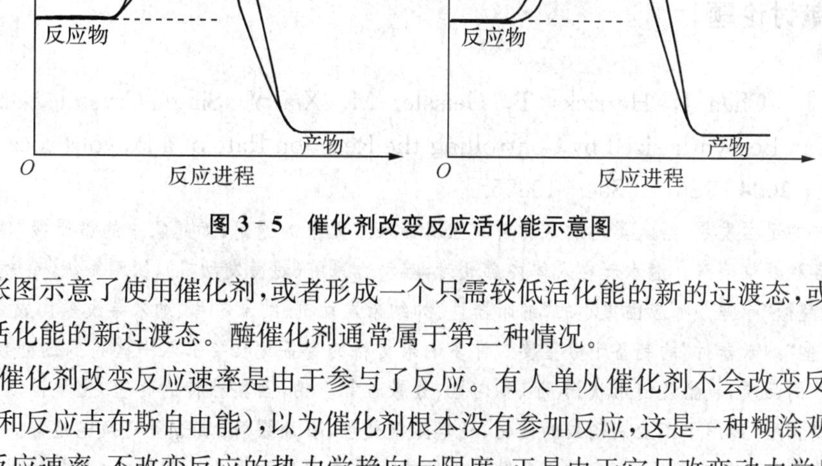

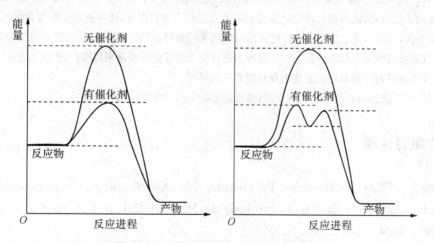

图 3-5 催化剂改变反应活化能示意图

这两张图示意了使用催化剂，或者形成一个只需较低活化能的新的过渡态，或者形成一系列较低活化能的新过渡态。酶催化剂通常属于第二种情况。

总之，催化剂改变反应速率是由于参与了反应。有人单从催化剂不会改变反应的趋势（平衡常数和反应吉布斯自由能），以为催化剂根本没有参加反应，这是一种糊涂观念。催化剂只改变反应速率，不改变反应的热力学趋向与限度，正是由于它只改变动力学反应途径，而不改变整个反应的焓变和熵变，绝不是不参与反应。如前所述，有的催化剂的催化作用还要考虑活化熵的问题，但也不要把活化熵和反应熵混为一谈，活化熵不是反应熵，只是从反应物（始态）转变为包含催化剂的过渡态（中间态）的熵变，并不是从反应物（始态）到生成物（终态）的熵变。

催化剂参与反应的直接证据是，尽管催化剂在反应前后并不改变组成，但催化剂的形态（例如固体催化剂的颗粒大小、形貌等）在反应前后常常有明显的改变。

催化剂已经广泛用于化学实验室和工业生产。80%以上的化工生产使用催化剂。没有催化剂，就没有现代化工业。催化剂的问题对我们生活的环境也有巨大影响。已经证明，臭氧空洞，主要是由于人类活动释放到大气中的某些烃类以及烃类衍生物起到催化臭氧分解的作用。汽车尾气是城市大气质量变差的元凶，为降低汽车尾气中的有害物质，目前主要措施是在汽车排放尾气的排气管内装上以金属铂为主要组分的固体催化剂，致使汽车成为铂的最大用户。但至今对催化剂的组分与催化效能的关系还知之甚浅，寻找优质催化剂的问题，在理论上还没有完全解决。

3.4.3　其他因素对反应速率的影响*

物系中物理状态和化学组成完全相同的均匀部分称为一个“相”，根据体系和相的概念，可以把化学反应分为单相反应和多相反应两类。

单相反应（均匀系反应）：反应体系中只存在一个相的反应。例如气相反应、某些液相反应均属单相反应。多相反应（不均匀系反应）：反应体系中同时存在着两个或两个以上相的反应。例如气-固相反应（如煤的燃烧、金属表面的氧化等）、固-液相反应（如金属与酸的反应）、固-固相反应（如水泥生产中的若干主反应等）、某些液-液相反应（如油脂与 NaOH 水溶液的反应）等均属多相反应。在多相反应中，由于反应在相与相间的界面上进行，因此多相反应的反应速率除了上述的几种因素外，还可能与反应物接触面大小和接触机会多少有关。为此，化工生产上往往把固态反应物先行粉碎、拌匀，再进行反应；将液态反应物喷淋、雾化，使其与气态反应物充分混合、接触；对于溶液中进行的多相反应则普遍采用搅拌、振荡的方法，强化扩散作用，增加反应物的碰撞频率并使生成物及时脱离反应界面。

此外，超声波、激光以及高能射线的作用，也可能影响某些化学反应的反应速率。

文献讨论题

［文献］　Chen J, Herricks T, Geissler M, Xia Y. Single-Crystal Nanowires of Platinum Can Be Synthesized by Controlling the Reaction Rate of a Polyol Process. *J. Am. Chem. Soc.*, **2004**, 126, 10854 - 10855.

纳米科技的迅猛发展，给人类对纳米材料的应用带来了无限的遐想，如想象中的微米级“潜水艇”用于治疗人类的各种疑难疾病。潜水艇在人体内游弋时，其动力系统（超微发动机）、探测系统（超微计算机），以及攻击系统（超微“导弹”）都应由更小的“纳米器件”如纳米发动机、纳米芯片、纳米导线等构成。可见，其前期工作，即这些“纳米器件”的制备十分重要。许多纳米材料的制备过程要加入一些特殊的介质、助剂等以控制目标产物的品质，包括几何形状、大小、均匀性、分散性等。铂，因其独特的物理、化学性质在许多应用领域起着重要作用，如用于工业制硝酸的催化、汽车尾气处理、石油裂解、质子膜交换电池等。所有这些领域都要求铂为超细分散态。因此，多种制备纳米级铂的化学方法应运而生。然而，大多数情况下只局限于合成纳米颗粒。近来,也有人用表面活性剂作为模板合成了铂纳米管。但是,直接用化学方法合成铂纳米线,仍存在巨大挑战。研究表明,选择适当的介质、加入特殊的助剂来控制铂的生长速度,可以制备单晶态铂纳米线。通过阅读上述文献,分析 Fe^{2+} 或 Fe^{3+} 在反应体系中对反应速率及纳米线的合成有何影响。

习 题

1. 什么是化学反应的平均速率和瞬时速率?两种反应速率之间有何区别与联系?

2. 分别用反应物浓度和生成物浓度的变化表示下列各反应的平均速率和瞬时速率,并表示出用不同物质浓度变化所示的反应速率之间的关系。这种关系对平均速率和瞬时速率是否均适用?

(1) $N_2 + 3H_2 \longrightarrow 2NH_3$;

(2) $2SO_2 + O_2 \longrightarrow 2SO_3$。

3. 在 1 000 K 下,反应 $2N_2O(g) \xlongequal{} 2N_2(g) + O_2(g)$ 起始时 N_2O 的压力为 2.9 kPa,并测得反应过程中压力变化如下表所示:

t/s	300	900	2 000	4 000
p(总)/kPa	3.3	3.6	3.9	4.1

(1) 用总压表示最初 300 s 与最后 2 000 s 的时间间隔内的平均速率;

(2) 分别用 N_2O 和 O_2 来表示最初 300 s 内此反应的反应速率为多少?

4. 反应 $2NO + O_2 \xlongequal{} 2NO_2$ 在 600 K 时,数据如下表:

初始浓度/mol·dm^{-3}		初速率/mol·dm^{-3}·s^{-1}
c_0(NO)	$c_0(O_2)$	$r_0 = -dc(NO)/dt$
0.010	0.010	$2.5 \cdot 10^{-3}$
0.010	0.020	$5.0 \cdot 10^{-3}$
0.030	0.020	$45 \cdot 10^{-3}$

(1) 求该反应的速率方程;

(2) 计算速率常量;

(3) 预计 $c_0(NO) = 0.015\ mol \cdot dm^{-3}$,$c_0(O_2) = 0.025\ mol \cdot dm^{-3}$ 的初速率。

5. 对于某气相反应 $A(g) + 3B(g) + 2C(g) \longrightarrow G(g) + 2H(g)$,测得如下的动力学数据:

c_A (mol·dm^{-3})	c_B (mol·dm^{-3})	c_C (mol·dm^{-3})	d(G)/dt (mol·dm^{-3}·min^{-1})
0.20	0.40	0.10	v
0.40	0.40	0.10	$4v$
0.40	0.40	0.20	$8v$
0.20	0.20	0.20	v

(1) 分别求出 A、B、C 的反应级数;

(2) 写出反应的速率方程；

(3) 若 $r=6.0\times10^{-2}$ mol·dm^{-3}·min^{-1}，求该反应的速率常量。

6. V_2O_5 作催化剂下，SO_2(g)与过量氧气(在 O_2 过量时反应速率对 O_2 的浓度变化不敏感)反应生成 SO_3(g)的反应：

$$SO_2(g)+\frac{1}{2}O_2(g)\xrightarrow{V_2O_5}SO_3(g)$$

通过实验观察到如下事实：

当 SO_2 浓度为 $c(SO_2)_0$，SO_3 浓度为 $c(SO_3)_0$ 时，反应速率为 v；

当 SO_2 浓度为 $3c(SO_2)_0$，SO_3 浓度为 $c(SO_3)_0$ 时，反应速率为 $3v$；

当 SO_2 浓度为 $c(SO_2)_0$，SO_3 浓度为 $3c(SO_3)_0$ 时，反应速率为 $(1/\sqrt{3})v$。

写出此反应的速率定律及速率常量的单位(时间单位为 s)。

7. N_2O 在金表面上分解的实验数据如下：

t/min	0	20	40	60	80	100
$c(N_2O)$/mol·dm^{-3}	0.100	0.080	0.060	0.040	0.020	0

(1) 求分解反应的反应级数；

(2) 作出该反应的动力学曲线($c\sim t$ 曲线)；

(3) 求速率常量；

(4) 求 N_2O 消耗一半时的反应速率；

(5) 该反应的半衰期与初始浓度呈什么关系？

8. 碳-14 半衰期为 5 720a，今测得北京周口店山顶洞遗址出土的古斑鹿骨化石中的 $^{14}C/^{12}C$ 比值是当今活着的生物的 0.109 倍，估算该化石距今多久？周口店北京猿人距今约 50 万年。若有人提议用碳-14 法测定它的生活年代，你认为是否可行？

9. 某反应在 0℃和 40℃下的速率常量分别为 1.06×10^{-5} s^{-1} 和 2.93×10^{-3} s^{-1}。求该反应在 25℃下的速率常量。

10. 某一级反应，在 300 K 时反应完成 50%需时 20 min，在 350 K 时反应完成 50%需时 5.0 min，计算该反应的活化能。

11. 范特霍夫经验规则告诉我们，在常温附近，温度每升高 10℃(如由 20℃升至 30℃)反应速率约增加到原来的 2～4 倍。如某反应服从这一近似规则，以增大到 2 倍计算，试求该反应的活化能(kJ·mol^{-1})。

12. 已知在 967 K 时，反应 $N_2O\longrightarrow N_2+\frac{1}{2}O_2$ 的速率常量 $k=0.135$ s^{-1}；在 1 085 K 时 $k=3.70$ s^{-1}，求此反应的活化能 E_a。

13. 在 300 K 时，鲜牛奶大约 5 h 变酸，但在 275 K 的冰箱中可保持 50 h，计算牛奶变酸反应的活化能。

14. 乙醛分解为甲烷及一氧化碳的反应：$CH_3CHO\longrightarrow CH_4+CO$，773 K 时活化能为 90 kJ·mol^{-1}，如果用碘蒸气作催化剂，则活化能降低为 136 kJ·mol^{-1}，试问反应若在773 K进行，使用催化剂后反应速率增加到原来的多少倍？

15. 若有人告诉你：同一反应，温度越高，温度升高引起反应速率增长的倍数越高。你对此持肯定意见还是否定意见？在回答上问后，做如下估算：设反应甲、乙两个反应的活化能分别为 20 kJ·mol^{-1} 和 50 kJ·mol^{-1}，试对比反应甲、乙温度从 300 K 升高到 310 K 和从 500 K 升至 510 K 反应速率增长的倍数。并做出归纳如下：速率快的反应与速率小的反应对比，在相同温度范围内，哪一反应速率增长的倍数高？同一反应，在温度低时和温度高时，温度升高范围相同，哪个温度范围反应速率增长的倍数高？试对归纳的结论做出定性的解释(此题的假定是：温度改变没有改变反应历程和活化能)。

16. 有人提出氧气氧化溴化氢气体生成水蒸气和溴蒸气的反应历程如下：

$$HBr + O_2 \longrightarrow HOOBr$$
$$HOOBr + HBr \longrightarrow 2HOBr$$
$$HOBr + HBr \longrightarrow H_2O + Br_2$$

(1) 怎样由这三个基元反应加和起来得到该反应的计量方程式？

(2) 写出各基元反应的速率方程。

(3) 指出该反应有哪些中间体？

(4) 实验指出，该反应的表观速率方程对于 HBr 和 O_2 都是一级的，试指出，在上述历程中，哪一步基元反应是速控步？

17. 反应 $C(s) + CO_2(g) \xlongequal{} 2CO(g)$ 的反应焓 $\Delta H = 172.5\ kJ \cdot mol^{-1}$，问：增加总压、升高温度、加入催化剂，反应的速率常量 $k_{正}$、$k_{逆}$，反应速率 $r_{正}$、$r_{逆}$ 以及平衡常数 K 将如何变化？平衡将如何移动？请将你的判断填入下表：

	$k_{正}$	$k_{逆}$	$r_{正}$	$r_{逆}$	K	平衡移动方向
增加总压						
升高温度						
加入催化剂						

18. 试根据下表中实验数据：

时间/min	$c(A)\ /\ mol \cdot L^{-1}$	$c(B)\ /\ mol \cdot L^{-1}$
0.00	0.100 0	0.000 0
5.00	0.090 4	0.016 0
7.00	0.077 6	0.022 4
11.00	0.064 8	0.035 2

(1) 确定反应 $A \longrightarrow B$ 是一级反应还是零级反应？

(2) 当 A 消耗了一半时需多少时间？

19. 800 K 时合成氨，无催化时 E_{a1} 为 $335\ kJ \cdot mol^{-1}$，用某种铁催化剂时 E_{a2} 为 $167\ kJ \cdot mol^{-1}$，在相同压力下，求有无催化剂条件下反应速率之比。

20. 蔗糖在稀酸水溶液中，生成葡萄糖和果糖：

$$C_{12}H_{22}O_{11} + H_2O \xrightarrow{H^+} C_6H_{12}O_6(葡萄糖) + C_6H_{12}O_6(果糖)$$

当盐酸浓度为 $0.1\ mol \cdot L^{-1}$，温度为 321 K 时，动力学方程为：$-\dfrac{dc_{蔗糖}}{dt} = kc_{蔗糖}$

$k = 0.019\ 3\ min^{-1}$，当蔗糖溶液浓度为 $0.200\ mol \cdot L^{-1}$ 时，计算：

(1) 反应开始时的瞬时速率；

(2) 反应到 20 min 时，蔗糖的转化率为多少？

(3) 反应到 20 min 的瞬时速率；

(4) 若蔗糖开始浓度增加一倍则上述问题结果如何？

第4章 酸碱平衡

§4.1 溶 液

一种或几种物质以细小的颗粒分散在另一种物质里所形成的系统称为**分散系**，被分散的物质称为**分散质**，亦称**分散相**；把分散质分散开来的物质称为**分散剂**，亦称**分散介质**。例如，把一些食盐和泥土分别撒入水中，搅拌后形成的食盐水和泥水都是分散系，其中食盐和泥土是分散质，水是分散剂。按分散质颗粒的大小以及形成的分散系的稳定性和形成时自发性不同，可将分散系分为分子分散系、胶体分散系和粗分散系。

分子分散系又称**溶液**，因此溶液是指分散质以分子或比分子更小的质点(如原子或离子)均匀分散在分散剂中所得的分散系。在形成溶液时，物态不改变的组分称为**溶剂**。如果溶液由几种相同物态的组分形成时，往往把其中质量最多的一种组分称为溶剂。溶液可分为固态溶液(如某些合金)、气态溶液(如空气)和液态溶液。我们最熟悉的是液态溶液，特别是以水为溶剂的水溶液，例如，把白糖放入水中，固态的糖粒消失，糖以水合分子的形式溶于水中形成糖水溶液。酒精、汽油、苯作为溶剂可溶解有机物，这样所得的溶液称非水溶液。

4.1.1 溶液的浓度

广义的浓度定义是溶液中的溶质对于溶液或溶剂的相对量。它是一个强度量，不随溶液的取量而变。为了研究和生产的不同需要，溶液的浓度有很多种表示方法，最常见的有物质的量浓度、质量摩尔浓度、质量分数和摩尔分数等。

1. 物质的量浓度

溶液中溶质B的物质的量除以溶液的体积，称为B的物质的量浓度，在不可能混淆时简称浓度，可认为是浓度的狭义定义。用符号 c_B 表示，即

$$c_B = \frac{n_B}{V}$$

式中：n_B 为溶质B的物质的量，SI单位为mol；V 为溶液的体积，SI单位为 m^3，体积常用的非SI单位是L，所以物质的量浓度的常用单位为 $mol \cdot L^{-1}$。

2. 质量摩尔浓度

溶液中溶质B的物质的量除以溶剂的质量，称为溶质B的质量摩尔浓度，用符号 b_B 表示，即

$$b_B = \frac{n_B}{m_A}$$

式中：n_B为溶质B的物质的量，SI单位为mol；m_A为溶剂的质量，SI单位为kg；b_B为溶质B的质量摩尔浓度，其SI单位为$mol \cdot kg^{-1}$。由于物质的质量不受温度的影响，所以溶液的质量摩尔浓度是一个与温度无关的物理量。

3. 质量分数

溶质B的质量与溶液质量之比，称为物质B的质量分数，用符号ω_B表示，即

$$\omega_B = \frac{m_B}{m}$$

式中：m_B为溶质B的质量；m为溶液的质量；ω_B的SI单位为1。

4. 摩尔分数

溶液中溶质B的物质的量与溶液中溶质与溶剂总物质的量之比，称为物质B的摩尔分数，用符号x_B表示，即

$$x_B = \frac{n_B}{n_{总}}$$

式中：n_B为溶质B的物质的量；$n_{总}$为溶质与溶剂的物质的量之和，溶液中各组分的摩尔分数之和等于1，即

$$\sum_i x_i = 1$$

4.1.2 非电解质稀溶液的通性

物质的溶解是一个物理化学过程，溶解的结果是溶质和溶剂的某些性质发生了变化。这些变化分为两类：一类性质变化决定于溶质的本性，如溶液的颜色、密度、导电性等；另一类性质变化与溶液中溶质的独立质点数有关，而与溶质的本性无关，如非电解质溶液的蒸气压下降、沸点升高、凝固点下降和渗透压等。这些性质变化的大小取决于一定量的溶剂中加入的溶质的物质的量，如不同种类的难挥发的非电解质，如葡萄糖、甘油、苯等配成相同浓度的水溶液，相对于纯水它们的沸点升高值、凝固点下降值及渗透压值几乎相同。这些性质变化仅适用于难挥发的非电解质稀溶液，所以又称稀溶液的依数性，或称稀溶液通性。

1. 溶液的蒸气压下降

在一定温度下单位时间内由一定的液面蒸发出的分子数和由气相通过该液面回到液体内的分子数相等时，气、液两相处于平衡状态，这时蒸气的压强叫作该液体在该温度下的饱和蒸气压，简称**蒸气压**。实验证明，在相同温度下，当把难挥发的非电解质溶入溶剂形成稀溶液后，稀溶液的蒸气压比纯溶剂的蒸气压低。这是因为溶剂的部分表面被溶质粒子占据，溶剂实际的表面积相对减小，所以单位时间内逸出液面的溶剂分子数相对比纯溶剂要少，所以，达到平衡时溶液的蒸气压就要比纯溶剂的蒸气压低，这种现象称为溶液蒸气压下降。

1887年，法国物理学家拉乌尔(F.M. Raoult)根据实验结果得出如下结论：在一定温度下，

难挥发非电解质稀溶液的蒸气压等于纯溶剂的蒸气压乘以溶剂的摩尔分数，其数学表达式为

$$p = p_A^* \cdot x_A$$

式中：p 为溶液的蒸气压；p_A^* 为纯溶剂的蒸气压；x_A 为溶剂的摩尔分数。设x_B 为溶质的摩尔分数，则$x_A + x_B = 1$，即$x_B = 1 - x_A$。实际工作中用得比较多的是溶液蒸气压下降值 Δp：

$$\Delta p = p_A^* - p = p_A^* - p_A^* \cdot x_A = p_A^* (1 - x_A) = p_A^* \cdot x_B$$

因此，拉乌尔的结论又可表示为“在一定温度下，难挥发非电解质稀溶液的蒸气压的下降值与溶质的摩尔分数成正比”。

2. 溶液的沸点升高和凝固点下降

液体的蒸气压随温度的升高而增加，当温度升到蒸气压等于外界压力时，液体沸腾，该温度称为该液体的**沸点**。在前面我们曾经讨论过溶液的蒸气压比纯溶剂的蒸气压低，即在某一温度，纯溶剂已经沸腾，而溶液由于蒸气压低于外界压力却未能沸腾。为使溶液也在常压下沸腾，就必须给溶液加热，促进溶剂分子的热运动，以增加溶液的蒸气压。当溶液的蒸气压等于外界压力时，溶液沸腾，此时溶液的温度就必然比纯溶剂沸腾时的温度来得高（见图 4-1）。图中 AA' 和 BB' 曲线分别表示纯溶剂和溶液的蒸气压随温度变化的关系。T_b^*和 T_b 分别为纯溶剂和溶液的沸点，$\Delta T_b = T_b - T_b^*$，称为溶液的沸点升高，沸点的单位为 K 或℃。

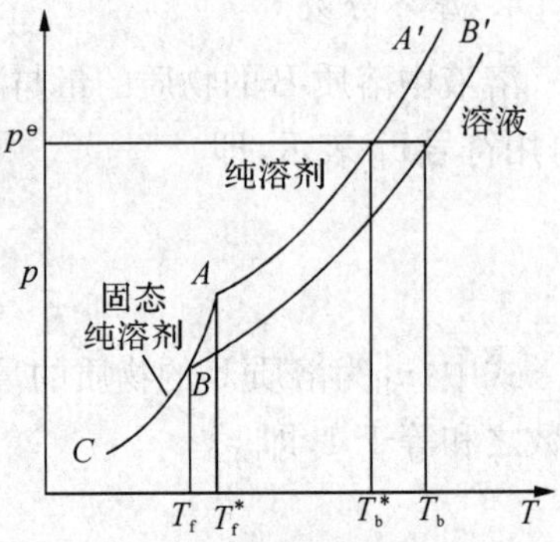

图 4-1　溶液的沸点升高凝固点下降示意图

如纯水在 373.15 K 时（蒸气压为 101.325 kPa 或 1 大气压）沸腾。如果在同样温度的纯水中加入难挥发的非电解质，由于溶液的蒸气压下降，溶液不再沸腾。只有在高于 373.15 K 的某个温度时，当其蒸气压等于 101.325 kPa 时，水溶液才会沸腾。溶液的浓度越大，其蒸气压下降越多，则溶液的沸点升高越多，其关系为

$$\Delta T_b = K_b \cdot b_B$$

式中：ΔT_b 为溶液的沸点升高；b_B为溶质的质量摩尔浓度，单位为 $mol \cdot kg^{-1}$；K_b为溶剂的沸点升高常数，单位为 $K \cdot kg \cdot mol^{-1}$ 或 $℃ \cdot kg \cdot mol^{-1}$。$K_b$只与溶剂的性质有关，而与溶质的本性无关，一些常见溶剂的 K_b值见表 4-1。

表 4-1　一些常见溶剂的沸点升高常数 K_b

溶剂	沸点/℃	K_b/K·kg·mol^{-1}	溶剂	沸点/℃	K_b/K·kg·mol^{-1}
水	100	0.512	氯仿	61.7	3.63
乙醇	78.4	1.22	萘	218.9	5.80
丙酮	56.2	1.71	硝基苯	210.8	5.24
苯	80.1	2.53	苯酚	181.7	3.56
乙酸	117.9	2.93	樟脑	208	5.95

固体和液体相似，在一定的温度下也有一定的蒸气压。在某个温度下，当固态纯溶剂的蒸气压与溶液中溶剂的蒸气压相等时，溶液的固相与液相达到平衡，此时的温度称为溶液的**凝固点**。图 4-1 中，AC 和 AA' 曲线分别表示固态纯溶剂和液态纯溶剂的蒸气压随温度变化的关系，曲线 AC 和 AA' 相交于 A 点，该点所对应的温度 T_f^* 为纯溶剂的凝固点。曲线 BB' 表示溶液的蒸气压随温度变化的关系，加入溶质后，溶剂的蒸气压下降。这里必须注意，溶质的加入只影响溶液的蒸气压，而对固相纯溶剂的蒸气压则没有影响，因此，此时溶液的蒸气压必定低于固相的蒸气压。由图可见，只有在更低的温度下两蒸气压才会相等，即 B 点，而 B 点所对应的温度就是溶液的凝固点 T_f，显然溶液的凝固点 T_f 要比纯溶剂的凝固点 T_f^* 低。与溶液的沸点升高类似，溶液的凝固点下降也与溶质的质量摩尔浓度成正比，即

$$\Delta T_f = K_f \cdot b_B$$

式中：ΔT_f 为溶液的凝固点下降，单位为 K 或℃；b_B 为溶质的质量摩尔浓度，单位为 $mol \cdot kg^{-1}$；K_f 为溶剂的凝固点下降常数，单位为 $K \cdot kg \cdot mol^{-1}$ 或 ℃$\cdot kg \cdot mol^{-1}$。K_f 只与溶剂的性质有关，而与溶质的本性无关，表 4-2 给出了一些常见溶剂的凝固点下降常数。

表 4-2 一些常见溶剂的凝固点下降常数 K_f

溶 剂	水	苯	乙酸	萘	硝基苯	苯酚
凝固点/℃	0.0	5.5	16.6	80.5	5.7	43
K_f/$K \cdot kg \cdot mol^{-1}$	1.855	4.9	3.9	6.87	7.0	7.8

沸点升高和凝固点下降实验是测定溶质的摩尔质量或相对分子质量的经典方法，由于溶剂的凝固点下降常数要比沸点升高常数来得大，且溶液凝固点的测定也要比沸点测定容易，因此通常用测定凝固点的方法来估算溶质的摩尔质量或相对分子质量。

【例 4-1】 将 5.50 g 某纯净试样溶于 250 g 苯中，测得该溶液的凝固点为 4.51℃，求该试样的相对分子质量(纯苯的凝固点为 5.53℃)。

解：设该试样的摩尔质量为 M，则

$$\Delta T_f = K_f \cdot b_B = K_f \cdot \frac{n_B}{m_A} = K_f \cdot \frac{\frac{m_B}{M}}{m_A}$$

$$M = \frac{K_f \cdot m_B}{m_A \cdot \Delta T_f} = \frac{4.9\ K \cdot kg \cdot mol^{-1} \times 5.50\ g}{0.25\ kg \times (5.53 - 4.51)K} = 106\ g \cdot mol^{-1}$$

所以该试样的相对分子质量为 106。

3. 溶液的渗透压

渗透性是泛指分子或离子透过隔离膜的性质，是自然界十分常见的现象，而其中被特指为渗透的现象却是指溶剂分子透过半透膜由纯溶剂(或较稀溶液)一方向溶液(或较浓溶液)一方扩散使溶液变稀的现象，半透膜只允许溶剂分子而不允许溶质分子透过。如果在两个不同浓度的溶液之间，存在这样一种半透膜，那么在两溶液之间会出现什么现象？我们以蔗

糖水溶液与纯水形成的系统为例加以说明。如图 4－2 所示，在一个连通器的两边分别装有蔗糖溶液与纯水，中间用半透膜将它们隔开。

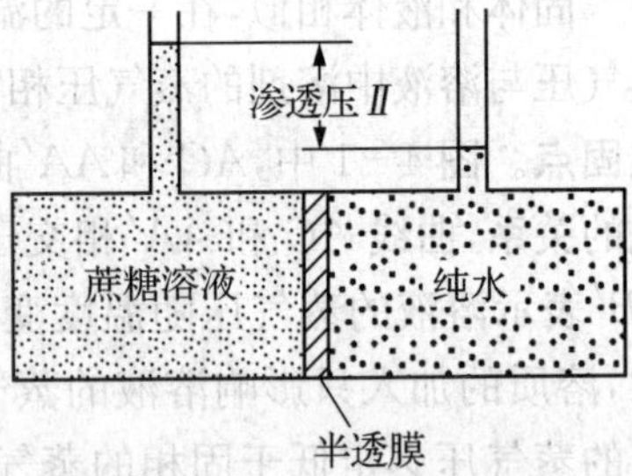

图 4－2　渗透压示意图

在扩散开始之前，连通器两边的玻璃柱中的液面高度相同，经过一段时间的扩散以后，玻璃柱内的液面高度不再相同，蔗糖溶液一边的液面比纯水的液面要高。这是因为半透膜只允许水分子通过，而蔗糖分子却不能通过，蔗糖分子扩散受到了限制。由于在单位体积内，纯水比蔗糖溶液中的水分子数目多一些，所以在单位时间内通过半透膜进入蔗糖溶液中的水分子数目比返回的多，结果使蔗糖溶液的液面升高。随着蔗糖溶液液面的升高，液柱的静压力增大，使蔗糖溶液中水分子通过半透膜的速度加快。当压力达到一定值时，在单位时间内从两个相反方向通过半透膜的水分子数相等，此时渗透达到平衡，两侧液面不再发生变化，半透膜两边水位差所表示的静压就称为该溶液的**渗透压**。换句话说，渗透压是为了阻止溶液中的溶剂渗透而必须在溶液上方所需要施加的最小额外压力。对于由两个不同浓度溶液构成的系统来说，渗透现象也会发生。

1885 年，范霍夫(van't Hoff)进一步发现，渗透压与难挥发非电解质稀溶液的浓度及温度的关系可以用下式表示：

$$\Pi = cRT$$

式中：R 为摩尔气体常数($8.314\ \text{kPa}\cdot\text{L}\cdot\text{mol}^{-1}\cdot\text{K}^{-1}$)；$T$ 为系统热力学温度，单位为 K；c 为溶液的浓度，单位为 $\text{mol}\cdot\text{L}^{-1}$。

与凝固点下降、沸点升高实验一样，渗透压实验也是测定溶质的摩尔质量或相对分子质量的经典方法之一。

【例 4－2】 有一蛋白质的饱和水溶液，每升含有蛋白质 5.18 g，已知在 298.15 K 时，溶液的渗透压为 413 Pa，求此蛋白质的相对分子质量。

解：

$$\Pi = cRT$$

$$M = \frac{m_B \cdot R \cdot T}{\Pi \cdot V} = \frac{5.18\ \text{g} \times 8.314\ \text{kPa} \cdot \text{L} \cdot \text{mol}^{-1} \cdot \text{K}^{-1} \times 298.15\ \text{K}}{413\ \text{Pa} \times 10^{-3} \times 1\ \text{L}}$$

$$= 3.11 \times 10^4\ \text{g} \cdot \text{mol}^{-1}$$

所以该蛋白质的相对分子质量为 3.11×10^4。

渗透作为一种自然现象，广泛地存在于动植物的生理活动之中。生物体内所占比例最高、作用最大的是水分，生物体中的细胞液和体液都是水溶液，它们具有一定的渗透压，而且生物体内的绝大部分膜都是半透膜，故渗透压的大小与生物的生存与发展有着密切的关系，例如，将淡水鱼放入海水中，由于其细胞液浓度较低，因而渗透压较小，它在海水中就会因细胞大量失水而死亡。又例如，人体血液平均的渗透压约为 780 kPa，向病人作静脉输液的各种溶液的渗透压必须与血液的渗透压相等，在医学上把这种溶液称为等渗溶液。比等渗溶液渗透压高的溶液叫作高渗溶液，低的叫作低渗溶液。如果输入低渗溶液，水就会通过血红细胞膜向细胞内渗透，致使细胞肿胀甚至破裂，这种现象医学上称为溶血。如果输入高渗溶液，血红细胞内的水会通过细胞膜渗透出来，引起血红细胞的皱缩，并从悬浮状态中沉降下来，这种现象医学上称为胞浆分离。

难挥发非电解质稀溶液的某些性质（蒸气压下降、沸点升高、凝固点下降以及渗透压）与溶液中所含的溶质的种类和本性无关，只与溶液的浓度有关，总称溶液的依数性，也叫稀溶液通性。

应当指出，浓溶液和电解质溶液也有蒸气压下降、沸点升高、凝固点下降以及渗透压等现象。但是以上介绍的依数性与浓度的定量关系却不适合它们。浓溶液中微粒的作用力不可忽略，电解质溶液因电离溶质的微粒数增加，因而不符合稀溶液定律。

§4.2 酸碱理论

人们对酸碱的认识经历了一个由浅入深，由低级到高级的过程。最初，人们认为具有酸味、能使蓝色石蕊试液变为红色的物质是酸；而碱就是有涩味、滑腻感，使红色石蕊变蓝，并能与酸反应生成盐和水的物质。1887 年瑞典科学家阿仑尼乌斯(Arrhenius)提出了他的酸碱电离理论：凡是在水溶液中电离产生的全部阳离子都是 H^+ 的物质叫作酸；电离产生的全部阴离子都是 OH^- 的物质叫作碱。在酸碱电离理论中，酸碱反应的实质是 H^+ 和 OH^- 结合生成水的反应，这很好地解释了酸碱反应中和热都相同的实验事实。酸碱电离理论的成功之处在于从物质的化学组成上揭示了酸碱的本质，对化学科学的发展起到了很大的作用，至今仍在普遍地应用着。然而，这种理论有局限性，它把酸和碱只限于水溶液，而且把碱仅看成氢氧化物；实际上，像氨这种碱，在水溶液中并不存在 NH_4OH。另外，许多物质在非水溶液中不能电离出氢离子和氢氧根离子，却也表现出酸和碱的性质。阿仑尼乌斯酸碱理论无法解释这些现象。

为了弥补阿仑尼乌斯酸碱理论的不足，丹麦化学家布朗斯特(Brønsted)和英国化学家劳里(Lowry)于 1923 年同时独立地提出了酸碱质子理论，也叫 Brønsted-Lowry 酸碱理论。

4.2.1 酸碱质子理论

1. 酸碱质子理论的基本概念

视频 酸碱质子理论

酸碱质子理论认为：凡能给出质子(H^+)的物质都是酸，凡能接受质子(H^+)的物质都是碱。

HCl 能电离为 H^+ 和 Cl^-：

$$\underset{\text{(酸)}}{HCl} = H^+ + \underset{\text{(碱)}}{Cl^-}$$

HAc 可以电离出 H^+ 和 Ac^-：

$$\underset{\text{(酸)}}{HAc} \rightleftharpoons H^+ + \underset{\text{(碱)}}{Ac^-}$$

NH_4^+ 可以电离出 H^+ 和 NH_3

$$NH_4^+ \rightleftharpoons H^+ + NH_3$$
$$\text{(酸)} \qquad\qquad \text{(碱)}$$

$H_2PO_4^-$ 可以电离出 H^+ 和 HPO_4^{2-}：

$$H_2PO_4^- \rightleftharpoons H^+ + HPO_4^{2-}$$
$$\text{(酸)} \qquad\qquad \text{(碱)}$$

HPO_4^{2-} 可以电离出 H^+ 和 PO_4^{3-}：

$$HPO_4^{2-} \rightleftharpoons H^+ + PO_4^{3-}$$
$$\text{(酸)} \qquad\qquad \text{(碱)}$$

水合金属离子$[Fe(H_2O)_6]^{3+}$也能电离出 H^+：

$$[Fe(H_2O)_6]^{3+} \rightleftharpoons H^+ + [Fe(OH)(H_2O)_5]^{2+}$$

HCl、HAc、NH_4^+、$H_2PO_4^-$、HPO_4^{2-}、$[Fe(H_2O)_6]^{3+}$ 都能给出质子，它们是酸，酸可以是分子、阳离子或阴离子。Cl^-、Ac^-、NH_3、HPO_4^{2-}、PO_4^{3-}、$[Fe(OH)(H_2O)_5]^{2+}$ 都能接受质子，它们是碱。碱也可以是分子、阳离子或阴离子。若某物质既能给出质子又能接受质子，就既是酸又是碱，可称其为酸碱两性物质，如 H_2O、HPO_4^{2-} 等。

质子酸碱不是孤立的，它们通过质子相互联系，酸给出质子后生成相应的碱，而碱结合质子后又生成相应的酸；酸和碱之间的这种依赖关系称为共轭关系，可用通式表示为

$$\text{酸} \rightleftharpoons \text{质子} + \text{碱}$$

式中的酸碱称为共轭酸碱对。这就是说，酸给出质子后生成的碱为这种酸的共轭碱；碱接受质子后所生成的酸为这种碱的共轭酸。例如：NH_3 是 NH_4^+ 的共轭碱，反之 NH_4^+ 是 NH_3 的共轭酸。又例如，对于酸碱两性物质，HPO_4^{2-} 的共轭酸是 $H_2PO_4^-$，HPO_4^{2-} 的共轭碱是 PO_4^{3-}。换言之，$H_2PO_4^-$ 和 HPO_4^{2-} 是一对共轭酸碱对，HPO_4^{2-} 和 PO_4^{3-} 是另一对共轭酸碱对。

酸碱质子理论认为，酸碱反应的实质是两对共轭酸碱对之间传递质子的反应。为了实现酸碱反应，例如为了使 HAc 转化为 Ac^-，HAc 给出的质子必须被同时存在的另一物质碱接受。因此，酸碱反应实际上是两个共轭酸碱对共同作用的结果。例如 HAc 在水溶液中的电离，由下面两个平衡组成：

$$\underset{\text{酸}_1}{HAc} \rightleftharpoons H^+ + \underset{\text{碱}_1}{Ac^-}$$

$$\underset{\text{碱}_2}{H_2O} + H^+ \rightleftharpoons \underset{\text{酸}_2}{H_3O^+}$$

总反应为

$$\underset{\text{酸}_1}{HAc} + \underset{\text{碱}_2}{H_2O} \rightleftharpoons \underset{\text{酸}_2}{H_3O^+} + \underset{\text{碱}_1}{Ac^-}$$

如果没有作为碱的溶剂水存在，HAc 就无法实现其在水中的电离。同样碱在水溶液中接受质子的过程，也必须有溶剂水分子的参加，例如 NH_3 溶于水：

$$\underset{\text{酸}_1}{H_2O} \rightleftharpoons \underset{\text{碱}_1}{OH^-} + H^+$$

$$\underset{\text{碱}_2}{NH_3} + H^+ \rightleftharpoons \underset{\text{酸}_2}{NH_4^+}$$

总反应为

$$\underset{\text{碱}_2}{NH_3} + \underset{\text{酸}_1}{H_2O} \rightleftharpoons \underset{\text{碱}_1}{OH^-} + \underset{\text{酸}_2}{NH_4^+}$$

同样是两个共轭酸碱对相互作用而达到平衡，其中溶剂水起了酸的作用。

盐类水解反应实际上也是离子酸碱的质子转移反应。例如 NaAc 的水解反应：

$$\underset{\text{碱}_2}{Ac^-} + \underset{\text{酸}_1}{H_2O} \rightleftharpoons \underset{\text{碱}_1}{OH^-} + \underset{\text{酸}_2}{HAc}$$

Ac^- 与 H_2O 之间发生了质子转移反应，生成了 HAc 和 OH^-，Na^+ 没有参与反应。

酸碱中和反应也是质子转移反应，读者可自行举例说明。

从质子理论来看，任何酸碱反应都是两个共轭酸碱对之间的质子传递反应：

$$\text{酸}_1 + \text{碱}_2 \rightleftharpoons \text{酸}_2 + \text{碱}_1$$

而质子的传递，并不要求反应必须在水溶液中进行，也不要求先生成质子再加到碱上去，只要质子能从一种物质传递到另一种物质上就可以了，因此酸碱反应同样适用于气相和非水溶液。如 HCl 与 NH_3 的反应，无论是在水溶液中，还是在气相或苯溶液中，其实质都是质子转移反应，最终生成氯化铵。因此均可表示为

$$\underset{\text{酸}_1}{HCl} + \underset{\text{碱}_2}{NH_3} \rightleftharpoons \underset{\text{酸}_2}{NH_4^+} + \underset{\text{碱}_1}{Cl^-}$$

液氨是常见的非水溶剂，液氨的自身解离反应也是质子转移反应：

$$NH_3(l) + NH_3(l) \rightleftharpoons NH_4^+ + NH_2^-$$

同水一样，液氨作为溶剂时，它也是两性物质，NH_3 的共轭碱是氨基离子（NH_2^-），NH_3 的共轭酸是铵离子（NH_4^+）。液氨中 NH_4^+ 和 NH_2^- 的许多反应类似于 H_3O^+ 与 OH^- 在水中的反应，例如：

$$NH_4Cl + NaNH_2 = 2NH_3 + NaCl$$

$$HCl + NaOH = H_2O + NaCl$$

在液氨与水中发生的中和反应都是质子转移反应。

质子传递反应的方向与酸和碱的强度有关，一般来说，质子传递反应的方向总是向着生成比原先更弱的酸和碱的方向进行。那么如何来判断质子酸或碱的强弱呢？

2. 酸和碱的相对强弱

酸碱的强弱不仅与酸碱的本性有关，还与溶剂的性质等因素有关。酸和碱的强弱是指酸给出质子的能力和碱接受质子的能力强弱。给出质子能力强的物质是强酸，接受质子能力强的物质是强碱；反之，便是弱酸和弱碱。强弱本来是相对的，是比较而言的。要比较各种酸碱的强弱，就要有一个标准。在水溶液中，比较酸的强弱，以溶剂水作标准。如 HAc 水

溶液中，HAc 与 H_2O 作用，HAc 给出 H^+（或者水夺取了醋酸中的 H^+），生成了 H_3O^+ 和 Ac^-：

$$HAc + H_2O \rightleftharpoons H_3O^+ + Ac^-$$

同样，在 HCN 水溶液中有下列反应：

$$HCN + H_2O \rightleftharpoons H_3O^+ + CN^-$$

在这些反应中，HAc、HCN 给出 H^+ 是酸，H_2O 接受 H^+ 是碱。通过比较 HAc 和 HCN 在水溶液中的电离常数可以确定 HAc 是比 HCN 强的酸。以 H_2O 这个碱作为溶剂，可以区分 HAc 和 HCN 给出质子能力的差别，这就是溶剂水的**区分效应**。然而强酸与水之间的酸碱反应几乎是不可逆的，强酸在水中“百分之百”地电离。例如：

$$HClO_4 + H_2O = H_3O^+ + ClO_4^-$$
$$HNO_3 + H_2O = H_3O^+ + NO_3^-$$
$$HCl + H_2O = H_3O^+ + Cl^-$$

$HClO_4$、HNO_3、HCl 在 H_2O 中完全电离，水能够同等程度地将 $HClO_4$、HNO_3、HCl 这些强酸的质子全部夺取过来，因此在水中不能分辨这些酸的强弱。或者说，水对这些强酸起不到区分作用，水把它们之间的强弱差别拉平了，这种作用被称为溶剂水的**拉平效应**。溶剂水对很强的酸或极弱的酸都没有区分效应，只能有拉平效应。如果要区分强酸的真实强弱，必须选取比水碱性弱的溶剂，如冰醋酸为溶剂对水中的强酸可体现出区分效应。例如上述强酸在冰醋酸中不完全电离：

$$HClO_4 + HAc \rightleftharpoons H_2Ac^+ + ClO_4^- \qquad pK_a = 5.8$$
$$HCl + HAc \rightleftharpoons H_2Ac^+ + Cl^- \qquad pK_a = 8.8$$
$$HNO_3 + HAc \rightleftharpoons H_2Ac^+ + NO_3^- \qquad pK_a = 9.4$$

酸性强度依次为：$HClO_4 > HCl > HNO_3$。不难看出，溶剂的碱性愈强时溶质表现出来的酸性就愈强。所以区分强酸要选用弱碱（HAc 比 H_2O 的碱性弱），弱碱对强酸有区分效应；强碱对弱酸也有区分效应。同样，对碱来说，也存在着溶剂的“区分效应”和“拉平效应”。如氨基离子（NH_2^-）、氢阴离子（H^-）和甲基阴离子（CH_3^-）都是比 OH^- 更强的碱，它们与水完全反应，生成相应的共轭酸和 OH^-：

$$NH_2^- + H_2O = NH_3 + OH^-$$
$$H^- + H_2O = H_2 + OH^-$$
$$H_3C^- + H_2O = CH_4 + OH^-$$

在水中，NH_2^-、H^-、H_3C^- 的碱性强弱都被水“拉平了”。OH^- 是水中能够存在的最强碱。要区分 NH_2^-、H^-、H_3C^- 的碱性强弱，应选取比 H_2O 的酸性更弱的酸作为溶剂。极弱的碱也有类似的情形。如二乙基醚和乙酸在水中并不呈碱性，但在硫酸作溶剂的溶液中，二乙基醚和乙酸都表现为碱：

$$(C_2H_5)_2O + HOSO_2OH = [(C_2H_5)_2OH]^+ + OSO_2OH^-$$
$$CH_3COOH + HOSO_2OH = [CH_3C(OH)_2]^+ + OSO_2OH^-$$

在同一溶剂中，酸、碱的相对强弱取决于各酸、碱的本性。但同一酸、碱在不同溶剂中的强弱则由溶剂的性质决定。例如，NH_3 在水中是弱碱，而在 HAc 溶剂中则是较强的碱。物质的酸碱性在不同溶剂作用的影响下，强弱可以变化，酸碱性也可以变化，这是酸碱质子理论与 Arrhenius 酸碱电离理论的又一主要区别。因此，通过选用不同的溶剂，可使强酸、强碱在该溶剂中只发生部分电离，通过比较在该溶剂中的电离常数来比较酸、碱的强弱。

4.2.2 酸碱电子理论

在提出酸碱质子理论的同一年，路易斯(Lewis)提出了酸碱电子理论。该理论认为：凡能接受电子对的分子或离子(具有可以接受电子对的空轨道)为酸，凡能给出电子对的分子或离子为碱。因此，酸是电子对的接受体，碱是电子对的给予体。这样定义的酸和碱常称为**路易斯酸和路易斯碱**。

酸碱之间以共价配键相结合，生成酸碱配合物，并不发生电子转移，可用公式表示为

$$\underset{\text{路易斯酸}}{A} + \underset{\text{路易斯碱}}{:B} \longrightarrow \underset{\text{酸碱配合物}}{A:B}$$

下列反应都为路易斯酸碱反应：

(1) $H^+ + :OH^- \longrightarrow H_2O$

(2) $HCl + :NH_3 \longrightarrow NH_4^+ + Cl^-$

(3) $Fe + 5:CO \longrightarrow [Fe(CO)_5]$

(4) $Ag^+ + 2:NH_3 \longrightarrow [Ag(NH_3)_2]^+$

(5) $SO_3 + Na_2O: \longrightarrow Na_2SO_4$

反应(1)中，OH^- 具有孤对电子，能给出电子对，它是碱；而 H^+ 有空轨道，可接受电子对，是酸。H^+ 和 OH^- 反应形成 $H \leftarrow OH$ 配位键，H_2O 是酸碱配合物。但能接受电子对的物质不仅仅是质子，也可以是原子、金属离子、中性分子等。

反应(2)中 NH_3 中 N 上的孤对电子提供给 HCl 中的 H，形成 NH_4^+ 中的配位共价键 $[H_3N \rightarrow H]^+$。反应(1)(2)也可用质子理论进行解释。反应(3)中，Fe 具有空轨道，能接受 CO 提供的孤对电子；反应(4)中，Ag^+ 具有空轨道，能接受 NH_3 提供的孤对电子；反应(5)中 SO_3 中 S 能提供空轨道，接受 Na_2O 中的 O^{2-} 提供的孤对电子，但反应(3)(4)(5)不能用质子理论说明。

硼酸(H_3BO_3)不是质子酸，而是路易斯酸。H_3BO_3 在水中并不是给出它自身的质子，而是 B 原子(有空轨道)接受了 H_2O 分子中 O 原子提供的孤对电子，形成了 $B(OH)_4^-$：

$$H_3BO_3 + H_2O \rightleftharpoons \left[\begin{array}{c} OH \\ | \\ HO—B—OH \\ | \\ OH \end{array}\right]^- + H^+$$

通过以上几例简单讨论，说明酸碱电子理论的适用范围更为广泛。由于在化合物中配位键普遍存在。因此，无论在固态、液态、气态或溶液中，大多数无机化合物都可以看作是 Lewis 酸碱的加合物。许多有机化合物也是 Lewis 酸碱的加合物，Lewis 酸碱的范围很广泛。但是酸碱电子理论也有不足之处，它还不能用来比较酸碱的相对强弱。

§4.3 电 离 平 衡

熔融状态下或在水溶液中能够导电的物质叫作**电解质**。根据其在同一条件下导电能力的大小，又将电解质分为强电解质和弱电解质。强电解质在水溶液中是全部电离的，其电离过程不可逆，不存在电离平衡。弱电解质在水溶液中是部分电离的，它们的电离过程是可逆的，存在着电离和分子化之间的动态平衡。

4.3.1 强电解质

在中学化学里已经学过，强酸、强碱和大部分盐类在经典电离理论中称为强电解质，当它们进入水中，将完全电离，其电离度应是 100%。但是根据溶液导电性的实验所测得的强电解质在水溶液中的电离度都小于 100%，如：

KCl	$ZnSO_4$	HCl	HNO_3	H_2SO_4	NaOH	$Ba(OH)_2$
86%	40%	92%	92%	61%	91%	81%

是什么原因造成强电解质的电离不完全的假象呢?

1923 年，德拜(Debye)和休格尔(Hückel)首先提出了“离子氛”(ion atmosphere)的概念，认为强电解质在水溶液中是完全电离的，但由于离子间存在着相互作用，离子的行动并不完全自由，每一离子周围在一段时间内总有一些带异号电荷的离子包围着，这种周围带异号电荷的离子形成了所谓的“离子氛”(图 4-3)，在溶液中的离子不断运动，使离子氛随时拆散，又随时形成。由于离子氛的存在，离子受到牵制，不能完全独立行动，因此溶液的导电性就比理论上要低一些，产生一种电离不完全的假象。

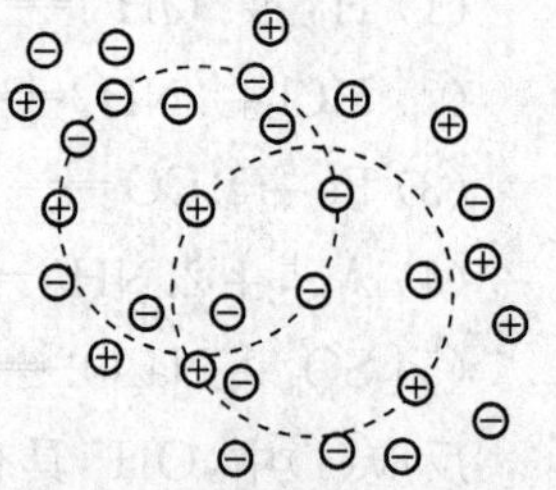

图 4-3 离子氛示意图

显然，离子的浓度越大，离子所带电荷数目越多，离子与它的离子氛之间的作用越强。离子强度的概念可以用来衡量溶液中离子与它的离子氛之间的相互作用的强弱。溶液中所有离子的浓度与离子电荷的平方的乘积的总和的$\frac{1}{2}$叫作该溶液的**离子强度**，用符号 I 表示：

$$I=1/2(c_1Z_1^2+c_2Z_2^2+c_3Z_3^2+\cdots\cdots)$$

【例 4-3】 求 0.01 mol·L^{-1} $BaCl_2$ 溶液的离子强度。

解：

$$\begin{aligned}I&=1/2(c_1Z_1^2+c_2Z_2^2+c_3Z_3^2+\cdots\cdots)\\&=1/2(0.01\times2^2+0.02\times1^2)\\&=0.03\end{aligned}$$

在电解质溶液中，由于离子之间相互牵制作用的存在，使得离子不能完全发挥出其作用来，其真正发挥的作用总是比电解质完全电离时应达到的离子浓度要低一些。比如说，0.1 mol·L^{-1}的 NaCl 溶液，其中 Na^+ 与 Cl^- 的浓度都应是 0.1 mol·L^{-1}，但由于离子氛的存在，Na^+与Cl^-之间的互相牵制作用，就使得溶液中Na^+与Cl^-的有效浓度小于0.1 mol·L^{-1}，我们就把这个有效浓度叫作**活度**。可见，活度就是单位体积电解质溶液中离子的有效浓度。显然活度的数值比其对应的浓度数值要小些。用活度代替浓度所进行的一些计算，较符合实验结果，一般用如下关系式表达浓度与活度的关系：

$$a = fc$$

式中：a 表示活度；c 为溶液浓度；f 为活度因子（又称活度系数），活度因子数值在1～0.1之间。一般说来，活度因子越大，表示离子活动的自由程度越大。溶液越稀，f 值越接近1；当溶液无限稀释时，f 值等于1，离子活动的自由程度为100%，这时活度等于离子浓度。f 值越小，则 a 与 c 之间的偏离越大。一般说来，离子自身的电荷数越高，所在溶液的离子强度越大，则 f 值越小。

当溶液的浓度较大，离子强度较大时，若不用活度进行计算，所得结果将偏离实际情况较远，故这时有必要用活度讨论问题。在我们经常接触的计算中，溶液的浓度一般很低，离子强度也较小，一般直接用浓度代替活度进行计算。

4.3.2 弱电解质

1. 水的离子积和 pH

(1) 水的离子积

水的电导率实验证明水有微弱的导电性，是一种弱电解质。研究证明，水的导电性是由于水能发生微弱的电离产生水合氢离子和氢氧根离子。按照酸碱质子理论，H_2O既是酸又是碱，因而作为酸的H_2O可以跟另一个作为碱的H_2O通过传递质子而发生酸碱反应：

$$H_2O + H_2O \rightleftharpoons H_3O^+ + OH^-$$

称为水的自解离，上式可简写为：$H_2O \rightleftharpoons H^+ + OH^-$

根据化学平衡知识，该反应的平衡常数为

$$K = \frac{c(H^+) \times c(OH^-)}{c(H_2O)}$$

由于纯液体的浓度视为常数，即 $c(H_2O)$ = 常数，因而上式可写成：

$$K_w = c(H^+) \times c(OH^-)$$

平衡常数K_w叫作水的离子积常数，简称水的离子积。K_w的意义是：一定温度时，水溶液中的$c(H^+)$和$c(OH^-)$之积为一常数。

水的离子积可用电导法测定。经实验测知，298.15 K时纯水中$c(OH^-)$和$c(H^+)$均为1.0×10^{-7} mol·L^{-1}，所以25℃时，水的离子积K_w的实验值为1.0×10^{-14}。

该平衡常数为标准平衡常数，表达式应为$K_w = \frac{c(H^+)}{c^\ominus} \times \frac{c(OH^-)}{c^\ominus}$，式中$c^\ominus$为标准浓度，$c^\ominus = 1$ mol·L^{-1}，$K_w = c(H^+) \times c(OH^-)$实为$K_w = \frac{c(H^+)}{c^\ominus} \times \frac{c(OH^-)}{c^\ominus}$的简化形式，但当

用此式计算出 $c(H^+)$ 和 $c(OH^-)$ 时，自动添加单位 $mol\cdot L^{-1}$。

跟所有标准平衡常数一样，水的离子积是温度的函数，温度一定时，它是一个常数，不随 $c(H^+)$和 $c(OH^-)$的变化而变动，但随着温度的升高而增大，这一点很容易从反应热作出判断。实际上，水的电离反应是强酸强碱中和反应的逆反应，酸碱中和反应的反应热为 $-55.84\ kJ\cdot mol^{-1}$，是比较强烈的放热反应，因此水的电离反应是比较强烈的吸热反应。根据平衡移动原理，不难理解水的离子积 K_w 随着温度的升高会明显地增大。0℃时，K_w 为 1×10^{-15}；25℃时，K_w 为 1×10^{-14}；100℃时，K_w 为 1×10^{-12}。

在不作精密计算时，通常取水的离子积为 1×10^{-14}。因此，对于纯水（中性溶液）$c(H^+)=c(OH^-)=\sqrt{K_w}=1.0\times10^{-7}\ mol\cdot L^{-1}$。如果在纯水中加入酸或碱将引起水的电离平衡向生成水的方向移动，$c(H^+)$和 $c(OH^-)$将发生改变，达到新的平衡时 $c(H^+)\neq c(OH^-)$，故有 $c(H^+)>c(OH^-)$ 时为酸性溶液，$c(H^+)<c(OH^-)$ 时为碱性溶液。但只要温度保持恒定，$c(H^+)\times c(OH^-)$ 仍然是 1×10^{-14}，仍保持着 $K_w=c(H^+)\times c(OH^-)$ 的关系。

(2) 溶液的 pH

1909 年，丹麦生理学家索仑生（Sørensen）提出用 pH 表示水溶液的酸度（注意：p 用小写正体，H 用大写正体）：

$$\mathrm{pH}=-\lg c(H^+)$$

当我们用 pOH 来表示溶液中的碱度，定义 $\mathrm{pOH}=-\lg c(OH^-)$，同时用 $\mathrm{p}K_w$ 表示水的离子积的负对数，因为 $K_w=c(H^+)\times c(OH^-)$，故有

$$\mathrm{p}K_w=\mathrm{pH}+\mathrm{pOH}$$

常温下，$K_w=1\times10^{-14}$，即

$$\mathrm{pH}+\mathrm{pOH}=14$$

这时，在中性溶液中 pH＝pOH＝7，pH＜7 为酸性溶液，pH＞7 为碱性溶液。值得注意的是，这一判据只有在常温时才是正确的。如在 100℃ 时，$\mathrm{p}K_w$ 不等于 14，中性溶液中 $\mathrm{pH}=\mathrm{pOH}\neq7$，因此我们不能把 pH＝7 认为是溶液中性的不变标志。

pH 和 pOH 的使用范围一般在 0～14 之间，在这个范围外用 pH 表示不方便，一般仍用物质的量浓度表示。

(3) 酸碱指示剂

借助于颜色的改变来指示溶液 pH 的物质叫作**酸碱指示剂**。它们通常是一种复杂的有机分子，并且一般是有机弱酸或弱碱，其电离平衡和平衡常数表达式可用如下通式表示：

$$HIn+H_2O \rightleftharpoons H_3O^+ + In^- \qquad K_{HIn}=\frac{c(In^-)\times c(H_3O^+)}{c(HIn)}$$

HIn 表示指示剂的共轭酸，称为“酸型”；In^- 表示指示剂的共轭碱，称为“碱型”。指示剂的酸型和碱型的颜色不同。为提高通用性，这里我们省略了它们的电荷。K_{HIn} 为指示剂的电离常数。溶液的颜色由 $c(In^-)/c(HIn)$ 的比值来决定，对于某一指示剂，在一定条件下 K_{HIn} 是一个常数，因此 $c(In^-)/c(HIn)$ 仅随溶液的 $c(H_3O^+)$ 的变化而改变。当指示剂的酸型与

碱型的浓度相等，即 $c(In^-)/c(HIn)=1$ 时，溶液的 $pH=pK_{HIn}$，称为指示剂的理论变色点，此时溶液呈 In^- 和 HIn 的中间颜色。对一般指示剂来说，当 $c(In^-)/c(HIn)\leqslant 1/10$ 时，才能明显地显示 HIn 的颜色；当 $c(In^-)/c(HIn)\geqslant 10$ 时，才能明显地显示 In^- 的颜色。而这时有 $pH=pK_{HIn}\pm 1$，常把这一 pH 间隔称为指示剂的理论变色范围。但指示剂的实际变色范围是由人目测定的，与理论值并不完全一致，具体数据见表 4-3。

表 4-3　常用的酸碱指示剂

指示剂	变色范围	pK_{HIn}	颜色			浓度
			酸型色	过渡色	碱型色	
甲基橙	3.1～4.4	3.4	红	橙	黄	0.05%的水溶液
酚酞	8.0～9.6	9.1	无色	粉红	红	0.1%的 90%乙醇溶液
甲基红	4.4～6.2	5.0	红	橙	黄	0.1%的 60%乙醇溶液(或其钠盐水溶液)
百里酚蓝	1.2～2.8 8.0～9.6	1.65 9.2	红 黄	橙 绿	黄 蓝	0.1%的 20%乙醇溶液 (同上)
溴百里酚蓝	6.2～7.6	7.3	黄	绿	蓝	0.1%的 20%乙醇溶液(或其钠盐水溶液)

用指示剂检测溶液的 pH 时要选择 $pK_{HIn}\pm 1$ 的范围与欲测溶液的 pH 相当的指示剂，表 4-3 给出了常用指示剂的实际变色范围及颜色变化。在使用指示剂时应注意控制指示剂的用量，以能察觉颜色为度，加过多的指示剂反而难以观察到颜色的变化，这是由于指示剂的变色范围处于它的缓冲作用范围内，只有指示剂的总浓度很低时才不至于因缓冲作用导致 pH 变化不敏锐，即指示剂的颜色变化不敏锐。此外，在滴定中，指示剂的变色也要消耗一定的滴定剂，从而引起误差，故使用时其用量要合适。

2. 电离度和电离常数

弱酸和弱碱在水溶液中不完全电离，如：

$$HAc+H_2O \rightleftharpoons H_3O^+ + Ac^-$$

$$NH_3+H_2O \rightleftharpoons NH_4^+ + OH^-$$

跟强电解质不同，弱电解质溶液的导电性明显与浓度有关，又例如，用等量的强碱中和总量相等的不同浓度的醋酸，热效应是明显不同的。为描述弱电解质的行为，经典电离理论提出了电离度和电离常数两个概念。

电离度是电离平衡时弱电解质的电离百分率，用符号 α 表示：

$$\alpha=\frac{\text{已电离的弱解质的浓度}}{\text{弱电解质的初始浓度}}\times 100\%$$

电离度可以表示弱电解质电离程度的大小。例如 298 K 时，0.10 $mol\cdot L^{-1}$ 醋酸 $\alpha=1.33\%$，0.10 $mol\cdot L^{-1}$ 氢氟酸 $\alpha=8.48\%$，在温度和初始浓度相同时，α 越大，弱电解质的电

离程度越高，电解质越强。电离度与弱电解质的浓度有关(见表 4-4)，浓度越稀，弱电解质的电离度越大。

表 4-4 不同浓度的醋酸溶液的电离度

醋酸浓度/mol·L^{-1}	0.20	0.10	0.020	0.001 0
电离度/%	0.934	1.33	2.96	12.4

另一个概念是电离常数，分为酸常数和碱常数两种。弱酸 HA、弱碱 A^- 在水溶液中的电离反应，即它们与溶剂之间的酸碱反应为：

$$HA + H_2O \rightleftharpoons H_3O^+ + A^-$$

$$A^- + H_2O \rightleftharpoons HA + OH^-$$

反应的平衡常数称为酸碱的电离常数，简称酸、碱常数，分别用 K_a 和 K_b 来表示：

$$K_a = \frac{c(H_3O^+) \times c(A^-)}{c(HA)} \qquad K_b = \frac{c(OH^-) \times c(HA)}{c(A^-)}$$

在一定温度下，K_a 和 K_b 为一常数，无论溶液中的 H_3O^+ 浓度或 OH^- 浓度、酸浓度或碱浓度单独地如何发生改变，K_a 和 K_b 几乎保持不变，这是弱电解质区别于强电解质的基本标志。K_a 是质子酸释放质子(给水分子)的能力的衡量；K_b 是质子接受体(从水分子)获得质子的能力的衡量。在相同温度下，K_a 大的酸是较强的酸，其给出质子的能力强。例如，25℃时，$K_a(HCOOH) = 1.8 \times 10^{-4}$，$K_a(CH_3COOH) = 1.76 \times 10^{-5}$。当浓度相同时，甲酸溶液的酸性强，pH 小；甲酸是比乙酸强的酸。不仅在水溶液中，就是在非水溶液中，也可以用 K_a 的相对大小来判断酸的相对强弱。通常认为 K_a 为 10^{-2} 左右为中强酸，K_a 为 10^{-5} 左右为弱酸，K_a 为 10^{-10} 左右为很弱的酸，其界限自然是模糊的。

K_a 和 K_b 是温度的函数，通过实验已知电离过程是一吸热过程。但由于其热效应较小，温度的改变对平衡常数数值的影响不大，其数量级一般不变，所以室温范围内可以忽略温度对 K_a 和 K_b 的影响。

对于共轭酸碱对，共轭酸碱的酸常数和碱常数之间存在简单的关系：$K_a \times K_b = K_w$，推导如下：

$$K_a \times K_b = \frac{c(A^-) \times c(H_3O^+)}{c(HA)} \times \frac{c(OH^-) \times c(HA)}{c(A^-)} = c(H_3O^+) \times c(OH^-) = K_w \tag{4-1}$$

可见一对共轭酸碱对的 K_a 与 K_b 互成反比关系，酸的 K_a 越大，其共轭碱的 K_b 越小，也就是说，质子酸的酸性越强，其共轭碱的碱性越弱；反之，质子碱的碱性越强，其共轭酸的酸性越弱。

电离常数与电离度都能反映弱电解质的电离程度，它们之间有什么区别和联系呢？电离常数是平衡常数的一种形式，它不随电解质的浓度而变化；电离度是转化率的一种形式，它表示弱电解质在一定条件下的电离百分率，它可随电解质浓度的变化而变化。它们之间的定量关系以醋酸为例进行如下推导：

	$HAc \rightleftharpoons$	H^+	+ Ac^-
起始浓度	c	0	0
变化浓度	$-c\alpha$	$c\alpha$	$c\alpha$
平衡浓度	$c-c\alpha$	$c\alpha$	$c\alpha$

$$K_a=\frac{c(H^+)\times c(Ac^-)}{c(HAc)}=\frac{(c\alpha)(c\alpha)}{c-c\alpha}=\frac{c\alpha^2}{1-\alpha}$$

当 $\alpha \leqslant 5\%$ 时，$1-\alpha \approx 1$，则 $K_a=c\alpha^2$，可得：

$$\alpha=\sqrt{\frac{K_a}{c}}$$

该式一般称为**稀释定律**，即在一定温度下（K_a 为定值），某弱电解质的电离度随着其溶液的稀释而增大。由上式可见，电离度 α 与浓度的平方根成反比关系，溶液越稀，电离度越大，这与表 4-4 的结论一致；相同浓度的不同弱电解质，它们的电离度分别与其电离常数的平方根成正比，电离常数大的弱电解质，其电离度也大。

§4.4　水溶液化学平衡的计算

在水溶液中，一个分子只能电离出一个 H^+ 的弱酸称为一元弱酸，能电离出一个以上 H^+ 的弱酸为多元弱酸；只能接受一个质子的弱碱为一元弱碱，能接受一个以上质子的弱碱为多元弱碱。

4.4.1　一元弱酸

以通式 HA 代表一元弱酸（包括分子酸如 HAc 和离子酸如 HS^-），A^- 代表其共轭碱，HA 在水溶液中的电离反应为：

$$HA+H_2O \rightleftharpoons H_3O^+ + A^-$$

则
$$K_a=\frac{c(H_3O^+)\times c(A^-)}{c(HA)} \tag{4-2}$$

在大多数酸性溶液中，可以忽略水的质子自递产生的 H_3O^+。令 c_0 表示 HA 的起始浓度（即假设不发生任何电离时酸的浓度，也叫酸的总浓度），则平衡时有 $c(A^-)=c(H_3O^+)$，$c(HA)=c_0-c(H_3O^+)$，代入式(4-2)得：

$$K_a=\frac{c(H_3O^+)^2}{c_0-c(H_3O^+)} \tag{4-3}$$

利用式(4-3)，解一元二次方程，可以在已知弱酸的起始浓度和电离常数的前提下，求出溶液的$[H_3O^+]$：

$$c(H_3O^+)=\frac{-K_a+\sqrt{K_a^2+4K_ac_0}}{2} \tag{4-4}$$

式(4－4)称为计算一元弱酸溶液中氢离子浓度的近似式，因为它的成立仍以 $c(A^-)=c(H_3O^+)$ 为前提，忽略了水电离产生的 H_3O^+。

在忽略水电离的同时，又若弱酸已电离的部分相对于其起始浓度较小 $c(A^-)/c_0<0.05$，或 $\alpha<5\%$，即 $c_0>20c(H_3O^+)$，就可以忽略因电离对弱酸浓度的影响，则 $c(HA)\approx c_0$，这样式(4－3)就进一步简化为：

$$K_a=\frac{c(H_3O^+)^2}{c_0}$$

于是有

$$c(H_3O^+)=\sqrt{K_ac_0} \tag{4-5}$$

式(4－5)称为最简式，一般说来，当 $c/K_a\geqslant500$ 时，酸的电离度 $\alpha<5\%$，使用最简式求得的氢离子浓度的相对误差小于或等于 2.2%，可以满足一般的运算要求。

对于极稀的溶液，水的电离相对于弱酸的电离已不能忽略，$c(A)\neq c(H_3O^+)$，此时式(4－4)和式(4－5)不适用，需要用更精确的计算式，这将在后续课程中进行讨论。

【例 4－4】 计算下列各浓度的 HAc 溶液的 pH 和电离度：(1) $0.10\ mol\cdot L^{-1}$；(2) $1.0\times10^{-5}\ mol\cdot L^{-1}$。

解： (1) 先确定能否用最简式来计算：$c_0/K_a=0.10/1.76\times10^{-5}\gg500$，可用最简式来计算，即

$$c(H_3O^+)=\sqrt{K_ac_0}=\sqrt{0.10\times1.76\times10^{-5}}=1.33\times10^{-3}(mol\cdot L^{-1})$$

$$pH=-\lg[H_3O^+]=2.88$$

$$\alpha=c(H_3O^+)/c_0\times100\%=1.33\times10^{-3}/0.10\times100\%=1.33\%$$

(2) 先考虑能否用最简式来计算：$c_0/K_a=1.0\times10^{-5}/1.76\times10^{-5}<500$，应使用近似式来计算，即

$$c(H_3O^+)=\frac{-K_a+\sqrt{K_a^2+4K_ac_0}}{2}$$

$$=\frac{-1.76\times10^{-5}+\sqrt{(1.76\times10^{-5})^2+4\times1.76\times10^{-5}\times1.0\times10^{-5}}}{2}$$

$$=7.12\times10^{-6}(mol\cdot L^{-1})$$

$$pH=-\lg[H_3O^+]=5.15$$

$$\alpha=c(H_3O^+)/c_0\times100\%=7.12\times10^{-6}/(1.0\times10^{-5})\times100\%=71.2\%$$

【例 4－5】 计算 $0.10\ mol\cdot L^{-1}\ NH_4Cl$ 溶液的 pH。

解： 作为盐的 NH_4Cl 在水中完全电离，故

$$c_0(NH_4^+)=0.10\ mol\cdot L^{-1}$$

$$K_a(NH_4^+)=K_w/K_b(NH_3\cdot H_2O)=1.0\times10^{-14}/(1.79\times10^{-5})=5.59\times10^{-10}$$

$c_0/K_a=0.10/5.59\times10^{-10}\gg500$，可用最简式计算：

$$c(H_3O^+)=\sqrt{K_ac_0}=\sqrt{0.10\times5.59\times10^{-10}}=7.5\times10^{-6}(mol\cdot L^{-1})$$

$$pH=-\lg[H_3O^+]=5.12$$

4.4.2 一元弱碱

应该说，一元弱碱的电离平衡的计算与一元弱酸的电离平衡的计算没有本质上的差别，只需换换符号即可。在一元弱碱 A^- 的溶液中：

$$A^- + H_2O \rightleftharpoons HA + OH^-$$

忽略水的质子自递产生的 OH^-，即在 $c(HA)=c(OH^-)$ 的前提下，令 c_0 表示 A^- 的起始浓度。然后，用处理一元弱酸类似的方法，可以得到计算一元弱碱溶液 pH 的一系列公式。

最简式 $$c(OH^-)=\sqrt{K_b c_0} \tag{4-6}$$

近似式 $$c(OH^-)=\frac{-K_b+\sqrt{K_b^2+4K_b c_0}}{2} \tag{4-7}$$

使用最简式的判据为 $c_0/K_b \geqslant 500$。

【例 4-6】 计算 0.10 $mol \cdot L^{-1}$ 氨水的 pH。

解： $c_0/K_b = 0.10/1.79\times10^{-5} \gg 500$，可用最简式计算：

$$c(OH^-)=\sqrt{K_b c_0}=\sqrt{1.79\times10^{-5}\times0.10}=1.34\times10^{-3}(mol \cdot L^{-1})$$

$$pOH=-\lg c(OH^-)=2.87 \quad pH=14-pOH=11.13$$

【例 4-7】 计算 0.10 $mol \cdot L^{-1}$ NaAc 的 pH。

解： 作为盐的 NaAc 在水中完全电离，故

$$c_0(Ac^-)=0.10\ mol \cdot L^{-1}$$

$$K_b(Ac^-)=K_w/K_a(HAc)=1.0\times10^{-14}/(1.76\times10^{-5})=5.68\times10^{-10}$$

$c_0/K_b=0.10/5.68\times10^{-10} \gg 500$，可用最简式计算：

$$c(OH^-)=\sqrt{K_b c_0}=\sqrt{5.68\times10^{-10}\times0.10}=7.5\times10^{-6}(mol \cdot L^{-1})$$

$$pOH=-\lg c(OH^-)=5.12 \qquad pH=14-pOH=8.88$$

4.4.3 多元弱酸

一元弱酸、弱碱的电离过程是一步完成的，多元弱酸、弱碱的电离过程是分步进行的，但是，各分步的电离平衡是同时建立起来的。在一定条件下，某物质在水中的浓度只能有一个数值，并要满足所参与的全部化学平衡。以 H_2A 的电离为例进行扼要的讨论：

第一步： $$H_2A \rightleftharpoons H^+ + HA^-$$

$$K_{a1}=\frac{c(H^+)\times c(HA^-)}{c(H_2A)}$$

第二步： $$HA^- \rightleftharpoons H^+ + A^{2-}$$

$$K_{a2}=\frac{c(H^+)\times c(A^{2-})}{c(HA^-)}$$

根据多重平衡规则： $H_2A \rightleftharpoons 2H^+ + A^{2-}$

$$K_a = \frac{c(H^+)^2 c(A^{2-})}{c(H_2A)} = K_{a1}K_{a2}$$

总的电离常数 K_a 的关系式仅表示平衡时 $c(H^+)$、$c(H_2A)$ 和 $c(A^{2-})$ 三者间的关系，并不表示电离过程是按 $H_2A \rightleftharpoons 2H^+ + A^{2-}$ 的方式进行。

在多元弱酸的溶液中，同时存在多个平衡，除了酸自身的多步电离平衡外，还有溶剂水的电离平衡，它们能同时很快达到平衡，这些平衡中有相同的物种 H^+，平衡时溶液中的 $c(H^+)$ 保持恒定。此时，$c(H^+)$ 满足各平衡的平衡常数表达式的数量关系。由于各平衡的 K 相对大小不同，它们电离出来 H^+ 的浓度对溶液中 H^+ 的总浓度贡献不同。一般多元弱酸的电离常数是逐级显著减小的，这是因为，从带负电荷的 HA^- 中再离解出一个 H^+ 是很困难的，第一步电离产生的大量 H^+ 也要满足第二步电离平衡，会抑制 HA^- 进一步离解出 H^+，因此 K_{a2} 远小于 K_{a1}。在 $K_{a1}/K_{a2} > 10^3$ 这种情况下，溶液中的 H^+ 主要来自于弱酸的第一步电离，溶液中的 $c(HA^-)$ 的计算可按一元弱酸的电离平衡做近似处理。

【例 4-8】 求 0.010 $mol \cdot L^{-1}$ H_2CO_3 溶液中 H^+、HCO_3^-、H_2CO_3、OH^-、CO_3^{2-} 的浓度。

解：设溶液中的 H^+ 浓度为 x $mol \cdot L^{-1}$。

由于 $K_{a1}/K_{a2} > 10^3$，$K_{a1} \gg K_w$，溶液中产生的 $c(H^+)$ 主要来源于碳酸的一级电离，可忽略碳酸二级电离和水电离产生的 $c(H^+)$。

H_2CO_3 的一级电离反应为：

	$H_2CO_3 \rightleftharpoons$	H^+ +	HCO_3^-
起始浓度/$mol \cdot L^{-1}$	0.010	0	0
平衡浓度/$mol \cdot L^{-1}$	$0.010 - x$	x	x

将各物质的平衡浓度代入平衡关系式，则有

$$K_{a1} = \frac{x^2}{0.010 - x} = 4.3 \times 10^{-7}$$

$c_0/K_{a1} > 500$，可作近似计算，即 $0.010 - x \approx 0.010$，则

$$x = \sqrt{K_{a1}c_0} = \sqrt{4.3 \times 10^{-7} \times 0.010} = 6.6 \times 10^{-5}(mol \cdot L^{-1})$$

$$c(H^+) \approx c(HCO_3^-) = 6.6 \times 10^{-5}\ mol \cdot L^{-1} \quad c(H_2CO_3) \approx 0.010\ mol \cdot L^{-1}$$

H_2CO_3 的二级电离反应为：

$$HCO_3^- \rightleftharpoons H^+ + CO_3^{2-}$$

$$K_{a2} = \frac{c(H^+) \times c(CO_3^{2-})}{c(HCO_3^-)} = 5.6 \times 10^{-11}$$

由于 $K_{a1} \gg K_{a2}$，第二步电离非常小，可认为 $c(H^+) \approx c(HCO_3^-)$，所以 $c(CO_3^{2-}) \approx K_{a2} = 5.6 \times 10^{-11}(mol \cdot L^{-1})$。

OH^- 来自 H_2O 的电离平衡：$c(OH^-) = K_w/c(H^+) = 1.0 \times 10^{-14}/(6.6 \times 10^{-5}) = 1.5 \times 10^{-10}(mol \cdot L^{-1})$

【例4-9】 室温下硫化氢饱和水溶液中 H_2S 的浓度为 0.10 mol·L^{-1}，求溶液中各物种的浓度。

解：

$$H_2S \rightleftharpoons H^+ + HS^-$$

$K_{a1}/K_{a2} > 10^3$，可忽略 H_2S 二级电离产生的 H^+，当一元酸处理。

$K_{a1} \gg K_w$，$c_0/K_{a1} = 0.10/8.9 \times 10^{-8} \gg 500$，用最简式计算 H^+ 的浓度：

$$c(H^+) = \sqrt{K_{a1}c_0} = \sqrt{8.9 \times 10^{-8} \times 0.10} = 9.43 \times 10^{-5}(\text{mol} \cdot \text{L}^{-1})$$

$$c(H^+) \approx c(HS^-) = 9.43 \times 10^{-5}\ \text{mol} \cdot \text{L}^{-1} \quad c(H_2S) \approx 0.10\ \text{mol} \cdot \text{L}^{-1}$$

再考虑二级电离：

$$HS^- \rightleftharpoons H^+ + S^{2-}$$

$$K_{a2} = \frac{c(H^+) \times c(S^{2-})}{c(HS^-)} = 1.0 \times 10^{-15}$$

由于 $K_{a1} \gg K_{a2}$，第二步电离非常小，$c(H^+) \approx c(HS^-)$，所以 $c(S^{2-}) \approx K_{a2} = 1.0 \times 10^{-15}(\text{mol} \cdot \text{L}^{-1})$

OH^- 来自 H_2O 的电离平衡：$c(OH^-) = K_w/c(H^+) = 1.0 \times 10^{-14}/(9.43 \times 10^{-5}) = 1.06 \times 10^{-10}(\text{mol} \cdot \text{L}^{-1})$

【例4-10】 在 0.10 mol·L^{-1} 的盐酸中通入硫化氢至饱和，求溶液中 S^{2-} 的浓度。

解：盐酸完全电离，使体系中 $c(H^+) = 0.10\ \text{mol} \cdot \text{L}^{-1}$，在这样的酸度下，$H_2S$ 电离出的 H^+ 几乎为零。饱和硫化氢溶液中 $c(H_2S) = 0.10\ \text{mol} \cdot \text{L}^{-1}$，则

$$K_{a1}K_{a2} = \frac{c(H^+)^2 \times c(S^{2-})}{c(H_2S)}$$

$$c(S^{2-}) = \frac{K_{a1}K_{a2}c(H_2S)}{c(H^+)^2} = \frac{8.9 \times 10^{-8} \times 1 \times 10^{-15} \times 0.10}{0.10^2} = 8.9 \times 10^{-22}(\text{mol} \cdot \text{L}^{-1})$$

计算结果表明，由于 0.10 mol·L^{-1} HCl 的存在，使 H_2S 的电离受到了抑制，溶液中的 $c(S^{2-})$ 与纯的 0.10 mol·L^{-1} H_2S 溶液中的 $c(S^{2-})$ 相差 7 个数量级。

多元弱酸 $K_{a1} \gg K_{a2} \gg K_{a3} \cdots$，求 $c(H^+)$ 时，可当作一元弱酸处理，其酸的强度由 K_{a1} 来衡量。单一的二元弱酸的溶液中，$K_{a1} \gg K_{a2}$ 时，二元酸根的离子浓度 $c(A^{2-}) = K_{a2}(H_2A)$，$c(A^{2-})$ 与原始二元酸浓度关系不大。但是，如果在 H_2A 溶液中还含有其他酸碱，因 $c(H^+) \neq c(HA^-)$，则 $c(A^{2-}) \neq K_{a2}(H_2A)$。这个结论不能简单地推论到三元弱酸溶液中。通过推导可知在磷酸溶液中：$c(HPO_4^{2-}) = K_{a2}$，$c(PO_4^{3-}) = K_{a2}K_{a3}/c(H^+)$。

在二元弱酸 H_2A 溶液中，$c(H^+) \neq 2c(A^{2-})$，如【例4-9】中 $c(H^+)$ 约是 $c(A^{2-})$ 的 10^{10} 倍，如【例4-10】中 $c(H^+)$ 约是 $c(A^{2-})$ 的 10^{21} 倍，可见化学平衡式中的计量系数比与相应物质的浓度比是毫无联系的。多元弱酸酸根浓度极低，当需要大量此酸根时，往往用其盐而不用酸。

4.4.4 多元弱碱

阿仑尼乌斯酸碱理论中的多元弱酸的正盐如 Na_2CO_3、Na_2S 等在水中完全电离，其产生

的阴离子如CO_3^{2-}、S^{2-}等按酸碱质子理论是多元碱，能夺取H_2O分子的质子发生碱式电离。如同多元弱酸一样，这些阴离子与水之间的质子转移反应也是分步进行的。平衡时有相应的电离(水解)常数，共轭酸碱电离常数之间关系也符合式(4-1)。例如，Na_2CO_3水溶液中的质子转移反应为：

$$CO_3^{2-} + H_2O \rightleftharpoons OH^- + HCO_3^- \qquad K_{b1}(CO_3^{2-})$$

$$HCO_3^- + H_2O \rightleftharpoons OH^- + H_2CO_3 \qquad K_{b2}(CO_3^{2-})$$

在第一步的电离反应中，CO_3^{2-} 是 HCO_3^- 的共轭碱，HCO_3^- 的电离常数是 $K_{a2}(H_2CO_3)$，根据式(4-1)：

$$K_{b1}(CO_3^{2-}) = K_w / K_{a2}(H_2CO_3) = 1.8 \times 10^{-4}$$

同理：

$$K_{b2}(CO_3^{2-}) = K_w / K_{a1}(H_2CO_3) = 2.3 \times 10^{-8}$$

$K_{b1}(CO_3^{2-}) \gg K_{b2}(CO_3^{2-})$，这说明 CO_3^{2-} 的第一级电离(水解)反应是主要的。计算Na_2CO_3溶液pH时，可只考虑第一步的质子转移反应。对于其他多元离子碱溶液pH的计算也可照此处理。

【例 4-11】 计算 $0.10\ mol \cdot L^{-1}$ Na_2S溶液的pH和S^{2-}的水解度。

解： Na_2S在水溶液中完全电离：　　$Na_2S = 2Na^+ + S^{2-}$

S^{2-}为二元弱碱，发生两步碱式电离：

$$S^{2-} + H_2O \rightleftharpoons OH^- + HS^- \qquad K_{b1}(S^{2-})$$

$$HS^- + H_2O \rightleftharpoons OH^- + H_2S \qquad K_{b2}(S^{2-})$$

根据共轭酸碱常数的关系求得：

$$K_{b1}(S^{2-}) = K_w / K_{a2}(H_2S) = 1.0 \times 10^{-14} / 1.0 \times 10^{-15} = 10.0$$

$$K_{b2}(S^{2-}) = K_w / K_{a1}(H_2S) = 1.0 \times 10^{-14} / 8.9 \times 10^{-8} = 1.1 \times 10^{-7}$$

$K_{b1}(S^{2-}) \gg K_{b2}(S^{2-})$，可忽略二级电离，当一元碱处理。

$c_0 / K_{b1} = 0.10/10.0 < 500$，不能用最简式进行计算，按近似式计算：

$$c(OH^-) = \frac{-K_{b1} + \sqrt{K_{b1}^2 + 4K_{b1}c_0}}{2} = \frac{-10.0 + \sqrt{10.0^2 + 4 \times 10.0 \times 0.10}}{2}$$

$$= 0.099\,9(mol \cdot L^{-1})$$

$$pOH = -\lg c(OH^-) = 1.00 \qquad pH = 14 - pOH = 13.00$$

达到平衡时，$c(OH^-) = c(HS^-) = 0.099\,9\ mol \cdot L^{-1}$，则

$$\alpha = c(OH^-)/c_0 \times 100\% = 0.099\,9/0.10 \times 100\% = 99.9\%$$

4.4.5 两性物质的电离

视频 两性物质的电离和及其溶液pH计算

除了水以外，多元弱酸的酸式盐如$NaHCO_3$、弱酸弱碱盐如NH_4Ac，还有氨基酸如H_2NCH_2COOH等也是两性物质。它们在水溶液中既可以失去质子，又可以得到质子，酸碱平衡的关系比较复杂，应根据具体情况，针对溶液中的主要平衡进行处理。

1. 弱酸的酸式盐

以 $NaHCO_3$ 为例讨论弱酸的酸式盐溶液的 $c(H^+)$，令其浓度为 c_0 $mol \cdot L^{-1}$，$NaHCO_3$ 完全电离生成 Na^+ 和 HCO_3^-。HCO_3^- 在水溶液中有两种变化：

$$HCO_3^- \rightleftharpoons H^+ + CO_3^{2-}$$

$$K_a(HCO_3^-) = \frac{c(H^+) \times c(CO_3^{2-})}{c(HCO_3^-)} = 5.6 \times 10^{-11} = K_{a2}(H_2CO_3) \tag{4-8}$$

$$HCO_3^- + H_2O \rightleftharpoons H_2CO_3 + OH^-$$

$$K_b(HCO_3^-) = \frac{c(OH^-) \times c(H_2CO_3)}{c(HCO_3^-)} = \frac{K_w}{K_{a1}} = 2.3 \times 10^{-8} \tag{4-9}$$

HCO_3^- 的碱常数大于酸常数，即释放 OH^- 的能力比释放 H^+ 的能力强，因此 $NaHCO_3$ 呈碱性。

$c(H_2CO_3)$ 可以代表 OH^- 的生成浓度，被生成的 H^+ 中和掉的 OH^- 的浓度可用 $c(CO_3^{2-})$ 代表，故体系中的浓度可表示为：

$$c(OH^-) = c(H_2CO_3) - c(CO_3^{2-}) \tag{4-10}$$

由式(4-8)得：

$$c(CO_3^{2-}) = \frac{K_{a2}(H_2CO_3) \times c(HCO_3^-)}{c(H^+)} \tag{4-11}$$

由 H_2CO_3 的第一步电离平衡常数表达式：$K_{a1}(H_2CO_3) = \frac{c(H^+) \times c(HCO_3^-)}{c(H_2CO_3)}$，得：

$$c(H_2CO_3) = \frac{c(H^+) \times c(HCO_3^-)}{K_{a1}(H_2CO_3)} \tag{4-12}$$

将 $c(OH^-) = K_w / c(H^+)$ 和式(4-11)、式(4-12)代入式(4-10)得：

$$\frac{K_w}{c(H^+)} = \frac{c(H^+) \times c(HCO_3^-)}{K_{a1}(H_2CO_3)} - \frac{K_{a2}(H_2CO_3) \times c(HCO_3^-)}{c(H^+)}$$

整理得：

$$c(H^+) = \sqrt{\frac{K_{a1}(K_w + c(HCO_3^-) K_{a2})}{c(HCO_3^-)}} \tag{4-13}$$

由于 HCO_3^- 的酸、碱常数分别为 5.6×10^{-11} 和 2.3×10^{-8}，作为酸和碱的电离程度都很小，因此可以认为 $c(HCO_3^-) \approx c_0$，这样式(4-13)变成：

$$c(H^+) = \sqrt{\frac{K_{a1}(K_w + c_0 K_{a2})}{c_0}} \tag{4-14}$$

当 $c_0 K_{a2} \gg K_w$ 时，$c_0 K_{a2} + K_w \approx c_0 K_{a2}$，式(4-14)简化为：

$$c(H^+)=\sqrt{K_{a1}K_{a2}} \tag{4-15}$$

由式(4－15)看到，$NaHCO_3$ 溶液的 $c(H^+)$ 与其浓度 c_0 无直接关系，但在公式的推导过程中用到了 c_0 不能过小的条件，否则不会有 $c_0K_{a2}\gg K_w$。

在上述公式中，K_{a2} 相当于两性物质中酸组分的 K_a，K_{a1} 相当于两性物质中碱组分的共轭酸的 K_a。对于 $NaHCO_3$ 而言，K_{a1}、K_{a2} 分别为 H_2CO_3 的第一、二级电离常数，将其数据代入式(4－15)得：$c(H^+)=\sqrt{4.30\times10^{-7}\times5.61\times10^{-11}}=4.9\times10^{-9}(mol\cdot L^{-1})$，故 pH＝8.32。对于其他的两性阴离子溶液也可类推。例如：

对于 $H_2PO_4^-$ 溶液：$c(H^+)=\sqrt{K_{a1}(H_3PO_4)K_{a2}(H_3PO_4)}$

对于 HPO_4^{2-} 溶液：$c(H^+)=\sqrt{K_{a2}(H_3PO_4)K_{a3}(H_3PO_4)}$

2. 弱酸弱碱盐

我们这里只研究由一元弱酸 HA 和一元弱碱 MOH 生成的弱酸弱碱盐 MA 溶液的 $c(H^+)$，弱酸、弱碱的电离常数分别为 K_a、K_b。

弱酸弱碱盐 MA 在水溶液中存在双水解，两个水解反应同时达到平衡：

$$M^+ + H_2O \rightleftharpoons MOH + H^+$$
$$A^- + H_2O \rightleftharpoons HA + OH^-$$

由与酸式盐溶液中 $c(H^+)$ 计算关系的类似推导，可得：

$$c(H^+)=\sqrt{\frac{K_wK_a(HA)}{K_b(MOH)}} \tag{4-16}$$

可见弱酸弱碱盐水溶液的 $c(H^+)$ 和溶液的浓度无直接关系，但应用式(4－16)时，要求 $c_0\gg K_a$ 才行。在无机化学课程中，一般只要求作近似的计算，因而可以利用式(4－16)判断弱酸弱碱盐的酸碱性。例如 0.1 $mol\cdot L^{-1}$ NH_4Ac 溶液，由于 HAc 的 K_a 和氨水的 K_b 近似相等，故 $c(H^+)=1.0\times10^{-7}$ $mol\cdot L^{-1}$，溶液显中性。但是当 $K_a\neq K_b$ 时，$c(H^+)$ 则不等于 1.0×10^{-7} $mol\cdot L^{-1}$，溶液就不显中性了，如 0.1 $mol\cdot L^{-1}$ NH_4F，由于 HF 的 K_a 比氨水的 K_b 大，溶液显酸性。

§4.5 缓 冲 溶 液

视频 缓冲溶液

许多化学反应要在一定的酸碱范围内才能进行，如人体血液中的 pH 要保持在 7.35～7.45 才能维持机体的酸碱平衡。在化工生产和科学研究中，如何控制反应体系的 pH 是反应正常进行的一个重要条件。人们研究出一种可以抵抗少量酸碱的影响，可以控制溶液 pH 的溶液，即所谓缓冲溶液。缓冲溶液在化学反应和生物化学系统中占有重要地位。弱酸与它的共轭碱、弱碱与它的共轭酸共存于同一溶液中时，产生同离子效应，从而使弱酸、弱碱的电离平衡发生移动，这一概念有助于理解缓冲溶液的缓冲性能。

4.5.1 同离子效应

在 HAc 溶液中加入少量的 NaAc，NaAc 在溶液中完全电离为 Na^+ 和 Ac^-，相当于在已经达到平衡的 $HAc \rightleftharpoons H^+ + Ac^-$ 中添加了 Ac^-，根据 Le Chatelier 原理，将引起平衡向左移动，使 HAc 的电离度大大降低。

【例 4-12】 在 $0.10\ mol \cdot L^{-1}$ HAc 溶液中加入 NaAc 晶体，使 NaAc 浓度为 $0.10\ mol \cdot L^{-1}$，求该溶液的 H^+ 浓度 $c(H^+)$ 和 HAc 的电离度。

解： 在 HAc-NaAc 体系中，设醋酸电离产生的氢离子浓度为 $x\ mol \cdot L^{-1}$，则有：

	$HAc \rightleftharpoons$	H^+ +	Ac^-
起始浓度/$mol \cdot L^{-1}$	0.10	0	0.10
变化浓度/$mol \cdot L^{-1}$	$-x$	x	x
平衡浓度/$mol \cdot L^{-1}$	$0.10-x$	x	$0.10+x$

$$K_a = \frac{c(H^+) \times c(Ac^-)}{c(HAc)} = \frac{x \cdot (0.10+x)}{(0.10-x)}$$

由于 $c_0/K_a \gg 500$，加上平衡左移，可近似有 $0.10+x \approx 0.10$，$0.10-x \approx 0.10$，代入平衡关系式得：

$$K_a = \frac{x \cdot 0.10}{0.10} = 1.76 \times 10^{-5}$$

$$c(H^+) = x = 1.76 \times 10^{-5}\ mol \cdot L^{-1}$$

电离度：$\alpha = c(H^+)/0.10 \times 100\% = 1.76 \times 10^{-5}/0.10 \times 100\% = 0.017\,6\%$

与未加 NaAc 晶体的同浓度 HAc 溶液($\alpha = 1.33\%$)相比较，电离度 α 缩小到 1/75。同样，在弱碱溶液中，加入与弱碱溶液含有相同离子的强电解质，也会使弱碱的电离平衡向生成弱碱的方向移动，从而使弱碱的电离度降低。由此可以得出结论，在弱电解质溶液中，加入含有相同离子的易溶强电解质，使弱电解质电离度降低的现象叫作同离子效应。

4.5.2 缓冲溶液

缓冲溶液就其作用而言，可以分为两类：一类是用于控制溶液酸度的一般缓冲溶液，它们大多是由一定浓度的共轭酸碱对组成；另一类是酸碱标准缓冲溶液，它们是由规定浓度的某些逐级电离常数相差较小的两性物质(如酒石酸氢钾)或由共轭酸碱对(如 $H_2PO_4^- - HPO_4^{2-}$)所组成，其值是根据 IUPAC 所规定的 pH 操作定义经实验准确测定的，在国际上规定用作测量溶液的 pH 时的参照溶液。我们主要介绍前者，后者在后继课程中再作讨论。

1. 缓冲溶液及其组成

为了理解缓冲溶液的概念，先分析表 4-5 中的实验数据。

表 4-5 缓冲溶液与非缓冲溶液的比较实验

	1.76×10^{-5} mol·L^{-1} HCl	0.10 mol·L^{-1} HAc-0.10 mol·L^{-1} NaAc
1.0 L 溶液的 pH	4.75	4.75
加入 0.010 mol NaOH 后的 pH	12.00	4.83
加入 0.010 mol HCl 后的 pH	2.00	4.66

从表 4-5 可以看出，在 1.76×10^{-5} mol·L^{-1} HCl 溶液和 0.10 mol·L^{-1} HAc-0.10 mol·L^{-1} NaAc 溶液中，加入相同的少量酸或碱，溶液的 pH 变化不同。在 HCl 溶液中，pH 有比较明显的变化，说明这种溶液不具有保持 pH 相对稳定的性能，但 HAc-NaAc 溶液的 pH 改变很小，这类溶液具有缓解改变氢离子浓度而能保持 pH 基本不变的性能。同样，NH_4Cl 与 NH_3 的混合溶液以及 $NaHCO_3$-Na_2CO_3 溶液等都具有这种性质。这种能够抵抗外加的少量强酸、强碱或水的稀释而保持体系的 pH 基本不变的溶液叫作**缓冲溶液**。缓冲溶液保持 pH 基本不变的作用称为**缓冲作用**。

缓冲溶液为什么能够保持 pH 相对稳定，而不因加入少量强酸或强碱引起 pH 的较大变化？假定缓冲溶液由弱酸 HA 和它的共轭碱 A^- 组成，在溶液中发生的质子转移反应为：

$$HA + H_2O \rightleftharpoons H_3O^+ + A^-$$

在缓冲溶液中 HA 和 A^- 的起始浓度很大，即溶液中大量存在的形式主要是 HA 和 A^-。当加入少量强酸时，H_3O^+ 浓度增加，平衡向左移动，达到新的平衡时，A^- 浓度略有减少，HA 浓度略有增加，H_3O^+ 浓度基本未变，即溶液 pH 基本保持不变。当加入少量强碱时，H_3O^+ 与碱发生中和反应，H_3O^+ 浓度略有减少，平衡向右移动，HA 与 H_2O 作用生成 H_3O^+ 以补充减少的 H_3O^+，达到新的平衡时，HA 浓度略有减少，A^- 浓度略有增加，而 H_3O^+ 浓度几乎未变，即溶液 pH 基本保持不变。

缓冲溶液的组成为共轭酸碱对，一般是由弱酸和弱酸盐组成或由弱碱和弱碱盐组成的。例如 HAc-NaAc、$NH_3\cdot H_2O$-NH_4Cl 以及 NaH_2PO_4-Na_2HPO_4 等都可以配制成缓冲溶液。

2. 缓冲溶液 pH 的计算

既然缓冲溶液具有保持 pH 相对稳定的能力，因此，知道缓冲溶液本身的 pH 就十分重要。下面以 HAc-NaAc 为例进行讨论：

设 HAc 的浓度为 $c_{酸}$，NaAc 的浓度为 $c_{盐}$，则有

$$HAc \rightleftharpoons H^+ + Ac^-$$

起始浓度： $c_{酸}$ 0 $c_{盐}$

平衡浓度： $c_{酸}-x$ x $c_{盐}+x$

由于同离子效应，近似有 $c_{酸}-x\approx c_{酸}$，$c_{盐}+x\approx c_{盐}$，代入平衡关系式：

$$K_a=\frac{c(H^+)\times c(Ac^-)}{c(HAc)}=\frac{c(H^+)c_{盐}}{c_{酸}}$$

$$c(H^+)=K_a\frac{c_{酸}}{c_{盐}}$$

$$pH=pK_a-\lg\frac{c_{酸}}{c_{盐}} \tag{4-17}$$

同理,可以推导出弱碱和弱碱盐组成缓冲溶液中$c(OH^-)$的计算公式:

$$c(OH^-)=K_b\frac{c_{碱}}{c_{盐}}$$

$$pOH=pK_b-\lg\frac{c_{碱}}{c_{盐}} \tag{4-18}$$

【例4-13】 缓冲溶液的组成是$1.0\ mol\cdot L^{-1}$的$NH_3\cdot H_2O$和$1.0\ mol\cdot L^{-1}$的NH_4Cl,试计算:(1) 缓冲溶液的pH;(2) 将$1.0\ mL\ 1.0\ mol\cdot L^{-1}$ NaOH溶液加入到50 mL该缓冲溶液中引起的pH变化;(3) 将$1.0\ mL\ 1.0\ mol\cdot L^{-1}$ HCl溶液加入到50 mL该缓冲溶液中引起的pH变化;(4) 将同量的NaOH加入到50 mL纯水中引起的pH变化。

解: (1) $pOH=pK_b-\lg\frac{c_{碱}}{c_{盐}}=-\lg 1.79\times10^{-5}-\lg\frac{1.0}{1.0}=4.75$

$$pH=14.00-4.75=9.25$$

(2) 在50 mL缓冲溶液中含$NH_3\cdot H_2O$和NH_4^+各是0.050 mol,加入NaOH后,将消耗0.001 0 mol NH_4^+,并生成0.001 0 mol $NH_3\cdot H_2O$,故有:

$$c(NH_4^+)=0.049\ mol/(0.051\ L)\quad c(NH_3)=0.051\ mol/(0.051\ L)$$

代入式(4-18)得:

$$pOH=pK_b-\lg\frac{c_{碱}}{c_{盐}}=-\lg 1.79\times10^{-5}-\lg\frac{\left(\frac{0.051}{0.051}\right)}{\left(\frac{0.049}{0.051}\right)}=4.73$$

$$pH=14.00-4.73=9.27$$

加入这些NaOH后,溶液的pH改变了0.02单位,几乎没有变化。

(3) 在50 mL缓冲溶液中含$NH_3\cdot H_2O$和NH_4^+各是0.050 mol,加入HCl后,将消耗0.001 0 mol $NH_3\cdot H_2O$,并生成0.001 0 mol NH_4^+,故有:

$$c(NH_4^+)=0.051\ mol/(0.051\ L)\quad c(NH_3)=0.049\ mol/(0.051\ L)$$

代入式(4-18)得:

$$pOH=pK_b-\lg\frac{c_{碱}}{c_{盐}}=-\lg 1.79\times10^{-5}-\lg\frac{\left(\frac{0.049}{0.051}\right)}{\left(\frac{0.051}{0.051}\right)}=4.77$$

$$pH=14.00-4.77=9.23$$

加入这些HCl后,溶液的pH改变了0.02单位,几乎没有变化。

(4) 将这些NaOH加入到50 mL纯水中,可求得$[OH^-]$:

$$c(OH^-) = \frac{1.0\ mL \times 1.0\ mol \cdot L^{-1}}{51\ mL} = 0.020\ mol \cdot L^{-1}$$

$$pOH = 1.70 \qquad pH = 12.30$$

加入这些 NaOH,纯水的 pH 改变了 5.30 单位。

上面的定量计算清楚地表明了缓冲溶液的缓冲作用。但是,缓冲溶液的缓冲能力是有一定限度的,加入较多的酸或碱时,溶液的缓冲能力明显减弱,甚至失去缓冲作用。

缓冲溶液能抵抗稀释,这是因为稀释时虽然 $c_{酸}$(或 $c_{碱}$)和 $c_{盐}$ 都改变,但其比值不变,故缓冲溶液的 pH 不改变。但切不可无限稀释,稀释过多,当弱酸(或弱碱)的电离度和盐的水解作用发生明显改变时,pH 也将发生明显变化。

缓冲溶液的弱酸和弱酸盐(或弱碱和弱碱盐)称为缓冲对。缓冲对的浓度越大,当加入强酸或强碱时其浓度值及其比值改变越小,即抵制酸碱影响的作用越强。一般来说,当缓冲对浓度比值一定时,总浓度越大,缓冲溶液的缓冲容量越大;总浓度一定时,缓冲对浓度比值越接近 1,缓冲溶液的缓冲容量越大。

3. 缓冲溶液的配制

实践中,缓冲溶液出现在许多场合,化学化工、生物医学、工农业生产中都常遇到缓冲溶液的应用。因此,在实际工作中,经常需要配制一定 pH 的缓冲溶液,具体做法是:

(1) 选择合适的缓冲对

一般可选择 pK_a 或 pK_b 与所指定的 pH 相等或相近的弱酸(弱碱)及其盐。例如,欲配制 pH=5 左右的缓冲溶液,最好选择 K_a 数量级为 10^{-5} 的共轭酸碱,如 HAc - NaAc 缓冲对。欲配 pH=10 左右的缓冲溶液,最好选择 K_a 数量级为 10^{-10},如 NH_3 - NH_4Cl 缓冲对。

(2) 调整酸(碱)和盐的浓度比或体积比

如果 pH 与 pK_a 不完全相等,可以按照所需 pH,利用式(4 - 17)、式(4 - 18)适当调整酸(或碱)与盐的浓度比。如果酸(或碱)与盐的浓度相等,则调整两者的体积比。

此外,所选择的缓冲溶液,不能与反应体系中的物质(反应物和生成物)发生作用。药用缓冲溶液还要考虑到其是否有毒性等。

【例 4 - 14】 欲配制 pH = 5.00 的缓冲溶液,需在 50 mL 0.10 mol·L^{-1} 的 HAc 溶液中加入 0.10 mol·L^{-1} 的 NaOH 多少毫升?

解: 设加入的 0.10 mol·L^{-1} NaOH 的体积为 x mL,$n(NaOH) = 0.10x$(mmol),与 HAc 完全反应生成 NaAc,故 $n(NaAc) = 0.10x$(mmol),$n(HAc) = (5.0 - 0.10x)$(mmol)。

$$pH = pK_a - \lg\frac{c_{酸}}{c_{盐}} = -\lg 1.76 \times 10^{-5} - \lg\frac{\left(\dfrac{5.0 - 0.10x}{50 + x}\right)}{\left(\dfrac{0.10x}{50 + x}\right)} = 5.00$$

$$x = 32\ mL$$

答:为配制 pH = 5.00 的缓冲溶液,需在 50 mL 0.10 mol·L^{-1} 的 HAc 溶液中加入 32 毫升 0.10 mol·L^{-1} 的 NaOH。

知识拓展:超强酸

按照酸碱质子理论,在水溶液中最强的酸是 H_3O^+。任何比 H_3O^+ 更强的酸在水中都会全部电离,电离出的 H^+ 与 H_2O 结合生成 H_3O^+。此时,这些酸的强度完全由 H_3O^+ 来体现,离开水溶液就可获得比 H_3O^+ 更强的酸。例如,100%的纯 H_2SO_4 给出 H^+ 能力比 H_3O^+ 大得多。通常把比 100%的纯 H_2SO_4 酸性还强的酸称为超强酸。

按状态,超强酸既有液体超强酸,也有固体超强酸;按组成,超强酸又可分为质子酸、路易斯酸和共轭质子-路易斯酸。

(1) 布朗斯特超强酸,这类超强酸包括高氯酸($HClO_4$)、氟磺酸(HSO_3F)、氯磺酸(HSO_3Cl)和三氟甲磺酸(HSO_3CF_3)等,它们在室温下是液体,本身为酸性极强的溶剂。

(2) 路易斯超强酸,如五氟化锑(SbF_5)、五氟化砷(AsF_5)和五氟化铌(NbF_5)等,其中 SbF_5 是已知最强的路易斯酸,可用于制备正碳离子和魔酸等共轭超强酸。

(3) 共轭布朗斯特-路易斯超强酸,包括一些由布朗斯特酸和路易斯酸组成的体系,如 $HSO_3F\cdot SbF_5$、$H_2SO_4\cdot B(OH)_3$、$H_2S_2O_7$、$HSO_3F\cdot SO_3$ 等。

(4) 固体超强酸,这类超强酸包括硫酸处理的氧化物,如 $TiO_2\cdot H_2SO_4$、$ZrO_2\cdot H_2SO_4$;路易斯酸处理的金属氧化物,如 $SbF_5\cdot TiO_2\cdot SiO_2$、$SbF_5\cdot SiO_2\cdot Al_2O_3$。固体超强酸主要被用作催化剂。

HSO_3F 和 SbF_5 的混合酸习惯上被称为"魔酸",是最早发现的超强酸,此名称来源于 Case Western Reserve 大学专门从事超强酸研究的欧拉实验室。有一次在实验室举行的圣诞聚会上,欧拉的一位同事不小心将一支蜡烛掉入这种超强酸中,发现它很快地溶入超强酸。后来进一步研究发现,石蜡烃分子在超酸中已与氢离子结合变成正离子,而且原来长链的石蜡烃分子重排成支链分子。这种结果是完全没有预料到的,故给该酸取名为"魔酸"。魔酸可与许多物质反应,甚至不能与普通酸反应的烃类,也能与其反应。例如,丙烯与其反应可得到丙基阳离子:

$$C_3H_6(HSO_3F)+H_2SO_3F^+(HSO_3F)\longrightarrow C_3H_7^+(HSO_3F)+HSO_3F(HSO_3F)$$

超强酸具有极强的酸性和很高的介电常数,能使非电解质变成电解质,能使很弱的碱质子化。作为一个良好的催化剂,超强酸使一些本来难以进行的反应能在较温和的条件下进行,故强超酸在合成或裂解化学中,特别是在有机合成中得到了广泛的应用。

文献讨论题

[文献 1] Xiangfeng Guo, Xuhong Qian, Lihua Jia. A Highly Selective and Sensitive Fluorescent Chemosensor for Hg^{2+} in Neutral Buffer Aqueous Solution. *J. Am. Chem. Soc.*, **2004**, 126, 2272 - 2273.

荧光/磷光是指某些物质的分子在受到光照射后,其电子从基态能级跃迁到激发态,激发态分子再回到基态的过程中以光辐射方式全部或部分地将能量释放出来,进而发射出各种波长及不同强度的光,当照射光停止后,光发射现象也随之消失。其中,电子是由第一激发单线态的最低振动能级回到基态振动能级,其发射的光称为荧光。荧光探针技术是一种利用探针化合物的光物理和光化学特性,在分子水平上研究某些体系的物理、化学过程和检测某种特殊环境材料的结构及物理性质的方法,在生命科学、环境科学、材料科学、信息科学等领域得到了广泛的应用。荧光团是荧光分子探针的最基本组成部分,其作用是将分子识别信息表达为荧光信号。荧光分子探针中的荧光团通过给出荧光强度的增强和减弱,以及荧光峰值波长的位移等信息来反映微观世界的分子识别作用。荧光分子探针中的识别基团是体现探针分子识别功能的主要部分，它决定了荧光分子探针和客体结合的灵敏度和选择性。人们可以通过在荧光团上引入合适的识别基团，利用金属离子与识别基团相结合或发生化学反应所导致的荧光强度、荧光寿命的变化以及荧光光谱的移动来直观地体现金属离子的存在。研究表明，许多探针分子的荧光性质会受溶液中存在的质子的影响。因此，可以通过配位缓冲溶液来获得稳定的 pH，从而提高识别研究结果的可靠性。阅读上述文献，分析缓冲溶液对汞离子荧光探针的性质的影响。

［文献 2］ 王岚，尤琳浩，常彦忠.人体维持酸碱平衡的机制.生物学通报，**2013**，48(2)，1－2.

生命活动最主要的特征之一就是生物体内各种物质按一定的规律不断进行新陈代谢，以实现生物体与外界的物质交换及自我更新和机体内环境的相对稳定。机体的代谢活动必须在适宜的酸碱度的内环境中才能正常进行，因此体液酸碱度的相对恒定就显得特别重要。人体血液和其他体液的 pH 是相对稳定的，一般保持在 7.35～7.45 之间，其平均值为 7.40。一旦 pH 偏离正常范围，机体代谢就会发生紊乱，造成酸或碱中毒，有时甚至会危及生命。在正常情况下，当人的机体摄入一些酸性或碱性食物会在代谢过程中不断生成酸性或碱性物质，但是通过人体内在的缓冲和调节的功能可以使得体液的酸碱度仍能保持在正常范围内。但是，如果大量摄入酸性食品时，在体内代谢后，其中的磷或硫可能在体内形成磷酸或硫酸，但人体内的各种系统都必须保持原来的恒定，因此身体会利用大量的碱性物质来中和酸性物质，使得人体内的碱性物质不足，这时人体环境的酸碱平衡就被打破，医学上称为酸性体质，给人类的健康会带来很多不利的影响。阅读上述文献，探讨人体维持酸碱平衡的机制？

习题

1. 什么是稀溶液的依数性？为什么稀溶液依数性不适用于浓溶液和电解质溶液？

2. 什么叫作渗透压？盐碱土地上栽种植物难以生长，试以渗透现象解释之。

3. 把一小块冰放在 0℃的水中，另一小块冰放在 0℃的盐水中，各有什么现象？为什么？

4. 北方冬天吃梨前，先将冰梨放入凉水中浸泡一段时间，发现冰梨表面结了一层薄冰，而梨里边已经解冻了，这是什么道理？

5. 试述酸碱质子理论和酸碱电子理论的基本要点。

6. 什么是拉平效应和区分效应？

7. 为什么 pH＝7 并不总是表明水溶液是中性的？

8. 在氨水中分别加入下列物质，对氨水的电离常数、电离度及 pH 有何影响？

(1) NH_4Cl　　(2) NaOH　　(3) H_2O

9. 计算溶液酸度时，在什么情况下必须考虑水本身电离出来的 H_3O^+ 或 OH^-？

10. 何谓缓冲溶液？举例说明缓冲溶液的作用原理。

11. 10 mL NaCl 饱和溶液重 12.003 g，将其蒸干后得 NaCl 3.173 g，试计算溶液的质量摩尔浓度、物质的量浓度和摩尔分数。

12. 用作消毒剂的过氧化氢的质量分数为 0.03，这种水溶液的密度为 $1.0\ g\cdot mL^{-1}$，试计算这种溶液中过氧化氢的质量摩尔浓度、物质的量浓度和摩尔分数。

13. 在严寒的季节里，为了防止仪器中的水结冰，欲使其凝固点降低到－3℃，试问在 500 g 水中应加甘油($C_3H_8O_3$)多少克？

14. 在 26.6 g 氯仿($CHCl_3$)中溶解 0.402 g 萘($C_{10}H_8$)，其沸点比氯仿的沸点高 0.455 K，求氯仿的沸点升高常数。

15. 在 20℃时，将 5.0 g 血红素溶于适量水中，然后稀释到 500 mL，测得渗透压为 0.366 kPa，试计算血红素的相对分子质量。

16. 经化学分析测得尼古丁中碳、氢、氮的质量分数依次为 0.740 3、0.087 0、0.172 7，今将 1.21 g 尼古丁溶于 24.5 g 水中，测得溶液的凝固点为 −0.568℃，求尼古丁的最简式、相对分子质量和分子式。

17. (1) 写出下列分子或离子的共轭碱：NH_4^+、HS^-、HSO_4^-、HAc、H_2O、$H_2PO_4^-$、$[Fe(H_2O)_6]^{3+}$、$C_6H_5NH_3^+$。

(2) 写出下列分子或离子的共轭酸：HSO_4^-、HS^-、$H_2PO_4^-$、HSO_4^-、S^{2-}、NH_3、$C_6H_5O^-$、$(CH_2)_6N_4$。

18. 根据质子理论，判断下列分子或离子哪些是酸？哪些是碱？哪些是两性物质？

$[Al(H_2O)_6]^{3+}$、NO_3^-、HS^-、CO_3^{2-}、$H_2PO_4^-$、NH_3、H_2S、HAc、H_2O

19. 把下列溶液的 pH 换算成 $c(H^+)$。

(1) 牛奶的 pH=6.80　　(2) 柠檬汁的 pH=2.30

(3) 葡萄酒的 pH=3.40　　(4) 人的泪液 pH=7.50

20. 把下列溶液的 $c(H^+)$ 换算成 pH。

(1) 某人胃液的 $c(H^+) = 4.0 \times 10^{-2}\ mol \cdot L^{-1}$

(2) 人体血液的 $c(H^+) = 4.0 \times 10^{-8}\ mol \cdot L^{-1}$

(3) 食醋的 $c(H^+) = 1.26 \times 10^{-3}\ mol \cdot L^{-1}$

(4) 西红柿汁的 $c(H^+) = 3.2 \times 10^{-4}\ mol \cdot L^{-1}$

21. 计算下列溶液的 pH。

(1) 0.20 mol·L^{-1} HCN　　(2) 0.20 mol·L^{-1} NaCN

(3) 0.20 mol·L^{-1} $NH_3 \cdot H_2O$　　(4) 0.20 mol·L^{-1} NH_4Cl

22. 求下列溶液(浓度均为 0.1 mol·L^{-1})的 pH。

(1) $NaHCO_3$　　(2) Na_2S　　(3) NaH_2PO_4　　(4) NH_4HCO_3

23. 0.01 mol·L^{-1} HAc 溶液的电离度为 4.2%，求 HAc 的电离常数和该溶液的 $c(H^+)$。

24. 计算 0.40 mol·L^{-1} H_2SO_4 溶液中各离子浓度。

25. 计算 0.10 mol·L^{-1} H_2S 溶液的 $c(H^+)$ 和 $c(S^{2-})$。

26. 计算室温下饱和 CO_2 水溶液（即 0.04 mol·L^{-1} 的 H_2CO_3 溶液）中的 $c(H^+)$、$c(HCO_3)$、$c(CO_3^{2-})$。

27. 计算 0.10 mol·L^{-1} H_3PO_4 溶液中 $H_2PO_4^-$ 和 PO_4^{3-} 的浓度。

28. 某溶液中含 0.15 mol·L^{-1} H^+，通入 $H_2S(g)$ 至饱和时，溶液中 $c(S^{2-})$ 是多少？

29. 配制 450 mL pH=9.30 的缓冲溶液，需用 0.10 mol·L^{-1} 氨水和 0.10 mol·L^{-1} 盐酸各多少？

30. 今有三种酸 $(CH_3)_2AsO_2H$、$ClCH_2COOH$、CH_3COOH，它们的标准电离常数分别为 6.4×10^{-7}、1.4×10^{-5} 和 1.76×10^{-5}，试问：

(1) 欲配制 pH 为 6.50 的缓冲溶液，用哪种酸最好？

(2) 需要多少克这种酸和多少克 NaOH 以配制 1.00 L 缓冲溶液？(其中酸和它的共轭碱总浓度为 1.00 mol·L^{-1})

第 5 章　沉淀溶解平衡

我们在日常生活、化工生产和科学研究中，会经常接触到沉淀反应，并利用沉淀反应进行难溶化合物的合成、离子的分离、鉴定和除去某些杂质。因此，全面地了解沉淀反应，有助于我们创造条件，使沉淀生成或溶解。这些问题和本章学习的沉淀溶解平衡有着密切的关系。本章将讨论难溶电解质在水中沉淀、溶解的原理和应用。

§5.1　溶度积规则

5.1.1　溶解度

严格来说，绝对不溶于水中的物质是没有的。在一定温度下，达到溶解平衡时，一定量的溶剂中含有溶质的质量，叫作**溶解度**，通常以符号 s 表示。对水溶液来说，通常以饱和溶液中每 100 g 水所含溶质质量来表示，以 g/100 g 为单位。通常把溶解度小于 0.01 g/100 g 的物质称为**难溶物质**；溶解度在 0.01 g/100 g～0.1 g/100 g 之间的物质称为**微溶物质**；溶解度较大者称为**易溶物质**。本书中难溶物质的溶解度采用它饱和溶液的浓度来表示，其单位也采用浓度单位 $mol \cdot L^{-1}$。

5.1.2　溶度积常数

固体难溶强电解质虽然在水中溶解度小，但溶于水后发生电离生成水合离子，经过一定时间后，溶液中的离子与未溶的固体难溶电解质之间达到动态平衡。

例如 $BaSO_4$ 在水中虽然难溶，但溶解的部分仍会电离出一定数量的 Ba^{2+} 和 SO_4^{2-}，而且同时仍有一定数量的 Ba^{2+} 和 SO_4^{2-} 又有可能回到 $BaSO_4$ 晶体表面而析出。固体 $BaSO_4$ 和水溶液中相应的离子之间达到动态的多相离子平衡，称为**沉淀溶解平衡**。

$$BaSO_4(s) \rightleftharpoons Ba^{2+} + SO_4^{2-}$$

$BaSO_4(s)$沉淀溶解平衡的平衡常数表达式为：

$$K_{sp}^{\ominus}(BaSO_4) = a(Ba^{2+}) \cdot a(SO_4^{2-})$$

由于硫酸钡溶解度小，活度与浓度基本相同，所以一般用浓度代替活度。

$$K_{sp} = c(Ba^{2+}) \cdot c(SO_4^{2-})$$

$c(Ba^{2+})$和 $c(SO_4^{2-})$分别为平衡时 Ba^{2+} 和 SO_4^{2-} 的浓度。K_{sp}称为硫酸钡的溶度积常数。

对于通式为 A_mB_n 的难溶电解质，其在水中的溶解平衡为：

$$A_mB_n(s) \rightleftharpoons mA^{n+} + nB^{m-}$$

溶解平衡常数表达式为：

$$K_{sp}(A_mB_n) = c(A^{n+})^m \cdot c(B^{m-})^n$$

式中 $c(A^{n+})$和 $c(B^{m-})$为达到平衡时 A^{n+}、B^{m-}的浓度，此沉淀溶解平衡的平衡常数称为**溶度积常数**(简称**溶度积**)。因此，难溶电解质的溶度积表达式的含义为：在一定温度下，难溶电解质的饱和溶液中，各组分离子浓度幂的乘积为一常数。

K_{sp}是难溶电解质沉淀溶解平衡的平衡常数，不适用于易溶盐、易发生水解或其他副反应的盐。本书假设所讨论例子均适用。与其他平衡常数一样，K_{sp}是温度的函数，但对难溶电解质而言通常忽略，且与未溶固体的量无关。K_{sp}可表示难溶强电解质在溶液中溶解能力大小，也可表示生成该难溶电解质的难易。

5.1.3 溶解度和溶度积的关系

溶度积 K_{sp}与溶解度 S 都表示难溶强电解质的溶解能力。同类型难溶电解质 K_{sp}越大，溶解度越大，溶液中水合离子浓度越大；反之 K_{sp}越小，其溶解度越小，溶液中水合离子浓度越小。但对于不同类型的难溶电解质，由于溶度积常数表达式中离子浓度的幂指数不同，通常不能直接用溶度积 K_{sp}比较大小。因此不同类型的难溶电解质需要将其溶度积和溶解度换算后，才能比较溶解能力的大小。

设难溶电解质 A_mB_n的溶解度为 S mol/L，则

$$A_mB_n(s) \rightleftharpoons mA^{n+} + nB^{m-}$$

离子浓度/($\mathrm{mol \cdot L^{-1}}$)　　　　mS　　nS

由溶度积常数表达式有下面通式：

$$K_{sp} = (mS)^m(nS)^n = m^m n^n S^{m+n}$$

因此，对于不同类型的难溶电解质，其溶度积与溶解度之间的换算关系有：

AB 型：$K_{sp} = S^2$，即 $S = (K_{sp})^{1/2}$；

A_2B 或 AB_2：$K_{sp} = 4S^3$，即 $S = (K_{sp}/4)^{1/3}$；

A_3B 或 AB_3：$K_{sp} = 27S^4$，即 $S = (K_{sp}/27)^{1/4}$。

【例 5-1】 25℃ AgCl 的溶解度为 $1.92\times10^{-3}\ \mathrm{g \cdot L^{-1}}$，求其 K_{sp}(AgCl)。

解：将溶解度单位换算为 $\mathrm{mol \cdot L^{-1}}$，则

$$S = (1.92\times10^{-3}\ \mathrm{g \cdot L^{-1}})/(143.3\ \mathrm{g \cdot mol^{-1}}) = 1.34\times10^{-5}\ \mathrm{mol \cdot L^{-1}}$$

$$AgCl \rightleftharpoons Ag^+ + Cl^-$$

离子浓度/($\mathrm{mol \cdot L^{-1}}$)　　　　S　　S

AgCl 为 AB 型难溶电解质，根据换算关系有：

$$K_{sp}(AgCl) = S^2 = (1.34\times10^{-5})^2 = 1.80\times10^{-10}$$

因此，25℃下 AgCl 的溶度积 K_{sp}(AgCl)为 1.80×10^{-10}。

在进行换算时，值得注意的是 S 的单位应为 $mol \cdot L^{-1}$。溶解度可以用来直接比较溶解能力的大小，而使用溶度积只能直接比较同类型难溶电解质的溶解能力大小，不同类型的要进行换算后才能比较。溶度积和溶解度相互换算的公式只适用于离子强度小，浓度可以代替活度($f=1$)，不发生副反应的难溶强电解质。

5.1.4 溶度积规则

溶度积不但可以计算难溶强电解质的溶解度，其更重要的应用是可以判断溶液中沉淀的生成或溶解。如物质在何种条件下开始沉淀，能否沉淀完全；沉淀又在什么条件下会溶解？难溶强电解质的沉淀溶解平衡关系为：

$$A_mB_n(s) \rightleftharpoons mA^{n+} + nB^{m-}$$

$$K_{sp}(A_mB_n) = c(A^{n+})^m \cdot c(B^{m-})^n$$

根据化学反应等温式，可以用反应商 Q 和平衡常数 $K^\ominus$ 的大小来判断反应进行的方向，将该关系应用于沉淀溶解平衡，即可判断沉淀的生成和溶解。

在任意状态下，难溶电解质的相关离子的浓度积 Q_i，又称为**离子积**，表示为：

$$Q_i(A_mB_n) = \{c(A^{n+})^m\} \cdot \{c(B^{m-})^n\}$$

式中 $c(A^{n+})$ 和 $c(B^{m-})$ 为任意状态下难溶电解质的相应离子浓度。

离子积与溶度积之间存在下列关系：

$Q_i = K_{sp}$，饱和溶液，达沉淀溶解平衡。

$Q_i < K_{sp}$，不饱和溶液，无沉淀析出或沉淀溶解。

$Q_i > K_{sp}$，有沉淀析出，直至饱和为止。

以上规则称为溶度积规则。溶度积规则可以用来判断沉淀的生成和溶解。

【例 5-2】 (1) 往盛有 1.0 L 纯水中加入 0.1 mL 浓度为 $0.01\ mol \cdot L^{-1}$ 的 $BaCl_2$ 和 Na_2SO_4，是否有沉淀生成？

解： $c(Ba^{2+}) = c(SO_4^{2-}) = 0.1 \times 10^{-3} \times 0.01/1.0 = 10^{-6}(mol \cdot L^{-1})$

$$Q_i = c(Ba^{2+}) \cdot c(SO_4^{2-}) = 10^{-12} < K_{sp}(BaSO_4) = 1.1 \times 10^{-10}$$

因此无 $BaSO_4$ 沉淀生成。

(2) 改变 $BaCl_2$ 和 Na_2SO_4 的浓度为 $1.0\ mol \cdot L^{-1}$，则

$$c(Ba^{2+}) = c(SO_4^{2-}) = 10^{-4}\ mol \cdot L^{-1}$$

$$Q_i = c(Ba^{2+}) \cdot c(SO_4^{2-}) = 10^{-8} > K_{sp}(BaSO_4)$$

因此有 $BaSO_4$ 沉淀生成。

【例 5-3】 等体积的 $0.004\ mol \cdot L^{-1}$ 的 $AgNO_3$ 和 $0.004\ mol \cdot L^{-1}$ 的 K_2CrO_4 溶液混合，有无 Ag_2CrO_4 沉淀生成？$K_{sp}(Ag_2CrO_4) = 1.12 \times 10^{-12}$。

解：

$$Ag_2CrO_4 \rightleftharpoons 2Ag^+ + CrO_4^{2-}$$

离子浓度/($mol \cdot L^{-1}$)　　0.002　0.002

$Q_i = c(Ag^+)^2 \cdot c(CrO_4^{2-}) = (0.002)^2 \times 0.002 = 8 \times 10^{-9} > K_{sp} = 1.12 \times 10^{-12}$，因此有 Ag_2CrO_4 沉淀析出。

在这里需要指出的是，有些特殊情况不满足溶度积规则，在 $Q_i > K_{sp}$ 时，可能没有沉淀析出：

(1) $Q_i > K_{sp}$ 而无沉淀析出，可能是沉淀量太少（$< 1 \times 10^{-5}\ g \cdot mL^{-1}$）肉眼观察不到或是形成过饱和溶液。前者可通过增加沉淀量生成沉淀，后者可通过外力打破局部溶剂对溶质的作用如摩擦内壁或加固体晶种。

(2) 由于副反应（如 S^{2-}、CO_3^{2-} 的水解，沉淀剂过量等）的发生，导致实际上 $Q_i < K_{sp}$，无沉淀生成。如 $Hg^{2+} + 2I^- \longrightarrow HgI_2$（橘红色沉淀），$HgI_2 + 2I^- \longrightarrow HgI_4^{2-}$（无色溶液）。

§5.2　沉淀平衡移动

5.2.1　同离子效应和盐效应

当难溶强电解质达到沉淀溶解平衡，此时溶解与沉淀的速率相等，$Q_i = K_{sp}$，溶液为饱和溶液。向该溶液中加与其具有相同离子的可溶性强电解质，很明显，溶液中该相同离子的浓度增大，按照溶度积规则，会导致 $Q_i > K_{sp}$，平衡向左移动，有沉淀析出，直至饱和为止。最后的结果是难溶强电解质的溶解度减小了。这种由于加入含有相同离子的强电解质而使难溶电解质的溶解度减小的现象称为**同离子效应**。因此，在沉淀反应中，利用同离子效应，加入沉淀剂，可使 $Q_i > K_{sp}$，生成沉淀。

【例 5-4】 求 298 K 时 $BaSO_4$ 在 $0.01\ mol \cdot L^{-1}\ H_2SO_4$ 溶液中的溶解度。$[K_{sp}(BaSO_4) = 1.1 \times 10^{-10}]$

解： 设 298 K 时 $BaSO_4$ 在 $0.01\ mol \cdot L^{-1}\ H_2SO_4$ 溶液中的溶解度为 $S\ mol \cdot L^{-1}$，则

$$BaSO_4 \rightleftharpoons Ba^{2+} + SO_4^{2-}$$

$$S \qquad S + 0.01$$

$$K_{sp}(BaSO_4) = S \times (S + 0.01) = 1.1 \times 10^{-10}$$

由于 S 很小，$(S + 0.01) \approx 0.01$，则

$$S = 1.1 \times 10^{-10} / 0.01 = 1.1 \times 10^{-8} < 10^{-5} (mol \cdot L^{-1})\text{（纯水中的溶解度）}$$

所以，298 K 时 $BaSO_4$ 在 $0.01\ mol \cdot L^{-1}\ H_2SO_4$ 溶液中的溶解度为 $1.1 \times 10^{-8}\ mol \cdot L^{-1}$，约为纯水中溶解度的 $\frac{1}{1\,000}$ 倍。

由上例可看到，同离子效应会使难溶电解质的溶解度大大降低。因此，当分离溶液中某种离子时，为了使离子沉淀完全，可加入适当过量（一般过量 20% ～ 50%）的沉淀剂。按照化学平衡原理，溶液中离子浓度降为零是不可能的，这里所说的沉淀完全，一般是指离子浓

度小于 10^{-5} mol·L^{-1}时，按定性的要求可以认为沉淀基本完全。若按定量的要求，沉淀完全时离子浓度必须小于 10^{-6} mol·L^{-1}。本书中，若未特别注明，则按定性的要求进行计算。因此，分析化学中在定量分离沉淀时，经常选择含有相同离子的洗涤剂，以减小沉淀损失。如洗涤 $BaSO_4$ 沉淀时，可选择极稀硫酸进行洗涤，而不是用水直接洗涤。

加入适当过量沉淀剂，由于同离子效应，能使难溶电解质的溶解度减小，可使之沉淀完全。但沉淀剂过量太多时，反而会使沉淀溶解，溶解度增大。有一些沉淀是由于其与过量的沉淀剂形成配合物而溶解。例如在 $AgNO_3$ 溶液中加入稀盐酸，可以生成 AgCl 白色沉淀，但是再加入过量太多的浓盐酸，则已生成的 AgCl 白色沉淀会发生溶解，而生成配离子 $[AgCl_2]^-$，变为无色溶液。但大多数沉淀剂不能与沉淀生成可溶性的配合物，然而在沉淀剂过量很多时，也会使沉淀的溶解度增大，即所谓的**盐效应**。

通常来说，盐效应是因为随着阴、阳离子浓度的增加，异号电荷离子之间的相互吸引和牵制，阻止了离子的运动，减小了离子的有效浓度，从而减小了离子与沉淀剂相遇的机会，即降低了沉淀生成的速率，破坏了沉淀溶解平衡，只有再溶解掉一些沉淀，增加溶液中相应离子浓度，才能使沉淀和溶解的速度相等，重新达到平衡。所以最终结果是增大了沉淀的溶解度。例如，25℃下，AgCl 在纯水中的溶解度为 1.25×10^{-5} mol·L^{-1}，而在 0.010 mol·L^{-1} 的 KNO_3 溶液中的溶解度为 1.43×10^{-5} mol·L^{-1}。这种因加入其他电解质而使难溶电解质的溶解度增大的现象称为盐效应。

一般来说，外加强电解质的浓度越大，离子所带电荷越多，难溶电解质的盐效应越显著。外加强电解质为强酸强碱时，也会使难溶电解质溶解度增大。难溶电解质产生同离子效应时，也伴有盐效应，但两个效应相比较，盐效应很小，可忽略不计。但如果在产生同离子效应时，具有相同离子的盐加入太多，也会产生盐效应，使难溶电解质的溶解度增大。

5.2.2 沉淀的溶解

根据溶度积规则，当 $Q_i < K_{sp}$ 时，沉淀发生溶解。因此，任何能有效降低溶液中离子浓度并使 $Q_i < K_{sp}$ 的方法，都能促使沉淀-溶解平衡朝着沉淀溶解的方向移动。影响沉淀溶解的方法通常有以下四种方法：

1. 弱电解质的生成

通过外加试剂与难溶电解质结合生成水、可溶性弱酸、可溶性弱酸盐、可溶性弱碱而使沉淀溶解。但要注意的是不要在沉淀溶解时生成新沉淀，如 $Pb(OH)_2$、$BaCO_3$ 不能用 H_2SO_4、H_3PO_4 溶解。

难溶弱酸盐与酸反应可以溶解，生成相应的可溶性弱酸。以碳酸钙溶于盐酸为例讨论生成可溶性弱酸使沉淀溶解的情况。碳酸钙是二元弱酸盐，在水中的沉淀溶解平衡为：

$$CaCO_3 \rightleftharpoons Ca^{2+} + CO_3^{2-} \qquad (5-1)$$

$$K_1 = K_{sp}^{\ominus}(CaCO_3) = c(Ca^{2+}) \cdot c(CO_3^{2-}) = 3.36\times10^{-9}$$

而 CO_3^{2-} 在水溶液中还存在下列平衡：

$$CO_3^{2-} + H^+ \rightleftharpoons HCO_3^- \qquad K_2 = 1/K_a^{\ominus}(HCO_3^-) \qquad (5-2)$$

$$HCO_3^- + H^+ \rightleftharpoons H_2CO_3 \qquad K_3 = 1/K_a^\ominus(H_2CO_3) \qquad (5-3)$$

因此，H^+ 与 CO_3^{2-} 结合生成 HCO_3^-，HCO_3^- 结合 H^+ 生成 H_2CO_3，降低了溶液中 CO_3^{2-} 的浓度，使 $Q_i < K_{sp}$，$CaCO_3$ 发生溶解。将式(5-1)、式(5-2)、式(5-3)三式相加可得：

$$CaCO_3 + 2H^+ = Ca^{2+} + H_2CO_3$$

$$K^\ominus = \frac{K_{sp}^\ominus(CaCO_3)}{K_a^\ominus(HCO_3^-) \cdot K_a^\ominus(H_2CO_3)} = \frac{3.36\times10^{-9}}{4.3\times10^{-7}\times5.61\times10^{-11}} = 1.4\times10^8$$

从上可见，碳酸钙溶于酸的反应，其平衡常数 $K^\ominus$ 值很大，说明该沉淀溶解反应由于生成了可溶性电解质能进行完全。

大多数金属硫化物是难溶的，常用金属硫化物的生成或溶解来分离和鉴定离子。

$$\begin{array}{llr} & MS(s) \rightleftharpoons M^{2+} + S^{2-} & K_{sp} \\ & S^{2-} + H^+ \rightleftharpoons HS^- & 1/K_{a2} \\ + & HS^- + H^+ \rightleftharpoons H_2S & 1/K_{a1} \\ \hline & MS(s) + 2H^+ \rightleftharpoons M^{2+} + H_2S & \end{array}$$

$$K = K_{sp}/(K_{a1}K_{a2}) = c(M^{2+}) \cdot c(H_2S)/c(H^+)^2$$

若$[M^{2+}] = 0.1\ mol \cdot L^{-1}$，室温下饱和 H_2S 溶液的浓度约为 $0.1\ mol\cdot L^{-1}$，H_2S 的 $K_{a1} = 8.9\times10^{-8}$，$K_{a2} = 1.0\times10^{-15}$，代入上式可得：

$$c(H^+) = [K_{a1} \cdot K_{a2} \cdot c(M^{2+}) \cdot c(H_2S)/K_{sp}]^{1/2} = [8.9\times10^{-25})/K_{sp}]^{1/2}$$

若用浓 HCl 溶解 CuS ($K_{sp} = 6.3\times10^{-36}$)，所需浓 HCl 的浓度为 $3.76\times10^5\ mol\cdot L^{-1}$，显然这是不可能的。因此 CuS 不溶于浓盐酸。

【例 5-5】 向 $0.1\ mol\cdot L^{-1}$ 的 $ZnCl_2$ 溶液中通 H_2S 气体至饱和时，溶液中刚有 ZnS 沉淀生成，求此时溶液的 $c(H^+)$ 为多少？$[K_{sp}(ZnS) = 2.93\times10^{-25}$，$H_2S$ 的 $K_{a1} = 8.9\times10^{-8}$，$K_{a2} = 1.0\times10^{-15}]$

解：

$$ZnS \rightleftharpoons Zn^{2+} + S^{2-}$$

$$K_{sp} = c(Zn^{2+}) \times c(S^{2-})$$

$$c(S^{2-}) = \frac{K_{sp}}{c(Zn^{2+})} = \frac{2.93\times10^{-25}}{0.1} = 2.93\times10^{-24}(mol \cdot L^{-1})$$

$$H_2S = 2H^+ + S^{2-}$$

$$\frac{c(H^+)^2 \times c(S^{2-})}{c(H_2S)} = K_{a1}K_{a2}$$

$$c(H^+) = \left[\frac{K_{a1}K_{a2}c(H_2S)}{c(S^{2-})}\right]^{\frac{1}{2}} = \left[\frac{8.9\times10^{-8}\times1.0\times10^{-15}\times0.1}{2.93\times10^{-24}}\right]^{\frac{1}{2}} = 1.85\ mol \cdot L^{-1}$$

【例 5-6】 在 1.00 dm^3 1 $mol \cdot L^{-1}$ NH_4Cl 溶液中，加入 0.50 mol $Mg(OH)_2$，问能否溶解？若能溶解，则溶解多少？

解：设溶解后 $c(Mg^{2+})$ 为 x $mol \cdot L^{-1}$，则

$$2NH_4^+ + Mg(OH)_2 \rightleftharpoons 2NH_3 \cdot H_2O + Mg^{2+}$$

开始浓度/($mol \cdot L^{-1}$)	1	0	0
平衡浓度/($mol \cdot L^{-1}$)	$1-2x$	$2x$	x

$$K = \frac{c(NH_3 \cdot H_2O)^2 \times c(Mg^{2+})}{c(NH_4^+)^2} = \frac{c(NH_3 \cdot H_2O)^2 \times c(Mg^{2+}) \times c(OH^-)^2}{c(NH_4^+)^2 \times c(OH^-)^2}$$

$$= \frac{K_{sp}[Mg(OH)_2]}{K_b(NH_3 \cdot H_2O)^2} = \frac{1.8 \times 10^{-11}}{(1.79 \times 10^{-5})^2} = 5.62 \times 10^{-2}$$

$$K = \frac{(2x)^2 \cdot x}{(1-2x)^2} = 5.62 \times 10^{-2}$$

$$x = 0.24$$

因此，1.00 dm^3 1 $mol \cdot L^{-1}$ NH_4Cl 溶液可溶解 0.24 mol $Mg(OH)_2$。

2. 氧化还原反应

难溶电解质具有还原性或氧化性，可以利用氧化还原反应的发生降低溶液中离子的浓度，使 $Q_i < K_{sp}$，从而使沉淀溶解。如硫化铜溶于浓硝酸，是由于浓硝酸具有氧化性，可以将具有还原性的 S^{2-} 氧化为 SO_4^{2-}，降低了溶液中 S^{2-} 的浓度，使 $Q_i < K_{sp}$，从而使 CuS 溶解。

$$3CuS(s) + 8H^+ + 8NO_3^- = 3Cu^{2+} + 3SO_4^{2-} + 8NO\uparrow + 4H_2O$$

单纯用 H^+ 去结合 S^{2-}，因 CuS 溶解度小，$c(S^{2-})$ 很小，与 H^+ 结合生成弱酸的倾向很小。氧化还原反应的发生使难溶电解质转化为其他可溶性物质，原来的沉淀-溶解平衡被破坏，沉淀逐渐溶解。

3. 配合物的生成

HgS（$K_{sp}^\ominus$ 为 6.44×10^{-53}）在浓硝酸中也难溶解，需用王水来溶解。

$$HgS \rightleftharpoons Hg^{2+} + S^{2-}$$

$$3HgS + 2HNO_3 + 12HCl = 3H_2[HgCl_4] + 3S\downarrow + 2NO\uparrow + 4H_2O$$

王水中含有大量 Cl^-，可以与 Hg^{2+} 形成 $[HgCl_4]^{2-}$ 配位离子，降低了溶液中 Hg^{2+} 的浓度，使原来沉淀-溶解平衡被破坏，$Q_i < K_{sp}$，平衡向右移动，HgS 发生溶解。当然 S^{2-} 被硝酸氧化也是 HgS 发生溶解的原因之一。

AgCl 不溶于酸，但可溶于 NH_3 溶液。

$$AgCl(s) \rightleftharpoons Ag^+ + Cl^-$$

$$+$$

$$2NH_3 = [Ag(NH_3)_2]^+$$

由于 Ag^+ 与 NH_3 结合形成 $[Ag(NH_3)_2]^+$，降低了溶液中 Ag^+ 的浓度，使 $Q_i < K_{sp}$，平衡向右移动，则固体 AgCl 开始溶解。

$$AgCl(s) + 2NH_3 \rightleftharpoons Ag(NH_3)_2^+ + Cl^-$$

配位化合物的形成导致难溶电解质的溶解这一过程，涉及两个平衡，一个是沉淀-溶解平衡，一个是配位平衡，其平衡常数是沉淀的溶度积 K_{sp} 和配离子的稳定常数 $K_稳$ 的乘积。

【例 5-7】 求 AgCl 在 6 mol·L^{-1} 的 $NH_3 \cdot H_2O$ 中的溶解度。($K_稳[Ag(NH_3)_2^+] = 1.67\times10^7$，$K_{sp}(AgCl) = 1.8\times10^{-10}$)

解： 设 AgCl 在 6 mol·L^{-1} 的 $NH_3 \cdot H_2O$ 中的溶解度为 x mol·L^{-1}，则

$$AgCl(s) + 2NH_3 \rightleftharpoons Ag(NH_3)_2^+ + Cl^-$$

$$6-2x \qquad x \qquad x$$

$$x = c(Cl^-) + c(Ag[NH_3]_2^+) \approx c[(AgNH_3)_2^+]$$

$$K = \frac{c(Ag(NH_3)_2^+) \times c(Cl^-)}{c(NH_3)^2} = \frac{c(Ag[NH_3]_2^+) \times c(Ag^+) \times c(Cl^-)}{c(Ag^+) \times c(NH_3)^2}$$

$$= K_{sp} \cdot K_稳 = 1.8\times10^{-10} \times 1.67\times10^7$$

$$= 3.0\times10^{-3}$$

$$K = x^2/(6-2x)^2 = 3.0\times10^{-3}$$

解出

$$x = 0.30$$

AgCl 在氨水中的溶解度比在纯水中 $(1.8\times10^{-10})^{1/2} \approx 1.34\times10^{-5}$ mol·L^{-1} 大得多。

5.2.3　pH 对某些沉淀反应的影响

很多沉淀的生成和溶解反应与溶液的 pH 密切相关，如前述难溶弱酸盐与酸的反应，难溶金属氢氧化物的生成或溶解，难溶金属硫化物在酸中的溶解等，在这些反应中，由于发生了 OH^- 与金属离子结合生成氢氧化物，或 H^+ 与相应阴离子结合生成弱电解质，因此 pH 会直接影响到沉淀的生成或溶解。大多数的氢氧化物是难溶电解质，它们的生成或溶解与 pH 密切相关。

【例 5-8】 计算欲使 0.01 mol·L^{-1} 的 Fe^{3+} 开始沉淀和沉淀完全时的 pH，$K_{sp}(Fe(OH)_3) = 4.0\times10^{-38}$。

解： 开始沉淀时，$K_{sp}[Fe(OH)_3] = c(Fe^{3+}) \times c(OH^-)^3 = 4.0\times10^{-38}$

$$c(OH^-)^3 = 4.0\times10^{-38}/0.01 \qquad c(OH^-)^3 = 1.6\times10^{-12}\ mol\cdot L^{-1}$$

$$pOH = 11.8 \qquad pH = 2.2$$

Fe^{3+} 离子沉淀完全的条件是其在溶液中的浓度 $< 1.0\times10^{-5}$ mol·L^{-1}。

沉淀完全时，$K_{sp}[Fe(OH)_3] = c(Fe^{3+}) \times c(OH^-)^3 = 4.0\times10^{-38}$，则

$$c(OH^-)^3 = 4.0\times10^{-38}/1.0\times10^{-5} \qquad c(OH^-) = 1.6\times10^{-10}\ mol\cdot L^{-1}$$

$$pOH = 9.8 \qquad pH = 4.2$$

从上例可看到，0.01 $mol \cdot L^{-1}$的Fe^{3+}在溶液的pH达到2.2时开始生成$Fe(OH)_3$沉淀，而pH达到4.2时，溶液中的Fe^{3+}已沉淀完全。由此可见，难溶金属氢氧化物在溶液中开始沉淀和沉淀完全的pH主要取决于其溶度积的大小。通过调节溶液的pH，可以使溶液中生成氢氧化物的金属离子进行分离。表5-1列出了一些金属氢氧化物开始沉淀和沉淀完全的pH。

表5-1 某些金属氢氧化物沉淀的pH

氢氧化物		开始沉淀时的pH	沉淀完全的pH
化学式	K_{sp}	金属离子浓度 （0.1 $mol \cdot L^{-1}$）	金属离子浓度 （$\leqslant 10^{-5}$ $mol \cdot L^{-1}$）
$Al(OH)_3$	1.3×10^{-33}	3.37	4.70
$Mg(OH)_2$	1.8×10^{-11}	9.13	11.56
$Cd(OH)_2$	5.27×10^{-15}	7.36	9.36
$Co(OH)_2$（粉红色）	1.09×10^{-15}	7.02	9.02
$Cr(OH)_3$	6.3×10^{-31}	4.27	5.60
$Cu(OH)_2$	2.2×10^{-20}	4.67	6.67
$Fe(OH)_2$	8.0×10^{-16}	6.95	8.95
$Fe(OH)_3$	4.0×10^{-38}	1.87	3.20
$Zn(OH)_2$	1.2×10^{-17}	6.04	8.04
$Pb(OH)_2$	1.1×10^{-15}	7.04	9.04

§5.3 分步沉淀与沉淀的转化

5.3.1 分步沉淀

视频 分步沉淀和离子分离

在实践中，经常会遇到溶液中含有多种离子的情况，这些离子可能与同一沉淀剂都生成沉淀。由于这些沉淀的溶度积不同，根据溶度积规则，Q_i先大于K_{sp}的难溶电解质会先沉淀；其他难溶电解质会后析出。因此，这种在慢慢加入沉淀剂的条件下，混合溶液中多种离子分先后生成沉淀的现象称为**分步沉淀**。

【例5-9】 在0.01 $mol \cdot L^{-1}$的Cl^-、I^-的混合溶液中，滴加$AgNO_3$溶液时，哪种离子先沉淀？I^-开始沉淀时，I^-浓度为多少？

解： $K_{sp}(AgCl) = 1.8 \times 10^{-10}$　$K_{sp}(AgI) = 8.3 \times 10^{-17}$

要生成AgCl沉淀需$c(Ag^+) = 1.8 \times 10^{-10}/0.01 = 1.8 \times 10^{-8}\ mol \cdot L^{-1}$

要生成 AgI 沉淀需 $c(Ag^+) = 8.3\times10^{-17}/0.01 = 8.3\times10^{-15}\ mol\cdot L^{-1}$

可知 I^- 所需的 $c(Ag^+)$ 较小，先沉淀。

当 $c(Ag^+) = 1.8\times10^{-8}\ mol\cdot L^{-1}$ 时，Cl^- 开始沉淀，此时

$c(I^-) = K_{sp}(AgI)/c(Ag^+)$

$= 8.3\times10^{-17}/1.8\times10^{-8} = 4.6\times10^{-9}\ mol\cdot L^{-1} < 1.0\times10^{-5}\ mol\cdot L^{-1}$

即 Cl^- 开始沉淀时，I^- 已沉淀完全。

由于生成 AgI 沉淀所需 Ag^+ 浓度较小，$Q_i > K_{sp}$ 条件先得到满足，所以先生成 AgI 沉淀。滴加 $AgNO_3$ 溶液，随着 AgI 不断沉淀出来，溶液中 I^- 浓度不断下降，同时 Ag^+ 浓度不断上升。当 Ag^+ 浓度达到 $1.8\times10^{-8}\ mol\cdot L^{-1}$ 时，满足了生成 AgCl 沉淀的条件，此时 AgI 和 AgCl 沉淀同时生成。但当 AgCl 开始沉淀时，I^- 离子浓度为 $4.6\times10^{-9}\ mol\cdot L^{-1}$，按沉淀完全的标准 $1.0\times10^{-5}\ mol\cdot L^{-1}$，可认为 I^- 已沉淀完全，后面生成的 AgCl 沉淀中基本不含有 AgI 沉淀。这时我们也认为上述 Cl^-、I^- 的混合溶液可以采用分步沉淀的方法用 $AgNO_3$ 将 Cl^-、I^- 分离。一般来说，同类型的难溶电解质，被沉淀的离子浓度相近时，K_{sp} 小的 Q_i 先达到 K_{sp} 而先沉淀，K_{sp} 大者后沉淀，两种沉淀的 K_{sp} 相差越大，分步沉淀越完全。而不同类型的难溶电解质则不能这样比较，需通过计算后才能说明。

【例 5-10】 混合溶液中含有 $0.01\ mol\cdot L^{-1}\ Pb^{2+}$ 和 $0.1\ mol\cdot L^{-1}\ Ba^{2+}$，问能否用 K_2CrO_4 溶液将 Pb^{2+} 和 Ba^{2+} 有效分离？$K_{sp}(BaCrO_4) = 1.2\times10^{-10}$，$K_{sp}(PbCrO_4) = 2.8\times10^{-13}$。

解：Pb^{2+} 开始沉淀所需 CrO_4^{2-} 浓度为

$$c(CrO_4^{2-}) = K_{sp}(PbCrO_4)/c(Pb^{2+}) = 2.8\times10^{-13}/0.010 = 2.8\times10^{-13}(mol\cdot L^{-1})$$

Ba^{2+} 开始沉淀所需 CrO_4^{2-} 浓度为

$$c(CrO_4^{2-}) = K_{sp}(BaCrO_4)/c(Ba^{2+}) = 1.2\times10^{-10}/0.010 = 1.2\times10^{-9}(mol\cdot L^{-1})$$

因 Pb^{2+} 开始沉淀所需 CrO_4^{2-} 浓度较小，可知 Pb^{2+} 先沉淀。

当 Ba^{2+} 开始沉淀时，溶液中

$c(Pb^{2+}) = K_{sp}(PbCrO_4)/c(CrO_4^{2-}) = 2.8\times10^{-13}/1.2\times10^{-9}$

$= 2.3\times10^{-4}(mol\cdot L^{-1}) > 1.0\times10^{-5}\ mol\cdot L^{-1}$

Ba^{2+} 开始沉淀时，Pb^{2+} 尚未沉淀完全，因此不能用 K_2CrO_4 将 Pb^{2+} 和 Ba^{2+} 分开。

【例 5-11】 在 $1.0\ mol\cdot L^{-1}\ Co^{2+}$ 溶液中，含有少量 Fe^{3+} 杂质。问应如何控制 pH，才能达到除去 Fe^{3+} 杂质的目的？$K_{sp}[Co(OH)_2] = 1.09\times10^{-15}$，$K_{sp}[Fe(OH)_3] = 4.0\times10^{-38}$。

解：(1) 使 Fe^{3+} 定量沉淀完全时的 pH：

$$Fe(OH)_3(s) \rightleftharpoons Fe^{3+} + 3OH^-$$

$$K_{sp}(Fe(OH)_3) = c(Fe^{3+})\cdot c(OH^-)^3$$

$$c(OH^-) \geqslant \sqrt[3]{\frac{K_{sp}(Fe(OH)_3)}{c(Fe^{3+})}} = \sqrt[3]{\frac{4.0\times10^{-38}}{10^{-6}}} = 3.42\times10^{-11}\ mol\cdot L^{-1}$$

$$pH = 14 - [-\lg(3.42 \times 10^{-11})] = 3.53$$

(2) 使 Co^{2+} 不生成 $Co(OH)_2$ 沉淀的 pH：

$$Co(OH)_2(s) \rightleftharpoons Co^{2+} + 2OH^-$$

$$K_{sp}(Co(OH)_2) = c(Co^{2+}) \cdot c(OH^-)^2$$

不生成 $Co(OH)_2$ 沉淀的条件是

$$c(Co^{2+}) \cdot c(OH^-)^2 \leqslant K_{sp}(Co(OH)_2)$$

$$c(OH^-) \leqslant \sqrt{\frac{K_{sp}(Co(OH)_2)}{c(Co^{2+})}} = \sqrt{\frac{1.09 \times 10^{-15}}{1.0}} = 3.30 \times 10^{-8}(mol \cdot L^{-1})$$

$$pH = 14 - [-\lg(3.30 \times 10^{-8})] = 6.50$$

5.3.2 沉淀的转化

通过加入某一试剂，使一种难溶电解质转化为另一种难溶电解质的过程称为**沉淀的转化**。如锅炉中的锅垢主要成分为 $CaSO_4$，$CaSO_4$ 不溶于酸，难以除去。若用 Na_2CO_3 溶液处理，可转化为疏松的、溶于酸的 $CaCO_3$，便于清除锅垢。

$$CaSO_4 \rightleftharpoons Ca^{2+} + SO_4^{2-}$$

$$+$$

$$Na_2CO_3 \longrightarrow CO_3^{2-} + 2Na^+$$

$$CaSO_4(K_{sp} = 9.1 \times 10^{-6}) \xrightarrow{Na_2CO_3} CaCO_3(K_{sp} = 3.36 \times 10^{-9})$$

（难溶于酸）　　　　　　　（易溶于酸）

总转化反应方程式为：$CaSO_4(s) + CO_3^{2-}(aq) \longrightarrow CaCO_3(s) + SO_4^{2-}(aq)$

$$\begin{aligned} K_{转化} &= c(SO_4^{2-})/c(CO_3^{2-}) \\ &= [c(SO_4^{2-}) \times c(Ca^{2+})]/[c(CO_3^{2-}) \times c(Ca^{2+})] \\ &= K_{sp}(CaSO_4)/K_{sp}(CaCO_3) \\ &= 9.1 \times 10^{-6}/3.36 \times 10^{-9} = 2.7 \times 10^3 \end{aligned}$$

计算结果表明反应的平衡常数较大，沉淀转化反应进行的趋势较大。沉淀转化的实质是沉淀-溶解平衡的移动。对于同类型的难溶电解质，沉淀转化程度的大小取决于两种难溶电解质溶度积的相对大小。两者 K_{sp} 相差越大，越容易转化，转化越完全。

【例 5-12】 用 Na_2CO_3 处理 AgI，能否使之转化为 Ag_2CO_3？[$K_{sp}(Ag_2CO_3) = 8.45 \times 10^{-12}$，$K_{sp}(AgI) = 8.3 \times 10^{-17}$]

解： 转化反应　$2AgI(s) + CO_3^{2-} \rightleftharpoons Ag_2CO_3 + 2I^-$

$$\begin{aligned} K_{转} &= [c(I^-)^2 \times c(Ag^+)^2]/[c(CO_3^{2-}) \times c(Ag^+)^2] \\ &= [K_{sp}(AgI)]^2/K_{sp}(Ag_2CO_3) \\ &= (8.3 \times 10^{-17})^2/8.45 \times 10^{-12} = 8.15 \times 10^{-22} \end{aligned}$$

$$c(CO_3^{2-}) = (1/8.15\times10^{-22})\times c(I^-)^2 = 1.2\times10^{21}\times c(I^-)^2$$

计算结果表明即使 AgI 的溶解量很小，所需的 Na_2CO_3 浓度也很大，因此不能用沉淀转化的方法用 Na_2CO_3 处理 AgI 使 AgI 转化为 Ag_2CO_3。

§5.4 沉淀平衡的应用

5.4.1 难溶化合物的制备

一些难溶化合物可以通过沉淀反应得到，且易通过过滤操作分离。如 $MnCO_3$、$PbSO_4$、$Al(OH)_3$ 等。

$$MnSO_4 + 2NH_4HCO_3 = MnCO_3\downarrow + (NH_4)_2SO_4 + H_2O$$
$$Pb(NO_3)_2 + H_2SO_4 = PbSO_4\downarrow + 2HNO_3$$
$$AlCl_3 + 3NH_3\cdot H_2O = Al(OH)_3\downarrow + 3NH_4Cl$$

5.4.2 离子的鉴定

利用沉淀反应可以完成离子的鉴定。如：

1. Ag^+ 的鉴定

$$Ag^+ + HCl \longrightarrow AgCl(s)\downarrow + H^+$$
$$AgCl + 2NH_3 \longrightarrow Ag(NH_3)_2^+ + Cl^-$$
$$Ag(NH_3)_2^+ + 2H^+ + Cl^- \longrightarrow AgCl(s)\downarrow + 2NH_4^+$$

2. Ca^{2+} 的鉴定

向含有 Ca^{2+} 的溶液中加入 $(NH_4)_2C_2O_4$，即生成白色 CaC_2O_4 沉淀，溶于 HCl 而不溶于 HAc。

$$Ca^{2+} + C_2O_4^{2-} = CaC_2O_4\downarrow$$

3. Cd^{2+} 的鉴定

向含 Cd^{2+} 的溶液中加入 Na_2S，生成黄色 CdS 沉淀，不溶于碱和 Na_2S 溶液。

$$Cd^{2+} + S^{2-} = CdS\downarrow$$

4. SO_4^{2-} 的鉴定

向含有 SO_4^{2-} 的溶液中加入 HCl 和 $BaCl_2$ 溶液，如有白色沉淀生成，说明有 SO_4^{2-}。

$$Ba^{2+} + SO_4^{2-} = BaSO_4\downarrow$$

5.4.3 除去溶液中的杂质

例如，除去硫酸铜溶液中混有的少量铁离子，可向溶液中加入氢氧化铜或碱式碳酸铜，调节溶液的 pH 至 3～4，铁离子就会全部转化为氢氧化铁沉淀除去。

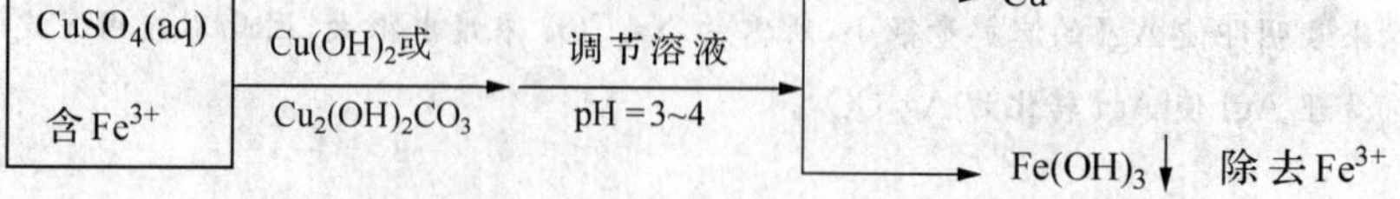

再如氯碱工业中饱和食盐水的精制，通常采用 $BaCl_2$、Na_2CO_3、NaOH 试剂来除去粗盐中的 Ca^{2+}、Mg^{2+}、SO_4^{2-} 杂质离子。

$$Ca^{2+} + CO_3^{2-} = CaCO_3 \downarrow$$

$$Ba^{2+} + SO_4^{2-} = BaSO_4 \downarrow$$

$$Mg^{2+} + 2OH^- = Mg(OH)_2 \downarrow$$

5.4.4 离子的分离

例如，从 Zn^{2+}、Al^{3+} 的混合溶液中将 Zn^{2+}、Al^{3+} 分离。向混合溶液中滴加 $NH_3 \cdot H_2O$，生成白色沉淀 $Al(OH)_3$ 和 $Zn(OH)_2$，继续滴加，沉淀部分溶解，生成$[Zn(NH_3)_4]^{2+}$，从而将 Zn^{2+}、Al^{3+} 分离。

$$Al^{3+} + 3NH_3 \cdot H_2O = Al(OH)_3 \downarrow + 3NH_4^+$$

$$Zn^{2+} + NH_3 \cdot H_2O = Zn(OH)_2 \downarrow + 2NH_4^+$$

$$Zn(OH)_2 + 4NH_3 \cdot H_2O = [Zn(NH_3)_4]^{2+} + 2OH^- + 4H_2O$$

文献讨论题

在实际生产、生活中，沉淀反应是一种常见的化学反应。其中分步沉淀法和沉淀转化法在无机合成方法中占有重要地位。

［文献 1］ 郭瑞，吴音，黄勇.分步沉淀法制备 YAG: Ce^{3+} 荧光粉及其发光性能.稀有金属材料与工程，2009，38：30－33.

分步沉淀法是指加入某种试剂，使其根据各自不同大小的溶解性，而先后生成沉淀进行分离。在实际工业生产中，它可以在化学反应的各个阶段，通过控制沉淀剂及组成溶液的种类和浓度，既能达到提高各个阶段沉淀生成率，以利于全部组分沉淀下来，又能为形成性能优良的沉淀物提供多种工艺途径。下面以制备 Ce 掺杂的钇铝石榴石荧光粉(YAG: Ce^{3+})介绍分步沉淀法在合成中的应用。采用沉淀法制备 Ce 掺杂的钇铝石榴石荧光粉时，通常有三种方法使稀土离子沉淀：氨水沉淀法、氟化物沉淀法及草酸盐沉淀法。其中草酸盐法所得的沉淀物容易过滤和洗涤，沉淀经灼烧后能完全转化为稀土氧化物，因此该法应用较广。用草酸做沉淀剂制备 YAG: Ce^{3+} 荧光粉时，因草酸铝易溶于水，需要将沉淀剂草酸更换为草酸铵或者使用两种沉淀剂(草酸＋氨水)使 Al^{3+} 沉淀下来。若沉淀剂为草酸铵，Ce^{3+}、Al^{3+} 和 Y^{3+} 都会产生沉淀。草酸铵的存在虽然对铈的沉淀影响较小，但与钇形成可溶性的络盐{分子式为$(NH_4)_3[RE(C_2O_4)_3]$}使钇的沉淀微量溶解，同时 Al^{3+} 也无法完全沉淀。为了避免沉淀剂中草酸铵的形成采用分步沉淀法制备粉体。先用草酸沉淀稀土元素，再用氨水沉淀铝离子。阅读上述文献，了解分步沉淀法在实际中的应用，并分析 YAG: Ce^{3+} 荧光粉的制备的全过程。

［文献 2］ 胡容平，俞于怀，吴良，李开成，廖欢，覃中富.沉淀转化法制高纯磷酸锌的应

用.现代化工,2010,20(11):48－51.

沉淀转化法是指通过加入某种试剂,使一种难溶电解质转化为另一种难溶电解质的方法。在生活中除去锅垢,就是采用这种方法。在工业生产中,我们也常采用沉淀转化法制备产品。下面以高纯磷酸锌的制备讨论沉淀转化法在实际中的应用。在合成中,以工业级硫酸锌、碳酸氢铵为原料,采用沉淀转化法制备了高纯磷酸锌。

硫酸锌与碳铵在水溶液中发生复分解反应：

$$6NH_4HCO_3 + 3ZnSO_4 \longequal ZnCO_3 \cdot 2Zn(OH)_2 \cdot H_2O(s) + 3(NH_4)_2SO_4 + 5CO_2(g)$$

上步生成的碱式碳酸锌沉淀与磷酸反应生成更难溶的磷酸锌沉淀,经洗涤、过滤、干燥即得产品。

$$ZnCO_3 \cdot 2Zn(OH)_2 \cdot H_2O(s) + 2H_3PO_4 \longequal Zn_3(PO_4)_2 \cdot 4H_2O(s) + 2H_2O + CO_2(g)$$

阅读上述文献,了解沉淀转化法在实际中的应用,并探讨高纯磷酸锌制备的全过程。

习题

1. 名词解释：

溶度积常数;溶度积规则;同离子效应;盐效应;沉淀完全;分步沉淀;沉淀转化。

2. 在 $ZnSO_4$ 溶液中通入 H_2S 气体只出现少量的白色沉淀,但若在通入 H_2S 之前,加入适量固体 NaAc 则可形成大量的沉淀,为什么?

3. 是非题：

(1) 在混合离子溶液中,加入一种沉淀剂时,常常是溶度积小的盐首先沉淀出来。

(2) 难溶电解质中,溶度积小的一定比溶度积大的溶解度要小。

(3) 沉淀是否完全的标志是被沉淀离子是否符合规定的某种限度,不一定被沉淀离子在溶液中就不存在。

(4) 用水稀释含 $BaSO_4$ 固体的水溶液时,$BaSO_4$ 的溶度积不变,浓度也不变。

4. 民间盛传豆腐与菠菜不能同时食用,因为豆腐中含有石膏,而菠菜中含有草酸,两者会产生草酸钙沉淀,形成“结石”,请你给予具体说明及讨论。

5. 解释下列事实：

(1) AgCl 在纯水中的溶解度比在盐酸中的溶解度大;

(2) $BaSO_4$ 在硝酸中的溶解度比在纯水中的溶解度大;

(3) Ag_3PO_4 在磷酸中的溶解度比在纯水中的大;

(4) PbS 在盐酸中的溶解度比在纯水中的大;

(5) Ag_2S 易溶于硝酸但难溶于硫酸;

(6) HgS 难溶于硝酸但易溶于王水。

6. “沉淀完全”的含义是什么?沉淀完全是否意味着溶液中该离子的浓度为零?两种离子完全分离的含义是什么?欲实现两种离子的完全分离通常采取的方法有哪些?

7. 根据下列给定条件求溶度积常数：

(1) $Ni(OH)_2$ 在 pH=9.00 的溶液中的溶解度为 $1.6\times10^{-6}\ mol\cdot L^{-1}$;

(2) $FeC_2O_4\cdot 2H_2O$ 在 1 dm^3 水中能溶解 0.10 g。

8. 试比较 AgI 在纯水中和在 0.010 $mol\cdot L^{-1}$ KI 溶液中的溶解度。

9. 将 0.002 $mol\cdot L^{-1}$ Na_2SO_4 溶液与 0.002 $mol\cdot L^{-1}$ $BaCl_2$ 溶液等体积混合,SO_4^{2-} 能否沉淀完全?

10. 在下列溶液中不断通入 H_2S,计算溶液中最后残留的 Cu^{2+} 的浓度。

(1) 0.10 mol·L^{-1} $CuSO_4$ 溶液；

(2) 0.10 mol·L^{-1} $CuSO_4$ 与 1.0 mol·L^{-1} HCl 的混合溶液。

11. 向含有 Cd^{2+} 和 Fe^{2+} 浓度均为 0.020 mol·L^{-1} 的溶液中通入 H_2S 达饱和，欲使两种离子完全分离，则溶液的 $c(H^+)$ 应控制在什么范围？

12. 通过计算说明分别用 Na_2CO_3 溶液和 Na_2S 溶液处理 AgI 沉淀，能否实现沉淀的转化？

13. 在 1.0 dm^3 0.10 mol·L^{-1} $ZnSO_4$ 溶液中含有 0.010 mol 的 Fe^{2+} 杂质，加入过氧化氢将 Fe^{2+} 氧化为 Fe^{3+} 后，调节溶液 pH 使 Fe^{3+} 生成 $Fe(OH)_3$ 沉淀而除去，问如何控制溶液的 pH？

14. 常温下，欲在 1 dm^3 醋酸溶液中溶解 0.10 mol MnS，则醋酸的初始浓度至少为多少？

15. 把固体 AgCl 和固体 $BaSO_4$ 混合与水在一起振荡，直到成为饱和溶液而建立起平衡。计算此平衡溶液中 Ag^+、Cl^-、Ba^{2+} 和 SO_4^{2-} 的浓度。

16. 试通过计算判断沉淀－溶解平衡移动的方向。

(1) 将浓度均为 0.1 mol · L^{-1} 的 $BaCl_2$ 溶液与 Na_2SO_4 溶液等体积混合；

(2) 含有足量 $BaSO_4$ 固体的其饱和溶液用水稀释到原体积的 10 倍；

(3) $BaSO_4$ 的饱和溶液中加入足量 $BaSO_4$ 固体。

17. 根据给定条件求离子浓度。

(1) AgCl 饱和水溶液中 Ag^+ 和 Cl^- 浓度；

(2) 含 1 mol · L^{-1} HCl 的 AgCl 饱和水溶液中 Ag^+ 浓度；

(3) 含 1 mol · L^{-1} HI 的 AgCl 饱和水溶液中 Ag^+ 和 Cl^- 浓度；

(4) AgCl 饱和水溶液中加入 AgI 固体，求 Ag^+、Cl^- 和 I^- 浓度。

第 6 章　氧化还原反应

无机化学反应一般可分为两大类型：一类是非氧化还原反应(non oxidation-reduction reaction)，典型的是离子反应，其反应过程只是离子的交换，而原子或离子没有电子的得失，如酸碱反应、沉淀反应及配位反应等。另一类是氧化还原反应(oxidation-reduction reaction)，在反应过程中电子从一物种转移到另一物种，相应的原子或离子的氧化数也发生变化。本章研究的是氧化还原反应，讨论氧化还原反应的共同特征及其应用。

§6.1　氧化还原反应的基本概念

6.1.1　氧化数

为了描述氧化还原中发生的变化和书写正确的氧化还原平衡方程式，引进**氧化数**(oxidation number)的概念。1970 年纯粹和应用化学国际联合会(IUPAC)确定：氧化数是某元素的一个原子的荷电数，该荷电数是假定把每一化学键中的电子指定给电负性更大的原子而求得。在反应中，当原子的价电子被移走或偏离它时，此原子具有正氧化数。当原子获得电子或有电子偏向它时，此原子具有负氧化数。确定氧化数的一般原则如下：

(1) 单质中元素的氧化数等于零。如 O_3、斜方硫和单斜硫(S_8)、C_{60}、C_{140}、Na、Mg、Fe 等单质中，各元素的氧化数都为零。这是因为相同元素原子电负性相等，在形成化学键时没有电子的转移或偏移。

(2) 在一般化合物中，氢原子的氧化数为+1，如 H_2O、HCl、HF、NH_3 等化合物中 H 的氧化数均为+1；但活泼金属的氢化物，如 NaH、CaH_2、$LiAlH_4$ 中氢的氧化数为−1。

(3) 在一般化合物中，氧的氧化数为−2，如 H_2SO_4、NaOH、CaO、SO_2 等化合物中 O 的氧化数均为−2；但在过氧化物中，如 H_2O_2、Na_2O_2 等，氧的氧化数为−1；在超氧化物，如 KO_2 中，氧的氧化数为−1/2；在臭氧化物(KO_3)中为−1/3；在氟氧化物(OF_2)中为+2、O_2F_2 中为+1。

(4) 在所有的氟化物中，氟的氧化数皆为−1。如 OF_2 和 O_2F_2 中，氟的氧化数都为−1。因为氟元素的电负性最大，所以成键电子对总是偏向氟原子。

(5) 离子化合物中，元素的氧化数等于离子的正、负电荷数。如 NaCl 中，Na 氧化数为+1；氯的氧化数为−1。在多原子离子中，有关元素氧化数的代数和，就是该复杂离子的电荷数。根据此规则可求出某元素的氧化数。如 $Cr_2O_7^{2-}$ 离子中，Cr 的氧化数可进行如下计算：设 Cr 的氧化数为 x，则 $2x + 7 \times (-2) = -2$，得 $x = +6$，所以 Cr 的氧化数为+6。

(6) 共价化合物中，元素原子的氧化数可按照元素电负性的大小，把共用电子对归属于电负性较大的那个原子，再由各原子上的电荷数确定它们的氧化数，如 CO_2 中，O 的电负性大于 C，因此 O 的氧化数为 −2，C 的氧化数为 +4。

(7) 在化合物中，各元素的氧化数的代数和必等于零。

根据这些规则，我们可以计算复杂分子中任一元素的氧化数，但在计算元素的氧化数时，要考虑它们的合理性，如元素的最高氧化数为 +8，超出就为不合理。

【例 6-1】 试求 H_3PO_2 中 P 的氧化数。

解： 设 P 的氧化数为 x。

由于 H 和 O 的氧化数分别为 +1 和 −2，则有

$3\times1+x+2\times(-2)=0$

$x=+1$，即 P 的氧化数为 +1。

【例 6-2】 试求 $Na_2S_4O_6$（连四硫酸钠）中 S 的氧化数。

解： 设 S 的氧化数为 x。

则 $2\times(+1)+4\times x+6\times(-2)=0$

$x=+\frac{5}{2}$，即 S 的氧化数为 $+\frac{5}{2}$。

硫原子（类同于过氧链中的氧原子）的氧化数为 −1，所以，$+\frac{5}{2}$ 是硫的平均氧化数，是硫原子的表观电荷数。

由此可见，氧化数可以是正数、负数和分数。氧化数是人为规定的，为了说明物质的氧化状态而引入的一个概念，表示元素原子平均的、表观的氧化状态。说明氧化数与我们在中学化学时学过的化合价是有区别的。**化合价**是指某元素的一个原子与一定数目的其他元素的原子相化合的性质，是某元素一个原子能结合几个其他元素的原子的能力，可表示化合物中某原子成键的数目（离子电荷数或形成共价单键的数目），因此化合价是用整数来表示的元素原子的性质。化合价比起氧化数来虽更能反映分子内部的基本属性，然而氧化数在分子式的书写和方程式的配平中，是很有实用价值的基本概念。

在氧化还原反应中，某元素原子失去电子，氧化数升高，即被氧化；某元素的原子得到电子，氧化数降低，即被还原。失去电子的物质是还原剂，得到电子的物质是氧化剂。例如：

氧化还原反应：$Cu^{2+}(aq)+Zn(s) \rightleftharpoons Cu(s)+Zn^{2+}(aq)$

在该反应中，Cu^{2+} 得到电子是氧化剂，被还原；Zn 失去电子是还原剂，被氧化。这两个过程可用半反应式表示为：

$$\text{半反应：}\begin{cases} Cu^{2+}(aq)+2e^- \rightleftharpoons Cu(s) \\ Zn(s)-2e^- \rightleftharpoons Zn^{2+}(aq) \end{cases}$$

任何一个氧化还原反应都由两个“半反应”组成，即氧化还原反应的化学方程式都可分解成两个“半反应式”。我们把所有半反应排列成表格，参见本书附录。

6.1.2 氧化还原反应方程式的配平

氧化还原反应方程式的配平方法主要有氧化数法（Oxidation number method）和离

子-电子法(Ion-electron method),其中离子-电子法特别适合氧化还原反应式的配平,所以我们这里主要介绍离子-电子法。

1. 配平原则

(1) 电荷守恒:反应过程中,氧化剂获得的电子总数必定等于还原剂失去的电子总数。

(2) 质量守恒:反应前后各元素的原子总数必须相等,各物种的电荷数的代数和必须相等。

2. 配平的主要步骤

(1) 写成离子反应式(弱电解质和难溶物必须写成分子式)。

(2) 把离子方程式分成两个半反应——氧化半反应式和还原半反应式。

(3) 两个半反应根据反应条件,加入电子和介质(加介质的经验规则为酸性介质中:多氧的一边加 H^+,少氧一边加 H_2O;碱性介质中:多氧的一边加 H_2O,少氧的一边加 OH^-;中性介质中,根据情况,可加 H^+ 或者 OH^-),配平半反应式,使半反应两边的原子数和电荷数相等。

(4) 根据氧化剂获得的电子数和还原剂失去的电子数必相等的原则,确定两个半反应式得失电子数目的最小公倍数,将两个半反应分别乘以适当的系数,使之得和失电子数等于最小公倍数,将两式相加,消去电子和重复项,得到配平的离子方程式。

(5) 检查所得离子方程式两边的各种原子数及电荷数是否相等。如有需要可还原为分子反应式。

现在举例说明离子电子法配平氧化还原方程式的具体步骤。

$$NaClO + NaCrO_2 \longrightarrow Na_2CrO_4 + NaCl\text{(碱性条件)}$$

(1) 写成离子反应式:

$$ClO^- + CrO_2^- \longrightarrow CrO_4^{2-} + Cl^-$$

(2) 写成两个半反应式:

还原半反应 $ClO^- \longrightarrow Cl^-$

氧化半反应 $CrO_2^- \longrightarrow CrO_4^{2-}$

(3) 配平半反应式:

还原半反应 $$ClO^- + H_2O + 2e^- \rightleftharpoons Cl^- + 2OH^- \quad ①$$

该式中产物 Cl^- 比反应物 ClO^- 少 1 个氧原子,因该反应需要在碱性介质中进行,所以多氧的 ClO^- 这边加 H_2O,少氧的 Cl^- 这边加 OH^-,配平原子数。反应物 ClO^- 总电荷数为-1,而产物 $Cl^- + 2OH^-$ 的总电荷数为-3,故反应物中应加 $2e^-$,使半反应两边的原子数和电荷数皆相等。

氧化半反应 $$CrO_2^- + 4OH^- \rightleftharpoons CrO_4^{2-} + 2H_2O + 3e^- \quad ②$$

该式中产物 CrO_4^{2-} 比反应物 CrO_2^- 少 2 个氧原子,所以 CrO_4^{2-} 这边加 H_2O,CrO_2^- 这边加 OH^-,配平原子数。反应物 $CrO_2^- + 4OH^-$ 总电荷数为-5,而产物 CrO_4^{2-} 的电荷数为-2,故产物中应加 $3e^-$,使半反应两边的原子数和电荷数皆相等。

(4) 把这两个半反应式合并成一个配平的离子方程式：

$$\begin{array}{lr} ①\times 3 & 3ClO^- + 3H_2O + 6e^- \rightleftharpoons 3Cl^- + 6OH^- \\ +\quad ②\times 2 & 2CrO_2^- + 8OH^- \rightleftharpoons 2CrO_4^{2-} + 4H_2O + 6e^- \\ \hline & 3ClO^- + 2CrO_2^- + 2OH^- \rightleftharpoons 2CrO_4^{2-} + 3Cl^- + H_2O \end{array}$$

恢复成为分子方程式，注意未变化的离子的配平。

$$3NaClO + 2NaCrO_2 + 2NaOH \rightleftharpoons 2Na_2CrO_4 + 3NaCl + H_2O$$

需要注意的是无论配平的是离子方程式或分子方程式，都不能出现游离电子。离子电子法仅适用于水溶液中离子反应的配平，而大多数氧化还原反应都是在水溶液中进行的，只要熟练掌握半反应的写法，此法是很方便的。

§6.2 原电池与电极电势

视频 由氧化还原反应设计原电池

6.2.1 原电池

在硫酸铜溶液中放入一锌片，将发生下列氧化还原反应：

$$Zn + CuSO_4 \rightleftharpoons ZnSO_4 + Cu$$

观察到锌片上有红棕色铜沉积，蓝色溶液变浅，为放热反应。此反应中氧化剂 Cu^{2+} 获得了还原剂 Zn 放出的 $2e^-$，而还原成 Cu，Zn 被氧化成 Zn^{2+} 进入溶液。在这一过程中电子是直接从锌片转递给铜离子，做的是非定向运动，只能产生热能，而不会产生电流，即化学能转化为热能。

如果按图 6-1 所示，将金属锌片插入左边盛有 $ZnSO_4$ 溶液的容器中，金属铜片插入右边盛有 $CuSO_4$ 溶液的容器中，两个容器的溶液之间用盐桥（U 形管装满用饱和 KCl 溶液和琼脂做成的冻胶）连接起来，用导线把铜电极、检流计和锌电极连接时，检流计指针就会发生偏转，说明有电流通过。这种能实现电子定向流动，将化学能转变成为电能的装置称为**原电池**（primary cell）。图 6-1 装置为 Cu-Zn 原电池。

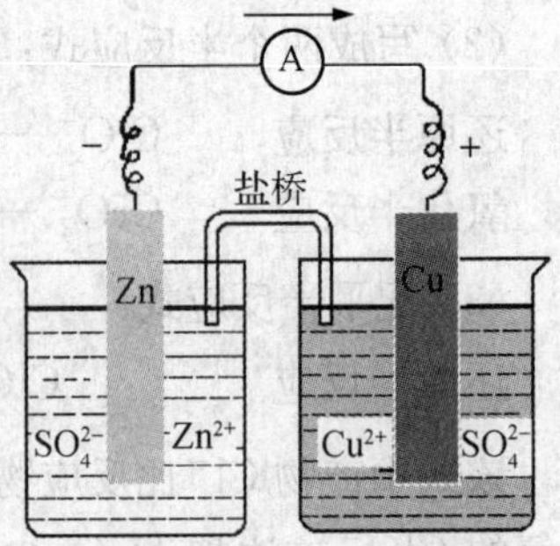

图 6-1 Cu-Zn 原电池

1. 原电池的组成

分析图 6-1 装置，从检流计指针偏转的方向，可以说明电子是由 Zn 片移向 Cu 片，即 Zn 片是电子流出的一方；Cu 片是电子流入一方。具体反应为：Zn 片上发生氧化反应，Zn 失去电子变成 Zn^{2+} 进入溶液：

锌极（氧化反应）　$Zn \rightleftharpoons Zn^{2+} + 2e^-$

Zn 片上过剩的电子通过导线从锌极流向铜极，Cu^{2+} 在 Cu 电极上得到电子发生还原反应而析出 Cu：

铜极(还原反应)　　$Cu^{2+} + 2e^- \rightleftharpoons Cu$

将负极和正极反应相加，就得到电池总反应。

电池总反应　　$Zn + Cu^{2+} \rightleftharpoons Zn^{2+} + Cu$

随着反应的进行，Zn^{2+} 不断进入溶液，过剩的 Zn^{2+} 使得 $ZnSO_4$ 溶液带正电，会阻止 Zn 片继续失去电子生成 Zn^{2+}；同时，由于 Cu 的析出，使得 $CuSO_4$ 溶液因 Cu^{2+} 减少而带负电，会阻碍 Cu^{2+} 继续得到电子还原为 Cu 析出。总之，由于两个溶液都不能保持电中性，反应会很快被阻止，电流中断。盐桥的作用就是使整个装置形成一个回路，这是因为盐桥中的 K^+ 和 Cl^- 能自由地移动，Cl^- 会向 $ZnSO_4$ 溶液扩散，中和过剩 Zn^{2+} 所带的正电荷；K^+ 会向 $CuSO_4$ 溶液移动，中和过剩 SO_4^{2-} 所带负电荷，以保持两种盐溶液的电中性，促使氧化还原反应能持续地进行，电流也不断地产生。

在原电池中起导体作用(如 Zn 和 Cu 片)的材料叫作**电极**。每个原电池总是由两个电极构成，失电子的一极为**负极**(negative pole)，发生的是氧化反应；得电子的一极为**正极**(positive pole)，发生的是还原反应。此外，原电池中氧化型物质和还原型物质均为非固体，需一种不参与电极反应的物质作导体，这种在原电池中仅作导体起导电作用而不参与电极反应的物质叫作**惰性电极**。

所有原电池都是由两个半电池(half cell)组成的，上述 Cu-Zn 原电池中，Zn 和 $ZnSO_4$ 溶液组成一个半电池，Cu 和 $CuSO_4$ 溶液组成另一个半电池。每个半电池都是由同一元素的不同氧化数(态)的两个物种对组成，如锌半电池中 Zn 与 Zn^{2+}，铜半电池中 Cu 与 Cu^{2+}。其中，氧化数高的物种为“氧化态(型)”，氧化数低的物质为“还原态(型)”。氧化态和还原态为“共轭关系”：

$$\text{氧化态} + n\,e^- \rightleftharpoons \text{还原态}$$

n 为转化时得失的电子数。某物质的氧化态的氧化能力越强，则其还原态的还原能力越弱；或者，某物质的还原态的还原能力越强，则其氧化态的氧化能力越弱。由同一种元素的氧化态和还原态组成的整体称为“**氧化还原电对**”，简称“**电对**(electron pair)”。“电对”的表示方法为：氧化态/还原态。如 Zn^{2+}/Zn、Cu^{2+}/Cu、Fe^{3+}/Fe^{2+}、MnO_4^-/Mn^{2+}、H^+/H_2、Cl_2/Cl^- 等。

2. 原电池的符号

为了既简单明了又能科学地表达一个电池，常用“原电池表达式”(又称“原电池符号”)来描述原电池。电池符号的书写规则如下：

(1) 负极写在左边，正极写在右边，“(−)、(+)”分别表示电池的正、负极；

(2) 按照负极在左，正极在右的原则，依各化学物质的接触次序排列各物质；

(3) 用“ | ”隔开电极和电解质溶液，同一相中的不同物质之间要用“,”隔开；

(4) 用“ ‖ ”表示盐桥；

(5) 非标准状态要注明聚集状态、浓度、压力(气体)；

(6) 如果电极反应中无固体金属单质，需要外加一惰性电极材料(Pt 或石墨)作为电流的传导体；

(7) 强电解质，可以只写参加反应的那种离子；对于弱电解质或难溶电解质，必须写分子式。

按电池符号的书写规则，上述铜锌原电池可表示为：

$$(-)Zn(s) \mid Zn^{2+}(c_1) \parallel Cu^{2+}(c_2) \mid Cu(s)(+)$$

【例 6-3】 已知原电池反应：

(1) $Cd + 2Ag^+ \rightleftharpoons Cd^{2+} + 2Ag$

(2) $Cl_2 + Cu \rightleftharpoons Cu^{2+} + 2Cl^-$

(3) $2Fe^{3+} + Sn^{2+} \rightleftharpoons 2Fe^{2+} + Sn^{3+}$

写出各自的原电池符号。

解： (1) $(-)Cd(s) \mid Cd^{2+}(c_1) \parallel Ag^+(c_2) \mid Ag(s)(+)$

(2) $(-)Cu(s) \mid Cu^{2+}(c_1) \parallel Cl^-(c_2) \mid Cl_2(p) \mid Pt(+)$

(3) $(-)Pt \mid Sn^{4+}(c_1), Sn^{2+}(c_2) \parallel Fe^{3+}(c_3), Fe^{2+}(c_4) \mid Pt(+)$

酸性铅蓄电池的电池符号为：

$$(-)Pb(s),\ PbSO_4(s) \mid H_2SO_4(m_1) \mid PbO_2(s),\ PbSO_4(s) \mid Pb(s)(+)$$

注意：当电池中只有一种相同浓度的电解质溶液时，就不需要盐桥了。

如前所述，原则上讲任何一个自发的氧化还原反应，都可设计成一个原电池。原电池中电极大致可分为四种类型(表 6-1)。

表 6-1 电极类型及其电极符号、反应式

电极类型	电对	电极符号	电极反应式
金属-金属离子电极	Zn^{2+}/Zn Cu^{2+}/Cu	$Zn(s)\mid Zn^{2+}(c)$ $Cu(s)\mid Cu^{2+}(c)$	$Zn^{2+} + 2e^- \rightleftharpoons Zn$ $Cu^{2+} + 2e^- \rightleftharpoons Cu$
气体-离子电极	H^+/H_2 Cl_2/Cl^-	$Pt\mid H_2(p)\mid H^+(c)$ $Pt\mid Cl_2(p)\mid Cl^-(c)$	$2H^+ + 2e^- \rightleftharpoons H_2$ $Cl_2 + 2e^- \rightleftharpoons 2Cl^-$
金属-金属难溶盐电极 (氧化物-阴离子电极)	$AgCl/Ag$ Hg_2Cl_2/Hg	$Ag(s),\ AgCl(s)\mid Cl^-(c)$ $Hg(l)\mid Hg_2Cl_2(s)\mid Cl^-(c)$	$AgCl + e^- \rightleftharpoons Ag + Cl^-$ $Hg_2Cl_2 + 2e^- \rightleftharpoons 2Hg + 2Cl^-$
氧化还原电极	Sn^{4+}/Sn^{2+}	$Pt\mid Sn^{4+}(c_1), Sn^{2+}(c_2)$	$Sn^{4+} + 2e^- \rightleftharpoons Sn^{2+}$

(1) 金属-金属离子电极

它是金属置于含有相同金属离子的盐溶液中所构成的电极。

(2) 气体-离子电极

这类电极需要一个固体导体，该导体与接触的气体和溶液都不起作用，这种导体称为惰性电极，常用铂和石墨。

(3) 金属-金属难溶盐或氧化物-阴离子电极

将金属表面涂以该金属的难溶盐(或氧化物)，然后将它浸在该盐具有相同阴离子的溶液中。

(4) 氧化还原电极

将惰性导电材料(铂或石墨)放在一种溶液中,这种溶液含有同一元素不同氧化数的两种离子。

一般地讲,一个氧化还原反应用电池符号表示时,要写明电极,电池符号与氧化还原反应有确定对应关系。举例说明如下:

【例 6-4】 写出电池符号为 $(-)Pt \mid Sn^{4+}(c_1), Sn^{2+}(c_2) \parallel Ti^{3+}(c_3), Ti^{+}(c_4) \mid Pt(+)$ 所对应的化学反应。

解: 负极上发生氧化反应　　$Sn^{2+} \rightleftharpoons Sn^{4+} + 2e^-$　①

正极上发生还原反应　　$Ti^{3+} + 2e^- \rightleftharpoons Ti^{+}$　②

①+②得电池所对应的化学反应为

$$Ti^{3+} + Sn^{2+} \rightleftharpoons Ti^{+} + Sn^{4+}$$

【例 6-5】 设计一个原电池,使其发生如下反应:

$$2MnO_4^- + 10Cl^- + 16H^+ \rightleftharpoons 2Mn^{2+} + 5Cl_2 + 8H_2O$$

解: 首先将反应分解为氧化反应和还原反应:

氧化反应　　$2Cl^- \rightleftharpoons Cl_2 + 2e^-$

还原反应　　$MnO_4^- + 8H^+ + 5e^- \rightleftharpoons Mn^{2+} + 4H_2O$

写出正极和负极符号,发生氧化反应的作负极,发生还原反应的作正极。

负极符号　　$Pt \mid Cl_2(p) \mid Cl^-(c_1)$

正极符号　　$Pt \mid MnO_4^-(c_2), Mn^{2+}(c_3), H^+(c_4)$

负极放在左边,正极放在右边,两极之间用盐桥相连:

$$(-)Pt \mid Cl_2(p) \mid Cl^-(c_1) \parallel MnO_4^-(c_2), Mn^{2+}(c_3), H^+(c_4) \mid Pt(+)$$

3. 原电池的电动势

在 Cu-Zn 原电池中,当接通 Zn 电极和 Cu 电极时,电子便从 Zn 电极流向 Cu 电极,用电位差计可测出两电极间的电势差,这就是 Cu-Zn 原电池的电动势(electromotive force),用符号 E 来表示,单位是伏特(V)。

原电池的电动势是指原电池正、负电极之间的平衡电势差,表达式为:

$$E = \varphi_+ - \varphi_-$$

式中:E 为原电池的电动势;φ_+ 和 φ_- 分别为正电极和负电极的电势。

6.2.2 电极电势

1. 电极电势

电极电势(electrode potential 或电极电位)的产生可用"双电层模型"来解释。从金属键

* 本书以 E 为原电池的电动势符号,有些书用 ε;本书以 φ 为电极电势的符号,有些书用 E。

理论可知，金属晶体是由金属离子（或原子）和自由电子以金属键来联系的。当把金属片(M)插入其盐溶液时，由于极性很大的水分子吸引构成晶格的金属离子(M^{n+})，而使部分金属离子脱离金属晶格以水合离子的形式进入金属表面附近的溶液中，电子仍留在金属片上，使金属带负电荷，如图 6-2(a)所示。

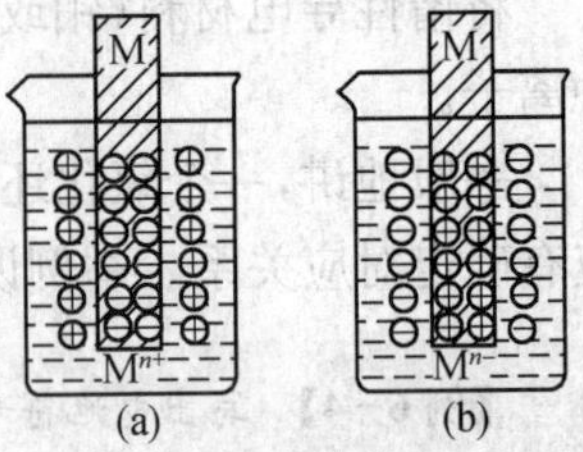

图 6-2 金属的电极电势

$$M_{(金属)} \rightleftharpoons M^{n+}_{(进入溶液)} + n\,e^-_{(留在金属片上)}$$

开始时，溶液中过量的金属离子浓度较小，溶解速度较快。随着金属的不断溶解，溶液中金属离子浓度增加，同时金属棒上的电子也不断增加，于是阻碍了金属的继续溶解。另一方面，溶液中的金属离子由于受到其他金属离子的排斥作用和金属片上负电荷的吸引作用，有可能从金属表面获得电子，而沉积在金属片上，如图6-2(b)所示。

$$M^{n+}_{(溶液中)} + n\,e^- \rightleftharpoons M_{(沉积在金属上)}$$

随着水合金属离子浓度和金属棒上电子数目的增加，沉淀速度不断增大。

上述两种相反过程的相对大小，主要取决于金属的本性，金属越活泼，溶液越稀，金属离子化的倾向越大；金属越不活泼，溶液越浓，离子沉积的倾向越大。当溶解速率和沉积速度相等时，达到动态平衡：

$$M^{n+}_{(溶液中)} + n\,e^- \rightleftharpoons M_{(沉淀在金属上)}$$

这样，金属棒带负电荷，在金属棒附近的溶液中就有较多的 M^{n+} 吸引在金属附近，结果金属表面附近的溶液所带的电荷与金属本身所带的电荷恰好相反，形成一个双电层。双电层之间存在电位差，这种由于双电层的作用在金属和它的盐溶液之间产生的电位差，就叫作**金属的电极电势**(electroele potential)。即金属的电极电势(φ)可表示如下：

$$\varphi = V_{金属}(金属的表面电势) - V_{溶液}(金属与溶液界面处的相间电势)$$

金属愈活泼，极板上的负电荷越多，电势越低。反之，金属愈不活泼，极板上的负电荷越少，电势越高。当两半电池用导线连接时，因两极存在电势差，电子就由负极流向正极，电流由正极流向负极。由于两极的双电层遭到破坏，活泼金属不断溶解，不活泼金属离子还原而不断沉积。我国多用代表电极获得电子的倾向表示电极电势，称为**还原电势**。记作$\varphi_{氧化态/还原态}$。综上所述，原电池电流的产生，是由于构成电池的两个电极电势的不同，存在着电势差所致。各种金属电极电势的差别，在相同条件下，又是由于内部结构的不同，以及金属活泼性大小的不同所造成。因此，在水溶液状态下，电极电势的大小标志金属原子或离子得失电子能力的大小，常用来衡量物质氧化还原能力的强弱。若能定量地测出电对的电极电势值，将有助于我们判断氧化剂与还原剂的强弱，判断氧化还原反应的方向。原电池的电动势可以直接测定，而电极电势与物体具有的势能、物质的焓(H)、自由能(G)一样，其绝对值至今无法测定，我们只能测得电极电势的相对值，即人为地选择某一电极的电势作为标准，将其他电极与之比较测得相对值，就得另一电极的电极电势。

2. 标准电极电势

如果指定温度为 298 K，溶液中所有物质的浓度均为 1 mol·L^{-1}，所有气体的分压都是标准压力 100 kPa，而且反应中的固体或液体都是纯物质，这种状况为标准状况。在标准状况下测定的电极电势称为**标准电极电势**（stanelard electroele potential），以 $\varphi^{\ominus}$ 表示，单位为伏特（V）。在标准状况下测定的电池的电动势为标准电动势。表示如下：

$$E^{\ominus}=\varphi_{+}^{\ominus}-\varphi_{-}^{\ominus}$$

由于目前还无法测出电极电势的绝对值，人们人为地选择某一电极的电势作为基准，规定它的电极电势为零。通常选择**标准氢电极**（standard hydrogen elactrode）作为基准。将待测电极和标准氢电极组成一个原电池，通过测定该电池的电动势（electromotive force），就可求出待测电极的电极电势的相对数值。

（1）标准氢电极

标准氢电极的结构如图 6－3 所示。将表面镀上一层铂黑的铂片（镀铂黑的是为了增加电极的表面积，促进电极对气体的吸附，有利于与溶液达到平衡）插入含有氢离子浓度（严格地说应为活度）为 1 mol·L^{-1}的溶液中，然后不断地通入标准压力为 $p^{\ominus}$（即 100 kPa）的纯 H_2，使铂黑吸附 H_2 达到饱和，这样的氢电极就是标准氢电极，规定在 298.15 K时的电极电势 $\varphi^{\ominus}(H^+/H_2)=0.000\,0$ V，符号“⊖”表示该体系为热力学标准态。在氢电极上进行的反应是：

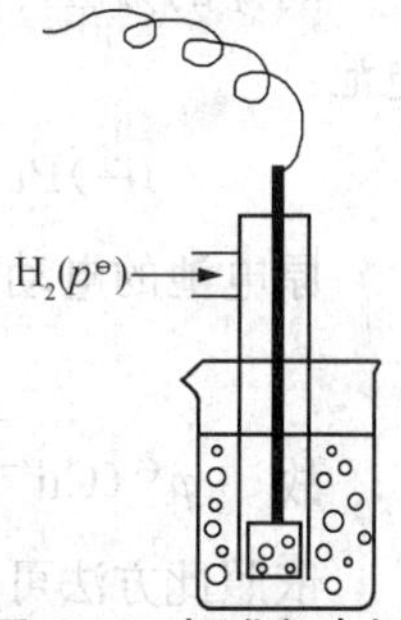

图 6－3　标准氢电极示意图

$$2H^+(aq)+2e^- \rightleftharpoons H_2(g)$$

电极符号：　　$Pt \mid H_2(p) \mid H^+(c)$

用标准氢电极与其他的电极组成原电池，测定该原电池的电动势就可以求出被测金属的电极电势。

标准氢电极要求氢气的纯度高，压力要稳定等，使用很不方便。因此，实际应用中常用另外一些电极材料作为比较的标准，这类电极叫作**参比电极**（reference electrode）。参比电极必须性能稳定、使用方便且电极电势稳定，其标准电极电势可与标准氢电极组成原电池进行测定。常用的参比电极是甘汞电极。

（2）甘汞电极

甘汞电极（calomel electrode）是金属 Hg、Hg_2Cl_2 和 KCl 溶液组成的电极，其构造如图 6－4 所示。

电极符号：$Pt \mid Hg(l) \mid Hg_2Cl_2(s) \mid KCl(c)$

电极反应：$Hg_2Cl_2(s)+2e^- \rightleftharpoons 2Hg(l)+2Cl^-(aq)$

当温度一定时，KCl 溶液的浓度不同，甘汞电极的电势也不同。

（3）标准电极电势的测定

待测电对所组成的电极与标准氢电极组成原电池，测定原电池电动势，即可求得电对的电极电势。

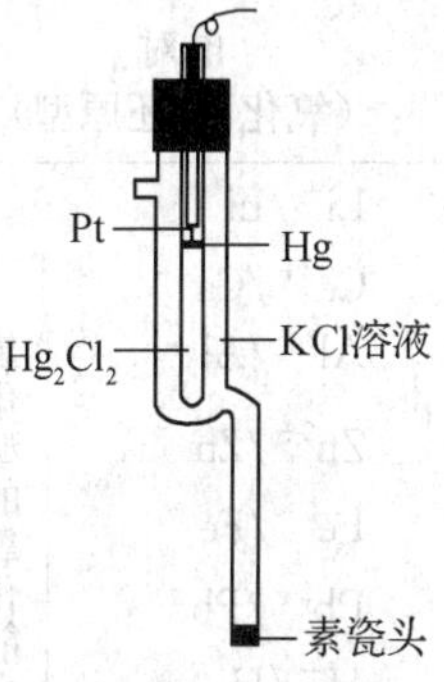

图 6－4　甘汞电极

例如，测定锌电极的标准电极电势，首先将标准锌电极和标准氢电极组成原电池。

$$(-)Zn \mid ZnSO_4(1\ mol \cdot L^{-1}) \parallel H^+(1\ mol \cdot L^{-1}) \mid H_2(p^{\ominus}) \mid Pt(+)$$

用电位计测得该电池的电动势为 0.761 8 V。从电位计指针偏转的方向，或由锌的还原能力较氢大，可知电子是由锌电极流向氢电极，所以锌电极为负极，氢电极为正极，整个电池反应为：

$$Zn + 2H^+ \overset{2e^-}{\rightleftharpoons} Zn^{2+} + H_2$$

因为锌电极和氢电极都处于标准态，所以

$$E^{\ominus} = \varphi^{\ominus}_{+} - \varphi^{\ominus}_{-} = \varphi^{\ominus}(H^+/H_2) - \varphi^{\ominus}(Zn^{2+}/Zn) = 0 - \varphi^{\ominus}(Zn^{2+}/Zn) = 0.761\ 8$$

故 $\varphi^{\ominus}(Zn^{2+}/Zn) = -0.761\ 8\ V$

同样的方法可测定铜电极的标准电极电势，将标准铜电极与标准氢电极组成铜氢原电池：

$$(-)Pt \mid H_2(p^{\ominus}) \mid H^+(1\ mol \cdot L^{-1}) \parallel Cu^{2+}(1\ mol \cdot L^{-1}) \mid Cu(+)$$

原电池的电动势为 0.345 V，则

$$E^{\ominus} = \varphi^{\ominus}(Cu^{2+}/Cu) - \varphi^{\ominus}(H^+/H_2)$$

故 $\varphi^{\ominus}(Cu^{2+}/Cu) = 0.345\ V$

依照此方法可测得一系列金属的标准电极电势。如果按照其代数值由小到大的次序排列，即得我们相当熟悉的金属活动顺序，只是现在对它的认识由于本质的揭露而更为深化，并且定量化了。

Li、K、Ba、Ca、Na、Mg、Al、Mn、Zn、Fe、Ni、Sn、Pb、H、Cu、Hg、Ag、Pt、Au

基于同样原理，还可以测出非金属及其离子，或同一金属不同价态离子所构成电对的标准电极电势。当然测量时仍要求待测电极处于标准状态。某些电对目前尚不能测定的，则可用间接方法来推算。现将实验测得的一些水溶液中氧化还原电对的标准电极电势值，按其数值由小到大的顺序排列成标准电极电势表，见表 6-2(详见附录)。

表 6-2 标准电极电势(25℃)

电对 (氧化型/还原型)	电极反应(氧化型$+ne^- \rightleftharpoons$还原型)	$\varphi^{\ominus}$/V
Li^+/Li	$Li^+ + e^- \rightleftharpoons Li$	−3.040 1
Ca^{2+}/Ca	$Ca^{2+} + 2e^- \rightleftharpoons Ca$	−2.86
Al^{3+}/Al	$Al^{3+} + 3e^- \rightleftharpoons Al$	−1.706
Zn^{2+}/Zn	$Zn^{2+} + 2e^- \rightleftharpoons Zn$	−0.761 8
Fe^{2+}/Fe	$Fe^{2+} + 2e^- \rightleftharpoons Fe$	−0.440 2
Pb^{2+}/Pb	$Pb^{2+} + 2e^- \rightleftharpoons Pb$	−0.126 3
H^+/H_2	$2H^+ + 2e^- \rightleftharpoons H_2$	0.000 00
Sn^{4+}/Sn^{2+}	$Sn^{4+} + 2e^- \rightleftharpoons Sn^{2+}$	0.151
Cu^{2+}/Cu	$Cu^{2+} + 2e^- \rightleftharpoons Cu$	0.345

氧化型的氧化能力增强（↓）；还原型的还原能力增强（↑）

（续表）

电对（氧化型/还原型）		电极反应（氧化型$+ne^- \rightleftharpoons$还原型）		$\varphi^{\ominus}$/V
I_2/I^-	氧化型的氧化能力增强 ↓	$I_2+2e^- \rightleftharpoons 2I^-$	还原型的还原能力增强 ↑	0.535
Fe^{3+}/Fe^{2+}		$Fe^{3+}+e^- \rightleftharpoons Fe^{2+}$		0.770
Br_2/Br^-		$Br_2(l)+2e^- \rightleftharpoons 2Br^-$		1.087
O_2/H_2O		$O_2+4H^++4e^- \rightleftharpoons 2H_2O$		1.229
$Cr_2O_7^{2-}/Cr^{3+}$		$Cr_2O_7^{2-}+14H^++6e^- \rightleftharpoons 2Cr^{3+}+7H_2O$		1.23
Cl_2/Cl^-		$Cl_2(g)+2e^- \rightleftharpoons 2Cl^-$		1.358 3
MnO_4^-/Mn^{2+}		$MnO_4^-+8H^++5e^- \rightleftharpoons Mn^{2+}+4H_2O$		1.491
H_2O_2/H_2O		$H_2O_2+2H^++2e^- \rightleftharpoons 2H_2O$		1.776
F_2/F^-		$F_2(g)+2e^- \rightleftharpoons 2F^-$		2.87

许多氧化还原电对的$\varphi^{\ominus}$都已测得或从理论上计算出来，将其汇列在一起，便是标准电极电势表。电极电势表的编制有多种方式，常见的有两种：一种是按元素符号的英文字母顺序排列，特点是便于查阅；另一种是按电极电势数值的大小排列，或从正到负，或从负到正。其优点是便于比较电极电势的大小，有利于寻找合适的氧化剂(oxitant)或还原剂(reductant)。此外，还有按反应介质的酸、碱分成酸表和碱表编排的。

(4) 正确使用标准电极电势注意事项

① 本书采用还原电势表，即规定半反应写成还原反应的形式：氧化态$+ne^- \rightleftharpoons$还原态。

② $\varphi^{\ominus}$是在标准态下，物质在水溶液中的行为，对高温非标准态、非水溶液体系（熔融盐、液氨体系等）或高浓度是不适用的。

③ 在标准电极电势表中，$\varphi^{\ominus}$表示电对中氧化态物质的氧化能力（得电子能力），同时也表示还原态物质的还原能力（失电子能力）。$\varphi^{\ominus}$代数值越大，氧化态物质的氧化能力越强，还原态物质的还原能力越弱；$\varphi^{\ominus}$代数值越小，还原态物质的还原能力越强，氧化态物质的氧化能力越弱。

④ 表中所列的标准电极电势的正、负不因电极反应进行的方向而改变。例如，$\varphi^{\ominus}(Zn^{2+}/Zn)=-0.761\,8\ V$，不管电极反应是按$Zn^{2+}+2e^- \rightleftharpoons Zn$，还是按$Zn \rightleftharpoons Zn^{2+}+2e^-$进行，该电对的标准电势总是$-0.761\,8\ V$。因此，$\varphi^{\ominus}$值与电极反应写法无关。

⑤ 标准电极电势具有强度性质，没有加合性，因此与电极反应中物质的数量（反应系数）无关。例如：

$$Cu^{2+}+2e^- \rightleftharpoons Cu \qquad \varphi^{\ominus}=0.345\ V$$
$$2Cu^{2+}+4e^- \rightleftharpoons 2Cu \qquad \varphi^{\ominus}=0.345\ V$$

⑥ 标准电极电势表分为酸表和碱表。

6.2.3　电极电势的应用

1. 氧化还原剂的相对强弱

通过前面的讨论，我们已经知道氧化剂和还原剂的强弱可用有关电对的电极电势来衡量。

电极电势正值越大就表明电极反应中氧化态物质越容易夺得电子转变为相应的还原态，即$\varphi^{\ominus}$(氧化态/还原态)↑，表示氧化态物质氧化性↑。电极电势负值越大就表明电极反应中还原态物质越容易失去电子转变为相应的氧化态，即$\varphi^{\ominus}$(氧化态/还原态)↓，表示还原态物质还原性↑。

如$\varphi^{\ominus}(F_2/F)=2.87\,V>\varphi^{\ominus}(MnO_4^-/Mn^{2+})=1.491\,V>\varphi^{\ominus}(Cr_2O_7^{2-}/Cr^{3+})=1.23\,V$，说明在标准状况下，氧化能力$F_2>MnO_4^->Cr_2O_7^{2-}$。$\varphi^{\ominus}(K^+/K)=-2.92\,V<\varphi^{\ominus}(Na^+/Na)=-2.71\,V$，说明在标准状况下，还原能力$K>Na$。

如果把氧化剂(或还原剂)加入含有几种还原剂(或氧化剂)的溶液中，哪种物质先被氧化(或还原)呢？

例如，工业上常采用氯气通入苦卤(卤水)，使溶液中的Br^-和I^-氧化来制取Br_2和I_2，先被氧化的是哪种离子呢？

查表可知：$\varphi^{\ominus}(Cl_2/Cl^-)=+1.36\,V$，$\varphi^{\ominus}(Br_2/Br^-)=+1.09\,V$，$\varphi^{\ominus}(I_2/I^-)=+0.54$，则

$$E_1^{\ominus}=\varphi^{\ominus}(Cl_2/Cl^-)-\varphi^{\ominus}(Br_2/Br^-)=+1.36-(+1.09)=0.27(V)$$

$$E_2^{\ominus}=\varphi^{\ominus}(Cl_2/Cl^-)-\varphi^{\ominus}(I_2/I^-)=+1.36-(+0.54)=0.82(V)$$

电动势是电池反应的推动力，电动势越大，反应的推动力也越大，反应越先发生。由于$E_2^{\ominus}>E_1^{\ominus}$，所以$Cl_2$先氧化$I^-$，然后再氧化$Br^-$。

以上规律也可这样解释：在上述三种物质中，Cl_2是最强的氧化剂，I^-是最强的还原剂，而氧化还原反应总是首先在该体系中最强的氧化剂和最强的还原剂之间进行，因此Cl_2首先与I^-反应。

【例 6-6】 混合溶液含I^-、Br^-、Cl^-各$1\ mol\cdot L^{-1}$，欲使I^-氧化而不使Br^-、Cl^-氧化，应选$Fe_2(SO_4)_3$还是$KMnO_4$作氧化剂？

解： 查出各$\varphi^{\ominus}$值：$\varphi^{\ominus}(I_2/I^-)=0.535$，$\varphi^{\ominus}(Br_2/Br^-)=1.085$，$\varphi^{\ominus}(Cl_2/Cl^-)=1.36$，

$$\varphi^{\ominus}(Fe^{3+}/Fe^{2+})=0.77,\ \varphi^{\ominus}(MnO_4^-/Mn^{2+})=1.51$$

Fe^{3+}是合适的氧化剂：$2Fe^{3+}+2I^- \longrightarrow 2Fe^{2+}+I_2$

Fe^{3+}不会把Br^-、Cl^-氧化；而MnO_4^-会把I^-、Br^-、Cl^-都氧化，不合要求。

若用$KMnO_4$，首先氧化的是哪种离子？

$E^{\ominus}$最大的优先进行，所以先氧化的是I^-。

注意： 如果是非标准状态下比较氧化还原剂的强弱时，必须利用能斯特方程进行计算，求出在某条件下的φ(见§6.3)，然后进行比较。

2. 氧化还原反应进行的方向

(1) 对角线法

氧化还原反应总是由较强的氧化剂($\varphi^{\ominus}$代数值较大)和较强的还原剂($\varphi^{\ominus}$代数值较小)相互作用，向着生成较弱的还原剂和较弱的氧化剂方向进行。表示如下：

$$强氧化剂_1+强还原剂_2 \rightleftharpoons 弱还原剂_1+弱氧化剂_2$$

也就是说,在标准状态下,$\varphi^{\ominus}$值较大的氧化态物质可以氧化$\varphi^{\ominus}$值较小的还原态物质,或者说,$\varphi^{\ominus}$值较小的还原态物质可以还原$\varphi^{\ominus}$值较大的氧化态物质;反之,则不能进行。因此,在标准电极电势表中氧化还原反应发生的方向,是右上方的还原型与左下方的氧化型作用。可以通俗地总结成:“对角线方向相互反应”判断法则。具体为将氧化还原反应拆成两个还原半反应,并依$\varphi^{\ominus}$由低到高次序由上到下排列,反应按左下右上的对角线方向进行。表示如下:

$$\begin{array}{lll} \text{氧化剂}_1 + ne^- \rightleftharpoons \text{还原剂}_1 & \varphi^{\ominus}(\text{氧化剂}_1/\text{还原剂}_1) & \text{小} \\ & \qquad\qquad\wedge & \ \downarrow \\ \text{氧化剂}_2 + ne^- \rightleftharpoons \text{还原剂}_2 & \varphi^{\ominus}(\text{氧化剂}_2/\text{还原剂}_2) & \text{大} \end{array}$$

自发进行的氧化还原反应:

$$\text{强氧化剂}_2 + \text{强还原剂}_1 \rightleftharpoons \text{弱还原剂}_2 + \text{弱氧化剂}_1$$

【例 6-7】 试判断在标准状态下,下列反应自发进行的方向:

$$2Fe^{2+} + I_2 \rightleftharpoons 2\ Fe^{3+} + 2I^-$$

解: 查电对 Fe^{3+}/Fe^{2+} 与 I_2/I^- 在标准电极电势表中的位置如下:

$$\begin{array}{ll} I_2 + 2e^- \rightleftharpoons 2I^- & \varphi^{\ominus} = 0.54\ \text{V} \\ & \qquad \wedge \\ 2Fe^{3+} + 2e^- \rightleftharpoons 2Fe^{2+} & \varphi^{\ominus} = 0.77\ \text{V} \end{array}$$

与 Fe^{3+} 可自发作用,分别生成 I_2 和 Fe^{2+}。故此反应逆向自发。

对角线规则的应用见表 6-3。

表 6-3　标准电极电势

	氧化态　$+ne^-$　$\rightleftharpoons$　还原态		$\varphi^{\ominus}$/V
氧化态的氧化性增强 ↓	$Li^+ + e^- \rightleftharpoons Li$	还原态的还原性增强 ↑	−3.040
	$Zn^{2+} + 2e^- \rightleftharpoons Zn$		−0.761 8
	$2H+ 2e^- \rightleftharpoons H_2$		0.000 0
	$Cu^{2+} + 2e^- \rightleftharpoons Cu$		0.345
	$Cl_2 + 2e^- \rightleftharpoons 2\ Cl^-$		1.358 3
	$F_2 + 2e^- \rightleftharpoons 2\ F^-$		2.87

根据对角线规则,显然下面电对的氧化态可以氧化上面电对的还原态。

(2) 电动电势法

电动电势法是判断氧化还原反应方向的另一法则,其方法是:

① 先将氧化还原反应,分为两个电极反应,查出相应的$\varphi^{\ominus}$。

② 将两个电极组成原电池,以氧化态物质(氧化剂)作为原电池的正极;以还原态物质(还原剂)作为原电池的负极。

③ 计算原电池的标准电动电势$E^{\ominus}$,即

$$E^{\ominus} = \varphi_+^{\ominus} - \varphi_-^{\ominus}$$

若$E^{\ominus}>0$,电池反应按指定方向可自发地进行(电子自动地由负极流向正极);若$E^{\ominus}<0$,电池反应不能按指定方向自发进行,而是按逆向进行。

仍以上例说明,首先将此氧化还原反应分成两个电极反应,查出$\varphi^{\ominus}$值。

$$I_2 + 2e^- \rightleftharpoons 2I^- \qquad \varphi^{\ominus}=0.535\ V$$
$$2Fe^{3+} + 2e^- \rightleftharpoons 2Fe^{2+} \qquad \varphi^{\ominus}=0.77\ V$$

把此两个电极反应组成原电池,电池反应为:

$$2Fe^{2+} + I_2 \xrightarrow{2e^-} 2Fe^{3+} + 2I^-$$

电池的标准电动势为:

$$E^{\ominus}=\varphi_{+}^{\ominus}-\varphi_{-}^{\ominus}=\varphi^{\ominus}(I_2/I^-)-\varphi^{\ominus}(Fe^{3+}/Fe^{2+})$$
$$=0.535\ V-0.77\ V=-0.235\ V$$

由于$E^{\ominus}<0$,故此氧化还原反应按反应逆方向,可自发地向左进行。

【例 6-8】 Sn^{2+}能否将Fe^{3+}还原为Fe^{2+}?请判断$Sn^{2+}+2Fe^{3+} \rightleftharpoons Sn^{4+}+2Fe^{2+}$反应方向。

解: 查表得

$$Fe^{3+} + e^- \rightleftharpoons Fe^{2+} \qquad \varphi^{\ominus}=0.77\ V$$
$$Sn^{4+} + 2e^- \rightleftharpoons Sn^{2+} \qquad \varphi^{\ominus}=0.151\ V$$
$$E^{\ominus}=\varphi_{+}^{\ominus}-\varphi_{-}^{\ominus}=\varphi^{\ominus}(Fe^{3+}/Fe^{2+})-\varphi^{\ominus}(Sn^{4+}/Sn^{2+})$$
$$=0.770-0.151=0.619\ V$$

由于$E^{\ominus}>0$,故此氧化还原反应向右能自发地进行,即Sn^{2+}能将Fe^{3+}还原为Fe^{2+}。

必须指出,用标准电极电势$E^{\ominus}$来判断氧化还原反应的方向,一般只适用于组成原电池的电动势较大的场合($E^{\ominus}>0.2$ V)。如果原电池电动势较小($E^{\ominus}<0.2$ V),则须综合考虑浓度、酸度、温度对电极电势的影响。

3. 氧化还原反应进行的程度

从热力学的学习中大家已经知道$\Delta_r G<0$反应自发进行。本章我们又了解到氧化还原反应自发进行的方向是$E^{\ominus}>0$。将这两种判断综合在一起考虑可推知:在定温定压下,系统的吉布斯自由能变值等于系统的最大非膨胀功,即

$$\Delta_r G=-W_f。$$

在原电池中,非膨胀功只有电功一种,所以化学反应的吉布斯自由能转变为电能,即

$$电功=电量\times电动势=QE=nFE$$

$$\Delta_r G=-nFE \tag{6-1}$$

式中:n为电池的氧化还原反应式中传递的电子数,它实际上是两个半反应中电子的化学计量数n_1和n_2的最小公倍数;F是法拉第常数(Faraday constant),其值为96 485 J·V^{-1}·mol^{-1}(本书常采用近似值96 500 J·V^{-1}·mol^{-1}进行计算);E是电池的电动势,单位为伏特(V)。

当电池中所有物质都处于标准状态时,电池的电动势就是标准电动势$E^{\ominus}$。在这种情

况下，式(6-1)可写成：

$$\Delta_r G^\ominus = -nFE^\ominus \tag{6-2}$$

已经介绍过标准自由能变化和平衡常数的关系：

$$\Delta_r G^\ominus = -RT\ln K^\ominus \tag{6-3}$$

将(6-2)与上面的公式合并：

$$\Delta_r G^\ominus = -nFE^\ominus = -RT\ln K^\ominus$$

$$E^\ominus = \frac{RT}{nF}\ln K^\ominus$$

用以 10 为底的对数来表示，得：

$$E^\ominus = \frac{2.303RT}{nF}\lg K^\ominus$$

若电池反应是在 298 K 时，将 R、T 和 F 代入上式得：

$$E^\ominus = \frac{2.303 \times 8.314\ \mathrm{J\cdot mol\cdot K^{-1}} \times 298\ \mathrm{K}}{n \times 96\,485\ \mathrm{J\cdot V\cdot mol^{-1}}}\ln K^\ominus = \frac{0.059\,2}{n}\ln K^\ominus$$

故 298 K 时平衡常数和 $E^\ominus$ 的关系式为：

$$\lg K^\ominus = \frac{nE^\ominus}{0.059\,2} = \frac{n(\varphi_+^\ominus - \varphi_-^\ominus)}{0.059\,2} \tag{6-4}$$

根据式(6-4)，已知标准状态下正负极的电极电势，即可求出该电池反应的标准平衡常数 $K^\ominus$。

【例 6-9】 求电池反应 $Sn + Pb^{2+} \rightleftharpoons Sn^{2+} + Pb$ 在 298 K 时的标准平衡常数。

解：上述反应可设计成下列电池：

$$(-)Sn \mid Sn^{2+}(1\ \mathrm{mol\cdot L^{-1}}) \parallel Pb^{2+}(1\ \mathrm{mol\cdot L^{-1}}) \mid Pb(+)$$

$$E^\ominus = \varphi_+^\ominus - \varphi_-^\ominus$$

$$= (-0.126\ \mathrm{V}) - (-0.138\ \mathrm{V}) = 0.012\ \mathrm{V}$$

根据式(6-4)：

$$\lg K^\ominus = \frac{nE^\ominus}{0.059\,2} = \frac{2 \times 0.012}{0.059\,2}$$

$$K^\ominus = 2.55$$

因此，将 Sn 插到 1 $\mathrm{mol\cdot L^{-1}}$ Pb^{2+} 溶液，平衡时溶液中：$[Sn^{2+}]/[Pb^{2+}] = 2.55$

从求 $K^\ominus$ 的(6-4)式也可以看出，正、负极标准电势差值越大，即标准状态时电池电动势越大，平衡常数也就越大，反应进行得越彻底。因此，可以直接用 $K^\ominus$ 值的大小来估计反应进行的程度。按一般标准，平衡常数 $K = 10^5$，反应向右进行的程度就算相当完全了。一般来说(若在反应中转移的电子数为 2)，$E^\ominus > 0.2$ V 时，$K^\ominus > 10^5$。 这是一个直接从电势的大小来衡量氧化还原反应进行程度的有用数据。

用电化学方法可以求得氧化还原反应的平衡常数，而溶度积常数也是平衡常数，故也可用电化学方法测定难溶盐的溶度积常数。

【例 6-10】 根据标准电极电势求 $2Ag^+ + S^{2-} \rightleftharpoons Ag_2S(s)$ 的 $K_{sp}^{\ominus}$。

解： 将 $2Ag^+ + S^{2-} \rightleftharpoons Ag_2S$ 反应方程式两边各加一个金属 Ag，得下式：

$$2Ag^+ + S^{2-} + Ag \rightleftharpoons Ag_2S(s) + Ag$$

上述反应可以分解为两个电对：Ag^+/Ag 电对和 Ag_2S/Ag 的电对。两个电对可设计成下列电池：

$$(-)Ag, Ag_2S(s) \mid KCl(1\ mol \cdot L^{-1}) \parallel AgNO_3(1\ mol \cdot L^{-1}) \mid Ag(+)$$

查表知：(1) $Ag^+ + e^- \rightleftharpoons Ag$ $\qquad \varphi^{\ominus}(Ag^+/Ag) = 0.799\ 6\ V$

(2) $Ag_2S + 2e^- \rightleftharpoons 2Ag + S^{2-}$ $\qquad \varphi^{\ominus}(Ag_2S/Ag) = -0.69\ V$

半反应(2)中 Ag^+ 离子浓度为：

$$\varphi^{\ominus}(Ag_2S/Ag) = \varphi(Ag^+/Ag) = \varphi^{\ominus}(Ag^+/Ag) + \frac{0.059\ 2}{1}\lg c(Ag^+)$$

对于电极 $\varphi^{\ominus}(Ag_2S/Ag)$ 而言，$c(S^{2-}) = 1.0\ mol \cdot L^{-1}$，$K_{sp}^{\ominus}(Ag_2S) = c(Ag^+)^2 \cdot c(S^{2-})$，则

$$c(Ag^+) = K_{sp}^{\ominus}(AgS_2)^{\frac{1}{2}}$$

$$\varphi^{\ominus}(Ag_2S/Ag) = \varphi^{\ominus}(Ag^+/Ag) + \frac{0.059\ 2}{1}\lg c(Ag^+)$$

$$= \varphi^{\ominus}(Ag^+/Ag) + \frac{0.059\ 2}{1}\lg[K_{sp}^{\ominus}(Ag_2S)]^{\frac{1}{2}}$$

即

$$K_{sp}^{\ominus}(Ag_2S) = 4.97 \times 10^{-51}$$

从上例可以看出，通过电极电势的方法，也可以求出非氧化还原反应的平衡常数。实际上，电势法确是测定平衡常数很有效的方法之一。它也可以测得弱酸的电离常数及 pH、配离子的稳定常数。

【例 6-11】 电池 $(-)Pt \mid H_2(p^{\ominus}) \mid HA(1.0\ mol \cdot L^{-1}) \parallel H^+(1.0\ mol \cdot L^{-1}) \mid H_2(p^{\ominus}) \mid Pt(+)$，298 K 时测得电池的电极电势为 0.551 V，计算弱酸 HA 的 $K^{\ominus}$ 和 pH。

解：

$$E^{\ominus} = \varphi_+^{\ominus} - \varphi_-^{\ominus} = \varphi^{\ominus}(H^+/H_2) - \varphi^{\ominus}(HA/H_2)$$

$$= 0.0 - \varphi^{\ominus}(HA/H_2) = 0.551\ V$$

$$\varphi^{\ominus}(HA/H_2) = 0.551\ V$$

而 $\varphi^{\ominus}(HA/H_2) = \varphi(H^+/H_2) = \varphi^{\ominus}(H^+/H_2) + \frac{0.059\ 2}{2}\lg\frac{c(H^+)^2}{p(H_2)/p^{\ominus}}$

$$[H^+] = 2.22 \times 10^{-5}\ mol \cdot L^{-1}$$

$$K^{\ominus} = [H^+][A^-] = [H^+]^2 = 4.93 \times 10^{-10}$$

【例 6-12】 根据标准电极电势求 $Ag^+ + 2NH_3 \rightleftharpoons [Ag(NH_3)_2]^+$ 的 $K^{\ominus}\{[Ag(NH_3)_2]^+\}$。

解： 将反应方程式两边各加一个金属 Ag，得下式：

$$Ag^+ + 2NH_3 + Ag \rightleftharpoons [Ag(NH_3)_2]^+ + Ag$$

上述反应可以分解为两个电对：Ag^+/Ag 电对和 $[Ag(NH_3)_2]^+/Ag$ 的电对。电极反应的电极电势：

$$Ag^+ + e^- \rightleftharpoons Ag \qquad \varphi^\ominus(Ag^+/Ag) = 0.799\ V$$

$$[Ag(NH_3)_2]^+ + e^- \rightleftharpoons Ag + 2\ NH_3 \qquad \varphi^\ominus\{[Ag(NH_3)_2]^+/Ag\} = 0.371\,9\ V$$

根据 $E^\ominus = \varphi_+^\ominus - \varphi_-^\ominus = \varphi^\ominus(Ag^+/Ag) - \varphi^\ominus\{[Ag(NH_3)_2]^+/Ag\}$

$= 0.799\ V - 0.371\,9\ V = 0.427\,2\ V$

由于 $\lg K^\ominus\{[Ag(NH_3)_2]^+\} = \dfrac{nE^\ominus}{0.059} = \dfrac{1 \times 0.427\,2}{0.059}$，则

$$K^\ominus\{[Ag(NH_3)_2]^+\} = 1.64 \times 10^7$$

需要指出，用标准电极电势或标准电动势来判断氧化还原反应的程度，只是从热力学的角度说明反应的可能性大小，与实际反应速度无关。例如，298 K 时在酸性介质中用高锰酸钾来氧化银：

$$MnO_4^- + 8H^+ + 5Ag \rightleftharpoons Mn^{2+} + 5Ag^+ + 4H_2O$$

查表得 $\varphi^\ominus(MnO_4^-/Mn^{2+}) = +1.491\ V$，$\varphi^\ominus(Ag^+/Ag) = +0.799\ V$，则

$$E^\ominus = \varphi_{(+)}^\ominus - \varphi_{(-)}^\ominus = \varphi^\ominus(MnO_4^-/Mn^{2+}) - \varphi^\ominus(Ag^+/Ag)$$

$$= 1.491\ V - 0.799\,6\ V = 0.691\,4\ V$$

$$\lg K^\ominus = \frac{nE^\ominus}{0.059\,2} = \frac{5 \times 0.691\,4}{0.059\,2} = 58.40$$

$$K^\ominus = 2.51 \times 10^{58}$$

从 K 值上看，这是一个可以进行得极为完全的自发反应。但其反应速度非常慢，当把银加入高锰酸钾溶液后，几乎看不到 MnO_4^- 的紫色褪去。

4. 元素电势图

视频 元素电势图及其应用

许多元素可以存在多种氧化态，各氧化态之间都有相应的标准电极电势，物理学家 Latimer 提出将它们的标准电极电势以图的方式表示，这种图称为**元素电势图**或 Latimer 图(Latimer diagrams)。元素电势图是把同一种元素的各种氧化态按照由高到低顺序排成横列，在两种氧化态之间若构成一个电对，就用一条直线把它们连接起来，并在上方标出这个电对所对应的标准电极电势。根据溶液的 pH 不同，又可以分为两大类：$\varphi_A^\ominus$(A 表示酸性溶液 acid solution)表示溶液的 pH=0；$\varphi_B^\ominus$(B 表示碱性溶液 basic solution)表示溶液的 pH=14。书写某一元素的元素电势图时，既可以将全部氧化态列出，也可以根据需要列出其中一部分。例如：

$$\varphi_A^\ominus/V \qquad Fe^{3+} \xrightarrow{\ 0.77\ } Fe^{2+} \xrightarrow{\ -0.44\ } Fe$$

$$\varphi_B^\ominus/V \qquad ClO_4^- \xrightarrow{\ 0.36\ } \underbrace{ClO_3^- \xrightarrow{\ 0.35\ } ClO_2^- \xrightarrow{\ 0.66\ } ClO^- \xrightarrow{\ 0.40\ } Cl_2 \xrightarrow{\ 1.36\ } Cl^-}_{0.62}$$

也可以列出其中一部分，例如：

$$\underbrace{ClO_3^- \xrightarrow{\ 0.35\ } ClO_2^- \xrightarrow{\ 0.66\ } ClO^- \xrightarrow{\ 0.40\ } Cl_2 \xrightarrow{\ 1.36\ } Cl^-}_{0.62}$$

从元素电势图不仅可以全面看出同一种元素各氧化态之间的电极电势高低和相互关系，而且可以判断哪些氧化态在酸性或碱性溶液中能稳定存在。现介绍以下几方面的应用。

(1) 计算标准电极电势

利用元素电势图求算某电对的未知的标准电极电势。若已知两个或两个以上的相邻电对的标准电极电势，即可求算出另一个电对的未知标准电极电势。例如，某元素电势图为：

$$\mathrm{A}\xrightarrow[n_1]{\varphi_1^\ominus}\mathrm{B}\xrightarrow[n_2]{\varphi_2^\ominus}\mathrm{C}$$

（A 至 C：$\varphi_3^\ominus$　n_3）

根据公式(6-2)的标准自由能变化和电对的标准电极电势关系：

$$\mathrm{A}+n_1\mathrm{e}^- \rightleftharpoons \mathrm{B} \qquad \Delta_\mathrm{r}G_1^\ominus=-n_1F\varphi_1^\ominus$$

$$\mathrm{B}+n_2\mathrm{e}^- \rightleftharpoons \mathrm{C} \qquad \Delta_\mathrm{r}G_2^\ominus=-n_2F\varphi_2^\ominus$$

$$\mathrm{A}+n_3\mathrm{e}^- \rightleftharpoons \mathrm{C} \qquad \Delta_\mathrm{r}G_3^\ominus=-n_3F\varphi_3^\ominus$$

n_1、n_2、n_3 分别为相应电对的电子转移数，其中 $n_3=n_1+n_2$，则

$$\Delta_\mathrm{r}G_3^\ominus=-n_3F\varphi^\ominus=-(n_1+n_2)F\varphi^\ominus$$

按照盖斯定律，吉布斯自由能是可以加合的。即

$$\Delta_\mathrm{r}G^\ominus=\Delta_\mathrm{r}G_1^\ominus+\Delta_\mathrm{r}G_2^\ominus$$

于是

$$-(n_1+n_2)F\varphi^\ominus=-n_1F\varphi_1^\ominus+(-n_2F\varphi_2^\ominus)$$

整理得：

$$\varphi_3^\ominus=\frac{n_1\varphi_1^\ominus+n_2\varphi_2^\ominus}{n_1+n_2}$$

若有 i 个相邻电对，则

$$\varphi^\ominus=\frac{n_1\varphi^\ominus{}_1+n_2\varphi^\ominus{}_2+\cdots+n_i\varphi^\ominus{}_i}{n_1+n_2+\cdots+n_i} \qquad (6-5)$$

式中的 n_1、n_2、$n_3\cdots n_i$ 分别代表各电对内转移的电子数，$n=n_1+n_2+\cdots+n_i$。

【例 6-13】 根据下面列出的碱性介质中溴的电势图，求 $\varphi^\ominus(BrO_3^-/Br^-)$ 和 $\varphi^\ominus(BrO_3^-/BrO^-)$（已知：$\varphi_B^\ominus$/V）。

$$\mathrm{BrO_3^-}\xrightarrow[n_1]{?}\mathrm{BrO^-}\xrightarrow[n_2]{0.45}\mathrm{Br_2}\xrightarrow[n_3]{1.09}\mathrm{Br^-}$$

（BrO_3^- 至 Br_2：0.52；BrO_3^- 至 Br^-：?）

解：根据各电对的氧化数变化可以知道 n_1、n_2、n_3 分别为 4、1、1，则根据公式(6-5)得：

$$\varphi^\ominus(\mathrm{BrO_3^-/Br^-})=\frac{5\times\varphi^\ominus(\mathrm{BrO_3^-/Br_2})+1\times\varphi^\ominus(\mathrm{Br_2/Br^-})}{6}$$

$$=\frac{5\times0.52+1\times1.09}{6}=0.62(\mathrm{V})$$

又由于 $5\times\varphi^{\ominus}(BrO_3^-/Br_2)=4\times\varphi^{\ominus}(BrO_3^-/Br^-)+1\times\varphi^{\ominus}(BrO^-/Br_2)$，则

$$\varphi^{\ominus}(BrO_3^-/Br^-)=\frac{5\times\varphi^{\ominus}(BrO_3^-/Br_2)-1\times\varphi^{\ominus}(BrO^-/Br_2)}{4}$$

$$=\frac{5\times0.52-0.45}{4}=0.54(V)$$

【例 6-14】 试从下列元素电势图中的已知标准电极电势，求 $\varphi^{\ominus}(ClO^-/Cl^-)$ 值。

$$ClO_3^- \xrightarrow[n_1]{1.47} Cl_2 \xrightarrow[n_2]{1.36} Cl^-$$

（ClO_3^- 至 Cl^-：?）

解：根据各电对的氧化数变化可以知道 n_1、n_2 分别为 5、1 则根据公式(6-5)得：

$$\varphi^{\ominus}(ClO^-/Cl^-)=\frac{5\times\varphi^{\ominus}(ClO^-/Cl_2)+1\times\varphi^{\ominus}(Cl_2/Cl^-)}{6}$$

$$=\frac{5\times1.47+1.36}{5}=1.45(V)$$

(2) 判断歧化反应是否能够进行

歧化过程(disproportionation)是一种自身氧化还原反应。例如：

$$2Cu^+ \rightleftharpoons Cu+Cu^{2+}$$

在这一反应中，一部分 Cu^+ 被氧化为 Cu^{2+}，另一部分 Cu^+ 被还原为金属 Cu。用 Cu 元素电势图分析如下：

$$Cu^{2+} \xrightarrow{0.152} Cu^+ \xrightarrow{0.522} Cu$$

（Cu^{2+} 至 Cu：0.345）

$$E^{\ominus}=\varphi^{\ominus}(Cu^+/Cu)-\varphi^{\ominus}(Cu^{2+}/Cu^+)=0.522\ V-0.152\ V>0$$

则反应能自发进行。

当一种元素处于中间氧化态时，它一部分向高氧化态变化（即被氧化），另一部分向低氧化态变化（即被还原），这类反应称为歧化反应。

由上例可判断出歧化反应发生的规律。某元素不同氧化态的三种物质所组成两个电对，按其氧化态由高到低排列如下：

$$A \xrightarrow{\varphi^{\ominus}_{左}} B \xrightarrow{\varphi^{\ominus}_{右}} C$$

$$\xrightarrow{\text{氧化态降低}}$$

判断处于中间氧化态的物种 B 能否发生歧化反应条件：

$\varphi^{\ominus}_{右}>\varphi^{\ominus}_{左}$ 时，则 B 发生歧化反应：$B+B=\!=\!=A+C$；

$\varphi^{\ominus}_{左}>\varphi^{\ominus}_{右}$ 时，则发生歧化的逆反应：$A+C=\!=\!=B+B$。

例如，铁的元素电势图：

$$Fe^{3+} \xrightarrow{0.77\ V} Fe^{2+} \xrightarrow{-0.44\ V} Fe$$

因为 $\varphi^{\ominus}_{右} < \varphi^{\ominus}_{左}$，不能发生歧化反应。

但是由于 $\varphi^{\ominus}_{左} > \varphi^{\ominus}_{右}$，歧化反应的逆反应可进行，即 Fe^{3+}/Fe^{2+} 电对中的 Fe^{3+} 可氧化 Fe 生成 Fe^{2+}：

$$2Fe^{3+} + Fe \rightleftharpoons 3Fe^{2+}$$

§6.3 能斯特方程

视频 能斯特方程

6.3.1 能斯特方程

标准电极电势是在标准状态下测定的，而多数实际系统并不是热力学标准态。影响电极电势的因素主要有：电极的本性、氧化型物质和还原型物质的浓度(或分压)以及温度。

德国化学家 Nernst 从理论上导出电极电势和反应温度、物质的浓度、溶液的酸度之间的定量关系，称为 **Nernst 方程式**。

在化学反应速率和化学平衡一章中，曾经介绍化学反应的等温方程式。

$$\Delta_r G_m = \Delta_r G^{\ominus}_m + RT\ln Q_c \quad (Q_c\text{表示浓度商})$$

这一等温方程式在等温、等压条件下，同样适用氧化还原反应。

例如，电池反应：

$$2Fe^{3+} + Sn^{2+} \rightleftharpoons 2Fe^{2+} + Sn^{4+}$$

根据化学反应等温式：

$$\Delta_r G_m = \Delta_r G^{\ominus}{}_m + RT\ln\frac{c(Fe^{2+})^2 \times c(Sn^{4+})}{c(Fe^{3+})^2 \times c(Sn^{2+})}$$

将式 $\Delta_r G_m = -nFE$，$\Delta_r G^{\ominus}{}_m = -nFE^{\ominus}$ 代入，得

$$-nFE = -nFE^{\ominus} + RT\ln\frac{c(Fe^{2+})^2 \times c(Sn^{4+})}{c(Fe^{3+})^2 \times c(Sn^{2+})}$$

$$E = E^{\ominus} - \frac{RT}{nF}\ln\frac{c(Fe^{2+})^2 \times c(Sn^{4+})}{c(Fe^{3+})^2 \times c(Sn^{2+})}$$

$$\varphi(Fe^{3+}/Fe^{2+}) - \varphi(Sn^{4+}/Sn^{2+}) = \varphi^{\ominus}(Fe^{3+}/Fe^{2+}) - \varphi^{\ominus}(Sn^{4+}/Sn^{2+}) - \frac{RT}{nF}\ln\frac{c(Fe^{2+})^2 \times c(Sn^{4+})}{c(Fe^{3+})^2 \times c(Sn^{2+})}$$

$$\varphi(Fe^{3+}/Fe^{2+}) - \varphi(Sn^{4+}/Sn^{2+}) = \left[\varphi^{\ominus}(Fe^{3+}/Fe^{2+}) + \frac{RT}{nF}\ln\frac{c(Fe^{3+})^2}{c(Fe^{2+})^2}\right] - \left[\varphi^{\ominus}(Sn^{4+}/Sn^{2+}) + \frac{RT}{nF}\ln\frac{c(Sn^{4+})}{c(Sn^{2+})}\right]$$

由此可以得出：

$$\varphi(Fe^{3+}/Fe^{2+})=\varphi^{\ominus}(Fe^{3+}/Fe^{2+})+\frac{RT}{nF}\ln\frac{c(Fe^{3+})^2}{c(Fe^{2+})^2}$$

对应于半反应：

$$Fe^{3+}+e^{-}\rightleftharpoons Fe^{2+}$$

同样可以得出：

$$\varphi(Sn^{4+}/Sn^{2+})=\varphi^{\ominus}(Sn^{4+}/Sn^{2+})+\frac{RT}{nF}\ln\frac{c(Sn^{4+})}{c(Sn^{2+})}$$

对应于半反应：

$$Sn^{4+}+2e^{-}\rightleftharpoons Sn^{2+}$$

归纳成一般式，若半反应通式为：

$$a(\text{氧化态})+n\,e^{-}\rightleftharpoons b(\text{还原态})$$

那么就有：

$$\varphi_{(\text{氧化态/还原态})}=\varphi^{\ominus}_{(\text{氧化态/还原态})}+\frac{RT}{nF}\ln\frac{c(\text{氧化态})^a}{c(\text{还原态})^b} \tag{6-6}$$

式(6－6)称为**能斯特方程**(Nernst equation)。

将 R、F 的值代入式(6－6)并取常用对数，在 298 K 时，得到能斯特方程的数值方程为：

$$\varphi_{(\text{氧化态/还原态})}=\varphi^{\ominus}_{(\text{氧化态/还原态})}+\frac{0.059\,2}{n}\lg\frac{c(\text{氧化态})^a}{c(\text{还原态})^b}$$

使用能斯特方程，应注意以下几点：

(1) 如果电对的电极反应中有固体或纯液体(包括水)，则它们的浓度项不列入方程中，如果是气体用相对分压表示($p/p^{\ominus}$)，溶液计算时相对浓度中 $c^{\ominus}$ 可省略，但含义不能省略。

(2) 使用能斯特方程式时，半反应必须配平。如果半反应中有酸、碱参与电极反应，则应把这些物质的浓度也表示在能斯特方程式中。

(3) 电极反应中各物质前的系数作为相应各相对浓度的指数。

【例 6－15】 写出下列电极反应的能斯特方程式：

(1) $Cl_2+2e^{-}\rightleftharpoons 2Cl^{-}$　　$\varphi^{\ominus}(Cl_2/Cl^{-})=1.358\,3\ V$

(2) $MnO_2+4H^{+}+2e^{-}\rightleftharpoons Mn^{2+}+2H_2O$　　$\varphi^{\ominus}(MnO_2/Mn^{2+})=1.228\ V$

(3) $O_2+4H^{+}+2e^{-}\rightleftharpoons 2H_2O$　　$\varphi^{\ominus}(O_2/H_2O)=1.229\ V$

解：

$$\varphi(Cl_2/Cl^{-})=\varphi^{\ominus}(Cl_2/Cl^{-})+\frac{0.059\,2}{2}\lg\frac{p(Cl_2)}{p^{\ominus}\times c(Cl^{-})^2}$$

$$\varphi(MnO_2/Mn^{2+})=\varphi^{\ominus}(MnO_2/Mn^{2+})+\frac{0.059\,2}{2}\lg\frac{c(H^{+})^4}{c(Mn^{2+})}$$

$$\varphi(O_2/H_2O)=\varphi^{\ominus}(O_2/H_2O)+\frac{0.059\,2}{2}\lg\frac{P(O_2)\times c(H^{+})^4}{p^{\ominus}}$$

【例 6-16】 写出下列电池反应的能斯特方程式：

(1) $2Fe^{3+} + 2I^- \rightleftharpoons 2Fe^{2+} + I_2$

(2) $2MnO_4^- + 10Cl^- + 16H^+ \rightleftharpoons 2Mn^{2+} + 5Cl_2 + 8H_2O$

解：(1)
$$E = E^{\ominus} - \frac{0.059\,2}{2}\lg\frac{c(Fe^{2+})^2}{c(Fe^{3+})^2 \times c(I^-)^2}$$
$$= (\varphi^{\ominus}{}_{+} - \varphi^{\ominus}{}_{-}) - \frac{0.059\,2}{2}\lg\frac{c(Fe^{2+})^2}{c(Fe^{3+})^2 \times c(I^-)^2}$$
$$= [\varphi^{\ominus}(Fe^{3+}/Fe^{2+}) - \varphi^{\ominus}(I_2/I^-)] - \frac{0.059\,2}{2}\lg\frac{c(Fe^{2+})^2}{c(Fe^{3+})^2 \times c(I^-)^2}$$

(2)
$$E = E^{\ominus} - \frac{0.059\,2}{10}\lg\frac{c(Mn^{2+})^2 \times p(Cl_2)^5}{c(MnO_4^-)^2 \times c(Cl^-)^{10} \times c(H^+)^{16} \times (p^{\ominus})^5}$$
$$= (\varphi^{\ominus}(MnO_4^-/Mn^{2+}) - \varphi^{\ominus}(Cl_2/Cl^-))$$
$$- \frac{0.059\,2}{10}\lg\frac{c(Mn^{2+})^2 \times p(Cl_2)^5}{c(MnO_4^-)^2 \times c(Cl^-)^{10} \times c(H^+)^{16} \times (p^{\ominus})^5}$$

6.3.2 能斯特方程的应用

视频 酸度及沉淀对电极电势的影响

1. 溶液浓度、pH 及气体压力等对电极电势和氧化还原反应的影响

【例 6-17】 已知 $Fe^{3+} + e^- \rightleftharpoons Fe^{2+}$，$\varphi^{\ominus}(Fe^{3+}/Fe^{2+}) = 0.770\ V$，试计算 $\varphi(Fe^{3+}/Fe^{2+})$ 电极电势：

(1) $c(Fe^{3+}) = 1.0\ mol \cdot L^{-1}$，$c(Fe^{2+}) = 1.0 \times 10^{-3}\ mol \cdot L^{-1}$；

(2) $c(Fe^{3+}) = 1.0 \times 10^{-3}\ mol \cdot L^{-1}$，$c(Fe^{2+}) = 1.0\ mol \cdot L^{-1}$。

解：(1)
$$\varphi(Fe^{3+}/Fe^{2+}) = \varphi^{\ominus}(Fe^{3+}/Fe^{2+}) + \frac{RT}{nF}\ln\frac{c(Fe^{3+})}{c(Fe^{2+})}$$
$$= 0.770 + 0.059\,2\lg\frac{1.0}{1.0 \times 10^{-3}}$$
$$= 0.947\,6(V)$$

(2)
$$\varphi(Fe^{3+}/Fe^{2+}) = 0.770 + 0.059\,2\lg\frac{1.0 \times 10^{-3}}{1.0}$$
$$= 0.592\,4(V)$$

【例 6-18】 判断 $2Fe^{3+} + 2I^- \rightleftharpoons 2Fe^{2+} + I_2$ 在 $c(Fe^{3+}) = 0.001\ mol \cdot L^{-1}$，$c(I^-) = 0.001\ mol \cdot L^{-1}$，$[Fe^{2+}] = 1\ mol \cdot L^{-1}$ 时反应方向如何？

解：
$$\varphi(Fe^{3+}/Fe^{2+}) = \varphi^{\ominus}(Fe^{3+}/Fe^{2+}) + \frac{0.059\,2}{1}\lg\frac{c(Fe^{3+})}{c(Fe^{2+})}$$
$$= 0.770 + 0.059\,2\lg\frac{1.0 \times 10^{-3}}{1.0}$$
$$= 0.592\,4(V)$$

$$\varphi(I_2/I^-) = \varphi^{\ominus}(I_2/I^-) + \frac{0.059\,2}{2}\lg\frac{c(I_2)}{c(I^-)} = 0.535 + \frac{0.059\,2}{2}\lg\frac{1.0}{(0.001)^2}$$

$$= 0.770(V)$$

$$E = \varphi(Fe^{3+}/Fe^{2+}) - \varphi(I_2/I^-) = 0.592\,4 - 0.770 = -0.176(V) < 0$$

故反应逆向进行：$2Fe^{2+} + I_2 \rightleftharpoons 2Fe^{3+} + 2I^-$

通过上例计算可以看出氧化型物质的浓度愈大或还原型物质的浓度愈小，则电对的电极电势愈高，说明氧化型物质获得电子的倾向愈大；反之，氧化型物质的浓度愈小或还原型物质的浓度愈大，则电对的电极电势愈低，说明氧化型物质获得电子的倾向愈小。

【例 6 - 19】 $H_3AsO_4 + 2H^+ + 2e^- \rightleftharpoons HAsO_2 + 2H_2O$　　$\varphi^{\ominus}(As(V)/As(Ⅲ)) = 0.58\ V$

$I_2 + 2e^- \rightleftharpoons 2I^-$　　$\varphi^{\ominus}(I_2/I^-) = 0.535\ V$

判断 $c(H^+) = 4\ mol \cdot L^{-1}$，$c(H^+) = 10^{-8}\ mol \cdot L^{-1}$ 时，H_3AsO_4 是否可氧化 I^-？

解：$c(H^+) = 4\ mol \cdot L^{-1}$ 时

$$\varphi(As(V)/As(Ⅲ)) = 0.58 + \frac{0.059\,2}{2}\lg\frac{(4)^2}{1.0} = 0.615(V)$$

根据"对角线规则"：

$I_2 + 2e^- \rightleftharpoons 2I^-$　　$\varphi^{\ominus}(I_2/I^-) = 0.535\ V$

$H_3AsO_4 + 2H^+ + 2e^- \rightleftharpoons HAsO_2 + 2H_2O$　　$\varphi(As(V)/As(Ⅲ)) = 0.615\ V$

即 H_3AsO_4 可氧化 I^-，$\varphi^{\ominus}(I_2/I^-) = 0.535\ V$。

当 $c(H^+) = 10^{-8}\ mol \cdot L^{-1}$ 时

$$\varphi(As(V)/As(Ⅲ)) = 0.58 + \frac{0.059\,2}{2}\lg\frac{(1.0\times10^{-8})^2}{1.0} = 0.108(V)$$

根据"对角线规则"：

$H_3AsO_4 + 2H^+ + 2e^- \rightleftharpoons HAsO_2 + 2H_2O$　　$\varphi(As(V)/As(Ⅲ)) = 0.108\ V$

$I_2 + 2e^- \rightleftharpoons 2I^-$　　$\varphi^{\ominus}(I_2/I^-) = 0.535\ V$

此时 I_2 可氧化 $HAsO_2$，说明参与电极反应 H^+ 浓度的变化即酸度的变化影响着氧化还原反应进行的方向。

2. 氧化还原反应的平衡常数及反应程度的判断

对于任意一个氧化还原反应，随着反应的进行，其反应物和生成物的浓度会随着反应不断地发生而变化，而反应所组成的原电池的电动势也会随着反应的不断进行而改变。

如以铜锌原电池为例，反应开始时，$c(Zn^{2+}) = c(Cu^{2+}) = 1\ mol \cdot L^{-1}$，则

$$E^{\ominus} = \varphi^{\ominus}(Cu^{2+}/Cu) - \varphi^{\ominus}(Zn^{2+}/Zn)$$

$$=0.345-(-0.761\,8)$$
$$=1.106\,8(\mathrm{V})$$

但是随着反应的进行，正极上 Cu^{2+} 不断地获得电子沉积为铜，溶液中 Cu^{2+} 浓度逐渐减小，使得铜电极电势逐渐降低；而负极上由于 Zn 不断地给出电子生成 Zn^{2+}，溶液中 Zn^{2+} 浓度逐渐增大，使得锌电极的电极电势逐渐升高。

(+)　$Cu^{2+}+2e^- \rightleftharpoons Cu$

$$\varphi(Cu^{2+}/Cu)=\varphi^{\ominus}(Cu^{2+}/Cu)+\frac{0.059\,2}{2}\lg c(Cu^{2+})=0.345+\frac{0.059\,2}{2}\lg c(Cu^{2+})$$

(−)　$Zn^{2+}+2e^- \rightleftharpoons Zn$

$$\varphi(Zn^{2+}/Zn)=\varphi^{\ominus}(Zn^{2+}/Zn)+\frac{0.059\,2}{2}\lg c(Zn^{2+})=-0.761\,8+\frac{0.059\,2}{2}\lg c(Zn^{2+})$$

因此，随着电池反应的不断进行，铜、锌两电极的电势会逐渐趋近，最后铜、锌两电极的电势相等；电池的电动势也逐渐减小，最后电池的电动势等于零。这时，电池反应达到了平衡状态。其氧化还原反应的平衡常数和标准电极电势的关系：

达到平衡时，$E=0$，即 $\varphi_+=\varphi_-$，则 $\varphi(Cu^{2+}/Cu)=\varphi(Zn^{2+}/Zn)$，故

$$\varphi^{\ominus}(Cu^{2+}/Cu)+\frac{0.059\,2}{2}\lg c(Cu^{2+})=\varphi^{\ominus}(Zn^{2+}/Zn)+\frac{0.059\,2}{2}\lg c(Zn^{2+})$$

整理上式，得：

$$\varphi^{\ominus}(Cu^{2+}/Cu)-\varphi^{\ominus}(Zn^{2+}/Zn)=\frac{0.059\,2}{2}\lg c(Zn^{2+})-\frac{0.059\,2}{2}\lg c(Cu^{2+})$$
$$=\frac{0.059\,2}{2}\lg\frac{c(Zn^{2+})}{c(Cu^{2+})}$$

因式中 $c(Zn^{2+})$ 和 $c(Cu^{2+})$ 是平衡浓度，故该氧化还原反应的平衡常数：

$$K^{\ominus}=\frac{c(Zn^{2+})}{c(Cu^{2+})}$$

代入上式得：　$E^{\ominus}=\varphi^{\ominus}(Cu^{2+}/Cu)-\varphi^{\ominus}(Zn^{2+}/Zn)=\frac{0.059\,2}{2}\lg K^{\ominus}$

$$\lg K^{\ominus}=\frac{2}{0.059\,2}[\varphi^{\ominus}(Cu^{2+}/Cu)-\varphi^{\ominus}(Zn^{2+}/Zn)]$$

故　　　　$K^{\ominus}=2.5\times10^{37}>10^5$，可认为反应已很完全。

平衡常数 K 值很大，表示这个氧化还原反应进行得非常完全。即达到平衡时，Cu^{2+} 几乎全部被 Zn 置换沉积为金属铜。

3. 电势-pH 图

很多电极反应有 H^+ 或 OH^- 参加，虽然它们的氧化数没有发生变化，但从能斯特方程

中可知，它们浓度的变化也会引起电极电势的变化。如果指定电极反应中其他离子的浓度，那么，φ 仅与溶液的 pH 有关。在一定温度和一定浓度条件下，若以 pH 为横坐标，以 φ 为纵坐标，给出 φ - pH 图，则更能直观、形象地表示 pH 对 φ 的影响；尤其对涉及多种氧化还原平衡的复杂体系，φ - pH 图可帮助我们纵观问题的全貌。

由于在水溶液中进行化学反应具有普遍性，且水也具有氧化还原性质，它可以为氧化剂，也可以为还原剂。因此，研究水的氧电对和氢电对的 φ - pH 图具有更重要意义。现以水的氧电对和氢电对为例说明 φ - pH 图的作法和应用。氢、氧电对的电极电势均受酸度影响。

(1) $2H^+ + 2e^- \rightleftharpoons H_2$　　$\varphi^\ominus(H^+/H_2) = 0.000\,0\ V$

$$\varphi(H^+/H_2) = \varphi^\ominus(H^+/H_2) + \frac{0.059\,2}{2}\lg\frac{c(H^+)^2}{p(H_2)/p^\ominus}$$

当 $p(H_2) = p^\ominus$ 时，则

$$\begin{aligned}\varphi(H^+/H_2) &= \varphi^\ominus(H^+/H_2) + \frac{0.059\,2}{2}\lg\frac{c(H^+)^2}{p(H_2)/p^\ominus}\\ &= 0.000\,0\ V + 0.059\,2\lg c(H^+)\\ &= -0.059\,2pH\end{aligned}\qquad ①$$

(2) $O_2 + 4H^+ + 4e^- \rightleftharpoons H_2O$　　$\varphi^\ominus(O_2/H_2O) = 1.229\ V$

当 $p(O_2) = p^\ominus$ 时，则

$$\begin{aligned}\varphi(O_2/H_2O) &= \varphi^\ominus(O_2/H_2O) + \frac{0.059\,2}{4}\lg c(H^+)^4\\ &= 1.229 + 0.059\,2\lg c(H^+)\\ &= 1.229 - 0.059\,2\ pH\end{aligned}\qquad ②$$

可见，两电对的电极电势都只是 pH 的函数。利用上面公式①、②可计算 pH 从 0 到 14 时，它们相应的电极电势值，例如：

氢电对：pH＝0 时，$\varphi = 0$；pH＝14 时，$\varphi = -0.828\,8\ V$。

氧电对：pH＝0 时，$\varphi = +1.229\ V$；pH＝14 时，$\varphi = 0.400\,2\ V$。

以 pH 为横坐标，φ 为纵坐标，就得到水的 φ - pH 图，得两条实线 a、b(如图 6-5)。a 线为氢线，表示水被还原放出 H_2 时，电极电势随 pH 的变化；b 线为氧线，表示水被氧化放出 O_2 时，电极电势随 pH 的变化。实验测定水析出 H_2 和 O_2 的实际电极电势时发现，通常需要比理论计算值平均大 0.5 V 时气体才能明显析出。因此，氢线和氧线都比原先 a、b 实线伸展约 0.5 V，得到两条虚线，即比理论值偏高或偏低约 0.5 V，称为超电势(overpotential)。

图 6-5 中 a、b 线分别表示氢电对 $\varphi(H^+/H_2)$ 和氧电对 $\varphi(O_2/H_2O)$ 和的电极电势随 pH 变化而改变的趋势。那些不包含 H^+ 或 OH^- 电对的电势，并不随 pH 而变化，图中是一条平行于横坐标的直线，如 F_2/F^-、Na^{2+}/Na 等电对(如图 6-6)。

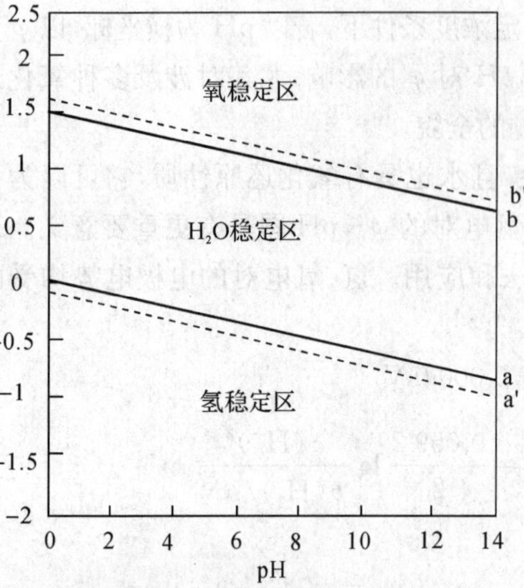

图 6-5 水的电势-pH 图

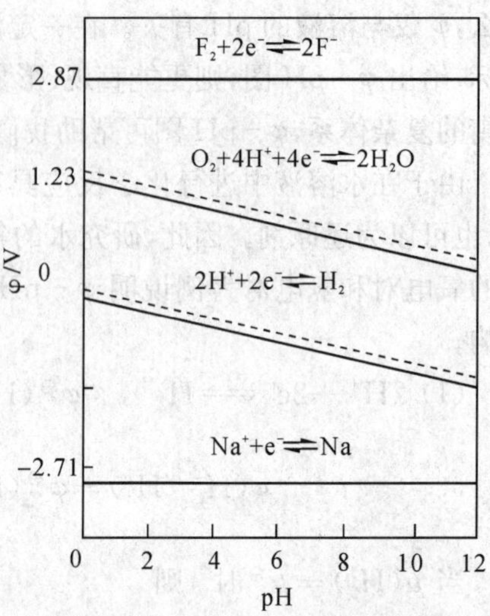

图 6-6 F_2-H_2O,$Na-H_2O$ 系统的 $\varphi^{\ominus}$-pH 图

电势-pH 图的重要应用在于：

(1) 利用水的稳定区和不稳定区判断电对的稳定性

由电极电势的理论分析可知，若某一电对的电极电势处于氧线以上，则该电对的氧化态物质可能将水氧化为氧气而逸出；或者某一电对的电势值低于氢线以下，则该电对的还原态物质可将水还原为氢气而逸出。这些情况若从电势-pH 图来分析，前者是处于 b 线上面区域，为水的不稳定区(即为氧的稳定区)。后者是处于 a 下面的区域，亦为水的不稳定区(即为氢的稳定区)。只有在两条线之间才是氧化剂和还原剂能够在水溶液中稳定存在的区域，即任何电对，在所给定的 pH 条件下，其电极电势落在这个区域内，无论是它的还原态还是氧化态，都不能与水发生氧化还原反应，在水中是稳定的。举例说明：

① F_2/F^- 电对，电势在虚线 b 以上，所以它的氧化态在水中不能稳定地存在，F_2 易和水强烈地作用放出氧气：

$$2F_2 + 2H_2O \rightleftharpoons 4HF + O_2\uparrow \qquad \varphi^{\ominus}(F_2/F^-) = 2.87\ V$$

② Na^+/Na 电对，电势在虚线 a 以下，所以它的还原态 Na 在水中亦不能稳定地存在，会强烈地与水作用放出氢气：

$$2Na + 2H_2O \rightleftharpoons 2NaOH + H_2\uparrow \qquad \varphi^{\ominus}(Na^+/Na) = -2.710\,9\ V$$

某些电对，像 Zn^{2+}/Zn，其还原态锌只有在较强的酸性溶液中才能低于虚线 a，处于水的不稳定区，因此，锌在强酸性溶液中才置换出氢气。

③ Cu^{2+}/Cu 电对，电势在 a、b 两条虚线之间，水既不能被氧化，又不能被还原，该区域为水的稳定区。若电对的电势值处于该区内，如 MnO_4^-/Mn^{2+} 等表示电对的氧化态和还原态，在水溶液中都能稳定地存在。

总之，在两条虚线 a、b 之外的区域为水的不稳定区，a、b 之间的区域为水的稳定区。任一氧化剂或还原剂的电极电势，如果落在 a、b 虚线以外，它们在水溶液中就不能稳定地存在，水亦将分解成 O_2 或 H_2；但如果落在虚线 a、b 之内，它们在水溶液中能稳定存在。

(2) 判断氧化还原反应的方向

卤素 F_2、Cl_2、Br_2、I_2 与水的作用，由 φ - pH 图(见图 6 - 7)可清楚地看出：F_2 与水猛烈地作用，放出氧气；Cl_2 与水缓慢作用，也放出氧气；Br_2 与水作用则更加缓慢，若 pH ＜ 3 时，反应则逆向进行。

由于 φ - pH 图能直观地表明物质在水溶液中稳定存在的 pH 范围，我们可以控制适当的 pH，实现所需要的氧化还原反应以获得某种产物。因此，φ - pH 图在化工生产、湿法冶金以及化学分析等方面都获得了广泛的应用。

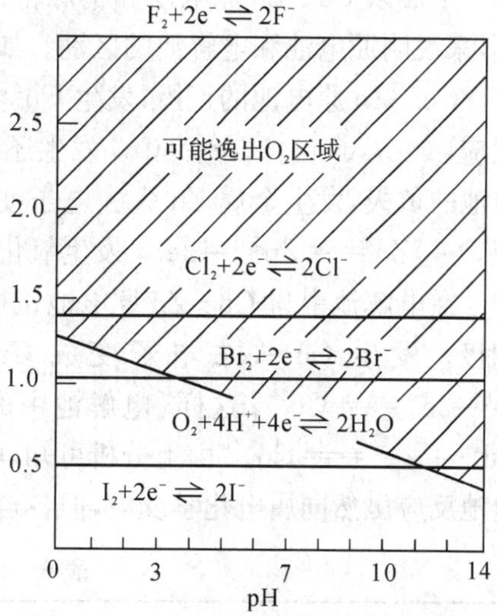

图 6 - 7　电势 - pH 图(卤素与水的反应)

§6.4　电解的基本原理

6.4.1　电解原理

1. 电解与电解池

前面我们已经知道原电池是一种将化学能转化为电能的装置。电解(electrolysis) 过程与原电池中发生的过程恰好相反。**电解**是借助外加电源的作用实现化学反应向着非自发方向进行的过程，也是电解池中通过电流的过程。在电解过程中，电能不断地转化为化学能。用来进行电解的装置叫作**电解槽**或**电解池**(electrolytic cell)。如图 6 - 8 所示，电解池中与电源负极相连接的电极称为**阴极**(negative electrode)，和电源正极相连的电极称为**阳极**(positive electrodes)。当通电时，电子就从电源的负极流出，进入电解槽的阴极，然后再由阳极回到电源的正极，构成回路(电流方向与之相反)。电解质溶液或熔盐在电场的作用下，离子就发生定向移动，正、负离子分别趋向阴极、阳极；然后分别在电极上发生电子得失的氧化还原反应，负离子在阳极上给出电子，发生氧化反应，正离子在阴极上获得电子，发生还原反应。因此，就本质而言，电解过程就是借助于直流电的作用，在阳、阴两极上的氧化还原反应。

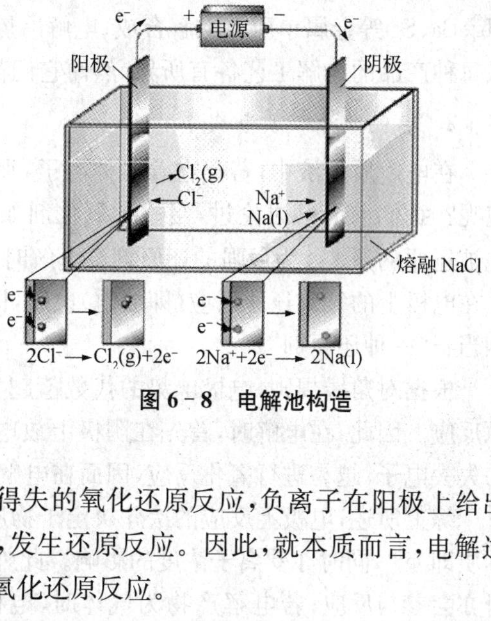

图 6 - 8　电解池构造

$$2Na^+(aq) + 2Cl^-(aq) \rightleftharpoons 2Na(l) + Cl_2(g) \qquad E^\ominus(\text{cell}) = -4.07\ V$$

下面以 Cu－Zn 原电池和精炼粗铜的电解池相连为例，来说明原电池和电解池的区别。如图 6－9 所示。

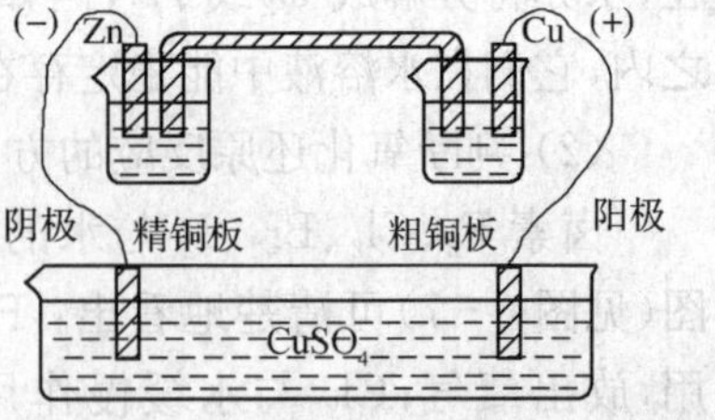

图 6－9　原电池和精炼粗铜的电解池

Cu－Zn 原电池的正极，发生 Cu^{2+} 得到电子生成 Cu 反应，$(+)Cu^{2+}+2e^- \rightleftharpoons Cu$，发生还原反应；Cu－Zn 原电池的负极，发生金属 Zn 失去电子变成 Zn^{2+} 的溶解反应，$(-)Zn \rightleftharpoons Zn^{2+}+2e^-$，发生氧化反应。

在电解池中与 Cu－Zn 原电池正极相连的粗铜极为阳极。发生 Cu 失去电子变成 Cu^{2+} 的氧化反应，$Cu-2e^- \rightleftharpoons Cu^{2+}$；这样，电解池中的铜离子向阴极运动得到电子，析出更纯的金属铜：$Cu^{2+}+2e^- \rightleftharpoons Cu$。由上分析可知，电解反应和电池反应恰好是相反的过程。电解反应和电池反应虽然同属电化学反应，但各自的电极反应则不相同，它们的比较见表 6－4。

表 6－4　原电池与电解池的比较

	原电池		电解池	
电极名称	负极	正极	阳极（与外电源正极相连）	阴极（与外电源负极相连）
电子流向	电子流出	电子流入	电子流出	电子流入
电极反应	氧化反应	还原反应	氧化反应	还原反应
反应是否自发	自发		非自发，在外电压作用下才可进行	
能量转换形式	化学能转化为电能		电能转化为化学能	

由于电解是一种强有力的氧化还原手段，当生产上用一般的氧化剂或还原剂亦无法实现的氧化还原反应，往往借助于电解的方法来进行。因此，电解对化学的发展有着巨大的贡献。19 世纪初，英国化学家戴维(Humphry Davy)利用电解手段先后发现了 K、Na、Li、Ca、Mg、Ba、Sr 等金属单质。电解合成、电解冶炼、电解精炼等在工业上获得了极其广泛的应用，虽每种产品的电解工艺各有所异，然而它们都遵循一些共同规律。

2. 电极电势和放电次序

在电解质溶液中，若存在着多种离子，那么，在电极上是哪种离子首先发生氧化还原反应呢？我们前面已讨论过，当一种氧化剂如 $KMnO_4$ 能氧化几种离子(Cl^-、Br^-、I^-)时，首先被还原的是 I^-，为最强的还原剂。电解时，既然在电极上发生得、失电子的反应，因此，物质在电极上的氧化还原反应(即放电)次序，同样也可用电极电势加以判断(此时阴极的作用相当于“一种还原剂”)。

根据对角线规则，电极电势的代数值越大，该物质的氧化态越易得到电子，越易进行还原反应。因此，在电解时，首先在阴极上放电。电极电势的代数值越小，该物质的还原态越易失去电子，越易进行氧化反应，因而在电解时，首先在阳极上放电。

综上所述，电极上反应的次序决定于物质的电极电势，而电极电势又首先取决于电对的本质即 $\varphi^\ominus$，同时亦受离子浓度的影响。此外，还与电极材料有关，若是非惰性电极，电极本身亦会参与反应；若电解产物为气体时，电极材料的影响将更大，下面结合具体实例加以讨论。

【例 6-20】 $CuSO_4$ 水溶液中插入惰性电极进行电解作用，则阴、阳极上各获得什么产物？

解：$CuSO_4$ 溶液中，除 Cu^{2+} 和 SO_4^{2-} 外，还有 H^+ 和 OH^-。移向阴极可能放电的离子有 Cu^{2+} 和 H^+，其电势为：

$$Cu^{2+} \quad \varphi^{\ominus}(Cu^{2+}/Cu) = 0.345\ V$$
$$H^+ \quad \varphi^{\ominus}(H^+/H_2) = 0\ V$$

在阴极发生的是还原反应，即电极电势的代数值越大，该物质的氧化态越易得到电子。铜电对的电势值高于氢电对，其氧化态 Cu^{2+} 比 H^+ 更容易获得电子(且 Cu^{2+} 浓度比 H^+ 大)，所以 Cu^{2+} 首先在阴极上放电，析出金属铜。

$$阴极：Cu^{2+} + 2e^- \rightleftharpoons Cu(还原)$$

移向阳极可能放电的离子有 SO_4^{2-} 和 OH^-(实际上是 H_2O 分子)，其电势如下：

$$SO_4^{2-} \quad S_2O_8^{2-} + 2e^- \rightleftharpoons 2SO_4^{2-} \quad \varphi^{\ominus} = 2.0\ V$$
$$H_2O \quad O_2 + 4H^+ + 4e^- \rightleftharpoons 2H_2O \quad \varphi^{\ominus} = 1.229\ V$$

在阳极发生的是氧化反应，电极电势的代数值越小，该物质的还原态越易失去电子。从 $\varphi^{\ominus}$ 的大小来看，电势较小的还原态 H_2O 分子比 SO_4^{2-} 易失去电子，所以 H_2O 首先在阳极上放电，析出氧气。

$$阳极：2H_2O \rightleftharpoons O_2\uparrow + 4H^+ + 4e^-(氧化)$$

即 $CuSO_4$ 水溶液用 Pt 电极电解时，阴极析出铜，阳极析出氧气。

【例 6-21】 用粗铜板(含 Au、Ag、Pt 等杂质)作阳极，纯铜片作阴极，电解 $CuSO_4$ 溶液时，电解产物又是什么？

解：本例和前面的例题不同，阳极上放电的物质是粗铜板 Cu 电极本身了，因为铁、镍、铜电对的标准电极电势均比氧电对的 $\varphi^{\ominus}$ 要小，所以在阳极上，粗铜中的 Fe^{2+}、Ni^{2+}、Cu^{2+} 进入溶液，而主要的电极反应是：

$$阳极：Cu \rightleftharpoons Cu^{2+} + 2e^-(氧化)$$

阳极中，贵金属杂质 Ag、Au、Pt 等电对的 $\varphi^{\ominus}$ 较大，并不氧化而沉积在阳极附近形成"阳极泥"。在阴极附近，虽有 Ni^{2+}、Fe^{2+}、Cu^{2+} 等离子，当控制适当的电解槽电压(0.3 V)，电势比铜低的 Ni^{2+}、Fe^{2+} 就不会还原出来，而是 Cu^{2+} 的放电：

$$阴极：Cu^{2+} + 2e^- \rightleftharpoons Cu(还原)$$

所以总的电解过程是铜不断地由阳极转移到阴极，但其纯度已大大提高了，这就是电解精炼铜的基本原理。如果把阴极换成需要镀铜的铁件，阳极为纯铜棒，则此电解槽就成为镀铜的电镀槽了。

当用惰性电极电解活泼金属的盐溶液时，如 H_2SO_4、NaCl(稀溶液)等，阳、阴极上分别析出氧气和氢气，而电解质的两种离子都不放电，实际上是水的电解。

6.4.2 电解定律

在电解过程中，电极上析出的物质的量与通过电解池的电量成正比，而与其他因素无关，这一关系称为电解定律(law of electrolytic)，又叫作法拉第(Faraday)定律。公式表达如下：

$$n=\frac{Q}{F}$$

上述关系式中，Q 与通过电解池的电流及电解时间有关：

$$Q=I\times t$$

式中：I 为电流，单位为 A；t 为时间，单位为 s。因此 Q 的单位为 C。F 为法拉第常数，约为 96 500 C·mol^{-1}。

即 1 mol 电子所带电荷的电量为 96 500 C。由于离子所带电荷不同，所以在电解过程中产生 1 mol 电解产物所需电量也不相同。例如：

半反应	1 mol 电解产物质量/g	所需电量/C
$Na^{+}+e^{-}\rightleftharpoons Na$	23	96 500
$Mg^{2+}+2e^{-}\rightleftharpoons Mg$	24.3	2×96 500
$Al^{3+}+3e^{-}\rightleftharpoons Al$	27.0	3×96 500

在电解生产中，法拉第常数是一个很重要的数据，因为它给我们提供理论上相应量的电解产物。当然，在实际电解生产中，因存在各种电阻，一部分电能将转化为热，且同时有副反应存在，不可能得到理论上相应量的电解产物。通常我们把实际产量与理论产量之比称为**电流效率**，即

$$\text{电流效率}=\frac{\text{实际产量}}{\text{理论产量}}\times 100\% \tag{6-7}$$

【例 6-22】 在一铜电解实验中，通过电解池的电流的电流强度为 5 A，经过 4 h 后，电解得到铜 25 g。求电流效率是多少？

解：通过电解池的电量为：

$$Q=5\ \text{A}\times(4\times 3\ 600)\text{s}=72\ 000\ \text{C}$$

铜的半反应为 $Cu^{2+}+2e^{-}\rightleftharpoons Cu\downarrow$

电解产生 1 mol Cu(63.55 g)需 2×96 500 C 电量，因此，72 000 C 电量应电解得到：

$$63.55\times\frac{72\ 000}{2\times 96\ 500}=26.7(\text{g})$$

根据公式(6-7)，得：

$$\text{电流效率}=\frac{\text{实际产量}}{\text{理论产量}}\times 100\%=\frac{25}{26.7}\times 100\%=94\%$$

6.4.3 分解电压

图 6-10 是电解 NaOH 水溶液的实验示意图。电解 1.0 mol·L^{-1} NaOH 溶液时，电极反应为：

阴极：$2H_2O + 2e^- \rightleftharpoons H_2\uparrow + 2OH^-$（还原）

阳极：$4OH^- - 4e^- \rightleftharpoons O_2\uparrow + 2H_2O$（氧化）

最初的电解产物 H_2 和 O_2，会被分别吸附在阴、阳铂电极上，使阴极变为氢电极，阳极变为氧电极，从而组成了一个氢氧原电池：

$(-)Pt \mid H_2(p^{\ominus}) \mid NaOH(1.0\ mol \cdot L^{-1}) \mid O_2(p^{\ominus}) \mid Pt(+)$

该原电池中，氢电极是负极，会给出电子，原电池的电极反应为：

负极：$H_2 + 2OH^- - 2e^- \rightleftharpoons 2H_2O$（氧化）

正极：$O_2 + 2H_2O + 4e^- \rightleftharpoons 4OH^-$（还原）

此电池的电动势：$E = \varphi_+ - \varphi_- = \varphi^{\ominus}(O_2/H_2O) - \varphi^{\ominus}(H_2O/H_2) = 1.23\ V$。

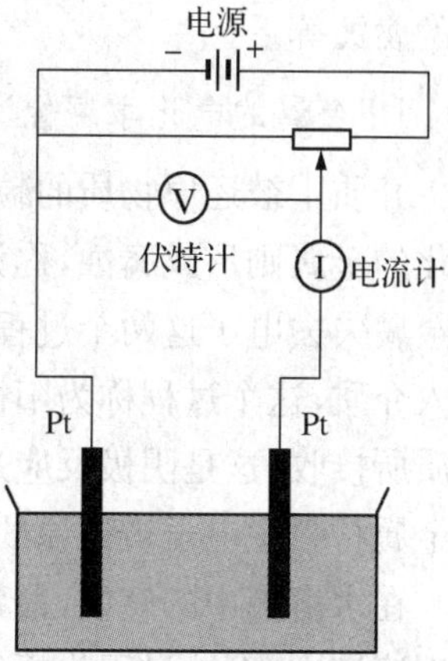

图 6-10　电解 1.0 mol·L^{-1} NaOH 溶液

可见，原电池所发生的电极反应，恰好是电解池放电反应的逆过程；原电池的电动势与外加电压数值相等，而方向相反。要想使电解反应顺利进行，必须克服这一电动势，才能使电解顺利进行。这个电压是**理论分解电压**（即原电池的电动势）。

从理论上讲，似乎外加电压只要稍大于其理论分解电压 1.23 V 时，电解就能进行了，但是实际上的分解电压要高于理论分解电压，要使 1 mol·L^{-1} NaOH 溶液电解进行显著，外加电压必须大于 1.69 V。此值可用实验方法测定，称为**实际分解电压**，简称**分解电压**。这种实际上所需要的外加电压同理论分解电压之差叫作**过电势**。大多数的金属（Fe、Co、Ni 除外）在电极上的过电势都比较小，一般只有百分之几伏；而非金属气体如 H_2、O_2、Cl_2 等，在电极上才有较大的过电势。而且，对指定的电极反应，不同的电极材料也会产生不同的过电势。

由此可见，在电解时，确定电极上究竟发生怎样的电极反应，不仅与物质的标准电极电势、溶液中离子浓度等有关，而且还与其相应的过电势有关。一般说来，实际电极电势愈正的氧化态物质，愈先在阴极上放电；实际电极电势值愈负的还原态物质，愈先在阳极上放电。

§6.5　电化学应用

6.5.1　金属的腐蚀和防护

金属腐蚀现象在日常生活中是很常见的现象，它们在使用过程中，由于受周围环境的影响，发生化学或电化学作用，而引起金属材料损坏的现象称为**金属腐蚀**。金属腐蚀的现象十分复杂，根据金属腐蚀的机理不同，通常可分为**化学腐蚀**和**电化学腐蚀**两大类。化学腐蚀就是一般的氧化还原反应，而电化学腐蚀才是电化学反应，即原电池中的反应。大部分的金属腐蚀现象是由于电化学的原因引起的。如管道的腐蚀、船壳在海水中的腐蚀及金属在熔盐中的腐蚀等。

1. 金属的电化学腐蚀

介质中被还原物质的粒子与金属表面碰撞得到金属原子的电子被还原，而失去电子被氧化的金属则形成腐蚀，称为**化学腐蚀**。金属是良导体，介质中被还原物质的粒子得到电子与金属失去电子这两个过程同时在金属表面的不同部位进行。金属失去电子成为正价离子进入介质，这个过程称为阳极反应过程。金属中失去的电子在金属的另一边，由介质中还原物质所接收，这是阴极反应过程。经过这种途径进行的腐蚀过程为电化学腐蚀。介质中接收金属材料中电子被还原的物质称为**去极化剂**。

在水溶液中的腐蚀，最常见的去极化剂是 H^+ 和溶于水中的 O_2。常温下，对 Fe 而言，在酸性溶液中，腐蚀过程为析氢腐蚀。

(1) 析氢腐蚀

阳极(Fe)： $Fe - 2e^- \rightleftharpoons Fe^{2+}$

$Fe^{2+} + H_2O \rightleftharpoons Fe(OH)_2 + 2H^+$

阴极(杂质)： $2H^+ + 2e^- \rightleftharpoons H_2$

电池反应： $Fe + 2H_2O = Fe(OH)_2 + H_2\uparrow$

由于有氢析出，所以称为**析氢腐蚀**。

(2) 吸氧腐蚀(钢铁表面吸附水膜酸性较弱时)

阳极(Fe)： $Fe - 2e^- \rightleftharpoons Fe^{2+}$

阴极(杂质)： $O_2 + 2H_2O + 4e^- \rightleftharpoons 4OH^-$

电池反应： $2Fe + 2H_2O + O_2 \rightleftharpoons 2Fe(OH)_2$

由于吸收氧气，所以称为**吸氧腐蚀**。

析氢腐蚀和吸氧腐蚀生成的 $Fe(OH)_2$ 在空气中不稳定，可进一步被氧氧化，生成 $Fe(OH)_3$，脱水后生成 Fe_2O_3，它是红褐色铁锈的主要成分。

大多数金属的电极电势比 $\varphi(O_2/OH^-)$ 小得多，因此大多数金属都可能产生吸氧腐蚀。甚至在酸性较强的溶液中，金属在发生析氢腐蚀的同时，也有吸氧腐蚀发生。

(3) 差异充气腐蚀

当金属插入水或泥土中时，由于介质中含氧量不同，当金属与介质接触时，各部分的电极电势就不一样。氧电极的电极电势与氧的分压有关：

$$\varphi(O_2/OH^-) = \varphi^\ominus(O_2/OH^-) + \frac{0.059\,2}{4}\lg\frac{p(O_2)/p^\ominus}{[c(OH^-)/c^\ominus]^4}$$

在介质中氧浓度小的地方，电极电势低，成为阳极，金属发生氧化反应而溶解腐蚀；而氧浓度较大的地方，电极电势较高成为阴极却不会受到腐蚀。这种腐蚀又叫**差异充气腐蚀**。如插入水中的金属设备，因为水中溶解氧比空气中少，紧靠水面下的部分电极电势较低而成为阳极被腐蚀，工程上常称之为水线腐蚀。

2. 金属的电化学防腐蚀

这里介绍几种常用的电化学防腐蚀的方法。

(1) 电镀法

电镀法是在金属的表面涂一层别的金属或合金作为保护层。如铁制自来水管镀锌、自行车上镀铜锡合金当底,再镀铬。

(2) 阳极保护法

一般情况下,金属阳极溶解时,电极电势愈正,阳极溶解速度愈大,但有些情况下,当正向极化超过一定数值后,由于表面形成某种吸附层或新的成相层,金属的溶解速度不但不增加,反而急剧下降。类似于Fe能溶于稀硝酸,但在浓硝酸中钝化,而不发生反应。**阳极保护**就是基于金属钝化现象的研究而提出。它是指用阳极极化的方法使金属钝化,并用微弱电流维持钝化状态,从而保护金属。如把准备保护的金属器件作为阳极,以石墨为阴极,通入一定范围的恒定的电流,使金属维持在钝化状态,这样金属就得到保护了。

(3) 阴极保护法

鉴于金属电化学腐蚀是阳极金属(较活泼金属)被腐蚀,可以使用外加阳极将被保护金属作为阴极来保护起来。这种电化学保护法又叫作**阴极保护法**。

根据外加阳极的不同,该法又分为牺牲阳极保护和外加电源保护法两种。

① 牺牲阳极保护法:此法是将较活泼金属或合金连接在被保护的金属设备上,形成原电池。这时活泼金属作为电池的阳极而被腐蚀,被保护金属作为阴极而得到保护。

常用的牺牲阳极材料有Mg、Al、Zn及其合金。牺牲阳极通常是占被保护金属表面积的1%～5%,分散分布在被保护金属的表面上。

② 外加电源法:此法是将外加直流电源的负极接被保护金属(即被保护金属是阴极),另用一废钢铁作正极。在外接电源的作用下,阴极(被保护金属)受到保护。这种方法广泛用于土壤、海水和河水中设备的防腐中。

(4) 缓蚀剂保护

缓蚀剂是加入到一定介质中能明显抑制金属腐蚀的少量物质,如硫脲、乌洛托品等。缓蚀剂保护方法因缓蚀剂用量少及方便经济是一种最常用的方法。

总之,防止金属腐蚀可以根据实际情况采取多种方法,许多新的耐腐蚀材料也会被研究出来。

6.5.2 化学电源

化学电源又称为电池(battery),是将氧化还原反应的化学能直接转变为电能的装置。化学电源对外电路供给能量的过程称为放电(discharge)过程;相反的过程称之为充电(charge)过程。电池的种类很多,按其使用的特点大体可分为:① 一次性电池或原电池(primary battery),如通常使用的锰锌电池(干电池)等,这种电池放电以后不能再使用;② 二次电池或可充电电池(rechargeable battery)或蓄电池(storage cell),如铅蓄电池、Fe-Ni蓄电池等,这些电池放电后可以再充电反复使用多次;③ 燃料电池(fuel cell),此类电池又称为连续电池,不断地向正、负极输送反应物质,可以连续放电;④ 储备电池(storage battery)，常在特殊的环境下使用。如储备热电池、储备锌银电池经多年长期储存之后能在短时间内高倍率放电，用作导弹电源。现简单介绍几种：

1. 一次电池

一次电池(原电池)是电池放电后不能用充电的方法使之恢复的一类电池。它具有方便、简单、易使用及储存时间长等优点，已有100多年历史。但直到1940年，只有锌锰干电池(又称锌碳干电池)的使用最为广泛。它的结构如图6-11所示，用锌皮为外壳，壳内填充NH_4Cl、$ZnCl_2$和MnO_2制成的糊状物质作为电解质溶液，插入石墨，然后包上纸筒，便成干电池。

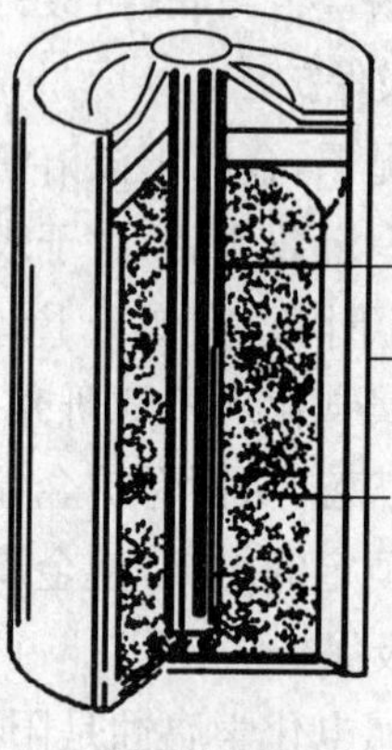

图6-11 干电池

锌皮为干电池负极，石墨为正极。干电池内进行的反应较复杂，其原理可用下列反应简单地说明：

锌极(负极) $Zn \rightleftharpoons Zn^{2+} + 2e^-$

碳极(正极) $2NH_4^+ + 2e^- \rightleftharpoons 2NH_3 + H_2$

在使用过程中，若产物NH_3和H_2气体在正极大量积累，会阻碍正离子到正极获得电子，产生极化作用(polarizaton)。简单地说，电极电势偏离平衡电位的现象称为极化。糊状物中Zn^{2+}和MnO_2能分别吸收NH_3和氧化H_2，起着去气的作用，所以又叫去极剂(depolarization)，反应式为：

$$Zn^{2+} + 4NH_3 \rightleftharpoons Zn(NH_3)_4^{2+}$$

$$2MnO_2 + H_2 \rightleftharpoons 2MnO(OH)$$

$$2MnO(OH) \rightleftharpoons Mn_2O_3 + H_2O$$

总的放电反应：

$$Zn + 2MnO_2 + 2H^+ \rightleftharpoons Zn^{2+} + Mn_2O_3 + H_2O$$

干电池的电动势约为1.5 V。

一种新型的锌汞干电池是将普通干电池中的填充物$ZnCl_2$和NH_4Cl换成HgO和湿KOH，所以又称碱性电池(alkaline cell)。该电池放电时的电极反应为：

锌极(负极) $Zn - 2e^- \rightleftharpoons Zn^{2+}$

碳极(正极) $HgO + H_2O + 2e^- \rightleftharpoons Hg + 2OH^-$

随着正极反应的发生，溶液中OH^-浓度增加和负极反应产生的Zn^{2+}生成$Zn(OH)_2$：

$$Zn^{2+} + 2OH^- \rightleftharpoons Zn(OH)_2$$

因此，锌汞干电池不会产生大量气体，其电动势约为1.35 V。

随着现代科学技术的发展，一次电池性能方面也得到很多改进与发展，较高的比能量使得电池的尺寸和重量得以减小，可供许多新型便携电子仪器使用。表6-5列出了其他几种锌一次电池。

表 6-5　三种锌一次电池

电池名称及符号	电极		电池反应
	正极	负极	
锌-氧化汞电池 (−)Zn|浓 KOH|HgO，C(+)	HgO	Zn	负极反应：$Zn + 2OH^- - 2e^- \rightleftharpoons Zn(OH)_2$ 正极反应：$HgO + H_2O + 2e^- \rightleftharpoons Hg + 2OH^-$ 电池反应：$Zn + HgO + H_2O + 2OH^- \rightleftharpoons Hg + [Zn(OH)_4]^{2-}$
锌-空气电池 (−) Zn | KOH | O_2，C (+)	O_2	Zn	负极反应：$Zn + 2OH^- - 2e^- \rightleftharpoons ZnO + H_2O$ 正极反应：$1/2O_2 + H_2O + 2e^- \rightleftharpoons 2OH^-$ 电池反应：$Zn + 1/2O_2 \rightleftharpoons ZnO$
锌-氧化银电池 (−) Zn | KOH | Ag_2O，C(+)	Ag_2O	Zn	负极反应：$Zn + 2OH^- - 2e^- \rightleftharpoons ZnO + H_2O$ 正极反应：$Ag_2O + H_2O + 2e^- \rightleftharpoons 2Ag + 2OH^-$ 电池反应：$Zn + Ag_2O \rightleftharpoons 2Ag + ZnO$

2. 二次电池

二次电池又称可充电电池或蓄电池，为电池放电后可通过充电方法使活性物质复原后能够再次放电，能充、放电过程多次反复循环进行的一类电池。二次电池中，化学能和电能可以相互转化。

至 1859 年布兰特研制出铅酸蓄电池，已有一百多年的历史。该电池具有廉价、工作时安全可靠、电压高且稳定、电池的容量较大等优点，目前仍然是使用最普及的一种二次电池。铅蓄电池的电极是铅锑合金制成的栅状极片，分别填塞 PbO_2 和海绵状金属铅作为正极和负极。电极浸在浓度为 28%～41%的硫酸溶液中，电池符号为：

$$(-)Pb \mid H_2SO_4 \mid PbO_2(+)$$

Pb 极(负极)　　$Pb + SO_4^{2-} \rightleftharpoons PbSO_4 + 2e^-$

PbO_2(正极)　　$PbO_2 + SO_4^{2-} + 4H^+ + 2e^- \rightleftharpoons PbSO_4 + 2H_2O$

总放电反应　　$Pb + PbO_2 + 2H_2SO_4 \rightleftharpoons 2PbSO_4 + 2H_2O$

可见，铅蓄电池放电时，Pb 极进行氧化，PbO_2 极进行还原，使两极表面都沉积一层 $PbSO_4$。同时，硫酸浓度逐渐降低，当密度降到 1.1 g/cm³，电动势由 2.2 V 降至 1.9 V 左右。此时应加以充电，否则难以恢复。

充电时，电源正极与蓄电池中进行氧化反应的阳极相连，负极与进行还原反应的阴极相接，其充电反应为：

阳极反应　　$PbSO_4 + 2H_2O \rightleftharpoons PbO_2 + 4H^+ + SO_4^{2-} + 2e^-$

阴极反应　　$PbSO_4 + 2e^- \rightleftharpoons Pb + SO_4^{2-}$

总充电反应　　$2PbSO_4 + 2H_2O \rightleftharpoons PbO_2 + Pb + 2H_2SO_4$

可见，铅蓄电池充电时，电池的电动势和硫酸的浓度随之升高。通常可用测定硫酸溶液的密度来确定电池的充电程度。当充电到硫酸密度为 1.28 g/cm³，电动势约 2.2 V，认为铅蓄电池已充足电。铅蓄电池的充电反应和放电反应互为可逆反应。表 6-6 列出了三种不同类型的二次电池。

表 6-6　二次电池的种类

电池名称及符号	电池反应
碱性 Ni/Cd (−)Cd|KOH|NiOOH(+)	负极反应：$Cd + 2OH^- - 2e^- \rightleftharpoons Cd(OH)_2$ 正极反应：$NiOOH + H_2O + e^- \rightleftharpoons Ni(OH)_2 + OH^-$ 电池反应：$Cd + 2NiOOH + 2H_2O \rightleftharpoons Cd(OH)_2 + 2Ni(OH)_2$
氢镍电池 (−)MH_x|KOH|NiOOH(+)	负极反应：$MH_x + xOH^- \rightleftharpoons M + xH_2O + xe^-$ 正极反应：$NiOOH + H_2O + e^- \rightleftharpoons Ni(OH)_2 + OH^-$ 电池反应：$MH_x + xNiOOH \rightleftharpoons xNi(OH)_2 + M$
Li/MnO_2 电池	放电和充电过程对应的是 Li^+ 在化合物中嵌入和脱嵌 电池反应：$xLi + LiMn_2O_4 \rightleftharpoons Li_{1+x}Mn_2O_4$ $xLi + \gamma, \beta\text{-}MnO_2 \rightleftharpoons Li_xMnO_2$

3. 燃料电池

用燃料直接燃烧(如火力发电)再生能源过程中，化学能的利用总效率经常不到 20%，因而激起了人们对燃料电池的研究。由于燃料与氧化剂之间发生的化学反应在电池中进行，使化学能直接转化为电能，这样就提高了能量的使用效率。

燃料电池(fuel cell)发电是继水力、火力和核能发电之后的第四类发电技术。燃料电池是直接以电化学反应的方式将燃料和氧化剂的化学能转变为电能的高效装置，它是引人注目的新型绿色环保电池。它是由“燃料”如氢气、甲烷或一氧化碳等，氧化剂如氧气、空气、氯气等，采用电极是多孔性碳电极、多孔性银电极等，电解质是 KOH 溶液或固体电解质以及催化剂制成的电池。在该电池的能量转换过程中，直接将化学能转化为电能，不经过热能这一中间形式，因而能量转换效率不受卡诺循环的限制，可达 50%～80%，在理论上转换效率可达 100%。另外，燃料电池还具有环境污染问题很少、容量大、负荷变动快、启动时间短、设备易于元件化、占地面积小、建设工期短等优点。早在 20 世纪 60 年代，燃料电池就已应用于阿波罗登月飞行和航天飞机等空间开发计划中，并逐步应用于制作混合式汽车启动器、大规模功率发生器、边远地区的小规模发电站、化学工业中的能量回收装置等。作为新能源，燃料电池已越来越受到人们的重视。燃料电池种类很多，现在一般都依据电解质类型来分为五大类燃料电池，分别为：磷酸型燃料电池(phosphoric acid fuel cell，PAFC)、碱性燃料电池(alkaline fuel cell，AFC)、熔融碳酸盐燃料电池(molten carbonate fuel cell，MCFC)、固体氧化物燃料电池(solid oxide fuel cell，SOFC)及质子交换膜燃料电池(proton exchange membrane full cell，PEMFC)，详见表 6-7。

表 6-7　燃料电池按电解质分类

类别	燃料	电解质	电极	工作温度/℃	电池反应
PAFC	H_2	浓磷酸	高分散 Pt	180～210	负极反应：$H_2 - 2e^- \rightleftharpoons 2H^+$ 正极反应：$O_2 + 4H^+ + 4e^- \rightleftharpoons 2H_2O$ 电池反应：$2H_2 + O_2 \rightleftharpoons 2H_2O$

（续表）

类别	燃料	电解质	电极	工作温度/℃	电池反应
AFC	H_2	KOH或NaOH	高分散Ni	室温～100	负极反应：$H_2 + 2OH^- - 2e^- \rightleftharpoons 2H_2O$ 正极反应：$O_2 + 2H_2O + 4e^- \rightleftharpoons 4OH^-$ 电池反应：$2H_2 + O_2 \rightleftharpoons 2H_2O$
MCFC	H_2或CO	Li_2CO_3-K_2CO_3（Na_2CO_3）	高分散Ni	600～700	负极反应：$CO + CO_3^{2-} - 2e^- \rightleftharpoons 2CO_2$ 正极反应：$O_2 + 2CO_2 + 4e^- \rightleftharpoons 2CO_3^{2-}$ 电池反应：$2CO + O_2 \rightleftharpoons 2CO_2$
SOFC	H_2或CO	ZrO_2	多孔Pt	900～1 000	负极反应：$H_2 + O^{2-} - 2e^- \rightleftharpoons H_2O$ 正极反应：$O_2 + 4e^- \rightleftharpoons 2O^{2-}$ 电池反应：$2H_2 + O_2 \rightleftharpoons 2H_2O$
PEMFC	H_2或甲醇	质子交换膜	高分散Pt(-Ru)	25～120	负极反应：$CH_3OH + H_2O - 6e^- \rightleftharpoons CO_2 + 6H^+$ 正极反应：$6H^+ + 3/2O_2 + 6e^- \rightleftharpoons 3H_2O$ 电池反应：$CH_3OH + 3/2O_2 \rightleftharpoons CO_2 + 2H_2O$

燃料电池不同于上述的干电池和蓄电池，可以不断加入氧化剂和还原剂，使反应连续地进行。但由于燃料电池中，电解质是强碱性的，氧化还原反应又必须在高温下进行，故设备的腐蚀非常严重，而且反应过程中产生大量的水必须及时移去，这些问题都迫切需要解决。然而燃料电池是最有发展前途的一种电源，它涉及能源的利用率问题，因此成为研究的热点，但由于商业利益关系等，技术资料不能共享，其成果得不到普遍推广。

文献讨论题

［文献1］张栋，张存中，穆道斌，吴伯荣，吴锋．锂空气电池研究述评．化学进展，**2012**，24，2472－2482．

随着动力电池和电网储能等对高性能电池需求的增大，具有超高比能量的电池受到了越来越多的关注。金属空气电池或一般由金属负极、电解液和空气电极构成，其中空气电极可以源源不断地从周围环境中汲取电极反应所需的活性物质——氧气，而不要从电池装置内部索取，因而金属空气电池都具有很高的理论比能量。在金属空气电池体系中，锌空气电池、镁空气电池和铝空气电池研究较多。锂元素具有最低的氧化还原电位和最小的电化学当量，因此，和其他金属元素相比，锂空气电池具有最高的理论比能量，引起人们的广泛关注。根据内部构造和电解液组成的不同，锂空气电池可以分为有机体系、水体系、离子液体体系、有机-水双电解质体系、全固态体系和锂-空气-超级电容电池六种不同的模式。这六种不同模式的电化学反应不同，阅读上述文献，讨论不同模式的锂空气电池中氧化还原反应及其原理？

［文献2］John L. Kice，Thomas W. S. Lee. Oxidation-reduction reactions of organoselenium compounds. Mechanism of the reaction between seleninic acids and thiols. *J. Am. Chem. Soc.*，**1978**，100，5094－5102.

有机硒化合物是一类新型化合物，具有抗病毒、抗肿瘤以及治疗神经系统方面疾病的作用，同时还具有抗炎、抗衰老、防治心血管疾病及预防肝部疾病等药理作用，成为科学研究的一个热点。现代医学研究表明，人类某些疾病与人体中缺硒密切相关，其中已经被证实的有：① 人体克山病、大骨节病及与碘缺乏有关的地方病；② 各种癌症；③ 心血管病；④ 流行性出血热；⑤ 男性不育症和妇女妊娠性高血压；⑥ 辐射损伤与衰老；⑦ 免疫功能低下与艾滋病；⑧ 重金属毒性与职业病。硒位于第六主族，为准金属元素。无机形态的硒主要有单质硒(Se^0)，Se的金属化合物及硒酸盐(SeO_4^{2-})、亚硒酸盐(SeO_3^{2-})等。有机形态的硒化物中硒直接与碳成键，存在于生物体中。上述的各种硒化物在一定条件下可以相互转化，并能直接影响其毒理作用与迁移规律。阅读上述文献，分析有机硒化合物参与的氧化还原反应的反应机理？

习题

1. 总结在酸性和碱性溶液中用离子电子法配平反应式的注意点。

2. 原电池中盐桥的作用是什么？

3. 下列物质在一定条件下都可以作为氧化剂：$KMnO_4$，$K_2Cr_2O_7$，$CuCl_2$，$FeCl_3$，H_2O_2，I_2，Br_2，F_2，PbO_2。试根据标准电极电势的数据，把它们按氧化能力的大小顺序进行排列。

4. 试确定金属活动顺序与电极电势的对应关系。

5. 元素电势图有哪些应用？

6. 原电池与电解池间的区别是什么？

7. 实际生活中电化学有哪些应用？

8. 求下列物质中元素的氧化数。

(1) CrO_4^{2-} 中的 Cr　　(2) MnO_4^{2-} 中的 Mn

(3) Na_2O_2中的 O　　(4) $H_2C_2O_4 \cdot 2H_2O$ 中的 C

9. 用离子电子法配平下列反应式。

(1) $Zn + ClO^- \longrightarrow Zn(OH)_4^{2-} + Cl^-$（碱性）

(2) $H_2O_2 + Cr(OH)_4^- \longrightarrow CrO_4^{2-} + H_2O$（碱性）

(3) $S_2O_8^{2-} + Mn^{2+} \longrightarrow MnO_4^- + SO_4^{2-}$（酸性）

(4) $Cr_2O_7^{2-} + Fe^{2+} \longrightarrow Cr^{3+} + Fe^{3+}$（酸性）

(5) $I^- + HOCl \longrightarrow IO_3^- + Cl^-$

(6) $Cr(OH)_3^- + IO_3^- \longrightarrow CrO_4^{2-} + I^-$（碱性溶液）

(7) $MnO_4{}^- + H_2O_2 \xrightarrow{H_2SO_4} Mn^{2+} + O_2$

(8) $N_2H_4 + BrO_3^- \longrightarrow N_2 + Br^-$（酸性溶液）

(9) $CrI_3 + Cl_2 \longrightarrow CrO_4^{2-} + IO_3^- + Cl^-$（碱性溶液）

10. 将下列反应设计成原电池，写出电池符号。

(1) $Zn + 2Ag^+ \rightleftharpoons Zn^{2+} + 2Ag$　　(2) $Cu + 2H^+ \rightleftharpoons Cu^{2+} + H_2$

(3) $Cl_2 + H_2 \rightleftharpoons 2HCl$　　(4) $2Fe^{3+} + Fe \rightleftharpoons 3Fe^{2+}$

11. 计算 298 K 时下列电池的电动势及电池反应的平衡常数。

(1) $(-)Pb \mid Pb^{2+}(0.1\ mol \cdot L^{-1}) \parallel Cu^{2+}(0.5\ mol \cdot L^{-1}) \mid Cu(+)$

(2) $(-)Sn \mid Sn^{2+}(0.05\ mol \cdot L^{-1}) \parallel H^+(1.0\ mol \cdot L^{-1}) \mid H_2(10^5\ Pa) \mid Pt(+)$

(3) $(-)Pt \mid H_2(10^5\ Pa) \mid H^+(1.0\ mol \cdot L^{-1}) \parallel Sn^{4+}(0.5\ mol \cdot L^{-1}), Sn^{2+}(0.1\ mol \cdot L^{-1}) \mid Pt(+)$

(4) $(-)Pt \mid H_2(10^5\ Pa) \mid H^+(0.01\ mol \cdot L^{-1}) \parallel H^+(1.0\ mol \cdot L^{-1}) \mid H_2(10^5\ Pa) \mid Pt(+)$

12. 原电池：

$(-)Pt \mid Fe^{2+}(1.0\ mol \cdot L^{-1}), Fe^{3+}(1.0 \times 10^{-4}\ mol \cdot L^{-1}) \parallel I^-(1.0 \times 10^{-4}\ mol \cdot L^{-1}) \mid I_2, Pt(+)$

已知：$\varphi^{\ominus}(Fe^{3+}/Fe^{2+}) = 0.770\ V$，$\varphi^{\ominus}(I_2/I^-) = 0.535\ V$，求：

(1) $\varphi(Fe^{3+}/Fe^{2+})$，$\varphi(I_2/I^-)$电动势 E；

(2) 写出电极反应和电池反应；

(3) 计算 $\Delta_r G_m^{\ominus}$。

13. 已知下列电池：$(-)Zn \mid Zn^{2+}(x\ mol \cdot L^{-1}) \parallel Ag^+(0.10\ mol \cdot L^{-1}) \mid Ag(+)$，电动势 $E = 1.51\ V$，求 Zn^{2+} 的浓度。

14. 已知：$\varphi^{\ominus}(MnO_4^-/Mn^{2+}) = 1.491\ V$，$\varphi^{\ominus}(Cl_2/Cl^-) = 1.358\ 3\ V$，$\varphi^{\ominus}(Br_2/Br^-) = 1.087\ V$，$\varphi^{\ominus}(I_2/I^-) = 0.535\ V$。若溶液中 $[MnO_4^-] = [Mn^{2+}]$，问：

(1) pH=3.00 时，MnO_4^- 能否氧化 Cl^-，Br^-，I^-？

(2) pH=6.00 时，MnO_4^- 能否氧化 Cl^-，Br^-，I^-？

15. 用计算说明酸性条件下 $c((H^+)=1.0\ mol \cdot L^{-1})$，Ag 能把 $FeCl_3$ 水溶液中的 Fe^{3+} 还原成 Fe^{2+} 的原因。写出相应方程式，计算相应平衡常数。(已知：$\varphi^{\ominus}(Ag^+/Ag) = 0.799\ 6\ V$，$\varphi^{\ominus}(Fe^{3+}/Fe^{2+}) = 0.770\ V$，$K_{sp}(AgCl) = 1.77 \times 10^{-10}$)

16. 已知：$MnO_4^- + 8H^+ + 5e^- \rightleftharpoons Mn^{2+} + 4H_2O$　　$\varphi^{\ominus} = 1.491\ V$

$Fe^{3+} + e^- \rightleftharpoons Fe^{2+}$　　$\varphi^{\ominus} = 0.770\ V$

(1) 判断下列反应的方向？

$$MnO_4^- + 5Fe^{2+} + 8H^+ \longrightarrow Mn^{2+} + 4H_2O + 5Fe^{3+}$$

(2) 将这两个半电池组成原电池，用电池符号表示该原电池的组成，标明电池的正、负极，并计算其标准电动势。

(3) 当氢离子浓度为 10 $mol \cdot L^{-1}$，其他各离子浓度均为 1 $mol \cdot L^{-1}$时，计算该电池的电动势。

17. 为了测定溶度积，设计了下列原电池：

$$(-)Pb \mid PbSO_4 \mid SO_4^{2-}(1.0\ mol \cdot L^{-1}) \parallel Sn^{2+}(1.0\ mol \cdot L^{-1}) \mid Sn(+)$$

在 25℃时测得电池电动势 $E^{\ominus} = 0.22\ V$，求 $PbSO_4$ 溶度积常数 $K_{sp}^{\ominus}$。

18. 已知：$Hg_2Cl_2(s) + 2e^- \rightleftharpoons 2Hg(l) + 2Cl^-$　　$\varphi^{\ominus} = 0.28\ V$

$Hg_2^{2+} + 2e^- \rightleftharpoons 2Hg(l)$　　$\varphi^{\ominus} = 0.797\ 3\ V$

求 $K_{sp}^{\ominus}(Hg_2Cl_2)$。(提示：$Hg_2Cl_2(s) \rightleftharpoons Hg_2^{2+} + 2Cl^-$)

19. 已知：铟的电势图$\varphi_A^{\ominus}$：$In^{3+} \xrightarrow{-0.425\ V} In^+ \xrightarrow{-0.147\ V} In$；$\varphi_B^{\ominus}$：$In(OH)_3 \xrightarrow{-1.00\ V} In$，求：

(1) $In(OH)_3$ 的溶度积；

(2) $In(OH)_3 + 3H^+ \rightleftharpoons In^{3+} + 3H_2O$ 反应的平衡常数。

20. 某原电池正极组成是将 Ag 片插入 0.1 $mol \cdot L^{-1}$ 的 $AgNO_3$ 溶液中，并通 H_2S 到饱和，负极组成是将 Zn 片插入 0.1 $mol \cdot L^{-1}$ 的 $ZnSO_4$ 溶液中，并通氨气，最终使$c(NH_3 \cdot H_2O) = 0.1\ mol \cdot L^{-1}$，用盐桥连通两个半电池，测得该原电池 $E = 0.93\ V$，求$K_{sp}^{\ominus}(Ag_2S)$=？(已知：$\varphi^{\ominus}(Zn^{2+}/Zn) = -0.761\ 8\ V$，$\varphi^{\ominus}(Ag^+/Ag) = 0.799\ 6\ V$，$K_{稳}^{\ominus}([Zn(NH_3)_4]^{2+}) = 3.6 \times 10^8$，$K_{a,1}^{\ominus}(H_2S) = 8.9 \times 10^{-8}$，$K_{a,2}^{\ominus}(H_2S) = 1 \times 10^{-15}$)

21. 已知：$Cu^{2+} + 2e^- \rightleftharpoons Cu$　　$\varphi^{\ominus} = 0.345\ V$

$Cu^{2+} + e^- \rightleftharpoons Cu^+$　　$\varphi^{\ominus} = 0.152\ V$

$K_{sp}(CuCl) = 1.2 \times 10^{-6}$，计算：

(1) 反应 $Cu + Cu^{2+} \rightleftharpoons 2Cu^+$ 的平衡常数；

(2) 反应 $Cu + Cu^{2+} + 2Cl^- \rightleftharpoons 2CuCl(s)$ 的平衡常数。

22. 有电极电势图(酸性溶液)：

$$In^{3+} \xrightarrow{-0.434\ V} In^{+} \xrightarrow{-0.147\ V} In$$
$$In^{3+} \xrightarrow{-0.338\ 2\ V} In$$

试回答：

(1) 在水溶液中 In^{+} 能否发生歧化反应；

(2) 当金属 In 与 H^{+} 发生反应时，得到的是哪一种离子？

(3) 已知 $\varphi^{\ominus}(Cl_2/Cl^-)=1.36$ V，当金属 In 与氯气在水溶液中发生反应，得到的产物是什么？写出以上所有反应的化学方程式。

23. 已知：$Co^{3+}+e^- \rightleftharpoons Co^{2+}$　　$\varphi^{\ominus}=1.842$ V

$O_2+2H_2O+4e^- \rightleftharpoons 4OH^-$　　$\varphi^{\ominus}=0.401$ V

$Co(NH_3)_6^{2+}$，$K_{稳}=1.3\times10^5$；$Co(NH_3)_6^{3+}$，$K_{稳}=1.6\times10^{35}$；$K_b(NH_3\cdot H_2O)=1.79\times10^{-5}$，求：

(1) $Co(NH_3)_6^{3+}+e^- \rightleftharpoons Co(NH_3)_6^{2+}$，$\varphi^{\ominus}=?$

(2) 空气和含 0.10 mol·L^{-1} $Co(NH_3)_6^{2+}$，2.0 mol·L^{-1} NH_4^+，2.0 mol·L^{-1} $NH_3\cdot H_2O$ 的混合液相接触，若空气中 O_2 的分压力为 20.3 kPa，则溶液中可能发生的反应是什么？

24. 将铜片插入含 1.0 mol·L^{-1} 氨水和 1.0 mol·L^{-1} $Cu(NH_3)_4^{2+}$ 的溶液中便构成一个半电池。将此半电池与标准氢电极组成原电池，测其电动势 $E^{\ominus}=0.030$ V，且知标准氢电极在此作正极。试计算 $Cu(NH_3)_4^{2+}$ 的 $K_{稳}$。（已知：$\varphi^{\ominus}(Cu^{2+}/Cu)=0.345$ V）

25. 在 1.0 L 0.10 mol·L^{-1} Na[Ag(CN)$_2$]溶液中，加入 0.10 mol NaCN，然后再加入：(1) 0.10 mol 的 NaI，(2) 0.10 mol 的 Na_2S，问是否有沉淀生成？（已知：$K_{稳}(Ag(CN)_2^-)=2.48\times10^{20}$，$K_{sp}(AgI)=8.3\times10^{-17}$，$K_{sp}(Ag_2S)=6.3\times10^{-50}$）

26. 在 0.20 mol·L^{-1} $Ag(CN)_2^-$ 的溶液中，加入等体积 0.20 mol·L^{-1} 的 KI 溶液，问可否形成 AgI 沉淀？（$K_{稳}(Ag(CN)_2^-)=2.48\times1.0^{20}$，$K_{sp}(AgI)=8.3\times10^{-17}$）

27. 已知：$Fe^{3+}+e^- \rightleftharpoons Fe^{2+}$　　$\varphi^{\ominus}=0.77$ V

$Fe(CN)_6^{3-}+e^- \rightleftharpoons Fe(CN)_6^{4-}$　　$\varphi^{\ominus}=0.55$ V

$Fe^{2+}+6CN^- \rightleftharpoons Fe(CN)_6^{4-}$　　$K_{稳}=4.2\times10^{35}$

计算 $Fe(CN)_6^{3-}$ 的 $K_{稳}$？

28. Au 溶于王水，生成 $AuCl_4^-$ 和 NO。

(1) 配平离子反应方程式：$Au+NO_3^-+Cl^- \longrightarrow AuCl_4^-+NO$

(2) 已知：$Au^{3+}+3e^- \rightleftharpoons Au$　　$\varphi^{\ominus}=1.498$ V

$Au^{3+}+4Cl^- \rightleftharpoons AuCl_6^{3-}$　　$K_{稳}=2.65\times10^{25}$

$4H^++NO_3^-+3e^- \rightleftharpoons NO+2H_2O$　　$\varphi^{\ominus}=0.96$ V

计算反应的 $K^{\ominus}$。

29. 通过计算说明下列氧化还原反应能否发生？若能发生，写出化学反应方程式。

（假设有关物质的浓度为 1.0 mol·L^{-1}，已知 $\varphi^{\ominus}(Fe^{3+}/Fe^{2+})=0.770$ V，$\varphi^{\ominus}(I_2/I^-)=0.535$ V，$K_{稳}[Fe(CN)_6^{3-}]=4.1\times10^{52}$，$K_{稳}[Fe(CN)_6^{4-}]=4.2\times10^{45}$）

(1) 在含 Fe^{3+} 的溶液中加入 KI；

(2) 在 Fe^{3+} 的溶液中先加入足量的 NaCN 后，再加入 KI。

30. 从 $ZnSO_4$ 溶液中欲除去 Mn^{2+}，在弱酸性条件下(pH=5)，可加入 $KMnO_4$ 使 Mn^{2+} 氧化为 MnO_2，而 $KMnO_4$ 本身也被还原为 MnO_2 沉淀下来，若最后过量[MnO_4^-]=10^{-3} mol·L^{-1}。问：最后达平衡时，溶液中剩余[Mn^{2+}]为多少？是否除尽了？

第7章 原子结构和元素周期律

构成物质的基本微粒主要有原子、分子和离子，研究这些微观粒子的结构以及如何构成物质是物质结构的基本内容。探讨原子结构的特性，特别是原子中电子的运动状态及规律，以及原子结构与元素周期表的关系是本章重点解决的问题。我们将抛弃经典物理学的概念和方法，从全新的角度认识微观体系，探讨其规律性。

§7.1 氢原子光谱和玻尔理论

有关原子结构理论的发展经历了一个漫长的演变过程。早在公元前400年，古希腊哲学家Demokritos(德谟克利特)首次提出“原子(atom)”的概念，意思是“不能再被分割的质点”。

1808年，英国科学家道尔顿(J. Dalton)发表了“化学哲学新体系”一文，提出了物质的原子论。其要点是：每一种化学元素的最小单元是原子；同种元素的原子质量相同，不同种元素由不同种原子组成，原子质量也不相同；原子是不可再分的。在化学反应中，相关种类的原子以整数比结合形成新物质。Dalton原子论圆满解释了当时已知的化学反应中各物质的定量关系；同时，原子量概念的提出为化学科学进入定量阶段奠定了基础。

1897年，英国物理学家汤姆逊(J.J.Thomson)通过对阴极射线管放电现象的研究，发现了带负电荷的粒子流，称之为“电子(electron)”，并且确定电子是原子的组成部分。进而，1903年，Thomson提出了均匀的原子结构模型。

1911年，英国物理学家卢瑟福(E.Rutherford)以高速飞行的α粒子流轰击极薄的金箔，发现绝大多数α粒子径直穿过金箔，而有很少数的α粒子运动方向发生偏转，极个别的粒子甚至被完全弹了回来。这一实验现象显然无法通过Thomson提出的原子结构模型加以解释。由此，Rutherford提出了原子的核式结构模型：原子中的正电荷集中在很小的区域，原子质量主要来自于正电荷部分，即原子核。而原子中质量很小的电子则围绕着原子核做旋转运动，就像行星绕太阳运转一样。

Rutherford原子核式模型在当时的确能够解释一些实验现象，但用经典物理学去考察这个模型时却遇到了困难。首先，绕核运动的电子应不断辐射出电磁波，能量将不断减少，运动半径也将越来越小，电子必将会坠落到原子核上，导致原子坍塌，但是原子是一个非常稳定的体系。另外，电子绕核高速运动，放出的能量应该是连续的，如此得到的原子光谱也应是连续的带状光谱，但是实验得到的原子光谱确是不连续的线状光谱，氢原子光谱是最简单的原子光谱。

7.1.1 氢原子光谱

把各种电磁辐射(如射线、X射线、光和无线电波)按波长(或频率)的顺序排列起来所组成的波谱叫作**电磁波谱**。当原子被火焰、电弧、电花或其他方法所激发的时候,能够发出一系列具有一定频率的光谱线,这些光谱线总称为**原子光谱**。原子光谱各线的频率有一定的规律性,其中最简单的就是氢原子光谱。氢原子光谱与太阳光谱之间有显著的区别,太阳光谱是连续光谱。例如,我们将太阳光透过三棱镜,就会得到红、橙、黄、绿、青、蓝、紫多彩图案,相邻两种色彩之间并无明显的界限。但是氢原子光谱是线状光谱,产生氢原子光谱的实验装置见图7-1。

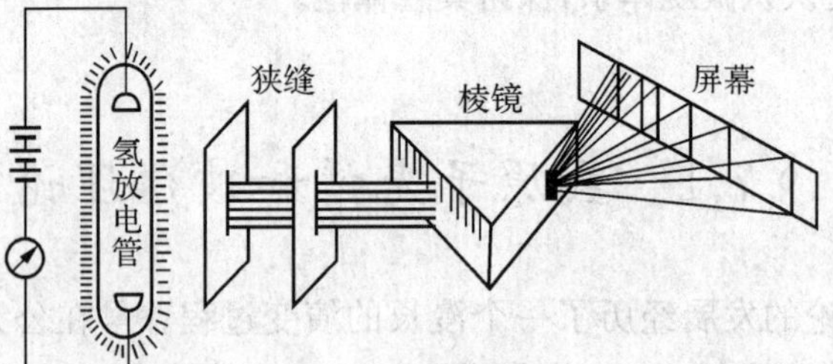

图7-1 氢原子光谱实验示意图

在一个熔接着两个电极且抽成高真空的玻璃管内,填充极少量氢气。在电极上加高电压,使之放电发光。此光通过棱镜分光,在黑色屏幕上呈现出可见光区(400 nm~700 nm)的四条颜色不同的谱线:H_α、H_β、H_γ、H_δ,分别呈现红、青、蓝紫和紫色。它们的频率分别为$4.57\times10^{14}\ s^{-1}$、$6.17\times10^{14}\ s^{-1}$、$6.91\times10^{14}\ s^{-1}$和$7.31\times10^{14}\ s^{-1}$,相应波长分别为656.3 nm、486.1 nm、434.0 nm和410.2 nm。

氢原子光谱是所有元素原子光谱中最简单的光谱。1885年,瑞士的一位年近花甲的物理教师J.J. Balmer(巴尔麦)猜想这些谱线的波长之间或许会存在某种数学关系,经过反复尝试后,他指出它们的波长之间有如下关系:

$$\lambda = B\frac{n^2}{n^2-4} \quad (n=3,4,5,\cdots)$$

式中:$n\geqslant3$,为正整数;$B=364.56$ nm。分别将$n=3$、4、5、6代入,计算出氢原子H_α、H_β、H_γ、H_δ谱线的波长,与图7-1中的实验值十分吻合,说明巴尔麦经验公式是合理的。

1913年,瑞典物理学家Rydberg(里德堡)在巴尔麦经验公式的基础上总结出了谱线的波数间的普遍联系,其经验公式如下:

$$\tilde{\nu}=\frac{1}{\lambda}=\frac{\nu}{c}=R_H\left(\frac{1}{n_1^2}-\frac{1}{n_2^2}\right)$$

式中:n_1,n_2为正整数,且$n_2>n_1$;R_H为里德堡常量。

当$n_1=1$时,谱线处于紫外区,称为Lyman series(莱曼系);

当$n_1=2$时,谱线位于可见区,称为Balmer series(巴尔麦系);

当$n_1=3$时,谱线位于红外区,称为Paschen series(帕邢系)。

氢原子光谱的不连续特点，用经典的物理学理论无法获得令人满意的解释。直到 1913 年，28 岁的丹麦物理学家 N. Bohr（玻尔）在 Rutherford 原子核式模型和 M. Plank（普朗克）量子论的基础上，大胆地提出自己的假说，成功地解释了氢原子光谱的成因和谱线的规律。

7.1.2　玻尔理论

玻尔在总结氢光谱研究结果的基础上，突破性地引入"量子理论"的概念，提出了氢原子核外电子运动模型，完美地揭示了氢原子光谱，称为**玻尔理论**。其理论要点主要有以下几点。

1. 定态规则

假设核外电子运动取一系列特定轨道，在此轨道上运动的电子既不放出能量也不吸收能量，这种状态称为定态。能量最低的定态称为基态，能量高于基态的定态称为激发态。

2. 量子化条件

电子不是在任意轨道上绕核运动，其绕核运动的轨道能量为：

$$E = -\frac{2.179 \times 10^{18}}{n^2}(\mathrm{J})$$

或

$$E = -\frac{13.6}{n^2}(\mathrm{eV})$$

式中，$n = 1, 2, 3, 4, 5, \cdots$

这些轨道的角动量 P 必须等于$\hbar$（约化普朗克常量，$\hbar = h/2\pi$ 的整数倍：

$$P = mvr$$

式中：m 为电子质量；v 为电子线速度；r 为电子线性轨道半径。

3. 跃迁规则

当电子吸收一定能量后可以从能量低的轨道跃迁到能量高的轨道，当然电子也可以由能量高的轨道返回能量低的轨道，这时释放能量。这种能量的吸收和放出都以光子的形式进行，光子能量的大小就等于两个轨道能量之差，即

$$\Delta E = E_2 - E_1 = h\nu = h\,\frac{c}{\lambda}$$

式中：λ 为波长；c 为光子速率；h 为普朗克常量。

玻尔理论非常成功地解释了氢光谱的实验事实。在通常情况下，氢原子核外电子处于基态，没有能量的吸收和放出。当加热或通电后，电子吸收能量就会由 $n = 1$ 的基态轨道跃迁到$n=2, 3, 4, 5, \cdots$的激发态轨道上。激发态的电子不稳定，又返回低能量的轨道，并以光子形式释放能量。当高能态的电子返回 $n = 1$ 的轨道（基态），就获得了紫外区莱曼系线状光谱；高能态电子返回 $n = 2$ 的轨道，获得可见区巴尔麦系光谱，以此类推。

由此可见，玻尔理论成功地解释了氢原子光谱的不连续性，而且还提出了原子轨道能级的概念，明确了原子轨道能量量子化的特性。但是人们进一步对原子结构进行研究发现玻尔理论还存在着局限性，它不能解释多电子原子的光谱，也不能解释氢原子光谱的精细结构

等。究其原因，在于玻尔理论虽然引入了量子化的概念，但未能摆脱经典力学的束缚。因为微观粒子的运动已不再遵循经典力学的运动规律，它除了能量量子化以外，还具有波粒二象性的特征。

§7.2 核外电子运动状态的描述

7.2.1 核外电子运动的波粒二象性

1. 光的波粒二象性

一切运动着的宏观物体都具有动量和动能。因此，运动时具有动量和动能的物体就是微粒，就具有粒子性。而微粒流在运动中若表现出"波"的特性，就认为具有波动性。

从最早确认光的粒子说到后来创立光的波动说，经历了200多年的不断相互否认和互证的过程，20世纪初，人们最终接受了这样一个事实：光既具有波动性又具有粒子性。波动性和粒子性是光表现出来的两方面的属性，他们相互联系并在一定条件下相互转化。表征光的微粒性的物理量（能量 E、动量 P）和表征光的波动性的物理量（频率 ν、波长 λ）之间存在以下关系：

$$E = h\nu, P = \frac{h}{\lambda}$$

式中：h 为普朗克常量（$h = 6.626 \times 10^{-34}$）。

2. 电子的波粒二象性

1923年，法国物理学家德布罗意（L. de. Broglie）在光的波粒二象性和爱因斯坦（Einstein）光量子论以及玻尔（Bohr）的原子理论的启发下，仔细分析了光的微粒学和波动学的发展历史，提出了微观粒子具有波粒二象性的假设。他指出：光有波粒二象性，一切实物微粒也具有波粒二象性，且表征实物粒子波动性的物理量波长 λ 与动量 P 有下列关系：

$$\lambda = \frac{h}{P} \text{ 或 } \lambda = \frac{h}{mv}$$

式中：m 为实物粒子的静止质量；v 为实物粒子的速率；P 为动量。

1927年，美国物理学家戴维逊（C.J. Davisson）、革末（L.H. Germer）和汤姆逊（G.P. Thomson）先后发现了电子的衍射现象。之后，人们又发现质子、中子、α粒子、原子、分子等微观粒子均具有衍射现象，且都满足德布罗意波的规律。

德布罗意认为二象性是普遍存在的对象。对于实物粒子，有时粒子性显著，有时波动性显著。而波动性是否显著取决于实物粒子的粒径与对应的实物波波长的相对大小。当波长远远大于实物直径时，该实物粒子的运动就显露出明显的波动性，反之，则没有明显的波动性。

例如，一个电子的质量为 9.11×10^{-31} kg，速率为 1.0×10^{6} m·s^{-1}，其德布罗意波长：

$$\lambda = \frac{h}{mv} = \frac{6.626 \times 10^{-34}}{9.11 \times 10^{-31} \times 10^{6}} = 0.727 \times 10^{-9}(\text{m}) = 727(\text{pm})$$

由于电子的波长数值(727 pm)正好在 X 射线的波长范围，因此，用 X 射线衍射的相同实验方法获得了电子的衍射图，从而证明了电子具有波动性。

但是，实物波与一般物理意义上的波有所不同，它是一种概率分布统计波。既然电子也是一种德布罗意波，则电子在空间的运动也呈现概率分布统计波的规律。

7.2.2 海森堡测不准原理

德国科学家海森堡(W. Heisenberg)研究光谱强度时，对旧量子论中“电子轨道”的概念产生怀疑。在相对论的启发下，论证了微观粒子的运动规律不同于宏观物体。1927 年海森堡提出了不确定原理，微观粒子的运动符合测不准关系，即

$$\Delta x \cdot \Delta P \geqslant \frac{h}{4\pi}$$

式中：x 为微观粒子在空间某一方向的位置坐标；Δx 为该方向上的位置不准确量；ΔP 为该方向上的动量不准确量；h 为普朗克常量。

测不准原理的内容：原则上不可能同时准确地测定微观粒子的位置和动量。位置的准确度越高(Δx 值越小)，对应的动量的准确度就越低(ΔP 值越大)，反之亦然。

对于宏观运动的物体，是可以同时准确测定其位置和速率的。例如，高速飞行的子弹，其质量为 1×10^{-2} kg，假设其位置测量误差小到 1×10^{-4} m，则其速率测量误差：

$$\Delta v \geqslant \frac{h}{4\pi m \Delta x} = \frac{6.626 \times 10^{-34}}{4 \times 3.14 \times 1 \times 10^{-2} \times 1 \times 10^{-4}} = 5.28 \times 10^{-29}(\text{m} \cdot \text{s}^{-1})$$

显然，Δv 非常小，即对于高速运动的子弹，可以同时精确测定其运动速率和位置，因此，宏观物体的运动具有确定的轨迹和速率，服从经典力学规律。

对于微观粒子，如原子，其半径大约为 10^{-10} m，假设原子中电子的位置测量误差为 1×10^{-10} m，电子的质量为 9.11×10^{-31} kg，则电子运动速率的测量误差：

$$\Delta v \geqslant \frac{h}{4\pi m \Delta x} = \frac{6.626 \times 10^{-34}}{4 \times 3.14 \times 9.11 \times 10^{-31} \times 1 \times 10^{-10}} = 5.79 \times 10^{5}(\text{m} \cdot \text{s}^{-1})$$

原子中电子的运动速率大约在10^{6} m·s^{-1}，而测量误差高达 5.79×10^{5} m·s^{-1}，由此可知，电子的运动位置和速率是难以同时准确测量的，即电子的运动不具有确定的轨道，不服从经典力学规律。微观物体的运动不具有确定的轨道，只有一定的空间概率分布，服从量子力学规律，其分界线就是测不准原理。因此，用经典物理学的方法无法描述电子的运动状态，电子的运动状态必须用下面介绍的波函数来描述。

7.2.3 核外电子运动状态的描述

1. 薛定谔(Schrödinger)方程与波函数

在经典物理学中，宏观物体的运动状态可以根据经典力学的方法，用坐标和动量来

描述，但测不准原理告诉我们，用坐标和动量来描述微观粒子的运动状态是不适宜的。1926 年，奥地利科学家薛定谔(E. Schrödinger)根据微观粒子运动的两个基本属性(量子化与波粒二象性)，提出了著名的微观粒子运动状态的量子力学波动方程，即**薛定谔方程**：

$$\frac{\partial^2\psi}{\partial x^2}+\frac{\partial^2\psi}{\partial y^2}+\frac{\partial^2\psi}{\partial z^2}+\frac{8\pi^2 m}{h^2}(E-V)\psi=0$$

薛定谔方程是一个二阶偏微分方程，式中，ψ 叫作**波函数**(wave function)；E 为氢原子的总能量；V 为电子的势能(原子核对电子的吸引能)；h 为普朗克常量；m 为微粒的质量；x、y、z 为微粒的空间坐标。对氢原子体系来说，波函数 ψ 是描述氢核外电子状态的数学表示式，是空间坐标 x、y、z 的函数，即 $\psi=f(x,\ y,\ z)$。为方便起见，将坐标$(x,\ y,\ z)$变换为球坐标$(\gamma,\ \theta,\ \varphi)$，如图 7－2 所示。其中换算关系如下：

$$x=r\sin\theta\cos\varphi$$
$$y=r\sin\theta\sin\varphi$$
$$z=r\cos\theta$$
$$r^2=x^2+y^2+z^2$$

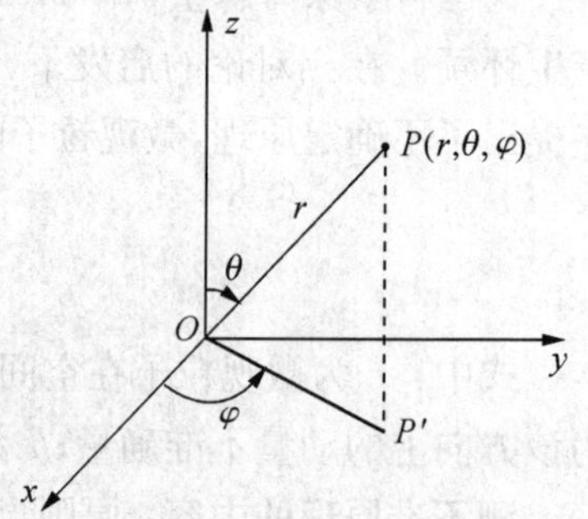

图 7－2　直角坐标与球坐标的关系

为了求解方便，我们再把波函数分离为只与 r 有关的 $R(r)$ 函数和只与变量 θ、φ 有关的 $Y(\theta,\ \varphi)$ 函数，即

$$\psi(r,\ \theta,\ \varphi)=R(r)Y(\theta,\ \varphi)$$

式中：$R(r)$ 称为波函数的径向部分；$Y(\theta,\ \varphi)$ 称为波函数的角度部分。

波函数 ψ 是薛定谔方程的解。薛定谔方程有非常多的解，而要使所求的解具有特定的物理意义，需有边界条件的限制，从而确定三个量子数。我们把符合三个量子数取值的波函数称为合理的波函数，因可以用来描述电子运动的状态，所以又叫作**原子轨道**(atomic orbital)。但必须注意，该原子轨道与玻尔原子轨道有着本质区别，因为该原子轨道是定态电子运动的空间区域，并不是电子的运动具有固定的轨道。三个量子数分别是主量子数 n、角量子数 l 及磁量子数 m。

2. 量子数

一组允许的量子数 n、l、m 取值对应一个合理的波函数 $\psi_{n,\,l,\,m}$。n、l、m 分别被称为**主量子数**、**角量子数**和**磁量子数**。它们的取值决定着波函数所描述的电子能量、角动量以及电子离核的远近、原子轨道的形状和空间取向等。

(1) 主量子数 n

在原子中电子的最重要的量子化性质是能量。原子轨道的能量主要取决于主量子数 n，对于氢原子和类氢原子，电子的能量只取决于 n。n 的取值为 1，2，3，4，5，… 正整数。n 愈大电子离核的平均距离愈远，能量愈高。因此，可将 n 值所表示的电子运动状态对应于 K，L，M，N，O，… 电子层。

(2) 角量子数 l

原子轨道的角动量由角量子数 l 决定。在多电子原子中,原子轨道的能量不仅取决于主量子数 n,还受角量子数的影响。l 的取值受 n 的限制,只能取0到 $(n-1)$ 的整数,即0,1,2,…,$(n-1)$。按照光谱学的规定,对应的符号为s,p,d,f,g,…。n 一定,l 的不同取值代表同一电子层中不同状态的亚层。例如:

$n=1$, $l=0$。l 只有一个值,即有1个亚层(1s亚层);

$n=2$, $l=0,1$。l 有2个值,即有2个亚层(2s、2p亚层);

$n=4$, $l=0,1,2,3$。l 有4个值,即有4个亚层(4s、4p、4d、4f亚层);

……

角量子数 l 还表明了原子轨道的角度分布形状不同。例如,$l=0$,为s原子轨道,其角度分布为球形对称;$l=1$,为p原子轨道,其角度分布为哑铃形;$l=2$,为d原子轨道,其角度分布为花瓣形……。对多电子原子而言,n 相同,l 不同的原子轨道,角量子数 l 愈大,其能量愈大,即 $E_{ns}<E_{np}<E_{nd}<E_{nf}$。但是单电子系统,如氢原子,其能量 E 不受 l 的影响,只与 n 有关,即 $E_{ns}=E_{np}=E_{nd}=E_{nf}$。

(3) 磁量子数 m

m 决定着轨道角动量在磁场方向分量。其取值受角量子数 l 的限制,从 $-l$,…,0,…,$+l$,共有 $(2l+1)$ 个取值,即 m 的取值为0,±1,±2,±3,…,$\pm l$。磁量子数 m 决定着原子轨道在核外空间的取向。例如,$l=0$ 时,$m=0$,m 只有一个取值,表示s轨道在核外空间只有一种分布方向,即以核为球心的球形。$l=1$ 时,m 有0,+1和−1三个取值,表示p亚层在空间有3个分别沿着 z 轴、x 轴和 y 轴取向的轨道,即 p_x、p_y、p_z 轨道。$l=2$ 时,m 有0,±1,±2共五个取值,表示d亚层有5个取向的轨道,分别是 d_{z^2}、d_{xz}、d_{yz}、d_{xy} 和 $d_{x^2-y^2}$ 轨道。3个量子数 n,l,m 与原子轨道间的关系归纳于表7-1中。

表7-1 量子数与原子轨道

主量子数 n	主层符号	角量子数	亚层符号	亚层层数	磁量子数 m	原子轨道符号	亚层中的轨道数
1	K	0	1s	1	0	1s	1
2	L	0 1	2s 2p	2	0 0, ±1	2s $2p_z$, $2p_x$, $2p_y$	1 3
3	M	0 1 2	3s 3p 3d	3	0 0, ±1 0, ±1, ±2	3s $3p_z$, $3p_x$, $3p_y$ $3d_{z^2}$, $3d_{xz}$, $3d_{yz}$, $3d_{xy}$, $3d_{x^2-y^2}$	1 3 5
4	N	0 1 2 3	4s 4p 4d 4f	4	0 0, ±1 0, ±1, ±2 0, ±1, ±2, ±3	4s $4p_z$, $4p_x$, $4p_y$ $4d_{z^2}$, $4d_{xz}$, $4d_{yz}$, $4d_{xy}$, $4d_{x^2-y^2}$ …	1 3 5 7

(4) 自旋量子数 m_s

在解薛定谔方程时,为了得到合理解,引入了三个量子数 n、l、m,但是,这还不能说明某些原子光谱线实际上是由靠得很近的两条谱线组成的实验事实。例如,通过高分辨率的光谱仪发现,氢原子光谱中 656.3 nm 这条红色谱线是由两条靠得很近的 656.272 nm 和 656.285 nm 两条谱线组成的。在钠原子光谱中最亮的黄色谱线(D 线)是由 589.0 nm 和 589.6 nm 两条靠得很近的谱线组成的。这一现象不但玻尔理论不能解释,也无法用 n、l、m 三个量子数进行解释。

高分辨光谱实验事实揭示了电子除了有用三个量子数表达的量子化能级外,还有一种运动存在。1925 年,荷兰莱顿大学的研究生乌伦贝克(G. Uhlenbeck)和哥德斯密特(S. Goudsmit)提出了大胆的假设:电子除了轨道运动外,还有自旋运动。电子自旋运动具有自旋角动量,由自旋量子数 m_s 决定。

处于同一原子轨道的电子自旋运动状态只能有两种,分别用自旋磁量子数 $m_s = +\frac{1}{2}$ 和 $m_s = -\frac{1}{2}$ 这两个数值来确定,其中每一个数值表示电子的一种自旋方向(如顺时针或逆时针方向)。例如,在原子核外第四电子层上的 s 亚层的 4s 轨道内,以顺时针方向自旋为特征的那个电子运动状态,可以用 $n=4$, $l=0$, $m=0$, $m_s = +\frac{1}{2}$ 四个量子数来描述。

综上所述,一个原子轨道可以用 n、l、m 一组三个量子数来确定,但是原子中每个电子的运动状态则必须用 n、l、m、m_s 四个量子数来确定。四个量子数确定之后,电子在核外空间的运动状态就确定了。

3. 概率密度与电子云

在光的传播理论中,波函数 ψ 表示电场或磁场的大小,$|\psi|^2$ 与光的强度即光的密度成正比。量子力学中,具有波粒二象性的电子在原子核外运动时,虽然没有特定的运动轨迹,但是,可以用统计规律(即用概率波)来描述电子的波动性。电子在空间某处出现的机会的大小称为**概率**。概率的大小与光传播理论中的强度大小是对应的。可用 $|\psi|^2$ 表示核外电子在空间出现的概率密度。**概率密度** $|\psi|^2$ 的意义为电子在原子核外空间某处单位体积内出现的概率,即

$$概率 = 概率密度 \times 体积$$

因此概率密度反映了电子在空间的概率分布。形象化描述概率密度的图形就称为**"电子云"**,它是用小黑点的疏密来表示的。小黑点少而稀的地方表示概率密度小,单位体积内电子出现的机会少;小黑点多而密的地方表示概率密度大,单位体积内电子出现的机会多。图 7-3 表示为氢原子 1s 电子云。它在核外成球形,离核越近,单位体积内电子出现的机会越大。

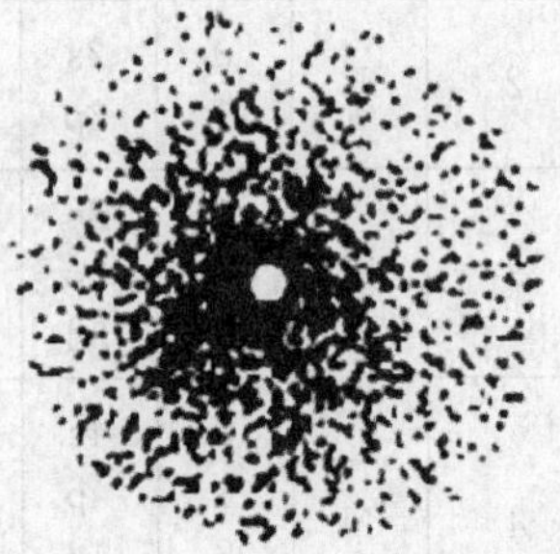

图 7-3 氢原子 1s 电子云

4. 原子轨道与电子云形状

波函数 ψ 在球面空间随 r、θ、φ 连续变化时的分布图形就是原子轨道的图像。但由于波函数的数学表达式比较复杂,难以用适当的图形描绘原子轨道的空间形状。因此,只在平面上画出波函数中的角度部分 $Y(\theta, \varphi)$ 随角度 θ 和 φ 变化的分布图形,并称为原子轨道的角度分布图,简称**原子轨道**的形状。如图 7-4 所示。

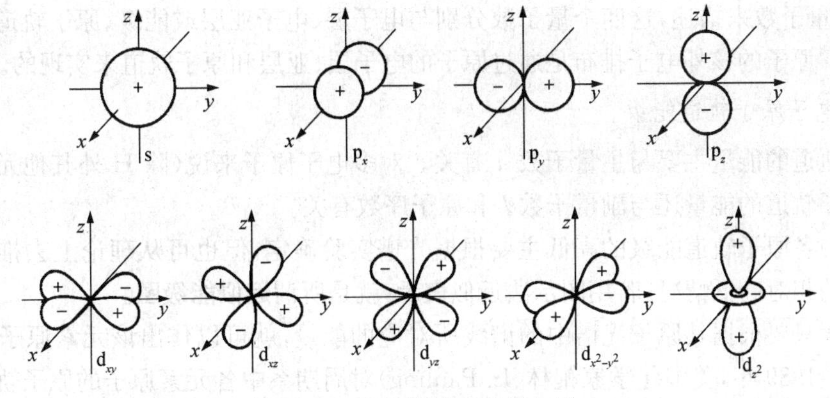

图 7-4 原子轨道角度分布图

将$|\psi|^2$ 的角度部分$|Y|^2$ 随 θ、φ 变化作图，可得到电子云的角度分布图，如图 7-5 所示。

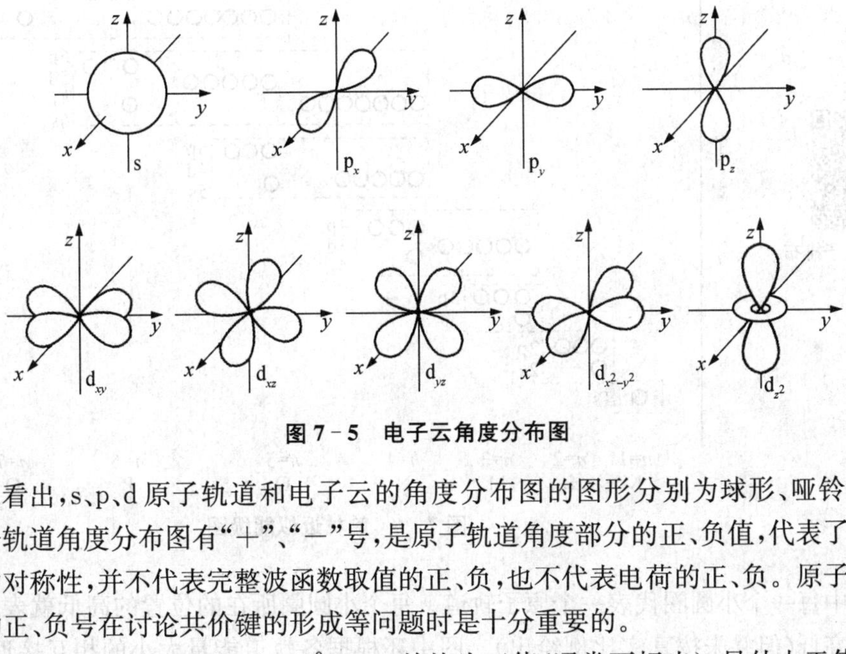

图 7-5 电子云角度分布图

可以看出，s、p、d 原子轨道和电子云的角度分布图的图形分别为球形、哑铃形和花瓣形。原子轨道角度分布图有“+”、“−”号，是原子轨道角度部分的正、负值，代表了波函数角度部分的对称性，并不代表完整波函数取值的正、负，也不代表电荷的正、负。原子轨道角度分布图的正、负号在讨论共价键的形成等问题时是十分重要的。

电子云的角度分布图因为 $|Y|^2>0$，故均为正值(通常不标出)，另外由于值$|Y|$小于 1，$|Y|^2$ 值就更小，所以电子云的角度分布图的图形比原子轨道的角度分布图的图形要“瘦”一些。

§7.3 核外电子排布和元素周期律

7.3.1 核外电子排布

原子中单个电子的运动状态需要用主量子数 n、角量子数 l、磁量子数 m 以及自旋量子

数 m_s 四个量子数来描述，这四个量子数分别与电子层、电子亚层或能级、原子轨道和电子自旋相对应。原子的核外电子排布是通过原子的电子层、亚层和原子轨道来实现的。

1. 多电子原子轨道能级

原子轨道的能量主要与主量子数 n 有关。对多电子原子来说(除 H 外其他元素原子的统称)，原子轨道的能量还与副量子数 l 和原子序数有关。

原子中各原子轨道能级的高低主要根据光谱实验确定，但也可从理论上去推算。原子轨道能级的相对高低情况，若用图示法近似表示，就是所谓**近似能级图**。

某元素只要根据其原子光谱中的谱线所对应的能量，就可以作出该元素原子的原子轨道能级图。1939 年，美国化学家鲍林(L. Pauling)对周期系中各元素原子的原子轨道能级图进行分析、归纳，总结出多电子原子中原子轨道能级图，以表示各原子轨道之间能量的相对高低顺序(见图 7－6)，在无机化学中比较实用的就是鲍林近似能级图。

视频 核外电子排布

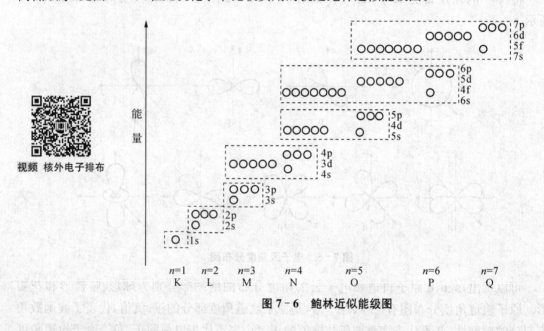

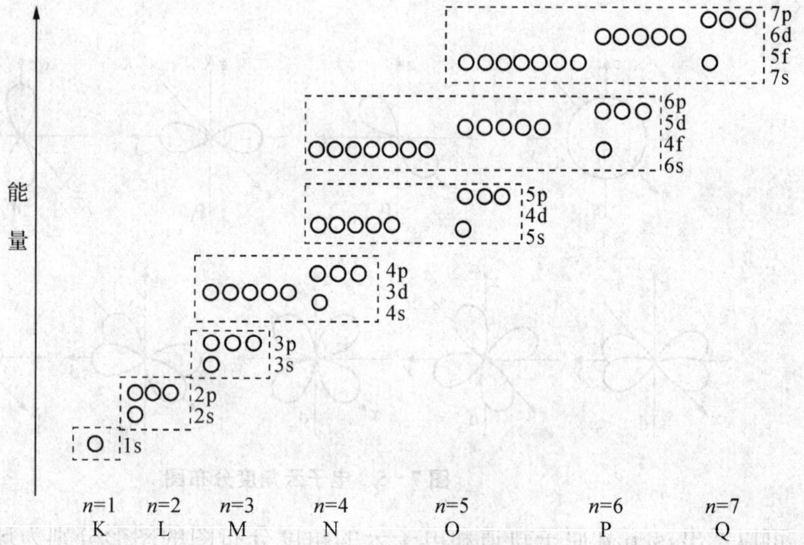

图 7－6 鲍林近似能级图

在图中每一个小圆圈代表一个原子轨道。每个小圆圈所在的位置的高低就表示这个轨道能量的高低(但并未按真实比例绘出)。图中还根据各轨道能量大小的相互接近情况，把原子轨道划分为若干个能级组(图中虚线方框内各原子轨道的能量较接近，构成一个能级组)。以后我们将会了解："能级组"与元素周期表的周期是相对应的。

从图 7－6 中可以看出：

(1) 各电子层能级相对高低为 K<L<M<N<O<…；

(2) 同一原子同一电子层内，对多电子原子来说，电子间的相互作用造成同层能级的分裂的现象，称为能级分裂。各亚层能级的相对高低为 $E_{ns}<E_{np}<E_{nd}<E_{nf}<\cdots$；

(3) 同一电子亚层内，各原子轨道能级相同，例如 $E_{np_x}=E_{np_y}=E_{np_z}$；

(4) 同一原子内，不同类型亚层之间，有能级交错现象，例如：$E_{4s}<E_{3d}<E_{4p}<E_{5s}<E_{4d}<E_{5p}$，$E_{6s}<E_{4f}<E_{5d}<E_{6p}$。

对鲍林近似能级图,需要明确几点：

(1) 如前所述,它是从周期系中各元素原子轨道能级组图中归纳出来的一般规律,不可能完全反映出每种元素原子的原子轨道能级相对高低,所以只有近似意义。

(2) 它原意是要反映同一原子内各原子轨道能级之间的相对高低,所以,不能用鲍林近似能级图来比较不同元素原子轨道能级的相对高低。

(3) 经进一步研究发现,鲍林近似能级图实际上只反映同一原子外电子层中原子轨道能级的相对高低,而不一定能完全反映内电子层中原子轨道能级的相对高低。

(4) 电子在某一轨道上的能量,实际上与原子序数(更本质地说与核电荷数)有关。核电荷数越多,对电子的吸引力越大,电子离核越近的结果使其所在轨道能量降得越低。轨道能级之间的相对高低情况,与鲍林近似能级图有所不同。

2. 基态原子的核外电子排布原则

根据原子光谱实验的结果和对元素周期系的分析、归纳,总结出核外电子分布的基本原理。

(1) 能量最低原理

体系能量越低越稳定,这是自然界的普遍规律。原子中的电子同样如此。多电子原子处在基态时,核外电子的分布总是尽可能分布在能量较低的轨道,以使原子处于能量最低的状态。也就是说,电子首先填充能量最低的1s轨道,然后按照近似能级图所示的能级次序由低到高依次填充。

(2) 泡利(Pauli)不相容原理

在同一原子中,不可能有四个量子数完全相同的电子存在。每一个轨道内最多只能容纳两个自旋方向相反的电子。电子排布图示通常用小圆圈或方框、短线表示原子轨道,用箭头表示电子,且用"↑"或"↓"来区别 m_s 不同的电子。

(3) 洪德(Hund)规则

德国化学家洪德(F.H. Hund)根据大量光谱实验数据总结出来：原子在同一亚层的等价轨道上分布电子时,将尽可能单独分布在不同的轨道,而且自旋方向相同(或称自旋平行)。这样分布时,原子的能量较低,体系较稳定。例如,碳原子核外有6个电子,根据能量最低原理、泡利(Pauli)不相容原理,碳原子的电子排布式为：$1s^2 2s^2 2p^2$,对应的电子排布图如图7-7所示。从图上,我们可以清楚地看到,2p的2个电子以相同的自旋方式分占两个轨道。

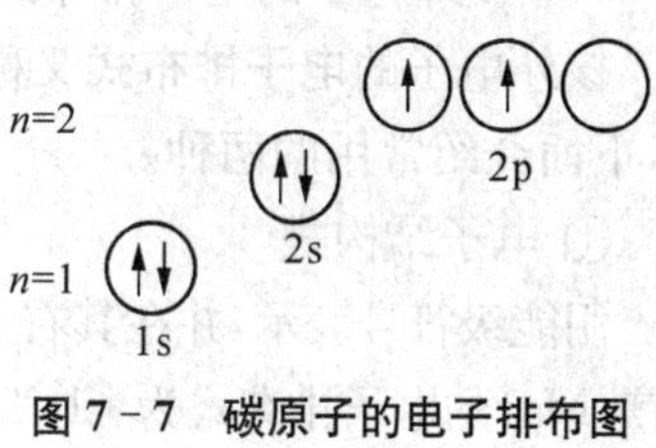

图7-7 碳原子的电子排布图

3. 基态原子的核外电子排布

(1) 核外电子填入轨道的顺序

核外电子的分布是客观事实,本来不存在人为地向核外原子轨道填入电子以及填充电子的先后次序问题,但这作为研究核外电子运动状态的一种科学假想,对了解原子电子层的结构,事实证明是有益的。

对多电子原子来说,由于紧靠核的电子层一般都布满了电子,所以其核外电子的分布主要看外层电子是怎样分布的。前面已经提到,鲍林近似能级图能反映电子层中原子轨道能级的相对高低,因此也就能反映核外电子填入轨道的先后顺序。

应用鲍林近似能级图,并根据能量最低原理,可以设计出核外电子填入轨道顺序图。如图 7-8 所示,随核电荷数递增,电子填入能级的顺序是由第一能层的 1s→第二能层的 2s→2p→第三能层的 3s→3p,接着空着第三能层的 3d 能级不填,而是填入第四能层的 4s,待 4s 能级填满后才回过头来填入次外层的 3d 能级,3d 能级填满电子后又填入最外层的 4p 能级,即 4s→3d→4p,以此类推 6s→4f→5d→6p,…。电子先填最外层的 ns,后填次外层的 $(n-1)$d,甚至填入倒数第三层的 $(n-2)$f,这一规律叫作**能级交错**。可用公式 $E_{ns} < E_{n-3g} < E_{n-2f} < E_{n-1d} < E_{np} < E_{nd} < E_{nf}$…来表示,公式中亚层轨道要符合量子数条件约束。

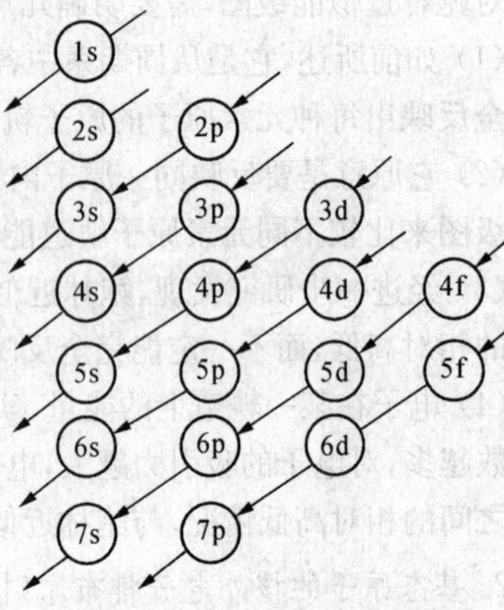

图 7-8 核外电子的填充顺序

有了核外电子填入轨道顺序图,再根据泡利不相容原理、洪德规则和能量最低原理,就可以准确无误地写出 91 种元素原子的核外电子排布式来。

在已知的 118 种元素当中,只有 19 种元素(它们分别是 Cr、Cu、Nb、Mo、Ru、Rh、Pd、Ag、La、Ce、Gd、Pt、Au、Ac、Th、Pa、U、Np、Cm)原子外层电子的排布情况稍有例外。

量子力学理论指出:在等价轨道上的电子排布为全充满(p^6、d^{10}、f^{14})、半充满(p^3、d^5、f^7)或全空状态(p^0、d^0、f^0)时,原子比较稳定。例如,Cu 的电子排布式为…$3d^{10}4s^1$,而不是…$3d^9 4s^2$。Cr 的电子排布式为…$3d^5 4s^1$,而不是…$3d^4 4s^2$。该结论只能在能级能量相近时才能成立,如碳原子的电子排布是 $2s^2 2p^2$,而不是 $2s^1 2p^3$。

另外,随着原子序数的增大,核外电子数目的增多以及原子中电子之间相互作用更加复杂,有些原子的实际排布会出现特例,如原子序数为 41 的铌(Nb)原子的电子排布理应为…$4d^3 5s^2$,但实际是…$4d^4 5s^1$。因此对于某一具体元素原子的电子排布要以光谱实验的结果为准。

(2) 核外电子的电子排布式

核外电子的**电子排布式**又称原子的电子层结构或电子组态、电子构型,其表示的方法很多,下面介绍常用的两种。

① 电子结构式

用能级符号表示,并在其右上角标上数字,代表该能级上的电子数,例如:原子序数为 12 的镁(Mg)的电子排布式为:$1s^2 2s^2 2p^6 3s^2$。为了简便起见,常把内层已经达到稀有气体电子结构的部分称为**原子实**,用稀有气体元素符号加方括号表示,如 Mg 又可以表示为:[Ne]$3s^2$。

对于离子的电子排布式,首先应写出其原子的电子排布式,然后按照轨道离核最远,能量最高,最先失去电子的原则,依次由高到低失去电子,从而获得其离子的电子排布式。例如 Cu^{2+} 的电子排布式为:[Ar]$3d^9$,而不是[Ar]$4s^1 3d^8$。

② 价电子层结构式

参与化学反应并且用于成键的电子的排布式称为价电子层结构式,简称价层电子构型,即最高能级组中价电子能级上的电子结构。价层中的电子并非一定全是价电子,只有参与成键的电子称为**价电子**。例如,Ag 的价层电子组态为 $4d^{10}5s^1$,而其氧化数只有+1、+2、+3。

根据核外电子的排布规则，所有元素原子的电子结构排布式参见封三“元素周期表”。

7.3.2　元素周期律

1869 年，俄国化学家门捷列夫(А.И. Меиделеев)以当时发现的 63 种元素为基础发表了第一张具有里程碑意义的元素周期表。在元素周期表中，具有相似性质的化学元素按一定的规律周期性地出现，体现出元素排列的周期性特征，这个规律称之为**元素周期律**。

随着人们对原子结构的深入研究，人们愈来愈深刻地理解原子核外电子排布与元素周期与族划分的本质联系，并提出了多种形式的周期表。目前，最通用的是维尔纳(A. Werner)首先倡导的长式周期表。该表分为主表和副表。主表分为七个周期，18 列分成 A 族和 B 族。副表包含镧系元素和锕系元素。

1. 周期

元素中电子排布与元素周期表中周期划分有内在联系。Pauling 近似能级图中能级组的序号对应周期序数。例如，第 1 能级组对应第一周期，第 2、3 能级组对应第二、三周期……以此类推。

总之，元素周期表中的七个周期分别对应 7 个能级组，或者说，原子核外最外层电子的主量子数为 n 时，该原子则属于第 n 周期。

第 1 能级组只有 1 个 s 轨道，至多容纳两个电子，因此第一周期为**特短周期**，只有 2 种元素。

第 2、3 能级组各有 1 个 ns 和 3 个 np 轨道，可以填充 8 个电子，因此第二、第三周期各有 8 种元素，称为**短周期**。

第 4、5 能级组有 1 个 ns 轨道，5 个$(n-1)$d 轨道和 3 个 np 轨道，至多可容纳 18 个电子，因此第四、第五周期各有 18 种元素，称为**长周期**。

第 6、7 能级组各有 1 个 ns 轨道，7 个$(n-2)$f 轨道，5 个$(n-1)$d 轨道和 3 个 np 轨道，至多可容纳 32 个电子，第六周期有 32 种元素，称为**特长周期**。第七周期也应有 32 种元素，但至今才发现到 118 号元素，因此，称为不完全周期。能级组与周期的关系列于表7-2。

表 7-2　能级组与周期的关系

周期	特点	能级组	对应的能级	原子轨道数	元素种类数
一	特短周期	1	1s	1	2
二	短周期	2	2s 2p	4	8
三	短周期	3	3s 3p	4	8
四	长周期	4	4s 3d 4p	9	18
五	长周期	5	5s 4d 5p	9	18
六	特长周期	6	6s 4f 5d 6p	16	32
七	不完全周期	7	7s 5f 6d 7p	16	应有 32

2. 族

长式周期表，从左至右共有 18 列，第 1、2、13、14、15、16 和 17 列为**主族**，用 A 示意主族，前面用罗马数字示意族序数，主族从ⅠA 到ⅦA。族的划分与原子的价电子数目和价电子排布密切相关。同族元素的价电子数目相同。主族元素的价电子全部排布在最外层的 ns 和 np 轨道。尽管同族元素的电子层数从上到下逐渐增加，但价电子排布完全相同。例如，钠原子的价电子排布为 $3s^1$，钠元素属于ⅠA；氯元素的价电子排布为 $3s^2 3p^5$，氯元素属于ⅦA。因此，主族元素的族序数等于价电子总数。除氦元素外，稀有气体元素原子的最外层电子排布均为 $ns^2 np^6$，呈现稳定结构，称为零族元素，也称为ⅧA族。

长式周期表中第3、4、5、6、7、11和12列为**副族**，用B表示。分别称为ⅢB、ⅣB、ⅤB、ⅥB、ⅦB、ⅠB和ⅡB。前五个副族的价电子数目对应族序数。例如，钪的价电子排布为 $3d^1 4s^2$，价电子数为3，对应的族名称为ⅢB；锰的价电子排布为 $3d^5 4s^2$，价电子数为7，对应的族名称为ⅦB。而ⅠB和ⅡB是根据 ns 轨道上有1个还是2个电子来划分的。表中第8、9和10列元素称为**Ⅷ族**，价电子排布一般为 $(n-1)d^{6\sim10} ns^{0\sim2}$。

3. 元素的分区

元素周期表中价电子排布类似的元素集中在一起，人们将元素周期表分为五个区，以最后填入的电子的能级代号作为该区符号，如图7-9所示。

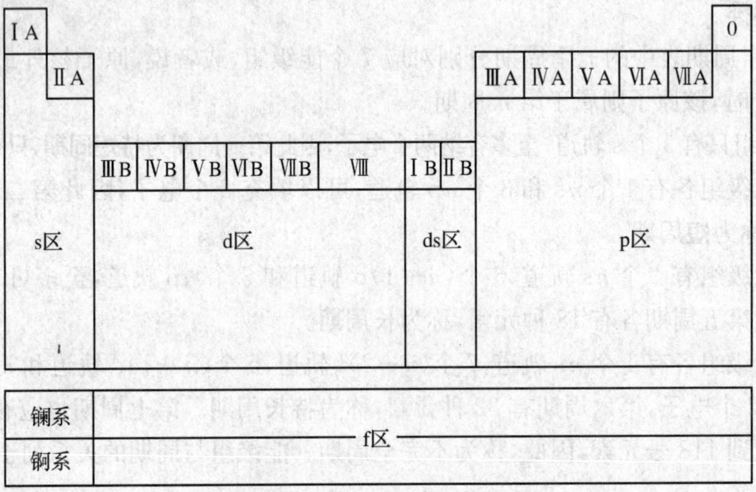

图7-9 周期表中元素的分区

s区元素：包括ⅠA和ⅡA，最后1个电子填充在s轨道上，价电子排布为 $ns^{1\sim2}$，属于活泼金属。

p区元素：包括ⅢA到ⅦA族，0族，最后1个电子填充在p轨道上，价电子排布为 $ns^2 np^{1\sim6}$。随着最外层电子数目的增加，原子失去电子趋势愈来愈弱，得电子趋势愈来愈强。

d区元素：包括ⅢB到ⅦB和Ⅷ族，最后1个电子填充在 $(n-1)d$ 轨道上，价电子排布为 $(n-1)d^{1\sim10} ns^{1\sim2}$。一般而言，它们的区别主要在次外层的d轨道上，由于其d轨道未充满电子(钯除外)，可以不同程度地参与化学键的形成。

ds元素：包括ⅠB和ⅡB。它们原子的次外层为充满电子的d轨道，最外层s轨道上有1～2个电子。ds区元素的族数对应于s轨道上的电子数。

f区元素：包括镧系元素和锕系元素，最后1个电子填充在f轨道上，价电子排布为 $(n-2)f^{0\sim14}(n-1)d^{0\sim2} ns^2$。

s 区和 p 区元素为主族元素，d 区、ds 区、f 区元素为过渡元素。

§7.4　元素性质的周期性

原子的电子层结构随着核电荷数的递增呈现周期性变化，影响到原子的某些性质，如原子半径、电离能、电子亲和能和电负性等，也呈现周期性的变化。

7.4.1　原子半径

量子力学的原子模型认为，核外电子的运动是按概率分布的，由于原子本身没有鲜明的界面，因此原子核到最外层电子的距离，实际上是难以确定的。通常所说的原子半径是根据该原子存在的不同形式来定义的。常用的有以下三种：

(1) 共价半径

两个相同原子形成共价键时，其核间距离的一半，称为原子的**共价半径**，如果没有特别注明，通常指的是形成共价单键时的共价半径。例如，把 Cl—Cl 分子的核间距的一半(99 pm)定为 Cl 原子的共价半径。

(2) 金属半径

金属单质的晶体中，两个相邻金属原子核间距离的一半，称为该金属原子的**金属半径**。例如，把金属铜中两个相邻 Cu 原子核间距的一半(128 pm)定为 Cu 原子的半径。

(3) 范德华半径

在分子晶体中，分子之间是以范德华力(即分子间力)结合的，相邻分子核间距的一半，称为该原子的**范德华半径**。例如，氖(Ne)的范德华半径为 160 pm。

表 7-3 列出元素周期表中各元素原子半径，其中非金属列出共价半径，金属列出金属半径(配位数为 12)，稀有气体列出范德华半径。

表 7-3　原子半径(单位: pm)

H 37																	
Li 152	Be 111											B 88	C 77	N 70	O 66	F 64	Ne 160
Na 186	Mg 160											Al 143	Si 147	P 110	S 104	Cl 99	Ar 191
K 227	Ca 197	Sc 161	Ti 145	V 132	Cr 125	Mn 124	Fe 124	Co 125	Ni 125	Cu 128	Zn 133	Ga 122	Ge 122	As 121	Se 117	Br 114	Kr 198
Rb 248	Sr 215	Y 181	Zr 160	Nb 143	Mo 136	Tc 136	Ru 133	Rh 135	Pd 138	Ag 144	Cd 149	In 163	Sn 141	Sb 141	Te 137	I 133	Xe 217
Cs 265	Ba 217	Lu 173	Hf 159	Ta 143	W 137	Re 137	Os 134	Ir 136	Pt 136	Au 144	Hg 160	T 170	Pb 175	Bi 155	Po 153		
		La 188	Ce 183	Pr 183	Nd 182	Pm 181	Sm 180	Eu 204	Gd 180	Tb 178	Dy 177	Ho 177	Er 176	Tm 175	Yb 194		

1. 原子半径在周期中的变化

同一周期的主族元素，自左向右，随着核电荷数的增加，原子共价半径变化的总趋势是逐渐减小的。

同一周期的 d 区过渡元素，从左向右过渡时，随着核电荷数的增加，原子半径只是略有减小；而且，从 IB 族元素起，由于次外层的($n-1$)d 轨道已经充满，较为显著地抵消核电荷对外层 ns 电子的引力，因此原子半径反而有所增大。

同一周期的 f 区内过渡元素，从左向右过渡时，由于新增加的电子填入外数第三层的(n—2)f 轨道上，其结果与 d 区元素基本相似，只是原子半径减小的平均幅度更小。例如，镧系元素从镧(La)到镱(Yb)原子半径收缩不显著。镧系收缩的幅度虽然很小，但它收缩的影响却很大，使镧系后面的过渡元素铪(Hf)、钽(Ta)、钨(W)的原子半径与其同族相应的锆(Zr)、铌(Nb)、钼(Mo)的原子半径极为接近，造成 Zr 与 Hf、Nb 与 Ta、Mo 与 W 的性质十分相似，在自然界往往共生，分离比较困难。

2. 原子半径在族中的变化

主族元素从上往下，原子半径显著增大。但是副族元素除钪分族外，从上往下原子半径一般略为增大，第五周期和第六周期的同族元素之间，原子半径非常接近。

原子半径越大，核对外层电子的引力越弱，原子就越易失去电子；相反，原子半径越小，核对外层电子的引力越强，原子就越易得到电子。但必须注意，难失去电子的原子，不一定容易得到电子。例如，稀有气体原子得、失电子都不容易。

7.4.2 电离能与电子亲和能

原子失去电子的难易可用电离能(I)来衡量，结合电子的难易可用电子亲和能(E_A)来定性的比较。

1. 电离能(I)

气态原子要失去电子变为气态阳离子(即电离)，必须克服核电荷对电子的引力而消耗能量，这种能量称为**电离能**(I)，其单位常采用 $kJ\cdot mol^{-1}$。

由基态(能量最低的状态)的中性气态原子失去一个电子形成气态阳离子所需要的能量，称为原子第一电离能(I_1)；由氧化数为+1 的气态阳离子再失去一个电子形成氧化数为+2 的气态阳离子所需要的能量，称为原子的第二电离能(I_2)；其余依次类推。例如：

$$Mg(g)-e^- \longrightarrow Mg(g); \quad I_1=738\ kJ\cdot mol^{-1}$$

$$Mg^+(g)-e^- \longrightarrow Mg^{2+}(g); \quad I_2=1\,451\ kJ\cdot mol^{-1}$$

…………

显然，元素原子的电离能越小，原子就越易失去电子；反之，元素原子的电离能越大，原子越难失去电子。这样，就可以根据原子的电离能来衡量原子失去电子的难易程度。一般情况下，只应用第一电离能数据即可。

元素原子的电离能，可以通过实验测出。

同一周期主族元素，从左向右过渡时，电离能逐渐增大。副族元素从左向右过渡时，电离能变化不十分规律。

同一主族元素从上往下过渡时，原子的电离能逐渐减小，副族元素从上往下原子半径只是略微增大，而且第五、第六周期元素的原子半径又非常接近，核电荷数增多的因素起了作用，电离能变化没有较好的规律。

值得注意，电离能的大小只能衡量气态原子失去电子变为气态离子的难易程度，至于金属在溶液中发生化学反应形成阳离子的倾向，还是应该根据金属的电极电势来进行估量。

2. 电子亲和能(E_A)

与电离能恰好相反，元素原子的第一电子亲和能是指一个基态的气态原子得到一个电子形成气态阴离子所释放出的能量。例如：

$$O(g) + e^- \longrightarrow O^-(g); \qquad E_{A1} = -141\ kJ \cdot mol^{-1}$$

元素原子的第一电子亲和能一般为负值，因为电子落入中性原子的核场里势能降低，体系能量减小。唯稀有气体原子(ns^2np^6)和ⅡA族原子(ns^2)最外电子亚层已全部充满，要加合一个电子，环境必须对体系做功，亦即体系吸收能量才能实现，所以第一电子亲和能为正值。所有元素原子的第二电子亲和能都为正值，因为阳离子本身是个负电场，对外加电子有排斥作用，要再加合电子时，环境也必须对体系做功。例如：

$$O^-(g) + e^- \longrightarrow O^{2-}(g); \qquad E_{A2} = 780\ kJ \cdot mol^{-1}$$

显然，元素原子的第一电子亲和能代数值越小，原子就越容易得到电子；反之，元素原子的第一电子亲和能代数值越大，原子就越难得到电子。

由于电子亲和能的测定比较困难，所以目前测得的数据较少(尤其是副族元素尚无完整数据)，准确性也较差，有些数据还只是计算值。

无论是在周期或族中，主族元素电子亲和能的代数值一般都是随着原子半径的减小而减小的。因为半径减小，核电荷对电子的引力增大，故电子亲和能在周期中从左向右过渡时，总的变化趋势是减小的。主族元素从上到下过渡时，总的变化趋势是增大的。值得注意：电子亲和能、电离能只能表征孤立气态原子或离子得、失电子的能力。

7.4.3 电负性

某原子难失去电子，不一定就容易得到电子；反之，某原子难得到电子，也不一定就容易失去电子。为了能比较全面地描述不同元素原子在分子中对成键电子吸引力的能力，鲍林提出了电负性的概念。所谓**电负性**是指分子中元素原子吸引电子的能力。指定最活泼的非金属元素原子的电负性 $\chi_p(F) = 4.0$，然后通过热化学方法计算得到其他元素原子的电负性值(见表7-4)。后人经过改进，把$\chi_p(F)$定为3.98，得出另一套鲍林电负性(χ_p)数据。

表 7-4 元素的电负性(χ_p)

H 2.1																
Li 1.0	Be 1.5											B 2.0	C 2.5	N 3.0	O 3.5	F 4.0
Na 0.9	Mg 1.2											Al 1.5	Si 1.8	P 2.1	S 2.5	Cl 3.0
K 0.8	Ca 1.0	Sc 1.3	Ti 1.5	V 1.6	Cr 1.6	Mn 1.5	Fe 1.8	Co 1.9	Ni 1.9	Cu 1.9	Zn 1.6	Ga 1.6	Ge 1.8	As 2.0	Se 2.4	Br 2.8
Rb 0.8	Sr 1.0	Y 1.2	Zr 1.4	Nb 1.6	Mo 1.8	Tc 1.9	Ru 2.2	Rh 2.2	Pd 2.2	Ag 1.9	Cd 1.7	In 1.7	Sn 1.8	Sb 1.9	Te 2.1	I 2.5
Cs 0.7	Ba 0.9	Lu 1.2	Hf 1.3	Ta 1.5	W 1.7	Re 1.9	Os 2.2	Ir 2.2	Pt 2.2	Au 2.4	Hg 1.9	Tl 1.8	Pb 1.9	Bi 1.9	Po 2.0	At 2.2

从表 7-4 中可见，元素原子的电负性呈周期性变化。同一周期从左向右电负性逐渐增大。同一主族，从上往下电负性逐渐减小；至于副族元素原子，ⅢB～ⅤB 族从上往下电负性变小，ⅥB～ⅡB 族从上往下电负性变大。某元素的电负性越大，表示它的原子在分子中吸引成键电子(即习惯说的共用电子)的能力越强。

需要说明几点：① 鲍林电负性是一个相对值，本身没有单位；② 自从 1932 年鲍林提出电负性的概念后，有不少人对这个问题进行探讨，由于定义及计算方法不同，现在已经有几套元素原子电负性数据，因此，使用数据时要注意出处，并尽量采用同一套电负性数据；③ 如何定义电负性至今仍在争论中。

7.4.4 元素的氧化数

元素的氧化数与原子的价电子数直接相关。

1. 主族元素的氧化数

由于主族元素原子只有最外层的电子为**价电子**，能参与成键，因此，主族元素(F、O 除外)的最高氧化数等于该原子的价电子总数(亦即族数)。如表 7-5 所示，随着原子核电荷数的递增，主族元素的氧化数呈现周期性的变化。

表 7-5 主族元素的氧化数与价电子数的对应关系

族数	ⅠA	ⅡA	ⅢA	ⅣA	ⅤA	ⅥA	ⅦA
价层电子构型	ns^1	ns^2	ns^2np^1	ns^2np^2	ns^2np^3	ns^2np^4	ns^2np^5
价电子总数	1	2	3	4	5	6	7
主要氧化数	+1	+2	+3 (Tl 还有+1)	+4 +2 (C 有−4)	+5 +3 (N,P 有−3) (N,P 有+1，+2，+4)	+6 +4 −2 (O 一般呈−2，−1)	+7 +5 +3 +1 −1 (F 一般只呈−1)
最高氧化数	+1	+2	+3	+4	+5	+6	+7

2. 副族元素的氧化数

ⅢB～ⅦB族元素原子最外层的s亚层和次外层d亚层的电子均为价电子，因此，元素的最高氧化数也等于价电子总数，如表7-6所示。但是，ⅠB和Ⅷ族元素的氧化数变化不规律；ⅡB族的最高氧化数为+2。

表7-6　ⅢB～ⅦB族元素最高氧化数与价电子数的对应关系

族数	ⅢB	ⅣB	ⅤB	ⅥB	ⅦB
第四周期元素	Sc	Ti	V	Cr	Mn
价层电子构型	$3d^1 4s^2$	$3d^2 4s^2$	$3d^3 4s^3$	$3d^5 4s^1$	$3d54s^2$
价电子数	3	4	5	6	7
最高氧化数	+3	+4	+5	+6	+7

文献讨论题

［文献］ Rahman J, Corns W T, Bryce D W, Stockwell P B. Determination of mercury, selenium, bismuth, arsenic and antimony in human hair by microwave digestion atomic fluorescence spectrometry. Talanta, **2000**, 52, 833-843.

原子荧光是原子蒸汽受具有特征波长的光源照射后，其中一些自由原子被激发跃迁到较高能态，然后去激发跃迁到某一较低能态(常常是基态)而发射出特征光谱的物理现象。当激发辐射的波长与所产生的荧光波长相同时，这种荧光称为共振荧光。它是原子荧光分析中最常用的一种荧光。如果自由原子由某一能态经激发态跃迁到较高能态，去激发而跃迁到不同于原来能态的另一较低能态，就有各种不同类型的原子荧光出现。各种元素都有特定的原子荧光光谱，据此可以辨别元素的存在。并根据原子荧光强度的高低可以测得试样中待测元素的含量，这就是原子荧光光谱分析。原子荧光光谱分析是在原子发射光谱分析、荧光分析法和原子吸收分光光度法的基础上发展起来的，它和荧光分析法比较，主要区别在于荧光分析法是测量基态分子受激发而产生的分子荧光，而原子荧光是原子产生的，故可用于测定样品中的原子含量。它又不同于火焰或等离子等原子发射光谱分析。原子荧光光谱分析法的检测灵敏度高，特别是锌、镉等元素的检出限比其他方法低一、二个数量级，而且待测元素的原子蒸汽所产生的原子荧光辐射强度与激发光源强度成比例。现在已有20多种元素的原子荧光分析检出限优于原子吸收分析和原子火焰发射光谱。阅读上述文献，分析原子荧光分析法在检测Hg、Se、Bi、As和Sb原子含量方面的应用。

习题

1. 利用氢原子光谱的频率公式，令 $n = 3, 4, 5, 6$，求出相应的谱线频率。

2. 利用氢原子光谱的能量关系式求出氢原子各能级($n=1, 2, 3, 4$)的能量。

3. 钠蒸气街灯发出亮黄色光，其光谱由两条谱线组成，波长分别为589.0 nm和589.6 nm。计算相应的光子能量和频率。

4. 已知 $\psi_{1s} = \sqrt{\frac{1}{\pi a_0}}\, e^{-r/a_0}$ (氢原子基态)，计算：

(1) $r = 52.9$ pm处的 ψ 值；　　(2) $r = 2 \times 52.9$ pm处的 ψ 值；

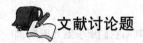

(3) (1)与(2)的 ψ^2 值；　　　　(4) (1)与(2)的 $4\pi r^2\psi^2$ 值；

(5) 当 $r=0$ 和 $r=\infty$ 时，$4\pi r^2\psi^2$ 分别等于多少？

5. n 相同，l 不同的电子云钻穿作用大小的次序是什么？

6. 下列各元素原子的电子分布式各自违背了什么原理？请加以改正。

(1) 硼 $(1s)^2(2s)^3$　　(2) 氮 $(1s)^2(2s)^2(2p_x)^2(2p_y)^1$　　(3) 铍 $(1s)^2(2p_y)^2$

7. 下列中性原子何者的未成对电子最多？

(1) Na　　(2) Al　　(3) Si　　(4) P　　(5) S

8. 为什么锰和氯都属于第Ⅶ族元素，但它们的金属性和非金属性不相似，而最高氧化数却相同？试从原子结构予以解释。

9. 下列离子何者不具有 Ar 的电子构型？

(1) Ga^{3+}　　(2) Cl^-　　(3) P^{3-}　　(4) Sc^{3+}　　(5) K^+

10. 已知某元素基态原子的电子分布是 $1s^22s^22p^63s^23p^63d^{10}4s^24p^1$，请回答：

(1) 该元素的原子序数是多少？

(2) 该元素属第几周期？第几族？是主族元素还是过渡元素？

11. 用 s，p，d，f 等符号表示下列元素的原子电子层结构(原子电子构型)，判断它们属于第几周期、第几主族或副族？

(1) $_{20}Ca$　　(2) $_{27}Co$　　(3) $_{31}Ga$　　(4) $_{48}Cd$　　(5) $_{83}Bi$

12. 推断下列元素的原子序数：

(1) 最外电子层为 $3s^23p^6$；

(2) 最外电子层为 $4s^1$，次外层电子层的 d 亚层仅有 5 个电子；

(3) 最外电子层为 $4s^24p^5$。

13. 在某一周期(其稀有气体原子的外层电子构型为 $4s^24p^6$)中有 A，B，C，D 四种元素，已知它们的最外层电子数分别为 2，2，1，7；A 和 C 的次外层电子数为 8，B 和 D 的次外层电子数为 18。问 A，B，C，D 分别是哪种元素？

14. 写出 K^+，Ti^{3+}，Sc^{3+}，Br^- 离子半径由大到小的顺序。

15. 下列元素中何者第一电离能最大？何者第一电离能最小？

(1) B　(2) Ca　(3) N　(4) Mg　(5) Si　(6) S　(7) Se

第 8 章　分子结构

§8.1　分子的性质

8.1.1　偶极矩

正、负电荷中心间的距离 l 和电荷中心所带电量 q 的乘积，叫作**偶极矩**，$\vec{\mu}=q\vec{l}$。它是一个矢量，方向规定为从正电中心指向负电中心。偶极矩的单位是 D(德拜)。根据讨论的对象不同，偶极矩可以指键偶极矩，也可以是分子偶极矩。分子偶极矩可由键偶极矩经矢量加法后得到。实验测得的偶极矩可以用来判断分子的空间构型，如图8-1所示。

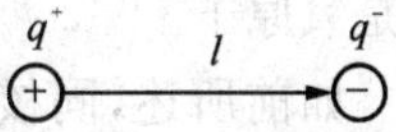

图 8-1　偶极子与偶极矩

偶极矩的 SI 单位是 C·m(库仑·米)。但传统上用于度量化学键的偶极矩的单位是德拜，符号 D，1 D=10^{-20} esu · cm ①。

8.1.2　分子的极性和变形性

“**极性**”是一个电学概念。偶极矩常用来度量分子的极性。键偶极矩为 0 的共价键叫作**非极性共价键**；偶极矩 μ 不等于 0 的共价键叫作**极性共价键**。偶极矩为 0 的分子叫作**非极性分子**；偶极矩 μ 不等于 0 的分子叫作**极性分子**。例如 HCl 的偶极矩是 1.03D，H_2O 的偶极矩是 1.85D，它们都是强极性分子。表 8-1 给出了一些分子的偶极矩实测值。

表 8-1　某些分子的偶极矩实测值

分　子	偶极矩 μ/D	分　子	偶极矩 μ/D	分　子	偶极矩 μ/D
H_2	0	HF	1.92	NH_3	1.48
F_2	0	HCl	1.08	SO_2	1.60
P_4	0	HBr	0.78	CH_4	0
S_8	0	HI	0.38	HCN	2.98
O_2	0	H_2O	1.85	NF_3	0.24
O_3	0.54	H_2S	1.10	LiH	5.88

① 德拜(P.J, W. Debye，1884—1966)，丹麦出生的美国物理学家和化学家，1936 年获诺贝尔化学奖，研究领域宽广，涉及分子结构、高分子化学、X 射线分析、电解质溶液等。

从表 8-1 可以知道，同核双原子分子的实测偶极矩都等于零，是非极性分子，因为正负电荷中心重叠，偶极子的偶极长 $l=0$，偶极矩自然等于零($\mu=q*0$)。而异核双原子分子由于原子不同电负性有差别，造成正负电荷不能在一个中心，而产生偶极矩，因此异核双原子分子必定是极性分子。

另外分析表中数据，异核双原子分子 HF、HCl、HBr、HI 的极性依次减小，这与卤化氢分子从上到下核间距依次增大的顺序相反。如前所述，偶极长是偶极子的正电荷中心和负电荷中心的距离。异核双原子分子的两个原子电负性差值越大，键偶极长就越大，由于氟、氯、溴、碘的电负性依次减小，故 HF、HCl、HBr 和 HI 分子偶极长依次减小，分子偶极矩也依次减小。

双原子分子中 CO 分子是比较特殊的例子，因为从碳和氧的电负性差来看，CO 分子的负电荷中心应偏在氧原子一侧。但实验却是 CO 的负电荷中心在碳原子一侧，这因为 CO 分子中的碳原子提供一个空 2p 轨道接受氧原子的一对孤对电子形成配位键，从而使分子的负电重心移向碳原子。这可以从一些实验中得到验证，如 CO 分子与金属原子形成羰基化合物，如 $Fe(CO)_5$，还有 CO 与血红蛋白中的 Fe^{2+} 结合时，与金属原子结合的都是碳原子而不是氧原子。

如前所述，同核双原子单质分子一定是非极性分子，如 H_2、N_2、O_2、F_2 等。从表 8-1 可见，多原子单质分子如 P_4、S_8 等也是非极性分子；但是，臭氧 O_3 的实测偶极矩却为 0.54D，为什么？这是因为，偶极矩是一种矢量①，分子偶极矩是分子中各键偶极矩和分子中占据 σ 轨道的各孤对电子偶极矩的矢量和。如果这个矢量和等于零，分子才是非极性的。图 8-2 给出了一些分子的偶极矩矢量图，我们不难看出，臭氧分子正负电荷不能重叠，有极性。

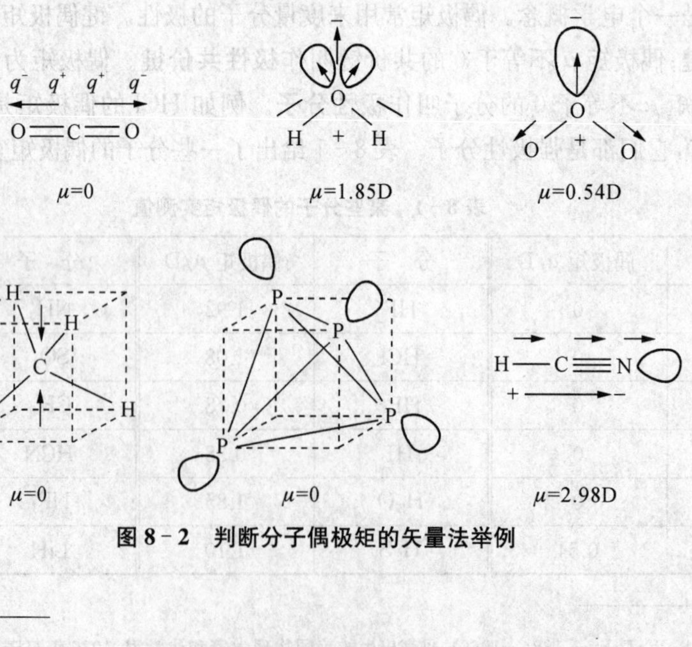

图 8-2 判断分子偶极矩的矢量法举例

① 矢量又叫作向量。在物理学中电偶极矩这个矢量的方向是偶极子的负电中心指向正电中心，但在化学上，习惯上把电偶极矩的方向定为正电中心指向负电中心，跟物理学的偶极矩方向正好相反。

图 8-2 还说明了，所有异核双原子分子都是极性分子，但异核多原子分子有没有极性，仍要通过矢量和的计算，考察分子中所有偶极子的偶极矩矢量和是否等于零。

多原子分子的偶极矩是否等于零则要依赖其几何构型，反之，测定偶极矩可以判别分子的几何构型。物质的熔点、沸点、溶解性、折光率等许多物理性质都会受到分子极性的显著影响，分子偶极矩数据还可以通过测定折光率得到，后续章节将讨论这些知识点。

在极性分子的固有偶极诱导下，临近它的分子会产生诱导偶极，被作用分子的诱导偶极与作用分子的固有偶极之间产生的电性引力称为**诱导力**（属于分子间作用力的一种），而这个作用力的大小主要由固有偶极的偶极矩（μ）大小以及分子变形性的大小决定。分子变形性的大小可以用**"极化率"**（符号 α）来衡量。相对来说，分子的结构相同时，分子的相对分子质量越大，极化率越大；而分子的相对分子质量相近时，分子结构越复杂，则极化率也越大。对于极化率相同的分子，如受到偶极矩较大的分子作用的分子间产生的诱导力也较大。分子的极化率越大越容易变形，在同一固有偶极作用下产生的诱导偶极矩就越大。有关分子间作用力的知识点在本章 8.4 节将详细讨论。

8.1.3 分子组成、结构的测定和分子工程学

从自然界分离或在实验室合成的物质分子，我们要知道其组成及结构的简便方法就是**质谱仪**（mass spectrometer，用高能电子流等轰击样品分子，使该分子失去电子变为带正电荷的分子离子和碎片离子），它可以测出分子的相对分子质量，确定其分子组成，揭示分子中各种原子的连接方式，推断出简单分子里原子的排列方式。此外，还可以通过**红外吸收光谱**来鉴定功能团（如 C═C 双键、C—N 键等）；**紫外吸收光谱**主要用于鉴定含有不饱和键功能团的分子（如共轭烯烃、羰基等）；**核磁共振**多用于有机分子的分子结构推测。如果能培养出单晶的物质，还可以利用单晶 X **射线衍射**来测定晶体的分子结构。

"分子设计"是根据某种特定需要，设计出具有该性能的分子结构，目前已经积累了大量的分子结构、晶体结构、能谱及各种物化数据并编制成数据库；量子化学、分子动力学、分子热力学等理论同先进计算机技术与图像显示技术相结合，为分子设计提供了高效理论计算和结构表达的条件，因而在化合物分子设计、药物设计、催化剂设计、材料设计、生物活性物质设计等方面发展很快。例如，天然蛋白在人为条件下往往显示不出其在自然条件下的最佳功能，因此需要对蛋白质进行改性（如提高耐热、耐酸稳定性和活性、降低副作用等）的设计。据报道，北京大学结构化学教研室从 1993 年开始已经着手研制蛋白质分子设计系统，内含蛋白质结构信息相关数据库和蛋白质分子设计程序包两部分。

"分子工程"泛指某种特定需要在分子水平上实现结构的设计和施工（也即从分子结构出发，研制乃至投产）。例如，吉林大学徐如人院士根据我国炼油工业、石油化工与精细化工的实际需要，以及催化反应对催化材料微孔晶体结构的要求，设计出晶体孔道模型，再借助孔道数据库的帮助选择与制定晶体孔道理想结构模型及相应的理论图谱，并根据设计的合成方案在非水体系中合成出目前国际上具有二十元环超大孔道结构的磷酸铝（JDF-20）晶体，为进一步设计合成具有特定孔道结构的硅铝酸盐分子筛催化材料创造条件。

§8.2 价 键 理 论

8.2.1 共价键理论

1. Lewis 理论

英国化学家弗兰克兰(Edward Frankland,1825～1899)提出一种"**化合价**"概念：用元素符号加划短棍"－"的形式来表明原子之间按"化合价"相互结合的结构式，原子间用"—"相连表示互相用了"1 价"，如水的结构式为 H—O—H；用"═"相连表示互相用了"2 价"，如二氧化碳的结构式为 O═C═O，用"≡"相连则表示互相用了"3 价"，如氰化氢 H—C≡N 中的 C≡N。

20 世纪 20 初，美国化学家路易斯(Gilbert Newton Lewis，1875～1946)认为，稀有气体最外层电子构型($8e^-$)是一种稳定构型，其他原子倾向于共用电子而使它们的最外层转化为稀有气体的 8 电子稳定八隅体构型。

路易斯又把用"共用电子对"维系的化学作用力称为**共价键**。后人称这种观念为路易斯共价键理论。分子中除了用于形成共价键的键合电子外①，还经常存在未用于形成共价键的非键合电子对，又称**孤对电子**，在写结构式时常用一对小黑点表示孤对电子，如：

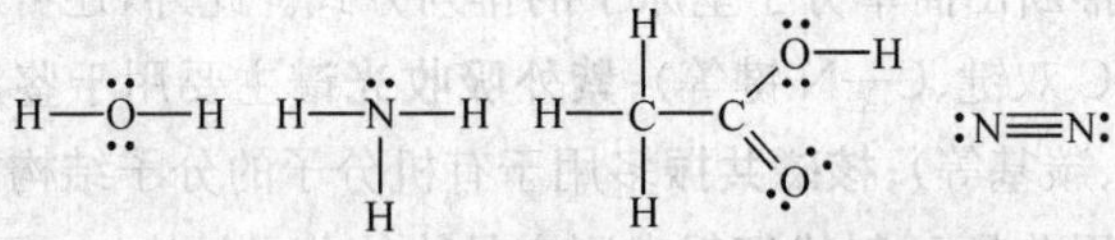

图 8-3 水、氨、乙酸和氮气的路易斯结构式

后人把这类用短棍表示共价键，同时用小黑点对表示非键合的"孤对电子"，添加了孤对电子的结构式叫作**路易斯结构式**(Lewis structure)，也叫**电子结构式**(Electronic structure)②。路易斯结构式给出了分子的价电子总数以及电子在分子中的分配。

【例 8-1】 画出 SO_2Cl_2、HNO_3、H_2SO_3、CO_3^{2-}、SO_4^{2-} 的路易斯结构式。

解： 图 8-4 中各路易斯结构式中的短横数与分子中的键合原子的化合价相符，价电子总数等于分子中所有原子的价电子数之和，但中心原子周围的电子总数(共用电子孤对电子)并不总等于 8，有多电子中心或缺电子中心。

① 本书的"键合电子"参考了北师大版的无机化学书中一词，而其他无机化学书中多用"成键电子"表达。考虑到分子轨道理论中有成键、反键和非键的概念，为了和分子轨道理论的说法区分开，我们将共价键的成对电子称为"键合电子"。读者需理解本书的"键合电子"是相对于"非键合电子"(即孤对电子或孤电子)而言的。

② 有的书上，路易斯结构式中共用电子用小黑点表示，并称之为"黑点图"，也有把路易斯结构式中的孤对电子对画成一条短线的。然而，不管怎样表示，路易斯结构式要标出孤对电子，这是与弗兰克兰结构式不同之处。

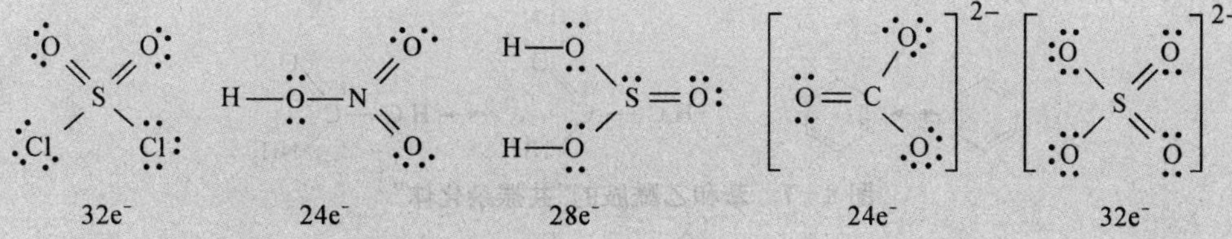

图 8-4 SO_2Cl_2、HNO_3、H_2SO_3、CO_3^{2-}、SO_4^{2-} 的路易斯结构式

现代原子结构知识告诉我们，第 2 周期元素最外层是 L 层，它的 2s 和 2p 两个能级总共只有 4 个轨道，最多只能容纳 8 个电子，因此，对于第 2 周期元素来说，多电子中心的路易斯结构式明显不合理。

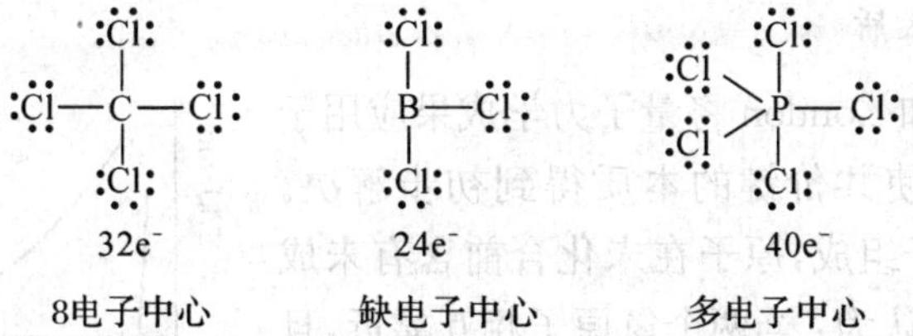

图 8-5 8 电子、缺电子、多电子中心结构

为避免这种不合理性，可以在不改变原子顺序的前提下，把某些键合电子改为孤对电子，但这样做，键合电子数就与经典化合价不同了，例如，N_2O，分子价电子总数为 16，可以画出如下两种路易斯结构式：

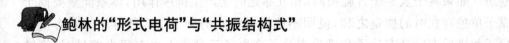

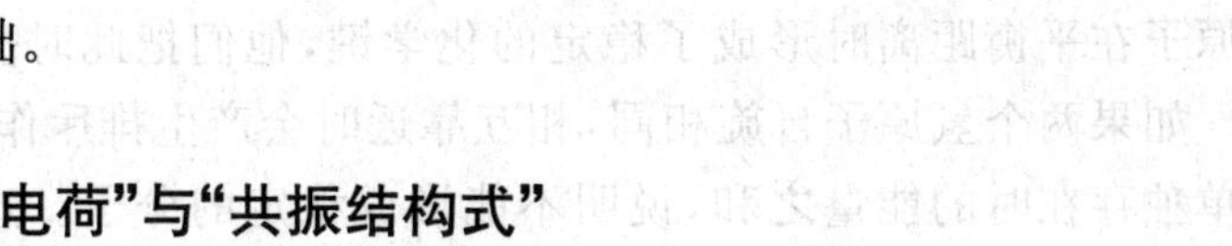

图 8-6 N_2O 的两种路易斯结构式

总之，路易斯结构式不是很完善，但是路易斯结构式中电子对成键概念为后续的共价键理论的发展奠定了基础。

鲍林的“形式电荷”与“共振结构式”

类似上述情况在无机化合物中并不少见。后来，鲍林提出“形式电荷”的概念，似可用来判断哪种路易斯结构式更合理。将键合电子的半数分别归属各键合原子，再加上各原子的孤对电子数，如果两者之和等于该原子(呈游离态电中性时)的价层电子数，形式电荷计为零，否则，少了电子，形式电荷计“+”数，多了电子计为“−”数。当结构式中所有原子的形式电荷均为零，或者形式电荷为“+”的原子比形式电荷为“−”的原子的电负性小，可认为是合理的路易斯结构式。这种书写正确路易斯结构式的方法对许多分子是合适的(读者可以自己举例验算)。例如，图 8-6 左式中，中心氮原子与端位氮原子的形式电荷分别为+1 和−1，右式所有原子的形式电荷均为零，右式似更合理。

对于可以写出几个相对合理的路易斯结构式的分子，鲍林提出了共振论，认为分子的真实结构是这些合理路易斯结构式的共振杂化体，每个结构式则称为一种共振体，泡林还创造了一种用来表达共振的符号

“↔”，把分子的共振体联系起来，例如：

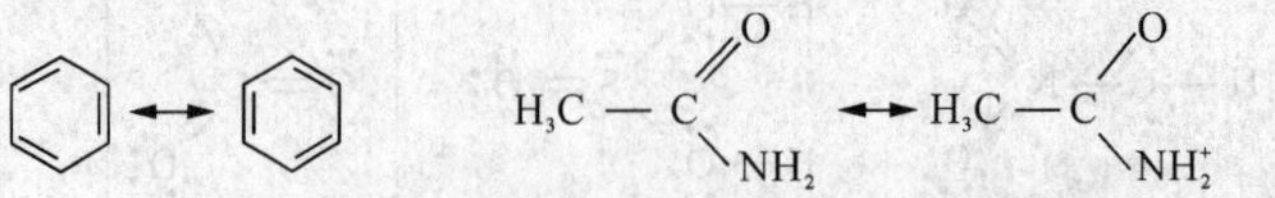

图 8-7 苯和乙酰胺的“共振杂化体”

现代分子结构实验测得苯分子各个C—C键长是等价的，但路易斯结构式却可以写出两种(注意：分子中原子顺序假设固定)，按共振论的观点，苯分子中的C—C键既不是双键，也不是单键，而是单键与双键的**“共振混合体”**(图8-7)。图中的乙酰胺是另一个例子，它的2个共振结构式分别表述了这种分子的键合电子的2种极端状态，因而也叫作**极限结构式**，这些知识点在有机化学课程中还将继续进行讨论。

至今，共振论在有机化学中仍有广泛应用，它有助于理解路易斯结构式的局限性。

2. 共价键形成和本质

1927年，Heitler和London将量子力学成果应用于H_2分子结构的研究，使共价键的本质得到初步解决。他们假设分子是由原子组成，原子在未化合前含有未成对的电子，他们的结果认为：当两个氢原子相互靠近，且它们的1s电子处于自旋状态反平行时，两个电子才能配对成键；当两个氢原子的1s电子处于自旋状态平行时，两电子不能配对成键，从这点看共价键的本质实际上是原子间由于成键电子原子轨道重叠而形成的化学键。

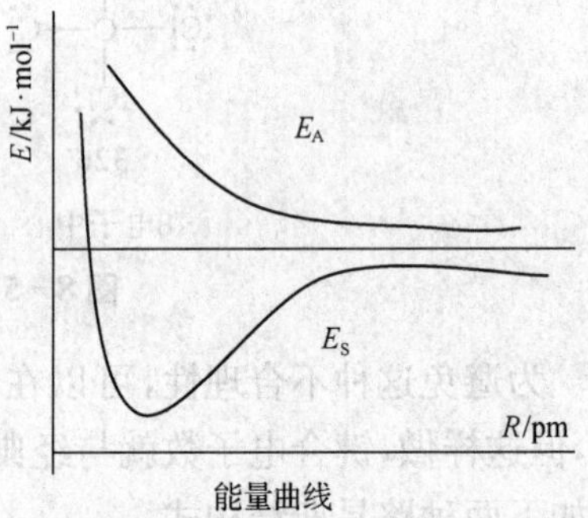

图 8-8 氢分子的能量 $E \sim R$ 曲线

以H_2分子为例，我们说明共价键形成的本质，用量子力学处理氢气分子时，得到分子能量E与核间距离R的关系曲线。如果两个氢原子的电子自旋相反，则当这两个原子相互接近时，其中一个原子上的电子会受到两个原子核的吸引。整个体系的能量要比两个氢原子单独存在时低，在核间距离达到平衡距离(实验值为74 pm)时，体系能量将达到最低点。而如果原子再进一步靠近，就会随着核之间的斥力逐渐增大能量反而会升高。这说明两个氢原子在平衡距离时形成了稳定的化学键，他们把此时分子的状态定义为氢分子的基态。如果两个氢原子自旋相同，相互靠近时会产生排斥作用，体系能量要高于两个氢原子单独存在时的能量之和，说明不能形成稳定的分子。这种排斥的状态被定义为氢分子的排斥态。基态分子和排斥态分子在电子云分布上也有很大差异，计算结果表明，基态分子两核之间的电子几率密度$|\psi|^2$远远大于排斥态分子核间的电子几率密度$|\psi|^2$。

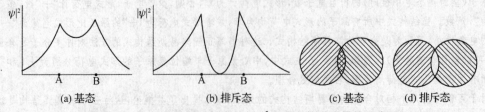

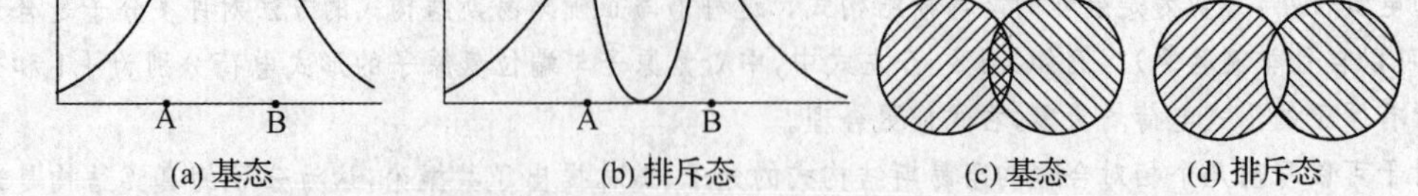

图 8-9 H_2分子的两种状态的$|\psi|^2$和原子轨道重叠的示意图

从图 8-9 中,我们也可以得出,在稳定的 H_2 分子中,氢原子间之所以能形成稳定的共价键是因为自旋相反的两个电子云密集在两个原子核之间,增大了电子云与原子核之间的吸引力,从而使体系的能量降低。而排斥态之所以不能成键,是因为自旋相同的两个电子的电子云在核间几率密度几乎为零,使体系能量升高,这也同时说明共价键的本质是电性的,但这样的结论用经典的静电理论则无法解释,我们知道静电理论不能说明为什么互相排斥的电子,在形成共价键时反而会密集在原子核之间。而从量子力学的计算来看,分子成键前后原子轨道发生变化,两个氢原子的 1s 轨道互相叠加时,由于两个 ψ_{1s} 均是正值,叠加后会使两个核间的几率密度增加,在两核间形成了一个电子几率密度最大的区域。这一方面降低了两核间的正电排斥,也增加了两个原子核对核间负电荷区域的吸引,都有利于体系势能的降低,对共价键的稳定起到关键作用。对不同的双原子分子来说,两个原子轨道重叠的部分越大,键越牢固,分子也越稳定。而 H_2 分子的排斥态则相当于两个轨道重叠部分互相抵消,在两核间出现了一个空白区,从而增大了两个核的排斥能,故体系能量升高而不能成键。

3. 共价键理论的基本要点与共价键的特点

(1) 共价键理论的基本要点

① 原子中自旋方向相反的未成对电子相互接近时,可相互配对形成稳定的化学键。共价键具有饱和性,例如: H—H、Cl—Cl、H—O—H、N≡N 等。一个原子有几个未成对电子,便可与几个自旋相反的未成对电子配对成键。

就 Cl_2 分子而言,氯原子外层 3p 轨道有 1 个未成对电子,它可以与另一个氯原子的自旋相反的未成对电子配对,形成共价单键而结合成 Cl_2 分子。

② 原子轨道的最大重叠,原子轨道相互重叠时总会沿着重叠最多的方向进行,这样形成的共价键最牢固。因为电子运动具有波动性,原子轨道重叠时必须考虑到原子轨道角度部分的"+"、"−"号,只有同号的两个原子轨道才能发生有效重叠。

(2) 共价键的特点

① **方向性**:电子所在的原子轨道除了 s 轨道是球形对称外,其他 p、d 和 f 轨道在空间都有角度方向的分量,成键时只有按照一定的方向取向,才能满足最大重叠原则,它决定了分子的空间构型。

② **饱和性**:在以共价键结合的分子中,每个原子成键的总数或与其以共价键相连的原子数目是一定的,这就是共价键的饱和性。例如,氯原子形成 Cl_2 的过程中,由于外层只有一个电子未成对,只形成一个单键,不可能再与另外的 Cl 原子结合形成 Cl_3 这样的分子。

4. 共价键的键型

前文说过,路易斯结构式确立了分子中的单键、双键和叁键,而这些键型一直到量子化学建立后才得到合理解释。有一种叫作"**价键理论**"(VB 法)的量子化学模型认为,共价键是由不同原子的电子云重叠形成的。按照这种理论认为,价键理论中根据电子云的重叠不同,共有 σ 键、π 键、δ 键等不同键型,下面将分别讨论。

(1) σ 键

两成键原子的原子轨道(或杂化轨道)的对称轴(无穷次轴)相对接并与键轴重合,这种方式重叠得到的共价键叫作 σ 键。如图 8-10 所示,其电子云图像为轴对称的。

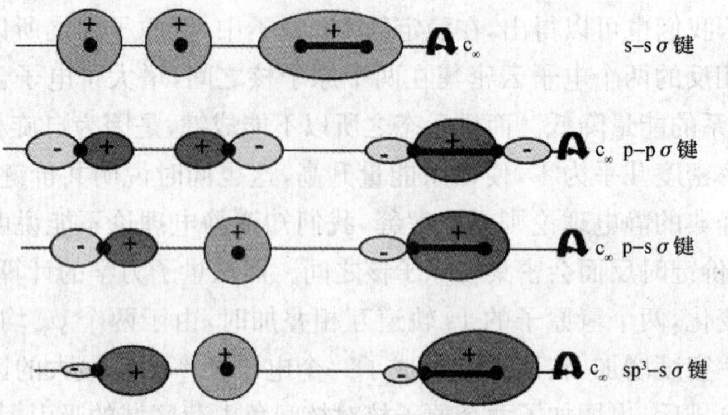

图 8-10 σ键

由上图可以看出，σ键可以由 s 电子和 s 电子叠加形成(s-s σ键)，也可以由 s 电子和 p 电子叠加形成(s-p σ键)或 p 电子和 p 电子叠加形成(p-p σ键)。

(2) π键

两成键原子的原子轨道分别用其两个互相垂直的对称镜面及反对称镜面互相对接，键轴在对称镜面与反对称镜面的交线上，电子云按这种方式重叠得到的共价键叫作 π 键，重叠后得到的化学键的图像仍呈镜面对称及镜面反对称①，该反对称镜面是 π 键的一个节面(电子云密度为零的平面)。π 键的例子：

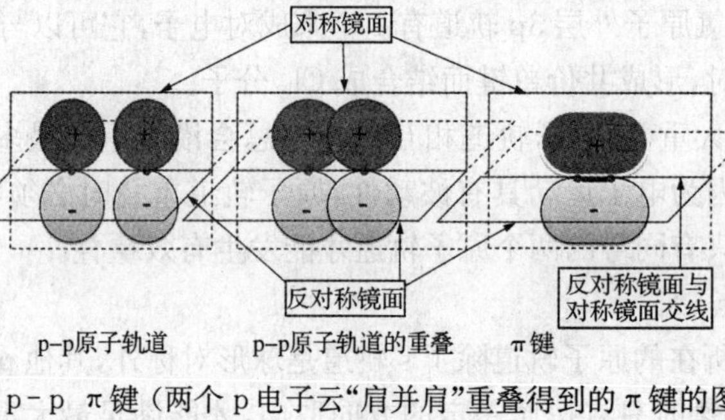

(a) p-p π键(两个 p 电子云"肩并肩"重叠得到的 π 键的图像)

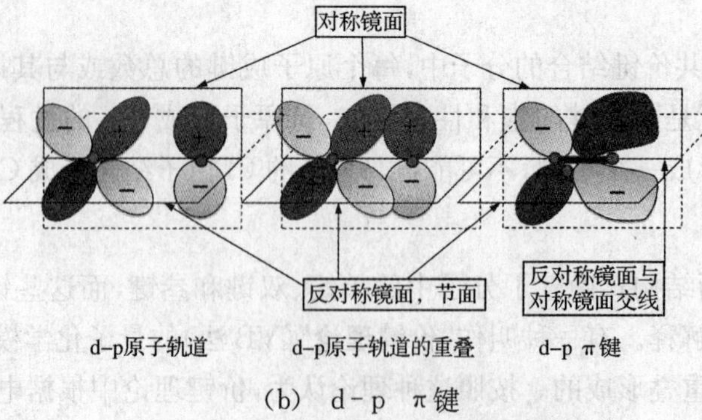

(b) d-p π键

图 8-11 p-p 和 d-p π键的图像

① 镜面对称是将图像看作电子云而言的，如果将图像看作 y 函数图像，π 键是镜面反对称的，"反"之意为：通过镜面反映波函数正负号反转了。本书后面还有一些图形也是这样的，若将图像看作 y 函数，当通过镜面反映改变了波函数符号时应视为反对称，不再声明。

用形象的言语来描述σ键是两个原子轨道“头碰头”重叠形成的；π键是两个原子轨道“肩并肩”重叠形成的。一般而言，如果原子之间只有1对电子，形成的共价键是单键，通常总是σ键；如果原子间的共价键是双键，由一个σ键一个π键组成；如果是叁键，则由一个σ键和两个π键组成。

除了p-p轨道和d-p轨道构成的π键外，还有其他类型的π键，如苯环的p-p大π键，硫酸根中的d-p反馈π键，过渡金属中有的δ键，留待以后补充。

(3) 配位键

配位键又称配位共价键，或简称配键，是一种特殊的共价键。当共价键中共用的电子对是由其中一原子独自提供而不是由各自给出时，就称为配位键。配位键形成后，就与一般共价键无异。配位键的形成需要两个条件：一是中心原子或离子必须有能接受电子对的空轨道；二是组成配位体的原子必须能提供配对的孤对电子。例如气态氨(NH_3)和气体三氟化硼(BF_3)形成固体$H_3N \rightarrow BF_3$，其中→表示氨分子的N原子提供2p孤对电子反馈到B的空2p轨道上。有关配位键的更多知识将在配位化学章节详细论述。

8.2.2 杂化轨道理论

1. 杂化轨道的概念

为了解释分子或离子的立体结构，鲍林以量子力学为基础提出了杂化轨道理论。

我们不妨先以甲烷为例说明杂化轨道理论的出发点：甲烷分子实测的和价层电子互斥模型(VSEPR)预测的立体结构都是正四面体。若认为CH_4分子里的中心原子碳的4个价电子层原子轨道2s和$2p_x$、$2p_y$、$2p_z$分别跟4个氢原子的1s原子轨道重叠形成σ键，无法解释甲烷的4个C—H键是等同的，因为碳原子的3个p轨道的互相夹角是90°，而2s轨道是球形的。鲍林假设，甲烷的中心原子(碳原子)在形成化学键时，4个价电子层原子轨道并不维持原来的形状，而是发生所谓**“杂化”**，得到4个等同的轨道，总称**sp^3杂化轨道**。

除sp^3杂化，还有两种由s轨道和p轨道杂化的类型：一种是1个s轨道和2个p轨道杂化，杂化后得到平面三角形分布的3个轨道，总称sp^2杂化轨道；另一种是1个s轨道和1个p轨道杂化，杂化后得到呈直线分布的2个轨道，总称sp杂化轨道。

图8-12画出了sp^3、sp^2、sp和三种杂化轨道在空间的排布。在该图最右边画出了未参与sp^2杂化和sp杂化的剩余轨道与杂化轨道的空间关系——未参与sp^2杂化的1个p轨道垂直于杂化轨道形成的平面(用横线表达的)；未参与sp杂化的2个p轨道与杂化轨道形成的直线呈正交关系(即相互垂直)。注意：杂化轨道总是用于构建分子的σ轨道，未杂化的p轨道才能构建π键，在学习杂化轨道理论时既要掌握杂化轨道的空间分布，也要掌握未参与

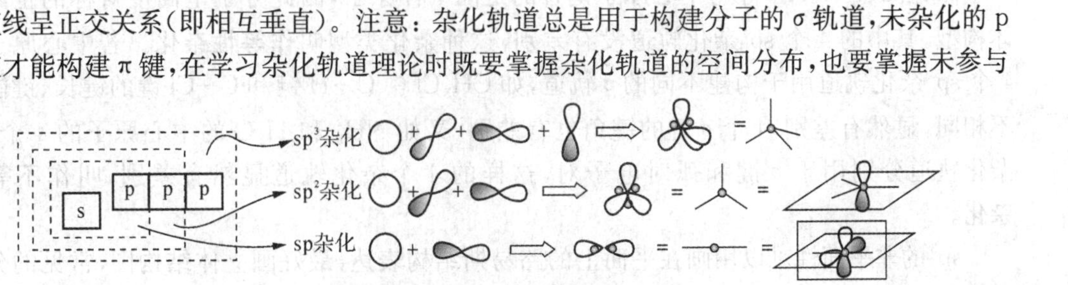

图8-12 s轨道和p轨道的三种杂化类型sp^3、sp^2、sp

杂化的轨道与杂化轨道的空间关系，否则难以全面掌握分子的整体结构。

讨论分子中的中心原子的杂化轨道类型的基础是预先知道它的立体结构。如果没有实验数据，可以借助后续的**价层电子对模型**（VSEPR **模型**）对分子的立体结构做出预言。

表 8-2　杂化轨道与分子构型

杂化轨道	杂化轨道数目	键　角	分子几何构型	实　例
sp	2	180°	直线形	$BeCl_2$，CO_2
sp^2	3	120°	平面三角形	BF_3，$AlCl_3$
sp^3	4	109.5°	四面体	CH_4，CCl_4
sp^3d	5	90°、120°	三角双锥	PCl_5，AsF_5
sp^3d^2	6	90°	八面体	SF_6，SiF_6^{2-}

有 d 轨道参与的杂化轨道将在配位化合物章节里介绍。以金属原子或重元素原子为中心原子的分子或离子的立体结构也将在有关配位化合物章节里补充。正四面体、正三角形和直线型杂化类型也还有用 d 轨道杂化的，本书不再讨论。

2. 杂化轨道的类型和分子空间结构

(1) sp^3杂化及代表分子甲烷

凡属于 AY_4 的分子的中心原子 A 都采取 sp^3 杂化类型。例如 CH_4、CCl_4、NH_4^+、CH_3Cl、NH_3、H_2O 等等。

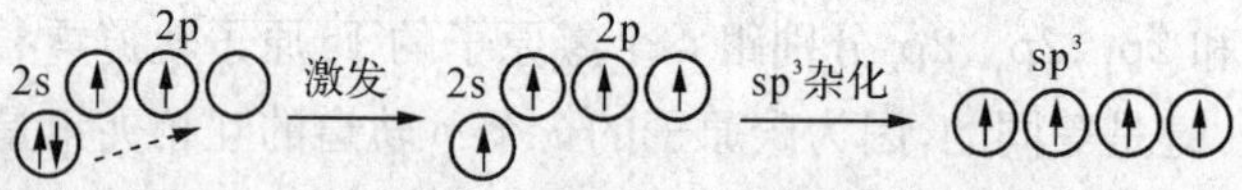

我们可以假设所有烷烃都是 CH_4 失去氢原子使碳原子相连形成的。由此，烷烃中的所有碳原子均取 sp^3杂化轨道形成分子的 σ 骨架，其中所有 C—C 键和 C—H 键的夹角都近似相等，金刚石则可以看成甲烷完全失去氢的 sp^3杂化的碳原子相连，所以金刚石中所有C—C 等于 109°28′。我国化学家在高压、700℃和 Fe - Co - Mn 催化作用下实施 $CCl_4 + 4Na \longrightarrow C + 4NaCl$的反应，结果发现产物中存在金刚石。这个实验是从 sp^3杂化概念出发设计的，其成功不仅说明从简单概念出发也能指导化学实践，而且也说明化学已成为名副其实的科学，极富美学特征。

CH_4、CCl_4、NH_4^+ 等与中心原子键合的是同一种原子，因此分子呈高度对称的正四面体构型，其中的 4 个 sp^3杂化轨道没有差别，这种杂化类型叫作**等性杂化**。若中心原子的 4 个 sp^3杂化轨道用于构建不同的 σ 轨道，如 CH_3Cl 中 C—H 键和 C—Cl 键的键长、键能都不相同，显然有差别，4 个 σ 键的键角也有差别，又如 NH_3 和 H_2O 的中心原子的 4 个 sp^3杂化轨道分别用于 σ 键和孤对电子对，这样的 4 个杂化轨道显然有差别，叫作**不等性杂化**。

sp^3的非平面性难以用画在平面上的路易斯结构表达，最好画立体结构图，常见的分子立体结构图许多种，侧重点互不相同，如图 8-13。

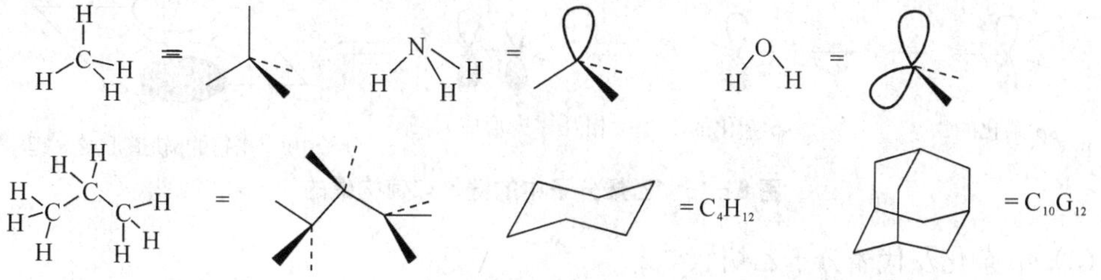

图 8-13 某些含 sp^3 杂化轨道的分子的立体结构

(2) sp^2 杂化及代表分子乙烯

凡符合 AY_3 通式的分子或离子中心原子大多数采取 sp^2 杂化轨道。例如 BCl_3、CO_3^{2-}、NO_3^-、$H_2C=O$、SO_3^{2-} 等。烯烃 $>C=C<$ 结构中跟 3 个原子键合的碳原子也是以 sp^2 杂化轨道为其 σ 骨架的。

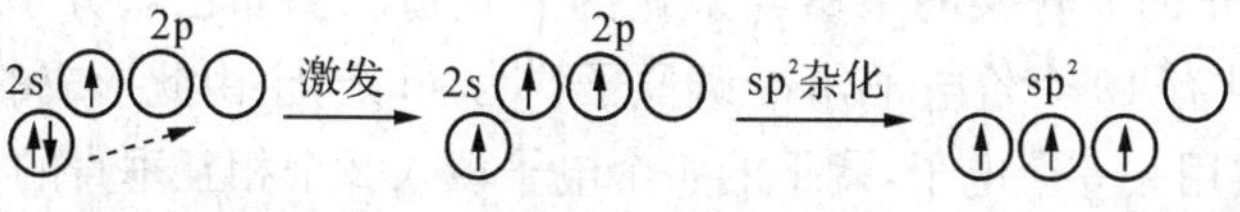

以 sp^2 杂化轨道构建 σ 轨道的中心原子必有一个垂直于 sp^2 σ 骨架的未参与杂化的 p 轨道，如果这个轨道跟邻近原子上的平行 p 轨道重叠，并填入电子，就会形成 π 键。例如，乙烯($H_2C=CH_2$)、甲醛($H_2C=O$)的结构如图 8-14 所示。

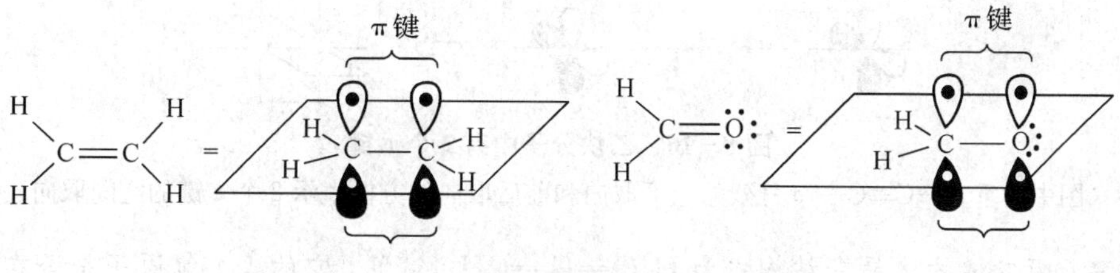

图 8-14 乙烯和甲醛分子中的化学键

对比它们的路易斯结构式，我们可以清楚地看到，乙烯和甲醛的路易斯结构式里除双键中的一根横线外，其他横线均代表由中心原子 sp^2 杂化轨道构建的 σ 键(图 8-14 中仍用横线代表 σ 键，用小黑点表示孤对电子)，而双键中的另一短横则是中心原子上未杂化的 p 轨道与端位原子的 p 轨道肩并肩重叠形成的 π 键(图 8-14 中用未键合的 p 电子云图像表示)。

我们以图 8-15 来分步理解乙烯分子杂化过程，C=C 键可按图 8-15 所示的方式构建，碳原子有 4 个价电子，在形成分子前，sp^2 杂化的碳原子的 4 个电子分配在 4 个轨道里(3 个在 sp^2 杂化轨道、1 个在未参与杂化的 p 轨道)，3 个 sp^2 杂化轨道分别与氢原子和碳原子的 1 个电子形成分子的 σ 骨架(总共形成 5 个 σ 键，用去 10 个电子)，因此在肩并肩靠拢的 2 个 p 轨道里总共有 2 个电子，形成一个 π 键。无论上述哪一种思路，得出的结论相同。

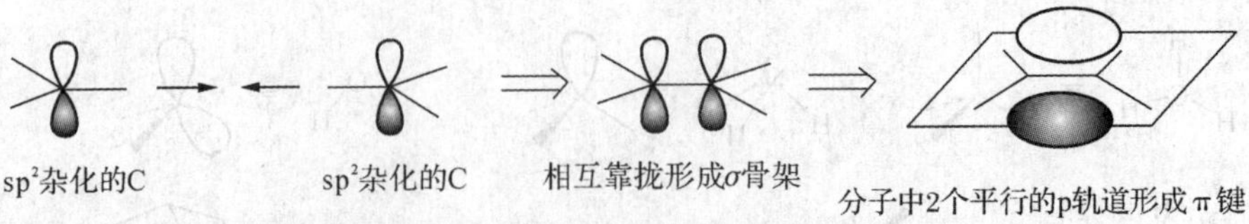

图 8-15 乙烯分子中的键是如何构建的

(3) sp 杂化及代表分子乙炔

具有 AY_2 通式的分子中的中心原子采取 sp 杂化轨道构建分子的 σ 骨架，例如 CO_2 中的碳原子、H—C≡N 中的碳原子、$BeCl_2$ 分子中的铍原子等。炔烃中的—C≡C—的 σ 骨架也是由 sp 杂化轨道构建的。

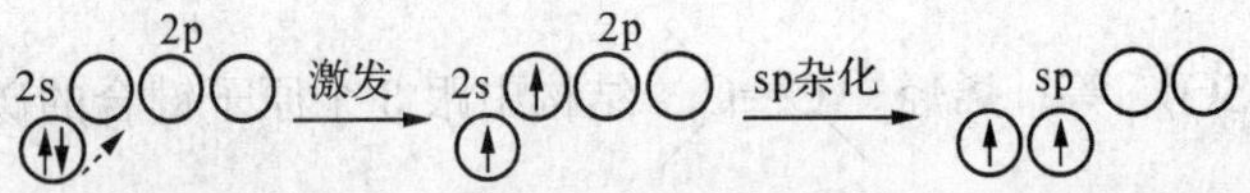

从图 8-16 我们已经得知，当中心原子取 sp 杂化轨道形成直线形的骨架时，中心原子上有一对垂直于分子的 σ 骨架的未参与杂化的 p 轨道。例如乙炔分子的路易斯结构式为 H—C≡C—H，总共有 10 个价电子，2 个碳原子均为 sp 杂化，由此形成的直线形的“H—C—C—H”σ 骨架，总共用去 6 个电子，剩下的 4 个电子填入 2 个相互垂直的 π 键中，这 2 个 π 键的形成过程是：每个碳原子有 2 个未参与 sp 杂化的 p 轨道，当碳原子相互靠拢用各自一个 sp 杂化轨道“头碰头”重叠，形成 σ 键的同时，未杂化的 p 轨道经旋转而导致 2 组相互平行的 p 轨道，采用肩并肩重叠，形成 2 个 π 键，如图 8-16 所示。

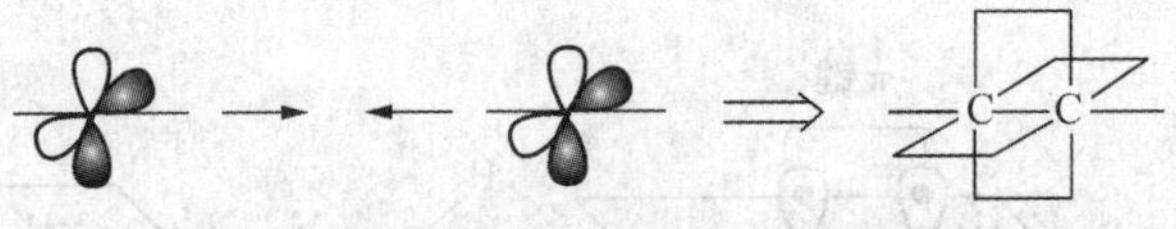

图 8-16 乙炔分子中有 2 个 π 键

(图中的垂直—C≡C— σ 骨架的上下取向和前后取向的方框表示 2 个 π 键的空间取向)

思考： 丙二烯的路易斯结构式为 $H_2C{=}C{=}CH_2$，试问：它的 4 个氢原子是否在一个平面上？

从路易斯结构式可见，丙二烯的 2 个端位碳原子分别有 3 个 σ 轨道，所以它们必定采取 sp^2 杂化形式，而中心的碳原子只有 2 个 σ 轨道，因而取 sp 杂化形式，换句话说，丙二烯分子的端位碳原子以烯碳方式在平面上展开 3 个互成 120°夹角的轨道，而中心碳原子以炔碳方式在直线上展开 2 个 σ 轨道，当碳原子靠近时，它们的 σ 轨道互相重叠，形成了分子的骨架(>C—C—C<)。接下来我们考虑未参与杂化的 p 轨道：中心碳原子取 sp 杂化轨道，有 2 个互相垂直且垂直于“C—C—C”σ 骨架的未杂化的 p 轨道，只有当左侧碳原子旋转到其 >C— 的 σ 骨架平面与右侧碳原子的 —C< 的 σ 骨架平面互相垂直时，它们的未参与杂化的 p 轨道才能分别与中心碳原子未杂化的 p 轨道“肩并肩”地重叠，形成 π 键，由此可见，丙二烯里左边 2 个氢原子所处的平面是与右边 2 个氢原子所处的平面互相垂直的(图 8-17)。

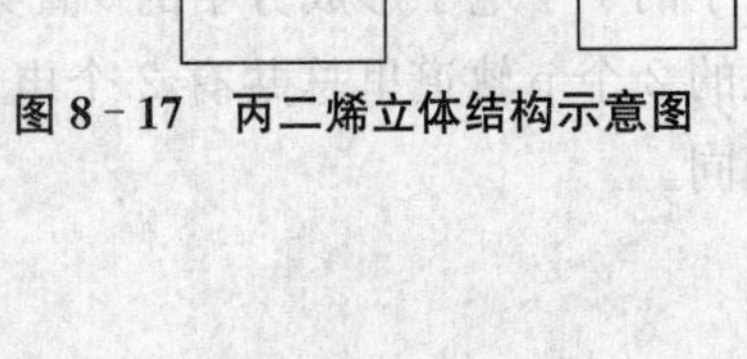

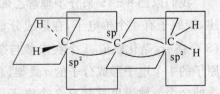

图 8-17 丙二烯立体结构示意图

(4) spd 型杂化及代表分子 PCl_5、SF_6

具有 AY_5 通式的分子中的中心原子采取 sp^3d 杂化轨道构建分子的 σ 骨架，中心原子价电子层上的 1 个 s 轨道、3 个 p 和 1 个 d 轨道组合成 5 个 sp^3d 杂化轨道。PCl_5(g)的几何构型为三角双锥。

P：$3s^2 3p^3$

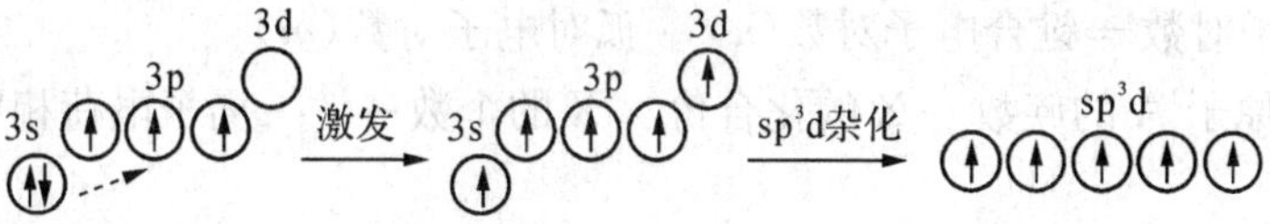

具有 AY_6 通式的分子中的中心原子采取 sp^3d^2 杂化轨道构建分子的 σ 骨架，杂化轨道则由 1 个 s 轨道，3 个 p 和 2 个 d 轨道组合成 6 个 sp^3d^2 杂化轨道而成。SF_6 的几何构型为八面体。

S： $3s^2$ $3p^4$

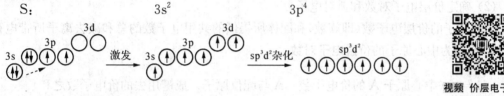

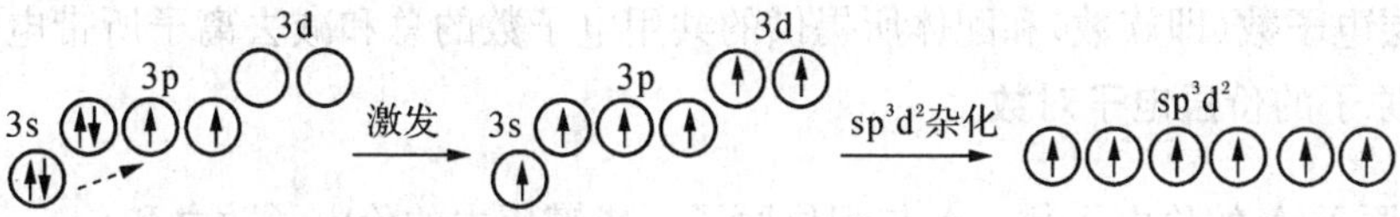

视频 价层电子对互斥理论

8.2.3 价层电子对互斥理论

我们在上面讨论的路易斯结构式不能描述分子的立体结构，杂化轨道虽然能解释一部分分子或离子的结构，但对于像 SF_4、I_3^- 等分子或离子的结构却无从解释，而我们知道分子的立体结构决定了分子许多重要性质，例如分子中化学键的类型、分子的极性、分子之间的作用力大小、分子在晶体里的排列方式等等。可以用现代实验手段测定物质的立体结构，分子或离子的振动光谱(红外或拉曼光谱)可确定分子或离子的振动模式，进而确定分子的立体结构；通过 X 衍射、电子衍射、中子衍射、核磁共振等技术也可测定分子的立体结构。

实验证实，属于同一通式的分子或离子，其结构可能相似，也可能完全不同。例如属同一通式的 H_2A，结构很相似，都是 V 型分子，仅夹角度数稍有差别，而 CO_3^{2-} 和 SO_3^{2-} 虽属同一通式 AO_3^{2-}，结构却不同：前者是平面形，后者是三角锥形；前者有大 π 键而后者没有。

早在 1940 年，希吉维克(Sidgwick)和坡维尔(Powell)在总结实验事实的基础上提出了一种简单的理论模型，用以预测简单分子或离子的立体结构。这种理论模型后经吉列斯比(R.J.Gillespie)和尼霍尔姆(Nyholm)在 20 世纪 50 年代加以发展，定名为价层电子对互斥模型，简称 VSEPR 模型。我们不难学会用这种模型来预测分子或离子的立体结构。

1. 价层电子对互斥理论的概念

价层电子对互斥理论的基础是，分子或离子的几何构型主要决定于与中心原子相关的电子对之间的排斥作用。该电子对既可以是成键的，也可以是没有成键的(叫作**孤对电子**)。只有中心原子的价层电子才能够对分子的形状产生有意义的影响。

2. 分子几何构型的预测方法

(1) 价层电子对数(VPN)公式

用通式 AX_nE_m 来表示所有只含一个中心原子的分子或离子的组成，式中 A 表示中心原子,X 表示配位原子(也叫端位原子),下标 n 表示配位原子的个数,E 表示中心原子上的孤对电子对,下标 m 是电子对数。

通式 AX_nE_m 里的$(n+m)$的数目称为价层电子对数,令 $n+m=z$,则可将通式 AX_nE_m 改写成另一种通式 AY_z。

价层电子对数 = 键合电子对数(n) + 孤对电子对数(m)

=(中心原子 A 的族数 − X 的化合价 × X 的个数 +/− 离子电荷相应的电子数)/2

例如:

分子	SO_2	SO_3	SO_3^{2-}	SO_4^{2-}	NO_2^-
m	1	0	1	0	0

(2) 确定价层电子对数和孤对电子数

中心原子的价层电子数(即族数)和配体所提供的共用电子数的总和减去离子所带电荷数除以 2,即为中心原子的**价层电子对数**。

$$m=\frac{1}{2}(\text{中心原子 A 的价电子数}-\text{A 与配位原子}\times\text{成键用去的价电子数之和})$$

可以这样理解这个通式:中心原子的族价等于它的价电子总数,中心原子与配位原子键合用去的电子数取决于配位原子的个数和配位原子的化合价,如果是离子,正离子的电荷相当于中心原子失去的电子,负离子的电荷相当于中心原子得到的电子,因此,用上式计算得到的数值 m 就是中心原子未用于键合的孤对电子对数①。

规定:

① 作为配体,卤素原子和 H 原子提供 1 个电子,氧族元素的原子不提供电子;

② 作为中心原子,卤素原子按提供 7 个电子计算,氧族元素的原子按提供 6 个电子计算;

③ 对于复杂离子,在计算价层电子对数时,还应加上负离子的电荷数或减去正离子的电荷数;

④ 计算电子对数时,若剩余 1 个电子,亦当作 1 对电子处理;

⑤ 双键、叁键等多重键作为 1 对电子看待。

3. 判断分子(离子)的稳定构型

价层电子对互斥模型(VSEPR)认为,分子中的价层电子对总是尽可能地互斥,均匀地分布在分子中,因此,z 的数目决定了一个分子或离子中的价层电子对在空间的分布,由此可以画出 VSEPR 理想模型(图 8-18)。

z	2	3	4	5	6
模型	直线形	平面三角形	正四面体	三角双锥体	正八面体

① 有时,计算出来的 m 值不是整数,如 NO_2,$m=0.5$,这时应当作 $m=1$ 来对待,因为,单电子也要占据一个孤对电子轨道。

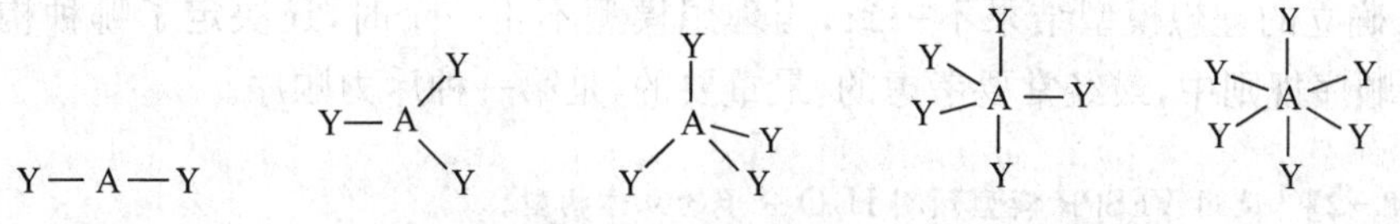

图 8－18 理想模型

要注意的是，VSEPR 模型的**“价层电子对”**指的是孤对电子对和 σ 键电子，不包括 π 电子对，考虑到孤对电子和键合的 σ 电子对的电子云图像具有相同的对称性，我们不妨把它们合称为 σ 轨道，那么，价层电子对互斥模型就是分子中 σ 轨道的电子在三维空间中互相排斥，达到尽可能对称的图像。

通常所说的“分子立体构型”是指分子中的原子在空间的排布，不包括孤对电子对，因此，在获得 VSEPR 理想模型后，需根据 AX_n 写出分子立体构型，只有当 AX_nE_m 中的 $m=0$ 时，即 $AY_z=AX_n$ 时，VSEPR 模型才是分子立体构型，否则，得到 VSEPR 模型后要略去孤对电子对，才得到分子立体构型，例如：H_2O、NH_3、CH_4 都是 AY_4，它们的分子立体构型见图 8－19。可见，对于 AX_n 而言，分子的立体结构就不一定越对称越好了，否则会以为水分子应为直线分子，氨应为平面三角形分子，换句话说，只有把孤对电子对考虑在内才能得出正确的分子立体模型，这正是 VSEPR 理论的成功之处。

分子	H_2O	NH_3	CH_4
构型	角形	三角锥体	正四面体

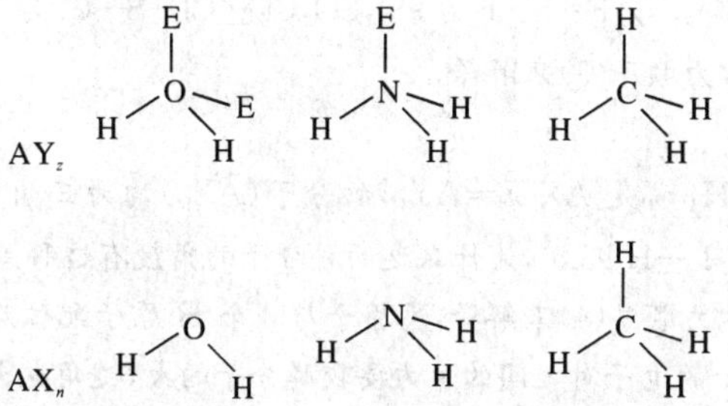

视频 大 π 键理论

图 8－19 理想模型与分子立体结构的关系(举例)

AY_z 中的 z 个价层电子对之间的斥力的大小有如下顺序：

(1) 孤对电子对-孤对电子对≫孤对电子对-键合电子对＞键合电子对-键合电子对；

(2) 叁键-叁键＞叁键-双键＞双键-双键＞双键-单键＞单键-单键；

(3) 配位原子电负性越大，斥力越小；

(4) 处于中心原子的全充满价层里的键合电子之间的斥力大于处在中心原子的未充满价层里键合电子之间的斥力。

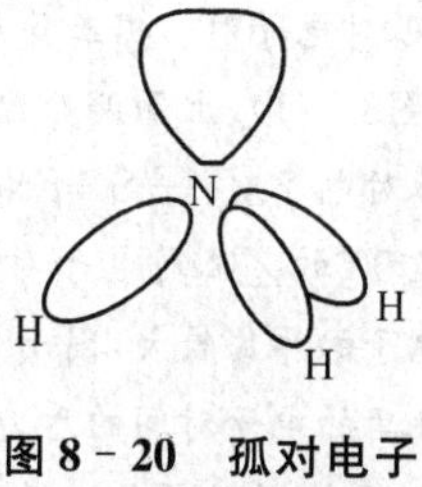

图 8－20 孤对电子对与键合电子对的斥力不同使理想模型发生畸变

上述电子对之间斥力的顺序可以这样简化理解：键合电子对受到左右两端带正电的原子核的吸引，而孤对电子对只受到一端原子核吸引，相比之下，孤对电子对较“胖”，占据较大的空间，而键合电子较“瘦”，占据较小的空间。

价层电子对之间的以上“斥力顺序”将使分子或离子的立体构

型和 AY_z 确立的理想模型结果不一致；当理想模型不止一个时，还决定了哪种构型更为稳定。这些顺序规则中，最经常要考虑的，最重要的，是第一种斥力顺序。

【例 8-2】 试用 VESPR 模型预测 H_2O 分子的立体构型。

解：(1) O 是 H_2O 分子的中心原子，它有 6 个价电子，与 O 化合的 2 个 H 原子各提供 1 个电子，所以 O 原子价层电子对数为 $(6+2)/2=4$，其中键合电子对数为 2，孤对电子对数为 2，H_2O 分子属 $AX_2E_2=AY_4$。

(2) VSEPR 理想模型为正四面体，价层电子对间夹角均为 109°28′。

(3) 根据斥力顺序(1)，应有：∠孤对电子对—O—孤对电子对>∠孤对电子对—O—H>∠H—O—H。

结论：水分子因价层电子对中有 2 对孤对电子，所以 H_2O 分子的空间构型为 V 形，∠H—O—H 小于 109°28′。

【例 8-3】 用 VESPR 模型预测 SO_2Cl_2 的立体构型。

解：S 是分子的中心原子，它有 6 个价电子，与 S 化合的 2 个 O 不提供电子，2 个 Cl 原子各提供 1 个电子，所以 S 原子价层电子对数为 $(6+2)/2=4$，其中键合电子对数为 4，孤对电子对数为 0，分子属 $AX_4E_0=AY_4$ 分子，VSEPR 理想模型为正四面体，因 S═O 键是双键，S—Cl 键是单键，据顺序(2)，分子立体模型应为：∠O═S═O>109°28′，∠Cl—S—Cl<∠O═S—Cl<109°28′。

结论：SO_2Cl_2 分子的立体结构为正四面体畸变型四面体型。

【例 8-4】 实测值：SO_2F_2∠F—S—F 为 98°，SO_2Cl_2∠Cl—S—Cl 为 102°，为什么后者角度较大？

解：这种差别可以用斥力顺序(3)来解释。

【例 8-5】 PH_3 和 NH_3 都是 $AX_3E=AY_4$，故分子(AX_3)均为三角锥形。实测：氨分子∠H—N—H 106.7°，膦分子∠H—P—H 93.5°，为什么这两种分子的角度有这种差别？

解：这种差别可以用斥力顺序(4)来解释，N 原子与 3 个 H 原子配位后，电子层全充满，而 P 原子还有 3d 空轨道，因此氨分子的电子对之间的斥力要较膦分子的大，键角也大。

【例 8-6】 推断 SF_4 的分子构型。

解：SF_4 的价层电子对数：S 的价层电子数为 6，每个 F 有一个配位电子，$VPN=(6+4)/2=5$，其中键合电子对数为 4，孤对电子数为 1，因此属 $AX_4E_1=AY_5$ 其 VSEPR 理想模型为三角双锥体，排除孤对电子的分子立体结构由于孤对电子的位置不同应有两种可能的模型：Ⅰ型为类似金字塔的三角锥体(孤对电子对占据三角双锥的一个锥顶)；Ⅱ型为跷跷板型(孤对电子对占据三角双锥的"赤面位置")(图8-21)，上面两个结构哪个更合理呢？在Ⅰ型里有 3 个呈 90°的∠孤对电子对：—S—F 和 3 个呈 90°的∠F—S—F，而在Ⅱ型里只有两个呈 90°的∠孤对电子对：—S—F 和 4 个呈 90°的∠F—S—F，由于孤对电子的斥力较大，因而Ⅱ型比Ⅰ型稳定。需要指出的是：该分子中 120°夹角的电子对间的斥力与 90°夹角的电子对间的斥力相比小得可以忽略不计，故无须加以考虑。实测 SF_4 分子呈Ⅱ型。

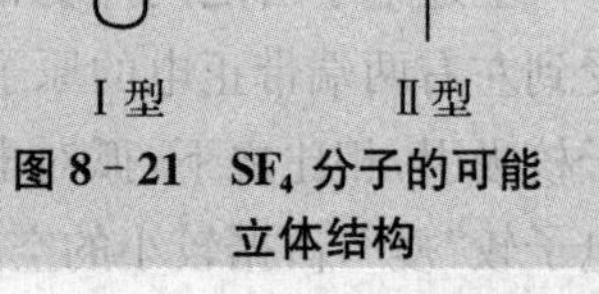

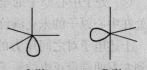

图 8-21　SF_4 分子的可能立体结构

【例8-7】 请判断 I_3^- 的结构。

解：中心原子I的价层电子对数＝(7＋1×2＋1)/2＝5；属于三角双锥构型，孤对电子对数 $m=(7-1\times2+1)=3$，根据孤对电子对之间尽量远离的规则，应采用直线型空间结构最稳定。

【例8-8】 杂化轨道中得出一些结论，如直线型分子结构中心原子采用sp杂化，是否正确？

答：不正确，通过本节VSEPR理论我们发现，如 I_3^- 离子虽然是直线型分子结构，中心I原子采用 sp^3d 杂化，三对孤对电子由于排斥力处于垂直于 I_3^- 的平面。

§8.3 分子轨道理论简介

8.3.1 分子轨道的概念

1. 波函数、成键和反键分子轨道

分子轨道法的基本要点是：

(1) 在分子中电子不从属于某些特定的原子，而是在遍及整个分子范围内运动，每个电子的运动状态可以用波函数 Ψ 来描述，这个 Ψ 称为**分子轨道**。$|\Psi|^2$ 为分子中的电子在空间各处出现的几率密度或电子云。

(2) 分子轨道是由原子轨道线性组合而成的，组成的分子轨道的数目同参与组合的原子轨道的数目相同。例如，如果两个原子组成一个双原子分子时，两个原子的2个s轨道可组合成2个分子轨道；两个原子的6个p轨道可组合成6个分子轨道等。

(3) 每一个分子轨道 Ψ 都有相应的能量 E 和图像，分子的能量 E 等于分子中电子的能量的总和，而电子的能量即为被它们占据的分子轨道的能量。根据分子轨道的对称性不同，可分为σ键和π键等，按着分子轨道的能量大小，可以排列出分子轨道的近似能级图。

例如，H_2 分子中2个氢原子各贡献1个1s轨道组合，得到2个分子轨道。又例如，苯分子中6个碳原子各贡献1个与分子平面垂直的p轨道组合，得到6个分子轨道，如此等等。这种组合叫作**线性组合**。例如2个原子轨道 Ψ_1 和 Ψ_2 线性组合得到2个分子轨道 Ψ 和 Ψ'，可简单表述为：

$$\Psi=c_1\psi_1+c_2\psi_2$$

$$\Psi'=c_1\psi_1-c_2\psi_2$$

可见所谓"线性组合"就是原子轨道波函数 Ψ 各乘以某一系数相加或相减，得到分子轨道波函数 Ψ。若组合得到的分子轨道的能量比组合前的原子轨道能量之和低，所得分子轨道叫作**成键轨道**；若组合得到的分子轨道的能量比组合前的原子轨道能量之和高，所得分子轨道叫作**反键轨道**；若组合得到的分子轨道的能量跟组合前的原子轨道能量没有明显差别，所得分子轨道叫作**非键轨道**。分子中成键轨道电子总数减去反键轨道电子总数再除以 2 叫作**键级**(bond order,常简写为 BO),键级越大,分子或离子的稳定性则越高。

以氢分子为例来说明分子轨道,我们知道 H_2 是最简单的双原子分子。当 2 个氢原子各贡献 1 个 1s 轨道相加和相减,就形成 2 个分子轨道,相加得到的分子轨道能量较低的叫 σ_{1s} 成键轨道(电子云在核间更密集,表明电子在核间出现的概率升高,使两个氢原子核拉得更紧了,因而体系能量降低),能量较高的叫 σ_{1s}^* 反键轨道(电子云因波函数相减在核间的密度下降,电子云密度较大的区域反而在氢分子的外侧,因而能量升高了)。基态氢分子的 2 个电子填入 σ_{1s} 成键轨道,而 σ_{1s}^* 反键轨道是能量最低的未占有轨道,跟形成分子前的 2 个 1s 原子轨道相比,体系能量下降了,因而形成了稳定的分子。H_2 分子的键级等于 1,见图8-22和图 8-23。

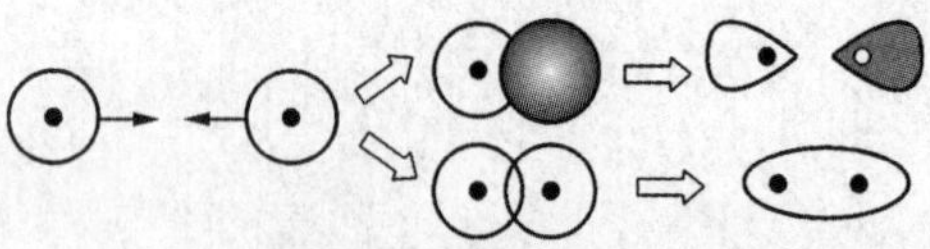

图 8-22 氢分子的氢原子轨道相加和相减形成个分子轨道

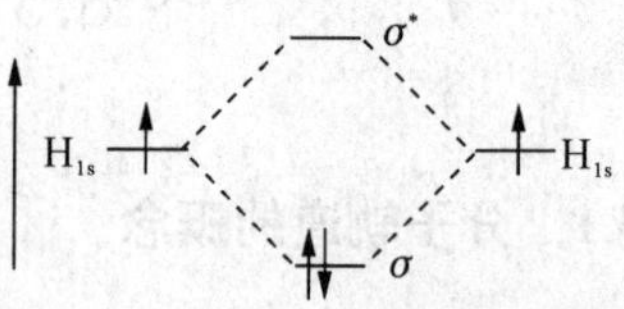

图 8-23 H_2 分子轨道能级图(从下向上能量升高)

由 H_2 分子轨道的电子云图像我们还可以看出,成键轨道由于波函数叠加,原子核间电子云密度增大,即电子出现在核间的概率增大,能量降低了(考虑到电子云带负电,原子核带正电,核间电子云密度增大把原子核拉紧,所以体系能量下降了);反之,反键轨道由于波函数相减,原子核间电子云密度下降,故而能量升高了。

当然,氢分子的分子轨道并不只是如图 8-23 的 2 个分子轨道,氢原子的 2s、2p、3s、3p、3d 等也都能组合成分子轨道,它们是能量较高的未占有轨道,未在图 8-23 的能级图里画出。

分子轨道理论很好地解释了 H_2^+ 的存在。这个离子的 σ 成键轨道里只有 1 个电子,键级等于 0.5,仍可存在。这说明,量子化学的化学键理论并不受路易斯电子配对说的束缚,只要形成分子体系能量降低,就可形成分子,并非必须电子"配对"。

2. σ 和 π 轨道

(1) s 和 s 重叠形成的 σ 轨道

前文介绍了氢分子的形成过程:两个氢原子的 1s 轨道相组合,可形成两个分子轨道,能量降低的轨道称为成键分子轨道,通常以符号 σ_{1s} 表示。若两个 1s 轨道相减重叠得到反键分子轨道,以符号 σ_{1s}^* 表示。

(2) s 和 p 重叠形成的 σ 轨道

当一个原子的 s 轨道和一个原子的 p 轨道沿两核的连线发生重叠时,如果两个相重叠的波瓣具有相同的符号,则增大了两核间的几率密度,因而产生了一个成键的分子轨道 σ_{sp},若两个相重叠的波瓣具有相反的符号时,则减小了核间的几率密度,因而产生了一个反键的分子轨道 σ_{sp}^*,这种 s-p 重叠出现在卤化氢 HX 分子中。

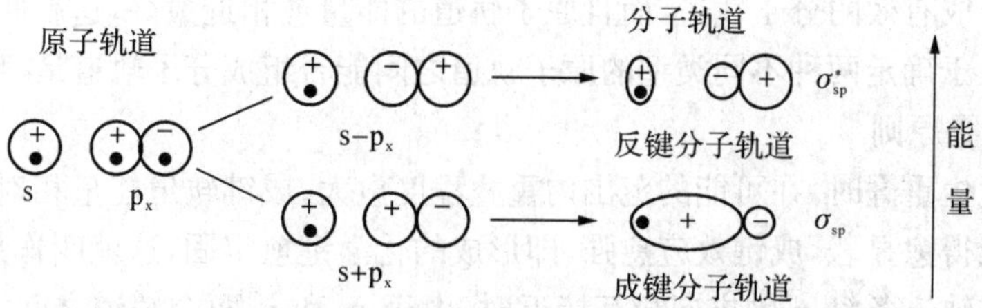

图 8-24　s-p“头碰头”形成σ轨道能级图(从下向上能量升高)

(3) p 和 p 重叠形成的σ轨道

两个原子的 p 轨道可以有两种组合方式,即“头碰头”和“肩并肩”两种重叠方式。当两个原子的 p 轨道沿 x 轴(即键轴)以“头碰头”的形式发生重叠时,产生了一个成键的分子轨道 σ_p 和一个反键的分子轨道 σ_p^*(图 8-25)。这种 p-p 重叠出现在单质卤素分子 X_2 中。

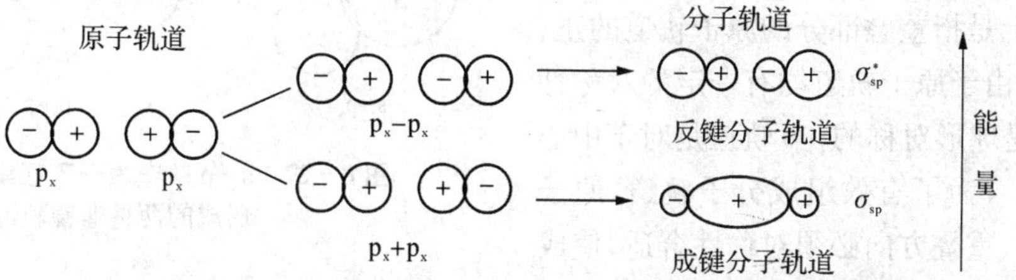

图 8-25　p-p“头碰头”形成σ轨道能级图(从下向上能量升高)

(4) p 和 p 重叠形成的π轨道

当两个原子的 p 轨道(如 p_y-p_y 或 p_x-p_x),垂直于键轴,以“肩并肩”的形式发生重叠,这样产生的分子轨道叫作π分子轨道:成键的分子轨道 π_p 和反键的分子轨道 π_p^*。这种 p-p 组合出现在 N_2 分子中(有 2 个 σ_{2p} 键和 1 个 π_{2p} 键)。

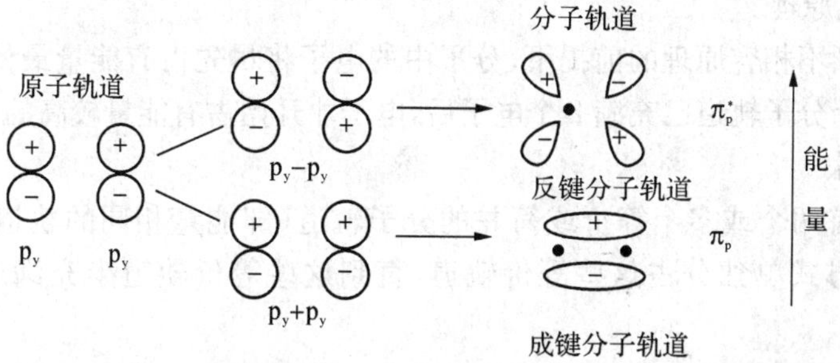

图 8-26　p-p“肩并肩”形成π轨道能级图(从下向上能量升高)

除了 p-p 线性组合得到的π轨道外,还有 p-d 轨道和 d-d 轨道线性组合也能形成π轨道,相关内容读者可自行查阅文献资料。

3. 分子轨道的形成原则

分子轨道是由原子轨道线性组合而得,但并不是任意两个原子轨道都能组合成分子轨道。在确定哪些原子轨道可以组合成分子轨道时,应遵循下列三条形成的原则。

(1) 能量近似原则

如果有两个原子轨道能量相差很大,则不能组合成有效的分子轨道,只有能量相近的原子轨道才能组合成有效的分子轨道，而且原子轨道的能量愈相近愈好，这就叫作**能量近似原则**。这个原则对于确定两种不同类型的原子轨道之间能否组成分子轨道是很重要的。

(2) 最大重叠原则

原子轨道发生重叠时，在可能的范围内重叠程度愈大，成键轨道能量相对于组成的原子轨道的能量降低得愈显著，成键效应愈强，即形成的化学键愈牢固，这就叫作**最大重叠原则**。例如当两个原子轨道各沿 x 轴方向相互接近时，由于 p_x 和 p_z 两个轨道之间没有重叠区域，所以不能组成分子轨道；s 与 s 之间以及 p_x 与 p_x 之间有最大重叠区域，可以组成分子轨道；而 s 轨道和 p_x 轨道之间，只要能量相近，也可相互组成分子轨道。

(3) 对称性原则

只有对称性相同的原子轨道才能组成分子轨道，这就叫作**对称性原则**。所谓对称性相同，实际上是指重叠部分的原子轨道的正、负号相同。由于原子轨道均有一定的对称性(如 s 轨道是球形对称的；p 轨道是对于中心呈反对称的)，为了有效组成分子轨道，原子轨道的类型、重叠方向必须对称性合适，使成键轨道都是由原子轨道的同号区域互相重叠形成的。

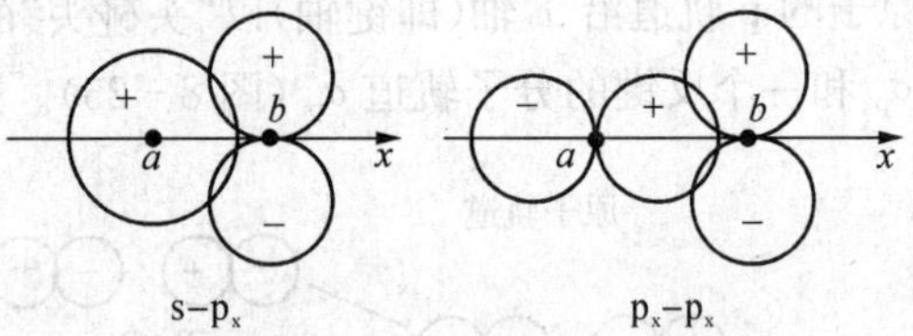

图 8-27 s-p 轨道由于不匹配形成的两种非键轨道

4. 分子轨道的填充原则

分子轨道中电子的排布也遵从原子轨道电子排布的同样原则。

(1) 泡利不相容原理

每个分子轨道最多只能容纳两个电子，而且自旋方向必须相反。

(2) 能量最低原理

在不违背泡利不相容原理的前提下，分子中的电子将尽先占有能量最低的轨道。只有在能量较低的每个分子轨道已充满 2 个电子后，电子才开始占有能量较高的分子轨道。

(3) 洪特规则

如果分子中有两个或多个等价或简并的分子轨道(即能量相同的轨道)，则电子尽可能以自旋相同的方式单独分占这些等价轨道，直到这些等价轨道半充满后，电子才开始配对。

8.3.2 分子轨道能级图

1. 同核双原子分子 O_2 和 N_2 的分子轨道能级图

O_2 分子的路易斯结构式为 $\ddot{\underset{..}{O}}=\ddot{\underset{..}{O}}$，从共价键理论可以认为氧气分子是由氧原子各自提供两个未成对电子形成的，电子都已经成对，结构式中的共价键为双键。而实验事实指出，O_2 分子具有顺磁性。有顺磁性的物质靠近外加磁场，就会向磁场方向移动。我们把一块磁铁伸向液态氧，液态氧会被磁铁吸起(图 8-28)。研究证明，顺磁性是

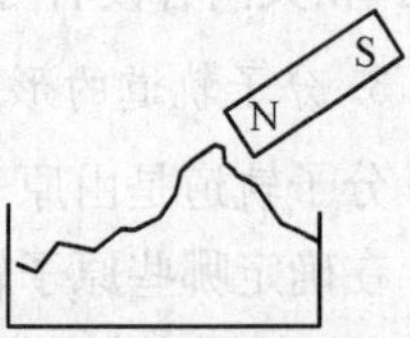

图 8-28 液态氧被磁铁吸起的示意图

由于分子中存在未成对电子引起的，这就是说 O_2 分子里有未成对电子，这个结果显然与共价键理论相悖。

O_2 的分子轨道模型能很好地说明 O_2 分子里存在未成对电子。图 8-29 给出了 O_2 分子由氧原子的价层轨道组合得到的分子轨道。由图可见，2 个氧的一对 2s 原子轨道相加和相减得到氧分子 σ_{2s}的成键轨道和 σ_{2s}^*反键轨道。2 个氧的一对 $2p_z$ 原子轨道“头碰头”相加和相减得到氧分子的 σ_{2p}成键轨道和 σ_{2p}^*反键轨道。O_2 分子的 σ_{2s}成键轨道和 σ_{2p}成键轨道的图像表明，核间电子云密度增大，因而能量下降，而反键轨道 σ_{2s}^*和 σ_{2p}^*的图像表明，核间电子云密度减小，因而能量上升。2 个氧的 $2p_x$ 和 $2p_y$ 轨道分别相加和相减，得到 2 个简并的 π_{2p}成键轨道和 2 个简并的 π_{2p}^*反键轨道。

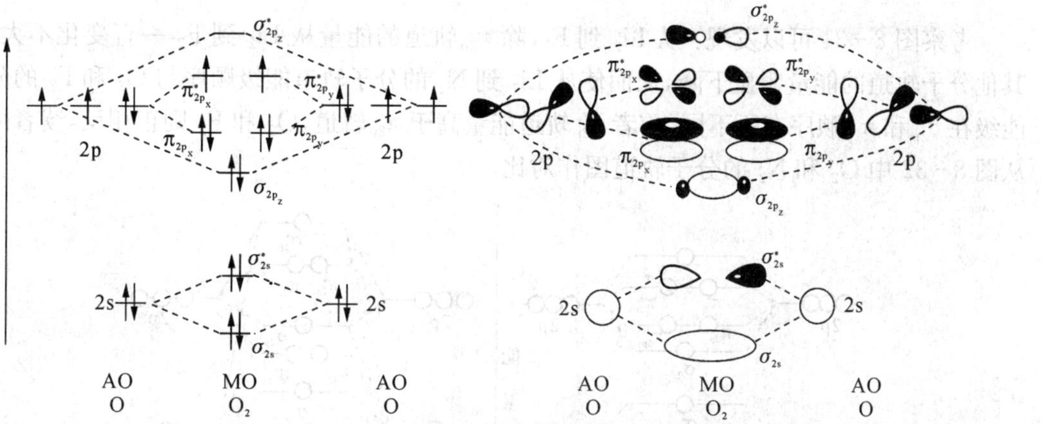

图 8-29 分子轨道能级图与分子轨道电子云图像

从 O_2 的分子轨道能级图可以看到，O_2 分子总共有 16 个电子，未计内层 4 个电子，剩下共 12 个价层电子，从能量最低的 σ_{2s}轨道开始填充，直至要填入一对简并的 π_{2p}^*反键轨道时只剩下 2 个电子，根据洪特规则这一对电子将自旋平行地分别填入 2 个 π_{2p}^*反键轨道中，这就表明，O_2 分子有 2 个未成对电子，正是这两个未成对电子很好地解释了 O_2 具有顺磁性。

氧分子的分子轨道模型还可以看出，氧分子的键级为 2，6 个成键电子减去 2 个反键电子后再除以 2 等于 2，正好跟经典的氧的化合价为 2 相符合。但分子轨道中的键级 2 和路易斯结构式表达的 O—O 之间的共价键为 2 个电子对构建的双键(没有未成对电子)的价键模型完全不同，人们常用如图 8-30 所示的图形来正确地说明氧气分子的结构，这种结构式表述的氧分子有 2 个所谓“三电子键”。

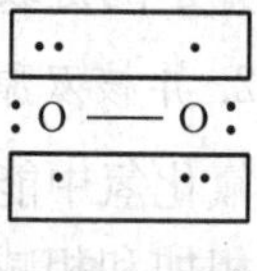
图 8-30 氧分子三电子键的模型

以 O_2 分子轨道为基础上，我们还可以进一步讨论第二周期元素形成的同核双原子分子的分子轨道模型，如 Li_2、Be_2、B_2、C_2、N_2、O_2 和 F_2 (Ne_2 肯定不存在，没有包括在内)。其中有的分子我们很生疏，它们究竟能否稳定存在？可通过考察它们的分子轨道模型来回答这个问题。图8-31 是这些分子的分子轨道能级图(其中各种符号的意义请参考已讨论过的氧分子)。

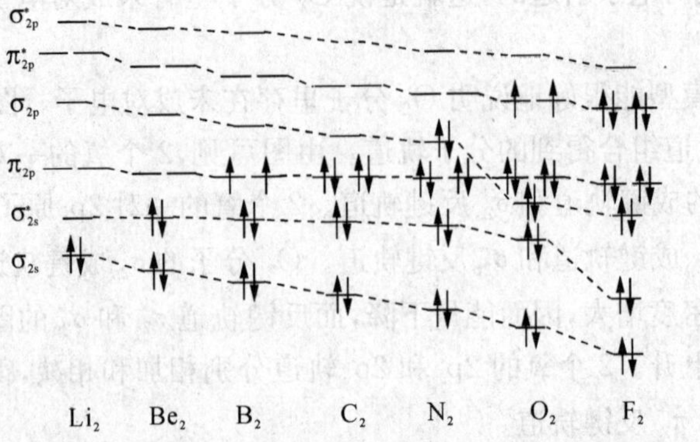

图 8-31 第二周期同核双原子分子的分子轨道能级图

考察图 8-31 可以发现：从 Li_2 到 F_2，除 π_{2p} 轨道的能量从 Li_2 到 F_2 一直变化不大外，其他分子轨道的能量明显下降，从而使从 Li_2 到 N_2 的分子轨道能级顺序与 O_2 和 F_2 的分子能级在 σ_{2p} 和 π_{2p} 顺序有所不同，前者 σ_{2p} 轨道能量高于 π_{2p} 轨道，O_2 和 F_2 则正相反，读者可以从图 8-32 中 O_2 和 N_2 的分子轨道图作对比。

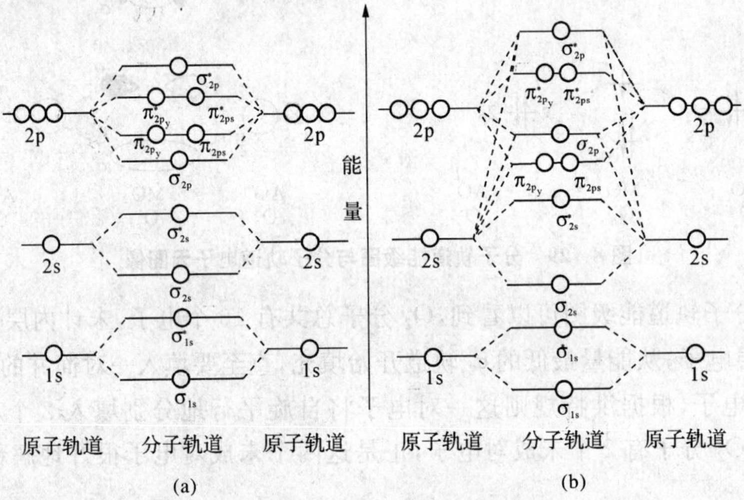

图 8-32 O_2 和 N_2 分子轨道能级图对比

图 8-31 还画出了第二周期同核双原子分子的电子占据分子轨道的情形，由此可计算这些分子的键级，再根据键级大小预言分子的稳定性。

2. 异核双原子分子 HF 的分子轨道能级图

氟化氢中能量最低的几个分子轨道可简单地看作以如下方式组成：氢的 1s 和氟的 2p 轨道相加和相减，相加得到成键轨道，相减得到反键轨道；氟的其余原子轨道（包括内层 1s）基本维持原来的能量，为非键轨道。HF 分子轨道能级图，如图 8-33 所示（氟的内层 1s 能量太低省略），图中 AO 为原子轨道，MO 为分子轨道，虚线表示组合。

3. 同核双原子分子的电子排布式

(1) H_2

氢分子是最简单的同核双原子分子，电子排布式可以写成 $H_2[(\sigma_{1s})^2]$，键级为 1。

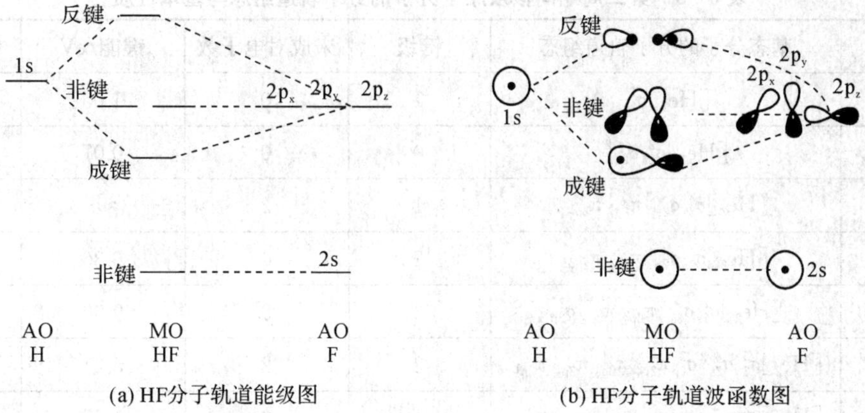

图 8-33 HF 分子轨道能级图和波函数图

(2) N_2

按照分子轨道图,N_2 的电子构型应是:

$$N_2[(\sigma_{1s})^2(\sigma_{1s}^*)^2(\sigma_{2s})^2(\sigma_{2s}^*)^2(\pi_{2p})^4(\sigma_{2p})^2]$$

有时为了简化,电子构型也可以写成下式:

$$N_2[He_2](\sigma_{2s})^2(\sigma_{2s}^*)^2(\pi_{2p})^4(\sigma_{2p})^2$$

有的书中也有如下写法:$N_2[KK(\sigma_{2s})^2(\sigma_{2s})^2(\pi_{2p})^4(\sigma_{2p})^2]$

这里对成键有贡献的主要是$(\pi_{2p})^4(\sigma_{2p})^2$这三对电子,即形成 2 个 π 键和 1 个 σ 键。这三个键构成 N_2 的三键与价键理论讨论的结果一致,根据价键理论所写的 N_2 的结构式为:

$$:N\equiv N:$$

(3) O_2

按照分子轨道图,O_2 的电子构型应为:

$$O_2[(\sigma_{1s})^2(\sigma_{1s}^*)^2(\sigma_{2s})^2(\sigma_{2s}^*)^2(\sigma_{2p})^2(\pi_{2p})^4(\pi_{2p}^*)^2]$$

最后两个电子进入轨道 π_{2p}^*。

4. 分子轨道判断分子(离子)的稳定性

表 8-3 给出了第二周期元素形成同核双原子分子的键级、未成对电子数、键能、键长的数据。键能和键长是用实验测定的,对比图 8-31 和表 8-3 可见,键级为零的 Be_2 键能最小,最不稳定,事实上不存在。Li_2、B_2、C_2 键级大于零,可以存在,随核间距减小,键长减小,键能增大,但事实上这些分子只能在气态中存在,常温下将转化为固态,不再以双原子分子存在。N_2 分子的键级为 3,键长最短,键能最大,而且没有未成对电子,是第二周期同核双原子分子中理化性质最稳定的分子。O_2 的键级为 2,在 2 个简并的反键轨道里各有一个未成对电子,有较高的化学活性,尽管跟氮核相比氧核的核电荷增加,O_2 的键长却比 N_2 的长,键能也小。F_2 的键级为 1,能稳定存在,但因较高轨道能的简并,π_{2p} 和 π_{2p}^* 均填满了电子,键能很小,键长也较长,故 F_2 有很高的化学活性。

表 8-3　第二周期同核双原子分子的分子轨道组态与基本性质

分子	基态分子的分子轨道组态	键级	未成对电子数	键能/eV	键长/pm
Li_2	$[He_1]\sigma_{2s}^2$	1	0	1.05	267
Be_2	$[He_2]\sigma_{2s}^2\sigma_{2s}^{*2}$	0	0	0.07	—
B_2	$[He_2]\sigma_{2s}^2\sigma_{2s}^{*2}\pi_{2p_x^1}\pi_{2p_y^1}$	1	2	≈3	159
C_2	$[He_2]\sigma_{2s}^2\sigma_{2s}^{*2}\pi_{2p_x^2}\pi_{2p_y^2}$	2	0	6.36	124
N_2	$[He_2]\sigma_{2s}^2\sigma_{2s}^{*2}\pi_{2p_x^2}\pi_{2p_y^2}\sigma_{2p}^2$	3	0	9.90	110
O_2	$[He_2]\sigma_2^2\ \sigma_{2s}^{*2}\sigma_{2p}^2\pi_{2p_x^2}\pi_{2p_y^2}\pi_{2p_x^1}^*\pi_{2p_y^1}^*$	2	2	5.21	121
F_2	$[He_2]\sigma_{2s}^2\sigma_{2s}^{*2}\sigma_{2p}^2\pi_{2p_x^2}\pi_{2p_y^2}^*\pi_{2p_x^2}^*\pi_{2p_y^2}^*$	1	0	1.65	142

8.3.3　键的参数

1. 键级

分子轨道理论提出了键级(Bond Order)的概念，**键级**的定义式是：

$$键级=(成键轨道中的电子总数-反键轨道中的电子总数)/2$$

键级实际上是净的成键电子对数，一对成键电子构成一个共价键，所以键级一般等于键的数目。键级为零，意味着原子间不能形成稳定分子；由于成键轨道中电子数目越多，分子体系的能量降低得越多，分子越稳定，所以键级越大，键越牢固，分子越稳定。例如：

$H_2[(\sigma_{1s})^2]$　键级$=(2-0)/2=1$

$O_2[(\sigma_{1s})^2(\sigma_{1s}^*)^2(\sigma_{2s})^2(\sigma_{2s}^*)^2(\sigma_{2p})^2(\pi_{2p})^4(\pi_{2p}^*)^2]$　键级$=(8-4)/2=2$

$N_2[(\sigma_{1s})^2(\sigma_{1s}^*)^2(\sigma_{2s})^2(\sigma_{2s}^*)^2(\pi_{2p})^4(\sigma_{2p})^2]$　键级$=(8-2)/2=3$

因此分子稳定性大小排列次序为：$N_2>O_2>H_2$。

要注意的是键级不一定总是整数，有时也可以是分数，只要键级大于零，就可以得到不同稳定程度的分子。

2. 键能

键能的概念是为对比键的强度提出来的。可以定义**键能**为在常温(298 K)下基态化学键分解成气态原子所需要的能量①。对于双原子分子，键能就是键解离能。对于多原子分子，断开其中一个键并不得到气态自由原子，如 H_2O，断开第一个键得到的是 H 和 OH，断开第一个 H—O 键和断开第二个 H—O 键，能量不会相等。同是 C—C 单键，在不同的化学环境下，如在 C—C—C、C—C＝C、C—C≡C 中，邻键不同，键能也不相同。所以，对于多原子分子，所谓键能，只是一种统计平均值，或者说是近似值。键能的数据通常是通过热化学

① 在这个定义里已经意味着我们在这里所说的断键是均裂，是断开成原子；断键的另一种方式是异裂，断开键得到的产物是离子而不是电中性的原子。严格地说，键能应为 0 K 下的数据，考虑到实用性，本书通融地改为常温。

方法得到的[①]。表 8-4 给出了某些共价键的键能数据。

表 8-4 一些常见共价键的键能

共价键	键能/kJ·mol^{-1}	共价键	键能/kJ·mol^{-1}	共价键	键能/kJ·mol^{-1}
H—H	436.4	C—N	276	O—O	142
H—N	393	C═N	615	O═O	499
H—O	460	C≡N	891	O—P	502
H—S	368	C—O	351	O═S	469
H—P	326	C═O	745	P—P	197
H—F	568	C—P	263	P═P	489
H—Cl	432	C—S	255	S—S	268
H—Br	366	C═S	477	S═S	352
H—I	298	N—N	193	F—F	157
C—H	414	N═N	418	Cl—Cl	243
C—C	347	N≡N	941	Br—Br	196
C═C	620	N—O	176	I—I	151
C≡C	812	N—P	209		

键能的大小体现了共价键的强弱。例如，从表 8-4 不难发现，一般而言，单键、双键、叁键(如 C—C、C═C、C≡C)对比，键能越来越大。同周期元素的同类键，如 H—F、H—Cl、H—Br、H—I)的键能从上到下减小。但也有例外，如 F—F 键能明显反常，竟然比 Cl—Cl 甚至 Br—Br 的键能还小。有人认为，这主要是由于氟原子过小，互相排斥作用增强导致。

键能对估算化学反应中的能量变化还很有实用价值，将在本书稍后的章节里谈到。

3. 键长

分子内的核间距称为键长，是指处于平衡点的核间距。同一种键长，例如羰基 C═O 的键长，随分子不同而异，通常的数据是一种统计平均值。键长的大小与原子的大小、原子核电荷以及化学键的性质(单键、双键、叁键、键级、共轭)等因素有关。例如，毫无疑问，d(C—C)$>d$(C═C)$>d$(C≡C)；d(H—F)$<d$(H—Cl)$<d$(H—Br)$<d$(H—I)；CO 分子中的 C═O 键介于 C═C 双键和 C≡C 叁键之间；O_2^+、O_2、O_2^- 和 O_2^{2-} 中的 O—O 键依次增长。

4. 键角

键角是指多原子分子中原子核的连线的夹角。它也是描述共价键的重要参数。键角的大小和分子的许多性质如分子的极性有直接关系，进而影响其溶解性、熔沸点等。

我们已经用杂化模型和 VSEPR 模型讨论过由于不同分子构型的键角数据，当然分子

① 热化学计算键能的方法见热力学章节。在该章还会讲到键能与键焓是有区别的，热力学的标准态与非标准态也是有区别的，尽管它们的差别并不太显著。考虑到实用性，表 8-4 上已经是标准态下的键焓的数据，只是由于不得已姑且暂叫它键能。

轨道模型也能很精确地计算键角。

要准确地得到分子的键角和键长数据，最重要的手段是通过培养分子的单晶，然后通过X射线衍射测定单晶体的结构，同时会给出单晶体中分子的键长和键角数据。

5. 键矩及部分电荷

键矩的概念类似于力矩，当分子中共用电子对偏向成键两原子的一方时，键具有极性。双原子分子中，键矩即为两个原子间的偶极矩。多原子分子的偶极矩由分子中全部原子和键的性质及其相对位置所决定。若不考虑键的相互影响，并认为每个键可以贡献它自己的偶极矩，则分子的偶极矩可近似地由键的偶极矩按矢量加成而得。各种化学键的键矩可根据实验测定的偶极矩数值以及分子的几何构型得出。

键偶极矩是衡量化学键的极性大小的物理量，表示为$\vec{\mu}=q\cdot\vec{l}$，其中$\vec{\mu}$为键偶极矩，q为与正负电荷中心所带电荷(电量)，又叫部分电荷，$\vec{l}$为分子中正负电荷中心的距离。原子的部分电荷大小与成键原子间的电负性差有关，q可借助电负性分数来计算：

$$\text{部分电荷}=\text{某原子的价电数}-\text{孤对电子数}-\text{共用电子数}\times\text{电负性分数}$$

如果成键原子分别为A和B，其电负性分别为χ_A和χ_B，则A原子的电负性分数为$\chi_A/(\chi_A+\chi_B)$。已知H和Cl的电负性分别为2.18和3.16①。HCl分子中，H原子和Cl原子的部分电荷计算如下：

$$q_H=1-0-2\times[2.18/(2.18+3.16)]=0.18$$

$$q_{Cl}=7-6-2\times[3.16/(2.18+3.16)]=-0.18$$

§8.4 分子间作用力

除化学键(共价键、离子键、金属键)外，分子与分子之间，某些较大分子的基团之间，或小分子与大分子内的基团之间，还存在着各种各样的作用力，总称**分子间力**。相对于化学键，分子间力是一类弱作用力。化学键的键能数量级达10^2 kJ·mol^{-1}，甚至10^3 kJ·mol^{-1}，而分子间力的能量只达几个kJ·mol^{-1}到几十个kJ·mol^{-1}，比化学键弱得多。相对于化学键，大多数分子间力又是**短程作用力**，只有当分子或基团(为方便起见下面统称"分子")距离很近时才显现出来。范德华力和氢键是两类最常见的分子间力，下面分别介绍。

8.4.1 范德华力

范德华力最早是由范德华②研究实际气体对理想气体状态方程的偏差提出来的，大家知道，理想气体是假设分子没有体积也没有任何作用力为基础确立的概念，当气体密度很小(体积很大、压力很小)、温度不低时，实际气体的行为相当于理想气体，其状态可由理想气体

① 采用pauling电负性χ。

② 范德华(Johannes Diderik van der Waals，1837－1923)，丹麦物理学家，1910年诺贝尔物理学奖得主。因确立实际气体状态方程(范德华方程)和分子间的范德华力而闻名于世。

状态方程($pV=nRT$)来描述。事实上,实际气体分子既有体积又有相互作用力。基于此,范德华得出了描述实际气体行为的范德华方程:

$$\left(p+n^2\frac{a}{V^2}\right)(V-nb)=nRT$$

其中常数项 a/V^2 就是考虑到气体分子间存在的作用力对理想气体状态方程的压强项的修正。这种分子间的作用力就被后人称为**范德华力**。范德华力普遍地存在于固、液、气态任何微粒之间。不过,范德华力是一种作用能与距离的六次方呈反比($E\propto 1/r^6$)的短程力,其作用范围在 300 pm～500 pm 之间,微粒相离稍远,就可忽略;范德华力没有方向性和饱和性,不受微粒之间的方向与个数的限制。后来有人将范德华力分解为三种不同来源的作用力——色散力、诱导力和取向力。

1. 色散力

所有单一原子或多个原子键合而成的分子、离子或者分子中的基团(统称分子),若不考虑它们在坐标系里的平移,其原子核和电子也并非固定不动,相反,时时刻刻在运动之中。分子中的原子核的运动相对于电子慢得多,一般可把它看作在原位振动(包括伸缩、摇摆、张合等相对运动),因此原子核的位置相对固定,而分子中的电子却围绕整个分子快速运动着。于是,分子的正电荷重心与负电荷重心时时刻刻不重合,产生瞬时偶极,整个分子时时刻刻可看成是一个瞬时偶极子。可用氦原子作最简单例子。氦原子只有 2 个电子,当 2 个电子在某一瞬间向氦原子核的某一个方向运动时,它们和氦原子核间就产生了瞬时偶极矩。分子相互靠拢时,它们的瞬时偶极矩之间会产生电性引力,这就是**色散力**①。色散力不仅是所有分子都有的最普遍存在的范德华力,而且经常是范德华力的主要构成。色散力没有方向,分子的瞬时偶极矩的矢量方向时刻在变动之中,瞬时偶极矩的大小也始终在变动之中,然而,可以想象,分子越大、分子内电子越多,分子刚性越差,分子里的电子云越松散,越容易变形,色散力就越大。衡量分子变形性的物理量叫作**极化率**(符号 α)。分子极化率越大,变形性越大,色散力就越大。例如,HCl、HBr、HI 的色散力依次增大,分别为 16.83 $kJ\cdot mol^{-1}$、21.94 $kJ\cdot mol^{-1}$、25.87 $kJ\cdot mol^{-1}$,而 Ar、CO、H_2O 的色散力只有 8.50 $kJ\cdot mol^{-1}$、8.75 $kJ\cdot mol^{-1}$、9.00 $kJ\cdot mol^{-1}$(表 8-5)。

表 8-5 某些分子的范德华力构成对比

分子	分子偶极矩 μ/D	分子极化率 $\alpha/10^{-24}$ cm^3	取向力 $kJ\cdot mol^{-1}$	诱导力 $kJ\cdot mol^{-1}$	色散力 $kJ\cdot mol^{-1}$	范德华力 $kJ\cdot mol^{-1}$
Ar	0	1.63	0	0	8.50	8.50
CO	0.10	1.99	0.003	0.008	8.75	8.75
HI	0.38	5.40	0.025	0.113	25.87	26.00

① 这种力之所以称为色散力的原因是由于1930年德国物理学家伦敦(F. London)在用量子力学推导色散力的计算公式时发现推出的公式在数学形式上跟计算光的散射(dispersion)的公式很相似。色散力因而又叫伦敦力。在伦敦推出的公式中,AB两个分子间的色散力与分子极化率 μ_A 和 μ_B 呈正比,还与分子的电离能 I_A 和 I_B 呈正比,而与分子间 r^6 距呈反比。

（续表）

分子	分子偶极矩 μ/D	分子极化率 $\alpha/10^{-24}$ cm³	取向力 kJ·mol⁻¹	诱导力 kJ·mol⁻¹	色散力 kJ·mol⁻¹	范德华力 kJ·mol⁻¹
HBr	0.78	3.58	0.69	0.502	21.94	23.11
HCl	1.03	2.65	3.31	1.00	16.83	21.14
NH_3	1.47	2.24	13.31	1.55	14.95	29.60
H_2O	1.94	1.48	36.39	1.93	9.00	47.31

2. 诱导力

在极性分子的永久偶极诱导下，临近它的分子会产生诱导偶极，分子间的诱导偶极与永久偶极之间的电性引力称为**诱导力**。由于极性分子本身具有不重合的正负电中心，当非极性分子与它靠近到几百皮米时，在极性分子的电场影响（诱导）下，非极性分子本来重合的正负电中心被拉开（极化）了。诱导力的强弱除了与分子之间的距离有关之外，显然，诱导偶极矩的大小由两方面——决定永久偶极的偶极矩（μ）大小和分子变形性的大小。极性分子的偶极矩越大则诱导作用越强。分子极化率越大，诱导作用也越大。

3. 取向力

取向力，又叫**定向力**，是极性分子与极性分子之间的永久偶极与永久偶极之间的静电引力。之所以定名为取向力，是因为这种固有偶极与固有偶极之间的作用力会使极性分子尽可能地依分子固有偶极矩的方向整齐排列。当然，气体分子动能很大，只有在十分靠拢的瞬间才会出现这种取向现象，分子的激烈平移运动很快破坏了分子的取向①。取向力只有极性分子与极性分子之间才存在。分子偶极矩越大，取向力越大。如前所述，HCl、HBr、HI 的偶极矩依次减小，且取向力分别为 3.31 kJ·mol⁻¹、0.69 kJ·mol⁻¹、0.025 kJ·mol⁻¹，故依次减小。对大多数极性分子，取向力仅占其范德华力构成中的很小份额，只有少数强极性分子例外（表 8－5）。

图 8－34 是构成范德华力的取向力、诱导力和色散力的作用机制示意图对比。

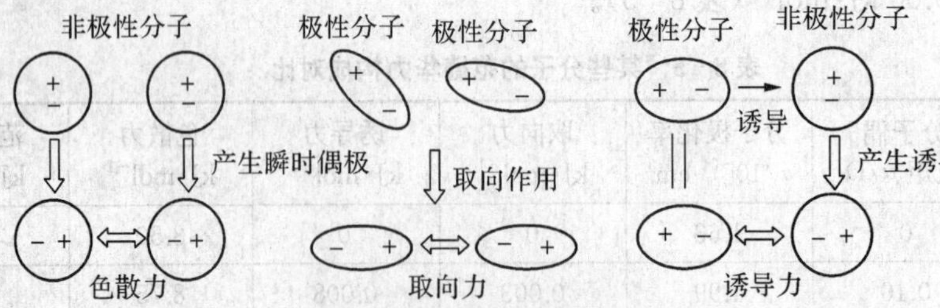

图 8－34　色散力、取向力和诱导力

① 温度不高时固体里所有分子或分子内的基团都有一定的取向，除非那些可看作球体的（不以共价键相连的）单一的原子（包括单原子离子）；液体则介乎气体和固体之间，但温度越高越与气体分子行为相近，直至超临界状态，即那种既非气态又非液态的物理状态。液晶中的分子则更接近固体分子的行为。

8.4.2 氢键

氢键这个术语不能望文生义地误解为氢原子形成的化学键。**氢键**是已经以共价键与其他原子键合的氢原子与另一个原子之间产生的分子间作用力,是除范德华力外的另一种常见分子间作用力。通常,发生氢键作用的氢原子两边的原子必须是强电负性原子,如图8-35所示。换句话说,传统意义上的氢键只有如图8-35的9种可能。尽管 S 和 Cl 也能产生弱氢键;甚至,在某些特定化学环境下,如氯仿分子与丙酮分子之间也会产生氢键。

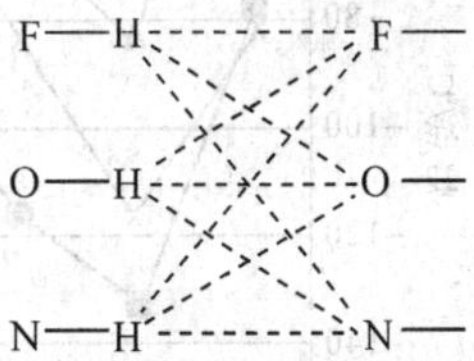

图 8-35 与哪些原子键合的氢能形成氢键(图中用┈表示氢键)

$$\left[Cl_3C-H \cdots O=C \begin{matrix} CH_3 \\ CH_3 \end{matrix} \right]$$

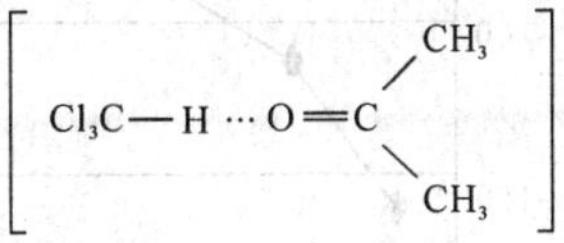

但在一般化学环境中的 C—H ┈ O"氢键"可忽略不计。氢键的键能介于范德华力与共价键能之间,最高不超过 40 kJ·mol^{-1}(表8-6)。

表 8-6 一些氢键的键能和键长[*]

氢键 X—H ┈ Y	键能/kJ·mol^{-1}	键长/pm	代表性分子
F—H ┈ F	28.1	255	$(HF)_n$
O—H ┈ O	18.8	276	冰
O—H ┈ O	25.9	266	甲醇、乙醇
N—H ┈ F	20.9	268	NH_4F
N—H ┈ O	20.9	286	CH_3CONH_2
N—H ┈ N	5.4	338	NH_3

[*] 氢键键长一般定义为 X—H ┈ Y 的长度,而不定义为 H ┈ Y 的长度。

氢键的研究最早源于对冰的熔、沸点出奇地高的解释。只要把 H_2O 与氧族其他氢化物对比,就看得很清楚(图8-36、图8-37)。如果按照极性分子的取向力顺序,分子极化率越大占主要作用的色散力越强,H_2S、H_2Se、H_2Te 的熔沸点也逐渐增加,按照这个变化趋势向 H_2O 外推,推测的 H_2O 熔沸点应在 $-120℃$ 至 $-100℃$ 左右!而水的沸点高达 $100℃$,这表明 H_2O 分子之间存在一种未知的力。冰晶体中水分子的取向也启示人们,这种力发生在水中键合的氢原子与另一水分子的氧原子上的孤对电子之间(请复习杂化轨道模型水分子中氧原子上的孤对电子取向)。由此,人们设计了各种模型,总结出氢键的概念。

如表8-6所示,氢键 X—H ┈ Y 中的 X 和 Y 是电负性很强、半径很小的 F、O、N。氢键模型认为,这是由于:一方面,X 的电负性越强,将使 X—H 的键合电子强烈偏向 X 原子,氢原子核就相对地从键合电子云中"裸露"出来;另一方面,Y 电负性越强,半径越小,其孤对电子的负电场就越集中而强烈,已键合的氢原子正电性的裸露原子核就有余力吸引 Y 原子的孤对电子,因此形成氢键的几何条件是 Y 原子的孤对电子的方向须指向 H 原子。除氢外的其他所有原子,核外包裹着电子,原子核不会"裸露",不能代替形成氢键的氢原子角色。

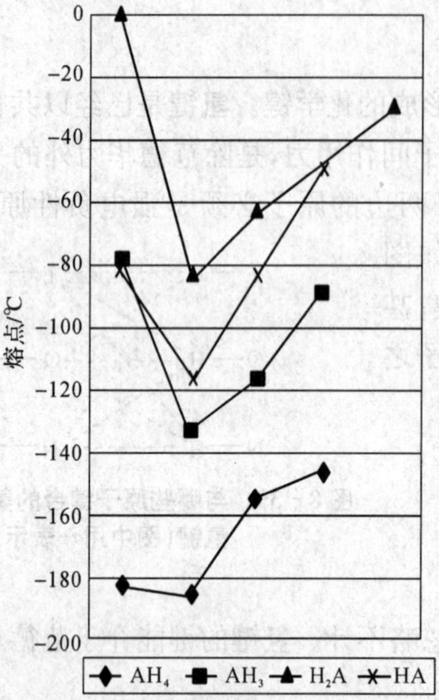

图 8-36 主族元素氢化物熔点对比

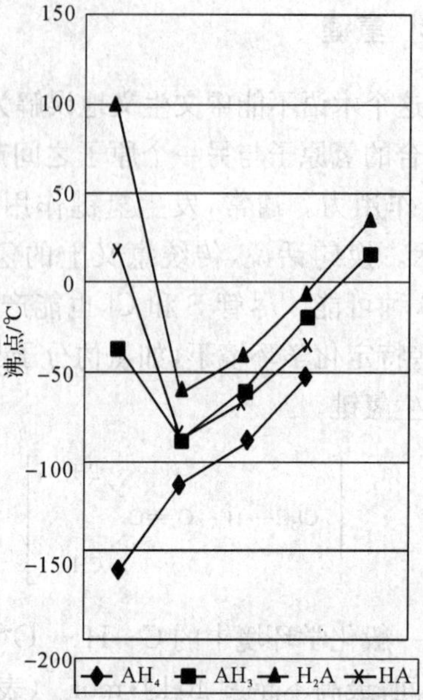

图 8-37 主族元素氢化物沸点对比

思考 8-1：水的特殊物理性质

水的物理性质十分特异。与同周期氢化物相比，冰的密度小、4℃时水的密度最大、水的熔沸点高、水的比热大、水的蒸气压小等等。事实上，水的密度随温度变化的现象是所有氢化物中的唯一特例；液态水是相对分子质量相近的所有液态中熔沸点最高、比热容最大、蒸气压最小的。

水的这些特异物理性质对于生命的存在有着决定性的意义。如若水的熔沸点相当于后三个周期同族氢化物熔沸点变化趋势向前外推的估算值，地表温度下的水就不会呈液态，如今的地貌不可能呈现，生命体不会出现。如若冰的密度比液态水的密度大，如若液态水从0℃升至4℃密度不增大，地球上的所有水体在冬天结冰时，所有水生生物都会冻死。

冰的密度低是由于构成冰的水分子在冰的晶体里空间占有率较低的缘故。换句话说，冰的微观空间里存在很大空隙。这是由于，每个水分子周围最邻近的水分子只有4个(在晶体结构一章里将会讲到，如果把形状相同的接近球或椭球的分子堆积在一起，每个分子周围最近邻的分子数最多可达12)！

水分子有特定取向：水分子的键轴正好与近邻水分子氧原子上的孤对电子轨道的轴重合。这就表明其间的作用力氢键是有方向性的。氢键有方向性的性质不同于范德华力，而与共价键相同。

思考 8-2：为什么氟化氢是弱酸？

氟化氢是卤化氢(HX)里的唯一弱酸。如果从对比 H—X 键的极性和分子变形性出发①，水分子夺取HX中的质子而使HX发生酸式电离为 H_3O^+ 和 X^- 的趋势从上到下依次应当是无疑的，但单这样考虑HX分子的结构因素，氟化氢分子在水中发生酸式电离的强度不会像实测值那样低。用氢键的知识，可按如下所述解释氟化氢是弱酸：其他卤化氢分子在水溶液表现酸性只是它们与水分子反应生成的“游离的” H_3O^+ 和 X^- 的能力的反映，但对于 HF，由于反应 H_3O^+ 产物可与另一反应产物 F^- 以氢键缔合为 $[^+H_2OH\cdots F^-]$，酸式电离产物 F^- 还会与未电离的 HF 分子以氢键缔合为 $[F—H\cdots F]^-$，大大降低了HF酸式电离生成“游离” H_3O^+ 和 F^- 的能力；加之，同浓度的 HX 水溶液相互比较，HF分子因氢键缔合成

① HX的键能从上到下减小似乎也可以解释 HF 更难电离，但 HX 的键能涉及的是键的均裂成原子而不是异裂成离子。

相对不自由的分子(图 8-38),比起其他 HX"游离"的分子要少得多,这种效应相当于 HX 的有效浓度降低了,自然也使 HF 发生酸式电离的能力降低。

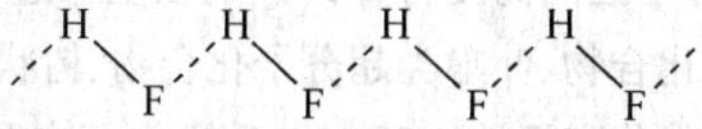

图 8-38 氟化氢分子因氢键缔合加强形成锯齿状分子链

思考 8-3:某些物质的熔沸点差异的解释?

氢键不仅出现在分子间,也可出现在分子内。例如,邻硝基苯酚中羟基上的氢原子可与硝基上的氧原子形成如图 8-39(a)所示的分子内氢键;间硝基苯酚和对硝基苯酚则没有这种分子内氢键,只有分子间氢键。这解释了为什么邻硝基苯酚的熔点比间硝基苯酚和对硝基苯酚的熔点低。

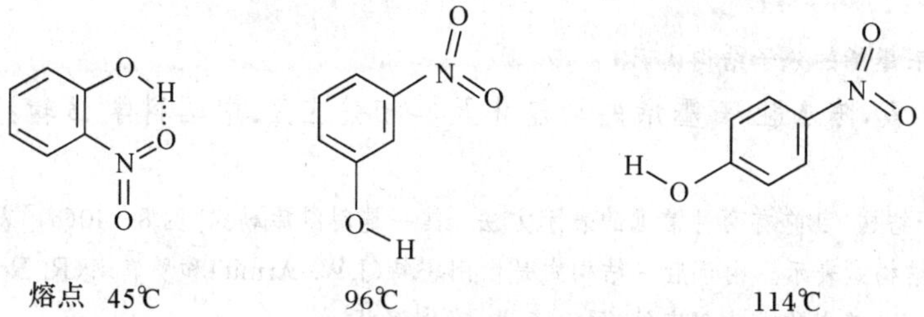

(a) 邻硝基苯酚　(b) 间硝基苯酚　(c) 对硝基苯酚

图 8-39 硝基苯酚的溶沸点差异

8.4.3 拓扑键和超分子*

分子间作用力除范德华力和氢键外还有其他类型。随着化学结构研究的深入发展,近年不断有新型分子间力报道。

1995 年以来,报道了许多种分子间存在一种被称为"双氢键"的新型分子间力①,可用通式 AH ··· HB 表示。"双氢键"的键长一般小于 220 pm,极限可能为 270 pm,键能从几 $kJ\cdot mol^{-1}$ 到几十 $kJ\cdot mol^{-1}$ 不等,相当于传统分子间力能量数量级,如 $BH_4^-\cdots HCN$、$BH_4^-\cdots CH_4$ 等,其中 $BH_4^-\cdots HCN$ 双氢键键长只有 171 pm,远小于传统的氢键键长,是目前已知键长最短的双氢键,键能竟高达 75.44 $kJ\cdot mol^{-1}$,大大超过水和 HF 间的氢键键能,是目前已知键能最大的双氢键。

又例如 1960 年后的 40 年间,人们发现,许多含金化合物的分子晶体中,在分子间有金—金键,可用 R—Au···Au—R 表示,可简称为"**金键**"。金键键能在 20~40 $kJ\cdot mol^{-1}$ 间,相当于氢键键能,键长为 300 pm 左右(注意:金原子本身半径较大),是分子间力的又一新类型。有的分子间金键使金原子在晶体中几乎处于一个平面,形成"金原子面";有的分子间金键使晶体中的金原子形成一维的"金原子链";有的则使含金分子通过形成金键发生双分子缔合;还见到过大环状分子的分子内金键的报道。金键的晶体有许多令人振奋的特殊性质,如荧光性质,还在显影技术和医药等方面有潜在应用价值,深入的研究与功能开发正在进行之中。

超分子化学简言之是研究各个分子间通过非共价键作用形成具有特定功能体系的科学。从而使化学从分子层次扩展到超分子层次。这种分子间相互作用形成的超分子组装体,带给人们许多认识上的飞跃,认识到分子已不再是保持物性的最小单位。也称为超分子化学(supermolecular chemistry)。超分子化学主要研究超分子体系中基元结构的设计和合成体系中弱相互作用。体系的分子识别和组装体系组装体的

① 参见:Chem Commun,1996,14:1633.

结构和功能以及超分子材料和器件等。它是化学和多门学科的交叉领域，不仅与物理学、材料科学、信息科学、环境科学等相互渗透形成了超分子科学，而更具有重要理论意义和潜在前景的是在生命科学中的研究和应用。例如生物体内小分子和大分子之间高度特异的识别在生命过程中的调控等。目前研究热点有杂多酸类超分子化合物、多胺类超分子化合物、卟啉类超分子化合物、树状超分子化合物等。

超分子体系的主要功能是识别、催化和运输。其中包括超分子体系的识别功能，超分子体系的催化功能，超分子体系的信息传递功能。例如冠醚、环糊精和环芳烃等大环化合物都具有穴状结构，能通过非共价键与离子以及中性分子形成超分子，在化学物质的分离提纯，功能材料的研制及超分子催化方面已表现出了广阔的应用前景，引起了越来越多的化学家对它的重视和研究。

文献讨论题

从苯、石墨到石墨烯的分子结构认识

［文献］ 黄毅，陈永胜.石墨烯的功能化及其相关应用.中国科学B辑：化学，2009，39(9)：887－896.

关于苯的分子结构，目前有两种常见的表示方法：其一是用凯库勒式［图8－40(a)］表示；其二是用［图8－40(b)］所示的结构式表示。由于后一结构式是由阿密特(J.W. Armit)和罗宾森(R. Robinson)提出使用的，所以，为方便起见，笔者称之为阿密特-罗宾森式，简称阿-罗式。

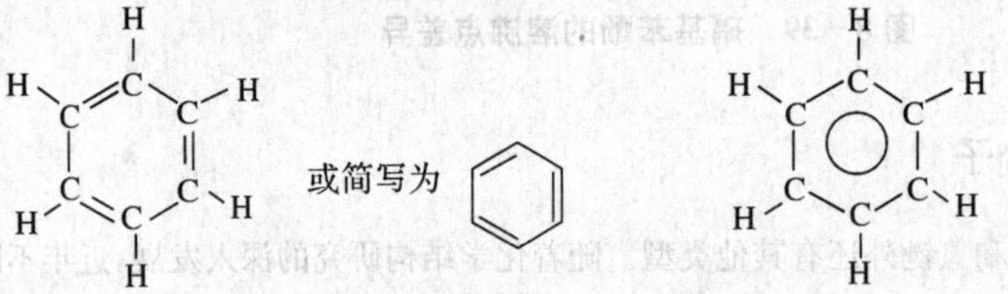

(a) 凯库勒式　　(b) 阿-罗式

图8－40 苯的结构式

X射线衍射测定：苯分子是正六边形结构，六个碳原子和六个氢原子在同一平面上，每两个相邻碳碳键的夹角均为120°，六个碳碳键的键长都是0.139 nm。

杂化轨道理论认为，形成苯分子时每个碳原子的价电子原子轨道都发生了sp^2杂化（如s、p_x、p_y杂化），由此形成的三个sp^2杂化轨道在同一平面上。这样，每个碳原子的两个sp^2杂化轨道上的电子分别与邻近的两个碳原子的sp^2杂化轨道上的电子配对形成σ键，于是六个碳原子组成一个正六边形的碳环；每个碳原子的另一个sp^2杂化轨道上的电子分别与一个氢原子的1s电子配对形成σ键。与此同时，每个碳原子的一个与碳环平面垂直的未参与杂化的2p轨道（如$2p_z$）均含有一个未成对电子，这六个轨道相互平行，以“肩并肩”的方式相互重叠，从而形成含有六个电子、属于六个碳原子的大π键。所以，在苯分子中，六个碳原子和六个氢原子都在同一平面上，整个分子呈正六边形，六个碳碳键完全相同，键角皆为120°(图8－41)。

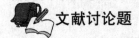

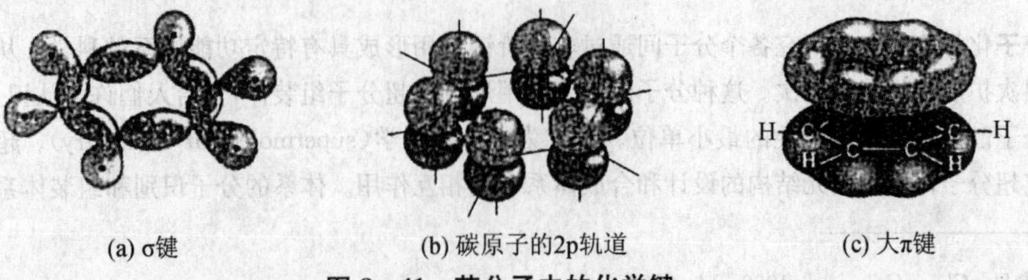

(a) σ键　　(b) 碳原子的2p轨道　　(c) 大π键

图8－41 苯分子中的化学键

石墨是碳的另一种固体单质，它的物理性质与金刚石大不相同。石墨很软，呈灰黑色，密度较金刚石小，熔点比金刚石仅低 50 K。在石墨晶体中，碳原子以 sp^2 杂化轨道和邻近的三个碳原子形成共价单价，构成六角平面的网状结构，这些网状结构又连成片层结构。层中每个碳原子均剩余一个未参加杂化的 p 轨道，其中有一个未成对的 p 电子，同层中这种碳原子中的 p 电子形成一个多中心多电子的大 π 键。这些离域电子可以在整个碳原子平面层中活动，所以石墨具有层向的良好导电导热性质。石墨的层与层之间是以分子间力结合起来的，因此石墨容易沿着与层平行的方向滑动、裂开。石墨质软具有润滑性。图 8-42 给出了石墨的层状结构。由于有自由电子的存在，石墨的化学性质较金刚石稍显活泼。

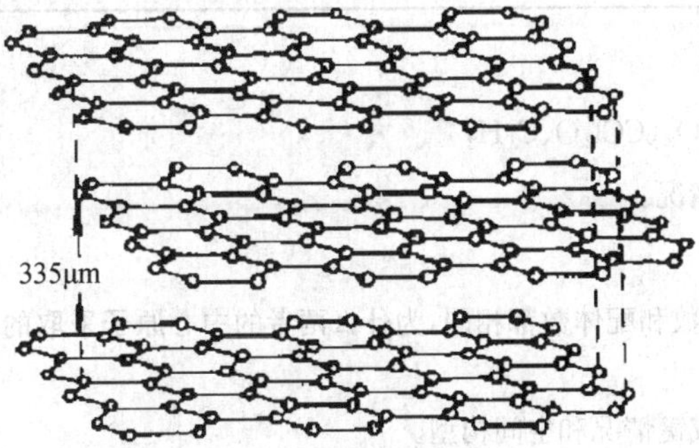

图 8-42 石墨的层状结构

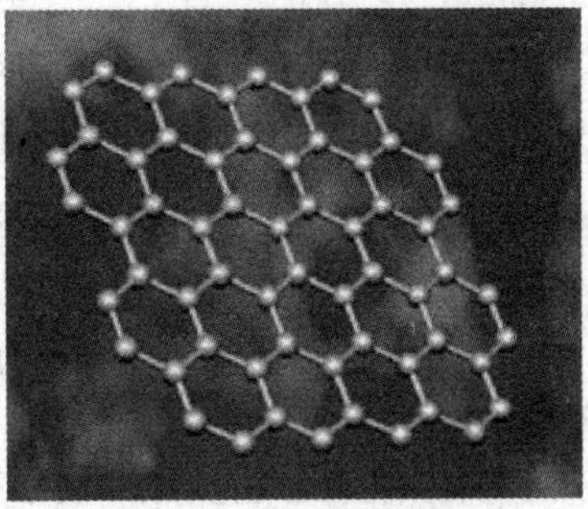

图 8-43 石墨烯的结构

石墨烯是一种从石墨材料中剥离出的单层碳原子面材料，是碳的二维结构，是一种“超级材料”，是最薄却也是最坚硬的纳米材料，其厚度只有 0.335 nm，硬度超过钻石。2004 年，英国曼彻斯特大学物理学教授 Geim 等，用特殊的胶带反复剥离高定向热解石墨的方法，得到了稳定存在的石墨烯。石墨烯的发现者 Geim 教授和 Novoselov 博士也因此被授予 2010 年度诺贝尔物理学奖。石墨烯的问世引起了全世界的研究热潮。它是已知材料中最薄的一种，质料非常牢固坚硬，在室温状况，传递电子的速度比已知导体都快，可用来制造透明触控屏幕、光板，甚至太阳能电池。

石墨烯的碳原子排列与石墨的单原子层雷同，是碳原子呈蜂巢晶格排列构成的单层二维晶体。石墨烯可想象为由碳原子和其共价键所形成的原子尺寸网，也可称为“单层石墨”。

石墨烯的结构非常稳定，石墨烯内部的碳原子之间的连接很柔韧，当施加外力于石墨烯时，碳原子面会弯曲变形，使得碳原子不必重新排列来适应外力，从而保持结构稳定。这种稳定的晶格结构使石墨烯具有优秀的导热性。另外，石墨烯中的电子在轨道中移动时，不会因晶格缺陷或引入外来原子而发生散射。由于原子间作用力十分强，在常温下，即使周围碳原子发生挤撞，石墨烯内部电子受到的干扰也非常小。

习 题

1. 如何理解共价键其有方向性和饱和性？

2. BF_3 是平面三角形的几何构型，但 NF_3 却是三角锥形的几何构型，试用杂化轨道理论加以说明。

3. 实验证明，臭氧离子(O_3^-)的键角为 100°，试用 VSEPR 模型解释之，并推测其中心氧原子的杂化轨道类型。

4. 在下列各组中，哪一种化合物的键角大？说明其原因。

(1) CH_4 和 NH_3　　(2) OF_2 和 Cl_2O

(3) NH_3 和 NF_3　　(4) PH_3 和 NH_3

5. 试总结 Be、B、C、N、O、F、P、S 生成共价键的规律性，填入下列表中。

	Be	B	C	N	O	F	P	S
价层电子结构								
价层轨道数								
最多可生成共价键的数目								
成键后可能具有的最多孤电子对数								
成键后可能的空轨道数								

6. 画出下列分子或离子的 Lewis 结构式。

NH_4^+、HNO_3、CN^-、CO_2、H_2O_2、HClO、$HClO_3$、CCl_2O、C_2H_2

7. 试用杂化轨道理论解释下列分子的成键情况。

$BeCl_2$、BF_3、$SiCl_4$、PCl_5、SF_6

8. 在 BCl_3 和 NCl_3 分子中，中心原子的氧化数和配体数都相同，为什么两者的中心原子采取的杂化类型、分子构型却不同？

9. 用不等性杂化轨道理论解释下列分子的成键情况和空间构型。

PCl_3、H_2O、NH_3、OF_2、ICl_3、XeF_4

10. 指出下列分子中各 C 原子采取的杂化轨道类型。

C_2H_2、C_2H_4、C_2H_6、CH_2O、CH_3OH、HCOOH、C_6H_6、C_{60}、金刚石、石墨

11. 简述分子轨道理论的基本论点。

12. 写出第二周期所有元素同核双原子分子的分子轨道表示式，并判断分子的稳定性和磁性高低。

13. 试用价层电子对互斥理论判断下列分子或离子的空间构型，说明原因。

$HgCl_2$、BCl_3、$SnCl_2$、NH_3、H_2O、PCl_5、$TeCl_4$、ClF_3、ICl_2、SF_6、$COCl_2$、SO_2、SO_3^{2-}、ClO_2^-

14. 试用价键法和分子轨道法说明 O_2 和 F_2 分子的结构，这两种方法有何区别？

15. 今有双原子分子：Li_2、Be_2、B_2、N_2、HF、F_2。

(1) 写出它们的分子轨道式。

(2) 计算它们的键级，判断其中哪个最稳定？哪个最不稳定？

(3) 判断哪些分子或离子是顺磁性？哪些是反磁性？

16. 写出 O_2^{2-}，O_2^-，O_2，O_2^+ 分子或离子的分子轨道式，并比较它们的稳定性？

17. 已知 CO_2，SO_2，NO_2 分子其键角分别为 180°，120°，132°。判断它们的中心原子轨道的杂化类型？

18. 写出 NO^+，NO，NO^-（NO 的分子轨道与 N_2 类似）分子或离子的分子轨道式，指出它们的键级，其中哪些有磁性？

19. 简单说明 σ 键和 π 键的主要特征是什么？

20. 试比较下列物质中键的极性的大小。

NaF、HF、HCl、HI、I_2

21. 何谓氢键？氢键对化合物性质有何影响？

22. 判断下列各组分子之间存在着什么形式的分子间作用力？

(1) 苯和 Cl_4　(2) 氨和水　(3) CO_2 气体　(4) HBr 气体　(5) 甲醇和水

第 9 章　固体的结构与性质

§9.1　晶体和非晶体

根据物质在不同温度和压力下，质点间能量大小不同和质点排列的有序或无序，物质主要分为三种聚集状态：**气态**、**液态**和**固态**（除此三态外，**等离子态**现在被称为物质的第四态）。固态物质又可分为**晶态**（或晶体）和**非晶态**两大类。在宏观上，晶体有别于非晶态的最普遍的本质特征是它的“自范性”，即：结晶物质在合适的外界条件下，能够自发地生长出由晶面、晶棱与顶点多种几何元素所围成的规则凸多面体的外形（图 9 - 1）。

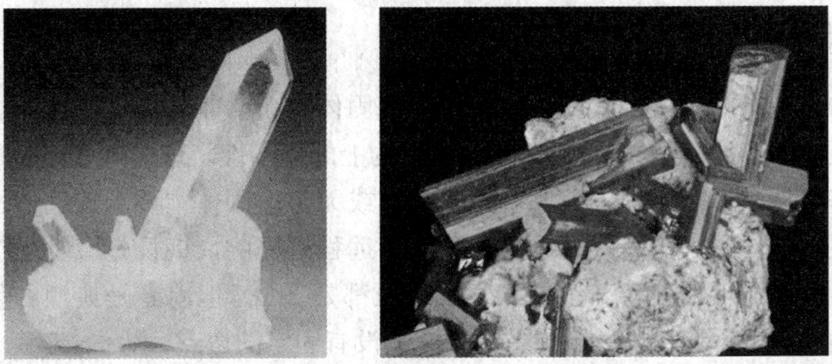

(a) 水晶晶体　　(b) 雄黄(As_4S_4)晶体

图 9 - 1　晶体呈现规则凸多面体外形实例

9.1.1　单晶体和多晶体

晶体可分为单晶体和多晶体两种。**单晶体**是由一个晶核（微小的晶体）各向均匀生长而成的，其晶体内部的粒子基本上按照某种规律整齐排列。例如单晶冰糖、单晶硅就是单晶体。单晶体要在特定的条件下才能形成，因而在自然界较少见（如宝石、金刚石等）。通常情况下，晶体在形成的开始阶段，会产生很多取向随机的小晶核。长成晶块后，晶块中尽管每颗小晶粒是各向异性的，但由于晶粒随机取向，晶粒之间的排列杂乱，晶块的各向异性特征消失，使整个晶体一般不表现各向异性，这种由很多小晶粒构成的晶体称为**多晶体**。多数金属和合金都是多晶体。

9.1.2　液晶

有些有机化合物的晶体，特别是具有长链结构的有机化合物的晶体，受热熔化后在一定温度范围内分子的排列部分地保留着远程有序性，因而部分地仍具有各向异性，这种介于液态和晶态之间的各向异性的凝聚流体称为**液态晶体**。当温度进一步升高，随着分子热运动加剧，最终变成各向同性的液体(图 9-2)。

(a) 晶体　(b) 各向异性的液体　(c) 各向异性的液体　(d) 各向同性的液体

图 9-2　从晶体经过液晶到液体的各个阶段

液晶中的分子排列比液体有序，比晶体无序，具有长分子结构的有机化合物有利于液晶的形成。已知的液晶物质都是有机化合物，目前发现、合成出来的约有 6 000～7 000 种，人体中的大脑、肌肉、神经髓鞘、眼睛的视网膜等可能存在液晶组织。液晶由于对光、电、磁、热、机械压力及化学环境变化都非常敏感，作为各种信息的显示和记忆材料，被广泛应用于科技领域中，对生命科学的研究更有特殊意义。

9.1.3　非晶体

非晶体物质是指结构无序(近程可能有序)的固体物质。非晶体与晶体的区别，主要在于非晶体物质内部的微粒呈无序排列，不具有结构上的周期性。**玻璃体**是典型的非晶固体，所以非晶固态又称**玻璃态**。固体中典型的非晶体或无定形固体主要有玻璃体、高分子化合物以及某些生物机体。非晶体微观结构上不具有远程有序的周期性，宏观性质上没有明显固定的熔点。例如石英和玻璃其主要化学成分虽都是 SiO_2，但前者是典型的晶体，后者是无定形的玻璃体，它不具有规则的远程有序结构，没有固定的熔点。

晶体与非晶体之间并不存在不可逾越的鸿沟。在一定条件下，晶体与非晶体可以相互转化，例如把石英晶体熔化并迅速冷却，可以得到石英玻璃。涤纶熔化若迅速冷却，可得无定形体；若慢慢冷却，则可得晶体。由此可见，晶态和非晶态是物质在不同条件下形成的两种不同的固体状态。从热力学角度说，晶态比非晶态稳定。

§9.2　晶体的特征

9.2.1　晶体的宏观特征

1. 晶体具有规则的几何外形

如图 9-3，食盐晶体就具有立方体外形，石英晶体是六角柱体，方解石晶体是棱面体。虽然有的晶体由于生成的条件不同，所得到的晶体外形上可

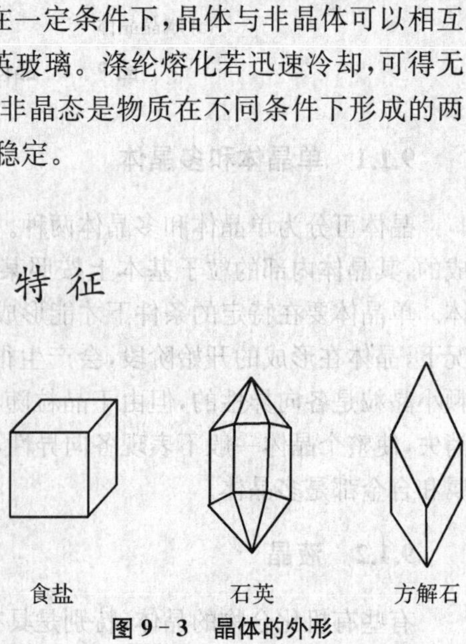

食盐　石英　方解石

图 9-3　晶体的外形

能有些歪曲，但晶体表面的交角（称为晶角）总是不变的。

2. 晶体具有固定的熔点

加热晶体，达到熔点时，即开始熔化。在没有全部熔化之前，继续加热，温度不再上升。这时所供给的热都用来使晶体熔化，完全熔化后，温度才开始上升，说明晶体有固定熔点。非晶体则不同，没有固定的熔点，只有“软化点”。例如，松香在50℃～70℃之间软化，70℃以上才基本上形成熔体。

3. 晶体具有各向异性

由于晶格各个方向排列的质点的距离不同，一块晶体的某些性质，如力学性质、光学性质、导热导电性、机械强度和溶解性等，从晶体的不同方向去测定，往往是不同的。如云母的解理性（晶体容易沿着某一平面剥离的现象）就不相同。沿两层的平面方向剥离，就容易；若垂直于这个平面方向剥离，就困难很多。蓝晶石（$Al_2O_3 \cdot SiO_2$）在不同方向上的硬度是不同的。又如石墨在与层垂直方向的导电率是与层平行方向导电率的$1/10^4$。这种各向异性还表现在晶体的光学性质、热学性质及其他电学性质上。

晶体和非晶体性质上的差异，反映了两者内部结构的差异。应用X射线衍射研究晶体的结构表明，组成晶体的粒子（原子、离子、分子）的排列是有序的，它们总是在不同方向上按照某些确定的规则重复性地排列，这种排列贯穿于整个晶体，形成远程有序的结构，而且在不同方向上的排列往往不同，因而造成晶体的各向异性。

9.2.2　晶胞

晶体的晶格中含有晶体结构中具有代表性的最小重复单位，称为**单元晶胞**（简称**晶胞**）。单元晶胞在空间里无限地周期性的重复就成为晶格。晶胞在三维空间无限地重复就产生宏观的晶体。氯化钠的晶格和晶胞如图9-4所示。因此，晶体的性质是由晶胞的大小、形状和质点的种类（分子、原子或离子）以及它们之间的作用力（库仑力、范德华力等）所决定。

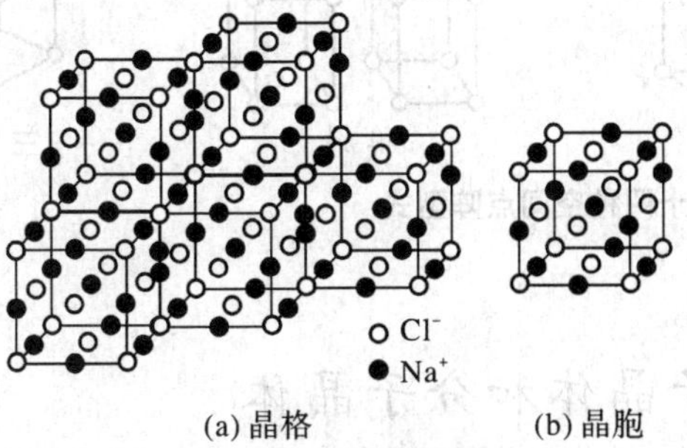

图9-4　氯化钠的晶格和晶胞

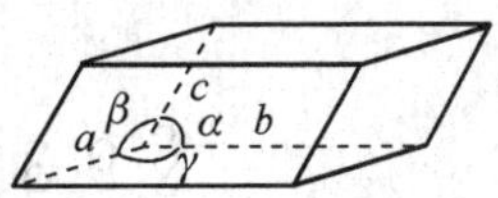

图9-5　晶胞参数的定义

晶胞的边长和夹角被称为**晶胞参数**，其定义如图9-5所示。根据晶胞参数，有7种不同几何特征的（三维）晶胞，称为**布拉维系**（Bravais system）。它们的名称、英文名称和几何特征见表9-1。

表 9-1 七种晶系

晶 系	英文名称	晶胞参数	晶 系	英文名称	晶胞参数
立方	cubic	$a=b=c$ $\alpha=\beta=\gamma=90°$	三斜	triclinic	$a\neq b\neq c$ $\alpha\neq\beta\neq\gamma$
四方	tetragonal	$a=b\neq c$ $\alpha=\beta=\gamma=90°$	六方	hexagonal	$a=b\neq c$ $\alpha=\beta=90°,\gamma=120°$
正交	orthorhomic	$a\neq b\neq c$ $\alpha=\beta=\gamma=90°$	菱方①	rhombohedral	$a=b=c$ $\alpha=\beta=\gamma$
单斜	monoclinic	$a\neq b\neq c$ $\alpha=\gamma=90°,\beta\neq 90°$			

7 个晶系又可划分为 14 种空间点阵型式。因为在 7 个晶系中，有的只有素单位，而有的除有素单位外，还可以有复单位，并且有的复单位又可表现为不同的点阵型式。具体来说，如图 9-6 所示，菱方晶系、六方晶系和三斜晶系只有素单位，它们的点阵型式分别用 R、H（三个平行六面体晶胞组合的面心立方柱）和 P 来表示（其中 P 表示简单型式）。立方晶系有简单点阵 P、体心点阵 I 和面心点阵 F 三种型式；四方晶系只有 P 和 I 两种点阵型式，正交系除有 P、I 和 F 外，还有底心（或侧心）点阵 C（根据晶轴的不同，也可能是底心 B 或 A），共四种点阵型式；单斜晶系有 P 和 C 两种点阵型式。

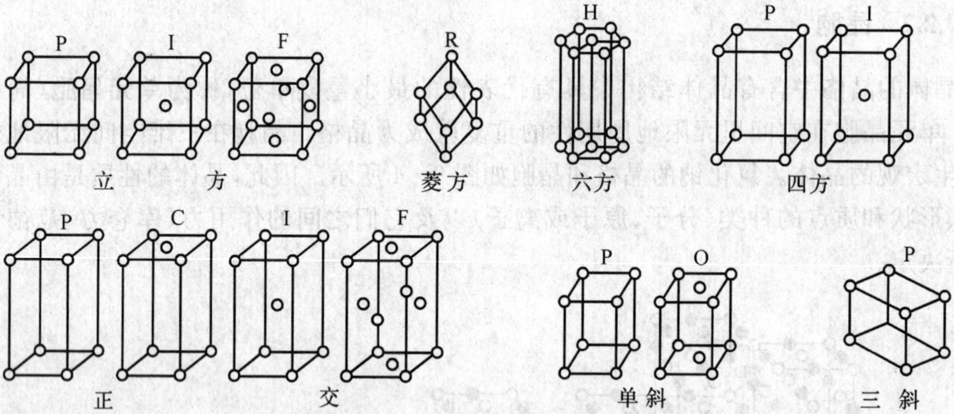

图 9-6 十四种空间点阵型式

§9.3 原子晶体和分子晶体

按照晶格上质点的种类和质点间作用力的实质不同，晶体可分为原子晶体、分子晶体、金属晶体和离子晶体四种基本类型。

① 在国际通用七晶系中被称为三方（trigonal），不叫菱方（rhombohedral）。

9.3.1　原子晶体

在**原子晶体**中，组成晶格的质点是原子，原子以共价键相结合。由于质点间结合力极强，所以这类晶体的熔点极高，硬度极大。金刚石就是原子晶体（金刚石熔点高，硬度最大）。在金刚石中，碳原子形成四个 sp^3 杂化轨道，以共价键彼此相连，每个碳原子都处于与它直接相连的四个碳原子所组成的正四面体的中心，组成了整个一块晶体，所以在原子晶体中也不存在单个的小分子，整个晶体，可以看成是一个巨型的分子。金刚石和石英（SiO_2）是原子晶体，它们的晶胞如图 9－7 所示。

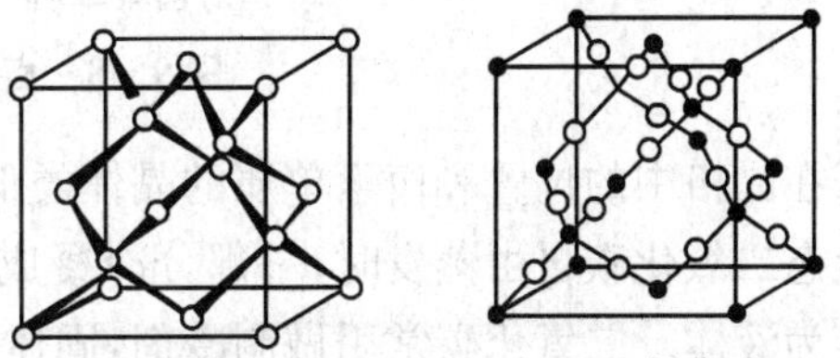

(a) 金刚石　　(b) 二氧化硅

图 9－7　金刚石和二氧化硅晶胞

原子晶体中一个原子的配位数一般也比离子型晶体小，硬度和熔点比离子型晶体高（因共价键强），熔点一般大于 1 200 K（见表 9－2），不导电。在大多数常见的溶剂中不溶解，延展性差。

表 9－2　某些原子晶体型物质的熔点

物质	熔点/K	物质	熔点/K
C	3 844	SiC	＞2 973
Si	1 688	BN	3 774
Ge	1 200	SiO_2	1 973

周期系第Ⅳ族主族元素碳（金刚石）、硅、锗、灰锡等单质的晶体都是原子晶体；周期系第Ⅲ、Ⅳ、Ⅴ族主族元素彼此组成的某些化合物，如碳化硅（SiC）、氮化铝（AlN）、氮化硼（BN）也是原子晶体。如碳化硅（俗称金刚砂）的晶格与金刚石一样，只是碳原子和硅原子相间地排列起来。

原子晶型的非金属单质的化学式就是它们的元素符号，如金刚石用化学式 C 表示。

9.3.2　分子晶体

分子晶体中，组成晶格的质点是分子，分子以微弱的分子间力相互结合成晶体。由于分子间结合力很弱，所以分子晶体熔点低，硬度小。易溶于非极性溶剂，例如，碘易溶于苯和四氯化碳，但在水中的溶解度较小。所有在室温下是气体，而冷冻时为易熔化、易升华的固体物质本质上都是分子型晶体。很多固态非金属单质，如固态卤素（双原子分子）、固态氧和臭氧、硫（S_8、S_2）、固态氮（N_2）和白磷（P_4）、固态稀有气体（单原子分子）、固态 H_2、固态 H_2O、CO_2 以及大多数固体有机小分子化合物等均为分子晶体。分子晶体的相对分子质量是可以测定的。

图 9－8(a)所示为氯、溴、碘的晶体结构。组成晶格结点上的质点是双原子分子。在立方体的每个顶点以及每个面的中心均有一个双原子分子。

固体二氧化碳的晶体结构见图9－8(b)。组成晶格结点上的质点是 CO_2 分子。CO_2 分

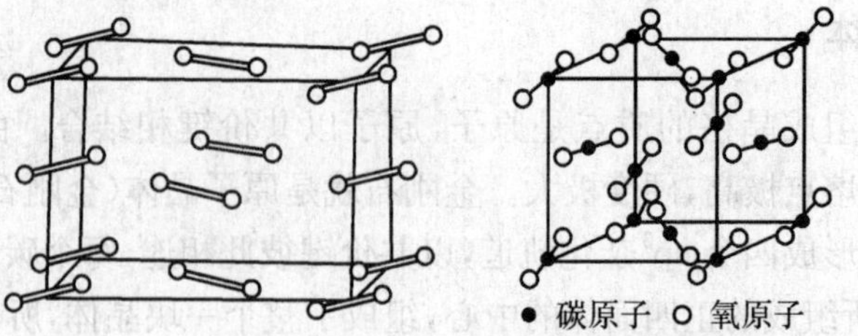

(a) 卤素单质 (b) 二氧化碳

图 9-8 卤素单质和二氧化碳晶胞

子在晶格中的位置和卤素单质的晶体类似。二氧化碳气体在低于 300 K 时，加压容易液化。液态二氧化碳自由蒸发时，一部分冷凝成固体二氧化碳。固体二氧化碳直接升华气化而不熔为液体。二氧化碳常用做制冷剂，固体二氧化碳称为**干冰**。干冰同乙醚、氯仿或丙酮等有机溶剂所组成的冷却剂，温度可低到 200 K。

分子型物质一般是电的不良导体，不论是液态或溶液状态，都不能导电。但是，若分子型物质与水反应生成离子，可形成能导电的水溶液。例如，氯化氢溶入水后因电离出 H^+ 和 Cl^-，其水溶液可以导电。

§9.4 金属晶体

9.4.1 金属键

在常温下，除汞为液体外，其余金属都是固体，金属中原子间的结合能较大。金属晶体中原子之间的化学作用力叫作**金属键**。金属键是一种遍布于整个晶体的离域化学键，可以用原子化热来衡量金属键的强度。**原子化热**是指 1 mol 金属完全气化成互相远离的气态原子吸收的能量。一些金属的原子化热如下：

金属	钠	铯	铜	锌
原子化热/$kJ \cdot mol^{-1}$	109	79	339	131

1. "自由电子"理论

金属键的"**自由电子**"理论(又叫"**电子气**"理论)认为金属原子的特征是外层价电子和原子核的联系比较松弛，容易丢失电子，形成正离子。在金属晶体中的晶格结点上，排列着金属相对显正性的离子。在这些正离子和原子之间，存在着从原子上脱落下来的电子。这些电子不是固定在某一金属离子的附近，而是能够在原子-离子晶格中相对自由地运动，这些电子叫作"自由"电子(图 9-9 中黑点代表自由电子)。由于自由电子不停地运动，把金属的原子或离子联系在一起，这就叫作金属键。而金属键同样也是引力和斥力对立的统一，因为金属原子、金属正离子间的电子云相互存在着斥力，所以金属原子、金属正离子不能靠得太近。当金属原子核间距达到某个值时，引力和斥力到达暂时平衡，组成稳定的晶体。这时，金属的原子及正离子在其平衡位置附近振动。

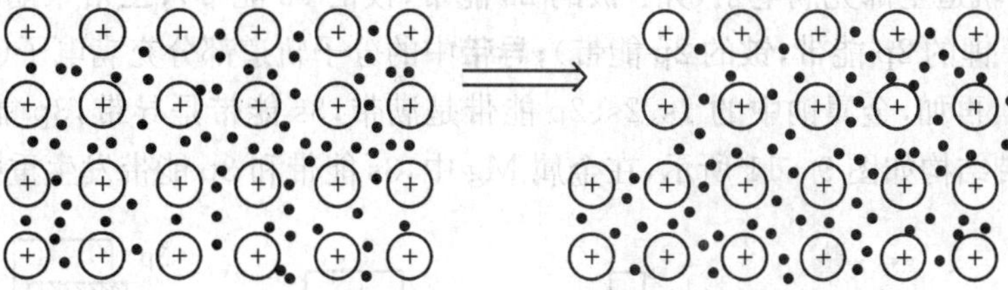

图 9-9　自由电子理论对金属延展性的解释

自由电子理论简单而形象，可以定性地解释金属的性质。例如，受外力作用金属原子移位滑动并不影响带负电的电子对带正电的金属原子的维系，使金属具有延展性和可塑性（图 9-9）；自由电子在外电场作用下定向地向正极移动使金属有良好的导电性；金属受热加速自由电子与金属原子之间的能量交换，将热能从一端传递到另一端而使金属有良好的导热性；自由电子能量差异很大，所以金属能够吸收几乎所有的可见光，并在金属表面把不同能量的光子重新释放出来而使金属具有闪烁多彩的金属光泽。

综上所述，金属键也可以看成是由许多原子共用许多电子的一种特殊形式的共价键。但又与共价键不同，金属键并不是具有方向性和饱和性。在金属中，每个原子将在空间允许的条件下，与尽可能多数目的原子形成金属键。这一点说明，金属结构一般总是按最紧密的方式堆积起来，具有较大的密度。

金属键的"电子气"理论通俗易懂，能定性地说明金属的许多性质，但是它难以定量。对于金属的光电效应、导体、绝缘体和半导体的区别，以及某些金属的导电特性等它不能解释。例如，金属锗的导电性，不同于一般金属随温度升高下降，而是特殊地增大，具有半导体的导电性能。因此，随着量子力学的应用，又建立了金属键的能带理论。

2. 能带理论

金属键的另一个理论是能带理论，能带理论是分子轨道理论的扩展。用分子轨道理论，把整个晶体看成是一个大分子，由于原子间的相互作用，使各原子中每一能级分裂成等于晶体中原子数目的许多小能级，这些能级常连成一片，称为**能带**。金属的价电子按分子轨道理论的基本原理填充在这些能带中。充满电子的能带叫作**满带**，未充满电子的能带叫作**导带**，满带和导带间的能量间隔叫作**禁带**。能带理论要点有：

(1) 原子单独存在时的能级(1s，2s，2p，…)在 n 个原子构成的一块金属中形成相应的能带(1s，2s，2p，…)；一个能带就是一组能量十分接近的分子轨道，其总数等于构成能带的相应原子轨道的总和，例如，金属钠的 3s 能带是由 n 个钠原子的 n 个 3s 轨道构成的 n 个分子轨道。通常 n 是一个很大的数值，而能带宽度一般不大于 2 eV，将能带宽度除以 n，就得出能带中分子轨道的能量差，这当然是一个很小的数值，因此可认为能带中的分子轨道在能量上是连续的。

图 9-10 为金属锂的能带模型。一个锂原子有 1 个 2s 轨道，2 个锂原子有 2 个 2s 轨道组成的 2 个分子轨道，3 个锂原子有 3 个 2s 轨道组成的 3 个分子轨道，依次类推，则 n 个锂原子有 n 个 2s 轨道组成的 n 个分子轨道，这 n 个分子轨道就构成 2s 能带。

(2) 按能带填充电子的情况不同,可把能带分为**满带**(又叫**价带**)、**空带**和**导带**三类。**满带**中的所有分子轨道全部充满电子(如:铍的 2s 能带,镁的 2s 能带);**空带**中的分子轨道全部没有电子(如:锂的 2p 能带,铍的 2p 能带);**导带**中的分子轨道部分充满电子(如:锂的 2s 能带为半充满)。再如,金属钠中的 1s、2s、2p 能带是满带,3s 能带是导带,3p 能带是空带。Na 和 Mg 的能带结构如图 9-11 所示,在金属 Mg 中,3s 能带和 3p 能带发生重叠。

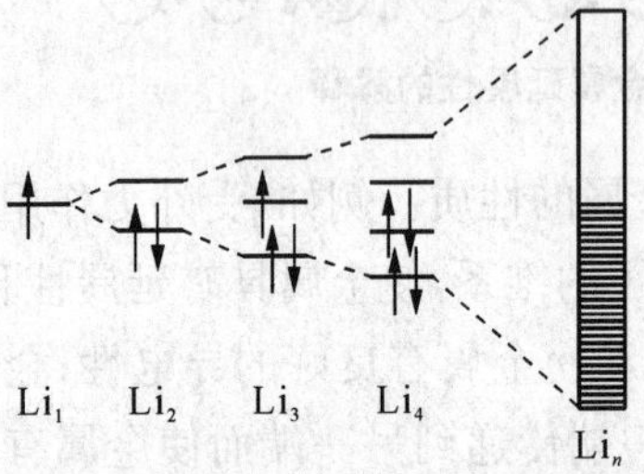

图 9-10 金属锂的能带模型

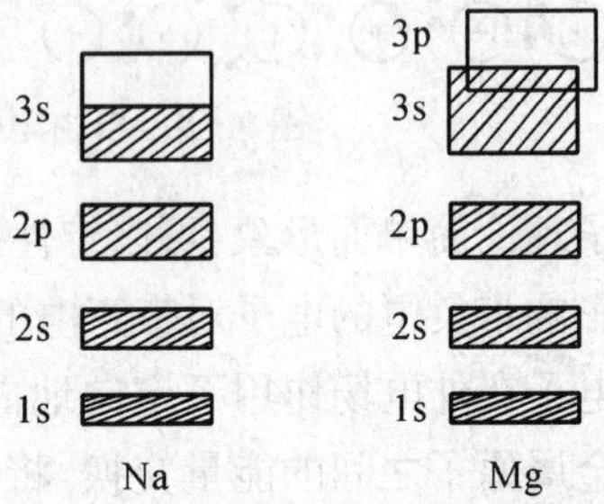

图 9-11 金属 Na 和 Mg 的能带结构

(3) 能带与能带之间存在能量的间隙,简称**带隙**,又叫"禁带宽度"。固体按导电能力可分为导体、半导体和绝缘体。导体没有带隙,它有部分充满电子的导带(如 Na)或者有在能量上重叠的满带和空带(如 Mg)。绝缘体的特征是只有满带和空带,而能量最高的满带与相邻的空带之间存在很大的带隙,带隙宽度一般大于 5 eV。半导体中满带和空带间的带隙比较窄,带隙宽度一般小于 3 eV。

(4) 能带理论对金属导电的解释如下:第一种情况:金属具有部分充满电子的能带,即导带,在外电场作用下,导带中的电子受激,能量升高,进入同一能带的空轨道,沿电场的正极方向移动,同时,导带中原先充满电子的分子轨道因失去电子形成带正电的空穴,沿电场的负极移动,引起导电。例如金属钠的导电便属于此情况,因为它的 3s 能带是半充满的导带(图 9-12(a))。第二种情况:金属的满带与空带或者满带与导带之间没有带隙,是重叠的,电子受激可以从满带进入重叠的空带或者导带,引起导电。例如金属镁,它的最高能量的满带是 3s 能带,最低能量的空带是 3p 能带,它们是重叠的,没有间隔,3s 能带(满带)的电子受激,可以进入 3p 能带(空带),向正极方向移动,同时满带因失去电子形成带正电的空穴,向负极方向移动,引起导电(图 9-12(b))。又例如,铜、银、金的导电性特别强,是由于它们的充满电子的 $(n-1)$d 能带(满带)与半充满的 ns 能带(导带)是重叠的,其间没有间隙,$(n-1)$d 满带的电子受激可以进入 ns 导带而导电。

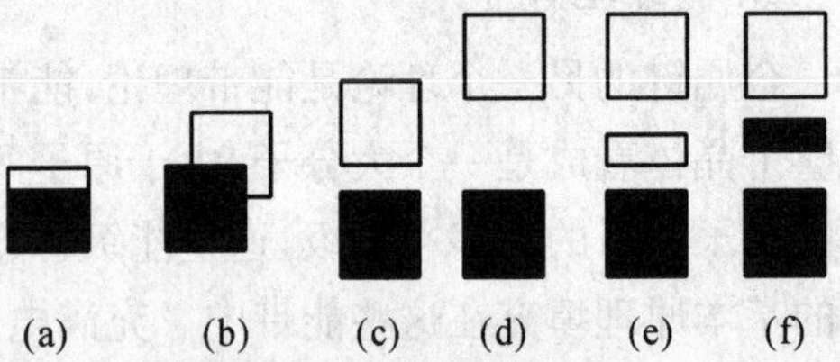

图 9-12 能带带隙示意图(涂黑部分充满电子)

(a)和(b)为导体;(c)为本征半导体;
(d)为绝缘体;(e)和(f)为掺杂导体

(5) 能带理论是一种既能解释导体(常为金属与合金),又能解释半导体(常为半金属及其互化物)和绝缘体性质的理论。简单地说,按照能带理论,绝缘体满带与空带之间有很大带隙,满带中的电子很难跃迁到空带,因而不能导电(图 9-12(d));典型的半导体(本征半导体)的满带与空带之间的带隙较小,受激电子可以跃过,当电子跃过满带与空带之间的带隙进入空带后,空带的电子向正极移动,同时,满带因失去电子形成带正电的空穴向负极移动,引起导电(图 9－12(c))。有的半导体需要添加杂质才会导电。杂质的添入,本质上是在禁带之间形成了一个杂质能带(满带或空带),使电子能够以杂质能带为桥梁逾越原先的禁带而导电(图 9－12(e,f))。

9.4.2　金属晶体的堆积模型

从前面讨论的金属键的本质来看,在金属晶体中,不存在受邻近质点的异号电荷限制和化学量比的限制,所以在一个金属原子周围可以围绕着尽可能多的,又符合几何图形的邻近原子。因此,在金属晶格内都有较高的配位数。

把金属晶体看成是由直径相等的圆球状金属原子在三维空间堆积构建而成的模型叫作金属晶体的**堆积模型**。金属晶体堆积模型有三种基本形式——体心立方堆积、六方最密堆积和面心立方最密堆积,其中后两者为最密堆积。

1. 体心立方堆积

体心立方堆积的晶胞如图 9－13 所示。金属原子分别占据立方晶胞的顶点位置和体心位置。每个金属原子与 8 个占据立方晶胞的顶点的金属原子(距离最近的)接触,因此配位数为 8。每个金属原子还与距离比最近配位原子仅大 15%的 6 个金属原子接触(注意:因这 6 个金属原子不是最近距离,因此配位数不为 6!)。体心立方晶胞中含有的金属原子数为 2。金属晶体的空间占有率为晶胞中金属原子的体积与晶胞体积之比,反映了金属原子堆积形成金属晶体时的空间利用率。空间占有率可以通过晶胞边长、金属原子半径进行计算。

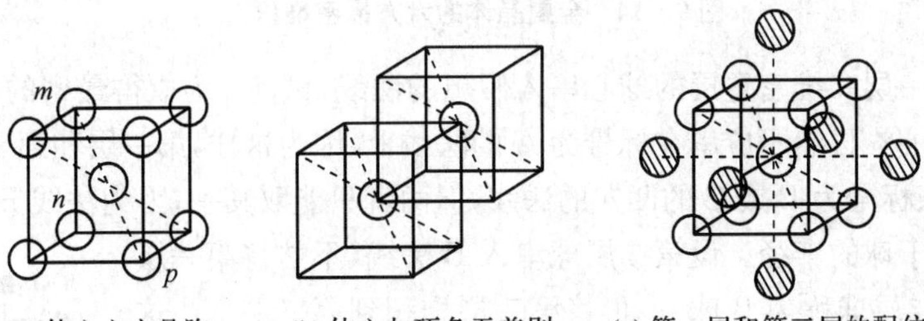

(a) 体心立方晶胞　(b) 体心与顶角无差别　(c) 第一层和第二层的配位情况

图 9－13　金属晶体的体心立方堆积

在体心立方晶胞中(图 9－13(a)),在立方体的体对角线上,金属原子球是相互接触的。假设晶胞边长为 a,金属原子半径为 r,则:$d_{mp}=4r$, $d_{mn}=a$, $d_{np}=\sqrt{2}a$。

因为△mnp 为直角三角形,则 $d_{mn}^2+d_{np}^2=d_{mp}^2$,即

$2a^2+a^2=(4r)^2$,解出:$a=\dfrac{4}{\sqrt{3}}r$。

一个金属原子球的体积:$V_{球}=\dfrac{4}{3}\pi r^3$,则

晶胞体积：$V_{晶胞}=a^3=\left(\frac{4}{\sqrt{3}}r\right)^3$。

空间利用率为：$\frac{2\times V_{球}}{V_{晶胞}}=\frac{2\times\frac{4}{3}\pi r^3}{\left(\frac{4}{\sqrt{3}}r\right)^3}=\frac{\sqrt{3}\pi}{8}\times 100\%=68.02\%$

2. 六方最密堆积

由于金属键没有方向性，每个金属原子(或离子)的电子云分布基本上是球形对称的，因此可以把同一种金属原子看成是等径的圆球，而且一个金属原子周围，可以依据几何原理排列尽可能多的邻近原子，形成最密堆积，以使体系的能量尽可能地低。X射线衍射测定结果证明，绝大多数金属单质都具有等径圆球的紧密堆积结构。

如图9-14所示，先令等径圆球在二维平面尽可能地靠拢，可以得到二维密置层，在这种二维密置层中，每个球的配位数为6，每个球周围有6个凹穴，为方便起见，我们定名穿过球心的法线为A，穿过球周围的相邻凹穴的法线分别为B和C(图9-14(a))。

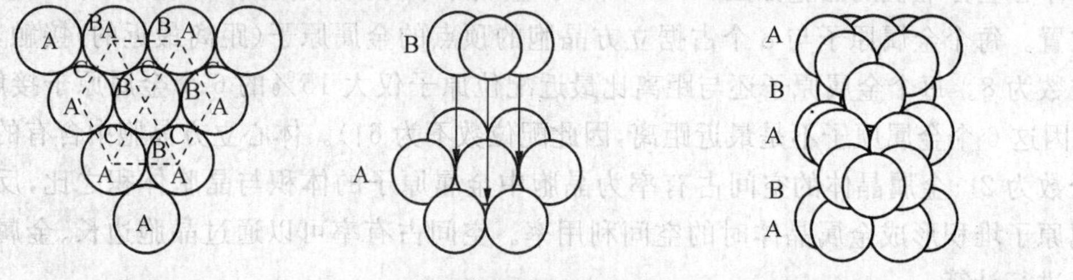

图9-14 金属晶体的六方最密堆积

试设想将另一层二维密置层的球心串入假想的法线，试问：为取得最密的堆积，球心应当串在哪种法线上？显然不应串在标号为A的法线上，因为这样，第一层和第二层之间的空隙太大，而应串入标号为B或C的凹穴的法线，但两者只能取其一，因为法线B和C在二维平面上的距离等于球的半径。设第二层球串入B法线(不妨将第一层球称为A球，第二层球称为B球)。再将第三层堆积到第二层上。这时，由于B球周围的凹穴是A和C，第三层球可取A或C。若取A，并使第四层球又取B，继续往上堆积的二维密置层遵循同一规则，我们就得到ABABAB……堆积。这是两层为一个周期的堆积(图9-14(c))。将这种堆积的A球用直线连接起来，可以得到如图9-15所示的晶胞，这个晶胞的晶胞参数为$a=b\neq c$，$\alpha=\beta=90°$，$\gamma=120°$，即六方晶胞，因此这种堆积叫作六方最密堆积(hcp)。在每个晶胞中有两个球(A和B)。必须注意的是A和B，虽然在化学上是相同的(是同一种金属原子)，但是在几何上却是不同的，例如，在图9-15中，我们从A到B用向量AB将它们连接起来，从B向上延长相等的向量，却没有见到另一个球的存在，可见A和B在几何上是不相同的，所以图9-15是一个素晶胞。

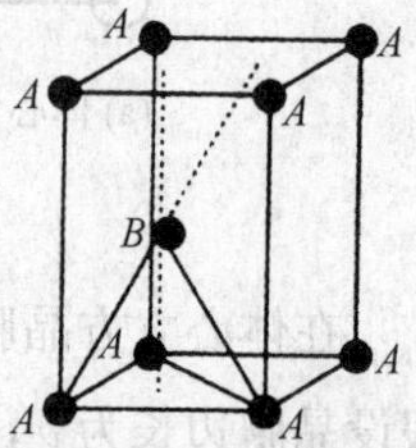

图9-15 六方最密堆积的六方晶胞

六方最密堆积的六方晶胞中含有两个金属原子。根据六方晶胞的几何关系①,可以计算出六方晶胞的空间占有率为74.05%。

3. 面心立方最密堆积

如果上述三维堆积取…ABCABCABCABC…三层为一周期的堆积方式(图9-16(a)),若将堆积定向为c轴,得到一个$c=2.449a$的六方晶胞,在这个六方晶胞里有3个球(A、B和C),然而,我们发现,A、B、C球在几何上并没有差别,例如,从A向B做连线,延长相同线段得C,再延长相同线段得A,这说明,这种堆积的结构基元是一个球,因此所得晶胞不是素晶胞,是素晶胞的3倍体。我们可以把它转化为一个素单位(见图9-16(c)),后者是一个菱方单位,可以证明它的$\alpha=60°$,还可以证明,这种堆积具有立方对称性,为反映晶体的这种对称性,需要用立方晶胞作为晶体的基本单位(图9-16(d))。从图中可以倒过来理解"立方对称性":面心立方晶胞的体对角线是完全等价的,而在四个体对角线方向上的菱方晶胞的形状是完全相同,这既说明A、B、C球没有差别,也说明这种堆积呈现的晶体微观结构的立方对称性,所以,这种三层为一周期的最密堆积被称为面心立方最密堆积(ccp)。

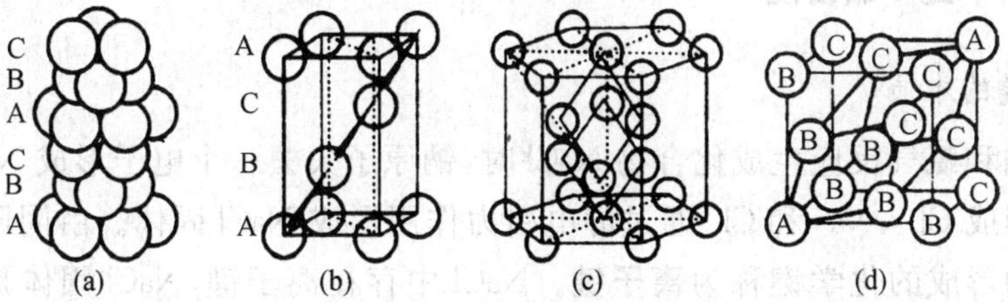

图9-16　立方面心最密堆积

(a) …ABCABC…堆积侧视图;(b) A、B、C没有差别结构基元是一个球;(c) 相应素晶胞是$\alpha=60°$的菱方晶胞;(d) 转化面心立方晶胞

在面心立方晶胞中(图9-16(d)),金属原子的配位数为12,每个晶胞含有4个金属原子,在晶面对角线上的金属原子球是相互接触的(图9-17)。假设晶胞边长为a,金属原子半径为r。则:$d_{mn}=d_{np}=a$,$d_{mp}=4r$,因为$\triangle mnp$为直角三角形,因此:$d_{mn}^2+d_{np}^2=d_{mp}^2$,即

$(4r)^2=a^2+a^2$,解出:$a=2\sqrt{2}r$

一个金属原子球的体积:$V_{球}=\frac{4}{3}\pi r^3$

晶胞体积:$V_{晶胞}=a^3=(2\sqrt{2}r)^3=16\sqrt{2}r^3$

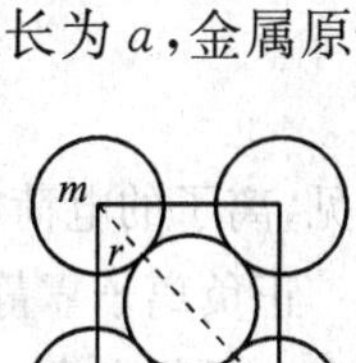

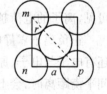

图9-17　面心立方晶胞的一个面

$$空间利用率为:\quad \frac{4\times V_{球}}{V_{晶胞}}=\frac{4\times\frac{4}{3}\pi r^3}{16\sqrt{2}r^3}=\frac{\pi}{3\sqrt{2}}\times 100\%=74.05\%$$

① 六方晶胞中$a=b$,从图9-15可以看出,c为以a为边长的正四面体的高的二倍,用立体几何可以求证$c=1.633a$,则晶胞体积为$V=abc\sin 120°=1.633a^3\sin 120°$。六方晶胞中金属原子沿$a$轴和$b$轴方向相互接触,即$a=2r$($r$为金属原子半径),则一个金属原子球的体积为$V=(4/3)\pi r^3$。由此计算出六方晶胞的空间占有率为74.05%。

面心立方最密堆积的空间占有率和六方最密堆积是相等的，均为 74.05%。金属的三种紧密堆积模型归纳于表 9-3。

表 9-3　金属晶体的三种紧密堆积模型

名　称	晶胞类型	配位数	空间利用率	典 型 实 例
体心立方堆积	体心立方	8	68.02%	ⅠA，ⅤB，ⅥB 等
面心立方最密堆积	面心立方	12	74.05%	ⅠB，ⅡA，Pb，Pt 等
六方最密堆积	六　方	12	74.05%	Be，Mg，ⅢB，ⅣB，ⅦB 等

§9.5　离子晶体及其性质

9.5.1　离子键和晶格能

1. 离子键的本质

当金属钠和氯气反应生成化合物 NaCl 时，钠原子失去一个电子形成 Na^+，氯原子得到一个电子形成 Cl^-，Na^+ 和 Cl^- 通过静电引力作用形成 NaCl 固体。由阴阳离子之间用静电引力作用形成的化学键称为**离子键**。NaCl 中存在离子键，NaCl 固体是一种离子化合物。

在离子键的模型中，可以近似地将正负离子视为球形电荷。这样根据库仑定律，两种带有相反电荷（q^+ 和 q^-）的离子间的静电引力 F 则与离子电荷的乘积成正比，而与离子的核间距 d 的平方成反比。即

$$F=\frac{q^+ \cdot q^-}{d^2}$$

可见，离子的电荷越大，离子电荷中心间的距离越小，离子间的引力则越强。

正负离子靠静电吸引相互接近形成晶体。但是，异号离子之间除了有静电吸引力之外，还有电子与电子、原子核与原子核之间的斥力。这种斥力，当异号离子彼此接近到小于离子间平衡距离时，会上升成为主要作用；斥力又把离子推回到平衡位置。因此，在离子晶体中，离子只能在平衡位置振动。在平衡位置附近振动的离子，吸引力和排斥力达到暂时的平衡，整个体系的能量会降到最低点，正负离子之间就是这样以静电作用形成离子键。由离子键形成的化合物叫作**离子型化合物**。

由于离子的电荷分布是球形对称的，因此，只要空间条件许可它可以从不同方向同时吸引几个带有相反电荷的离子。如在食盐晶体中，每个 Na^+ 可同时吸引着 6 个 Cl^-；每个 Cl^- 也同时吸引着 6 个 Na^+。离子周围最邻近的异号离子的多少，取决于离子的空间条件。从离子键作用力的本质看，离子键的特征是，既没有方向性又没有饱和性，只要空间条件允许，正离子周围可以尽量地吸引负离子，反之亦然。

然而，应该了解，离子型化合物中的离子并不是刚性电荷，正负离子原子轨道也有部分重叠。离子化合物中离子键的成分取决于元素电负性差值的大小。

2. 单键的离子性百分数

在周期表左边的碱金属元素电负性最低，右边的卤素电负性高，钠与氯的电负性值差很大，氯化钠是离子型化合物，在氯化钠中钠和氯元素是以离子形式存在的。碱金属和碱土金属卤化物(除铍外)，是典型的离子型化合物。但是近代实验指出，即使是碱金属铯离子与最典型的阴离子、电负性最高的氟离子的结合，也不是纯静电作用，氟化铯中也有约 8%的共价性，只有 92%的离子性。

元素的电负性差别越大，它们之间键的离子性也就越大。对于 AB 型化合物单键离子性百分数和电负性差值($\chi_A-\chi_B$)之间的关系列于表 9-4 中。如果电负性差值大于 1.7 时，一般可把此物质认为是离子型结构。若小于此值，则认为是共价结构。氯化钠元素电负性差为 2.23，其离子性百分数约为 70%，因此，NaCl 为典型的离子性化合物。

表 9-4　单键的离子性百分数与电负性差值之间的关系

$\chi_A-\chi_B$	离子性百分数(%)	$\chi_A-\chi_B$	离子性百分数(%)	$\chi_A-\chi_B$	离子性百分数(%)
0.2	1	1.4	39	2.6	82
0.4	4	1.6	47	2.8	86
0.6	9	1.8	55	3.0	89
0.8	15	2.0	63	3.2	92
1.0	22	2.2	70		
1.2	30	2.4	76		

3. 离子键的键能

根据键能的定义，**离子键的键能**是指 1 mol 气态离子化合物离解为气态中性原子时所需要的能量。例如，1 mol 气态 NaCl“分子”离解为气态中性 Na(g)和 Cl(g)原子时所需要的能量为 398 kJ，则 NaCl 的离子键的键能即为 398 kJ·mol^{-1}，表示为：

$$NaCl(g) \longrightarrow Na(g) + Cl(g) \qquad E = 398\ kJ \cdot mol^{-1}$$

由于离子型物质一般以晶体状态存在，气态离子型分子通常遇不到，所以离子键键能的数据并不常用，而通常则用晶格能的大小衡量离子键的强弱。

4. 晶格能

为了准确衡量离子键的强弱，人们提出了晶格能的概念。**晶格能**是指由相互远离的气态正负离子，结合生成 1 mol 离子化合物晶体(固体)时所释放出的能量，用 U(kJ·mol^{-1})表示。晶格能可以有玻恩-哈伯循环(Born-Haber cycle)来测定和计算。关于 NaCl 晶体的玻恩-哈伯循环如下：

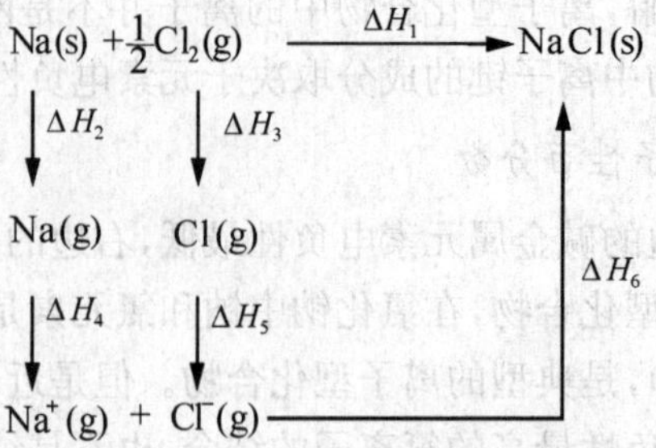

视频 晶格能及其计算

根据盖斯定律：

$$\Delta H_1 = \Delta H_2 + \Delta H_3 + \Delta H_4 + \Delta H_5 + \Delta H_6$$

式中：ΔH_1 为 NaCl(s)的标准摩尔生成热；ΔH_2 为 Na(s)的原子升华焓；ΔH_3 为 $Cl_2(g)$ 键能的一半；ΔH_4 为 Na(g)的电离能；ΔH_5 为氯的电子亲和能；ΔH_6 对应 NaCl(s)的晶格能，即：

(1) $Na(s) + \frac{1}{2}Cl_2(g) \longrightarrow NaCl(s)$ $\quad \Delta H_1 = \Delta H_f(NaCl) = -411\ kJ \cdot mol^{-1}$

(2) $Na(s) \longrightarrow Na(g)$ $\quad \Delta H_2 = 107\ kJ \cdot mol^{-1}$

(3) $\frac{1}{2}Cl_2(g) \longrightarrow Cl(g)$ $\quad \Delta H_3 = \frac{1}{2}E_{Cl-Cl} = 124\ kJ \cdot mol^{-1}$

(4) $Na(g) \longrightarrow Na^+(g)$ $\quad \Delta H_4 = 494\ kJ \cdot mol^{-1}$

(5) $Cl(g) \longrightarrow Cl^-(g)$ $\quad \Delta H_5 = -349\ kJ \cdot mol^{-1}$

(6) $Na^+(g) + Cl^-(g) \longrightarrow NaCl(s)$ $\quad \Delta H_6 = ?$

根据盖斯定律，得：

$$\Delta H_6 = \Delta H_1 - \Delta H_2 - \Delta H_3 - \Delta H_4 - \Delta H_5$$
$$= -411 - 107 - 124 - 494 - (-349) = -787(kJ \cdot mol^{-1})$$

即：NaCl(s)的晶格能 $U = 787\ kJ \cdot mol^{-1}$

对于同类型的离子化合物，离子的电荷越高，半径越小，晶格能越大。晶格能对离子化合物的硬度、熔点和热稳定性的影响见 9.5.3 离子晶体的性质。

9.5.2 离子晶体结构模型

在离子晶体中由于各种正、负离子的大小不同，离子半径比不同，其配位数不同，离子晶体内正、负离子的空间排布也不同，因此，得到不同类型的离子晶格。而离子晶体空间结构的不同主要是由于正、负离子半径比 r_+/r_- 的不同造成的。这里以最常见的四种类型离子晶体——NaCl 型、CsCl 型、ZnS 型和 CaF_2 型来做初步分析。四种类型的离子晶体的晶胞结构见图 9－18。

在 NaCl 晶胞中[图 9－18(a)]，Na^+ 占据晶胞立方体顶点和侧面中心，Cl^- 占据晶胞的立方体中心和每条棱的中点。每个 Cl^- 周围有距离最近且等距离的 6 个 Na^+(例如，对于立方体中心的 Cl^-，6 个位于侧面中心的 Na^+ 是其配位阳离子)，因此 Cl^- 的配位数均为 6。每个 Na^+ 周围有距离最近且等距离的 6 个 Cl^-，因此 Na^+ 的配位数也为 6。每个 NaCl 晶胞中

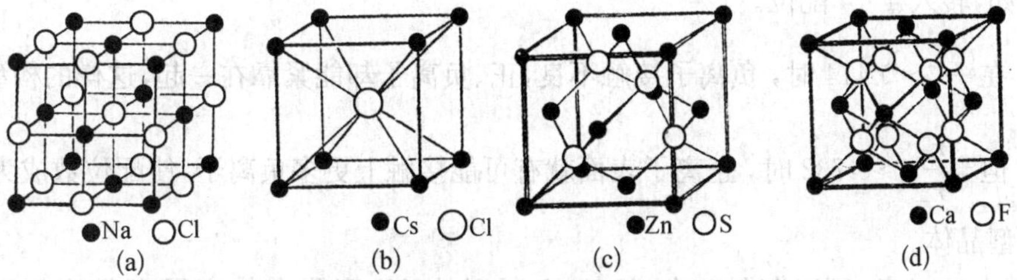

图 9-18　离子晶体的四种空间结构

含有 4 个 Na^+ 和 4 个 Cl^-。

NaCl 型、CsCl 型、ZnS 型和 CaF_2 型晶胞配位情况和晶胞包含的离子数见表 9-5。

表 9-5　四种离子晶体空间结构类型的特征

空间结构类型	正负离子配位数	晶胞包含的离子数
NaCl 型	正负离子配位数均为 6	4 个正离子，4 个负离子
CsCl 型	正负离子配位数均为 8	1 个正离子，1 个负离子
ZnS 型	正负离子配位数均为 4	4 个正离子，4 个负离子
CaF_2 型	正离子配位数为 8 负离子配位数为 4	4 个正离子，8 个负离子

上述前三种离子晶体的空间结构类型正、负离子数目比为 1∶1，称 AB 型。对于 CaF_2，正、负离子数目比为 4∶8=1∶2，称 AB_2 型。

为什么离子晶体会取配位数不同的空间构型？形成离子晶体时只有当正、负离子紧靠在一起，晶体才能稳定。离子能否完全紧靠与正、负离子半径之比 r_+/r_- 有关。取 6∶6 配位晶体（NaCl 型）构型的某一层为例（图 9-19）。

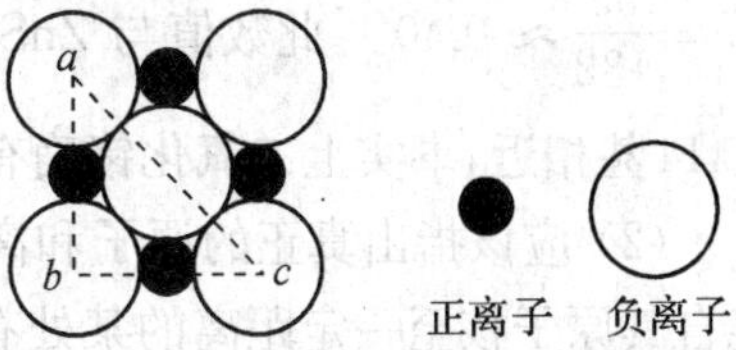

图 9-19　配位数均为 6 的晶体中正负离子的半径比

以 r_+ 和 r_- 分别表示正负离子的半径，则：$d_{ac}=4r_-$，$d_{ab}=d_{bc}=2r_-+2r_+$。

因为△abc 为直角三角形，所以 $d_{ac}^2=d_{ab}^2+d_{bc}^2$

即：$(4r_-)^2=2(2r_-+2r_+)^2$

可以解出：$\dfrac{r_+}{r_-}=0.414$

即：$\dfrac{r_+}{r_-}=0.414$ 时，正、负离子直接接触，负离子也两两接触。如果 $\dfrac{r_+}{r_-}$ 大于或者小于 0.414 时，就会出现如下情况（图 9-20）。

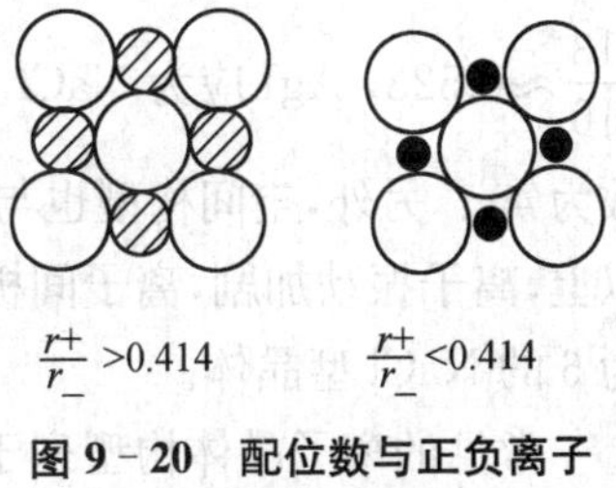

图 9-20　配位数与正负离子半径比的关系

(1) 当 $\dfrac{r_+}{r_-}<0.414$ 时，负离子相互接触（排斥）而正、负离子接触不良，这样的构型不稳定，迫使晶体转入较少的配

位数，例如，转入 4 ∶ 4 配位。

(2) 在$\frac{r_+}{r_-}>0.414$时，负离子接触不良，正、负离子却能紧靠在一起，这样的构型可以稳定存在。但当$\frac{r_+}{r_-}>0.732$时，正离子表面就有可能接触上更多负离子，使配位数成为 8，而形成 CsCl 型晶体。

根据上述考虑，可以归纳出如表 9－6 所列的 AB 型化合物离子半径比与配位数的关系。

表 9－6　AB 型离子晶体离子半径比与配位数的关系

r_+/r_-	配位数	空间构型
0.225～0.414	4	ZnS 型
0.414～0.732	6	NaCl 型
0.732～1.00	8	CsCl 型

请注意，表 9－6 所述的关系称为离子型化合物的半径比规则。半径比规则只能严格地应用于离子型晶体。在共价键占主导地位的化合物中，这个规则不适于预测结构。

在讨论正、负离子半径比值和配位数（或构型）之间的关系时，还有两种例外情况应加以说明。

(1) 当一个化合物中的正离子半径和负离子半径的比值处在两个极限值之间，即接近两个极限值的转变值时，该物质可同时具有两种晶型。如二氧化锗中两种离子半径的比值为$\frac{r_+}{r_-}=\frac{53}{132}\approx 0.40$。此数值与 ZnS 型（配位数为 4）变成 NaCl 型（配位数为 6）时的转变值 0.414 甚相近，事实上二氧化锗确有两种构型的晶体。

(2) 应该指出真正的原子和离子不是硬的球体。因此，环绕核的电子密度或概率并不能自其原子核至一定距离的某处有明显的界线，相互接近的真实距离较简单的硬球模型略大。在此情况下，正、负离子半径之比可能超过理论的极限值。如氯化铷中 Rb^+ 半径和 Cl^- 半径的比值为$\frac{147}{184}\approx 0.80$，配位数应为 8，但实际上为氯化钠型，配位数实为 6。

(3) 还应该指出，离子晶体的空间构型除了主要和离子半径有关外，还与离子的电子构型和正、负离子的相互极化程度有关。如 AgI 中 Ag^+ 离子半径和 I^- 离子半径的比值为$\frac{113}{216}\approx 0.523$，AgI 应为 NaCl 型。由于 Ag^+ 和 I^- 之间强的极化作用，AgI 转化 ZnS 型（配位数为 4）。另外，空间构型也与外界条件有关。例如，常温下 CsCl 晶体配位数为 8，在 445℃ 以上，离子振动加剧，离子间极化作用增强，高配位数的 CsCl 向低配位数过渡，成为配位数为 6 的 NaCl 型晶体。

常见的离子晶体构型列于表 9－7 中。

表 9-7 常见的离子晶体

构 型	实 例
CsCl 型	CsCl，CsBr，CsI，TlBr，NH_4Cl
NaCl 型	Li^+，Na^+，K^+，Rb^+的卤化物，AgF Mg^{2+}，Ca^{2+}，Sr^{2+}，Ba^{2+}的氧化物、硫化物和硒化物
ZnS 型	ZnS，BeO，BeS，BeSe，BeTe，MgTe
CaF_2 型	CaF_2，PbF_2，HgF_2，ThO_2，CeO_2，$SrCl_2$，$BaCl_2$ 等

9.5.3 离子晶体的性质

构成离子晶体晶格结点的正、负离子之间存在的静电引力较大，离子晶体具有较大的晶格能，因此离子晶体一般具有较大的硬度，较高的熔点，难于挥发。表 9-8 给出了某些离子晶体的晶格能以及熔点和硬度。从表中的数据可见，对于结构类型相同或相似的离子化合物，离子的电荷高、半径小则晶格能越大。晶格能越大，表明离子晶体中的离子键越稳定。一般而言，晶格能越高，离子晶体的熔点越高、硬度越大。晶格能大小还影响着离子晶体在水中的溶解度、溶解热等性质。不过，需要提醒注意的是，离子晶体在水中的溶解度和溶解热不但与晶体中离子克服晶格能进入水中吸收的能量有关，还与进入水中的离子发生水化放出的能量(水化热)有关。

表 9-8 晶格能与离子型化合物的一些性质

AB 型晶体	NaF	NaCl	NaBr	NaI	BeO	MgO	CaO	SrO	BaO
离子电荷	1	1	1	1	2	2	2	2	2
核间距/pm	230	278	293	317	167	198	231	244	266
晶格能/($kJ\cdot mol^{-1}$)	959	787	740	693	3 054	3 916	3 515	3 310	3 125
熔点/K	1 261	1 074	1 013	933	2 833	3 073	2 858	2 703	2 196
硬度(莫氏标准)	3.2	2.5	>2.5	>2.5	9.0	6.5	4.5	3.5	3.3

离子晶体化合物一般溶于水，其水溶液和熔融体都能导电，是典型的电解质。但是，科学家们发现有一类固体电解质，如 AgI 晶体受热时，由于 Ag^+ 和 I^- 的质量不同和相互极化的影响，它们在晶格中振动时的振幅变化不同，到一定温度时质量低的 Ag^+ 先行脱落，在 I^- 骨架(亚晶格)中可以无序地移动，若在电场作用下，Ag^+ 可以大规模迁移而形成离子导电。固体电解质这类特殊材料在能源、电解、冶金、环保等方面有着广泛应用。

§9.6 混合型晶体和晶体缺陷

9.6.1 混合型晶体

有一些晶体，晶体内可能同时存在着若干种不同的作用力，具有若干种晶体的结构和性

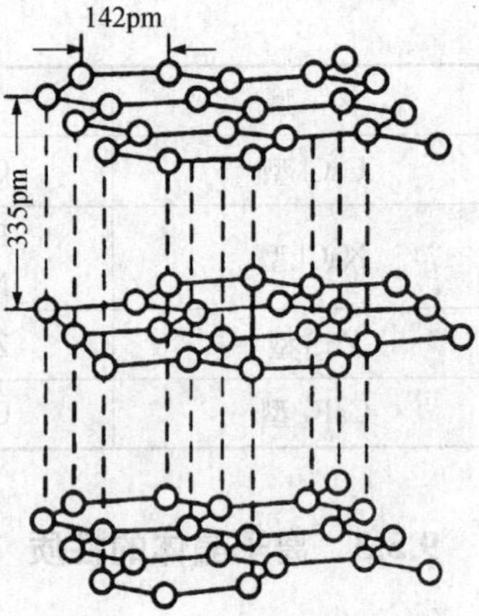

图 9-21 石墨层状结构

质，这类晶体称为**混合型晶体**。石墨晶体就是一种典型的混合型晶体。

石墨晶体具有如图 9-21 所示的层状结构。每个碳原子采用 sp^2 杂化，处在同平面层的碳原子以 sp^2 杂化轨道与相邻的 3 个碳原子以 σ 键相连接，键角为 120°，形成由无数个正六边形连接起来的、相互平行的平面网状结构层。每个碳原子有一个未参与杂化的 p 轨道，该 p 轨道与杂化轨道平面垂直，每个 p 轨道有一个电子。同层碳原子的 p 轨道相互平行，形成同层碳原子之间的离域 π 键，即大 π 键。大 π 键中的电子沿层面方向的活动能力很强，与金属中的自由电子有某些类似之处，故石墨沿层面方向电导率大，石墨具有优良的导电性，在电解中经常用来做电极材料。石墨层内相邻碳原子之间的距离为 142 pm，以共价键结合。相邻两层间的距离为 335 pm，相对较远，因此层与层之间引力较弱，与分子间力相仿。正由于层间结合力弱，当石墨晶体受到与石墨层相平行的力的作用时，各层较易滑动，裂成鳞状薄片，故石墨可用作铅笔芯和润滑剂。总之，石墨晶体内既有共价键，又有类似金属键那样的非定域键（成键电子并不定域于两个原子之间）和分子间力在共同起作用，可称为**混合键型晶体**。

除石墨外，滑石、云母、黑磷等也都属于层状混合型晶体。另外，纤维状石棉属链状混合型晶体，链中 Si 和 O 间以共价键结合，硅氧链中硅氧四面体阴离子与镁阳离子之间以离子键结合，结合力不及链内共价键强，故石棉容易被撕成纤维。

9.6.2 实际晶体的缺陷及其影响

晶体内每一个粒子的排列完全符合某种规律的晶体称为**理想晶体**。但是，这种完美无缺的晶体是不可能形成的。由于晶体生成条件（如物质的纯度、溶液的浓度和结晶温度等）难以控制到理想的程度，实际制得的真实晶体，无论外形上、内部结构上都会有这样那样的缺陷。

从晶体外形看，由于结晶时通常总是数目众多的微晶体结在一起同时生长，而各微晶体的晶面取向又不可能完全相同，这就使得长成的晶体外形发生不规则的变化。晶体在生长过程中，若某个晶面上吸附了结晶母液中的杂质，该晶面成长受到阻碍，也会使最后长成的晶体外形发生变化。晶体缺陷分为**点缺陷**、**线缺陷**和**面缺陷**三大类。点缺陷的特点是缺陷的尺寸在一二个原子的级别，如空位、间隙原子和杂质原子等。线缺陷的特点是在一维方向上的尺寸较大，而另外二维方向上的尺寸较小，也称为一维缺陷。面缺陷，其特点是在二维方向上的尺寸较大，而另外一维方向上的尺寸较小，故也称为二维缺陷。

点缺陷在晶体材料中是最基本也是最重要的，点缺陷类型大致分为**空穴缺陷**、**置换缺陷**和**间充缺陷**。

1. 空穴缺陷

晶体内某些晶体结点位置上缺少粒子，使晶体内出现空穴[图 9-22(a)]。

2. 置换缺陷

晶体内组成晶体的某些粒子被少量别的粒子取代所造成的晶体缺陷[图 9－22(b)]。

3. 间充(或填隙)缺陷

晶体内组成晶体粒子堆积的空隙位置被外来粒子所填充[图 9－22(c)]。

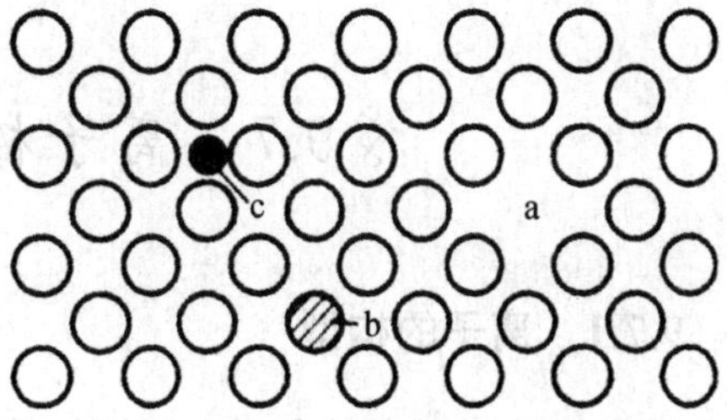

(a) 空穴 (b) 置换 (c) 间充

图 9－22 晶体缺陷示意图

晶体中的缺陷对晶体的物理、化学性质产生影响,如影响晶体的光、电、磁、声、力、热学等方面的物理性质和化学活性。某些晶体缺陷在材料科学、多相反应动力学的领域中具有重要的理论意义和应用价值。例如,纯铁中加入少量碳或某些金属可制得各种性能优良的合金钢;纯锗中加入微量镓或砷,可以强化锗的半导体性能;晶体表面的缺陷位置往往正是多相催化反应催化剂的活性中心。

9.6.3 实际晶体的键型变异

按照构成晶体结点的粒子种类以及粒子间作用力的不同,晶体可分为原子晶体、分子晶体、金属晶体和离子晶体四种基本类型。实际晶体中,晶体各结点粒子间的结合力只有少数属于纯粹的离子键、共价键、金属键或分子间力中的一种。多种晶体物质实际上是混合键型或过渡键型(又称**杂化键型**)。键型过渡现象又称为**键型变异**。

实际晶体中,不仅存在着离子键与共价键之间的过渡键型,而且存在着各种结合力之间的过渡键型,有的甚至很难确定究竟形成什么键,这说明物质结构的复杂性。图 9－23 为按周期规律排列的若干化合物的键型示意图,图中除三角形三个顶点上所标明的化合物的键型分别为离子键、共价键及金属键外,其余的化合物的键型实际上均属过渡键型。

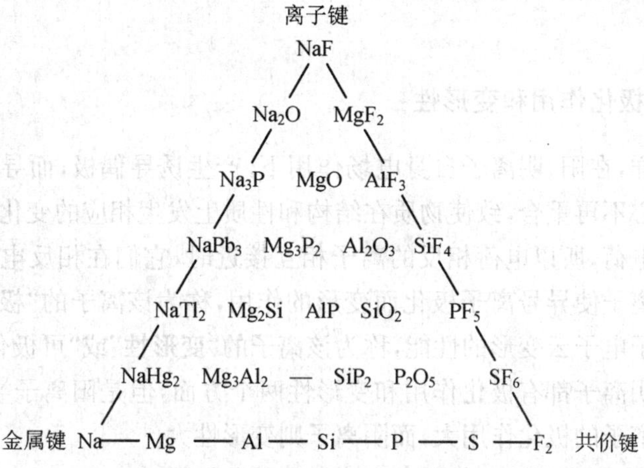

图 9－23 若干化合物的键型

北京大学唐有祺教授在 1963 年提出了键型变异原理,认为键型变异和离子极化、电子离域以及轨道重叠成键等因素有关。

§9.7 离子极化对物质性质的影响

9.7.1 离子的构型

通常把处于基态的离子电子层构型简称为**离子构型**。负离子的构型十分简单，大多数简单负离子呈稀有气体构型，即最外层电子层数等于 8。正离子则较复杂，可分如下五种离子构型：

(1) $2e^-$ 构型离子。第二周期的正离子的电子层构型为 $2e^-$ 构型，如 Li^+、Be^{2+} 等。

(2) $8e^-$ 构型离子。从第三周期开始的 s 区主族元素的正离子的最外层电子层为 $8e^-$，简称 $8e^-$ 构型，如 Na^+、Mg^{2+} 等；p 区的第三周期第三主族的 Al^{3+} 也是 $8e^-$ 构型；d 区第三至七副族元素在表现族价时，恰相当于电中性原子丢失所有最外层 s 电子和次外层 d 电子，也具有 $8e^-$ 构型（不过电荷高于 +4 的 d 区元素的带电原子（如 Mn^{7+}）事实上并不会真的以正离子的方式存在于晶体之中）；此外，稀土元素（包括镧系元素）的 +3 价原子也具有 $8e^-$ 构型（$5s^2 5p^6$），但其倒数第三层的 4f 电子数不同；锕系元素情况类似。

(3) $(9\sim17)e^-$ 构型。d 区元素表现非族价时最外层有 9～17 个电子，如 Ti^{3+}、V^{2+}、Cr^{3+}、Mn^{2+}、Fe^{2+}、Fe^{3+}、Co^{2+}、Ni^{2+} 等。Cu^{2+} 为 $17e^-$ 构型。

(4) $18e^-$ 构型离子。ds 区的第一、二副族元素表现族价时，如 Cu^+、Ag^+、Zn^{2+}、Cd^{2+}、Hg^{2+} 等，具有 $18e^-$ 构型；p 区过渡后元素表现族价时，如 Ga^{3+}、Tl^{3+}、Sn^{4+}、Pb^{4+} 等也具有 $18e^-$ 构型。

(5) $(18+2)e^-$ 构型。p 区的元素价电子结构为 $ns^2np^{1\sim6}$，当金属元素失去 np 轨道电子时，它们的离子最外层为 $2e^-$、次外层为 $18e^-$，称为 $(18+2)e^-$ 构型离子，如 Tl^+、Sn^{2+}、Pb^{2+}、Sb^{3+}、Bi^{3+} 等。

9.7.2 离子的极化作用和变形性

离子和分子一样，在阳、阴离子自身电场作用下，产生诱导偶极，而导致离子的极化，即离子的正负电荷重心不再重合，致使物质在结构和性质上发生相应的变化。

离子本身带有电荷，所以电荷相反的离子相互接近时，它们在相反电场的影响下，电子云发生变形。一种离子使异号离子极化而变形的作用，称为该离子的“**极化作用**”。被异号离子极化而发生离子电子云变形的性能，称为该离子的“**变形性**”或“可极化性”。

虽然阳离子或阴离子都有极化作用和变形性两个方面，但是阳离子半径一般比阴离子小，电场强，所以阳离子的极化作用大，而阴离子则变形性大。

下面分别讨论阳、阴离子极化作用和变形性的某些规律。

1. 阳离子

(1) 阳离子正电荷数越大，半径越小，极化作用越强。

(2) 在离子电荷和离子半径相同的条件下，离子构型不同，离子极化作用依次为：

$$\alpha(8e^-) < \alpha(9e^- \sim 17e^-) < \alpha(18e^-) \text{或} \alpha(18e^- + 2e^-)$$

这是由于 d 电子在核外空间的概率分布比较松散，对核电荷的屏蔽作用较小，所以 d 电子越多，离子的有效正电荷越大。

(3) 对于外壳电子层结构相同的离子来说，电子层数越多，半径愈大，变形性越大，如：

$$Li^+ < Na^+ < K^+ < Rb^+ < Cs^+$$

2. 阴离子

(1) 电子层结构相同的阴离子的负电荷数越大，变形性越大。如 $O^{2-} > F^-$。

(2) 电子层结构相同的阴离子的半径越大，变形性越大。如 $F^- < Cl^- < Br^- < I^-$。

(3) 对于一些复杂的无机阴离子，例如 SO_4^{2-}，一方面有较大的离子半径，它们所引起的极化作用较小；另一方面它们作为一个整体(离子内部原子间相互作用大，组成结构紧密对称性强的原子基团)变形性通常是不大的，而且复杂阴离子中心离子氧化数越高，变形性越小。现将一些一价和二价阴离子并引入水分子对比，按照变形性增加的顺序对比如下：

$$ClO_4^- < F^- < NO_3^- < H_2O < OH^- < CN^- < Cl^- < Br^- < I^-$$

$$SO_4^{2-} < H_2O < CO_3^{2-} < O^{2-} < S^{2-}$$

从上面几点可以归纳如下：最容易变形的离子是体积大的阴离子和 18 电子外壳或不规则外壳的低电荷阳离子(如 Ag^+、Pb^{2+}、Hg^{2+} 等)；最不容易变形的离子是半径小，电荷高的稀有气体型阳离子，如 Be^{2+}、Al^{3+}、Si^{4+} 等。

每个离子一方面作为带电体，使邻近离子发生变形，另一方面在周围离子的作用下，本身发生变形，阴、阳离子相互极化的结果，彼此的变形性增大，产生诱导偶极矩加大，从而进一步加强了它们的极化作用，这种加强的极化作用称为附加极化。每个离子的总极化作用应是它原来的极化作用和附加极化作用之和。离子的外层电子结构对附加极化的大小有很重要的影响。最外层中含有 d 电子的阳离子容易被极化变形，因而增加了附加极化作用。一般是所含 d 电子数愈多，电子层数愈多，这种附加极化作用愈大。但是由于还有其他因素的影响，附加极化作用的定量关系比较复杂，目前正在研究中。

9.7.3 离子的极化对物质结构和性质的影响

1. 离子的极化对化学键型的影响

阴、阳离子结合成化合物时，如果相互间完全没有极化作用，则其间的化学键纯属离子键；实际上，相互极化的关系或多或少存在着。特别是对于含 d^x 或 d^{10} 电子的阳离子与半径大或电荷高的阴离子结合时，由于阳、阴离子强的相互极化作用，使电子云发生强烈变形，而使阳、阴离子外层电子云重叠。相互极化越强，电子云重叠的程度也越大，键的极性也越减弱，键长缩短，从而由离子键过渡到共价键，如图 9-24 所示。

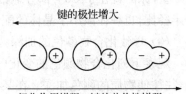

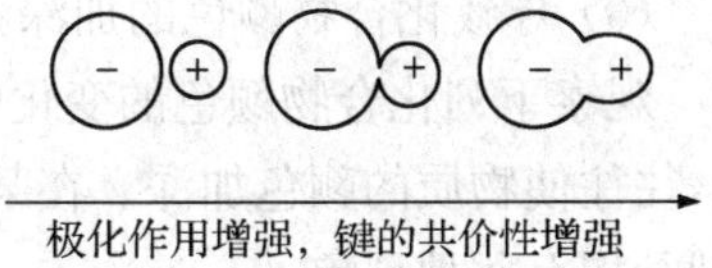

图 9-24 离子的极化对化学键型

以卤化银为例来说明(见表 9-9)。Ag^+ 为 $18e^-$ 构型离子，具有较强的极化作用，卤素离子从 F^- 到 I^- 半径逐渐增加，因此 Ag^+ 与卤素离子相互极化作用从 F^- 到 I^- 逐渐增强，使 AgI 成为共价型化合物。

表 9-9 离子极化对卤化银键型的影响

卤化银	离子半径之和/pm	实测键长/pm	键型
AgF	259	246	离子型
AgCl	310	277	过渡型
AgBr	322	288	过渡型
AgI	346	299	共价型

2. 离子的极化对物质性质的影响

(1) 化合物的溶解度降低

离子的相互极化改变了彼此的电荷分布，导致离子间距离的缩短和轨道的重叠，离子键逐渐向共价键过渡，使化合物在水中的溶解度变小。由于偶极水分子的吸引，离子键结合的无机化合物一般是可溶于水的，而共价型的无机晶体，却难溶于水，如氟化银易溶于水（溶解度为 1.4×10^{-1} mol·L^{-1}），而 AgCl、AgBr、AgI 的溶解度依次递减（在 25℃时，溶解度依次为 2.0×10^{-4} mol·L^{-1}、2.9×10^{-5} mol·L^{-1}、2.7×10^{-7} mol·L^{-1}）。这主要因为 F^- 半径很小，不易发生形变，Ag^+ 和 F^- 的相互极化作用小，AgF 属于离子晶型物质，可溶于水。银的其他卤化物，由于 Ag^+ 与卤素离子相互极化作用从 Cl^- 到 I^- 逐渐增强，卤化银共价程度增强，它们的溶解性就依次递减了，+1 价 Cu^+ 的卤化物和 Ag^+ 的卤化物行为类似。由于 S^{2-} 的负电荷高、半径又大、变形性和极化作用都大，所以铜副族元素硫化物的溶解度也非常小，Cu_2S 和 Ag_2S 溶解度分别为 2×10^{-17} mol·L^{-1} 和 6×10^{-18} mol·L^{-1}。同为 $18e^-$ 构型ⅡB 族 Zn^{2+}、Cd^{2+}、Hg^{2+} 的硫化物也均难溶于水，且溶解度从 ZnS 到 HgS 减小。

(2) 晶格类型的转变

在前面的讨论中提到(9.5.2 离子晶体结构模型)，离子间强极化作用可能使高配位数的晶体向低配位数的晶体转变。AgI 中 Ag^+ 和 I^- 半径比为 0.52，按照半径比规则，AgI 应为 NaCl 型晶体，实际上 AgI 为 ZnS 型晶体，这就是 Ag^+ 和 I^- 之间强的极化作用引起的。再比如硫化镉，其离子半径比 $\dfrac{r_+}{r_-}=\dfrac{97}{184}=0.53$，应属于 NaCl 型晶体。实际上 CdS 晶体却属于 ZnS 型，原因就在于 Cd^{2+} 部分地钻入 S^{2-} 的电子云中，缩短了离子间的距离，犹如减小了离子半径比，也往往减小了晶体的配位数，因而晶型发生改变。

(3) 导致化合物颜色的加深

观察下列化合物颜色的变化（见表 9-10），可以看出，化合物阴阳离子间强极化作用增强，往往使物质的颜色加深。在某些金属的硫化物、硒化物、碲化物以及氧化物与氢氧化物之间，均有此种现象。

表 9－10　部分金属卤化物的颜色

	Hg^{2+}	Pb^{2+}	Bi^{3+}	Ni^{2+}
Cl	白色	白色	白色	黄褐色
Br	白色	白色	橙色	棕色
I	红色	黄色	黄色	黑色

§9.8　固体的物性

9.8.1　解理性

晶体在外力作用(如敲打、挤压)下沿特定的结晶方向裂开成较光滑面的性质称为**解理性**。解理主要决定于晶体结构,若晶体内结合力不止一种,解理时断裂的是最弱的化学键或结合力。例如,白云母$[KAl_2(AlSi_3O_{10})\cdot(OH)_2]$解理成薄片,断裂的是层间的 K—O 键;石膏($CaSO_4\cdot 2H_2O$)解理时断裂的是层间的弱氢键。沿解理面可劈开金刚石,是古代工匠的秘诀。

9.8.2　硬度

固体抵抗外来机械力(如刻划、压入、研磨)的程度称为**硬度**。1822 年德国矿物学家 F. Mohs 把 10 种物质按彼此间抵抗刻划能力的大小顺序排列,将硬度分为 10 个等级(表 9－11),称为**莫氏硬度**。例如,NaCl 和 CaO 的莫氏硬度分别为 2.5 和 4.5。

表 9－11　莫氏硬度表①

矿　物	硬度	矿　物	硬度
滑石 $Mg_3(OH)_2[Si_2O_5]_2$	1	正长石 $KAl[Si_3O_8]$	6
石膏 $CaSO_4\cdot 2H_2O$	2	石英 SiO_2	7
方解石 $CaCO_3$	3	托帕石(黄玉)$Al_2(F,OH)_2SiO_4$	8
萤石 CaF_2	4	刚玉 Al_2O_3	9
磷灰石 $Ca_5F(PO_4)_3$	5	金刚石 C	10

物质的硬度大小由构成固体的微粒(原子、分子、离子)种类和微粒之间的结合强度所决定。硬度大小有以下经验规律:

(1) 对于不同类型的物质,硬度大小与物质的晶体类型有关。一般情况下,从分子晶体、离子晶体到原子晶体,物质的硬度增加。

(2) 对于离子晶体,离子电荷越多,离子核间距越短,晶格能越高,该物质的硬度越大

① 10 种标准矿物质等级之间只表示硬度相对大小,各等级之间的差别并非均等。表中排在后面的矿物质刻划其前面的矿物。

(如表 9-8 所示)。

(3) 对于结构相似的物质,硬度大小与密度有关。例如:

物质	沸石	正长石	石英
密度/($g·cm^{-3}$)	2.2	2.56	2.65
硬度	5	6	7

(4) 对于各向异性的物质,例如石墨等,往往是熔点较高而硬度较小。其原因在于熔点主要取决于最强的键,而硬度却取决于最弱的键。

(5) 物质的硬度随温度的升高而变小。

9.8.3 非线性光学效应

在传统的线性光学范围内,一束或多束频率不同的光通过晶体后,光的频率不会改变,这种效应称为**线性光学效应**。反之,光通过晶体后除含有原频率的光外,还产生一些与入射光频率不同的光,这种效应称为**非线性光学效应**。能产生非线性光学效应的晶体称为**非线性光学晶体**。常用于产生非线性效应的物质有铌酸锂晶体和钽酸锂晶体等。

9.8.4 超导性

1911 年荷兰物理学家 H.K.Onnes 发现:当温度降至 4.2 K 时,水银(Hg)的直流电阻消失,这种现象被称为**超导性**。具有超导性的物质称为**超导体**,物质所处的零电阻状态叫作**超导态**,电阻突然消失的温度称为**临界温度**(T_c)。

在 1986 年以前人们发现的超导体的 T_c 都比较低。1987 年以来,由于高 T_c 的氧化物超导性的研究取得突破性进展,在全世界范围内出现超导热。例如,1987 年中国科学院赵忠贤等和美国休斯敦大学朱经武等分别独立地发现了 T_c 达 95 K 的 Y-Ba-Cu-O 超导氧化物,近年来还有报道发现 T_c 达 160 K 的超导体。至今为止,已发现 32 种元素(主要是导电性较差的金属元素)和上千种合金、化合物具有超导性,而 Cu、Ag、Au、Pt 等良导体、具有铁磁性的 Fe、Co、Ni 及多数碱金属和碱土金属不具有超导性。

对于低于 T_c 超导体的超导机理,一般认为是在低温下,超导态时晶格振动小,电子之间的排斥力也很小,易形成库珀(Cooper)电子对,而这些电子对比单电子受到散射小,能通行无阻地定向移动的缘故。相反,良导体则不易形成库珀对。有关超导机理尤其是高 T_c 超导机理,目前尚未弄明白。

超导体的应用前景非常诱人。比如,基于超导材料的电阻趋于零,人们期望能制造超导电缆,以减少输电的能量损耗,超导电力输送一旦成功,将彻底改变目前电力工业的面貌。

文献讨论题

[文献 1] Kamihara Y, Hiramatsu H, Hirano M, Kawamura R, Yanagi H, Kamiya T, Hosono H. Iron-Based Layered Superconductor: LaOFeP. J. Am. Chem. Soc., 2006, 128, 10012-10013.

［文献2］Wei-Min Chen，Long Qie，Qing-Guo Shao，Li-Xia Yuan，Wu-Xing Zhang，Yun-Hui Huang. Controllable synthesis of hollow bipyramid $\beta-MnO_2$ and its high electrochemical performance for lithium storage. ACS Appl. Mater. Interfaces，2012，4，3047－3053.

［文献3］Liang JunFei，Zhou Jing，Guo Lin. Metal oxide/graphene composite anode materials for lithium-ion batteries. 中国科学基金：英文版，2013，1，59－72.

锂离子电池自1991年开始商业化发展至今，因其具有容量大、体积小、电压高、寿命长、自放电小、无记忆效应和绿色环保等优点被广泛应用于移动电话、笔记本电脑、储能、电动汽车等领域。随着国家对电动汽车的推广，锂离子电池行业迅速发展。作为锂电池主材之一的阳极材料，其使用过程中是否能保持材料结构的稳定性，成为影响电池电性能的关键因素之一。材料结构不稳定，充放电过程中易发生坍塌、粉化，使电池容量发生跳水现象。晶体金属氧化物，如 MnO、MnO_2、Mn_3O_4、Fe_2O_3、Fe_3O_4、CoO、Co_3O_4、NiO 等，由于其高容量、高稳定性和安全特性，成为锂离子电池（LIBs）等领域十分重要的阳极材料。然而，迄今为止，金属氧化物阳极的商业用途由于其循环性能差而受到阻碍。近年来，在金属氧化物中掺杂石墨烯，形成金属氧化物/石墨烯复合材料作为 LIBs 的阳极材料表现出很好的循环性能，比电容大，电化学性能更优异。

自从人们发现基于层状结构的铜-氧超导体以来，人们一直在努力寻找含铜以外的过渡金属超导体材料，这些超导体应该具有铜-氧超导体类似的层状结构。目前，科学家已经证实，层状结构的 Sr_2RuO_4 和 KOs_2O_6 也具有超导性，虽然它们的临界温度 T_c 比基于层状结构的铜-氧超导体的 T_c 低，但是，这为人们合成新的超导体材料开阔了思路。最近，H. Hosono 科研小组，以磷化物 LaP、FeP、Fe_2P 和氧化物 La_2O_3 为原料，在1 200℃反应40 h，合成了含过渡金属铁的超导材料 LaOFeP，该化合物由镧氧层（$La^{3+}O^{2-}$）和铁磷（$Fe^{2+}P^{3-}$）层交替排列而成。阅读上述文献，讨论掺杂 F 元素后 LaOFeP 的临界温度 T_c 的变化，比较 LaOFeP 与基于层状结构的铜-氧超导体的结构和导电机理的异同。

习题

1. 试指出下列物质固化时可以结晶成何种类型的晶体。

(1) O_2 (2) H_2S (3) Pt (4) KCl (5) SiO_2

2. 填写下表。

物质	晶格结点上质点	质点间作用力	晶格类型	预言熔点高低
$MgCl_2$				
O_2				
Cu				
SiC				
HF				
H_2O				
MgO				

3. 在下列几种元素中，可形成哪些二元化合物（由两种元素组成的化合物）？写出它们的化学式（各举一例），预言其熔点高低，并简单说明原因。

(1) H　(2) C　(3) O　(4) Si

4. 解释下列问题。

(1) 室温下 CH_4 和 CF_4 是气体，CCl_4 是液体，而 CI_4 是固体；

(2) BeO 的熔点高于 LiF；

(3) HF 的熔点高于 HCl；

(4) SiO_2 的熔点高于 SO_2；

(5) NaF 的熔点高于 NaCl。

5. 由等径小球形成简单立方堆积，这种堆积构成简单立方晶胞，小球在晶轴方向相互接触，试计算简单立方堆积的空间利用率。

6. 金属 Cu 为面心立方密堆积结构，晶胞参数为 $a = 361.5$ pm。试计算 Cu 的原子半径和金属 Cu 的密度（已知 $A_r(Cu)=63.54$）。

7. 用下述数据，计算 $AlF_3(s)$ 的晶格能。

$$Al(s) = Al(g) \qquad \Delta H_1 = 326\ kJ \cdot mol^{-1}$$

$$Al(g) = Al^{3+}(g) + 3e^- \qquad \Delta H_2 = 5\,138\ kJ \cdot mol^{-1}$$

$$2Al(s) + 3F_2(g) = 2AlF_3(s) \qquad \Delta H_3 = -2\,620\ kJ \cdot mol^{-1}$$

$$F_2(g) = 2F(g) \qquad \Delta H_4 = 160\ kJ \cdot mol^{-1}$$

$$F(g) + e^- = F^-(g) \qquad \Delta H_5 = -322\ kJ \cdot mol^{-1}$$

8. 钙的升华焓为 178 $kJ\cdot mol^{-1}$，氯化钙固体的标准生成热为 -796 $kJ\cdot mol^{-1}$，Ca 原子的第一电离能和第二电离能之和为 1 734 $kJ\cdot mol^{-1}$，计算氯化钙的晶格能，并与氯化钠晶格能（787 $kJ\cdot mol^{-1}$）进行比较，解释两者的差别。

9. 已知 NaF 晶体的晶格能为 930 $kJ\cdot mol^{-1}$，Na 原子的电离能为 494 $kJ\cdot mol^{-1}$，金属钠的升华热为 107 $kJ\cdot mol^{-1}$，F_2 分子的解离能为 160 $kJ\cdot mol^{-1}$，NaF 的标准摩尔生成热为 -571 $kJ\cdot mol^{-1}$，试计算元素 F 的电子亲和能。

10. 已知 NaCl 固体密度为 2.164 $g\cdot cm^{-3}$，试求 NaCl 晶胞常数 a 的值（pm）。已知 NaCl 摩尔质量为 58.48 $g\cdot mol^{-1}$。

11. KBr 为 NaCl 型晶体，其为晶胞面心立方晶胞。已知 KBr 晶胞常数 $a = 654$ pm，晶体密度为 2.83 $g\cdot cm^{-3}$，试求 KBr 摩尔质量。

12. 试用离子极化理论排出下列各组化合物的熔点及溶解度由大到小的顺序。

(1) $CaCl_2$、$MgCl_2$、$HgCl_2$　(2) CaS、FeS、HgS　(3) KCl、NaF、CuCl

13. 请比较碳酸盐 $CuCO_3$、$PbCO_3$、Na_2CO_3 和 $CaCO_3$ 分解温度的高低，并解释为什么？

14. MgSe 和 MnSe 的离子间距离均为 273 pm，但 Mg^{2+} 和 Mn^{2+} 的离子半径又明显不同，如何解释此现象？

15. 铝的卤化物的沸点如下，如何解释铝的卤化物沸点的这种变化？

卤化物	AlF_3	$AlCl_3$	$AlBr_3$	AlI_3
沸点/℃	1 260	178（升华）	263.3	360

第 10 章　配位化合物

§10.1　配合物的基本概念

10.1.1　配合物的定义及组成

配位化合物（coordination compound），简称**配合物**，是现代无机化学的重要研究对象。早在 1704 年，德国柏林的染料工人狄斯巴赫（Diesbach）以兽皮、兽血、草灰等原料在铁锅中熬煮，制得了普鲁士蓝{$KFe[Fe(CN)_6]\cdot nH_2O$}，这种蓝色染料是最早见于记录的配合物。对配合物进行研究，则是 1798 年法国化学家塔萨尔特（Tassaert）在氯化铵和氨水介质中加入亚钴盐得到橙黄色的晶体 $[Co(NH_3)_6]Cl_3$ 之后，这个看似简单的化合物的发现标志着配位化学的真正开始。

中学阶段我们曾学过，如果在淡蓝色的 $CuSO_4$ 溶液中加入氨水，首先得到难溶物，继续加入氨水，难溶物溶解而得到深蓝色的溶液。这是因为 Cu^{2+} 和四个氨分子结合生成复杂离子——$[Cu(NH_3)_4]^{2+}$ 的缘故，相对于 Cu^{2+} 而言，$[Cu(NH_3)_4]^{2+}$ 离子组成复杂，称为**配离子**。在配离子$[Cu(NH_3)_4]^{2+}$中，铜离子处于中心，称为**中心离子**，与 Cu^{2+} 结合的 NH_3 分子则称为**配位体**，简称**配体**。配体中直接与中心离子结合的原子称为**配位原子**。中心离子与配位原子之间所形成的化学键称为**配位键**（coordination bond）。

因此，对于配合物可以这样简单地认识：由中心离子（或原子）与一定数目的配位体（分子或离子）以配位键相结合，形成具有一定组成和空间构型的化合物。凡在结构中存在配离子的物质都属于配位化合物。

就配合物组成而言，可以划分为内界和外界两个部分。配合物中，有一个带正电的中心离子，在中心离子的周围结合着负离子或中性分子，这样就组成了配离子，是配合物的内界，用方括号表示；不在内界的其他离子，距中心离子较远，构成配合物的外界。例如在配合物 $[Cu(NH_3)_4]SO_4$ 中，Cu^{2+} 是中心离子，$[Cu(NH_3)_4]^{2+}$ 是配合物的内界，SO_4^{2-} 是外界。

当配合物溶于水时，外界离子可以电离出来，而内界很稳定，难以解离。例如 $[Cu(NH_3)_4]SO_4$ 配合物溶于水时，按下式解离：

$$[Cu(NH_3)_4]SO_4 = [Cu(NH_3)_4]^{2+} + SO_4^{2-}$$

因此，在$[Cu(NH_3)_4]SO_4$ 中加入 $BaCl_2$ 溶液便产生白色 $BaSO_4$ 沉淀；而加入少量 NaOH，并不产生 $Cu(OH)_2$ 沉淀。

有些配合物的内界不带电荷，是个中性配位化合物，如 $Ni(CO)_4$、$[PtCl_2(NH_3)_2]$，这些配合物只有内界而没有外界，在水溶液中几乎不电离出离子。为了更好地认识配合物的组成，下面对有关概念分别加以讨论。

1. 中心离子或中心原子

在配合物的内界，有一个带正电荷的离子（或原子），位于配合物的中心，称为配合物的中心离子（central ion）或中心原子（central atom）（常用 M 表示）。中心离子通常是金属离子，最常见的是过渡金属离子，例如$[Co(NH_3)_6]Cl_3$ 中的 Co^{3+}，$K_4[Fe(CN)_6]$中的 Fe^{2+} 等；有时也可以是中性原子，如 $Ni(CO)_4$ 和 $Fe(CO)_5$ 中的 Ni 原子和 Fe 原子；另外，还可以是一些具有高氧化态的非金属元素，如$[SiF_6]^{2-}$中的 Si(Ⅳ)和$[PF_6]^-$中的 P(Ⅴ)等。

2. 配位体

在配合物中，与中心离子（或中心原子）以配位键结合的离子或分子称为配位体（ligand），简称配体（常用 L 表示）。例如$[Cu(NH_3)_4]^{2+}$中的 NH_3 分子，$[Fe(CN)_6]^{4-}$中的 CN^-，它们分别与中心离子结合成配合物的内界。

配合物中的配体是怎样与中心离子结合的呢？现代化学理论认为，配合物中的配体主要是具有孤对电子且可以给出孤对电子与金属离子形成配位键的分子或离子。例如 H_2O 分子、NH_3 分子、OH^-、F^-、Br^-、Cl^-、I^-和 CN^- 等。在配体分子或离子中能够给出孤对电子的原子称为配位原子（coordination atom），如 H_2O 分子中的 O、NH_3 分子中的 N、CN^- 中的 C 原子。

配体数目繁多、种类丰富，通常可按配体中所含配位原子的数目分为单齿配体和多齿配体。

(1) 单齿配体

单齿配体（monodentate ligand）是指一个配体中只含有一个能与中心离子配位的配位原子，如 H_2O、NH_3、OH^-、F^-、Br^-、Cl^-、I^- 等，表 10-1 列出的是常见的各种单齿配体。

表 10-1 常见的单齿配体

中性分子配体及其名称		阴离子配体及其名称			
H_2O	水	F^-	氟	CN^-	氰
NH_3	氨	Cl^-	氯	O^{2-}	氧
CO	羰基	Br^-	溴	NH_2^-	氨基
NO	亚硝酰基	I^-	碘	$S_2O_3^{2-}$	硫代硫酸根
CH_3NH_2	甲胺	OH^-	羟基	CH_3COO^-	乙酸根
C_5H_5N	吡啶				

(2) 多齿配体

多齿配体（multidentate ligand）是指含有两个或两个以上配位原子的配体，它们与中心离子可以形成多个配位键，其组成较复杂，多为有机化合物。其中较常见的有双齿配体（bidentate ligand）（如乙二胺、丙二胺、2，2′-联吡啶、4，4′-联吡啶、草酸根等）、六齿配体（hexadentate ligand）（如乙二胺四乙酸根）等。表 10-2 列出了一些常见的多齿配体。

表 10-2 常见的多齿配体

分 子 式	中文名称和缩写	英文名称
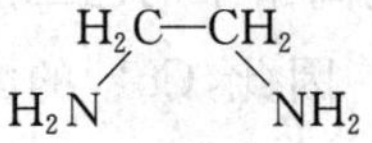	乙二胺(en)	ethylene diamine
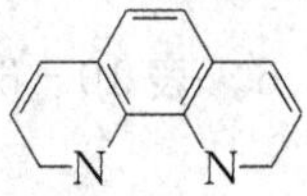	1,10-二氮杂菲 (1, 10-phen)	o-phenanthroline
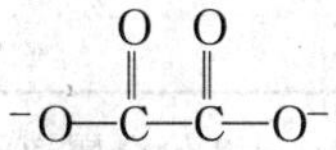	草酸根(ox)	oxalato
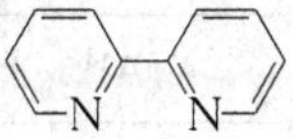	2, 2′-联吡啶 (2, 2′-bipy)	2, 2′-bipyridine
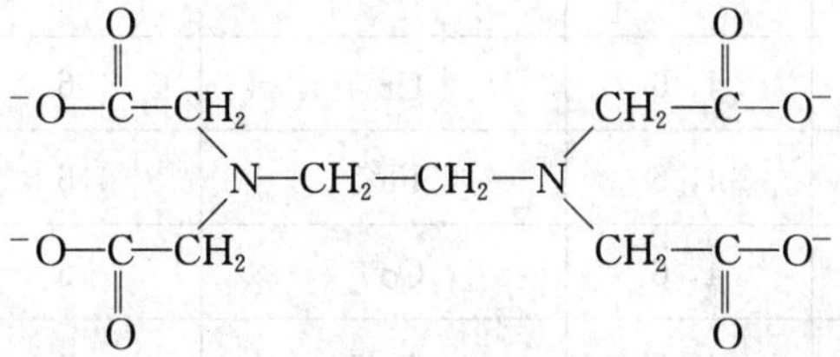	乙二胺四乙酸根 (EDTA)	ethylene diamine tetraacetic acid

(3) 两可配体

某些配体虽然有两个配位原子，但两个配位原子靠得太近，形成配合物时仅有一个配位原子与中心离子键合，这类配体被称为**两可配体**或**异性双齿配体**(ambidentate)。如硫氰根(SCN^-,以S配位)与异硫氰根(NCS^-,以N配位)、硝基(NO_2^-,以N配位)与亚硝酸根($O{=}N{-}O^-$,以O配位)。

值得注意的是，同一配体在不同配合物中的配位方式可能不止一种，如羧酸根可以用以下多种方式进行配位，因此配体的"有效"齿数并不是一成不变的。

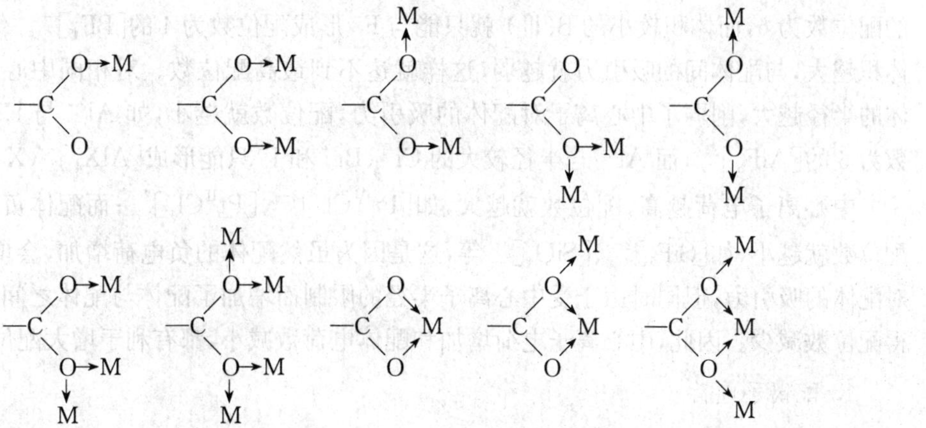

3. 配位数

在配体中，直接与中心离子结合成键的配位原子的数目称为中心离子的**配位数**

(coordination number)。若配体是单齿的，则配体数目就是该中心离子或原子的配位数，例如$[Ag(NH_3)_2]^+$、$[Cu(H_2O)_4]^{2+}$、$[AlF_6]^{3-}$的配位数分别为2、4、6；若配体是多齿的，那么配体的数目不等于中心离子的配位数，例如$[Co(en)_3]^{3+}$配离子中的乙二胺(en)是双齿配体，即一个乙二胺中有两个N原子与中心离子Co^{3+}配位。因此，Co^{3+}的配位数不是3而是6。

一般中心离子或原子的配位数为2、4、6、8，最常见的为4、6。表10-3中列出了一些常见金属离子的配位数。

表10-3 常见金属离子的配位数

+1价金属离子	配位数	+2价金属离子	配位数	+3价金属离子	配位数
Cu^+	2，4	Ca^{2+}	6	Al^{3+}	4，6
Ag^+	2	Fe^{2+}	6	Sc^{3+}	6
Au^+	2，4	Co^{2+}	4，6	Cr^{3+}	6
		Ni^{2+}	4，6	Fe^{3+}	6
		Cu^{2+}	4，6	Co^{3+}	6
		Zn^{2+}	4，6	Au^{3+}	4

中心离子配位数的多少一般取决于中心离子和配体的性质(半径、电荷、中心离子核外电子排布等)，还取决于形成配合物的条件(浓度和温度等)。一般说来，中心离子所处的周期数、中心离子和配体的体积以及它们所带的电荷都能影响配位数。

配位数实质是容纳在中心离子周围的电子对的数目，故不受周期表中族的限制，而决定于元素的周期数。中心离子的最高配位数第一周期为2，第二周期为4，第三、四周期为6，第五周期为8。

相同电荷的中心离子半径越大，其周围可容纳的配体越多，配位数就越大，如$[AlF_6]^{3-}$的配位数为6，而体积较小的B(Ⅲ)就只能与F^-形成配位数为4的$[BF_4]^-$。但中心离子的体积越大，与配体间的吸引力就越弱，这样就达不到最高配位数。对相同中心离子而言，配体的半径越大，削弱了中心离子对配体的吸引力，配位数就越小，如Al^{3+}与F^-可形成配位数为6的$[AlF_6]^{3-}$，而Al^{3+}与半径较大的Cl^-、Br^-和I^-只能形成$[AlX_4]^-$(X=Cl,Br,I)。

中心离子电荷越高，配位数就越大，如$[Pt^{IV}Cl_6]^{2-}$、$[Pt^{II}Cl_4]^{2-}$；而配体负电荷增加时，配位数就越小，如$[SiF_6]^{2-}$、$[SiO_4]^{4-}$等，这是因为虽然配体的负电荷增加，会增加中心离子对配体的吸引力，但同时由于受中心离子半径的限制而增加了配体与配体之间的斥力，而使得配位数减少。因此，中心离子电荷增加和配体电荷数减小，都有利于增大配位数。

4. 配离子电荷

配合物与其他的一般化合物一样应呈电中性，即其净电荷为零。在配合物的内界，带正电荷称为**配位阳离子**，也可以带负电荷而称为**配位阴离子**，抑或不带电荷。而一个配离子所带的电荷，应该等于中心离子与所有配体电荷的代数和。表10-4列出了一些配合物的配离子所带电荷。

表 10-4 一些配合物的配离子电荷

配合物	配离子	配离子电荷
$[Cu(NH_3)_4]Cl_2$	$[Cu(NH_3)_4]^{2+}$	+2
$K_3[Fe(CN)_6]$	$[Fe(CN)_6]^{3-}$	−3
$[Cr(en)_3]Cl_3$	$[Cr(en)_3]^{3+}$	+3
$[CrCl_2(H_2O)_4]Cl$	$[CrCl_2(H_2O)_4]^{+}$	+1

根据配合物净电荷为零的原则很容易算出表中各个配离子的电荷。配离子应与电荷数相等的异号离子相结合，才能形成电中性的配合物，所以配离子的电荷数还可以从外界离子的电荷数来确定。如表 10-4 中的配合物 $[CrCl_2(H_2O)_4]Cl$，外界是带−1 电荷的 Cl^-，则该配离子的电荷应为+1。

综上所述，以$[Cu(NH_3)_4]SO_4$ 为例，配合物的组成图示如下：

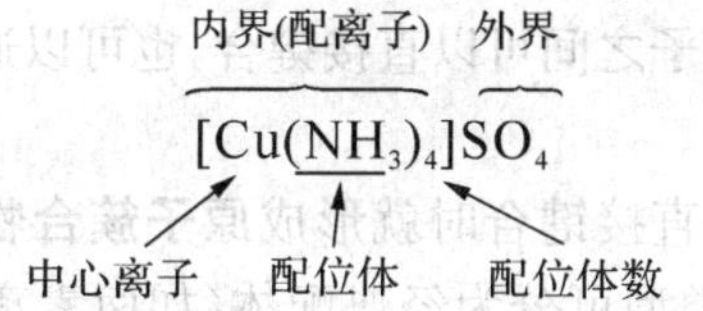

10.1.2 配合物的类型和命名

1. 配合物的类型

配合物的类型多种多样，根据配合物中心离子的数目可将其分为**单核配合物**、**多核配合物**以及**配位聚合物**。

(1) 单核配合物

只含有一个中心离子的配合物称为**单核配合物**（mononuclear complex）。在单核配合物中包括单齿配体与一个中心离子形成的配合物，如$[Cu(NH_3)_4]SO_4$、$[CrCl_2(H_2O)_4]Cl$等；也包括多齿配体与同一中心离子结合形成的配合物，如$[Cu(NH_2CH_2CH_2COO)_2]$，该配体(氨基丙酸根离子)与 Cu^{2+} 结合时好像螃蟹的双螯钳住 Cu^{2+}，而使配体与 Cu^{2+} 结合时形成环状结构，所以人们又把含多齿配体的配合物称为**螯合物**(chelate)，这种多齿配体被称作**螯合剂**(chelating agents)。

胺羧类化合物是最常见的螯合剂，其中最重要和应用最广的是乙二胺四乙酸(EDTA)和它的二钠盐[①]，其结构见表 10-2。乙二胺四乙酸(EDTA)具有 6 个配位原子，可以和大多数金属离子形成稳定螯合物。如 EDTA (H_4Y)与金属 Ca^{2+} 作用：

① 乙二胺四乙酸(EDTA)和它的二钠盐都可写成 EDTA，在化学方程式中，常用 H_4Y 表示酸，Na_2H_2Y 表示二钠盐。

$$Ca^{2+} + H_4Y \longrightarrow [CaY]^{2-} + 4H^+$$

所形成的$[CaY]^{2-}$的结构如图10－1所示。由于螯合物具有环状结构，它比相同配位原子的简单配合物稳定得多，这种因成环而使配合物稳定性增大的现象称为**螯合效应**。

螯合环的大小对螯合物的稳定性有影响。一般来说，五原子环及六原子环最为稳定。因此，在螯合剂的每两个配位原子之间，宜间隔2个或3个其他原子，这样才能形成五原子或六原子环的螯合物。而且螯合物的稳定性还与形成螯合环的数目有关。一般地，形成的螯合环的数目越多，螯合物就越稳定。

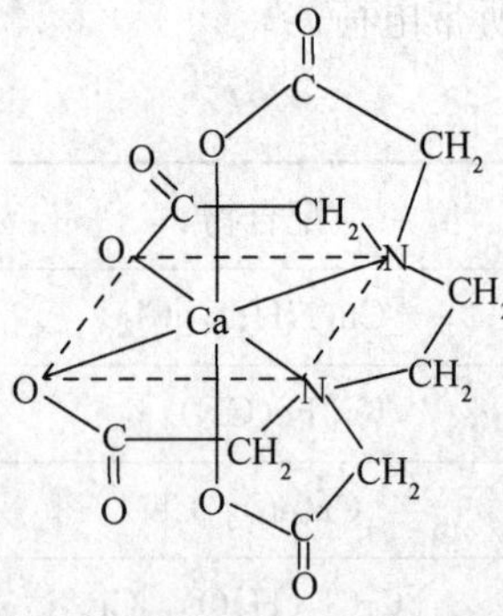

图10－1 螯合物$[CaY]^{2-}$的空间结构（结构中省略了螯合物所带电荷）

螯合物稳定性很强，且具有特殊颜色，难溶于水而易溶于有机溶剂，因而被广泛地用于各种分析分离工作。

（2）多核配合物

含有两个或两个以上有限个中心离子的配合物称为**多核配合物**（multinuclear complex）。多核配合物中心离子之间可以直接键合，也可以通过单齿配体桥联、双齿配体桥联等方式连接。

多核配合物中心离子如果直接键合时就形成**原子簇合物**（cluster compounds），原子簇合物有很多种类型，按照配体类型可分为经典配体（如卤素离子、氧离子、硫离子等）多核配合物和π酸配体（如羰基、烯、炔、氰基）形成的多核配合物。如1963年发现的双核配合物$[Re_2Cl_4]^{2-}$，最被人们熟知的三核配合物$[Re_3X_{12}]^{3-}$及其衍生物，羰基簇合物$Fe_2(CO)_9$、$Ir_4(CO)_{12}$等。

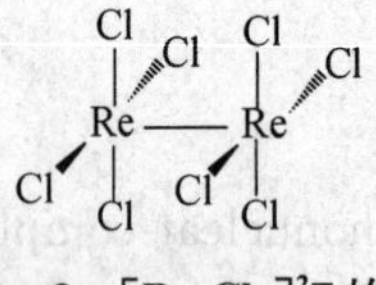

图10－2 $[Re_2Cl_4]^{2-}$的结构

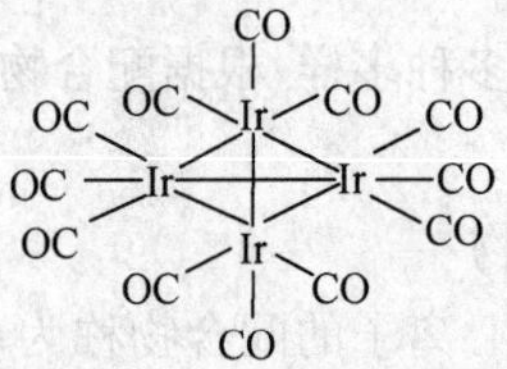

图10－3 $Ir_4(CO)_{12}$的结构

（3）配位聚合物

当配合物中存在无限个中心离子与配体通过自组装形成的高度规整的一维、二维、三维结构时，就形成了**配位聚合物**（coordination polymer）。迄今为止该领域已受到化学家的众多关注。究其原因，主要有两方面：一是配位聚合物彰显了极为丰富的结构类型；二是配合聚合物具有一些独特的性质，在非线性光学材料、磁性材料、超导材料、多孔材料及催化等方面都有很好的应用前景。

在多核配合物及配位聚合物中，现在最受人们关注的是多孔**金属－有机框架化合物**（metal-organic frameworks，MOFs），它们是利用有机配体与金属离子组装形成的超分子微孔材料。这种多孔材料可通过改变不同的金属离子与桥联有机配体设计出具有不同孔径的、结构变化多样的MOFs。MOFs作为一种超低密度多孔材料，在孔结构和孔表面上具有的独特性和功能化，使其在催化、分离、气体储存、医学诊断以及磁光电复合材料等众多领域都拥有诱人的应用前景①。

2. 配合物的命名

配合物的命名，服从无机化合物的一般原则。1980年中国化学会无机化学专业委员会根据《无机化学命名原则》制定了一套配合物的命名规则：

(1) 根据盐类命名的常用习惯，先命名阴离子，再命名阳离子。

若与配阳离子结合的阴离子是简单的酸根（如 X^-、OH^- 等），该配合物被称为"某化某"；若与配阳离子结合的阴离子是较复杂的酸根（如 SO_4^-、NO_3^- 等），该配合物被称为"某酸某"。

(2) 配合物内界的命名原则

① 内界的命名顺序：配体个数—配体名称—"合"—中心离子(氧化值)，这里用"合"字连接配体和中心离子。需要注意的是，中心离子的氧化值需用罗马数字标明，氧化值为0时可省略。

$[Ag(NH_3)_2]Cl$	氯化二氨合银(Ⅰ)
$[Cu(NH_3)_4]SO_4$	硫酸四氨合铜(Ⅱ)
$H[AuCl_4]$	四氯合金(Ⅲ)酸
$Na_3[Ag(S_2O_3)_2]$	二(硫代硫酸根)合银(Ⅰ)酸钠
$[Pt(NH_3)_4][SiF_6]$	六氟合硅(Ⅳ)酸四氨合铂(Ⅱ)

② 若配体不止一种，不同配体之间以圆点"·"分开，配体列出的顺序按以下规定：

(a) 若既含无机配体，又含有机配体，则无机配体在前，有机配体在后。

$[Cr(en)_2(NH_3)_2]Cl_3$	三氯化二氨·二(乙二胺)合铬(Ⅲ)

(b) 在无机和有机配体中，先列阴离子，再列出中性配体。

$[Pt(NH_3)_2Cl_2]$	二氯·二氨合铂(Ⅱ)
$[Cr(OH)_3(H_2O)(en)]$	三羟基·水·(乙二胺)合铬(Ⅲ)

(c) 同类配体若不止一种，按配位原子元素符号的英文字母顺序排列。

$[CoCl_2(NH_3)_3H_2O]Cl$	氯化二氯·三氨·水合钴(Ⅲ)

(d) 同类配体若配位原子相同，则含较少原子数的配体列在前面，较多原子数的配体列在后面。

$[Pt(NO_2)(NH_3)(NH_2OH)Py]Cl$	氯化硝基·氨·羟胺·吡啶合铂(Ⅱ)

§10.2 配合物价键理论和晶体场理论

通常认为，配合物的化学键理论有三种，即**价键理论**、**晶体场理论**和**配位场理论**。接下

① 可参考以下文献：

H. Furukawa, J. Kim, N. W. Ockwig, et al. *J. Am. Chem. Soc.*, 2008, 130(35): 11650.

N. L. Rosi, J. Eckert, M. Eddaoudi, et al. *Science*, 2003, (300): 1127.

来,将对价键理论和晶体场理论作主要的讨论。

10.2.1　价键理论

鲍林首先将分子结构的价键理论(Valence Bonding Theory，VBT)应用于配合物，用来解释配合物中配体 L 和中心离子 M 之间的化学键，对于说明配合物的磁性和空间构型做出了重要的贡献，后来逐渐形成近代配合物价键理论。

1. 配位键的本质

配合物中心离子与配体之间的键合，一般是由于配体中的配位原子单独提供孤对电子与中心离子的空轨道重叠而相互结合，这种化学键就是**配位键**，通常以 L→M 表示，其中配体 L 为电子对给予体，中心离子 M 为电子对接受体。因此，形成的配位键从本质上说是共价性质的。配位键的形成条件：配体 L 必须具有可给出的孤对电子，如：

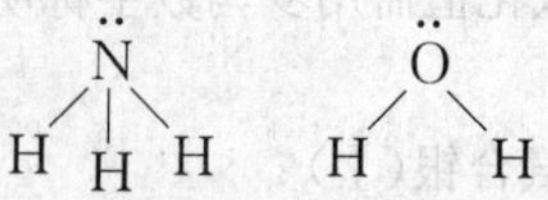

$$\underset{H\ \ H\ \ H}{\overset{\ddot{N}}{|}} \qquad \underset{H\qquad H}{\overset{\ddot{O}}{\diagdown}} \qquad [:\overset{..}{\underset{..}{F}}{}^-] \quad [:C\equiv N^-] \quad [:\overset{..}{\underset{..}{O}}\!-\!H]^-$$

等离子或中性分子；而中心离子 M 则必须具备空的价电子轨道，以接受 L 给出的孤对电子。周期表中过渡元素的离子(或原子)常具有空的价电子轨道，所以数量众多的配合物都是以过渡元素的离子(或原子)作为中心离子的。

2. 杂化轨道与配合物的磁性及空间构型

按照前面章节讨论的共价键一样，配位键也可以分为 σ 键和 π 键两类，下面主要讨论 σ 键。价键理论认为，形成 σ 配位键时，除了配体具有孤对电子以及中心离子具有空轨道这两个必要条件外，中心离子提供的原子轨道必须发生杂化。

一般地，容易形成配合物的过渡金属及其离子，其 d 轨道大多具有不成对电子而显顺磁性。根据磁学理论，物质磁性大小以**磁矩** μ 表示，磁矩与未成对电子数(n)之间的关系：

$$\mu = \sqrt{n(n+2)}\,\mu_B$$

式中 μ_B 称为玻尔磁子，是磁矩的单位。

需要注意的是，显顺磁性的中心离子与配体配位后，所形成的配合物的磁性可能与中心离子的磁性有较大的差异。接下来对于不同配位数的常见配合物，分别举例加以说明。

(1) 配位数为 2 的配离子

该类配离子的空间构型常为直线型，以 $[Ag(NH_3)_2]^+$ 为例，Ag^+ 的价电子层结构为：

$$\begin{array}{cccc} Ag^+ & 4d & 5s & 5p \\ (4d^{10}) & \boxed{\uparrow\downarrow\ \uparrow\downarrow\ \uparrow\downarrow\ \uparrow\downarrow\ \uparrow\downarrow} & \boxed{} & \boxed{\ \ } \end{array}$$

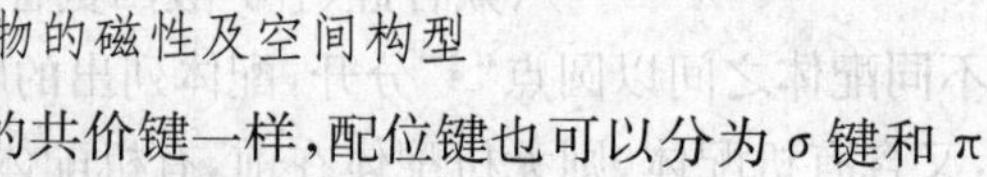

实验测得，$[Ag(NH_3)_2]^+$ 的磁矩 $\mu=0$，说明 $[Ag(NH_3)_2]^+$ 和 Ag^+ 一样，没有未成对电子。当 Ag^+ 与 NH_3 接近时，Ag^+ 将提供 1 个 5s 空轨道和 1 个 5p 空轨道进行 sp 杂化，形成 2 个等能量的 sp 杂化轨道，分别与 2 个含孤对电子的 NH_3 形成配位键，从而形成稳定的 $[Ag(NH_3)_2]^+$ 配离子。

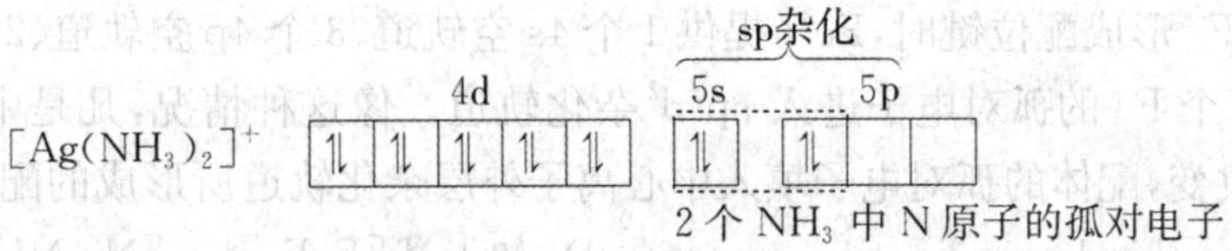

(2) 配位数为 4 的配离子

该类配离子的空间构型有两种：正四面体和平面正方形。现分别以$[Ni(NH_3)_4]^{2+}$和$[Ni(CN)_4]^{2-}$为例说明。Ni^{2+}的价电子层结构为：

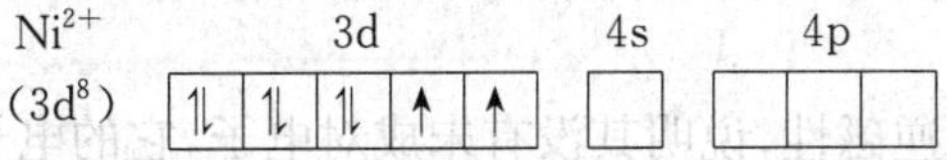

实验测得，$[Ni(NH_3)_4]^{2+}$的磁矩和Ni^{2+}一样，都有 2 个未成对电子。说明当Ni^{2+}和NH_3形成配合物$[Ni(NH_3)_4]^{2+}$时，3d 轨道上的电子排布没有发生改变，Ni^{2+}将提供 1 个 4s 空轨道和 3 个 4p 空轨道进行sp^3杂化，形成 4 个等能量的sp^3杂化轨道，分别与 4 个含孤对电子的NH_3形成配位键，从而形成稳定的$[Ni(NH_3)_4]^{2+}$配离子，因此$[Ni(NH_3)_4]^{2+}$具有正四面体构型。

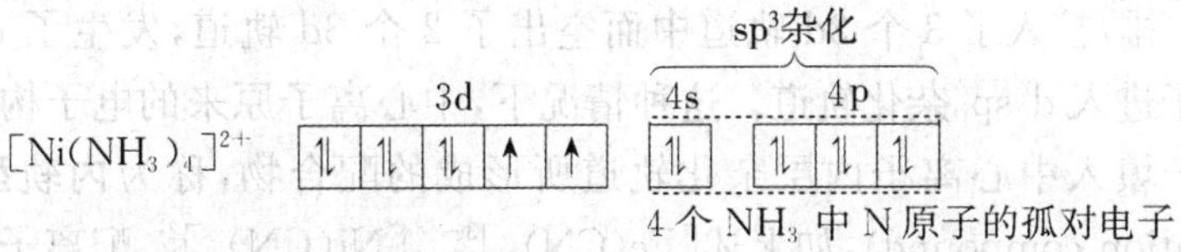

对于$[Ni(CN)_4]^{2-}$，实验测得其磁矩$\mu=0$，说明没有未成对电子，也就是说，Ni^{2+}的 3d 轨道上的电子发生了重排，2 个未成对电子挤入 1 个 3d 轨道偶合成对，而空出 1 个 3d 轨道。当Ni^{2+}和CN^-接近时，Ni^{2+}将提供 1 个 3d 空轨道、1 个 4s 空轨道和 2 个 4p 空轨道进行dsp^2杂化，形成 4 个等能量的dsp^2杂化轨道，分别与 4 个含孤对电子的CN^-形成配位键，从而形成稳定的$[Ni(CN)_4]^{2-}$配离子，因此$[Ni(CN)_4]^{2-}$具有平面正方形构型。值得注意的是，4 个dsp^2杂化轨道中的所有电子对都是由CN^-中的 C 原子所提供的。

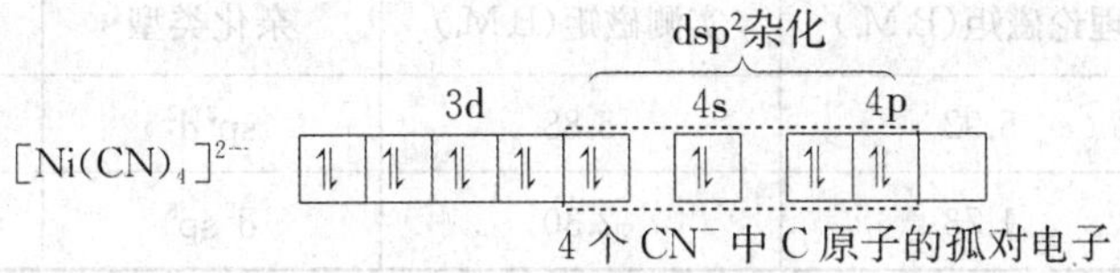

(3) 配位数为 6 的配离子

该类配离子大多为八面体的空间构型。现分别以$[FeF_6]^{3-}$和$[Fe(CN)_6]^{3-}$为例说明。Fe^{3+}的价电子层结构为：

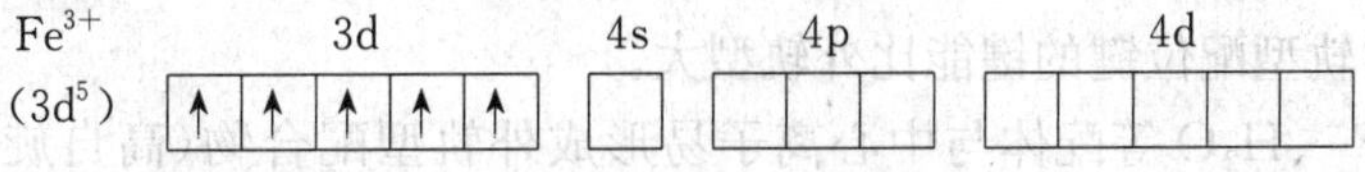

实验测得，$[FeF_6]^{3-}$的磁矩和Fe^{3+}一样，都有 5 个未成对电子。其电子排布必定是：

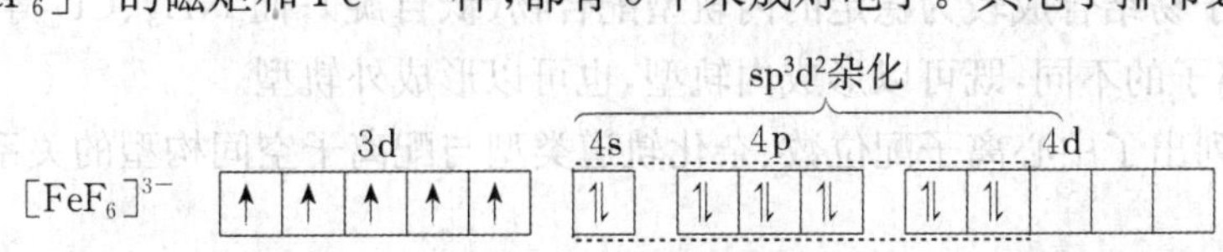

说明当 Fe^{3+} 和 F^- 形成配位键时，Fe^{3+} 提供 1 个 4s 空轨道、3 个 4p 空轨道、2 个 4d 空轨道进行 sp^3d^2 杂化，6 个 F^- 的孤对电子进入 sp^3d^2 杂化轨道。像这种情况，凡是中心离子的电子构型并未发生改变，配体的孤对电子填入中心离子外层杂化轨道所形成的配合物，称为**外轨型配合物**(outer orbital coordination compound)，如上述 $[FeF_6]^{3-}$、$[Ni(NH_3)_4]^{2+}$ 配离子。一般地，像卤素、氧等配位原子电负性较高，不易给出孤对电子，它们通常倾向于占据中心离子的外层轨道，而对其内层 d 电子的排布几乎没有影响，故内层的 d 电子尽可能分占不同的轨道而自旋平行，因此未成对电子数较高，磁矩较大，所以该类配合物又被称为**高自旋配合物**。

而 $[Fe(CN)_6]^{3-}$ 显示逆磁性，说明其没有未成对电子，它的电子排布为：

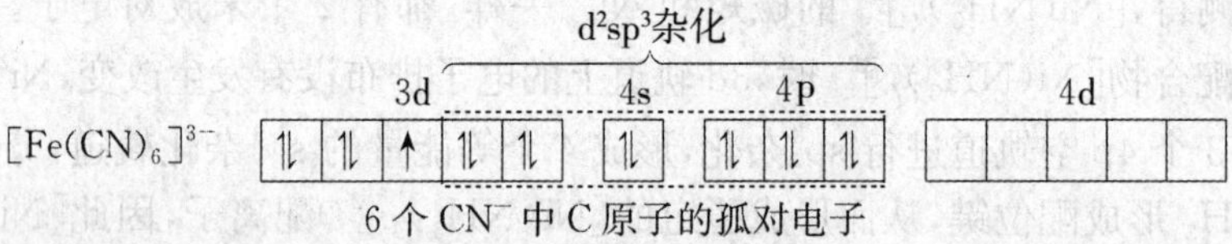

视频 内轨型和外轨型配合物

说明 Fe^{3+} 和 CN^- 形成配位键时，Fe^{3+} 的 3d 轨道中的 5 个价电子发生了重排，挤入了 3 个 3d 轨道中而空出了 2 个 3d 轨道，发生了 d^2sp^3 杂化，6 个 CN^- 的孤对电子进入 d^2sp^3 杂化轨道。这种情况下，中心离子原来的电子构型发生了改变，配体的孤对电子填入中心离子内层杂化轨道所形成的配合物，称为**内轨型配合物**(inner orbital coordination compound)，如上述 $[Fe(CN)_6]^{3-}$、$[Ni(CN)_4]^{2-}$ 配离子。一般地，像碳(CN^- 配体以 C 配位)等配位原子电负性较低，容易给出孤对电子，它们与中心离子接触时对其内层 d 电子影响较大，使得 d 电子发生重排，因此未成对电子数减少，甚至电子完全成对，磁矩降低，甚至变为零而呈逆磁性。所以该类配合物又被称为**低自旋配合物**。现把 $[FeF_6]^{3-}$ 和 $[Fe(CN)_6]^{3-}$ 的磁矩数据列于表 10-5 中。

表 10-5 FeF_6^{3-} 和 $Fe(CN)_6^{3-}$ 的磁矩和杂化类型

配离子	理论磁矩(B.M.)	实测磁矩(B.M.)	杂化类型	配合物类型
FeF_6^{3-}	5.92	5.88	sp^3d^2	外轨型(高自旋)
$Fe(CN)_6^{3-}$	1.73	2.30	d^2sp^3	内轨型(低自旋)

如上所示，外轨型配合物中心离子轨道采用 $ns-np-nd$ 杂化方式，而内轨型配合物则采用 $(n-1)d-ns-np$ 杂化方式。由于 $(n-1)d$ 轨道比 nd 轨道的能量低，所以一般内轨型配合物比外轨型配合物稳定，前者在水溶液中较难解离成简单离子。如果测定配位键的键能，可以预言，内轨型配位键的键能比外轨型大。

一般而言，F^-、H_2O 等配体与中心离子易形成外轨型配合物(高自旋)；CN^-、NO_2^- 等配体与中心离子易结合成较为稳定的内轨型配合物(低自旋)；而 NH_3、Cl^- 等则介于两者之间，随着中心离子的不同，既可以形成内轨型，也可以形成外轨型。

表 10-6 列出了中心离子配位数、杂化轨道类型与配离子空间构型的关系。

表 10－6　杂化轨道与配合物空间构型的关系

配位数	杂化类型	空间构型		实例
2	sp	直线型 (linear)		$Ag(NH_3)_2^+$，$Ag(CN)_2^-$
3	sp^2	平面正三角形 (planar triangle)	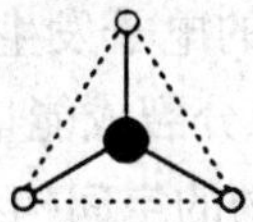	HgI_3^-，$CuCl_3^{2-}$
4	sp^3	正四面体 (tetrahedron)	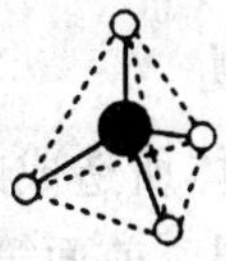	$Zn(NH_3)_4^{2+}$，HgI_4^{2-}
	dsp^2	平面正方形 (square planar)	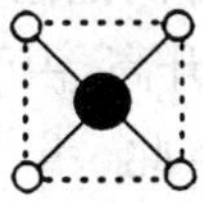	$Ni(CN)_4^{2-}$，$PtCl_4^{2-}$
5	dsp^3	三角双锥型 (trigonal bipyramid)	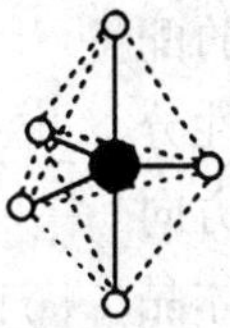	$Fe(CO)_5$，$CuCl_5^{3-}$
6	sp^3d^2	正八面体 (octahedron)	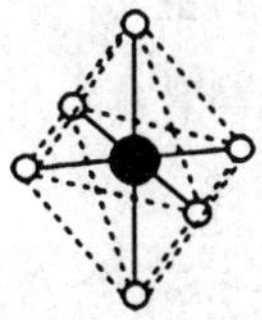	FeF_6^{3-}，$PtCl_6^{2-}$
	d^2sp^3			$Fe(CN)_6^{3-}$，$Co(NH_3)_6^{3+}$

价键理论根据配离子的杂化轨道类型成功地说明了许多配合物的空间结构和配位数，也解释了高、低自旋配合物的磁性和稳定性的差别，因此迄今仍常常应用。但是，由于价键理论仅着重考虑中心离子的杂化情况，而未考虑配体对中心离子的影响，因此在说明配合物的许多性质时，会遇到困难。譬如，配合物为什么会有高低自旋之分？一些配离子的特征颜色是如何产生的？这些问题都是价键理论无法做出合理解释的，而晶体场理论则可进一步做出满意的解释。

10.2.2　晶体场理论

晶体场理论(crystal field theory)是由德国物理学家贝特(H. Bethe)和荷兰的范弗莱克(J.H. Van Vleck)于1929年首先提出的，开始并未引起化学家的重视，直到1951年以后，由于这一理论成功地解释了价键理论无法解释的配合物颜色及其他性质之后，才确立了晶体场理论在化学中的重要地位。

1. 晶体场理论的基本要点

(1) 晶体场理论认为，配合物的中心(正)离子和配体间的相互作用力是纯粹的静电作用，类似于离子晶体中正负离子间的静电作用，带正电的中心离子处于配体的负电荷所形成的晶体场之中。

(2) 中心离子有 5 个 d 轨道，当受到周围非球形对称的配体负电荷作用时，配体的负电荷与 d 轨道上的电子发生排斥，使原来能量相同而简并的 5 个 d 轨道的能量不再相同，分裂成能量较低的或能量较高的 d 轨道组。

视频 八面体场分裂能

(3) 配合物的空间构型不同，配体所形成的晶体场也不同，中心离子的电子受到的排斥作用也不同，d 轨道能级分裂的情况不同。

2. 中心离子 d 轨道的能级分裂

在正八面体配合物中，六个配体所造成的晶体场叫作正八面体场。现以八面体构型的配合物为例说明 d 轨道的能级分裂。前面第七章已经学过，d 轨道在空间的分布状态有 5 种，且为简并轨道。如果在球形对称的配位负电场作用下，配体的负电荷与 d 轨道上的电子相互排斥，这 5 个 d 轨道的能量会升高，由于球形对称场各个方向所产生的排斥作用相等，所以 5 个 d 轨道的能量升高也相等，此时 d 轨道不会产生分裂[如图10-4(a)和(b)所示]。如果在八面体构型的配合物中，当 6 个配体(负离子或极性分子的负端)分别沿着 $\pm x$，$\pm y$，$\pm z$ 方向接近中心离子时，配体便形成八面体晶体场。6 个配体与中心离子 d 轨道的空间关系如图 10-5 所示。

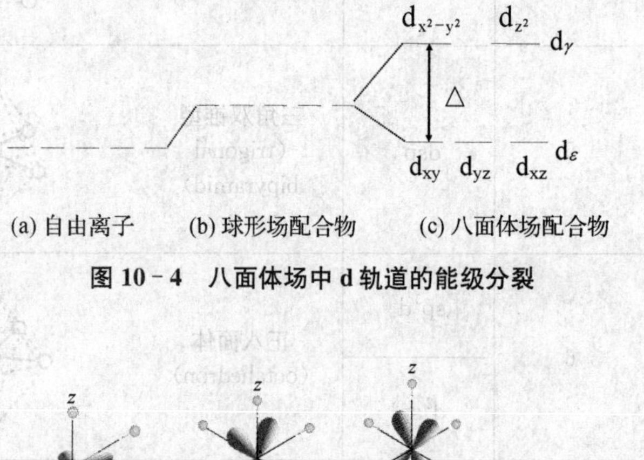

(a) 自由离子　(b) 球形场配合物　(c) 八面体场配合物

图 10-4　八面体场中 d 轨道的能级分裂

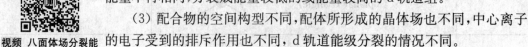

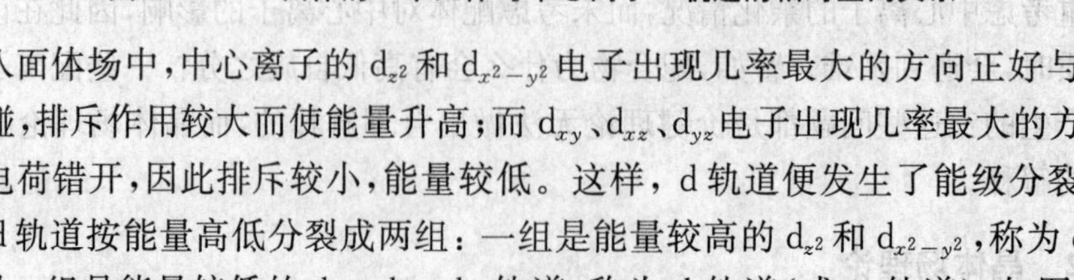

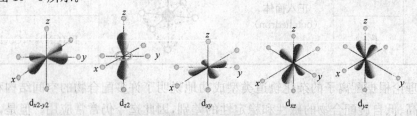

图 10-5　八面体的 6 个配体与中心离子 d 轨道的相对空间关系

在该八面体场中，中心离子的 d_{z^2} 和 $d_{x^2-y^2}$ 电子出现几率最大的方向正好与配体负电荷迎头相碰，排斥作用较大而使能量升高；而 d_{xy}、d_{xz}、d_{yz} 电子出现几率最大的方向则恰好与配体负电荷错开，因此排斥较小，能量较低。这样，d 轨道便发生了能级分裂。原来简并的 5 个 d 轨道按能量高低分裂成两组：一组是能量较高的 d_{z^2} 和 $d_{x^2-y^2}$，称为 d_γ 轨道(或 e_g 轨道)；另一组是能量较低的 d_{xy}、d_{xz}、d_{yz} 轨道，称为 d_ε 轨道(或 t_{2g} 轨道)，如图 10-4(c)所示。需要指出的是：d_γ 和 d_ε 是晶体场理论所用的符号，而 e_g 和 t_{2g} 是群论所用符号。d_γ 轨道和 d_ε 轨道之间的能量差称为**分裂能**(splitting energy)，通常用符号 Δ 表示。八面体场的分裂能，用 Δ_o 表示，为方便起见，晶体场理论令八面体场的分裂能 $\Delta_o = 10\ Dq$，球形场能量为0 Dq。据量子力学原理，在外电场作用下的 d 轨道的平均能量是不变的，即分裂后

的 d_γ 和 d_ε 的总能量应保持不变。按照球形场能量为零，则所有 d_γ 和 d_ε 轨道的总能量应等于零，因此：

分裂能 $\Delta_o = E_{d\gamma} - E_{d\varepsilon} = 10\ Dq$

总能量 $2E_{d\gamma} + 3E_{d\varepsilon} = 0$

将上面两式联立，解得：$E_{d\gamma} = 6\ Dq$（比分裂前能量高 6 Dq）

$E_{d\varepsilon} = -4\ Dq$（比分裂前能量低 4 Dq）

不难想象，分裂能的大小 Δ_o 既与配体有关，又与中心离子有关，对同一种配位体场而言，大体有以下规律：

(1) 配体的性质。对相同的中心离子而言，分裂能因配体配位场的强弱而异，场的强度越高，分裂能越大。对八面体配合物而言，配体的场强按由弱至强的顺序如下：

$$I^- < Br^- < S^{2-} < SCN^- < Cl^- < NO_3^- < F^- < OH^- < C_2O_4^{2-} < H_2O < NCS^-$$
$$< NH_3 < en < bipy < NO_2^- < CN^- < CO$$

以上数据基本上是由光谱测定的，因而又称为光谱化学序列。通常把光谱化学序列中最左边的配体 I^-、Br^-、S^{2-} 等称为弱场，最右边的 NO_2^-、CN^-、CO 等称为强场。需要注意的是，把配体强弱划分出明确的界限是困难的。

一般地，Δ_o 的大小可以粗略地按配位原子判断：

$$X(卤素原子) < O < N < C$$

(2) 中心离子的电荷和半径。对确定的配体，中心离子电荷越高，分裂能 Δ_o 的值越大，如表 10-7 所示。

表 10-7 某些水合离子的分裂能①

配合物	$[Fe(H_2O)_6]^{2+}$	$[Fe(H_2O)_6]^{3+}$	$[Co(H_2O)_6]^{2+}$	$[Co(H_2O)_6]^{3+}$
分裂能/kJ·mol^{-1}	124	164	111	223

电荷相同的中心离子，半径越大，d 轨道离原子核越远，越易在配体外电场作用下改变其能量，分裂能 Δ_o 的值越大。同族同价离子的 Δ_o 值，第二过渡系比第一过渡系约增大 40%～50%，第三过渡系比第二过渡系约增大 20%～25%。

另外，配合物的几何构型也是影响分裂能的重要因素，不同构型的晶体场对分裂能的影响明显不同，本章对不同几何构型的影响不作更多讨论。

3. 分裂后中心离子 d 电子排布与配合物的磁性

中心离子的 d 电子在分裂后的 d 轨道中的排布，除了应该遵守能量最低、泡利不相容原理以及洪特规则外，还会受到分裂能的影响。

接下来，让我们一起讨论八面体场中心离子 d 电子在 d_γ 和 d_ε 轨道中的分配情况，如表 10-8 所示。

① 分裂能可从光谱实验数据求得，其单位常用 cm^{-1}（波数）或 kJ·mol^{-1} 表示，两者之间的换算关系为：1 cm^{-1} 大约相当于 $1.196\,2\times10^{-2}$ kJ·mol^{-1}，1 kJ·mol^{-1} 相当于 83.59 cm^{-1}。

表 10-8 八面体配合物的中心原子 d 电子的组态

d 电子数	弱场		强场	
	d_ε	d_γ	d_ε	d_γ
1	↑		↑	
2	↑ ↑		↑ ↑	
3	↑ ↑ ↑		↑ ↑ ↑	
4	↑ ↑ ↑	↑	↑↓ ↑ ↑	
5	↑ ↑ ↑	↑ ↑	↑↓ ↑↓ ↑	
6	↑↓ ↑ ↑	↑ ↑	↑↓ ↑↓ ↑↓	
7	↑↓ ↑↓ ↑	↑ ↑	↑↓ ↑↓ ↑↓	↑
8	↑↓ ↑↓ ↑↓	↑ ↑	↑↓ ↑↓ ↑↓	↑ ↑
9	↑↓ ↑↓ ↑↓	↑↓ ↑	↑↓ ↑↓ ↑↓	↑↓ ↑
10	↑↓ ↑↓ ↑↓	↑↓ ↑↓	↑↓ ↑↓ ↑↓	↑↓ ↑↓

当中心离子具有 1～3 个 d 电子时，这些电子总是首先按洪特规则填入能量较低的 d_ε 轨道，且自旋方向平行，而且不论配位体场的强弱，其电子排布都是一样的。

若中心离子的 d 电子数为 4 时，此时可能出现两种排布：一种是第 4 个电子进入能级较高的 d_γ 轨道，形成未成对电子数较多的高自旋排布，但首先需具有克服分裂能的能量才能进入 d_γ 轨道；另一种是第 4 个电子倾向于挤入一个 d_ε 轨道，与原来的一个 d_ε 轨道上的电子成对，形成未成对电子数较少的低自旋排布，但该电子势必受到原有电子的排斥，因而必须具有克服排斥的能量，才能与原有电子成对，这种能量就称为**电子成对能**（pairing energy），用 P 表示。

当中心离子具有 4～7 个 d 电子时，配合物究竟是形成高自旋排布还是低自旋排布，取决于电子成对能 P 与分裂能 Δ_o 孰大孰小。

当 $P<\Delta_o$ 时，电子成对消耗的能量少于电子从能级较低的 d_ε 轨道进入能级较高的 d_γ 轨道所需的能量，按能量最低原理，电子进入 d_ε 轨道，未成对电子数减少，形成的配合物是低自旋的，磁矩较小；若 $P>\Delta_o$ 时，电子则进入 d_γ 轨道，未成对电子数增多，形成的配合物是高自旋的，磁矩较大。

不同的中心离子，电子成对能 P 虽然不同，可相差不大。但分裂能则因中心离子的不同而相差较大，尤其是随配位体场的强弱不同而有较大差异。这样，分裂后 d 轨道中电子的排布便主要取决于分裂能 Δ_o 的大小，亦即主要取决于配位体场的强弱。若是弱场配体将导致 Δ_o 较小，$P>\Delta_o$，电子将尽可能地分占不同轨道并保持自旋相同，这样才能有效减少电子成对能的需要而使能量最低，因而高自旋，磁矩较大；若是强场配体将导致 Δ_o 较大，$P<\Delta_o$，电子进入能级较低的 d_ε 轨道而使能量最低，因而低自旋，磁矩较小。

当中心离子具有 8～10 个 d 电子时，不论配位体场的强弱，其电子排布都是一样的。

如果从光谱实验可以得到电子成对能 P 和轨道分裂能 Δ_o，便可预测配合物中心离子的电子排布及磁矩大小。表 10-9 列出了一些八面体配合物的分裂能、电子成对能及自旋状态。

表 10-9 一些八面体配合物的自旋状态

组态	配离子	电子成对能 P/cm^{-1}	分裂能 Δ_o/cm^{-1}	P 与 Δ_o 大小	自旋状态
d^4	$[Cr(H_2O)_6]^{2+}$	23 405	13 876	$P>\Delta_o$	高
	$[Mn(H_2O)_6]^{3+}$	27 835	20 898	$P>\Delta_o$	高
d^5	$[Mn(H_2O)_6]^{2+}$	25 328	780	$P>\Delta_o$	高
	$[Fe(H_2O)_6]^{3+}$	29 842	13 725	$P>\Delta_o$	高
d^6	$[Fe(H_2O)_6]^{2+}$	17 470	10 335	$P>\Delta_o$	高
	$[Fe(CN)_6]^{4-}$	17 470	32 851	$P<\Delta_o$	低
	$[CoF_6]^{3-}$	20 898	12 956	$P>\Delta_o$	高
	$[Co(NH_3)_6]^{3+}$	20 898	22 900	$P<\Delta_o$	低
d^7	$[Co(H_2O)_6]^{2+}$	23 907	9 279	$P>\Delta_o$	高

4. 晶体场稳定化能

晶体场理论认为，中心离子 d 轨道发生分裂，d 电子进入分裂后各轨道的总能量通常比未分裂前(球形场中)的能量低，从而使得生成的配合物具有一定的稳定性。因此，把 d 电子进入分裂后的 d 轨道后总能量的下降值，称为**晶体场稳定化能**(crystal field stabilization energy，用 CFSE 表示)。

例如，$[Fe(H_2O)_6]^{2+}$ 中 Fe^{2+} 有 6 个 3d 电子，H_2O 是弱场配体，$P>\Delta_o$ 采取高自旋，电子组态为 $d_\varepsilon^4 d_\gamma^2$，其总能量为：

$$CFSE=4E_{d\varepsilon}+2E_{d\gamma}=4\times(-4\,Dq)+2\times 6\,Dq=-4\,Dq$$ 说明分裂后能量下降了 4 Dq。

而配离子 $[Fe(CN)_6]^{4-}$ 中，CN^- 是强场配体，$P<\Delta_o$ 采取低自旋，电子组态为 $d_\varepsilon^6 d_\gamma^0$，即 6 个电子从球形场进入 3 个 d_ε 轨道，其中 4 个电子从球形场的未成对电子变为成对电子需要消耗 2 份成对能，其总能量为：

$$CFSE=6E_{d\varepsilon}+2P=6\times(-4\,Dq)+2P=-24\,Dq+2P$$ ①

总能量下降更多，表明配合物更稳定。事实上 $[Fe(CN)_6]^{4-}$ 确实比 $[Fe(H_2O)_6]^{2+}$ 稳定得多，表 10-10 列出了 $d^{0\sim10}$ 离子的晶体场稳定化能。

表 10-10 八面体场中心离子的晶体场稳定化能

d^n	d^0	d^1	d^2	d^3	d^4	d^5	d^6	d^7	d^8	d^9	d^{10}
弱场	0	−4 Dq	−8 Dq	−12 Dq	−6 Dq	0	−4 Dq	−8 Dq	−12 Dq	−6 Dq	0
强场	0	−4 Dq	−8 Dq	−12 Dq	−16 Dq+P	−20 Dq+2P	−24 Dq+2P	−18 Dq+P	−12 Dq	−6 Dq	0

① 有的书上晶体场稳定化能的计算中没有考虑成对能的消耗，这是不合理的，尤其在强场(低自旋)情况会造成较大的误差。本教材的稳定化能的计算公式源自：张祥麟. 配合物化学. 高等教育出版社，1991。

5. 晶体场理论应用示例

(1) 配合物的颜色

我们知道,物质的颜色是由于它吸收了某种波长的可见光(波长 400～700 nm),并将未被吸收的那部分光反射出来造成的。我们把这种没有吸收而呈现的颜色叫作被吸收光的互补色。当白光投射到物体上,若其全部被物体吸收,就显黑色;若全部被反射,物体就显白色;若只吸收某种波长的可见光,则该物体就呈现其互补色。图 10-6 是很实用的圆形补色图,该圆中某种颜色被吸收了,圆中沿直径相对于它的颜色,即其互补色就会显现出来。

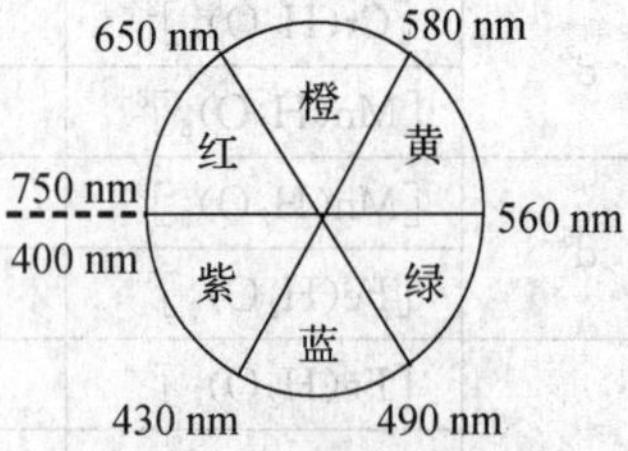

图 10-6 圆形补色图

配合物的颜色也是由于它选择性地吸收了可见光中一定波长的光线。过渡金属离子一般具有未充满的 d 轨道,在配位体场作用下发生了能级分裂,因此在白光照射下,电子可吸收部分可见光能从较低能级的轨道向较高能级的轨道跃迁(如八面体场中电子可从 d_ε 轨道向 d_γ 轨道跃迁),这种跃迁称为 d-d 跃迁。发生 d-d 跃迁的能量就是轨道的分裂能 Δ,不同配合物由于分裂能 Δ 的不同,发生 d-d 跃迁所吸收光的波长也不同。分裂能越大,电子跃迁所需要的能量就越大,相应吸收的可见光波长就越短;分裂能越小,则相应吸收的可见光波长就较长。

例如,图 10-7 是$[Ti(H_2O)_6]^{3+}$的可见吸收光谱,在 490.2 nm 处有一最大吸收峰,说明其吸收了白光的蓝绿成分,使得透过溶液或反射的光显紫红色,所以$[Ti(H_2O)_6]^{3+}$的颜色呈紫红色。而这一最大吸收的能量等于 20 400 cm^{-1},该值就是电子从 d_ε 轨道跃迁到 d_γ 轨道时吸收的能量,所以$[Ti(H_2O)_6]^{3+}$的分裂能 Δ_o = 20 400 cm^{-1}。

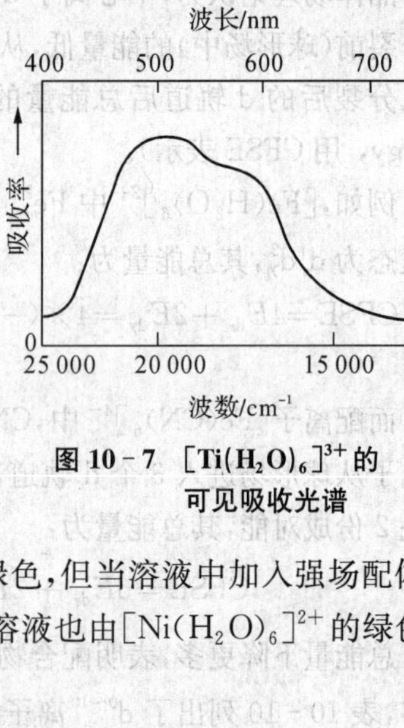

图 10-7 $[Ti(H_2O)_6]^{3+}$的可见吸收光谱

又如,$[Ni(H_2O)_6]^{2+}$因吸收了红光而呈现其互补色绿色,但当溶液中加入强场配体乙二胺(en)后,使得分裂能相应增加,吸收光波长变短,因此溶液也由$[Ni(H_2O)_6]^{2+}$的绿色转变成$[Ni(en)_3]^{2+}$的深蓝色(黄色的互补色)。

(2) 过渡金属离子的水合热

过渡金属离子的**水合热** $\Delta_h H_m^\ominus$ 是指标准状态下气态离子溶于水,生成 1 mol 水合离子时所放出的热量,用反应式表示为:

$$M^{n+}(g) + 6H_2O(l) = [M(H_2O)_6]^{n+}(aq)$$

$$\Delta_r H_m^\ominus = \Delta_h H_m^\ominus$$

许多+2 价离子都形成六配位八面体构型的水合离子。对于第四周期的+2 价金属离子而言,从 Ca^{2+} 到 Zn^{2+},其中 d 电子数从 0 增加到 10,离子半径逐渐减小,因此,它们的水合离子中,金属离子与水分子将结合得愈牢,其水合热也应该有规律地增大,见图 10-8 的虚线。但是实验测得的水合热并非如此,而是如图 10-8 的实线所示,出现了两个小"山峰"。

这一“反常”现象可以从晶体场稳定化能得到满意的解释。

从前面表10-10所列的晶体场稳定化能可见，对于弱八面体场的水合离子来说，d^0 (Ca^{2+})、d^5 (Mn^{2+}) 和 d^{10} (Zn^{2+}) 的CFSE=0，这些离子的水合热是“正常”的，其实验值均落在图中的虚线上。其他离子（相应于 $d^{2\sim4}$ 及 $d^{6\sim9}$）的水合热，由于都有相应的晶体场稳定化能，而使实验结果成为图中实线那样出现“双峰”现象。如果把各个水合离子的CFSE从水合热的实验值中一一扣去，再用 $\Delta_h H_m^\ominus$ 对 d^n 作图，相应的各点将落在图中虚线上。这就证明实验曲线之所以“反常”，是由于晶体场稳定化能所造成的。该曲线反映了配离子的CFSE是随着d电子数目不同而变化的规律，同时，也是晶体场理论具有一定定量准确性的又一例证。

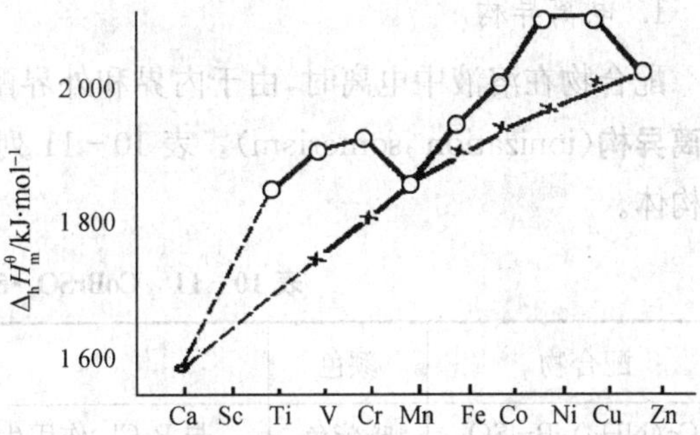

图10-8 第四周期过渡金属离子 M^{2+} (g) 的水合热

晶体场理论能够较好地说明配合物的磁性、颜色及某些热力学性质，这明显要优于价键理论，但仍有不足之处。首先，晶体场理论把配体与中心离子之间的作用看作是纯粹的静电作用，这显然与许多配合物中明显的共价性质并不相符，尤其不能解释像 $Fe(CO)_5$ 这类中性原子形成的配合物。其次，由晶体场理论得到的光谱化学序列，却不能用该理论来解释这个次序，例如负离子 F^- 是弱场配体，它的场强比中性分子 NH_3 弱，更比CO和 CN^- 弱得多，这单纯用静电场来解释是很难理解的。实际上，一些近代实验方法证明了配合物中金属离子的轨道与配体的分子轨道仍有重叠，也就是说金属离子与配体之间的化学键存在一定程度的共价成分。如果把晶体场理论与分子轨道理论相结合，既可考虑到中心离子与配体之间所形成的共价键的分子轨道的性质，同时也可考虑到它们之间的静电效应，这便是配位场理论。配位场理论更为合理地说明配合物的结构及其性质的关系，在本书中对此不作介绍。

§10.3 配合物异构现象与立体结构

配合物的组成极其繁杂多样，这就导致了丰富多彩的异构现象。异构现象是配合物的重要性质之一，它构成了丰富的配合物的立体化学。配合物的**异构现象**是指化学组成完全相同的配合物，由于配体在中心离子周围排列情况或配位方式不同而引起结构不同的现象。配合物的诸多异构现象，总体来讲可以分为两大类：**构造异构**和**立体异构**。

10.3.1 构造异构

配合物化学式相同，但由于成键原子连接方式不同而引起的异构现象称为**构造异构**（constitution isomerism）。这类异构现象的表现形式通常包括电离异构、水合异构、配位异构和键合异构。

1. 电离异构

配合物在溶液中电离时，由于内界和外界配体发生交换而生成不同配离子的现象称为**电离异构**(ionization isomerism)。表 10－11 列出了化学式为 $CoBrSO_4 \cdot 5NH_3$ 的两种电离异构体。

表 10－11 $CoBrSO_4 \cdot 5NH_3$ 的电离异构体

配合物	颜色	化 学 性 质
$[Co(NH_3)_5Br]SO_4$	暗紫色	与 $BaCl_2$ 作用生成白色沉淀，室温下与 $AgNO_3$ 作用无明显现象
$[Co(NH_3)_5SO_4]Br$	紫红色	与 $AgNO_3$ 作用生成淡黄色沉淀，室温下与 $BaCl_2$ 作用无明显现象

2. 水合异构

配合物化学组成相同，由于水分子处于内、外界的不同而引起的异构现象称为**水合异构**(hydration isomerism)。表 10－12 列出了化学式为 $CrCl_3 \cdot 6H_2O$ 的三种水合异构体的组成及相关性质。水合异构体的形成主要是 H_2O 和 Cl^- 在内、外界之间相互交换的结果。

表 10－12 $CrCl_3 \cdot 6H_2O$ 的水合异构体

配合物	颜 色	开始失水的温度/℃
$[Cr(H_2O)_6]Cl_3$	紫 色	100
$[Cr(H_2O)_5Cl]Cl_2 \cdot H_2O$	亮绿色	80
$[Cr(H_2O)_4Cl_2]Cl \cdot 2H_2O$	灰绿色	60

表中所列三种异构体中，由于水分子处于内、外界的不同，导致其与中心离子结合的牢固程度也不同。一般来说，配合物中处于外界的水分子较内界易于失去；而且由于 Cl^- 具有较大的反位效应，当它进入内界后也将使得水合物的热稳定性降低。

3. 配位异构

配合物的组成相同，仅仅由于配体在配阴离子和配阳离子之间的分配不同而引起的异构现象称为**配位异构**(coordination isomerism)。只有当形成配合物的阴、阳离子都是配离子的情况下才有可能产生配位异构。例如：

$[Cu(NH_3)_4][PtCl_4]$(紫色)和$[Pt(NH_3)_4][CuCl_4]$(绿色)；

$[Pt^{II}(NH_3)_4][Pt^{IV}Cl_6]$和$[Pt^{IV}(NH_3)_4Cl_2][Pt^{II}Cl_4]$；

$[Co(en)_3][Cr(C_2O_4)_3]$和$[Cr(en)_3][Co(C_2O_4)_3]$。

4. 键合异构

含有多个配位原子的配体与中心离子配位时，由于键合原子的不同而造成的异构现象称为**键合异构** (linkage isomerism)。例如，NO_2^- 是两可配体，以 N 配位时称为“硝基”，以 O 配位时称为亚硝酸根；SCN^- 也是两可配体，它可以分别通过 S 或 N 与中心离子成键。

键合异构现象的典型例子，如：

$[Co(NH_3)_5(NO_2)]Cl_2$（黄褐色）和$[Co(NH_3)_5(ONO)]Cl_2$（砖红色）

$[Co(NH_3)_2(py)_2(NO_2)_2]NO_3$和$[Co(NH_3)_2(py)_2(ONO)_2]NO_3$

10.3.2 立体异构

化学式及成键原子的连接方式都相同，仅由于配体在中心离子周围排列方式不同而致的异构现象称为**立体异构**（stereoisomerism）。立体异构又可分为几何异构和对映异构两大类。

1. 几何异构

几何异构是立体异构之一，几何异构主要是顺反异构。在配合物中，配体可以在中心离子周围不同的位置上排布。相同的配体通常可以彼此相互靠近处于邻位，称为顺式（*cis*-）；或者彼此远离处于对位，称为反式（*trans*-），这是一种常见的几何异构现象，称为**顺反异构**。常见的顺反异构现象主要存在配位数为4的平面正方形、配位数为6的八面体配合物中。对于配位数为2、3的配合物以及配位数为4的四面体型配合物，这类异构现象不可能存在，因为以上这些体系中所有的配位位置都是彼此相邻的。

组成为MA_2B_2（字母A、B代表不同的单齿配体）的平面正方形配合物存在顺式和反式两种异构体，以$[Pt(NH_3)_2Cl_2]$为例，图10-9列出了其两种几何异构体。

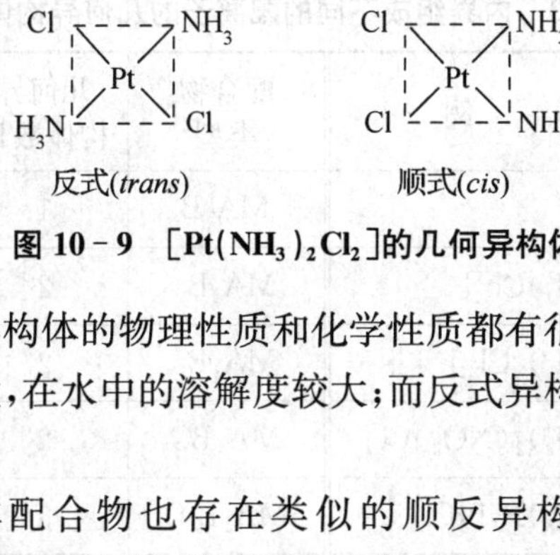

视频 配合物几何异构

图10-9 $[Pt(NH_3)_2Cl_2]$的几何异构体

实验结果表明这两种异构体的物理性质和化学性质都有很大差异。顺式异构体为棕黄色粉末，有极性，有抗癌活性，在水中的溶解度较大；而反式异构体呈淡黄色，无极性，在水中溶解度较小，无抗癌活性。

配位数为6的八面体配合物也存在类似的顺反异构体，如MA_4B_2型的配合物$[Cr(NH_3)_4Cl_2]^+$，有两种顺反异构体，其中顺式为紫色而反式是绿色的。

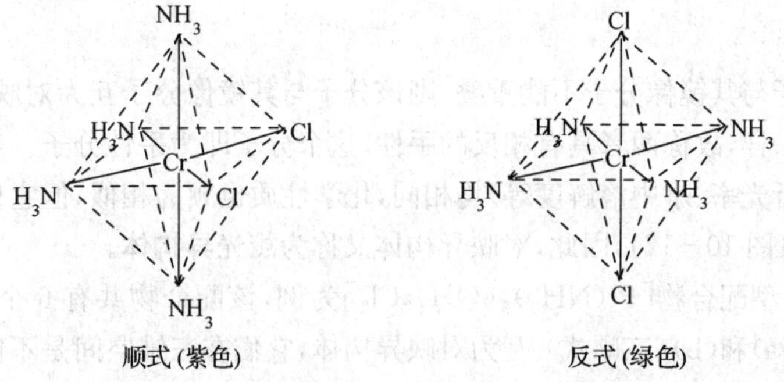

图10-10 $[Cr(NH_3)_4Cl_2]^+$的几何异构体

对于 MA_3B_3 型的八面体配合物也有两种几何异构体，如图 10－11 所示。

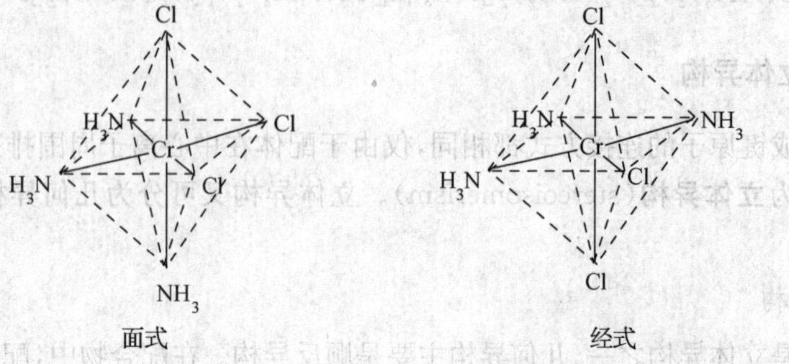

图 10－11 [$Cr(NH_3)_3Cl_3$]的几何异构体

其中一种，由同种配体形成八面体的一个面，称为**面式**(facial)；另一种结构，同种配体处于同一经度上，称为**经式**(meridional)，以上两种异构体的性质也明显不同。

其实，八面体配合物顺反异构体的数目与配体的类型以及配体的数目等有关，如果配体种类越多，出现的立体异构现象就越复杂，例如 $MA_2B_2C_2$ 型配合物有 5 种、MA_2B_2CD 型配合物有 6 种几何异构体。现将一些基本的配合物类型的几何异构体数目列于表 10－13 中以资参考。表中字母 A、B、C、D 代表不同的单齿配体，且没有标出配离子的电荷。

表 10－13 内界组成不同的配离子的几何异构体数目

配合物类型	几何异构体数目	实　例	配合物类型	几何异构体数目	实　例
MA_4	1	$[PtCl_4]^{2-}$	MA_5B	1	$[Pt(NH_3)_5Cl]^{3+}$
MA_3B	1	$[Pt(NH_3)Cl_3]^-$	MA_4B_2	2	$[Pt(NH_3)_4Cl_2]^{2+}$
MA_2B_2	2	$[Pt(NH_3)_2Cl_2]$	MA_3B_3	2	$[Pt(NH_3)_3Cl_3]^+$
MA_2BC	2	$[Pt(NH_3)_2(NO_2)Cl]$	MA_4BC	2	$[Pt(NH_3)_4(NO_2)Cl]^{2+}$
MABCD	3	[Pt(NH_3)PyBrCl]	MA_3B_2C	3	$[Pt(NH_3)_2(OH)Cl_3]$
MA_6	1	$[PtCl_6]^{2-}$	$MA_2B_2C_2$	5	$[Pt(NH_3)_2(OH)_2Cl_2]$

2. 对映异构

如果一个分子与其镜像分子不能重叠，则该分子与其镜像分子互为**对映异构体**，它们的关系如同左右手一样，故称两者具有相反的手性，这个分子即为手性分子。对映异构体的物理性质(如熔点、折光率、水中溶解度等)均相同，化学性质也颇为相似，但它们使平面偏振光旋转的方向不同 (图 10－12)，因此，对映异构体又称为**旋光异构体**。

以 $MA_2B_2C_2$ 型配合物[$Pt(NH_3)_2(OH)_2Cl_2$]为例，该配合物共有 6 个立体异构体(见图 10－13)，图中(a)和(b)(三顺式) 互为对映异构体，它们在三维空间是不能重合的。必须注意的是，对映异构体成双成对互为镜像是必要条件，但不充分，还必须在三维空间不能重合，否则就不是对映异构体。

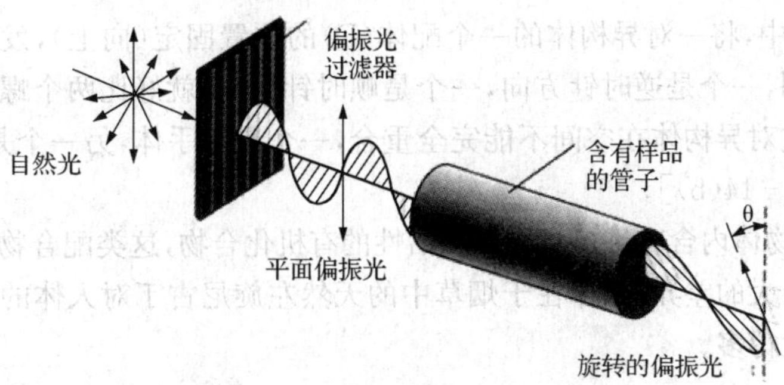

图 10－12 旋光性实验装置示意图

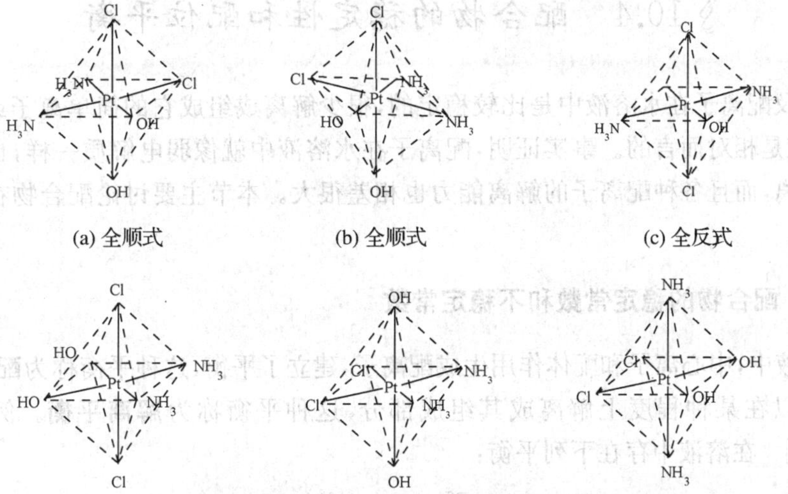

(a) 全顺式 (b) 全顺式 (c) 全反式

(d) 一反二顺 (e) 一反二顺 (f) 一反二顺

图 10－13 $[Pt(NH_3)_2(OH)_2Cl_2]$的立体异构体

有一个简单的步骤帮助判断六配位的配合物有无对映异构体——如果在配合物内部存在镜面或者对称中心，这种六配位的配合物就不可能有对映异构体，即它没有手性。

原子完全在一个平面上的结构是不可能有对映异构的。因为分子平面本身就是使半个分子和另半个分子互呈镜像的镜面，即使半个分子是手性的，整个分子既有左半又有右半，合在一起就没有手性了，这种情形就好比两手在胸前合掌。

四面体配合物没有几何异构体，但若 4 个配体完全不同时，就有对映异构体。图10－14 是对此的图解。

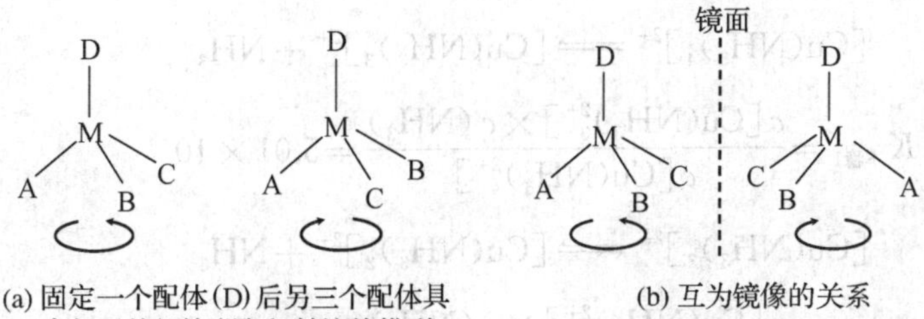

(a) 固定一个配体(D)后另三个配体具有相反的螺旋(顺反时针)的排列 (b) 互为镜像的关系

图 10－14 四面体配合物 4 个配体完全不同时才会出现对映异构体

图 10-14(a)中，将一对异构体的一个配体(D)的位置固定(向上)，发现另三个配体具有相反的螺旋排列，一个是逆时针方向，一个是顺时针方向，就好比两个螺旋相反的螺丝钉一样。四面体的这对异构体在空间不能完全重合，一个是左手体，另一个是右手体，它们互为镜像关系[图 10-14(b)]。

事实上，动植物体内含有许多具有旋光活性的有机化合物，这类配合物对映体在生物体内的生理功能有极大的差异，如存在于烟草中的天然左旋尼古丁对人体的毒性比实验室制得的右旋尼古丁大得多。

§10.4 配合物的稳定性和配位平衡

前面提及配离子在水溶液中是比较稳定的，很少解离成组成它的简单离子或分子。然而，这种稳定是相对而言的。事实证明，配离子在水溶液中就像弱电解质一样，也存在着一定程度的解离，而且各种配离子的解离能力也相差很大。本节主要讨论配合物在水溶液中的解离平衡。

10.4.1 配合物的稳定常数和不稳定常数

在水溶液中，中心离子和配体作用生成配离子，建立了平衡，这种平衡称为**配位平衡**；而配离子也可以在某种程度上解离成其组成部分，这种平衡称为**解离平衡**。例如配离子$[Cu(NH_3)_4]^{2+}$在溶液中存在下列平衡：

$$[Cu(NH_3)_4]^{2+} \rightleftharpoons Cu^{2+} + 4NH_3$$

通常人们把这一平衡常数称为配离子的**不稳定常数**(unstability constant)，常以 $K_{不稳}$ 表示，其表达式为：

$$K_{不稳} = \frac{c(Cu^{2+}) \times c(NH_3)^4}{c[Cu(NH_3)_4^{2+}]}$$

配离子的不稳定常数越大，表明达到平衡时配离子解离的趋势越大，在水溶液中越不稳定。

在水溶液中配离子的解离一般是分步进行的，类似于多元弱酸的逐级解离。对应于配离子的各步解离，在溶液中存在一系列的平衡，对于这些平衡也有一系列的不稳定常数，仍以$[Cu(NH_3)_4]^{2+}$为例，存在以下各级解离及平衡常数：

$$[Cu(NH_3)_4]^{2+} \rightleftharpoons [Cu(NH_3)_3]^{2+} + NH_3$$

$$K_{不稳1} = \frac{c[Cu(NH_3)_3^{2+}] \times c(NH_3)}{c[Cu(NH_3)_4^{2+}]} = 5.01 \times 10^{-3}$$

$$[Cu(NH_3)_3]^{2+} \rightleftharpoons [Cu(NH_3)_2]^{2+} + NH_3$$

$$K_{不稳2} = \frac{c[Cu(NH_3)_2^{2+}] \times c(NH_3)}{c[Cu(NH_3)_3^{2+}]} = 9.12 \times 10^{-4}$$

$$[Cu(NH_3)_2]^{2+} \rightleftharpoons [Cu(NH_3)]^{2+} + NH_3$$

$$K_{不稳3} = \frac{c[Cu(NH_3)^{2+}] \times c(NH_3)}{c[Cu(NH_3)_2^{2+}]} = 2.14 \times 10^{-4}$$

$$[Cu(NH_3)]^{2+} \rightleftharpoons Cu^{2+} + NH_3$$

$$K_{不稳4} = \frac{c(Cu^{2+}) \times c(NH_3)}{c[Cu(NH_3)^{2+}]} = 4.90 \times 10^{-5}$$

$K_{不稳1}$、$K_{不稳2}$、$K_{不稳3}$、$K_{不稳4}$称为配离子的**逐级解离常数**，若将逐级解离常数相乘，即得到$[Cu(NH_3)_4]^{2+}$的总的不稳定常数：

$$K_{不稳} = \frac{c(Cu^{2+}) \times c(NH_3)^4}{c[Cu(NH_3)_4^{2+}]} = K_{不稳1} \cdot K_{不稳2} \cdot K_{不稳3} \cdot K_{不稳4} = 4.79 \times 10^{-14}$$

上述各步解离反应的逆反应即为各级配离子的生成反应，相应的平衡常数称为生成常数，例如：

$$Cu^{2+} + NH_3 \rightleftharpoons [Cu(NH_3)]^{2+}$$

$$K_{稳1} = \frac{1}{K_{不稳4}} = \frac{c[Cu(NH_3)^{2+}]}{c(Cu^{2+}) \times c(NH_3)} = 2.04 \times 10^4$$

$$[Cu(NH_3)]^{2+} + NH_3 \rightleftharpoons [Cu(NH_3)_2]^{2+}$$

$$K_{稳2} = \frac{1}{K_{不稳3}} = \frac{c[Cu(NH_3)_2^{2+}]}{c[Cu(NH_3)^{2+}] \times c(NH_3)} = 4.67 \times 10^3$$

$$[Cu(NH_3)_2]^{2+} + NH_3 \rightleftharpoons [Cu(NH_3)_3]^{2+}$$

$$K_{稳3} = \frac{1}{K_{不稳2}} = \frac{c[Cu(NH_3)_3^{2+}]}{c[Cu(NH_3)_2^{2+}] \times c(NH_3)} = 1.10 \times 10^3$$

$$[Cu(NH_3)_3]^{2+} + NH_3 \rightleftharpoons [Cu(NH_3)_4]^{2+}$$

$$K_{稳4} = \frac{1}{K_{不稳1}} = \frac{c[Cu(NH_3)_4^{2+}]}{c[Cu(NH_3)_3^{2+}] \times c(NH_3)} = 2.00 \times 10^2$$

各步生成常数的乘积就是Cu^{2+}与NH_3生成$[Cu(NH_3)_4]^{2+}$的总的平衡常数，这一常数习惯上称为配合物的**稳定常数**(stability constant)，常以$K_{稳}$表示：

$$K_{稳} = \frac{c[Cu(NH_3)_4^{2+}]}{c(Cu^{2+}) \times c(NH_3)^4} = K_{稳1} \cdot K_{稳2} \cdot K_{稳3} \cdot K_{稳4} = 2.10 \times 10^{13}$$

配离子的稳定常数越大，表明在水溶液中形成配离子的趋势越大，配离子越稳定。显然，$K_{稳}$和$K_{不稳}$互为倒数。因此，对于任何配合物而言，只需用一种常数来表示它在水溶液中的稳定性即可。

以上$[Cu(NH_3)_4]^{2+}$配离子的各级生成常数也称为**逐级稳定常数**，逐级稳定常数的累积称为**累积稳定常数**，以β_n表示(n表示累积的级数)。例如上述平衡的$\beta_1 = K_{稳1}$，$\beta_2 = K_{稳1} \cdot K_{稳2}$，$\beta_3 = K_{稳1} \cdot K_{稳2} \cdot K_{稳3}$，$\beta_4 = K_{稳1} \cdot K_{稳2} \cdot K_{稳3} \cdot K_{稳4}$。一些常见配离子的稳定常

数列于表 10－14 中。

表 10－14 常见配离子的稳定常数

配离子	$K_{稳}$	配离子	$K_{稳}$
$[Ag(CN)_2]^-$	2.48×10^{20}	$[Fe(CN)_6]^{4-}$	4.2×10^{45}
$[Ag(NH_3)_2]^+$	1.67×10^{7}	$[Fe(CN)_6]^{3-}$	4.1×10^{52}
$[Ag(SCN)_2]^-$	2.04×10^{8}	$[Fe(C_2O_4)_3]^{3-}$	2.0×10^{20}
$[Ag(S_2O_3)_2]^{3-}$	2.9×10^{13}	$[Fe(NCS)]^{2+}$	9.1×10^{2}
$[Al(C_2O_4)_3]^{3-}$	2.0×10^{15}	$[FeF_3]$	1.13×10^{12}
$[AlF_6]^{3-}$	6.9×10^{19}	$[HgCl_4]^{2-}$	1.31×10^{15}
$[Cd(CN)_4]^{2-}$	1.95×10^{18}	$[Hg(CN)_4]^{2-}$	1.82×10^{41}
$[CdCl_4]^{2-}$	6.3×10^{2}	$[HgI_4]^{2-}$	5.66×10^{29}
$[Cd(NH_3)_6]^{2+}$	1.3×10^{7}	$[Hg(NH_3)_4]^{2+}$	1.95×10^{19}
$[Cd(SCN)_4]^{2-}$	4.0×10^{3}	$[Ni(CN)_4]^{2-}$	1.31×10^{30}
$[Co(NH_3)_6]^{2+}$	1.3×10^{5}	$[Ni(NH_3)_6]^{2+}$	8.97×10^{8}
$[Co(NH_3)_6]^{3+}$	1.6×10^{35}	$[Pb(CH_3COO)_4]^{2-}$	3.0×10^{8}
$[Co(NCS)_4]^{2-}$	1.0×10^{3}	$[Pb(CN)_4]^{2-}$	5.2×10^{41}
$[Cu(CN)_2]^-$	9.98×10^{23}	$[Zn(CN)_4]^{2-}$	5.71×10^{16}
$[Cu(CN)_4]^{2-}$	2.0×10^{30}	$[Zn(C_2O_4)_2]^{2-}$	2.96×10^{7}
$[Cu(NH_3)_2]^+$	7.2×10^{10}	$[Zn(OH)_4]^{2-}$	2.83×10^{14}
$[Cu(NH_3)_4]^{2+}$	2.1×10^{13}	$[Zn(NH_3)_4]^{2+}$	3.6×10^{8}

配离子类型相同时，$K_{稳}$ 越大，配离子越稳定。例如：$[Ag(NH_3)_2]^+$、$[Ag(S_2O_3)_2]^{3-}$、$[Ag(CN)_2]^-$ 都是 1∶2 型的，它们的 $K_{稳}$ 依次增大，配离子稳定性也依次增大。必须注意的是，配离子类型不同时，不能直接用 $K_{稳}$ 值的大小判断它们的稳定性。

由$[Cu(NH_3)_4]^{2+}$的配位平衡可见，配离子的逐级稳定常数彼此相差不大，因此在计算溶液中离子浓度时，必须考虑各级配离子的存在。但在实际工作中，一般总是加入过量的配位剂，即让配体过量，这时中心离子绝大部分处于最高配位数的状态，而其他低配位数的各级配离子可忽略不计。这样只需考虑总的 $K_{稳}$ 和 $K_{不稳}$，使计算大为简化。

【例 10－1】 已知$[Zn(NH_3)_4]^{2+}$的 $K_{稳}=3.6\times10^8$，若在 1.0 L 的 6.0 mol·dm^{-3} 氨水溶液中溶解 0.10 mol 的 $ZnSO_4$，求溶液中各组分的浓度。（假设溶解 $ZnSO_4$ 后溶液的体积不变）

解： 氨水过量，可认为 Zn^{2+} 与 NH_3 完全生成$[Zn(NH_3)_4]^{2+}$，则溶液中$[Zn(NH_3)_4]^{2+}$的浓度应为 0.1 mol·dm^{-3}，剩余的 NH_3 的浓度为$(6.0-4\times0.1)=5.6$ mol·dm^{-3}，此外由于配离子$[Zn(NH_3)_4]^{2+}$在溶液中还存在解离平衡，设 $c(Zn^{2+})=x$ mol·dm^{-3}，则

$$[Zn(NH_3)_4]^{2+} \rightleftharpoons Zn^{2+} + 4NH_3$$

平衡浓度/$mol \cdot dm^{-3}$　　$0.10-x$　　x　　$5.6+4x$

$$K_{不稳} = \frac{c(Zn^{2+}) \times c(NH_3)^4}{c[Zn(NH_3)_4^{2+}]} = \frac{x(5.6+4x)^4}{0.10-x} = \frac{1}{3.6 \times 10^8} = 2.78 \times 10^{-9}$$

由于 $K_{不稳}$ 很小，解离的 Zn^{2+} 也很少，即 x 值很小，可以近似认为：$0.10-x \approx 0.1$，$5.6+4x \approx 5.6$，则上式：

$$\frac{x(5.6+4x)^4}{0.10-x} \approx \frac{x(5.6)^4}{0.10} = 2.78 \times 10^{-9}$$

$$x = 2.83 \times 10^{-13}$$

因此，溶液中各组分的浓度为：

$c(Zn^{2+}) = 2.83 \times 10^{-13}\ mol \cdot dm^{-3}$，$c[Zn(NH_3)_4^{2+}] = 0.1 - 2.83 \times 10^{-13} \approx 0.1\ mol \cdot dm^{-3}$，

$c(NH_3) = 5.6 + 4 \times (2.83 \times 10^{-13}) \approx 5.6\ mol \cdot dm^{-3}$，$c(SO_4^{2-}) = 0.1\ mol \cdot dm^{-3}$

10.4.2 配位平衡的移动

配离子 ML_x^{n-x}、中心离子 M^{n+} 以及配体 L^- 在水溶液中存在以下配位平衡：

$$M^{n+} + xL^- \rightleftharpoons ML_x^{n-x}$$

若向溶液中加入各种试剂（如酸、碱、沉淀剂、氧化还原剂或其他配位剂），它们可能与中心离子 M^{n+} 或配体 L^- 发生化学反应，从而导致上述配位平衡的移动，其结果是原溶液中各组分的浓度发生了改变。这一过程涉及的就是配位平衡与其他各种化学平衡相互联系的多重平衡，下面将结合实例讨论有关平衡的问题。

1. 酸度的影响

许多配体如 F^-、CN^-、SCN^-、NH_3 以及一些有机酸根离子，它们能与外加的酸（H^+）结合，生成难解离的弱酸。因此，在溶液中 H^+ 可以与 M^{n+} 争夺配体 L^-，从而造成配位平衡与酸碱平衡的相互竞争。例如，白色的 AgCl 沉淀可溶于氨水生成$[Ag(NH_3)_2]^+$，但当溶液中加入 HNO_3 时，由于 H^+ 与 Ag^+ 争夺配体 NH_3，造成配离子$[Ag(NH_3)_2]^+$的破坏，溶液中又生成了 AgCl 沉淀。

$$AgCl + 2NH_3 \longrightarrow [Ag(NH_3)_2]^+ + Cl^-$$

$$\downarrow +H^+$$

NH_4^+　　（由于 NH_3 浓度的减少，使得上述平衡逆向移动）

总的反应式为：$[Ag(NH_3)_2]^+ + Cl^- + 2H^+ = AgCl\downarrow + 2NH_4^+$

再如 Fe^{3+} 和 F^- 可以生成配离子$[FeF_6]^{3-}$：$Fe^{3+} + 6F^- \longrightarrow [FeF_6]^{3-}$

当加入 H^+ 时，由于 H^+ 易与 F^- 生成弱酸 HF，造成上述配位平衡逆向移动。

如果配合物越不稳定，生成的酸越弱，配离子就越易被加入的酸所解离。这种由于增大溶液的酸度导致配离子的稳定性降低而被破坏的现象，称为**配体的酸效应**。必须注意，在配合物的合成过程中以及应用配合物的形成进行定性鉴定或定量分析时，为了避免酸效应的

影响，通常需要控制一定的 pH 范围，以确保配离子不被破坏。

2. 对沉淀反应的影响

利用配离子的生成可以使一些沉淀溶解：例如在 AgCl 沉淀中加入氨水，由于生成了配离子$[Ag(NH_3)_2]^+$，降低了溶液中 Ag^+ 的浓度，使得 $c(Ag^+)\times c(Cl^-) < K_{sp,\ AgCl}$，若加入的氨水足够多时，白色的 AgCl 沉淀就可完全溶解成配离子$[Ag(NH_3)_2]^+$；反之，如果在配离子中加入沉淀剂，则可能生成沉淀，而使原来的配离子破坏：例如若在上述得到的配离子$[Ag(NH_3)_2]^+$溶液中加入 KI 溶液，由于 AgI 的 $K_{sp,\ AgI} < K_{sp,\ AgCl}$，而生成了黄色的 AgI 沉淀。如果在这个体系中再加入 KCN，又会生成更稳定的$[Ag(CN)_2]^-$配离子而使 AgI 沉淀溶解。以上过程中，不同的配离子与不同的沉淀交替形成，其实质是配位剂与沉淀剂对金属离子的争夺，最终究竟是生成配合物还是生成沉淀，与配位剂、沉淀剂争夺能力的高低及其浓度的大小有关，而争夺能力的高低又取决于配合物的 $K_{稳}$ 和难溶物的 K_{sp} 的相对大小。如果配合物的 $K_{稳}$ 越大，越易于形成相应的配合物，沉淀越易溶解；而难溶物的 K_{sp} 越小，配合物越易解离而生成沉淀。

基于以上规律，可用下列沉淀平衡和配位平衡来表示 Ag^+ 在水溶液中的各步反应：

$$Ag^+ \xrightarrow{Cl^-} \underset{(白色)}{AgCl\downarrow} \xrightarrow{NH_3} [Ag(NH_3)_2]^+ \xrightarrow{Br^-} \underset{(淡黄色)}{AgBr\downarrow} \xrightarrow{S_2O_3^{2-}} [Ag(S_2O_3)_2]^{3-}$$

$$\xrightarrow{I^-} \underset{(白色)}{AgI\downarrow} \xrightarrow{CN^-} [Ag(CN)_2]^- \xrightarrow{S^{2-}} \underset{(黑色)}{Ag_2S\downarrow}$$

【例 10-2】 (1) 用氨水使 0.1 mol 的 AgCl 完全溶解生成 1 L 溶液，问氨水的浓度至少为多少？(2) 在上述溶液中，加入 0.1 mol 的 KI，问能否生成 AgI 沉淀？倘若能生成沉淀则至少需要多少 KCN 才能使 AgI 沉淀恰好溶解？（假设加入各试剂时溶液的体积不发生改变）

已知：$K_{稳,Ag(NH_3)_2^+} = 1.67\times10^7$，$K_{稳,Ag(CN)_2^-} = 2.48\times10^{20}$，$K_{sp,AgCl} = 1.8\times10^{-10}$，$K_{sp,AgI} = 8.3\times10^{-17}$。

解：(1) 若 0.1 mol 的 AgCl 被氨水完全溶解生成 1 L 溶液，此时 $c(Ag(NH_3)_2^+)$和$c(Cl^-)$都为 0.1 $mol\cdot dm^{-3}$，设平衡时$[NH_3]$为 x $mol\cdot dm^{-3}$，则

$$AgCl + 2NH_3 \rightleftharpoons [Ag(NH_3)_2]^+ + Cl^-$$

平衡浓度/$mol\cdot dm^{-3}$ $\qquad x \qquad 0.1 \qquad 0.1$

由
$$\frac{c[Ag(NH_3)_2^+]c(Cl^-)}{c(NH_3)^2} = K_{稳,Ag(NH_3)_2^+}\cdot K_{sp,\ AgCl}$$

即
$$\frac{0.1\times0.1}{x^2} = (1.67\times10^7)\times(1.8\times10^{-10})$$

$$x = 1.8\ mol\cdot dm^{-3}$$

另外必须考虑生成 0.1 $mol\cdot dm^{-3}$ $[Ag(NH_3)_2]^+$ 还需消耗 0.2 $mol\cdot dm^{-3}$ NH_3，则氨水的浓度至少需要：

$$1.8 + 0.2 = 2.0\ mol\cdot dm^{-3}$$

(2) AgCl 溶解后，溶液中 $c[Ag(NH_3)_2^+] = 0.1\ mol\cdot dm^{-3}$，$c(NH_3) = 2.0\ mol\cdot dm^{-3}$，此时配位平衡仍然存在：

$$[Ag(NH_3)_2]^+ \rightleftharpoons Ag^+ + 2NH_3$$

$$K_{\text{不稳}} = \frac{c(Ag^+) \times c(NH_3)^2}{c[Ag(NH_3)_2^+]} = \frac{c(Ag^+) \times (2.0)^2}{0.1} = \frac{1}{1.67 \times 10^7}$$

$$c(Ag^+) = 1.5 \times 10^{-9}\ mol \cdot dm^{-3}$$

而此时 $c(I^-) = 0.1\ mol \cdot dm^{-3}$，所以

$c(Ag^+) \times c(I^-) = 1.5 \times 10^{-9} \times 0.1 = 1.5 \times 10^{-10} > K_{sp}(AgI)$

故有 AgI 沉淀产生。

假定生成的 0.1 mol AgI 沉淀完全溶于 KCN 形成配离子$[Ag(CN)_2]^-$，则

$$AgI + 2CN^- \rightleftharpoons [Ag(CN)_2]^- + I^-$$

平衡浓度/$mol \cdot dm^{-3}$　　y　　0.1　　0.1

$$\frac{c[Ag(CN_2^-)] \times c(I^-)}{c(CN^-)^2} = K_{\text{稳},\ Ag(CN)_2^-} \cdot K_{sp,\ AgI}$$

即

$$\frac{0.1 \times 0.1}{y^2} = (2.48 \times 10^{20}) \times (8.3 \times 10^{-17})$$

$$y = 7.0 \times 10^{-4}\ (mol \cdot dm^{-3})$$

按照解(1)同样的方法，求得 CN^- 的浓度需要：$(0.2 + 7.0 \times 10^{-4})\ mol \cdot dm^{-3}$ 才能使得 0.1 mol 的 AgI 恰好溶解。

上述沉淀反应与配位反应之间的平衡在生产实际和科学实验中均有广泛的应用。例如应该用 $Na_2S_2O_3$ 溶解胶片上未经感光的 AgBr，而不宜用氨水；又如含有$[Ag(S_2O_3)_2]^{3-}$的废定影液，或者含$[Ag(CN)_2]^-$的废电镀液，可以用加 S^{2-} 生成 Ag_2S 沉淀的方法回收其中的银。

3. 配离子之间的转化和平衡

同一溶液中若存在两种能与同一金属离子配位的配体，或存在两种能与同一配体配位的金属离子时，就可能发生配合物之间的转化和平衡。而这种转化，主要取决于两个配合物稳定常数的差别，一般平衡总是向着配合物稳定性较大的方向转化。例如，在血红色$[Fe(NCS)]^{2+}$溶液中加入 NaF，F^- 和 SCN^- 争夺 Fe^{3+}，溶液中存在两个配位平衡：

$$[Fe(NCS)]^{2+} \rightleftharpoons Fe^{3+} + SCN^-$$

$$Fe^{3+} + 6F^- \rightleftharpoons [FeF_6]^{3-}$$

总反应式为：$$[Fe(NCS)]^{2+} + 6F^- \rightleftharpoons [FeF_6]^{3-} + SCN^-$$

平衡常数为：$$K = \frac{c(FeF_6^{3-}) \times c(SCN^-)}{c[Fe(NCS)^{2+}] \times c(F^-)^6} = \frac{K_{\text{稳},\ FeF_6^{3-}}}{K_{\text{稳},\ Fe(NCS)^{2+}}} = \frac{1.1 \times 10^{12}}{9.1 \times 10^2} = 1.2 \times 10^9$$

反应的平衡常数很大，说明反应向右进行的倾向很大，溶液中血红色的$[Fe(NCS)]^{2+}$几乎全部转化为$[FeF_6]^{3-}$了。

4. 对氧化还原反应的影响

配位平衡和氧化还原平衡也可以相互影响。如果我们把金属 Cu 放入含 Hg^{2+} 的盐溶液

中，金属 Hg 就可以被置换：$Cu + Hg^{2+} \longrightarrow Hg + Cu^{2+}$；可金属 Cu 却不能从含 $[Hg(CN)_4]^{2-}$ 的溶液中置换出 Hg。究其原因，是由于 Hg^{2+} 形成 $[Hg(CN)_4]^{2-}$ 后，溶液中 Hg^{2+} 的浓度下降很多，因此其氧化能力也大为降低，这也可从它们的电极电势看出：

$$Hg^{2+} + 2e^- \rightleftharpoons Hg \qquad \varphi^{\ominus} = 0.851\ V$$

$$[Hg(CN)_4]^{2-} + 2e^- \rightleftharpoons Hg + 4CN^- \qquad \varphi^{\ominus} = -0.37\ V$$

视频 配位对电极电势的影响

当简单金属离子形成配离子后，由于其离子浓度降低，使得 $\varphi^{\ominus}$(配离子/金属)$<\varphi^{\ominus}$(金属离子/金属)，因此氧化能力下降。若形成的配离子越稳定，其电极电势就下降得越多。例如：

离子	Cu^+	$CuCl_2^-$	$CuBr_2^-$	CuI_2^-	$Cu(CN)_2^-$
$\lg K_{稳}$		5.5	5.89	8.85	24.0
$\varphi^{\ominus}/V$	0.52	0.20	0.17	0.00	−0.68

因此，配离子的不稳定常数和 $\varphi^{\ominus}$(配离子/金属) 之间就存在一定的关联，可以通过计算相互求算。

【例 10-3】 已知 $\varphi^{\ominus}(Au^+/Au) = 1.692\ V$，$K_{不稳,Au(CN)_2^-} = 5.0 \times 10^{-39}$，求 $\varphi^{\ominus}[Au(CN)_2^-/Au]$。

解： 电极反应：$Au(CN)_2^- \rightleftharpoons Au + 2CN^-$

对于标态，$c(Au[CN]_2^-) = c(CN^-) = 1\ mol \cdot dm^{-3}$

而由平衡：$[Au(CN)_2]^- \rightleftharpoons Au^+ + 2CN^-$

$$K_{不稳,Au(CN)_2^-} = \frac{c(Au^+) \times c(CN^-)^2}{c[Au(CN)_2^-]} = \frac{c(Au^+) \times 1^2}{1} \qquad c(Au^+) = K_{不稳}$$

代入 $Au^+ + e^- \rightleftharpoons Au$ 的能斯特方程，得：

$$\begin{aligned}\varphi(Au^+/Au) &= \varphi^{\ominus}(Au^+/Au) + 0.059\,2\lg[Au^+] \\ &= \varphi^{\ominus}(Au^+/Au) + 0.059\,2\lg K_{不稳} \\ &= 1.692 + 0.059\,2\lg 5.0 \times 10^{-39} = -0.575(V)\end{aligned}$$

此电极电势就是电对 $Au(CN)_2^-/Au$ 的标准电极电势，即

$$\varphi^{\ominus}[Au(CN)_2^-/Au] = \varphi(Au^+/Au) = -0.575\ V$$

由以上结果可知，简单金属离子形成配离子后，电极电势大为下降，氧化能力降低，而金属的还原能力则增强了。因此工业上从矿砂中提取金时，可在氧气的存在下用含 CN^- 的溶液处理矿砂，使金溶解加以富集提取。

§ 10.5 配位化学的应用

随着科学技术的发展，配合物在科学研究与生产领域中显示出越来越重要的作用，配合

物化学不仅成为无机化学的一个重要组成部分，而且它已经渗透到自然科学的各个领域以及一些重要的工业部门，如分析化学、生物化学、有机化学、医学、催化反应，以及染料、电镀、湿法冶金、半导体、原子能等工业中都有密切的联系，在实践和理论上有极为重要的意义。下面举例简要介绍。

1. 湿法冶金中的应用

配合物的形成，对于一些贵金属的提取起着非常重要的作用。一般地，贵金属很难氧化，但有配位剂存在时可以形成配合物而溶解。金、银等贵金属的提取就是基于该原理。先用稀的 NaCN 溶液在空气中处理已粉碎的含金、银的矿砂，使其生成配合物：

$$4M + 8NaCN + 2H_2O + O_2 \longrightarrow 4Na[M(CN)_2] + 4NaOH \quad (M = Au,\ Ag)$$

然后用活泼的还原剂（如 Zn 等）还原，可得单质金或银：

$$2[M(CN)_2]^- + Zn \longrightarrow [Zn(CN)_4]^{2-} + 2M \qquad (M = Au,\ Ag)$$

贵金属铂的提取则是利用王水溶解含铂矿粉，使其转化成氯铂酸 $H_2[PtCl_6]$，再将该酸转化为氯铂酸铵沉淀，分离后高温分解制得海绵状金属铂：

$$3Pt + 18HCl + 4HNO_3 \longrightarrow 3H_2[PtCl_6] + 4NO + 8H_2O$$

$$H_2[PtCl_6] + 2NH_4Cl \longrightarrow (NH_4)_2[PtCl_6]\downarrow + 2HCl$$

$$3(NH_4)_2[PtCl_6] \xrightarrow{800℃} 3Pt + 16HCl + 2NH_4Cl + 2N_2$$

2. 分析化学中的应用

在分析化学中，常应用一些配合物特征的颜色来鉴定某些离子的存在。例如 $[Fe(NCS)_n]^{3-n}$ 呈血红色，$[Cu(NH_3)_4]^{2+}$ 显深蓝色，$[Co(NCS)_4]^{2-}$ 在丙酮溶液中呈蓝色，等等。这些配合物形成时产生的特征颜色常常是定性鉴定有关金属离子的依据。

但是在分析鉴定中，通常会因某种离子的存在而干扰相关离子的鉴定。例如，用 SCN^- 鉴定 Co^{2+} 时，Fe^{3+} 的存在（会生成血红色配离子$[Fe(NCS)_n]^{3-n}$）就会发生干扰反应。此时若在溶液中加入 NaF，由于 Fe^{3+} 和 F^- 可形成更稳定的无色配离子$[FeF_6]^{3-}$，使 Fe^{3+} 不再与 SCN^- 配位，相当于把 Fe^{3+}"掩蔽"起来，避免了对 Co^{2+} 鉴定的干扰。

3. 电镀工业中的应用

许多金属制品，为了防腐、美观，常用电镀法镀上一层 Zn、Cu、Cr、Au 等金属。但电镀时必须控制电镀液中的金属离子以很小的浓度，并使它在作为阴极的金属制品上源源不断地放电沉积，才能得到均匀、致密、附着力好的镀层，因此不能选用简单的金属离子而要用配合物作为电镀液使其很好地达到以上要求。为了得到均匀致密的镀层，电镀工业中曾长期采用含氰配合物电镀液，但是含氰废电解液有毒，易对环境造成污染。近年来，已逐步找到可代替氰化物作配位剂的焦磷酸盐、柠檬酸等，并已逐步建立无毒电镀新工艺。

4. 生物化学中的应用

金属配合物在生物化学中的作用更是不胜枚举。生物体中对各种生化反应起特殊催化作用的各种各样的酶，约有三分之一是复杂的金属配合物。由于酶的催化作用，使得许多目前在实验室无法实现的化学反应，在生物体内却可以实现。

生物体内的各种代谢作用、能量的转换以及氧的输送，也与金属配合物有着密切的关系。例如：植物生长过程中起光合作用的叶绿素是含 Mg^{2+} 的复杂配合物，在血液中起着输送氧的血红素是含 Fe^{2+} 的配合物。

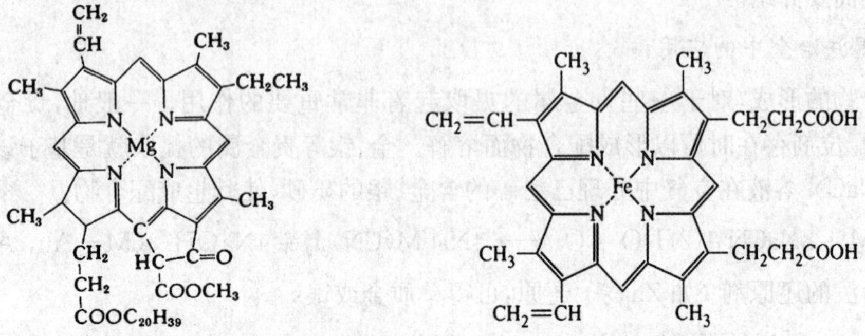

(a) 叶绿素　　(b) 血红素

图 10-15　叶绿素分子结构和血红素结构

另外，人体生长和代谢必需的维生素 B_{12} 是钴的配合物，起免疫等作用的血清蛋白是铜和锌的配合物；植物固氮菌借助于固氮酶将空气中的 N_2 固定并还原为 NH_4^+，而固氮酶是含铁、钼的配合物。目前，世界各国科学家都在致力于这些配合物的组成、结构、性能和有关反应机理的研究，探索某些仿生新工艺，这显然是一个十分重要和备受关注的科学研究领域。

除了以上各领域外，配合物在医药领域也有着重要的作用。例如 *cis*-$[Pt(NH_3)_2Cl_2]$(顺铂)可用作治癌药物；多齿配体 EDTA 已用作 Pb^{2+}、Hg^{2+} 等重金属离子中毒的解毒剂。而且配合物在半导体、激光材料、太阳能储存等高科技领域以及环境保护、印染、鞣革等方面都有实际的应用。配合物的研究与应用，无疑具有广阔的前景。

文献讨论题

［文献］　Renbing Wu, Xukun Qian, Kun Zhou, Hai Liu, Boluo Yadian, Jun Wei, Hongwei Zhu, Yizhong Huang. Highly Dispersed Au Nanoparticles Immobilized on Zr-Based Metal-Organic Frameworks as Heterostructured Catalyst for CO Oxidation. J. Mater. Chem. A, **2013**, 1, 14294-14299.

金属有机骨架化合物(Metal-Organic Frameworks)，简称 MOFs 材料。它是由无机金属中心(金属离子或金属簇)与有机连接体通过自组装相互连接，形成的一类具有周期性网络结构的晶态多孔材料。MOFs 是一种有机一无机杂化材料，也称配位聚合物，它既不同于无机多孔材料，也不同于一般的有机配合物，兼有无机材料的刚性和有机材料的柔性特征，MOFs 具有极高的孔隙率、超大的比表面积、稳定性高、可调节的孔径和形状等特点，近年来受到广泛关注。MOFs 通常具有可变的拓扑结构，可通过改变不同的配体、金属离子或合成策略来调节孔的大小、形状和组成。因此，这些特性使得其在传感、分离、气体和能量储存、催化、药物递送和成像等方面具有潜在的应用前景。

近年来，将 MOFs 材料包覆金属纳米颗粒的研究引起了人们极大的研究兴趣，其作为一种多相催化剂既保留了 MOFs 较高的比表面积、孔容和孔隙度，又能使金属纳米颗粒均匀分散、提高稳定性和使用寿命，还有可能提高其催化活性，因此它已被广泛应用于碳化、氧化、还原等各种重要化学反应。2005 年，Fischer

等人首次提出将Pd负载到MOF-5,随后研究人员分别选用不同的MOFs材料(如MIL-101,ZIF-8和MOF-5等)及不同的金属纳米颗粒(Au、Ag、Ru和Pd等)在该领域开展了大量的研究。2013年,Wu等研究人员基于Zr(IV)基MOFs材料(UIO-66)的优异热稳定性及化学稳定性,把小尺寸的Au纳米粒子(1~3 nm)高度分散在UIO-66的孔道中形成Au@UIO-66,用于CO气体的氧化,获得了很高的催化活性和稳定性。

习题

1. 指出下列配合物的中心离子(或原子)、配位体、配位数、配离子电荷及名称(列表表示):

(1) $[Co(NH_3)_2(en)_2](NO_3)_2$　(2) $[CrCl_2(H_2O)_4]Cl$　(3) $[Co(NH_3)_6]Cl_3$

(4) $H_2[PtCl_6]$　(5) $Fe(CO)_5$　(6) $K_3[Fe(CN)_5(CO)]$

2. 写出下列配合物的化学式,并指出其内界、外界以及单基、多基配位体。

(1) 氯化二氯·水·三氨合钴(Ⅲ)　(2) 二(草酸根)·二氨合钴(Ⅲ)酸钙

(3) 二氯·四硫氰合铬(Ⅲ)酸铵　(4) 三羟·水·乙二胺合铬(Ⅲ)

(5) 六氯合铂(Ⅳ)酸钾

3. 有一配合物,其组成为钴21.4%、氢5.4%、氮25.4%、氧23.2%、硫11.6%、氯13%,该配合物水溶液与$AgNO_3$溶液相遇不生成沉淀,但与$BaCl_2$溶液相遇则生成白色沉淀,它与稀碱无反应。若其相对分子质量为275.5,试写出其结构式。

4. 配位化学创始人维尔纳发现,将等物质的量的黄色的$CrCl_3·6NH_3$、紫红色$CrCl_3·5NH_3$、绿色$CrCl_3·4NH_3$和紫色$CrCl_3·4NH_3$四种配合物溶于水,加入$AgNO_3$,立即沉淀的AgCl分别为3 mol、2 mol、1 mol、1 mol,请根据实验事实推断这些配合物的结构。用电导法可测定电解质在溶液中电离出的离子数,离子数与电导的大小呈正相关性。请预言,这四种配合物的电导之比有什么定量关系?

5. 下面列出一些配合物磁矩的测定值,试判断:下列各配离子的未成对电子数、杂化轨道类型、配合物的空间构型,属价键理论的内轨型还是外轨型、属晶体场理论的高自旋还是低自旋?(列表表示)

(1) $[FeF_6]^{3-}$　5.90 B.M.　(2) $[Co(SCN)_4]^{2-}$　4.3 B.M.

(3) $[Ni(CN)_4]^{2-}$　0 B.M.　(4) $[Co(NH_3)_6]^{3+}$　0 B.M.

(5) $[Co(NH_3)_6]^{2+}$　4.26 B.M.　(6) $[Mn(CN)_6]^{4-}$　1.80 B.M.

6. 下面列出一些配合物磁矩的测量值,按晶体场理论,指出各中心离子d轨道分裂后的d电子排布情况,并求算相应的晶体场稳定化能(列表表示):

(1) $[CoF_6]^{3-}$　5.26 B.M.　(2) $[Fe(CN)_6]^{4-}$　0 B.M.

(3) $[Fe(H_2O)_6]^{2+}$　5.30 B.M.　(4) $[Mn(CN)_6]^{4-}$　1.80 B.M.

7. 已知Cr^{2+}离子的水合热的实验值为$\Delta_h H_m^\ominus = -1\,924.6\ kJ·mol^{-1}$,$[Cr(H_2O)_6]^{2+}$的$\Delta_o = 13\,900\ cm^{-1}$,试计算若无晶体场稳定化能时其水合热应为多少?

8. 理论上欲使1.0×10^{-5} mol的AgI溶于1 cm^3氨水,氨水的最低浓度应达到多少?事实上是否可能达到这种浓度?($K_{稳,Ag(NH_3)_2^+}=1.67\times10^7$,$K_{sp,AgI}=8.3\times10^{-17}$)

9. (1) 在0.10 $mol·dm^{-3}$ $K[Ag(CN)_2]$溶液中,分别加入KCl或KI固体,使Cl^-或I^-的浓度为1.0×10^{-2} $mol·dm^{-3}$,问能否产生AgCl或AgI沉淀?

(2) 如果在0.10 $mol·dm^{-3}$ $K[Ag(CN)_2]$溶液中加入KCN固体,使溶液中自由CN^-的浓度$c(CN^-)=0.10\ mol·dm^{-3}$,然后分别加入KI或$Na_2S$固体,使$I^-$或$S^{2-}$浓度为0.10 $mol·dm^{-3}$,问是否会产生AgI或Ag_2S沉淀?($K_{稳,Ag(CN)_2^-}=2.48\times10^{20}$,$K_{sp,AgCl}=1.8\times10^{-10}$,$K_{sp,AgI}=8.51\times10^{-17}$,$K_{sp,Ag_2S}=$

6.3×10^{-50})

10. 试通过计算说明：为什么在水溶液中 $Co^{3+}(aq)$ 是不稳定的，会被水还原而放出氧气，而+3 氧化态的钴配合物，例如 $[Co(NH_3)_6]^{3+}$，却能在水中稳定存在？($K_{稳,Co(NH_3)_6^{3+}}=1.6\times10^{35}$，$K_{稳,Co(NH_3)_6^{2+}}=1.3\times10^{5}$，$\varphi^{\ominus}(Co^{3+}/Co^{2+})=1.842\,V$，$\varphi^{\ominus}(O_2/H_2O)=1.229\,V$，$\varphi^{\ominus}(O_2/OH^-)=0.401\,V$，$K_b^{\ominus}(NH_3)=1.79\times10^{-5}$)

11. $Na_2S_2O_3$ 是银剂摄影术的定影液，其功能是溶解未经曝光分解的 AgBr。试计算，1.5 L 1.0 mol·dm^{-3} 的 $Na_2S_2O_3$ 溶液最多能溶解多少克 AgBr？($K_{稳,Ag(S_2O_3)_2^{3-}}=2.9\times10^{13}$，$K_{sp,AgBr}=5.0\times10^{-13}$)

12. 通过配离子稳定常数和 Zn^{2+}/Zn 和 Au^+/Au 的电极电势分别计算配离子 $Zn(CN)_4^{2-}/Zn$ 和 $Au(CN)_2^-/Au$ 的电极电势，说明提炼金的反应：$2[Au(CN)_2]^- + Zn \longrightarrow [Zn(CN)_4]^{2-} + 2Au$ 在热力学上是自发的。

13. 在 pH=10 的溶液中需加入多少 NaF 才能阻止 0.10 mol·dm^{-3} 的 Al^{3+} 溶液不生成 $Al(OH)_3$ 沉淀？($K_{稳,AlF_6^{3-}}=6.9\times10^{19}$，$K_{sp,Al(OH)_3}=1.3\times10^{-33}$)

14. 试计算下列反应的平衡常数：

(1) $[Ag(CN)_2]^- + 2NH_3 \rightleftharpoons [Ag(NH_3)_2]^+ + 2CN^-$

(2) $[FeF_6]^{3-} + 6CN^- \rightleftharpoons [Fe(CN)_6]^{3-} + 6F^-$

(3) $Ag_2S + 4CN^- \rightleftharpoons 2[Ag(CN)_2]^- + S^{2-}$

(4) $[Cu(NH_3)_4]^{2+} + S^{2-} \rightleftharpoons CuS + 4NH_3$

15. 已知下列原电池

$$Zn \mid Zn^{2+}(0.010\ mol\cdot dm^{-3}) \parallel Cu^{2+}(0.010\ mol\cdot dm^{-3}) \mid Cu$$

(1) 先向右半电池中通入过量 NH_3，使游离 $c(NH_3)=1.00\ mol\cdot dm^{-3}$，测得电动势 $E_1=0.714\,V$，求 $[Cu(NH_3)_4]^{2+}$ 的 $K_{不稳}$(假定 NH_3 的通入不改变溶液体积)；

(2) 然后向左半边电池中加入过量 Na_2S，使 $c(S^{2-})=1.00\ mol\cdot dm^{-3}$，求算此时原电池的电动势 E_2(已知 $K_{sp,ZnS}=2\times10^{-22}$，假定 Na_2S 的加入也不改变溶液体积)；

(3) 用原电池符号表示经(1)、(2)处理后的新原电池，并标出正、负极；

(4) 写出新原电池的电极反应和电池反应；

(5) 计算新原电池反应的平衡常数 $K^{\ominus}$ 和 $\Delta_r G_m^{\ominus}$。

16. 指出下列配合物中配位单元的空间构型，并画出可能存在的几何异构体？

(1) $[Pt(NH_3)_2(NO_2)Cl]$　(2) $[Pt(Py)(NH_3)ClBr]$　(3) $[Pt(NH_3)_2(OH)_2Cl_2]$

(4) $[CrCl_2(H_2O)_4]Cl\cdot2H_2O$　(5) $[Cr(NH_3)_3(H_2O)_3]Cl_3$　(6) $[Co(en)_3]Cl_3$

(7) $[Co(NH_3)_2(en)_2]Cl_3$　(8) $[Co(NH_3)(en)Cl_3]$

第 11 章　氢和稀有气体

氢是宇宙间所有元素中含量最丰富的元素，估计占所有原子总数的 90%以上。在地球上氢主要以化合态存在。空气中氢的含量极微（仅在高空），但在星际空间含量却很丰富，幼年星体几乎 100%是氢。水、碳氢化合物及所有生物的组织中都含有氢。

§11.1　氢的性质及成键特征

11.1.1　氢的存在

氢是周期系中第一号元素，在所有元素原子中氢原子的结构是最简单的，氢的电子层结构为 $1s^1$。已知氢有三种同位素，其中 ^1_1H（氕，符号 H，音 piě）占其总量的 99.98%，^2_1H（氘，符号 D，音 dāo）占总量的 0.016%，^3_1H（氚，符号 T，音 chuān）占总量的 0.004%。但由于含有的中子数不同，从而引起它们的物理性质和生物性质有所不同。氘的重要性在于它与原子反应堆中的重水有关，并广泛地应用于反应机理的研究和光谱分析。氚的重要性在于和核聚变反应有关，也可用做示踪原子。氢的一些重要性质列于表 11－1 中。

表 11－1　氢的一些重要性质

价层电子构型	$1s^1$	电离能/($kJ\cdot mol^{-1}$)	1 312
氧化数	－1，0，＋1	电子亲和能/($kJ\cdot mol^{-1}$)	－72.8
原于半径/pm	37	电负性	2.20

11.1.2　氢的成键特征

从表 11－1 可看出，氢的电离能并不小（比碱金属几乎大 2～3 倍），电子亲和能代数值也不太小，电负性在元素中处于中间地位，所以氢与非金属和金属都能化合。它的成键方式主要有以下几种情况：

(1) 失去价电子　氢原子失去 1s 电子就成为 H^+，H^+ 实际上是氢原子的核即质子。由于质子的半径为氢原子半径的几万分之一，因此质子具有很强的电场，能使邻近的原子或分子强烈地变形。H^+ 在水溶液中与 H_2O 结合，以水合氢离子（H_3O^+）形式存在。

(2) 结合一个电子　氢原子可以结合一个电子而形成具有氦原子结构（$1s^2$）的 H^-，这是氢和活泼金属相化合形成离子型氢化物时的价键特征。

(3) 形成共价化合物　氢很容易同其他非金属通过共用电子对相结合，形成共价型氢化物。

氢原子还可以形成一些特殊的键型：单电子σ键（如 H_2^+）、三中心二电子键（如 H_3^+）、氢桥键（如 B—H—B）、金属型氢化物（如 VH_2）等。

从氢的原子结构和成键特征来看，氢在周期表中的位置是不易确定的。氢与ⅠA族、ⅦA族元素相比在性质上有所不同，但考虑氢原子失去一个电子后变成 H^+，与碱金属相似，因此有人将氢归入ⅠA族中；如考虑氢原子得到一个电子后变成 H^-，与卤素相似，所以也有人将氢归入ⅦA族中。可见，氢的化学性质有其特殊性。

11.1.3 氢的性质和用途

氢气的主要物理性质列入表 11-2 中。

表 11-2 氢气的主要物理性质

熔点/℃	−259.23	熔化热/($J\cdot mol^{-1}$)	117.15
沸点/℃	−252.77	汽化热/($J\cdot mol^{-1}$)	903.74
气体密度($g\cdot cm^{-3}$)	8.988×10^{-5}（为空气的 1/4）	热导率/($W\cdot m^{-1}\cdot K^{-1}$)	0.187（为空气的 5 倍）

氢气是无色、无臭、无味的气体，是所有气体中最轻的。因此，可用以填充气球。氢气球可以携带仪器作高空探测。在农业上，使用氢气球携带干冰、碘化银等试剂在云层中喷撒，可进行人工降雨。

氢的扩散性最好，导热性强。由于氢分子之间引力小，致使固态氢熔点、液态氢沸点极低（可利用液态氢获得低温），很难液化。通常是将氢压缩在钢瓶中以供使用。若用液态空气将氢气冷却、压缩，使其膨胀，可将氢气液化。液氢是重要的高能燃料，美国宇宙航天飞机和我国"长征"三号火箭所用燃料均为液氢。同时液氢还是超低温制冷剂，可将除氦外的所有气体冷冻成固体。在减压情况下，使液氢蒸发、凝固，可得固态氢（11 K 时密度为 0.070 8 $g\cdot cm^{-3}$）。另外，早在 20 世纪 70 年代已有关于在 20 K、2.8×10^3 kPa 条件下制得金属氢（密度为 1.3 $g\cdot cm^{-3}$）的报道，揭示了金属元素与非金属元素之间并无不可逾越的界限。

氢在水中的溶解度很小，其溶解度为 19.9 $mL\cdot L^{-1}$，但它却能大量溶解于镍、钯、铂等金属中。若在真空中把溶有氢气的金属加热，氢气即可放出。利用这种性质可以获得极纯的氢气。

氢分子在常温下不活泼。由于氢原子半径特别小，又无内层电子，因而氢分子中共用电子对直接受核的作用，形成的σ键相当牢固，故 H_2 的解离能相当大：

$$H_2 \longrightarrow 2H\cdot \quad D^{\ominus}=436\ kJ\cdot mol^{-1}$$

相反，当已解离的氢原子重新结合为氢分子时，将放出同样多的热量，利用这种性质可以设计能获得 3 500 ℃高温的原子氢吹管，用以熔化最难熔的金属（如 W、Ta 等）。

氢气可在氧气或空气中燃烧，得到的氢氧焰温度可高达 3 000 ℃，适用于金属切割或焊接。其反应为：

$$H_2+\frac{1}{2}O_2 = H_2O(l) \quad \Delta_r H_m^{\ominus}=-285.830\ kJ\cdot mol^{-1}$$

在点燃氢气或加热氢气时，必须确保氢气的纯净，以免发生爆炸事故。使用氢气的厂房要严禁烟火，加强通风。

加热时，氢气可与许多金属或非金属反应，形成各类氢化物。

在高温下，氢可以从氧化物或氯化物中夺取氧或氯，将某些金属或非金属还原出来。电子工业需要的高纯钨和硅就是用这种方法制取的：

$$WO_3 + 3H_2 \xlongequal{\text{高温}} W + 3H_2O$$

$$SiHCl_3 + H_2 \xlongequal{\text{高温}} Si + 3HCl\uparrow$$

高温下(如 2 000 K 以上)，氢分子可分解为原子氢。太阳中原子氢电离，质子与电子形成等离子态的氢。原子氢比分子氢性质活泼得多，能在常温下将铜、铁、铋、汞、银等的氧化物或氯化物还原为金属，又能直接与硫作用生成硫化氢：

$$2H + CuCl_2 \xlongequal{} Cu + 2HCl$$

$$2H + S \xlongequal{} H_2S$$

氢气是化学和其他工业的重要原料。据估计，目前世界氢气的年产量大致为 10^{11}～$10^{12}\,m^3$，主要用于化学、冶金、电子、建材和航天等工业。

11.1.4　氢气的制备

实验室中通常是用锌与盐酸或稀硫酸作用制取氢气：

$$Zn + 2H^+ \xlongequal{} Zn^{2+} + H_2\uparrow$$

军事上使用的信号气球和气象气球所充的氢气，常用离子型氢化物和水反应来制取：

$$CaH_2 + 2H_2O \xlongequal{} Ca(OH)_2 + 2H_2\uparrow$$

由于 CaH_2 便于携带，而水又易得，所以此法很适用于野外作业制氢。

氢的工业制法主要有：

1. 水煤气法

天然气(主要成分为 CH_4)或焦炭与水蒸气作用，可以得到水煤气(CO 和 H_2 的混合气)：

$$CH_4 + H_2O \xrightarrow[\text{Ni-Co 催化剂}]{700\ ℃ \sim 870\ ℃} CO + 3H_2$$

$$C + H_2O \xlongequal{1\,000\ ℃} CO + H_2$$

将水煤气再与水蒸气反应，在铁铬催化剂的存在下，变成二氧化碳和氢的混合气：

$$CO + 2H_2 + H_2O \xlongequal{\text{催化剂}} CO_2 + 3H_2$$

除去 CO_2 后可以得到比较纯的氢气。这是一种较廉价的生产氢气的方法，是目前工业用 H_2 的主要来源。

2. 电解法

用直流电电解 15%～20%氢氧化钠溶液，在阴极上放出氢气，在阳极上放出氧气：

阴极： $2H^+ + 2e^- \longrightarrow H_2\uparrow$

阳极： $4OH^- - 4e^- \longrightarrow 2H_2O + O_2\uparrow$

阴极上产生的氢气纯度为99.5%～99.9%。此法电耗大，生产每千克 H_2 耗电50～60千瓦时。另外，电解食盐溶液制备NaOH时，氢气是重要的副产品。由于电解法制得的氢气比较纯净，所以工业上氢化反应用的氢常通过电解法制得。但该法的电解质为碱性物质，腐蚀性强，电解槽须经常维修，使用不便，效率低。20世纪60年代，美国通用电气公司研制成用固体聚合物电解质电解制氢，其电解质为氟磺酸聚合物薄膜。继美国之后，英国、法国、日本等国也陆续展开这方面的研究。

据统计，目前世界上的氢气约有96%的产量是由天然气、煤、石油等矿物燃料转化生产的，电解法制氢因耗电大、成本高，只占4%。近年来，利用太阳能用光化学催化分解水制氢的研究得到较大的进展。此外，科学工作者还发现，某些微生物具有产生氢的本领，如1 g葡萄糖在使用一种芽孢杆菌发酵时，可产生0.25 L氢气，因而探讨微生物产生氢气的原理及如何提高微生物产氢的能力是目前的一个研究课题。等离子体化学法制氢的研究目前极为引人注目，一旦工艺成熟，将成为工业制氢的重要途径之一。

§11.2 氢化物分类

氢几乎能和除稀有气体外的所有元素结合，生成不同类型的二元化合物，这些化合物一般统称为氢化物。但严格来说，氢化物是专指含 H^- 的化合物，而非金属氢化物则应称为“某化氢”，如氯与氢化合为氯化氢(HCl)。

氢化物按其结构与性质的不同可大致分为三类：离子型、金属型以及共价型氢化物。某种元素的氢化物属于哪一类型，与元素的电负性大小有关，因而也与元素在周期表中的位置有关(如表11-3所示)。

表11-3 氢化物类型

Li	Be											B	C	N	O	F
Na	Mg											Al	Si	P	S	Cl
K	Ca	Sc	Ti	V	Cr	Mn	Fe	Co	Ni	Cu	Zn	Ga	Ge	As	Se	Br
Rb	Sr	Y	Zr	Nb	Mo	Tc	Ru	Rh	Pd	Ag	Cd	In	Sn	Sb	Te	I
Cs	Ba	La	Hf	Ta	W	Re	Os	Ir	Pt	Au	Hg	Tl	Pb	Bi	Po	At
离子型氢化物		金属型氢化物										共价型氢化物				

11.2.1 离子型氢化物

碱金属和碱土金属(铍、镁除外)在加热时能与氢直接化合，生成离子型氢化物：

$$2M + H_2 \longrightarrow 2MH \quad (M代表碱金属)$$

$$M + H_2 \xlongequal{} MH_2 \quad (\text{M 代表 Ca、Sr、Ba})$$

所有纯的离子型氢化物都是白色晶体，不纯的通常为浅灰色至黑色，其性质类似盐，又称为类盐型氢化物。

这类氢化物具有离子化合物特征，如熔点、沸点较高，熔融时能够导电等。其密度都比相应的金属的密度大得多（例如 K 的密度是 0.86 g·cm^{-3}，而 KH 的密度为 1.43 g·cm^{-3}）。

离子型氢化物在受热时可以分解为氢气和游离金属：

$$2MH \xlongequal{\triangle} 2M + H_2\uparrow$$

$$MH_2 \xlongequal{\triangle} M + H_2\uparrow$$

离子型氢化物易与水反应而产生氢气，例如：

$$MH + H_2O \xlongequal{} MOH + H_2\uparrow$$

这是 H^- 与水电离出的 H^+ 结合成为 H_2 的缘故。

离子型氢化物都是极强的还原剂，$E^\ominus(H_2/H^-) = -2.23$ V。例如，在 400 ℃时，NaH 可以自 $TiCl_4$ 中还原出金属钛：

$$TiCl_4 + 4NaH \xlongequal{} Ti + 4NaCl + 2H_2\uparrow$$

H^- 能在非极性溶剂中同 B^{3+}、Al^{3+}、Ga^{3+} 等结合成复合氢化物（配合物型氢化物），如氢化铝锂的生成：

$$4LiH + AlCl_3 \xlongequal{\text{乙醚}} Li[AlH_4] + 3LiCl$$

这类化合物包括 $Na[BH_4]$、$Li[AlH_4]$等，其中 $Li[AlH_4]$是重要的还原剂。

氢化铝锂在干燥空气中较稳定，遇水则发生猛烈的反应：

$$Li[AlH_4] + 4H_2O \xlongequal{} LiOH\downarrow + Al(OH)_3\downarrow + 4H_2\uparrow$$

最有实用价值的离子型氢化物是 CaH_2、LiH 和 NaH。由于 CaH_2 反应性能最弱（较安全），在工业规模的还原反应中用作氢气源，制备硼、钛、钒和其他单质，而且也可用作微量水的干燥剂。$Li[AlH_4]$在有机合成工业中用于有机官能团的还原，例如将醛、酮、羧酸等还原为醇，将硝基还原为氨基等，在高分子化学工业中作某些高分子聚合反应的引发剂。在其他化学工业中和科学研究中都有广泛的应用。

11.2.2　金属型氢化物

周期系中 d 区和 ds 区元素几乎都能形成金属型氢化物。过去曾认为金属氢化物是氢在金属中的固溶体，或认为氢原子填充在晶格空隙中，但现已弄明白，除氢化钯（$PdH_{0.8}$）以及少数 La、Ac 系的 MH_2 外，多数的金属氢化物有明确的物相，其结构与原金属完全不同。在过渡金属氢化物中，氢以三种形式存在：① 氢以原子状态存在于金属晶格中；② 氢的价电子进入氢化物导带中，本身以 H^+ 形式存在；③ 氢从氢化物导带中得到一个电子，以 H^- 形式存在。

某些过渡金属具有可逆吸收和释放氢气的特性，例如：

$$2Pd + H_2 \underset{放氢}{\overset{吸氢}{\rightleftharpoons}} 2PdH \quad \Delta_r H_m^{\ominus} < 0$$

室温下，1 体积钯可吸收多达近 900 体积氢。在减压下加热，又可以把吸收的氢气完全释放出来。利用上述反应，这类金属氢化物可作储氢材料。

11.2.3 分子型氢化物

周期表中的绝大多数 p 区元素与氢可形成共价型氢化物。这类氢化物在固态时大多数属于分子晶体，因此也称之为分子型氢化物。

共价型氢化物可用通式 $RH_{(8-n)}$ 表示（R 表示ⅣA～ⅦA 族某元素，n 代表该元素所在族号），其几何构型与对应的氢化物如表 11－4 所示。

表 11－4 ⅣA～ⅦA 族元素氢化物的几何构型

$RH_{(8-n)}$	RH_4	RH_3	RH_2	RH
空间构型	正四面体	三角锥形	V 形	直线形
R	C	N	O	F
	Si	P	S	Cl
	Ge	As	Se	Br
	Sn	Sb	Te	I
	Pb	Bi	Po	—

共价型氢化物大多数是无色的，熔点和沸点较低，在常温下除 H_2O、BiH_3 为液体外，其余均为气体。共价型氢化物的物理性质有很多相似之处，而其化学性质则有显著的差异。F、O、N 的氢化物能稳定存在，Ge、Br 也能形成稳定的氢化物；At、Po 及 Pb 的氢化物非常不稳定或不存在；GaH_3 的稳定性最差。PH_3、AsH_3、SbH_3 气体的毒性较大。这将在以后各有关章节中介绍。

§11.3 稀有气体概述

稀有气体元素指氦（音 hài）、氖（音 nǎi）、氩（音 yà）、氪（音 kè）、氙（音 xiān）、氡（音 dōng）以及不久前发现的 Uuo 等 7 种元素，又因为它们在元素周期表上位于最右侧的零族，因此亦称零族元素。稀有气体单质都是由单个原子构成的分子组成的，所以其固态时都是分子晶体。

11.3.1 稀有气体的存在与发现

稀有气体中首先被发现的是氦。1868 年天文学家在观察日全食时，发现太阳光谱上有一条当时地球上尚未发现的橙黄色谱线。这条谱线不属于任何已知元素。英国天文学家洛基尔(J.N.Lockyer)和英国化学家弗兰克兰(S. E.Frankland)认为这条橙黄色谱线对应于太阳外围气氛中的一种新的元素，并称之为氦（Helium，希腊文原意是“太阳”）。1895 年英国化学家拉姆齐（W. Ramsay）在铀钍砂石放出的气体中看到了这条谱线，在地球上第一次找到氦。1894 年以前,人们一直认为空气只是氮气和氧气的混合物。1894 年英国物理学家雷利(J.W.Rayleigh)和拉姆齐发现,从空气中除去氧以后制得氮的密度为 1.257 2 g·L^{-1},而从化合物制得的氮的密度为 1.250 2 g·L^{-1},两者差异是由于空气中尚有某种比氮更重的未知气体造成的,此种气体能产生自己特有的发射光谱,而被确定是一种新的元素。这种元素因其惰性而被命名为氩(Argon,希腊文表示"懒"的意思)。

氦、氩发现后,由于它们性质很相似,而和周期系中已发现的元素差异很大,拉姆齐认为应属于周期系中新的一族,因而还应该有性质类似的新元素存在。1898 年拉姆齐又从液态空气中分离出和氩性质相似的三种元素:氖(Heon)、氪(Krypton)、氙(Xenon)。1900 年多恩(F.E.Dorn)在放射性镭的蜕变产物中发现了氡(Radon),至此,稀有气体氦、氖、氩、氪、氙、氡全部被发现,构成了周期系中的零族元素。

稀有气体的主要来源是空气,此外,氦也存在于某些天然气中,氡是某些放射性元素的蜕变产物。

11.3.2 稀有气体的结构、性质、制备和应用

稀有气体的价层电子构型是稳定的 8 电子构型(氦为 2 电子),电离能较大,难以形成电子转移型的化合物;稀有气体原子中没有不成对电子,若不拆开它的成对电子,则不能形成共价键。所以稀有气体在一般条件下不具备化学活性,因而在 1962 年前一直将稀有气体称为"惰性气体",这些气体在自然界中以原子的形式存在。

稀有气体原子间存在着微弱的色散力,其作用力随着原子序数的增加而增大。因而稀有气体的物理性质如熔点、沸点、临界温度、溶解度等也随着原子序数的增加而递增。

稀有气体的很多用途是基于这些元素的化学惰性和它们的一些物理性质。稀有气体最初是在光学上获得广泛的应用,近年来又逐步扩展到冶炼、医学以及一些重要工业部门。

1. 氦

除氢以外,氦是最轻的气体,常用它取代氢气充填气球和气艇。氦在血液中的溶解度比氮小得多,利用氦和氧的混合物制成"人造空气"供潜水员呼吸,以防止潜水员出水时,由于压力骤然下降使原来溶在血液中的氮气逸出,阻塞血管而得"潜水病"。另外,氦的密度、黏度均小,对呼吸困难者,使用氦-氧混合呼吸气有助于吸氧、排出 CO_2。所有物质中,氦的沸点(4.2 K)最低,广泛用作超低温研究中的制冷剂。氦还适合作为低温温度计的填充气体。氦在电弧焊接中作惰性保护气体。

2. 氖和氩

当电流通过充氖的灯管时,能产生鲜艳的红光,充氩则产生蓝光,所以氖和氩常用于霓虹灯、灯塔等照明工程。氩的导电性和导热性都很小,可用氩和氮的混合气体来充填灯泡。液氖可用作冷冻剂(制冷温度 25 K~40 K)。氩也常用作保护气体。

3. 氪和氙

氪和氙用于制造特种光源。在高效灯泡中常充填氪。氙有极高的发光强度,可用以填充光电管和闪光灯。这种氙灯放电强度大、光线强,有"小太阳"之称。80%的氙与 20%的氧气混合使用,可作为无副作用的麻醉剂,用于外科手术。此外,氪和氙的同位素在医学上用

于测量脑血流量和研究肺功能,计算胰岛素分泌量等。

4. 氡

氡是核动力工厂和自然界 U 和 Th 放射性聚变的产物,在医学上用于恶性肿瘤的放射性治疗。

§11.4 稀有气体的化合物

稀有气体由于具有稳定的电子层结构,过去很长时间人们一直认为这些气体的化学性质是"惰性"的,不会发生化学反应,因此在化学键理论中,曾经把"稳定的八隅体"作为化合成键的一种趋势。这种简单的价键概念对稀有气体化合物的合成起了一定的阻碍作用。1962 年以后,稀有气体的某些化合物被合成出来,从此"惰性气体"的名称才被"稀有气体"所代替。

第一个稀有气体化合物是 $Xe^+[PtF_6]^-$(六氟合铂(V)酸氙),于 1962 年被英国化学家 N.Bartlett 合成得到:

$$Xe + PtF_6 = Xe^+[PtF_6]^-$$

不久,人们利用相似的方法又合成了 $XeRuF_6$ 和 $XeRhF_6$ 等。至今已制成稀有气体化合物数百种,如卤化物(主要是氟化物,氯化物很少,溴化物还不能用化学方法制得)、氧化物、氟氧化物、配合物和含氧酸盐等。

11.4.1 稀有气体的氟化物

目前已知的氟化物有 XeF_2、XeF_4、XeF_6 三种。它们均可由氙与氟直接反应制得。例如在密闭的镍容器内,将氙和氟加热到高于 250 ℃时,依氟的用量不同,可分别制得 XeF_2、XeF_4、XeF_6:

$$Xe + F_2 = XeF_2$$
$$Xe + 2F_2 = XeF_4$$
$$Xe + 3F_2 = XeF_6$$

1. XeF_2

二氟化氙是无色晶体,Xe 原子以 sp^3d 杂化轨道成键,分子为直线形分子。有升华性,三相点为 129.03 ℃。可以在镍制或蒙乃尔合金的容器中存放。水溶液有刺激气味。

(1) 与水作用

XeF_2 可溶于水,在稀酸中缓慢水解,碱性溶液中迅速水解。

$$2XeF_2 + 4OH^- = 2Xe + O_2 + 4F^- + 2H_2O$$

(2) 作强氧化剂

XeF_2 为强氧化剂,可将 Br(V)氧化成 Br(Ⅶ),还能把 Cl^- 氧化成 Cl_2,I^- 氧化成 I_2,Ce(Ⅲ)氧化成 Ce(Ⅳ),Co(Ⅱ)氧化成 Co(Ⅲ),Pt 氧化成 Pt(Ⅳ)等。

$$XeF_2 + 2Cl^- \longrightarrow 2F^- + Xe + Cl_2$$

$$XeF_2 + H_2 \longrightarrow 2HF + Xe$$

$$XeF_2 + H_2O_2 \longrightarrow Xe + O_2 + 2HF$$

$$NaBrO_3 + XeF_2 + H_2O \longrightarrow NaBrO_4 + 2HF + Xe$$

(3) 氟化反应

XeF_2 是优良且温和的氟化剂，能将许多化合物氟化。

$$XeF_2 + IF_5 \longrightarrow IF_7 + Xe$$

(4) 形成配合物

XeF_2 能与共价的氟化物形成配合物。如与 PF_5、AsF_5、SbF_5 和过渡金属氟化物 NbF_5、TaF_5、RuF_5、OsF_5、RbF_5、IrF_5 及 PtF_5 等。

$$XeF_2 + 2SbF_5 \longrightarrow [XeF][Sb_2F_{11}]$$

2. XeF_4

四氟化氙是无色晶体，分子构型为平面四方形，熔点 117 ℃。

(1) 与水作用

XeF_4 遇水会猛烈地水解并发生歧化反应：

$$6XeF_4 + 12H_2O \longrightarrow 2XeO_3 + 4Xe + 3O_2 + 24HF$$

(2) 作强氧化剂

XeF_4 为强氧化剂，氧化能力比 XeF_2 更强，可把 Pt 氧化成 Pt(Ⅳ)等。

$$XeF_4 + Pt \longrightarrow PtF_4 + Xe$$

(3) 氟化反应

XeF_4 可作氟化剂，氟化能力大于 XeF_2：

$$XeF_4 + 2CF_3CF{=}CF_2 \longrightarrow 2CF_3CF_2CF_3 + Xe$$

$$XeF_4 + 2SF_4 \longrightarrow 2SF_6 + Xe$$

(4) 形成配合物

XeF_4 仅同 PF_5、AsF_5 和 SbF_5 反应生成少数配合物：

$$XeF_4 + 2SbF_5 \longrightarrow [XeF_3][Sb_2F_{11}]$$

3. XeF_6

六氟化氙是无色晶体，熔点 49.5 ℃。Xe 原子以 sp^3d^3 杂化轨道成键，分子构型为变形八面体。

(1) 与水作用

XeF_6 也能猛烈地与水反应，完全水解时得到 XeO_3：

$$XeF_6 + 3H_2O \longrightarrow XeO_3 + 6HF$$

不完全水解时生成一种无色的液体 $XeOF_4$：

$$XeF_6 + H_2O \longrightarrow XeOF_4 + 2HF$$

(2) 作强氧化剂

XeF_6 为强氧化剂，反应活性比二氟化氙和四氟化氙更强。从它们分别与氢的反应条件即可知反应活性的差异(与二氟化氙反应温度为 397 ℃，与四氟化氙为 127 ℃，与六氟化氙为 27 ℃)。

$$XeF_6 + 3H_2 = Xe + 6HF$$

(3) 氟化反应

XeF_6 为氟化剂，且氟化能力：$XeF_6 > XeF_4 > XeF_2$。

$$XeF_6 + C_6H_6 \longrightarrow C_6H_5F + HF + Xe$$

$$2XeF_6 + 3SiO_2 = 2XeO_3 + 3SiF_4$$

产物 XeO_3 具有爆炸性，所以不宜将 XeF_6 贮放在玻璃或石英容器中。

(4) 形成配合物

XeF_6 可以起氟给予体的作用而生成配合物，如 $XeF_6 \cdot BF_3$、$XeF_6 \cdot GeF_4$、$XeF_6 \cdot 2GeF_4$、$XeF_6 \cdot 4SnF_4$、$XeF_6 \cdot AsF_5$、$XeF_6 \cdot SbF_5$。XeF_6 还可起氟接受体的作用，与 RbF 和 CsF 反应：

$$XeF_6 + RbF = Rb[XeF_7]$$

XeF_6 也能与 XeO_3 反应生成氟氧化氙：

$$2XeF_6 + XeO_3 = 3XeOF_4$$

11.4.2 稀有气体的氧化物

目前已知的氧化物有 XeO_3 和 XeO_4。它们尚不能直接由氙和氧合成，只能由氟化氙转化而得。

1. XeO_3

XeO_3 是一种易潮解和易爆炸的化合物。它在酸性溶液中的氧化能力较强，能将 Cl^- 氧化为 Cl_2，I^- 氧化成 I_2，Mn 氧化成 MnO_2(或 MnO_4^-)，它还能使醇和羧酸氧化为水和 CO_2。

$$5XeO_3 + 6MnSO_4 + 9H_2O = 6HMnO_4 + 5Xe + 6H_2SO_4$$

在水中，XeO_3 主要以分子形式存在，但是在碱性溶液中，主要是 $HXeO_4$ 形式，与 XeO_3 处于平衡状态：

$$XeO_3 + OH^- \rightleftharpoons HXeO_4$$

2. XeO_4

四氧化氙是一种热稳定性极差的易爆炸的无色液体，低温下的 XeO_4 为黄色固体，也极不稳定，在 −40 ℃也会爆炸。XeO_4 的氧化性比 XeO_3 更强。

3. $XeOF_4$

$XeOF_4$ 是无色透明液体，可长期储存在镍容器中，它可进一步水解为 XeO_3：

$$XeOF_4 + H_2O = XeO_2F_2 + 2HF$$

$$XeO_2F_2 + H_2O = XeO_3 + 2HF$$

$XeOF_4$ 可被过量的 H_2 定量还原而用于分析：

$$XeOF_4 + 3H_2 \longrightarrow Xe + H_2O + 4HF\ (300\ ℃)$$

11.4.3　稀有气体化合物的应用

稀有气体化合物的合成，不仅有重大的理论意义，而且开辟了许多应用领域。例如，在^{235}铀作核燃料的原子反应堆中，可以利用氟化的办法。使氪和氙转为固态的氟化氪和氟化氙，并利用它们氟化能力的不同，将它们作进一步的分离。在铀矿的开采中，氡是一种有害的强放射性气体，也可以通过氟化处理而消除。在精炼合金时，加入固体的二氟化氙、四氟化氙有助于除去金属或合金中所含的气体和非金属夹杂物。宇航飞行器从外层空间返回地球时，外壳与大气摩擦产生高温，稀有气体的氟化物可作为猝灭消融剂吸热降温，结合等离子体火焰中的电子而使其猝灭，防止飞行器熔化。三氧化氙和四氧化氙对震动、加热都极为敏感，在潮湿的空气中有很强的爆炸力，人们试图探讨将它们用作火箭推进剂的可能性。稀有气体卤化物还可以作为大功率激光器的工作物质。例如，一氟化氙激光器可发射出波长为 351.1 nm 和 353.1 nm 的激光束等。

文献讨论题

［文献］Eberle U，Felderhoff M，Schüth F. Chemical and physical solutions for hydrogen storage. *Angew.Chem.*，*Int.Ed.*，**2009**，48(36)，6 608—6 630.

氢能源在未来的能源体系中具有良好的应用前景。因其具有资源丰富、热值高、干净、无毒、无污染、输送方便、应用广、适应性强等优点而成为备受青睐的二次能源。然而，氢气的储存却是一个巨大的挑战，尤其是诸如应用于汽车的质子交换膜燃料电池中更是如此。储氢的方法有多种，有物理方法如高压储氢、低温液态储氢、吸附储存于高表面积的吸附剂储氢；化学方法如金属储氢、复合氢化物储氢、存储于硼烷中等。对于这些化学储氢方法，可采用逆操作或非车载水解的方法释放出氢，通过重整液态含氢化合物的方法产生氢气也是可行的手段。各种不同的储氢方法有各自不同特点，通过阅读上述文献，比较各种不同的储氢方法的优缺点。

习　题

1. 氢作为能源，其优点是什么？目前开发中的困难是什么？

2. 按室温和常压下的状态（气态、液态、固态）将下列化合物分类，哪一种固体可能是电的良导体？

$$BeH_2；SiH_4；NH_3；AsH_3；PdH_{0.9}；HI$$

3. 试述从空气中分离稀有气体和从混合稀有气体中分离各组分的依据和方法。

4. 试说明稀有气体的熔点、沸点、密度等性质的变化趋势和原因。

5. 你会选择哪种稀有气体？

(1) 温度最低的液体冷冻剂；

(2) 电离能最低、安全的放电光源；

(3) 最廉价的惰性气体。

6. 给出与下列物种具有相同结构的稀有气体化合物的化学式并指出其空间构型：

(1) ICl_4^-　(2) IBr_2^-　(3) BrO_3^-　(4) ClF

7. 用化学方程式表达下列化合物的合成方法(包括反应条件)：

(1) XeF_2　(2) XeF_6　(3) XeO_3

8. 完成下列反应方程式：

(1) $XeF_2 + H_2O \longrightarrow$

(2) $XeF_4 + H_2O \longrightarrow$

(3) $XeF_6 + H_2O \longrightarrow$

(4) $XeF_4 + H_2 \longrightarrow$

(5) $XeF_4 + Hg \longrightarrow$

(6) $XeF_4 + Xe \longrightarrow$

第 12 章　卤族元素

§12.1　卤族通性

12.1.1　卤素的存在

卤族元素简称卤素，是周期系第Ⅶ族元素：氟(F 音 fú)、氯(Cl 音 lǜ)、溴(Br 音 xiù)、碘(I 音 diǎn)、砹(At 音 ài)的总称。卤素的希腊文原意为成盐元素。在自然界，氟主要以萤石(CaF_2)和冰晶石(Na_3AlF_6)等矿物存在，氯、溴、碘主要以钠、钾、钙、镁的无机盐形式存在于海水中，海藻是碘的重要来源，砹为放射性元素，仅以微量且短暂地存在于铀和钍的蜕变产物中。

12.1.2　卤族元素的基本性质

有关卤族元素的一些基本性质列于表 12－1 中。

表 12－1　卤族元素的基本性质

元素	氟(F)	氯(Cl)	溴(Br)	碘(I)
原子序数	9	17	35	53
价层电子构型	$2s^2 2p^5$	$3s^2 3p^5$	$4s^2 4p^5$	$5s^2 5p^5$
主要氧化数	−1、0	−1、0、+1、+3、+5、+7	−1、0、+1、+3、+5、+7	−1、0、+1、+3、+5、+7
原子半径/pm	64	99	114	133
第一电离能 I_1 /(kJ·mol^{-1})	1 681	1 251	1 140	1 008
电子亲和能 E_{A1} /(kJ·mol^{-1})	−327.9	−349	−324.7	−295.1
电负性	4.0	3.0	2.8	2.5

卤素原子的价层电子构型为 ns^2np^5，与稳定的 8 电子构型 ns^2np^6 比较，仅缺少一个电子；核电荷是同周期元素中最多的(稀有气体除外)，原子半径是同周期元素中最小的，故它们最容易获得电子。卤素和同周期元素相比较，其非金属性是最强的。在本族内自上往下电负性逐渐减小，因而从氟到碘非金属性依次减弱。

从表 12－1 数据看，卤素原子的第一电离能都很大，这决定了卤素原子在化学变化中要失去电子成为阳离子是困难的。事实上在卤素中只有电离能最小、半径最大的碘才有这种可能。例如可以形成碘盐 $I(CH_3COO)_3$、$I(ClO_4)_3$ 等。

卤素在化合物中最常见的氧化数为 -1。由于氟的电负性最大,所以不可能表现出正氧化数。其他卤族元素,如与电负性较大的元素化合(例如形成卤素的含氧酸及其盐或卤素互化物),可以表现出正氧化数:$+1$、$+3$、$+5$ 和 $+7$,而且相邻氧化数之间的差数均为 2,这是由于卤素原子的价层电子排布为 ns^2np^5,其中 6 个电子已成对,一个电子未成对,所以当参加反应时,先是未成对的电子参与成键,以后每拆开一对电子就可多形成两个共价键。

氟与有多种氧化数的元素化合时,该元素往往可以呈现最高氧化数,例如 AsF_5、SF_6 和 IF_7 等。这是由于氟原子半径小,空间位阻不大,因此中心原子的周围可以容纳较多的氟原子,而对氯、溴、碘原子则较为困难。

12.1.3 卤素电势图

卤素电势图如下:

1. 酸性溶液中 $\varphi_A^\ominus/V$

(1)

$$ClO_4^- \xrightarrow{1.19} ClO_3^- \xrightarrow{1.21} HClO_2 \xrightarrow{1.645} HClO \xrightarrow{1.63} Cl_2 \xrightarrow{1.358\,3} Cl^-$$

(上:1.47,下:1.49,1.45)

(2)

$$BrO_4^- \xrightarrow{1.76} BrO_3^- \xrightarrow{1.49} HBrO \xrightarrow{1.60} Br_2 \xrightarrow{1.087} Br^-$$

(上:1.51,下:1.44)

(3)

$$H_5IO_6 \xrightarrow{1.70} IO_3^- \xrightarrow{1.14} HIO \xrightarrow{1.45} I_2 \xrightarrow{0.535} I^-$$

(上:1.085,下:1.195)

2. 碱性溶液中 $\varphi_B^\ominus/V$

(1)

$$ClO_4^- \xrightarrow{0.36} ClO_3^- \xrightarrow{0.35} ClO_2^- \xrightarrow{0.66} ClO^- \xrightarrow{0.40} Cl_2 \xrightarrow{1.36} Cl^-$$

(上:0.47,下:0.62)

(2)

$$BrO_4^- \xrightarrow{0.93} BrO_3^- \xrightarrow{0.54} BrO^- \xrightarrow{0.355} Br_2 \xrightarrow{1.07} Br^-$$

(下:0.52)

(3)

$$H_5IO_6^{2-} \xrightarrow{0.70} IO_3^- \xrightarrow{0.145} IO^- \xrightarrow{0.45} I_2 \xrightarrow{0.535} I^-$$

(下:0.326)

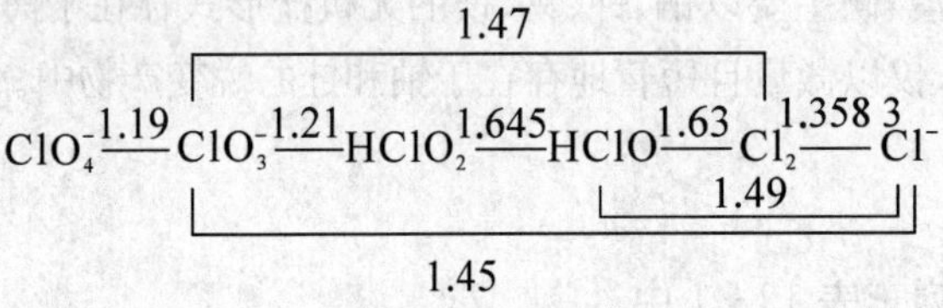

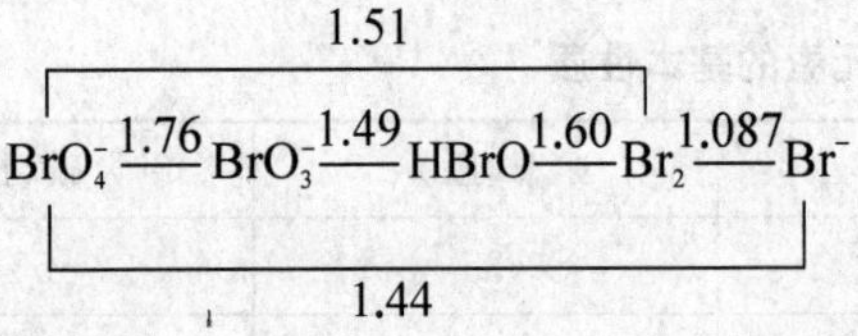

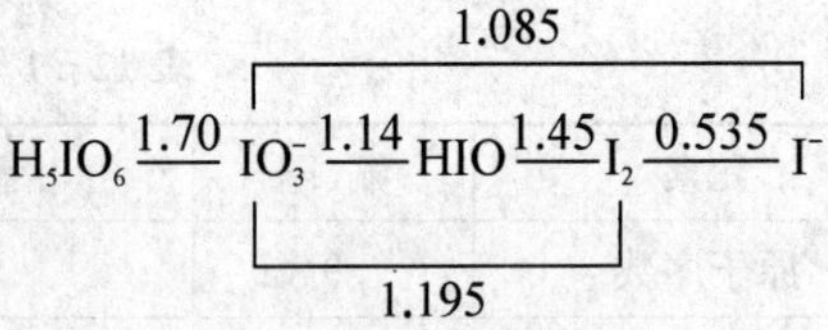

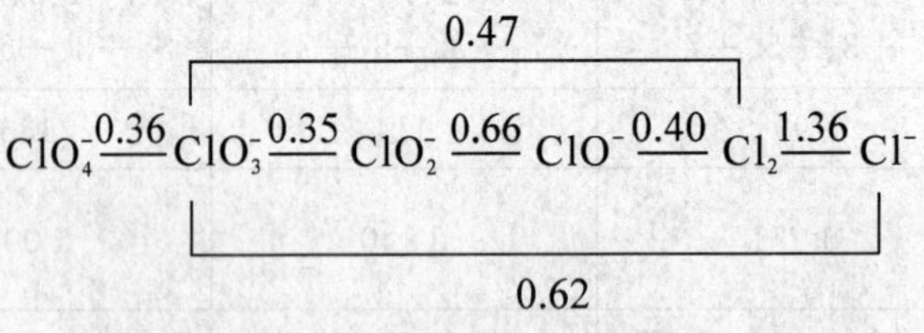

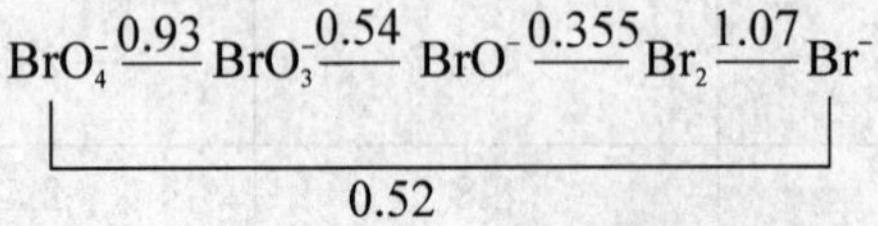

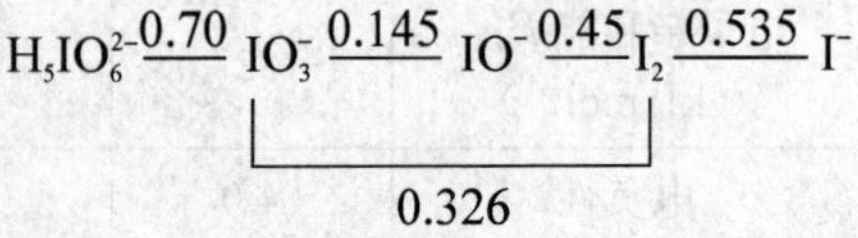

12.1.4 砹 *

1. 理化性质

砹,原子序数 85,化学符号源于希腊文"astator",原意是"改变"。砹比碘像金属,它的活泼性较碘低,金属性质较本族其他元素强;易挥发,能溶于四氯化碳等有机溶剂中;与银化合生成难溶解的 $AgAt$;性质和碘类似,但比碘较难还原、易氧化。由于砹的各种同位素半衰期短,而且制得的数量极少,所以对它的性质和用途难以详细研究，其性质大多数是由它的同族元素（氟、氯、溴、碘）用外推法估计而来。砹的熔点为 302 ℃，沸点 337 ℃，电子构型 $(Xe)4f^{14}5d^{10}6s^{2}6p^{5}$，氧化态有−1、0、+1、+3、+5、+7。

砹是在 1940 年初次被合成的。除了用 α 粒子轰击铋人工合成，铀和钍也会自然地衰变成砹。砹已知的 20 多种同位素全都有放射性，半衰期最长的也只有 8.1 h，所以在任何时候，地壳中砹的含量都少于50 g。半衰期最长的同位素是砹-210。1940 年美国 D.R.科森等用 60 英寸回旋加速器加速的能量为28 MeV的 α 粒子轰击铋靶，发生核反应合成了砹。

$$^{209}Bi + \alpha \longrightarrow {}^{211}At + 2\,{}^{1}_{0}n$$

$$^{209}Bi + \alpha \longrightarrow {}^{210}At + 3\,{}^{1}_{0}n$$

$$^{209}Bi + \alpha \longrightarrow {}^{209}At + 4\,{}^{1}_{0}n$$

2. 发现过程

砹、钫是门捷列夫曾经指出的类碘和类铯，是莫斯莱所确定的原子序数为 85、87 的元素。它们的发现经历了弯曲的道路。刚开始，化学家们根据门捷列夫的推断类碘是一个卤素，类铯是一个碱金属元素，都是成盐的元素，就尝试从各种盐类里去寻找它们，但是一无所获。1925 年 7 月英国化学家费里恩德特地选定了炎热的夏天去死海，寻找它们。但是，经过辛劳的化学分析和光谱分析后，却丝毫没有发现这两个元素。后来又有不少化学家尝试利用光谱技术以及利用相对原子质量作为突破口去找这种元素，但都没有成功。1930 年，美国亚拉巴马州工艺学院物理学教授阿立生宣布，在稀有的碱金属矿铯榴石和鳞云母中用磁光分析法，发现了 87 号元素。元素符号定为 Vi。一年后，他用同样的方法在王水和独居石作用的萃取液中，发现了 85 号元素。元素符号定为 Ab。可是不久，磁光分析法本身被否定了，利用它发现的元素也就不可能成立。1940 年，由美国的考尔森、麦肯齐和西格雷，在美国加利福尼亚大学，用 α 粒子轰击铋获得 85 号元素。85 号元素被命名为 astatine，拉丁文名称是 astatium，元素符号为 At。

3. 应用

砹在大自然中虽然又少又不稳定，寿命很短，可是科学家却还是制得了砹的同位素 20 种。虽然这些化合物主要是理论研究，但在核医学上也有相关研究。砹有望与金属离子形成离子键，如钠。像其他卤素可以轻易从砹盐中将其置换出来。砹也可以与氢反应，形成砹化氢（HAt），其中当溶解在水中，形成氢砹酸。一些砹化合物实例是：NaAt，$MgAt_2$，CAt_4，AgAt。

砹除了最稳定同位素以外，由于极其短暂的半衰期在科学研究方面没有实际应用，但较重的同位素有医疗用途。^{211}砹是由于放出 α 粒子且半衰期为 7.2 h 这些特点，已被应用于放射治疗。在小鼠的研究结果显示，^{211}砹-碲胶体可以有效治疗而不会产生毒性，破坏正常组织。相比之下，放出 β 射线的含 ^{32}P 的磷酸铬胶体则没有抗肿瘤活性。这一惊人的不同之处最令人信服的解释是致密电离和极小范围的 α 粒子排放。这些成果在以 α 粒子为放射源放疗人类肿瘤的开发和利用上具有重要意义。

资源砹已经用于医疗中。在诊断甲状腺症状的时候，常常用放射性同位素 ^{131}碘。^{131}碘放出的砹射线很强，影响腺体周围的组织。而砹很容易沉积在甲状腺中，能起 ^{131}碘同样的作用。它不放射砹射线，放出的砹粒子很容易为机体所吸收。

§12.2　卤素单质

12.2.1　卤素单质的物理性质

卤素单质皆为双原子分子，固态时为分子晶体，因此熔点、沸点都比较低。随着卤素原子半径的增大和核外电子数目的增多，卤素分子之间的色散力逐渐增大，因而卤素单质的熔点、沸点、气化焓和密度等物理性质按 F—Cl—Br—I 顺序依次增大。卤素单质的一些物理性质见表 12-2。

表 12-2 卤素单质的物理性质

卤素单质	氟	氯	溴	碘
常温下聚集状态	气	气	液	固
颜色	浅黄	黄绿	红棕	紫黑
熔点/℃	−219.6	−101	−7.2	113.5
沸点/℃	−188	−34.6	58.78	184.3
$\Delta_{vap}H^{\ominus}_{m}/(kJ\cdot mol^{-1})$	6.32	20.41	30.71	46.61
水中溶解度/$(g\cdot hg^{-1})$	分解水	0.732	3.58	0.029
密度/$(g\cdot cm^{-3})$	1.11(l)	1.57(l)	3.12(l)	4.93(s)

在常温下，氟、氯是气体，溴是易挥发的液体，碘是固体。氯在常温下加压便成为黄色液体，利用这一性质，可将氯液化装在钢瓶中贮运。固态碘在熔化前已具有相当大的蒸气压，适当加热即可升华，利用碘的这一性质，可将粗碘进行精制。

卤素单质均有颜色。随着相对分子质量的增大，卤素单质颜色依次加深。

卤素单质在水中的溶解度不大(氟与水激烈反应例外)。氯、溴、碘的水溶液分别称为氯水、溴水和碘水。卤素单质在有机溶剂中的溶解度比在水中的溶解度大得多。溴可溶于乙醇、乙醚、氯仿、四氯化碳、二硫化碳等溶剂中，溴溶液的颜色随溴浓度的增大而从黄色到棕红色。碘溶液的颜色随溶剂的不同而有所差异，一般来说，在介电常数较大的溶剂(如水、醇、醚和酯)中，碘呈棕色或红棕色；在介电常数较小的溶剂(如四氯化碳和二硫化碳)中，则呈本身蒸气的紫色。碘溶液颜色的不同是由于碘在极性溶剂中形成溶剂化物，而在非极性或弱极性溶剂中碘不发生溶剂化作用，溶解的碘以分子状态存在。

碘难溶于水，但易溶于碘化物溶液(如碘化钾)中，这主要是由于生成 I_3^- 的缘故：

$$I_2 + I^- \rightleftharpoons I_3^-$$

I_2 分子中 I—I 键长为 266 pm，而 KI_3 分子中 I—I 键长为 292 pm，KI_3 分子是抗磁性，没有未成对电子。I_3^- 的构型是直线型，两侧两个 I 是等价的。I_3^- 中有一个“三中心二电子”的 σ 键，键级为 1，相当于一个 σ 键，只稍强一些。I_3^- 可以很容易解离，生成 I_2 和 I^-。

故多碘化物溶液的性质实际上和碘溶液相同。实验室常用此反应获得较高浓度的碘水溶液。氯和溴也能形成 Cl_3^- 和 Br_3^-，不过这两种离子都很不稳定。

气态卤素单质均有刺激性气味，强烈刺激眼、鼻、气管等黏膜，吸入较多蒸气会严重中毒(其毒性从氟到碘依次减小)，甚至会造成死亡，所以使用卤素单质时应特别小心。若不慎猛吸入一口氯气，当即会窒息、呼吸困难。此时应立即去室外，也可吸入少量氨气解毒，严重的须及时抢救。液溴对皮肤能造成难以痊愈的灼伤，若溅到身上，应立即用大量水冲洗，再用 5%$NaHCO_3$ 溶液淋洗后敷上油膏。

12.2.2 卤素单质的化学性质

卤素原子都有获得一个电子而形成卤素阴离子的强烈趋势：

$$\frac{1}{2}X_2 + e^- \longrightarrow X^-$$

故卤素单质最突出的化学性质是氧化性。除 I_2 外，它们均为强氧化剂。从标准电极电势 $\varphi^\ominus(X_2/X^-)$ 可以看出，F_2 是卤素单质中最强的氧化剂。随着 X 原子半径的增大，卤素的氧化能力依次减弱：$F_2 > Cl_2 > Br_2 > I_2$。

1. 卤素与单质的反应

卤素单质都能与氢反应：

$$X_2 + H_2 = 2HX$$

反应条件和反应程度如表 12-3 所示：

表 12-3 卤素与氢反应情况

卤素	反应条件	反应速率及程度
F_2	阴冷	爆炸、放出大量热
Cl_2	常温强光照射	缓慢爆炸
Br_2	常温	不如氯，需催化剂
I_2	高温	缓慢，可逆

氟能氧化所有金属以及除氮、氧以外的非金属单质(包括某些稀有气体)，而且反应非常激烈，常伴随着燃烧和爆炸。氟与铜、镍和镁作用时，由于生成金属氟化物保护膜，可阻止进一步被氧化，因此氟可以储存在铜、镍、镁或它们的合金制成的容器中。氯也能发生类似的反应，但反应比氟平稳得多。氯在干燥的情况下不与铁作用，因此可将氯储存于铁罐中。溴和碘在常温下可以和活泼金属直接作用，与其他金属的反应需在加热情况下进行。

2. 卤素与水的反应

卤素与水可发生两类反应。第一类是卤素对水的氧化作用：

$$2X_2 + 2H_2O = 4HX + O_2\uparrow$$

第二类是卤素的水解作用，即卤素的歧化反应：

$$X_2 + H_2O \rightleftharpoons H^+ + X^- + HXO$$

F_2 氧化性强，只能与水发生第一类反应，且反应激烈：

$$2F_2 + 2H_2O = 4HF + O_2\uparrow$$

Cl_2 在日光下缓慢地置换水中的氧。Br_2 与水非常缓慢地反应而放出氧气，但当溴化氢浓度高时，HBr 会与氧作用而析出 Br_2。碘非但不能置换水中的氧，相反，氧可作用于 HI 溶液使 I_2 析出：

$$4I^- + 4H^+ + O_2 = 2I_2 + 2H_2O$$

Cl_2、Br_2、I_2 与水主要发生第二类反应，此类歧化反应是可逆的，25 ℃时反应的平衡常数为：

X_2	Cl_2	Br_2	I_2
$K^{\ominus}$	4.2×10^{-4}	7.2×10^{-9}	2.0×10^{-13}

可见，从 Cl_2 到 I_2 反应进行程度越来越小。从其水解反应式可知，加酸能抑制卤素的水解；加碱则促进水解，生成卤化物和次卤酸盐。

3. 卤素单质的制备

卤素在自然界中以化合物的形式存在。卤素的制备可归纳为卤素阴离子的氧化：

$$2X^{-}-2e^{-} = X_2$$

X^- 失去电子能力的大小顺序为：$I^- > Br^- > Cl^- > F^-$。根据 X^- 还原性和产物 X_2 活泼性的差异，决定了不同卤素的制备方法。

(1) 氟气的制备

对 F^- 来说，用一般的氧化剂是不能使其氧化的。因此一个多世纪以来，制取 F_2 一直采用电解法。通常用萤石（CaF_2）和浓硫酸反应，生成氟化氢，并使之液化（HF 的沸点为 292.5 K），液态氟化氢是电的不良导体，加入 KF 等盐使之组成熔点低、导电性能好的非水体系（KF·2HF 的熔点约为 345 K），以蒙铜制作电解槽，阴极用钢片，阳极则用浸透过铜的焦炭（以便克服纯碳在 F_2 中因膨胀易折断的缺点）制作，用聚四氟乙烯作电绝缘材料，在 373 K 左右进行电解，其主要反应为：

阳极：$$2F^{-}-2e^{-} = F_2\uparrow$$

阴极：$$2H^{+}+2e^{-} = H_2\uparrow$$

总反应：$$2KHF_2 \xlongequal{电解} 2KF + H_2\uparrow + F_2\uparrow$$

直到 1986 年才由化学家克里斯蒂(K.Christe)设计出制备 F_2 的化学反应：

$$2K_2MnF_6 + 4SbF_5 \xlongequal{150\ ℃} 4KSbF_6 + 2MnF_3 + F_2\uparrow$$

但目前尚未能取代电解法。

(2) 氯气的制备

工业上，氯气是电解饱和食盐水溶液制烧碱的副产品，也是氯化镁熔盐电解制镁以及电解熔融 NaCl 制 Na 的副产品：

$$MgCl_2(\text{熔融}) \xlongequal{电解} \underset{(\text{阴极})}{Mg} + \underset{(\text{阳极})}{Cl_2}\uparrow$$

实验室需要少量氯气时，可用 MnO_2、$KMnO_4$、$K_2Cr_2O_7$、$KClO_3$ 等氧化剂与浓盐酸反应的方法来制取：

$$MnO_2 + 4HCl(\text{浓}) \xlongequal{\triangle} MnCl_2 + Cl_2\uparrow + 2H_2O$$

$$2KMnO_4 + 16HCl(\text{浓}) = 2MnCl_2 + 2KCl + 5Cl_2\uparrow + 8H_2O$$

(3) 溴和碘的制备

制备溴时，可用氯气氧化溴化钠中的溴离子而得到：

$$Cl_2 + 2Br^- \longrightarrow 2Cl^- + Br_2 \quad (a)$$

工业上从海水中提取溴时，首先通氯气于 pH 为 3.5 左右晒盐后留下的苦卤(富含 Br^- 离子)中置换出 Br_2。然后用空气把 Br_2 吹出，再用 Na_2CO_3 溶液吸收，即得较浓的 NaBr 和 $NaBrO_3$ 溶液：

$$3CO_3^{2-} + 3Br_2 \longrightarrow 5Br^- + BrO_3^- + 3CO_2 \uparrow \quad (b)$$

最后，用硫酸将溶液酸化，Br_2 即从溶液中游离出来：

$$5Br^- + BrO_3^- + 6H^+ \longrightarrow 3Br_2 + 3H_2O \quad (c)$$

为了除去残存的游离氯，可加入少量 KBr，然后加热蒸出溴，盛入陶瓷罐贮存。反应(b)和反应(c)式的方向恰好相反，这可以根据下列元素电势图进行解释：

$$\varphi_A^\ominus/V \qquad BrO_3^- \xrightarrow{1.5} Br_2 \xrightarrow{1.065} Br^-$$

$$\varphi_B^\ominus/V \qquad BrO_3^- \xrightarrow{0.52} Br_2 \xrightarrow{1.065} Br^-$$

在碱性溶液中：$\varphi^\ominus$(右)$>\varphi^\ominus$(左)，故歧化反应(b)式可以发生；在酸性溶液中：$\varphi^\ominus$(右)$<\varphi^\ominus$(左)，故反应(c)式可以发生。显然，这是利用调节溶液酸度的方法来改变氧化还原反应的方向。

碘可以从海藻中提取，将适量氯气通入用水浸取海藻所得的溶液，则 I^- 被氧化为 I_2：

$$Cl_2 + 2I^- \longrightarrow 2Cl^- + I_2$$

$$I_2 + I^- \rightleftharpoons I_3^-$$

然后用离子交换树脂加以浓缩。

在我国四川地下天然卤水中含有丰富的碘化物(每升约含碘 0.5～0.7 g)，向这种卤水通氯气，即可把碘置换出来。用此法制碘应避免通入过量的氯气，因为过量的氯气可将碘进一步氧化为碘酸：

$$I_2 + 5Cl_2 + 6H_2O \longrightarrow 2IO_3^- + 10Cl^- + 12H^+$$

碘还可从碘酸钠制取，方法是从智利硝石提取 $NaNO_3$，后剩下的母液(含 $NaIO_3$)，用酸式亚硫酸盐处理，则析出碘：

$$2IO_3^- + 5HSO_3^- \longrightarrow I_2 + 3HSO_4^- + 2SO_4^{2-} + H_2O$$

§12.3　卤化氢和氢卤酸

12.3.1　卤化氢和氢卤酸的物理性质

卤化氢均为具有强烈刺激性的无色气体。在空气中易与水蒸气结合而形成白色酸雾。

卤化氢是极性分子，极易溶于水，其水溶液称为氢卤酸。液态卤化氢不导电，这表明它们是共价型化合物而非离子型化合物。卤化氢的一些重要性质列于表 12-4 中。

表 12-4 卤化氢的一些性质

性质	HF	HCl	HBr	HI
熔点/℃	−83.1	−114.8	−88.5	−50.8
沸点/℃	19.54	−84.9	−67	−35.38
$\Delta_f H_m^{\ominus}/(kJ\cdot mol^{-1})$	−271.1	−92.307	−36.4	26.48
键能/$(kJ\cdot mol^{-1})$	568.6	431.8	365.7	298.7
$\Delta_{vap} H_m^{\ominus}/(kJ\cdot mol^{-1})$	30.31	16.12	17.62	19.77
分子偶极矩 $\mu/(10^{-30}\ cm)$	6.40	3.61	2.65	1.27
表观解离度($0.1\ mol\cdot L^{-1}$，18 ℃)/%	10	93	93.5	95
水中溶解度/$(g\cdot hg^{-1})$	35.3	42	49	57

从表中数据可以看出，卤化氢的性质依 HCl—HBr—HI 的顺序有规律地变化。唯 HF 在许多性质上表现出例外，如它的熔点、沸点和气化焓偏高。HF 这些独特性质与其分子间存在着氢键、形成缔合分子有关。实验证明，氟化氢无论是气态、液态或固态，都有不同程度的缔合。在固态时，HF 由无限长的锯齿形链组成。

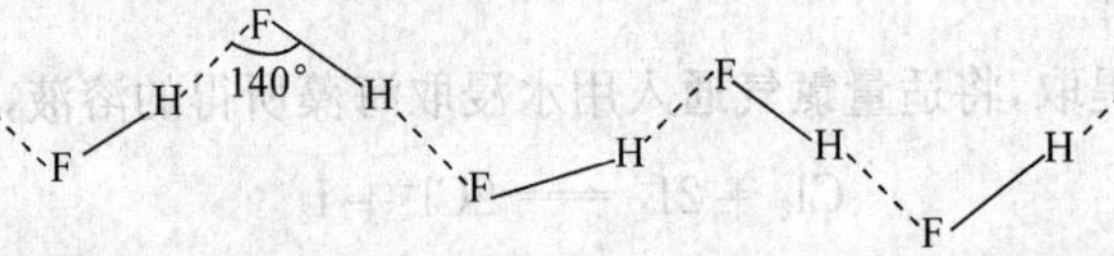

从化学性质来看，卤化氢和氢卤酸也表现出规律性的变化，同样 HF 也表现出一些特殊性。

卤化氢溶于水分别生成氢卤酸。它们都是易挥发的酸，常压下蒸馏氢卤酸(不论是稀酸还是浓酸)，溶液的组成和沸点都会发生变化。

当氯化氢含量为 20.24%时，出现最高沸点(383 K)，这时再蒸馏，只要外压不变，盐酸的组成和沸点都不再发生变化。所以，在外压不变时，组成和沸点都不再发生改变的溶液叫作恒沸溶液，恒沸溶液的沸点称为恒沸点。恒沸溶液是普遍存在的，由挥发性溶质组成的溶液均有恒沸现象。

在氢卤酸中，氢氯酸(盐酸)、氢溴酸和氢碘酸均为强酸，并且酸性依次增强，只有氢氟酸为弱酸。实验表明，氢氟酸的解离度随浓度的变化情况与一般弱电解质不同，它的解离度随浓度的增大而增加，浓度大于 $5\ mol\cdot L^{-1}$时，已变成强酸。这一反常现象其原因是生成了缔合离子 HF_2^-、$H_2F_3^-$ 等，促使 HF 进一步解离，故溶液酸性增强。

$$HF \rightleftharpoons H^+ + F^- \qquad K^{\ominus}(HF) = 6.3\times10^{-4}$$

$$F^- + HF \rightleftharpoons HF_2^- \qquad K^{\ominus}(HF_2^-) = 5.1$$

对于氢卤酸酸性强度的规律性，可从热力学角度进行说明。氢卤酸解离过程的热力学循环如下所示：

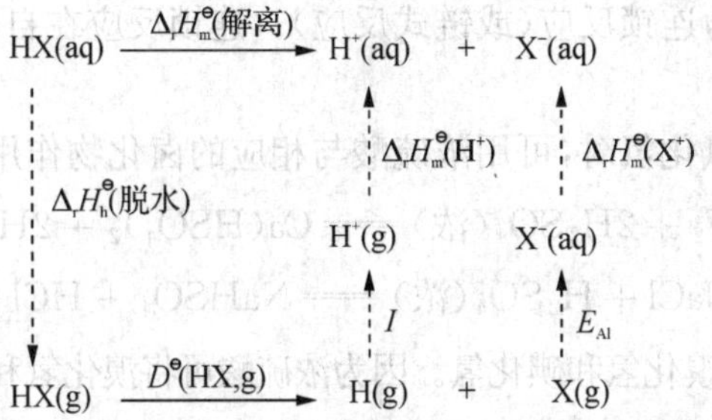

$$\Delta_r H_m^\ominus(\text{解离})=\Delta_r H_m^\ominus(\text{脱水})+D^\ominus(\text{HX,g})+I+E_{A1}+\Delta_r H_h^\ominus(H^+)+\Delta_r H_h^\ominus(X^-)$$

HX(aq)解离过程有关的热力学数据如表 12－5 所示。

表 12－5　氢卤酸电离过程有关的热力学数据

—	HF	HCl	HBr	HI
$\Delta_r H_m^\ominus$(脱水)/(kJ·mol⁻¹)	48	18	21	23
D^θ(HX,g)/(kJ·mol⁻¹)	568.6	431.8	365.7	298.7
I(H)/(kJ·mol⁻¹)	1 311	1 311	1 311	1 311
Y(H)/(kJ·mol⁻¹)	−322	−348	−324	−295
$\Delta_r H_h^\ominus(H^+)$/(kJ·mol⁻¹)	−1 091	−1 091	−1 091	−1 091
$\Delta_r H_h^\ominus(X^-)$/(kJ·mol⁻¹)	−515	−381	−347	−305
$\Delta_r H_m^\ominus$(解离)/(kJ·mol⁻¹)	−3	−60	−64	−58
$T\Delta_r S_m^\ominus$/(kJ·mol⁻¹)	−29	−13	−4	4
$\Delta_r G_m^\ominus$/(kJ·mol⁻¹)	26	−47	−60	−62

根据 $\Delta_r G_m^\ominus=-RT\ln K^\ominus$，可以分别算出 HF、HCl、HBr 和 HI 在 298.15 K 时的 $K_a^\ominus$ 依次等于 10^{-4}、10^{8}、10^{10}、10^{11}。从表中的热力学数据不难看出氢氟酸是弱酸的原因：首先，在 HX 系列中，HF 解离过程焓变的代数值最大（放热最少），这是因为 HF 键离解能大、脱水焓大（HF 溶液中存在氢键）以及氟的电子亲和能的代数值比预期值偏高；其次，熵变代数值最小，这些均导致 $\Delta_r G_m^\ominus$(HF)最大，$K^\ominus$(HF)≪1。

12.3.2　制备和用途

卤化氢的制备方法可采用由单质合成、复分解和卤化物的水解等。

工业上合成盐酸是用氢气流在氯气中燃烧的方法，生成的氯化氢再用水吸收即成盐酸。其反应过程为：首先氯分子在加热或强光照射下分解成氯原子：

$$Cl_2 \xrightarrow{h\nu} Cl+Cl$$

氯原子与氢分子反应，生成 HCl 分子和氢原子：

$$Cl+H_2 \longrightarrow HCl+H$$

接着氢原子又和氯分子作用反应继续下去：

$$H+Cl_2 \longrightarrow HCl+Cl$$

这样的连续反应称为连锁反应(或链式反应)。连锁反应在自然界很普遍,很多的爆炸、燃烧反应都为连锁反应。

制备氟化氢及少量氯化氢时,可用浓硫酸与相应的卤化物作用:

$$CaF_2 + 2H_2SO_4(浓) = Ca(HSO_4)_2 + 2HF\uparrow$$

$$NaCl + H_2SO_4(浓) = NaHSO_4 + HCl\uparrow$$

但这种方法不适用于溴化氢和碘化氢。因为浓硫酸可将溴化氢和碘化氢部分氧化为单质:

$$H_2SO_4 + 2HBr = Br_2 + SO_2\uparrow + 2H_2O$$

$$H_2SO_4 + 8HI = 4I_2 + H_2S\uparrow + 4H_2O$$

由于磷酸为不挥发的非氧化性酸,可用以代替硫酸制备溴化氢和碘化氢。实验室中常用非金属卤化物水解的方法制备溴化氢和碘化氢。例如用水滴入三溴化磷和三碘化磷表面即可产生溴化氢和碘化氢:

$$PBr_3 + 3H_2O = H_3PO_3 + 3HBr\uparrow$$

$$PI_3 + 3H_2O = H_3PO_3 + 3HI\uparrow$$

实际使用时,并不需要先制成非金属卤化物,而是将溴逐滴加入到磷与少量水的混合物中或将水逐滴加入到碘与磷的混合物中,这样溴化氢或碘化氢即可不断产生:

$$3Br_2 + 2P + 6H_2O = 2H_3PO_3 + 6HBr\uparrow$$

$$3I_2 + 2P + 6H_2O = 2H_3PO_3 + 6HI\uparrow$$

氢卤酸中以氢氟酸和盐酸有较大的实用意义。

常用浓盐酸的质量百分数为37%,密度1.19 $g\cdot cm^{-3}$,浓度约为12 $mol\cdot L^{-1}$。盐酸是一种重要的工业原料和化学试剂,用于制造各种氯化物。在皮革工业、焊接、电镀、搪瓷和医药部门也有广泛应用。此外,也用于食品工业(合成酱油、味精等)。

氢氟酸(或HF气体)能和SiO_2反应生成气态SiF_4:

$$SiO_2 + 4HF = SiF_4\uparrow + 2H_2O$$

利用这一反应,氢氟酸被广泛用于分析化学中,用以测定矿物或钢样中SiO_2的含量,还用在玻璃器皿上刻蚀标记和花纹,毛玻璃和灯泡的"磨砂"也是用氢氟酸腐蚀的。通常氢氟酸储存在塑料容器里。氟化氢有氟源之称,利用它制取单质氟和许多氟化物。氟化氢是无色有刺激性气味的气体,对皮肤会造成痛苦的难以治疗的灼伤(对指甲也有强烈的腐蚀作用),使用时要注意安全。

§12.4 卤化物、多卤化物、卤素互化物和拟卤素

12.4.1 卤化物和多卤化物

1. 卤化物

严格地说,卤素与电负性较小的元素所形成的化合物才称为**卤化物**,例如卤素与ⅠA、ⅡA族

的绝大多数金属形成**离子型卤化物**，这些卤化物具有高的熔、沸点和低挥发性，熔融时能导电。但广义来说，卤化物也包括卤素与非金属、卤素与氧化数较高的金属所形成的**共价型卤化物**。共价型卤化物一般熔、沸点低，熔融时不导电，并具有挥发性。但是离子型卤化物与共价型卤化物之间没有严格的界限，例如 $FeCl_3$，是易挥发的共价型卤化物，它在熔融态时能导电。

卤化物化学键的类型与成键元素的电负性、原子或离子的半径以及金属离子的电荷有关。一般来说，碱金属(Li 除外)、碱土金属(Be 除外)和大多数镧系、锕系元素的卤化物基本上是离子型化合物。其中电负性最大的氟与电负性最小、离子半径最大的铯化合形成的氟化铯(CsF)，是最典型的离子型化合物。随着金属离子半径的减小，离子电荷的增加以及卤素离子半径的增大，键型由离子型向共价型过渡的趋势增强。

卤化物的键型与性质的递变规律如下：

(1) 同一周期卤化物的键型，从左向右，由离子型过渡到共价型。如第三周期元素的氟化物性质和键型见表 12－6。

表 12－6　第三周期元素氟化物性质和键型

氟化物	NaF	MgF_2	AlF_3	SiF_4	PF_5	SF_6
熔点/℃	993	1 250	1 040	−90	−83	−51
沸点/℃	1 695	2 260	1 260	−86	−75	−64(升华)
氟化物	NaF	MgF_2	AlF_3	SiF_4	PF_5	SF_6
熔融态导电性	易	易	易	不能	不能	不能
键型	离子型	离子型	离子型	共价型	共价型	共价型

(2) p 区同族元素卤化物的键型，自上而下，由共价型过渡到离子型，如氮族元素的氟化物的性质和键型见表 12－7。

表 12－7　氮族元素氟化物的性质和键型

氟化物	NF_3	PF_3	AsF_3	SbF_3	BiF_3
熔点/℃	−206.6	−151.5	−85	292	727
沸点/℃	−129	−101.5	−63	319(升华)	102.7(升华)
熔融态导电性	不能	不能	不能	难	易
键型	离子型	离子型	离子型	共价型	共价型

(3) 同一金属的不同卤化物，从氟化物到碘化物，由离子键过渡到共价键，如表 12－8 列出了 AlX_3 的性质和键型。

表 12－8　AlX_3 的性质和键型

卤化物	AlF_3	$AlCl_3$	$AlBr_3$	AlI_3
熔点/℃	1 010	190(加压)	97.5	191
沸点/℃	1 260	178(升华)	263.3	360

（续表）

卤化物	AlF_3	$AlCl_3$	$AlBr_3$	AlI_3
熔融态导电性	易	难	难	易
键型	离子型	共价型	共价型	共价型

(4) 同一金属组成不同氧化数的卤化物时，高氧化数卤化物具有更多的共价性。如表12-9所示。

表 12-9　不同氧化数氯化物的熔点、沸点和键型

氯化物	$SnCl_2$	$SnCl_4$	$PbCl_2$	$PbCl_4$
熔点/℃	246	−33	501	−15
沸点/℃	652	114	950	105
键型	离子型	共价型	离子型	共价型

大多数卤化物易溶于水。氯、溴、碘的银盐（AgX）、铅盐（PbX_2）、亚汞盐（Hg_2X_2）、亚铜盐（CuX）是难溶的。氟化物的溶解度表现有些反常。例如 CaF_2 难溶，而其他 CaX_2 易溶；AgF 易溶，而其他 AgX 难溶。这是因为钙的卤化物基本上是离子型的，F^- 半径小，与 Ca^{2+} 吸引力强，CaF_2 的晶格能大，致使其难溶；而在 AgX 系列中，虽然 Ag^+ 的极化力和变形性都大，但 F^- 半径小难以被极化，故 AgF 基本上是离子型而易溶，在 AgX 中，从 Cl^- 到 I^-，变形性增大，与 Ag^+ 相互极化作用增加，键的共价性随之增加，故它们均难溶，且溶解度越来越小。

共价型卤化物和一些金属卤化物与水易发生水解反应，水解产物有所不同，一般生成含氧酸、碱式盐或卤氧化物。例如：

$$BCl_3 + 3H_2O = H_3BO_3 + 3HCl$$

$$SnCl_2 + H_2O = Sn(OH)Cl + HCl$$

$$SbCl_3 + H_2O = SbOCl + 2HCl$$

$$BiCl_3 + H_2O = BiOCl + 2HCl$$

CCl_4 和 SF_6 不水解，但是在热力学上却能与水反应，如：

$$CCl_4(g) + 2H_2O(g) = CO_2(g) + 4HCl(g) \qquad \Delta_r G_m^\ominus = -258\ kJ \cdot mol^{-1}$$

$$SF_6(g) + 3H_2O(g) = SO_3(g) + 6HF(g) \qquad \Delta_r G_m^\ominus = -3\,021\ kJ \cdot mol^{-1}$$

由此可以看出 CCl_4 和 SF_6 在热力学上不稳定，在动力学上稳定。

2. 多卤化物

有些金属卤化物能与卤素单质或卤素互化物发生加合作用，生成的化合物称为多卤化物。如：KI_3、$KICl_2$、KI_2Cl、KIBrCl 等。

$$KI + I_2 \rightleftharpoons KI_3$$

$$CsBr + IBr \rightleftharpoons CsIBr_2$$

多卤化物的结构与卤素互化物近似，较大的卤素原子居中，较小的分布在四周，其形状与用 VSEPR 理论判断的相一致，如 I_3^-、ICl_2^-、$IBrCl^-$ 等差不多都是直线形的结构，ICl_4^-、IBr_4^- 是平面四边形，不过最近也发现了一些例外，如 ClF_6^- 和 BrF_6^- 的中心原子上都有一对孤对电子，其结构却呈八面体。

多卤化物具有以下特点：

(1) 稳定性差：多卤化物受热易分解，分解产物是晶格能相对较大的卤化物以及卤素单质或卤素互卤化物。多卤化物中，若有 F 则肯定生成 MF，因为 MF 晶格能大，稳定性高，而 MClFBr 不能存在。

$$CsBr_3 \xlongequal{\triangle} CsBr + Br_2$$

$$CsICl_2 \xlongequal{\triangle} CsCl + ICl$$

(2) 水解反应：多卤化物遇水易水解，其中高价态的中心原子和 OH^- 结合生成含氧酸，低价态的配体与 H^+ 结合生成氢卤酸，如：

$$ICl + H_2O = HIO + HCl$$

$$BrF_5 + 3H_2O = HBrO_3 + 5HF$$

12.4.2 卤素互化物

不同卤素原子之间可以通过共用电子对形成卤素互化物。它们的组成可用 XX'_n 表示 (n=1、3、5、7)，其中 X′的电负性大于 X，两者的电负性相差越大，n 值也越大。由于它们均为卤素，电负性差值不会很大，所以它们之间形成共价化合物。除了 BrCl、ICl、ICl_3、IBr_3 和 IBr 外，其余几乎都是氟的卤素互化物。

1. 制备

卤素互化物都可由卤素单质在一定条件下直接合成。

$$Cl_2 + F_2(\text{等体积}) \xrightarrow[\text{Ni}]{470\ \text{K}} 2ClF$$

$$Cl_2 + 3F_2(\text{过量}) \xrightarrow[\text{Ni}]{550\ \text{K}} 2ClF_3$$

2. 性质

卤素互化物少数是气体，多数是液体，个别在低温时为固体。卤素互化物均为共价化合物，绝大多数卤素互化物是不稳定的，熔、沸点低。如氟化碘容易歧化分解为碘和五氟化碘。最稳定的 XY 型卤素互化物是 ClF，其物理性质介于组成元素的分子性质之间，例如深红色的 ICl(熔点 27.2 ℃，沸点 97 ℃)处于淡黄绿色的 Cl_2(熔点 −101 ℃，沸点 −35 ℃)和黑色的 I_2(熔点 114 ℃，沸点 184 ℃)之间(见表 12 - 10)。

表 12－10 卤素互化物的熔、沸点

类型	化合物	相对分子质量	熔点/℃	沸点/℃	颜色
XX′	ClF(g)	54.56	−155.6	−100.1	无色
	BrF(g)	98.92	−33	20	红棕
	BrCl(g)	115.37	约−66	约 5(解离)	红棕
	ICl(s)	162.38	27.2	97	红棕
	IBr(s)	206.84	40	116(分解)	深红
XX'_3	ClF_3(g)	92.46	−76.3	11.75	浅绿
	BrF_3(l)	136.92	8.77	125.74	无色
	ICl_3(s)	233.29	约 33	64(升华)	橙
XX'_5	BrF_5(l)	174.92	−60.5	40.76	无色
	IF_5(l)	221.92	9.43	100.5	无色
XX'_7	IF_7(g)	259.92	6.45	4.77(升华)	无色

卤素互化物都具有氧化性，它们与大多数金属和非金属猛烈反应生成相应的卤化物。发生水解作用生成卤离子和卤氧离子，其分子中电负性较小的卤原子生成卤氧离子。

$$6ClF + S \longrightarrow SF_6 + 3Cl_2$$

$$6ClF + 2Al \longrightarrow 2AlF_3 + 3Cl_2$$

$$3BrF_3 + 5H_2O \longrightarrow H^+ + BrO_3^- + 9HF + Br_2 + O_2\uparrow$$

$$IF_5 + 3H_2O \longrightarrow H^+ + IO_3^- + 5HF$$

卤素互化物与卤素单质的性质有相同之处。

(1) 它们都能与水反应，如：

$$IBr + H_2O \longrightarrow HBr + HIO$$

$$Cl_2 + H_2O \longrightarrow HCl + HClO$$

(2) 在很多反应中，它们都是强氧化剂，如：

$$IBr + 2H_2O + SO_2 \longrightarrow HBr + HI + H_2SO_4$$

$$Cl_2 + 2H_2O + SO_2 \longrightarrow 2HCl + H_2SO_4$$

但也有不同之处，如 Cl_2 与水反应属于氧化还原反应，而 IBr 与水反应属于非氧化还原反应。

3. 卤素互化物的类型

卤素互化物的类型分为四种，分别是：① AB 型，如氟化碘(IF)、氟化溴(BrF)、氟化氯(ClF)、氯化碘(ICl)、氯化溴(BrCl)、溴化碘(IBr)等；② AB_3 型，如三氟化碘(IF_3)、三氟化溴(BrF_3)、三氟化氯(ClF_3)等；③ AB_5型，如五氟化碘(IF_5)、五氟化溴(BrF_5)、五氟化氯(ClF_5)等；④ AB_7 型，如七氟化碘(IF_7)。

实验测定，某些卤素互化物分子的空间构型如图 12－1 所示。

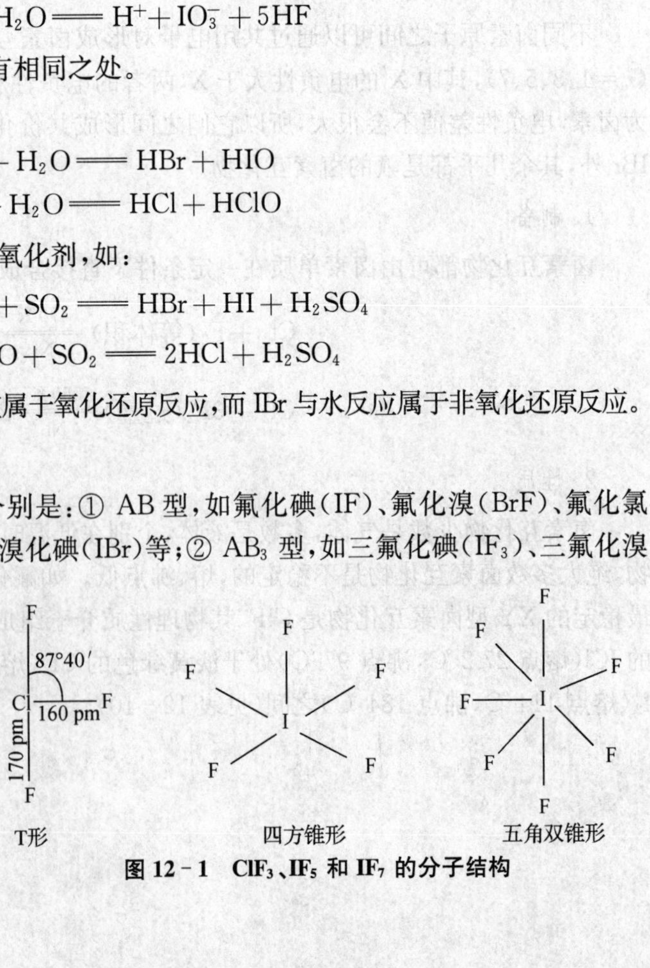

图 12－1 ClF_3、IF_5 和 IF_7 的分子结构

这类化合物的结构也可用价

层电子对互斥理论说明。

12.4.3　拟卤素

由两个或两个以上电负性较大的元素的原子组成的原子团，而这些原子团在自由状态时与卤素单质性质相似，故称拟卤素。它们的阴离子与卤素阴离子性质也相似，故称拟卤离子。重要的拟卤素有氰$(CN)_2$(音 qíng)、硫氰$(SCN)_2$ 和氧氰$(OCN)_2$ 等。

拟卤素、拟卤化物的性质与卤素、卤化物的性质相似的地方很多，主要有以下几点：

(1) 游离状态皆有挥发性(聚合体例外)，并具有特殊的刺激性气味。

(2) 氢化物的水溶液都是酸，它们的 $K_a^\ominus$ 值分别如下(叠氮酸作为比较也列入)：

	氢氰酸	硫代氰酸	氰酸	(氢)叠氮酸
	HCN	HSCN	HOCN	HN_3
$K_a^\ominus$	4.93×10^{-10}	10.4×10^{-1}	1.2×10^{-4}	1.9×10^{-5}

(3) 形成和卤素形式类似的配离子，如：

卤配离子：	HgI_4^{2-}	$CoCl_6^{3-}$	FeF_6^{3-}
拟卤配离子：	$Hg(CN)_4^{2-}$	$Co(CN)_6^{3-}$	$Fe(SCN)_6^{3-}$

(4) 形成多种互化物，如 CNCl、CN(SCN)、CN(SeCN)、SCN·Cl 以及 ClN_3、BrN_3、IN_3 等都已制得。

(5) 许多化学性质相似。

$$Cl_2 + 2Br^- = Br_2 + 2Cl^-$$

$$Cl_2 + 2SCN^- = (SCN)_2 + 2Cl^-$$

$$2Cl^- + MnO_2 + 4H^+ = Mn^{2+} + Cl_2 + 2H_2O$$

$$2SCN^- + MnO_2 + 4H^+ = Mn^{2+} + (SCN)_2 + 2H_2O$$

$$Cl_2 + 2OH^- = ClO^- + Cl^- + H_2O$$

$$(CN)_2 + 2OH^- = OCN^- + CN^- + H_2O$$

CN^- 离子的 Ag(Ⅰ)、Hg(Ⅰ)、Pb(Ⅱ)盐和氯、溴、碘的一样，都难溶于水。AgCN 和 AgCl 相似，均可溶于氨水。

§12.5　卤素含氧酸及其盐

12.5.1　概述

除氟外，卤素均可形成正氧化数的含氧酸及其盐，表 12－11 列出了已知的卤素含氧酸。各种卤酸盐离子的结构见图 12－2，除了 IO_6^{5-} 离子中碘是 sp^3d^2 杂化轨道外，其他离子中的中心原子均用 sp^3 杂化轨道与氧成键形成离子。

表 12-11 卤素的含氧酸

氧化数	氯	溴	碘	名称
+1	HOCl	HOBr	HOI	次卤酸
+3	$HClO_2$	$HBrO_2$	—	亚卤酸
+5	$HClO_3$	$HBrO_3$	HIO_3	卤酸
+7	$HClO_4$	$HBrO_4$	HIO_4、H_5IO_6	高卤酸

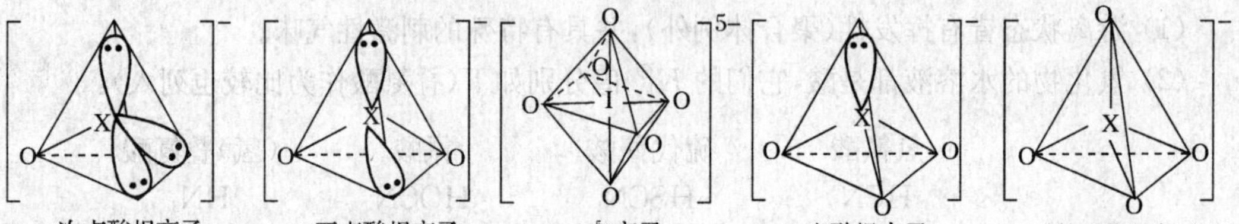

图 12-2 各种卤酸根离子的结构

卤素含氧酸不稳定，大多只能存在于水溶液中，至今尚未得到游离的纯酸，如各种次卤酸、亚卤酸、卤酸中的氯酸、溴酸，高卤酸中的高溴酸等。

从卤素电势图可以看出：

(1) 在 $\varphi_A^\ominus$图中，几乎所有电对的电极电势都有较大的正值，表明在酸性介质中，卤素单质及各种含氧酸均有较强的氧化性，它们作氧化剂时的还原产物一般为 X^-。

(2) 在 $\varphi_B^\ominus$图中，除 X_2/X^-电对的电极电势与 $\varphi_A^\ominus$值相同外（为什么?），其余电对的电极电势虽为正值，但均相应变小，表明在碱性介质中，卤素各种含氧酸盐的氧化性已大为降低（NaClO 除外），说明含氧酸的氧化性强于其盐。

(3) 许多中间氧化数物质由于 $\varphi^\ominus$(右)$>\varphi^\ominus$(左)，因而存在着发生歧化反应的可能性。

12.5.2 次卤酸及其盐

1. 化学性质

(1) 酸性：次卤酸均为弱酸，从次氯酸到次碘酸酸性依次减弱。

	HOCl	HOBr	HOI
$K_a^\ominus$	3.4×10^{-8}	2×10^{-9}	1×10^{-11}

(2) 热稳定性：除 HOF 外，HOX 都不稳定，仅存在于水溶液中，从 Cl 到 I 稳定性减小，分解方式主要有以下三种：

$$2HClO \xlongequal{光} 2HCl + O_2\uparrow \quad (分解)$$

$$3HClO \xlongequal{\triangle} 2HCl + HClO_3 \quad (歧化)$$

$$2HClO \xlongequal{脱水剂} Cl_2O\uparrow + H_2O \quad (脱水)$$

由上式可知，Cl_2O 是 HClO 的酸酐。BrO^-室温下发生歧化分解，只有在 273 K 时才

有 BrO^- 存在，323～353 K 时，BrO^- 完全转变成 BrO_3^- 盐。可见 XO^- 的歧化速率与温度有关，温度升高，歧化速率增大。IO^- 歧化速率更快，溶液中不存在次碘酸盐，HIO 几乎不存在。

(3) 氧化性：HOX 不稳定，表明 HOX 的氧化性很强。XO^- 盐比 HOX 稳定性高，所以经常用其盐在酸性介质中作氧化剂。

$$2HOCl + 2HCl \xlongequal{} 2Cl_2 + 2H_2O$$

$$3HOCl + S + H_2O \xlongequal{} H_2SO_4 + 3HCl$$

2. HOX 的制备

氯气和水作用生成次氯酸和盐酸：

$$Cl_2 + H_2O \rightleftharpoons HOCl + HCl$$

上述反应为可逆反应，所得的次氯酸浓度很低，如往氯水中加入能和 HCl 作用的物质(如 HgO、Ag_2O、$CaCO_3$ 等)，则可使反应继续向右进行，从而得到浓度较大的次氯酸溶液。例如：

$$2Cl_2 + 2HgO + H_2O \xlongequal{} HgO \cdot HgCl_2 \downarrow + 2HClO$$

次卤酸盐中比较重要的是次氯酸盐。工业上生产次氯酸钠是采用无隔膜电解冷的、稀的食盐溶液，同时搅拌电解液，使产生的氯气与 NaOH 充分反应制得次氯酸钠。

阴极：　$$2H^+ + 2e \xlongequal{} H_2 \uparrow$$

阳极：　$$2Cl^- \xlongequal{} Cl_2 \uparrow + 2e$$

$$2NaCl(\text{稀、冷}) + H_2O \xlongequal{\text{电解}} H_2 \uparrow + NaClO + NaCl$$

减压蒸馏得 HClO。将阳极产生的 Cl_2 通入阴极区 NaOH 中可生成次氯酸盐，反应如下：

$$Cl_2 + 2NaOH \xlongequal{} NaClO + NaCl + H_2O$$

用氯和 $Ca(OH)_2$ 反应，控制在 298 K 左右可得次氯酸钙：

$$2Cl_2 + 3Ca(OH)_2 \xrightarrow{40\,℃\text{ 以下}} \underbrace{Ca(ClO)_2 + CaCl_2 \cdot Ca(OH)_2 \cdot H_2O}_{\text{漂白粉}} + H_2O$$

漂白粉是次氯酸钙和碱式氯化钙的混合物，有效成分是其中的次氯酸钙 $Ca(ClO)_2$。次氯酸盐(或漂白粉)的漂白作用主要是基于次氯酸的氧化性。漂白粉中的 $Ca(ClO)_2$ 可以说只是潜在的强氧化剂，使用时必须加酸，使之转变成 HClO 后才能有强氧化性，发挥其漂白、消毒作用。例如棉织物的漂白是先将其浸入漂白粉液，然后再用稀酸溶液处理。二氧化碳从漂白粉中将弱酸 HClO 置换出来：

$$Ca(ClO)_2 + CaCl_2 \cdot Ca(OH)_2 \cdot H_2O + CO_2 \xlongequal{} 2CaCO_3 + CaCl_2 + 2HClO + H_2O$$

所以浸泡过漂白粉的织物，在空气中晾晒也能产生漂白作用。漂白粉对呼吸系统有损害；与易燃物混合易引起燃烧、爆炸。

12.5.3 亚卤酸及其盐

1. 性质

亚卤酸也是弱酸，但比相应的次卤酸强，很不稳定，仅存在于溶液中，至今 HIO_2 是否存在仍不确定。亚卤酸及其盐也是一种强氧化剂、漂白剂。

$HClO_2$ 不稳定，ClO_2^- 在溶液中较稳定，具有强氧化性；$NaClO_2$ 较稳定，加热，撞击爆炸分解，在溶液中受热分解。

2. 制备方法

(1) 亚氯酸通常是酸化其盐而制得：

$$Ba(ClO_2)_2 + H_2SO_4 = BaSO_4\downarrow + 2HClO_2$$

过滤除去 $BaSO_4$ 可制得纯净 $HClO_2$，但 $HClO_2$ 不稳定，很快分解。

$$8HClO_2 = Cl_2 + 6ClO_2\uparrow(\text{黄}) + 4H_2O$$

可见 ClO_2 不是 $HClO_2$ 的酸酐，ClO_2 冷凝时为红色液体。

(2) ClO_2 与碱作用可得到亚氯酸盐和氯酸盐。

首先制取 ClO_2，其方法用 SO_2 还原 $NaClO_3$，再与碱作用。

$$2NaClO_3 + SO_2 + H_2SO_4 = 2ClO_2 + 2NaHSO_4$$

$$2ClO_2 + 2NaOH = NaClO_2 + NaClO_3 + H_2O$$

(3) $Na_2O_2(H_2O_2)$与 ClO_2 作用制备纯 $NaClO_2$：

$$Na_2O_2 + 2ClO_2 = 2NaClO_2 + O_2\uparrow$$

12.5.4 卤酸及其盐

将氯酸钡与稀硫酸反应可制得氯酸：

$$Ba(ClO_3)_2 + H_2SO_4 = BaSO_4 + 2HClO_3$$

氯酸仅存在于溶液中，若将其含量提高到 40%即分解，含量再高，就会迅速分解并发生爆炸：

$$3HClO_3 = 2O_2\uparrow + Cl_2\uparrow + HClO_4 + H_2O$$

氯酸是强酸，其强度接近于盐酸，氯酸又是强氧化剂，例如它能将碘氧化为碘酸：

$$2HClO_3 + I_2 = HIO_3 + Cl_2\uparrow$$

碘酸是通过强氧化剂 Cl_2、HNO_3 和 H_2O_2 等氧化单质碘制得：

$$5Cl_2 + I_2 + 6H_2O = 2HIO_3 + 10HCl$$

$$10HNO_3 + I_2 = 2HIO_3 + 10NO_2\uparrow + 4H_2O$$

在通常条件下，碘酸是固体，比较稳定，受热到 473 K 便失水，在约 583 K 时可熔化并分解成单质：

$$2HIO_3 \xlongequal{473\ K} I_2O_5 + H_2O$$

$$4HIO_3 \xrightarrow{583\ K} 2I_2 + 5O_2 + 2H_2O$$

卤酸都是强酸，按 $HClO_3$—$HBrO_3$—HIO_3 的顺序酸性依次减弱，热稳定性依次增强，它们的浓溶液都是强氧化剂。

卤酸盐中，氯酸钾最为重要，它是无色透明晶体，在催化剂存在时，200 ℃下 $KClO_3$ 即可分解为氯化钾和氧气：

$$2KClO_3 \xrightarrow{MnO_2} 2KCl + 3O_2\uparrow$$

如果没有催化剂，400 ℃左右，主要分解成高氯酸钾和氯化钾：

$$4KClO_3 \xrightarrow{\triangle} 3KClO_4 + KCl$$

固体 $KClO_3$ 是强氧化剂，与易燃物质（如硫、磷、碳）混合后，经摩擦或撞击就会爆炸，因此可用来制造炸药、火柴及烟火等。氯酸盐通常在酸性溶液中显氧化性。例如 $KClO_3$ 在中性溶液中不能氧化 KI，但酸化后，即可将 I^- 氧化为 I_2：

$$ClO_3^- + 6I^- + 6H^+ = 3I_2 + Cl^- + 3H_2O$$

氯酸钾有毒，内服 2～3 g 即致命。

工业上制备氯酸钾采用无隔膜槽电解饱和食盐水溶液。先制得 $NaClO_3$，然后再与 KCl 反应，得到 $KClO_3$，降温后 $KClO_3$ 溶解度变小即可从 NaCl 中分离出来：

$$2NaCl + 2H_2O \xrightarrow{电解} Cl_2\uparrow + H_2\uparrow + 2NaOH$$

$$3Cl_2 + 6NaOH \xrightarrow{\triangle} NaClO_3 + 5NaCl + 3H_2O$$

$$NaClO_3 + KCl \xrightarrow{冷却} KClO_3 + NaCl$$

12.5.5 高卤酸及其盐

1. 高氯酸及其盐

氯、溴、碘都能形成高卤酸，纯高氯酸是无色黏稠状、对震动敏感的不稳定液体，凝固点 161 K，沸点 363 K，密度（25 ℃）1.761 g·cm^{-3}，是无机酸中最强的酸。沸腾时易爆炸分解：

$$4HClO_4 = 4ClO_2 + 3O_2\uparrow + 2H_2O$$

$$2ClO_2 = Cl_2\uparrow + 2O_2\uparrow$$

高氯酸的冷、稀溶液很稳定，热至近沸点也不分解；而浓高氯酸不稳定，受热分解：

$$4HClO_4 \xrightarrow{\triangle} 2Cl_2\uparrow + 7O_2\uparrow + 2H_2O$$

浓的高氯酸溶液具有强氧化性，当浓 $HClO_4$（>60%）与易燃物相遇会发生猛烈爆炸，但冷的稀酸没有明显的氧化性。

实验室可以通过浓硫酸和高氯酸钾作用制取高氯酸：

$$KClO_4 + H_2SO_4(浓) = KHSO_4 + HClO_4$$

然后用减压蒸馏方法，把 $HClO_4$ 从反应混合物中分离出来。

工业上采用电解法氧化氯酸盐以制备高氯酸。在阳极区生成高氯酸盐，酸化后，再减压蒸馏可得市售的 $HClO_4$（60%）：

$$NaClO_3 + H_2O = NaClO_4\,(\text{阳极}) + H_2\uparrow\,(\text{阴极})$$

$$NaClO_4 + HCl = HClO_4 + NaCl$$

高氯酸盐溶解度有些异常，$LiClO_4$、$Ca(ClO_4)_2$、$Ba(ClO_4)_2$ 等在水中溶解度很大，而 $KClO_4$、$RbClO_4$、$CsClO_4$ 却难溶于水。$AgClO_4$ 既可溶于水，又可溶于甲苯、吡啶中。

高氯酸盐较稳定，$KClO_4$ 的热分解温度高于 $KClO_3$。有些高氯酸盐有较显著的水合作用，例如无水高氯酸镁[$Mg(ClO_4)_2$]可作高效干燥剂。高氯酸铵是高能燃料氧气的供给者，它和可燃性物质作用转变成大量的气体产物：

$$2NH_4ClO_4 \xlongequal{483\ K} N_2 + Cl_2 + 2O_2 + 4H_2O$$

$$NH_4ClO_4 + 2C \xlongequal{\text{引爆}} NH_3\uparrow + HCl\uparrow + 2CO_2\uparrow$$

所以高氯酸铵是一种火箭推进剂。

现将氯的含氧酸及其盐的氧化性、热稳定性和酸性变化的一般规律总结如下：

酸的强度增加 ↓	氧化能力减弱、稳定性增高 ↓	酸	氧化数	盐	稳定性增高、氧化能力减弱 ↓	酸根碱性减少 ↓
		HClO	+Ⅰ	MClO		
		$HClO_2$	+Ⅲ	$MClO_2$		
		$HClO_3$	+Ⅴ	$MClO_3$		
		$HClO_4$	+Ⅶ	$MClO_4$		

氧化能力增强（←）

稳定性增高（→）

2. 高溴酸与高碘酸

氧化溴酸盐可以得到高溴酸盐，将得到的 BrO_4^- 酸化，即可获得 $HBrO_4$：

$$F_2 + BrO_3^- + 2OH^- = BrO_4^- + 2F^- + H_2O$$

$$XeF_2 + BrO_3^- + H_2O = BrO_4^- + 2HF + Xe$$

浓度为 55%（6 mol·L^{-1}）以下的 $HBrO_4$ 能长期保存，浓度再高就不稳定。真空蒸馏高浓度的 $HBrO_4$ 还可得到 $HBrO_4\cdot 2H_2O$ 晶体。

高碘酸通常有两种形式：正高碘酸（H_5IO_6）和偏高碘酸（HIO_4），它们的分子结构如下：

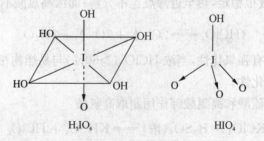

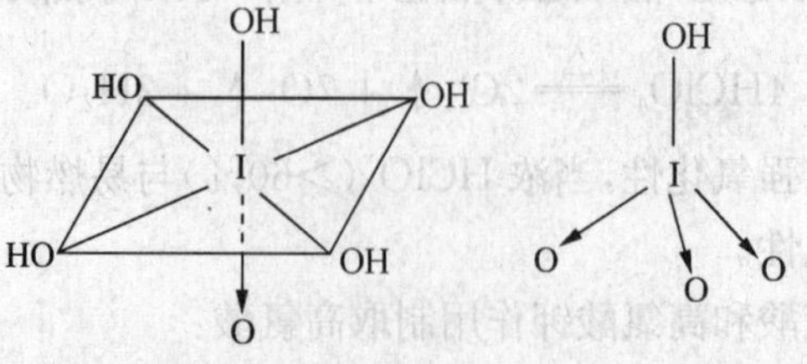

H_5IO_6　　　　HIO_4

在强酸性溶液中主要以 H_5IO_6 形式存在。H_5IO_6 在 373 K 时真空蒸馏，可逐步失水转为偏高碘酸。

高碘酸的酸性比高氯酸和高溴酸的酸性弱得多，它的 $K_{a1}^{\ominus}=2.3\times10^{-2}$，$K_{a2}^{\ominus}=4\times10^{-9}$，$K_{a3}^{\ominus}=1\times10^{-15}$。但它的氧化性比高氯酸强，与一些试剂反应平稳而又快速。因此，在分析化学上把它当作稳定的强氧化剂使用。

文献讨论题

［文献］Shirman T，Arad T，Boom M E V D. Halogen bonding：a supramolecular entry for assembling nanoparticles. *Angew. Chem. Int. Ed.*，**2010**，49，926－929.

非共价相互作用在结构工程领域发挥着重要作用。重要的超分子作用力包括氢键、卤键、范德华力、π－π堆叠等。卤键是一种新的分子间非共价作用力，它存在于卤素原子（路易斯酸）和具有孤电子对的原子或π电子体系（路易斯碱）之间，在作用方式上与氢键相似。卤键的表达形式为 DXY，其中 X 为 Lewis 酸（X 为 Cl、Br、I 或 F），电子受体位点，是卤键的供体；Y 是碳、氮、卤素等元素；D 为 Lewis 碱（D 为 N、O、S 或 π 电子体系），电子供体位点，是卤键的受体。当 D 为卤素时，XXY 之间的作用叫作卤－卤（Hal－Hal）相互作用。虽然卤键是分子间非共价作用力，但却表现出与众不同的特性。在超分子化学、材料科学、生物识别和药物设计等领域已经显示出独特的优势。阅读上述文献，分析卤键在金纳米粒子的组装过程中所起的作用。

习 题

1. 电解制氟时，为何不用 KF 的水溶液？液态氟化氢为什么不导电，而氟化钾的无水氟化氢溶液却能导电？

2. 氟在本族元素中有哪些特殊性？氟化氢和氢氟酸有哪些特性？

3. (1) 根据电极电势比较 $KMnO_4$、K_2CrO_7 和 MnO_2 分别与盐酸（$1\ mol\cdot L^{-1}$）反应生成 Cl_2 的反应趋势；

(2) 若使用 MnO_2 与盐酸反应，能顺利地产生 Cl_2，盐酸的最低浓度为多少？

4. 根据电势图计算在 298 K 时，Br_2 在碱性水溶液中歧化为 Br^- 和 BrO_3^- 的反应平衡常数。

5. 通 Cl_2 于消石灰中，可得漂白粉，而在漂白粉溶液中加入盐酸可产生 Cl_2，试用电极电势说明这两种现象。

6. 下列哪些氧化物是酸酐：OF_2、Cl_2O_7、ClO_2、Cl_2O、Br_2O 和 I_2O_5？若是酸酐，写出由相应的酸或其他方法得到酸酐的反应。

7. 如何鉴别 $KClO$、$KClO_3$ 和 $KClO_4$ 这三种盐？

8. 利用电极电势解释下列现象：在淀粉碘化钾溶液中加入少量 NaClO 时，得到蓝色溶液，加入过量 NaClO 时得到无色溶液 B，然后酸化之并加入少量固体 Na_2SO_3 于 B 溶液中，则 A 的蓝色复现，当 Na_2SO_3 过量时，蓝色又褪去成为无色溶液 C，再加入 $NaIO_3$ 溶液，蓝色的 A 溶液又出现。指出 A、B、C 各为何种物质，并写出各步的反应方程式。

9. 写出碘酸和过量 H_2O_2 反应的方程式，如在该体系中加淀粉，会看到什么现象？

10. 实验室有一卤化钙，易溶于水，试利用浓 H_2SO_4 确定此盐的性质和名称。

第 13 章　氧族元素

§13.1　氧族元素的通性

13.1.1　氧族元素的存在

周期表中ⅥA 包括氧、硫、硒、碲（音 dì）和钋（音 pō）五种元素，称为氧族元素。氧是地球上丰度最大，分布最广的元素。它的丰度约为 46.6%，在元素丰度序中居第 1 位。它既以单质 O_2 分子形式存在，也以化合态的形式存在，遍及岩石层、水层和大气层。在岩石层中，氧主要以氧化物和含氧酸盐的形式存在；在海水中，氧占海水质量的 89%；在大气层中，氧以单质状态存在，约占大气质量的 23%。

硫在地壳中的丰度为 0.034%，在元素丰度序中居第 16 位，是一种分布极广的元素，但是其富集程度达到具有经济开采价值的硫矿很少。它在自然界中以两种形态出现：单质硫和化合态硫，单质硫主要存在于火山附近。单质硫、天然气中的 H_2S 和原油及煤中的有机硫化物、金属硫化物及硫酸盐是三类最重要的工业硫资源。最重要的硫化物矿是黄铁矿（FeS_2），它是制造硫酸的重要原料。其次是黄铜矿（$CuFeS_2$）、方铅矿（PbS）、闪锌矿（ZnS）等。硫酸盐矿以石膏（$CaSO_4 \cdot 2H_2O$）和芒硝（$Na_2SO_4 \cdot 10H_2O$）为最丰富，还有重晶石（$BaSO_4$）、天青石（$SrSO_4$）等。有机硫化合物除了存在于煤和石油等沉积物中外，还广泛地存在于生物体的蛋白质、氨基酸中。

硒、碲为分散稀有元素，常伴生于金属的硫化物矿中，以硒铅矿（PbSe）、硒铜矿（CuSe）、碲铅矿（PbTe）等形式存在。制备硒和碲的主要原料是电解法精炼铜的残留物。在硫化物焙烧的烟道气中除尘时，也可回收硒和碲。

钋为居里夫人在铀矿和钍矿中发现的放射性元素，本章不做介绍。

13.1.2　氧族元素的基本性质

由表 13-1 可以看出，氧族元素在周期表中从上往下原子半径和离子半径逐渐增大，电离能和电负性逐渐变小，所以，随着原子序数的增加，元素的金属性逐渐增强，非金属性逐渐减弱。氧族元素从非金属向金属过渡，其中氧和硫是典型的非金属，硒和碲是准金属，而钋是放射性金属元素。

氧族元素的价电子构型为 ns^2np^4，因此，氧族元素与其他元素化合时有共用或夺取两个电子达到稀有气体的稳定电子层结构的趋势，表现为较强的非金属性。它们在化合物中的常见氧化数为 −2。从电子亲和能的数据看，氧族元素的原子结合第一个电子均放出能量，其中硫原子结合第一个电子放出能量多，而结合第二个电子则需吸收能量，且氧族元素的电负性值比相邻的卤素小，故氧族元素的原子获得两个电子形成简单阴离子 X^{2-} 的趋势要比相应的卤素原子形成 X^- 的倾向小得多，非金属性要弱。

表 13-1 氧族元素的一些基本性质

性质＼元素	氧	硫	硒	碲	钋
原子序数	8	16	34	52	84
相对原子质量	15.99	32.06	78.96	127.60	209
价电子构型	$2s^2 2p^4$	$3s^2 3p^4$	$4s^2 4p^4$	$5s^2 5p^4$	$6s^2 6p^4$
常见氧化态	−2，−1，0	−2，0，+2，+4，+6	−2，0，+2，+4，+6	−2，0，+2，+4，+6	—
共价半径/pm	66	104	117	137	167
M^{2-} 离子半径/pm	140	184	198	221	230
M^{6+} 离子半径/pm	9	29	42	56	56
第一电离能/(kJ·mol^{-1})	1314	1 000	941	869	812
第一电子亲和能/(kJ·mol^{-1})	141	200	195	190	183
第二电子亲和能/(kJ·mol^{-1})	−780	−590	−420	−295	—
单键解离能/(kJ·mol^{-1})	142	226	172	126	—
电负性(Pauling 标度)	3.44	2.58	2.55	2.10	2.00

由于氧的电负性很高(仅次于氟)，只有在与氟化合时才表现出正氧化态，与其他元素化合时一般形成氧化数为−2 的化合物，在过氧化物中为−1，因此通常与大多数金属元素形成二元的离子型化合物，如 Li_2O、MgO、Al_2O_3 等(形成离子晶体时晶格能足以补偿结合第二个电子所需的能量)。硫、硒、碲原子外层存在着可利用的 d 轨道，与电负性小的元素结合时表现为−2 氧化态，而与电负性大的元素结合时，可表现为+2、+4、+6 的氧化态，它们的最高氧化数与族数相一致，只有与少数电负性小的金属元素才能形成离子型化合物，如 Na_2S、BaS、K_2Se 等。氧族元素与非金属元素及金属性较弱的金属元素化合时主要形成共价化合物如 H_2O、H_2S、Ag_2S、HgS 等。

氧原子半径小，孤对电子之间的排斥力大，最外层无空的 d 轨道，O 原子之间不能形成 dπ-pπ 键，所 O—O 单键较弱。但 O 原子在与其他元素原子结合时，可形成反馈键。

13.1.3 氧族元素电势图

1. 氧的电势图

$\varphi_A^\ominus$/V

$$O_3 \xrightarrow{2.07} O_2 \xrightarrow{0.692} H_2O_2 \xrightarrow{1.776} H_2O$$

$$O_2 \xrightarrow{1.229} H_2O$$

$\varphi_B^\ominus$/V

$$O_3 \xrightarrow{1.24} O_2 \xrightarrow{-0.08} HO_2^- \xrightarrow{0.87} OH^-$$

$$O_2 \xrightarrow{0.401} OH^-$$

2. 硫的电势图

$$\varphi_A^\ominus/V \quad S_2O_8^{2-} \xrightarrow{2.00} SO_4^{2-} \xrightarrow{0.172} H_2SO_3 \xrightarrow{-0.08} HS_2O_4^- \xrightarrow{0.88} S_2O_3^{2-} \xrightarrow{0.50} S \xrightarrow{0.141} H_2S$$

(上方 0.45 连接 $HS_2O_4^-$ 与 $S_2O_3^{2-}$ 区间)
(下方 0.51 $S_4O_6^{2-}$ 0.08)
(0.40)

$$\varphi_B^\ominus/V \quad SO_4^{2-} \xrightarrow{-0.92} SO_3^{2-} \xrightarrow{-0.58} S_2O_3^{2-} \xrightarrow{-0.74} S \xrightarrow{-0.476} S^{2-}$$

(上方 −0.66)
(下方 −1.12 $S_2O_4^{2-}$ −0.50)
(−0.59)

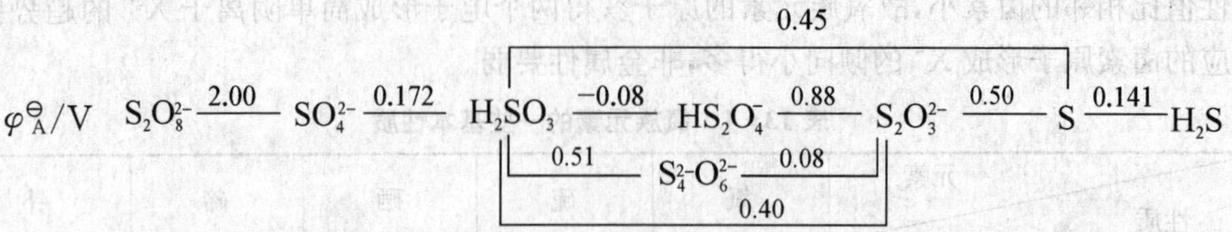

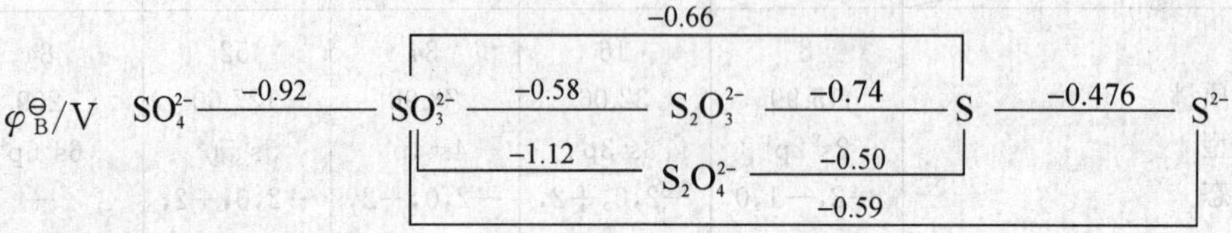

3. 硒和碲的电势图

$$\varphi_A^\ominus/V \quad SeO_4^{2-} \xrightarrow{1.151} H_2SeO_3 \xrightarrow{0.74} Se \xrightarrow{-0.399} H_2Se(aq)$$

$$H_6TeO_6 \xrightarrow{1.02} TeO_2 \xrightarrow{0.593} Te \xrightarrow{-0.69} H_2Te(aq)$$

$$\varphi_B^\ominus/V \quad SeO_4^{2-} \xrightarrow{0.05} SeO_3^{2-} \xrightarrow{-0.35} Se \xrightarrow{-0.924} Se^{2-}$$

§13.2 氧及其化合物

13.2.1 氧气和氧化物

自然界中的氧有三种同位素,即 ^{16}O、^{17}O 和 ^{18}O,在普通氧中,^{16}O 的含量占 99.76%,^{17}O 占 0.04%,^{18}O 占 0.2%。^{18}O 是一种稳定同位素,常作为示踪原子用于化学反应机理的研究中。

单质氧有氧气(O_2)和臭氧(O_3)两种同素异形体。

基态 O 原子的价电子层结构为 $2s^2 2p^4$,根据 O_2 分子的分子轨道能级图,它的分子轨道表示式为:$[KK(\sigma_{2s})^2\sigma*_{2s})^2(\sigma_{2pz})^2(\pi_{2px})^2(\pi_{2py})^2(\pi_{2px}^*)^1(\pi_{2py}^*)^1]$(键轴为 z 轴)在 O_2 分子中有一个 σ 键和两个三电子 π 键,每个三电子 π 键中有两个电子在成键轨道,一个电子在反键轨道,从键能看相当于半个正常的 π 键,两个三电子 π 键合在一起,键能相当于一个正常的 π 键,因此 O_2 分子总键能相当于 O=O 双键的键能(494 kJ·mol^{-1})。从 O_2 分子的结构可知,在 O_2 分子的反键轨道上有两个成单电子,所以 O_2 分子是顺磁性的。

O_2 是一种无色、无味的气体,在 90 K 时凝聚成淡蓝色的液体,到 54 K 时凝聚成淡蓝色固体。O_2 有明显的顺磁性,是非极性分子,不易溶于极性溶剂水中,293 K 时每 1 L 水中只能溶解 30 mL 氧气,在盐水中溶解度略小。光谱实验证明在溶有 O_2 的水中有水合氧分子存在:

$$O_2 \cdot H_2O \qquad O_2 \cdot 2H_2O$$

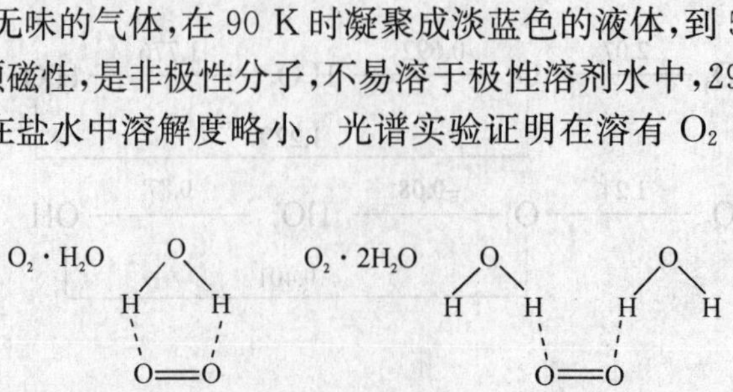

O_2 在水中的溶解度虽小，但它却是水生动植物赖以生存的基础。在许多有机溶剂（如乙醚、CCl_4、丙酮、苯等）中，O_2 的溶解度较在水中大 10 倍左右，因此在使用这类溶剂制备、处理对氧敏感的化合物时，需仔细除氧。

1. 氧气的制备

空气和水是制取 O_2 的主要原料，工业上使用的氧气大约有 97%是从空气中分离得到，3%用电解水得到。工业上制取氧，主要是通过物理方法液化空气，然后分馏制氧（b.p. N_2 77 K，O_2 90 K）。把所得的氧压入高压钢瓶中储存，便于运输和使用。此方法制得的 O_2，纯度高达 99.5%。若实验室中需制备 O_2，可用的方法是（现在实验室用的 O_2 大多也是高压钢瓶氧气）：

(1) MnO_2 为催化剂，加热分解 $KClO_3$。

(2) $NaNO_3$ 热分解：$2NaNO_3 = 2NaNO_2 + O_2\uparrow$

(3) 金属氧化物热分解：$2HgO = 2Hg + O_2\uparrow$

(4) 过氧化物热分解：$2BaO_2 = 2BaO + O_2\uparrow$

2. 氧气的化学性质

氧气是反应活性很高的气体，在室温或较高温度下可直接和大多数单质（除 W、Pt、Au、Ag、Hg、卤素和稀有气体）化合成氧化物，与活泼金属还可以形成过氧化物或超氧化物。如：

$$2Mg + O_2 = 2MgO$$

$$S + O_2 = SO_2$$

$$2Na + O_2 = Na_2O_2$$

$$K + O_2 = KO_2$$

在适当的条件下（自发或被热、光、放电等方法引发），许多无机化合物和所有的有机化合物均可直接与 O_2 作用，如：

$$4NH_3 + 5O_2 = 4NO + 6H_2O$$

$$2CO + O_2 = 2CO_2$$

$$2Sb_2S_3 + 9O_2 = 2Sb_2O_3 + 6SO_2$$

氧的另一个重要的反应是作为配体与血红蛋白结合，在血液输送氧的过程中起重要作用。

作为氧化剂，氧气在酸性溶液中的氧化性大于在碱性溶液中的氧化性，这可以从电极电势值看出：

$$O_2 + 4H^+ + 4e^- = 2H_2O \quad \varphi_A^\ominus = 1.229\ V$$

$$O_2 + 2H_2O + 4e^- = 4OH^- \quad \varphi_B^\ominus = 0.401\ V$$

液态氧的化学活性相当高，可与许多金属、非金属反应，特别是与有机物接触时，易发生爆炸性反应。因此，储存、运输、使用液氧时要格外小心。

氧是重要的生命元素，在自然界是循环的。氧气的用途广泛，大量的氧气（60%以上）用于炼钢，在化工、医疗、污水处理、高空飞行、潜水、养殖、切割和焊接等领域也有广泛使用。

液氧常用作制冷剂、航天火箭燃料的氧化剂。

3. 氧化物

氧化物种类繁多，除了较轻的稀有气体外，周期表中其他元素的氧化物均有发现，而且与氧形成不止一种二元化合物。氧化物的性质差异很大，从难以冷凝的气体（如 CO，沸点为－191.5 ℃）到耐火氧化物（如 ZrO，熔点为 3 265 ℃，沸点约为 4 850 ℃）；电学性能从最好的绝缘体（如 MgO），经半导体（如 NiO），变为导体（如 ReO_3）；有的是整比化合物，有的是非整比化合物；相对于单质而言有的热力学稳定，有的不稳定。

绝大多数非金属氧化物属于酸性氧化物，还有某些高价金属氧化物显酸性，如 $Mn_2O_7 \rightarrow HMnO_4$，$CrO_3 \rightarrow H_2CrO_4$ 和 $H_2Cr_2O_7$；多数金属氧化物属于碱性氧化物，如 Na_2O、MgO 等；一些金属氧化物属于两性氧化物，如 Al_2O_3、ZnO、BeO、Ga_2O_3、CuO、Cr_2O_3 等；还有极少数的非金属氧化物，如 As_2O_3、I_2O、TeO_2 等也属于两性氧化物；一些特殊的氧化物，如 CO、NO、N_2O 属于不显酸性或碱性的氧化物。

氧化物还可以按其价键特征分为离子型氧化物、共价型氧化物和过渡型氧化物。大部分金属氧化物属于离子型，但能形成典型离子键的只有碱金属和碱土金属（除去 Be）氧化物，其他的金属氧化物则属于过渡型。过渡型有两种情况：一种是离子型为主，含部分共价性的，如 BeO、Al_2O_3、Cr_2O_3 等；另一种是共价型为主，含部分离子性，如 GeO_2、Ag_2O 等。这些金属离子外壳为 18 电子或小于 18 电子构型，本身具有较大的变形性，形成化合物后，键具有明显的共价性；非金属及高氧化态 8 电子构型、18 电子外壳、18＋2 电子外壳的金属氧化物，如 SO_2、Mn_2O_7、SnO 等。

还有一些特殊的氧化物，如过氧化物、超氧化物、臭氧化物、双氧基盐、双氧金属配合物以及非化学计量比氧化物等。

4. 氧化物酸碱性的规律

氧化物酸碱性一般规律是：

（1）同周期主族元素的最高价氧化物从左到右酸性增强。

Na_2O	MgO	Al_2O_3	SiO_2	P_2O_5	SO_3	Cl_2O_7
碱性	碱性	两性	酸性	酸性	酸性	酸性

（2）同主族元素同价态氧化物从上到下碱性增强。

N_2O_3	P_2O_3	As_2O_3	Sb_2O_3	Bi_2O_3
酸性	酸性	两性	两性	碱性

（3）同一元素多种价态的氧化物氧化数高的酸性强。

As_4O_6 两性	PbO 碱性
As_2O_5 酸性	PbO_2 两性

（4）氧化物的酸碱性因变价而发生递变，在 d 区过渡元素中更为常见，如：

MnO	MnO_2	MnO_3	Mn_2O_7
碱性	两性	酸性	酸性

（5）稀土元素从 La 到 Lu 随原子序数的增大，其氧化物的碱性减弱。

13.2.2　臭氧

1. 臭氧的存在和产生

如前所述，臭氧(O_3)是单质氧的两种同素异形体之一。臭氧因其具有一种特殊的腥臭而得名，O_3 是一种淡蓝色的气体，O_3 在稀薄状态下并不臭，闻起来有清新爽快之感。雷雨之后的空气，令人呼吸舒畅，沁人心脾，就是因为有少量 O_3 存在的缘故。O_3 比 O_2 易溶于水，O_3 比 O_2 易液化，161 K 时成暗蓝色液体，但难于固化，在 22 K 时，凝成黑色晶体。O_3 是抗磁性的。在高空约 25 km 高度处，O_2 分子受到太阳光紫外线的辐射($\lambda < 242$ nm)而分解成 O 原子，O 原子不稳定，与 O_2 分子结合生成 O_3 分子：

$$O_2 \rightleftharpoons 2O$$

$$O + O_2 \overset{h\nu}{\rightleftharpoons} O_3$$

$$2O_3 \overset{h\nu}{\rightleftharpoons} 3O_2$$

臭氧在地面附近的大气层含量极少，浓度约 0.001 $mg \cdot L^{-1}$，在 20 km～50 km 的高空，O_3 的浓度在大气中达到最大值，形成了环绕地球的臭氧层，浓度约 0.2 $mg \cdot L^{-1}$。O_3 能吸收波长在 220～330 nm 范围的紫外光，吸收紫外光后，O_3 又分解为 O_2。因此，高层大气中存在着 O_3 形成和分解的两种光化学过程，这两种过程最后达到动态平衡，结果形成了一个浓度相对稳定的臭氧层。正是臭氧层吸收了大量紫外线，才使地球上的生物免遭这种高能紫外线的伤害。

近年来，保护地球生命的高空臭氧层面临严重的威胁，随着人类活动的频繁和工农业生产及现代科学技术的大规模发展，造成大气的污染日趋严重。大气中的还原性气体污染物如氟利昂(氯氟烃 CCl_2F_2、CCl_3F)、氮氧化物(NO_x)、SO_2、CO、H_2S 等越来越多，它们同大气高层中的 O_3 发生反应，导致了 O_3 浓度的降低，臭氧层遭到破坏，从而造成对环境和生物的严重影响。以 CCl_2F_2、NO_2 对 O_3 的破坏为例，反应如下：

(1) $CF_2Cl_2 = CF_2Cl + Cl$

$Cl + O_3 \xrightarrow{h\nu} ClO + O_2$

$ClO + O \longrightarrow Cl + O_2$

(2) $NO_2 \xrightarrow{h\nu} NO + O$

$NO + O_3 \longrightarrow NO_2 + O_2$

$NO_2 + O \longrightarrow NO + O_2$

第一组反应说明，氯氟烃进入大气层后受紫外线辐射而分解产生 Cl 原子，Cl 原子则可引发破坏 O_3 的循环反应。由第二个反应消耗掉的 Cl 原子，在第三个反应中又重新产生，又可以和另外一个 O_3 分子反应，因此每个 Cl 原子能参与大量的破坏 O_3 的反应，而 Cl 原子本身只作为催化剂，反复起分解 O_3 的作用。类似地，第二组反应说明，氮氧化物也可不断地消耗 O_3。

不断测量的结果证实臭氧层已经开始变薄，乃至出现空洞。臭氧层变薄和出现空洞，就意味着更多的紫外线辐射到达地面，紫外线对生物具有破坏性，对人的皮肤、眼睛，甚至免疫系统都会造成伤害，强烈的紫外线还会影响鱼虾类和其他水生生物的正常生存，乃至造成某些生物灭绝，会严重阻碍各种农作物和树木的正常生长，又会使由 CO_2 量增加而导致的温室效应加剧，对地球上的生命产生严重的影响。

实验室利用对氧气的无声放电来获得臭氧，通过此方法从发生器中出来的气体中约含3%～10%的臭氧。可进一步利用氧和臭氧的沸点相差较大(约 70 K)的特点，通过分馏液化的方法制备更纯净、浓度较高的臭氧。

2. 臭氧的结构

在 O_3 分子中，三个 O 原子均采取 sp^2 杂化，中心 O 原子的其中两个 sp^2 杂化轨道上的未成对电子与两侧两个 O 原子 sp^2 杂化轨道上的未成对电子生成两个(sp^2-sp^2)σ 键；中心 O 原子另一 sp^2 杂化轨道上还有一对孤对电子。两侧两个 O 原子各还有两对孤对电子。在三个 O 原子之间还存在着四个 p 电子形成一个垂直于分子平面的三中心四电子的离域 π 键(Π_3^4)，这个离域 π 键是由中心的 O 原子提供 2 个 p 电子(来自于未参与杂化的 p 轨道)，两侧两个 O 原子各提供 1 个 p 电子(来自未参与杂化的 p 轨道)形成的。

由于三个 O 原子上孤电子对相互排斥，使 O_3 分子呈等腰三角形状，键角为 116.8，键长为 127.8 pm(介于 O—O 单键键长148 pm与 O═O 双键键长 112 pm 之间)。臭氧分子结构如图 13 - 1。

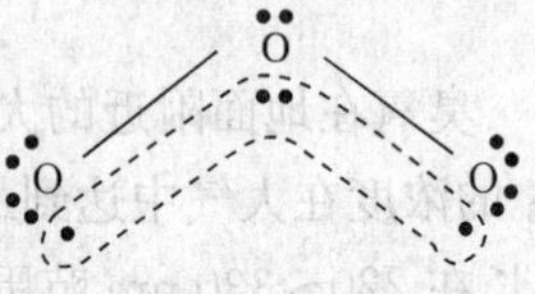

图 13 - 1 臭氧分子结构

臭氧分子中的离域 π 键 Π_3^4，亦可用长方框来表示：

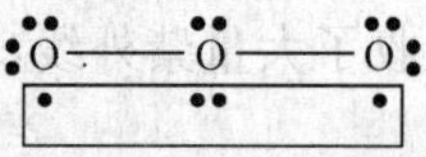

框内圆点表示形成离域 π 键的电子(画在提供电子的原子上)，框外点表示未参与离域 π 键的电子。

由于臭氧分子中不存在成单电子，所以 O_3 分子是抗磁性的。

3. 离域 π 键的形成条件

凡有 3 个或 3 个以上原子形成的 π 键称为离域 π 键(或大 π 键)，在 3 个或 3 个以上用 σ 键连接起来的原子之间，要形成离域 π 键，必须满足下列三个条件：

(1) 几个原子共平面(共平面分子)；

(2) 每个原子均有一垂直于分子平面的 p 轨道；

(3) p 轨道中电子总数小于 p 轨道数的 2 倍(以保证键级大于零)。

离域 π 键用符号 Π_a^b 表示，其中 a 为组成离域 π 键的 p 轨道数，b 为组成离域 π 键的电子数。

4. 臭氧的化学性质和用途

O_3 不稳定，常温下就可缓慢分解，473 K 以上则迅速分解。紫外线或催化剂(MnO_2、PbO_2、铂黑等)存在下，会加速分解生成氧气，并放出热量：

$$2O_3 \longrightarrow 3O_2 \qquad \Delta_r H_m^\ominus = -286\ \mathrm{kJ \cdot mol^{-1}}$$

臭氧的电极电势：

$$O_3 + 2H^+ + 2e^- = O_2 + H_2O \qquad \varphi_A^\ominus = 2.07\ \mathrm{V}$$

$$O_3 + H_2O + 2e^- \rightleftharpoons O_2 + 2OH^- \quad \varphi_B^\ominus = 1.24\ V$$

说明 O_3 无论在酸性或碱性条件下都具有很强的氧化性，O_3 比 O_2 有更大的化学活性，比 O_2 有更强的氧化性，是仅次于 F_2 和高氙酸盐的最强氧化剂之一。

例如，它能氧化一些只具有弱还原性的单质或化合物，有时可把某些元素氧化到不稳定的高价状态：

$$PbS + 2O_3 \rightleftharpoons PbSO_4 + O_2$$

$$2Ag + 2O_3 \rightleftharpoons 2O_2 + Ag_2O_2\text{（过氧化银）}$$

O_3 能迅速且定量地氧化 I^- 成 I_2，这个反应被用来测定 O_3 的含量：

$$O_3 + 2I^- + H_2O \rightleftharpoons I_2 + O_2 + 2OH^-$$

O_3 可以氧化 CN^-，故这个反应常用来治理电镀工业中的含氰废水：

$$O_3 + CN^- \rightleftharpoons OCN^- + O_2$$

$$4OCN^- + 4O_3 + 2H_2O \rightleftharpoons 4CO_2 + 2N_2 + 3O_2 + 4OH^-$$

O_3 还能氧化有机物，特别是对烯烃的氧化反应可以用来确定不饱和双键的位置，例如：

$$O_3 + CH_3CH = CHCH_3 \longrightarrow CH_3CHO$$

臭氧的强氧化性和不易导致二次污染，被用作无污染消毒杀菌剂；臭氧在处理工业废水方面有广泛的用途，可以分解多种芳烃和不饱和链烃，对亲水性的染料脱色效果很好，是优良的污水净化剂、脱色剂、饮水消毒剂；臭氧还可以用作棉、麻、纸张的漂白剂和皮毛的脱臭剂。空气中微量的臭氧不仅能杀菌，还能刺激中枢神经、加速血液循环，对人体健康有益。但空气中 O_3 含量超过一定量时，不仅对人体有害，对其他动、植物也有害，它的破坏性也是基于它的氧化性。

13.2.3 水*

水是地球上天然存在量最多的化合物，对宇宙生命起着重要的作用，它是生命之源。水是人类和一切生物赖以生存和发展的不可缺少的最重要的物质资源之一。人的生命一刻也离不开水，人体内发生的一切化学反应都是在以水为介质的环境中进行：没有水，食物不能消化，养料不能被吸收；没有水，氧气、养料不能运到所需部位；没有水，废物不能排除，新陈代谢将停止。在现代工业、农业生产中，没有一项不和水直接或间接发生关系。水作为大自然赋予人类的宝贵财富，早就被人们关注。但是人们经常使用“水资源”一词，却是近一二十年的事。水资源的定义很多，普遍认可的理解为人类长期生存、生活和生产活动中所需要的具有数量要求和质量前提的水量，狭义地就是通常所指的淡水资源。但是，由于天然水中或多或少总含有某些杂质，人们通常根据生活、生产的实际需要，对水进行不同的处理。

1. 天然水的净化

地球有“水球”之称。据权威人士估计，地球上的储水量达 3.85 亿立方千米。这些天然水中除含有一些固体悬浮物外，可能还有可溶性的气体、无机矿物质、有机物，甚至还有细菌、病毒等，因此在使用前常常先进行净化处理。

(1) 生活饮用水的净化

饮用水的净化就是要除去对人有害的物质，如细菌、病毒、超量的矿物质、悬浮物和固体颗粒。悬浮物和固体颗粒可用自然沉降或加入混凝剂经过滤除去。

常用的混凝剂为石灰乳和硫酸铝、明矾等。利用产生的氢氧化铝胶状沉淀吸附水中较小的悬浮物和大部分细菌，通过沉降而除去。

部分有机物和微生物常采用充气（氧化有机物）、日光或紫外线辐射、煮沸、氯化（欧美近年趋向用 ClO_2）、臭氧化（多国采用）等方法除去。

自来水公司就是通过"混凝沉降—澄清过滤—杀菌消毒"净化流程，将天然水净化使其达到国家饮用水标准，通过管道向城乡居民提供生活饮用水。在净化后达到生活饮用水要求的基础上，再进一步纯化可得纯净水。据国家《瓶装饮用纯净水卫生标准》(GB17324—1998)，纯净水的定义为："以符合生活饮用水卫生标准的水为原料，通过电渗析法、离子交换法、反渗透法、蒸馏法及其他适当的加工方法制得的密封于容器中且不含任何添加物可直接饮用的水。"目前市场上销售的瓶装饮用水主要分两大类——纯净水和矿泉水，其他的纯水、高纯水、超纯水、太空水、宇宙水、磁化水、电解水、蒸馏水、去离子水、活性水、高氧水等基本属于"纯净水"范畴。

(2) 工业用水的净化

就是要除去对生产各个环节有害的矿物质、悬浮物和固体颗粒等。如锅炉用水，要除钙镁等易形成水垢的物质，因水垢形成会严重影响热效率并威胁安全生产。

悬浮物和固体颗粒可用自然沉降或加入混凝剂经过滤除去。工业用水可用聚氯化铝、硫酸铁、聚丙烯酰胺等作为混凝剂。

无机矿物质中，可溶性的钙盐、镁盐对锅炉的影响最大，应除去。含可溶性的钙盐、镁盐较多的水称为硬水。其中若钙、镁以酸式盐形式存在，则称为暂时硬水。暂时硬水可煮沸使其沉淀析出：

$$Ca^{2+} + 2HCO_3^- \xlongequal{\triangle} CaCO_3 \downarrow + CO_2 \uparrow + H_2O$$

$$Mg^{2+} + 2HCO_3^- \xlongequal{\triangle} MgCO_3 \downarrow + CO_2 \uparrow + H_2O$$

若钙、镁以硫酸盐或氯化物形式存在，用加热方法不能使其除去，则这种水称为永久硬水。

因钙、镁的碳酸盐、酸式碳酸盐的存在而显示的硬度称为暂时硬度；因钙、镁的硫酸盐、氯化物的存在而显示的硬度称为永久硬度；天然水的硬度为暂时硬度与永久硬度之和。

将水中可溶性的钙、镁盐除去以软化水的方法较多，除了用加热方法使暂时硬水软化外，常用的有化学法和离子交换法。

① 化学法：如加入石灰乳和碳酸钠作为基本软化剂，使钙、镁离子形成沉淀析出：

$$Ca^{2+} + CO_3^{2-} \xlongequal{\quad} CaCO_3 \downarrow$$

$$Mg^{2+} + CO_3^{2-} \xlongequal{\quad} MgCO_3 \downarrow$$

有时还加入少量磷酸钠作为辅助软化剂：

$$3Ca^{2+} + 2PO_4^{3-} \xlongequal{\quad} Ca_3(PO_4)_2 \downarrow$$

② 离子交换法：用钠型强酸性阳离子交换树脂 $R-SO_3^-Na^+$ 除去水中的钙、镁等离子，如：

$$2R-SO_3^-Na^+ + Ca^{2+} \underset{\text{再生}}{\overset{\text{交换}}{\rightleftharpoons}} (R-SO_3^-)_2Ca^{2+} + 2Na^+$$

离子交换反应是可逆的，被 Ca^{2+}、Mg^{2+} 等离子饱和后的树脂可用浓盐水处理再生。

生产、生活产生的污水里含有细菌、耗氧量和金属离子会严重污染和危害江河、土壤乃至毒害植物、动物和人类本身，所以应该经处理达标后才可排放。

(3) 海水的淡化

地球并不缺水，但人们可用的淡水资源自 20 世纪 50 年代以来随着工农业发展和人口增长面临严重缺乏，而人类的盲目性造成的江、河、湖泊水污染、湖泊缩小、地下水下降、水土流失等更使淡水资源短缺问题雪上加霜。人类要想在地球上继续生存和发展，必须解决水资源短缺问题。人类不但要采取有效措施治理环境、保护水资源，同时还要加紧海水淡化的研究和应用。地球上 97%的水是目前人类还无法直接饮用的海水，提高海水淡化的技术便成为开发新水源的重要途径之一。

用化学或物理方法除去海水中的盐分以获得淡水的工艺过程叫作海水淡化，亦称海水脱盐。海水淡化的方法，基本上分为两大类：① 从海水中取淡水，有蒸馏法、反渗透法、水合物法、溶剂萃取法和冰冻法；② 除去海水中的盐分，有电渗析法、离子交换脱盐法和压渗法。

目前反渗透法是海水淡化的主流技术，此法主要使用一种选择性薄膜（如醋酸纤维素膜），将海水加压超过其渗透压，海水中的水通过膜的量大于淡水通过膜的量，而盐不能通过膜，从而获得淡水，实现海水淡化。

2. 水合作用

水是极性分子，可与许多物质发生水合作用，如与分子发生水合作用形成水合分子，与离子发生水合作用形成水合离子，含有水的晶态物质称为结晶水合物，其中的水称为结晶水。在结晶水合物中，水有多种不同的存在形式，如羟基水、配位水、阴离子水、晶格水、沸石水等。

13.2.4　过氧化氢

1. 过氧化氢的分子构型

在过氧化氢分子中，有一个过氧链—O—O—，每个 O 原子上各连一个 H 原子。4 个原子不在一条直线上，也不共平面。将一本书打开，两页纸面的键二面角约为 94°，—O—O—在书的中缝上，2 个 H 原子在两个书页上，O—H 键与 O—O 键间的夹角都约为 97°。两个 O 原子都以 sp^3 不等性杂化，每个 O 原子中，其中的两个杂化轨道各只占有一个电子，另外两个杂化轨道上都是孤电子对。O—O 形成 $sp^3-sp^3\sigma$ 键，O—H 是 sp^3(O)与 1s(H)形成 σ 键。孤对电子的存在使键角与键二面角变得都小于 109°28′。结构如图 13 - 2。

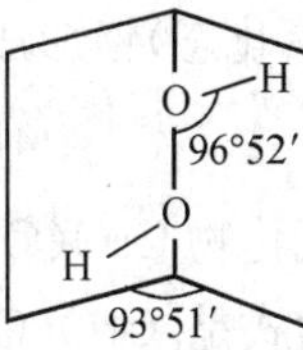

图 13 - 2　过氧化氢的分子构型

2. 过氧化氢的性质

纯 H_2O_2 是淡蓝色黏稠状液体，极性比 H_2O 强，由于 H_2O_2 分子间有较强的氢键，所以比 H_2O 的缔合程度还大，沸点也远比水高，为 151.4 ℃，但其熔点与水接近，为−0.89 ℃，密度随温度变化。可以与水以任意比例互溶，市售试剂为 30%的 H_2O_2 水溶液，3%的 H_2O_2 水溶液在医药上称为双氧水，有消毒杀菌的作用。在 H_2O_2 中 O 的氧化数为−1，H_2O_2 的化学性质主要表现为对热不稳定性、强氧化性、弱还原性和极弱的酸性。

(1) 不稳定性

H_2O_2 的电极电势图为：

$\varphi_A^\ominus/V$　　$O_2 \xrightarrow{0.68} H_2O_2 \xrightarrow{1.78} H_2O$

$\varphi_B^\ominus/V$　　$O_2 \xrightarrow{-0.08} HO_2^- \xrightarrow{0.87} OH^-$

H_2O_2 在两种介质中均不稳定，将歧化分解：

$$2H_2O_2(l) = 2H_2O + O_2(g) \qquad \Delta_r H_m^\ominus = -196.06\ kJ \cdot mol^{-1}$$

纯过氧化氢在避光和低温下稳定，但在常温下，无杂质的情况下，分解速度缓慢，426 K

时发生爆炸式分解，光照射也会使其分解加快，在碱性条件下分解较快。温度高或引入杂质、重金属离子(如 Mn^{2+}、Fe^{3+}、Cr^{3+}、Cu^{2+} 等)、MnO_2 及粗糙活性表面均能使其分解反应加快。为防止过氧化氢分解，通常采取下列措施：

① 用棕色瓶、塑料瓶(黑色纸包裹)，防止光的照射和玻璃的碱性；

② 加配合剂，如 $Na_2P_2O_7$、8-羟基喹啉等，以使相关离子杂质被配合掉；

③ 加 Na_2SnO_3，水解成 SnO_2 胶体，吸附有关离子杂质。

(2) 弱酸性

H_2O_2 是极弱的二元弱酸：

$$H_2O_2 \rightleftharpoons H^+ + HO_2^- \qquad K_{a1}^{\ominus} = 2.4 \times 10^{-12}$$

$$HO_2^- \rightleftharpoons H^+ + O_2^{2-} \qquad K_{a2}^{\ominus} \approx 10^{-25}$$

H_2O_2 的浓溶液和碱作用成盐，如：

$$H_2O_2 + Ba(OH)_2 = BaO_2 \downarrow + 2H_2O$$

过氧化钡可以看成一种特殊的盐，即过氧化氢的盐。

在酸性溶液中，H_2O_2 能使重铬酸盐生成二过氧合铬的氧化物 $CrO(O_2)_2$，这是高氧化态(+6 氧化态)铬形成的过氧基配位化合物：

$$4H_2O_2 + Cr_2O_7^{2-} + 2H^+ = 2CrO(O_2)_2 + 5H_2O$$

该氧化物 $CrO(O_2)_2$ 在乙醚或戊醇等有机溶剂中较稳定，在乙醚层中形成的蓝色化合物的化学式是[$CrO(O_2)_2((C_2H_5)_2O)$]。此反应可用来检出 H_2O_2 和 $Cr_2O_7^{2-}$ 或 CrO_4^{2-} 的存在，反应前需向溶液中加入乙醚或戊醇，否则，在水溶液中 $CrO(O_2)_2$(或写成 CrO_5)进一步与 H_2O_2 反应，蓝色迅速消失：

$$7H_2O_2 + 2CrO_5 + 6H^+ = 7O_2 \uparrow + 2Cr^{3+} + 10H_2O$$

(3) 氧化还原性质

过氧化氢中氧的氧化数为−1(处于中间氧化数)，因此，过氧化氢既有氧化性又有还原性。H_2O_2 作还原剂、氧化剂时均不引入杂质，被称为“干净的”还原剂、氧化剂。

① 氧化性

标准电极电势如下：

$$H_2O_2 + 2H^+ + 2e^- = 2H_2O \qquad \varphi_A^{\ominus} = 1.776\ V$$

$$HO_2^- + H_2O + 2e^- = 3OH^- \qquad \varphi_B^{\ominus} = 0.87\ V$$

在酸中、碱中氧化性都很强，在酸性介质中氧化性更为突出：

$$2HI + H_2O_2 = I_2 + 2H_2O$$

油画的颜料中含 Pb(Ⅱ)，长久与空气中的 H_2S 作用，生成黑色的 PbS，使油画发暗。用 H_2O_2 涂刷，生成 $PbSO_4$，油画变白：

$$PbS + 4H_2O_2 = PbSO_4 + 4H_2O$$

在碱性介质中 H_2O_2 的氧化性虽不如在酸性溶液中强，但与还原性较强的亚铬酸钠($NaCrO_2$)等反应时，仍表现出一定的氧化性：

$$3H_2O_2 + 2NaCrO_2(\text{深绿色}) + 2NaOH = 2Na_2CrO_4(\text{黄色}) + 4H_2O$$

$$H_2O_2 + Mn(OH)_2(\text{白色}) = MnO_2\downarrow(\text{棕黑色}) + 2H_2O$$

② 还原性

过氧化氢可被氧化，放出 O_2。

$$O_2 + 2H^+ + 2e^- = 2H_2O_2 \qquad \varphi_A^\ominus = 0.692\ V$$

$$O_2 + H_2O + 2e^- = HO_2^- + OH^- \qquad \varphi_B^\ominus = -0.08\ V$$

在酸中还原性不强，需强氧化剂才能将其氧化：

$$2MnO_4^- + 5H_2O_2 + 6H^+ = 2Mn^{2+} + 5O_2\uparrow + 8H_2O$$

$$Cl_2 + H_2O_2 = 2HCl + O_2\uparrow$$

在碱中是较好的还原剂：

$$H_2O_2 + Ag_2O = 2Ag + O_2\uparrow + H_2O$$

3. 过氧化氢的制取和用途

(1) 实验室制法

实验室可以用 BaO_2 或 Na_2O_2 为原料来制备 H_2O_2，例如：用稀硫酸与过氧化物反应来制取 H_2O_2。

$$BaO_2 + H_2SO_4 = BaSO_4\downarrow + H_2O_2$$

低温下：$Na_2O_2 + H_2SO_4 + 10H_2O = Na_2SO_4\cdot 10H_2O + H_2O_2$

通 CO_2 气体于 BaO_2 溶液中，亦可制取过氧化氢：

$$BaO_2 + CO_2 + H_2O = BaCO_3\downarrow + H_2O_2$$

(2) 工业制备法

工业制备 H_2O_2 的方法有电解-水解法和乙基蒽醌法。

① 电解-水解法

以铂片作电极，通直流电电解硫酸氢盐溶液或硫酸盐的硫酸溶液（如 $(NH_4)_2SO_4$ 或 K_2SO_4 的 50% H_2SO_4 溶液）。电解时，在阳极（铂电极）上 HSO_4^- 被氧化得到过二硫酸盐，而在阴极（石墨或铅电极）产生氢气：

阳极：$2HSO_4^- = S_2O_8{}^{2-} + 2H^+ + 2e^-$

阴极：$2H^+ + 2e^- = H_2\uparrow$

然后在电解产物过二硫酸盐中加入适量的硫酸，在减压下进行水解、蒸馏、浓缩分离、除去酸雾，再经精馏，制得 H_2O_2：

$$S_2O_8^{2-} + 2H_2O = 2HSO_4^- + H_2O_2$$

生成的硫酸氢铵可循环使用。电解法能耗大，成本高，但产品质量好，能加工成高浓度的试剂级产品，适合特殊行业的使用。

② 乙基蒽醌法

以钯（或镍）为催化剂，在有机溶剂（如苯）中，以 H_2 还原 2-乙基蒽醌为 2-乙基蒽醇，再以空气(O_2)将 2-乙基蒽醇氧化生成原来的 2-乙基蒽醌和 H_2O_2，2-乙基蒽醌可循环使

用。其反应为:

$$\underset{\text{2-乙基蒽醌}}{C_{16}H_{12}O_2} + H_2 \xlongequal{\text{Pd 催化}} \underset{\text{2-乙基蒽醇}}{C_{16}H_{12}(OH)_2}$$

$$\underset{\text{2-乙基蒽醇}}{C_{16}H_{12}(OH)_2} + O_2 = \underset{\text{2-乙基蒽醌}}{C_{16}H_{12}O_2} + H_2O_2$$

总反应为:

$$H_2 + O_2 \xlongequal[\text{2-乙基蒽醌}]{\text{Pd 催化}} H_2O_2$$

当反应进行到溶液中 H_2O_2 浓度为 5.5 g·L^{-1}时,用水抽取,便得到 18%的过氧化氢水溶液,减压蒸馏可得质量分数为 30% 的 H_2O_2 水溶液,在减压下进一步分级蒸馏,H_2O_2 浓度可高达 98%,再冷冻,可得纯 H_2O_2 晶体。

③ 异丙醇氧化法

在加热和加压的条件下,异丙醇经多步空气氧化生成丙酮和过氧化氢:

$$CH_3CH(OH)CH_3 + O_2 = CH_3COCH_3 + H_2O_2$$

与电解法相比,蒽醌法能耗低,2-乙基蒽醌能重复利用,合成过程只消耗氢气和氧气(取之于空气)是典型的绿色化学工艺,故此法使用者众多,是目前工业上生产 H_2O_2 的主要方法。当然,对于电价低廉地区,亦不排斥电解法。

(3) 用途

H_2O_2 最常用作氧化剂,利用 H_2O_2 的氧化性,还可漂白毛、丝织物,3%的 H_2O_2 水溶液在医药上用于消毒杀菌。纯 H_2O_2 还可用作火箭燃料的氧化剂,其优点是还原产物为水,不引进杂质,不污染环境。要注意质量分数大于 30%以上的 H_2O_2 水溶液会灼伤皮肤。

§ 13.3 硫及其化合物

13.3.1 单质硫

单质硫有多种同素异形体,其中最常见的是正交硫($\alpha=\beta=\gamma=90°$)和单斜硫($\alpha=\gamma=90°$,$\beta>90°$)。正交硫(旧称为斜方硫或菱形硫)亦称 α-硫,单斜硫又叫 β-硫。正交硫在 368.4 K 以下稳定,单斜硫在 368.4 K 以上稳定。368.4 K 是这两种变体的转变温度,只有在此温度下这两种变体处于平衡态。正交硫是室温下唯一稳定的硫的存在形式($\Delta_f H_m^\ominus=0$,$\Delta_f G_m^\ominus=0$),所有其他形式的硫在放置时都会转变成晶体的正交硫。正交硫和单斜硫都易溶于 CS_2 中,都是由 S_8 环状分子(皇冠构型)组成的,在这个环状分子中,每个 S 原子均采取 sp^3 不等性杂化态,与另外两个硫原子形成共价单键相联结。在此构型中键长是 206 pm,内键角为 108°,两个面之间的夹角为 98°。

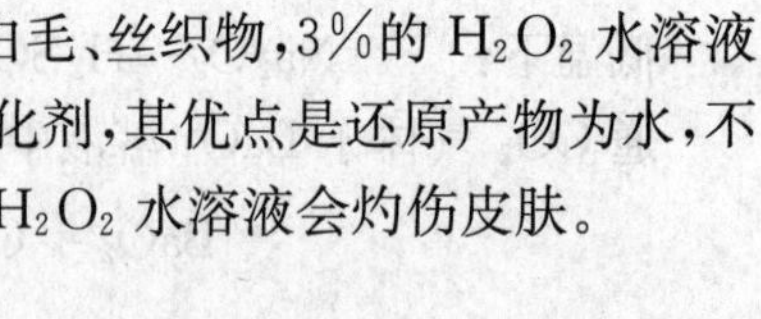

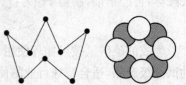

图 13-3 硫单质的 S_8 环状分子结构示意图

硫为黄色晶状固体，熔点为 385.8 K（正交硫）和 392 K（单斜硫），沸点 717.6 K，密度为 2.07 $g \cdot cm^{3-}$（正交硫）和 1.96 $g \cdot cm^{3-}$（单斜硫）。它的导热性和导电性都很差，性松脆，不溶于水，能溶于 CS_2 中。从 CS_2 中再结晶，可以得到纯度很高的晶状硫。硫在熔化时，S_8 环状分子破裂并发生聚合作用，形成很长的硫链（S_∞）。此时液态硫的颜色变深，黏度增加，接近 473 K 时它的黏度最大。温度高于 523 K 时，长硫链就会断裂成较小的短链分子，所以黏度下降。当温度达到 717.6 K 时，硫开始沸腾，硫变成蒸气，蒸气中有 S_8、S_6、S_4、S_2 等分子存在，温度越高，分子中硫原子数越少。在 1 473 K 以上时，硫蒸气离解成 S 原子。若把熔融的硫急速倾入冷水中，缠绕在一起的长链状的硫被固定下来，成为能拉伸的弹性硫。但放置后，弹性硫会发硬并逐渐转变成晶状硫。弹性硫与晶状硫不同之处在于：晶状硫能溶解在 CS_2 中，而弹性硫只能部分溶解。

硫能形成氧化态为－2、＋6、＋4、＋2、＋1 的化合物，－2 氧化数的硫具有较强的还原性，＋6 氧化数的硫只有氧化性，＋4 氧化数的硫既具有氧化性也有还原性。单质硫的化学性质较活泼，加热或高温时，除金、铂、铱外，硫几乎能与所有的金属直接加热化合，生成金属硫化物。也能与除稀有气体、分子氮、碘及碲以外的所有非金属化合：

$$S + Zn = ZnS$$

$$S + Hg = HgS$$

$$2S + C = CS_2$$

利用硫与汞反应生成 HgS，可以除去实验室中洒落在地面的少量单质汞。

硫能溶解在氢氧化钠溶液中：

$$6S + 6NaOH = 2Na_2S_2 + Na_2S_2O_3 + 3H_2O$$

硫能被浓硝酸氧化成硫酸：

$$S + 2HNO_3(浓) = H_2SO_4 + 2NO$$

13.3.2　硫化氢和氢硫酸

硫化氢（H_2S）是热力学上唯一稳定的硫的氢化物，它作为火山爆发或细菌作用的主要产物广泛存在于自然界中，它也是单质硫的主要来源之一。H_2S 是一种无色有剧毒的气体，有臭鸡蛋气味，是一种大气污染物。空气中如果含量达到 5 $mg \cdot L^{-1}$ 时，使人感到烦躁；达10 $mg \cdot L^{-1}$ 时，会引起头疼和恶心；达 100 $mg \cdot L^{-1}$ 会造成人昏迷和死亡。经常与 H_2S 接触会引起嗅觉迟钝、消瘦、头痛等慢性中毒症状。空气中 H_2S 的最大允许含量为 0.01 $mg \cdot L^{-1}$。H_2S 在 213 K 时凝聚成液体，187 K 时凝固。它在水中的溶解度不大，20 ℃条件下，1 体积水能溶解 2.6 体积的 H_2S 气体，饱和溶液浓度约为 0.1 $mol \cdot L^{-1}$，这种溶液叫作硫化氢水或氢硫酸。

1. 硫化氢的制备

(1) S 蒸气与 H_2 直接化合：

$$S + H_2 = H_2S$$

(2) 实验室中用金属硫化物与酸作用制备 H_2S：

$$FeS + H_2SO_4 \longrightarrow H_2S\uparrow + FeSO_4$$

$$Na_2S + H_2SO_4 \longrightarrow H_2S\uparrow + Na_2SO_4$$

前一反应可用启普发生器制备较小量的 H_2S 气体，后一反应适用于制备较大量的 H_2S 气体。

2. 硫化氢的性质

H_2S 的水溶液是二元弱酸，它在水中的电离：

$$H_2S \rightleftharpoons H^+ + HS^- \qquad K_{a1} = 8.9\times10^{-8}$$

$$HS^- \rightleftharpoons H^+ + S^{2-} \qquad K_{a2} = 1.0\times10^{-15}$$

H_2S 中 S 的氧化数为 -2，处于 S 的最低氧化态，所以 H_2S 的一个重要化学性质是它具有还原性。从标准电极电势看，无论在酸性或碱性介质中，H_2S 都具有较强的还原性：

$$\varphi_A^\ominus(S/H_2S) = 0.141\ V$$

$$\varphi_B^\ominus(S/S^{2-}) = -0.476\ V$$

H_2S 能被 I_2、Fe^{3+}、Br_2、O_2、SO_2 等氧化剂氧化成单质 S，甚至可以被 Cl_2、Br_2 等强氧化剂氧化成硫酸或硫酸盐：

$$H_2S + I_2 \longrightarrow 2HI + S$$

$$H_2S + 2Fe^{3+} \longrightarrow 2Fe^{2+} + S + 2H^+$$

$$H_2S + 4Br_2 + 4H_2O \longrightarrow H_2SO_4 + 8HBr$$

$$2H_2S + SO_2 \longrightarrow 3S + 2H_2O$$

$$2H_2S + O_2 \longrightarrow 2S + 2H_2O$$

工业上利用后两个反应从工业废气中回收单质硫。在火山地区常有天然单质硫的矿藏，这可能是由地下的硫化物矿床与高温水蒸气作用生成硫化氢，硫化氢与氧气或二氧化硫作用而形成了单质硫的沉积矿床。

13.3.3 硫化物

1. 金属硫化物

(1) 硫化物的颜色和溶解性

硫化物基本上可分为非金属硫化物和金属硫化物。非金属硫化物不多，金属硫化物较多，自然界许多金属都是以硫化物矿存在，如方铅矿(PbS)、闪锌矿(ZnS)、黄铁矿(FeS_2)、辉锑矿(Sb_2S_3)等。氢硫酸与金属盐溶液、金属与硫直接反应或用碳还原硫酸盐(如 $Na_2SO_4 + 4C \longrightarrow Na_2S + 4CO$)等方法均可制得硫化物。

硫化物可以看作是氢硫酸所生成的正盐，在饱和的 H_2S 水溶液中 H^+ 和 S^{2-} 浓度之间的关系是：

$$c(H^+)^2c(S^{2-}) = 9.23\times10^{-22}$$

在酸性溶液中通 H_2S，溶液中 $c(H^+)$ 浓度大，$c(S^{2-})$ 浓度低，所以只能沉淀出溶度积小的金属硫化物。而在碱性溶液中通 H_2S，溶液中 $c(H^+)$ 浓度小，$c(S^{2-})$ 浓度高，可以将多种金属离子沉淀成硫化物。

金属硫化物大多数是有颜色难溶于水的固体，只有碱金属和铵的硫化物易溶于水，碱土金属硫化物微溶于水。生成难溶硫化物的元素在周期表中占有一个集中的区域，而 ⅠB、ⅡB 族重金属硫化物是已知溶解度最小的。硫化物的溶解度不仅取决于温度，还与溶解时溶液的 pH 及 $c(S^{2-})$ 有关。因此，控制适当的酸度，利用 H_2S 溶液能将混合溶液中的不同金属离子按组分离。这是在定性分析化学中用 H_2S 来分离、鉴别溶液中不同金属阳离子的理论基础。部分金属硫化物在水中的溶解性和特征颜色见表 13－2。

表 13－2 硫化物的颜色和溶解性

名称	化学式	颜色	在水中	在稀酸中	溶度积
硫化钠	Na_2S	白色	易溶	易溶	—
硫化锌	ZnS	白色	不溶	易溶	1.2×10^{-23}
硫化锰	MnS	肉红色	不溶	易溶	1.4×10^{-15}
硫化亚铁	FeS	黑色	不溶	易溶	3.7×10^{-19}
硫化铅	PbS	黑色	不溶	不溶	3.4×10^{-28}
硫化镉	CdS	黄色	不溶	不溶	3.6×10^{-29}
硫化锑	Sb_2S_3	橘红色	不溶	不溶	2.9×10^{-59}
硫化亚锡	SnS	褐色	不溶	不溶	1.2×10^{-25}
硫化汞	HgS	黑色	不溶	不溶	4.0×10^{-53}
硫化银	Ag_2S	黑色	不溶	不溶	1.6×10^{-49}
硫化铜	CuS	黑色	不溶	不溶	8.9×10^{-45}

硫化物的组成、性质与相应的氧化物相似，它们的酸碱性变化规律与相应的氧化物相同，同一元素相同氧化态的硫化物的碱性弱于相应的氧化物。

(2) 硫化物的水解

氢硫酸是弱酸，所有的硫化物无论是易溶的还是难溶的，都会产生一定程度的水解，使溶液显碱性。Na_2S 溶液显强碱性，可作为强碱使用：

$$Na_2S + H_2O \rightleftharpoons NaHS + NaOH$$

Al_2S_3、Cr_2S_3 完全水解，故这些硫化物不能用湿法从溶液中制备：

$$Al_2S_3 + 6H_2O \rightleftharpoons 2Al(OH)_3\downarrow + 3H_2S\uparrow$$

难溶的 CuS 和 PbS 有微弱的水解。

硫化钠和硫化铵是工业上有较多用途的水溶性硫化物。Na_2S 是一种白色晶状固体，熔点 1 453K，在空气中易潮解。常见商品是它的水合晶体 $Na_2S\cdot9H_2O$，广泛用于涂料、食品、漂染、制革、荧光材料等工业中。$(NH_4)_2S$ 是一种常用的水溶性硫化物试剂，是一种黄色晶体。

Na_2S 是通过还原天然芒硝来进行大规模的工业生产的。

① 用煤粉高温还原 Na_2SO_4：

$$Na_2SO_4 + 4C \xrightarrow[\text{高温转炉}]{1\,373\ K} Na_2S + 4CO$$

② 用 H_2 气还原 Na_2SO_4：

$$Na_2SO_4 + 4H_2 \xrightarrow[\text{高温转炉}]{1\,273\ K} Na_2S + 4H_2O$$

③ $(NH_4)_2S$ 是将 H_2S 通入氨水中制备的：

$$2NH_3 \cdot H_2O + H_2S \longrightarrow (NH_4)_2S + 2H_2O$$

2. 多硫化物

碱金属、碱土金属硫化物及硫化铵的水溶液能够溶解单质硫，就好像碘化钾溶液可以溶解单质碘一样，在溶液中生成多硫化物。如 Na_2S 或 $(NH_4)_2S$ 溶解单质硫：

$$Na_2S + (x-1)S \longrightarrow Na_2S_x$$

$$(NH_4)_2S + (x-1)S \longrightarrow (NH_4)_2S_x$$

多硫化物溶液一般显黄色，其颜色可随着溶解硫的增多（x 值增加）而加深，可为黄色、棕色，最深为红色。

多硫离子具有链状结构，S 原子通过共用电子对相连成硫链。S_3^{2-}、S_5^{2-} 离子结构如下：

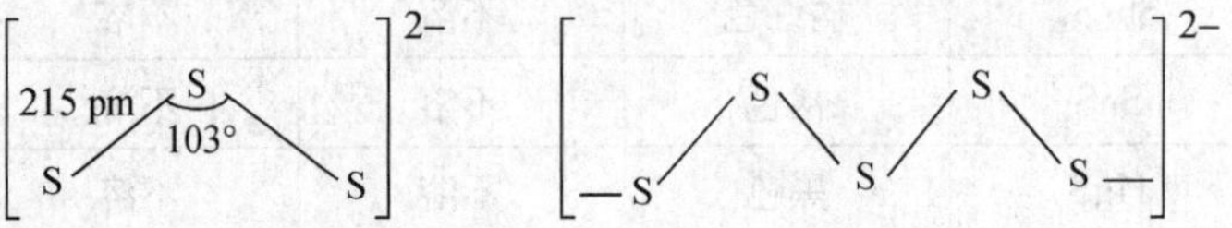

S_3^{2-}　　　　S_5^{2-}

当多硫化物 M_2S_x 中的 $x=2$ 时，例如 Na_2S_2 或 $(NH_4)_2S_2$，也可以叫作**过硫化物**，类似于过氧化物。在反应中它向其他反应物提供活性硫而表现出氧化性，能将硫化亚锡（Ⅱ）（SnS）氧化成硫代锡（Ⅳ）酸盐（$(NH_4)_2SnS_3$）而溶解。将三硫化二砷（Ⅲ）（As_2S_3）氧化成硫代砷（Ⅳ）酸盐而溶解：

$$SnS + (NH_4)_2S_2 \longrightarrow (NH_4)_2SnS_3$$

$$As_2S_3 + 3Na_2S_2 \longrightarrow 2Na_3AsS_4 + S$$

多硫化物在酸性溶液中很不稳定，容易歧化分解生成 H_2S 和单质 S：

$$S_x^{2-} + 2H^+ \longrightarrow H_2S + (x-1)S\downarrow$$

多硫化钠 Na_2S_2 是常用的分析化学试剂，在制革工业中用作原皮的脱毛剂；多硫化钙 CaS_4 在农业上用作杀虫剂。

3. 金属离子的分离*

通常，组分的分离方法是利用混合物中的个别组分在两相中分配系数的差异而使物质被分配进入不同的相。分离程序在日常生活、工农业生产及科学研究中有着十分重要的意义。例如对试样中某元素的测定可采用仪器分析法，其灵敏度一般较高，但由于其他元素的干扰、检出限等诸多因素限制，一般在测量前采用分离技术或富集技术以在一定程度上克服上述困难。水溶液中金属离子的分离是分析工作者要经常面临的任务。

如果在对指定范围内的离子进行定性分析，即当试液组成已大致了解，只要证实其中某个或某些离子是否存在时可用分别分析法。分别分析是指共存的离子对待鉴定的离子的反应不干扰，或少数几种离子虽有干扰，但可用加掩蔽剂的方法除去干扰，直接在试液中用专属性或选择性高的反应检出待测离子的方法。

试液中含有多种离子，分别分析不适用时，则需要用系统分析。系统分析是指按一定的先后顺序将试液中的离子进行分离(分组)后再鉴定待检离子的方法。分析步骤是首先用几种试剂将试液中性质相似的离子分成若干组，使一组离子沉淀或反应的试剂称为组试剂，然后在每一组中，用适宜的鉴定反应鉴定某离子是否存在，有时需要在各组内作进一步的分离和鉴定。如含有 Ag^+、Hg_2^{2+}、Pb^{2+}、Fe^{3+}、Ni^{2+} 和 Al^{3+} 等离子试液的系统分析可按下列步骤进行：

Ag^+、Hg_2^{2+}、Pb^{2+}、Fe^{3+}、Al^{3+}、Ni^{2+}

$$\downarrow 2\ mol \cdot L^{-1}\ HCl$$

$AgCl$、Hg_2Cl_2、$PbCl_2$	Fe^{3+}、Al^{3+}、Ni^{2+}
(银组)	(铁镍组)

然后使银组离子再分离，以鉴定 Ag^+、Hg_2^{2+}、Pb^{2+}，铁镍组离子再分离，以鉴定 Fe^{3+}、Al^{3+}、Ni^{2+}。

常见金属离子(NH_4^+ 因与碱金属离子有很多相似之处，也一并加以讨论)的分离方法：

(1) 生成挥发性气体：当 NH_4^+ 与其他离子共存而又须除掉铵离子时，可利用加强碱加热的方法除去 NH_4^+。

$$NH_4^+ + OH^- \xlongequal{} NH_3\uparrow + H_2O$$

(2) 生成氯化物沉淀：一般阳离子的氯化物都易溶于水或 HCl 中，只有 Ag^+、Pb^{2+} 和 Hg_2^{2+} 的氯化物难溶于水，因此当需将这三种离子同其他离子分开时，需加入稀 HCl。如：

$$\begin{matrix} Ag^+ \\ Cu^{2+} \end{matrix} \xrightarrow{HCl} \begin{matrix} AgCl\downarrow \\ Cu^{2+} \end{matrix}$$

(3) 生成硫酸盐沉淀：需从混合溶液中分离 Ba^{2+}、Ca^{2+}、Sr^{2+}、Pb^{2+} 时，可采用生成硫酸盐沉淀的方法。如：

$$\begin{matrix} Ba^{2+} \\ Pb^{2+} \\ Zn^{2+} \end{matrix} \xrightarrow{H_2SO_4} \begin{matrix} BaSO_4\downarrow \\ PbSO_4\downarrow \\ Zn^{2+} \end{matrix} \xrightarrow{NH_4Ac} \begin{matrix} BaSO_4\downarrow \\ [Pb(Ac)_3]^- \end{matrix}$$

(4) 生成羟基配合物：需从混合离子中分离两性离子 Zn^{2+}、Al^{3+}、Cr^{3+}、Sn^{2+}、Sn^{4+}、Sb^{3+}、Pb^{2+}、Cu^{2+} 时，可采用生成羟基配合物的方法。如：

$$\begin{matrix} Zn^{2+} \\ Cr^{3+} \\ Fe^{3+} \end{matrix} \xrightarrow{过量\ NaOH} \begin{matrix} [Zn(OH)_4]^{2-} \\ [Cr(OH)_4]^- \\ Fe(OH)_3\downarrow \end{matrix} \quad [Cr(OH)_4]^- \xrightarrow{H_2O_2,Pb^{2+}} PbCrO_4\downarrow$$

(5) 生成氨配离子：当需将 Co^{2+}、Ni^{2+}、Cu^{2+}、Ag^+、Zn^{2+}、Cd^{2+} 同其他离子分离时，可通过加过量氨水生成氨配离子而分离。如

$$\begin{matrix} Zn^{2+} \\ Al^{3+} \\ Fe^{3+} \\ Ni^{2+} \end{matrix} \xrightarrow{NH_3 \cdot H_2O(过量)} \begin{matrix} [Zn(NH_3)_4]^{2+} \\ Al(OH)_3\downarrow \\ Fe(OH)_3\downarrow \\ [Ni(NH_3)_6]^{2+} \end{matrix}$$

(6) 生成硫代酸盐：当需从混合硫化物中分离 As_2S_5、As_2S_3、Sb_2S_5、Sb_2S_3、SnS_2、HgS 时，可向沉淀中

加入过量 Na_2S。此时,这些硫化物将转化为硫代酸盐而溶解。如:

$$\begin{matrix} Bi_2S_3 \\ SnS_2 \end{matrix} \xrightarrow{Na_2S} \begin{matrix} Bi_2S_3 \\ SnS_3^{2-} \end{matrix}$$

(7) 利用不同介质中硫化物沉淀情况不同或硫化物在不同介质中的溶解性进行分离。具体方法详见相关分析化学教材中硫化氢系统分组法。常见阳离子与 H_2S 或 $(NH_4)_2S$ 的反应:

① 在约 0.3 $mol \cdot L^{-1}$ HCl 条件下通入 H_2S,能生成沉淀的金属离子。例如

（约 0.3 $mol \cdot L^{-1}$ HCl，H_2S）

离子	沉淀	溶解性
Ag^+	$Ag_2S\downarrow$(黑色)	溶于热 HNO_3
Pb^{2+}	$PbS\downarrow$(黑色)	
Cu^{2+}	$CuS\downarrow$(黑色)	
Cd^{2+}	$CdS\downarrow$(黄色)	
Bi^{3+}	$Bi_2S_3\downarrow$(黑色)	
Hg^{2+}	$HgS\downarrow$(黑色)	溶于王水
Hg_2^{2+}	$HgS\downarrow+Hg\downarrow$(黑色)	
As(Ⅴ)	$As_2S_5\downarrow$(黄色)	难溶于浓 HCl、溶于 NaOH、Na_2S
As(Ⅲ)	$As_2S_3\downarrow$(黄色)	
Sb(Ⅴ)	$Sb_2S_5\downarrow$(橙色)	溶于浓 HCl NaOH 或 Na_2S
Sb^{3+}	$Sb_2S_3\downarrow$(橙色)	
Sn^{4+}	$SnS_2\downarrow$(黄色)	
Sn^{2+}	$SnS\downarrow$(褐色)	溶于浓 HCl 或 Na_2S_x

HgS、As_2S_5、As_2S_3、Sb_2S_5、Sb_2S_3、SnS_2 等易溶于 Na_2S 溶液中,生成可溶性硫代酸盐。

硫化物	$\xrightarrow{Na_2S}$	$\xrightarrow{HCl}$
As_2S_5	AsS_4^{3-}	$As_2S_5\downarrow$
As_2S_3	AsS_3^{3-}	$As_2S_3\downarrow$
Sb_2S_5	SbS_4^{3-}	$Sb_2S_5\downarrow$
Sb_2S_3	SbS_3^{3-}	$Sb_2S_3\downarrow$
SnS_2	SnS_3^{2-}	$SnS_2\downarrow$
HgS	HgS_2^{2-}	$HgS\downarrow$

$$SnS + S_2^{2-} = SnS_3^{2-}$$

$$SnS_3^{2-} + 2H^+ = SnS_2\downarrow + H_2S$$

② 与 $(NH_4)_2S$(或氨性溶液中通 H_2S)作用能生成沉淀的金属离子。如:

（$(NH_4)_2S$）

离子	沉淀	溶解性
Mn^{2+}	$MnS\downarrow$(肉色)	溶于稀 HCl
Fe^{2+}	$FeS\downarrow$(黑色)	
Fe^{3+}	$FeS\downarrow$(黑色)	
Zn^{2+}	$ZnS\downarrow$(白色)	
Co^{2+}	$\alpha-CoS\downarrow$(黑色) $\xrightarrow[\text{或加热}]{\text{放置}}$ $\beta-CoS$	不溶于稀 HCl
Ni^{2+}	$\alpha-NiS\downarrow$(黑色) $\xrightarrow[\text{或加热}]{\text{放置}}$ $\beta-NiS$	溶于稀 HNO_3
Al^{3+}	$Al(OH)_3\downarrow$(白色)	溶强碱及稀 HCl
Cr^{3+}	$Cr(OH)_3\downarrow$(灰绿色)	

硫化物沉淀大多是胶状沉淀,共沉淀现象比较严重,有时还会出现后沉淀现象。分离效果不理想。而且 H_2S 是一种有毒并且有恶臭的气体,应用受到限制。实验室经常用硫代乙酰胺作为 H_2S 的替代品,因其

在酸性或碱性水溶液中发生水解：

$$CH_3CSNH_2 + 2H_2O + H^+ \xlongequal{} CH_3COOH + NH_4^+ + H_2S$$

$$CH_3CSNH_2 + 3OH^- \xlongequal{} CH_3COO^- + NH_3(g) + H_2O + S^{2-}$$

这种方法为均匀沉淀法，会使沉淀性质及其分离效果有所改善。

(8) 萃取法：溶剂萃取是分离离子的一种常见而有效的手段。利用串级萃取的方法已能将性质极为相近的稀土元素进行分离。例如，可利用乙醚萃取 CrO_5、丙酮萃取$[Co(NCS)_4]^{2-}$等简单萃取法分离 Cr 或 Co。

13.3.4 硫的含氧化合物

硫的氧化数有多种，见诸报道的硫的氧化物有 S_2O、SO、S_2O_3、SO_2、SO_3、S_2O_7、SO_4 等，其中最重要的是 SO_2 和 SO_3，但能形成的含氧酸及其相应的盐种类繁多。硫的若干含氧酸见表 13-3。

表 13-3 硫的若干含氧酸

名称	化学式	硫的平均氧化数	结构式	存在形式
次硫酸	H_2SO_2	+2	H—O—S—O—H	盐
连二亚硫酸	$H_2S_2O_4$	+3	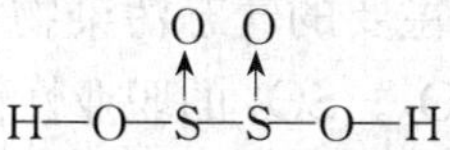	盐
亚硫酸	H_2SO_3	+4	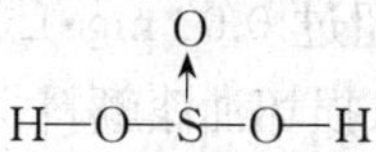	盐
硫酸	H_2SO_4	+6	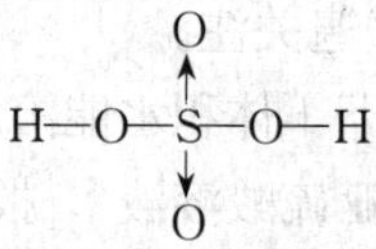	酸、盐
焦硫酸	$H_2S_2O_7$	+6	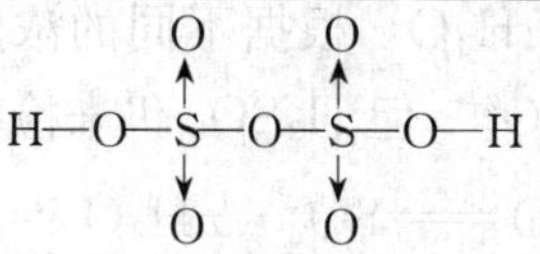	酸、盐
硫代硫酸	$H_2S_2O_3$	+2	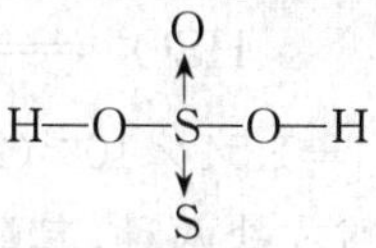	盐
过氧硫酸 （又称过一硫酸）	H_2SO_5	+8	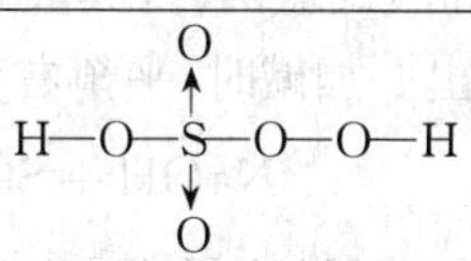	酸、盐
过二硫酸	$H_2S_2O_8$	+7	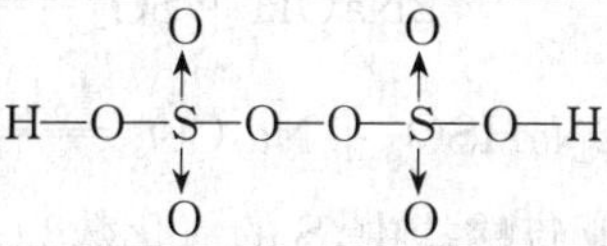	酸、盐
连多硫酸	$H_2S_xO_6$ $(x=2\sim6)$	+5，+3.3， +2.5，+2，+1.7	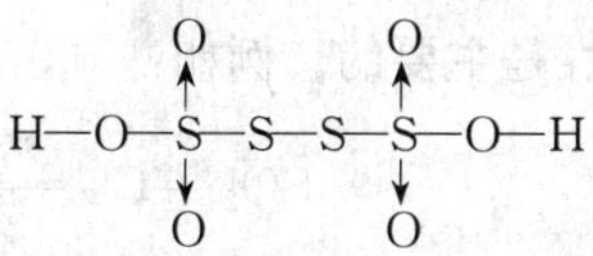 $(x=4)$	盐

1. 二氧化硫、亚硫酸、亚硫酸盐

(1) SO_2 的分子结构

二氧化硫与臭氧分子具有类似的几何结构，是V型分子(如图 13-4)：

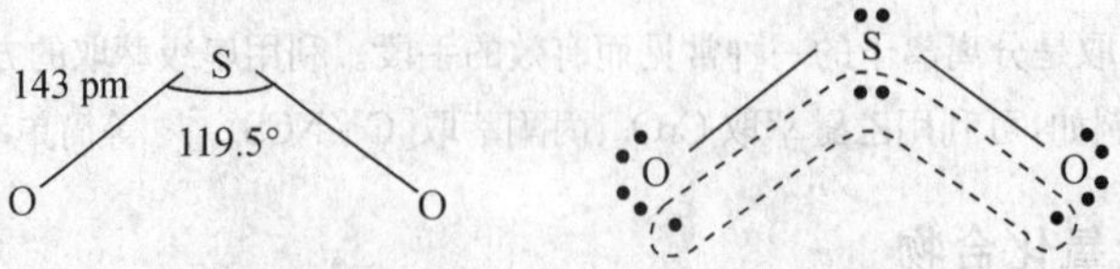

图 13-4 SO_2的分子结构

中心S原子采取 sp^2 不等性杂化，分别与两侧的O原子形成 σ 键，S原子未参加杂化的p轨道上的电子对与两侧O原子p轨道上的单电子形成一个离域 π 键 Π_3^4。

(2) SO_2 和 H_2SO_3 的性质

SO_2 是一种无色有刺激性臭味的气体，比空气重 2.26 倍。SO_2 是极性分子，常压下，263 K 就能液化。液态 SO_2 是很有用的非水溶剂和反应介质。

SO_2 是大气中一种主要的气态污染物，是造成酸雨的主要因素之一，燃烧煤、油等燃料时均会产生相当多的 SO_2。SO_2 的职业性慢性中毒会引起食欲丧失，大便不通和气管炎症。空气中 SO_2 的含量不得超过 $0.02\ mg\cdot L^{-1}$。含有 SO_2 的空气不仅对人类及动植物有害，还会腐蚀建筑物、金属制品、损坏油漆颜料、植物和皮革等。如何将 SO_2 对环境的危害减小到最低限度已引起人们的普遍关注。

SO_2 易溶于水，常况下 1 体积水能溶解 40 体积的 SO_2，相当于质量分数为 10%的溶液。SO_2 溶于水得到所谓的"亚硫酸溶液"。根据对 SO_2 水溶液的光谱研究，认为其中主要物质为各种水合物 $SO_2\cdot nH_2O$。根据不同的浓度、温度和 pH，存在的离子有 H_3O^+、HSO_3^-、$S_2O_5^{2-}$，还有痕量的 SO_3^{2-}，但 H_2SO_3 仍未检出来。在亚硫酸的水溶液中存在下列平衡：

$$SO_2 + xH_2O \rightleftharpoons SO_2 \cdot xH_2O \rightleftharpoons H^+ + HSO_3^- + (x-1)H_2O \quad (K_1)$$

$$HSO_3^- \rightleftharpoons H^+ + SO_3^{2-} \quad (K_2)$$

以上两个平衡中，$K_1 = 1.54 \times 10^{-2}$(291 K)，$K_2 = 1.02 \times 10^{-7}$(291 K)，所以亚硫酸为二元酸，它的盐也有正盐和酸式盐两种，其酸式盐的酸性比 NH_4Cl 强。加酸并加热时上述平衡左移，有 SO_2 气体逸出。加碱时，平衡右移，生成酸式盐或正盐：

$$NaOH + SO_2 \xlongequal{} NaHSO_3$$

$$2NaOH + SO_2 \xlongequal{} Na_2SO_3 + H_2O$$

$$2NaHSO_3 + Na_2CO_3 \xlongequal{煮沸} Na_2SO_3 + H_2O + CO_2\uparrow$$

SO_2、亚硫酸及亚硫酸盐中，S的氧化数为+4，所以 SO_2、亚硫酸及亚硫酸盐既有氧化性又有还原性，但还原性是主要的。例如：

$$SO_2 + Cl_2 \xlongequal[\triangle]{活性炭} SO_2Cl_2$$

SO_2 在酸性溶液中能使 MnO_4^- 还原为 Mn^{2+}，与 I_2 进行的定量反应已用于容量分析：

$$HSO_3^- + I_2 + H_2O \xlongequal{} SO_4^{2-} + 3H^+ + 2I^-$$

重要的是 SO_3^{2-} 与 MnO_4^- 的反应，注意介质不同 MnO_4^- 被还原的产物不同。

只有遇到强还原剂时，SO_2 及亚硫酸盐才表现出氧化性。

$$SO_2 + 2H_2S \xlongequal{} 3S + 2H_2O$$

$$SO_2 + 2CO \xlongequal{773\ K} S + 2CO_2$$

$$2SO_3^{2-} + 4HCOO^- \xlongequal{} S_2O_3^{2-} + 2C_2O_4^{2-} + 2OH^- + H_2O$$

$$2SO_3{}^{2-} + 2H_2O + 2Na \xlongequal{} S_2O_4^{2-} + 4OH^- + 2Na^+$$

$$2NaHSO_3 + Zn \xlongequal{} Na_2S_2O_4 + Zn(OH)_2$$

$Na_2S_2O_4 \cdot 2H_2O$ 俗名保险粉，是极强的还原剂，是很好的吸氧剂。

亚硫酸及其盐都不稳定，能发生歧化反应，例如：

$$4Na_2SO_3(s) \xlongequal{\triangle} 3Na_2SO_4(s) + Na_2S(s)$$

亚硫酸盐或酸式亚硫酸盐遇强酸即分解，放出 SO_2，这也是实验室制取少量 SO_2 的一种方法。

NH_4^+ 及碱金属的亚硫酸盐易溶于水，由于水解，溶液呈碱性，其他金属的正盐均微溶于水，而所有的酸式亚硫酸盐都易溶于水，酸式盐的溶解度大于正盐。这是由于酸式盐的酸根的电荷低、半径大、降低了正负离子之间的作用力，使其溶解度增大。

SO_2 溶于 H_2O 后能与有机色素加成，生成无色有机物，因此可用作纸张、草帽等的漂白剂。这种漂白不同于漂白粉的氧化漂白作用。SO_2 主要用于制造硫酸和亚硫酸盐，还大量用于制造合成洗涤剂、食物和果品的防腐剂、住所和用具的消毒剂。亚硫酸氢钙 $Ca(HSO_3)_2$ 大量用于溶解木质素制造纸浆。亚硫酸钠和亚硫酸氢钠大量用于染料工业；也用作漂白织物时的去氯剂：

$$SO_3^{2-} + H_2O + Cl_2 \xlongequal{} SO_4^{2-} + 2Cl^- + 2H^+$$

农业上用 $NaHSO_3$ 作抑制剂，利用 $NaHSO_3$ 抑制植物的光呼吸（此过程消耗能量和营养）以提高净光合作用，从而促使水稻、小麦等农作物增产。

(3) SO_2 的制法

制备 SO_2 常采用还原法、氧化法和置换法。

还原法是由高氧化态的硫还原为低氧化态的 SO_2，例如：

$$2H_2SO_4(浓) + Zn \xlongequal{} ZnSO_4 + SO_2\uparrow + 2H_2O$$

氧化法是由低价态的硫氧化为高氧化态的 SO_2，例如：

$$S + O_2 \xlongequal{} SO_2$$

$$4FeS_2 + 11O_2 \xlongequal{} 2Fe_2O_3 + 8SO_2\uparrow$$

$$2ZnS + 3O_2 \xlongequal{} 2ZnO + 2SO_2\uparrow$$

工业生产主要采用这种方法。

置换法是由亚硫酸盐与稀酸反应来制备 SO_2，反应过程中硫的氧化数不发生变化。反应式为：

$$SO_3^{2-} + 2H^+ \xlongequal{} SO_2 + H_2O$$

2. 三氧化硫、硫酸、硫酸盐

(1) SO_3 的结构

三氧化硫(SO_3)常温下为液态，熔点为 289.9 K，沸点 317.8 K。

气态 SO_3 分子呈平面三角形，如图 13-5(a)。中心 S 采取 sp^2 杂化，与 3 个 O 原子形成 3 个 σ 键，分子中还有一个 Π_4^6 离域 π 键。键角 120°，键长 143 pm，显然具有双键特征(S—O 单键键长约为155 pm)。

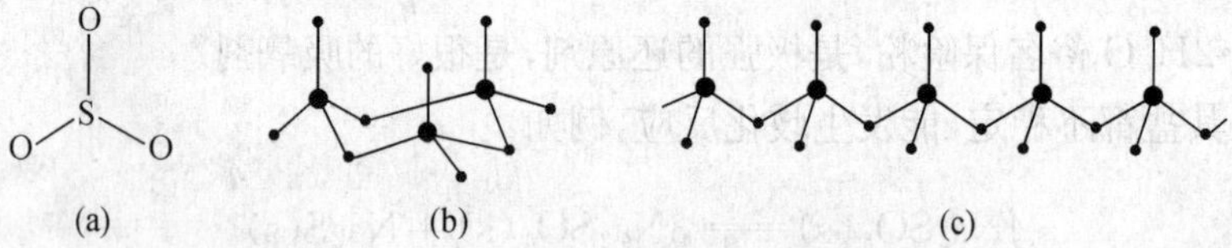

图 13-5　SO_3的单分子、环状和链状结构示意图

液态 SO_3 有两种结构：平面单分子 SO_3 和环状三聚分子$(SO_3)_3$，如图 13-5(a)和(b)，液态时两种变体处于平衡，且温度越高，三聚体越少。

固体 SO_3 呈白色，主要以两种形式存在。固态 SO_3 有 α、β、γ 三种变体，稳定性依次降低。α-SO_3 是石棉形的，结构与石棉相似，是由许多 SO_3 基团通过氧原子互相连接起来的长链，在链的中间有一些交联键，进而形成复杂的层状结构，且为三种变体中最稳定的一种。β-SO_3 要在痕量水存在下才形成，由许多[SO_4]四面体彼此连接起来呈链状结构$(SO_3)_n$，如图 13-5(c)，链中 S — O 键长为 161 pm，端梢的 O 与 S 的键长为 141 pm。另一种固态 γ-SO_3 是冰状结构的三聚体$(SO_3)_3$。三个 S 原子通过 O 原子以单键连接成环状如图 13-5(b)。在三聚和链聚两种结构中，S 原子以 sp^3 杂化。分别至少有两种氧原子，一种是端基氧，一种是桥氧，前者形成较强的键。

SO_3 是一种强氧化剂，在高温时，它能将单质 P 氧化为 P_4O_{10}，将 HBr 氧化为 Br_2。如：

$$10SO_3 + P_4 \xlongequal{} P_4O_{10} + 10SO_2$$

SO_3 具有强吸水性，与水结合生成硫酸(H_2SO_4)：

$$SO_3 + H_2O \xlongequal{} H_2SO_4$$

作为路易斯酸，SO_3 能广泛地同无机或有机配位体形成加合物，例如与氧化物生成 SO_4^{2-}，与 Ph_3P 生成 Ph_3PSO_3，与 NH_3 在不同的条件下可分别生成 H_2NSO_3H、$HN(SO_3H)_2$、$HN(SO_3NH_4)_2$ 等。SO_3 还可磺化烷基苯化合物，用于洗涤剂制造业。

SO_3 是通过 SO_2 的催化氧化来制备的，工业上常用的催化剂是 V_2O_5：

$$2SO_2 + O_2 \xrightleftharpoons{V_2O_5} 2SO_3$$

工业上通过 SO_2 的催化氧化制备的 SO_3，通常并不将它分离出来而是直接转化为硫酸。SO_3 溶于水即生成硫酸并放出大量的热，故吸收 SO_3 不是用水，以避免大量的热使水蒸发为

蒸气后与 SO_3 形成酸雾影响吸收效率。工业上用浓硫酸来吸收 SO_3 制得发烟硫酸(如 $H_2S_2O_7$、$H_2S_3O_{10}$),经稀释后又可得浓硫酸。发烟硫酸的浓度通常以其中游离 SO_3 的含量来表示,如 20%、40%的发烟硫酸表示在 100%的 H_2SO_4 中含有 20%、40%的游离的 SO_3。

(2) 硫酸的分子结构

硫酸分子的中心硫原子电子成对的 3s、3p 轨道上各有一个电子被激发到 3d 轨道,同时进行 sp^3 轨道杂化,4 个 sp^3 杂化轨道电子与 4 个 O 原子 p 电子形成 4 个 σ 键,其中未与 H 相连的 2 个氧原子的 p 电子还可与硫原子的符合对称性匹配条件的 3d 电子形成(p - d)π 键(见第八章),成键放出的一部分能量可抵消电子被激发能量。这两个氧原子与硫之间的键可近似地看作双键[1 个 σ 键、1 个(p - d)π 键],该键的键长显著地比共价单键 S—O 的键长要短,也说明了其具有某种程度的双键性质。硫酸分子结构如图 13 - 6。

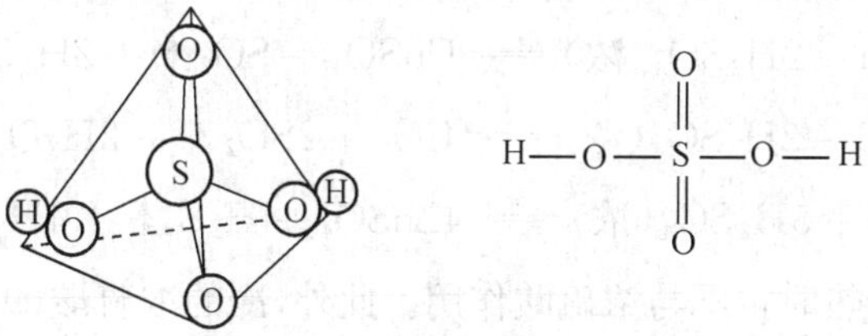

图 13 - 6　硫酸的分子结构

(3) 硫酸的性质

质量分数为 98.3%的浓 H_2SO_4 是无色油状液体,凝固点为 283.36 K,沸点为 611 K,密度为 1.854 g·mL^{-1},相当于浓度为 18 mol·L^{-1}。H_2SO_4 是一个强二元酸,在稀溶液中,它的第一步电离是完全的,第二步电离程度则较低,$K_{a2}=1.2\times10^{-2}$。

作为溶剂,硫酸的介电常数很高(293 K 时为 110),能很好地溶解离子型化合物。100%的硫酸具有相当高的电导率,这是由它的自偶电离生成以下两种离子所致:

$$2H_2SO_4 \rightleftharpoons H_3SO_4^+ + HSO_4^-;\quad K=2.7\times10^{-4}\,(298\ \text{K})$$

这种自偶电离与水的自偶电离相似。

在硫酸作为溶剂的体系中,使阴离子 HSO_4^- 浓度增加的化合物起碱的作用,使 $H_3SO_4^+$ 浓度增加的化合物起酸的作用:

$$KNO_3 + H_2SO_4 = K^+ + HSO_4^- + HNO_3$$

$$CH_3COOH + H_2SO_4 = CH_3C(OH)_2^+ + HSO_4^-$$

$$HSO_3F + H_2SO_4 = H_3SO_4^+ + SO_3F^-$$

$$HNO_3 + 2H_2SO_4 = NO_2^+ + H_3O^+ + 2HSO_4^-$$

上述与 HNO_3 反应产生的硝酰阳离子 NO_2^+,有助于对芳香烃硝化反应的机理给以详细解释。

浓 H_2SO_4 溶于水产生大量的热,若不小心将水迅速倾入浓 H_2SO_4 中,因为水浮在上面,溶解产生剧热使水沸腾而喷溅,导致危险。因此在稀释硫酸时,只能在搅拌下把浓硫酸缓慢地倾入水中,绝不能把水倾入浓硫酸中。

硫酸是SO_3的水合物，除了$H_2SO_4(SO_3 \cdot H_2O)$和$H_2S_2O_7(2SO_3 \cdot H_2O)$外，它还能与水以任意比例混合，以氢键形成一系列稳定的水合物，所以浓硫酸有强烈的吸水性。浓硫酸是工业上和实验室中最常用的干燥剂，用它来干燥那些不与硫酸起反应的气体，如氯气、氢气和二氧化碳等气体。它不但能吸收游离的水分，还能从一些有机化合物中夺取与水分子组成相当的氢和氧，使这些有机物碳化。例如，蔗糖或纤维被浓硫酸脱水：

$$C_{12}H_{22}O_{11}(\text{蔗糖}) \xrightarrow{\text{浓 } H_2SO_4} 12C + 11H_2O$$

因此，浓硫酸能严重地破坏动植物的组织，如损坏衣服和烧坏皮肤等，使用时必须注意安全。

浓硫酸是一种氧化性酸，加热时氧化性更显著，它可以氧化许多金属和非金属，通常被还原为SO_2；比较活泼的金属也可将其还原为S或H_2S。例如：

$$Cu + 2H_2SO_4(\text{浓}) = CuSO_4 + SO_2\uparrow + 2H_2O$$

$$C + 2H_2SO_4(\text{浓}) = CO_2 + 2SO_2\uparrow + 2H_2O$$

$$4Zn + 5H_2SO_4(\text{浓}) = 4ZnSO_4 + H_2S\uparrow + 4H_2O$$

但金和铂甚至在加热时也不与浓硫酸作用。此外，冷的浓硫酸(93%以上)不和铁、铝等金属作用，因为铁、铝在冷浓硫酸中被氧化生成致密的氧化物保护膜而发生钝化。所以可以用铁、铝制的器皿盛放浓硫酸。

浓硫酸以分子态存在，H^+的强极化作用造成H_2SO_4中的S—O键不稳定，容易断裂，S(Ⅵ)转变成S(Ⅳ)，故有氧化性。

稀硫酸具有一般酸类的通性，与浓硫酸的氧化反应不同，稀硫酸中的S(Ⅵ)不显氧化性，稀硫酸的氧化反应是由H_2SO_4中的H^+引起的。稀硫酸只能与电位顺序在H以前的金属如Zn、Mg、Fe等反应而放出氢气：

$$H_2SO_4 + Fe = FeSO_4 + H_2\uparrow$$

硫酸是重要的基本化工原料，常用硫酸的年产量来衡量一个国家的化工生产能力。硫酸大部分消耗在肥料工业中制造过磷酸钙和硫酸铵；在石油精炼、炸药生产、冶金以及制造各种矾、染料、颜料、药物等许多领域，也要消耗大量的硫酸。

(4) 硫酸的衍生物

硫酸分子中的—OH被其他基团取代后得到硫酸的衍生物。含氧酸中的—OH基团全被取代得酰基。—OH全部被卤素X取代，得酰卤。例如H_2SO_4分子中两个—OH全部被Cl取代后的衍生物SO_2Cl_2称为硫酰氯或氯化硫酰。

以活性炭为催化剂，由SO_2、Cl_2反应生成SO_2Cl_2：

$$SO_2 + Cl_2 \xrightarrow{\text{活性炭}} SO_2Cl_2$$

硫酸分子去掉一个—OH得磺酸基，硫酸中的一个—OH被—Cl取代得氯磺酸HSO_3Cl。可用干燥的HCl和SO_3作用制得HSO_3Cl：

$$SO_3 + HCl = HSO_3Cl$$

制得的SO_2Cl_2和HSO_3Cl均为无色发烟液体，遇水猛烈水解，生成两种强酸：

$$SO_2Cl_2 + 2H_2O \longequal H_2SO_4 + 2HCl$$

$$HSO_3Cl + H_2O \longequal H_2SO_4 + HCl$$

(5) 硫酸盐

所有的硫酸盐基本上都是离子化合物。硫酸盐中的 SO_4^{2-} 离子呈正四面体结构。中心 S 原子以 sp^3 杂化，形成对称的正四面体结构，4 个 O 与 S 之间的键完全一样，并且离子中的 S—O 键长介于单键与双键之间，即还存在 d－p π 键。如图 13－7。

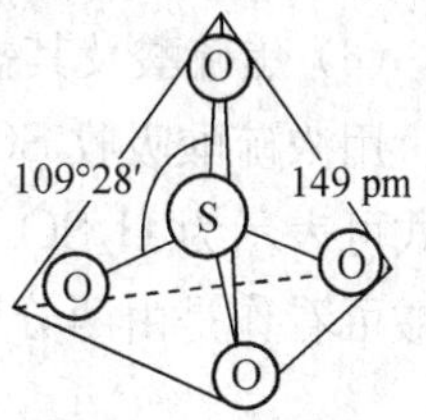

图 13－7　SO_4^{2-} 离子结构

含氧酸根 ClO_4^-、PO_4^{3-}、SiO_4^{4-} 等的结构与 SO_4^{2-} 的结构类似。

硫酸能形成正盐和酸式盐。碱金属元素能形成稳定的固态酸式硫酸盐。在碱金属的硫酸盐溶液中加入过量的硫酸便有酸式盐产生：

$$Na_2SO_4 + H_2SO_4 \longequal 2NaHSO_4$$

酸式硫酸盐均易溶于水，也易熔化。加热到熔点以上，它们即转变为焦硫酸盐，再加强热，就进一步分解为正盐和三氧化硫。

硫酸盐热分解的基本形式是产生 SO_3 和金属氧化物，硫酸盐热稳定性高，在几乎所有的含氧酸中，硫酸盐的热稳定性最高，且难以配位。硫酸盐的热稳定性与相应阳离子的电荷、半径以及最外层的电子构型有关。活泼金属的硫酸盐在高温下也是稳定的。例如 K_2SO_4、Na_2SO_4、$BaSO_4$ 等硫酸盐较稳定，加热到 1 273 K 时也不分解。这是由于这些盐的阳离子具有低的电荷和 8 电子构型，离子极化作用小。较不活泼金属的硫酸盐，例如 $CuSO_4$、Ag_2SO_4、$Al_2(SO_4)_3$、$Fe_2(SO_4)_3$、$PbSO_4$ 等，它们的阳离子多是高电荷和 18 电子构型或不规则构型，离子极化作用较强，高温下，阳离子向硫酸根离子争夺氧。因此，这些硫酸盐在高温下一般先分解成金属氧化物和 SO_3。有的则进一步分解为金属：

$$4Ag_2SO_4 \xlongequal{\triangle} 8Ag + 2SO_2 + 2SO_3 + 3O_2$$

$$2FeSO_4 \xlongequal{\triangle} Fe_2O_3 + SO_2 + SO_3$$

多数硫酸盐都可溶于水，但 $BaSO_4$、$PbSO_4$、$SrSO_4$、Hg_2SO_4 难溶于水，$CaSO_4$、Ag_2SO_4 微溶解于水。除了碱金属和碱土金属硫酸盐外，其他硫酸盐都有不同程度的水解作用。一般用 Ba^{2+} 来定性鉴定 SO_4^{2-}，且加入强酸，即产生 $BaSO_4$ 且难溶于一般强酸。

正盐析出时常常带结晶水：$CuSO_4 \cdot 5H_2O$（胆矾）、$FeSO_4 \cdot 7H_2O$（绿矾）、$ZnSO_4 \cdot 7H_2O$（皓矾）、$MgSO_4 \cdot 7H_2O$（泻盐）、$Na_2SO_4 \cdot 10H_2O$（芒硝）。

多数硫酸盐有形成复盐的趋势，复盐是由两种或两种以上的简单盐类所组成的晶形化合物。常见的复盐有两类：一类的组成通式是 $M_2^ISO_4 \cdot M^{II}SO_4 \cdot 6H_2O$（其中 $M^I = K^+$、Na^+、Rb^+、Cs^+、NH_4^+；$M^{II} = Mg^{2+}$、Fe^{2+}、Co^{2+}、Ni^{2+}、Cu^{2+}、Zn^{2+}），典型的是摩尔盐(Mohr Salt) $(NH_4)_2SO_4 \cdot FeSO_4 \cdot 6H_2O$，它是很稳定的 Fe^{2+} 的盐，还有镁钾矾 $K_2SO_4 \cdot MgSO_4 \cdot 6H_2O$。另一类的通式是 $M_2^ISO_4 \cdot M_2^{III}(SO_4)_3 \cdot 24H_2O$（其中 M^I＝除 Li 外碱金属、NH_4^+、Tl^+；$M^{III} = Cr^{3+}$、Fe^{3+}、Al^{3+}、Co^{3+}、Ga^{3+}、V^{3+}）。典型的化合物有 $K_2SO_4 \cdot Al_2(SO_4)_3 \cdot 24H_2O$（明矾）、$K_2SO_4 \cdot Cr_2(SO_4)_3 \cdot 24H_2O$（铬钾矾），它们的通式也可写为 $M^I \cdot M^{III}(SO_4)_2 \cdot 12H_2O$。在复

盐中的两种硫酸盐是同晶形的化合物，这类复盐才是真正的矾。

许多硫酸盐都有很重要的用途，例如 $Al_2(SO_4)_3$ 是净水剂、造纸充填剂和媒染剂；胆矾是消毒剂和农药；绿矾是农药和治疗贫血的药剂，也是制造蓝黑墨水的原料；芒硝是重要的化工原料等。

(6) 焦硫酸及其盐

用浓硫酸吸收 SO_3，得到更浓的 H_2SO_4，可再继续溶解 SO_3，直至得到发烟硫酸。其化学式可表示为 $H_2SO_4 \cdot xSO_3$，当 $x=1$ 时，成为 $H_2S_2O_7$，称焦硫酸，或称为一缩二硫酸，因焦硫酸可看作是由两分子硫酸脱去 1 分子水所得的产物：

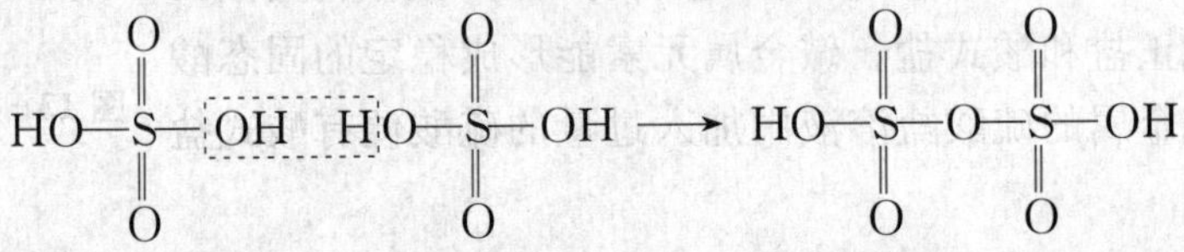

焦硫酸是无色晶体(当冷却发烟硫酸时，可析出焦硫酸的晶体)，熔点为 308K。焦硫酸是二元强酸，分子中有 4 个(p－d)π 键，一般地，(p－d)π 键的数目变多，酸性变强。焦硫酸与水反应又生成硫酸。焦硫酸的氧化性、吸水性和腐蚀性都大于硫酸，在制造某些染料、炸药中作脱水剂。

将碱金属的酸式盐加热到熔点以上，可得焦硫酸盐，进一步加热，生成硫酸盐和三氧化硫：

$$2NaHSO_4 \xlongequal{\text{强热}} Na_2S_2O_7 + H_2O$$

焦硫酸盐具有熔矿作用，是指焦硫酸盐和一些碱性氧化物矿物共熔可以生成可溶性盐类的反应。如：

$$3K_2S_2O_7 + Fe_2O_3 \xlongequal{\text{共熔}} Fe_2(SO_4)_3 + 3K_2SO_4$$

$$Al_2O_3 + 3K_2S_2O_7 \xlongequal{\text{共熔}} Al_2(SO_4)_3 + 3K_2SO_4$$

这种作用对那些难溶的(不溶于水甚至不溶于酸)碱性氧化物是有效的，因此焦硫酸盐在分析化学中常用作矿熔剂。硫酸氢钾也应有这种熔矿作用。因为焦硫酸盐是硫酸氢盐失水形成的。

焦硫酸盐可与 H_2O 作用生成酸式硫酸盐：

$$S_2O_7^{2-} + H_2O \xlongequal{\quad} 2HSO_4^-$$

3. 其他重要的硫的含氧化合物

(1) 硫代硫酸及其盐

游离的硫代硫酸 $H_2S_2O_3$ 非常不稳定，遇水即迅速分解，分解产物与反应的条件有关，而且分解产物间又会发生多次氧化还原反应，其产物主要有 S、SO_2 以及 H_2S、H_2S_x、H_2SO_4 等，所以由硫代硫酸盐酸化制备硫代硫酸的设想始终未获成功。但是，施密特(M.Schmidt)和他的同事于 1959～1961 年采用无水条件成功地合成了无水硫代硫酸 $H_2S_2O_3$：

$$H_2S + SO_3 \xlongequal{Et_2O,\ -78℃} H_2S_2O_3 \cdot nEt_2O$$

$$Na_2S_2O_3 + 2HCl \xlongequal{Et_2O, -78℃} 2NaCl + H_2S_2O_3 \cdot 2Et_2O$$

稳定的硫代硫酸盐(与游离酸比)可以由 H_2S 和亚硫酸的碱溶液作用制得,也可以在沸腾的条件下使 Na_2SO_3 溶液与 S 粉反应制得或将 Na_2S 与 Na_2CO_3 配成 2∶1 的溶液,然后通入 SO_2 气体制得:

$$2HS^- + 4HSO_3^- \xlongequal{\quad} 3S_2O_3^{2-} + 3H_2O$$

$$Na_2SO_3 + S \xlongequal{\quad} Na_2S_2O_3$$

$$2Na_2S + Na_2CO_3 + 4SO_2 \xlongequal{\quad} 3Na_2S_2O_3 + CO_2$$

在制备 $Na_2S_2O_3$ 时,溶液必须控制在碱性范围内,否则将会有 S 析出而使产品变黄。

市售硫代硫酸钠($Na_2S_2O_3 \cdot 5H_2O$),俗名海波或大苏打,是一种无色透明的晶体,熔点 321.65 K,易溶于水,其水溶液显弱碱性。$Na_2S_2O_3$ 在中性或碱性溶液中是相当稳定的,在酸性 ($pH \leqslant 4.6$) 溶液中迅速分解:

$$Na_2S_2O_3 + 2HCl \xlongequal{\quad} 2NaCl + S\downarrow + H_2O + SO_2\uparrow$$

这个反应可以用来鉴定 $S_2O_3^{2-}$ 离子的存在。

$S_2O_3^{2-}$ 离子的结构与 SO_4^{2-} 类似,具有四面体构型,可以看成是其中的一个 O 原子被 S 取代后的产物。

$S_2O_3^{2-}$ 离子中的两个 S 原子的平均氧化数是+2,中心 S 原子的氧化数为+6,另一个 S 原子的氧化数为−2。因此,$Na_2S_2O_3$ 具有一定的还原性。从标准电极电势值看,$Na_2S_2O_3$ 是一个中等强度的还原剂:

$$\varphi_A^\ominus(S_4O_6^{2-}/S_2O_3^{2-}) = 0.08\ V$$

$Na_2S_2O_3$ 能定量地被 I_2 氧化成连四硫酸钠($Na_2S_4O_6$):

$$2Na_2S_2O_3 + I_2 \xlongequal{\quad} Na_2S_4O_6 + 2NaI$$

这个反应是定量分析中碘量法的基础。

较强的氧化剂如氯、溴等可以把 $Na_2S_2O_3$ 氧化成硫酸钠,因此在纺织和造纸工业上用 $Na_2S_2O_3$ 作脱氯剂:

$$Na_2S_2O_3 + 4Cl_2 + 5H_2O \xlongequal{\quad} Na_2SO_4 + H_2SO_4 + 8HCl$$

$S_2O_3^{2-}$ 中的 S 原子和 O 原子在一定条件下可与金属离子配位,因此它可以充当单齿或双齿配体,具有很强的配位能力,可与 Ag^+、Cu^+ 等离子形成稳定的配离子。例如,不溶于水的卤化银 AgX(X=Cl、Br、I)能溶解在 $Na_2S_2O_3$ 溶液中生成稳定的硫代硫酸银配离子:

$$AgX + 2S_2O_3^{2-} \xlongequal{\quad} [Ag(S_2O_3)_2]^{3-} + X^-$$

$Na_2S_2O_3$ 用作定影液,就是利用这个反应溶去胶片上未感光的 AgBr。$Na_2S_2O_3$ 溶于水,但重金属的硫代硫酸盐难溶于水并且不太稳定。例如:

$$Na_2S_2O_3 + 2AgNO_3 \xlongequal{\quad} Ag_2S_2O_3\downarrow(\text{白色}) + 2NaNO_3$$

但 $Ag_2S_2O_3$ 沉淀很快变黑:

$$Ag_2S_2O_3 + H_2O \xlongequal{\quad} H_2SO_4 + Ag_2S\downarrow(\text{黑色})$$

这是因为水中的 $Na_2S_2O_3$ 易生成溶度积更小的 Ag_2S 沉淀而使 $Ag_2S_2O_3$ 沉淀转化。

(2) 过二硫酸及其盐

过硫酸即为硫酸的过氧化酸，亦即该化合物含有过氧键(—O—O—)。过氧二硫酸可以看成是过氧化氢 H—O—O—H 中 H 原子被磺基($-SO_3H$)取代的产物。若 H—O—O—H 中一个 H 被$-SO_3H$ 取代后得 $H-O-O-SO_3H$，即称为过氧硫酸(H_2SO_5)；另一个 H 也被$-SO_3H$ 取代后得 $HSO_3-O-O-SO_3H$，称为过二硫酸($H_2S_2O_8$)。过氧键—O—O—中 O 原子的氧化数为-1，而不同于其他的 O 原子，其中 S 原子的氧化数仍然是$+6$。而在 $H_2S_2O_8$ 分子式中，形式上 S 的氧化数为$+7$；H_2SO_5 分子式中，形式上 S 的氧化数为$+8$。

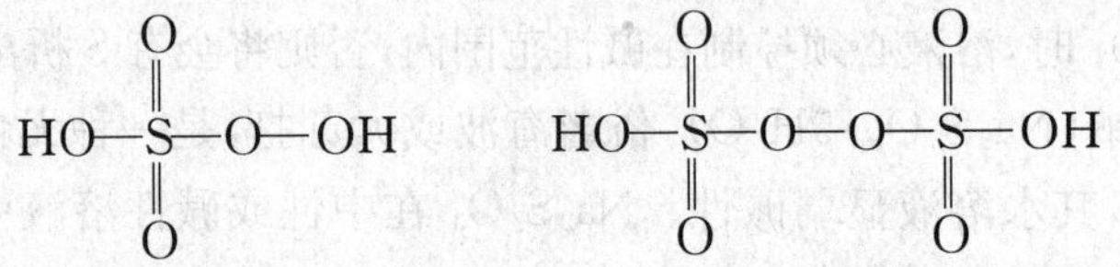

图 13-8 H_2SO_5、$H_2S_2O_8$ 的分子结构

在无水条件下，由氯磺酸(HSO_3Cl 或写成 $ClSO_2(OH)$)和 H_2O_2 反应可得过氧硫酸：

$$HOOH + ClSO_2(OH) = HOOSO_2(OH) + HCl$$

过氧硫酸是无色晶体，318 K 时熔融，由于有爆炸性，处理时应特别小心。

工业上在电解法制备过氧化氢的过程中就可以得到过二硫酸或过二硫酸盐(见前述)。过二硫酸是无色晶体，338 K 时熔化并分解。过二硫酸不稳定，易分解为 H_2O_2 和 H_2SO_4。

过二硫酸的盐比过二硫酸稳定，但受热也要分解。特别重要的盐有 $K_2S_2O_8$、$(NH_4)_2S_2O_8$：

$$2K_2S_2O_8 \xlongequal{\triangle} 2K_2SO_4 + 2SO_3\uparrow + O_2\uparrow$$

所有的过二硫酸及其盐都是强氧化剂(含过氧键)，其标准电极电势为：

$$\varphi_A^\ominus(S_2O_8^{2-}/SO_4^{2-}) = 2.01\ V$$

例如：过二硫酸钾能把铜氧化成硫酸铜：

$$K_2S_2O_8 + Cu = CuSO_4 + K_2SO_4$$

过二硫酸盐在 Ag^+ 的催化作用下能将 Mn^{2+} 氧化成紫红色的 MnO_4^-：

$$5S_2O_8^{2-} + 2Mn^{2+} + 8H_2O = 2MnO_4^- + 10SO_4^{2-} + 16H^+$$

如果没有 Ag^+ 作催化剂，$S_2O_8^{2-}$ 只能把 Mn^{2+} 氧化成 $MnO(OH)_2$ 的棕色沉淀：

$$S_2O_8^{2-} + Mn^{2+} + 3H_2O = MnO(OH)_2\downarrow + 2SO_4^{2-} + 4H^+$$

过二硫酸不仅能使纸炭化，还能烧焦石蜡。

在钢铁分析中，常用过二硫酸铵(或过二硫酸钾)氧化法测定钢中锰的含量。过二硫酸及其盐作为氧化剂在氧化还原反应过程中，它的过氧键断裂，过氧键中两个 O 原子的氧化数从-1降到-2，而 S 的氧化数不变，仍是$+6$。

(3) 连二亚硫酸钠

在无氧的条件下，用 Zn 粉(或锌汞齐)还原亚硫酸氢钠得连二亚硫酸钠(前述已提及)：

$$2NaHSO_3 + Zn = Na_2S_2O_4 + Zn(OH)_2$$

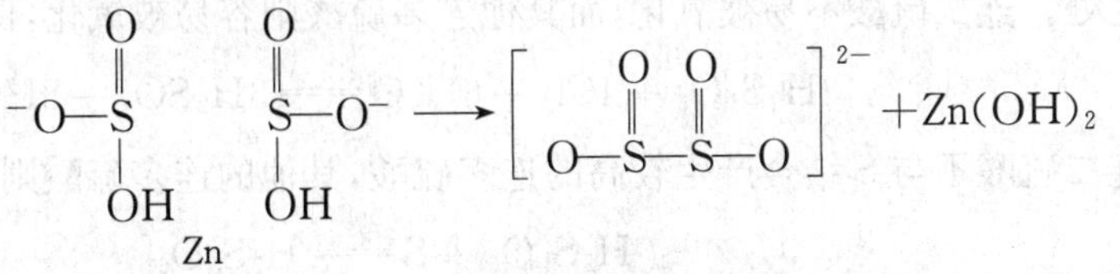

加石灰水除去过量的亚硫酸盐，然后在氯化钠溶液中结晶，析出的晶体为连二亚硫酸钠的二水盐 $Na_2S_2O_4 \cdot 2H_2O$，称保险粉，它在空气中极易被氧化，不便于使用，经酒精和浓 NaOH 共热后，就成为比较稳定的无水盐。

$Na_2S_2O_4$ 是一种白色固体，加热至 402 K 即分解：

$$2Na_2S_2O_4 = Na_2S_2O_3 + Na_2SO_3 + SO_2\uparrow$$

从电极电势图可见，$Na_2S_2O_4$ 还原性极强，其水溶液能被空气中的氧所氧化，因此，$Na_2S_2O_4$ 在气体分析中用来吸收氧气：

$$2Na_2S_2O_4 + O_2 + 2H_2O = 4NaHSO_3$$

$$Na_2S_2O_4 + O_2 + H_2O = NaHSO_3 + NaHSO_4$$

$Na_2S_2O_4$ 还可以还原 Cu(Ⅰ)、Ag(Ⅰ)、I_2 等，自身被氧化为 S(Ⅳ)。因此，保险粉可用以保护其他物质不被氧化。

连二亚硫酸($H_2S_2O_4$)为二元酸，很不稳定，遇水立即分解为硫和亚硫酸。

$Na_2S_2O_4$ 工业上可由 $NaHSO_4$ 和 $NaBH_4$ 现场制备，它可以用作染色工艺的还原剂，纸浆、稻草、黏土、肥皂等的漂白剂，在水处理和污染控制方面可将许多重金属离子如 Pb^{2+}、Bi^{3+} 等还原为金属，还可以用于保护食物、水果等。

(4) 连多硫酸

连多硫酸是指分子中含有—S—S—键的硫的含氧酸(硫代硫酸除外)，如连二亚硫酸 HOOS—SOOH 和连二硫酸 $HO_3S—SO_3H$。连多硫酸的通式为 $H_2S_xO_6$，$x=3\sim6$；其盐的阴离子通式为$[O_3SS_ySO_3]^{2-}$，$y=1\sim4$。根据分子中硫原子的总数，可命名为连三硫酸($H_2S_3O_6$)、连四硫酸($H_2S_4O_6$)等。游离的连多硫酸不稳定，迅速分解为 S、SO_2 或 SO_4^{2-} 等：

$$H_2S_5O_6 = H_2SO_4 + SO_2\uparrow + 3S\downarrow$$

连多硫酸的酸式盐不存在。

制备连多硫酸盐有多种方法，如 273 K 时，在饱和 SO_2 溶液中通入 H_2S，能得到一种瓦肯罗德(Wackenroder)溶液，它是一个复杂的体系，其中有胶状硫、$H_2S_4O_6$ 和 $H_2S_5O_6$ 等，加入 KOH 并浓缩即有 $K_2S_4O_6$ 和 $K_2S_5O_6$ 的晶体生成，根据晶体的密度不同，经过处理将它们分离。

用适当的氧化剂(如 H_2O_2、I_2)与硫代硫酸钠反应也可获得连多硫酸盐：

$$2Na_2S_2O_3 + 4H_2O_2 = Na_2S_3O_6 + Na_2SO_4 + 4H_2O$$

用 MnO_2 氧化亚硫酸，0℃时可制得连二硫酸：

$$MnO_2 + 2SO_3^{2-} + 4H^+ = Mn^{2+} + S_2O_6^{2-} + 2H_2O$$

连二硫酸及其盐与连多硫酸及其盐在制备方法、氧化性及进一步结合 S 原子等方面有不同之处。连二硫酸不易被氧化，而其他连多硫酸则容易被氧化，例如：

$$H_2S_3O_6 + 4Cl_2 + 6H_2O \xlongequal{} 3H_2SO_4 + 8HCl$$

连二硫酸不与 S 结合产生较高的连多硫酸，其他的连多硫酸则可与 S 结合，例如：

$$H_2S_4O_6 + S \xlongequal{} H_2S_5O_6$$

连二硫酸是一种强酸，它较连多硫酸稳定，浓溶液或加热时才慢慢分解：

$$H_2S_2O_6 \xlongequal{} H_2SO_4 + SO_2\uparrow$$

连二硫酸与其他连多硫酸的最根本差别是前者酸根中没有可供其他硫原子相连的硫原子。在硫的化合物中，硫原子可以相连形成长硫链，如多硫化氢（H_2S_x）、多硫化物（M_2S_x）、连多硫酸（$H_2S_xO_6$）等。

13.3.5 硫的其他化合物*

1. 硫的卤化物

已知的几种硫的氟化物有 S_2F_2、SF_2、S_2F_4、SF_4、S_2F_{10}、SF_6 等。比较重要的 SF_6 可以将 S 在氟气氛中燃烧制得。SF_6 是一种无色、无味、无毒的气体，其性质特点是 SF_6 惰性大，热稳定性好，加热到 500 ℃也不分解；不与水、酸反应，甚至与熔融的碱亦不反应（在高温高压下才显示其反应性）。但它与水反应的热力学趋势很大，它在常温下不水解应归因于动力学阻力：

$$SF_6(g) + 3H_2O(g) \xlongequal{} SO_3(g) + 6HF(g) \quad \Delta_r G_m^{\ominus} = -460\ \text{kJ} \cdot \text{mol}^{-1}$$

SF_6 的不活泼性可能与诸多因素有关，如 S—F 键的强度较大、SF_6 分子有较高的对称性以及中心 S 原子的配位数已达到饱和等，当然也有动力学的因素。

正是由于它突出的稳定性和优良的绝缘性，被广泛用作高压发电机或其他高压电器设备中的绝缘气体。

当用冷却的 S 与 F_2 作用时，则会得到 SF_6 和 SF_4 的混合物。SF_4 最好的制法是在温热的乙腈溶液中用 NaF 对 SCl_2 进行氟化：

$$3SCl_2 + 4NaF \xrightarrow[CH_3CN]{75℃} S_2Cl_2 + SF_4 + 4NaCl$$

SF_4 在潮湿空气中迅速分解并立即水解生成 HF 和 SO_2。作为具有高度选择性的强氧化剂和氟化剂，它能将 BCl_3 转化为 BF_3，酮基和醛基 C═O 转化为═CF_2，将羧基—COOH 转化为—CF_3，用途颇为广泛。它还能参与多种氧化还原反应，得到 S(Ⅵ)衍生物，如 F_2（或 ClF）在 380℃时对 SF_4 直接氧化可得 SF_6 或 $SClF_5$。

硫的其他卤化物，其稳定性和反应性与硫的氟化物有很大的不同。如 S_2Cl_2 是将氯气通入熔融的 S 中，经氯化后，再进行分馏得到的。S_2Cl_2 是一种有毒并有恶臭的金黄色液体，熔点 −76 ℃，沸点 138 ℃，结构与 S_2F_2、H_2O_2 类似。在催化剂 $FeCl_3$ 存在下，将 S_2Cl_2 进一步氯化，即得 SCl_2。SCl_2 是桃红色液体，易挥发，熔点 −122 ℃，沸点 59 ℃。SCl_2 与 S_2Cl_2 相似，有毒并有恶臭，但不稳定。

SCl_2 与 S_2Cl_2 都易与水发生反应而得到各种生成物，如 H_2S、SO_2、H_2SO_3、H_2SO_4 及 $H_2S_xO_6$ 等。

$$S_2Cl_2 + 2H_2O \xlongequal{} 4HCl + SO_2\uparrow + 3S\downarrow$$

将 SCl_2 氧化即得亚硫酰氯（$SOCl_2$）和硫酰氯（SO_2Cl_2）。用 S_2Cl_2 和 NH_4Cl 在 160 ℃下作用时则生成 S_4N_4。

SCl_2 与 S_2Cl_2 都是重要的化工产品。S_2Cl_2 主要用于在气相下对某些橡胶的硫化作用，是硫的溶剂。SCl_2 可用于烯烃的双键加成。例如，对乙烯进行硫化氯化，会生成臭名昭著的糜烂性毒气，即芥子气(作为化学武器，在第一次世界大战和 1988 年两伊战争中曾被使用过)：

$$SCl_2 + 2CH_2 = CH_2 \longrightarrow S(CH_2CH_2Cl)_2$$

含有多个硫的二氯硫烷也已制得：

$$2S_2Cl_2 + H_2S_x = 2HCl + S_{4+x}Cl_2$$

$$2SCl_2 + H_2S_x \xlongequal{-80\ ℃} 2HCl + S_{2+x}Cl_2$$

2. 硫的卤氧化物

硫可以形成两个主要系列的卤氧化物，即亚硫酰二卤化物 SOX_2 和磺酰二卤化物 SO_2X_2($X=F$、Cl、Br)。在亚硫酰化合物中以 $SOCl_2$ 最为重要，可通过下列反应制得：

$$SO_2 + PCl_5 = SOCl_2 + POCl_3$$

$$SO_3 + SCl_2 = SOCl_2 + SO_2$$

$SOCl_2$ 是无色、易挥发的液体，与水能剧烈作用，所以常用于对那些容易水解的无机卤化物进行脱水，以制取无水的金属卤化物，$SOCl_2$ 与水作用生成 SO_2 和 HCl：

$$SOCl_2 + H_2O = 2HCl + SO_2\uparrow$$

另外，$SOCl_2$ 在高于沸点(76 ℃)时就会分解生成 S_2Cl_2、SO_2 和 Cl_2，所以在有机化学上常用作氧化剂和氯化剂：

$$4SOCl_2 \xlongequal{\triangle} 3Cl_2 + 2SO_2 + S_2Cl_2$$

磺酰卤化物与它们的亚硫酰同系物类似，也是活泼而易挥发的无色液体或气体，其中以 SO_2Cl_2 最重要，可以用活性炭或 $FeCl_3$ 作催化剂，将 SO_2 直接氯化制得。将 SO_2Cl_2 加热至 300 ℃仍是稳定的，高于此温度就开始分解成 SO_2 和 Cl_2。在有机化合物中引入 Cl 或 SO_2Cl 时，SO_2Cl_2 是很有用的试剂。磺酰基卤化物在形式上可看成是 H_2SO_4 中的 2 个—OH 被卤素原子取代后的衍生物，如果 H_2SO_4 中仅有 1 个—OH 被卤素原子取代即得到卤磺酸，如氟磺酸、氯磺酸等。

氟磺酸是一种很重要的强酸性溶剂，它的自离解反应式为：

$$2HSO_3F \rightleftharpoons H_2SO_3F^+ + SO_3F^-$$

用 SbF_5(一种极强的路易斯酸)与氟磺酸 HSO_3F 反应后，其产物是一种更强的酸，称为超强酸或超酸(比 100%H_2SO_4 更强的酸)$H[SbF_5(OSO_2F)]$：

$$SbF_5 + HSO_3F = H[SbF_5(OSO_2F)]$$

$$H[SbF_5(OSO_2F)] + HSO_3F \rightleftharpoons H_2SO_3F^+ + [SbF_5(OSO_2F)]^-$$

超酸大多由强质子酸和强路易斯酸混合而成。超酸的重要用途是它能向链烷烃供质子，使其质子化产生正碳离子：

$$R_3CH + H_2SO_3F^+ \rightleftharpoons R_3CH_2^+ + HSO_3F \rightleftharpoons R_3C^+ + HSO_3F + H_2\uparrow$$

另外，超酸对链状卤素和硫阳离子的研究提供了一个优良的溶剂介质。

在现代无机化学研究中，对 S—N 化合物的研究是最为活跃的领域之一，已制备出许多新型的环状和非环状化合物。最著名的 S—N 化合物是 S_4N_4，它也是制备其他 S—N 化合物的起点。S_4N_4 的制取方法如：

$$6SCl_2 + 16NH_3 = S_4N_4 + 2S + 12NH_4Cl$$

$$6S_2Cl_2 + 4NH_4Cl = S_4N_4 + 8S + 16HCl$$

S_4N_4 为固体，熔点 178 ℃，具有色温效应，−30 ℃以下为黄色、室温下颜色加深至橙色，100 ℃时变为深红色。S_4N_4 在空气中稳定，但受到撞击或迅速加热时会发生爆炸。S_4N_4 具有摇篮型结构，为 8 元杂环，跨环的 S—S 的距离为 258 pm，介于寻常的 S—S 键(208 pm)和未键合的范德华距离(330 pm)之间，说明在跨环 S 原子之间存在着虽弱却仍很明显的键合作用。结构如图 13 - 9。

S_4N_4 不溶于水也不和水反应，但遇 NaOH 稀溶液时，极易水解：

$$2S_4N_4 + 6OH^- + 9H_2O = 2S_3O_6^{2-} + S_2O_3^{2-} + 8NH_3$$

遇更浓的碱则生成亚硫酸盐而不是连三硫酸盐：

$$S_4N_4 + 6OH^- + 3H_2O = 2SO_3^{2-} + S_2O_3^{2-} + 4NH_3$$

S_4N_4 与路易斯酸如 BF_3、SbF_3 和 SO_3 反应可形成组成 1∶1 的加合物，过程中 S_4N_4 环发生重排。

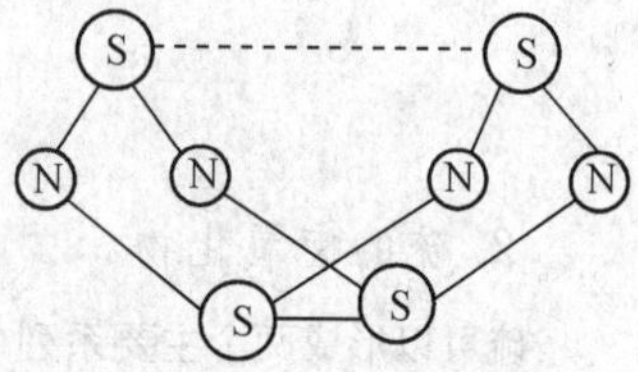

图 13 - 9 S_4N_4 的结构

将 S_4N_4 蒸气通过热银丝，生成二氮化二硫 S_2N_2，同时生成 Ag_2S 和 N_2。S_2N_2 比 S_4N_4 更不稳定，高于室温即爆炸。0 ℃下放置数天，转变为青铜色聚合物 $(SN)_x$，这个"之"字形链状聚合物具有金属导电性，0.3 K 以下显示超导性。超导性发现显然是非常重要的，因为它是不含金属组分的第一个超导体。

其他见诸报道的硫氮化合物还有 S_4N_2、$S_{11}N_2$、$(S_7N)_2S_x$、$S_3N_2O_2$ 等。

§ 13.4 硒和碲

13.4.1 单质

硒(音 xī)、碲(音 dì)均为分散的稀有元素，自然界无单独的硒矿和碲矿。通常极少量的硒存在于一些硫化物矿内，在煅烧这些矿时硒就富集于烟道灰内。碲化物仅作为硫化物矿的次要成分，比硒化物更为罕见。

硒有几种不同的同素异形体，室温下最稳定的同素异形体是灰硒(由螺旋形链构成的晶体)，是带有金属光泽的脆性晶体。非晶态的同素异形体有红色和黑色两种，市售商品通常为非晶态黑硒。固态硒中有 Se_8，蒸气中有 Se_2。

硒是典型的半导体材料。最突出的性质是晶体硒在光照下导电能力急剧增大，可提高上千倍，硒因其这种特殊性质，可用于制造光电管。由蒸气沉积法获得的另一种无定形透明硒在静电复印的光复制过程中用作光感受器。在玻璃制造工艺中少量的硒可用于色彩的调节，如消除普通玻璃中因含 Fe^{2+} 而产生的绿色(少量硒的红色与绿色互补成无色)或生产精美的粉红玻璃。硒还是人体的一种必需微量元素，在动物内脏中含量最为丰富，鱼、肉和蔬菜中也含有硒，适量的硒对动物和人都有益处，浓度超过 4 $\mu g \cdot g^{-1}$ 是有害的。

碲也有两类同素异形体：一类是棕黑色的非晶态碲；另一类是银白色的晶体，有金属光泽。蒸气中有 Te_2 分子。碲有较大的毒性。碲也是半导体材料。碲与锌、铝、铅等能生成合金，使其机械性能和抗腐蚀性能均得到改善。

硒和碲的化学性质与 S 相似，可与大多数元素直接化合，但不如 S 活泼。硒和硫可以相互取代，形成混合八元环状分子，但碲原子和硫原子半径相差较大，碲原子不易嵌入 S_8 环中。ⅠA、ⅡA 族元素、镧系元素的硒化物和碲化物最稳定；与电负性大的如 O、F 等形成的氧化数为+2、+4、+6 的化合物稳定性比 S 生成的相应化合物稍低。硒、碲和硫的共同之处是原子间具有以有限范围连接起来的强烈倾向（如多聚阴离子等）。

13.4.2　硒和碲的化合物

1. 硒和碲的氢化物

H_2Se 和 H_2Te 均无色且有恶臭气味，分子构型与 H_2S 相似，其毒性大于 H_2S。H_2S、H_2Se 和 H_2Te 的熔点、沸点依次升高，呈规律性变化。这说明其分子间作用力依次增强。但是分子内部，由于硒和碲原子半径逐渐增大，与氢原子之间的作用力却依次减弱，水溶液中电离度逐渐增大，故 H_2S、H_2Se 和 H_2Te 的水溶液的酸性依次增强。不过 H_2Se 和 H_2Te 与 H_2S 一样仍属于弱酸。H_2S、H_2Se、H_2Te 的还原性依次增强，呈规律性变化，例如 H_2Se 只要与空气接触便逐渐分解析出单质硒，与 H_2S 相似，H_2Se 在燃烧时产生 SeO_2，若空气不足则生成单质硒。加热至 573 K，H_2Se 即分解，形成硒镜。H_2Te 更易分解。H_2Se 和 H_2Te 与 H_2S 和 H_2O 的重要性质比较列于表 13-4 中。可用下面反应制取 H_2Se 和 H_2Te：

$$Al_2Se_3 + 6H_2O = 2Al(OH)_3 + 3H_2Se$$

$$Al_2Te_3 + 6H_2O = 2Al(OH)_3 + 3H_2Te$$

表 13-4　氧族元素氢化物的性质

性质	H_2O	H_2S	H_2Se	H_2Te
沸点/K	373	202	232	271
熔点/K	273	187	212.8	224
生成热/$kJ\cdot mol^{-1}$	−241.818	−20.63	85.81	155.0
电离常数 K_1(291 K)	1.07×10^{-16}	8.9×10^{-8}	1.7×10^{-4}	2.3×10^{-3}
负离子 M^{2-} 半径/pm	132	184	191	211

2. 硒和碲的氧化物及含氧酸

与硫一样，由单质硒和碲在空气中燃烧分别得到，或由相应的氢化物在空气中燃烧得到 SeO_2 和 TeO_2，这两种氧化物均为白色固体：

$$Se + O_2 = SeO_2$$

$$Te + O_2 = TeO_2$$

$$2H_2Se + 3O_2 = 2SeO_2 + 2H_2O$$

$$2H_2Te + 3O_2 = 2TeO_2 + 2H_2O$$

SeO_2 是易挥发的白色固体（升华温度为 588 K），实验证明它是由无限的链状分子组成。SeO_2 溶于水得亚硒酸（H_2SeO_3），水溶液呈弱酸性，蒸发其水溶液可得到无色结晶的

H_2SeO_3。而 TeO_2 为离子晶体，是不溶于水、不挥发的白色固体，能溶于 NaOH 中生成亚碲酸钠，加硝酸酸化，即有白色片状的 H_2TeO_3 析出。

SO_2、SeO_2、TeO_2 的还原性依次减弱，氧化性依次增强。与 SO_2 不同，SeO_2 和 TeO_2 主要显氧化性，氧化性比 SO_2 强，属于中等强度的氧化剂，可以将 H_2S 和 HI 等氧化成单质 S 和 I_2。当它们遇到强氧化剂时，可将 Se(Ⅳ)和 Te(Ⅳ)氧化成 Se(Ⅵ)和 Te(Ⅵ)，如：

$$SeO_2 + 2H_2S = Se + S + 2H_2O$$

$$3TeO_2 + H_2Cr_2O_7 + 6HNO_3 + 5H_2O = 3H_6TeO_6 + 2Cr(NO_3)_3$$

亚硒酸 H_2SeO_3($K_{a1}^{\ominus} = 2.4 \times 10^{-3}$，$K_{a2}^{\ominus} = 4.8 \times 10^{-9}$，298 K)和亚碲酸 H_2TeO_3($K_{a1}^{\ominus} = 3.0 \times 10^{-3}$，$K_{a2}^{\ominus} = 2.0 \times 10^{-8}$，298 K)均属二元弱酸，酸性都比亚硫酸弱。

亚硒酸和亚碲酸的氧化还原性与对应的二氧化物类似，可作氧化剂，但在强氧化剂作用下也可被氧化为硒酸和碲酸，如：

$$H_2SeO_3 + 2SO_2 + H_2O = 2H_2SO_4 + Se$$

$$H_2SeO_3 + Cl_2 + H_2O = H_2SeO_4 + 2HCl$$

与 S 相似，硒和碲都能形成三氧化物。SeO_3 为白色固体，极易吸水生成硒酸(H_2SeO_4)。

TeO_3 为橙色固体，难溶于水、稀酸及稀的强碱，但可溶于浓强碱生成碲酸盐。

$$TeO_3 + 2KOH(浓) = K_2TeO_4 + H_2O$$

硒酸和硫酸相似，是一种不易挥发的强酸，有强烈的吸水性，能使有机物炭化。硒酸水溶液第一步电离是完全的，第二步电离程度则较低，$K_{a2}^{\ominus} = 1.1 \times 10^{-2}$(298 K)。硒酸的氧化性比硫酸强得多，这与卤族元素中溴酸的氧化性比氯酸的更强情况类似。热的浓硒酸可溶解单质铜、银、金生成盐，如 Ag_2SeO_4、$Au_2(SeO_4)_3$，热硒酸与浓盐酸的混合溶液与王水相似，可溶解铂。

硒酸盐的许多性质，如组成和溶解性等都与相应的硫酸盐相似。

碲酸分子式为 H_6TeO_6 或 $Te(OH)_6$，与硫酸和硒酸有很大的不同，它是白色固体，经 X 射线研究证明在碲酸的结构为：

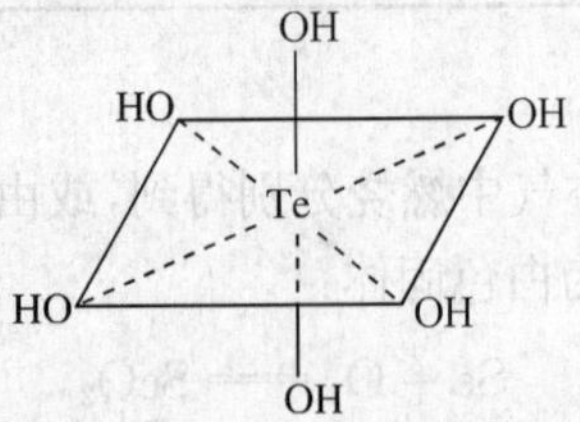

中心原子 Te 以 sp^3d^2 杂化，位于 6 个氢氧根组成的八面体的中心。碲酸可形成分子间氢键。

可以用 $HClO_3$ 溶液、CrO_3－HNO_3 或 30% H_2O_2 等氧化 Te 或 TeO_2 制得 H_6TeO_6。

H_6TeO_6 是弱酸($K_{a1}^{\ominus} = 2.09 \times 10^{-8}$，$K_{a2}^{\ominus} = 6.46 \times 10^{-12}$，291 K)，$H_2SO_4$、$H_2SeO_4$、$H_6TeO_6$ 的酸性依次减弱。

H_6TeO_6 的氧化性较强，介于硒酸和硫酸之间，最高氧化数含氧酸的氧化性顺序为 $H_2SeO_4 > H_6TeO_6 > H_2SO_4$，$H_2SeO_4$ 甚至可以将 Cl^- 氧化为 Cl_2：

$$H_2SeO_4 + 2HCl \longrightarrow H_2SeO_3 + Cl_2\uparrow + H_2O$$

文献讨论题

［文献］Campos－Martin J M，Blanco－Brieva g，Fierro J L g. Hydrogen peroxide synthesis：an outlook beyond the anthraquinone process. *Angew.Chem.*，*Int.Ed.*，**2006**，45(42) 6962 - 6984.

过氧化氢(H_2O_2)被广泛应用于工业领域，尤其是化学工业和环境保护领域。由于它的降解产物只有水，因此作为化学工业生产中环境友好原料，发挥着重要作用。过氧化氢规模化工业生产，常用乙基蒽醌氧化法，然而，这种生产方法很难说是一种完全的绿色方法。因为这一生产流程涉及催化剂、乙基蒽醌在有机溶剂(如苯)中的溶解，接着是连续的氢化和氧化：先以 H_2 还原 2-乙基蒽醌为 2-乙基蒽醇，再以空气(O_2)将 2-乙基蒽醇氧化生成原来的 2-乙基蒽醌和 H_2O_2，然后又是紧接着的液-液萃取。显然，这种多步方法要消耗大量的能源，同时还产生废水等，对可持续发展以及成本提高都有负面影响。因此，生产 H_2O_2 的新的、清洁方法正在不断地被开发出来。通过阅读上述文献，分析利用不同的催化剂将 H_2、O_2 直接转化为 H_2O_2 的方法及影响 H_2O_2 的生成和分解的因素。

习 题

1. 为了测量大气中 SO_2 的含量，设计选用 H_2O_2(aq) 及 NaOH(aq)作试剂的实验方法，并列出计算大气中 SO_2 含量(以质量分数表示)的计算公式，写出有关反应方程式(设 NaOH 浓度为 $0.002\,50\ mol\cdot L^{-1}$，O 和 S 的相对原子质量分别为 16.0 和 32.0)。

2. 在标准状况下，750 mL 含有 O_3 的氧气，当其中所含 O_3 完全分解后体积变为 780 mL，若此含有 O_3 的氧气 1 L 通入 KI 溶液中，能析出多少克 KI_3？

3. 比较 O_3 和 O_2 的氧化性、沸点、极性和磁性的相对大小。

4. 写出 H_2O_2 与下列化合物的反应方程式：$K_2S_2O_8$、Ag_2O、O_3、$Cr(OH)_3$ 在 NaOH 中、Na_2CO_3(低温)。

5. (1) 把 H_2S 和 SO_2 气体同时通入 NaOH 溶液至溶液呈中性，有何结果？

(2) 写出以 S 为原料制备以下各种化合物的反应方程式：H_2S、H_2S_2、SF_6、SO_3、H_2SO_4、SO_2Cl_2、$Na_2S_2O_4$。

6. 石灰硫黄合剂(又称石硫合剂)通常是以硫黄粉、石灰及水混合。煮沸、摇匀而制得的橙色至樱桃色的透明水溶液，可用作杀菌、杀螨剂。请给予解释，写出有关的反应方程式。

7. 电解硫酸或硫酸氢铵制备过二硫酸时，虽然 $\varphi^\ominus(O_2/H_2O)$(1.23 V)小于 $\varphi^\ominus(S_2O_8^{2-}/SO_4^{2-})$(2.05 V)，为什么在阳极不是 H_2O 放电，而是 HSO_4^- 或 SO_4^{2-} 放电？

8. 在酸性的 KIO_3 溶液中加入 $Na_2S_2O_3$，有什么反应发生？

9. 列表比较 S、Se、Te 的 +4 和 +6 氧化态的含氧酸的状态、酸性和氧化还原性。

氧化态	含氧酸	状态	酸性	氧化还原性
+4	H_2SO_3			
	H_2SeO_3			
	H_2TeO_3			
+6	H_2SO_4			
	H_2SeO_4			
	H_6TeO_6			

10. 画出 SOF_2、$SOCl_2$、$SOBr_2$ 的空间结构。它们的 O—S 键键长相同吗？请比较它们的 O—S 键键能和键长的大小。

11. 在 8 支试管中盛有 8 种无色液体，它们是 Na_2S、$Na_2S_2O_3$、Na_2SO_3、Na_2SO_4、Na_2CO_3、Na_2SiO_3、Na_3AsS_3、Na_3SbS_3，请选用一种试剂，初步把它们鉴别并把观察到的主要现象填入空格中，若有气体生成应逐一加以鉴定。

溶 液	现 象
Na_2S	
$Na_2S_2O_3$	
Na_2SO_3	
Na_2SO_4	
Na_2CO_3	
Na_2SiO_3	
Na_3AsS_3	
Na_2SbS_3	

12. 一种盐(A)溶于水，在水溶液中加入 HCl 有刺激气体(B)产生，同时有白色（或浅黄色）沉淀(C)析出，该气体(B)能使 $KMnO_4$ 溶液褪色；若通足量 Cl_2 于(A)溶液中，则得溶液(D)，(D)与 $BaCl_2$ 作用得白色沉淀(E)，(E)不溶于强酸。问：(A)、(B)、(C)、(D)、(E)各为何物？

13. 按如下要求，写出制备 H_2S、SO_2 和 SO_3 的反应：

(1) 化合物中 S 的氧化数不变的反应；

(2) 化合物中 S 的氧化数变化的反应。

14. 医药上常用 H_2O_2(30%或 3%)消毒灭菌，你知道其作用原理吗？在实验室中如何制备 H_2O_2？其结构是怎样的？如何鉴别？使用及保存时应注意什么？

15. 酸化某溶液得 S 和 H_2SO_3。问原溶液中可能含哪些含硫化合物？并说出物质的量之比。

16. 氧和硫同族，性质相似，请用化学方程式表示下列实验事实：

(1) CS_2 和 $Na_2S(aq)$ 一起振荡，水溶液由无色变成有色；

(2) SnS_2 溶于 $Na_2S(aq)$；

(3) SnS 溶于 $Na_2S_2(aq)$。

17. 有一可能含 Cl^-、S^{2-}、SO_3^{2-}、$S_2O_3^{2-}$、SO_4^{2-} 离子的溶液，用下列实验证实哪几种离子存在？哪几种不存在？

(1) 向一份未知溶液中加过量 $AgNO_3$ 溶液产生白色沉淀；

(2) 向另一份未知液中加入 $BaCl_2$ 溶液也产生白色沉淀；

(3) 取第三份未知液，用 H_2SO_4 酸化后加入溴水，溴水不褪色。

18. 有一白色钾盐固体 A，加入无色油状液体 B，可得紫黑色固体 C。C 微溶于水，加入 A 后，C 的溶解度增大，得一棕色溶液 D。将 D 分成两份，一份加入一种无色钠盐溶液 E，另一份通入气体 F，都变成无色透明溶液。E 遇酸则有淡黄色沉淀产生。将气体 F 通入溶液 E，在所得溶液中加入 $BaCl_2$ 溶液有白色沉淀，后者难溶于 HNO_3。问 A、B、C、D、E、F 各代表何物？写出化学式。

19. 已知 $\Delta_f H_m^\ominus(H_2O, aq) = -191.17\ kJ \cdot mol^{-1}$，$\Delta_f H_m^\ominus(H_2O, l) = -285.83\ kJ \cdot mol^{-1}$，$E^\ominus(O_2/H_2O_2) = 0.695\ 4\ V$，$E^\ominus(H_2O_2/H_2O) = 1.763\ V$。试计算 25 ℃时反应 $2H_2O_2(aq) \rightleftharpoons 2H_2O(l) + O_2(g)$ 的 $\Delta_r H_m^\ominus$、$\Delta_r G_m^\ominus$、$\Delta_r S_m^\ominus$ 和标准平衡常数 $K^\ominus$。

20. 对摄影胶卷和相片定影的化学反应为 $AgBr + 2S_2O_3{}^{2-} \longrightarrow [Ag(S_2O_3)_2]^{3-} + Br^-$ 所用定影液为 $1\ mol \cdot L^{-1}$ $Na_2S_2O_3$ 溶液。定影液失效后，从每升废定影液中最多可回收多克银（以 $g \cdot L^{-1}$ 表示）？已知 $K_{sp}^\ominus(AgBr) = 5.0 \times 10^{-13}$，$K_{稳}^\ominus\{[Ag(S_2O_3)_2]^{3-}\} = 2.9 \times 10^{13}$。

第 14 章　氮族元素

§14.1　氮族元素的通性

14.1.1　概述

周期系第ⅤA族包括氮、磷、砷(音 shēn)、锑(音 tī)和铋(音 bì)元素,统称为氮族元素。氮和磷是非金属元素,砷和锑为准金属,铋是金属元素。氮族元素的一般性质见表 14－1 中。

表 14－1　氮族元素的一般性质

	氮	磷	砷	锑	铋
元素符号	N	P	As	Sb	Bi
原子序数	7	15	33	51	83
价层电子构型	$2s^2 2p^3$	$3s^2 3p^3$	$4s^2 4p^3$	$5s^2 5p^3$	$6s^2 6p^3$
共价半径/pm	55	110	121	141	155
沸点/℃	−195.79	280.3	615(升华)	1 587	1 564
熔点/℃	−210.01	44.15	817	630.7	271.5
鲍林电负性	3.04	2.19	2.18	2.05	2.02
第一电离能/kJ·mol^{-1}	1 409	1 020	953	840	710
电子亲和能/kJ·mol^{-1}	6.75	−72.1	−78.2	−103.2	−110
$\varphi^{\ominus}(M^{V}/M^{III})$/V	0.94	−0.276	0.574 8	0.58 (Sb_2O_5/SbO^+)	−1.6 (Bi_2O_5/BiO^+)
$\varphi^{\ominus}(M^{III}/M^{0})$/V	1.46 HNO_2	−0.503 H_3PO_3	0.2473 $HAsO_2$	0.21 (SbO^+)	0.32 (BiO^+)
氧化数	−3,−2,−1,0,+1,+2,+3,+4,+5,	(+1),+3,+5,−3	−3,+3,+5	(−3),+3,+5	+3,(+5)
配位数	3,4	3,4,5,6	3,4,(5) ,6	3,4,(5) ,6	3,6
晶体结构	分子晶体	分子晶体(白磷)层状晶体(黑磷)	分子晶体(黄砷)层状晶体(灰砷)	分子晶体(黑锑)层状晶体(灰锑)	层状晶体

氮族元素性质的变化也是不规则的。氮的原子半径最小,熔点最低,电负性最大。第四周期元素砷表现出异样性,砷的熔点比预期的高。

氮族元素的价层电子构型为 ns^2np^3,由于电负性比同周期的Ⅶ、Ⅵ族元素的小,因此,能与卤素、硫反应,主要形成氧化态为 $+3$ 和 $+5$ 的共价化合物。它们与电负性较小的氢则形成氧化态为 -3 的共价型氢化物。电负性较大的氮和磷与活泼金属也能形成少数氧化态为 -3 的离子型化合物,如 Li_3N、Mg_3N_2、Na_3P、Ca_3P_2 等。但由于 N^{3-}(171 pm)和 P^{3-}(212 pm)离子半径较大,易于变形,遇水强烈水解生成 NH_3 和 PH_3,因此这种离子型化合物只能以固态存在,溶液中不存在 N^{3-} 和 P^{3-} 的简单离子。当原子的原子序数增大时,电子层数增多时,处于 ns^2 上的两个电子的反应活性减弱,不容易成键,这种情况称为"惰性电子对效应"(详见 §16.4)。由于惰性电子对效应,氮族元素自上而下氧化值为 $+3$ 的化合物稳定性增强,而氧化值为 $+5$(除氮外)的化合物稳定性减弱。随着元素金属性的增强,E^{3+}(E 为 N、P、As、Sb、Bi)的稳定性增强,氮、磷不形成 N^{3+} 和 P^{3+},而锑、铋都能以 Sb^{3+} 和 Bi^{3+} 的盐存在,如 BiF_3、$Bi(NO_3)_3$、$Sb_2(SO_4)_3$ 等。氧化值为 $+5$ 的含氧阴离子稳定性从磷到铋依次减弱,氮、磷以含氧酸根 NO_3^-、PO_4^{3-} 的形式存在。砷和锑能形成配离子,如 $Sb(OH)_6^-$、$Sb(OH)_4^-$、$As(OH)_4^-$。铋不存在 Bi^{5+},$Bi(V)$ 的化合物是强氧化剂。

氮族元素氢化物的稳定性从 NH_3 到 BiH_3 依次减弱,碱性依次减弱,酸性依次增强。

氮族元素在形成化合物时,除了 N 原子最大配位数一般为 4 外,其他元素的原子的最大配位数为 6。

氮族元素的有关电势图如下:

酸性溶液中 $\varphi_A^\ominus/V$

$$NO_3^- \xrightarrow{0.81} NO_2 \xrightarrow{1.07} HNO_2 \xrightarrow{0.99} NO \xrightarrow{1.59} N_2O \xrightarrow{1.77} N_2 \xrightarrow{0.27} NH_4^+$$

(以上带有连接线：1.11、0.934、0.96、1.11、0.88)

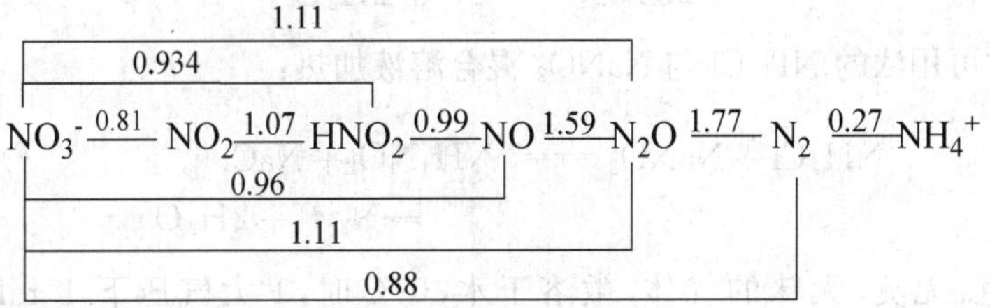

$$H_3PO_4 \xrightarrow{-0.276} H_3PO_3 \xrightarrow{-0.499} H_3PO_2 \xrightarrow{-0.508} P \xrightarrow{-0.065} PH_3$$

(连接线 -0.49)

$$H_3AsO_4 \xrightarrow{0.56} H_3AsO_3 \xrightarrow{0.248} As \xrightarrow{-0.608} AsH_3$$

$$Sb_2O_5 \xrightarrow{0.58} SbO^+ \xrightarrow{0.21} Sb \xrightarrow{-0.51} SbH_3$$

$$Bi_2O_5 \xrightarrow{1.6} Bi^{3+} \xrightarrow{0.32} Bi \xrightarrow{-0.8} BiH_3$$

碱性溶液中 $\varphi_B^\ominus/V$

$$NO_3^- \xrightarrow{-0.86} NO_2 \xrightarrow{0.88} HNO_2 \xrightarrow{-0.46} NO \xrightarrow{0.76} N_2O \xrightarrow{0.94} N_2 \xrightarrow{-0.73} NH_3$$

（$NO_3^- \to NO$：0.15；$NO_3^- \to HNO_2$：0.01）

$$PO_4^{3-} \xrightarrow{-1.05} HPO_3^{2-} \xrightarrow{-1.65} H_2PO_2^- \xrightarrow{-1.82} P \xrightarrow{-0.87} PH_3$$

（$HPO_3^{2-} \to P$：−1.71）

$$AsO_4^{3-} \xrightarrow{-0.67} As(OH)_3 \xrightarrow{-0.68} As \xrightarrow{-1.43} AsH_3$$

$$Sb(OH)_4^- \xrightarrow{-0.66} Sb \xrightarrow{-1.34} SbH_3$$

$$BiO_2 \xrightarrow{0.55} Bi_2O_3 \xrightarrow{-0.46} Bi$$

14.1.2 单质

1. 氮气

氮主要以单质存在于大气中，约占空气体积的78%。天然存在的含氮无机化合物较少，只有硝酸钠大量分布于智利沿海。化合态的氮主要存在于有机体中，是构成动植物组织基本的和必要的元素。

工业上以空气为原料大量生产氮气。首先将空气液化，然后分馏，得到的氮气中含有少量的氩和氧。

实验室需要的少量氮气可以用下述方法制得：

$$NH_4NO_2 \xlongequal{\triangle} N_2 + 2H_2O$$

实际制备时可用浓的 NH_4Cl 与 $NaNO_2$ 混合溶液加热：

$$NH_4Cl + NaNO_2 \xlongequal{\triangle} NH_4NO_2 + NaCl$$

$$\qquad \qquad \qquad \qquad \hookrightarrow N_2\uparrow + 2H_2O$$

氮气是无色、无臭、无味的气体，微溶于水，0 ℃时，1 大气压下 1 mL 水仅能溶解 0.023 mL的氮气。

氮气在常温下化学性质极不活泼，不与任何元素化合。升高温度能增进氮气的化学活性。当与锂、钙、镁等活泼金属一起加热时，能生成离子型氮化物。在高温高压并有催化剂存在时，氮与氢化合生成氨。在很高的温度下氮才与氧化合生成一氧化氮。

氮分子是双原子分子，两个氮原子以叁键结合。由于 N≡N 键键能（946 $kJ\cdot mol^{-1}$）非常大，所以 N_2 是最稳定的双原子分子。在化学反应中，破坏 N≡N 键是十分困难的，反应活化能很高，在通常情况下反应很难进行。

氮和磷的有关键能数据如下：

键：	N≡N	N—N	P≡P	P—P
键能/($kJ\cdot mol^{-1}$)：	946	159	523	209

由此可见，N≡N 键能比 P≡P 键能大，而 N—N 键比 P—P 键能小。单质氮为双原子分子 N_2，这些热力学数据可以说明 N_2 稳定性。白磷则为四原子分子 P_4，其中 P 原子间都以 P—P 单键相连接。P_4 分子是四面体构型，其中共有六个 P—P 单键。设想，如果相反时，即氮以“N_4”分子存在，磷以“P_2”分子存在，并且前者的结构与“P_4”分子相同，含有 6 个 N—N 单键，后者的结构与 N_2 分子相同，具有 P≡P 叁键。则可根据前面所列的键能数据计算下列过程的反应焓变：

$$P_4(g) \longrightarrow 2\text{“}P_2\text{”}(g) \quad H_m^{\ominus}=208\ \mathrm{kJ \cdot mol^{-1}}$$

$$\text{“}N_4\text{”}(g) \longrightarrow 2N_2(g) \quad H_m^{\ominus}=-938\ \mathrm{kJ \cdot mol^{-1}}$$

由此可以说明，P_4 相对于“P_2”是稳定的。而“N_4”相对“N_2”却是不稳定的。也就是说，氮应以双原子分子的气态存在，而磷应以 P_4 固态形式存在。N_2 和 P_4 分别是氮和磷的热力学稳定状态。

N_2 和 CO 的分子结构都含有 14 个电子，它们是等电子体，具有相似的结构和相近的性质。N_2 和 CO 的分子结构分别为 N≡N 和 $C\overset{\leftarrow}{\equiv}O$。它们的一些性质列于表 14－2 中。

表 14－2　N_2 和 CO 的一些性质

性质	N_2	CO	性质	N_2	CO
沸点/℃	−195.79	−191.49	水中溶解度/($\mathrm{mL \cdot L^{-1}}$)(20 ℃)	16	23
气化焓/($\mathrm{kJ \cdot mol^{-1}}$)	6.233	6.750	极化率/($10^{-40}\mathrm{C \cdot m^2 \cdot V^{-1}}$)	1.93	2.14
熔点/℃	−210.01	−205.05	偶极矩/(10^{-30}C·m)	0	0.40
熔化焓/($\mathrm{kJ \cdot mol^{-1}}$)	0.720 4	0.835 2	键能/($\mathrm{kJ \cdot mol^{-1}}$)	946	1 080
黏度 η/($\mathrm{mg \cdot m^{-1} \cdot s^{-1}}$)	16.6	16.6	键长/pm	110	113
密度/($\mathrm{g \cdot L^{-1}}$)	1 165(20 ℃)	1.250(0 ℃)	分子电离能/($\mathrm{kJ \cdot mol^{-1}}$)	1 504.1	1 352.6

由表 14－2 可以看出，N_2 和 CO 除了与分子极性有关的在水中的溶解度有明显差异外，其他主要由分子间色散作用决定的性质非常相近。

CO 和 N_2 分子的分子轨道研究表明，它们的最高占有电子的轨道能级很接近。分别为 2.417×10^{18} 和 2.499×10^{18}，其图形如下：

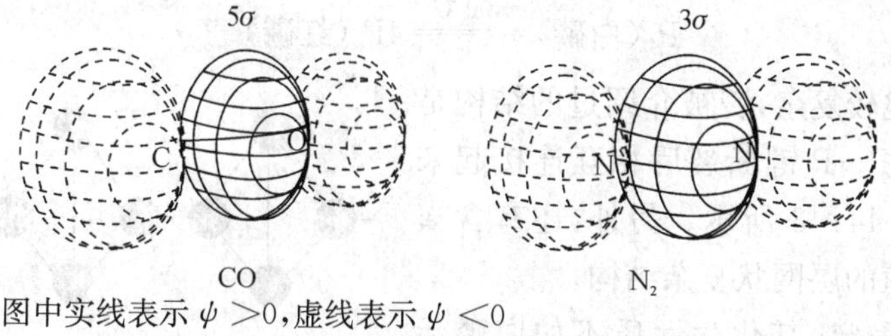

图中实线表示 $\psi>0$，虚线表示 $\psi<0$

图 14－1　CO 和 N_2 分子的分子轨道

N_2 的配位能力远低于 CO。从图上可以看出 N_2 的电子密度分布均匀，且在核间比较集中，不利于 N_2 的端基配位，CO 则在 C 的一端电子有较多的出现机会，有利于它的端基配位。

气态氮在室温下是相当不活泼的，不但是因为 N≡N 键非常强，而且在最高被占据的分子轨道(HOMO)和最低未被占据的分子轨道(LUMO)两者之间的能级间距大。此外，分子中非常对称的电子分布以及键没有极性也是影响因素之一。CO、CN^- 和 NO^+ 等 N_2 的等电子体，由于电子分布的对称性与键的极性改变，使反应性显著增强。

氮主要用于合成氨，制造硝酸、化肥和炸药等。由于氮的化学惰性，常用作保护气体，以防止某些物质暴露于空气中时被氧化。用氮气充填仓库可达到安全地长期保存粮食的目的。液态氮可用于低温体系作深度冷冻剂。

2. 磷

磷很容易被氧化，因此自然界不存在单质磷。磷主要以磷酸盐形式分布在地壳中，如磷酸钙[$Ca_3(PO_4)_2$]，氟磷灰石[$3Ca_3(PO_4)_2 \cdot CaF_2$]，它们是制造磷肥和一切磷化物的原料。磷存在于细胞、蛋白质、骨骼和牙齿中，所以对生命体也是重要的元素。

将磷酸钙、砂子和焦炭混合在电炉中加热到约 1 500 ℃，可以得到白磷，反应分两步进行：

$$2Ca_3(PO_4)_2 + 6SiO_2 \xlongequal{} 6CaSiO_3 + P_4O_{10}$$

$$P_4O_{10} + 10C \xlongequal{} P_4 + 10CO$$

总反应为： $2Ca_3(PO_4)_2 + 6SiO_2 + 10C \xlongequal{} 6CaSiO_3 + P_4 + 10CO$

常见的磷的同素异形体有白磷、红磷和黑磷三种。

白磷是透明的、软的蜡状固体，由 P_4 分子通过分子间力堆积起来。P_4 分子为四面体构型，其结构如图 14－2 所示。在 P_4 分子中，磷原子均位于四面体顶点，磷原子间以共价单键结合，每个磷原子通过其 p_x、p_y 和 p_z 轨道分别与另外 3 个磷原子形成 3 个 σ 键，键角∠PPP 为 60°。这样的分子内部具有张力，其结构是不稳定的。P—P 键的键能小，易被破坏，所以白磷的化学性质很活泼，容易被氧化，在空气中能自燃。因此必须将其保存在水中。

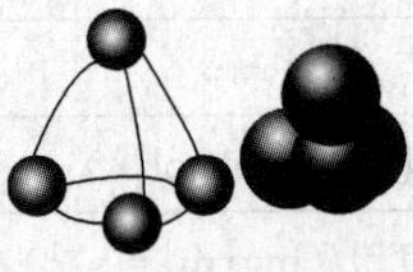

图 14－2　P_4 分子的构型

P_4 分子是非极性分子，所以白磷能溶于非极性溶剂。白磷是剧毒物质，约 0.15 g 的剂量可使人致死。将白磷在隔绝空气的条件下加热至 400 ℃，可以得到红磷：

$$P_4(\text{白磷}) \xlongequal{400\ ℃} 4P\ (\text{红磷})$$

红磷的结构比较复杂，曾被介绍过的结构是 P_4 分子中的一个 P—P 键断裂后相互连接起来的长链结构，如图 14－3 所示。另外，还有含横截面为五角形管道的层网状复杂结构。

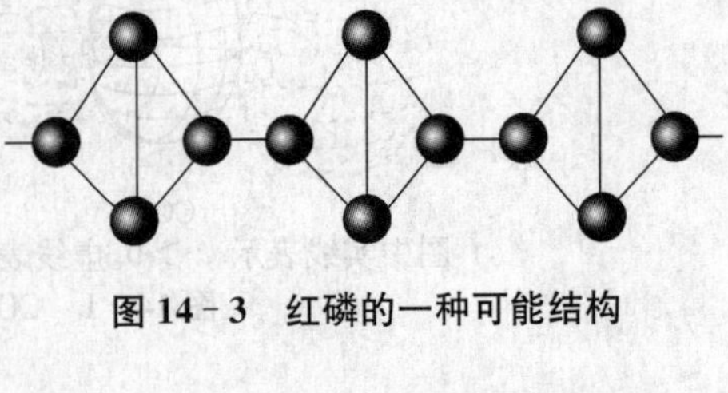

图 14－3　红磷的一种可能结构

红磷比白磷稳定，其化学性质不如白磷活泼，室温下不与 O_2 反应，400 ℃以上才能燃烧。红磷不溶于有机溶剂。

白磷在高压和较高温度下可以转变为黑磷。黑磷具有与石墨类似的层状结构，但与石墨不同的是，黑磷每一层的磷原子并不都在同一平面上，而是相互以共价键连结成网状结构

(如图 14-4 所示)。黑磷具有导电性。黑磷也不溶于有机溶剂。

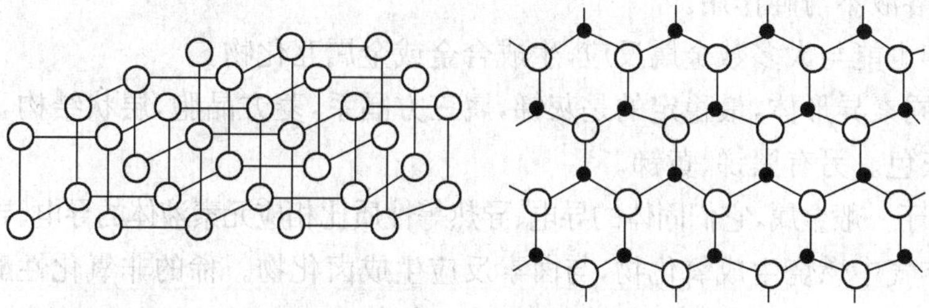

图 14-4 黑磷的网状结构(图中黑点表示在纸面之下)

白磷可将易被还原的金属如金、银、铜和铅从它们的盐中取代出来,也可以和取代出来的金属立即反应生成磷化物。例如白磷可将铜从铜盐中取代出来并与之化合成磷化铜(硫酸铜是白磷中毒的解毒剂)。

$$2P + 5CuSO_4 + 8H_2O \xlongequal{\quad} 5Cu\downarrow + 2H_3PO_4 + 5H_2SO_4$$

$$11P + 15CuSO_4 + 24H_2O \xlongequal{\quad} 5Cu_3P + 6H_3PO_4 + 15H_2SO_4$$

白磷很不稳定,在有氧化剂或还原剂存在时,它可被氧化(如生成 PCl_5、H_3PO_4)或被还原(如生成 PH_3)。在没有氧化剂或还原剂时,要发生歧化分解。

工业上用白磷制备高纯度的磷酸,生产有机磷杀虫剂、烟幕弹等。大量红磷用于火柴生产,火柴盒侧面所涂物质是红磷与 Sb_2S_3 等的混合物。磷还用于制备发光二极管的半导体材料,如 $GaAs_xP_{1-x}$。

3. 砷、锑、铋

砷、锑、铋在地壳中含量不大(其质量分数为 As:$5\times10^{-4}\%$,Sb:$1\times10^{-4}\%$,Bi:$2\times10^{-5}\%$)。在自然界中,有少量游离态存在,但主要是以硫化物形式。例如:雌黄(As_2S_3)、雄黄(As_4S_4)、砷硫铁矿(FeAsS)、辉锑矿(Sb_2S_3)、辉铋矿(Bi_2S_3)等。我国锑的蕴藏量占世界第一位。

单质砷、锑、铋一般是用碳还原它们的氧化物来制备,例如:

$$Bi_2O_3 + 3C \xlongequal{\quad} 2Bi + 3CO$$

工业上将硫化物矿先煅烧成氧化物,然后用碳还原:

$$2Sb_2S_3 + 9O_2 \xlongequal{\quad} 2Sb_2O_3 + 6SO_2$$

$$Sb_2O_3 + 3C \xlongequal{\quad} 2Sb + 3CO$$

用铁粉作还原剂也可以直接把硫化物还原成单质:

$$Sb_2S_3 + 3Fe \xlongequal{\quad} 2Sb + 3FeS$$

砷有黄、灰、黑三种同素异形体,在室温下,最稳定的是灰砷,它是一种折叠式排列的片层结构,每一片层中,每个砷原子以 3 个单键相互连接。常温下,砷在空气和水中比较稳定,加热时能与卤素、氧和硫等非金属化合生成 As(Ⅲ)化合物。与强氧化剂氟反应还能生成五氟化砷。稀硝酸和浓硫酸能分别把砷氧化成 H_3AsO_3 和 H_3AsO_4,热、浓硫酸将砷氧化成 As_4O_6。熔融的碱能和砷反应生成亚砷酸盐并析出氢:

$$2As + 6NaOH(熔融) \longrightarrow 2Na_3AsO_3 + 3H_2\uparrow$$

但碱的水溶液不与砷作用。

高温下，砷也能与大多数金属反应，生成合金或金属互化物。

锑有五种同素异形体，最稳定的是灰锑，属三方晶系，菱方晶胞，层状结构，质脆，有金属光泽，白色或灰色。另有黑锑、黄锑。

锑、铋不同于一般金属，它们固体的导电、导热等性质比相应元素液体的导电、导热等性质差。

锑、铋在空气中燃烧生成氧化物，与卤素反应生成卤化物。稀的非氧化性酸及碱对它们不起作用，仅硝酸、热浓硫酸及王水能与之反应。例如：

$$2Sb + 6H_2SO_4(热、浓) \longrightarrow Sb_2(SO_4)_3 + 3SO_2\uparrow + 6H_2O$$

$$2Bi + 6H_2SO_4(热、浓) \longrightarrow Bi_2(SO_4)_3 + 3SO_2\uparrow + 6H_2O$$

砷对人体是有害的元素，但近年也有用砒霜治疗白血病的报道。砷可与铅组成合金，用于制造子弹和轴承。最重要用途是超纯砷以及它和 p 区金属元素 Al、Ga、In 等组成的金属互化物，它们是优良的半导体材料。锑的主要功能是提高合金的硬度和机械强度，制造子弹、电缆防护壳、电池等；也用于制作半导体，如红外检测器、二极管等。锑的化合物还有阻燃性质。铋在原子反应堆中常作为冷却剂使用，因为它的熔点(544 K)和沸点(1 743 K)相差很大。

§14.2 氮的化合物

14.2.1 氮的氢化物

氮的氢化物一般有氨(NH_3)、联氨(肼)(N_2H_4)、叠氮酸(HN_3)以及羟氨(NH_2OH)，其中最重要的是氨。

1. 氨

(1) 氨的制备

工业上是利用氢和氮直接反应：

$$N_2 + 3H_2 \underset{催化剂}{\overset{高温高压}{\rightleftharpoons}} 2NH_3$$

表 14-3 反应在不同温度 $N_2+3H_2 \longrightarrow 2NH_3$ 压力下氨的平衡浓度(体积分数)

压力/Pa	温度/K					
	473	573	673	773	873	973
1.013×10^5	15.3	2.18	0.44	0.129	0.05	0.012
1.013×10^7	80.6	52.1	25.1	10.4	4.47	1.15
2.026×10^7	85.8	63.8	36.3	17.6	8.25	2.24
1.014×10^8		92.5	80	57.5	31.5	

实验室中常用铵盐和强碱的反应来制备少量氨气：

$$2NH_4Cl + Ca(OH)_2 \xlongequal{\triangle} CaCl_2 + 2NH_3 + 2H_2O$$

有些铵盐[如 NH_4NO_3、$(NH_4)_2Cr_2O_7$ 等]受热分解可能产生氮气或氮的氧化物，所以通常是用非氧化酸的铵盐(如 NH_4Cl)，实验室中有时也可用氮化物和水作用制备氨气：

$$Mg_3N_2 + 6H_2O \xlongequal{\quad} 3Mg(OH)_2 + 2NH_3\uparrow$$

(2) 氨分子的结构

在氨分子中，氮原子是采取不等性 sp^3 杂化的，有一对孤对电子和由 3 个 σ 电子与 H 原子的电子结合成的 3 个共价单键。$\angle$HNH 之间的键角是 106.6°，分子的形状是三角锥形的。这种结构使得分子有相当大的极性(偶极矩为 1.66D)。

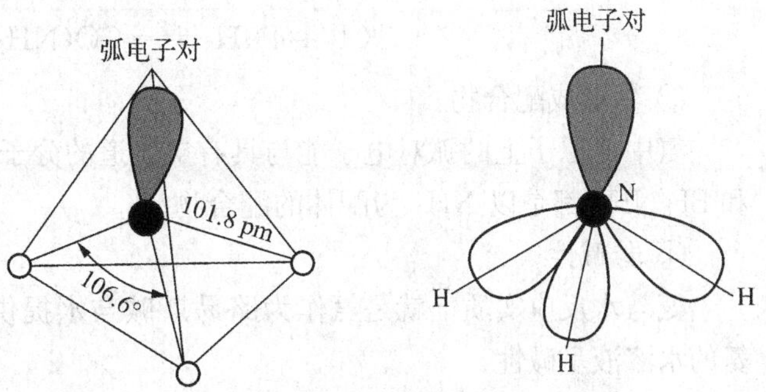

图 14-5　NH_3 分子的结构及电子云分布

NH_3 分子在结构上的特点(强极性且易形成氢键；N 原子具有最低的氧化数 −3；有一对孤电子对等)决定了 NH_3 分子的许多物理和化学性质。

(3) 氨的物理性质

氨极易溶于水，一般市售浓氨水的密度为 0.8 g·cm^{-3}，氨的质量分数约 28%。在常温下很易被加压液化，且有较大的蒸发热，故常被用来做冷冻机的循环制冷剂。液氨的介电常数(在238 K时约为 22 F·m^{-1})比水(在 298 K 时为 81 F·m^{-1})低得多，故是有机化合物的较好溶剂，但溶解离子型的无机物则不如水。和水相似，液氨也能发生自偶电离，但比水小得多。

液氨有溶解碱金属、碱土金属等活泼金属的特性，生成的稀溶液呈淡蓝色，并有顺磁性、导电性和强还原性。这些性质是由于溶液中有"氨合电子"而引起的。

$$M + nNH_3 \longrightarrow [M(NH_3)_x]^+ + [e(NH_3)_y]^- \ (n = x + y)$$

(4) 氨的化学性质

氨的主要化学性质有以下几方面：

① 还原性

氨在纯氧中能燃烧生成氮或一氧化氮：

$$4NH_3 + 3O_2 \xlongequal{400\ ℃} 2N_2 + 6H_2O$$

$$4NH_3 + 5O_2 \xlongequal[Pt-Rh]{800\ ℃} 4NO + 6H_2O$$

在水溶液中能被许多强氧化剂(Cl_2、H_2O_2、$KMnO_4$ 等)所氧化，如：

$$2NH_3 + 3Cl_2 \xlongequal{\quad} N_2 + 6HCl$$

在常温下氨对于其他氧化剂来说是稳定的，但在高温却可以被一些氧化剂氧化，如：

$$2NH_3 + 3CuO = 3Cu + N_2 + 3H_2O$$

② 取代反应

氨分子中的氢被其他原子或基团取代，生成氨基（$-NH_2$）、亚氨基（$=NH$）的衍生物或氮化物（$\equiv N$）；或者以氨基或亚氨基取代其他化合物中的原子或基团。例如：

$$2Na + 2NH_3 = 2NaNH_2 + H_2$$

$$Ca(NH_2)_2 = CaNH + NH_3 \uparrow$$

$$2Al + 2NH_3 = 2AlN + 3H_2 \uparrow$$

$$COCl_2 + 4NH_3 = CO(NH_2)_2 + 2NH_4Cl$$

③ 易形成配合物

氨中氮原子上的孤对电子能与具有空轨道的分子或离子形成配位键，如$[Ag(NH_3)_2]^+$和 BF_3NH_3 都是以 NH_3 为配体的配合物。

④ 弱碱性

氨与水反应实质上就是氨作为路易斯碱与水提供的 H^+（路易斯酸）以配位键相结合，氨的水溶液呈碱性：

$$NH_3 + H_2O \rightleftharpoons NH_3 \cdot H_2O \rightleftharpoons NH_4^+ + OH^- \qquad K_b^\ominus = 1.8 \times 10^{-5}$$

（5）氨的用途

氨在工业中有广泛的应用，生产量很大，其中包括其他含氮化合物的生产，特别是硝酸和铵盐（化肥），常生产的铵盐有硝酸铵（NH_4NO_3）、硫酸铵（$(NH_4)_2SO_4$）、氯化铵（NH_4Cl）和碳酸氢铵（NH_4HCO_3）等。氨在有机合成工业中也是有用的，例如用于尿素、染料、医药品和塑料的生产。由于氨水的微碱性，因而可用作洗涤剂。氨有很高的汽化热，很容易加压液化，所以常作为制冻剂和制冰机中的循环制冷剂。

2. 氨的衍生物

（1）联氨*

联氨（N_2H_4）也叫肼。纯净的联氨是无色液体，凝固点为275 K，沸点为 386.5 K，具有较高的介电常数（53）。联氨的分子结构如图 14-6 所示。

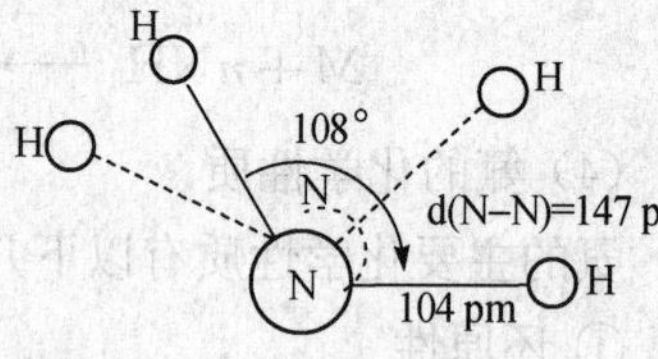

图 14-6 联氨的分子结构

N_2H_4 中 N 原子上的孤电子对，可以同 H^+ 结合而显碱性，但是 N_2H_4 中 N 的氧化数为-2，所以其碱性不如氨强，是一种二元弱碱：

$$N_2H_4(aq) + H_2O \rightleftharpoons N_2H_5^+(aq) + OH^-$$

$$N_2H_5^+(aq) + H_2O \rightleftharpoons N_2H_6^{2+}(aq) + OH^-$$

联氨既有还原性又有氧化性，有关半反应的标准电极电势为：

酸性溶液：
$$3H^+ + N_2H_5^+ + 2e^- = 2NH_4^+ \qquad \varphi_A^\ominus = 1.27\ V$$

$$N_2 + 5H^+ + 4e^- = N_2H_5^+ \qquad \varphi_A^\ominus = -0.23\ V$$

碱性溶液：
$$N_2 + 4H_2O + 4e^- = N_2H_4 + 4OH^- \qquad \varphi_B^\ominus = -1.15\ V$$

$$N_2H_4 + 2H_2O + 2e^- = 2NH_3 + 2OH^- \qquad \varphi_B^\ominus = 0.1\ V$$

可见它在酸性溶液中主要表现为氧化性，而在碱性溶液中却是一个强还原剂。它能将 $AgNO_3$ 还原成单质银。

联氨在空气中可燃烧，放出大量的热：

$$N_2H_4(l)+O_2(g) = N_2(g)+2H_2O(g)$$

联氨及其衍生物的主要用途是做导弹、宇宙飞船飞行的液态火箭燃料。

(2) 羟胺

羟胺(NH_2OH)可看成是氨分子内的一个氢原子被羟基取代的衍生物。羟胺是无色晶体，熔点为 305 K，易溶于水，其水溶液呈弱碱性($K_b^\ominus=6.6\times10^{-9}$)，比氨的碱性还弱。羟胺的分子结构如图 14－7 所示。

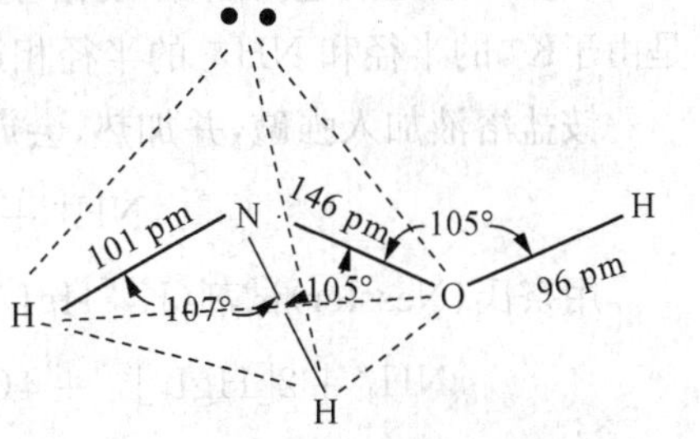

图 14－7　羟胺的分子结构

羟胺在酸性和碱性溶液中的标准电极电势为：

酸性溶液：

$$N_2+2H_2O+2H^++2e^- = 2NH_2OH \quad \varphi_A^\ominus=-1.87\ V$$

$$NH_3OH^++2H^++2e^- = NH_4^++H_2O \quad \varphi_A^\ominus=-1.35\ V$$

碱性溶液：$N_2+4H_2O+2e^- = 2NH_2OH+2OH^- \quad \varphi_B^\ominus=-3.04\ V$

$$NH_2OH+2H_2O+2e^- = NH_3\cdot H_2O+2OH^- \quad \varphi_B^\ominus=0.42\ V$$

可见羟胺既有氧化性，又有还原性，但以还原性为主。特别在碱性介质中是强还原剂，可使银盐、卤素还原，本身则被氧化为 N_2、N_2O、NO 气体放出，不使反应体系带来杂质。

$$2NH_2OH+2AgBr = 2Ag+N_2+2HBr+2H_2O$$

$$2NH_2OH+4AgBr = 4Ag+N_2O+4HBr+2H_2O$$

(3) 叠氮化物

当联氨被亚硝酸氧化时，生成叠氮酸(HN_3)。它是无色、有刺激性臭味的液体，熔点为 193 K，沸点为 310 K，极不稳定，受撞击就立即爆炸而分解：

$$2HN_3 = 3N_2+H_2$$

HN_3 的水溶液为一元弱酸($K_a^\ominus=1.9\times10^{-5}$)，与碱或活泼金属作用生成叠氮化物。$HN_3$ 中 N 的氧化态为$-\frac{1}{3}$，所以它既显氧化性，又显还原性。HN_3 的分子结构如图 14－8(a)，分子中 3 个氮原子都在一条直线上，靠近 H 原子的第一个 N 原子是以 sp^2 杂化轨道成键，第二和第三个 N 原子是 sp 杂化轨道成键，在 3 个 N 原子间还存在一个 Π_3^4 离域键。当叠氮酸和金属生成叠氮化物后，叠氮离子 N_3^- 的结构如图 14－8(b)，在 3 个 N 原子间存在两个 Π_3^4 离域键：

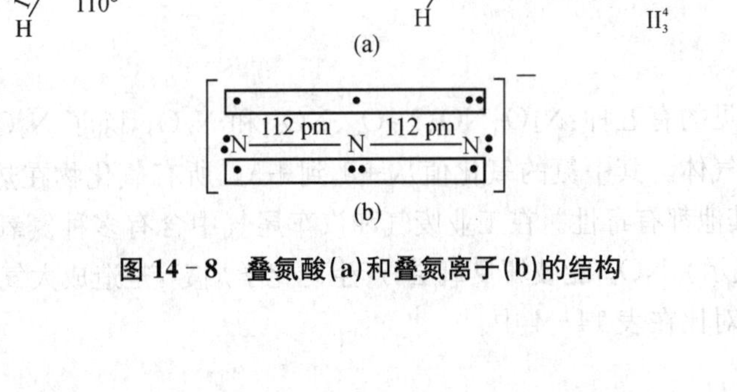

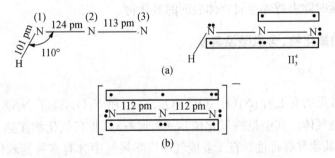

图 14－8　叠氮酸(a)和叠氮离子(b)的结构

叠氮化物一般不稳定，易分解，其剧烈程度与金属活泼性有关，碱金属等活泼金属的叠氮化物受热不爆炸，重金属的叠氮化物加热就发生爆炸，如 $Pb(N_3)_2$ 可做雷管的起爆剂。

3. 铵盐

铵盐一般是无色的晶体，易溶于水。铵盐与碱金属的盐非常相似，特别与钾盐相似，这是由于K^+的半径和 NH_4^+ 的半径相近。

铵盐溶液加入强碱，并加热，会放出氨，可用作 NH_4^+ 的鉴定反应：

$$NH_4^+ + OH^- = NH_3\uparrow + H_2O$$

用奈氏(Nessler)试剂($K_2[HgI_4]$的 KOH 溶液)也可以鉴定试液中的 NH_4^+：

$$NH_4^+ + 2[HgI_4]^{2-} + 4OH^- = Hg_2ONH_2I(s)\downarrow + 7I^- + 3H_2O$$

因 NH_4^+ 的含量和 Nessler 试剂的量不同，生成沉淀的颜色从红棕色到深褐色有所不同。但如果试液中含有 Fe^{3+}、Co^{2+}、Ni^{2+}、Cr^{3+}、Ag^+ 和 S^{2-} 等，将会干扰 NH_4^+ 的鉴定。可在试液中加碱，使逸出的氨与滴在滤纸上的 Nessler 试剂反应，以防止其他离子的干扰。

固体铵盐受热易分解，分解的情况因组成铵盐的酸的性质不同而异。如果酸是易挥发的且无氧化性的，则酸和氨一起挥发，如：NH_4Cl、NH_4HCO_3；若酸是不挥发性的，则只有 NH_3 挥发逸出，而酸或酸式盐则残留在容器中，如：$(NH_4)_2SO_4$、$(NH_4)_3PO_4$；若对应的酸有氧化性，则分解出来的 NH_3 立即被氧化为氮或氮的氧化物，并放出大量的热。例如，NH_4NO_3 分解反应在密闭容器内进行，就会发生爆炸。因此 NH_4NO_3 可用于制造炸药。

$$NH_4Cl \xlongequal{\triangle} NH_3\uparrow + HCl\uparrow$$

$$(NH_4)_2SO_4 \xlongequal{\triangle} NH_3\uparrow + NH_4HSO_4$$

$$(NH_4)_3PO_4 \xlongequal{\triangle} 3NH_3\uparrow + H_3PO_4$$

$$(NH_4)_2Cr_2O_7 \xlongequal{\triangle} N_2\uparrow + Cr_2O_3 + 4H_2O$$

$$NH_4NO_3 \xlongequal{\sim 210\ ℃} N_2O\uparrow + 2H_2O$$

$$2NH_4NO_3 \xlongequal{> 300\ ℃} 2N_2\uparrow + O_2\uparrow + 4H_2O$$

铵盐中的碳酸氢铵、硫酸铵、氯化铵和硝酸铵是优良的肥料，氯化铵还用于染料工业、制作干电池以及焊接时除去待焊金属物体表面的氧化物。

14.2.2 氮的氧化物、含氧酸及其盐

1. 氧化物

氮的氧化物常见的有五种：N_2O、NO、N_2O_3、NO_2 和 N_2O_5，除了 N_2O_5 外，其他氮的氧化物在室温下都是气体。其中氮的氧化值从+1 到+5。所有氧化物在热力学上都是不稳定的，除 N_2O 外，其他都有毒性。在工业废气和汽车尾气中含有多种氮氧化物，主要是 NO 和 NO_2，以 NO_x 表示。NO_x 能破坏臭氧层，产生光化学烟雾，是造成大气污染的来源之一。这些氧化物的性质对比在表 14-4 中。

表 14-4　氮的氧化物性质和结构

化学式	熔点/K	沸点/K	性　状	结　构
N_2O	182	184.5	无色气体,可助燃,无毒,曾作为麻醉剂	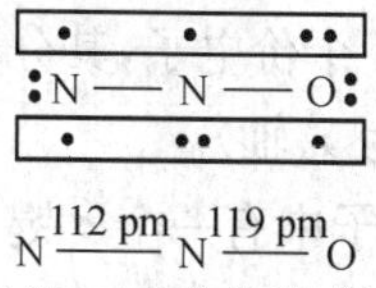 N 以 sp 杂化轨道成键
NO	109.5	121	无色气体,有顺磁性,易氧化	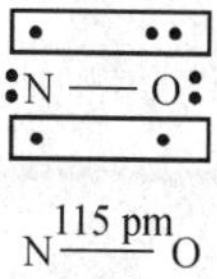 N 以 sp 杂化轨道成键
N_2O_3	172.4	276.5（分解）	低温下的固体和液体为蓝色,极不稳定,室温下即分解为 NO 和 NO_2	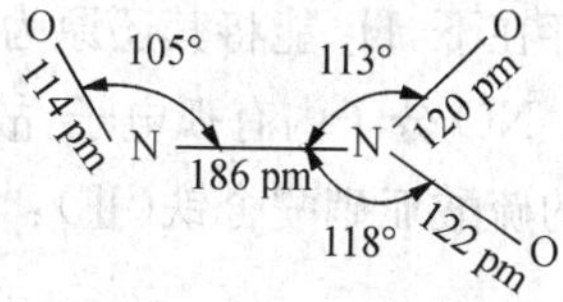
NO_2	181	294.5（分解）	红棕色气体,低温下聚合为 N_2O_4	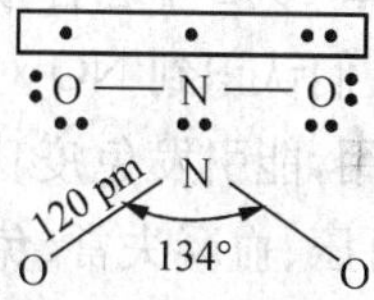 N 以 sp^2 杂化轨道成键
N_2O_4	261.9	297.3	无色气体,极易解离为 NO_2	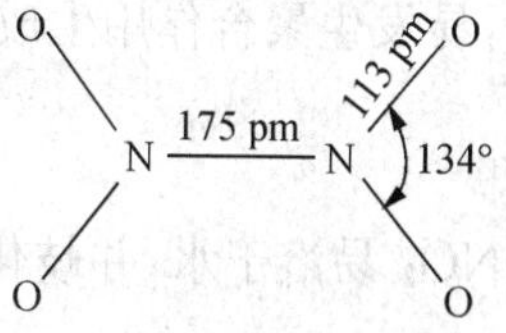 N 以 sp^2 杂化轨道成键,5 个 σ 键,1 个 Π_6^8 键
N_2O_5	305.6	（升华）	固体由 $NO_2^+NO_3^-$ 组成,无色,易潮解,极不稳定,强氧化剂	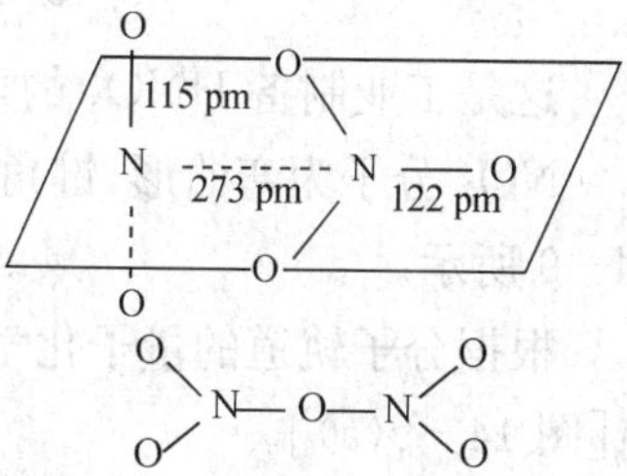

下面重点介绍 NO 和 NO_2。

(1) 一氧化氮(NO)

工业上由氨催化氧化可制得 NO,实验室中,通常以铜与稀硝酸反应来制备 NO。NO 共有 11 个价电子,其分子轨道中电子排布为$[KK(\sigma_{2s})^2(\sigma_{2s}^*)^2(\sigma_{2p_x})^2(\pi_{2p_y})^2(\pi_{2p_z})^2(\pi_{2p_y}^*)^1]$(键轴为 x 轴)。

分子中有一个 σ 键,一个双电子 π 键和一个 3 电子 π 键。所以,气态 NO 显示顺磁性。但在低温下,液态和固态 NO 却显示逆磁性,红外光谱证明,这是发生了聚合作用,有二聚体 N_2O_2 存在,其结构为:

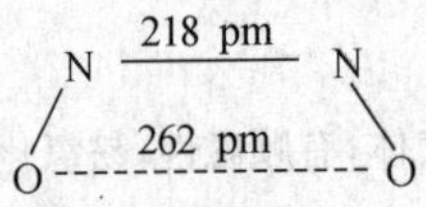

NO 不助燃,微溶于水,但不与水反应,也不与酸、碱反应。常温时,极易氧化为红棕色 NO_2,温度较高时,也与许多还原剂反应,例如,红热的 Fe、Ni、C 能把它还原为 N_2,在铂催化剂存在下,H_2 能将其还原为 NH_3。

NO 分子内有孤电子,故可与金属离子形成配合物。例如,与 $FeSO_4$ 溶液形成棕色可溶性的硫酸亚硝酰合铁(Ⅱ):

$$FeSO_4 + NO = [Fe(NO)]SO_4$$

美国 1992 年综合报道把 NO 选为“明星”小分子,这是因为 NO 对生命体的神奇作用。近年,人们认识到 NO 对动物体有着十分重要的作用。它是神经脉冲的传递介质,有调节血压的作用,能引发免疫功能等。如果人体不能制造出足够的 NO,会导致一系列严重的疾病:高血压、血凝失常、免疫功能损伤等等。

(2) NO_2 和 N_2O_4

铜与浓硝酸反应或将 NO 氧化均可制得红棕色的 NO_2。NO_2 是具有顺磁性的单电子分子,易发生聚合作用生成抗磁性的二聚体 N_2O_4:

$$N_2O_4(g) \xrightleftharpoons{264 \sim 413\ K} 2NO_2(g)$$

NO_2 易溶于水,并歧化成 HNO_3 和 HNO_2,因此 NO_2 为混合酸酐:

$$2NO_2 + H_2O = HNO_3 + HNO_2$$

NO_2 溶于热水的总反应式如下:

$$3NO_2 + H_2O(热) = 2HNO_3 + NO$$

这是工业制备 HNO_3 的重要反应。

NO_2 分子为弯曲形,键角 134.25°,键长 119.7 pm。对于它的电子结构有三种观点,如图 14-9 所示。

根据分子轨道的量子化学计算和分子的电子自旋共振的实验结果,比较支持第一种观点[图 14-9(a)]。

NO_2 和 N_2O_4 气体混合物的氧化性很强,碳、硫、磷等在其中容易起火燃烧,和许多有机

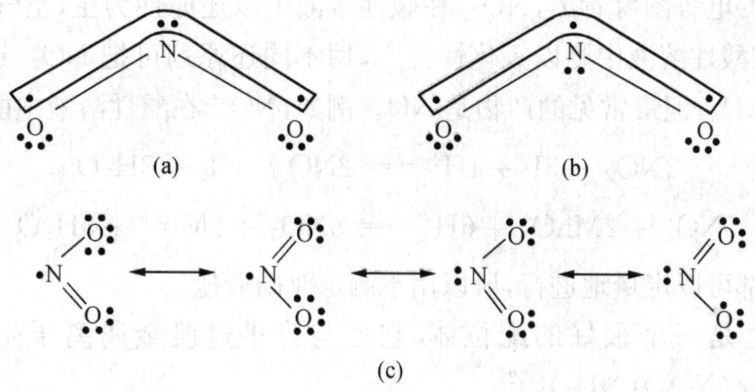

图 14-9 NO_2 的电子结构

物的蒸气混合可形成爆炸性气体，液态 N_2O_4 可用作火箭推进剂（如 N_2H_4）的氧化剂，也可用于制造爆炸药物。

2. 含氧酸及其盐

(1) 亚硝酸及其盐

当将等物质的量的 NO 和 NO_2 混合物溶解在被冰冻的水中，或向亚硝酸盐的冷溶液中加酸时，均能生成亚硝酸：

$$NO + NO_2 + H_2O \xlongequal{冷冻} 2HNO_2$$

$$NaNO_2 + H_2SO_4(稀) \xlongequal{冷冻} HNO_2 + NaHSO_4$$

亚硝酸是一种比醋酸略强的弱酸（$K_a^\ominus = 5.0\times10^{-4}$），但很不稳定，仅存在于冷的稀溶液中，室温下放置时，逐渐发生歧化反应而分解：

$$2HNO_2 \rightleftharpoons N_2O_3 + H_2O \rightleftharpoons NO\uparrow + NO_2\uparrow + H_2O$$

亚硝酸有两种结构：顺式和反式（如图 14-10），一般来讲，反式亚硝酸比顺式亚硝酸稳定。

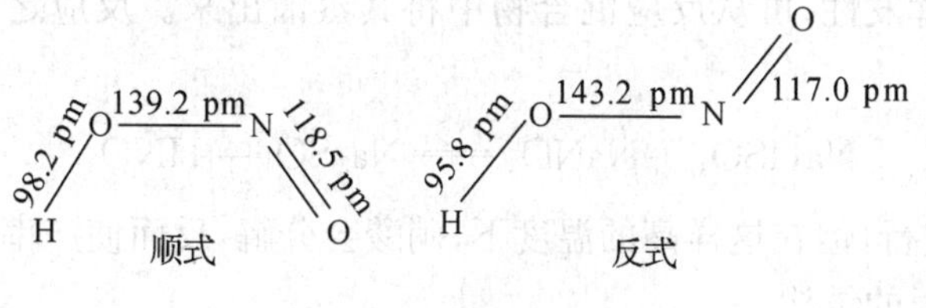

图 14-10 亚硝酸的结构

亚硝酸盐遇到强酸生成的 HNO_2 不稳定，马上分解为 N_2O_3，使水溶液呈浅蓝色；N_2O_3 又分解为 NO 和 NO_2，使气相出现 NO_2 的红棕色。这个反应用于 NO_2^- 的鉴定。

亚硝酸盐，特别是碱金属和碱土金属的亚硝酸盐都有很高的热稳定性。用粉末状金属铅、碳或铁在高温下还原固态硝酸盐，可得到亚硝酸盐。例如：

$$Pb + KNO_3 \xlongequal{} KNO_2 + PbO$$

在亚硝酸和亚硝酸盐中，氮原子的氧化态处于中间氧化态（+3），因此它既有氧化性，又有还原性。从氮的电势图可看出，NO_2^- 在碱性溶液中以还原性为主，空气中的氧就能使它氧化为 NO_3^-。在酸性溶液中则以氧化性为主，用不同还原剂可把 NO_2^- 还原为 NO、N_2O、N_2、NH_2OH 或 NH_3，但最常见的产物是 NO。例如，NO_2^- 在酸性溶液中能将 I^- 氧化为 I_2。

$$2NO_2^- + 2I^- + 4H^+ = 2NO\uparrow + I_2 + 2H_2O$$

$$5NO_2^- + 2MnO_4^- + 6H^+ = 5NO_3^- + 2Mn^{2+} + 3H_2O$$

这两个反应都可以定量地进行，所以用于测定亚硝酸盐。

NO_2^- 离子也是一个很好的配位体，它能与许多过渡金属离子生成配位离子，如 $Co(NO_2)_6^{3-}$ 和 $[Co(NO_2)(NH_3)_5]^{2+}$。

KNO_2 和 $NaNO_2$ 大量用于染料工业和有机合成工业中。除了浅黄色的不溶盐 $AgNO_2$ 外，一般亚硝酸盐易溶于水。亚硝酸盐均有毒，易转化为致癌物质亚硝胺。

(2) 硝酸及其盐

硝酸是重要的工业三酸之一，它是制造炸药、染料、硝酸盐和许多其他化学药品的重要原料。

① 硝酸的制法

工业上制硝酸的最重要方法是氨的催化氧化。在 1 273 K 和有铂网催化剂（90%Pt 和 10%Rh 合金网）时氨可以被大气中的氧氧化成 NO，接着 NO 和氧气进一步反应生成 NO_2，它被水吸收就成为硝酸：

$$4NH_3 + 5O_2 \xrightarrow[\text{Pt-Rh}]{800\ ℃} 4NO + 6H_2O$$

$$2NO + O_2 = 2NO_2$$

$$3NO_2 + H_2O = 2HNO_3 + NO$$

在实验室中，用硝酸盐与浓硫酸反应来制备少量硝酸：

$$NaNO_3 + H_2SO_4(浓) = NaHSO_4 + HNO_3$$

利用 HNO_3 的挥发性，可从反应混合物中将其蒸馏出来。反应之所以停留在这一步，是因为第二步反应：

$$NaHSO_4 + NaNO_3 = Na_2SO_4 + HNO_3$$

需要在 773 K 左右进行，但在这样高的温度下，硝酸会分解，反而使产率降低。

② 硝酸及硝酸根的结构

在硝酸分子中，3 个氧原子围绕着氮原子分布在同一平面上，呈平面三角形结构，如图 14－11 所示。

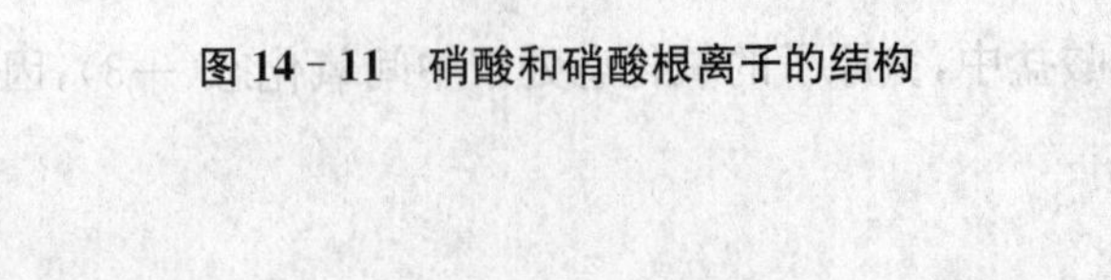

图 14－11　硝酸和硝酸根离子的结构

其中氮原子采用 sp^2 杂化轨道与 3 个氧原子形成 3 个 σ 键，氮原子上孤电子对则与两个非羟基氧原子的另一个 2p 轨道上未成对的电子形成一个三中心四电子大 π 键，表示为 Π_3^4。

在 NO_3^- 中，N 仍然是采取 sp^2 杂化。除与 3 个氧原子形成 3 个 σ 键外，还与 3 个氧原子形成一个垂直于 3 个 σ 键所在平面的大 π 键，形成该大 π 键的电子除了由 N 与 3 个氧原子提供外，还有决定硝酸根离子电荷的那个外来电子，共同组成一个四中心六电子大 π 键（Π_4^6）。

③ 硝酸的性质

纯硝酸是无色液体，沸点是 359 K，在 226 K 下凝固为无色晶体。硝酸和水可以按任何比例混合。硝酸恒沸溶液的沸点为 394.8 K，密度为 1.42 $g\cdot cm^{-3}$，含 HNO_3 为 69.2%，相当于 16 $mol\cdot L^{-1}$，这就是一般市售的浓硝酸。浓硝酸受热或见光逐渐分解，使溶液呈黄色：

$$4HNO_3 \xlongequal{h\nu} 4NO_2\uparrow + O_2\uparrow + 2H_2O$$

溶解了过量 NO_2 的浓硝酸呈红棕色，称为“发烟硝酸”。由于 NO_2 起催化作用，反应被加速，所以发烟硝酸具有很强的氧化性。可以存于铝罐贮运（铝罐质轻且被 HNO_3 钝化）。

硝酸的重要化学性质除了强酸性外，主要表现为强氧化性和硝化作用。

由于 HNO_3 分子中的氮处于最高氧化态，以及 HNO_3 分子不稳定，易分解放出 O_2 和 NO_2，所以 HNO_3 是强氧化剂。非金属单质如碳、硫、磷、碘等都能被浓硝酸氧化成氧化物或含氧酸，而硝酸被还原为 NO。例如：

$$3C + 4HNO_3 \xlongequal{} 3CO_2\uparrow + 4NO\uparrow + 2H_2O$$

$$3P + 5HNO_3 + 2H_2O \xlongequal{} 3H_3PO_4 + 5NO\uparrow$$

$$S + 2HNO_3 \xlongequal{} H_2SO_4 + 2NO\uparrow$$

$$3I_2 + 10HNO_3 \xlongequal{} 6HIO_3 + 10NO\uparrow + 2H_2O$$

有机物如松节油遇浓硝酸则燃烧，故在储存时，千万不要把浓硝酸与还原性物质放在一起。

硝酸与金属反应较为复杂，除 Au、Pt、Ir、Rh、Nb、Ta、Ti 等金属外，硝酸几乎可氧化所有的金属，反应进行的情况和金属被氧化的产物，因金属不同而异。

某些金属如 Fe、Cr、Al 等能溶于稀硝酸，但不溶于冷、浓硝酸，这是因为这类金属表面被浓硝酸氧化形成一层十分致密的氧化膜，阻止了内部金属与硝酸进一步作用，即所谓“钝化”现象。

对于 Sn、Pb、Sb、Mo、W 等偏酸性的金属和浓硝酸作用生成含水的氧化物或含氧酸，如 β-锡酸（$SnO_2\cdot xH_2O$）、锑酸（H_3SbO_4）。

其余金属和硝酸反应均生成可溶性的硝酸盐。

硝酸作为氧化剂，其被还原的产物有多种，如：NO_2、HNO_2、NO、N_2O、N_2、NH_4NO_3，而且往往是多种气体混合物。一般来说，浓硝酸（12～16 $mol\cdot L^{-1}$）与金属反应，不论金属活泼与否，它被还原的产物主要是 NO_2。稀硝酸（6～8 $mol\cdot L^{-1}$）与不活泼金属（如 Cu）反应，主要产物是 NO；与活泼金属（如 Fe、Zn、Mg 等）反应，则可能生成 N_2O（HNO_3 约 2 $mol\cdot L^{-1}$）或（HNO_3 浓度<2 $mol\cdot L^{-1}$）。极稀 HNO_3（1%～2%）与极活泼的金属作用，会有 NH_4^+ 产

生。例如：

$$Cu + 4HNO_3(浓) \longrightarrow Cu(NO_3)_2 + 2NO_2\uparrow + 2H_2O$$

$$3Cu + 8HNO_3(稀) \longrightarrow 3Cu(NO_3)_2 + 2NO\uparrow + 4H_2O$$

$$4Zn + 10HNO_3(稀) \longrightarrow 4Zn(NO_3)_2 + N_2O\uparrow + 5H_2O$$

$$4Zn + 10HNO_3(很稀) \longrightarrow 4Zn(NO_3)_2 + NH_4NO_3 + 3H_2O$$

浓硝酸与浓盐酸的混合液（体积比为 1∶3）称为王水，可溶解不能与硝酸作用的金属，如 Au、Pt 等：

$$Au + HNO_3 + 4HCl \longrightarrow H[AuCl_4] + NO\uparrow + 2H_2O$$

$$3Pt + 4HNO_3 + 18HCl \longrightarrow 3H_2[PtCl_6] + 4NO\uparrow + 8H_2O$$

Au 和 Pt 能溶于王水，一方面是由于王水中不仅含有 HNO_3，而且还有 Cl_2、NOCl 等强氧化剂：

$$HNO_3 + 3HCl \longrightarrow NOCl + Cl_2 + 2H_2O$$

更主要的是由于含有高浓度的 Cl^-，能够形成稳定的配离子 $[AuCl_4]^-$（或 $[PtCl_6]^{2-}$），使溶液中金属离子浓度减小，电对 $[AuCl_4]^-/Au$ 的标准电极电势值比电对 Au^{3+}/Au 低得多，金属的还原能力增强。

硝酸能与有机化合物发生硝化反应，生成硝基化合物。例如：

$$C_6H_6 + HNO_3 \xrightarrow{H_2SO_4,\ 60\ ℃} C_6H_5NO_2 + H_2O$$

利用硝酸的硝化作用可以制造许多含氮染料、塑料、药物；制造硝化甘油、三硝基甲苯(TNT)、三硝基苯酚等，它们都是烈性的含氮炸药。

④ 硝酸盐

硝酸盐大多数是无色，易溶于水的离子型晶体，它的水溶液没有氧化性。固体硝酸盐在常温下较稳定，高温时受热迅速分解放出 NO_2，而显强氧化性。硝酸盐热分解产物除有共同的 O_2 以外，其他产物则因金属离子不同而异。例如：

$$2NaNO_3 \xlongequal{\triangle} 2NaNO_2 + O_2\uparrow$$

$$2Pb(NO_3)_2 \xlongequal{\triangle} 2PbO + 4NO_2\uparrow + O_2\uparrow$$

$$2AgNO_3 \xlongequal{\triangle} 2Ag + 2NO_2\uparrow + O_2\uparrow$$

由于各种金属亚硝酸盐和氧化物稳定性不同，热分解的最后产物不同，碱金属和碱土金属硝酸盐产生相应的亚硝酸盐；电位顺序在 Mg 和 Cu 之间的硝酸盐产生相应的氧化物；电位顺序在 Cu 以后的不活泼的金属硝酸盐产生相应的金属。

14.2.3 氮的卤化物

氮的卤化物只有三氟化氮（NF_3）和三氯化氮（NCl_3），纯 NBr_3 直到 1975 年才分离出来，但极不稳定，NI_3 尚未制得。

NF_3 是无色气体，沸点 154 K，化学性质比较稳定，在水和碱溶液中均不水解。虽然

NF_3 分子中 N 原子上有孤对电子，但由于 F 的电负性很大，所以 NF_3 几乎不具有路易斯碱性。

NCl_3 是由 NH_3 和过量 Cl_2 反应制得，它是黄色液体，沸点 344 K，超过沸点或受震动即发生爆炸性分解。NCl_3 在水和碱溶液中水解：

$$NCl_3 + 3H_2O \longrightarrow NH_3 + HOCl$$

14.2.4　氮化物*

氮在高温时能与许多金属或电负性比氮小的非金属反应生成氮化物。氮化物分为离子型、共价型和间充型三类。

ⅠA 和ⅡA 族元素的氮化物属于离子型，可以在高温时由金属与 N_2 直接化合，也可用加热氨基化合物的方法而制备，例如：

$$3Mg + N_2 \longrightarrow Mg_3N_2$$

$$3Ba(NH_2)_2 \longrightarrow Ba_3N_2 + 4NH_3\uparrow$$

这类氮化物大多是固体，化学活性大，遇水即分解为氨与相应的碱：

$$Li_3N + 3H_2O \longrightarrow 3LiOH + NH_3\uparrow$$

§14.3　磷的化合物

14.3.1　磷的氢化物

磷和氢可组成一系列氢化物：PH_3、P_2H_4、$P_{12}H_{16}$ 等，其中最重要的是 PH_3 称为膦。有多种反应可以制备磷化氢，其中有些类似于产生氨的反应。

(1) 磷化钙的水解(类似于 Mg_3N_2 的水解)：

$$Ca_3P_2 + 6H_2O \longrightarrow 3Ca(OH)_2 + 2PH_3\uparrow$$

(2) 碘化鏻与碱的反应(类似于氯化铵和碱的反应)：

$$PH_4I + NaOH \longrightarrow NaI + H_2O + PH_3\uparrow$$

(3) 单质磷与空气的气相反应(类似于 N_2 和 H_2 反应)：

$$P_4(g) + 6H_2(g) \longrightarrow 4PH_3(g)$$

(4) 白磷与沸热的碱溶液作用：

$$P_4(s) + 3OH^- + 3H_2O \longrightarrow 3H_2PO_2^- + PH_3$$

磷化氢和鏻离子的结构如图 14-12，PH_3 和它的取代衍生物 PR_3(R 代表有机基团)具有三角锥形的结构，PH_3 中的键角∠HPH 为 93°，P—H 键长为 142 pm。可见 PH_3 是一个极性分子，但是和 NH_3 分子相比却弱得多。

膦是无色气体，有似大蒜的臭味，有剧毒。膦在 −87.78 ℃凝聚为液体，在 −133.81℃结晶为固体。膦在水中的溶解度很小(20 ℃时只有氨溶解度的 1/2 600)，水溶液的碱性也比氨水弱得多($K_b^{\ominus} \approx 10^{-26}$)，它不易形成类似于铵盐的鏻盐($PH_4^+$)，固体卤化鏻($PH_4X$)显然没有卤化铵稳定，极易水解，所以在水溶液中不存在PH_4^+离子。

$$PH_4^+I^- + H_2O \longrightarrow H_3O^+ + PH_3\uparrow + I^-$$

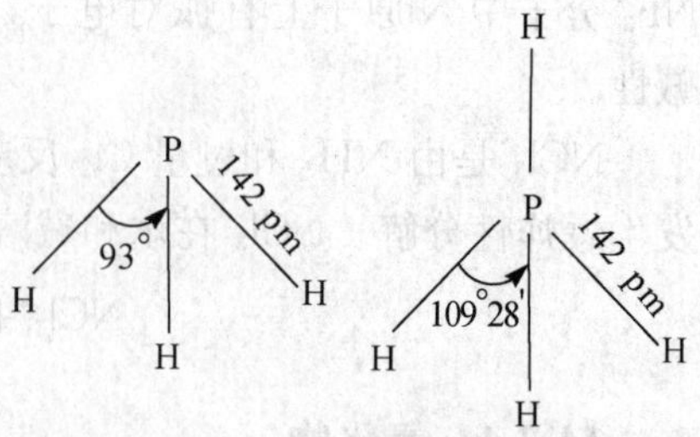

图 14-12 PH_3 和 PH_4^+ 的结构

纯净的膦在空气中的着火点是 150℃，膦燃烧生成磷酸：

$$PH_3 + 2O_2 \longrightarrow H_3PO_4$$

PH_3 是一种强还原剂，其还原能力比氨强，通常情况下能从 Cu^{2+}、Ag^+、Hg^{2+} 等盐溶液中还原出金属。例如：

$$8CuSO_4 + 2PH_3 + 8H_2O \longrightarrow 2H_3PO_4 + 8Cu + 8H_2SO_4$$

磷化氢和它的取代衍生物 PR_3 中的 P 原子都有一对孤电子对，和 NH_3 一样它能和许多过渡金属离子生成多种配位化合物。不过 PH_3 或 PR_3 的配位能力比 NH_3 或胺强很多，因为它们向金属配位时，除了 :PH_3 或 :PR_3 是电子对给予体之外，配合物中心离子还可以向磷原子空的 d 轨道反馈电子，从而加强了配合离子的稳定性。已经制得的配位化合物有 $CuCl \cdot 2PH_3$、$AgI \cdot PH_3$ 等。

14.3.2 磷的氧化物、含氧酸及其盐

1. 氧化物

(1) 三氧化二磷

磷在常温下慢慢氧化，或在不充分的空气中燃烧，生成 P(Ⅲ)的氧化物，即 P_4O_6，常叫作三氧化二磷。气态或液态的三氧化二磷都是二聚分子 P_4O_6，其中 4 个磷原子构成一个四面体，6 个氧原子位于四面体每一棱的外侧，分别与两个磷原子形成 P—O 单键，键长为 165 pm，键角∠POP 为 128°，∠OPO 为 99°，见图 14-13。

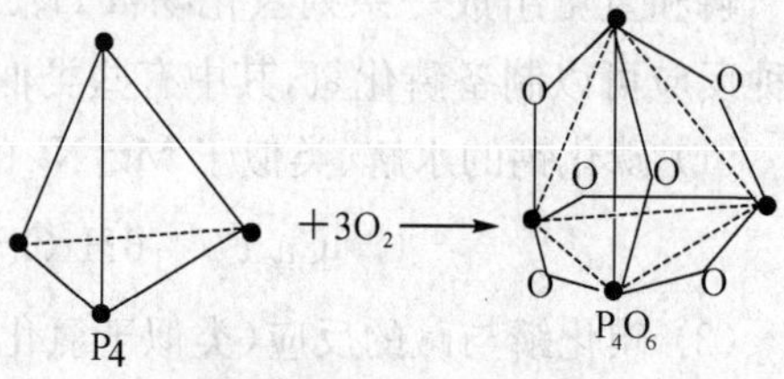

图 14-13 P_4O_6 的形成

P_4O_6 是白色易吸潮的蜡状固体，熔点 296.8 K，沸点(在 N_2 气氛中)446.8 K。三氧化二磷有很强的毒性，当溶于冷水时缓慢地生成亚磷酸，因而它又叫作亚磷酸酐。P_4O_6 易溶于有机溶剂中，它和冷水、热水的作用如下：

$$P_4O_6 + 6H_2O(冷) \longrightarrow 4H_3PO_3$$

$$P_4O_6 + 6H_2O(热) \longrightarrow 3H_3PO_4 + PH_3\uparrow$$

(2) 五氧化二磷

P(Ⅴ)的氧化物是 P_4O_{10}，是磷在充足空气或氧气中燃烧的产物。在 P_4O_6 分子中每个磷原子上还有一对孤电子对，会受到氧分子的进攻，P_4O_6 也可以继续被氧化成 P_4O_{10}，这个化合物简称五氧化二磷。

P_4O_{10}分子的结构基本与 P_4O_6 相似，只是在每个磷原子上又多结合了一个氧原子。每

个磷原子与周围 4 个氧原子以 O—P 键连结形成一个四面体，其中 3 个氧原子是与另外 3 个四面体共用，见图 14 - 14。

P_4O_{10} 是白色雪花状晶体，易升华(632 K)，在加压下加热到较高温度，晶体就转变为无定形玻璃状体，在 839 K 熔化。P_4O_{10}有很强的吸水性，在空气中很快就潮解，它是最强的一种干燥剂。另外，P_4O_{10}还可以从许多化合物(如 H_2SO_4、HNO_3)中夺取化合态的水。它同水作用时反应很激烈，放出大量的热，生成 P(Ⅴ)的各种含氧酸，因此又叫作磷酸酐。

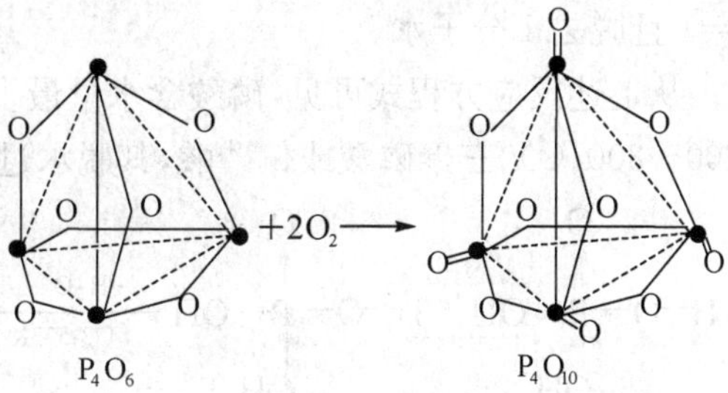

图 14 - 14　P_4O_{10}的形成

$$P_4O_{10} + 6H_2SO_4 \longrightarrow 4H_3PO_4 + 6SO_3\uparrow$$

$$P_4O_{10} + 12HNO_3 \longrightarrow 4H_3PO_4 + 6N_2O_5\uparrow$$

P_4O_{10}的最新用途之一是用来生产“生物玻璃”，是一种填有 P_4O_{10}的苏打石灰玻璃，把它移到体内，钙离子和磷酸根离子在玻璃和骨头的间隙中溶出，有助于诱导新骨骼的生长。

2. 含氧酸及其盐

磷能生成多种氧化数的含氧酸，按氧化数分类汇列于表 14 - 5。其中的磷原子总是采取 sp^3 杂化。

表 14 - 5　磷的含氧酸

名称	化学式	磷的氧化数	n 元酸
(正)磷酸	H_3PO_4	+5	3
焦磷酸	$H_4P_2O_7$	+5	4
三聚磷酸	$H_5P_3O_{10}$	+5	5
偏磷酸	HPO_3	+5	1
亚磷酸	H_3PO_3	+3	2
次磷酸	H_3PO_2	+1	1

磷的含氧酸中以磷酸最稳定。P_4O_{10}与水作用时，由于加合水分子数目不同，可以生成几种主要的 P(Ⅴ)含氧酸：

$$P_4O_{10} + 2H_2O(冷) \longrightarrow 4HPO_3(偏磷酸)$$

$$3P_4O_{10} + 10H_2O \longrightarrow 4H_5P_3O_{10}(三聚磷酸)$$

$$P_4O_{10} + 4H_2O \longrightarrow 2H_4P_2O_7(焦磷酸)$$

$$P_4O_{10} + 6H_2O(热) \longrightarrow 4H_3PO_4(正磷酸)$$

这些磷的含氧酸可以用一个通式表示：

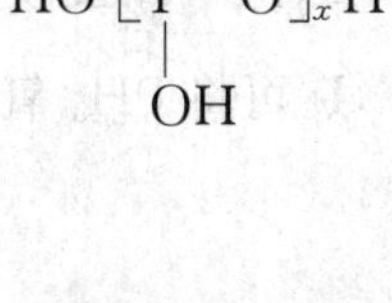

当 $x=1$ 时，为正磷酸；当时 $x=2$，为焦磷酸；当 $x=3$ 时，为三磷酸。至于偏磷酸，则是 $x=1$ 且脱去 1 分子水。

从上述反应方程式可见，磷酸含水量最多。磷酸经强热时就发生脱水作用，生成焦磷酸（200～300 ℃）、三聚磷酸或偏磷酸，其脱水过程可以用下面的反应方程式表示：

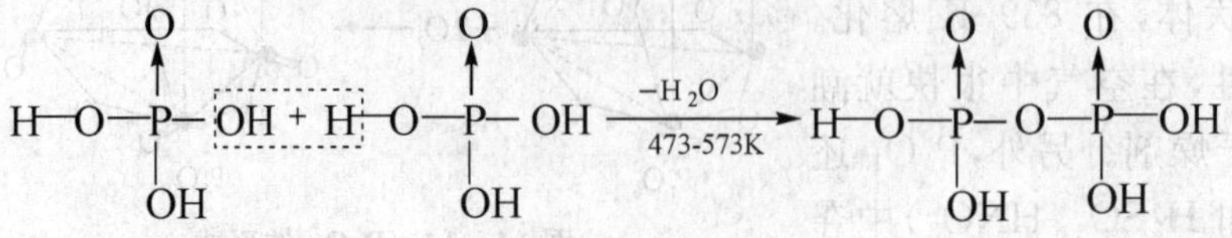

焦磷酸

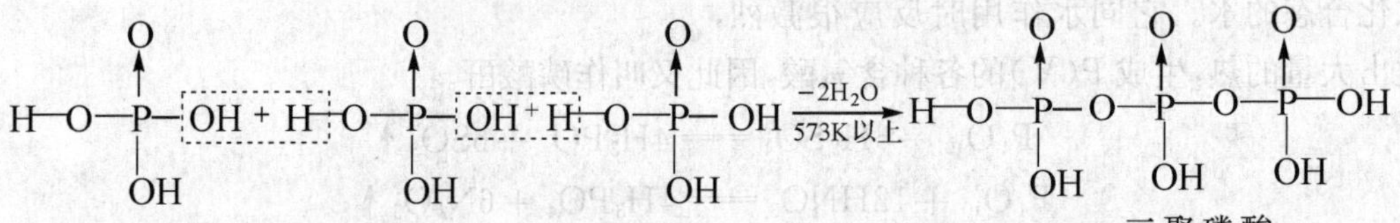

三聚磷酸

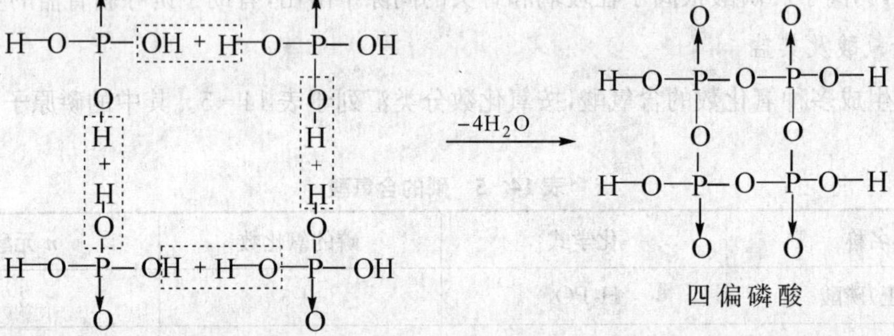

四偏磷酸

上述各式表明，焦磷酸、三聚磷酸和四偏磷酸等都是由若干个磷酸分子经脱水后通过氧原子连接起来的多聚磷酸。几个简单分子经过失去水分子而连接起来的作用属于缩合作用。

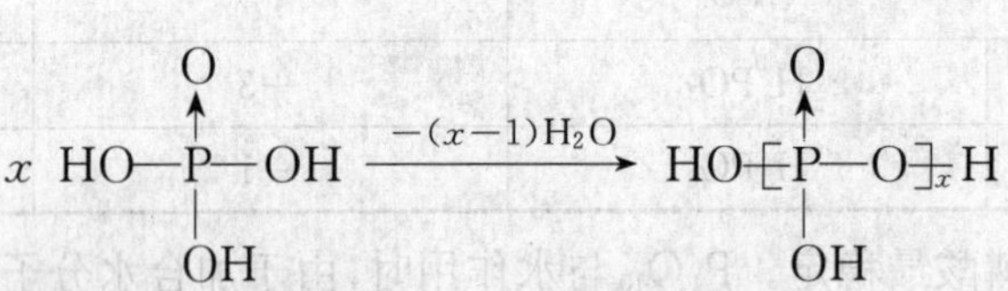

多聚磷酸属于缩合酸。多聚磷酸分为两类：一类分子是链状结构的，如焦磷酸和三聚磷酸；另一类分子是环状结构的，如四偏磷酸。所谓多偏磷酸，实际上是具有环状结构的多聚磷酸。如果缩合的磷酸分子数目增多，链增长，则得到高分子的多磷酸，称为多聚磷酸 $H_{x+2}P_xO_{3x+1}$（$x=16\sim90$）。

常用的是多聚磷酸的盐类。

(1) 次磷酸及其盐

在次磷酸钡溶液中，加硫酸使 Ba^{2+} 沉淀，可得游离态的次磷酸（H_3PO_2）：

$$Ba(H_2PO_2)_2 + H_2SO_4 \longequal BaSO_4\downarrow + 2H_3PO_2$$

另外，在一定计量水存在的情况下，I_2 可将 PH_3 氧化为 H_3PO_2：

$$PH_3 + 2I_2 + 2H_2O \xlongequal{} H_3PO_2 + 4HI$$

H_3PO_2 的分子结构如下：

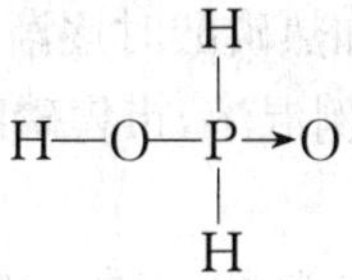

因此，它是一元酸($K_a^\ominus = 1.0\times10^{-2}$)，由于分子中有两个 P—H 键，所以次磷酸比亚磷酸具有更强的还原性，甚至可把冷的浓 H_2SO_4 还原为 S，尤其是在碱性溶液中是极强的还原剂，$H_2PO_2^-$ 能使 Ag^+、Cu^{2+}、Hg^{2+} 分别还原为 Ag、Cu、Hg(Ⅰ)或 Hg。例如：

$$H_2PO_2^- + 2Cu^{2+} + 6OH^- \xlongequal{} PO_4^{3-} + 2Cu + 4H_2O$$

所以，次磷酸盐可用于化学镀，将金属离子(如 Ni^{2+} 等)还原为金属，并在其他金属表面或塑料表面沉积，形成牢固的镀层。

H_3PO_2 及其盐都不稳定，受热分解放出 PH_3：

$$3H_3PO_2 \xlongequal{400\ K} 2H_3PO_3 + PH_3\uparrow$$

$$4H_2PO_2^- \xlongequal{500\ K} P_2O_7^{4-} + 2PH_3\uparrow + H_2O$$

次磷酸盐一般易溶于水，其中碱土金属的次磷酸盐水溶性较小。次磷酸盐也是有毒性的，但毒性低于磷化氢和白磷。

(2) 亚磷酸及其盐*

三氧化二磷(P_4O_6)缓慢地与水作用生成亚磷酸：

$$P_4O_6 + 6H_2O \xlongequal{} 4H_3PO_3$$

亚磷酸是白色固体，熔点为 347 K，在水中的溶解度较大，20 ℃时其溶解度为 82 g/100 g H_2O。H_3PO_3 的结构如下：

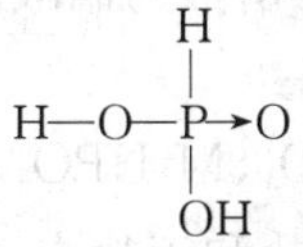

亚磷酸为二元酸，$K_{a1}^\ominus = 1.0\times10^{-2}$，$K_{a2}^\ominus = 2.6\times10^{-7}$，属中强酸，能形成正盐和酸式盐。碱金属和钙的亚磷酸盐易溶于水，其他金属的亚磷酸盐都难溶。在亚磷酸分子中有一个 P—H 键容易被氧原子进攻，故具有还原性。亚磷酸及其盐都是强还原剂，能将 Ag^+、Cu^{2+} 等离子还原为金属，能将热、浓 H_2SO_4 还原为二氧化硫。

纯的 H_3PO_3 或它的浓溶液受热发生歧化反应：

$$4H_3PO_3 \xlongequal{} 3H_3PO_4 + PH_3\uparrow$$

所以制备 H_3PO_3 要用 P_4O_6 和冷水反应。

(3) 磷酸及其盐

正磷酸(H_3PO_4)常简称为磷酸，是磷酸中最重要的一种。将磷燃烧成 P_4O_{10}，再与水化合可制得正磷酸。工业上也用硫酸分解磷灰石来制取正磷酸，但得到的磷酸不纯，含有 Ca^{2+}、Mg^{2+} 等杂质，但可用于制造肥料。

$$P_4O_{10} + 6H_2O \xlongequal{\quad} 4H_3PO_4$$

$$Ca_3(PO_4)_2 + 3H_2SO_4 \xlongequal{\quad} 2H_3PO_4 + 3CaSO_4$$

纯磷酸是无色晶体，熔点 315 K，加热磷酸时逐渐脱水生成焦磷酸、偏磷酸，因此磷酸没有自身的沸点。磷酸能与水以任何比例混溶，市售磷酸是含 85% H_3PO_4 的黏稠状浓溶液，相当于 14 $mol \cdot L^{-1}$，密度 1.6 $g \cdot cm^{-3}$。

磷酸是三元中强酸，其三级解离常数：$K_{a1}^{\ominus} = 7.5 \times 10^{-3}$，$K_{a2}^{\ominus} = 6.2 \times 10^{-8}$，$K_{a3}^{\ominus} = 2.2 \times 10^{-13}$。

磷酸的分子构型如图 14－15 所示。H_3PO_4 是由一个单一的磷氧四面体构成的，其中 P 采取 sp^3 杂化，三个杂化轨道与氧原子之间形成三个 σ 键，另一个 P═O 键是由一个 σ 键和两个 d－pπ 键组成($p_z - d_{xz}$，$p_z - d_{yz}$，键轴为 x 轴)的多重键，按键能的大小这个多重键近似于双键。

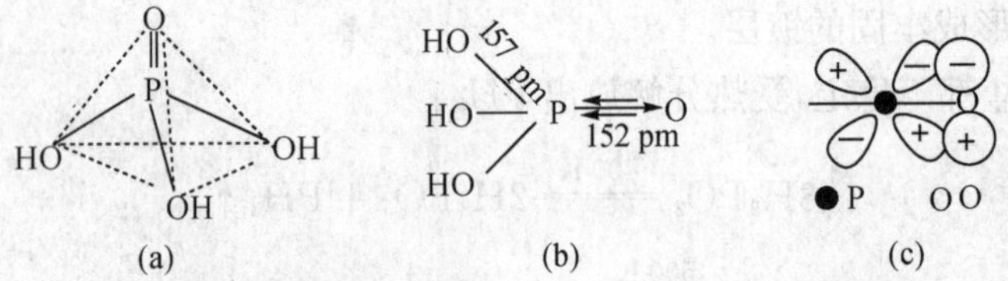

图 14－15　磷酸分子结构和 P－O 键中的 d－pπ 配键

在通常温度下，磷酸是一种无氧化性的酸。但在高温时，磷酸能与金属很好地反应，并能使金属还原。高温时，磷酸能分解铬铁矿、金红石、钛铁矿等矿物，并能腐蚀石英。

磷酸具有很强的配位能力，能与许多金属离子形成可溶性配合物，如与 Fe^{3+} 生成无色的 $H_3[Fe(PO_4)_2]$ 和 $H[Fe(HPO_4)_2]$，因此分析化学上常用 PO_4^{3-} 掩蔽离子。浓磷酸能溶解钨、锆以及硅、硅化铁等，并与它们形成配合物。

磷酸除了用于生产肥料、制造试剂外，还用于处理金属表面，在金属表面生成难溶的磷酸盐薄膜，以保护金属免受腐蚀。另外，磷酸与硝酸的混合酸可作为化学抛光剂，用以提高金属表面的光洁度。

正磷酸能生成三个系列的盐：M_3PO_4、M_2HPO_4 和 MH_2PO_4(M 是正一价离子)。所有的磷酸二氢盐都易溶于水，而磷酸一氢盐和正盐中，除了 K^+、Na^+ 和 NH_4^+ 离子的盐以外，一般不溶于水。可溶性的磷酸盐在水溶液中均能发生不同程度的水解，以钠盐为例，Na_3PO_4 呈较强的碱性，而在酸式盐中，其酸根离子在发生水解的同时，也有电离作用，因此溶液的酸碱性取决于水解和电离的相对强弱，如 Na_2HPO_4 溶液呈弱碱性，就是因为 HPO_4^{2-} 离子的水解倾向强于电离。而 NaH_2PO_4 则由于电离倾向强于水解，故溶液呈弱酸性。在热稳定性方面，正磷酸盐比较稳定，而磷酸一氢盐或磷酸二氢盐受热却容易脱水生成焦磷酸盐或偏磷酸盐。

在碱金属的氢氧化物或碳酸盐溶液中加入适量的磷酸，可以得到碱金属磷酸盐。不溶性的磷酸盐也要用复分解法由可溶性磷酸盐来制取。例如，在近中性磷酸盐溶液中加入硝酸银可得到黄色磷酸银沉淀：

$$3Ag^+ + PO_4^{3-} \xlongequal{\quad} Ag_3PO_4 \downarrow (黄)$$

$$3Ag^+ + HPO_4^{2-} = Ag_3PO_4\downarrow(\text{黄}) + H^+$$

$$3Ag^+ + H_2PO_4^- = Ag_3PO_4\downarrow(\text{黄}) + 2H^+$$

磷酸盐(主要是钙盐和铵盐)是重要的无机肥料,但天然磷酸盐都不溶于水,不能被作物吸收,需要经过化学处理,如用适量硫酸处理磷酸钙:

$$Ca_3(PO_4)_2 + 2H_2SO_4 + 4H_2O = 2(CaSO_4\cdot 2H_2O) + Ca(H_2PO_4)_2$$

所生成的硫酸钙和磷酸二氢钙的混合物叫作过磷酸钙,可直接用作肥料,其中有效成分是 $Ca(H_2PO_4)_2$ 可溶于水的,易被植物吸收。若用磷酸分解天然磷酸盐,生成物中就没有 $CaSO_4$,可得含量较高的 $Ca(H_2PO_4)_2$:

$$Ca_3(PO_4)_2 + 4H_3PO_4 = 3Ca(H_2PO_4)_2$$

$Ca(H_2PO_4)_2$ 也是磷肥,它不溶于水,撒入酸性土壤后变为可溶性的。

磷酸盐与过量钼酸铵在浓硝酸溶液中反应有淡黄色钼磷酸铵晶体析出,这是鉴定 PO_4^{3-} 离子的特征反应:

$$PO_4^{3-} + 12MoO_4^{2-} + 24H^+ + 3NH_4^+ = (NH_4)_3PO_4\cdot 12MoO_3\cdot 6H_2O\,(\text{黄色})\downarrow + 6H_2O$$

(4) 焦磷酸及其盐

焦磷酸($H_4P_2O_7$)是无色玻璃状固体,易溶于水。在冷水中,焦磷酸很缓慢地转变为磷酸。在热水中,特别是有硝酸存在时,这种转变很快。

$$H_4P_2O_7 + H_2O = 2H_3PO_4$$

焦磷酸是四元酸,$K_{a1}^{\ominus} > 1.2\times10^{-1}$,$K_{a2}^{\ominus} = 7.9\times10^{-3}$,$K_{a3}^{\ominus} = 2.0\times10^{-7}$,$K_{a4}^{\ominus} = 4.8\times10^{-10}$。可见焦磷酸的酸性比磷酸强。一般来说,酸的缩合程度越大,其产物的酸性越强。

焦磷酸盐常见的多为两类:$M_2(\text{I})H_2P_2O_7$ 和 $M_4(\text{I})P_2O_7$。焦磷酸的钠盐溶于水。将磷酸一氢钠加热可得焦磷酸钠:

$$2Na_2HPO_4 \xrightarrow{\triangle} Na_4P_2O_7 + H_2O$$

分别往 Ag^+、Cu^{2+}、Zn^{2+}、Sn^{2+}、Hg^{2+} 等盐溶液中加入 $Na_4P_2O_7$ 溶液,均有难溶的焦磷酸盐沉淀生成,当 $Na_4P_2O_7$ 过量时,由于过量的 $P_2O_7^{4-}$ 与这些金属离子形成配离子(如$[Cu(P_2O_7)]^{2-}$、$[Mn_2(P_2O_7)_2]^{4-}$)而使沉淀溶解,这些可溶的配阴离子常用于无氰电镀。

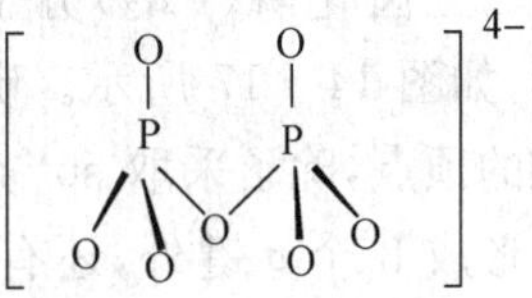

图 14-16　$P_2O_7^{4-}$ 的结构

$P_2O_7^{4-}$ 的结构如图 14-16 所示,其中两个四面体构型的原子团共用一个顶角氧原子而连接起来。

(5) 偏磷酸及其盐*

常见的多聚偏磷酸$(HPO_3)_n$ 有三偏磷酸和四偏磷酸。偏磷酸是硬而透明的玻璃状物质,易溶于水,在溶液中逐渐转变为正磷酸,若在 HNO_3 存在下加热,则转化反应速度大大加快。偏磷酸盐是由磷酸二氢盐加热脱水聚合而得到。例如:

$$3NaH_2PO_4 \xlongequal{673\sim773\ K} (NaPO_3)_3 + 3H_2O$$

若加热到 973 K 左右,然后骤冷则得到玻璃态的格氏盐:

$$x\,NaH_2PO_4 \xlongequal{973\ K} (NaPO_3)_x + x\,H_2O$$

它没有固定熔点,易溶于水,水溶液黏度大。它能与钙、镁等离子形成配合物,故常用作软水剂和锅炉、管道的去垢剂。过去因格氏盐有(NaPO₃)₆的组成,被称为六偏磷酸钠;实际上格氏盐基本上是一个长链状的聚合物。这个链长约达20~100个PO₃单位,环偏磷酸盐仅占1%左右。

$$\text{Na}^+\text{O}^- - \overset{\overset{\displaystyle O}{\|}}{\underset{\underset{\displaystyle \text{O}^-\text{ Na}^+}{|}}{\text{P}}} - O - \left[\overset{\overset{\displaystyle O}{\|}}{\underset{\underset{\displaystyle \text{O}^-\text{ Na}^+}{|}}{\text{P}}} - O \right]_n \overset{\overset{\displaystyle O}{\|}}{\underset{\underset{\displaystyle \text{O}^-\text{ Na}^+}{|}}{\text{P}}} - \text{O}^-\text{ Na}^+$$

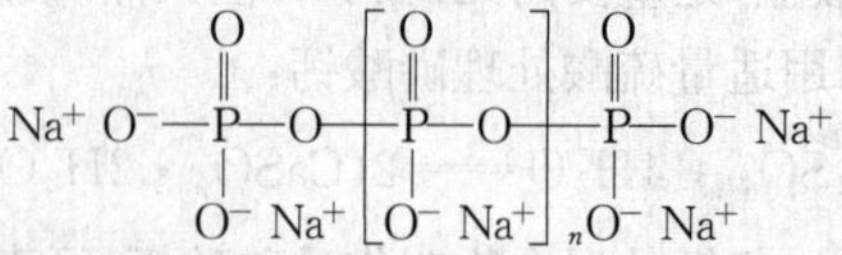

正、焦、偏三种磷酸可以用硝酸银和蛋白质加以鉴别。硝酸银与正磷酸产生黄色沉淀,与焦、偏磷酸都产生白色沉淀,但偏磷酸能使蛋白质沉淀。

14.3.3 磷的卤化物和硫化物

1. 磷的卤化物

磷的卤化物有 PX₃ 和 PX₅ 两种类型(PI₅ 不易生成),除 PF₃ 外,PX₃ 和 PX₅ 都可用磷和卤素直接反应制备,只是前者磷过量,后者卤素过量而已。卤化磷的一些物理性质见表 14 - 6。

表 14 - 6 卤化磷的一些物理性质

卤化磷	形态	熔点/K	沸点/K	生成焓/kJ·mol⁻¹
PF₃	无色气体	121.5	171.5	−918.8
PCl₃	无色液体	161	348.5	−306.5
PBr₃	无色液体	233	446	−150.3
PI₃	红色晶体	334	573(分解)	−45.6
PF₅	无色气体	190	198	−1 595.8
PCl₅	无色晶体	—	435(升华)	−398.8
PBr₅	黄、红两种固态变体	173	分解	−276.3

三卤化磷(PX₃)分子构型为三角锥形,如图 14 - 17 所示。磷原子位于三角锥的顶点,除了采取 sp³ 杂化与 3 个卤原子形成 3 个 σ 键外,还有一对孤对电子,因此 PX₃ 具有加合性。

三卤化磷中以三氯化磷(PCl₃)最为重要。过量的磷在氯气中燃烧生成 PCl₃。PCl₃ 在室温下是无色液体,在较高温度或有催化剂存在时,可以与氧或硫反应,生成三氯氧磷(POCl₃)或三氯硫磷(PSCl₃)。POCl₃ 极易水解生成亚磷酸和氯化氢:

图 14 - 17 PCl₃ 和 PCl₅ 的分子结构

$$\text{PCl}_3 + 3\text{H}_2\text{O} =\!=\!= \text{H}_3\text{PO}_3 + 3\text{HCl}$$

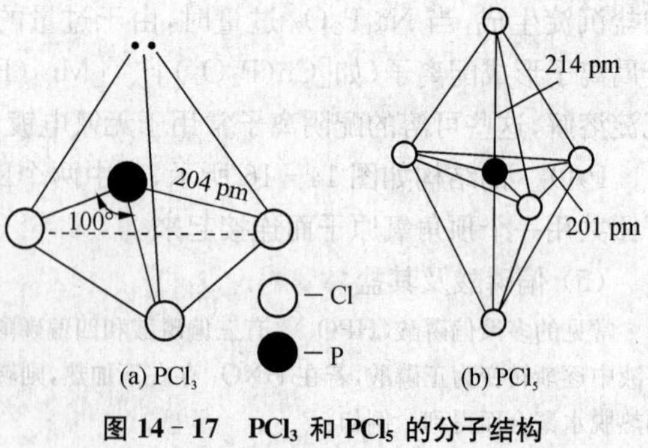

磷与过量的卤素单质直接反应生成五卤化磷，三卤化磷和卤素反应也可以得到五卤化磷。例如，三氯化磷和氯气直接反应生成五氯化磷：

$$PCl_3 + Cl_2 \xlongequal{} PCl_5$$

五卤化磷的气态分子为三角双锥，PCl_5 的构型如图 14-17(b)所示。磷原子以 sp^3d 杂化轨道与 5 个卤原子形成 5 个 σ 键，其中 2 个 P—X 键比其他 3 个 P—X 键长一些。

PX_5 中最重要的是 PCl_5。PCl_5 是白色晶体，含有 $[PCl_4]^+$ 和 $[PCl_6]^-$，$[PCl_4]^+$ 和 $[PCl_6]^-$ 的排列类似于 CsCl 的 Cs^+ 和 Cl^-。PCl_5 加热时(433 K)升华并可逆地分解为 PCl_3 和 Cl_2，在 573 K 以上分解完全。

PCl_5 与 PCl_3 相同，也易于水解，当水量不足时，则部分水解成三氯氧磷和氯化氢：

$$PCl_5 + H_2O \xlongequal{} POCl_3 + 2HCl$$

在过量水中则完全水解：

$$POCl_3 + 3H_2O \xlongequal{} H_3PO_4 + 3HCl$$

$POCl_3$ 在室温下是无色液体，它与 PCl_5 在有机反应中都用作氯化剂。$POCl_3$ 分子的构型为四面体，磷原子采取 sp^3 杂化与 3 个氯原子和 1 个氧原子结合。

2. 硫化磷*

当磷和硫在一起加热超过 373 K 时，根据反应物相对含量的不同，可得到四种产物，即 P_4S_3、P_4S_5、P_4S_7 和 P_4S_{10}。它们都是以 P_4 四面体为结构基础的，在这些分子中四个 P 原子仍然保持在 P_4 四面体中原来的相对位置。P_4S_3 是制造安全火柴的原料。

硫化磷在室温的干燥空气下比较稳定，冷水和冷的 HCl 对 P_4S_3 作用极慢，但热水可使它分解为 H_2S、PH_3 和 H_3PO_3，冷的 HNO_3 可将它氧化成 H_3PO_4、H_2SO_4 和 S。

§14.4 砷的化合物

14.4.1 砷的氢化物*

砷不能直接与氢反应，但可通过还原剂还原砷的化合物或使砷化物水解的方法制备砷化氢(AsH_3)。例如：

$$As_2O_3 + 6Zn + 6H_2SO_4 \xlongequal{} 2AsH_3 + 6ZnSO_4 + 3H_2O$$

$$Na_3As + 3H_2O \xlongequal{} AsH_3 + 3NaOH$$

砷化氢(又称胂)是剧毒的，有大蒜味的无色气体，室温下胂在空气中能自燃：

$$2AsH_3 + 3O_2 \xlongequal{} As_2O_3 + 3H_2O$$

在缺氧条件下，胂受热分解为单质：

$$2AsH_3 \xlongequal{\triangle} 2As + 3H_2$$

这就是医学上鉴定砷的马氏试砷法的根据。检验方法是用锌、盐酸和试样混在一起，将生成的气体导入热玻璃管。如试样中有砷的化合物存在，则因生成的胂在加热部位分解，砷积集而成亮黑色的“砷镜”(能检出 0.007 mg As)。

胂是一种很强的还原剂,不仅能还原高锰酸钾、重铬酸钾以及硫酸、亚硫酸等,还能与某些重金属的盐反应而析出重金属。例如:

$$2AsH_3 + 12AgNO_3 + 3H_2O = As_2O_3 + 12HNO_3 + 12Ag\downarrow$$

这是古氏试砷法的主要反应。

14.4.2 砷的含氧化物

As 生成 As(Ⅲ)和 As(Ⅴ)两类氧化物。

1. As_4O_6 和亚砷酸及其盐

通常情况下,As(Ⅲ)的氧化物是双原子分子 As_4O_6,较高温度下解离为 As_2O_3。As_2O_3 是砷的重要化合物,俗称砒霜,是剧毒的白色固体,致死量为 0.1 g。As_2O_3 中毒时可服用新制的 $Fe(OH)_2$(把 MgO 加入到 $FeSO_4$ 溶液中强烈摇动制得)悬浮液来解毒。

As_2O_3 微溶于水,在热水中溶解度稍大,溶解后形成亚砷酸(H_3AsO_3)溶液。H_3AsO_3 仅存在于溶液中,是一个非常弱的酸($K^{\ominus}_{a1} \approx 6\times 10^{-10}$),$H_3AsO_3$ 结构和 H_3PO_3 不同,即分子中没有 As—H 键存在。

As_2O_3 是两性偏酸的氧化物,易溶于碱生成亚砷酸盐:

$$As_2O_3 + 6NaOH = 2Na_3AsO_3 + 3H_2O$$

溶于酸:

$$As_2O_3 + 6HCl = 2AsCl_3 + 3H_2O$$

碱金属的亚砷酸盐易溶于水,碱土金属的亚砷酸盐溶解度较小,而重金属的亚砷酸盐则几乎不溶。

As(Ⅲ)既可作氧化剂,也可作还原剂,在酸性介质中以氧化性为主,例如在浓盐酸中与 $SnCl_2$ 作用生成黑棕色的砷:

$$3SnCl_2 + 12Cl^- + 2H_3AsO_3 + 6H^+ = 2As + 3SnCl_6^{2-} + 6H_2O$$

在碱性介质中,以还原性为主,例如在 pH=8 时 H_3AsO_3 能使 I_2-KI 溶液褪色:

$$AsO_3^{3-} + I_2 + 2OH^- = AsO_4^{3-} + 2I^- + H_2O$$

As_2O_3 和亚砷酸盐都可用作长效杀虫剂、杀菌剂和除草剂。

2. As_2O_5 和砷酸及其盐

As_2O_5 在高温下会分解而失去氧,若由 As_2O_3 直接氧化制备 As_2O_5,即使在一定压力下的纯氧中也不能定量进行,因此制备的最好方法是加热砷酸的水合物,使其逐步脱水:

$$H_3AsO_4\cdot 2H_2O \xrightarrow{243\ K} H_3AsO_4\cdot \frac{1}{2}H_2O \xrightarrow{309\ K} H_5As_3O_{10} \xrightarrow{443\ K} As_2O_5$$

As_2O_5 在空气中吸潮,易溶于水,对热不稳定,在熔点(573 K)附近即失去 O_2 变成 As_2O_3。As_2O_5 是强氧化剂,能将 SO_2 氧化成 SO_3:

$$As_2O_5 + 2SO_2 = As_2O_3 + 2SO_3$$

As_2O_5 显弱酸性，溶于水可得砷酸（H_3AsO_4），它是三元酸，$K_{a1}^{\ominus}=5.5\times10^{-2}$，$K_{a2}^{\ominus}=1.7\times10^{-7}$，$K_{a3}^{\ominus}=5.1\times10^{-12}$，溶于水的过程很慢，但若溶于碱，则迅速生成砷酸盐。除正盐外，还存在有两种酸式盐 $M^{I}H_2AsO_4$ 和 $M_2^{I}HAsO_4$。

砷酸及其盐有一定的氧化性，在酸性介质中可分别将 I^-、H_2S、SO_2、$SnCl_2$ 氧化为 I_2、S、SO_4^{2-}、$SnCl_6^{2-}$，本身被还原为 As(Ⅲ)化合物或 As。与较活泼的金属(如 Zn)，则生成 AsH_3。例如：

$$4Zn + H_3AsO_4 + 8H^+ \longrightarrow AsH_3 + 4Zn^{2+} + 4H_2O$$

砷酸盐用于制药和杀虫剂，如 Na_2HAsO_4、$Cu_3(AsO_4)_2$、$PbHAsO_4$ 等是农林中常用的杀虫剂。

14.4.3　砷的卤化物

砷主要有 AsX_3 和 AsX_5 两种类型卤化物。

AsX_3 是液体或低熔点固体，其熔点、沸点、密度基本上随原子量递增而递增(AsF_3 的熔点、密度比 $AsCl_3$ 反常地高)。AsX_3 在水溶液中强烈水解，水解产物是亚砷酸(H_3AsO_3)和相应的氢卤酸，例如：

$$AsCl_3 + 3H_2O \longrightarrow H_3AsO_3 + 3HCl$$

AsX_5 中只知道 AsF_5 和 $AsCl_5$ 两种。$AsCl_5$ 在 1976 年才制得，是在低温(168K)和紫外线照射条件下，用液氯氧化 $AsCl_3$ 合成的，它很不稳定，高于 223 K 时分解。$AsBr_5$ 和 AsI_5 尚未制得，这可能是因为 As(Ⅴ)有一定氧化性，使还原性较强的 Br^-、I^- 氧化。

14.4.4　砷的硫化物

已知砷有 6 种硫化物，即：As_2S_3、As_2S_5、As_4S_3、As_4S_4、As_4S_5、As_4S_6。天然的硫化物有黄色的 As_2S_3，俗称雌黄；橘红色的 As_4S_4，俗称雄黄。

这些砷的硫化物的结构与磷的硫化物类似，也可通过 As_4 结构来理解，从 As_4 四面体出发，若在每个棱边上插入 1 个 S 原子，形成 6 个 S 桥就生成 As_4S_6。如果 As_4 四面体的 6 个棱边中只有 3,4 或 5 个棱边插入 As 原子就生成 As_4S_3、As_4S_4、As_4S_5。

As_4S_6 是 As_2S_3 的二聚体，As_2S_3 是容易升华的固体，其蒸气就是由 As_4S_6 分子组成。将 H_2S 通入 As^{3+} 盐或强酸酸化的亚砷酸盐(AsO_3^{3-})溶液中，得到黄色的无定形的沉淀 As_2S_3：

$$2AsCl_3 + 3H_2S \longrightarrow As_2S_3\downarrow + 6HCl$$

$$AsO_3^{3-} + 6H^+ + 3H_2S \longrightarrow As_2S_3\downarrow + 6H_2O$$

As_2S_3 不溶于水，其酸碱性与 As_2O_3 相似，也是两性偏酸性，不溶于浓盐酸，只溶于碱或碱性硫化物溶液中，生成硫代亚砷酸盐，例如：

$$As_2O_3 + 6NaOH \longrightarrow 2Na_3AsO_3 + 3H_2O$$

$$As_2S_3 + 3Na_2S \longrightarrow 2Na_3AsS_3$$

As_2S_3 有一定的还原性，可被碱金属的多硫化物氧化为硫代砷酸盐。例如：

$$As_2S_3 + 3Na_2S_2 = 2Na_3AsS_3 + 3S$$

也可被 H_2O_2 或浓 HNO_3 氧化为 H_3AsO_4：

$$As_2S_3 + 10H^+ + 10NO_3^- = 2H_3AsO_3 + 3S\downarrow + 10NO_2\uparrow + 2H_2O$$

As_2S_5 是将 H_2S 通入强酸酸化的砷酸盐溶液中得到：

$$2AsO_4^{3-} + 6H^+ + 5H_2S = As_2S_5\downarrow + 8H_2O$$

As_2S_5 呈淡黄色，其酸性比 As_2S_3 强，易溶于碱或碱性硫化物溶液中，生成硫代砷酸盐：

$$As_2S_5 + 3Na_2S = 2Na_3AsS_4$$

硫代亚砷酸或硫代砷酸盐均可分别看作是 AsO_3^{3-} 或 AsO_4^{3-} 中的 O 被 S 所取代的产物。AsS_3^{3-} 和 AsS_4^{3-} 只能存在于碱性或近中性溶液中，遇强酸即因生成极不稳定的硫代亚砷酸（H_3AsS_3）或硫代砷酸（H_3AsS_4）而分解放出 H_2S 并析出硫化物：

$$2AsS_3^{3-} + 6H^+ = As_2S_3\downarrow + 3H_2S\uparrow$$

$$2AsS_4^{3-} + 6H^+ = As_2S_5\downarrow + 3H_2S\uparrow$$

§14.5 锑和铋

14.5.1 锑和铋的氢化物和卤化物

1. 氢化物

锑和铋都能形成氢化物，即 SbH_3 和 BiH_3，它们是无色有恶臭的气体，有剧毒，不稳定，分子结构为三角锥形。SbH_3 在室温下即分解，BiH_3 在 228 K 时分解。这些氢化物是强还原剂。

当 SbH_3 分解时能形成类似 AsH_3 分解的“锑镜”，但“砷镜”能为次氯酸钠所溶解，而“锑镜”则不溶。

2. 卤化物

锑、铋的卤化物有 MX_3 和 MX_5 两种主要类型。其三卤化物均已制得，五卤化物仅制得几种。它们的某些性质列于表 14－7 中。

表 14－7 锑、铋卤化物的性质* 单位：K

	MX_3		MX_5	
	Sb	Bi	Sb	Bi
F	无色晶体(565)	灰白色粉末(1 000)	无色液体(281.3)	固体(427.4)
Cl	白色晶体(346)	白色晶体(506.5)	黄色液体(277)	
Br	白色晶体(370)	金黄色晶体(492)		
I	红色晶体(444)	棕黑色晶体(681)		

* 均指常温下的形态，括号中的数据为卤化物的熔点。

锑、铋的三卤化物在水溶液中强烈水解，例如：

$$MCl_3 + H_2O \xlongequal{} MOCl\downarrow + 2HCl \quad (M = Sb^{3+}、Bi^{3+})$$

但由于水解产物卤化氧锑(SbOX)和卤化氧铋(BiOX)难溶于水，因此水解不完全，常温下通常停留在酰基盐阶段。

与 PCl_3 相似，$SbCl_3$、$BiCl_3$ 等卤化物也是强的 X^- 离子的接受体，可以形成相应的配合物，如 $NaSbF_4$、$(NH_4)_2SbCl_5$ 等。锑、铋的五卤化物是强氧化剂，其中 BiF_5 极不稳定，易分解为 SbF_3 和 F_2。五卤化物也有形成配合物的强烈趋势，例如：

$$AsCl_5 + SbCl_5 \xlongequal{} [AsCl_4]^+ [SbCl_6]^-$$

14.5.2 锑和铋的含氧化物及其水合物

1. 氧化物

锑、铋的氧化物主要有两种形式，即 +3 氧化态的 Sb_2O_3、Bi_2O_3 和 +5 氧化态的 Sb_2O_5、Bi_2O_5。

直接燃烧锑、铋单质只能得到 +3 氧化态的氧化物：

$$4Sb + 3O_2 \xlongequal{} Sb_4O_6$$

$$4Bi + 3O_2 \xlongequal{} 2Bi_2O_3$$

要得到 +5 氧化态的氧化物，可先将 Sb 单质或 Sb_2O_3 用 HNO_3 氧化，使之生成锑酸，再加热脱水得到 Sb_2O_5：

$$3Sb + 5HNO_3 + 8H_2O \xlongequal{} 3H[Sb(OH)_6] + 5NO\uparrow$$

$$4H[Sb(OH)_6] \xlongequal{548\ K} Sb_4O_{10} + 14H_2O$$

HNO_3 只能将 Bi 氧化为 +3 氧化态的 $Bi(NO_3)_3$：

$$Bi + 4HNO_3 \xlongequal{} Bi(NO_3)_3 + NO\uparrow + 2H_2O$$

在碱性介质中用较强的氧化剂 Cl_2，能把 Bi(Ⅲ)氧化为 Bi(Ⅴ)，生成 $NaBiO_3$：

$$Bi(OH)_3 + Cl_2 + 3NaOH \xlongequal{} NaBiO_3 + 2NaCl + 3H_2O$$

以酸处理 $NaBiO_3$，则得到红棕色的 Bi_2O_5，它极不稳定，很快分解为 Bi_2O_3 和 O_2。

Sb_2O_3 是不溶于水的白色固体，具有明显的两性，能溶于酸和碱。在酸中由于水解有 SbO^+ 存在，在碱中 Sb(Ⅲ)以 SbO_2^- 存在。Bi_2O_3 是黄色粉末，极难溶于水，是碱性氧化物，只溶于酸，生成的盐中，Bi(Ⅲ)以 BiO^+ 及 Bi^{3+} 离子形式存在。

Sb_2O_3 又称锑白，是优良的白色颜料，其遮盖力仅次于钛白，而与锌钡白相近。它广泛用于搪瓷、颜料、油漆、防火织物等制造业。Bi_2O_3 可用于制红玻璃、陶瓷，并可用于医药等。

2. 氧化物的水合物

锑、铋的氧化物的水合物有 $Sb(OH)_3$、$H[Sb(OH)_6]$ 和 $Bi(OH)_3$。$Sb(OH)_3$ 两性偏碱性，易溶于酸碱；$Bi(OH)_3$ 呈弱碱性，只溶于酸。锑酸 $H[Sb(OH)_6]$ 微溶于水，酸性相对较弱($K_a^\ominus = 4\times10^{-5}$)，可溶于 KOH 溶液生成锑酸钾。锑酸钾是鉴定 Na^+ 的试剂。

锑、铋的+3 氧化态的化合物是较稳定的，而+5 氧化态的化合物具有氧化性，这可从它们的电极电势看出。

在酸性条件下，Sb(Ⅴ)的氧化性较弱，仅能将 I^- 氧化成 I_2；而 Bi(Ⅴ)的氧化性较强，它能将 Mn^{2+} 氧化成 MnO_4^-：

$$5NaBiO_3 + 2Mn^{2+} + 14H^+ = 5Bi^{3+} + 2MnO_4^- + 5Na^+ + 7H_2O$$

在实验室中常用该反应来检验 Mn^{2+}。

在碱性条件下，Sb(Ⅴ)无氧化性，相反 Sb(Ⅲ)有一定程度的还原性；而 Bi(Ⅴ)仍有氧化性。由此可知，从锑到铋低氧化态的化合物稳定性增强，氧化性减弱。

14.5.3 锑盐和铋盐

锑、铋为亲硫元素，能形成稳定的硫化物。氧化值为+3 的硫化物有黄色的 As_2S_3，橙色的 Sb_2S_3 和黑色的 Bi_2S_3；氧化值为+5 的硫化物有黄色的 As_2S_5 和橙色的 Sb_2S_5，但不能生成 Bi_2S_5。

和氧化物相似，锑、铋硫化物的酸、碱性不同，它们在酸或碱中的溶解性也不同。

与浓盐酸的反应：

$$Sb_2S_3 + 12HCl = 2H_3[SbCl_6] + 3H_2S\uparrow$$

$$Bi_2S_3 + 8HCl = 2H[BiCl_4] + 3H_2S\uparrow$$

与 NaOH 反应：

$$Sb_2S_3 + 6OH^- = SbO_3^{3-} + SbS_3^{3-} + 3H_2O$$

$$Sb_2S_5 + 24OH^- = 3SbO_4^{3-} + 5SbS_5^{3-} + 12H_2O$$

与 Na_2S、$(NH_4)_2S$ 反应：

$$Sb_2S_3 + 3S^{2-} = 2SbS_3^{3-} \quad \text{(硫代亚锑酸根)}$$

$$Sb_2S_5 + 3S^{2-} = 2SbS_4^{3-} \quad \text{(硫代锑酸根)}$$

Sb_2S_3 具有还原性，它能被多硫离子氧化生成+5 氧化态的硫代锑酸盐：

$$Sb_2S_3 + 3S_2^{2-} = 2SbS_3^{3-} + 3S\downarrow$$

Bi(Ⅲ)稳定，不能被多硫化物氧化。

硫代酸根可以看作是含氧酸根中的氧原子被硫原子取代的产物。硫代酸盐与酸反应生成相应的硫代酸，硫代酸很不稳定，立即分解为相应的难溶硫化物并放出硫化氢气体：

$$Sb_2S_3 + 3S^{2-} \longrightarrow 2SbS_3 \xrightarrow{6H^+} 2H_3SbS_3 \longrightarrow Sb_2S_3\downarrow + 3H_2S\uparrow$$

$$Sb_2S_5 + 3S^{2-} \longrightarrow 2SbS_4 \xrightarrow{6H^+} 2H_3SbS_4 \longrightarrow Sb_2S_5\downarrow + 3H_2S\uparrow$$

在分析化学上常用硫代酸的生成和分解将砷、锑的硫化物与其他金属硫化物分离开来。

文献讨论题

［文献 1］Allen A D, Senoff C V. Nitrogenpentammone Ruthenium(Ⅱ) Complexes. *Chem Commun.*, 1965, 621.

第一个过渡金属分子氮配合物直到1965年才制得，A. D. Allen和C. V .Senoff在水溶液中用水合肼还原$RuCl_3$，得到了$[Ru(NH_3)_5N_2]^{2+}$，而直接用氮气与金属合成分子氮配合物是到1967年才实现。

分子氮配合物中金属一般处于低氧化态(个别除外，如Os有+3、+4)，配体除N_2外还可能是其他给电子体，如膦、胺、氢、卤素、水、一氧化碳以及某些烷烃、芳烃、杂环化合物等，所以分子氮配合物是一类特殊的有机金属化合物。

N_2与过渡金属配位，无疑是分子氮在固氮酶钼中心还原为NH_3的第一步，此外配位氮进一步反应可形成N—H键和N—C键，这对于合成氨及其他氮的有机衍生物也有着重要意义，因此研究分子氮的过渡金属配合物与生物固氮以及温和条件下合成氨有着密切的关系。

[文献2] 李倩，朱晓晴，何家骐，程津培. 一氧化氮生物有机化学研究进展. 高等学校化学学报，2001，22(12)：2026－2031；吴祺. 一氧化氮——一种重要的生物活性分子. 化学通报，1998，5：38－43.

自1987年一氧化氮机制的存在和意义被证明以来，NO这个简单的双原子分子自由基便开始向世人展示其无穷的魅力，被美国《Science》杂志评为1992年的“明星分子”(Molecule of theYear)。时隔5年，美国科学家Ignarro，Murad和Fuchgott等由于对“NO作为心血管系统的信号分子”的杰出工作而荣膺1998年度的诺贝尔医学奖。他们的研究揭示了气体分子在生物体中的信号传导作用，从而激起了全球医学界、生物学界以及化学界对NO的研究热潮。二十多年来，虽然化学界对NO的研究远未及医学界和生物学界火热，但进展也是相当迅速的。

一氧化氮起着信使分子的作用。当内皮要向肌肉发出放松指令以促进血液流通时，它就会产生一氧化氮分子，这些分子很小，能很容易地穿过细胞膜。血管周围的平滑肌细胞接收信号后舒张，使血管扩张。在心血管中，一氧化氮对维持血管张力的恒定与调节血压稳定起着重要作用。硝化甘油治疗心绞痛正是由于其在体内转化成NO，扩张血管。

一氧化氮也能在神经系统的细胞中发挥作用，促进学习、记忆过程，并可调节脑血流。

免疫系统产生的一氧化氮分子，不仅能抗击侵入人体的微生物，而且还能够在一定程度上阻止癌细胞的繁殖，阻止肿瘤细胞扩散。NO起杀伤细菌、病毒、肿瘤细胞的作用。相关研究证明，当吸入一氧化氮浓度达到100 ppm至200 ppm的剂量时，具有有效的抗菌作用，且没有明显的副作用。加拿大一些监管部门已经批准将其作为肺血管扩张剂用于治疗新生儿疾病。

习题

1. 完成并配平下列反应方程式。

(1) $S+HNO_3$(浓)$\longrightarrow$

(2) $Zn+HNO_3$(极稀)$\longrightarrow$

(3) $CuS+HNO_3 \xrightarrow{\triangle}$

(4) $PCl_5+H_2O \longrightarrow$

(5) $AsO_3^{3-}+H_2S+H^+ \longrightarrow$

(6) $AsO_4^{3-}+I^-+H^+ \longrightarrow$

(7) $Mn^{2+}+NaBiO_3+H^+ \longrightarrow$

2. 写出下列各铵盐、硝酸盐的热分解反应方程式。

(1) 铵盐：NH_4Cl、$(NH_4)_2SO_4$、$(NH_4)_3PO_4$、$(NH_4)_2Cr_2O_7$、NH_4NO_3

(2) 硝酸盐：$NaNO_3$、$Pb(NO_3)_2$、$AgNO_3$

3. 写出金属遇到硝酸时的四种不同表现，各举一例。

4. 工业上如何以氨为原料制硝酸，用化学方程式表示。

5. 如何鉴别 NH_4NO_3 和 NH_4NO_2，并写出方程式。

6. 如何鉴别正磷酸、偏磷酸、焦磷酸？

7. 测定样品中亚硝酸盐的含量操作如下：

(1) 溶样 (2) 加入一定量 KI 固体和醋酸 (3) 静置 (4) 以标准 $Na_2S_2O_3$ 溶液滴定

试分析各步的目的和作用，写出有关的方程式。

8. 解释下列事实：

(1) NH_4HCO_3 俗称“气肥”，储存时要密封；

(2) 用浓氨水可检查氯气管道是否漏气。

9. 如何配制 $SbCl_3$、$BiCl_3$ 溶液？写出有关反应方程式。

10. 如何鉴定 NH_4^+、NO_2^-、NO_3^-、PO_4^{3-}？写出其反应方程式。

11. 已知酸性溶液中

$HNO_2 + H^+ + e^- \rightleftharpoons NO + H_2O$ $\varphi^\ominus = 0.99\ V$

$NO_3^- + 3H^+ + 2e^- \rightleftharpoons HNO_2 + H_2O$ $\varphi^\ominus = 0.934\ V$

$Sn^{4+} + 2e^- \rightleftharpoons Sn^{2+}$ $\varphi^\ominus = 0.51\ V$

$PbO_2 + 4H^+ + 2e^- \rightleftharpoons Pb^{2+} + 2H_2O$ $\varphi^\ominus = 1.455\ V$

$Fe^{3+} + e^- \rightleftharpoons Fe^{2+}$ $\varphi^\ominus = 0.770\ V$

试判断 HNO_2 能否与 Fe^{2+}、Sn^{2+}、PbO_2 发生氧化还原反应？若能，写出离子反应方程式并指出 HNO_2 是氧化剂还是还原剂？

12. 有 Na_2HAsO_3 和 As_2O_5 及不起反应的物质的混合物 0.350 g，溶解后，调 pH 为 8，用 0.103 $mol \cdot L^{-1}$ 的 I_2 溶液滴定之，需用 I_2 液 5.80 mL，将所得溶液再调至酸性，加入过量的 KI 溶液，释放出的 I_2 需要 0.130 $mol \cdot L^{-1}$ 的 $Na_2S_2O_3$ 溶液 20.70 mL 滴定至终点。试计算样品中 Na_2HAsO_3 和 As_2O_5 的百分含量各为多少？并写出有关方程式。

13. 根据碱性介质中电对 AsO_4^{3-}/AsO_3^{3-}，I_2/I^- 的 $\varphi^\ominus$ 值[$\varphi^\ominus(AsO_4^{3-}/AsO_3^{3-}) = -0.67\ V$，$\varphi^\ominus(I_2/I^-) = 0.538\ V$]，求下列反应的平衡常数 K。

$$AsO_3^{3-} + I_2 + 2OH^- \longrightarrow AsO_4^{3-} + 2I^- + H_2O$$

14. 化合物 A 是一种无色液体，在其水溶液中加入 HNO_3 和 $AgNO_3$ 时，生成白色沉淀 B，B 能溶于氨水而得一溶液 C，C 中加入 HNO_3 时 B 即重新沉淀出来。将 A 的水溶液以 H_2S 饱和，得黄色沉淀 D，D 不溶于稀 HNO_3，但能溶于 KOH 和 KHS 的混合溶液中得到溶液 E，酸化 E 时，D 又重新沉淀出来。试确定各字母所表示的物质，并用化学反应方程式说明反应过程。

15. 要使氨气干燥，应将其通过下列哪种干燥剂？

(1) 浓 H_2SO_4 (2) $CaCl_2$ (3) P_4O_{10} (4) NaOH

第 15 章 碳族元素

§15.1 碳族元素通性

15.1.1 碳族元素概述

碳族元素是周期表第ⅣA 元素，包括碳、硅、锗(音 zhě)、锡(音 xī)、铅五种元素。本族元素自上而下金属性逐渐增强，其中碳和硅是非金属元素，锗为半金属，锡和铅是金属元素，也有人称硅和锗为准金属元素。

碳和硅在大自然中分布很广，其中碳在地壳中的质量分数为 0.027%，硅为 27.2%。碳元素是地球上形成化合物种类最多的元素之一，又是组成生命有机体的主要元素之一，如动植物机体就是多种含碳的有机化合物。因此，有人说碳元素是构成生物界的主要元素。硅在自然界的含量仅次于氧，它主要以大量的石英矿和硅酸盐矿等形式存在，是构成地球上矿物界的主要元素。锗在自然界中没有独立矿石，常以硫化物的形式伴生在其他金属硫化物矿中，如硫银锗矿($4Ag_2S·GeS_2$)。锡主要以锡石(SnO_2)存在于自然界中，我国云南省个旧市由于其锡矿丰富，被称作“中国锡都”。同时个旧市也是世界上最早的产锡基地。铅主要以方铅矿(PbS)或白铅矿($PbCO_3$)形式存在。碳族元素的一些基本性质见表 15-1。

表 15-1 碳族元素的某些基本性质

基本性质	碳	硅	锗	锡	铅
价电子构型	$2s^2 2p^2$	$3s^2 3p^2$	$4s^2 4p^2$	$5s^2 5p^2$	$6s^2 6p^2$
主要氧化数	+2、+4、−4	+4、+2	+4、+2	+4、+2	+2、(+4)
原子半径/pm	77	117	122	141	154
M^{4+} 离子半径/pm	15	41	53	71	84
M^{2+} 离子半径/pm			73	93	120
第一电离能/$kJ·mol^{-1}$	1 086.4	786.5	762.2	708.6	715.5
第一电子亲和能/$kJ·mol^{-1}$	122	120	116	121	100
Pauling 电负性 χ	2.55	1.90	2.01	1.96	2.33

碳族元素的原子外层价电子结构为 ns^2np^2，主要氧化数为+2 和+4。其中铅作为第六周期元素，由于“$6s^2$ 惰性电子对”效应，主要表现为+2 氧化数。因此本族元素随着原子序数增大，氧化数为+4 的化合物的稳定性降低，惰性电子对效应逐渐明显。在某些化合物

中，例如 CaC_2、CH_4、Mg_2Si 等，碳和硅可表现负的氧化数。

碳族元素中，碳和硅作为非金属元素，在形成化合物时以共价键为特征。碳是第二周期元素，通常采用 sp^3、sp^2、sp 杂化轨道成键，而且由于碳原子半径小，有强的形成 π_{P-P} 键的能力，因此当以 sp^2 和 sp 杂化轨道成键时，易形成双键和叁键。同时 C—C 键和 C—H 很稳定（键能分别为 346 $kJ \cdot mol^{-1}$ 和 411 $kJ \cdot mol^{-1}$），所以碳成键能力强，成链特征明显，所形成的化合物非常多，特别是构成生命体的千百万种的有机化合物。硅元素是第三周期元素，不能形成 π_{P-P} 键，因此 Si—Si 不易成多重键，倾向于形成较多的 σ 单键。而相应的 Si—Si 键和 Si—H 键键能又较小（分别为 222 $kJ \cdot mol^{-1}$ 和 295 $kJ \cdot mol^{-1}$），这些特点决定了硅氢化合物中硅链不可能太长，这也使得硅化合物的种类远少于碳化合物。但是 Si—O 键键能大于 C—O 键键能（分别为 452 $kJ \cdot mol^{-1}$ 和 357.7 $kJ \cdot mol^{-1}$），因此硅是亲氧元素，从而使硅采用 sp^3 杂化轨道与氧形成以硅氧四面体基础的化合物。

在最大配位数上，碳是第二周期元素，价轨道数只有 4 个，最大配位数为 4；硅是第三周期元素，有 d 轨道可以利用，最大配位数可达 6。这种第二周期元素和第三周期元素之间的区别经常用于解释它们的一些化合物性质上的差别。如 CCl_4 对水呈惰性，不发生水解，而 $SiCl_4$ 易发生水解，这是由于硅有空 d 轨道可以利用，而碳没有可利用的 d 轨道。

15.1.2 碳族元素单质

本族元素单质易形成同素异形体。

1. 碳

碳的单质有三种同素异形体：金刚石、石墨和富勒烯（C_{60}）（现已证明无定形碳是微晶形石墨），由于它们的晶体结构不同，所以性质上有差别。

金刚石是原子晶体，熔点高（3 550 ℃），硬度大（10）。从图 15-1，我们可以清楚看到，在金刚石中，碳采用 sp^3 杂化轨道与相邻四个碳原子以共价键结合而成的晶体，原子间以极强的共价键相联系。金刚石中透明的俗称钻石，用作装饰品；不透明的常在工业上用作钻头、刀具和精密轴承等。由于金刚石中碳原子的价电子都参与了成键，加之禁带宽度大，所以金刚石不导电。但是金刚石具有很好的导热性，是铜导热性的 6 倍。由于金刚石具有特殊的性能和用途，且天然金刚石供不应求，从 1954 年开始，人们用石墨作原料，在高温、高压及催化剂作用下人工合成金刚石。

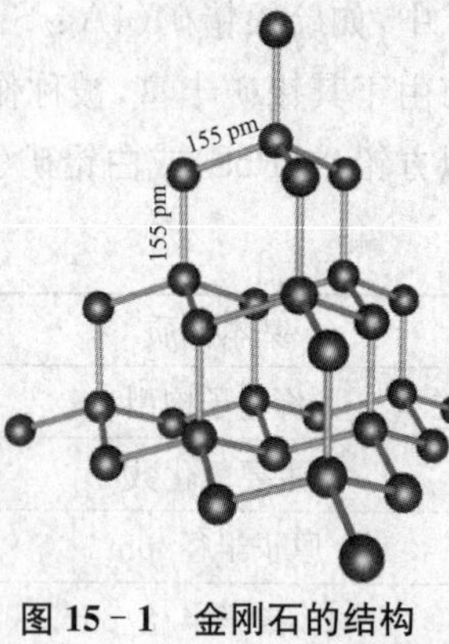

图 15-1 金刚石的结构

$$C(石墨) \xrightarrow[6\,000\ MPa,1\,600 \sim 1\,800\ K]{Cr-Ni-Fe-Mn\ 合金} C(金刚石)$$

石墨是具有层状结构的晶体，见图 15-2。在石墨中，碳采用 sp^2 杂化轨道与 3 个最邻近的碳原子以 σ 键结合，层内 C—C 键长为 142 pm，每个碳原子有一个未参加杂化的 p 轨道，并有一个 p 电子，同层这些 p 电子由于轨道相互重叠，形成离域 π 键（Π_a^b），这些离域 π 电子在整个碳原子平面内流动。层与层之间距离为 335 pm，以分子间作用力结合，结合力弱。

上述结构特点使石墨具有导电、电热性、解理性，质软，有滑腻感，有金属光泽及各向异性等性质。通常情况下，石墨比金刚石稳定。在工业上常用作电极和干电池工业中。

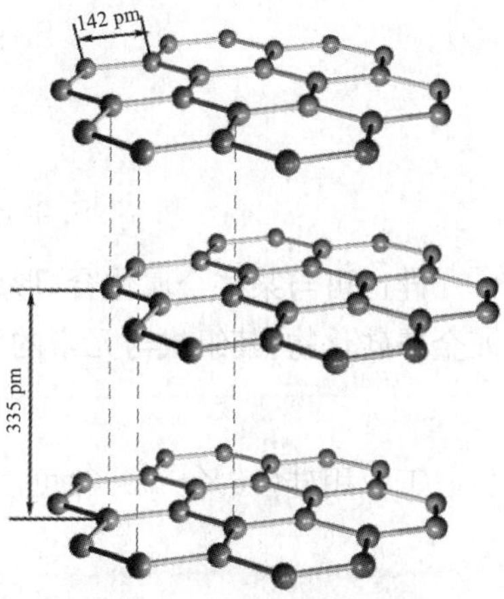

图 15-2　石墨的结构

无定形碳是指木炭、焦炭、活性炭及炭黑等。它们实际上是石墨的微晶体，和石墨一样，无定形碳也有以具有六角形网状平面的层状结构，只是晶粒较小，而且碳原子所构成的平面层为零乱不规则的堆积。无定形碳具有很大的表面积，因而具有一定的吸附能力。经过活化处理后的无定形碳称为活性炭。活性炭由于有很大的比表面(1 g 物质所具有的总表面积)和很强的吸附能力，是常用的吸附剂、脱色剂和除臭剂，也可用于催化剂的载体等。

1985 年，科学家们陆续发现了碳元素的第三种晶体形态——富勒烯(Fullerene)碳原子簇，它是由碳元素结合形成的稳定分子，分子式为 C_n(一般 $n<200$)，其中以 C_{60} 具有更高的稳定性，研究的也最多。富勒烯 C_{60} 是由 60 个碳原子构成的足球状 32 面体，即由 12 个正五边形和 20 个正六边形组成，其结构如图 15-3 所示。

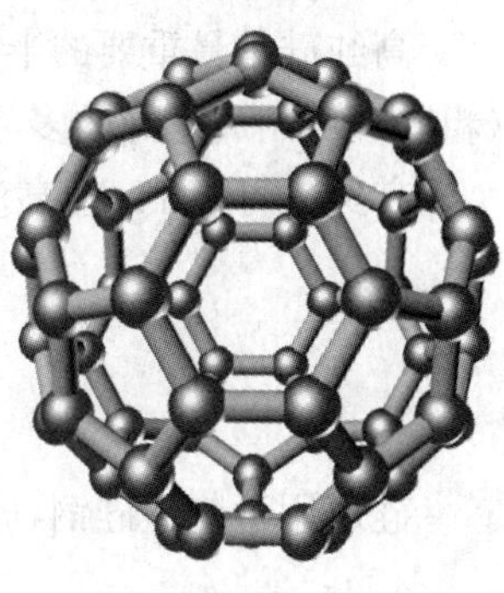

图 15-3　富勒烯 C_{60} 的结构

在 C_{60} 分子中，碳原子占据 60 个顶点，碳原子采用 sp^2 杂化轨道与相邻的碳原子以 σ 键结合，每个碳原子剩余的 p 轨道相互重叠形成含有 60 个 π 电子的离域 π 键。因此，富勒烯是一个具有芳香性的稳定体系。它的中心是一个直径为 360 pm 的空腔，可以容纳其他原子，现已发现 C_{60} 与碱金属 K、Rb、Cs 等形成的化合物具有超导性，如 K_3C_{60} 在 18 K 以下是超导体，在 18 K 以上是导体，而当掺进原子数达到 6 个时，K_6C_{60} 则是绝缘体。由于 C_{60} 具有特殊的圆球形状和极强的抵抗外界压力的能力，将 C_{60} 完全氟化得到的 $C_{60}F_{60}$ 是一种超级耐高温材料，且是一种比 C_{60} 更好的优良润滑剂，可广泛应用于高技术领域。另外，C_{60} 及其衍生物在 DNA 切割、光动力学医疗法、抗艾滋病病毒、催化剂及作为非线性光学材料和光导材料方面有着广泛的应用前景。

2. 硅

单质硅有无定形硅和晶体硅两种同素异形体。晶体硅具有金刚石类似的结构，属原子晶体，熔、沸点很高，硬而脆。无定形硅是灰黑色粉末，性质较晶体硅活泼。利用 sp^3 杂化轨道成键是硅的成键特征。

硅的化学性质不活泼，主要表现为非金属性，它是亲氧、亲氟元素。室温下不与氧、水、氢卤酸反应，但能与强碱或硝酸和氢氟酸的混合物溶液反应：

$$3Si + 4HNO_3 + 18HF = 3H_2SiF_6 + 4NO\uparrow + 8H_2O$$

$$Si + 2NaOH + H_2O = Na_2SiO_3 + 2H_2\uparrow$$

高温下可与氧、水蒸气及其他非金属反应。

$$Si + 2F_2 \xrightarrow{\text{常温}} SiF_4 (\text{Si—F 键能大})$$

$$Si + 2Cl_2 \xrightarrow{\text{常温}} SiCl_4$$

$$Si + 2H_2O(g) \xrightarrow{\text{常温}} SiO_2(s) + 2H_2(g)$$

硅也可与某些金属化合，形成相应的硅化物，而与 Ti、V、Mo、W 等金属则形成非整比过渡金属硅化物，其组成与元素的氧化数无关。

$$2Mg + Si \xlongequal{} Mg_2Si$$

工业用硅（96%～99%）可由二氧化硅和焦炭在电炉中反应制得：

$$SiO_2(\text{过量}) + 2C \xlongequal{} Si + 2CO\uparrow$$

反应中 SiO_2 过量，防止生成 SiC。

高纯硅是最重要的半导体材料之一，高纯硅的制备一般首先由硅石（SiO_2）制得工业硅（粗硅），再制成高纯的多晶硅，最后制成半导体材料单晶硅。

高纯硅可用 H_2 在高温条件下还原 $SiCl_4$ 或 $SiHCl_3$ 得到。

$$Si(\text{粗}) + Cl_2 \xrightarrow{\text{700 K 以上}} SiCl_4$$

$$SiCl_4 + 2H_2 \xrightarrow{\text{赤热 Mo}} Si(\text{纯}) + 4HCl$$

硅还用于制造硅钢，硅钢具有高的导磁性，用作变压器的铁芯。

3. 锗、锡、铅

锗是一种银白色的脆性金属，也具有金刚石型晶体结构，但熔点仅有 1 210 K，说明晶体中共价键强度大大地降低了。高纯度的锗也是良好的半导体材料。

锡有三种同素异形体，即灰锡、白锡和脆锡，它们之间可以相互转化：

$$\text{灰锡} \xrightleftharpoons{13.2\ ℃} \text{白锡} \xrightleftharpoons{161\ ℃} \text{脆锡} \xrightleftharpoons{231.9\ ℃} \text{液态锡}$$

在常温下，白锡最稳定，它是银白色的金属，质软，有延展性。白锡长期处于低温下会自行毁坏，由白锡转化为灰锡，而且灰锡是这种转变的催化剂，它往往从锡器的一点开始，然后迅速蔓延，最后毁灭，这一现象称为锡疫。常温下锡表面会生成氧化物保护膜，由于锡的低熔点和一定的抗腐蚀性，所以被用来制作各种特殊用途的合金及罐头盒用的马口铁（镀锡薄铁）。但近年，由于锡的致癌作用而停止使用。

铅是淡青色的金属，质软，在空气中迅速被氧化，生成氧化膜保护层而呈暗灰色。铅的重要用途之一是制造蓄电池。电池正极是 PbO_2，负极是海绵状铅，其电池反应如下：

$$PbO_2 + Pb + 2H_2SO_4 \underset{\text{充电}}{\overset{\text{放电}}{\rightleftharpoons}} 2PbSO_4 + 2H_2O$$

蓄电池广泛地应用在汽车、电动车、火车、飞机、轮船等。

铅还可用于制造各种合金，如铅字（含铅 80%）、保险丝等，用于 X 射线和放射性实验中对射线的防护。

铅及其化合物均有毒，是一种积累性的毒性物质。铅进入人体后，容易被肠胃吸收，

70%～90%都进入骨组织内，破坏血液使红细胞分解，并损害人的神经系统、消化系统、生殖系统。近年来，学者认为古代罗马帝国的灭亡与他们使用铅器作为食用器皿引起铅中毒有较大关系。

§15.2　碳的化合物

15.2.1　碳的氧化物

碳的主要氧化物有 CO 和 CO_2。

1. 一氧化碳

CO 是无色、无臭、易燃的有毒气体。碳在供氧不足条件下不完全燃烧可以产生 CO。实验室制备 CO 可采用甲酸或草酸用浓硫酸脱水制取一氧化碳：

$$HCOOH \xlongequal{\text{浓硫酸}} CO\uparrow + H_2O$$

$$H_2C_2O_4 \xlongequal{\text{浓硫酸}} CO_2\uparrow + CO\uparrow + H_2O$$

工业上制取 CO 多采用水煤气法，即将水蒸气通过炽热(1 273 K)的焦炭而生成的气体，主要成分是一氧化碳(约 46%)和氢气(约 52%)。

$$C + H_2O \xlongequal{} H_2\uparrow + CO\uparrow$$

CO 是异核双原子分子，和 N_2 是等电子体。根据分子轨道理论，CO 的分子轨道表示式为：

$$CO\left[KK(\sigma_{2s})^2(\sigma_{2s}^*)^2(\pi_{2p_y})^2(\pi_{2p_z})^2(\sigma_{2p_x})^2\right](\text{键轴为 } x \text{ 轴})\quad :C\equiv O:$$

分子中含有一个 σ 键和两个 π 键，其中一个 π 键电子由氧原子提供，键级为 3。CO 分子的三重键中，两个共价键的电子对偏向氧原子，产生的偶极矩方向指向氧原子；另一个由氧原子提供电子对的配位键产生的偶极矩方向指向 C 原子。从元素电负性来看，CO 分子中形成的共价键的电子云偏向 O 原子，而形成配位键的电子对是 O 原子单方提供的，致使 C 原子略呈负电性，而 O 原子略呈正电性，抵消了 C 与 O 之间由于电负性差所引起的极性，所以 CO 的偶极矩近于零，极性很弱。

CO 中的 C 的氧化数为+2，所以有强还原性，是金属冶炼的重要还原剂。

$$Fe_2O_3 + 3CO \xlongequal{\triangle} 2Fe + 3CO_2$$

在常温下，CO 可使二氯化钯溶液变黑，这一反应十分灵敏，可作为检验微量 CO 的存在。

$$CO + PdCl_2 + H_2O \xlongequal{} CO_2\uparrow + 2HCl + Pd$$

银氨溶液也可用来检测 CO 气体：

$$CO + 2Ag(NH_3)_2OH \xlongequal{} 2Ag\downarrow + CO_2\uparrow + 4NH_3 + H_2O$$

分析化学中定量测定 CO 多采用碘量法，先生成 I_2，再用 $Na_2S_2O_3$ 溶液滴定析出的 I_2。

$$I_2O_5 + 5CO \xlongequal{} 5CO_2 + I_2$$

CO 还可以与非金属反应：

$$CO + Cl_2 \xrightarrow{\text{光}} COCl_2(\text{碳酰氯})$$

$$CO + 2H_2 \xrightarrow{CuO-ZnO/TiO_2} CH_3OH$$

碳酰氯又名"光气"，毒性极强，是有机合成中的重要中间体。

CO 的酸性非常微弱，在 473 K 及 1.01×10^3 kPa 压力下能与粉末状的 NaOH 反应生成甲酸钠：

$$CO + NaOH \xrightarrow{473\ K} HCOONa$$

由于 CO 分子中 C 原子上有负电荷，所以 CO 中 C 原子的孤对电子容易进入其他原子的空轨道而发生加合反应。高温高压下，CO 可与一些过渡金属如 Fe、Ni、Cr、V、W 等生成羰基配合物，如 $Ni(CO)_4$、$Fe(CO)_5$ 和 $Cr(CO)_6$ 等。

$$Fe + 5CO(g) \xlongequal{493\ K, 20\ MPa} Fe(CO)_5(l)$$

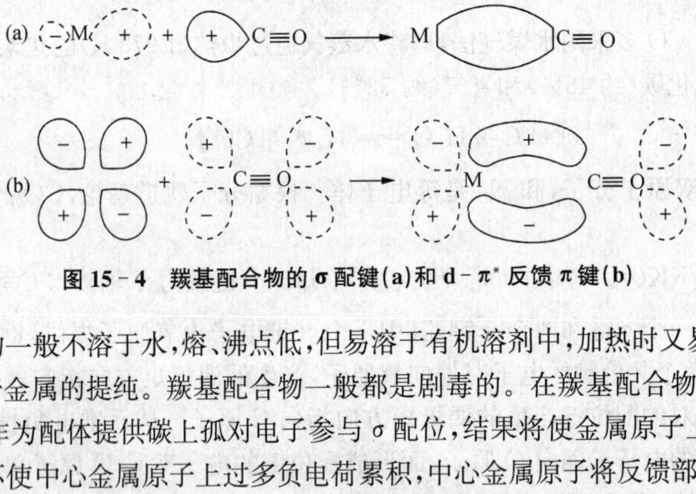

图 15-4 羰基配合物的 σ 配键(a)和 d-π* 反馈 π 键(b)

这类配合物一般不溶于水，熔、沸点低，但易溶于有机溶剂中，加热时又易分解为金属与 CO，因此常用于金属的提纯。羰基配合物一般都是剧毒的。在羰基配合物中，金属原子提供空轨道，CO 作为配体提供碳上孤对电子参与 σ 配位，结果将使金属原子上集中了过多的负电荷。为了不使中心金属原子上过多负电荷累积，中心金属原子将反馈部分 d 电子到 CO 的 π 反键空轨道上，形成所谓的 $d-\pi^*$ 反馈 π 键。

CO 对动物和人类的高度毒性也是因为它的强配位能力，它能与血液中的血红蛋白结合，形成十分稳定的配合物，使血红蛋白失去输送氧的作用。它与血红蛋白的配位能力比氧分子大 300 倍。当空气中 CO 达 0.05%时，人会感到头晕，达到 0.2%时会神志不清，长期吸入会导致贫血病，空气中含量过大会导致死亡。

在工业气体分析中，常用亚铜盐的氨水溶液或盐酸溶液来吸收混合气体中的 CO，生成 $CuCl\cdot CO\cdot 2H_2O$(经处理放出 CO 后重新使用)，与合成氨工业中用铜洗液吸收 CO 为同一道理。

$$\underset{\text{醋酸二氨合铜(I)}}{[Cu(NH_3)_2]CH_3COO} + CO + NH_3 \xlongequal{} \underset{\text{醋酸羰基三氨合铜(I)}}{[Cu(NH_3)_3CO]CH_3COO}$$

2. 二氧化碳

CO_2 是无色、无臭的气体，其临界温度为 304 K，很容易被液化。在常温下，压力达 7.1×10^3 kPa 时即能液化。液态 CO_2 的汽化热很高，217 K 时为 25.1 $kJ\cdot mol^{-1}$。当部分液态 CO_2 气化时，另一部分 CO_2 即被冷却，凝成（5.3×10^5 Pa、216.6 K）雪花状的固体，俗称“干冰”，属分子晶体。

CO_2 在大气中约占 0.03%，海洋中约占 0.014%。自然界通过植物的光合作用和海洋中的浮游生物将 CO_2 转变为 O_2，维持着大气中的 O_2 与 CO_2 的平衡。自然界中 CO_2 主要来自化石燃料和其他含碳化合物的燃烧、石灰石的煅烧及动植物的呼吸过程和发酵过程。大气中 CO_2 含量的增多，是造成地球“温室效应”的主要原因。

实验室可采用碳酸盐与酸反应制取 CO_2，工业上以煅烧石灰石、发酵等多种方法制得：

$$C_6H_{12}O_6 \xlongequal{\text{发酵}} 2C_2H_5OH + 2CO_2\uparrow$$

CO_2 为直线型分子，碳原子采取 sp 杂化轨道与氧原子生成四个键，两个 σ 键和两个大 π 键（即离域 π 键）。碳原子上两个未杂化成键的 p 轨道同氧原子的 p 轨道肩并肩地发生重叠，形成 Π_3^4 大 π 键，使得 CO_2 中的碳氧键（键长 116 pm）处于正常 C═O 双键（键长 122 pm）和叁键 C≡O（键长 110 pm）之间。CO_2 没有极性。

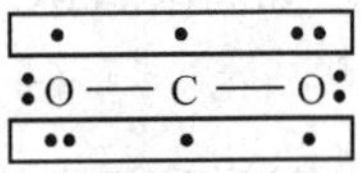

2σ 和 $2\Pi_3^4$

CO_2 虽然无毒，但在空气中的含量过高，也会使人因缺氧而窒息。CO_2 不助燃，可用作焊接用的保护气体，但其保护效果不如其他惰性气体（如氩）。工业上，CO_2 大量用于生产 Na_2CO_3、$NaHCO_3$ 和 NH_4HCO_3，也可用作灭火剂、防腐剂和灭虫剂。CO_2 不活泼，但在高温下，能与碳或活泼金属镁、钠等反应，因此活泼金属燃烧时不能用 CO_2 灭火器灭火。

$$CO_2 + 2Mg \xlongequal{\text{点燃}} 2MgO + C$$

$$2Na + 2CO_2 \xlongequal{\text{点燃}} Na_2CO_3 + CO$$

15.2.2　碳酸及其盐

1. 碳酸

CO_2 能溶于水形成碳酸，298 K 时在水中溶解度为 0.034 $mol\cdot dm^{-3}$（1.45 $g\cdot L^{-1}$）。此溶液显弱酸性，pH≈4。放置较长时间的蒸馏水因与空气接触而溶有 CO_2，pH≈5.7。一般认为，CO_2 溶于水后生成了 H_2CO_3，但至今未能得到纯碳酸。

H_2CO_3 被认为是二元弱酸，其解离常数 $K_{a1}^{\ominus}=4.5\times10^{-7}$，$K_{a2}^{\ominus}=4.7\times10^{-11}$，该离解常数是假定溶于水的 CO_2 全部转化成 H_2CO_3 而计算出来的。实际上 CO_2 水溶液中，大部分 CO_2 是以水合分子形式存在，只有很少部分（约不足 1%）的 CO_2 转化成 H_2CO_3。若按 H_2CO_3 的实际浓度进行计算，其解离常数 $K_{a1}^{\ominus}=2\times10^{-4}$。

碳酸分子中，碳原子以 sp^2 杂化轨道与三个氧原子的 p 轨道形成三个 σ 键，它的另一个 p 轨道与氧原子的 p 轨道形成 π 键，离子为平面三角形。HCO_3^- 离子有一个离域 π 键 Π_3^4；CO_3^{2-} 离子中有一个离域 π 键 Π_4^6。碳酸的结构如图 15－5 所示。

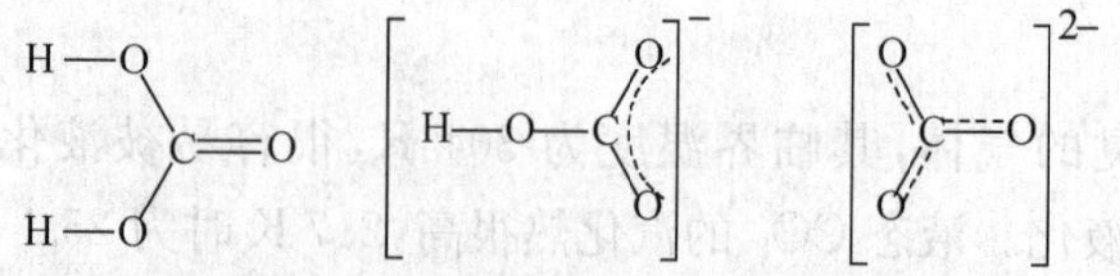

图 15－5 H_2CO_3、HCO_3^- 和 CO_3^{2-} 的结构

2. 碳酸盐

碳酸盐有两类：碳酸盐（正盐）和碳酸氢盐（酸式盐）。下面主要讨论这些盐在水中的溶解性、水解性和热稳定性。

(1) 溶解性

正盐除铵盐和碱金属（除 Li 外）盐外，其他的碳酸盐都难溶于水；所有的碳酸氢盐都易溶于水。对于这些难溶的碳酸盐来说，其相应的碳酸氢盐通常比碳酸盐溶解度大，但对 Na_2CO_3、K_2CO_3、$(NH_4)_2CO_3$ 来说，它们相应的碳酸氢盐溶解度却相对较低。

如向浓 Na_2CO_3 溶液中通入 CO_2 至饱和，可沉淀出 $NaHCO_3$：

$$2Na^+ + CO_3^{2-} + CO_2 + H_2O = 2NaHCO_3$$

这种溶解度的反常是由于 HCO_3^- 通过氢键形成双聚或多聚链状离子的结果。

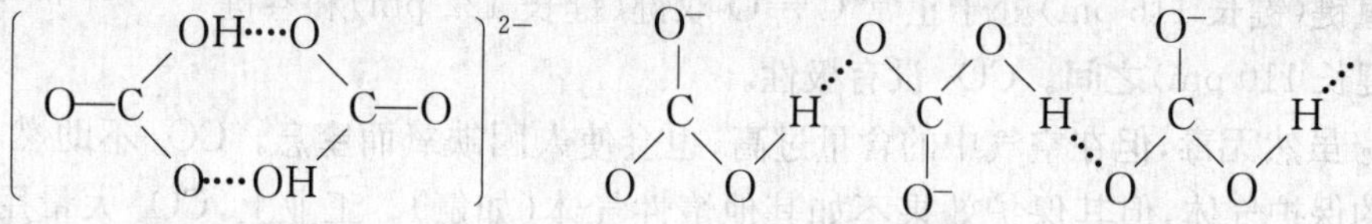

(2) 水解性

碳酸是二元弱酸，可溶性碳酸盐在水溶液中因 CO_3^{2-} 的水解而显碱性，碳酸氢盐在水溶液中因 HCO_3^- 水解呈弱碱性。由于碳酸盐的水解性，常把碳酸盐当作碱使用。例如无水 Na_2CO_3 称为纯碱，该盐易于纯化，在分析化学中常用来标定酸。

当可溶性碳酸盐或酸式盐中加入其他金属阳离子时，可能生成沉淀的类型有碳酸盐、氢氧化物和碱式碳酸盐。具体反应的产物取决于生成物的溶度积和金属阳离子的水解性。

如果金属氢氧化物的溶解度大于其碳酸盐，将得到碳酸盐沉淀，如 Ca^{2+}、Sr^{2+}、Ba^{2+}、Ag^+、Cd^{2+}、Mn^{2+} 等：

$$Ba^{2+} + CO_3^{2-} = BaCO_3 \downarrow$$

如果金属碳酸盐的溶解度大于其氢氧化物，将得到氢氧化物沉淀，如 Al^{3+}、Cr^{3+}、Fe^{3+} 等：

$$2Al^{3+} + 3CO_3^{2-} + 3H_2O = 2Al(OH)_3 \downarrow + 3CO_2 \uparrow$$

$$2Fe^{3+} + 3CO_3^{2-} + 3H_2O = 2Fe(OH)_3 \downarrow + 3CO_2 \uparrow$$

如果金属碳酸盐与其氢氧化物的溶解度相近，则可能得到碱式碳酸盐沉淀，如 Cu^{2+}、Zn^{2+}、Pb^{2+}、Mg^{2+} 等：

$$2Cu^{2+} + 2CO_3^{2-} + H_2O = Cu_2(OH)_2CO_3 \downarrow + CO_2 \uparrow$$

(3) 热稳定性

碳酸盐和碳酸氢盐热稳定性都较差，在高温下均会分解，不同的碳酸盐热稳定性不一样，热分解温度不一样。表 15－2 列出了某些碳酸盐的热分解温度。

表 15－2　某些碳酸盐的金属离子和热分解温度

M^{n+}	Li^+	Na^+	Mg^{2+}	Ca^{2+}	Sr^{2+}	Ba^{2+}	Fe^{2+}（Sc^{2+}～Cu^{2+}）	Cd^{2+}	Pb^{2+}	Ag^+
离子半径/pm	60	95	65	99	113	135	74	97	120	126
离子外层电子数	2	8	8	8	8	8	14(9～17)	18	18+2	18
分解温度/℃	1 100	1 800	402	814	1 098	1 277	282	360	315	218

这一规律可以用离子极化的概念，阳离子对 CO_3^{2-} 的反极化作用不同加以说明。CO_3^{2-} 中 3 个 O^{2-} 已被 C^{4+} 所极化而变形，C^{4+} 的极化作用会加强碳氧间键的强度；而 M^{n+} 可以看成一个外电场，只极化附近的 1 个 O^{2-}，其极化作用而产生的诱导偶极方向与原偶极方向相反，因而减弱、抵消甚至超过这个 O^{2-} 原来的偶极，从而削弱了碳氧间的键。这种作用称为反极化作用。当反极化作用强烈到可以超过 C^{4+} 的极化作用，最后导致碳酸根的破裂，分解成 MO 和 CO_2。显然，M^{n+} 的极化力越强，它对 CO_3^{2-} 的反极化作用也越强烈，碳酸盐也就越不稳定。

因此，碳酸及其盐的热稳定性可总结如下：

① 碳酸盐＞碳酸氢盐＞碳酸。这是因为 H^+ 半径极小，正电场强度最大，反极化作用最强。

② 同一族金属碳酸盐热稳定性从上到下依次增加。这是因为同一族由上往下，金属离子的电荷数相同，但离子半径逐渐增大，反极化作用依次减弱。如：

	$BeCO_3$	$MgCO_3$	$CaCO_3$	$SrCO_3$	$BaCO_3$
$T_{分解}$/℃	100	540	900	1 290	1 360

③ 过渡金属的碳酸盐稳定性较差，这是因为过渡金属离子具有 9～17、18 或 18+2 电子构型，相对 8 电子构型具有强的极化能力，反极化作用强。

	$CaCO_3$	$PbCO_3$	$ZnCO_3$	$FeCO_3$
$T_{分解}$/℃	900	315	350	282
价电子构型	$8e^-$	$(18+2)e^-$	$18e^-$	$(9-17)e^-$

15.2.3　碳化物

碳化物是碳与电负性小的元素结合而成的二元化合物，不包括碳与氢、氮、磷、氧、硫和卤素形成的化合物。

从碳化物的结构和键型分类是困难的，一般根据碳化物的性质分为三种类型：离子型碳化物、间充型碳化物和共价型碳化物。

1. 离子型碳化物

离子型碳化物又称为盐型碳化物，碳化物中含有 C_3^{4-}、C_2^{2-} 或 C^{4-} 离子。由 IA、ⅡA(铍除外)、IB、ⅡB、ⅢB 族元素生成的碳化物，水解会生成 C_2H_2。如电石 CaC_2：

$$CaC_2 + 2H_2O = Ca(OH)_2 \downarrow + C_2H_2 \uparrow$$

由铍、铝生成的碳化物 Be_2C、Al_4C_3，它们与水反应生成甲烷：

$$Al_4C_3 + 12H_2O = 4Al(OH)_3\downarrow + 3CH_4\uparrow$$

镁的一种碳化物 Mg_2C_3 水解时产生丙炔：

$$Mg_2C_3 + 4H_2O = 2Mg(OH)_2\downarrow + CH_3C\equiv CH\uparrow$$

2. 共价型碳化物

共价型碳化物是碳与具有较高电负性的元素形成的碳化物，最典型的是 SiC 和 B_4C 等，属原子晶体，具有熔点高、硬度大等特点，可用作砂轮和耐火材料。在 1 673～2 173 K，用 SiC 陶瓷制发动机的某些部件，可承受 1 600 K 以上的高温而不需冷却。

3. 间充型碳化物

第ⅣB～ⅦB 及Ⅷ族元素的碳化物均为间充型碳化物，这类碳化物往往保持相应金属的结构，碳原子填充在金属原子八面体的空隙中。间充型碳化物的导电性好、熔点高、硬度大，有的熔点甚至超过原来的金属。如 TiC、TaC、HfC 的熔点在 3 400 K 以上，用 20%的 HfC 和 80%的 TaC 制成的合金是已知物质中熔点最高的。

§15.3 硅的化合物

硅的主要化合物包括氢化物、卤化物、氧化物、含氧酸及其盐。

15.3.1 硅的氢化物

硅的氢化物称为硅烷，通式为 Si_nH_{2n+2}，硅烷种类比碳烷少得多，因为 Si—Si 键键能小，不能成长链，现在已知的硅烷中，n 可高达 15。又由于硅烷中 Si—H 键键能较小，所以硅烷化学性质要比碳烷活泼得多。最重要和稳定的硅烷是甲硅烷(SiH_4)。

实验室中可用盐酸与硅化镁反应制取：

$$Mg_2Si + 4HCl = SiH_4\uparrow + 2MgCl_2$$

工业上甲硅烷是在低温下液氨介质中利用硅化镁和氯化铵反应制取：

$$Mg_2Si + 4NH_4Cl \xlongequal{243\ K} SiH_4\uparrow + 4NH_3\uparrow + 2MgCl_2$$

硅烷的主要化学性质表现在热稳定性差、易水解且有强还原性：

$$\text{高硅烷} \xrightarrow{\triangle} \text{低高硅} \xrightarrow{\triangle} Si + H_2\uparrow$$

在有碱存在时易发生水解，无碱催化时，反应较难进行：

$$SiH_4 + (n+2)H_2O \xlongequal{\text{碱催化}} SiO_2\cdot nH_2O\downarrow + H_2\uparrow$$

硅烷是强还原剂，能与一般的氧化剂反应，如 O_2、$KMnO_4$、Hg^{2+}、Hg_2^{2+}、Ag^+、Cu^{2+}。

$$SiH_4 + 2O_2 = SiO_2 + 2H_2O\text{(在空气中自燃)}$$

$$SiH_4 + 8AgNO_3 + 2H_2O = 8Ag\downarrow + SiO_2\downarrow + 8HNO_3$$

$$SiH_4 + 2KMnO_4 = 2MnO_2\downarrow + K_2SiO_3 + H_2\uparrow + H_2O \quad \text{(此反应可检验硅烷)}$$

15.3.2　硅的卤化物

硅的卤化物都是无色的。这里主要讨论四氟化硅(SiF_4)的制取及四氯化硅($SiCl_4$)、氟硅酸(H_2SiF_6)。

SiO_2 与 HF 反应或硫酸处理萤石和石英砂可得到 SiF_4：

$$SiO_2 + 4HF \xlongequal{} SiF_4\uparrow + 2H_2O$$

$$2CaF_2 + SiO_2 + 2H_2SO_4 \xlongequal{} SiF_4\uparrow + 2CaSO_4 + 2H_2O$$

由于玻璃的主要成分是 SiO_2，因此 HF 可以腐蚀玻璃。SiF_4 是无色有刺激性臭味的气体，有剧毒，可用于氟硅酸及氟化铅的制备，也用作水泥和人造大理石的硬化剂、有机硅化物的合成材料。

硅与氯气反应可生成 $SiCl_4$：

$$Si + 2Cl_2 \xlongequal{} SiCl_4$$

SiF_4 和 $SiCl_4$ 易溶于水，并强烈水解：

$$SiF_4 + 2H_2O \xlongequal{} SiO_2 + 4HF$$

$$SiCl_4 + 3H_2O \xlongequal{} H_2SiO_3 + 4HCl$$

硅的卤化物易发生水解，显然这与 Si 是第三周期元素，有空轨道有关。

SiF_4 进一步与 HF 反应生成氟硅酸：

$$SiF_4 + 2HF \xlongequal{} H_2SiF_6$$

其他卤化硅不能形成这类化合物，这是因为氟离子半径比其他卤素离子半径小得多的缘故。SiF_6^{2-} 与 AlF_6^-、SF_6、PF_6^- 同为等电子体，采取 sp^3d^2 杂化轨道成键，具有八面体几何构型。H_2SiF_6 的水溶液是强酸，可制得 60% 的水溶液，它的酸性与硫酸相当。Na_2SiF_6 是一种农业杀虫灭菌剂、木材防腐剂，还可用于制造抗酸水泥和搪瓷等，它在沸水中完全水解：

$$Na_2SiF_6 + 2H_2O \xlongequal{} 2NaF + SiO_2 + 4HF$$

15.3.3　硅的氧化物

硅的氧化物有一氧化硅(SiO)和二氧化硅(SiO_2)。

将 SiO_2 和单质硅的混合物加热到 1 573 K，可产生 SiO。

$$SiO_2 + Si \xlongequal{} 2SiO$$

一氧化硅是棕色粉末状固体，不稳定，在空气中燃烧变成二氧化硅，与水反应生成氢气：

$$SiO + H_2O \xlongequal{} SiO_2 + H_2\uparrow$$

二氧化硅又称硅石，在自然界中有晶体和无定形体两种形态，硅藻土、燧石是无定形的二氧化硅；石英是常见的二氧化硅晶体。无色透明的纯石英叫作水晶。

由于硅难以形成双键，二氧化硅只能以 —Si—O—Si— 键合形成原子晶体。实际上 SiO_2 是 Si 采取 sp^3 杂化轨道与氧形成硅氧四面体组成的巨型分子。每个硅氧四面体单元以共用顶角氧原子结合。

二氧化硅化学性质不活泼，难溶于水，只能溶于 F_2 和 HF，不与其他卤素或酸反应：

$$SiO_2 + 6HF(aq) \xlongequal{} H_2SiF_6 + 2H_2O$$

SiO_2 不能被 H_2 还原，只能在高温下被 Mg、Al、B 还原：

$$SiO_2 + 2Mg \xlongequal{\text{高温}} 2MgO + Si$$

SiO_2 为酸性氧化物，能与碱或某些碱性氧化物反应生成硅酸盐：

$$SiO_2 + 2NaOH \xlongequal{} Na_2SiO_3 + H_2O$$

$$SiO_2 + Na_2CO_3 \xlongequal{\text{熔融}} Na_2SiO_3 + CO_2\uparrow$$

$$NiO + SiO_2 \xlongequal{600 \sim 900\ ℃} NiSiO_3$$

15.3.4 硅酸及其盐

硅酸由可溶性硅酸盐与酸反应制得：

$$SiO_4^{4-} + 4H^+ \xlongequal{} H_4SiO_4\downarrow$$

硅酸的形式有多种。H_4SiO_4 叫正硅酸，经脱水可得偏硅酸和多硅酸 $xSiO_2 \cdot yH_2O$。由于在各种硅酸中，偏硅酸的组成最简单，故通常以 H_2SiO_3 和 $MSiO_3$ 分别表示硅酸和硅酸盐。

硅酸是二元弱酸，其解离常数 $K_{a1}^{\ominus}=3.0\times10^{-10}$，$K_{a2}^{\ominus}=2.0\times10^{-12}$。硅酸在水中溶解度不大，实验室中常采取在可溶性硅酸盐溶液中加入酸生成硅酸凝胶。硅酸凝胶为多硅酸，经水充分洗涤，除去可溶性电解质，干燥脱水后得到硅酸干胶（硅胶），硅胶是一种稍透明的白色固态物质。实验室常见的变色硅胶则因含有氯化钴，无水时显蓝色，含水时因形成 $[Co(H_2O)_6]^{2+}$ 呈粉红色。硅胶由于其多孔性，比表面大，可作良好的干燥剂、吸附剂或催化剂的载体。

自然界的硅酸盐复杂多变，约占地壳质量的 80%。所有硅酸盐中，仅碱金属的硅酸盐可溶于水，如 Na_2SiO_3 和 K_2SiO_3。Na_2SiO_3 的水溶液俗称水玻璃，工业上称为泡花碱。由于硅酸是弱酸，其可溶性硅酸盐在水中会强烈水解，溶液呈碱性：

$$Na_2SiO_3 + 2H_2O \xlongequal{} NaH_3SiO_4 + NaOH$$

若在溶液中再加入 NH_4Cl，则发生完全水解，生成 H_2SiO_3 凝胶：

$$SiO_3^{2-} + 2NH_4^+ \xlongequal{} H_2SiO_3\downarrow + 2NH_3\uparrow$$

重金属硅酸盐通常难溶于水，并有特征颜色，如：

$ZnSiO_3$	$CuSiO_3$	$CoSiO_3$	$Fe_2(SiO_3)_3$	$MnSiO_3$	$NiSiO_3$
白色	蓝色	紫色	红棕色	肉色	翠绿色

在透明的 Na_2SiO_3 溶液中，分别加入各种重金属盐类，由于重金属硅酸盐都不溶于水，并且大多都能呈现各种美丽的颜色，静置一段时间后，可以看到一个五彩缤纷的“水中花园”。

$$Na_2SiO_3 + CO_2 + H_2O \xlongequal{} H_2SiO_3\downarrow + Na_2CO_3$$

玻璃、水泥、陶瓷等是硅酸盐工业产品。普通玻璃是Na_2CO_3、石灰石和SiO_2共熔得到，其大致组成为$Na_2O \cdot CaO \cdot 6SiO_2$。水泥的主要成分为$3CaO \cdot SiO_2$或$2CaO \cdot SiO_2$或$3CaO \cdot Al_2O_3$。陶瓷是用适当的黏土矿物配料成型，经高温煅烧制得的。黏土的主要成分为$Al_2O_3 \cdot 2SiO_2 \cdot 2H_2O$。天然沸石是重要的铝硅酸盐，具有多孔性，可吸收水分子或一定大小的气体分子，所以沸石可作干燥剂和吸附剂。天然泡沸石是一种天然的分子筛。分子筛含有许多直径大小均匀的微小孔穴，能把比孔穴直径小的分子吸附到孔穴的内部来，而把比孔穴大的分子排斥在外，因而能把直径大小不同、极性程度不同、沸点不同的分子分离开来，即具有“筛分”分子的作用。天然泡沸石的主要成分为$Na_2O \cdot Al_2O_3 \cdot 2SiO_2 \cdot xH_2O$。翡翠玉石的主要成分为$NaAl(SiO_3)_2$。

§15.4 锗、锡、铅的化合物

锗、锡、铅化合物的常见氧化数为+2、+4。由于惰性电子对效应，从锗到铅，低氧化数(Ⅱ)化合物逐渐趋于稳定，还原性降低；高氧化数(Ⅳ)化合物稳定性减弱，氧化性增强。因此，锗、锡、铅化合物还原性最强的是Ge(Ⅱ)化合物，氧化性最强的是Pb(Ⅳ)化合物。

15.4.1 氧化物及氢氧化物

锗、锡、铅都有MO和MO_2两类氧化物和相应的氢氧化物$M(OH)_2$和$M(OH)_4$，它们都具有两性。氧化物MO两性偏碱性，MO_2两性偏酸性。从锗到铅，氢氧化物碱性逐渐增强，酸性减弱。高氧化数氢氧化物酸性强于相应的低氧化数氢氧化物。

锗的氧化物有一氧化锗(GeO)和二氧化锗(GeO_2)。二氧化锗可由金属锗或硫化锗在空气中灼烧来制得，也可由四氯化锗($GeCl_4$)与适量水过夜反应，再经干燥得到。一氧化锗可在加热下用氢气或一氧化碳还原二氧化锗来制得，也可将二氧化锗与锗加热至1 000℃高温制得：

$$GeS + 2O_2 \xlongequal{} GeO_2 + SO_2$$

$$GeCl_4 + 2H_2O \xlongequal{} GeO_2 + 4HCl$$

$$2GeO_2 \xlongequal{\text{高温}} 2GeO + O_2$$

GeO具有两性，可溶于酸生成亚锗酸盐，也可溶于碱生成$Ge(OH)_3^-$。GeO_2有两种晶型：六方晶型和四方晶型。六方型晶体可溶于水，具有两性，而四方型晶体不溶于水，可溶于碱生成锗酸盐。

$$GeO + 2NaOH \xlongequal{} Na_2GeO_2 + H_2O$$

$$GeO_2 + 2NaOH \xlongequal{} Na_2GeO_3 + H_2O$$

Sn(Ⅱ)盐溶液中加入Na_2CO_3，完全水解可得到水合氧化亚锡，经脱水后得蓝黑色的氧化亚锡(SnO)。

$$Sn^{2+} + CO_3^{2-} \xlongequal{} SnO + CO_2$$

$$Sn + O_2 \xlongequal{} SnO_2(\text{白})$$

SnO_2难溶于酸或碱的水溶液，与固体NaOH共熔生成锡酸盐：

$$SnO_2 + 2NaOH \xlongequal{共熔} Na_2SnO_3 + H_2O$$

$$2Pb + O_2 = 2PbO$$

$$Pb(OH)_3^- + ClO^- = PbO_2 + Cl^- + OH^- + H_2O$$

铅的氧化物有 PbO、PbO_2、Pb_3O_4 和 Pb_2O_3。PbO 又叫密陀僧或黄铅，易溶于 HNO_3、乙酸生成 Pb(Ⅱ)盐，难溶于碱。PbO_2 为棕黑色固体，可在碱性介质下由 ClO^- 将 Pb(Ⅱ)盐氧化得到，其在酸性介质中由于惰性电子对效应而具有强氧化性，与强碱共熔生成 $Pb(OH)_6^{2-}$。Pb_3O_4 又叫红铅或铅丹，可看作 PbO、PbO_2 的"混合氧化物"($PbO \cdot PbO_2$)，可由铅在纯氧中加热得到。

$$2PbO_2 + 4HNO_3 = 2Pb(NO_3)_2 + O_2\uparrow + 2H_2O$$

$$Pb_3O_4 + 4HNO_3 = PbO_2 + 2Pb(NO_3)_2 + 2H_2O$$

$$PbO_2 + 4HCl = PbCl_2 + Cl_2\uparrow + 2H_2O$$

$$5PbO_2 + 2Mn^{2+} + 4H^+ = 5Pb^{2+} + 2MnO_4^- + 2H_2O$$

$$2PbO_2 + 2H_2SO_4 = 2PbSO_4 + O_2\uparrow + 2H_2O$$

$$Pb^{2+} + ClO^- + 2OH^- = PbO_2 + Cl^- + H_2O$$

氢氧化物 $Sn(OH)_2$ 和 $Pb(OH)_2$ 具有两性：

$$Sn(OH)_2 + OH^- = Sn(OH)_3^-$$

$$Pb(OH)_2 + OH^- = Pb(OH)_3^-$$

Sn(Ⅳ)盐低温水解或者与碱反应得到白色无定形胶状沉淀 α-锡酸($xSnO_2 \cdot yH_2O$)，能溶于酸和碱。Sn(Ⅳ)盐高温水解或 Sn 与浓 HNO_3 反应得到 β-锡酸$[Sn(OH)_4]_5$，不溶于酸和碱。

15.4.2 卤化物

锗、锡、铅的卤化物有四卤化物与二卤化物两类。

1. 二卤化物

二氯化锗由单质锗还原四氯化锗制得：

$$Ge + GeCl_4 = 2GeCl_2$$

二氯化锡可由 Sn 与干燥 HCl 反应制得：

$$Sn + 2HCl = SnCl_2 + H_2\uparrow$$

$SnCl_2$ 是常用的强还原剂。配制 $SnCl_2$ 溶液时，常加入一些锡粒，防止 Sn^{2+} 的氧化；同时由于 Sn(Ⅱ)盐易水解，通常将 $SnCl_2$ 固体溶于浓盐酸中，等完全溶解后，加水稀释至所需要的浓度。

$$SnCl_2 + H_2O = Sn(OH)Cl\downarrow + HCl$$

$$2Sn^{2+} + O_2 + 4H^+ = 2Sn^{4+} + 2H_2O$$

$SnCl_2$ 能将汞盐还原成白色的亚汞盐，若 $SnCl_2$ 过量，则可以将亚汞盐 Hg_2Cl_2 还原成黑色的金属汞。该反应可用来检验 Hg^{2+} 或用 $HgCl_2$ 检验 Sn^{2+}。

$$SnCl_2 + 2HgCl_2 = SnCl_4 + Hg_2Cl_2\downarrow(白)$$

$$SnCl_2 + Hg_2Cl_2 = SnCl_4 + 2Hg\downarrow(黑)$$

$GeCl_2$ 比 $SnCl_2$ 更易被氧化，是更强的还原剂。

二氯化铅($PbCl_2$)难溶于冷水，但其溶解度随温度升高而明显增大，易溶于热水。利用这一点可以区分 $PbCl_2$ 与其他难溶氯化物，如 AgCl、CuCl、Hg_2Cl_2。PbI_2 为金黄色固体，可溶于沸水，由于能生成配合物而溶解于 KI 溶液中。$SnCl_2$ 和 $PbCl_2$ 也可与 Cl^- 形成配离子，如 $SnCl_3^-$、$PbCl_4^{2-}$。

2. 四卤化物

四氯化锗($GeCl_4$)可在氯气流中加热木炭和二氧化锗的混合物而制得：

$$GeO_2 + 2C + 2Cl_2 = GeCl_4\uparrow + 2CO\uparrow$$

四氯化锡可由金属锡氯化制得：

$$Sn + 2Cl_2 = SnCl_4$$

四氯化锡极易水解，是略带黄色的固体。

$$SnCl_4 + 3H_2O = H_2SnO_3 + 4HCl$$

$$SnCl_4 + 2HCl = H_2[SnCl_6]$$

铅由于惰性电子对效应引起的 Pb(Ⅳ)的强氧化性，其四卤化物中只有 PbF_4 较稳定(熔点 600 ℃)，不存在 $PbBr_4$ 和 PbI_4。四氯化铅($PbCl_4$)为黄色油状液体，在 0℃以下存在，遇热极不稳定易分解生成二氯化铅($PbCl_2$)和氯气，需低温保存。

15.4.3　硫化物

锗、锡能形成 MS 和 MS_2 两类硫化物，铅只能形成硫化物 PbS，铅(Ⅳ)的硫化物由于铅(Ⅳ)强氧化性和 S^{2-} 的还原性不能稳定存在。通常锗、锡低氧化数硫化物偏碱性，高氧化数硫化物偏酸性。

GeS(红色)	SnS(棕色)	PbS(黑色)
GeS_2(白色)	SnS_2(黄色)	PbS_2(不存在)

硫化锗(GeS_2)由锗粉与硫蒸气或硫化氢共热得到，为白色粉末状固体，不稳定，高温容易升华和被氧化，在潮湿空气或惰性气氛中离解。硫化亚锡(SnS)和硫化锡(SnS_2)可由Sn(Ⅱ)或 Sn(Ⅳ)盐溶液与 H_2S 反应制得，为棕色固体。SnS 和 GeS 硫化物可与多硫化物反应生硫代锡酸盐或硫代锗酸盐；但不溶于 NaOH、氨水、Na_2S 和$(NH_4)_2S$ 溶液，说明 SnS 和 GeS 的酸性很弱，不易与碱性硫化物反应，如碱金属硫化物。锗和锡的硫化物一般易溶于稀酸。

$$GeS + S_2^{2-} = GeS_3^{2-}$$

$$SnS + S_2^{2-} = SnS_3^{2-}$$

SnS_2 和 GeS_2 易溶于碱、硫化物和多硫化物溶液，生成相应的硫代酸盐。

$$SnS_2 + S^{2-} = SnS_3^{2-}$$

$$SnS_2 + S_x^{2-} = SnS_3^{2-} + (x-1)S$$

$$3SnS_2 + 6OH^- = 2SnS_3^{2-} + SnO_3^{2-} + 3H_2O$$

$$GeS_2 + S^{2-} = GeS_3^{2-}$$

硫代酸盐不稳定，遇酸容易分解：

$$SnS_3^{2-} + 2H^+ = SnS_2\downarrow + H_2S\uparrow$$

$$GeS_3^{2-} + 2H^+ = GeS_2\downarrow + H_2S\uparrow$$

铅盐溶液中加入 H_2S 水溶液生成黑色 PbS。该反应可用来鉴定 Pb^{2+} 或 H_2S。PbS 不溶于非氧化性稀酸、NaOH、碱金属硫化物和多硫化物，微溶于浓盐酸，易溶于硝酸：

$$3PbS + 8HNO_3(稀) = 3Pb(NO_3)_2 + 3S\downarrow + 2NO\uparrow + 4H_2O$$

$$PbS + 4HCl(浓) = H_2[PbCl_4] + H_2S\uparrow$$

由于 S^{2-} 的还原性，PbS 可与双氧水或臭氧反应生成白色的硫酸铅，该反应可以用来修复油画：

$$PbS + H_2O_2(或\ O_3) \longrightarrow PbSO_4$$

15.4.4 铅的其他化合物

可溶性 Pb(Ⅱ)盐有 $Pb(NO_3)_2$ 和 $Pb(Ac)_2$。Pb(Ⅱ)水解不显著。以物质的量比为 1∶1 的 NaOH 和 Na_2CO_3 混合液加入 $Pb(Ac)_2$ 溶液中生成白色沉淀，俗称铅白，是一种覆盖力很强的白色颜料。

$$3Pb(Ac)_2 + 2NaOH + 2Na_2CO_3 = 2PbCO_3\cdot Pb(OH)_2 + 6NaAc$$

$PbSO_4$ 难溶于水，不溶于稀硫酸，但在浓硫酸中由于生成 HSO_4^- 而溶解。

$$PbSO_4 + H_2SO_4(浓) = Pb(HSO_4)_2$$

Pb^{2+} 与 CrO_4^{2-} 在中性或弱酸性中反应生成黄色的铬酸铅 $PbCrO_4$ 沉淀：

$$Pb^{2+} + CrO_4^{2-} = PbCrO_4\downarrow$$

这一反应可用于鉴定 Pb^{2+} 或 CrO_4^{2-}。$PbCrO_4$ 是一种黄色颜料，俗称铬黄，不溶于醋酸，但可溶于较强的酸或碱中。

$$PbCrO_4 + 4OH^- = [Pb(OH)_4]^{2-} + CrO_4^{2-}$$

四乙基铅 $[Pb(C_2H_5)_4]$ 在早期用作汽油抗震剂，有芳香气味，但是它有剧毒，汽油燃烧后随同尾气排出，污染环境，现已禁用。

扩展内容

1. 石墨烯

石墨烯(Graphene)是由单层碳原子以 sp^2 杂化轨道组成六角型呈蜂巢晶格的平面薄膜。和金刚石、石墨、富勒烯、碳纳米管，还有非晶态碳一样，它是一种单纯由碳元素构成的物质(单质)。如图 15－6 所示，富勒烯和碳纳米管都可以看成是由单层的石墨烯依照某种方式卷成的，而石墨是由很大数量的石墨烯片层通过范德华力作用堆叠而成的（若只有很少几层石墨烯堆叠，称为多层石墨烯）。2004 年，英国曼彻斯特大学物理学家 Geim 和 Novoselov，成功地在实验中从石墨中分离出石墨烯，而证实它可以单独存在，两人也因"在二维石墨烯材料的开创性实验"，共同获得 2010 年诺贝尔物理学奖。

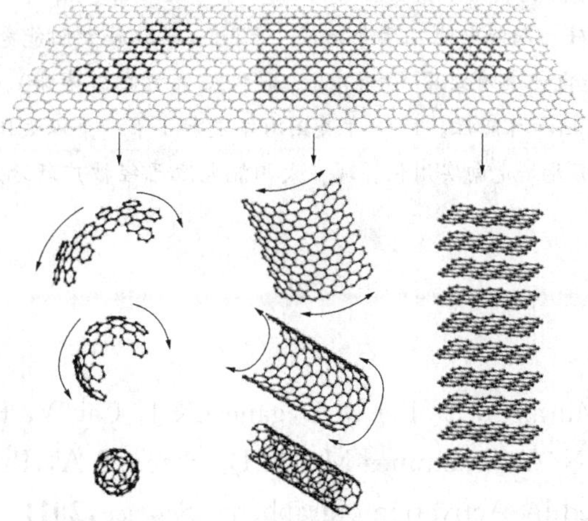

图 15-6　富勒烯（左）、碳纳米管、石墨（右）

Geim 和 Novoselov 获得石墨烯的方法很简单，他们用超市可买到的透明胶带，从一块高序热解石墨中剥离出了仅有一层碳原子厚度的石墨薄片——石墨烯。虽然这样很方便但是可控性并不那么好，而且只能获得大小在 100 μm 以下的石墨烯。采用化学气相沉积也可以在金属表面上生长出数十厘米大小的石墨烯样品，虽然取向一致的区域大小最高只有 100 μm，但是已经适合某些应用的产品生产需求。另外一种比较常见的方法是将碳化硅（SiC）晶体在真空中加热到 1 100 ℃以上，使得表面附近的硅原子蒸发掉，而剩余的碳原子重新排布，也能获得性质相当不错的石墨烯样品。

石墨烯是一种拥有众多独特性质的全新材料，如它最薄最轻，有良好的柔韧性，而又超出钢铁数十倍的强度和极好的透光性，其导电性能像铜一样优秀，它的导热性能比已知的任何材料都要出色。这些独特的电学、光学等性质决定了石墨烯具有广阔的应用前景。而实际上，石墨烯才出现了不到十年的时间，就已经展现了许多技术上的应用。目前，石墨烯的应用主要体现在电子器件、光电子传感器、基因电子测序、高性能柔性锂电池等。

如美国科学家研制出全球最小的"石墨烯光学调制解调器"（调制解调器俗称"猫"）。它比头发丝还要细 400 倍，可高速传输信号，有望将网速提高 1 万倍，1 秒钟下载 1 部高清电影指日可待，而石墨烯调制解调器的成本只需几美元。这种光学调制解调器的基本原理是对石墨烯施加适当的电压，使石墨烯中电子的能量发生改变，进而使石墨烯拥有打开或关闭光线的功能。韩国三星公司和成均馆大学的研究人员利用化学气相沉积的方法获得了对角长度为 30 英寸的石墨烯，并将其转移到 188 μm 厚的 PET 薄膜上，进而制造出了以石墨烯为基础的触摸屏。

我们可以期待，在不远的将来出现大量的使用石墨烯的电子产品。想想看，如果我们手里的智能手机和上网本在不用的时候，可以卷起来夹在耳朵上，塞在口袋里，或者围在手腕上，那是多么有趣啊！

2. 硅太阳能电池

太阳能是人类取之不尽用之不竭的可再生能源，也是清洁能源，不产生任何的环境污染。太阳能电池是一种利用光伏效应将太阳光能直接转换为电能的电子器件。所谓光伏效应（photovoltaiceffect）是指当物体受到光照时，物体内的电荷分布状态发生变化而产生电动势和电流的一种效应。1839 年法国物理学家贝克勒尔(Becquerel)首次在液体中发现了这种效应，他观察到浸入电解液中的两电极间电压随光照强度发生变化的现象。

晶体硅太阳能电池通常是指利用 200 μm 左右厚的硅片制成的太阳能电池。第一个实用的半导体单晶硅太阳能电池出现在 1954 年。美国贝尔实验室的 Chapin 等人使用晶体硅 P－N 扩散结制成了世界上第一个光电转换效率为 6%单晶硅太阳能电池。两年后的 1956 年，单晶硅太阳能电池的光电转换效率提高到约 10%。由于晶体硅太阳能电池具有效率高、寿命长(高于 25 年的工作寿命)、性能可靠的优点，使利用太阳能电池发电有了现实的基础和可能性。1958 年美国海军发射了第一个以太阳能电池供电的人造地球卫星，这标志着太阳能电池应用开始走向实用化。现在太阳能电池已经被广泛地应用到人造卫星、宇宙飞船和星际空间站上。

文献讨论题

[文献 1] Zhu Y, Murali S, Stoller M D, ganeshK J, Cai W, Ferreira1P J, Pirkle A, Wallace R M, Cychosz K A, Thommes M, Su D, Stach E A, Ruoff R S. Carbon-Based Supercapacitors Produced by Activation ofgraphene. *Science*, **2011**, 332, 1 537—1 541.

超级电容器(supercapacitor，ultracapacitor)，又叫双电层电容器(Electrical Double-Layer Capacitor)、电化学电容器(Electrochemcial Capacitor, EC)、黄金电容、法拉电容，通过极化电解质来储能。它是一种电化学元件，但在其储能的过程并不发生化学反应，这种储能过程是可逆的，也正因为此超级电容器，可以反复充放电数十万次。超级电容器是建立在德国物理学家亥姆霍兹提出的界面双电层理论基础上的一种全新的电容器。超级电容器的充放电过程始终是物理过程，没有化学反应，因此性能是稳定的，与利用化学反应的蓄电池是不同的。它可在无负载电阻情况下直接充电，如果出现过电压充电的情况，双电层电容器将会开路而不致损坏器件。同时，双电层电容器与可充电电池相比，可进行不限流充电，且充电次数可达 10^6 次以上，因此双电层电容不但具有电容的特性，同时也具有电池特性，是一种介于电池和电容之间的新型特殊元器件。阅读上述文献，探讨碳基材料(石墨烯)作为超级电容器的潜力和新颖特征。

[文献 2] Sekiguchi A, Kinjo R, Ichinohe M. A Stable Compound Containing a Silicon-Silicon Triple Bond. *Science*, 2004, 305, 1 755—1 757.

硅作为第三周期元素，不能形成 π_{p-p} 键，因此 Si—Si 不易成双键和三键，倾向于形成较多的 σ 单键。然而，科学家最近合成出了含 Si—Si 双键和三键的稳定化合物。阅读上述文献，了解 Si—Si 三键的键参数并分析其形成的条件和机理。

习 题

1. 设计一实验，证明 CO_2 中混有 CO，CO 中混有 CO_2。
2. 试用四种方法鉴别 $SnCl_4$ 和 $SnCl_2$ 溶液。
3. 在实验室中如何配制和保存 $SnCl_2$ 溶液？为什么？
4. 如何制备无水 $AlCl_3$？能否用加热脱去 $AlCl_3 \cdot 6H_2O$ 中水的方法制取无水 $AlCl_3$？
5. 为什么碳原子能成为有机物的灵魂而硅却被称为无机物的骨干？
6. 单质碳有几种同素异形体？试比较它们的结构和性质特点。
7. 单质硅虽然结构类似于金刚石，但其熔点、硬度却比金刚石差。为什么？

8. 足量的氢氟酸溶液与 SiO_2 反应后，溶液酸性会大大增强，原因何在？

9. 商品氢氧化钠中为什么常含有杂质碳酸钠，怎样配制不含碳酸钠的氢氧化钠溶液？

10. PbO_2的强氧化性由于什么原因？请详细解释。

11. 为什么 SiF_4与 F^- 离子反应能生成 $SiF_6{}^{2-}$，而 CF_4不能与 F^- 离子反应？

12. 二氧化硅与水的反应是吸热反应，但为什么硅胶可以做干燥剂？

13. 试解释为什么锡和铅的 +2 氧化态要比碳和硅的更稳定。并解释铅的 +2 氧化态要比锡的 +2 氧化态更稳定。

14. 完成并配平下列化学反应方程式：

(1) 用氢氟酸溶液刻蚀玻璃；

(2) 铬黄的制备反应；

(3) 锡溶于浓硝酸；

(4) 双氧水清洗油画翻新；

(5) 氯化亚汞溶于氯化亚锡溶液；

(6) 氯化钯溶液检验氢气中的一氧化碳；

(7) 将二氧化碳通入泡花碱溶液；

(8) 硫化锗溶于过硫化铵溶液；

(9) 亚锡酸钠溶液加入硝酸铋溶液；

(10) 二氧化铅溶于浓盐酸。

15. $NaHCO_3$ 的溶解度比其正盐要小，请说明原因。

16. 试说明下列事实的原因：

(1) 常温常压下，CO_2 为气体而 SiO_2 为固体；

(2) CF_4 不水解，而 SiF_4 水解。

17. C 和 O 的电负性相差较大，但 CO 分子偶极矩很小，请说明原因。

18. 比较下列各对碳酸盐热稳定性的大小：

(1) Na_2CO_3、$BeCO_3$

(2) $NaHCO_3$、Na_2CO_3

(3) $MgCO_3$、$BaCO_3$

(4) $PbCO_3$、$CaCO_3$

19. 如何鉴别下列各组物质：

(1) Na_2CO_3、Na_2SiO_3、$Na_2B_4O_7 \cdot 10H_2O$

(2) $NaHCO_3$ 和 Na_2CO_3

(3) CH_4 和 SiH_4

20. 灰色金属 A 溶于浓硝酸得无色溶液 B 和红棕色气体 C。将溶液 B 蒸发结晶可得无色晶体，该晶体加热分解可得黄色固体 D 和红棕色气体 C。D 溶于硝酸后又得到溶液 B。碱性条件下 B 与次氯酸钠溶液作用得黑色沉淀 E，E 不溶于硝酸。将 E 加入盐酸有白色沉淀 F 和气体 G 生成，G 可使湿润的淀粉碘化钾试纸变蓝，F 可溶于过量的氯化钠溶液得无色溶液 H。向 H 中加入 KI 溶液有黄色沉淀 I 生成。试确定 A、B、C、D、E、F、G、H、I 各代表何物？写出有关的化学反应方程式。

第 16 章　硼族元素

§16.1　硼族元素的通性

硼族元素是周期表第ⅢA 元素，包括硼、铝、镓（音 jiā）、铟（音 yīn）和铊（音 tā）五种元素。硼族元素除硼是非金属元素外，其他均为金属元素，其中镓、铟和铊为稀有元素。

硼在自然界的分布较少，约占地壳组成的 0.001%。硼的矿石主要以硼硅酸盐（如黄晶 $CaO \cdot B_2O_3 \cdot 2SiO_2$）和硼酸盐（如硼砂矿 $Na_2B_4O_7 \cdot 10H_2O$、硼镁矿 $Mg_2B_2O_5 \cdot H_2O$ 等）形式存在于自然界。我国硼矿资源较丰富，居世界第四，主要分布在西藏、辽东地区。铝是地壳中含量最丰富的金属元素，铝的矿藏储存量约占地壳构成物质的 8%以上。主要以铝硅酸盐（如高岭土［$Al_2Si_2O_5(OH)_4$］、沸石、长石、矾土矿（$Al_2O_3 \cdot nH_2O$）、刚玉（Al_2O_3）及冰晶石（Na_3AlF_6））等形式存在。镓、铟和铊是分散元素，只与其他矿共生而存在。它们都是在分光镜发明后，用光谱分析方法被发现的元素。

硼族元素的一些基本性质见表 15－1。

表 15－1　硼族元素的某些基本性质

基本性质	硼	铝	镓	铟	铊
价电子构型	$2s^2 2p^1$	$3s^2 3p^1$	$4s^2 4p^1$	$5s^2 5p^1$	$6s^2 6p^1$
主要氧化数	+3	+1、+3	+1、+3	+1、+3	+1、+3
原子半径/pm	82	143	126	162	170
M^{3+} 离子半径/pm	20	50	62	81	95
M^{+} 离子半径/pm			113	132	140
第一电离能/$kJ \cdot mol^{-1}$	800.6	577.6	578.8	558.3	589.3
第一电子亲和能/$kJ \cdot mol^{-1}$	23	44	36	34	50
电负性 χ	2.04	1.61	1.81	1.78	2.04(Ⅲ)

硼族元素的原子外层价电子结构为 ns^2np^1，除铊以外主要氧化数为+3。由于“$6s^2$ 惰性电子对”效应，铊主要表现为+1 氧化数。因此硼族元素和碳族元素一样，从镓到铊，氧化数为+3 的化合物的稳定性降低，氧化数为+1 的化合物的稳定性增加。硼族元素原子价电子数(3e)少于价层轨道数(4 个)，为缺电子原子。因此硼族元素化合物均有较强接受电子的趋势。和其他主族一样，硼族元素从上到下金属性逐渐增强，非金属性逐渐减弱。

硼族元素中，硼作为非金属元素，在形成化合物时以共价键为特征。硼是第二周期元素，半径小，电负性较大，硼族元素原子形成 M^{3+} 离子需较大电离能（5 000 kJ·mol^{-1}～6 000 kJ·mol^{-1}），所以硼的＋3 价化合物是共价型的。其他元素的化合物也表现较大的共价性。同时硼是缺电子原子，可形成缺电子化合物，如 BF_3、H_3BO_3 等。缺电子化合物仍有空轨道，能接受电子对形成配合物或双聚分子，如 HBF_4 和 Al_2Cl_6。

和碳一样，硼作为第二周期元素，最大配位数也为 4；而硼族其他元素的化合物中，由于有 d 轨道可以利用，最大配位数可达 6。

硼族元素的电势图如下：

酸性溶液　$\varphi_A^{\ominus}$/V	碱性溶液　$\varphi_B^{\ominus}$/V
$H_3BO_3 \xrightarrow{-0.869} B$	$B(OH)_4^- \xrightarrow{-2.5} B$
$Al^{3+} \xrightarrow{-1.706} Al$	$Al(OH)_3 \xrightarrow{-2.35} Al$
$Ga^{3+} \xrightarrow{-0.65} Ga_2{}^{4+} \xrightarrow{-0.45} Ga$；$Ga^{3+} \xrightarrow{-0.56} Ga$	$Ga(OH)_4^- \xrightarrow{-1.22} Ga$
$In^{3+} \xrightarrow{-0.45} In_2{}^{4+} \xrightarrow{-0.35} In^+ \xrightarrow{-0.25} In$；$In^{3+} \xrightarrow{-0.338\,2} In$	$In(OH)_3 \xrightarrow{-1.0} In$
$Tl^{3+} \xrightarrow{1.25} Tl^+ \xrightarrow{-0.336\,3} Tl$；$Tl^{3+} \xrightarrow{1.36} TlCl \xrightarrow{-0.56} Tl$	$Tl(OH)_3 \xrightarrow{-0.05} TlOH \xrightarrow{-0.344} Tl$

§16.2　硼和铝

16.2.1　硼

单质硼有非晶态硼和晶态硼。非晶态硼可用活泼金属（Na、Mg、Al 等）在高温下还原 B_2O_3 来制备：

$$B_2O_7^{2-}(aq) + 2H^+(aq) + 5H_2O(l) = 4H_3BO_3(s)$$

$$2H_3BO_3 \xlongequal{\triangle} B_2O_3 + 3H_2O$$

$$B_2O_3 + 3Mg = 3MgO + 2B$$

用盐酸洗去 MgO 和未反应完的金属，则可得到棕色的非晶态硼。

硼的熔、沸点很高，晶态硼呈黑灰色，具有金属光泽，硬度接近于金刚石。由于硼的缺电子特征，其晶体结构在所有元素中具有最特殊的复杂性，其复杂性仅次于硫，目前已知的同素异形体达 16 种之多。α-菱形硼是最简单的同素异形体，其结构单元为 B_{12} 正二十面体，共由 20 个正三角形、12 个顶点围成，见图 16-1。

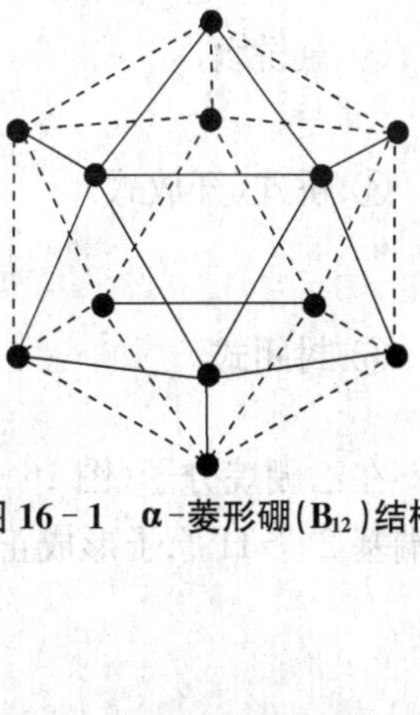

图 16-1　α-菱形硼（B_{12}）结构

无定形硼的化学性质比晶态硼活泼，其活性与纯度和温度有关。室温下，硼能与 F_2 反应；高温下能与 N_2、O_2、X_2 等非金属反应，但不与 H_2 直接化合：

$$B + F_2(Cl_2、O_2、N_2) \longrightarrow BF_3(BCl_3、B_2O_3、BN)$$

硼还可以与金属作用生成金属硼化物：

$$2B + 3Mg = Mg_3B_2$$

硼不与非氧化性酸反应，可溶于热的浓硫酸和浓硝酸：

$$B + 3HNO_3 = H_3BO_3 + 3NO_2\uparrow$$

$$2B + 3H_2SO_4 = 2H_3BO_3 + 3SO_2\uparrow$$

硼不与煮沸的浓碱溶液反应，但有氧化剂存在时，硼能与熔碱反应：

$$2B + 2KOH + 3KNO_3 = 2KBO_2 + 3KNO_2 + H_2O$$

硼可用作还原剂，它可从 H_2O、SO_2、N_2O_5、CO_2 及众多的金属氧化物中夺取氧，如：

$$2B + 6H_2O = B(OH)_3 + 3H_2\uparrow$$

1. 硼的氢化物

硼的氢化物又称硼烷，目前已知的有 20 多种，有毒。硼烷分为两大类：一类少氢的，通式为 B_nH_{n+4}；一类多氢的，通式为 B_nH_{n+6}。最简单的硼烷为乙硼烷(B_2H_6)。

(1) 二卤化物

由于硼烷的缺电子性，硼烷的结构和成键情况非常特殊，曾是化学界中一大难题。在 B_2H_6 分子中，只有 12 个电子参与成键，如果硼以正常共价单键成键，则 2 个 BH_3 之间因缺乏电子不结合，且每个 B 成键后仅 6 个电子，这样的成键是不合理的。

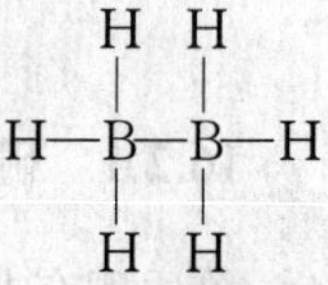

实验测定表明，B_2H_6 分子具有逆磁性，说明电子均已成对，而且通过光谱测定分子中的 6 个氢原子中两种 H，比例为 4∶2(4 个 H 和 2 个 H)，每个硼原子与四氢原子在同一平面上。

由这些基本实验事实，1960 年代初 Harvard University 的 William N. Lipscomb 对硼烷的结构研究做了大量工作，并因此获得 1976 年诺贝尔奖，他提出了硼烷中五种可能的成键情况：

视频 B_2H_6的结构

① 末端 B—H　　正常 σ 键　　2c-2e bond；

② 正常 B—B　　σ 键　　2c-2e bond；

③ 氢桥键　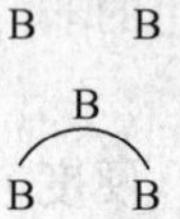　3c-2e bond；

④ 桥式(开放式)　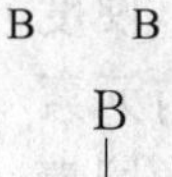　3c-2e bond；

⑤ 封闭式　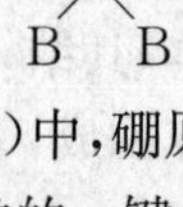　3c-2e bond。

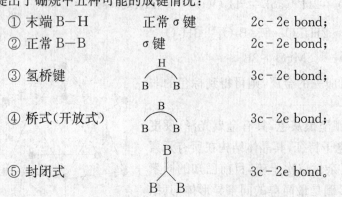

在乙硼烷分子(图 16-2)中，硼原子采取 sp^3 杂化，每个硼原子以它的 2 个 sp^3 杂化轨道与端基 2 个 H 原子形成正常的 σ 键，这 4 个 H 原子和 2 个 B 原子位于同一平面上；另外 2

个 H 原子位于平面的上、下方，其 s 轨道分别与 2 个硼原子的 sp^3 杂化轨道重叠成键，形成三中心两电子氢桥键，简写为 3c−2e，记为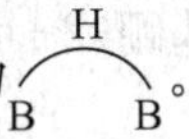

。

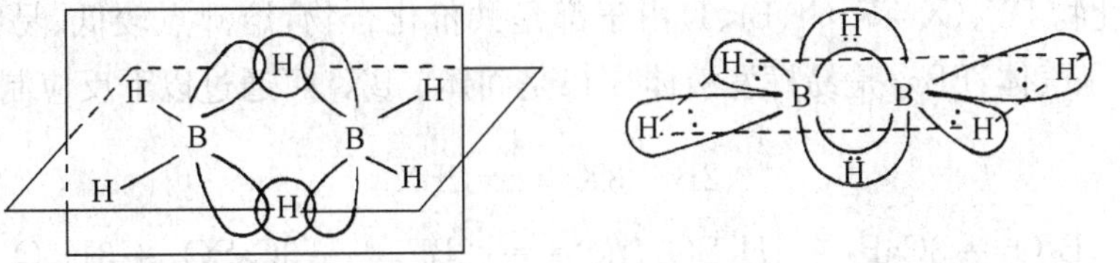

图 16-2　乙硼烷的结构

三中心两电子氢桥键是硼原子的一种特殊成键形式，形成乙硼烷这样分子结构的原因是由于硼原子的缺电子性质。其键强度只有一般共价键的一半，所以硼烷比碳烷要活泼。

(2) 硼烷的性质

硼烷是无色抗磁性共价化合物，随相对分子质量不同，在室温下可以是气体、挥发性液体或固体，分子变形性增大，熔、沸点升高。由于硼烷的生成焓和生成自由能为正值，表明其热力学的不稳定性，因此不能由硼和氢直接化合制取，而需采用间接方法。如在乙醚中，用 NaH、$LiAlH_4$、$NaBH_4$ 还原硼的卤化物 BX_3。

$$3LiAlH_4 + 3BF_3 \xlongequal{醚} 2B_2H_6 + 3LiF + 3AlF_3$$

$$3NaBH_4 + 4BF_3 \xlongequal{醚} 2B_2H_6 + 3LiF + 3NaBF_4$$

硼烷非常活泼，它们的物理性质与具有相应组成的碳烷很相似，但化学性质接近硅烷。硼烷的主要性质有易燃性、水解性、还原性和加合性。

硼烷多数有毒、不稳定。由于 B—O 键键能大，因此硼烷容易自燃，在空气中激烈地燃烧且放出大量的热。因此，硼烷曾被考虑用作高能火箭的燃料，但因其毒性而放弃。

$$B_2H_6 + 3O_2 \xlongequal{} B_2O_3 + 3H_2O$$

硼烷极易水解，如乙硼烷 B_2H_6 在潮湿空气中水解生成硼酸(H_3BO_3)和 H_2：

$$B_2H_6 + 6H_2O \xlongequal{} 2H_3BO_3 + 6H_2\uparrow$$

硼烷具有还原性，可以与卤素反应生成相应的硼卤化物。

$$B_2H_6 + 6Cl_2 \xlongequal{} 2BCl_3 + 6HCl$$

硼烷由于缺电子，因此可作为路易斯酸与一些路易斯碱如 CO、NH_3 等发生加合作用。

$$B_2H_6 + 2CO \xlongequal{} 2[H_3B \leftarrow CO]$$

$$B_2H_6 + 2NH_3 \xlongequal{} [BH_2(NH_3)_2]^+ + [BH_4]^-$$

在乙醚中，B_2H_6 与 LiH 或 NaH 反应生成硼氢化物 $LiBH_4$ 和 $NaBH_4$，它们在有机化学中是常用的还原剂。

$$B_2H_6 + 2LiH \xlongequal{乙醚} 2LiBH_4$$

硼烷在近代工业和军事上具有重要用途，此外，还可作为金属或陶瓷零件的处理剂，也可作为橡胶的交联剂，促进硅橡胶熟化。硼烷在有机合成中有重要作用，可作为手性定位选择还原剂，如硼烷四氢呋喃络合物、三乙基硼、2-甲基吡啶硼烷、二异松蒎基氯硼烷等。

2. 硼的卤化物

硼的卤化物 BX_3（X=F、Cl、Br、I）由于都是共价化合物，熔沸点较低、易挥发。室温下 BF_3 和 BCl_3 是气体，BBr_3 是易挥发液体，BI_3 是固体。BX_3 可通过以下反应制得：

$$2B + 3X_2 \xlongequal{\triangle} 2BX_3$$

$$B_2O_3 + 3CaF_2 + 3H_2SO_4(浓) = 2BF_3\uparrow + 3CaSO_4 + 3H_2O$$

$$Na_2B_4O_7 + 6CaF_2 + 8H_2SO_4(浓) = 4BF_3\uparrow + 6CaSO_4 + 7H_2O + 2NaHSO_4$$

$$B_2O_3 + 3C + 3Cl_2 \xlongequal{\triangle} 2BCl_3 + 3CO\uparrow$$

BX_3 为平面三角形分子，硼原子采用 sp^2 杂化，与三个卤素原子形成正常的 σ 键，硼原子经其余下的空 p 轨道，与三个 X 原子的对称性相同 p 轨道形成 π_{p-p} 键。实验测定，BX_3 中 B—X 键的实际键长比相应的单键键长小，如 BX_3 中 B—F 键长为 130 pm，B—Cl 键长为 175 pm；而 B—F 单键键长为 152 pm，B—Cl 单键键长为 187 pm。因此 BX_3 分子中除正常的 σ 键外，还存在 Π_4^6 大 π 键。Π_4^6 大 π 键的形成缓解了硼原子的缺电子情况，因此 BX_3 都以单体存在。

BX_3 分子的稳定性按 $BF_3 > BCl_3 > BBr_3 > BI_3$ 的顺序减弱。这是由于从氟到碘，σ 键强度依次减弱，同时形成 π_{p-p} 键能力也依次减弱，大 π 键越来越不明显。

硼的卤化物 BX_3 是强的路易斯酸，易接受电子对。酸度按 $BBr_3 > BCl_3 > BF_3$ 的顺序减弱，这与卤素元素 X 的电负性、空间效应及 σ 诱导效应对路易斯酸强度的影响刚好相反。这是由于 BX_3 是缺电子化合物，当与路易斯碱形成加合物时，中心硼原子杂化态由 sp^2 转化为 sp^3，构型从平面三角形变为四面体，这时需要破坏 π 键，因此键越强，这种转化越难，路易斯酸性越弱。因此，除 BF_3 外，BX_3 极易水解，水解产物只有 $B(OH)_3$ 和 HX。而 BF_3 的水解就不那么容易进行，仅部分水解，其水解产物也较复杂，可以生成 BF_4^-、$[BF_3OH]^-$、$[BF_2(OH)_2]^-$、$[BF(OH)_3]^-$ 及 $B(OH)_4^-$ 等。

$$BCl_3 + 3H_2O = H_3BO_3 + 3HCl$$

$$4BF_3 + 6H_2O = H_3BO_3 + 3BF_4^- + 3H_3O^+$$

$$BF_4^- + H_2O = [BF_3OH]^- + HF$$

如前所述，卤化硼可被某些强还原剂（如 NaH、$NaBH_4$）还原生成硼烷。

3. 硼的氧化物及硼酸

B_2O_3 有无定形和晶态两种。可由硼酸（H_3BO_3）加热脱水制得，因此 B_2O_3 是硼酸的酸酐。

$$H_3BO_3 \xrightarrow{422\ K} HBO_2 \xrightarrow{578\ K} B_2O_3$$

三氧化二硼易溶于水形成硼酸，但在热水蒸气中或遇潮气则生成会挥发的偏硼酸（HBO_2）：

$$B_2O_3(s) + H_2O(g) \xlongequal{\quad} 2HBO_2(g)$$

$$B_2O_3(s) + H_2O(l) \xlongequal{\quad} 2H_3BO_3(s)$$

熔融的三氧化二硼能和很多金属氧化物反应生成玻璃状的偏硼酸盐，这些偏硼酸盐具有特征颜色。该反应可用来鉴定金属离子，即硼珠实验。

$$CoO + B_2O_3 \xlongequal{\quad} Co(BO_2)_2 \quad （蓝色）$$

$$NiO + B_2O_3 \xlongequal{\quad} Ni(BO_2)_2 \quad （绿色）$$

硼砂和硼酸也可用于硼珠实验，试验用的金属氧化物也可用金属盐类代替。

三氧化二硼也可与非金属氧化物反应：

$$B_2O_3 + P_2O_5 \xlongequal{\quad} 2BPO_4$$

三氧化二硼可被碱金属、铝和镁还原生成单质硼。

三氧化二硼是制造硼硅酸盐玻璃的重要原料，可作为搪瓷、陶瓷釉料的助熔剂，也是制取其他硼化合物（如 BC）的重要原料。

硼的含氧酸包括偏硼酸（HBO_2）、硼酸（H_3BO_3）和多硼酸（$xB_2O_3 \cdot yH_2O$）。

硼酸是光滑的白色片状晶体，能随水蒸气挥发，露置空气中无变化。硼酸晶体的结构单元为 $B(OH)_3$，为平面三角形结构。硼酸分子内 B 原子采用 sp^2 杂化与三个 O 原子以共价单键结合，分子间每个氧原子还通过氢键连接成接近六边形对称的层状结构，层与层之间通过微弱的范德华力相连。由于层间作用力较弱，所以硼酸易溶于热水，在冷水中溶解度较小。利用这一点，可以在水中对硼酸重结晶提纯。硼酸晶体的片状结构见图 16-3。

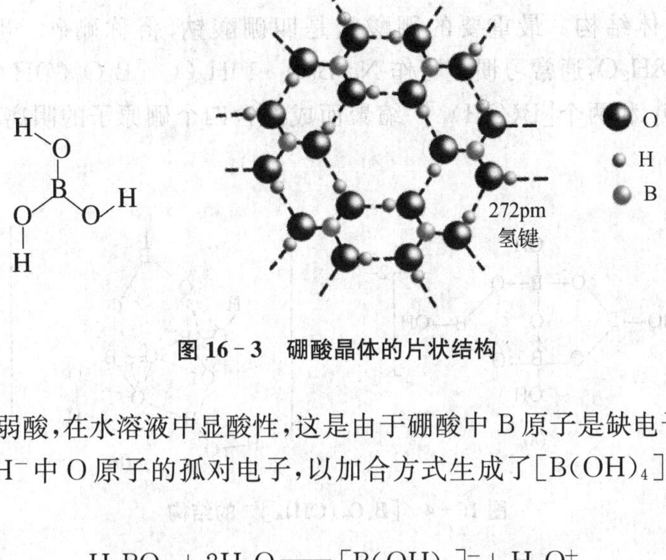

图 16-3　硼酸晶体的片状结构

硼酸是一元弱酸，在水溶液中显酸性，这是由于硼酸中 B 原子是缺电子原子，它以其空 p 轨道接受了 OH^- 中 O 原子的孤对电子，以加合方式生成了 $[B(OH)_4]^-$，不是本身电离出 H^+。

$$H_3BO_3 + 2H_2O \xlongequal{\quad} [B(OH)_4]^- + H_3O^+$$

硼酸可以与多羟基有机化合物如甘露醇、丙三醇（甘油）等化合，发生酯化反应，生成相应的硼酸酯：

$$H_3BO_3 + 2 \begin{array}{c} R \\ | \\ H-C-OH \\ | \\ H-C-OH \\ | \\ R' \end{array} \longrightarrow \left[\begin{array}{c} R \quad\quad\quad R \\ | \quad\quad\quad | \\ H-C-O \quad O-C-H \\ \quad\quad \diagdown B \diagup \\ H-C-O \quad O-C-H \\ | \quad\quad\quad | \\ R' \quad\quad\quad R' \end{array} \right]^{-} + H^+ + 3H_2O$$

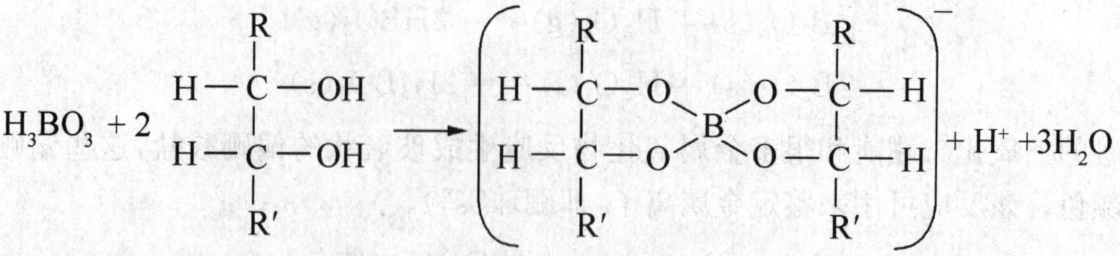

由于生成了稳定的硼酸酯，H_3BO_3 在溶液中的电离平衡被破坏，平衡向右移动，从而使酸性明显增强，K_a 从 10^{-10} 升高到 10^{-5} 数量级。

硼酸与单元醇反应也可生成按挥发、易燃的硼酸酯，硼酸酯燃烧具有特征的绿色火焰，可用来鉴别硼化合物。

$$3C_2H_5OH + H_3BO_3 \xrightarrow{\text{浓硫酸}} (C_2H_5O)_3B + 3H_2O$$

由于所有硼酸盐遇浓硫酸，会生成硼酸，因此所有硼酸盐都有上述现象。

$$Mg_2B_2O_5 \cdot H_2O + 2H_2SO_4 == 2MgSO_4 + 2H_3BO_3 \downarrow$$

硼酸主要用于搪瓷和玻璃工业，也用于缓冲剂的配制。医药上用作止血药和防腐剂。硼酸有防腐性，可作防腐剂，如木材防腐。但国际上禁止硼酸用作衣物防腐剂，长期使用会引起皮炎。

4. 硼酸盐

硼酸盐有偏硼酸盐、硼酸盐和多硼酸盐等。除碱金属硼酸盐外，多数金属硼酸盐不溶于水。由于在水溶液中，硼酸根离子和硼酸分子以多种形式发生缩合，因此从溶液中结晶出的金属硼酸盐主要以多硼酸盐形式存在，常常采用 $[BO_3]^{3-}$ 平面三角形单元与 $[BO_4]^{5-}$ 正四面体单元结合的立体结构。最重要的硼酸盐是四硼酸钠，俗称硼砂。硼砂的化学式为 $Na_2B_4O_5(OH)_4 \cdot 8H_2O$，通常习惯上写作 $Na_2B_4O_7 \cdot 10H_2O$。$[B_4O_5(OH)_4]^{2-}$ 中硼氧骨架是由两个 $B(OH)_3$ 和两个 $[B(OH)_4]^-$ 缩聚而成的含四个硼原子的阴离子。其结构见图 16-4。

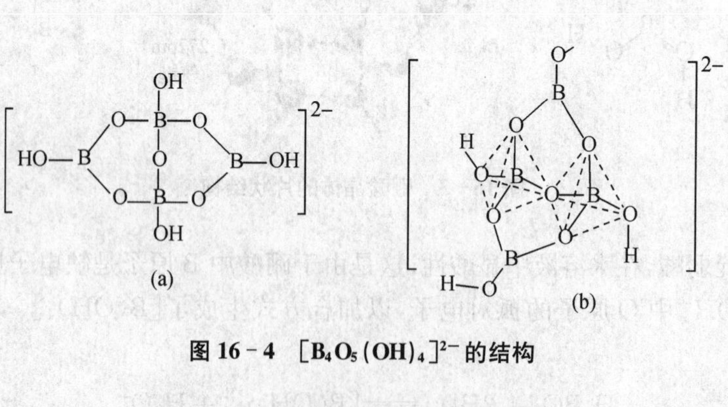

图 16-4　$[B_4O_5(OH)_4]^{2-}$ 的结构

工业上，用氢氧化钠分解硼矿石，先生成偏硼酸钠，然后通入 CO_2，降低 pH，制取硼砂。

$$Mg_2B_2O_5 \cdot H_2O + 2NaOH == 2NaBO_2 + 2Mg(OH)_2 \downarrow$$

$$4NaBO_2 + CO_2 + 10H_2O == Na_2B_4O_5(OH)_4 \cdot 8H_2O + Na_2CO_3$$

硼砂是强碱弱酸盐，水解产物是等物质的量的 H_3BO_3 和 $B(OH)_4^-$，因此硼砂水溶液可以作缓冲溶液，是一级标准缓冲溶液。20 ℃时，pH＝9.24。

$$[B_4O_5(OH)_4]^{2-} + 5H_2O = 2H_3BO_3 + 2B(OH)_4^-$$

同 B_2O_3 一样，熔化了的硼砂具有溶解金属氧化物的能力，生成具有特征颜色的硼砂珠。分析化学中可用来检验金属离子的存在。

$$Na_2B_4O_7 + CoO = 2NaBO_2 \cdot Co(BO_2)_2 \quad (\text{蓝宝石色})$$

硼砂不吸潮、不风化且相对分子质量大，可作为标定酸的基准物质。

$$Na_2B_4O_7 \cdot 10H_2O + 2HCl = 4H_3BO_3 + 2NaCl + 5H_2O$$

16.2.2 铝

铝是金属元素中在地壳中分布最广的。由于金属铝活泼，历史上铝价格曾比黄金还贵。铝是银白色、质软轻金属，熔点 660.37 ℃，沸点 2 467 ℃。金属铝导电能力较强，是铜的64%，但它的密度仅为铜的三分之一。铝是亲氧元素（$\Delta_f H^\ominus = 1\ 669.7\ kJ \cdot mol^{-1}$），接触空气或氧气，其表面就立即被一层致密的氧化膜所覆盖，这层膜可阻止内层的铝被氧化，它也不溶于水，所以铝在空气和水中都很稳定。铝能从许多氧化物中夺取氧，故它是冶金上常用的还原剂。例如，将铝粉和三氧化二铁（或四氧化三铁）粉末按一定比例混合，用引燃剂点燃，反应猛烈地进行，得到氧化铝和单质铁并放出大量的热，温度可达 3 273 K，使生成的铁熔化。这个原理被用于冶炼镍、铬、锰、钒等难熔金属，称为铝还原法。铝也是炼钢的脱氧剂，在钢水中投入铝块可以除去溶在钢水中的氧。

铝是典型的两性元素。高纯度的铝（99.950%）不与一般酸作用，只溶于王水。普通的铝能溶于稀盐酸或稀硫酸，被冷的浓硫酸或浓、稀硝酸所钝化。所以常用铝桶装运浓硫酸、浓硝酸或某些化学试剂。但是铝能同热的浓硫酸反应，并较易溶于强碱中。

$$2Al + 6H^+ = 2Al^{3+} + 3H_2\uparrow$$

$$2Al + 2OH^- + 6H_2O = 2Al(OH)_4^- + 3H_2\uparrow$$

1. 三氧化二铝

Al_2O_3 有多种变体，其中最为人们所熟悉的是 α－Al_2O_3 和 γ－Al_2O_3，它们是白色晶体粉末。自然界存在的刚玉为 α－Al_2O_3，它可以由金属铝在氧气中燃烧或者灼烧氢氧化铝和某些铝盐（硝酸铝、硫酸铝）而得到。α－Al_2O_3 晶体属六方紧密堆积构型，Al^{3+} 离子与 O^{2-} 离子之间的吸引力强，晶格能大，所以 α－Al_2O_3 的熔点（2 288±15 K）和硬度（8.8）都很高的。它不溶于水，也不溶于酸或碱，耐腐蚀且电绝缘性好，可用作高硬度材料、研磨材料和耐火材料。如果达到宝石级别的刚玉中含有微量过渡金属离子，会呈现不同的颜色，如含微量Cr(Ⅲ)时呈红色，俗称红宝石；含 Fe(Ⅱ)、Fe(Ⅲ)和 Ti(Ⅳ)时为蓝色，俗称蓝宝石。

在温度为 723 K 左右时，将 $Al(OH)_3$、偏氢氧化铝[AlO(OH)]或铝铵矾[$(NH_4)_2SO_4 \cdot Al_2(SO_4)_3 \cdot 24H_2O$]加热，使其分解，则得到 γ－$Al_2O_3$。这种 Al_2O_3 不溶于水，但很易吸收水分，可以和酸碱反应。把它强热至 1 273 K，即可转变为 α－Al_2O_3。γ－Al_2O_3 的粒子小，可与 H^+、OH^- 反应，称为活性氧化铝。γ－Al_2O_3 具有较大的比表面积，可以作吸附剂和催化剂。

$$Al_2O_3 + 6H^+ \xlongequal{\quad} 2Al^{3+} + 3H_2O$$

$$Al_2O_3 + 2OH^- + 3H_2O \xlongequal{\quad} 2Al(OH)_4^-$$

Al_2O_3 是冶炼金属铝的主要原料。通常先将铝土矿由碱溶或纯碱焙烧生成可溶性铝酸盐：

$$Al_2O_3 + 2OH^- + 3H_2O \xlongequal{\quad} 2[Al(OH)_4]^-$$

$$Al_2O_3 + Na_2CO_3 \xlongequal{熔融} 2NaAlO_2 + CO_2$$

将$[Al(OH)_4]^-$或 $NaAlO_2$ 溶于水，过滤除去杂质（铁、硅、钛氧化物），通入 CO_2 得到 $Al(OH)_3$：

$$2[Al(OH)_4]^- + CO_2 \xlongequal{\quad} 2Al(OH)_3 \downarrow + CO_3^{2-} + H_2O$$

析出的 $Al(OH)_3$ 在 1 227 ℃灼烧得 Al_2O_3。由于纯净的 Al_2O_3 熔点很高，很难熔化。因此将 Al_2O_3 于 1 000 ℃左右熔融在冰晶石（Na_3AlF_6）中电解，冰晶石用于降低熔点和提高导电性。

$$2Al_2O_3(冰晶石) \xlongequal{电解} 4Al(阴) + 3O_2 \uparrow (阳)$$

电解铝的纯度可达到 98%～99%。

三氧化二铝不溶于水，其"水合物"一般称为氢氧化铝，只能间接制取。加氨水或碱于铝盐溶液中，得一种白色无定形凝胶沉淀。它的含水量不定，组成也不均匀，统称为水合氧化铝 $Al_2O_3 \cdot xH_2O$。无定形水合氧化铝在溶液内静置逐渐转变为结晶偏氢氧化铝AlO(OH)，温度越高，这种转变越快。若在铝盐中加弱酸盐（碳酸钠或醋酸钠），加热，则有偏氢氧化铝与无定形水合氧化铝同时生成。只有在铝酸盐溶液中通入 CO_2，才能得到真正的氢氧化铝白色沉淀，称为正氢氧化铝。

$$2Na[Al(OH)_4] + CO_2 \xlongequal{\quad} 2Al(OH)_3 + Na_2CO_3 + H_2O$$

结晶的正氢氧化铝与无定形水合氢氧化铝不同，它难溶于酸。而且加热到 373 K 也不脱水，在 573 K 下，加热 2 h，才能变为 AlO(OH)。

氢氧化铝是典型的两性化合物，新制的氢氧化铝易溶于酸也易溶于碱，但不溶于氨水。

$$Al(OH)_3 + 3H^+ \xlongequal{\quad} Al^{3+} + 3H_2O$$

$$Al(OH)_3 + OH^- \xlongequal{\quad} Al(OH)_4^-$$

2. 铝盐

(1) 卤化铝

铝的卤化物（AlX_3），除了 AlF_3 为离子化合物外，其余均为共价化合物，其中最重要的是三氯化铝（$AlCl_3$）。

由于 Al^{3+} 极易水解，所以在水溶液中或用含水盐都不能制得无水 $AlCl_3$。因此无水 $AlCl_3$ 只能用干法制得：

$$2Al + 3Cl_2 \xlongequal{\quad} 2AlCl_3$$

$$Al_2O_3 + 3Cl_2 + 3C \xlongequal{\quad} 2AlCl_3 + 3CO$$

三氯化铝溶于有机溶剂、处于熔融状态或气态时都以共价的二聚分子 Al_2Cl_6 形式存在。因为 $AlCl_3$ 为缺电子分子，铝倾向于接受电子对。两个 $AlCl_3$ 分子间发生 Cl→Al 的电子对授予而配位，形成 Al_2Cl_6 分子。在这种分子中有氯桥键（三中心四电子键，见图 16-5)，与乙硼烷桥式结构形式上相似，但本质不同。Al_2Cl_6 分子中 Al 原子以 sp^3 杂化成键。当 Al_2Cl_6 溶于水时，它立即解离为水合铝离子和氯离子并强烈地水解。$AlCl_3$ 还容易与电子给予体形成配离子和加合物。这一性质使它成为有机合成中常用的催化剂。

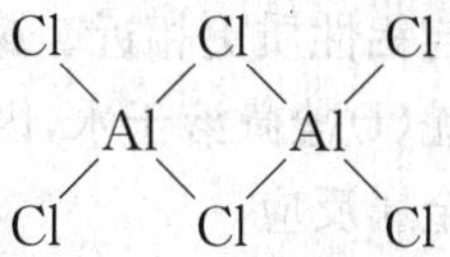

图 16-5　Al_2Cl_6 分子结构

(2) 常见铝盐

除了铝的卤化物外，常见的铝盐还有 $Al_2(SO_4)_3 \cdot 18H_2O$ 和硫酸铝钾[$KAl(SO_4)_2 \cdot 12H_2O$]等。$KAl(SO_4)_2 \cdot 12H_2O$ 叫作铝钾矾，俗称明矾，是无色晶体。$Al_2(SO_4)_3$ 或明矾都易溶于水并且水解，它们的水解过程与三氯化铝的相同，产物也是从一些碱式盐或氢氧化铝胶状沉淀。由于这些水解产物胶粒的净化吸附作用和铝离子的凝聚作用，$Al_2(SO_4)_3$ 和明矾早已用于净水剂。

3. 铝合金

铝能与多种金属形成合金，如铜、硅、镁、锌、锰等元素。铝合金通常密度低，但强度大为提高，可以和钢相比，且具有优良的导电性、导热性和抗腐蚀性，已在工业上广泛使用，其使用量仅次于钢。2008 年北京奥运会火炬“祥云”的材质就是铝合金。

铝合金分两大类：变形铝合金和铸造铝合金。变形铝合金能承受压力，可加工成各种形态、规格的铝合金材，用于制造航空器材、日常生活用品、建筑用门窗等。铸造铝合金按化学组成可分为铝硅合金、铝铜合金、铝镁合金、铝锌合金和铝稀土合金等，铸造性能良好。

铝合金也是一种环保材料，对环境影响较小，回收利用率高，跟不同的材质合金有不同的特性。

铝和汞形成的合金称为铝汞齐。将金属 Al 用饱和 $HgCl_2$ 溶液浸泡，反应产生的汞和铝作用生成铝汞齐而破坏氧化物保护膜后，迅速与空气中的 O_2 作用并放出热量，这样处理过的 Al 放入水中有 H_2 放出，该实验称为“毛刷试验”。

§16.3　镓、铟和铊简介

镓、铟和铊在地壳中含量很少且分散，主要分散在硫化矿中，不以单独的矿物存在，如镓存在于铝矾土和煤中，铟和铊则存在于闪锌矿中。

16.3.1　单质及性质

镓、铟、铊都是质软、白色的活泼金属。其中镓熔点低(29.78 ℃)、沸点高(2 403 ℃)，可用镓代替水银作高温温度计。镓能浸润玻璃，故不宜使用玻璃容器存放。镓的化合物可用来制造半导体器件，半导体性能良好，如锑化镓、砷化镓。铟由于其良好的光渗透性和导电性，主要用于生产液晶显示器和平板屏幕用的ITO靶材，还可用于制造合金，以降低金属的熔点。高纯铊和铊合金均为优良的半导体材料。铊与钒的合金在生产硫酸时作催化剂。铊灯是内含碘化铊的一种高压水银灯，发绿光，由于可穿透海水，可作水下照明用。

由于电子填入3d轨道引起的收缩作用，导致Ga原子半径比Al原子半径还小，离子半径相近，因此相对于铟和铊而言，镓与铝性质更相近。镓是两性元素，能溶于硝酸、王水及碱溶液中。镓、铟、铊都易溶于酸。但铊(I)盐微溶于水，因此与硫酸和盐酸反应缓慢。室温和微热下，镓、铟、铊可与卤素、硫等非金属反应。

16.3.2 常见化合物

镓、铟、铊能形成+3价氧化物Ga_2O_3、In_2O_3和Tl_2O_3，由于$6s^2$惰性电子对的影响，稳定性降低，特别是Tl_2O_3在373 K下加热分解生成Tl_2O和O_2：

$$Tl_2O_3 = Tl_2O + O_2\uparrow$$

$Ga(OH)_3$具有两性($K_a^\ominus=1.4\times10^{-15}$，$K_b^\ominus=5\times10^{-37}$)，可溶于酸和碱。其酸性稍强于$Al(OH)_3$，所以$Ga(OH)_3$能溶于$NH_3\cdot H_2O$，而$Al(OH)_3$则不溶。

$$Ga(OH)_3 \rightleftharpoons Ga^{3+} + 3OH^-$$

$$Ga(OH)_3 \rightleftharpoons GaO_2^- + H^+ + H_2O$$

$In(OH)_3$不具有两性，显碱性，只溶于酸。Tl只能形成稳定TlOH，能溶于水，是强碱。

镓、铟、铊都能形成MX_3及MX两类卤化物。由于Tl(Ⅲ)的强氧化性，$TlCl_3$和$TlBr_3$室温下就会分解，而TlI_3不存在。三卤化物MX_3除了MF_3为离子化合物外，其余均有共价化合物。MX_3(M=Ga、In)在气态时都形成双聚分子(M_2X_6)。

TlX(X=Cl、Br、I)在水中溶解度低，见光分解。TlF可溶于水。许多Tl(I)盐，如Tl_2SO_4、TlAc、Tl_2CO_3等是可溶的。

镓及其化合物有毒，其毒性超过汞和砷。铊及其化合物也是有毒的，少量的铊盐会使毛发脱落。

§16.4 p区金属$6s^2$电子的稳定性

16.4.1 惰性电子对效应的存在

所谓惰性电子对，就是指当原子的原子序数增大，且电子层数增多时，处于ns^2上的两个电子的反应活性减弱，不容易成键，并把Hg及位于Hg后元素的$6s^2$电子对称为"惰性电子对"。惰性电子对效应突出体现在p区过渡后元素：ⅢA族Ga、In、Tl；ⅣA族的Ge、Sn、Pb；VA族的As、Sb、Bi。它们中的ns^2电子逐渐难以成键，而以$6s^2$电子最难成键，即Tl、Pb、Bi三种元素。这种效应导致这三族的元素从上到下，低氧化态趋于稳定，高氧化态趋于不稳定。如VA族的As、Sb、Bi和硝酸反应，As和Sb都能被氧化成+5氧化数，而Bi则只被氧化到+3氧化数，生成稳定的$Bi(NO_3)_3$。

$$3As + 5HNO_3 + 2H_2O \xlongequal{} 3H_3AsO_4 + 5NO\uparrow$$

$$6Sb + 10HNO_3 + (x-5)H_2O \xlongequal{} 3Sb_2O_5 \cdot xH_2O + 10NO\uparrow$$

$$Bi + 4HNO_3 \xlongequal{} Bi(NO_3)_3 + NO\uparrow + 2H_2O$$

Tl和Pb也有与之相似的现象。Pb^{2+}比Pb^{4+}稳定；Tl^{+}比Tl^{3+}稳定。

视频 惰性电子对效应

16.4.2 惰性电子对效应产生的原因

关于"惰性电子对效应"的本质和原因，目前尚无精辟的论述。目前提出的解释惰性电子对效应的理论主要有原子结构理论、热力学理论和相对论效应等。这里仅用原子结构理论简要介绍惰性电子对效应产生的原因。

基态原子电子依次填充的能级顺序是：$ns \rightarrow (n-2)f \rightarrow (n-1)d \rightarrow np$；原子电离失去电子的能级顺序是：$np \rightarrow ns \rightarrow (n-1)d \rightarrow (n-2)f$。第二、三周期元素只有s、p电子，第四、五周期出现倒数第二层的d轨道，第六周期出现倒数第二层的d轨道和倒数第三层的f轨道，由于d轨道和f轨道上的电子具有较小的屏蔽效应，而6s电子具有较大的钻穿效应，使得第六周期的6s电子受原子核的作用大，致使6s能级显著降低。失去6p电子后，其阳离子最外层的s轨道，倒数第二层的d轨道以及倒数第三层的f轨道处于全满状态，这是一个新的稳定结构，稳定性加强。

§16.5 对角线规则

周期系中有些元素的性质常与它右下方相邻的另一元素类似，相应的两元素及其化合物的性质有许多相似之处，这种相似性称为对角线规则。以Li与Mg，Be与Al，B与Si这三对元素对角规则最为明显。

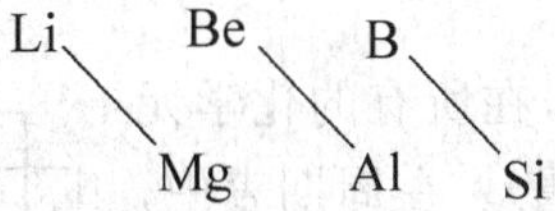

对角线规则可以用离子极化的观点粗略加以说明：处于对角线的元素在性质上的相似性，是由于它们的离子极化力相近的缘故。离子极化力的大小取决于它的半径、电荷和电子构型。处于对角线的两元素分别位于第二、三周期，以Li和Mg为例，相对Li^{+}而言，Mg^{2+}电荷高但半径大，电荷高使极化力作用增强；而大的半径会使极化力作用减弱，这两种因素对极化力产生两种相反影响，相互抵消。最后使三对元素Li和Mg，Be和Al，B和Si离子极化力相近，性质相近。

1. 硼和硅的相似性

硼和硅的离子势相近，单质都有某些金属性，都溶于氧化性酸和强碱，都以形成共价化合物为特征。在自然界都以氧的化合物存在；B—O、Si—O 键都有很高的稳定性，易形成多酸、多酸盐，且结构相似，其酸都为弱酸。硼和硅都有系列氢化物硼烷和硅烷，氢化物都有挥发性，不稳定，可自燃且水解。卤化物都是路易斯酸，易水解。重金属含氧酸盐都有特征颜色。

2. 铍和铝的相似性

铝和铍在元素周期表中处于对角线位置，两者的离子势接近，所以它们有许多相似的化学性质。

(1) 两者都是活泼金属，它们的电极电势值很相近，$\varphi^\ominus(Be^{2+}/Be)=-1.85\ V$、$\varphi^\ominus(Al^{3+}/Al)=-1.706\ V$。在空气中，均形成致密的氧化物保护层而不易被腐蚀，与酸的作用也比较缓慢，都为浓硝酸所钝化。

(2) 两者都是两性元素，氢氧化物也有两性。

$$Be + 2H^+ \xlongequal{} Be^{2+} + H_2\uparrow$$

$$Be + 2OH^- \xlongequal{} BeO_2^{2-} + H_2\uparrow$$

$$2Al + 6H^+ \xlongequal{} 2Al^{3+} + 3H_2\uparrow$$

$$2Al + 2OH^- + 6H_2O \xlongequal{} 2Al(OH)_4^- + 3H_2\uparrow$$

3. 锂和镁的相似性

镁与锂性质上的相似性表现在以下几点：

(1) 镁与锂在过量的氧气中燃烧，不形成过氧化物，只生成正常的氧化物。

(2) 镁和锂的氢氧化物在加热时都可以分解为相应的氧化物。

(3) 氟化物、碳酸盐、磷酸盐和氢氧化物等均难溶于水。

(4) 镁和锂的氧化物、卤化物共价性较强，能溶于有机溶剂中，如乙醇。

(5) 锂、镁都能与氮气直接化合生成氮化物。

§16.6 非金属元素小结

非金属元素是元素的一大类，在所有的化学元素中，非金属占了 22 种(含准金属)。在周期表中，除氢以外，其他非金属元素都排在表的右侧和上侧，属于 p 区(见图 16-6)。在周期表的右侧，斜线将所有化学元素分为金属和非金属(有 B、Si、As、Se、Te 五种准金属)两个部分。将元素分为这两大类的主要根据是元素单质的性质。

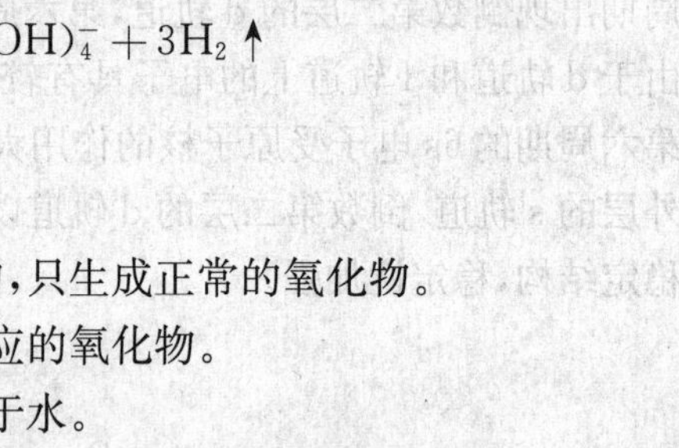

图 16-6 化学元素分类

16.6.1 非金属单质的结构和性质

除 H、He 外，非金属元素的价电子层结构为

$ns^2np^1 \sim ns^2np^6$，有形成共价键达到 8e 稳定结构的倾向（除 B 的成键不满 8e）。非金属元素单质按其结构及性质可分成四类：

第一类是单原子分子构成的单质，如稀有气体，其结构单元为单原子分子，这些单原子分子以范德华引力结合成分子型晶体。

第二类为双原子分子构成的单质，如双原子分子 X_2、O_2、N_2 及 H_2 等。通常状况下是气体，其固体状态为分子晶体，熔沸点都较低。

第三类为多原子分子构成的单质，如 S_8、Se_8、P_4 和 As_4 等。通常状况下为固体，分子晶体，熔沸点也不高，但比第一和第二类单质的高，有些易升华。

第四类为巨型大分子构成的单质。如金刚石、晶态硅和硼等都系原子型晶体，熔沸点都很高，且不易挥发。

非金属单质在形成化合物时，易形成单原子或多原子阴离子，如 X^-、S^{2-}、S_x^{2-} 等。其氧化物多为酸性，和碱反应生成含氧酸盐。非金属单质除 F_2 以外，不易与水、稀酸作用，可与氧化性酸及碱作用。

F_2、Cl_2、Br_2、I_2、P、S 较活泼，原因是原子间以单键结合，易与金属形成化合物或含氧酸及其盐。N_2、B、C、Si 常温下不活泼，原因是分子中有多重键或形成了巨型分子。高温下可以形成化合物。

F_2、Cl_2、Br_2、I_2 的活泼性与其分子间形成的化学键有关。F_2 中的 F 原子无 2d 价轨道，F 原子间只有 σ 单键，且 F 原子的半径小，原子间的孤电子对的排斥作用强，故化学键易断裂导致分子的活泼性特别大。Cl_2、Br_2、I_2 的原子中都有 nd 价轨道，原子间除了形成 σ 单键外，一个原子的未共用的孤电子对轨道与另一个原子的 nd 价轨道可能部分共平面而形成 p←d 配键，其成键趋势从 Cl ⟶ I 随原子半径的增大而减弱，由于形成了多重键，分子的稳定性增强，故其活泼性不如 F_2。

非金属彼此间也可以形成卤化物、氧化物、氢化物、无氧酸和含氧酸。

绝大部分非金属氧化物显酸性，能与强碱反应；准金属的氧化物既能与强酸、又能与强碱反应。

大部分非金属单质不与 H_2O 反应；只有 F_2 与水反应，Cl_2、Br_2 部分地与水反应。碳在赤热下才与水蒸气反应。

非金属一般不与稀酸反应，C、P、S、I 等能被浓 H_2SO_4 或 HNO_3 氧化。

Si、B 与强碱反应放出氢气，其化学方程式如下：

$$Si + 2NaOH + H_2O = Na_2SiO_3 + 2H_2\uparrow$$

$$2B + 2NaOH + 2H_2O = 2NaBO_2 + 3H_2\uparrow$$

Cl_2、Br_2、I_2、S、P 在碱性水溶液中（或与强碱）发生歧化反应：

$$3S + 6NaOH = 2Na_2S + Na_2SO_3 + 3H_2O$$

$$4P + 3NaOH + 3H_2O = 3NaH_2PO_2 + PH_3\uparrow$$

16.6.2　分子型氢化物

非金属都有氢化物，如：

B_2H_6	CH_4	NH_3	H_2O	HF
	SiH_4	PH_3	H_2S	HCl
	GeH_4	As_3H_3	H_2Se	HBr
	SnH_4	SbH_3	H_2Te	HI
	PbH_4	BiH_3		

它们都以共价键形成分子型氢化物，通常状态为气体或易挥发性液体。同族中，除了第二周期的 NH_3、H_2O 及 HF 因分子间形成氢键而导致沸点异常外，熔、沸点从上到下增加。

下面主要讨论非金属氢化物的热稳定性、还原性及其水溶液的酸碱性和无氧酸的强度。

1. 热稳定性

分子型氢化物的稳定性，与组成氢化物的非金属元素的电负性(χ_A)有关：非金属与氢的电负性差($\Delta\chi$)越大，所生成的氢化物越稳定；反之，越不稳定。一般来说，同周期元素，从左至右，电负性逐渐增大，分子型氢化物的热稳定性逐渐增加；同族，自上而下，分子型氢化物的热稳定性逐渐减小。

2. 还原性

除 HF 外，其他分子型氢化物都有还原性，其变化规律为：

CH_4	NH_3	H_2O	HF
SiH_4	PH_3	H_2S	HCl
GeH_4	AsH_3	H_2Se	HBr
SnH_4	SbH_3	H_2Te	HI

（↓ 自上而下，← 自右向左）还原性增强

这一变化规律与氢化物的稳定性规律正好相反，稳定性越大的，还原性小。如果用 A 表示非金属元素，n 表示该元素的氧化态(最低氧化态的绝对值)，氢化物的还原性来自于 A^{n-}，而 A^{n-} 失电子的能力与其半径和电负性的大小有关。非金属元素从右向左，从上而下，元素 A 的半径增大，电负性减小，A^{n-} 失电子的能力依上述方向递增，所以氢化物的还原性也按此方向增强。

3. 水溶液的酸碱性和无氧酸的强度

从质子理论看，物质的酸碱性取决于它在溶剂中给出 H^+ 或接受 H^+ 的能力，非金属的氢化物相对 H_2O 而言多数为酸，少数为碱(如 NH_3)。

酸的强弱取决于下列平衡：

$$HA+H_2O \rightleftharpoons H_3O^+ +A^-$$

用 K_a 或 pK_a 表示酸的强弱，分子型氢化物在水溶液中的 pK_a(298 K)如下：

CH_4	～58	NH_3	39	H_2O	14	HF	3
SiH_4	～35	PH_3	27	H_2S	7	HCl	−7
GeH_4	～25	AsH_3	～19	H_2Se	4	HBr	−9
SnH_4	～20	SbH_3	～15	H_2Te	3	HI	−10

（→ 自左向右，↓ 自上而下）酸性逐渐增强

pK_a 越小，酸的强度越大。水的 $pK_a=14$，为中性。若氢化物的 $pK_a<pK_a(H_2O)$，表现为酸；反之，接受质子表现为碱。非金属的氢化物只有 NH_3、PH_3 和 H_2O 接受质子形成阳离子，其接受质子的能力依次下降：$NH_3>PH_3>H_2O$。pK_a 的大小决定了氢化物在水溶液中的酸度。图 16－7 为氢化物 HA 溶于水电离过程的热焓变化。

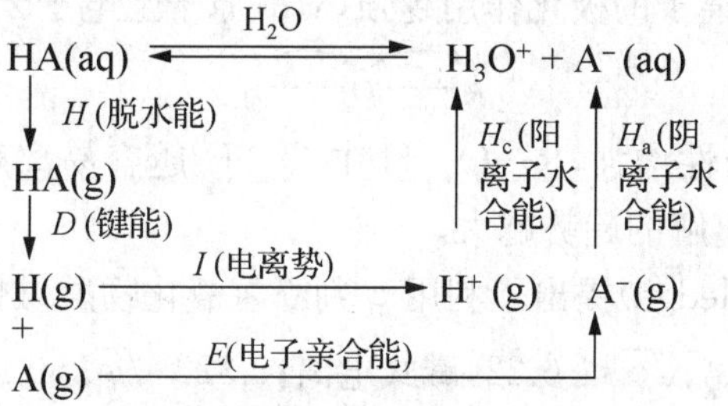

图 16－7　HA 溶于水电离的热焓变化

$$\Delta_i H^{\ominus}=H+D+I+E+H_c+H_a$$

在循环图中，$\Delta_i H^{\ominus}$ 为氢化物 HA 溶于水电离生成水合离子过程的焓变，根据盖斯定律，一个反应只要始态和终态相同，无论是一步或多步完成，其焓变是一样的。从图 16－7 可见，影响 pK_a 的因素主要有：

(1) HA 的键能(D)：H—A 化学键越弱，越易放出 H^+，如 HF < HCl。

(2) 元素电子亲和能(E)：E 大，则 HA 分子的极性大，易于电离，如 H_2O < HF。

(3) 阴离子 A^- 的水合能(H_a)：半径小的阴离子，其水合能大，则有利于 HA 在水中的电离。

16.6.3　含氧酸

视频 含氧酸的酸性

1. 非金属元素氧化物水合物的酸碱性

非金属元素氧化物水合物一般都是含氧酸，它可以看成含有一个或多个 OH 基团的氢氧化物，其通式可表示为 $(OH)_nRO_{m-n}$，式中 n 为羟基氧数目，$m-n$ 为非羟基氧的个数，R 为中心原子。中心原子 R 周围能结合多少个 OH，取决于 R 离子的电荷数及半径大小。通常 R 离子电荷越高，半径越大，结合的 OH 基数目越多。但是当 R 离子的电荷很高时，其半径往往很小，例如 Cl^{7+} 应能结合 7 个 OH 基团，但由于它的半径太小，容纳不了许多 OH，势必脱水，直到 Cl^{7+} 周围保留的异电离子或基团数目，既能满足 Cl^{+7} 的氧化态又能满足它的配位数，而配位数与两种离子的半径有关，处于同一周期的元素，其配位数大致相同。

非金属元素氧化物水合物的酸碱性，可用 R—O—H 模型来解释。用 R—O—H 表示脱水后的氢氧化物，则在这个分子中存在着 R—O 及 O—H 两种极性键，ROH 在水中有两种离解方式：

$$\text{R—O—H} \rightleftharpoons RO^- + H^+ \quad \text{酸式电离}$$

$$\text{R—O—H} \rightleftharpoons R^+ + OH^- \quad \text{碱式电离}$$

ROH 按碱式还是酸式离解，与阳离子的极化作用有关，阳离子的电荷越高，半径越小，则该阳离子的极化作用越大。有人将这两个因素综合考虑，提出了“离子势”的概念，用离子势表示阳离子的极化能力。

$$\varphi = \frac{z}{r}$$

很明显，φ 值越大，R 离子的极化作用越强，对氧原子上电子云的吸引力也越强：

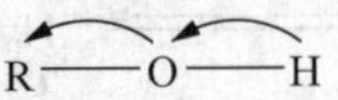

结果使 O—H 键的极性增强，R—O—H 中 O—H 越容易离解，ROH 按酸式离解的趋势越大。反之，则按碱式离解的趋势越大。

卡特雷奇(G. H.Gartledge)提出了利用 φ 判断氢氧化物酸碱性的经验规则（r 用 pm 为单位）：$\sqrt{\varphi} > 0.32$，酸式电离；$\sqrt{\varphi} < 0.22$，碱式电离；$0.32 > \sqrt{\varphi} > 0.22$，两性。

例如：NaOH、$Mg(OH)_2$、$Al(OH)_3$、$Si(OH)_4$，从左到右，随着 $\sqrt{\varphi}$ 值增加，按酸式离解的趋势越大。但是，上述规则只是一种粗略的经验方法，不能符合所有事实。因为非金属元素氧化物水合物的酸碱性除与中心离子的电荷、半径有关外，还与离子的电子层结构、氢氧化物的结构及溶剂效应等因素有密切关系。

2. 含氧酸及其酸根——含氧阴离子的结构

p 区非金属元素的含氧酸通常为简单含氧酸，它们是共价化合物，属于有限分子。这里，我们仅对 p 区元素中某些含氧酸的酸根离子，按其中心原子与氧原子之间的成键类型进行归纳：

(1) 只有 σ 键的酸根离子

例如，第三周期的 SiO_4^{4-}：

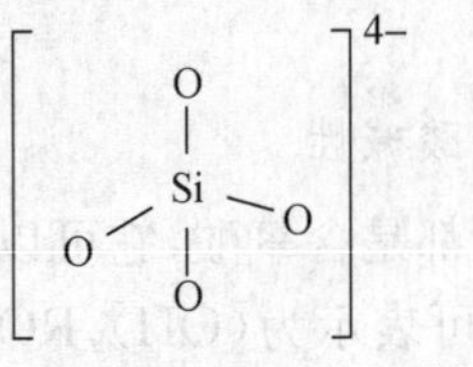

Si 的 4 个 $3s^2 3p^2$ 价电子全部参与形成 4 个 Si—O 键。

(2) 含有大 π 键的酸根离子

例如，第二周期的 BO_3^{3-}、CO_3^{2-}、NO_3^-，每个离子都有一个 Π_4^6 大 π 键。

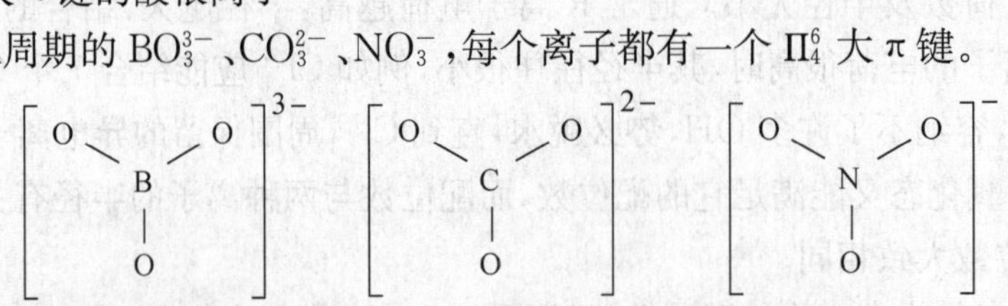

(3) 含有多重键的酸根离子

例如，PO_4^{3-}、SO_4^{2-} 和 ClO_4^-。

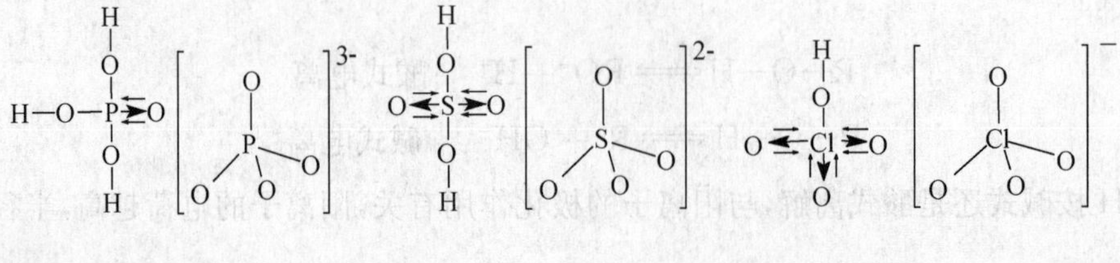

中心原子 P、S、Cl 用 sp^3 杂化轨道中的孤电子对与氧原子的空轨道(空出一个 p 轨道)形成 σ 键,但这些 σ 键的键长和键能介于单键与正常双键之间,因此它们生成了 p-d 反馈大 π 键。以 ClO_4^- 为例,Cl 原子除了与氧原子形成 σ 键外,氧原子上的 p_y、p_z 轨道,与中心原子上的 $d_{x^2-y^2}$、d_{z^2} 轨道重叠形成两个 Π_5^8 键,但这两个 π 配键的重叠程度很小,故键级也很小,成键较弱。PO_4^{3-}、SO_4^{2-} 和 ClO_4^- 都存在 p-d 反馈大 π 键 Π_5^8。

3. 含氧酸的强度

化学家们对含氧酸 $(OH)_nRO_{m-n}$ 在水溶液中的酸性强度做了大量研究,提出各种实验模型或计算公式,如前面提到的 R—O—H 模型、卡特雷奇的"离子势"等,试图通过这些模型或公式说明含氧酸酸性强度的某些问题。但是由于影响含氧酸强度的因素很多,目前提出的模型和公式要解释所有含氧酸强度的规律性变化还无法实现。这里仅介绍美国化学家鲍林提出的经验规则。

如前所述,含氧酸其通式可表示为 $RO_{m-n}(OH)_n$,式中 n 为羟基氧数目,$m-n$ 为非羟基氧原子的个数。鲍林从大量的实验事实中归纳了含氧酸的变化规律:

(1) 多元酸逐级电离常数之比为 10^{-5},即 $K_1 : K_2 : K_3 \cdots\cdots \approx 1 : 10^{-5} : 10^{-10} \cdots\cdots$

例如:H_2SO_3 的 $K_1 = 1.2\times10^{-2}$,$K_2 = 1\times10^{-7}$。

(2) 含氧酸非羟基氧原子数目 $m-n$ 越多,则酸性越强。

例:含氧酸	$RO_{m-n}(OH)_n$	$m-n$	$K_a^\ominus$
HClO	Cl(OH)	0	2.95×10^{-8}
$HClO_2$	ClO(OH)	1	1.1×10^{-2}
$HClO_3$	$ClO_2(OH)$	2	10^3
$HClO_4$	$ClO_3(OH)$	3	10^8

鲍林的这一经验规则说明了含氧酸的酸性与其结构有关,即与含氧酸的非羟基氧原子数目有关。它可以用来定性地推测一些含氧酸酸性的相对强弱,例如,下列推测均符合实验事实:

$$HClO_4 > H_2SO_4 > H_3PO_4 > H_4SiO_4$$

$$HNO_3 > H_2CO_3 > H_3BO_3$$

因此,结合前面所述,影响含氧酸酸性强度的因素主要有以下两点:

(1) 在含氧酸分子中,如果 R 原子的电负性大,氧化态高,原子半径及配位数都小,则它对 O—H 键中氧原子外层电子的吸引力强,从而使氧原子的电子密度减小,使 O—H 更易释放出质子,则含氧酸的酸性变强。因此,中心原子氧化数相同时,同族元素随周期数增大而含氧酸酸性逐渐减弱,如随着 Cl—Br—I 顺序电负性依次减小,则次卤酸的酸性沿着 Cl—Br—I 顺序依次减弱,HClO>HBrO>HIO。

(2) 如果含氧酸分子中的非羟基氧原子数目多,π 配键多,也将使 O—H 基中氧原子的电子密度减小,则含氧酸的酸性强。因此,同一元素的不同氧化态,随中心原子氧化数的增高而酸性增强。如 $HClO<HClO_2<HClO_3<HClO_4$,随着氯元素氧化数的增高,其非羟基氧原子数目逐渐增多,其含氧酸的酸性逐渐增强。

16.6.4 非金属含氧酸盐的某些性质

1. 溶解性

非金属含氧酸盐为离子化合物，其绝大部分钠盐、钾盐和铵盐以及酸式盐都易溶于水。含氧酸盐在水中的溶解性可以归纳如下：

(1) 硝酸盐和氯酸盐都易溶于水，且溶解度随温度的升高而迅速地增加。

(2) 硫酸盐大部分溶于水，但 $SrSO_4$、$BaSO_4$ 和 $PbSO_4$ 难溶于水，$CaSO_4$ 和 Hg_2SO_4 微溶于水。

(3) 大多数碳酸盐都不溶于水，其中以 Ca、Sr、Ba、Pb 的碳酸盐最难溶。

(4) 磷酸盐、硅酸盐大多数都不溶于水。

2. 水解性

盐类溶于水后，阴、阳离子发生水合作用，在它们的周围各配有一定数目的水分子，如果离子的极化能力强到足以使水分子中的 O—H 键断裂，则阳离子夺取水分子中的 OH^- 而释出 H^+，或者阴离子夺取水分子中的 H^+ 而释放出 OH^-，从而破坏了水的电离平衡，直至水中同时建立起弱碱、弱酸和水的电离平衡，这个过程称为盐类的水解。

这里，我们只讨论非金属含氧酸根离子的水解行为。强酸的阴离子如 ClO_4^- 和 NO_3^- 等不水解，它们对水的 pH 无影响。但是弱酸的阴离子如 CO_3^{2-} 及 SiO_3^{2-} 等，明显地水解，而使溶液的 pH 增大。含氧酸的阴离子的水解强度与其共轭酸的强度成反比。K_a 越小，$c(H^+)$越小，即弱酸越弱，它的共轭碱的水解能力越强。

3. 热稳定性

非金属含氧酸盐的热稳定性与含氧酸根的结构、金属阳离子的性质有关。现将其规律归纳如下。

(1) 同种含氧酸及其盐的热稳定性相对大小为：正盐＞酸式盐＞含氧酸。如：

	Na_2CO_3	$NaHCO_3$	H_2CO_3
分解温度(K)	2 073	623	室温以下

这与 H^+ 的反极化作用有关。

(2) 不同金属离子相同含氧酸根的盐，其热稳定性相对大小为：碱金属盐＞碱土金属盐＞过渡金属盐＞铵盐。如：

	K_2CO_3	$CaCO_3$	$ZnCO_3$	$(NH_4)_2CO_3$
分解温度/K	熔融不分解	1 170	573	331

上述碳酸盐的热稳定性与金属阳离子的极化能力有关，金属阳离子的极化能力愈强，对 CO_3^{2-} 的反极化作用愈大，其盐愈不稳定。而金属阳离子的极化能力与其离子半径、所带电荷和价层电子构型密切相关。

(3) 相同金属离子不同含氧酸根的盐，其热稳定性取决于对应含氧酸的稳定性。酸较稳定，其盐也较稳定。如：

磷酸盐＞硫酸盐＞硝酸盐

硅酸盐＞碳酸盐＞氯酸盐

一般来说，含氧酸阴离子结构对称性越好，则其盐越稳定。SO_4^{2-}、SiO_4^{2-}、PO_4^{3-} 为正四面体结构，它们的中心原子 R 被 O^{2-} 完全包围在中心，R 原子处于完全被屏蔽状态，因此很稳定。而 NO_3^-、ClO_3^-、CO_3^{2-} 为平面三角形或三角锥形结构，对称性较前面三种含氧酸差，因此稳定性差，易分解。

(4) 同种含氧酸及盐随氧化态升高，热稳定性增大。如：

$$HClO < HClO_3 < HClO_4$$

$$KClO < KClO_3 < KClO_4$$

4. 含氧酸及其盐的氧化还原性

p 区非金属元素在结构上的一个重要特征是价电子多，易获得电子而出现变价现象，因此它们的含氧酸及其盐的一个重要特性，就是它们具有氧化还原性。当成酸元素是非金属性很强的元素，其酸和盐往往具有氧化性，例如，卤素的含氧酸及其盐、硝酸及其盐等；而成酸元素为非金属性很弱的含氧酸及其盐则无氧化性，如碳酸及其盐、硼酸及其盐等。最高氧化态含氧酸及其盐只有氧化性，处于中间氧化数的含氧酸及其盐既有氧化性又有还原性。

总的来说，含氧酸及其盐表现出来的氧化性受多种因素的影响，情况颇为复杂。我们对它的规律性至今尚缺乏完全认识，这里根据 p 区元素的标准电极电势和其他的一些已知事实归纳一些规律性：

(1) 含氧酸及盐在溶液中的氧化性还原性与 pH 密切相关，在酸性溶液中氧化性比碱性溶液中强(φ 与 H^+ 浓度有关)。

(2) 同一周期中各元素最高氧化态含氧酸的氧化性，从左至右递增。以第三周期为例：

$$H_2SiO_4 < H_3PO_4 < H_2SO_4 < HClO_4$$

$$H_3PO_3 < H_2SO_3 < HClO_3$$

含氧酸的氧化能力是指处于高氧化态的中心原子在它转变为低氧化态的过程中获得电子的能力，因此中心原子 R 接受电子的能力是含氧酸氧化性的影响因素之一。这种能力与它的电负性、原子半径及氧化态等因素有关。通常，电负性大、原子半径小、氧化态高的中心原子 R，其获得电子的能力强，表现为强的氧化性。

(3) 同一元素不同氧化态的含氧酸，低氧化态的氧化性比高氧化态的要强。如：

$$HClO > HClO_2 > HClO_3 > HClO_4$$

其原因是随着氧化态的升高，含氧酸需要断裂的 R—O 键数目愈多，R—O 键的强度越强，则酸越稳定，氧化性越弱。R—O 键的强度与 R 的电子层结构、成键情况及 H^+ 的反极化作用有关。

(4) 同一主族中元素的最高氧化态含氧酸的氧化性，多数随原子序数呈锯齿形升高，第四周期元素含氧酸的氧化性又有上升趋势，有些在同族元素中居于最强地位(将在 p 区元素的次级周期性中解释)。例如：

$$H_2SO_4 < H_2SeO_4 > H_6TeO_6$$

$$HClO_4 < HBrO_4 > H_5IO_6$$

此外，第六周期元素最高氧化态含氧酸的氧化性之所以比第五周期强，这与中心原子的 $6s^2$（惰性电子对）特别稳定有关，这些元素倾向保留 $6s^2$ 电子对而处于低氧化态，故其高氧化态化合物都不稳定。

16.6.5 p 区元素的次级周期性

周期律揭示了元素的性质随着原子序数的递增而呈周期性变化的规律。而在元素周期表中，每族元素的物理与化学性质并非从上到下的简单递变，某些物理与化学性质会随着原子序数的增加而发生锯齿形的变化，这样的现象叫作次周期性。次周期性对于过渡后 p 区元素的表现尤其显著。下面分别讨论 p 区元素两种典型的"反常"现象。

1. 第二周期非金属元素的特殊性

第二周期的非金属元素由于原子半径特别小，没有可利用的 d 轨道，与本族其他元素相比，其特殊性主要体现在以下几点：

(1) N、O、F 的氢化物易生成氢键，离子性较强（半径小、电负性大）。

(2) 它们的最高配位数为 4，而第三周期和以后几个周期的元素的配位数可以超过 4。

(3) 因无可利用的 d 轨道，其卤化物不水解（CCl_4），或者水解产物与其同族卤化物的水解产物明显不同，如 NCl_3 和 PCl_3 的水解产物不同。

$$NCl_3 + 3H_2O = NH_3 + 3HClO$$

$$PCl_3 + 3H_2O = H_3PO_3 + 3HCl$$

(4) 元素有自相成链的能力，以碳元素为最强，多数单质有生成重键的特性。

(5) 同素异形体在性质上的差别比较大，如金刚石和石墨、O_2 和 O_3。

(6) 第一电离能 E_{A1}：$N<P, O<S, F<Cl$。

2. 第四周期元素的不规则性

第四周期 p 区元素的原子半径增加很小。这是因为从第四周期开始的各长周期中，在ⅡA、ⅢA 中间插入了填充内层 3d 轨道的从 Sc 到 Zn 共 10 种元素，它们的 3d 电子对核的屏蔽作用小，这样就导致从 Ga 到 Br 这些 p 区元素的有效核电荷增加，原子半径增幅明显变小。

原子半径的大小是影响元素性质的重要因素，再加上这些元素的原子的次外电子层为 18 电子构型，致使第四周期元素的电负性、金属性（非金属性）、电极电势以及含氧酸的氧化还原性等都出现异常现象，即所谓"不规则性"。例如ⅢA 族，Ga 的金属性不如 Al，$Ga(OH)_3$ 的酸性比 $Al(OH)_3$ 强。又如某些化合物的氧化性：$H_3PO_4 < H_3AsO_4$，$SO_2 < SeO_2 > TeO_2$，$H_2SO_4 < H_2SeO_4 > H_6TeO_6$，$HClO_4 < HBrO_4 > H_5IO_6$。

扩展内容

1. 硼的生理效应

硼是植物的必需微量元素，在农业生产中常施用硼肥，促进植物生长，提高作物产量。近年来研究表明，微量元素硼也是人和动物需要的微量元素。

硼的生理作用表现在硼影响生命过程中许多物质的代谢过程，如钙、铜、镁、氮、葡萄糖、甘油三酯、活性氧和雌激素等，并因此影响血、脑、肾和骨骼系统的成分和功能。目前研究表明，硼对人体健康的影响是硼可调整骨密度的钙、镁、磷三种元素的适当比例，保证正常骨金属状态。如对不宜使用雌激素治疗的易患骨质疏松的女性，可采用营养补硼的方法预防和治疗骨质疏松。

饮食硼摄入是人体硼的最重要的来源，约占硼来源的65%，另一重要来源为饮用水。含硼较多的食物有奶类、豆类、蔬菜、水果、谷类等。

硼是人和动物氟中毒的重要解毒剂，硼与氟在肠道内形成 BF_4^-，降低肠道对氟的吸收，同时促进氟的排泄，纠正过量氟导致的钙、磷失衡，改善氟中毒所致的肝脏在凝血方面的损伤。

无机硼中毒主要由硼砂和硼酸引起。硼砂是一种有毒的化工原料，20世纪60年代曾在药皂生产中使用，加入硼砂的药皂对皮肤病有很好疗效。在食品中添加硼砂，可以增加糕点的黏性，可以有效改善食品的口感。硼酸可用作皮肤损害的清洁剂。然而，高量硼会导致硼中毒，一般临床表现为胃肠道和皮肤损害。

2. 铝与人体健康的关系

长期以来，一直认为铝属低危害性物质。铝化合物仍用作抗胃酸药、饮用水的絮凝剂以及加工某些面食品的添加剂。

纯铝毒性极小，不溶性铝化合物一般不易引起明显急性毒作用，但较大剂量的可溶性铝化合物，具有一定毒性。研究表明铝对神经系统有毒性作用。铝的过量接触和蓄积可能是导致老年性痴呆、关岛肌萎缩和透析性脑病等经退行性病变的原因之一。流行病学调查研究也证明，摄入铝量高的地区透析性脑病、老年性痴呆等的发病率也较高。同时临床上发现，为治疗慢性肾病而长期服用大剂量含铝抗酸剂会引起透析性脑病，并伴有视觉、记忆、注意力下降等神经功能障碍。铝可经呼吸道吸收，并可能在肺中蓄积。从事铝焊接、铝粉加工、铝盐生产和电解铝作业的工人体内铝负荷均增高，且以铝焊接作业工人为最高，可出现记忆力减退、反应迟钝和语言障碍等病症。

世界卫生组织推荐每人每周安全摄取入量为每千克体重2 mg，我国卫生部修订含铝食品添加剂规定，儿童膨化食品禁含铝添加剂。有专家指出，明矾是造成铝超标的罪魁祸首。

尽管铝是低毒元素，不会引起急性中毒。但人体铝的大量积累仍会引起某些功能的障碍和损害。同时，铝的毒性缓慢不易察觉，所以常常会被忽视。因此，对于可能引起铝中毒的途径应高度重视。首先应注意含铝废水的治理，减少排放量；其次，改变生活方式，尽可能少用或不用铝制炊具，少吃或不吃含铝添加剂的食物；最后可改进饮用水净化方式，改变絮凝剂种类和形态，从而降低饮用水中铝含量。

文献讨论题

[文献1] 白银娟，路军，马怀让. 硼氢化钠在有机合成中的研究进展. 应用化学，2002，19(5)：409—415.

硼氢化钠（$NaBH_4$）是一类经典的还原剂，广泛用在有机合成中，$NaBH_4$ 中的负离子基团是反应质点，具有以硼原子为中心的四面体结构，氢原子处在四面体的4个顶点上。该负离子基团是负氢源，碱性很强并具有强亲核性。近年来，$NaBH_4$ 通过反应条件改变以及修饰在还原领域的应用越来越广，并在化学选择性、区域选择性和立体选择性还原方面的应用也越来越多。随着其应用范围的不断扩大，研究 $NaBH_4$ 及修饰的 $NaBH_4$ 在有机合成中的应用具有重要的理论意义和广阔的应用前景。阅读上述文献，分析硼氢化钠在有机合成中的具体应用。

[文献2] 严伟林，陈林，黄锦元. 高强韧性变形铝合金的制备. 材料热处理技术，2012，41

(16):42—44.

铝合金由于比重轻,比强度高等优异性能,所以在机械、交通运输、航天与军事工业等领域中被广泛应用。然而铝合金强度不高,易产生塑性变形,这很大程度上限制了铝合金的应用范围。近几十年来,人们通过时效处理技术和发展新的金属加工工艺来提高铝合金的性能,得到高强韧性变形铝合金。阅读上述文献,探讨高强韧性变形铝合金的制备条件。

习题

1. 为什么铝不溶于水,却易溶于浓 NH_4Cl 或浓 Na_2CO_3 溶液中?

2. 怎样用简便的方法鉴别以下六种气体? CO_2、NH_3、NO、H_2S、SO_2、NO。

3. 为什么硅没有类似于石墨的同素异形体?

4. Tl(Ⅲ)I_3 不可能存在,但化学式为 TlI_3 的化合物又确实存在,为什么?

5. 单质硼的熔点高于单质铝,试从它们的晶体结构加以说明。

6. 简述乙硼烷的成键情况、分子结构和性质。

7. 最简单的硼烷是 B_2H_6,而非 BH_3;$AlCl_3$ 气态时也以双聚体存在,但 BCl_3 却不形成二聚体。试说明原因。

8. H_3BO_3 与 H_3PO_3 化学式相似,为什么 H_3BO_3 为一元弱酸,而 H_3PO_3 为二元中强酸?

9. 为什么硼的三卤化物中接受电子对的能力以 $BF_3-BCl_3-BBr_3$ 顺序依次增强?

10. 写出下列反应方程式:

(1) 三氟化硼通入碳酸钠溶液;

(2) 氟化钠与硫酸铝作用;

(3) 硫酸铝溶液与过量碱作用,然后加氯化铵;

(4) 氟化钙和三氧化二硼的混合物与浓硫酸作用。

11. 举例说明什么是硼珠试验?什么是硼砂珠试验?它们有什么用途?

12. 将铝片表面氧化膜用砂纸打磨后,滴加一两滴 $HgCl_2$ 溶液,铝片会"长毛",为什么?请写出反应方程式。

13. 铝不溶于水,但能溶于 NH_4Cl 和 Na_2CO_3 溶液,试说明原因。

14. 熔融的三溴化铝不导电,但它的水溶液却是良导体,试解释之。

15. 为什么可形成 $Al(OH)_6^{3-}$ 和 AlF_6^{3-} 离子,而不能形成 $B(OH)_6^{3-}$ 和 BF_6^{3-} 离子?

16. 为什么 TlF 易溶于水而 TlCl、TlBr、TlI 却难溶于水?

17. 请介绍硼元素的可能成键情况,并分析硼砂中硼的成键情况。

18. 硼酸晶体为什么呈鳞片状?晶体中硼酸分子是怎样结合在一起的?

19. 请写出 BF_3 与 SiF_4 发生水解的化学方程式,并从理论上解释它们发生水解的差异。

20. 为什么不能用 $AlCl_3 \cdot 6H_2O$ 加热脱水制备无水的 $AlCl_3$?

第 17 章　碱金属和碱土金属

§ 17.1　碱金属和碱土金属的通性

周期系ⅠA 族，包括锂（音 lǐ）、钠、钾、铷（音 rú）、铯（音 sè）、钫（音 fāng）六种元素，由于它们的氧化物溶于水呈强碱性，所以称它们为碱金属。ⅡA 族包括铍（音 pí）、镁、钙、锶（音 sī）、钡（音 bèi）、镭（音 léi）六种元素，由于钙、锶、钡的氧化物在性质上介于“碱性的”碱金属氧化物和“土性的”难溶氧化物如 Al_2O_3 等之间，所以，这几种元素有碱土金属之称，现在习惯上把铍、镁也包括在碱土金属之中。钫和镭是放射性元素，本章不作讨论。

碱金属元素原子的价电子构型为 ns^1，极易失去 1 个电子而呈 +1 氧化态（特征氧化态），因此碱金属是活泼性很强的金属元素。碱金属原子最外层只有一个电子，次外层为 8 电子（锂的次外层是 2 电子），对核电荷的屏蔽作用较强，所以这一个价电子离核较远，特别容易失去，从而使碱金属元素的第一电离能在同一周期中是最低的。金属原子半径和离子半径在同周期元素中是最大的。同一族内从上到下，随着核电荷数的增加，金属原子半径、离子半径逐渐增大，电离能、电负性逐渐减小（见表 17 - 1）。

表 17 - 1　碱金属元素的基本性质

性质＼元素	锂	钠	钾	铷	铯
符号	Li	Na	K	Rb	Cs
原子序数	3	11	19	37	55
相对原子质量	6.941	22.989 77	39.098 3	85.467 8	132.905 45
价电子层结构	$2s^1$	$3s^1$	$4s^1$	$5s^1$	$6s^1$
金属半径/pm(CN=12)	152	186	227	248	266
离子半径/pm(CN=6)	76	102	138	152	167
第一电离能/$kJ\cdot mol^{-1}$	520	496	419	403	376
第二电离能/$kJ\cdot mol^{-1}$	7 298	4 562	3 051	2 633	2 230
电负性 χ	0.98	0.93	0.82	0.82	0.79
$\varphi^{\ominus}(M^+/M)/V$	−3.040 1	−2.710 9	−2.931	−2.98	−2.923
$M^+(g)$水合热/$kJ\cdot mol^{-1}$	−519	−406	−322	−293	−264

碱土金属元素原子的价电子构型为 ns^2，次外层也是 8 电子（铍的次外层是 2 电子）的稳定结构，由于碱土金属原子比相邻的碱金属多了一个核电荷，原子核对最外层电子的吸引力增大，所以碱土金属的金属半径比同周期的碱金属要小些，电离能要大些，较难失去第一个

价电子。从电离能数据可见，失去第二个价电子的电离能约为第一电离能的2倍，从表面上看碱土金属要失去两个价电子而形成 M^{2+} 似乎很困难，实际上生成化合物时所释放的晶格能足以使它们失去第二个电子。它们的第三电离能约为第二电离能的4～8倍，要失去第三个电子很困难，因此碱土金属的主要氧化态为+2。由于上述原因，碱土金属的金属活泼性不如碱金属，但从整个周期系来看，碱土金属仍是活泼性相当强的金属元素，只是稍次于碱金属而已。M^{2+} 半径都比同周期的碱金属 M^+ 半径小，与碱金属一样，同一族从上到下，碱土金属的金属原子半径、离子半径逐渐增大，电离能、电负性逐渐减小(见表17-2)。

表17-2 碱土金属元素的基本性质

性质 \ 元素	铍	镁	钙	锶	钡
符号	Be	Mg	Ca	Sr	Ba
原子序数	4	12	20	38	56
相对原子质量	9.012 182	24.305	40.078	87.62	137.327
价电子层结构	$2s^2$	$3s^2$	$4s^2$	$5s^2$	$6s^2$
金属半径/pm(CN=12)	112	160	197	215	217
离子半径/pm(CN=6)	45	72	100	118	135
第一电离能/$kJ \cdot mol^{-1}$	899	738	590	549	503
第二电离能/$kJ \cdot mol^{-1}$	1 768	1 460	1 152	1 070	971
第三电离能/$kJ \cdot mol^{-1}$	14 849	7 733	4 912	4 210	—
电负性	1.57	1.31	1.00	0.95	0.87
$\varphi^{\ominus}(M^{2+}/M)/V$	−1.847	−2.372	−2.86	−2.89	−2.912
M^{2+}(g)水合热/$kJ \cdot mol^{-1}$	−2 494	−1 921	−1 577	−1 443	−1 305

在这两族元素中，它们的金属原子半径和核电荷数都由上而下逐渐增大，但以原子半径的影响为主，核对外层电子的吸引力逐渐减弱，失去电子的倾向逐渐增大，所以它们的金属活泼性也由上而下逐渐增强。

碱金属和碱土金属元素在化合时，多以形成离子键为特征，但在某些情况下也显共价性。气态双原子分子，如 Na_2、Cs_2 等就是以共价键结合的。锂和铍由于离子半径小，且为2电子构型，有效核电荷数大，极化力特别强，电离能相对地高于其他同族元素，形成共价键的倾向比较显著。所以在ⅠA和ⅡA族元素中，锂和铍常常表现出与同族元素不同的化学性质，而分别与周期表中锂和铍的右下角元素镁和铝有很多相似之处。

§17.2 碱金属、碱土金属单质

17.2.1 物理性质

除铍呈灰色以外，碱金属和碱土金属单质都具有银白色光泽。碱金属具有密度小、硬度小、熔点低、导电性强的特点。碱土金属的密度、熔点和沸点则较碱金属为高。碱金属和碱土金属单质的一些物理性质列于表17-3。

表 17-3　碱金属和碱土金属的物理性质

性质＼单质	锂	钠	钾	铷	铯	铍	镁	钙	锶	钡
密度/g·cm^{-3}	0.534	0.971	0.862	1.532	1.873	1.848	1.738	1.55	2.54	3.5
熔点/K	453.54	370.81	336.65	311.89	301.4	1 551	921.8	1 112	1 042	998
沸点/K	1 615	1 155.9	1 032.9	959	942.3	3 243	1 363	1 757	1 657	1 913
硬度(金刚石=10)	0.6	0.4	0.5	0.3	0.2	4	2.5	2	1.8	—
升华热/kJ·mol^{-1}	161	109	90	85.8	78.8	320	150	178	164	175
相对导电性(Hg=1)	11.2	20.8	13.6	7.7	4.8	5.2	21.4	20.8	4.2	—

除了铍和镁较硬外，其他金属均较软，可以用刀子切割。碱金属的密度都小于 2 g·cm^{-3}，其中锂、钠、钾的密度均小于 1 g·cm^{-3}(表 17-3)，能浮在水面上；碱土金属的密度也都小于 5 g·cm^{-3}，它们都是轻金属。ⅠA 和ⅡA 族金属单质之所以比较轻，是因为它们在同一周期里比相应的其他元素原子量较小，而原子半径较大的缘故。

在碱金属、碱土金属的晶体中有活动性较强的自由电子，因而它们具有良好的导电性。金属铯中的自由电子活动性极高，当受到光线照射时，铯表面的电子逸出，电子定向运动便产生电流，这种现象称为光电效应，因而铯等活泼碱金属(K、Rb)常用来制造光电管。

由于碱金属原子只有一个价电子且原子半径较大，故金属键很弱，这是其熔沸点都很低的一个原因。ⅠA 族从上往下随金属原子半径的增大，金属键强度降低，熔、沸点降低。铯的熔点比人的体温还低。碱土金属原子具有 2 个价电子，金属半径比同周期碱金属的小，所形成的金属键显然比碱金属强得多，故它们的熔、沸点比碱金属高。

碱金属与碱土金属的物理性质与它们在实际中的应用密切相关。碱金属在常温下能形成液态合金(77.2% K 和 22.8% Na，熔点为 260.7 K)和钠汞齐，前者由于具有较高的比热和较宽的液化范围被用作核反应堆的冷却剂，后者在氧化还原反应中比纯金属钠反应速率低，被用作有机合成中的还原剂。

锂的用途愈来愈广泛。锂是较理想的反应堆传热介质；锂电池是一种高能电池；$LiBH_4$ 是一种很好的储氢材料；锂的铌酸盐和钽酸盐是著名的激光材料；锂、铍合金是一种理想的高能燃料；锂铅合金(0.4% Li、0.7% Cu、0.6% Na，其余为铅)使铅的硬度增大，可用来制造火车的机车轴承；锂铝合金也具有高强度和低密度的性能。

碱土金属中实际用途较大的是镁。如镁铝合金是大家熟悉的轻质合金，其具有密度小、硬度大、韧性强的特点，是很重要的结构材料。航空工业应用了大量的镁合金，直升机需要极轻的材料，镁合金广泛应用于直升机的制造上。镁合金也成为各种运输工具、军事器材(枪炮零件)、通信器材等的重要结构材料。目前在空间轨道飞行器所用的镁比其他任何金属都多。随着火箭、导弹、人造地球卫星和各种空间运载工具的发展，镁合金的用量将越来越多。铍作为新兴材料日益被重视。薄的铍片易被 X 射线穿过，可用作 X 射线管的窗口材料。铍作为最有效的中子减速剂和反射剂之一用于核反应堆。铍有密度小、比热大、导热性好、硬度大等优良性能，使它在导弹、卫星、宇宙飞船等方面得到广泛应用。铍的合金也有较多的应用，如含 2.6% Be 的铍镍合金的强度与不锈钢相似。62% Be 和 38% Al 的合金被称为“锁合金”，其弹性模数高，密度低，并容易成型。铍青铜(含约 2.5%的铍)强度大、硬度高、弹性和抗腐蚀性好，可用于制弹、外科医疗器械等。

17.2.2 化学性质

碱金属和碱土金属是化学活泼性很强或较强的金属元素，它们能直接或间接地与电负性较大的非金属元素形成相应的化合物。大多数碱金属和碱土金属能与氢气作用，生成的相应化合物(除锂、铍的某些化合物外)一般以离子键相结合。例如，NaH、CaH_2 等为离子型氢化物，而 BeH_2 和 MgH_2 为过渡型氢化物，此外，它们还能生成复合型氢化物，如$LiAlH_4$、$NaBH_4$ 等。

碱金属均可与水反应。钠与水反应剧烈，反应放出的热使钠熔化成小球。钾与水的反应更剧烈，产生的氢气能燃烧，铷和铯与水反应剧烈并发生爆炸。

碱土金属也可以与水反应。钙、锶和钡与冷水就能进行反应，其剧烈程度仅次于同周期相邻的碱金属。铍和镁与冷水作用相当缓慢，这是因为与水发生作用时，瞬间就会在金属的表面上形成一层难溶的氢氧化物，从而阻碍反应的进行。铍能与水蒸气反应，镁能将热水分解。利用这些金属与水反应的性质，常将钠与钙作为某些有机溶剂的脱水剂，除去其中含有的极少量水。但由于钠能与醇反应生成醇钠和氢气，所以不能用来除醇中的水。

从碱金属的标准电极电势看，锂的活泼性应比铯更大，而实际上其与水反应还不如钠剧烈，究其原因可能是：① 钠的熔点较低，与水反应时放出的热量可以使钠熔化，而锂的熔点较高，与水反应时产生的热量不足以使它熔化，因此固体锂与水接触的表面不如液态钠大；② Li^+的水合半径大，移动缓慢，难以扩散到溶液本体中去，致使反应速率减慢；③ 反应产物 LiOH 的溶解度较小，易覆盖在锂的表面，从而阻碍锂与水的进一步反应。

碱金属在室温下能迅速地与空气中的氧反应，因此碱金属在空气中放置一段时间后，金属表面就生成一层氧化物。在锂的表面，除生成氧化物外还有氮化物。钠在空气中稍微加热就燃烧生成过氧化物。钾、铷和铯在室温下遇空气就立即燃烧，在过量 O_2 中燃烧生成超氧化物。

碱金属的氧化物在空气中易吸收二氧化碳形成 M_2CO_3，因此碱金属应存放在煤油中。锂的密度很小，能浮在煤油上，所以将其保存在液体石蜡或封存在固体石蜡中。

碱土金属活泼性略差，在室温下缓慢地与空气中的氧反应生成氧化物薄膜，覆盖在金属表面上。镁在加热条件下，与空气中氧剧烈反应而燃烧，并放出耀眼的白光。钙、锶和钡在室温或加热时与氧反应生成普通氧化物，锶和钡在高压氧气中与氧反应生成过氧化物。镁、钙和钡在空气中不仅与氧反应，还能与氮反应：

$$2Ca + O_2 = 2CaO$$

$$3Ca + N_2 = Ca_3N_2$$

因此在金属熔炼中常用 Li、Ca 等作为除气剂，除去溶解在熔融金属中的氮气和氧气。在电子工业中，钙、钡可以用作真空管中的脱气剂，除去其中痕量的氮气和氧气。

在高温时碱金属和碱土金属也是强还原剂，它们可以夺取某些氧化物中的氧和氯化物中的氯。如镁可使 SiO_2 的硅还原成单质硅，钠可从 $TiCl_4$ 中置换出金属钛：

$$SiO_2 + 2Mg \xlongequal{\text{高温}} Si + 2MgO$$

$$TiCl_4(g) + 4Na(l) \xlongequal{\text{高温}} Ti(s) + 4NaCl(s)$$

尽管碱金属和碱土金属的价格较贵，但作为强的还原剂，仍然被广泛地应用于稀有金属的生产上，目前就是利用后一反应来制取金属钛。

碱金属能溶于液氨，形成具有导电性的蓝色溶液，并随碱金属溶解量的增加，溶液的颜色变深，顺磁性降低。

根据研究认为，在碱金属的稀氨溶液中碱金属离解生成溶剂合电子和阳离子（无色）：

$$M(s) + (x+y)NH_3(l) \rightleftharpoons M(NH_3)_x^+ + e(NH_3)_y^-$$

因为离解生成了氨合阳离子和氨合电子，所以溶液有导电性。此溶液具有高导电性主要是由于溶剂合电子存在。溶液中因含有大量溶剂合电子，因此是顺磁性的。蓝色是由溶剂合电子跃迁引起的。随金属溶解量的增加，溶剂合电子配对作用加强，顺磁性降低。

在液氨中碱金属与氨也有生成氨基化物的慢反应：

$$2M + 2NH_3 \xlongequal{\quad} 2MNH_2 + H_2$$

式中，M=Na、K、Rb、Cs。如果在体系中有催化剂（如过渡金属的盐类、铁盐）存在，反应会快速地进行。一般来说，钠、钾、铷和铯的液氨溶液均具有与金属本身相同的化学性质。碱金属的液氨溶液可以采用蒸发方法回收金属。金属的氨溶液是一种能够在低温下使用的非常强的还原剂，因为它含有氨合电子。

钙、锶、钡也能溶于液氨生成和碱金属溶液相似的蓝色溶液，与钠相比，它们溶解得要慢些，量也少些。

由以上讨论可见，无论从元素的电负性，还是从标准电极电势；不论是干态反应，还是湿态反应，碱金属和碱土金属均为活泼金属，都是强还原剂。在同一族中，金属的活泼性自上而下逐渐增强，在同一周期中自左向右金属活泼性逐渐减弱。

17.2.3　存在与制备

1. 存在

由于碱金属和碱土金属的化学性质很活泼，所以它们只能以化合状态存在于自然界中。在碱金属中，钠和钾在地壳中分布很广，主要矿物有硝石（$NaNO_3$）、钠长石（$Na[AlSi_3O_8]$）、芒硝（$Na_2SO_4 \cdot 10H_2O$）、钾长石（$K[AlSi_3O_8]$）、光卤石（$KCl \cdot MgCl_2 \cdot 6H_2O$）以及明矾石（$K_2SO_4 \cdot Al_2(SO_4) \cdot 24H_2O$）等。海水中氯化钠的含量为 2.7%，植物灰中也含有钾盐。锂的重要矿物有锂辉石 $LiAl(SiO_3)_2$，锂、铷和铯在自然界中储量较少且分散，被列为稀有金属。

碱土金属除镭外在自然界的分布也很广泛，铍的最重要矿物是绿柱石（$3BeO \cdot Al_2O_3 \cdot 6SiO_3$）。镁除光卤石外，还有白云石（$CaCO_3 \cdot MgCO_3$）和菱镁矿（$MgCO_3$）等。钙、锶和钡的矿物有方解石（$CaCO_3$）、石膏（$CaSO_4 \cdot 2H_2O$）、天青石（$SrSO_4$）、碳酸锶矿（$SrCO_3$）、重晶石（$BaSO_4$）和毒重石（$BaCO_3$）等。海水中含有大量镁的氯化物和硫酸盐。

2. 制备

由于碱金属与碱土金属的性质很活泼，所以一般都采用电解它们的熔融化合物的方法制备。锂和钠主要用电解熔融的氯化物来制备。钾、铷、铯虽可以用电解法制备，但常用强还原性的金属如 Na、Ca、Mg、Ba 等在高温低压下还原它们的氯化物制备，例如：

$$Na + KCl \xlongequal{} NaCl + K\uparrow$$

$$2RbCl + Ca \xlongequal{} CaCl_2 + 2Rb\uparrow$$

铯可以用镁还原 $CsAlO_2$ 制得：

$$2CsAlO_2 + Mg \xlongequal{} MgAl_2O_4 + 2Cs$$

应当指出，由于钾沸点低、易挥发，易溶于熔融 KCl 中而难分离，且在电解过程中产生的 KO_2 与 K 会发生爆炸反应，所以，在金属钾的实际生产中，并不采用电解 KCl 熔盐的方法。

碱金属的叠氮化物较易纯化，而且不易发生爆炸，所以加热分解碱金属的叠氮化物是制备碱金属的理想方法。例如：

$$2RbN_3 \xlongequal[\text{高真空}]{668\ K} 2Rb + 3N_2$$

$$2CsN_3 \xlongequal{663\ K} 2Cs + 3N_2$$

锂因形成很稳定的 Li_3N，故不能用这种方法制备。

由于锶、钡在电解质中有较大的溶解度，不能用电解法生产锶和钡。一般用铝热还原法生产锶和钡(也可以用硅还原法)。现将部分制备方法简述于表 17-4。

表 17-4 碱金属与碱土金属单质的制备方法

单质	方法
锂	723 K 下电解 55% LiCl 和 45% KCl 的熔融混合物
钠	853 K 下电解 40% NaCl 和 60% $CaCl_2$ 的混合物
钾	1 123 K 下，用金属钠还原氯化钾：$KCl+Na \xlongequal{} NaCl+K\uparrow$
铷或铯	1 073 K 左右、减压下，用钙还原氯化物，如：$2CsCl+Ca \xlongequal{} CaCl_2+2Cs$
铍	623～673 K 下，电解 NaCl 和 $BeCl_2$ 的熔融盐，或用镁还原氟化铍： $BeF_2+Mg \xlongequal{} Be+MgF_2$
镁	电解水合氯化镁(含 20% $CaCl_2$、60% NaCl)，先脱去其中的水，再电解得到镁和氯气： $MgCl_2\cdot1.5H_2O \xlongequal[\text{熔融}]{973\sim993\ K} MgCl_2+1.5H_2O$，　$MgCl_2 \xlongequal{\text{电解}} Mg+Cl_2\uparrow$ 或采用硅热还原法：$2(MgO\cdot CaO)+FeSi \xlongequal{} 2Mg+Ca_2SiO_4+Fe$
钙	1 053～1 073 K 下，电解 $CaCl_2$ 与 K 的混合物； 或采用铝热法：$6CaO+2Al \xlongequal{} 3Ca+3CaO\cdot Al_2O_3$
锶或钡	铝热法或硅还原法

§17.3 碱金属和碱土金属化合物

17.3.1 氢化物

碱金属和碱土金属中的钙、锶、钡在氢气流中加热，可以分别生成离子型氢化物(也称为盐型氢化物)，例如：

$$2M + H_2 \xlongequal{\triangle} 2MH \quad (M代表碱金属)$$

$$M + H_2 \xlongequal{\triangle} MH_2 \quad (M代表 Ca、Sr、Ba)$$

氢化锂约在 998 K 时形成，氢化钠和氢化钾在 573～673 K 时生成，其余氢化物在723 K 时生成，但在常压下反应进行缓慢。常温下这些氢化物为白色晶体，不纯的通常为浅灰色至黑色，它们的熔点、沸点较高，熔融时能够导电。离子型氢化物的密度比相应金属的密度大得多(如 K 的密度为 0.862 $g \cdot cm^{-3}$，而 KH 的密度为 1.43 $g \cdot cm^{-3}$)。碱金属氢化物具有 NaCl 型晶体结构，钙、锶、钡的氢化物具有像某些重金属氯化物(如斜方 $PbCl_2$)那样的晶体结构。氢化锂溶于熔融的 LiCl 中，电解时在阴极上析出金属锂，阳极放出氢气，这一点证明了离子型氢化物中含有 H^-。晶体结构研究表明，在碱金属氢化物中，H^- 的离子半径在 126 pm(LiH 中)到 154 pm(CsH 中)这样大的范围内变化。

碱金属氢化物中以 LiH 最稳定，加热到熔点(953 K)也不分解；其他碱金属氢化物加热未到熔点时便分解为氢气和相应的金属单质。碱土金属的离子型氢化物比碱金属的氢化物热稳定性高一些。

碱金属氢化物都是强还原剂，如固态 NaH 在 673 K 时能将 $TiCl_4$ 还原为金属钛：

$$TiCl_4 + 4NaH = Ti + 4NaCl + 2H_2\uparrow$$

在有机合成中，LiH 常用来还原某些有机化合物，CaH_2 也是重要的还原剂。在水溶液中 H_2/H^- 电对的 $\varphi^\ominus = -2.25$ V，可见 H^- 是最强的还原剂之一，可与水电离出的 H^+ 结合成为 H_2，如：

$$NaH + H_2O = NaOH + H_2\uparrow$$

$$CaH_2 + 2H_2O = Ca(OH)_2 + 2H_2\uparrow$$

CaH_2 与 H_2O 之间的反应在实验室用来除去溶剂或惰性气体中的痕量水。由于该反应为剧烈的放热反应，同时产生可燃性的氢气，因此不可用来脱除大量水；又由于该反应能放出大量的氢气(每克 CaH_2 约产生 1 L 标态 H_2)，所以 CaH_2 常用作军事和气象野外作业的生氢剂。

由于 H^- 有一对孤对电子，H^- 是很强的路易斯碱，所以 H^- 能在非水溶剂中与硼、铝等元素的缺电子化合物结合形成复合型氢化物，如铝氢化锂($LiAlH_4$)、硼氢化钠($NaBH_4$)等。LiH 和无水 $AlCl_3$ 在乙醚溶液中相互作用，可生成 $LiAlH_4$：

$$4LiH + AlCl_3 \xlongequal{乙醚} LiAlH_4 + 3LiCl$$

$LiAlH_4$ 是重要的还原剂，可用来制备其他氢化物，例如：

$$4BCl_3 + 3LiAlH_4 = 2B_2H_6 + 3AlCl_3 + 3LiCl$$

$LiAlH_4$ 在干燥空气中较稳定，遇水则发生猛烈的反应：

$$LiAlH_4 + 4H_2O = LiOH + Al(OH)_3 + 4H_2\uparrow$$

$LiAlH_4$ 在有机合成工业中用于有机官能团的还原，如将醛、酮、羧酸等还原为醇，将硝基还原为氨基等;在高分子化学工业中用作某些高分子聚合反应的引发剂。

17.3.2 氧化物

碱金属在空气中燃烧时,只有锂生成普通氧化物 Li_2O(白色固体)。其他碱金属的普通氧化物是用金属与它们的过氧化物或硝酸盐作用得到的。例如,用金属钠还原过氧化钠来制备氧化钠,用金属钾还原硝酸钾来制备氧化钾:

$$Na_2O_2 + 2Na \xlongequal{} 2Na_2O$$

$$2KNO_3 + 10K \xlongequal{} 6K_2O + N_2\uparrow$$

碱土金属在室温或加热下,能和氧气直接化合而生成氧化物 MO,但生产上是通过碳酸盐、硝酸盐、氢氧化物或硫酸盐等的热分解来制备,例如:

$$CaCO_3 \xlongequal{\triangle} CaO + CO_2\uparrow$$

$$2Sr(NO_3)_2 \xlongequal{\triangle} 2SrO + 4NO_2\uparrow + O_2\uparrow$$

由表 17-5 可见,碱金属氧化物的颜色从 Li_2O 到 Cs_2O 依次加深,稳定性(指分解为单质金属和氧气而言)依次下降。由于 Li^+ 的离子半径特别小,Li_2O 的熔点很高,Na_2O 的熔点也较高,其余碱金属氧化物在未达到熔点前即开始分解。

表 17-5 碱金属氧化物的性质(298.15 K)

性质 \ 氧化物	Li_2O	Na_2O	K_2O	Rb_2O	Cs_2O
颜色	白	白	淡黄	亮黄	橙红
熔点/K	1 840	1 193	623(分解)	673(分解)	763(分解)
$\Delta_f H_m^{\ominus}/(kJ\cdot mol^{-1})$	−597.94	−414.22	−361.5	−339	−345.77

碱土金属氧化物都是白色固体。除 BeO 为六方 ZnS 型晶体外,其他氧化物都是 NaCl 型晶体。由于碱土金属氧化物的正、负离子都带有两个电荷,离子间距离又较小,所以碱土金属氧化物具有较大的晶格能,因此,它们的熔点和硬度都很高。晶格中离子间距离越短,引力越大,硬度和熔点也越高。从 BeO 到 BaO 硬度依次降低,熔点除 BeO 外也是依次下降。据此特性,BeO 和 MgO 常用于制造耐火材料和金属陶瓷。碱土金属氧化物的有关性质列于表 17-6。

表 17-6 碱土金属氧化物的性质(298.15 K)

性质 \ 氧化物	BeO	MgO	CaO	SrO	BaO
熔点/K	2 803	3 073	2 849	2 703	2 196
离子间距离/pm	165	210	240	257	277
硬度	9	6.5	4.5	3.8	3.3
$\Delta_f H_m^{\ominus}/(kJ\cdot mol^{-1})$	−609.6	−601.7	−635.1	−592.0	−553.5
$\Delta_h H_m^{\ominus}/(kJ\cdot mol^{-1})$	14.2	40.6	66.5	81.6	103.4

碱金属氧化物与水化合生成氢氧化物,且与水反应的程度从 Li_2O 到 Cs_2O 依次加强。

Li_2O 与水反应很慢，但 Rb_2O 和 Cs_2O 与水反应时会发生燃烧甚至爆炸。BeO 几乎不与水发生反应，MgO 与水缓慢反应生成相应的碱，CaO、SrO 和 BaO 与水猛烈反应生成氢氧化物并放出大量的热，其中 CaO(生石灰)广泛应用在建筑工业上。

由表 17－6 水合热 $\Delta_h H_m^\ominus$ 值可知，氧化物的水合热依 Ca—Sr—Ba 的顺序增大。氧化钙的这种水合能力，常用来吸收酒精中的水分。在高温下氧化钙能同酸性氧化物 SiO_2 作用：

$$CaO + SiO_2 \xlongequal{} CaSiO_3$$

CaO 与 P_2O_5 也有类似反应，这可用在炼钢中除去杂质磷。

密度为 2.94 $g \cdot cm^{-3}$ 的氧化镁为白色细末，称为轻质氧化镁；密度为 3.58 $g \cdot cm^{-3}$ 的氧化镁称为重质氧化镁，两者均难溶于水，易溶于酸和铵盐溶液。氧化镁晶须(极细的纤维状单晶)有良好的耐热性、耐碱性、绝缘性、热传导性和补强特性，用作各种复合材料的补强剂。超细氧化镁的活性高、烧结效率高，常用作各种陶瓷的烧结助剂、稳定剂和各种电子材料用的辅助材料，也可作为橡胶、塑料等材料的特殊添加剂。

17.3.3 过氧化物

过氧化物中含有过氧离子 O_2^{2-} 或$[—O—O—]^{2-}$，按照分子轨道理论，O_2^{2-} 的分子轨道电子排布式为$[KK(\sigma_{2s})^2(\sigma_{2s}^*)^2(\sigma_{2p})^2(\pi_{2p})^4(\pi_{2p}^*)^4]$，成键 σ_{2s} 和反键 σ_{2s}^* 及成键 π_{2p} 和反键 π_{2p}^* 轨道上的电子相互抵消，只有一个 σ 键对形成稳定的过氧离子有利，键级为 1。

碱金属和碱土金属，除了铍未发现有过氧化物外，其余都能生成离子型过氧化物，但其制备方法各异。Li_2O_2 的工业制法是将 $LiOH \cdot H_2O$ 与 H_2O_2 反应，经减压、加热脱水获得。Na_2O_2 的工业制法是将除去 CO_2 的干燥空气通入熔融钠中，维持温度在 453～473 K 之间，钠即被氧化为 Na_2O，进而增加空气流量并迅速提高温度至 573～673 K，可制得 Na_2O_2：

$$4Na(熔融) + O_2 \xlongequal{453 \sim 473\ K} 2Na_2O$$

$$2Na_2O + O_2 \xlongequal{573 \sim 673\ K} 2Na_2O_2$$

采用上述方法难以制得纯 M_2O_2(M＝K、Rb、Cs)，这是因为它们很容易进一步氧化为 MO_2，可以在较低温度下，通氧气于这些金属的液氨溶液来制得纯 M_2O_2。

无水 MgO_2 只能在液氨溶液中获得，不能通过直接氧化制得。CaO_2 可以通过 $CaO_2 \cdot 8H_2O$ 脱水制得，$CaO_2 \cdot 8H_2O$ 则由 $CaCl_2 \cdot 6H_2O$、H_2O_2 和 $NH_3 \cdot H_2O$ 反应生成：

$$CaCl_2 + H_2O_2 + 2NH_3 \cdot H_2O + 6H_2O \xlongequal{} CaO_2 \cdot 8H_2O + 2NH_4Cl$$

SrO 和 BaO 与 O_2 在一定条件下反应，分别生成 SrO_2 和 BaO_2：

$$2SrO + O_2(2 \times 10^7\ Pa) \xlongequal{\triangle} 2SrO_2$$

$$2BaO + O_2 \xlongequal{773 \sim 793\ K} 2BaO_2$$

Na_2O_2 是最常见的碱金属过氧化物，其粉末呈淡黄色，易吸湿，热至 773 K 仍很稳定。它与水或稀酸在室温下反应生成过氧化氢：

$$Na_2O_2 + 2H_2O \xlongequal{} 2NaOH + H_2O_2$$

$$Na_2O_2 + H_2SO_4(稀) = Na_2SO_4 + H_2O_2$$

$$2H_2O_2 = 2H_2O + O_2\uparrow$$

过氧化氢随即分解放出 O_2，所以 Na_2O_2 可用作氧化剂、漂白剂和氧气发生剂。Na_2O_2 与 CO_2 反应，也能放出 O_2：

$$2Na_2O_2 + 2CO_2 = 2Na_2CO_3 + O_2$$

利用这一性质，Na_2O_2 在防毒面具、高空飞行和潜艇中用作供氧剂和二氧化碳吸收剂。

Na_2O_2 在碱性介质中是一种强氧化剂，例如在碱性溶液中，它能把 Cr(Ⅲ)氧化成 Cr(Ⅵ)，Mn(Ⅳ)氧化成 Mn(Ⅵ)。在分析化学中，常用它来氧化分解(碱熔)某些矿物。例如，它能将矿石中锰、铬、钒、锡等成分氧化成可溶的含氧酸盐，而自试样中分离出来，因此常用作分解矿石的熔剂。例如：

$$2FeO\cdot Cr_2O_3(铬铁矿) + 7Na_2O_2 \xlongequal{\triangle} Fe_2O_3 + 4Na_2CrO_4 + 3Na_2O$$

$$MnO_2(软锰矿) + Na_2O_2 \xlongequal{\triangle} Na_2MnO_4$$

由于 Na_2O_2 有强碱性，熔融时不能采用瓷制器皿或石英器皿，宜用铁、镍器皿。Na_2O_2 在熔融时几乎不分解，但遇到棉花、木炭或铝粉等还原性物质时，就会发生爆炸，使用时应十分小心。在酸性介质中，当 Na_2O_2 遇到 $KMnO_4$ 等强氧化剂时就显还原性：

$$2KMnO_4 + 5Na_2O_2 + 8H_2SO_4 = 2MnSO_4 + 5O_2\uparrow + K_2SO_4 + 5Na_2SO_4 + 8H_2O$$

碱土金属的过氧化物以 BaO_2 较为重要，BaO_2 与稀酸反应生成 H_2O_2，这是 H_2O_2 的实验室制法之一：

$$BaO_2 + H_2SO_4(稀) = H_2O_2 + BaSO_4\downarrow$$

BaO_2 也可作供氧剂、引火剂。

此外，K、Rb、Cs 在过量氧气中燃烧得超氧化物。由于 O_2^- 中有一个未成对的电子，故它具有顺磁性，并呈现出颜色。KO_2、RbO_2 和 CsO_2 分别为橙黄色、深棕色和深黄色的固体。由于 O_2^- 的键级比 O_2 小，所以 O_2^- 的稳定性比 O_2 差。碱金属超氧化物与 H_2O、CO_2 反应放出 O_2，用作供氧剂。$Ca(O_2)_2$、$Sr(O_2)_2$ 和 $Ba(O_2)_2$ 由相应过氧化物和 H_2O_2 在真空下加热生成，其中 $Ba(O_2)_2$ 最为稳定。

将干燥的 K、Rb、Cs 的氢氧化物固体粉末与 O_3 在低温下反应，能得到相应的臭氧化物 MO_3。例如：

$$3KOH(s) + 2O_3(g) = 2KO_3 + KOH\cdot H_2O + \frac{1}{2}O_2(g)$$

用液氨重结晶，可得橘红色晶体 KO_3，KO_3 与水反应放出 O_2：

$$4KO_3 + 2H_2O = 4KOH + 5O_2\uparrow$$

KO_3 不稳定，在室温下放置会缓慢分解，生成超氧化物和氧气：

$$2KO_3 = 2KO_2 + O_2\uparrow$$

17.3.4　氢氧化物

碱金属和碱土金属的氢氧化物都是白色固体。它们在空气中易吸水而潮解，故固体 NaOH 和 $Ca(OH)_2$ 常用作干燥剂。碱金属的氢氧化物对纤维和皮肤有强烈的腐蚀作用，所以称它们为苛性碱。氢氧化钠和氢氧化钾通常分别称为苛性钠（又称烧碱）和苛性钾。

表 17-7　碱金属和碱土金属氢氧化物的溶解度

碱金属氢氧化物	溶解度(288 K)/($mol \cdot L^{-1}$)	碱土金属氢氧化物	溶解度(288 K)/($mol \cdot L^{-1}$)
LiOH	5.3	$Be(OH)_2$	8×10^{-6}
NaOH	26.4	$Mg(OH)_2$	5×10^{-4}
KOH	19.1	$Ca(OH)_2$	6.9×10^{-3}
RbOH	17.9	$Sr(OH)_2$	6.7×10^{-2}
CsOH	25.8	$Ba(OH)_2$	2×10^{-1}

由表 17-7 数据可以看出，除 LiOH 外，碱金属氢氧化物的溶解度很大，而碱土金属氢氧化物的溶解度却小得多，$Be(OH)_2$ 和 $Mg(OH)_2$ 是难溶氢氧化物。碱土金属氢氧化物的溶解度从 $Be(OH)_2$ 到 $Ba(OH)_2$ 逐渐增大。在大多数情况下，离子化合物的溶解度与其离子势 $\varphi\left(\varphi=\dfrac{Z}{r}\right.$，$Z$ 为电荷数，r 为离子半径$\left.\right)$成反比。同族元素氢氧化物，随着阳离子半径的增大，阴、阳离子之间的吸引力逐渐减小，容易为水分子所拆开。在同一周期中，碱土金属离子比碱金属离子小，而且带两个正电荷，因此水分子不易将它们拆开，溶解度就小得多。

在碱金属、碱土金属的氢氧化物中，除 $Be(OH)_2$ 为两性，LiOH、$Mg(OH)_2$ 为中强碱，其他 MOH、$M(OH)_2$ 均为强碱。对于氢氧化物是否具有两性及碱性的强弱，通常用 M^{n+} 的离子势 φ 作定性判断。若以 ROH 代表氢氧化物，则 ROH 在水中有两种离解方式：

$$R—O—H \longrightarrow R^+ + OH^- \quad 碱式离解$$

$$R—O—H \longrightarrow RO^- + H^+ \quad 酸式离解$$

究竟以何种方式为主，或两者兼有，这与 φ 值的大小有关。φ 值越大，静电引力越强，R 对氧原子上的电子云的吸引力就越强，结果 O—H 键被削弱得越多，由共价键转变为离子键的倾向也越大，ROH 便以酸式离解为主。相反，φ 值越小，R—O 键越弱，则 ROH 倾向于碱式离解。

有人提出了一个判断 ROH 酸碱性的经验公式（仅适于 8e 构型的金属离子），如果离子半径 r 以 pm 为单位表示，则 $\sqrt{\varphi}>0.32$ 时，ROH 显酸性；$0.22<\sqrt{\varphi}<0.32$ 时，ROH 显两性；$\sqrt{\varphi}<0.22$ 时，ROH 显碱性。

例如：Na^+ 的 $Z=+1$，$r=97$ pm，$\sqrt{\varphi}=\sqrt{\dfrac{Z}{r}}=\sqrt{\dfrac{1}{97}}=0.102$，NaOH 显碱性；

Al^{3+} 的 $Z=+3$，$r=51$ pm，$\sqrt{\varphi}=\sqrt{\dfrac{Z}{r}}=\sqrt{\dfrac{3}{51}}=0.243$，$Al(OH)_3$ 显两性。

总之,当金属离子(R)的电子构型相同时,$\sqrt{\varphi}$ 值越小,碱性越强。

同一主族的金属氢氧化物,由于离子的电子构型和电荷数均相同,故其碱性强弱的变化主要取决于离子半径的大小。所以碱金属、碱土金属的氢氧化物均随金属离子半径的增大而碱性增强。现把这两族元素的氢氧化物的碱性递变规律概括如下:

	$\sqrt{\varphi}$		$\sqrt{\varphi}$
LiOH	0.121	$Be(OH)_2$	0.239
NaOH	0.102	$Mg(OH)_2$	0.174
KOH	0.087	$Ca(OH)_2$	0.142
RbOH	0.082	$Sr(OH)_2$	0.134
CsOH	0.077	$Ba(OH)_2$	0.122

碱性增强(自上而下);碱性增强(自右向左)

应当指出,用 $\sqrt{\varphi}$ 值的大小判断 ROH 的碱性强弱简单易行,但 ROH 的碱性强弱除了与 R 的电子层结构、电荷及半径有关外,还将受到其他一些因素的影响,因此这只是一种粗略的经验方法。

作为强碱的碱金属、碱土金属的氢氧化物,有一系列的碱性反应,现以 NaOH 为例予以说明。

NaOH 能与酸进行中和反应生成盐和水,如用 NaOH 吸收 H_2S 气体生成 Na_2S 和水。NaOH 也能与酸性氧化物反应生成盐和水,如 NaOH 吸收 CO_2 气体生成 Na_2CO_3,所以 NaOH 要密封保存。但 NaOH 表面不可避免地要接触空气而带有一些 Na_2CO_3。欲配制不含有 Na_2CO_3 的 NaOH 溶液,可先配制 NaOH 的饱和溶液,Na_2CO_3 因不溶于饱和的 NaOH 溶液而沉淀析出,静置,取上层清液,用煮沸后冷却的新鲜水稀释到所需的浓度即可。NaOH 还能与盐反应生成新的弱碱和盐,例如:

$$NaOH + NH_4Cl = NaCl + H_2O + NH_3\uparrow$$

$$6NaOH + Fe_2(SO_4)_3 = 2Fe(OH)_3\downarrow + 3Na_2SO_4$$

NaOH 的水溶液和熔融物,既能溶解某些两性金属(Al、Zn 等)及其氧化物,也能溶解许多非金属(Si、B 等)及其氧化物。

$$2Al + 2NaOH + 6H_2O = 2Na[Al(OH)_4] + 3H_2\uparrow$$

$$Zn + 2NaOH + 2H_2O = Na_2[Zn(OH)_4] + H_2\uparrow$$

$$2B + 2NaOH + 6H_2O = 2Na[B(OH)_4] + 3H_2\uparrow$$

$$Si + 2NaOH + H_2O = Na_2SiO_3 + 2H_2\uparrow$$

$$Al_2O_3 + 2NaOH \xlongequal{熔融} 2NaAlO_2 + H_2O$$

$$SiO_2 + 2NaOH = Na_2SiO_3 + H_2O$$

NaOH 的熔点较低(591.5 K),并具有溶解金属氧化物和非金属氧化物的能力,因此在工业生产和分析化学工作中常用于矿物原料和硅酸盐类试样的分解。氢氧化钠具有腐蚀性，熔融的氢氧化钠腐蚀性更强，能侵蚀衣服、玻璃等，并能严重烧伤皮肤，尤其是眼睛的角膜，因此在制备和使用 NaOH 时应特别注意材料的选择和防护。工业上熔化氢氧化钠一般用铸铁容器，在实验室可用银或镍的器皿。实验室盛 NaOH 溶液的试剂瓶要用橡皮塞，而不能用玻璃塞。否则，长时间存放后，NaOH 便和玻璃中的主要成分 SiO_2 反应生成黏性的 Na_2SiO_3 而使玻璃塞和瓶口粘贴在一起，难以打开。

NaOH 是一种重要的化工基本原料，应用很广泛，工业上采用电解食盐水的方法制备 NaOH，常用隔膜电解法和离子交换膜电解法。如需用少量 NaOH，也可用苛化法制备，即用消石灰或石灰乳与碳酸钠的浓溶液反应。

$$Na_2CO_3 + Ca(OH)_2 = 2NaOH + CaCO_3 \downarrow$$

KOH 的性质与 NaOH 很相似，但价格比 NaOH 昂贵，除非有特殊的需要，一般都用 NaOH。

$Ca(OH)_2$ 俗称熟石灰或石灰，它可由 CaO 与水反应制得。$Ca(OH)_2$ 价格低廉，来源充足，大量用于化工和建筑工业。由于 $Ca(OH)_2$ 的溶解度小，故在工业上往往使用它的悬浮液，即石灰乳。

§17.4 碱金属、碱土金属的盐类和配合物

17.4.1 盐类的特点

碱金属和碱土金属常见的盐有卤化物、硝酸盐、硫酸盐和碳酸盐等，这里着重讨论它们的晶体类型、溶解性、热稳定性等问题，并介绍几种重要的盐。

1. 碱金属盐类的特点

(1) 晶体类型

碱金属的盐大多数是离子晶体，晶体大多属 NaCl 型，铯的卤化物是 CsCl 型结构。它们的熔点均较高。由于 Li^+ 半径很小，极化力很强，它的某些盐(如卤化物)具有不同程度的共价性。

(2) 热稳定性

碱金属盐一般具有较高的热稳定性。碱金属卤化物在高温时挥发而不分解；碱金属硫酸盐的热稳定性很高，高温时也难分解；除 Li_2CO_3 在 1 000 K 以上部分地分解为 Li_2O 和 CO_2 外，其他碱金属碳酸盐很难分解。唯有硝酸盐热稳定性较低，加热到一定温度就可分解，例如：

$$4LiNO_3 \xlongequal{993\ K} 2Li_2O + 2N_2O_4\uparrow + O_2\uparrow$$

$$2NaNO_3 \xlongequal{1\,003\ K} 2NaNO_2 + O_2\uparrow$$

$$2KNO_3 \xlongequal{943\ K} 2KNO_2 + O_2\uparrow$$

(3) 溶解性

绝大多数碱金属盐易溶于水，并且在水中完全电离，例如卤化物、硝酸盐、亚硝酸盐、硫化物、硫酸盐和碳酸盐。少数难溶于水的有离子半径小的锂盐，如 LiF、碳酸锂(Li_2CO_3)、磷酸锂(Li_3PO_4)和高碘酸铁钾锂($LiKFeIO_6$)等，以及由大阴离子和较大阳离子组成的盐。钠的难溶盐有六羟基锑(V)酸钠($Na[Sb(OH)_6]$)(白色)、醋酸双氧铀酰锌钠($NaAc\cdot Zn(Ac)_2\cdot 3UO_2(Ac)_2\cdot 9H_2O$)(黄绿色)。钾的难溶盐有高氯酸钾($KClO_4$)(白色)、四苯基硼酸钾($KB(C_6H_5)_4$)(白色)、酒石酸氢钾($KHC_4H_4O_6$)(白色)、六氯合铂酸钾($K_2[PtCl_6]$)(淡黄色)，六硝基合钴(Ⅲ)酸钠钾(俗称钴亚硝酸钠钾)($K_2Na[Co(NO_2)_6]$)(亮黄色)。铷盐和铯盐中，难溶的有 $M_3[Co(NO_2)_6]$、$MB(C_6H_5)_4$、$MClO_4$、$M_2[PtCl_6]$，它们比相应的钾盐还要难溶。钠、钾的一些难溶盐的生成反应可用来鉴定 Na^+、K^+，如 $Na[Sb(OH)_6]$、$KB(C_6H_5)_4$、$NaAc\cdot Zn(Ac)_2\cdot 3UO_2(Ac)_2\cdot 9H_2O$ 和 $K_2Na[Co(NO_2)_6]$。

(4) 水合盐

碱金属盐有形成结晶水合物的倾向，相当数量的碱金属盐以水合物的形式自水溶液中析出。依 Li^+、Na^+、K^+、Rb^+、Cs^+ 半径的逐渐增大，形成水合盐的倾向递减。几乎所有的锂盐是水合的，钠盐有 75% 是水合的，钾盐有 25% 是水合物，铷盐和铯盐仅有少数是水合

盐。在常见的碱金属盐中，卤化物大多数是无水的，硝酸盐中只有锂盐形成水合物 $LiNO_3 \cdot H_2O$ 和 $LiNO_3 \cdot 3H_2O$，硫酸盐中也只有 $Li_2SO_4 \cdot H_2O$ 和 $Na_2SO_4 \cdot 10H_2O$，碳酸盐中除 Li_2CO_3 无水合物外，其余皆有不同形式的水合物，其水分子数见表 17 - 8。

表 17 - 8　碱金属碳酸盐水合物分子数

盐	Na_2CO_3	K_2CO_3	Rb_2CO_3	Cs_2CO_3
水合分子数	1、7、10	1、5	1、5	3、5

(5) 水解性

除 Li^+ 外，其他碱金属阳离子均难以水解。当 $LiCl \cdot H_2O$ 晶体受热发生水解时，产物为 LiOH 和 HCl。

(6) 复盐

碱金属盐，尤其是硫酸盐和卤化物，具有形成复盐的能力。复盐的溶解度一般比相应简单碱金属盐小得多。复盐有以下几种类型：

光卤石类：$MCl \cdot MgCl_2 \cdot 6H_2O$，其中 M 为 K^+、Rb^+、Cs^+，如光卤石 $KCl \cdot MgCl_2 \cdot 6H_2O$；

矾类：$MM'(\text{Ⅲ})(SO_4)_2 \cdot 12H_2O$，其中 M 为 Na^+、K^+、Rb^+、Cs^+，$M'(\text{Ⅲ})$ 为 Al^{3+}、Cr^{3+}、Fe^{3+}、Ga^{3+} 等，如明矾 $KAl(SO_4)_2 \cdot 12H_2O$。还有一类与矾类近似的硫酸复盐，其通式为 $M_2M'(\text{Ⅱ})(SO_4)_2 \cdot 6H_2O$（M 为 K^+、Rb^+、Cs^+，$M'(\text{Ⅱ})$ 可为 Mg^{2+}、Ni^{2+}、Co^{2+}、Fe^{2+}、Cu^{2+} 等），如软钾镁矾 $K_2SO_4 \cdot MgSO_4 \cdot 6H_2O$。

Li^+ 半径特别小，难以形成复盐。

(7) 颜色

所有碱金属离子，不论在晶体中，还是在水溶液中，都是无色的。所以，除了与有色阴离子形成有色盐外（如紫色的 $KMnO_4$、橙色的 $K_2Cr_2O_7$），其余碱金属的盐类都为无色。

2. 碱土金属盐类的特点

(1) 键型

碱土金属在化合时，多以形成离子键化合物为主要特征。铍由于离子半径小，与 IA 族相比电荷增大，且为 2 电子构型，极化能力增强，化学键中共价成分显著增加，键表现出与同族元素不同的化学性质。$BeCl_2$ 为共价型化合物，气态时为双聚分子 $(BeCl_2)_2$（773 K～873 K），温度再升高时，双聚体会离解为单体，在 1 273 K 完全离解。固态时形成多聚物 $(BeCl_2)_n$。$BeCl_2$ 中 Be 为 sp 杂化，直线型；双聚体 $(BeCl_2)_2$ 中 Be 采用 sp^2 杂化；多聚物 $(BeCl_2)_n$ 具有无限长链结构，Be 为 sp^3 杂化。$MgCl_2$ 也有一定程度的共价性。

(2) 溶解性

碱土金属的盐比相应碱金属盐的溶解度小，而且不少是难溶的，这是两者重要差别之一。碱土金属的硝酸盐、氯酸盐、高氯酸盐和乙酸盐等是易溶的，卤化物除氟化物外也是易溶的。碱土金属碳酸盐、磷酸盐和草酸盐等都是难溶的。硫酸盐、铬酸盐的溶解度差别较大，$BeSO_4$、$MgSO_4$、$BeCrO_4$、$MgCrO_4$ 是易溶的，其余硫酸盐、铬酸盐的溶解度依 Ca、Sr、Ba 的顺序降低，$BaSO_4$、$BaCrO_4$ 是其中溶解度最小的难溶盐。常利用它们的溶解度不同进行沉淀分离和离子的鉴定。例如：

检验溶液中是否有 SO_4^{2-}，在酸性溶液中，加几滴 $BaCl_2$ 溶液，有白色沉淀生成则有 SO_4^{2-}：

$$SO_4^{2-} + Ba^{2+} \xlongequal{} BaSO_4 \downarrow$$

在鉴定 Ba^{2+} 时，可加入 $Cr_2O_7^{2-}$，得到黄色的 $BaCrO_4$：

$$2Ba^{2+} + Cr_2O_7^{2-} + H_2O \xlongequal{} 2BaCrO_4 \downarrow + 2H^+$$

钙盐中以草酸钙的溶解度为最小，因此，常用生成白色 CaC_2O_4 的沉淀反应来鉴定 Ca^{2+}。

钙、锶、钡的硫酸盐在浓硫酸中因发生下列反应而显著溶解：

$$H_2SO_4 + MSO_4 \xlongequal{} M(HSO_4)_2$$

因此，在浓硫酸溶液中不能使它们沉淀完全。

(3) 热稳定性

由于 M^{2+} 的极化力较强，碱土金属盐的热稳定性较碱金属盐低，但常温下也都是稳定的。碱土金属硫酸盐、碳酸盐等的稳定性随金属离子半径的增大而增强，表现为它们的分解温度依次增高，见表 17-9。$BeCO_3$ 加热不到 373 K 就分解，而 $BaCO_3$ 在 1 633 K 时才分解。除了 $BeSO_4$ 在 823 K～873 K 发生分解作用外，其余碱土金属硫酸盐要在高温下才能分解：

$$MSO_4 \xlongequal{高温} MO + SO_3 \uparrow$$

表 17-9 碱土金属含氧酸盐的分解温度

碳酸盐	分解温度/K	硫酸盐	分解温度/K	硝酸盐	分解温度/K
$BeCO_3$	<373	$BeSO_4$	823～873	$Be(NO_3)_2$	398
$MgCO_3$	673	$MgSO_4$	1 397	$Mg(NO_3)_2$	723
$CaCO_3$	1 173	$CaSO_4$	1 733	$Ca(NO_3)_2$	848
$SrCO_3$	1 553	$SrSO_4$	1 853	$Sr(NO_3)_2$	908
$BaCO_3$	1 633	$BaSO_4$	>1 853	$Ba(NO_3)_2$	948

碱土金属硝酸盐加热时，铍和镁盐分解产生氧化物，钙、锶、钡盐分解产生亚硝酸盐：

$$2M(NO_3)_2 \xlongequal{\triangle} 2MO + 4NO_2 \uparrow + O_2 \uparrow \qquad M = Be、Mg$$

$$M(NO_3)_2 \xlongequal{\triangle} M(NO_2)_2 + O_2 \uparrow \qquad M = Ca、Sr、Ba$$

温度再高，亚硝酸盐也可以分解为氧化物。碱土金属硝酸盐的分解温度见表 17-9。

(4) 颜色

碱土金属离子 M^{2+} 也是无色的，所以它们的盐类的颜色一般取决于阴离子的颜色。无色阴离子与之形成的盐一般是无色或白色的，而有色阴离子与之形成的盐则具有阴离子的颜色。

3. 碳酸盐的热稳定性

一般碱金属盐具有较高的热稳定性。碱金属碳酸盐的热分解反应为：

$$M_2CO_3 \xlongequal{\triangle} M_2O + CO_2 \uparrow$$

随着阳离子半径从 Li 至 Cs 增加，热稳定性也增加，除了 Li_2CO_3 在高温下部分分解外，其余碱金属碳酸盐很难分解。

碳酸氢盐都不及碳酸盐稳定，碱金属的碳酸氢盐受热即分解为碳酸盐。

$$2MHCO_3 \xlongequal{\triangle} M_2CO_3 + CO_2 \uparrow + H_2O$$

碱土金属碳酸盐的热分解作用很典型。

$$MCO_3 \xlongequal{\triangle} MO + CO_2 \uparrow$$

碱土金属碳酸盐的热稳定性按 Be 到 Ba 的顺序增加，体现在分解温度逐渐升高，其分解温度见表 17－9。碱土金属碳酸盐的热稳定性可以用离子极化观点来说明。在碳酸盐中，既存在中心 C^{4+} 对周围 O^{2-} 的作用，又存在 M^{2+} 对 O^{2-} 的作用。阳离子半径越小，极化力越强，越容易从 CO_3^{2-} 中夺取 O^{2-} 成为氧化物，同时放出 CO_2，表现为碳酸盐的热稳定性越差，越易发生分解。碱土金属离子的极化力比相应的碱金属离子强，因而碱土金属碳酸盐的热稳定性比相应的碱金属碳酸盐差。Li^+ 和 Be^{2+} 的极化力在碱金属和碱土金属中是最强的，因此 Li_2CO_3 和 $BeCO_3$ 在其各自同族元素的碳酸盐中都是最不稳定的。在碱土金属碳酸盐中，M^{2+} 的电荷相同，阳离子半径从 Be^{2+} 至 Ba^{2+} 增加，极化力随之降低，即对 O^{2-} 的作用力随 Be^{2+} 至 Ba^{2+} 减弱，热稳定性随之增加。因此 MCO_3 的分解温度由上往下逐渐升高，这与实验结果一致。H^+ 的半径极小，极化力特别大，所以同种金属的碳酸盐中，酸式碳酸盐不如正盐稳定。

4. 焰色反应

碱金属和碱土金属（除铍和镁外）的挥发性化合物在高温火焰中，电子从低能级激发到高能级，处于高能级的电子，极不稳定，很快跃迁回较低能级，并以光的形式释放出能量而形成光谱线，使火焰呈现特征颜色。以钠为例说明电子在能级中的跃迁情况：Na^+ 电子构型为 $1s^2 2s^2 2p^6$，当 2p 能级上的电子受热激发到 3p 空轨道上，处于高能级 3p 上的电子不稳定，跃迁到低能级的 3s 轨道，并以可见光 589 nm 放出能量（NaCl 黄色火焰对应灵敏光谱线的波长为 589 nm）。不同种元素的原子因电子层结构不同而产生不同颜色的火焰，锂使火焰呈红色、钠呈黄色、钾呈紫色、铷和铯呈紫红色、钙呈橙红色、锶呈洋红色、钡呈绿色。在分析化学中，常利用这种性质鉴定这些元素，这种方法称为焰色反应。在实际生活中，利用碱金属和钙、锶、钡盐在灼烧时产生不同焰色的原理，可以制造各色焰火，例如红色焰火的简单配方为（质量百分比）：34% $KClO_3$、45% $Sr(NO_3)_2$、10%炭粉、4%镁粉和 7%松香；绿色焰火配方为（质量百分比）：38% $Ba(ClO_3)_2$、40% $Ba(NO_3)_2$ 和 22% S。

17.4.2 几种重要的盐

1. 卤化物

碱金属卤化物在水中除 LiF 微溶外，其他碱金属卤化物均易溶。碱土金属卤化物除氟化物外，一般易溶于水。

卤化物中用途最广的是氯化钠，在自然界中，氯化钠资源非常丰富，海水、内陆盐湖、地下卤水及盐矿都蕴藏着丰富的盐资源。氯化钠为透明晶体，味咸，易溶于水，其溶解度受温度影响小。氯化钠除供食用外，还是重要的化工原料，可用于制备金属钠、NaOH 和 Na_2CO_3 等。氯化钠与冰的混合物可用作制冷剂。

氯化钾是制备其他钾化合物的基本原料，也用来制备金属钾，电解 KCl 水溶液可以得到 KOH。根据在热水中 NaCl 的溶解度较小，利用 KCl 和 $NaNO_3$ 溶液使两者之间进行离子互换反应可得到 KNO_3：

$$KCl(aq) + NaNO_3(aq) \xlongequal{} KNO_3(aq) + NaCl(s)$$

硝酸钾(KNO_3)是重要的氧化剂，可用来制造火药。大量的 KCl 和 K_2SO_4 用作肥料。需指出的是，钾的化合物往往比相应钠的化合物价格高，因此，钾化合物的应用受到了影响。

卤化铍是共价型聚合物$(BeX_2)_n$，不导电、能升华，蒸气中有 $BeCl_2$ 和$(BeCl_2)_2$ 分子。水合 $BeCl_2$ 在加热条件下按下式分解：

$$BeCl_2 \cdot 4H_2O \xlongequal{\triangle} BeO + 2HCl\uparrow + 3H_2O\uparrow$$

无水氯化镁熔融电解可制得金属镁，它是制取金属镁的原料，光卤石和海水是取得 $MgCl_2$ 的主要资源。氯化镁常以 $MgCl_2 \cdot 6H_2O$ 形式存在，其为无色晶体，味苦，易吸水。$MgCl_2 \cdot 6H_2O$ 受热时分解成碱式氯化镁和氯化氢：

$$MgCl_2 \cdot 6H_2O \xlongequal{>408\ K} Mg(OH)Cl + HCl\uparrow + 5H_2O\uparrow$$

强热时碱式氯化镁进一步分解成氧化镁和氯化氢：

$$Mg(OH)Cl \xlongequal{>773\ K} MgO + HCl\uparrow$$

因此，欲得到无水 $MgCl_2$，必须在干燥的 HCl 气流中加热 $MgCl_2 \cdot 6H_2O$ 使其脱水：

$$MgCl_2 \cdot 6H_2O \xlongequal[\triangle]{HCl(气体)} MgCl_2 + 6H_2O\uparrow$$

氯化镁有吸潮性，普通食盐的潮解就是含有氯化镁之故。纺织工业中用氯化镁保持棉纱的湿度而使其柔软。灼烧过的 MgO 和 $MgCl_2$ 的浓溶液按一定比例混合，调制成凝胶材料，俗称镁水泥，这种水泥硬化快、强度高，还可用木屑、刨花为填料，制成人造大理石、刨花板等。

氟化钙(CaF_2)，又称萤石，是制取 HF 和 F_2 的重要原料。在冶金工业中用作助熔剂，也用于制作光学玻璃和陶瓷等。

氯化钙是常用的钙盐之一，易溶于水，也溶于乙醇。将碳酸钙、氢氧化钙、氧化钙等溶于稀盐酸，浓缩冷却就得到 $CaCl_2 \cdot 6H_2O$。$CaCl_2 \cdot 6H_2O$ 加热至 473 K 脱去 4 个结晶水，加热到 533 K 可得到白色多孔的 $CaCl_2$：

$$CaCl_2 \cdot 6H_2O \xrightarrow{473\ K} CaCl_2 \cdot 2H_2O \xrightarrow{533\ K} CaCl_2$$

上述失水过程中仍有少许水解反应，故无水 $CaCl_2$ 中常含有微量的 CaO。

无水氯化钙有很强的吸水性，实验室常用作干燥剂，由于它能与气态氨和乙醇形成加成物，所以不能用于干燥氨气和乙醇。氯化钙可用作制冷剂，$CaCl_2 \cdot 6H_2O$ 与冰以质量比

1.44∶1 混合，可获得 218 K 的低温。

氯化钡为无色单斜晶体，一般为水合物 $BaCl_2 \cdot 2H_2O$，加热到 400 K 转化为无水 $BaCl_2$。氯化钡是重要的可溶性钡盐，从它开始可制备各种钡的化合物。可溶性钡盐对人、畜有毒，对人的致死量为 0.8 g，使用时切忌入口。氯化钡用于灭鼠，在实验室中用于鉴定 SO_4^{2-}。

2. 碳酸盐

碳酸锂可以由含锂的矿物得到：

$$2LiAlSi_2O_6 + Na_2CO_3 \xlongequal{} Li_2CO_3 + 2NaAlSi_2O_6$$

在上述反应系统中不断通入 CO_2，使难溶的 Li_2CO_3 转化为可溶的 $LiHCO_3$，从而与难溶的硅酸盐分离：

$$Li_2CO_3 + CO_2 + H_2O \xlongequal{} 2LiHCO_3$$

碳酸锂是制备其他锂化物的原料。碳酸锂有一种神奇的医学功能，可用于治疗狂躁型抑郁症。

碳酸钠俗称纯碱或苏打，通常是含 10 个结晶水的白色晶体 $Na_2CO_3 \cdot 10H_2O$，在空气中易风化而逐渐碎裂为疏松的粉末，易溶于水，其水溶液有较强的碱性，可在不同反应中作碱使用，这也是人们称其为纯碱的原因。

纯碱在工业上常用氨碱法制取，我国化学工程学家侯德榜 1942 年改革成侯氏制碱法，即联碱法，其主要工艺过程为：先用 NH_3 将食盐水饱和，然后通入 CO_2，发生反应如下：

$$NaCl + NH_3 + CO_2 + H_2O \xlongequal{< 313\ K} NaHCO_3\downarrow + NH_4Cl$$

$NaHCO_3$ 溶解度较小，从溶液中析出，经分离后进行煅烧，分解为 Na_2CO_3：

$$2NaHCO_3 \xlongequal{> 600\ K} Na_2CO_3 + CO_2\uparrow + H_2O\uparrow$$

在 278～283 K 时向析出 $NaHCO_3$ 的母液中，加入细的食盐粉末，利用低温下 NH_4Cl 的溶解度比 NaCl 的小以及同离子效应，使 NH_4Cl 从母液中析出：

$$NH_4Cl\ (aq) + NaCl(s) \xrightarrow{278 \sim 283\ K} NH_4Cl(s) + NaCl\ (aq)$$

NH_4Cl 可作氮肥，NaCl 溶液可以循环使用，从而提高了氯化钠的利用率。

碳酸钠是最基本的化工原料之一，大量用于玻璃、陶瓷、肥皂、造纸、纺织洗涤剂的生产和有色金属的冶炼。

碳酸氢钠俗称小苏打，白色粉末，可溶于水，但溶解度不大，其水溶液呈弱碱性，主要用于医药和食品工业。碳酸氢钠是发酵物的主要成分，可用来烘烤面包。有时也在食盐中加入少量 $NaHCO_3$，这是因为食盐中含有的少量 $MgCl_2$ 易吸湿，从而使食盐容易结块，加入 $NaHCO_3$ 后，使 $MgCl_2$ 转化为 $MgCO_3$，就不再吸湿了。

$CaCO_3 \cdot 6H_2O$ 为无色单斜晶体，难溶于水，易溶于酸和氯化铵溶液。$CaCO_3$ 为无色斜方晶体，热至 1 000 K 转变为方解石。碳酸钙常用于制备 CaO、CO_2、发酵粉和涂料等。

$CaCO_3$ 易溶解在含有二氧化碳的水中，形成易溶于水的碳酸氢钙：

$$CaCO_3 + CO_2 + H_2O \xlongequal{} Ca(HCO_3)_2$$

而在一定条件下,含有 $Ca(HCO_3)_2$ 的水流经岩石又会分解:

$$Ca(HCO_3)_2 = CaCO_3\downarrow + CO_2\uparrow + H_2O$$

石灰岩溶洞及钟乳石的形成就是基于上述反应。

3. 硫酸盐

$Na_2SO_4\cdot 10H_2O$ 俗称芒硝,由于它有很大的熔化热,是一种较好的相变储热材料的主要组分(此外还有 $CaCl_2\cdot 10H_2O$、$Na_2HPO_4\cdot 12H_2O$、$Na_2S_2O_3\cdot 5H_2O$),白天它吸收太阳能而熔融,夜间冷却结晶就释放出热量。无水 Na_2SO_4 俗称元明粉,大量用于玻璃、造纸、陶瓷等工业中,也用于制备 Na_2S 和 $Na_2S_2O_3$。

$MgSO_4\cdot 7H_2O$ 为无色单斜或正交晶体,受热脱水过程如下:

$$MgSO_4\cdot 7H_2O \xrightarrow{350\ K} MgSO_4\cdot H_2O \xrightarrow{520\ K} MgSO_4$$

硫酸镁易溶于水,微溶于乙醇,不溶于乙酸和丙酮,用作媒染剂、泻盐,也用于造纸、纺织、肥皂和油漆工业等。

$CaSO_4\cdot 2H_2O$ 俗名生石膏,加热到 393 K 左右,部分脱水而成熟石膏($CaSO_4\cdot \frac{1}{2}H_2O$),温度升高,熟石膏会进一步脱水,其受热脱水过程如下:

$$CaSO_4\cdot 2H_2O \xrightarrow{393\ K} CaSO_4\cdot \frac{1}{2}H_2O \xrightarrow{>673\ K} CaSO_4 \xrightarrow{\triangle} xCaSO_4\cdot yCaO$$

熟石膏与水混合成糊状后放置一段时间会变成二水合盐,这时逐渐硬化并膨胀,故用于制造塑像、模型、粉笔和石膏绷带等。把石膏加热到 673 K 以上,得到无水石膏,它不能与水化合。无水石膏进一步受热分解所得的 $xCaSO_4\cdot yCaO$ 叫作水凝石膏,遇水会凝固,大量用于建筑材料。

硫酸钡俗称重晶石,是制备其他钡类化合物的原料。由于重晶石难溶于水,故先将重晶石粉与煤粉混合,在高温下(1 173~1 473 K)进行还原焙烧,使难溶 $BaSO_4$ 转变为可溶的 BaS,然后制备其他钡盐,如硫化钡、氯化钡、碳酸钡等。

$$BaSO_4 + 4C \xlongequal{1\,273\ K} BaS + 4CO\uparrow$$

$$BaSO_4 + 4CO = BaS + 4CO_2\uparrow$$

$$BaS + 2HCl = BaCl_2 + H_2S\uparrow$$

$$BaS + CO_2 + H_2O = BaCO_3\downarrow + H_2S\uparrow$$

重晶石可作白色涂料,在橡胶、造纸工业中作白色填料。$BaSO_4$ 是唯一无毒的钡盐,因其溶解度小,又不溶于胃酸,不会使人中毒,同时它能强烈吸收 X 射线,所以纯净的 $BaSO_4$ 在医学上用作胃肠系统的 X 射线造影剂。此外,由于重晶石粉难溶且密度大($4.5\ g\cdot cm^{-3}$),故大量用作钻井泥浆的加重剂,以防止井喷。

17.4.3 配合物

碱金属和碱土金属的配合物大多数为金属阳离子(硬酸)与体积小、电负性大的配位原子(硬碱,如 O、N 原子)通过库仑作用力形成的配位体。s 区金属离子由于离子构型的特点,形成配合物在数量上比 d 区金属离子少得多。

碱金属离子和 Ca^{2+}、Sr^{2+}、Ba^{2+} 与多齿配体能形成配合物，这些阳离子与单齿配体的配位能力较弱。自 1967 年美国化学家 C. J.Pederson 首次报道合成了二苯并-18-冠-6 这一冠醚以来，促进了 s 区金属的冠醚和穴醚配合物的研究。冠醚是由于其形状很像皇冠而得名。例如，18-冠-6 是由 18 个原子(C 和 O)组成的环，见图 17-1，简写为 18C6，冠醚既具有疏水的外部骨架，又具有亲水的可以与金属离子成键的内腔。不同的冠醚其腔径和电荷分布不同，对不同大小的球形金属离子具有配位选择性。当金属离子与冠醚大小匹配时，显示出较强的离子键合能力。冠醚能与碱金属、碱土金属离子形成稳定的配合物。例如，K^+ 的直径与 18-冠-6 的腔径相当，两者间能形成稳定的配合物，半径较小的 Li^+ 选择腔径较小的 12C4 类冠醚与之配位则最合适。

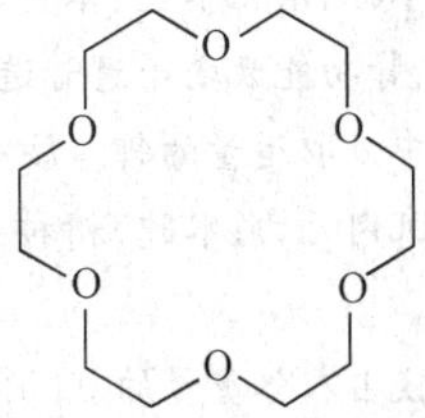

图 17-1　18-冠-6 的结构

当冠醚中的氧原子被杂原子氮所取代，形成含氮的双环和三环多醚，其结构形状犹如地穴，称其为穴醚。碱金属、碱土金属阳离子的穴醚配合物比冠醚配合物稳定得多。

利用各种冠醚对碱金属离子的选择性，可以实现碱金属离子的萃取分离，其在有机合成、功能材料和生物化学的研究中有着重要作用。

碱土金属离子除能形成大环配合物外，还能与一些较常见的配体形成较稳定的配合物。

铍与同族其他元素相比，由于电子构型的特殊性，能与某些配体形成相当稳定的单齿配合物，如 $[BeF_4]^{2-}$、$[BeCl_4]^{2-}$、$[Be(OH)_4]^{2-}$、$[Be(NH_3)_4]^{2+}$ 等，也能与一些配体(如 $C_2O_4^{2-}$ 等)形成螯合物，它们几乎总是四配位的。Mg^{2+} 和 Ca^{2+} 有较明显的形成配合物的趋势，它们都能与多磷酸根阴离子结合生成螯合物。利用这一性质可除去硬水中的 Mg^{2+} 和 Ca^{2+} 而达到软化水的目的。碱土金属离子(除 Be^{2+} 外)都能与 EDTA 形成螯合物 $[MY]^{2-}$，它们的 $\lg K_f^\ominus$ 依次为 8.7、10.7、8.73 和 7.86。

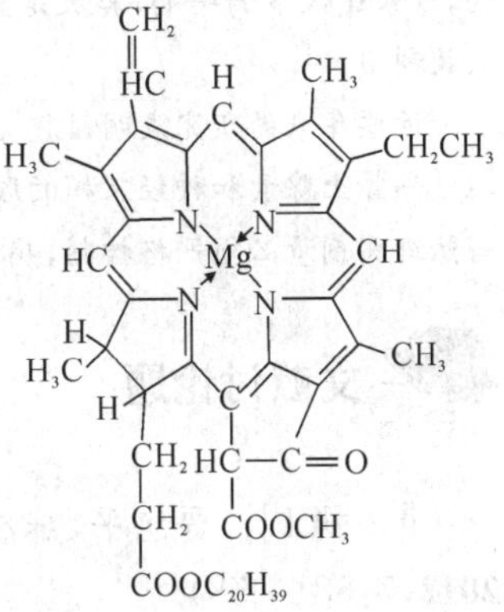

图 17-2　叶绿素 α 的结构

叶绿素(图 17-2)及其有关化合物是镁的一类重要螯合物——四吡咯系镁化合物。叶绿素在植物的光合作用中起着重要的作用，将大气中的 CO_2 转变成碳水化合物：

$$6CO_2+6H_2O \xlongequal{h\nu} C_6H_{12}O_6+6O_2$$

扩展内容

钠、钾、镁、钙的生理功能

钠、钾、镁、钙对生物的生长和正常发育是绝对需要的。钠、钾分别约占人体重量的 0.15% 和 0.35%，在体内以离子状态存在于一切组织液之中。细胞内以 K^+ 含量多，而细胞外液(血浆、淋巴、消化液)中则 Na^+ 含量多。Na^+ 和 K^+ 配合默契，共同调整细胞与血液之间的容量、渗透压和酸碱平衡，对维持细胞的正常结构和功能起着非常重要的作用。

食盐是人类日常生活中不可缺少的无机盐，如果得不到足量的食盐，就会患缺钠症，表现为乏力、晕眩、食欲不振、消化不良、体重减轻、多汗、心悸、血压下降等，严重者可出现昏迷。摄入钠过多，会对高血压、心脏病、肾功能衰竭等患者造成很大的危害。人可以从肉、奶等食物中获取一定量的钠，从果实、谷类、蔬菜等食物中吸取适量的钾。缺钾可对心肌产生损害，引起心肌细胞变性和坏死，还可引起肾、肠及骨骼的损害，出现肌肉无力、水肿、精神异常等。钾过多则可引起四肢苍白发凉、嗜睡、动作迟笨、心跳减慢以至突然停止。

镁占人体重量的 0.05%，成年人体内含有 20～30 g 镁，70%与钙一起结合成为磷酸盐和碳酸盐，是骨骼和牙齿的重要成分之一，其余的 25%在软组织中，5%于体液中，Mg^{2+} 是细胞内液中除 K^+ 之外的重要离子。镁是维持心肌正常功能和结构所必需的，特别重要的是，镁与血压、心肌的传导性与节律、心肌舒缩等有关。若缺镁会导致冠状动脉病变，心肌坏死，出现抑郁、肌肉软弱无力和晕眩等症状。成年人每天镁的需要量为 200～300 mg，可从各种动植物性食物中摄取。

钙占人体总重量的 1.5%～2.0%。一般成年人体内含钙量约为 1 200 g，其中大约 99% 的钙以磷酸盐的形式集中在骨骼和牙齿内，统称为“骨钙”，其余 1%的钙大部分以离子状态存在于软组织、细胞液及血液中，少部分与柠檬酸螯合，或与蛋白质结合，这一部分统称为“混溶钙池”，与骨骼钙保持着动态平衡。神经递质的释放、神经肌肉的兴奋、神经冲动的传导、激素的分泌、血液的凝固、细胞黏附、肌肉收缩等都需要钙。钙能维持神经肌肉的正常兴奋和心跳规律，血钙增高可抑制神经肌肉的兴奋，如血钙降低，则引起兴奋性增强，而产生手足抽搐。人体内的钙如果缺乏，对儿童会造成骨质生长不良和骨化不全，会出现囟门晚闭，出牙晚，“鸡胸”或佝偻病；对成年人来说，则患软骨病，易发生骨折并发生出血和瘫痪等疾病，高血压、脑血管病等也与缺钙有关。成年人每日约有 700 mg 的钙要进行更新，因此必须从食物摄取钙，我国的膳食是低钙的，专家建议多喝牛奶，其次是豆制品和活性钙制剂，并注意多晒太阳，以促进维生素 D 的合成，改善钙的吸收利用。

近些年来的研究表明，Li^+ 在人脑中有某些作用，它可以改变体内电解质平衡，Li^+ 的减少可引起中枢——肾上腺素和神经末梢的胺量降低。Li_2CO_3 已成为治疗狂躁型抑郁症最安全、最有效的药物之一。当然给药剂量必须严格控制，病人每天口服 Li_2CO_3 的量为600～800 mg，太多的 Li^+ 会造成心脏停止跳动。

文献讨论题

［文献 1］ 贾旭平，陈梅，钠离子电池电极材料研究进展，中国电子科学研究院学报，**2012**，7：581—584.

钠离子电池具有资源丰富、成本低廉、分布广泛、半电池电势高、电化学性能稳定、安全性好等特点，被认为是替代锂离子电池作为下一代电动汽车动力电源及大规模储能电站配套电源的理想选择。钠离子电池是一种浓差电池，其正负极由两种不同的钠离子嵌入化合物组成。充电时，Na^+ 从正极脱嵌经过电解质嵌入负极，负极处于富钠态，正极处于贫钠态，同时电子的补偿电荷经外电路供给到负极，保证正负极电荷平衡。放电时则相反，Na^+ 从负极脱嵌，经过电解质嵌入正极，正极处于富钠态。在正常的充放电情况下，钠离子在正负极之间的嵌入和脱出，不破坏晶体结构，正负极材料的化学结构基本不变。阅读上述文献，分析钠离子在电极材料中的作用及其优缺点。

［文献 2］ Katharina M. Fromm，Coordination polymer networks with s-block metal ions，*Coord. Chem. Rev.*，**2008**，252：856—885.

配位聚合物是有机配体和金属离子之间通过配位键形成的具有高度规整的无限网络结构的配合物。这些配合物也被称为金属-有机配合物网络或金属-有机框架。它们是通过过渡金属和有机配体的自组装而形成的，它们结合了复合高分子和配合物两者的特性，表现出其独特的性质，在非线性光学材料、磁性材料、超导材料及催化等多方面都有极好的应用前景。碱土金属在所有的生物有机体中扮演着重要的角色。尤其是镁、钙元素，它们是生物系统中最重要元素，在酶的生物活性、核酸配位、神经传导、肌肉收缩及新陈代谢等方面扮演着至关重要的角色。相对于过渡金属及稀土金属配位聚合物而言，碱土金属配位聚合物的研究比较少。阅读上述文献，讨论碱土金属在配位聚合物的合成和性质研究中应用。

习题

1. 试根据碱金属和碱土金属元素的电子层构型说明它们化学活泼性的递变规律。

2. 为什么碱土金属比相应的碱金属的熔点高、硬度大？

3. 在自然界中，有无碱金属单质或氢氧化物存在，为什么？

4. 金属钠为什么要保存在煤油中？

5. 试述过氧化钠的性质、制备和用途。

6. 解释碱土金属碳酸盐的热稳定性变化规律。

7. 简要说明工业上生产金属钠、烧碱和纯碱的基本原理。

8. 无水 $CaCl_2$ 是一种干燥剂，为什么不能干燥气态 NH_3 和乙醇？

9. 钾比钠活泼，为什么可通过如下反应制备金属钾？

$$KCl + Na \xlongequal{熔融} NaCl + K$$

10. 工业 NaCl 中含有杂质 Ca^{2+}、Mg^{2+}、Fe^{3+}，通常采用沉淀法除去，试问为什么在 NaCl 溶液中除加 NaOH 外还要加 Na_2CO_3？

11. 锂、钠、钾、铷、铯在过量氧中燃烧时生成何种氧化物？各类氧化物与水作用如何？

12. 在电炉法炼镁时，要用大量的冷氢气将炉口馏出的蒸气稀释、降温，以得到金属镁粉，请问能否用空气、氮气、二氧化碳代替氢气作冷却剂，为什么？

13. 试解释为什么碱金属的液氨溶液：(1) 具有导电性；(2) 是顺磁性的；(3) 稀溶液呈蓝色。

14. 锂的标准电极电势比钠低，但金属锂与水反应不如钠与水反应剧烈，试解释之。

15. 为什么选用氢化钙做野外氢气发生剂？为什么选用过氧化钠做潜水密封舱中的供氧剂？请写出有关方程式。现有 1 kg Na_2O_2，在标准状况下，可生成多少升氧气？

16. 试预测 K^+ 和 Na^+ 哪一个更有利于与 18-冠-6 形成配合物，为什么？

17. 为什么把 CO_2 通入 $Ba(OH)_2$ 溶液时有白色沉淀，而把 CO_2 通入 $BaCl_2$ 溶液时没有沉淀产生？

18. NaOH 溶液为什么不能用磨口试剂瓶保存？NaOH 溶液为什么常含有少量 Na_2CO_3，如何鉴别之？在实验室中，如何配制不含 Na_2CO_3 的 NaOH 溶液？

19. 完成下列反应式：

$Na + NH_3 \longrightarrow$	$Na + C_2H_5OH \longrightarrow$
$Na_2O_2 + H_2O \longrightarrow$	$KMnO_4 + Na_2O_2 + H_2SO_4 \longrightarrow$
$KO_2 + H_2O \longrightarrow$	$KO_2 + CO_2 \longrightarrow$
$Be(OH)_2 + NaOH \longrightarrow$	$MgCl_2 \cdot 6H_2O \xrightarrow{\triangle}$
$BaO_2 + H_2SO_4 \longrightarrow$	

20. 求反应 $MgO(s) + C(石墨) \rightleftharpoons CO(g) + Mg(s)$ 在什么温度下能自发进行？

21. 写出 $Ca(OH)_2(s)$ 与氯化镁溶液反应的离子方程式，计算该反应在 298 K 下的标准平衡常数。如果 $CaCl_2$ 溶液中含有少量 $MgCl_2$，如何除去？

22. 钡盐一般有毒，例如 0.8 g 的 $BaCl_2 \cdot 2H_2O$ 能够使人致死，但医学上的“钡餐透视”却用 $BaSO_4$ 与糖浆混合后,让人服下,试解释:(1) 作为肠胃 X 射线造影材料;(2) 不致中毒。

23. 含有 Ca^{2+}、Mg^{2+} 和 SO_4^{2-} 离子的粗食盐如何精制成纯的食盐,以化学反应方程式表示。

24. 以重晶石为原料,如何制备 BaS、$BaCl_2$、$BaCO_3$、BaO 和 BaO_2?写出有关的化学反应方程式。

25. 写出下列物质的化学式。

光卤石、明矾石、重晶石、天青石、方解石、白云石、石膏、苏打、小苏打、芒硝、萤石

26. 完成下列各步反应方程式。

$$(1)\ MgCl_2 \underset{②}{\overset{①}{\rightleftharpoons}} Mg \overset{③}{\longrightarrow} Mg(OH)_2 \qquad (2)\ CaCO_3 \underset{②}{\overset{①}{\rightleftharpoons}} CaO \underset{④}{\overset{③}{\rightleftharpoons}} Ca(NO_3)_2$$

$$MgCO_3 \overset{⑥}{\longrightarrow} Mg(NO_3)_2 \overset{⑦}{\longrightarrow} MgO \qquad CaCl_2 \overset{⑦}{\longrightarrow} Ca \overset{⑧}{\longrightarrow} Ca(OH)_2$$

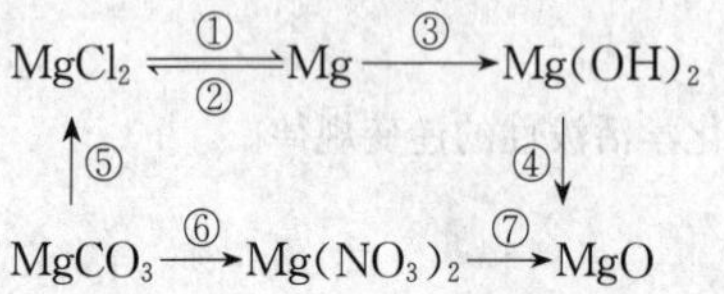

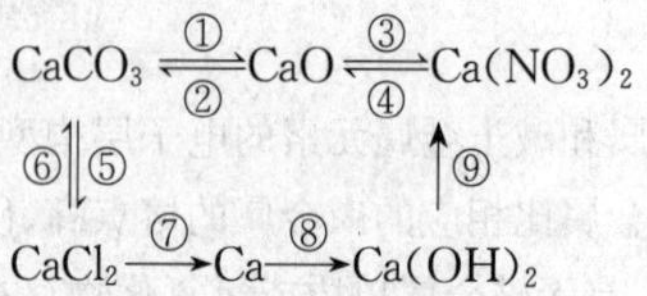

27. 有六瓶失去标签的白色固体试剂,它们可能是 $MgCO_3$、$Mg(OH)_2$、$BaCO_3$、无水 Na_2CO_3、$CaCl_2$ 和 Na_2SO_4,如何鉴别?

28. 向一含有 Ba^{2+} 和 Sr^{2+}(均为 $0.1\ mol \cdot L^{-1}$)的溶液中,滴加 K_2CrO_4 溶液。试问首先析出的沉淀是什么物质?通过计算说明能否将 Ba^{2+} 和 Sr^{2+} 分离(假设反应过程中溶液体积不变)。

29. 有一白色固体混合物,其中可能含有 KCl、$MgSO_4$、$BaCl_2$、$CaCO_3$,根据下列实验现象判断混合物中有哪几种化合物?

(1) 混合物溶于水,得到透明澄清液;

(2) 对溶液作焰色反应,通过钴玻璃观察到紫色;

(3) 向溶液中加入 $NaOH$ 溶液,产生白色胶状沉淀。

30. 有一固体混合物 A,加入水以后部分溶解,得溶液 B 和不溶物 C。往 B 溶液中加入澄清的石灰水出现白色沉淀 D,D 可溶于稀 HCl,放出可使石灰水变浑浊的气体 E,溶液 B 的焰色反应为黄色。不溶物 C 可溶于稀盐酸得溶液 F,F 可以使酸化的 $KMnO_4$ 溶液褪色,F 可使淀粉- KI 溶液变蓝。向盛有 F 的试管中加入少量 MnO_2 可产生气体 G,G 可使带有余烬的火柴复燃。在 F 中加入 Na_2SO_4 溶液,可产生不溶于硝酸的沉淀 H,F 的焰色反应为黄绿色。问 A、B、C、E、F、G、H 各是什么?写出有关离子反应方程式。

第 18 章　铜族和锌族元素

§18.1　铜族元素

18.1.1　铜族元素概述

周期系第ⅠB 族元素包括铜、银、金三种，通常称为铜族元素，其最外层电子数与碱金属相同，不同的是铜族元素原子的次外层为 18 个电子，而碱金属次外层为 8 个电子(锂除外)，它们的价电子构型为$(n-1)d^{10}ns^1$。由于 18 电子结构对核的屏蔽效应比 8 电子结构小得多，即铜族元素原子的有效核电荷较大，对最外层 s 电子的吸引力较碱金属强。因此，与同周期碱金属相比，铜族元素的原子半径小得多，相应电离能高得多，金属活泼性远小于碱金属。表 18－1 列出了铜族元素的基本性质。

表 18－1　铜族元素的基本性质

性质	铜	银	金
元素符号	Cu	Ag	Au
原子序数	29	47	79
相对原子质量	63.546	107.868	196.966 5
价电子构型	$3d^{10}4s^1$	$4d^{10}5s^1$	$5d^{10}6s^1$
常见氧化态	＋1,＋2	＋1	＋1,＋3
原子半径/pm(金属半径)	127.8	144.4	144.2
M^+离子半径/pm	96	126	137
M^{2+}离子半径/pm	72	89	85(M^{3+})
第一电离能/$kJ\cdot mol^{-1}$	750	735	895
第二电离能/$kJ\cdot mol^{-1}$	1 970	2 083	1 987
M^+(g)水合热/$kJ\cdot mol^{-1}$	－582	－485	－644
M^{2+}(g)水合热/$kJ\cdot mol^{-1}$	－2 121	—	—
升华热/$kJ\cdot mol^{-1}$	340	285	约 385
电负性	1.9	1.93	2.54

铜族元素的氧化态有＋1、＋2、＋3 三种，而碱金属的氧化数只有＋1 一种。这是因为铜族元素次外层$(n-1)$ d 轨道与最外层 ns 轨道的能量相差较小，如铜的第一电离能为 750 $kJ\cdot mol^{-1}$，第二电离能为 1 970 $kJ\cdot mol^{-1}$，与其他元素反应时，不仅 s 电子能参与成键，$(n-1)$d 电子也可以部分参与成键，所以呈现多变的氧化态。碱金属 ns 轨道能量与次外层$(n-1)$p 轨道能量相差很大，如钠的第一电离能为 496 $kJ\cdot mol^{-1}$，第二电离能为 4 562 kJ·

mol^{-1}，在一般情况下很难失去第二个电子，所以氧化态只有+1。

铜族元素的第一电离能比碱金属高很多，铜族元素的标准电极电势比碱金属的数值大。

$$\varphi_A^{\ominus}:\quad \mathrm{CuO^{+}} \xrightarrow{1.8} \mathrm{Cu^{2+}} \xrightarrow{0.152} \mathrm{Cu^{+}} \xrightarrow{0.522} \mathrm{Cu}$$

$$0.340\,2$$

$$\mathrm{AgO^{+}} \xrightarrow[(4\ mol\cdot L^{-1}\ HNO_3)]{约\ 2.1} \mathrm{Ag^{2+}} \xrightarrow[(4\ mol\cdot L^{-1}\ HClO_4)]{1.987} \mathrm{Ag^{+}} \xrightarrow{0.799\,6} \mathrm{Ag}$$

$$\mathrm{Au^{3+}} \xrightarrow{1.401} \mathrm{Au^{+}} \xrightarrow{1.692} \mathrm{Au}$$

$$1.498$$

$$\varphi_B^{\ominus}:\quad \mathrm{Cu(OH)_2} \xrightarrow{-0.09} \mathrm{Cu_2O} \xrightarrow{-0.361} \mathrm{Cu}$$

$$\mathrm{Ag_2O_3} \xrightarrow{0.74} \mathrm{AgO} \xrightarrow{0.599} \mathrm{Ag_2O} \xrightarrow{0.342} \mathrm{Ag}$$

$$\mathrm{Au(OH)_3} \xrightarrow{1.45} \mathrm{Au}$$

图 18－1　铜族元素的标准电势图

由图 18－1 可见，铜、银、金的 $\varphi^{\ominus}$ 都是正值，单质铜、银、金不能从非氧化性酸中置换出氢气。

18.1.2　金属单质

1. 物理性质

在常温下，铜、银、金都是晶体，颜色依次为紫红色、银白色和黄色。铜、银、金的重要物理性质见表 18－2。

表 18－2　铜、银、金的物理性质

性质 \ 单质	铜	银	金
密度/$g\cdot cm^{-3}$	8.96	10.50	18.88
相对导电性(Hg=1)	56.9	59	39.6
相对导热性(Hg=1)	51.3	57.2	39.2
硬度(金刚石=10)	2.5～3	2.5～4	2.5～3
熔点/K	1 356.4	1 234.93	1 337.43
沸点/K	2 840	2 485	3 353

铜族单质的密度较大、熔沸点较高，它们的延展性、导电性和导热性优良。如 1 g 金能抽成长达 3 km 的金丝，或碾压成厚约 0.000 1 mm 的金箔。银的导电性和导热性在金属中位于第一，但由于银比较贵，其用途受到了限制，主要用来制造器皿、饰物、货币等。铜的导电性很好，仅次于银，居金属中的第二位。铜在电气工业中应用广泛，由于极微量杂质的存在会大大降低铜的导电性，因此制造电线必须用高纯度的电解铜。金在现代工业中的用途日益广泛，如火箭、导弹、潜艇、宇宙飞船、核反应堆、超级集成电路和化学工业都要消耗大量的金。

铜、银、金又称为货币金属，这是因为古今中外都用它做过金属货币的主要成分。此外，铜族金属之间以及和其他金属间容易形成合金，许多合金用途广泛，如黄铜（60% Cu、40% Zn）的机械性能和耐磨性能均强，用于制造精密仪器、船舶的零件、枪炮的弹壳、乐器等。

2. 化学性质

铜族元素的化学活泼性远较碱金属低，并按 Cu、Ag、Au 的顺序递减，这与它们的原子半径、价电子构型和有效核电荷有关。铜在常温下不与干燥空气中的氧化合，久置于含 CO_2 的潮湿空气中，铜表面会慢慢生成一层铜绿：

$$2Cu + O_2 + CO_2 + H_2O \xlongequal{} Cu_2(OH)_2CO_3$$

银或金在潮湿的空气中不发生变化。空气中如含有 H_2S 气体与银接触后，银的表面很快生成一层 Ag_2S 的黑色薄膜而使银失去金属光泽。在加热的情况下，只有铜与氧化合生成黑色的 CuO。铜、银、金即使在高温下也不与氢、氮或碳作用。铜在常温下就能与卤素反应，银与卤素反应较慢，而金与干燥的卤素只有在加热时才反应。

铜族元素的标准电极电势均大于氢，所以不能从稀酸中置换出氢气，但当有空气存在时，铜可缓慢溶解于这些稀酸中：

$$2Cu + 4HCl + O_2 \xlongequal{} 2CuCl_2 + 2H_2O$$

$$2Cu + 2H_2SO_4 + O_2 \xlongequal{} 2CuSO_4 + 2H_2O$$

在加热时，铜也能与浓盐酸反应，这是由于 Cl^- 与 Cu^{2+} 生成了较稳定的配离子 $[CuCl_4]^{3-}$：

$$2Cu + 8HCl(浓) \xlongequal{\triangle} 2H_3[CuCl_4] + H_2\uparrow$$

铜可被硝酸或热浓硫酸等氧化性酸所溶解：

$$Cu + 4HNO_3(浓) \xlongequal{} Cu(NO_3)_2 + 2NO_2\uparrow + 2H_2O$$

$$3Cu + 8HNO_3(稀) \xlongequal{} 3Cu(NO_3)_2 + 2NO\uparrow + 4H_2O$$

$$Cu + 2H_2SO_4(浓) \xlongequal{\triangle} CuSO_4 + SO_2\uparrow + 2H_2O$$

银与酸的反应与铜相似，但更困难一些：

$$2Ag + 2H_2SO_4(浓) \xlongequal{\triangle} Ag_2SO_4 + SO_2\uparrow + 2H_2O$$

而金只能溶解在王水中：

$$Au + 4HCl + HNO_3 \xlongequal{} HAuCl_4 + NO\uparrow + 2H_2O$$

铜能溶于浓的碱金属氰化物溶液中，并放出 H_2；在有空气存在下，银和金也有类似的性质。

$$2Cu + 8NaCN + 2H_2O \xlongequal{} 2Na_3[Cu(CN)_4] + 2NaOH + H_2\uparrow$$

$$4Ag + 8NaCN + O_2 + 2H_2O \xlongequal{} 4Na[Ag(CN)_2] + 4NaOH$$

$$4Au + 8NaCN + O_2 + 2H_2O \xlongequal{} 4Na[Au(CN)_2] + 4NaOH$$

铜、银、金还能溶于有氧化剂存在的其他酸性溶液中，如硫脲提金的反应：

$$Au + 2Fe^{3+} + 4SC(NH_2)_2 = Au[SC(NH_2)_2]_4^{2+} + 2Fe^{2+}$$

3. 存在与冶炼

铜在自然界中分布很广,主要以三种形式存在:一种是自然铜(游离铜),其矿床很少;第二种是硫化物,如辉铜矿(Cu_2S)、黄铜矿($CuFeS_2$)、斑铜矿(Cu_3FeS_4)和铜蓝(CuS)等;第三种是含氧化合物,如赤铜矿(Cu_2O)、黑铜矿(CuO)、蓝铜矿($2CuCO_3 \cdot Cu(OH)_2$)、孔雀石($CuCO_3 \cdot Cu(OH)_2$)和硅孔雀石($CuSiO_3 \cdot 2H_2O$)等。银以游离态(或以金、汞、铜、锑或铂生成的合金)或以硫化物如 Ag_2S(银的最重要来源)的形式存在于自然界,但常与铅、锌、铜等的硫化物共生,因而多是作为副产品回收银。此外,也以卤化物(如 $AgCl$)形式存在。金主要以单质形式分散于岩石或沙砾中。铜、银和金也共生于砷化物、锑化物以及硫化物-砷化物中。

从矿石中提取金属铜,需要根据矿石种类的不同选择适当的冶炼方法。如氧化物矿可直接用碳热还原;也可用"湿法"冶炼,酸性矿用硫酸溶解铜,碱性矿用氨水溶解铜,然后用电解或铁置换,析出铜。硫化物矿则常采用"火法"或所谓"冰铜"熔炼法,冶炼过程大致分为:

(1) 富集

低品位矿石冶炼前预先富集,即先粉碎矿石,在球磨机中磨成粉状后加到含浮选剂的水中搅拌,借助浮选剂的起泡与憎水作用将含铜微粒聚集在浮选池的上部,成为精矿。

(2) 焙烧

浮选所得的精矿经沉淀、过滤、烘干后,进入沸腾炉,在 $923 \sim 1073$ K 通空气进行氧化焙烧,从而部分脱硫(生成 SO_2),同时除去挥发性杂质,如 As_2O_3、Sb_2O_3 等,并使部分硫化物变成氧化物,主要反应如下:

$$2CuFeS_2 + O_2 = Cu_2S + 2FeS + SO_2\uparrow$$

(3) 制粗铜

将焙烧过的矿石与沙子混合,在反射炉中加热到 1273 K 左右,FeS 氧化为 FeO 以后就和 SiO_2 形成熔渣 $FeSiO_3$,因其密度小而浮在上层,而 Cu_2S 和剩余的 FeS 熔在一起生成所谓"冰铜",并沉于熔体下层:

$$FeO + SiO_2 = FeSiO_3(渣)$$

$$mCu_2S + nFeS \longrightarrow 冰铜$$

(4) 顶吹还原

由反射炉底放出的熔融态冰铜,立即送入转炉,鼓风熔炼,就得到大约含铜 98% 左右的粗铜,此粗铜又称泡铜,其主要反应为:

$$2Cu_2S + 3O_2 = 2Cu_2O + 2SO_2\uparrow$$

$$2Cu_2O + Cu_2S = 6Cu + SO_2\uparrow$$

生成的 SO_2 气体可用来制硫酸。

(5) 精炼

一般火法精炼后的粗铜,大约含 99.5% $\sim$ 99.7% 的铜和 0.5% $\sim$ 0.3% 的杂质,这种铜的导电性还不够高,不符合电气工业的要求。工业上采用电解法将粗铜精炼除杂,在 $CuSO_4$ 和

H_2SO_4 混合液的电解槽内，以粗铜为阳极，纯铜为阴极进行电解。

阳极反应：　　$Cu(粗) - 2e^- \xlongequal{} Cu^{2+}$

阴极反应：　　$Cu^{2+} + 2e^- \xlongequal{} Cu$　(精铜，99.95%)

电解过程中原粗铜(阳极)所含杂质如 Zn、Fe、Ni 等失去电子转入溶液中，金、银和铂等金属沉积在阳极底部，成为“阳极泥”，阳极泥是提炼贵金属的重要原料。

火法冶炼铜的工艺流程简短、适应性强，铜的回收率可达 95%，但因有二氧化硫废气排出，不易回收，易造成污染。近年来出现了白银法、诺兰达法等熔池熔炼以及日本的三菱法等，火法冶炼逐渐向连续化、自动化发展。

银矿和金矿中银金的含量往往较低，可采用氰化法提炼。无论是 M(Ag、Au)或 MX、M_2S 都可以用氰化法浸取：

$$4M + O_2 + 8NaCN + 2H_2O \xlongequal{} 4Na[M(CN)_2] + 4NaOH$$

$$M_2S\ (2MX) + 4NaCN \xlongequal{} 2Na[M(CN)_2] + Na_2S\ (2NaX)$$

然后用 Zn 或 Al 进行置换，使银、金从溶液中析出：

$$2[M(CN)_2]^- + Zn \xlongequal{} 2M + [Zn(CN)_4]^{2-}$$

因操作简单、回收率高和生产成本低，氰化法在工业生产中得到了广泛的应用。然而，氰化物对含 C、As、Sb 及 Cu 等金矿石的浸金效果较差，并且有剧毒，严重危害环境和人体健康。目前，非氰浸金的研究已颇为广泛，而研究较多的工艺主要有硫脲法、硫代硫酸盐法、多硫化物、水氯化法、溴(化)法和石硫合剂法等。除锌置换法外，还有吸附、电解、溶剂萃取等回收金的方法。

18.1.3　铜族元素的重要化合物

1. 铜的化合物

铜可以形成氧化态为+1、+2 和+3 的化合物。从离子结构来看，Cu^+ 的电子构型是 $3d^{10}$，3d 轨道全充满，比 $Cu^{2+}(3d^9)$稳定；从电离能来看，铜的第一电离能为 750 kJ·mol^{-1}，第二电离能为 1 970 kJ·mol^{-1}，第二电离能比第一电离能大得多，故在干态时 Cu(Ⅰ)的化合物是稳定的。另一方面，由于 $Cu^{2+}(g)$有较高的水合能(−2 121 kJ·mol^{-1})，因而在有水的条件下 Cu(Ⅱ)的化合物是稳定的。Cu(Ⅲ)的化合物有较强的氧化性，稳定性较差。例如 $K_3[CuF_6]$有较强的氧化性，它与水发生猛烈反应并放出 O_2，本身还原为 Cu^{2+}，因此Cu(Ⅲ)的化合物比较少见，这里就不讨论了。

(1) 氧化铜和氧化亚铜

铜可以形成黑色的氧化铜和红色的氧化亚铜，它们可以通过加热或还原的方法得到。例如，加热氢氧化铜、碱式碳酸铜、硝酸铜都能得到氧化铜。

$$Cu(OH)_2 \xlongequal{\triangle} CuO + H_2O$$

$$Cu_2(OH)_2CO_3 \xlongequal{\triangle} 2CuO + CO_2\uparrow + H_2O$$

$$2Cu(NO_3)_2 \xlongequal{\triangle} 2CuO + 4NO_2\uparrow + O_2\uparrow$$

选用温和的还原剂如葡萄糖、酒石酸钾钠或亚硫酸钠在碱性溶液中还原铜(Ⅱ)盐，可得到氧化亚铜：

$$2Cu^{2+} + 4OH^- + \underset{(葡萄糖)}{C_6H_{12}O_6} = Cu_2O\downarrow + 2H_2O + \underset{(葡萄糖酸)}{C_6H_{12}O_7}$$

分析化学上利用这一反应测定醛，医学上则用于诊断糖尿病。由于制备方法和反应条件的不同，Cu_2O 晶粒大小各异，因而呈现多种颜色，如黄色、橘黄色、鲜红色或深棕色。

CuO 是碱性氧化物，不溶于水。加热时易被 H_2、C、NH_3 等还原为铜：

$$3CuO + 2NH_3 = 3Cu + 3H_2O + N_2\uparrow$$

CuO 对热稳定，只有受热在 1 273 K 以上才分解成 Cu_2O 并放出氧气：

$$4CuO \xlongequal{1\,273\ K} 2Cu_2O + O_2\uparrow$$

因此在高温时 CuO 具有氧化性，在有机分析中常使有机物的气体通过灼热的 CuO，将气体氧化成 CO_2 和 H_2O。

CuO 可用作颜料、光学玻璃磨光剂、油类的脱硫剂、有机合成的催化剂，在有机分析中作为助氧剂用于测定化合物中的含碳量等。在熔点附近灼烧过的 CuO 是磷酸盐系列黏结剂的主要成分，它不仅用于黏合金属与金属、陶瓷与陶瓷，还能黏合金属与陶瓷。

Cu_2O 的热稳定性很高，在 1 508 K 时只熔化而不分解。Cu_2O 不溶于水，溶于稀硫酸，并立即发生歧化反应：

$$Cu_2O + H_2SO_4 = Cu_2SO_4 + H_2O$$

$$Cu_2SO_4 = CuSO_4 + Cu\downarrow$$

Cu_2O 溶于浓盐酸形成 $H[CuCl_2]$，用水稀释则析出 CuCl 沉淀：

$$Cu_2O + 4HCl(浓) = 2H[CuCl_2] + H_2O$$

$$H[CuCl_2] \xlongequal{稀释} CuCl\downarrow + HCl$$

Cu_2O 用于制造船舶底防污漆(杀死低级海生动物)、用作农业的杀菌剂、陶瓷和搪瓷的着色剂、红色玻璃染色剂，用于电器工业中的整流器的材料等。

(2) 卤化铜和卤化亚铜

除 CuI_2 不存在外，其他 CuX_2 都可用氢卤酸和 CuO 或 $CuCO_3$ 反应制得：

$$CuO + 2HCl = CuCl_2 + H_2O$$

$$CuCO_3 + 2HCl = CuCl_2 + CO_2\uparrow + H_2O$$

CuX_2 随阴离子变形性增大，颜色加深，CuF_2 为白色，$CuCl_2$ 为黄棕色，$CuBr_2$ 为棕黑色。无水 $CuCl_2$ 呈黄棕色，$CuCl_2$ 的浓溶液呈黄绿色，稀释时逐渐变为绿色，最后呈蓝色。黄色是因为 $[CuCl_4]^{2-}$ 存在，而蓝色是由于 $[Cu(H_2O)_4]^{2+}$ 呈蓝色，两者共存时显绿色。

经研究证明，$CuCl_2$ 是共价化合物，具有链状结构：

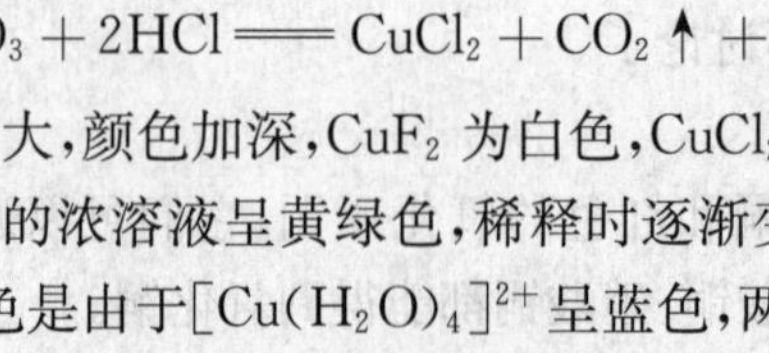

$CuCl_2$ 与碱金属氯化物作用生成相应的配位化合物 $M^{I}[CuCl_3]$或 $M_2^{I}[CuCl_4]$，与盐酸作用生成四氯合铜(Ⅱ)酸 $H_2[CuCl_4]$。

$CuCl_2 \cdot 2H_2O$ 显亮蓝色，受热时，因失去 HCl 而发生高温水解，形成碱式盐：

$$2CuCl_2 \cdot 2H_2O \xlongequal{\triangle} Cu(OH)_2 \cdot CuCl_2 + 2HCl\uparrow + 2H_2O$$

所以制备无水 $CuCl_2$ 时，要在 HCl 气流中加热脱水以防止水解，无水 $CuCl_2$ 进一步受热，分解为 CuCl 和 Cl_2。

$$CuCl_2 \cdot 2H_2O \xlongequal[\text{HCl(气)}]{413 \sim 423\ K} CuCl_2 + 2H_2O$$

$$2CuCl_2 \xlongequal{773\ K} 2CuCl + Cl_2\uparrow$$

无水 $CuCl_2$ 在空气中潮解，$CuCl_2$ 不但易溶于水，而且易溶于乙醇和丙酮。

$CuBr_2$ 溶于 HBr 呈特征的紫色，可能与$[CuBr_3]^-$存在有关。

CuF 呈红色，其余卤化亚铜都是白色的难溶化合物，其溶解度依 Cl、Br、I 顺序减小。拟卤化亚铜也是难溶物，如 CuCN 的 $K_{sp} = 3.2 \times 10^{-20}$。

用还原剂还原卤化铜可以得到卤化亚铜，常用的还原剂有 SO_2、$SnCl_2$、Cu 等。

$$2CuCl_2 + SO_2 + 2H_2O = 2CuCl\downarrow + H_2SO_4 + 2HCl$$

$$2CuCl_2 + SnCl_2 = 2CuCl\downarrow + SnCl_4$$

$$CuCl_2 + Cu = 2CuCl$$

CuI 可由 Cu^{2+} 和 I^- 直接反应制得：

$$2Cu^{2+} + 4I^- = 2CuI\downarrow + I_2$$

由于这个反应能迅速定量地进行，反应析出的碘能用标准硫代硫酸钠溶液滴定，所以分析化学常用此法定量测定铜。在含有 $CuSO_4$ 和 KI 的热溶液中，再通入 SO_2，由于溶液中棕色的碘与 SO_2 反应而褪色，就能清楚地看见白色 CuI 沉淀：

$$I_2 + SO_2 + 2H_2O = H_2SO_4 + 2HI$$

干燥的 CuCl 在空气中比较稳定，但湿的 CuCl 在空气中易发生水解和被空气中的氧氧化为 Cu(Ⅱ)的化合物：

$$4CuCl + O_2 + 4H_2O = 3CuO \cdot CuCl_2 \cdot 3H_2O + 2HCl$$

$$8CuCl + O_2 = 2Cu_2O + 4CuCl_2$$

CuCl 易溶于盐酸，由于形成$[CuCl_4]^{3-}$、$[CuCl_3]^{2-}$、$[CuCl_2]^-$等配离子，溶解度随盐酸浓度增大而增大。CuCl 也能溶于氯化钾或氯化钠等氯化物的浓溶液中。

实验室制备 CuCl 可采用往热的 $CuCl_2$ 的浓盐酸溶液中加入铜屑的方法，再加热至溶液转化为深棕色。深棕色是由于产生包括 Cu^+ 及 Cu^{2+} 的配合物(包括两种氧化态的混合物或化合物，常有颜色加深的现象)，稀释后即得 CuCl 沉淀。

CuCl 可作为催化剂、脱硫剂及脱色剂等。CuCl 的盐酸溶液能吸收 CO，形成双核配合物 $Cu_2Cl_2(CO)_2 \cdot 2H_2O$，这个反应可用于测定气体混合物中的 CO 含量。此外还用于冶金、电镀、医药、农药工业中。

(3) 硫酸铜

最常见的铜盐是五水硫酸铜($CuSO_4 \cdot 5H_2O$),俗称胆矾,是蓝色斜方晶体,其水溶液也呈蓝色,故有蓝矾之称。用热浓硫酸溶解铜屑或在有氧气存在的条件下用热稀硫酸与废铜屑作用,均可制得硫酸铜:

$$Cu + 2H_2SO_4(浓) \xlongequal{\triangle} CuSO_4 + SO_2\uparrow + 2H_2O$$

$$2Cu + 2H_2SO_4(稀) + O_2 \xlongequal{\triangle} 2CuSO_4 + 2H_2O$$

$CuSO_4 \cdot 5H_2O$ 在不同温度下可逐步失水:

$$CuSO_4 \cdot 5H_2O \xrightarrow{375\ K} CuSO_4 \cdot 3H_2O \xrightarrow{386\ K} CuSO_4 \cdot H_2O \xrightarrow{531\ K} CuSO_4$$

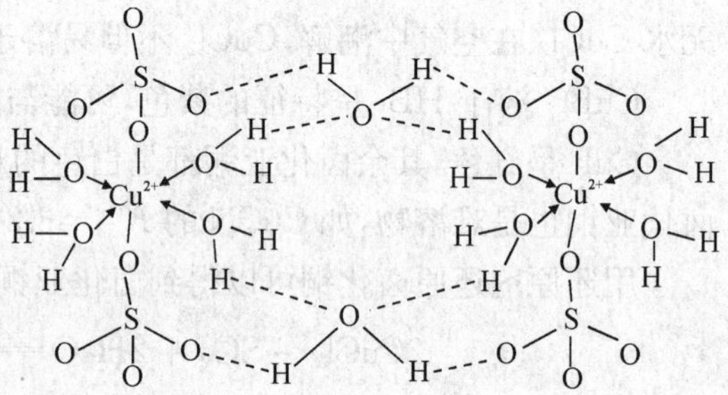

实验证明,各个水分子的结合力不完全一样,四个水分子以平行四边形配位在 Cu^{2+} 的周围,第五个水分子以氢键与两个配位水分子和 SO_4^{2-} 结合(阴离子水)。$CuSO_4 \cdot 5H_2O$ 受热失水时,先失去 Cu^{2+} 周围的两个非氢键配位水,然后失去两个氢键配位水,最后失去阴离子水。

无水 $CuSO_4$ 为白色粉末,不溶于乙醇和乙醚,其吸水性很强,吸水后即显蓝色。可以利用这一性质来检验乙醇、乙醚等有机溶剂中的微量水分,并可作干燥剂使用。加热 $CuSO_4$,高于 923 K,分解为 CuO、SO_2 和 O_2。

$$2CuSO_4 \xlongequal{923\ K} 2CuO + 2SO_2\uparrow + O_2\uparrow$$

$CuSO_4$ 的水溶液由于水解呈酸性,为防止水解,配制铜盐溶液时,常加入少量相应的酸:

$$2CuSO_4 + H_2O \rightleftharpoons [Cu_2(OH)SO_4]^+ + HSO_4^-$$

在 $CuSO_4$ 溶液中通入 H_2S,有黑色 CuS 析出。CuS 不溶于非氧化性酸,但溶于热的稀硝酸,也溶于浓氰化钠溶液,其反应式如下:

$$Cu^{2+} + H_2S = CuS\downarrow(黑色) + 2H^+$$

$$3CuS + 2NO_3^- + 8H^+ = 3Cu^{2+} + 2NO\uparrow + 3S\downarrow + 4H_2O$$

$$2CuS + 10CN^- = 2[Cu(CN)_4]^{3-} + 2S^{2-} + (CN)_2\uparrow$$

在铜盐溶液中加入过量 NaOH 后,再加入葡萄糖,则 Cu^{2+} 被还原成鲜红色的 Cu_2O 沉淀:

$$2Cu^{2+} + 4OH^- + C_6H_{12}O_6 = Cu_2O\downarrow(红色) + 2H_2O + C_6H_{12}O_7$$

硫酸铜是制备其他铜化合物的重要原料,在工业中用作铜的电解精炼、电镀、丹尼尔电池、颜料的制造、纺织工业的媒染剂等。硫酸铜与石灰乳混合而成的"波尔多液",可用于消灭植物的病虫害,通常的配方(质量比)是:

$$CuSO_4 \cdot 5H_2O : CaO : H_2O = 1 : 1 : 100$$

2. 银的化合物

银有氧化数为+1、+2 和+3 的化合物，在银的化合物中，氧化数为+1 的化合物最稳定，种类也较多。已知氧化数为+2、+3 的银的化合物有 AgO、AgF_2 和 Ag_2O_3 等，但他们都有极强的氧化性，一般不稳定。

大多数银的化合物难溶于水，能溶的只有 $AgNO_3$、AgF、$AgClO_4$ 等少数几种，而 Ag_2SO_4、AgAc 仅微溶于水。

(1) 氧化银和氢氧化银

将碱金属氢氧化物与硝酸银反应，可以得到 Ag_2O。氧化银为棕黑色固体，温度升高时会发生分解，放出 O_2，并得到银，也能被光分解。潮湿的氧化银具有弱碱性，它很容易从大气中吸收 CO_2 气体；当溶于碳酸铵、氰化钠和氰化钾溶液时，分别生成 $[Ag(NH_3)_2]_2CO_3$、$Na[Ag(CN)_2]$ 和 $K[Ag(CN)_2]$。

在温度低于−45 ℃，用碱金属氢氧化物和硝酸银的 90%酒精溶液作用，则可能得到白色的 AgOH 沉淀。常温下，AgOH 极不稳定，立即脱水生成 Ag_2O。

Ag_2O 是构成银锌蓄电池的重要原材料，Ag_2O 和 MnO_2、CuO 等的混合物能在室温下将 CO 迅速氧化成 CO_2，可用在防毒面具中。

(2) 卤化银

在硝酸银溶液中，加入卤化物，可以生成卤化银 AgCl、AgBr、AgI。由于 AgF 易溶，可将 Ag_2O 溶于氢氟酸中，然后进行蒸发，可制得 AgF：

$$Ag_2O + 2HF \xlongequal{} 2AgF + H_2O$$

表 18-3 列出了 AgX 的一些性质。

表 18-3　卤化银的性质

化合物	颜色	溶度积(298 K)	晶格类型	键型
AgF	白	易溶(溶解度为 1 820 g/L)	NaCl 型	离子型
AgCl	白	1.8×10^{-10}	NaCl 型	过渡型
AgBr	浅黄	5.0×10^{-13}	NaCl 型	过渡型
AgI	黄	8.3×10^{-17}	ZnS 型	共价型
	颜色加深↓	溶解度减小↓		

由上表可知，卤化银的颜色依 Cl—Br—I 的顺序加深。卤化银中只有 AgF 易溶于水，其他卤化银的溶解度依 Cl、Br、I 的顺序降低，这反映了从 AgF 到 AgI 的键型变化。从离子极化的观点来看，卤素离子的变形性从 F^- 到 I^- 随着离子半径的增大而依次增大。F^- 变形性小，AgF 保持离子型晶体；I^- 变形性大，受 Ag^+ 的极化作用而使 AgI 转变为共价型晶体。

AgCl、AgBr、AgI 都不溶于稀硝酸，实验室常用此性质检出 Cl^-、Br^-、I^-。

AgX(包括拟卤化物)在相应的 X^-(包括拟卤离子)溶液中的溶解度比在水中的大，这是因为生成了 AgX_2^-、AgX_3^{2-}、AgX_4^{3-}。

AgCl、AgBr、AgI 都有感光分解的性质，可做感光材料：

$$2AgX \xlongequal{光} 2Ag + X_2 \quad (X = Cl、Br、I)$$

卤化银的这种性质曾被用于黑白照相术。照相底片、印相纸上涂一薄层含有细小 AgX

的明胶凝胶，在光的作用下，AgX 分子活化形成“银核”。将感光后的底片于暗室中用有机还原剂(对苯二酚、米吐尔等)处理，银核中的 AgX 粒子被还原成银粒，这一过程称为显影。未曝光的 AgX 用 $Na_2S_2O_3$ 溶液(俗称海波液)处理，形成$[Ag(S_2O_3)_2]^{3-}$而溶解，这一过程称为定影。由于剩下的金属银不再变化就得到一张印有“负像”的底片。把底片附在洗相纸上重复一次曝光，显影和定影，就得到具有正像的照片，此过程称作印像。

(3) 硝酸银

稳定、易溶于水的无色晶体硝酸银是一种重要的试剂，也是实验室和工业上常用的银盐。将银溶于硝酸，然后蒸发、结晶即得硝酸银。

$$Ag + 2HNO_3(浓) \xlongequal{\quad} AgNO_3 + NO_2\uparrow + H_2O$$

$$3Ag + 4HNO_3(稀) \xlongequal{\quad} 3AgNO_3 + NO\uparrow + 2H_2O$$

工业上用 Ag 与 HNO_3 作用制备 $AgNO_3$ 时，在 $AgNO_3$ 产品中常含有 $Cu(NO_3)_2$ 杂质，根据硝酸盐热分解温度的差别：

$$2AgNO_3 \xlongequal{713\ K} 2Ag + 2NO_2\uparrow + O_2\uparrow$$

$$2Cu(NO_3)_2 \xlongequal{473\ K} 2CuO + 4NO_2\uparrow + O_2\uparrow$$

将产品加热至 473～573 K，这时 $Cu(NO_3)_2$ 分解为黑色不溶于水的 CuO，然后用水溶解已加热过的 $AgNO_3$，过滤除去 CuO，滤液重结晶便可得到纯的 $AgNO_3$。另一种除$Cu(NO_3)_2$的方法，是向制备溶液中加入适量新制的 Ag_2O，使 Cu^{2+} 沉淀为 $Cu(OH)_2$，反应后过滤除去 $Cu(OH)_2$。

固体 $AgNO_3$ 是无色晶体，其晶体的熔点为 481.5 K，加热到 713 K 时分解。若受日光照射或有微量有机物存在时，也逐渐分解，因此 $AgNO_3$ 固体或其溶液应保存在棕色玻璃瓶中。

$$2AgNO_3 \xlongequal{光} 2Ag + 2NO_2\uparrow + O_2\uparrow$$

固体 $AgNO_3$ 或其溶液都是氧化剂($\varphi^\ominus(Ag^+/Ag) = 0.799\,6\ V$)，即使在室温条件下，许多有机物皆能将其还原成黑色的银粉，例如硝酸银遇到蛋白质即生成黑色的蛋白银，所以皮肤或布与它接触后都会变黑。

如果在 $AgNO_3$ 溶液中通入 H_2S 气体，则会析出黑色的 Ag_2S 沉淀，它是银盐中溶解度最小的，甚至不溶于 KCN 溶液，但可溶于浓硝酸。

$$3Ag_2S + 8HNO_3 \xlongequal{\quad} 6AgNO_3 + 3S\downarrow + 2NO\uparrow + 4H_2O$$

硝酸银对有机物有破坏作用，在医药上常用 10% 的 $AgNO_3$ 溶液作为消毒剂或腐蚀剂。大量的 $AgNO_3$ 用于制造照相底片上的卤化银，此外，$AgNO_3$ 也是实验室中的一种重要的分析试剂。

3. 金的化合物

与 Cu(Ⅰ)的化合物相似，Au(Ⅰ)的化合物几乎也都难溶于水。在水溶液中，Au(Ⅰ)的化合物很不稳定，容易歧化为 Au^{3+} 和 Au：

$$3Au^+ \xlongequal{\quad} Au^{3+} + 2Au\downarrow$$

因而 Au^+ 在水溶液中不能存在，即使溶解度很小的 AuCl 也会发生歧化。只有当 Au^+ 形成

配合物如 $Au(CN)_2^-$ 才能在水溶液中稳定存在。

Au(Ⅱ)的化合物很少见,它常是 Au(Ⅲ)化合物被还原时的中间产物。

Au(Ⅲ)是金的常见氧化态,如 $AuCl_3$、AuF_3、$AuCl_4^-$、$AuBr_3$、$Au_2O_3\cdot H_2O$ 等。

金在 473 K 下与氯作用可得到褐红色晶体 $AuCl_3$,无论在气态或固态,$AuCl_3$ 都是以二聚体 Au_2Cl_6 的形式存在,其具有氯桥基结构,有机物如草酸、甲醛、葡萄糖等可将其还原为胶态金溶液。$AuCl_3$ 易溶于水,并水解形成一羟三氯合金(Ⅲ)酸:

$$AuCl_3 + H_2O \rightleftharpoons H[AuCl_3OH]$$

$AuCl_3$ 在加热到 523 K 时开始分解为 AuCl 和 Cl_2,在 538 K 时开始升华但并不熔化,说明其共价型显著。

将 $AuCl_3$ 溶于盐酸中,生成 $AuCl_4^-$ 配离子,$[AuCl_4]^-$ 与 Br^- 作用得到 $AuBr_3$,同 I^- 反应得到不稳定的 AuI。$[AuCl_4]^-$ 中加碱得到水和 $Au_2O_3\cdot H_2O$,与过量碱反应能形成 $[Au(OH)_4]^-$。

18.1.4　铜族元素的配合物

铜族元素的离子具有 18e 结构,它们既呈现较大的吸引力,又有明显的变形性,因而化学键带有部分共价性;它们可以形成多种配离子,大多数阳离子以 sp、sp^2、sp^3、dsp^2 等杂化轨道和配体成建;它们易和 H_2O、NH_3、X^-(包括拟卤离子)等配体形成配合物。

1. Cu(Ⅰ)的配合物

Cu^+ 为 d^{10} 型离子,具有空的外层 s、p 轨道,能和 X^-(F 除外)、NH_3、$S_2O_3^{2-}$ 等易变形的配体形成配合物,配位数可为 2、3、4。配位数为 2 的配离子,以 sp 杂化轨道成键,空间构型为直线型,如 $CuCl_2^-$;配位数为 4 的配离子,以 sp^3 杂化轨道成键,空间构型为四面体,如 $[Cu(CN)_4]^{3-}$。Cu(Ⅰ)配合物都是抗磁性的,大多数 Cu(Ⅰ)配合物是无色的。

Cu^+ 的卤配合物的稳定性顺序为 I>Br>Cl,这与过渡金属离子八面体配合物的光化学顺序相反,但显然符合软硬酸碱理论的软亲软原则,其实质是随 X^- 变形性增大,化学键的共价性增加,稳定性增强。

Cu_2O 溶于氨水能形成无色的 $[Cu(NH_3)_2]^+$,后者可被空气中的氧很快氧化成蓝色的 $[Cu(NH_3)_4]^{2+}$:

$$Cu_2O + 4NH_3\cdot H_2O = 2[Cu(NH_3)_2]^+ + 2OH^- + 3H_2O$$

$$4[Cu(NH_3)_2]^+ + 8NH_3\cdot H_2O + O_2 = 4[Cu(NH_3)_4]^{2+} + 4OH^- + 6H_2O$$

这种性质可用来除气体中的氧气。合成氨工业中常用醋酸二氨合铜(I)$[Cu(NH_3)_2]Ac$ 溶液吸收对氨合成催化剂有毒害的 CO 气体:

$$[Cu(NH_3)_2]Ac + CO + NH_3 \xrightleftharpoons{\text{加压降温}} [Cu(NH_3)_3]Ac\cdot CO$$

这是一个放热和体积减小的反应,降温和加压有利于吸收 CO。吸收 CO 后的醋酸铜氨液,经减压和加热,又将气体 CO 放出而再生,可以循环使用:

$$[Cu(NH_3)_3]Ac\cdot CO \xrightleftharpoons{\text{减压、加热}} [Cu(NH_3)_2]Ac + CO\uparrow + NH_3\uparrow$$

若向 Cu^{2+} 溶液中加入 CN^-,得到氰化铜的棕黄色沉淀,该物质在常温下不稳定,分解生成白色的 CuCN 并放出$(CN)_2$：

$$2Cu^{2+} + 4CN^- \xlongequal{} 2CuCN\downarrow + (CN)_2\uparrow$$

继续加入过量的 CN^-，CuCN 溶解形成无色的$[Cu(CN)_4]^{3-}$：

$$CuCN + 3CN^- \xlongequal{} [Cu(CN)_4]^{3-}$$

$[Cu(CN)_4]^{3-}$极稳定，通入 H_2S 也无 Cu_2S 沉淀生成。

Cu(Ⅰ)氰配离子用作镀铜的电镀液，由于$[Cu(CN)_4]^{3-}$和$[Zn(CN)_4]^{2-}$都很稳定，且电势相近，因此，镀黄铜的电镀液为$[Cu(CN)_4]^{3-}$和$[Zn(CN)_4]^{2-}$的混合液。

2. Cu(Ⅱ)的配合物

Cu^{2+}为 d^9 构型，带有 2 个正电荷，与配体的静电作用强，比 Cu^+ 更容易形成配合物，Cu^{2+}可形成配位数为 2、4、6 的配离子。Cu(Ⅱ)八面体配合物中，如$[Cu(H_2O)_6]^{2+}$、$[CuF_6]^{4-}$等，大多为四短(平面)两长(z 轴)键的拉长八面体结构，只有少数为压扁的八面体，如$[CuBr_4]^{2-}$，这是由于 John-Teller 效应引起的。$[Cu(H_2O)_4]^{2+}$、$[Cu(NH_3)_4]^{2+}$等则为平面正方形，$[CuCl_4]^{2-}$有压扁的八面体和平面正方形两种可能的结构。

Cu^{2+}具有一定的氧化性，与还原性阴离子如 I^-、CN^- 等不能形成 CuI_2 和 Cu(Ⅱ)的氰配离子，而是生成较稳定的 CuI 及$[Cu(CN)_4]^{3-}$。

如果向 $CuSO_4$ 溶液中加入 HCl 气体或固体 NaCl，溶液由蓝变绿，最后成为棕黄色溶液，这是因为 Cl^- 逐渐取代了$[Cu(H_2O)_4]^{2+}$中的 H_2O，从而形成了棕黄色$[CuCl_4]^{2-}$($K_{稳}=1.1\times10^5$)的结果；如向含有$[CuCl_4]^{2-}$的溶液中加入氨水，因生成$[Cu(NH_3)_4]^{2+}$($K_{稳}=4.8\times10^{12}$)而使溶液呈深蓝色；如再加入 NaCN 溶液，最后生成无色的$[Cu(CN)_4]^{3-}$($K_{稳}=1.0\times10^{25}$)。

由上述实验可以得到各配离子的稳定性顺序为：

$$\underset{\text{蓝色}}{[Cu(H_2O)_4]^{2+}} < \underset{\text{棕黄色}}{[CuCl_4]^{2-}} < \underset{\text{深蓝色}}{[Cu(NH_3)_4]^{2+}} < \underset{\text{无色}}{[Cu(CN)_4]^{3-}}$$

$[Cu(NH_3)_4]^{2+}$溶液有溶解纤维的能力，在溶解了纤维的溶液中加入水或酸，纤维又可以沉淀析出，纺织工业利用这种性质来制造人造丝。

Cu^{2+}不仅可以与羟基、焦磷酸根、硫代硫酸根形成稳定程度不同的配离子，还可以与多齿配位体如乙二胺、EDTA 等形成更稳定的螯合物，如：

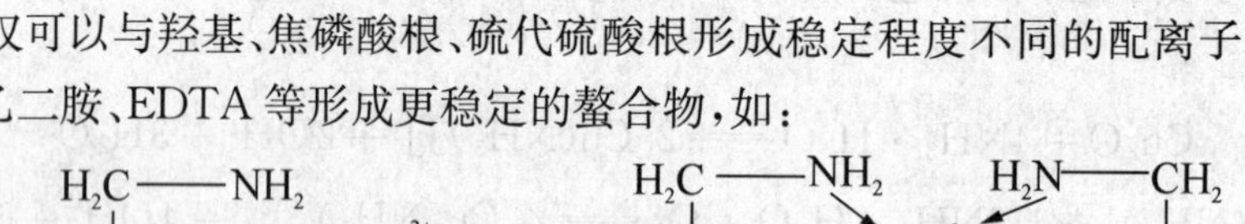

3. 银的配合物

银离子通常以 sp 杂化轨道与配体如 Cl^-、NH_3、$S_2O_3^{2-}$、CN^- 等形成稳定性不同的配离子，其稳定常数表明了它们的稳定顺序：

$$Ag^+ + 2Cl^- \rightleftharpoons [AgCl_2]^- \quad K_{稳}=1.84\times10^5$$

$$Ag^+ + 2NH_3 \rightleftharpoons [Ag(NH_3)_2]^+ \quad K_{稳}=1.67\times10^7$$

$$Ag^+ + 2S_2O_3^{2-} \rightleftharpoons [Ag(S_2O_3)_2]^{3-} \quad K_{稳}=1.6\times10^{13}$$

$$Ag^+ + 2CN^- \rightleftharpoons [Ag(CN)_2]^- \quad K_{稳} = 1.0 \times 10^{21}$$

AgCl 沉淀可以溶解在氨水中，这个溶解过程涉及下列两个平衡：

$$AgCl(s) \rightleftharpoons Ag^+(aq) + Cl^-(aq) \quad K_{sp} = 1.8 \times 10^{-10}$$

$$Ag^+(aq) + 2NH_3(aq) \rightleftharpoons [Ag(NH_3)_2]^+ \quad K_{稳} = 1.67 \times 10^7$$

总反应：$AgCl(s) + 2NH_3 \rightleftharpoons [Ag(NH_3)_2]^+ + Cl^-$

按照多重平衡规则，则总反应的平衡常数 $K^{\ominus}$ 为：

$$K^{\ominus} = K_{sp} \times K_{稳} = (1.8 \times 10^{-10}) \times (1.67 \times 10^7) = 3.01 \times 10^{-3}$$

按相同方法处理，可得下列反应的平衡常数 $K^{\ominus}$：

$$AgBr(s) + 2NH_3 \rightleftharpoons [Ag(NH_3)_2]^+ + Br^- \quad K^{\ominus} = 8.35 \times 10^{-6}$$

$$AgI(s) + 2NH_3 \rightleftharpoons [Ag(NH_3)_2]^+ + I^- \quad K^{\ominus} = 1.39 \times 10^{-9}$$

由卤化银在氨水中溶解的平衡常数 $K^{\ominus}$ 的大小可以看出，AgCl 能溶于氨水，AgBr 微溶于氨水，而 AgI 不溶于氨水。

同理可以说明 AgCl、AgBr 能溶于硫代硫酸钠或氰化钠溶液中，AgI 微溶于硫代硫酸钠溶液中，但易溶于氰化钠溶液中。

利用 Ag(Ⅰ)难溶化合物可以转化为配离子而溶解的这一性质，可以将 Ag^+ 从混合离子溶液中分离出来。例如，在含有 Ag^+ 和 Ba^{2+} 的溶液中加入过量的 K_2CrO_4 溶液时，会有 Ag_2CrO_4 和 $BaCrO_4$ 沉淀析出，再加入足够量的氨水，Ag_2CrO_4 溶解生成$[Ag(NH_3)_2]^+$：

$$Ag_2CrO_4 + 4NH_3 = 2[Ag(NH_3)_2]^+ + CrO_4^{2-}$$

$BaCrO_4$ 不溶于氨水，从而可将混合溶液中的 Ag^+ 和 Ba^{2+} 分离。

Ag^+ 与少量 $Na_2S_2O_3$ 溶液反应生成白色 $Ag_2S_2O_3$ 沉淀，放置一段时间后，沉淀由白色转变为黄色、棕色，最后为黑色的 Ag_2S：

$$2Ag^+ + S_2O_3^{2-} = Ag_2S_2O_3 \downarrow$$

$$Ag_2S_2O_3 + H_2O = Ag_2S \downarrow + H_2SO_4$$

$Na_2S_2O_3$ 过量时，$Ag_2S_2O_3$ 沉淀溶解，生成$[Ag(S_2O_3)_2]^{3-}$：

$$Ag_2S_2O_3 + 3S_2O_3^{2-} = 2[Ag(S_2O_3)_2]^{3-}$$

银配离子的应用广泛，在照相术上应用了生成$[Ag(S_2O_3)_2]^{3-}$的反应。$[Ag(NH_3)_2]^+$具有氧化性，能把醛及某些糖氧化，本身被还原为单质银：

$$2[Ag(NH_3)_2]^+ + RCHO + 2OH^- = RCOONH_4 + 2Ag \downarrow + 3NH_3 + H_2O$$

工业上利用这类反应来制作镜子或在暖水瓶的夹层内镀银，有机化学上用它鉴定醛基。值得注意的是切勿将含$[Ag(NH_3)_2]^+$的溶液长时间放置储存，这是因为$[Ag(NH_3)_2]^+$溶液久置会生成具有爆炸性的 Ag_2NH 和 $AgNH_2$，为破坏溶液中的银氨离子，可加盐酸使之转化为 AgCl 回收。

4. 金的配合物

$HAuCl_4 \cdot H_2O$(或 $NaAuCl_4 \cdot 2H_2O$)和 $KAu(CN)_2$ 是金的典型配合物，后者广泛用于氰

化物法冶炼金：

$$4Au + 8CN^- + O_2 + 2H_2O \xlongequal{} 4Au(CN)_2^- + 4OH^-$$

$$2Au(CN)_2^- + Zn \xlongequal{} 2Au + [Zn(CN)_4]^{2-}$$

金的精炼用 $AuCl_3$ 的盐酸溶液进行电镀，纯度可达 99.95%～99.98%。

18.1.5 Cu(Ⅰ)和 Cu(Ⅱ)的相互转化

视频 Cu(Ⅰ)和 Cu(Ⅱ)的相互转化

铜有 Cu(Ⅰ)和 Cu(Ⅱ)两种氧化态，Cu(Ⅰ)为 $3d^{10}$ 结构，比 Cu(Ⅱ)的 $3d^9$ 结构稳定。Cu 的价电子构型为 $3d^{10}4s^1$，Cu 原子失去一个 4s 电子，形成气态 Cu(Ⅰ)需要的第一电离能为 751 $kJ \cdot mol^{-1}$，Cu(Ⅰ)再失去一个 3d 电子，形成气态 Cu(Ⅱ)离子，需要 1 958 $kJ \cdot mol^{-1}$ 能量，因而 Cu(Ⅰ)再失去一个电子很难，所以气态时 Cu(Ⅰ)比 Cu(Ⅱ)稳定。但在水溶液中 Cu(Ⅱ)电荷高，半径小，与水结合力强于 Cu^+，Cu^{2+} 的水合热($-2\,121\ kJ \cdot mol^{-1}$)比 Cu^+ 的($-582\ kJ \cdot mol^{-1}$)大得多，据此说明 Cu^+ 在水溶液中不稳定，易歧化为 Cu^{2+} 和 Cu。现用铜的元素电势图说明如下：

$$Cu^{2+} \xrightarrow{0.152\ V} Cu^+ \xrightarrow{0.522\ V} Cu$$

由电势图可见，$\varphi^\ominus_{右} > \varphi^\ominus_{左}$，$Cu^+$ 歧化为 Cu^{2+} 和 Cu 的趋势大。

$$2Cu^+ \xlongequal{} Cu^{2+} + Cu\downarrow$$

298 K 时，该歧化反应的标准平衡常数为：

$$\lg K^\ominus = \frac{1 \times (0.522 - 0.152)}{0.059\,2} = 6.25$$

$$K^\ominus = \frac{c(Cu^{2+})}{c(Cu^+)^2} = 1.78 \times 10^6$$

由于标准平衡常数很大，说明歧化反应进行得很完全，平衡时，绝大部分 Cu^+ 歧化为 Cu^{2+} 和 Cu，所以在水溶液中，Cu(Ⅱ)化合物是稳定的。例如，将 Cu_2O 溶于稀 H_2SO_4 中，生成 $CuSO_4$ 和 Cu，而不是 Cu_2SO_4：

$$Cu_2O + H_2SO_4 \xlongequal{} CuSO_4 + Cu + H_2O$$

欲使 Cu(Ⅰ)的歧化反应逆向进行或要使 Cu(Ⅰ)稳定，必须具备两个条件：有还原剂存在；有能降低 Cu^+ 浓度的沉淀剂或络合剂(如 Cl^-、I^-、CN^- 等)。例如，将 $CuCl_2$ 溶液、浓盐酸和铜屑共煮，可得到 $[CuCl_2]^-$，用大量水稀释 $[CuCl_2]^-$，则得到白色 CuCl 沉淀；$CuSO_4$ 溶液与 KI 溶液作用可生成 CuI 沉淀：

$$Cu + Cu^{2+} + 4Cl^- \xlongequal{} 2[CuCl_2]^-$$

$$H[CuCl_2] \xlongequal{} CuCl\downarrow + HCl$$

$$2Cu^{2+} + 4I^- \xlongequal{} 2CuI\downarrow + I_2$$

由于生成了配离子 $[CuCl_2]^-$ 或难溶物 CuI，溶液中 Cu^+ 浓度降低到非常小，反应继续向右进行到完全程度。由此可见，在水溶液中，Cu(Ⅰ)的化合物除不溶解的或以配离子的形式存在以外，都是不稳定的，会歧化为 Cu(Ⅱ)和 Cu。

由于 Cu(Ⅱ)的极化作用强于 Cu(Ⅰ)，高温时，固态 Cu(Ⅱ)化合物分解为 Cu(Ⅰ)化合物，例如，将固态 CuO 和 CuS 加热可以得到 Cu_2O 和 Cu_2S。有些化合物如 CuI_2、$Cu(CN)_2$ 在普通常温下就会分解为 Cu(Ⅰ)化合物。

Cu(Ⅰ)与 Cu(Ⅱ)的相对稳定性还与溶剂有关。在非水、非络合溶剂中，若溶剂的极性小可大大减弱 Cu^{2+} 的溶剂化作用，则 Cu(Ⅰ)可稳定存在，如在 CH_3CN 中即是如此。

以上表明铜的两种氧化态的化合物各以一定条件存在，当条件变化时又相互转化。一般来说，在气态、高温固态和溶剂极性小时，Cu(Ⅰ)稳定；在强极性溶剂中由于 Cu(Ⅱ)的溶剂化能高，Cu(Ⅱ)稳定。在水溶液中，当有还原剂和能使 Cu^+ 浓度大大降低的沉淀剂或络合剂存在时，则 Cu(Ⅰ)以难溶物或配合物形式稳定存在。

§18.2　锌族元素

18.2.1　锌族元素概述

元素周期表第ⅡB 族元素包括锌、镉、汞三种，通常称为锌族元素，其价电子构型为 $(n-1)d^{10}ns^2$，最外层电子数与碱土金属一样，但碱土金属原子次外层为 8 个电子(铍除外)，而锌族元素原子次外层为 18 个电子，故ⅡB 族与ⅡA 族在性质上有很大差别，但比起ⅠB族与ⅠA 族之间的差别又要小一些。由于 18 电子结构对核的屏蔽作用较小，有效核电荷较大，对外层 s 电子的吸引力较大，与同周期碱土金属相比，锌族元素的原子半径和离子半径(M^{2+})都较小，相应电负性和电离能比碱土金属大，因此锌族元素不如碱土金属那么活泼。表 18-4 列出了锌族元素的基本性质。

表 18-4　锌族元素的基本性质

性　质	锌	镉	汞
符号	Zn	Cd	Hg
原子序数	30	48	80
相对原子质量	65.39	112.41	200.59
价电子构型	$3d^{10}4s^2$	$4d^{10}5s^2$	$5d^{10}6s^2$
原子半径/pm	133.2	148.9	160
M^{2+} 离子半径/pm	74	97	110
第一电离能/kJ·mol^{-1}	915	873	1 013
第二电离能/kJ·mol^{-1}	1 743	1 641	1 820
第三电离能/kJ·mol^{-1}	3 837	3 616	3 299
M^{2+}(g)水合热/kJ·mol^{-1}	−2 054	−1 816	−1 833
升华热/kJ·mol^{-1}	131	112	62
汽化热/kJ·mol^{-1}	115	100	59
电负性	1.65	1.69	2.00

铜族元素为 d 电子刚填满 d 轨道 $(n-1)d^{10}ns^1$，s 电子与 d 电子的电离能之差较小，故

在配位体适宜的条件下尚能失去1～2个d电子形成+2、+3等氧化态。但锌族元素因d轨道已满，从满层中失去电子更加困难，s电子与d电子的电离能之差远比铜族大，故通常只失去s电子而呈+2氧化态。本族也存在+1氧化态，其中最重要的是Hg(Ⅰ)的化合物，它们常以 Hg_2^{2+} 形式稳定存在，这可能是Hg原子中4f电子对6s的屏蔽较小，使Hg的第一电离能特别高（I_1=1 013 kJ·mol^{-1}），与Rn的电离能（I_1=1 037 kJ·mol^{-1}）相近，于是6s电子较难失去，而共用形成 Hg_2^{2+}。汞还存在 Hg_3^{+}、Hg_4^{2+} 等多聚离子，也发现有镉和锌的多聚离子，如 Cd_2^{2+}、Zn_2^{2+}，它们仅在高温下存在，且均不稳定。

与其他d区元素不同，本族中Zn和Cd有相似之处，而与Hg有很大差别，这可从下面锌族元素的标准电势图看出：

$\varphi_A^\ominus$

$$Zn^{2+} \xrightarrow{-0.761\,8} Zn$$

$$Cd^{2+} \xrightarrow{>-0.6} Cd_2^{2+} \xrightarrow{<-0.2} Cd \quad (Cd^{2+} \xrightarrow{-0.402\,6} Cd)$$

$$Hg^{2+} \xrightarrow{0.920} Hg_2^{2+} \xrightarrow{0.7973} Hg \quad (Hg^{2+} \xrightarrow{0.851} Hg)$$

$$HgCl_2(饱和) \xrightarrow{0.63} Hg_2Cl_2 \xrightarrow{0.26} Hg$$

$\varphi_B^\ominus$

$$ZnO_2^{2-} \xrightarrow{-1.216} Zn$$

$$Cd(OH)_2 \xrightarrow{-0.761} Cd(Hg)$$

$$HgO \xrightarrow{0.098\,4} Hg$$

图18-2 锌族元素的标准电势图

从图18-2可知，无论 $\varphi_A^\ominus$ 或 $\varphi_B^\ominus$，锌、镉的标准电极电势均为负值，两者皆能从稀酸溶液中（锌还能从稀碱溶液中）置换出氢气，汞的标准电极电势均为正值，活泼性远比锌、镉差。

锌族元素的标准电极电势比同周期的铜族元素更负，所以锌族元素比铜族元素活泼。从能量变化来看，虽然锌族元素的电离能高得多，但升华热较小，而离子水合热又高得多（数值更负）。例如 $Cu(s) \rightarrow Cu^{2+}(aq)$ 时需能量939 kJ·mol^{-1}，比同周期的锌转化为水合 Zn^{2+} 所需能量735 kJ·mol^{-1}大得多，所以锌比铜活泼。

锌族元素的化学活泼性随原子序数的增大而降低，这恰与碱土金属相反，而和铜族的变化趋势相同。这种趋势和它们标准电极电势数值的大小是一致的，也和它们从金属原子变成水合 M^{2+} 离子所需总能量的大小是一致的。这种能量变化如表18-5。

表18-5 锌族元素的一些热力学性质

	Zn	Cd	Hg
升华热 S/kJ·mol^{-1}	131	112	62
第一、二电离能之和 I/kJ·mol^{-1}	2 658	2 514	2 833
M^{2+}(g)水合热/kJ·mol^{-1}	−2 054	−1 816	−1 833
总热效应/kJ·mol^{-1}	735	810	1 062

由上表数据可见，Zn、Cd、Hg各原子转化为水合 M^{2+} 时，Zn所需要的能量最少，汞最多，因此Zn比Hg更易形成 M^{2+}(aq)，Zn最活泼，Hg最不活泼。

锌族元素中，锌和镉在化学性质上有许多相似之处，汞与它们相差较大，在性质上汞类似于铜、银、金。

18.2.2　金属单质

1. 物理性质

游离状态的锌、镉、汞是银白色金属(锌略带蓝色)。锌、镉、汞的重要物理性质见表 18 - 6。

表 18 - 6　锌、镉、汞的物理性质

性质＼单质	锌	镉	汞
密度/$g \cdot cm^{-3}$	7.133	8.65	13.546
硬度(金刚石=10)	2.5	2	液
熔点/K	693	594	234
沸点/K	1 180	1 038	630

锌族金属的特点是低熔点和低沸点，不仅低于碱土金属，而且还低于铜族金属，并依 Zn、Cd、Hg 的顺序下降。

汞是常温下唯一的液体金属，有流动性，且在 273～473 K 之间，汞的体积膨胀系数很均匀，并且不湿润玻璃，可用来制造温度计。汞的密度大($13.546\ g \cdot cm^{-3}$)，蒸气压又低(273 K 时为 0.024 7 Pa，293 K 时为 0.16 Pa，303 K 时为 0.369 Pa)，宜于制造压力计。在电弧作用下汞的蒸气能导电，并发出富有紫外线的光，汞被用在日光灯的制造上。

Na、K、Ag、Au、Zn、Cd、Cu、Sn、Pb 等金属易溶于汞中而形成汞齐。溶解于汞中的金属含量不高时，所得汞齐呈液态和糊状，固态汞齐则含有较多的其他金属。汞齐中的金属仍保留原有性质，如钠汞齐在与水接触时，其中汞仍保持其惰性，而钠则从水中置换出氢气，只是反应变得温和了。根据此性质，钠汞齐在有机合成中常用作还原剂。此外，利用汞能熔解金和银的性质，在冶金中用汞齐法提取这些贵金属。铁系金属不能与汞形成汞齐，因此可用铁制容器盛装水银。

汞蒸气吸入人体会产生慢性中毒，如牙齿松动、毛发脱落、神经错乱等。在使用汞和它的化合物时，必须非常小心，不许将汞滴撒在实验桌上或地面上。万一不慎撒落在桌上或地上时，务必尽量收集起来，然后在估计还有金属汞的地方撒上硫黄粉，并适当搅拌或研磨，使硫与汞化合生成 HgS。储藏汞必须密封，若不密封，可在汞的上层覆盖一层水，以免汞挥发出来。烷基汞及其衍生物特别危险，因为它倾向于在大脑中积存，带来不可治愈的伤害。

锌、镉、汞之间以及与其他金属容易形成合金。锌最重要的合金是黄铜，制造黄铜是锌的主要用途之一。大量的锌用于制造白铁皮，将干净的铁片浸于熔融的锌即可制得，这可以防止铁的腐蚀。锌也是制造干电池的重要材料。近年来锌-氧化银电池有了相当大的发展，这种电池以 AgO 为正极，Zn 为负极，用 KOH 作电解质。锌-氧化银电池比容量高、内阻小、工作电压高而平稳，目前主要用于各种宇宙空间技术的主电源或应急电源。纽扣式锌-氧化银电池用作助听器、计算器以及电子手表的电源。

2. 化学性质

锌族元素中，锌、镉的化学性质相似，而汞与它们有较大差异，因此我们着重介绍锌和汞两单质的化学性质。

在含有 CO_2 的潮湿空气中，锌的表面常生成一层碱式碳酸锌的薄膜，这层薄膜能保护锌不被继续氧化。

$$4Zn + 2O_2 + 3H_2O + CO_2 = ZnCO_3 \cdot 3Zn(OH)_2$$

锌在加热时可以与绝大多数非金属发生化学反应。当锌加热到 1 273 K 时，就在空气中燃烧生成氧化锌。汞需加热至沸才缓慢与氧作用生成氧化汞。当温度超过 573 K 时，HgO 又分解为 Hg 和 O_2。

$$2Zn + O_2 \xrightarrow{1\,273\ \text{K}} 2ZnO$$

$$2Hg + O_2 \underset{573\ \text{K 以上}}{\overset{\text{加热至沸}}{\rightleftharpoons}} 2HgO$$

锌粉与硫黄共热可生成硫化锌，汞与硫黄粉研磨即能形成 HgS，这种反常的活泼性是由于汞是液态，研磨时接触面积较大，且两者亲和力较强，反应就较容易进行。

$$Zn + S \stackrel{\triangle}{=} ZnS$$

$$Hg + S = HgS$$

在普通条件下，锌与卤素作用缓慢。在室温下，汞的蒸气与碘的蒸气相遇时，能生成 HgI_2，因此可以把碘升华为气体，以除去空气中的汞蒸气。

$\varphi_A^{\ominus}(Zn^{2+}/Zn) = -0.762\,8$ V，在室温下它却不能从水中置换出氢气，这是由于锌表面形成的碱式碳酸锌薄膜起了保护作用。

锌的标准电极电势比氢负，能从盐酸、硫酸中置换出氢气：

$$Zn + 2H^+ = Zn^{2+} + H_2\uparrow$$

锌与铝一样，是两性金属，锌不但能溶于酸，而且还能溶于强碱中形成锌酸盐：

$$Zn + 2NaOH + 2H_2O = Na_2[Zn(OH)_4] + H_2\uparrow$$

但锌与铝又有不同，锌还能溶于氨水形成配离子，并放出氢气，而铝则不能发生类似反应：

$$Zn + 4NH_3 + 2H_2O = [Zn(NH_3)_4](OH)_2 + H_2\uparrow$$

汞的标准电极电势比氢正，不溶于 HCl 和稀 H_2SO_4，但溶于氧化性酸。汞与热的浓硫酸反应形成硫酸汞，汞与过量硝酸反应得到硝酸汞(Ⅱ)，过量汞与冷的稀硝酸反应得到硝酸亚汞。

$$Hg + 2H_2SO_4(\text{热、浓}) = HgSO_4 + SO_2\uparrow + 2H_2O$$

$$3Hg + 8HNO_3(\text{过量、热}) = 3Hg(NO_3)_2 + 2NO\uparrow + 4H_2O$$

$$6Hg(\text{过量}) + 8HNO_3(\text{冷、稀}) = 3Hg_2(NO_3)_2 + 2NO\uparrow + 4H_2O$$

3. 存在与冶炼

锌族元素主要以硫化物或含氧化合物存在于自然界，例如闪锌矿（ZnS）、菱锌矿（$ZnCO_3$）、红锌矿（ZnO）；汞的主要矿石是辰砂（硃砂）（HgS）；镉则主要以硫化物形式存在于闪锌矿中。锌矿常与铅矿共生，故称为铅锌矿。

闪锌矿通过浮选法得到含有 40%～60% ZnS 的精矿后，加以焙烧使它转化为氧化锌，再把氧化锌和焦炭混合，在鼓风炉中加热至 1 373～1 573 K，使氧化锌还原并蒸馏出来，主要反应为：

$$2ZnS + 3O_2 \xlongequal{} 2ZnO + 2SO_2$$

$$2C + O_2 \xlongequal{} 2CO$$

$$ZnO + CO \xlongequal{} Zn(g) + CO_2$$

这样所得的粗锌约含 Zn 98%，通过精馏可分离杂质铅、镉、铜、铁等，得到纯度为 99.9% 的锌。

电解法炼锌时，可将焙烧的粗产品 ZnO 溶于稀硫酸，并加锌粉以置换出较不活泼的铜、镉、镍等杂质。以 $ZnSO_4$ 溶液为电解液，Al 为阴极，Pb 作阳极，可得 99.95%的锌。

镉主要存在于锌的各类矿石中，大部分镉常在炼锌时以副产品得到。如在熔炼含镉的锌矿石时，这两种金属一起被还原。由于镉（沸点 1 038 K）比锌（沸点 1 180 K）较易挥发，因而可以用分馏的方法得到镉。

将辰砂直接在 873～973 K 的空气流中焙烧或与 CaO 共同焙烧都可得到汞：

$$HgS + O_2 \xlongequal{} Hg + SO_2$$

$$4HgS + 4CaO \xlongequal{} 4Hg + 3CaS + CaSO_4$$

粗制的汞常含有铅、镉、铜等，可与 5%的硝酸作用除去杂质，要制纯汞，须用减压蒸馏法。

18.2.3 锌族元素的主要化合物

锌和镉通常形成氧化数为+2 的化合物，汞除了形成氧化数为+2 的化合物外，还能形成氧化数为+1 的化合物。

1. 氧化物与氢氧化物

锌、镉、汞在加热时与氧反应可以得到它们的氧化物；把锌、镉的碳酸盐加热也可制得 ZnO 和 CdO：

$$ZnCO_3 \xlongequal{568\ K} ZnO + CO_2\uparrow$$

$$CdCO_3 \xlongequal{600\ K} CdO + CO_2\uparrow$$

这些氧化物都几乎不溶于水。ZnO、CdO 的生成热较大，较稳定，加热升华而不分解。HgO 加热到 573 K 时，分解为 Hg 和 O_2。氧化物的稳定性按 Zn、Cd、Hg 的顺序递减，这与它们的生成热数据变化规律是一致的，数据见表 18 - 7。

表 18-7 锌族元素氧化物的生成热

性质 \ 氧化物	ZnO	CdO	HgO
颜色	白色粉末	棕灰色粉末	红色晶体或黄色晶体
生成热/$kJ \cdot mol^{-1}$	-348.3	-256.9	-90.9

ZnO 冷时为白色，受热时是黄色。CdO 在室温下是黄色的，加热最终为黑色，冷却又复原，这是由于晶体缺陷所造成的。黄色 HgO 在低于 573 K 加热时可以转变成红色 HgO，两者晶体结构相同，颜色不同仅是晶粒大小不同所致，黄色者晶粒较细小，红色者晶粒较大。在汞盐溶液中加入碱，可得到黄色 HgO；红色的 HgO 可由 Na_2CO_3 沉淀 $Hg(NO_3)_2$ 或缓慢加热 $Hg(NO_3)_2$ 而制得：

$$Hg(NO_3)_2 + Na_2CO_3 \xlongequal{\triangle} HgO + CO_2\uparrow + 2NaNO_3$$

$$2Hg(NO_3)_2 \xlongequal{缓慢加热} 2HgO + 4NO_2\uparrow + O_2\uparrow$$

ZnO 俗称锌白，用作白色颜料，它的优点是遇到 H_2S 气体不变黑，因为 ZnS 也是白色。由于 ZnO 对气体吸附力强，在石油化工上用作脱氢、苯酚和甲醛缩合等反应的催化剂，ZnO 有收敛性和一定的杀菌力，在医药上常制成软膏应用。

与普通 ZnO 相比，活性 ZnO 由于其粒度小、比表面大、表观密度小，性能更为优良，应用更为广泛。

HgO 是制备许多汞盐的原料，还用作医药制剂、分析试剂、陶瓷颜料等。

在锌盐、镉盐和汞盐溶液中加入适量碱，可沉淀出锌、镉的白色氢氧化物和黄色氧化汞，$Hg(OH)_2$ 在室温不存在，只生成 HgO：

$$Zn^{2+} + 2OH^- \longequal Zn(OH)_2\downarrow$$

$$Cd^{2+} + 2OH^- \longequal Cd(OH)_2\downarrow$$

$$Hg^{2+} + 2OH^- \longequal HgO\downarrow + H_2O$$

$Zn(OH)_2$ 和 $Cd(OH)_2$ 都容易受热脱水变为 ZnO 和 CdO。锌和镉的氧化物和氢氧化物及 HgO 都是以共价性为主的化合物，共价性依 Zn—Cd—Hg 的顺序增强。

ZnO 和 $Zn(OH)_2$ 是两性的，溶于酸碱分别形成锌盐和锌酸盐 $[Zn(OH)_4]^{2-}$（简写成 ZnO_2^{2-}）：

$$ZnO + 2H^+ \longequal Zn^{2+} + H_2O$$

$$ZnO + 2OH^- \longequal ZnO_2^{2-} + H_2O$$

$$Zn(OH)_2 + 2H^+ \longequal Zn^{2+} + 2H_2O$$

$$Zn(OH)_2 + 2OH^- \longequal [Zn(OH)_4]^{2-}$$

$Cd(OH)_2$ 具有两性，但酸性很弱，不易溶于强碱中，只缓慢溶于热、浓的强碱中。

$Zn(OH)_2$ 和 $Cd(OH)_2$ 还可溶于氨水，生成氨配离子，这点与 $Al(OH)_3$ 不同：

$$Zn(OH)_2 + 4NH_3 \longequal [Zn(NH_3)_4]^{2+} + 2OH^-$$

$$Cd(OH)_2 + 4NH_3 \xlongequal{} [Cd(NH_3)_4]^{2+} + 2OH^-$$

2. 卤化物

(1) 氯化锌

氯化锌可通过锌、氧化锌或碳酸锌与盐酸反应，经浓缩冷却而制得。如果将氯化锌溶液加热蒸干，由于氯化锌的水解，因而只能得到碱式氯化锌而得不到无水 $ZnCl_2$：

$$ZnCl_2 + H_2O \xlongequal{\triangle} Zn(OH)Cl + HCl\uparrow$$

欲制得无水 $ZnCl_2$ 必须在干燥的 HCl 气氛中加热脱水，或将含水 $ZnCl_2$ 和 $SOCl_2$ 一起加热：

$$ZnCl_2 \cdot xH_2O(s) + xSOCl_2 \xlongequal{} ZnCl_2(s) + 2xHCl + xSO_2(g)$$

无水 $ZnCl_2$ 为白色易潮解的固体，其熔点不高(638 K)，吸水性很强，溶解度很大(283 K，333 g/100H_2O)，有机化学中常用作去水剂或催化剂。

$ZnCl_2$ 的浓溶液能形成配合酸而具有显著的酸性，该溶液能溶解金属氧化物：

$$ZnCl_2 + H_2O \xlongequal{} H[ZnCl_2(OH)]$$

$$FeO + 2H[ZnCl_2(OH)] \xlongequal{} Fe[ZnCl_2(OH)]_2 + H_2O$$

在焊接金属时，用 $ZnCl_2$ 的浓溶液溶解、清除金属表面的氧化物而不损害金属表面，且在焊接时，水分蒸发，熔化物覆盖在金属表面，使之不再氧化，能保证焊接金属的直接接触。因此，$ZnCl_2$ 的浓溶液通常称为焊药水，俗名"熟镪水"。$ZnCl_2$ 与 $ZnCl_2$ 的水溶液能迅速硬化，生成 Zn(OH)Cl，是牙科中常用的黏合剂。浸过 $ZnCl_2$ 溶液的木材不易被腐蚀，浓的 $ZnCl_2$ 溶液还能溶解淀粉、丝绸和纤维素，可用于纺织行业。

(2) 氯化汞和氯化亚汞

将 HgO 溶于盐酸可以制得 $HgCl_2$。通常是将 $HgSO_4$ 和 NaCl 的混合物加热而制得：

$$HgSO_4 + 2NaCl \xlongequal{\triangle} HgCl_2 + Na_2SO_4$$

$HgCl_2$ 是白色针状晶体，微溶于水，在水中很少电离，主要以 $HgCl_2$ 分子形式存在，$HgCl_2$ 在水中稍有水解：

$$HgCl_2 + H_2O \rightleftharpoons Hg(OH)Cl + HCl$$

$HgCl_2$ 为共价型分子，Cl 原子以共价键与 Hg 原子结合成直线型分子 Cl—Hg—Cl。$HgCl_2$ 熔点很低(549 K)，熔融时不导电，易升华，故俗名为升汞。$HgCl_2$ 有剧毒，内服0.2～0.4 g 可致死，它的稀溶液有杀菌作用，在外科上用作消毒剂。

$HgCl_2$ 遇氨水发生氨解，生成白色 $Hg(NH_2)Cl$ 沉淀，其反应与 $HgCl_2$ 的水解反应相似：

$$HgCl_2 + 2NH_3 \xlongequal{} Hg(NH_2)Cl\downarrow + NH_4Cl$$

在酸性溶液中，$HgCl_2$ 是较强的氧化剂，同适量 $SnCl_2$ 反应生成白色 Hg_2Cl_2：

$$2HgCl_2 + SnCl_2 + 2HCl \xlongequal{} Hg_2Cl_2\downarrow + H_2SnCl_6$$

如果 $SnCl_2$ 过量，生成的 Hg_2Cl_2 可进一步被还原为黑色金属汞，使沉淀变黑：

$$Hg_2Cl_2 + SnCl_2 + 2HCl \xlongequal{} 2Hg\downarrow + H_2SnCl_6$$

上述反应可用来检验 Hg^{2+} 或 Sn^{2+}。$HgCl_2$ 还可以使 Hg 氧化，金属 Hg 和 $HgCl_2$ 固体一起研磨，可制得 Hg_2Cl_2：

$$HgCl_2 + Hg \xlongequal{} Hg_2Cl_2 \downarrow$$

(3) 氯化亚汞

在硝酸亚汞溶液中加入盐酸，也可制得 Hg_2Cl_2：

$$Hg_2(NO_3)_2 + 2HCl \xlongequal{} Hg_2Cl_2 \downarrow + 2HNO_3$$

氯化亚汞是一种不溶于水的白色粉末，分子结构为直线型(Cl—Hg—Hg—Cl)。Hg_2Cl_2 无毒，略有甜味，俗称甘汞。氯化亚汞对光不稳定，在光的照射下易分解：

$$Hg_2Cl_2 \xlongequal{光} HgCl_2 + Hg$$

因此应将其贮存在棕色瓶中。

Hg_2Cl_2 与氨水作用，发生歧化反应，可生成 $Hg(NH_2)Cl$ 和 Hg，前者为白色沉淀，后者为黑色分散的细珠，使沉淀显灰色。

$$Hg_2Cl_2 + 2NH_3 \xlongequal{} Hg(NH_2)Cl \downarrow + Hg \downarrow + NH_4Cl$$

此反应可用来检验 Hg_2^{2+}，该反应是利用 NH_3 作为 Hg^{2+} 的沉淀剂，生成比 Hg_2Cl_2 更难溶的 $Hg(NH_2)Cl$，促使 Hg_2^{2+} 歧化。

Hg_2Cl_2 在医药上用作泻剂或利尿剂，化学上常用于制造甘汞电极。

(4) 其他卤化物

ZnF_2 微溶于水，离子型晶体具有金红石结构，它从水溶液中析出时含 4 个结晶水，低压下加热，$ZnF_2 \cdot 4H_2O$ 部分脱水，高温下发生水解反应：

$$ZnF_2(s) + H_2O(g) \rightleftharpoons ZnO(s) + 2HF(g)$$

CdF_2 很难溶于水，萤石结构。HgF_2 具有萤石结构，遇水完全水解。$HgBr_2$ 和 $HgCl_2$ 一样，是挥发性固体，不仅溶于水，而且溶于乙醇和乙醚，是分子型晶体。HgI_2 微溶于水，在 400 K 以下以红色大分子形式存在，高于这个温度为黄色。

3. 硫化物

向锌盐、镉盐和汞盐溶液中通入 H_2S 时，会相应生成 ZnS、CdS 和 HgS 沉淀，各硫化物的颜色和溶度积见表 18 - 8。

表 18 - 8　锌族元素硫化物的性质

化合物 / 性质	ZnS	CdS	HgS
颜色	白	黄	黑
K_{sp}	2.93×10^{-25}	8.0×10^{-27}	1.6×10^{-52}

这些硫化物的溶度积从 $Zn^{2+} \rightarrow Hg^{2+}$ 依次减小，颜色加深。K_{sp} 愈小，溶解它们愈困难，需要的酸也愈强，因而 ZnS 溶于稀盐酸，不溶于醋酸；CdS 溶于浓盐酸、浓硫酸及热稀硝酸中；HgS 是金属硫化物中溶解度最小的一个，它在浓硝酸中也不溶解，只能溶于王水或 Na_2S 溶液。

$$3HgS + 8H^+ + 2NO_3^- + 12Cl^- = 3HgCl_4^{2-} + 2NO\uparrow + 3S\downarrow + 4H_2O$$

$$HgS + Na_2S = Na_2[HgS_2]$$

由于 ZnS 能溶于 0.1 $mol \cdot L^{-1}$ 盐酸，所以往中性的锌盐溶液中通入 H_2S 气体，ZnS 沉淀不完全，这是因为在沉淀过程中，H^+ 浓度增加，阻碍了 ZnS 的进一步沉淀。又由于 CdS 不溶于稀酸，所以可以通过控制溶液酸度使锌、镉分离。

黑色 HgS 加热至 659 K 可转变为稳定的红色变体。

ZnS 可作白色颜料，它同硫酸钡共沉淀所形成的混合晶体 $ZnS \cdot BaSO_4$ 叫锌钡白，也称为立德粉，是一种优良的白色颜料。

$$ZnSO_4(溶液) + BaS(溶液) = ZnS \cdot BaSO_4\downarrow$$

无定形 ZnS 在 H_2S 气氛中灼烧，可以转变为晶体 ZnS。在 ZnS 晶体中加入微量的金属作活化剂，经紫外光或可见光的照射后能发出不同颜色的荧光（加铜为黄绿色，加银为蓝色，加锰为橙色），这种材料叫荧光粉，可用于制作荧光屏、夜光表、发光油漆等。ZnS 可用于制造阴极射线管和雷达屏幕，在橡胶、塑料、玻璃和造纸工业等领域也有广泛的应用。

CdS 用作黄色颜料，称为镉黄。纯的镉黄可以是 CdS，也可以是 $CdS \cdot ZnS$ 的共熔体。CdS 主要用作半导体材料、搪瓷、陶瓷、玻璃及油画着色，也可用于涂料、塑料行业及电子荧光材料等。

18.2.4　锌族元素配合物

本族的 M^{2+} 为 18 电子层结构，具有很强的极化力与明显的变形性，因此比相应主族元素具有较强的形成配合物的倾向。Hg_2^{2+} 形成配离子的倾向较小，与配体作用时易发生歧化反应，而生成稳定的 Hg^{2+} 配合物。

1. 氰配合物

Zn^{2+}、Cd^{2+}、Hg^{2+} 与 KCN 均能形成很稳定的氰配合物。

$$Zn^{2+} + 4CN^- = [Zn(CN)_4]^{2-} \quad K_{稳} = 5.71 \times 10^{16}$$

$$Cd^{2+} + 4CN^- = [Cd(CN)_4]^{2-} \quad K_{稳} = 1.95 \times 10^{18}$$

$$Hg^{2+} + 4CN^- = [Hg(CN)_4]^{2-} \quad K_{稳} = 1.82 \times 10^{41}$$

$[Zn(CN)_4]^{2-}$ 用于电镀工艺，它和 $[Cu(CN)_4]^{3-}$ 的混合液用于镀黄铜，这是因为 $[Zn(CN)_4]^{2-}/Zn$ 和 $[Cu(CN)_4]^{3-}/Cu$ 两个电对的标准电极电势接近，因此它们的混合液在电解时，Zn、Cu 会在阴极同时析出。

2. 氨配合物

Zn^{2+}、Cd^{2+} 与氨水反应，生成稳定的氨配合物。

$$Zn^{2+} + 4NH_3 = [Zn(NH_3)_4]^{2+}(无色) \quad K_{稳} = 3.6 \times 10^8$$

$$Cd^{2+} + 4NH_3 = [Cd(NH_3)_4]^{2+}(无色) \quad K_{稳} = 2.78 \times 10^7$$

只有在含有过量的 NH_4Cl 的氨水中，$HgCl_2$ 才能与 NH_3 形成氨配合物：

$$HgCl_2 + 2NH_3 \xrightarrow{NH_4Cl} [Hg(NH_3)_2Cl_2]$$

$$[Hg(NH_3)_2Cl_2]+2NH_3 \xlongequal{NH_4Cl} [Hg(NH_3)_4]Cl_2$$

3. 其他配合物

Hg^{2+}可以与卤素离子和SCN^-形成一系列配离子：

$$Hg^{2+}+4Cl^- \xlongequal{} [HgCl_4]^{2-} \quad K_{稳}=1.31\times10^{15}$$

$$Hg^{2+}+4Br^- \xlongequal{} [HgBr_4]^{2-} \quad K_{稳}=9.22\times10^{20}$$

$$Hg^{2+}+4I^- \xlongequal{} [HgI_4]^{2-} \quad K_{稳}=5.66\times10^{29}$$

$$Hg^{2+}+4SCN^- \xlongequal{} [Hg(SCN)_4]^{2-} \quad K_{稳}=4.98\times10^{21}$$

Hg^{2+}的卤素配合物的稳定性与过渡金属离子相反，常是$Cl^-<Br^-<I^-$，这由上述配离子的$K_{稳}$可以看出。配离子的组成同配位体的浓度有密切的关系，在0.1 mol·L^{-1}的Cl^-溶液中，$HgCl_2$、$[HgCl_3]^-$和$[HgCl_4]^{2-}$的浓度大致相等；而1 mol·L^{-1}的Cl^-溶液中主要存在的是$[HgCl_4]^{2-}$。

对Zn^{2+}和Cd^{2+}而言，与卤素离子形成的配离子都很不稳定。

在Hg^{2+}的溶液中加入I^-时，起初生成红色HgI_2沉淀，I^-过量时HgI_2沉淀溶解：

$$Hg^{2+}+2I^- \xlongequal{} HgI_2\downarrow$$

$$HgI_2+2I^- \xlongequal{} [HgI_4]^{2-}$$

$K_2[HgI_4]$和KOH的混合溶液称为奈斯勒试剂。如在溶液中有微量NH_4^+存在，滴入奈斯勒试剂，立刻生成特殊的红棕色碘化氨基·氧合二汞(Ⅱ)沉淀：

$$NH_4Cl+2K_2[HgI_4]+4KOH \xlongequal{} \left[O\begin{matrix}\diagup Hg \diagdown \\ \diagdown Hg \diagup\end{matrix}NH_2\right]I\downarrow+KCl+7KI+3H_2O$$

该反应很灵敏，常用来鉴定NH_4^+。

18.2.5 Hg(Ⅰ)和Hg(Ⅱ)的相互转化

Hg^{2+}和Hg_2^{2+}在溶液中存在着下列平衡：

$$Hg^{2+}+Hg \rightleftharpoons Hg_2^{2+}$$

从汞的元素电势图可看出：

$$Hg^{2+}\xrightarrow{0.905}Hg_2^{2+}\xrightarrow{0.798\,6}Hg$$

$E^\ominus=\varphi^\ominus_{右}-\varphi^\ominus_{左}=0.798\,6\text{ V}-0.905\text{ V}<0$，$Hg_2^{2+}$歧化趋势很小；上述反应的平衡常数$K=\dfrac{c(Hg_2^{2+})}{c(Hg^{2+})}=69.4$，表明在达到平衡时Hg与$Hg^{2+}$基本上都转变成$Hg_2^{2+}$，因此，常利用Hg与$Hg^{2+}$反应制备亚汞盐。例如$HgCl_2$与Hg混合在一起研磨，即可制得$Hg_2Cl_2$；$Hg(NO_3)_2$溶液和Hg共同振荡就得到$Hg_2(NO_3)_2$，$Hg(NO_3)_2$和$Hg_2(NO_3)_2$都溶于水，易水解，所以配制其溶液时需加入稀硝酸以抑制水解。

$$HgCl_2+Hg \xlongequal{研磨} Hg_2Cl_2$$

$$Hg(NO_3)_2 + Hg \xlongequal{振荡} Hg_2(NO_3)_2$$

但是 $Hg^{2+} + Hg \rightleftharpoons Hg_2^{2+}$ 的反应方向，在不同的条件下是可以改变的。当在溶液中加入 Hg^{2+} 的沉淀剂如 OH^-、S^{2-}、NH_3 或络合剂如 I^-、CN^- 等时，由于生成了沉淀或配合物，Hg^{2+} 浓度大大降低，歧化反应便可发生，例如：

$$Hg_2^{2+} + 2OH^- \xlongequal{} HgO\downarrow(黄) + Hg\downarrow(黑) + H_2O$$

$$Hg_2^{2+} + H_2S \xlongequal{} 2H^+ + HgS\downarrow(黑) + Hg\downarrow(黑)$$

$$Hg_2(NO_3)_2 + 2NH_3 \xlongequal{} Hg(NH_2)NO_3\downarrow(白色) + Hg\downarrow(黑色) + NH_4NO_3$$

$$Hg_2^{2+} + 4I^- \xlongequal{} [HgI_4]^{2-} + Hg\downarrow$$

$$Hg_2^{2+} + 4CN^- \xlongequal{} [Hg(CN)_4]^{2-} + Hg\downarrow$$

另外，由于 $\varphi^\ominus(Hg^{2+}/Hg_2^{2+}) = 0.911\ V$，而 $O_2 + 4H^+ + 4e^- \rightleftharpoons 2H_2O$，$\varphi^\ominus(O_2/H_2O) = 1.229\ V$，所以 Hg_2^{2+} 溶液与空气接触时也易被氧化为 Hg^{2+}，例如：

$$2Hg_2(NO_3)_2 + O_2 + 4HNO_3 \xlongequal{} 4Hg(NO_3)_2 + 2H_2O$$

扩展内容

重金属废水的处理

在化工、电子、电镀和冶金等生产部门排放的废水中，常常含有一些有害的重金属，如汞、镉、铬、铅、砷、铜等，这些金属元素可在人体的某些器官积蓄起来，造成慢性中毒，危害人体健康。

汞及其化合物能经呼吸道、消化道及皮肤黏膜进入体内，对人体的危害主要涉及中枢神经系统、消化系统及肾脏。无机汞在人体内蓄积部位主要是肾脏，其次是肝脏和脾脏；甲基汞除蓄积在肝、肾等脏器之外，还可通过血脑屏障蓄积于脑组织内。有机汞的毒性大于金属汞和无机汞化合物，1953 年发生在日本的“水俣病”就是由于人们食用了含有机汞的鱼虾所造成的汞中毒。汞中毒的主要表现是脑部疾病，如头痛、头昏、失眠、记忆减退等；感觉障碍，如口齿和手足末端麻木等；运动失调，如动作缓慢、不协调、震颤、眼球运动异常等；语言和听觉障碍、胎儿畸形、肾脏损害和致癌等。

含镉废水排入江河或海洋后，镉能被水底贝类动物或植物吸收。人们吃了含镉的动物或植物后，镉就进入人体内，蓄积到一定量后就会导致中毒。镉慢性中毒的主要表现为全身剧烈疼痛难忍、骨质疏松、易骨折、骨软化症、肾脏病、贫血和致癌等。Cd^{2+} 能代换骨骼中的 Ca^{2+}，会引起骨质疏松和骨质软化等症，使人们感到骨骼疼痛，即“骨痛病”。

铅及其化合物可通过消化道、呼吸道和皮肤渗透作用进入人体，蓄积在人体各组织中。铅和可溶性铅盐毒性较大，难溶于水的硫酸铅、铬酸铅等则毒性较小。铅中毒主要损害造血系统、神经系统、消化系统和肾脏，并有致畸、致癌作用，其主要症状是贫血、神经炎、头痛、食欲减退、疲惫、痉挛、腹痛、高血压、脑水肿、运动失调、肾衰竭等。

在铬的化合物中，Cr(Ⅵ)的毒性比 Cr(Ⅲ)大得多，而含铬废水中的铬通常以 Cr(Ⅵ)化合物的形式存在。Cr(Ⅵ)是一种蛋白质的凝聚剂，能造成人体血液中的蛋白质沉淀。Cr(Ⅵ)会引起肾脏和肝脏受损、恶心、胃肠道刺激、胃溃疡、痉挛甚至死亡，且是国际抗癌研究中心和美国毒理学组织公布的致癌物，具有明显的致癌作用。

砷有多种化合物，其中砒霜即三氧化二砷是人们最熟悉的，另外还有硫化砷、三硫化二砷、三氯化砷和氢化砷等。砷可在体内蓄积，慢性中毒的主要症状是皮肤色素沉着、神经性皮炎、四肢疼痛、肌肉萎缩、脚趾自发性坏死和致癌等。

铜对人体造血、细胞生长,人体某些酶的活动及内分泌腺功能均有影响。如摄入过量的铜,就会刺激消化系统,引起腹痛、呕吐。

国家环保部颁发的《污水综合排放标准》中对工业废水中有害重金属的允许排放浓度做了明确规定(表18-9),部分行业排放标准甚至做了更严格的规定,如电镀污染物排放标准,因此对重金属含量超标的废水必须进行处理。

表 18-9 工业废水中有害重金属的最高允许排放浓度

重金属元素	总汞	烷基汞	总镉	总铬	六价铬	总砷	总铅
最高允许排放浓度/$mg\cdot L^{-1}$	0.05	不得检出	0.1	1.5	0.5	0.5	1.0

目前,重金属废水常用的处理方法大致可以分为三大类:第一类是化学处理法,是指通过投加药剂,发生化学反应去除废水中重金属离子的方法,具体方法有化学沉淀法、电解法等;第二类是物理化学法,是指废水中的重金属在不改变其化学形态的条件下进行吸附、浓缩、分离的方法,具体方法有吸附法、离子交换法、膜分离法(超滤、强化超滤、微滤、纳滤、反渗透和电渗析)等;第三类是生物处理法,可分为生物吸附法、生物絮凝法、植物修复法。现简要介绍几种重金属废水处理方法如下:

(1) 化学沉淀法

化学沉淀法的原理是通过化学反应使废水中呈溶解状态的重金属转变为不溶于水的重金属化合物,通过过滤和分离使沉淀物从水溶液中去除,传统的化学沉淀法包括中和沉淀法、硫化物沉淀法和钡盐沉淀法。例如,在含铅废水中加入石灰作沉淀剂,可使 Pb^{2+} 生成 $Pb(OH)_2$ 和 $PbCO_3$ 沉淀而除去。在含 Hg^{2+} 的废水中通入 H_2S 或加入 Na_2S,使 Hg^{2+} 形成 HgS 沉淀,为防止形成 HgS_2^{2-} 可加入少量 $FeSO_4$,使过量 S^{2-} 与 Fe^{2+} 作用生成 FeS 沉淀,与悬浮的 HgS 共同沉淀出来。化学沉淀法处理重金属废水具有流程简单,处理效果好等特点,是目前应用最为广泛的一种处理重金属废水的方法。但是对于低浓度废水,采用化学沉淀法存在投资大、运行成本高、易产生二次污染等问题。

(2) 吸附法

吸附法是利用吸附剂吸附废水中重金属的一种方法。目前,用于重金属处理的吸附剂有天然吸附剂、合成吸附剂等。按化学成分,天然吸附剂又包括天然无机吸附剂和天然有机吸附剂。沸石、高岭土、海泡石、凹凸棒石和硅藻土等属于天然无机吸附剂,如把沸石、高岭土和膨润土按一定比例混合煅烧制成的吸附材料可用于吸附 Pb^{2+},改性的海泡石对 Pb^{2+}、Hg^{2+}、Cd^{2+} 有很好的吸附能力。应用于重金属吸附的天然有机吸附剂主要有木纤维、稻壳、木屑和壳聚糖等,如将壳聚糖加工成纳米壳聚糖和粒状壳聚糖可用于 Zn^{2+} 的吸附。根据材料的结构和性质,合成吸附剂可分为碳质吸附剂、合成树脂、合成多孔材料和合成纳米材料等。近年来,发展的生物吸附法是利用生物体及其衍生物如菌体、藻类及一些细胞提取物等对水中重金属离子的吸附作用来去除水中重金属离子。

(3) 离子交换法

离子交换法处理重金属废水是利用离子交换树脂上的可交换离子与重金属离子发生交换反应,从而去除废水中重金属离子的方法。离子交换技术去除废水中的重金属,净化后出水中重金属离子浓度远低于化学沉淀法处理后的浓度,通过再生,回收再生后溶液,可以实现重金属的回收。离子交换树脂是一类人工合成的不溶于水的高分子化合物,分为阳离子交换树脂和阴离子交换树脂。含汞、镉、铅等重金属离子的废水可以用阳离子交换树脂进行处理,含 Cr(Ⅵ)废水可以用阴离子交换树脂进行处理。离子交换法的优点是选择性高,可以去除用其他方法难于分离的金属离子,可以从含多种金属离子的废水中选择性地回收贵重金属,缺点是离子交换树脂的价格较高,树脂再生时需要酸、碱或食盐等,运行费用较高,再生液需要进一步处理。

(4) 电解法

电解法是应用电解的基本原理,使废水中重金属离子在阳极和阴极上分别发生氧化还原反应,使重金属富集，从而使废水中重金属得以去除，并可回收重金属。电解法处理含 Cr 废水在我国已经有二十多年的历史。电解法处理重金属废水具有运行可靠、重金属去除率高，可回收利用等特点。但由于重金属浓度低时电耗大、投资成本高，因而电解法只适合处理高浓度的重金属废水。人们为了克服电解法在重金属废水浓度上的限制，提出了电解法与其他处理方法相结合的工艺，如离子交换-电解、吸附-电解、共沉淀-电解法等联合使用以回收重金属。

文献讨论题

［文献 1］　黄岳元，米钰，郭人民，祖庸. TiO_2/Ag 纳米抗菌材料. 西北大学学报(自然科学版)，**2003**，33：566—569。

纳米材料是指三维空间尺度至少有一维方向上受纳米尺度调制的固态材料，其晶粒或颗粒尺寸在 1～100 nm 数量级。该类材料的尺寸介于原子、分子和宏观体系之间。由于粒子具有较小的尺度和较大的比表面积，有多种不同于常规宏观材料的特殊性质：① 小尺寸效应。由于纳米颗粒的粒径变化而引起的物性变化就称为小尺寸效应，主要体现为降低了材料的熔点和呈现了表面活性。② 表面效应。纳米颗粒的最外层原子数目和总的原子数目的比例随着颗粒尺寸的减小而迅速增大以后，这样就引起了物质性质的变化，这种效应称为表面效应。③ 量子尺寸效应。纳米粒子是介于原子、分子与宏观体之间的材料粒子，所以会出现一些不同于它们的异常特性，这称之为量子尺寸效应。④ 宏观量子隧道效应。颗粒或粒子能表现出穿越势垒高度的能力称之为隧道效应。金属纳米材料作为纳米材料研究的一个重要分支，它以贵金属金、银、铜为代表，其中纳米银因为其广阔的应用前景而得到最多的关注。阅读上述文献，讨论银的纳米材料在抗菌材料中的应用。

［文献 2］　Hongshan He, Ashimgurung, Liping Si, Andrewg. Sykes, A simple acrylic acid functionalized zinc porphyrin for cost-effective dye-sensitized solar cells, Chem. Commun., 2012, 48:7619—7621.

能源问题已经是世界各国经济发展遇到的首要问题。太阳能作为一种绿色能源，取之不尽，用之不竭，已经成为各国科学家开发和利用的新能源之一。到目前为止，太阳能电池已经发展到了第四代。第一代太阳能电池主要是晶体硅太阳能电池。第二代太阳能电池主要是薄膜太阳能电池，包括非晶硅(α-Si)薄膜太阳能电池、碲化镉(CdTe)太阳能电池、砷化镓(GaAs)太阳能电池、铜铟镓硒(CIGS)太阳能电池。第三代太阳能电池主要是有机太阳能电池和染料敏化太阳能电池。第四代太阳能电池主要包括各种叠层太阳能电池、热光伏电池、量子阱以及量子点太阳能电池、上转换太阳能电池、中间带太阳能电池、下转换太阳能电池、热载流子太阳能电池等新概念太阳能电池。相对于无机材料，有机半导体材料由于其合成成本低、功能和结构易于调制、柔韧性及成膜性较好、加工过程相对简单、可低温操作等成为最为廉价和最有发展潜力的太阳能电池材料。卟啉化合物具有共轭的平面结构、良好的电子缓冲性和光电磁性，在可见光区和近红外区域具有优越的光捕获特性，从而在染料敏化太阳能电池中得到了广泛的应用研究。科学家通过增加卟啉分子的共轭度、在分子上引入长烷基链、引入功能化小分子等方法来不断提高太阳能电池效率，并取得了良好效果。阅读上述文献，分析锌卟啉化合物在太阳能电池中的应用。

习题

1. 比较铜族元素和碱金属元素的异同点。
2. 试扼要列出照相术中的化学反应。

3. 为什么 Cu(Ⅱ)在水溶液中比 Cu(Ⅰ)更稳定，Ag(Ⅰ)比较稳定，Au 易形成+3 氧化态化合物？

4. 为什么氯化亚铜的组成用 CuCl 表示，而氯化亚汞的组成却用 Hg_2Cl_2 表示？

5. 分别向硝酸银、硝酸铜和硝酸汞溶液中，加入过量的碘化钾溶液，各得到什么产物？

6. 比较锌族元素和碱土金属元素的异同点。

7. 怎样从 $Hg(NO_3)_2$ 制备 Hg_2Cl_2、HgO、$HgCl_2$、HgI_2、$K_2[HgI_4]$？

8. 在什么情况下可使 Hg(Ⅱ)转化为 Hg(Ⅰ)；Hg(Ⅰ)转化为 Hg(Ⅱ)？试各举几个反应方程式说明。

9. 解释下列实验事实：

(1) 铁能使 Cu^{2+} 还原，铜能使 Fe^{3+} 还原，这两个事实是否有矛盾？并说明理由；

(2) 焊接铁皮时，常先用浓 $ZnCl_2$ 溶液处理铁皮表面；

(3) 加热分解 $CuCl_2 \cdot 2H_2O$ 时得不到无水 $CuCl_2$；

(4) 将 $CuCl_2$ 浓溶液加水稀释时，溶液的颜色由黄色变绿色而后变为蓝色；

(5) HgC_2O_4 难溶于水，但可溶于含有 Cl^- 的溶液中。

10. 解释下列现象：

(1) 铜器在潮湿的空气中会慢慢生成一层铜绿；

(2) $CuSO_4$ 溶液中加入氨水时，颜色由浅蓝变成深蓝，当用大量水稀释时，则析出蓝色絮状沉淀；

(3) 为什么当硝酸作用于$[Ag(NH_3)_2]Cl$ 时会析出沉淀？请说明所发生反应的本质。

11. 回答下列问题：

(1) 为什么不能用薄壁玻璃容器盛汞？

(2) 为什么汞必须密封储藏？

(3) 汞不慎落到地上或桌上，应如何处理？

12. 某一未知液可能含有 NH_4^+，某生决定加入 Cu^{2+} 溶液于未知液中，看是否有深蓝色$[Cu(NH_3)_4]^{2+}$生成借以检验 NH_4^+ 的存在，你认为他的方法对吗？为什么？

13. CuCl、AgCl、Hg_2Cl_2 都是难溶于水的白色粉末，试区别这三种金属氯化物。

14. 完成并配平下列反应方程式：

$Cu + H_2SO_4$(浓)$\longrightarrow$

$Cu^{2+} + CN^- \longrightarrow$

$Cu^+ + CN^- \longrightarrow$

$Cu_2O + H_2SO_4 \longrightarrow$

$CuSO_4 + NH_3 \longrightarrow$

$AgCl + Na_2S_2O_3$(过量)$\longrightarrow$

$[Ag(NH_3)_2]^+ + HCHO \longrightarrow$

Au+王水$\longrightarrow$

HgS+王水$\longrightarrow$

$HgCl_2 + SnCl_2 \longrightarrow$

$HgCl_2 + NH_3 \longrightarrow$

$Hg_2Cl_2 + NH_3 \longrightarrow$

$[HgI_4]^{2-} + NH_4^+ + OH^- \longrightarrow$

15. 写出下列物质的化学式或主要化学成分。

镉黄、黄铜矿、锌白、立德粉、甘汞、波尔多液、胆矾

16. 用适当方法区别下列各对物质。

(1) $ZnSO_4$ 和 $Al_2(SO_4)_3$

(2) $CuSO_4$ 和 $CdSO_4$

(3) CuS 和 CdS

17. 试设计一个可用 H_2S 能将含有 Cu^{2+}、Ag^+、Zn^{2+}、Hg^{2+}、Bi^{3+}、Pb^{2+} 的混合溶液进行分离和鉴定的方案。

18. 在 Ba^{2+} 和 Ag^+ 浓度均为 0.1 $mol \cdot L^{-1}$ 的溶液中，若慢慢加入 CrO_4^{2-}，问哪一种阳离子将首先沉淀出来？

19. 将 1.008 g 铜铝合金溶解后，加入过量 KI，用 0.105 2 mol·L $Na_2S_2O_3$ 溶液滴定，消耗了 29.84 mL，计算合金中铜的百分含量。

20. 已知 $\varphi^{\ominus}(Au^{3+}/Au)=1.50$ V，$\varphi^{\ominus}(Au^{+}/Au)=1.68$ V，试根据下列电对的 $\varphi^{\ominus}$，计算 $[AuCl_2]^-$ 和 $[AuCl_4]^-$ 的标准稳定常数。

$[AuCl_2]^- + e^- = Au + 2Cl^-$　$\varphi^{\ominus}=1.61$ V

$[AuCl_4]^- + 2e^- = [AuCl_2]^- + 2Cl^-$　$\varphi^{\ominus}=0.93$ V

21. 已知：

$Cu^{2+} + 2e \rightleftharpoons Cu$　$\varphi^{\ominus}=0.34$ V

$Cu^{+} + e \rightleftharpoons Cu$　$\varphi^{\ominus}=0.52$ V

$Cu^{2+} + I^- + e \rightleftharpoons CuI$　$\varphi^{\ominus}=0.86$ V

求 CuI 的溶度积常数。

22. 已知：$\varphi^{\ominus}(Hg^{2+}/Hg)=0.851$ V，$\varphi^{\ominus}(Hg_2^{2+}/Hg)=0.797\,3$ V，计算 $\varphi^{\ominus}(Hg^{2+}/Hg_2^{2+})$ 和 Hg_2^{2+} 歧化反应的平衡常数，举例说明如何促进 Hg_2^{2+} 的歧化。

23. 已知：$K_{稳}[Ag(CN)_2]^-=2.48\times10^{20}$，$K_{sp}(Ag_2S)=6.3\times10^{-50}$，若把 1 g 银氧化并溶入含有 1.0×10^{-1} mol·L^{-1} CN^- 的 1 L 溶液中，试问平衡时 Ag^+ 的浓度是多少？若在上述溶液中加入 0.10 mol 的 Na_2S 固体，是否有 Ag_2S 沉淀生成？（假设固体的加入不改变溶液体积）

24. 根据下列实验现象确定各字母所代表的物质。

(A) 无色溶液 $\xrightarrow{NaOH}$ (B) 棕色沉淀 $\xrightarrow{HCl}$ (C) 白色沉淀 $\xrightarrow{氨水}$ (D) 无色溶液 $\xrightarrow{KBr}$ (E) 淡黄色沉淀

(E) $\xrightarrow{Na_2S_2O_3}$ (F) 无色溶液 $\xrightarrow{KI}$ (G) 黄色沉淀 $\xrightarrow{KCN}$ (H) 无色溶液 $\xrightarrow{Na_2S}$ (I) 黑色沉淀

25. 白色化合物 A 不溶于水和氢氧化钠溶液，A 溶于盐酸得无色溶液 B 和无色气体 C。向 B 中加入适量氢氧化钠溶液得白色沉淀 D，D 溶于过量的氢氧化钠溶液得无色溶液 E。将气体 C 通入 $CuSO_4$ 溶液有黑色沉淀 F 生成，F 不溶于浓盐酸。白色沉淀 D 溶于氨水得无色的溶液 G。将气体 C 通入 G 中又有 A 析出。请给出 A 至 G 所代表的化合物或离子，并给出相关的反应方程式。

26. 白色固体溶于水后得无色溶液 A。向 A 中加入氢氧化钠溶液得黄色沉淀 B，B 不溶于过量的氢氧化钠溶液，B 溶于盐酸又得到 A。向 A 中滴加少量氯化亚锡溶液有白色沉淀 C 生成。用过量碘化钾溶液处理 C 得黑色沉淀 D 和无色溶液 E。向无色溶液 E 中通入硫化氢气体得黑色沉淀 F，F 不溶于硝酸。将 F 溶于王水后得黄色沉淀 G、无色溶液 H 和气体 I，I 可使酸性高锰酸钾溶液褪色。请给出 A 至 I 所代表的化合物或离子，并给出相关的反应方程式。

27. 化合物 A 是一种黑色固体，它不溶于水、稀 HAc 与 NaOH 溶液，而易溶于热 HCl 中，生成一种绿色的溶液 B。如溶液 B 与铜丝一起煮沸，即逐渐变成土黄色溶液 C。溶液 C 若用大量水稀释时会生成白色沉淀 D，D 可溶于氨水中生成无色溶液 E。E 暴露于空气中则迅速变成蓝色溶液 F。往 F 中加入 KCN 时，蓝色消失，生成溶液 G。往 G 中加入锌粉，则生成红色沉淀 H，H 不溶于稀酸和稀碱中，但可溶于热 HNO_3 中生成蓝色的溶液 I，往 I 中慢慢加入 NaOH 溶液则生成蓝色沉淀 J，如将 J 过滤，取出后强热，又生成原来的化合物 A。试判断 A 至 J 各为何种物质，写出有关反应方程式。

28. 化合物 A 是一种白色固体，易溶于水。将 A 加热时，生成白色固体 B 和刺激性气体 C。C 能使 KI_3 稀溶液褪色，生成溶液 D，在溶液 D 中加入 $BaCl_2$ 溶液时生成白色沉淀 E，沉淀 E 不溶于 HNO_3 溶液。固体 B 溶于热 HCl 溶液中，生成溶液 F，溶液 F 能与过量的 NaOH 溶液或氨水作用，但不生成沉淀；与 NH_4HS 溶液作用，则生成白色沉淀 G。在空气中灼烧沉淀 G，又生成白色固体 B 和气体 C。化合物 A 与 HCl 溶液作用，则生成溶液 F 和气体 C。试判断 A 至 G 各为何种物质，写出有关反应方程式。

第 19 章　过渡金属元素

§ 19.1　过渡金属元素通性

19.1.1　引言

过渡元素占据在元素周期表的中心部位，将周期表左边活泼的ⅠA、ⅡA 族的 s 区元素和右边ⅢA～Ⅷ族的 p 区金属、准金属及非金属元素连接起来。由于周期表中这一区元素的 $(n-1)$d 轨道均未填满，所以把这些过渡元素称为 d 区元素。这些元素都是金属，故又称为 d 区金属。由于铜族元素在呈现某些氧化态时也有部分填充的 d 电子，与其他过渡金属十分相似，所以常把铜族元素也作为过渡金属。

同一周期的过渡元素有许多相似性，如金属性递变不明显，原子半径、电离势等随原子序数增加，虽有变化但不显著，都反映出各元素间从左至右的水平相似性，因此也可将这些过渡元素按周期分为四个系列。即位于周期表中第四周期的 Sc、Ti、V、Cr、Mn、Fe、Co、Ni 和 Cu 元素都具有部分填充的 3d 壳电子，称第一过渡系元素；第五周期中的 Y、Zr、Nb、Mo、Tc、Ru、Rh、Pd 和 Ag 为第二过渡系元素；第六周期中的 Os、Ir、Pt、Au、La、Hf、Ta、W、Re 为第三过渡系元素；还有一个由锕到 112 号元素组成的第四过渡系元素。

过渡元素的许多共同的性质：

(1) 它们都是金属。它们的硬度较大，熔点和沸点较高，导热、导电性能好（见表 19-1）。它们相互之间或与其金属元素易生成合金。

(2) 大部分过渡金属的电极电势为负值，即还原能力较强。例如第一过渡金属一半都能从非氧化性酸中置换出氢。

(3) 除少数例外，它们都存在多种氧化态。它们的水合离子和酸根离子常呈现一定的颜色。

(4) 由于具有部分填充的电子层，它们能形成一些顺磁性化合物。

(5) 它们的原子或离子形成配合物的倾向都较大。

以上这些性质都和它们的电子构型有关。

19.1.2　d 区元素金属的性质

1. 过渡金属元素的原子半径、熔点和沸点

过渡金属原子与同周期主族元素的金属相比，一般具有较小的原子半径和较大的密度。

各周期中随原子序数的增加，原子半径依次减小，但变化得很缓慢。各组中从上至下原子半径增大，但第五、六周期同族元素的原子半径很接近，铪的原子半径甚至比锆还小。上述情况是由于过渡元素 d 轨道的电子未充满，d 电子的屏蔽效应较小，而核电荷却依次增加，对外层电子云的吸引力增大，所以原子半径依次减小，直到铜副族前后，d 轨道充满使屏蔽效应增强，才使原子半径又出现增加。至于第五、六周期同族元素原子半径的相近，则是由于镧系收缩的影响而引起的。过渡元素的原子的最外层 s 电子和次外层 d 电子都可以参与金属键的形成，金属键较强，它们的原子化焓也大都高于主族金属。除 Sc 和 Ti 的密度小于 $5\ g\cdot cm^{-3}$，属于轻金属外，其他均属于重金属。其中第六周期 d 区元素几乎都具有特别大的密度，如锇、铱、铂的密度分别为 $22.57\ g\cdot cm^{-3}$、$22.42\ g\cdot cm^{-3}$ 和 $21.45\ g\cdot cm^{-3}$。因此，这些金属有大的硬度，其中硬度最大的是铬(莫氏硬度为 9)，大多数过渡元素也都有较高的熔点和沸点，如钨的熔点为 3 683 K，是所有金属中最难熔的。这些性质都和它们具有较小的原子半径，次外层 d 电子参加成键，金属键强度较大密切相关。

表 19－1　d 区金属元素原子半径

元素	Sc	Ti	V	Cr	Mn	Fe	Co	Ni
金属半径/pm	160.6	144.8	132.1	124.9	124	124.1	125.3	124.6
M^{2+} 离子半径/pm		94	88	89	80	74	72	69
M^{3+} 离子半径/pm	73.2	76	74	63	66	64	63	62
元素	Y	Zr	Nb	Mo	Tc	Ru	Rh	Pd
金属半径/pm	182	160	147	140	135	134	134	137
M^{2+} 离子半径/pm								80
元素	La	Hf	Ta	W	Re	Os	Ir	Pt
金属半径/pm	187	159	147	141	137	135	136	139
M^{2+} 离子半径/pm								80

表 19－2　过渡元素的物理性质

元素	熔点/K	沸点/K	电负性	硬度(莫氏标准)	相对电导率(Hg=1)	相对电热率(Hg=1)
Sc	1 814	3 104	1.36			
Y	1 795	3 611	1.22			
La	1 194	3 730	1.10		1.6	
Ac	1 323	3 473				
Ti	1 933±10	3 560	1.54	4		
Zr	2 125±10	4 650	1.33	4.5		
Hf	2 500±10	4 875	1.30			
V	2 163±10	3 653	1.63		3.7	
Nb	2 741±10	5 015	1.60		4.8	

（续表）

元素	熔点/K	沸点/K	电负性	硬度(莫氏标准)	相对电导率(Hg=1)	相对电热率(Hg=1)
Ta	3 269	5 698±100	1.50	7	6.2	6.5
Cr	2 130±10	2 945	1.66	9	7.3	8.3
Mo	2 883	5 833	2.16	6	20.0	17.5
W	3 683±10	5 933	2.36	7	17.5	23.8
Mn	1 517±10	2 235	1.55	6		
Tc	2 445	5 150	1.90			
Re	3 453	5 900	1.90		4.6	
Fe	1 808	3 023	1.83	4.5	9.8	9.5
Co	1 768	3 143	1.88	5.5	9.9	8.3
Ni	1 728	3 003	1.91	4	13.9	7.0
Ru	2 583	4 173	2.20	6.5	9.6	
Rh	2 239±3	4 000±100	2.28		19.4	10.6
Pd	1 827	3 243	2.20	4.8	9.6	8.1
Os	2 973	>5 573	2.20	7	10.8	
Ir	2 683	4 403	2.20	6.5	15.7	7.1
Pt	2 045	4 100±100	2.28	4.5	9.7	8.3

2. 过渡金属元素的电子构型

d 区金属的原子电子构型的特点是它们都具有未充满的 d 轨道(Pd 例外)，最外层也仅有 1～2 个电子，因而它们原子的最外两个电子层都是未充满的，所以过渡金属通常是指价电子构型为$(n-1)d^{1\sim9}ns^{1\sim2}$的元素。即位于周期表 d 区的元素。表 19－3 为过渡金属的价电子构型。

表 19－3 过渡金属的价电子构型

元素	Sc	Ti	V	Cr	Mn	Fe	Co	Ni
价电子构型	$3d^1 4s^2$	$3d^2 4s^2$	$3d^3 4s^2$	$3d^5 4s^1$	$3d^5 4s^2$	$3d^6 4s^2$	$3d^7 4s^2$	$3d^8 4s^2$
元素	Y	Zr	Nb	Mo	Tc	Ru	Rh	Pd
价电子构型	$4d^1 5s^2$	$4d^2 5s^2$	$4d^4 5s^1$	$4d^5 5s^1$	$4d^6 5s^1$	$4d^7 5s^1$	$4d^8 5s^1$	$4d^{10} 5s^0$
元素	La	Hf	Ta	W	Re	Os	Ir	Pt
价电子构型	$5d^1 6s^2$	$5d^2 6s^2$	$5d^3 6s^2$	$5d^4 6s^2$	$5d^5 6s^2$	$5d^6 6s^2$	$5d^7 6s^2$	$5d^9 6s^1$

3. 过渡金属元素的氧化态

过渡金属元素不同于主族金属的特征是：可变氧化态，一般可由+2 依次增加到与族数相同的氧化态(除 Ru、Os 外，其他元素尚无+8 氧化态)。这由于过渡金属元素除最外层的

s 电子可以作为价电子外，次外层 d 电子也可部分或全部作为价电子参加成键。表 19－4 为 d 区金属元素的氧化态。

表 19－4　d 区金属元素的氧化态*

元素	Sc	Ti	V	Cr	Mn	Fe	Co	Ni
氧化态	<u>+Ⅲ</u>	+Ⅱ +Ⅲ +Ⅲ <u>+Ⅳ</u> +Ⅳ	+Ⅱ +Ⅲ <u>+Ⅳ</u> <u>+Ⅴ</u>	+Ⅱ <u>+Ⅲ</u> <u>+Ⅵ</u>	<u>+Ⅱ</u> <u>+Ⅲ</u> <u>+Ⅳ</u> <u>+Ⅵ</u> <u>+Ⅶ</u>	<u>+Ⅱ</u> <u>+Ⅲ</u> +Ⅵ	<u>+Ⅱ</u> <u>+Ⅲ</u> +Ⅳ	<u>+Ⅱ</u>
元素	Y	Zr	Nb	Mo	Tc	Ru	Rh	Pd
氧化态	<u>+Ⅲ</u>	+Ⅱ +Ⅲ +Ⅲ <u>+Ⅳ</u> <u>+Ⅳ</u>	+Ⅱ +Ⅲ +Ⅳ <u>+Ⅴ</u>	+Ⅱ +Ⅲ +Ⅳ +Ⅴ <u>+Ⅵ</u>	+Ⅱ +Ⅲ +Ⅳ +Ⅴ +Ⅵ <u>+Ⅶ</u>	+Ⅱ +Ⅲ <u>+Ⅳ</u> +Ⅴ +Ⅵ +Ⅶ +Ⅷ	+Ⅱ <u>+Ⅲ</u> <u>+Ⅳ</u> +Ⅴ +Ⅵ	<u>+Ⅱ</u>
元素	La	Hf	Ta	W	Re	Os	Ir	Pt
氧化态	<u>+Ⅲ</u>	+Ⅲ +Ⅲ <u>+Ⅳ</u> <u>+Ⅳ</u>	+Ⅱ +Ⅲ +Ⅳ <u>+Ⅴ</u>	+Ⅱ +Ⅲ +Ⅳ +Ⅴ <u>+Ⅵ</u> +Ⅵ	+Ⅲ +Ⅳ +Ⅴ <u>+Ⅵ</u> <u>+Ⅶ</u> <u>+Ⅷ</u>	+Ⅱ +Ⅲ <u>+Ⅳ</u> +Ⅴ <u>+Ⅵ</u>	+Ⅱ <u>+Ⅲ</u> <u>+Ⅳ</u> +Ⅴ +Ⅵ	<u>+Ⅱ</u> +Ⅴ

* 表中下面画横线的为稳定氧化态。

由表 19－4 可看出，同一周期中从左到右，氧化态先是逐渐升高，后又逐渐降低；同一族中从上到下高氧化态稳定。对第四周期过渡金属元素来说，3d 轨道中的电子数达到 5 或超过 5 时，3d 轨道逐渐趋向稳定，因此高氧化态逐渐不稳定，具有强氧化性，最高氧化态含氧酸的氧化性随原子序数的递增而增强。例如 $Cr_2O_7^{2-}$、$HMnO_4$ 等都是很强的氧化剂。最高氧化态铁(Ⅵ)酸盐 FeO_4^{2-} 是一种非常强的氧化剂，在酸性或中性溶液中它迅速地氧化水而释放出氧气：

$$4FeO_4^{2-}+10H_2O = 4Fe^{3+}+20OH^-+3O_2\uparrow$$

在室温下也能将 NH_3 氧化到 N_2。Co 和 Ni 不能生成稳定的高氧化态的氧化物。

4. 过渡金属氧化物的酸碱性

d 区元素氧化物(氢氧化物或水合氧化物)的碱性，同一周期中从左到右逐渐减弱，例如 Sc_2O_3 为碱性氧化物，TiO_2 是两性氧化物，CrO_3 是较强的酸性氧化物即铬酸酐，而 Mn_2O_7 在水溶液中已成强酸了。同一元素氧化态升高时，由碱性向酸性转变，如 MnO 和 Mn_2O_3 为碱性氧化物，MnO_2 是两性氧化物，而 MnO_3 和 Mn_2O_7 是酸性氧化物。同一族中各元素自上而下，氧化态相同时酸性减弱，碱性逐渐增强，如 Ti、Zr、Hf 的氢氧化物 $M(OH)_4$(或 H_2MO_3)中，$Ti(OH)_4$ 的碱性较弱。这种有规律的变化与过渡元素高氧化态离子半径有规律的变化相一致。

第四周期 d 区金属含氧酸根离子 VO_3^-、CrO_4^{2-}、MnO_4^-，它们的颜色分别为黄色、橙色、紫色。对于这些具有 d^0 电子组态的化合物来说，应该是无色，但它们却呈出现较深的颜色。这是由于含氧酸根离子吸收可见光后发生电子从一个原子转移到另一个原子而产生的荷移跃迁。在这些含氧酸根中，氧离子上的电子可以向金属离子跃迁，这种跃迁对光有很强的吸收，吸收谱带的摩尔吸收率通常在 10^4 左右。随着金属离子电荷的增加和半径减小，氧酸根离子的荷移谱带向低波数方向移动，如 VO_3^-、CrO_4^{2-}、MnO_4^- 离子电荷转移的最大吸收波峰分别为 36 900 cm^{-1}、26 800 cm^{-1} 和 18 500 cm^{-1}。

5. 过渡金属的配位性和水合离子的颜色

从 d 区元素金属电子的结构特征可以看出，原子或离子具有能量相近的 $(n-1)d$、ns、np 等原子轨道，其中 ns、np 轨道是空的，$(n-1)d$ 轨道可以部分填充电子或全空，有利于形成各种成键能力较强的杂化轨道。同时 $(n-1)d$ 轨道上的电子屏蔽效应较弱，使离子的有效核电荷较大，核对电子的吸引力增强，极化力较强；此外，过渡金属离子 18 电子构型又使它们具有较大的变形性。这些因素都决定了过渡金属离子具有作为形成配合物的中心的极有利条件，因此，可以形成众多的配合物。如，第一过渡金属离子均易与 H_2O、NH_3、SCN^-、CN^-、X^-($X=F$、Cl、Br、I)、$C_2O_4^{2-}$ 等配体形成配合物，还能与 CO 形成羰基配合物如 $Ni(CO)_4$、$Fe(CO)_5$、$Ru_3(CO)_{12}$ 等。

第四周期 d 区金属的低价离子(+Ⅲ，+Ⅱ)在水溶液中，与水形成配合物，因此在水溶液中，它们都是以水合离子形式存在的，例如 $[Cr(H_2O)_6]^{3+}$、$[Fe(H_2O)_6]^{3+}$ 等，一般常常简写为 Cr^{3+}、Fe^{3+} 等。第一过渡系金属水合离子具有不同的颜色，如表 19-5 所示。

表 19-5 第一过渡系金属水合离子的颜色

未成对 d 的电子数	Sc	Ti	V	Cr	Mn	Fe	Co	Ni	Cu
0	无色 (Sc^{3+})	无色 (Ti^{4+})							无色 (Cu^+)

（续表）

未成对d的电子数	Sc	Ti	V	Cr	Mn	Fe	Co	Ni	Cu
1		紫色（Ti^{3+}）							蓝色（Cu^{2+}）
2		褐色（Ti^{2+}）	绿色（V^{3+}）	蓝紫色（Cr^{3+}）				绿色（Ni^{2+}）	
3			紫色（V^{2+}）	蓝色（Cr^{2+}）			粉红（Co^{2+}）		
4					红色（Mn^{3+}）	浅绿色（Fe^{2+}）			
5					浅红色（Mn^{2+}）	浅紫色（Fe^{3+}）			

由表19－5可见，d区元素金属离子在水溶液中常出现一定的颜色，这也是它们区别于s区金属离子的一个重要特征。d区元素金属的水合离子之所以有颜色，是它们存在未成对d电子，容易吸收可见光而发生d－d跃迁，因而它们常常具有颜色。没有未成对d电子的水合离子是无色的，如d^0电子组态的Sr^{3+}和d^{10}电子组态的Cu^{+}。具有d^5电子组态离子常显浅色或无色，如Mn^{2+}为浅红色。

6. 过渡金属的磁性

许多过渡金属及其化合物有顺磁性，这是由于过渡金属原子具有未充满的d轨道结构特征，在形成化合物时其原子或离子中有未成对的电子，因而使得它们的许多化合物是顺磁性的。不具有成单电子的物质是反磁性的。

由于电子本质就是一个磁子，电子自旋运动则产生自旋磁矩；同时电子围绕原子核运动，产生轨道磁矩。因此，物质的磁性主要是成单电子的自旋运动和电子绕核运动的轨道运动所产生的。如果电子都成对，则自旋相反的电子的这两种磁矩就会相互抵消，表现为反磁性。

对于第四周期过渡金属离子，由于3d电子直接与配体接触，其轨道运动受配位场的影响很大，因此电子的轨道运动对磁矩的贡献减弱以至被完全消除。但是电子的自旋运动很小受到外界电场的影响。因此，第四周期过渡金属的顺磁磁矩主要是电子的自旋运动贡献的，计算公式如下：

$$\mu_{\text{eff}}=\sqrt{n(n+2)}$$

式中，n是未成对电子数，磁矩的单位是波尔磁子(B.M.)。根据由实验测定的磁矩，就可以按公式计算出未成对电子数，若已知未成对电子数，也可以估计化合物的磁矩。

对于第五、六周期的过渡金属元素来说，它们的化合物存在广泛的自旋-轨道偶合作用，有高的自旋-轨道偶合常数，因此纯自旋关系处理化合物的有效磁矩不适用。它们的磁矩应按下列公式处理：

$$\mu_{\text{eff}}=\sqrt{4S(S+1)+L(L+1)}$$

式中:S 为总自旋量子数;L 为总轨道量子数。

表 19-6 列出了第四周期过渡系中一些金属化合物的磁矩计算值和实验测定值。可以看出,所列化合物磁矩的理论数据和实验测定值基本相符,说明它们的实验计算磁矩就是由电子的自旋运动产生的。

表 19-6 第四周期过渡系一些金属化合物的磁矩(300K)

化合物	d 电子结构	实验值 μ/(B.M.)	未成对 d 电子数	计算值 μ/(B.M.)
$CsTi(SO_4)_2\cdot 12H_2O$	d^1	1.84	1	1.73
$(NH_4)_2Fe(SO_4)_2\cdot 6H_2O$	d^2(高自旋)	5.47	2	4.90
$KCr(SO_4)_2\cdot 12H_2O$	d^3	3.84	3	3.87
$Mn(acac)_3$	d^4(高自旋)	4.86	4	4.90
$K_2Mn(SO_4)_2\cdot 6H_2O$	d^5(高自旋)	5.92	5	5.92
$KFe(SO_4)_2\cdot 12H_2O$	d^5(高自旋)	5.89	5	5.92
$K_4[Fe(CN)_6]$	d^6(低自旋)	0.35	0	0
$Cs_2[CoCl_4]$	d^7(低自旋)	4.30	3	3.87
$(NH_4)_2Ni(SO_4)_2\cdot 6H_2O$	d^8	3.23	2	2.83
$K_2Cu(SO_4)_2\cdot 12H_2O$	d^9	1.91	1	1.73

过渡元素的纯金属有较好的延展性和机械加工性,并且能彼此间以及与非过渡元素组成具有多种特性的合金。过渡金属都是电和热的较良好导体,它们在工程材料方面有着广泛的应用。

§19.2 钛族元素

19.2.1 概述

1. 存在与发现

1791 年,英国传教士格列高尔(W. Gregor)研究钛铁矿和金红石时发现了钛。四年后,德国化学家克拉普罗特(M. H.Klaproth)在分析匈牙利产的金红石时发现了钛的氧化物。1910 年,亨脱尔(M. A. Hunter)用金属钠还原 $TiCl_4$ 首先制得金属钛。

钛在地壳中的丰度为 0.45%,是地壳中含量最丰富的元素之一,在所有元素中丰度占第 9 位。钛的主要矿物有钛铁矿($FeTiO_3$)和金红石(TiO_2),其次是钒钛铁矿(其中主要成分是钛铁矿和磁铁矿),钛的其他矿物有钙钛矿($CaTiO_3$)、榍石($CaTiSiO_5$)和锐钛矿(TiO_2)等。

我国的钛资源丰富,已探明的钛矿储量位于世界前列,主要分布在四川、湖南、海南、广西等地。

锆在地壳中的丰度约为 0.017%,它比铜、锌和铅的总量还多。但它的存在很分散,主要矿石为锆英石($ZrSiO_4$)和斜锆石(ZrO_2)。

铪在地壳中的丰度为1.0×10^{-4}%,化学性质与锆极相似,它没有独立的矿物而常与锆共生。锆矿中总含有铪。Coster 和 Hevesy 在 1923 年利用特征 X 射线光谱的方法首次从锆矿物中发现了第 72 号元素铪,1925 年,经过对锆和铪的氟配合物进行反复的分级结晶工作,Hevesy 分离得到了纯的铪盐,经用钠还原法得到了单质铪。

2. 性质和用途

钛族元素包括钛、锆、铪,它们同属周期系ⅣB族,其价电子构型为$(n-1)d^2ns^2$,它们都易于失去 4 个电子得到全空的 d 轨道。锆和铪由于镧系收缩的影响,其离子半径和原子半径非常接近,化学性质也非常类似。钛族元素的+Ⅳ价化合物倾向于形成共价键,在水溶液中主要以MO^{2+}形式存在,且易水解。钛族元素的部分性质列于表 19-7 中。

表 19-7 钛族元素的基本性质

性质	钛(音 tài)	锆(音 gào)	铪(音 hā)
元素符号	Ti	Zr	Hf
原子序数	22	40	72
相对原子质量	47.90	91.22	178.49
价电子构型	$3d^24s^2$	$4d^25s^2$	$5d^26s^2$
主要氧化态	+Ⅱ,+Ⅲ,+Ⅵ	+Ⅲ,+Ⅵ	+Ⅵ
原子半径/pm	144.8	160	159
M^{4+}离子半径/pm	68	79	78
电离能/kJ·mol^{-1}	662	664	533
电负性	1.54	1.33	1.30
密度/g·cm^{-3}	4.54	6.06	13.31
熔点/K	1 933	2 125	2 500
沸点/K	3 560	4 650	4 875

钛族元素的标准电势图为:

$\varphi_A^\ominus$/V:

$$TiO^{2+} \xrightarrow{0.10} Ti^{3+} \xrightarrow{-0.37} Ti^{2+} \xrightarrow{-1.63} Ti \quad (TiO^{2+} \xrightarrow{-0.86} Ti)$$

$$Zr^{4+} \xrightarrow{-1.54} Ti$$

$$Hf^{4+} \xrightarrow{-1.70} Hf$$

$\varphi_B^\ominus$/V:

$$TiO_2 \xrightarrow{-1.69} Ti$$

$$H_2ZrO_3 \xrightarrow{-2.36} Zr$$

$$HfO(OH)_2 \xrightarrow{-2.50} Hf$$

钛是银白色可延性金属,在工业上具有非常重要的应用性,因为它具有许多可贵的性质。它比铁的比重小，强度甚高于铝，而抗腐蚀性近似于铂。这些性质使它成为建造发动机、航空机械骼架、导弹、航海设施等的理想材料，对这些材料来说，它们要求质轻、强度高、耐抗极端温度变化等优异性能，钛在这些性能方面是无可匹敌的。钛的某些性质例如抗张力因与铝能形成合金而得到增强；此外，铝钛合金的 α－β 转变温度高于纯钛。钛也可以和钼、锰、铁及其他金属构成有用的合金。

金属钛无毒，在生理上是惰性的，在医疗上可用做人体骨骼的代替物，比如制造人造关节，所以也成为“生物金属”。

工业上常用硫酸分解钛铁矿($FeTiO_3$)的方法来制取 TiO_2，再由 TiO_2 制金属钛。首先是用浓硫酸处理磨碎的钛铁矿精砂，此时钛和铁都变成硫酸盐。

$$FeTiO_3 + 3H_2SO_4 \xlongequal{} Ti(SO_4)_2 + FeSO_4 + 3H_2O$$

$$FeTiO_3 + 2H_2SO_4 \xlongequal{} TiOSO_4 + FeSO_4 + 2H_2O$$

将所得的固体产物加水，并加铁屑避免 Fe^{2+} 被氧化，使其在低温下结晶出 $FeSO_4 \cdot 7H_2O$。过滤后稀释加热使 $TiOSO_4$ 水解得到偏钛酸 H_2TiO_3，然后煅烧所得的偏钛酸得到 TiO_2。

$$Ti(SO_4)_2 + H_2O \xlongequal{} TiOSO_4 + H_2SO_4$$

$$TiOSO_4 + 2H_2O \xlongequal{\triangle} H_2TiO_3\downarrow + H_2SO_4$$

$$H_2TiO_3 \xlongequal{\triangle} TiO_2 + H_2O$$

此法制得的 TiO_2 的纯度达到 97％以上，可直接用作钛白颜料和其他原料。

从氧化物制取金属钛，通常用还原法，工业上一般采用 $TiCl_4$ 的金属热还原法制金属钛。将 TiO_2(或天然的金红石)和碳粉混合加热至 1 173 K，进行氯化处理，并使生成的 $TiCl_4$ 蒸气冷凝。

$$TiO_2 + 2Cl_2 + 2C \xlongequal{1\,173\ K} TiCl_4 + 2CO$$

在 1 220～1 420 K 用熔融的镁在氯气氛中还原 $TiCl_4$ 蒸气可得到海绵状钛。再通过电弧熔融或感应熔融，制得钛锭。

锆和铪的单质都是重要的战略金属，它们都有良好的可塑性和强的抗腐蚀性，抗蚀性超过钛，在温度低于 100℃时能耐抗各种浓度的盐酸、硝酸以及浓度低于 50％硫酸的侵蚀。锆和铪还具有特殊的核性能，耐辐照性能都很好，加上锆在高温下有较好的吸气性，使这两种金属成为原子能、电子、化工、冶金、国防等部门需要的重要材料。

锆主要用于原子能反应堆中做二氧化铀燃烧棒的包层。这是因为含约 1.5％锡的锆合金具有在辐射下稳定的抗腐蚀性和机械性能，而且对热中子的吸收率特别低。铪吸收热中子能力特别强，用做原子反应堆的控制棒，主要用于军舰和潜艇的反应堆。

19.2.2 钛的重要化合物

在钛的化合物中，以＋Ⅳ氧化态最稳定，在强还原剂作用下，也可呈现＋Ⅲ和＋Ⅱ氧化态，但不稳定。

1. 钛(Ⅳ)的化合物

二氧化钛(TiO_2)在自然界中有金红石、锐钛矿、板钛矿三种晶型,其中最重要的是金红石型,它属于四方晶系,简单晶胞。

TiO_2 俗称钛白或钛白粉。它兼有铅白的掩盖和锌白的持久性,光泽好,是一种高级的白色颜料。特别是耐化学腐蚀性、热稳定性、抗紫外线粉化及折射率高等方面显示出良好的性能,因而广泛用于涂料、印刷、油墨、造纸、塑料等很多领域。此外,TiO_2 在许多化学反应中用作催化剂。

二氧化钛受到太阳光和荧光灯的紫外线照射后,电子激发产生带负电的电子和带正电的空穴,若被捕获则可作为太阳能电池;若产生的电子被空气或水中的氧获得,使之还原生成双氧水,而空穴可以与表面吸附的水或 OH^- 反应形成具有强氧化能力的羟基自由基,从而能够分解、清除附着在二氧化钛表面的各种有机物。特别是锐钛矿型纳米级二氧化钛,由于纳米材料的量子尺寸效应,使能隙变宽,具有更强的氧化还原能力。纳米材料的表面效应使得表面活性物种(羟基自由基、超氧根、双氧水等)浓度增加,光催化活性提高;同时由于其自身的稳定性等优点,而被誉为"环境友好催化剂",在废水处理、空气净化、杀菌、医学和功能化妆品等方面有着广泛的应用。

$TiCl_4$ 是最重要的钛的卤化物。它是无色液体,有挥发性和刺激性气味,熔点为 250 K,沸点 409 K。在水中或潮解空气中都极易水解。因此,四氯化钛暴露在空气中会产生严重的烟雾:

$$TiCl_4 + 3H_2O \longrightarrow H_2TiO_3\downarrow + 4HCl$$

如果有一定量的盐酸时,$TiCl_4$ 仅发生部分水解,生成氯化钛酰($TiOCl_2$):

$$TiCl_4 + H_2O \longrightarrow TiOCl_2\downarrow + 2HCl$$

钛(Ⅳ)的氯化物和硫酸盐都易形成配合物。如钛的卤化物与相应的卤化氢或它们的盐生成 $M_2[TiCl_6]$ 配合物:

$$TiCl_4 + 2HCl(浓) \longrightarrow H_2[TiCl_6]$$

这种配酸只存在于溶液中,若往此溶液中加入 NH_4^+,则可析出黄色的$(NH_4)_2[TiCl_6]$晶体。钛的硫酸盐与碱金属硫酸盐也可生成 $M_2[Ti(SO_4)_3]$配合物,如$K_2[Ti(SO_4)_3]$。

在中等酸度的钛(Ⅳ)盐溶液中,加入 H_2O_2 可生成较稳定的橘黄色的$[TiO(H_2O_2)]^{2+}$。

$$TiO^{2+} + H_2O_2 \longrightarrow [TiO(H_2O_2)]^{2+}$$

利用此反应可进行钛的定性检验和比色分析。

2. 钛(Ⅲ)的化合物

钛分族的+3 氧化态主要出现在的钛的化合物中,最主要的化合物是 $TiCl_3$。$TiCl_3$ 有较强的还原性,极易被空气氧化,在空气中流动能自燃,冒火星。因此 $TiCl_3$ 必须储存在 CO_2 等惰性气体中。

$TiCl_3$ 可以由钛(Ⅳ)化合物在强还原剂作用下转化得到。将 $TiCl_4$ 的盐酸溶液用锌处理,或将钛溶于热浓盐酸中可得到 $TiCl_3$ 的水溶液:

$$2TiCl_4 + Zn = 2TiCl_3 + ZnCl_2$$

$$2Ti + 6HCl = 2TiCl_3 + 3H_2\uparrow$$

$TiCl_3$ 水溶液为紫红色，其水合物 $TiCl_3 \cdot 6H_2O$ 存在水合异构体。慢慢加热蒸发 $TiCl_3$ 水溶液时，可以得到$[Ti(H_2O)_6]Cl_3$ 紫色晶体。如果在此浓溶液中加入乙醚，并通入 HCl 气体至饱和，可以由绿色的乙醚溶液中得到绿色的$[TiCl(H_2O)_5]Cl_2 \cdot H_2O$ 晶体。

Ti^{3+} 的还原性常用于钛含量的测定。一般将含钛试样溶解于强酸溶液中，加入铝片，将 TiO^{2+} 还原为 Ti^{3+}，然后以 NH_4SCN 溶液作指示剂，用 $FeCl_3$ 标准溶液滴定：

$$3TiO^{2+} + Al + 6H^+ = 3Ti^{3+} + Al^{3+} + 3H_2O$$

$$Ti^{3+} + Fe^{3+} + H_2O = TiO^{2+} + Fe^{2+} + 2H^+$$

19.2.3 锆和铪的重要化合物

1. 氧化物

ZrO_2 和 HfO_2 可以由它们的水合氧化物或某些盐加热分解制得。它们均为白色固体，高熔点，以惰性著称。ZrO_2 为白色粉末，它熔沸点高、硬度大，不溶于水，能溶于酸。经高温处理后的 ZrO_2 除与氢氟酸反应外，不与其他酸反应。常温下为绝缘体，高温下则具有导电性等优良性能。它是一种耐高温、耐磨损、耐腐蚀的无机非金属材料。

ZrO_2 化学活性低，热膨胀系数小，熔点高达 2 983 K，是极好的耐火材料，可用于制造坩埚和熔炉的炉膛，也可制成纤维状织物。常温下为绝缘体，高温下具有导电性，可用于电子陶瓷的压电元件、功能陶瓷的气体传感器等。无色透明的立方氧化锆晶体具有与金刚石类似的折射率及非常高的硬度(莫氏硬度 8.5)，可作为金刚石的替代品用于首饰行业。在制备过程中加入微量的金属离子，可呈现带有光泽的各种鲜艳颜色。

ZrO_2 具有两性，溶于酸生成相应的盐，在高温与碱共熔生成锆酸盐。当 Zr(Ⅳ)盐溶液与酸作用或氯化氧锆($ZrOCl_2$)水解时，得到二氧化锆的水合物 $ZrO_2 \cdot xH_2O$。

$$ZrOCl_2 + (x+1)\ H_2O = ZrO_2 \cdot xH_2O + 2HCl$$

2. 卤化物

$ZrCl_4$ 是白色固体，在 604 K 升华，是制备金属锆的重要原料。在潮湿空气中冒烟，遇水强烈水解。

$$ZrCl_4 + 9H_2O = ZrOCl_2 \cdot 8H_2O + 2HCl$$

在浓盐酸中结晶出水合氯化酰锆($ZrOCl_2 \cdot 8H_2O$)晶体。它是含有四聚合的阳离子$[Zr_4(OH)_8(H_2O)_{16}]^{8+}$，其中 4 个锆原子被 4 对成桥羟基(—OH)连接成环，每个原子被 8 个氧原子以十二面体配位。当盐酸浓度小于 8～9 $mol \cdot L^{-1}$时，$HfOCl_2 \cdot 8H_2O$ 的溶解度与 $ZrOCl_2 \cdot 8H_2O$ 相同，但盐酸的浓度大于 8～9 $mol \cdot L^{-1}$时，则锆盐的溶解度比铪盐大。因此，这种溶解度上的差异可用来分离锆和铪。

在 673～723 K，金属锆可以将 $ZrCl_4$ 还原为难挥发的 $ZrCl_3$，而 $HfCl_4$ 不会被锆还原，此性质也可用作锆和铪的分离。

$$3ZrCl_4 + Zr \xlongequal{\quad} 4ZrCl_3$$

3. 配合物

锆和铪的配合物主要以配阴离子$[MX_6]^{2-}$形式存在。由适当的氟化物共熔可制得有$[MF_7]^{3-}$、$[M_2F_{14}]^{6-}$、$[MF_8]^{4-}$等类型的配合物。

铪的卤配合物如K_2HfF_6、$(NH_4)_2HfF_6$的溶解度比锆的配合物大。锆的烷氧基配合物如$Hf(OC_4H_7)_4$的沸点(360.6 K)与$Zr(OC_4H_7)_4$的沸点(362.2 K)不同，因而也可利用锆和铪的这些配合物的溶解度或沸点的差异来分离锆和铪。

§19.3 钒族元素

19.3.1 概述

1. 存在与发现

1801年，墨西哥矿物学家A.M. del-Rio由铅矿中发现了一种新元素，他首先把这种元素命名为Panchrom，随后又命名为Erythronium，但从后来的实验结果中，他又怀疑这个元素为铬的不纯形态而推翻了自己的结论。1830年，瑞典化学家S. Sefeström在研究斯马兰矿区的铁矿时，用酸溶解铁，在残渣中发现了钒。因为钒的化合物五颜六色，十分漂亮，所以就以斯堪的纳维亚的神话中的美丽女神"Vanadis"的名字来命名钒。钒的英文名称为Vanadium。我国四川攀枝花地区蕴藏着丰富的钒钛磁铁矿，其中由于V(Ⅲ)的离子半径与Fe(Ⅲ)的相近，可由V_2O_3代替Fe_2O_3存在。钒的矿物有60多种，主要有：铅钒矿$(Pb_5[VO_4]_3)$、绿硫钒矿(VS_2或V_2S_5)、钒云母$(KV_2[AlSi_3O_{10}](OH)_2)$、钒酸钾铀矿$(K_2[UO_2]_2[VO_4]_2\cdot 3H_2O)$等。在某些原油中也能找到钒，因此在石油余渣和烟道灰中能够回收钒。

铌和钽在自然界伴生在一起，真称得上是一对惟妙惟肖的"孪生兄弟"。1801年英国化学家H. Hatchett由铌铁矿中发现铌；1802年瑞典化学家A.G. Ekeberg发现钽。但金属钽和铌分别在1903年和1929年才制得。事实上，当人们在十九世纪初首次发现铌和钽的时候，以为它们是同一种元素。到了1844年，由德国化学家H. Rose用化学方法第一次把它们分开，这才弄清楚它们原来是两种不同的金属。

2. 性质和用途

钒是银灰色金属，铌、钽都呈钢灰色。由于钒分族比钛分族金属具有更强的金属键，因此钒分族金属有更高的熔、沸点。钽是最难熔的金属之一，可以用来制作钽坩埚，用于高温反应。在常温下，钒分族纯金属的金属性很好，但金属中含O、H和C等杂质时，金属的弹性减弱，硬度增大，可塑性变差。钒族元素的部分性质列于表19-8中。

表 19-8　钒族元素的基本性质

性质	钒(fán)	铌(ní)	钽(dàn)
元素符号	V	Nb	Ta
原子序数	23	41	73
相对原子质量	50.94	92.91	180.95
价电子构型	$3d^3 4s^2$	$4d^3 5s^2$	$5d^3 6s^2$
主要氧化态	+Ⅱ,+Ⅲ,+Ⅳ,+Ⅴ	+Ⅱ,+Ⅲ,+Ⅳ,+Ⅴ	+Ⅱ,+Ⅲ,+Ⅳ,+Ⅴ
原子半径/pm	132.1	147	147
M^{5+} 离子半径/pm	54	64	64
电离能/$kJ\cdot mol^{-1}$	654	667	745
电负性	1.63	1.60	1.50
密度/$g\cdot cm^{-3}$	6.11	8.57	16.6
熔点/K	2 163	2 741	3 269
沸点/K	3 653	5 015	5 698

钒族元素的标准电势图为：

$\varphi_A^\ominus/V$：

$$V(OH)_4^+ \xrightarrow{0.991} VO^{2+} \xrightarrow{0.34} V^{3+} \xrightarrow{-0.255} V^{2+} \xrightarrow{-1.18} V$$

$$V(OH)_4^+ \xrightarrow{-0.25} V$$

$$Nb_2O_5 \xrightarrow{0.05} Nb^{3+} \xrightarrow{-1.1} Nb$$

$$Nb_2O_5 \xrightarrow{-0.64} Nb$$

$$Ta_2O_5 \xrightarrow{-0.75} Ta$$

$\varphi_B^\ominus/V$：

$$HV_6O_{17}^{3-} \xrightarrow{-1.15} V$$

铌和钽外形似铂，都是高熔点的很硬的稀有分散金属，两者的化学性质均不活泼，尤其是钽，不但和空气、水无作用，且能抵抗除氢氟酸以外的所有无机酸包括王水的腐蚀；但能溶于 $HF-HNO_3$ 中，浓碱或熔碱也能腐蚀它们。

铌用于铬镍不锈钢中。钽主要用于耐酸的化工设备和修复骨折的各种器材，也用于电真空设备中作受热部件(因熔点高，能吸收气体)。

19.3.2　钒的重要化合物

1. 钒的氧化物

钒的氧化物有+5 和+4 氧化态。

五氧化二钒是橙黄色或砖红色固体，无臭、无味，有毒。微溶于水，形成淡黄色酸性溶液。V_2O_5 可由加热分解偏钒酸铵 NH_4VO_3 制得：

$$2NH_4VO_3 = V_2O_5 + 2NH_3 + H_2O$$

工业上多由含钒的各种类型的铁矿石作为提取钒的主要来源。如在用高炉熔炼矿石时，80%～90%的钒进入生铁中。随后在含钒生铁炼成钢的过程中，可以获得富钒炉渣，再由钒炉渣进一步提取钒的化合物。

例如，用食盐和钒炉渣在空气中焙烧，这时发生如下的反应：

$$2V_2O_5 + 4NaCl + O_2 \longrightarrow 4NaVO_3 + 2Cl_2$$

然后，用水从烧结块中浸出 $NaVO_3$，再用酸中和此溶液，可以从中析出五氧化二钒的水合物。经过脱水干燥的五氧化二钒，可用金属热还原法而得金属钒。

V_2O_5 具有较强的氧化性，溶于浓盐酸可以被还原为 VO^{2+}，并释放出氯气：

$$V_2O_5 + 6HCl \longrightarrow 2VOCl_2 + Cl_2\uparrow + 3H_2O$$

V_2O_5 具有微弱碱性，可溶解于硫酸等强酸。在 pH=1 时可得到淡黄色的 VO_2^+ 离子。

$$V_2O_5 + 2H^+ \rightleftharpoons 2VO_2^+ + H_2O$$

该离子是一种较强的氧化剂，在酸性条件下可以被草酸、Fe^{2+}、酒石酸和乙醇等还原为蓝色的 VO^{2+}，进一步可以被 I^- 还原为绿色的 V^{3+}。而锌粉也可以进行以上还原反应并将 V^{3+} 还原为紫色的 V^{2+}。从而可以观察到溶液的颜色由黄色逐渐转变为蓝色、绿色，最后成紫色，这些反应可以用于定量测定钒。

$$VO_2^+ + Fe^{2+} + 2H^+ \longrightarrow VO^{2+} + Fe^{3+} + H_2O$$

$$VO_2^+ + 2I^- + 4H^+ \longrightarrow V^{3+} + I_2 + 2H_2O$$

$$2VO_2^+ + 3Zn + 8H^+ \longrightarrow 2V^{2+} + 3Zn^{2+} + 4H_2O$$

在低价钒化合物中，VO^{2+} 较为稳定，而 V^{3+} 和 V^{2+} 不稳定，易被常见氧化剂如 $KMnO_4$ 等所氧化。

V_2O_5 是一种良好的催化剂，可以催化有机物被空气或过氧化氢氧化的反应，以及烯烃和芳烃被氢还原的反应。尤其是用于接触法制 H_2SO_4 工业中将 SO_2 氧化为 SO_3，可以代替昂贵且易被砷等杂质"中毒"的金属铂催化剂，大大降低了硫酸的生产成本。钒可以成为多种用途的催化剂可能是由于其在加热时能可逆地失去氧的原因。

2. 钒酸盐和多钒酸盐

钒酸盐存在形式多样，主要有偏钒酸盐 MVO_3、正钒酸盐 M_3VO_4、焦钒酸盐 $M_4V_2O_7$ 和多钒酸盐如 $M_3V_3O_9$ 等。浓度较大时（$>0.1\ mol\cdot L^{-1}$），VO_4^{3-} 只能存在于强碱性溶液中，向该溶液中加入酸，其中的氧倾向于与 H^+ 结合生成水离去而使得钒酸根发生缩合。在水溶液中，各种钒酸根离子之间存在以下平衡：

$$2VO_4^{3-} + 2H^+ \rightleftharpoons V_2O_7^{4-} + H_2O \qquad pH \geqslant 13$$

$$3V_2O_7^{4-} + 6H^+ \rightleftharpoons 2V_3O_9^{3-} + 3H_2O \qquad pH \geqslant 8.4$$

$$10V_3O_9^{3-} + 12H^+ \rightleftharpoons 3[V_{10}O_{28}]^{6-} + 6H_2O \qquad pH = 8 \sim 5.5$$

由于$[V_{10}O_{28}]^{6-}$为橙红色，随着酸度的增加，聚合度逐渐增大，溶液的颜色逐渐加深，由无色变为黄色再到红色。当酸度继续增加，则不再进一步聚合，而是生成酸式盐。

$$[V_{10}O_{28}]^{6-} + H^+ \rightleftharpoons [HV_{10}O_{28}]^{5-}$$

$$[HV_{10}O_{28}]^{5-} + H^+ \rightleftharpoons [H_2V_{10}O_{28}]^{4-}$$

当 pH 低至 2 左右时，完全脱水形成 V_2O_5。进一步加酸至 pH＝1 则形成黄色的 VO_2^+ 离子。

$$2[H_2V_{10}O_{28}]^{4-} + 8H^+ \rightleftharpoons 10V_2O_5\downarrow + 6H_2O$$

在稀溶液（$<10^{-4}\,mol\cdot L^{-1}$）中，$VO_4^{3-}$ 不能缩合，只能在以下单体物种之间转变：

$$VO_4^{3-} \rightleftharpoons HVO_4^{2-} \rightleftharpoons H_2VO_4^- \rightleftharpoons H_3VO_4 \rightleftharpoons VO_2^+$$

若在钒酸盐的溶液中加入 H_2O_2：当溶液呈酸性时，得到红棕色的过氧钒阳离子 $[V(O_2)]^{3+}$；当溶液呈中性、弱酸性和弱碱性时，得到黄色的二过氧钒酸根离子 $[VO_2(O_2)_2]^{3-}$。两者在一定条件下可互相转化。

$$[VO_2(O_2)_2]^{3-} + 6H^+ \rightleftharpoons [V(O_2)]^{3+} + H_2O_2 + 2H_2O$$

此反应可用于鉴定钒和过氧化氢比色分析测定。

19.3.3 铌和钽的重要化合物

1. 氧化物

Nb_2O_5 和 Ta_2O_5 是白色固体，后者更稳定，其熔化时不分解，而且不被 H_2 还原。

将 M_2O_5 同 NaOH 共熔则生成偏铌酸钠（$NaNbO_3$）或钽酸钠（Na_3TaO_4）。这些含氧酸盐溶液用硫酸酸化时，析出白色胶状的 $M_2O_5\cdot xH_2O$ 沉淀，通常称为铌酸或钽酸。铌酸盐和钽酸盐溶液中发现相同的多酸根离子 $[M_6O_{19}]^{8-}$，说明它们与钒酸盐类似也发生多聚现象。

2. 卤化物

铌和钽的五卤化物都是易升华和易水解的固体，氟化物为白色，$NbCl_5$、NbI_5、$TaCl_5$、$TbBr_5$ 为深浅不同的黄色，$NbBr_5$ 为橙色，TaI_5 为黑色。

铌和钽的五氟化物同氢氟酸作用生成八面体配离子 MF_6^- 或 $[NbOF_5]^{2-}$，当氢氟酸浓度高时能够生成 7 配位的 $[MF_7]^{2-}$ 或 8 配位的 $[TaF_8]^{3-}$，Nb 则生成 $[NbOF_6]^{3-}$。K_2TaF_7 的溶解度比 K_2NbOF_5 小得多，利用这种差别可进行铌和钽的分离。

§ 19.4 铬族元素

19.4.1 概述

1. 存在与发现

铬、钼、钨同属ⅥB 族元素。铬在自然界中的主要矿物是铬铁矿，其组成为 $FeO\cdot Cr_2O_3$ 或 $FeCr_2O_4$。钼常以硫化物形式存在，片状的辉钼矿（MoS_2）是含钼的重要矿物。重要的钨矿有黑钨矿[$(Fe,Mn)WO_4$]、白钨矿（$CaWO_4$）。我国的钼矿和钨矿储量都很丰富。

1797 年，法国化学家 Vauquelin 在分析西伯利亚的红铅矿时，发现了黄色的 CrO_3。因其化合物都有魅力的颜色，故其名称 Chromiun 的原意是颜色。

辉钼矿和石墨在外形上非常类似，在很长时间内被认为是同一种物质。1778 年，瑞典化学家 Scheele 从用硝酸分解辉钼矿时发现了 MoO_3。他在 1781 年又发现了钨。由于在发现钨的过程中，Peter Wolfe 和 Scheele 分别从名为 Wolfamite（钨铁锰矿）和 Tungstein（白钨矿，也叫 Scheelite）的两种矿石中得到其盐，并分别制得了金属钨，故钨同时有 Wolfram 和 Tungsten 两个英文，且同时保留使用。其元素符号“W”即来源于前一个单词。

1974 年，美国加州的 Lawrence Berkerly 实验室和苏联的 Dubna 实验室的联合核子研究所，几乎同时发现了第 106 号元素。苏联报道用加速的铬离子轰击铅，得到 $^{259}106$；美国报道用加速的重氧原子（^{18}O）轰击 ^{249}Cf，得到 $^{263}106$。1997 年 8 月 23 日，国际纯粹化学与应用化学联合会决定用著名放射化学家 Seaborg 的名字命名第 106 号元素，其英文名称为 Seaborgium，元素符号为 Sg，中文名称为𬭳。

2. 性质和用途

铬族元素中，铬和钼的价电子构型为 $(n-1)\,d^5ns^1$，钨为 $5d^46s^2$。虽然略有不同，但六个价电子都可以参与成键而得到最高 +Ⅵ 氧化态的化合物。铬族元素的部分性质列于表 19-9 中。

表 19-9　铬族元素的基本性质

性质	铬（音 gè）	钼（音 mù）	钨（音 wū）
元素符号	Cr	Mo	W
原子序数	24	42	74
相对原子质量	51.996	95.94	183.85
价电子构型	$3d^54s^1$	$4d^55s^1$	$5d^46s^2$
主要氧化态	+Ⅱ，+Ⅲ，+Ⅵ	+Ⅱ，+Ⅲ，+Ⅳ，+Ⅴ，+Ⅵ	+Ⅱ，+Ⅲ，+Ⅳ，+Ⅴ，+Ⅵ
原子半径/pm	124.9	140	141
M^{6+} 离子半径/pm	52	62	62
电离能/$kJ\cdot mol^{-1}$	657	689	775
电负性	1.66	2.16	2.36
密度/$g\cdot cm^{-3}$	7.14	10.28	19.25
熔点/℃	2 130	2 883	3 683
沸点/℃	2 945	5 833	5 933

钒族元素的标准电势图为：

$\varphi_A^{\ominus}/V$

$$Cr_2O_7^{2-} \xrightarrow{1.23} Cr^{3+} \xrightarrow{-0.41} Cr^{2+} \xrightarrow{-0.91} Cr$$
$$Cr^{3+} \xrightarrow{-0.74} Cr$$

$$MoO_2^{2+} \xrightarrow{0.48} MoO_2^{+} \xrightarrow{0.311} Mo^{3+} \xrightarrow{-0.20} Mo$$

$$WO_3 \xrightarrow{-0.03} W_2O_5 \xrightarrow{-0.04} WO_2 \xrightarrow{-0.15} W^{3+} \xrightarrow{-0.11} W$$

$\varphi_B^{\ominus}/V$

$$CrO_2^- \xrightarrow{-1.2} Cr$$

$$CrO_4^{2-} \xrightarrow{-0.12} Cr(OH)_3 \xrightarrow{-1.1} Cr(OH)_2 \xrightarrow{-1.4} Cr$$

$$Cr(OH)_3 \xrightarrow{-1.48} Cr$$

$$MoO_4^{2-} \xrightarrow{-0.96} MoO_2 \xrightarrow{-0.91} Mo$$

$$WO_4^{2-} \xrightarrow{-0.75} W$$

铬是银白色有光泽的金属。高纯的金属铬相当软，具有延展性，但含有杂质时变得硬而脆。铬是最硬的金属。铬是钝化金属，耐腐蚀性高，常温下王水和 HNO_3 均不能溶解铬。未钝化的铬很活泼，可以置换出非氧化性酸中的 H_2 以及相应盐溶液中的 Cu、Sn、Ni 等。由于室温条件下铬在潮湿空气中不被腐蚀并保持光亮的金属光泽，故广泛用作电镀保护涂层；铬能增强钢的耐磨性、耐热性和耐腐蚀性能，并且使钢的硬度、弹性和抗磁性增强。如含有0.5%～1%铬、0.75%硅、0.5%～1.25%锰的钢材称为铬钢，很硬且有韧性，是机械制造业的重要材料。

铬在工业上可以在电弧炉中用碳或硅还原铬铁矿生产铬铁，此种合金可以直接用作添加剂来生产硬质和“不锈”的铬钢。也可以将铬铁矿经碱熔法制得铬酸钠后，用水浸出，沉淀得到 Cr_2O_3，然后再用碳、铝、硅等还原剂还原制得纯度为 97%～99%的铬。使用电解法可以得到纯度更高的铬。

$$Cr_2O_3 + 2Al = 2Cr + Al_2O_3$$

$$2Cr_2O_3 + 3Si = 4Cr + 3SiO_2$$

未钝化状态的铬相当活泼，很容易将 Cu、Sn、Ni 等金属从它们的溶液中还原出来。也能缓慢地溶于盐酸、硫酸和高氯酸。当与稀盐酸和稀硫酸反应时，先生成蓝色的 Cr(Ⅱ)，如遇空气接触则进一步被氧化为绿色的 Cr(Ⅲ)：

$$Cr + 2HCl = CrCl_2 + H_2\uparrow$$

$$4CrCl_2 + 4HCl + O_2 = 4CrCl_3 + 2H_2O$$

铬与浓硫酸反应生成 SO_2 和 $Cr_2(SO_4)_3$：

$$2Cr + 6H_2SO_4 = Cr_2(SO_4)_3 + 3SO_2\uparrow + 6H_2O$$

但当铬遇到浓硝酸时，由于生成致密的氧化膜而钝化，从而阻止了进一步的反应而不溶于浓硝酸。

粉末状的钼和钨是深灰色的，而致密的块状钼和钨具有银白色的金属光泽。它们的熔点、沸点和硬度都非常高。钨是熔点最高的金属。钼和钨也被大量用于制造合金钢，可提高钢的耐高温强度，耐磨性，耐腐蚀性能等。在机械工业中，钼钢和钨钢可做刀具、钻头等各种机器零件；钼和钨的合金在武器制造，以及导弹火箭等尖端领域里也有重要的地位。有些含钼钢特别适用于制造蒸汽轮机和燃气轮机的零部件。钨丝用于灯具，碳化钨用于切削工具和磨料。

钼和钨的化学性质较稳定，也易于形成致密的氧化膜而呈钝化状态。钼与稀酸和浓盐酸均无反应，只有与浓硝酸和王水可以发生反应。而钨不溶于盐酸、硫酸和硝酸，只能溶于王水或 HF 和硝酸的混酸。因此铬系元素的活泼性是由铬到钨逐渐降低的。

硫化钼具有层状结构，层与层之间仅为范德华力结合，易于滑动而具有良好的润滑性，在高温高压下仍旧可以黏附在金属表面上而保持润滑作用，因此 MoS_2 是一种高温高压下的特效润滑剂。钼是生命必需的微量元素，它是哺乳动物体内硫化物酶、醛氧化酶和黄嘌呤氧化酶等金属硫蛋白的成分。它在植物体内也非常重要。硝酸氧化酶、还原酶等都是钼酶。固氮酶的活性中心是一种含钼、铁、硫的结构（如图 19－1）。

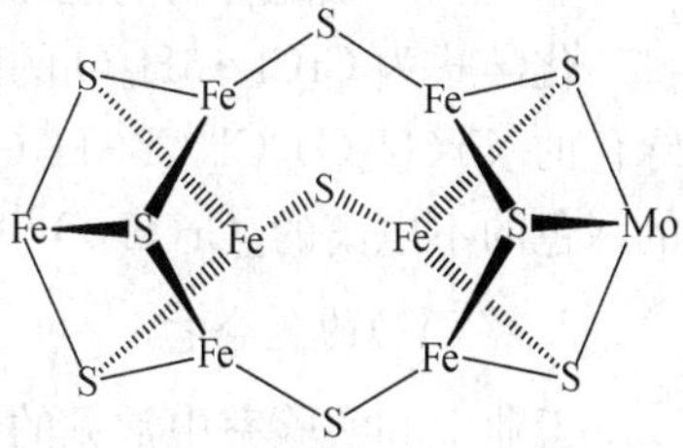

图 19－1　固氮酶的 Mo/Fe/S 核心结构

19.4.2　铬的重要化合物

1. 铬（Ⅲ）的化合物

Cr^{3+} 的特征电子构型为 $3s^2 3p^6 3d^3$，属于 9～17 电子结构，离子半径较小，易于形成配合物。Cr^{3+} 中的 3 个未成对 d 电子在可见光作用下发生d－d 跃迁，使化合物都显颜色。

(1) 三氧化二铬和氢氧化铬

Cr_2O_3 为暗绿色粉末，熔点高（2 608 K），常用作绿色颜料，俗称铬绿。也用于制耐高温陶瓷、铝热法制备金属铬及有机合成的催化剂。

重铬酸铵加热分解或金属铬在氧气中燃烧都可制得 Cr_2O_3：

$$(NH_4)_2Cr_2O_7 \xlongequal{\triangle} Cr_2O_3 + N_2\uparrow + 4H_2O$$

$$4Cr + 3O_2 \xlongequal{} 2Cr_2O_3$$

Cr_2O_3 结构与 $\alpha-Al_2O_3$ 相同，性质相似，呈现两性，既能溶于酸，也能溶于碱，但不溶于水。灼烧过的 Cr_2O_3 则不溶于酸，只能用焦硫酸盐熔融转化为可溶性的铬盐。

$$Cr_2O_3 + 3K_2S_2O_7 \xlongequal{} 3K_2SO_4 + Cr_2(SO_4)_3$$

向 Cr（Ⅲ）盐溶液中加碱得到灰绿色的 $Cr(OH)_3$ 胶状沉淀，$Cr(OH)_3$ 也是两性的，在溶液中存在下述平衡：

$$\underset{\text{紫色}}{Cr^{3+}} + 3OH^- \rightleftharpoons \underset{\text{灰蓝色}}{Cr(OH)_3} \rightleftharpoons H_2O + HCrO_2 \rightleftharpoons H^+ + \underset{\text{绿色}}{CrO_2^-} + H_2O$$

(2) Cr（Ⅲ）的盐

最重要的 Cr（Ⅲ）盐是硫酸铬和铬矾。将 Cr_2O_3 溶于冷浓硫酸中，则得到紫色的 $Cr_2(SO_4)_3\cdot18H_2O$。此外还有绿色的 $Cr_2(SO_4)_3\cdot H_2O$ 和桃红色的无水 $Cr_2(SO_4)_3$。

硫酸铬与碱金属的硫酸盐易形成铬矾 $MCr(SO_4)_2\cdot12H_2O$ 或 $M_2SO_4\cdot Cr_2(SO_4)_3\cdot24H_2O$。

铬钾矾 $K_2SO_4\cdot Cr_2(SO_4)_3\cdot24H_2O$ 可用 SO_2 还原重铬酸钾的酸性溶液而制得。

$$K_2Cr_2O_7 + H_2SO_4 + 3SO_2 \xlongequal{} K_2SO_4\cdot Cr_2(SO_4)_3 + H_2O$$

铬钾矾广泛应用于皮革鞣制和染色过程中。鞣制的基本原理是利用 Cr^{3+} 的水解、缩聚及配位的特性。水溶液中 $[Cr(H_2O)_6]^{3+}$ 的水解能力较强。

(3) Cr(Ⅲ)的配合物

Cr(Ⅲ)形成配合物的能力较强，一般配位数为6，形成八面体构型的配合物。

化学式为$CrCl_3 \cdot 6H_2O$的配合物存在电离异构体。包括蓝紫色的$[Cr(H_2O)_6]Cl_3$、浅绿色的$[Cr(H_2O)_5Cl]Cl_2 \cdot H_2O$、暗绿色的$[Cr(H_2O)_4Cl_2]Cl \cdot 2H_2O$以及自乙醚溶液中得到的绿色的不电离的$[Cr(H_2O)_3Cl_3] \cdot 3H_2O$配合物。

2. 铬(Ⅵ)的化合物

工业上和实验室中常见的铬(Ⅵ)化合物是它的含氧酸盐，如铬酸盐和重铬酸盐。其中最为重要的是重铬酸钾($K_2Cr_2O_7$)和重铬酸钠($Na_2Cr_2O_7$)。

铬(Ⅵ)化合物在工业上主要通过固体碱熔法生产。将铬铁矿与碳酸钠的混合物在空气中煅烧，使其被氧气氧化成可溶的铬酸钠：

$$4Fe(CrO_2)_2 + 7O_2 + 8Na_2CO_3 = 2Fe_2O_3 + 8Na_2CrO_4 + 8CO_2\uparrow$$

将熔体用水浸取并过滤除去Fe_2O_3等杂质，得到的Na_2CrO_4溶液用适量H_2SO_4酸化，可转化成$Na_2Cr_2O_7$：

$$2Na_2CrO_4 + H_2SO_4 = Na_2Cr_2O_7 + Na_2SO_4 + H_2O$$

在得到的$Na_2Cr_2O_7$溶液中加入KCl固体进行复分解反应，即可得到$K_2Cr_2O_7$。利用其溶解度随温度变化较大(273 K时溶解度为4.6 g/100 g水，373 K时为94 g/100 g水)，而NaCl的溶解度受温度影响不大的性质，可将$K_2Cr_2O_7$与NaCl分离。

$$Na_2Cr_2O_7 + 2KCl \rightleftharpoons K_2Cr_2O_7 + 2NaCl$$

在上述反应中，黄色的CrO_4^{2-}与橙红色的$Cr_2O_7^{2-}$之间存在缩合平衡：

$$2CrO_4^{2-} + 2H^+ \rightleftharpoons Cr_2O_7^{2-} + H_2O \qquad K = 4.2 \times 10^{14}$$

此平衡受到溶液pH的影响，加酸向右移动，加碱向左移动。故溶液在酸性条件下主要显示$Cr_2O_7^{2-}$的橙红色，在碱性条件下显示CrO_4^{2-}的黄色。一些金属离子(如Ba^{2+}、Ag^{2+}、Pb^{2+})也可以因生成铬酸盐沉淀而使得上述平衡向左移动。因而无论在铬酸盐溶液还是在重铬酸盐溶液中加入这些金属离子，都生成铬酸盐沉淀：

$$Cr_2O_7^{2-} + 2M^{2+} + H_2O = 2H^+ + 2MCrO_4\downarrow(\text{黄色}, M = Ba、Pb)$$

$$Cr_2O_7^{2-} + 4Ag^+ + H_2O = 2H^+ + 2Ag_2CrO_4\downarrow(\text{砖红色})$$

重铬酸盐是实验室常用的氧化剂，在酸性条件下，可以与实验室许多常见还原剂反应而得到Cr^{3+}。反应能定量完成，因而是氧化还原滴定分析的常用氧化剂。

$$Cr_2O_7^{2-} + 6I^- + 14H^+ = 2Cr^{3+} + 3I_2 + 7H_2O$$

$$Cr_2O_7^{2-} + 3SO_3^{2-} + 8H^+ = 2Cr^{3+} + 3SO_4^{2-} + 4H_2O$$

$$Cr_2O_7^{2-} + 6Fe^{2+} + 14H^+ = 2Cr^{3+} + 6Fe^{3+} + 7H_2O$$

重铬酸钾也可以被乙醇还原而得到Cr^{3+}，可以用于检测司机呼出气体中是否含有酒精，而判断是否属于酒后驾车：

$$2K_2Cr_2O_7 + 3CH_3CH_2OH + 8H_2SO_4 = 3CH_3CH_2COOH + 2Cr_2(SO_4)_3 + 2K_2SO_4 + 11H_2O$$

将重铬酸钾饱和溶液和浓硫酸混合(5 g重铬酸钾得到的热饱和溶液中加入100 mL浓

硫酸)，得到的橙红色强氧化性溶液称作铬酸洗液。可以用于洗涤玻璃仪器上的油脂。该洗液使用后会逐渐转变为暗绿色而失去强氧化性。若全部变成暗绿色则表明已经失效。

如配制铬酸洗液时加大重铬酸钾的用量，则可以析出橙红色的 CrO_3 晶体：

$$K_2Cr_2O_7 + H_2SO_4 \xlongequal{} K_2SO_4 + 2CrO_3\downarrow + H_2O$$

三氧化铬(CrO_3)具有强酸性，有毒，溶于水得到的溶液称作铬酸。因其具有强氧化性，在接触到有机物时能猛烈反应，甚至能引起燃烧和爆炸。将其熔融，在 493～523 K 会逐步自身氧化还原而失去氧气，最终得到绿色的 Cr_2O_3：

$$CrO_3 \rightarrow Cr_3O_8 \rightarrow Cr_2O_5 \rightarrow CrO_2 \rightarrow Cr_2O_3$$

Cr(Ⅵ)也可以与过氧根离子结合生成不稳定的过氧化物。将重铬酸钾的酸性溶液与 H_2O_2 反应，可以得到蓝色的二过氧合氧化铬 $CrO(O_2)_2$：

$$Cr_2O_7^{2-} + 4H_2O_2 + 2H^+ \xlongequal{} 2CrO(O_2)_2 + 5H_2O$$

$CrO(O_2)_2$ 在被萃取到有机溶剂如乙醚、戊醇中时，较为稳定，可以使得有机相呈现蓝色。而在水中很不稳定，迅速分解得到绿色溶液。利用此现象可以检测 Cr(Ⅵ)的存在。

$$4CrO_5 + 12H^+ \xlongequal{} 4Cr^{3+} + 7O_2\uparrow + 6H_2O$$

19.4.3　钼和钨的重要化合物

钼和钨在化合物中可以表现为＋Ⅱ到＋Ⅵ的氧化态，其中最稳定的氧化态是＋Ⅵ。

1. 氧化物

MoO_3 为白色粉末，熔点为 1 068 K，沸点为 1 428 K，加热时变为黄色并易升华；WO_3 为淡黄色粉末，加热时变为橙黄色，熔点为 1 746 K，沸点为 2 023 K。

MoO_3 和 WO_3 都为酸性氧化物，但它们与 CrO_3 不同，不与酸作用并且难溶于水，不能通过其与水作用制备相应的含氧酸，但可以和碱溶液，甚至是氨水这样的弱碱反应生成相应的含氧酸盐。

$$WO_3 + 2NaOH \xlongequal{} Na_2WO_4 + H_2O$$

$$MoO_3 + 2NH_3 \cdot H_2O \xlongequal{} (NH_4)_2MoO_4 + H_2O$$

MoO_3 和 WO_3 的氧化性极弱，不易与还原剂反应，仅在高温下可以与 H_2、Al 或碳反应。MoO_3 和 WO_3 通常由钼酸铵溶液或钨酸钠溶液与盐酸反应得到钼酸(H_2MoO_4)和钨酸(H_2WO_4)，再加热焙烧脱水获得。

$$(NH_4)_2MoO_4 + 2HCl \xlongequal{} H_2MoO_4\downarrow + 2NH_4Cl$$

$$H_2MoO_4 \xlongequal{\triangle} MoO_3 + H_2O$$

2. 钼酸和钨酸及其盐

MoO_3 和 WO_3 溶于强碱溶液时得到简单钼酸盐和钨酸盐结晶。钼和钨的含氧酸盐中只有碱金属、铵、铍、镁和铊(Ⅰ)的简单钼酸盐和钨酸盐可以溶于水，其余金属的盐难溶。其中的酸根离子 MoO_4^{2-}、WO_4^{2-} 均为四面体结构。

酸化钼酸盐溶液和钨酸盐溶液，随 pH 减小，逐渐缩合成多钼酸盐和多钨酸盐，最后当 $pH<1$ 时，析出黄色的 $MoO_3 \cdot 2H_2O$ 和白色的 $WO_3 \cdot 2H_2O$，从热溶液中则析出一水合物 $MoO_3 \cdot H_2O$ 和 $WO_3 \cdot H_2O$，称为钼酸和钨酸，即 H_2MoO_4 和 H_2WO_4。钼酸和钨酸实质上是水合氧化物。

与铬酸盐相比，钼酸盐和钨酸盐的氧化性很弱。酸性条件下只有强还原剂才能还原 H_2MoO_4 为 Mo^{3+}。如在浓盐酸中，Zn 可以与钼酸铵反应得到蓝色溶液（钼蓝，Mo(Ⅵ)和 Mo(Ⅴ)的混合氧化态化合物），再得到红棕色的 MoO_2^+，进而得到绿色的 $[MoOCl_5]^{2-}$，最后得到棕色的 $MoCl_3$。

$$2H_2MoO_4 + Zn + 4HCl = 2MoO_2Cl + ZnCl_2 + 4H_2O$$

$$2H_2MoO_4 + Zn + 12HCl = 2H_2[MoOCl_5] + ZnCl_2 + 6H_2O$$

$$2H_2MoO_4 + 3Zn + 12HCl = 2MoCl_3 + 3ZnCl_2 + 8H_2O$$

将钼酸盐在酸性条件下与 H_2S 作用可以得到棕色的 MoS_3 沉淀，而将钨酸盐与酸性条件下的 H_2S 作用，控制反应温度和通入的 H_2S 的量，其中的 O 可以逐步被 S 取代获得一系列硫代钨酸盐。

$$MoO_4^{2-} + 3H_2S + 2H^+ = MoS_3\downarrow + 4H_2O$$

$$WO_4^{2-} + H_2S = WO_3S^{2-} + H_2O$$

$$WO_3S^{2-} + H_2S = WO_2S_2^{2-} + H_2O$$

$$WO_2S_2^{2-} + H_2S = WOS_3^{2-} + H_2O$$

$$WOS_3^{2-} + H_2S = WS_4^{2-} + H_2O$$

这些硫代钨酸盐由于具有不同数目的硫原子，而易于和多个过渡金属原子如 Cu(Ⅰ)、Ag(Ⅰ)、Ni(Ⅱ)等配位而获得原子簇化合物。

3. 同多酸和杂多酸及其盐

多酸是一类为人们所熟知的无机高分子化合物，可以看作是若干水分子和两个或两个以上的酸酐组成的酸，如果酸酐相同则称同多酸，它们的盐称为同多酸盐；如酸酐不相同，则称为杂多酸，其盐称为杂多酸盐。

同多酸根离子的形成与相应简单酸的酸性和溶液的 pH 有关。一般酸性越弱，pH 越小，缩合度越大。如将 MoO_3 的氨水溶液酸化，当 pH 降到 6 时，生成 $Mo_7O_{24}^{6-}$，将溶液略微酸化，则形成 $Mo_8O_{26}^{4-}$。

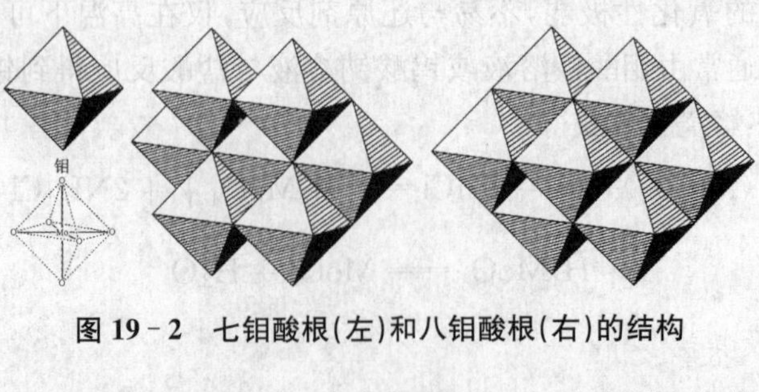

图 19-2 七钼酸根(左)和八钼酸根(右)的结构

同多酸可以写作含水氧化物的形式，称为解析式。如七钼酸可以写成 $7MoO_3 \cdot 3H_2O$。同多酸相应的盐称为同多酸盐，如七钼酸六铵$[(NH_4)_6Mo_7O_{24} \cdot 4H_2O]$，十二钨酸十铵$[(NH_4)_{10}W_{12}O_{41} \cdot 11H_2O]$。

杂多酸主要是钼和钨的磷、硅杂多酸，如十二钼磷杂多酸[$H_3(PMo_{12}O_{40})$]，解析式为$H_3PO_4 \cdot 12MoO_3$，十二钨硅杂多酸[$H_4(SiW_{12}O_{40})$]，相应的盐称为杂多酸盐。例如，向磷酸钠的热溶液中加入WO_3达到饱和，就析出十二钨磷酸钠，它的化学式为$Na_3[P(W_{12}O_{40})]$或$3Na_2O \cdot P_2O_5 \cdot 24WO_3$。又如，把用硝酸酸化的$(NH_4)_2MoO_4$溶液加热到约 323 K，加入$Na_2HPO_4$溶液，可得到黄色晶体状沉淀十二钼磷酸铵。该化合物是人类得到的首个杂多酸盐，由 Berzerius 在 1826 年合成得到。

$$12MoO_4^{2-} + 3NH_4^+ + HPO_4^{2-} + 23H^+ \xlongequal{} (NH_4)_3[P(Mo_{12}O_{40})] \cdot 6H_2O + 6H_2O$$

此反应可用于检定MoO_4^{2-}或PO_4^{3-}离子。钼磷杂多酸和一些还原剂如$SnCl_2$、Zn 作用，杂多酸中部分 Mo(Ⅵ)被还原为 Mo(Ⅴ)，生成特征的蓝色化合物，称为“钼磷蓝”，可以用于钢铁、土壤、农作物中磷含量的比色法测定。

近几十年来，对多酸化合物的相关研究获得了迅猛的发展，已经形成一门化学分支学科多酸化学。进入 20 世纪 90 年代以后，由于水热等合成技术的引进和先进测试手段的普及，多酸化合物的合成工作取得了更多新奇的结果。多酸化合物的研究除了在理论方面的重要进展以外，在应用研究方面也获得了突破性的成果。在诸如高质子导体、非线性光学材料和磁性材料等方面均有所报道。而杂多酸及其盐类结构稳定，兼具配合物和金属氧化物的特征，并且对热稳定。杂多酸具有类似于沸石的笼形结构，其中的空隙可以吸附小分子化合物进行反应，使得分子接触几率增大，反应活化能降低，使反应易于在温和条件下发生。并且由于杂多酸化合物容易与反应体系分离，且对设备没有明显的腐蚀，可以作为均相或非均相氧化型催化剂使用。如日本在 1972 年首先以 12-钨硅酸为催化剂进行丙烯水合制备异丙醇并且进行了大规模的工业化生产，其后在甲基丙烯醛氧化制备甲基丙烯酸、异丁烯水合制备叔丁醇、四氢呋喃开环聚合制备聚丁二烯等方面均实现了工业化。除此之外，杂多酸在生物、医学和药学领域都显示出良好的前景。如在抗艾滋病毒、抗肿瘤和抗糖尿病等方面已经显示出较好的应用价值。

4. 钼和钨的原子簇化合物

簇合物化学是近代无机化学领域中一个非常活跃的部分。在一些金属和卤素形成的配离子如$Mo_2Cl_9^{3-}$、$W_2Cl_9^{3-}$中，金属原子和金属原子之间也可以直接成键。瑞典化学家 Cyrill Brösset 在 1935 年通过 X 射线晶体衍射方法测定了$K_3W_2Cl_9$的结构，发现 W—W 之间距离特别短(249 pm)，短于金属钨中的 W—W 键长(274 pm)，首次获得了金属—金属键存在的证据。美国化学家 F. A. Cotton 于 1964 年成功地解释了$K_2Re_2Cl_8$中 Re—Re 的金属—金属键的形成，并于 1966 年定义原子簇化合物为“含有直接而明显键合的 2 个或者 2 个以上的金属原子的化合物”。现代化学则认为原子簇化合物是含有 3 个或 3 个以上的金属原子直接键合而形成的化合物，通常简称为簇合物。但为了纪念 Cotton 所作出的贡献，通常把含有 M—M 键的双金属原子化合物也与簇合物一起讨论。

形成原子簇化合物时，金属原子可以是同种原子(同核)，也可以是不同种原子(异核)；可以是两个金属原子形成的双核原子簇化合物，也可以是多个金属原子互相成键形成的三核(平面三角形)、四核(四面体形)、六核(八面体形)、八核(立方体形)原子簇化合物。如 Mo、W、Nb、Ta 等金属均可形成六核原子簇化合物。

除上述元素以外，周期表中位于 VB、ⅥB、ⅦB、Ⅷ族的金属元素都能形成原子簇化合物。某一元素形成原子簇时的原子数往往与配体的种类和结构不同有关。在形成原子簇化合物时，过渡金属原子多呈现较低氧化态，如在金属-羰基簇合物中金属原子多为中性原子甚至有时为负氧化态；而在卤素簇合物中常表现为＋Ⅱ和＋Ⅲ氧化态。通常，由于第一过渡系的原子 3d 轨道伸展不大，不利于其相互重叠成键，其成键能力弱于第二和第三过渡系。

常见的原子簇化合物有羰基簇合物和卤素簇合物。如图 19－3，配体为羰基时，Fe 可以和羰基形成双核簇合物 $Fe_2(CO)_9$、三核簇合物 $Fe_3(CO)_{12}$；Co、Rh、Ir 等金属可以和羰基形成四核簇合物 $M_4(CO)_{12}$、六核簇合物 $M_6(CO)_{16}$；而 Ni 可以形成五核簇合物$[Ni_5(CO)_{12}]^{2-}$。

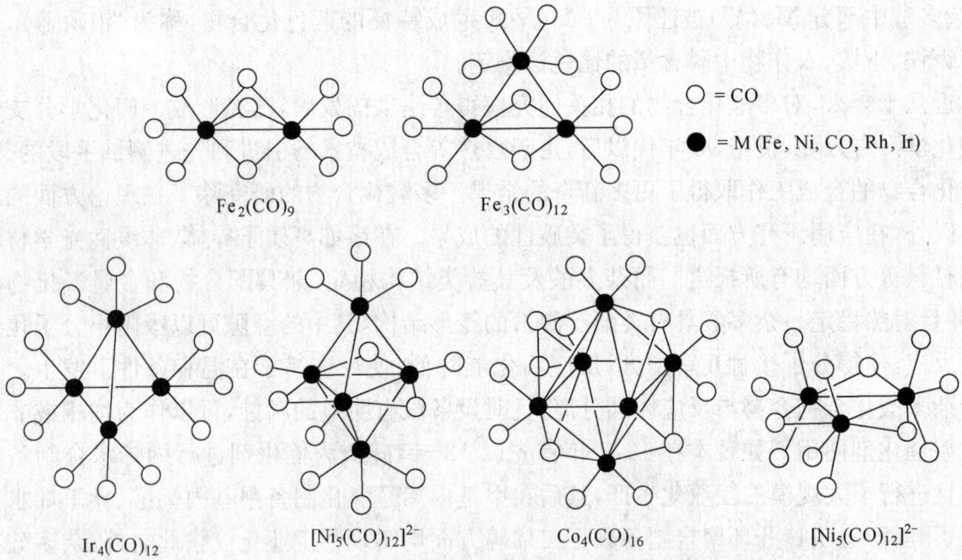

图 19－3　羰基作为配体的簇合物的典型结构

当配体为卤素原子时（如图 19－4），氯原子可以与 Re 形成三核簇合物$[Re_3Cl_{12}]^{3-}$。Mo 和 W 的二卤化物 MCl_2 的实际化学式应为$[M_6X_8]X_4$。在$[M_6X_8]^{4+}$离子中，每个 M 原子与相邻的四个 M 原子通过 4 个 σ 单键连接，形成六核八面体 M_6 簇；八个卤素 X 原子位于八面体的每个面的中心法线上，每个 X 原子和三个 M 原子形成多中心桥键。而三氯化钨实际上为$[W_6Cl_{12}]Cl_6$，其中 6 个 W 原子形成与上例类似的六核八面体簇，而 12 个氯原子在八面体的 12 条棱的外侧分别与两个 W 原子成键。

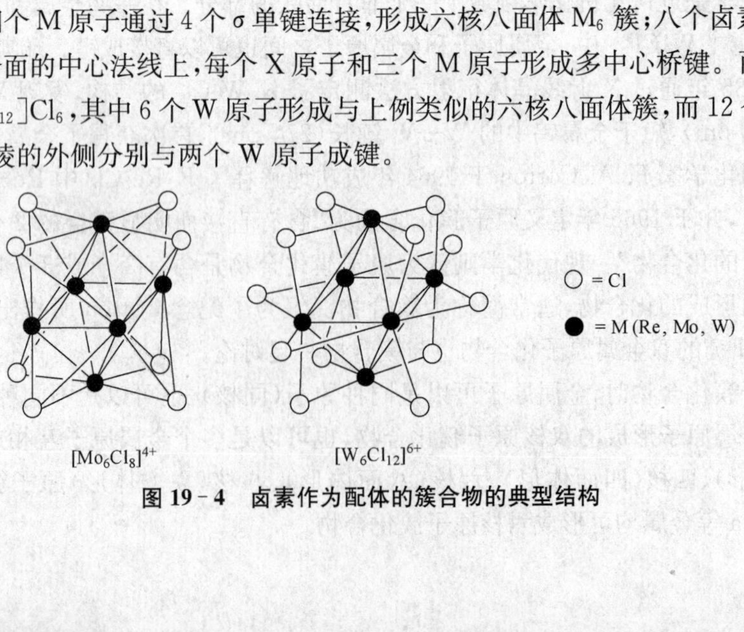

图 19－4　卤素作为配体的簇合物的典型结构

近年来，簇合物的数量迅速增加，陆续还出现了Mo、W等金属和Fe、Ni、Cu等金属与硫、氧等原子形成的簇合物。这些簇合物不仅具有丰富多彩的结构，在活化小分子物质（如氮气等）、药物化学、新型材料（如非线性材料方面）均体现出了诱人的前景。

§19.5　锰族元素

19.5.1　概述

1. 存在与发现

ⅦB族元素包括锰、锝（音 dé）、铼（音 lái）、铍（^{107}Bh）（音 bō）4种元素。锝和铼是稀有元素。锝和铍是放射性元素。

在重金属中，锰在地壳中的丰度仅次于铁，为0.1%。1774年Scheele和Gahn将软锰矿和煤油一起加热，首次分离得到锰。最重要的锰矿是软锰矿（$MnO_2 \cdot 2H_2O$）、黑锰矿（Mn_3O_4）和菱锰矿（$MnCO_3$）。近年来在深海海底发现大量的锰矿——锰结核，它是一种层层铁锰氧化物被黏土重重包围着的一个个同心圆状的团块。据估计，仅太平洋中锰结核氧化物内所含的Mn、Cu、Co、Ni就相当于陆地总储量的几十倍到几百倍。

锝是第一个人工合成的放射性元素，1937年，Perrier和Segre用加速的氘核在回旋加速器里轰击钼原子，首次得到了^{95}Tc和^{97}Tc。锝拥有众多的同位素，其中^{99}Tc可以由铀的自发分裂的产物中得到。在自然界中，虽然已经发现了锝，但锝主要还是由人工核反应来制得。

铼是人类用通常的物理和化学方法所获得的最后一个稳定的元素。1925年，Noddack、Tache和Berg在高岭土中发现了铼，同时Loring和Druce也从锰化合物中发现了铼。铼是丰度很小的元素，在地壳中的含量为7.055×10^{-4} ppm。铼没有单独的矿物，主要和辉钼矿伴生在一起，含量一般不超过0.001%，它还存在于稀土矿、铌钽矿等矿物中。目前人们主要从硫化钼矿的烟尘中回收铼。

2. 性质和用途

锰分族属于ⅦB元素，它们的价电子构型为$(n-1)d^5ns^2$。它们的最高氧化态与族数相同，同时也有多变的氧化态。零氧化态或负氧化态往往出现在羰基配合物或有机金属化合物中。一般说来，锰比较稳定的氧化态为+Ⅱ、+Ⅳ、+Ⅶ。锝和铼的+Ⅶ氧化态比锰的+Ⅶ氧化态稳定得多，例如Tc_2O_7和Re_2O_7比Mn_2O_7稳定。这符合过渡元素性质的递变规律，在同族元素中自上而下高氧化态趋于稳定，低氧化态趋于不稳定性。锰族元素的部分性质列于表19-10中。

表 19－10　锰族元素的基本性质

性质	锰	锝	铼
元素符号	Mn	Tc	Re
原子序数	25	43	75
相对原子质量	54.94	98	186.2
价电子构型	$3d^5 4s^2$	$4d^5 5s^2$	$5d^5 6s^2$
主要氧化态	＋Ⅱ，＋Ⅲ，＋Ⅳ，＋Ⅵ，＋Ⅶ	＋Ⅳ，＋Ⅶ	＋Ⅲ，＋Ⅳ，＋Ⅶ
原子半径/pm	124	135.8	137
$M7^+$ 离子半径/pm	46	97.9	56
电离能/$kJ\cdot mol^{-1}$	727	708	765
电负性	1.55	1.90	1.90
密度/$g\cdot cm^{-3}$	7.44	11.50	21.04
熔点/℃	1 517	2 445	3 453
沸点/℃	2 235	5 150	5 900

锰族元素的标准电势图为：

$\varphi_A^\ominus$/V

$$MnO_4^- \xrightarrow{0.564} MnO_4^{2-} \xrightarrow{0.617\,5} MnO_2 \xrightarrow{0.95} Mn^{3+} \xrightarrow{1.51} Mn^{2+} \xrightarrow{-1.182} Mn$$

$$MnO_4^- \xrightarrow{1.507} Mn^{2+} \qquad MnO_4^- \xrightarrow{1.679} MnO_2$$

$$TcO_4^- \xrightarrow{0.65} TcO_3 \xrightarrow{0.83} TcO_2 \xrightarrow{0.281} Tc^{2+} \xrightarrow{-0.5} Tc$$

$$ReO_4^- \xrightarrow{0.768} ReO_3 \xrightarrow{0.385} ReO_2 \xrightarrow{0.26} Re$$

$$ReO_4^- \xrightarrow{1.51} ReO_2$$

$\varphi_B^\ominus$/V

$$MnO_4^- \xrightarrow{0.564} MnO_4^{2-} \xrightarrow{0.595} MnO_2 \xrightarrow{-0.20} Mn(OH)_3 \xrightarrow{0.1} Mn(OH)_2 \xrightarrow{-1.56} Mn$$

$$TcO_4^- \xrightarrow{-0.322} TcO_2 \xrightarrow{-0.55} Tc$$

$$ReO_4^- \xrightarrow{-0.7} ReO_4^{3-} \xrightarrow{-0.5} ReO_2 \xrightarrow{-0.53} Re(OH)_3 \xrightarrow{-0.6} Re$$

锰族元素的配合物中，Mn 的配位数一般为 4 和 6，而 Tc 和 Re 的配位数一般为 7、8 和 9。

锰有四种同素异形体，其中主要的三种分别为 α，β，γ 型。室温下稳定的是 α 型，它在 727℃可以转化为 β 型；β 型在 1 100℃可以转化为 γ 型。金属锰外形似铁，致密的块状锰是银白色的，粉末状为灰色。

纯锰的用途不多，但它的合金非常重要。95％的锰矿用于钢的生产，含 12％～15％ Mn、83％～87％ Fe、2％ C 的锰钢很坚硬，抗冲击，耐磨损，可用于制钢轨和钢甲、破碎机等；锰可代替镍制造不锈钢(16％～20％ Cr、8％～10％ Mn、0.1％ C)，在镁铝合金中加入锰可以使抗腐蚀性和机械性能都得到改进。

生物体细胞中含有极微量的锰，它是动植物生命过程中必需的微量元素。谷物、种子、坚果、茶叶和咖啡中都含有较为丰富的锰。锰主要以配合物的形式参与光合作用中的放氧过程，也是植物体内能量转换的要素。锰可以活化精氨酸酶、磷酸丙酮酸水合酶和过氧化氢酶。锰也是核酸结构中的成分，能促进胆固醇的合成。但锰含量过高时对人体具有毒性。

锝和铼的外表与铂相同，但通常为灰色粉末。纯铼相当软，有良好的延展性。铼的熔点仅次于钨，然而在高温真空中，钨丝的机械强度和可塑性显著降低，若加入少量铼，便可使钨丝大大增加坚固和耐用程度。铼还可用于制造人造卫星和火箭的外壳。此外，Tc－Mo 合金具有良好的超导性质，其临界温度为 13.4 K。铼和铂的合金可用于制造可测 2 273 K 的高温热电偶。铼具有优越的催化性能，可以用于石油氢化（制造汽油）、醇类脱氢（制造醛、酮）及其他有机合成工业上的催化剂。

锝和铼的活泼性比锰差，在氧气中可以燃烧生成挥发性氧化物 M_2O_7；与氟反应可以分别生成 TcF_5、TcF_6 和 ReF_6、ReF_7。它们不溶于氢氟酸和盐酸，但易溶于氧化性的浓硝酸和浓硫酸。

3. 锰的吉布斯自由能-氧化态图

许多非金属和过渡金属元素都能以数种氧化态存在，而且同一元素的各种氧化态的氧化性有很大差别，一般说来，它们的氧化性随着氧化态的升高而增强。同一元素不同氧化态物种的氧化还原性相对强弱有多种表示方法，可以用元素电势图或 E－pH 图表示，也可以用半反应的标准摩尔吉布斯自由能对氧化态作图来表示。

比如，以锰的各种氧化态的标准生成吉布斯自由能为纵坐标，氧化态为横坐标作图，就可得图 19－5。

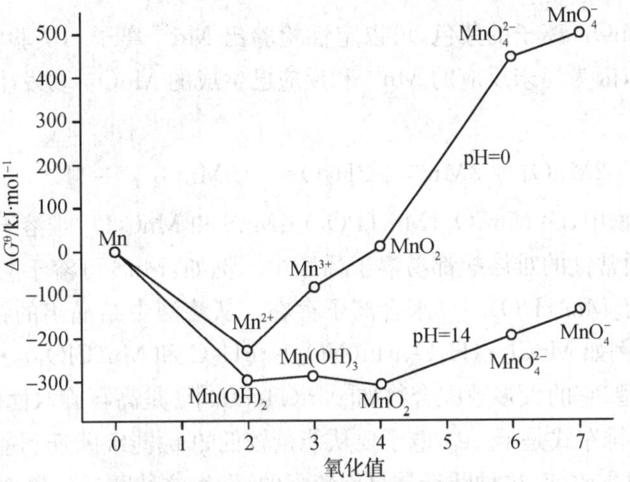

图 19－5　锰的吉布斯自由能-氧化态图

这种图解对于了解一种元素不同氧化态在溶液中的氧化还原性相对强弱提供了很清晰的概念。例如图 19－5 中，酸性条件下（pH＝0）的最低点为 Mn^{2+}，就表示了 Mn^{2+} 相对于锰的其他氧化态而言，在此条件下是最稳定的。

对于有多种氧化态的元素，它的哪种氧化态最容易发生歧化反应，除用元素电势图可判断外，还可以通过自由能—氧化态图加以判断。如果中间氧化态是处于连接较低和较高氧化态的一条假想直线的下面，那么中间氧化态是相对稳定的。反之，如果中间氧化态是在该直线的上面，则该中间氧化态是相对不稳定的。例如，pH＝0 时，MnO_4^{2-} 的位置高于从 MnO_4^- 到 MnO_2 的连接线，这说明 MnO_4^{2-} 可以歧化成 MnO_4^- 和 MnO_2。而 MnO_2 正好低于 MnO_4^{2-} 和 Mn^{3+} 的假想连接线，表明它不能歧化为 MnO_4^{2-} 和 Mn^{3+}，可是 Mn^{3+} 却可以歧化成 MnO_2 和 Mn^{2+}，这些情况与实验现象都是相符的。

19.5.2 锰的重要化合物

1. 锰(Ⅱ)的化合物

Mn(Ⅱ)常以氧化物、氢氧化物、硫化物、盐和配合物等形式存在。

MnO 是一种呈灰白色至暗绿色的粉末，具有岩盐性质。MnO 可溶于稀酸，形成 Mn^{2+}。Mn^{2+} 遇到 NaOH 或 $NH_3 \cdot H_2O$ 可形成 $Mn(OH)_2$ 白色沉淀，它极易被氧化，甚至溶于水中的少量氧气也能将其氧化成褐色。

$$MnSO_4 + 2NaOH \longrightarrow Mn(OH)_2 \downarrow + Na_2SO_4$$

$$2Mn(OH)_2 + O_2 \longrightarrow 2MnO(OH)_2$$

Mn^{2+} 在酸性介质中比较稳定，要在高酸度的热溶液中用强氧化剂，例如过硫酸铵或 PbO_2 等才能将 Mn^{2+} 氧化为 MnO_4^-。

$$2Mn^{2+} + 5S_2O_8^{2-} + 8H_2O \xrightarrow[Ag^+ \text{催化}]{\triangle} 16H^+ + 10SO_4^{2-} + 2MnO_4^-$$

$$2Mn^{2+} + 5PbO_2 + 4H^+ \longrightarrow 2MnO_4^- + 5Pb^{2+} + 2H_2O$$

利用生成的 MnO_4^- 离子的紫色，可以定性检验出 Mn^{2+} 离子。实验时应注意，Mn^{2+} 浓度和用量不宜太大，因为尚未反应的 Mn^{2+} 和反应已生成的 MnO_4^- 要发生反应，生成棕色的 MnO_2 沉淀：

$$2MnO_4^- + 3Mn^{2+} + 2H_2O \longrightarrow 5MnO_2 \downarrow + 4H^+$$

在锰(Ⅱ)化合物中，除 $MnCO_3$、$Mn_3(PO_4)_2$、MnS 和 MnC_2O_4 难溶于水外，其他强酸的锰盐都易溶于水，通常锰的难溶盐都易溶于稀酸中。例如，MnS 可溶于醋酸。在水溶液中，Mn^{2+} 常以淡红色的$[Mn(H_2O)_6]^{2+}$ 水合离子存在。从溶液中结晶出的锰(Ⅱ)盐是带结晶水的粉红色晶体。例如 $MnCl_2 \cdot 4H_2O$、$Mn(NO_3)_2 \cdot 6H_2O$ 和 $Mn(ClO_4)_2 \cdot 6H_2O$ 等。

Mn^{2+} 为 d^5 构型，它的大多数配合物如$[Mn(H_2O)_6]^{2+}$是高自旋八面体构型。在八面体场中，5 个 d 电子的排布式是 t_{2g}^3、e_g^2，电子要从能量较低的 t_{2g} 能级跃迁到能量较高的 e_g 能级时，其自旋方向要发生改变，这种跃迁是自旋禁阻的，发生这种跃迁的概率很小，即对光的吸收很弱，因此，Mn(Ⅱ)高自旋八面体型配合物的颜色很淡，大多数为很淡的粉红色，Mn^{2+} 在很稀的溶液中几乎是无色。

2. 锰(Ⅳ)的化合物

MnO_2 是 Mn(Ⅳ)的重要化合物。常温下，MnO_2 是一种很稳定的黑色粉末状物质，属于金红石结构，不溶于水，显酸性。许多锰的化合物都是用 MnO_2 作原料而制得的。

由于 Mn(Ⅳ)氧化数居中，所以 MnO_2 既可以作氧化剂，又可以作还原剂。

酸性介质中，MnO_2 主要显强氧化性。例如，它与浓盐酸反应可得到氯气：

$$MnO_2 + 4HCl \xlongequal{\triangle} MnCl_2 + Cl_2\uparrow + 2H_2O$$

实验室中常用此反应制备氯气。

MnO_2 用途很广，它是一种广泛应用的氧化剂。例如将它加入熔态的玻璃中，可以除去带色的杂质(硫化物或亚铁盐)，称为普通玻璃的“漂白剂”。在锰-锌干电池中用作去极剂，以氧化在电极上产生的氢。

3. 锰(Ⅵ)和锰(Ⅶ)的化合物

锰(Ⅵ)的化合物中，比较稳定的是锰酸盐，如 Na_2MnO_4 和 K_2MnO_4。它们只有在强碱性条件下(pH>14.4)才能稳定存在，如果在酸性或近中性的条件下，MnO_4^{2-} 易发生歧化反应。

$$3MnO_4^{2-} + 4H^+ \rightleftharpoons 2MnO_4^- + MnO_2 + 2H_2O \qquad K = 3.16\times10^{57}$$

此反应进行得比较完全，在很弱的酸性下即可进行完全，如加入醋酸或者通入 CO_2 即可促使此歧化反应发生。因而工业上生产高锰酸钾可以使用固体碱熔法，先将 MnO_2 在 KOH 的碱性条件下氧化为 K_2MnO_4，所得溶液浸取过滤后，再酸化获得高锰酸钾。但此方法由于生成 MnO_2，最多只能有 $\frac{2}{3}$ 的 Mn 进入产物。改进办法为电解法：用 80 $g\cdot L^{-1}$ 的 K_2MnO_4 溶液为电解液，镍板为阳极，铁板为阴极电解可以获得纯度较高的 $KMnO_4$。电解反应为

$$2K_2MnO_4 + 2H_2O = 2KMnO_4 + 2KOH + H_2\uparrow$$

Mn(Ⅶ)的化合物中最重要的是高锰酸钾。$KMnO_4$ 是一种大规模生产的无机盐，是深紫色的晶体，比较稳定。但在酸性条件下，见光或加热条件下分解，在中性或微碱性条件下分解较慢。

$$10KMnO_4 \xlongequal{\triangle} 3K_2MnO_4 + 7MnO_2 + 6O_2\uparrow + 2K_2O$$

$$4MnO_4^- + 4H^+ = 4MnO_2\downarrow + 3O_2\uparrow + 2H_2O$$

因反应得到的 MnO_2 也是一种催化剂，可以催化 $KMnO_4$ 的分解。$KMnO_4$ 一旦开始分解，就会加速进行。这种作用称为“自动催化”。

$KMnO_4$ 是一种良好的氧化剂，除常用来漂白毛、棉和丝，或使油类脱色外，还广泛应用于分析化学中。例如，它在酸性条件下可以定量氧化 Fe^{2+}、H_2O_2、$C_2O_4^{2-}$ 等：

$$5Fe^{2+} + MnO_4^- + 8H^+ = Mn^{2+} + 5Fe^{3+} + 4H_2O$$

$$5H_2O_2 + 2MnO_4^- + 6H^+ = 2Mn^{2+} + 5O_2 + 8H_2O$$

$$5C_2O_4^{2-} + 2MnO_4^- + 16H^+ = 2Mn^{2+} + 10CO_2\uparrow + 8H_2O$$

$KMnO_4$ 的氧化能力随溶液的酸度不同而有所不同，其被还原的产物也不同。将 $KMnO_4$ 与 Na_2SO_3 溶液反应，在酸性、中性、碱性介质中反应分别为：

$$2MnO_4^- + 5SO_3^{2-} + 6H^+ = 2Mn^{2+} + 5SO_4^{2-} + 3H_2O$$

$$2MnO_4^- + 3SO_3^{2-} + H_2O = 2MnO_2\downarrow + 3SO_4^{2-} + 2OH^-$$

$$2MnO_4^- + SO_3^{2-} + 2OH^- = 2MnO_4^{2-} + SO_4^{2-} + H_2O$$

将粉末状 $KMnO_4$ 与 90％的硫酸反应，可以得到一种绿色油状物质 Mn_2O_7。该物质具有强氧化性和爆炸性，只在 273 K 以下稳定，静置则缓慢失去氧气而生成 MnO_2。受热爆炸分解为 MnO_2、O_2 和 O_3。它能与大多数有机物发生爆炸作用而燃烧，但可以稳定安全地存在于 CCl_4 中。将 Mn_2O_7 溶于水则可以得到高锰酸（$HMnO_4$）。

19.5.3 锝和铼的重要化合物

1. 氧化物和含氧酸盐

锝的氧化物有 Tc_2O_7 和 TcO_2，铼的氧化物有 Re_2O_7、ReO_3、ReO_2。Tc_2O_7 和 Re_2O_7 都是易挥发的黄色固体，且都能溶于水得到无色的高锝酸（$HTcO_4$）和高铼酸（$HReO_4$）。$HTcO_4$ 和 $HReO_4$ 与 $HMnO_4$ 一样都是强酸，但其氧化性比 $HMnO_4$ 弱得多。在碱性溶液中，$HTcO_4$ 和 $HReO_4$ 是稳定的。

ReO_3 是一种稳定的红色固体，具有金属光泽，可用 CO 还原 Re_2O_7 而制得。

2. 配合物

Mn、Tc、Re 独有丰富的配位化学的研究内容，Re 与 Mn 或 Tc 相比，更明显地具有生成高配位数化合物的特性。含有 Re—C σ 键的有机金属化合物是过渡金属中最丰富的。例如，具有三冠三棱柱结构的[ReH_9]$^{2-}$ 配合物，具有多重 Re—Re 金属键的铼配合物[Re_2Cl_8]$^{2-}$、[Re_2Cl_5(DTH)$_2$]，具有 Re—C σ 键的羰基化合物 $Re_2(CO)_{10}$ 等。

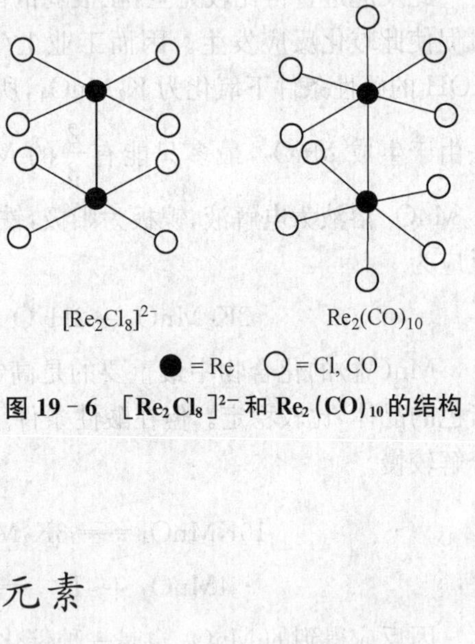

图 19－6 [Re_2Cl_8]$^{2-}$ 和 $Re_2(CO)_{10}$ 的结构

§ 19.6 铁系元素

19.6.1 铁系元素的通性

铁系元素包括铁、钴、镍三种元素，它们的最外层都有两个电子，次外层 $(n-1)$d 电子分别为 6、7、8，而且原子半径也很相近，性质很相似。由于 $(n-1)$d 轨道已超过半充满状态，全部价电子参加成键的趋势大大降低，除 d 电子最少的铁可以出现不稳定的较高氧化态外，d 电子较多的钴和镍都不显示高氧化态。一般条件下，铁表现＋2 和＋3 氧化态，在强氧化剂存在条件下，铁还可以出现不稳定的＋4、＋5 氧化态。在通常条件下，钴和镍表现为＋2，在强氧化剂存在时能出现不稳定的＋3 氧化态。

由表19－11可见，铁系元素的原子半径、离子半径、电离电势等性质随原子序数增加而有规则的变化。镍的原子量比钴小，这是因为镍的同位素中质量数小的一种占的比例大。

表19－11 铁系元素的基本性质

性质	铁	钴	镍
元素符号	Fe	Co	Ni
原子序数	26	27	28
相对原子质量	55.85	58.93	58.69
价电子构型	$3d^6 4s^2$	$3d^7 4s^2$	$3d^8 4s^2$
主要氧化态	+2、+3、+4	+2、+3、+4	+2、+3、+4
原子半径/pm	124.1	125.3	124.6
M^{2+}离子半径/pm	74	72	69
M^{3+}离子半径/pm	64	63	—
电离能/($kJ\cdot mol^{-1}$)	764.0	763	741.1
电负性	1.83	1.88	1.91
密度/($g\cdot cm^{-3}$)	7.847	8.90	8.902
熔点/K	1 808	1 768	1 726
沸点/K	3 023	3 143	3 005

铁、钴、镍单质都是具有白色光泽的金属。铁、钴略带灰色，而镍为银白色。它们的密度都较大。钴比较硬，铁和镍却有很好的延展性。此外，它们都表现有铁磁性，是很好的磁性材料。$SmCo_5$永磁体的磁性大于其他磁性材料10倍以上，用在高磁性要求或超小型的设备和仪表等方面。超硬合金(77%～88%W，6%～15%Co)可做生产钻头、模具及高速刀具等。镍粉可做氢化时的催化剂，镍制坩埚常用于实验室。

铁系元素的标准电势如下：

$\varphi_A^\ominus$/V

$$FeO_4^{2-} \xrightarrow{2.20} Fe^{3+} \xrightarrow{0.770} Fe^{2+} \xrightarrow{-0.440\ 2} Fe$$

$$CoO_2 \xrightarrow{1.416} Co^{3+} \xrightarrow{1.842} Co^{2+} \xrightarrow{-0.28} Co$$

$$NiO_2 \xrightarrow{1.68} Ni^{2+} \xrightarrow{-0.257} Ni$$

$\varphi_B^\ominus$/V

$$FeO_4^{2-} \xrightarrow{0.72} Fe(OH)_3 \xrightarrow{-0.56} Fe(OH)_2 \xrightarrow{-0.887} Fe$$

$$CoO_2 \xrightarrow{0.62} Co(OH)_3 \xrightarrow{0.17} Co(OH)_2 \xrightarrow{-0.73} Co$$

$$Ni(OH)_4 \xrightarrow{0.60} Ni(OH)_3 \xrightarrow{0.48} Ni(OH)_2 \xrightarrow{-0.72} Ni$$

可由电极电势看出，铁、钴、镍都是中等活泼的金属。常温下，在没有水蒸气存在下，它们与氧、硫、氯等非金属单质不起显著作用。但在高温，它们将和上述非金属单质以及水蒸气发生剧烈反应，如：

$$3M + 2O_2 = M_3O_4 \quad (M = Fe, Co)$$

$$M + S = MS \quad (M = Fe,\ Co,\ Ni)$$

$$M + Cl_2 \xlongequal{\quad} MCl_2 \quad (M = Co, Ni)$$

$$2M + 3Cl_2 \xlongequal{\quad} 2FeCl_3$$

$$3Fe + C \xlongequal{高温} Fe_3C$$

$$3Fe + 4H_2O \xlongequal{高温} Fe_3O_4 + 4H_2\uparrow$$

常温时，铁和铝、铬一样，与浓 HNO_3 或浓 H_2SO_4 因被氧化生成致密的氧化膜而发生“钝化”。因此，贮运浓 HNO_3、浓 H_2SO_4 的容器和管道也可用铁制品，但稀的 HNO_3 却能溶解铁。铁能从非氧化性酸中置换出氢气，也能被浓碱溶液所腐蚀。铁在潮湿空气中会生锈，用 $Fe_2O_3 \cdot xH_2O$ 表示。钴和镍在大多数无机酸中缓慢溶解，但在碱性溶液中稳定性较高，它们在常温下对水和空气都较稳定，都溶于稀酸中，但不与强酸发生作用，故实验室中可以用镍坩埚熔融碱性物质。与铁不同，钴和镍与浓硝酸激烈反应，与稀硝酸反应较慢。

铁也是生物体必需元素之一，例如，人体血液中的血红蛋白和肌肉中的肌红蛋白具有输送和贮存氧的功能，它们都是由 Fe(Ⅱ)和卟啉组成的。人体因铁的缺乏会引起贫血病，内服铁盐可以达到增长血红素的目的。

钴和镍也都是生物体必需的元素。钴在体内的重要化合物是维生素 B_{12}，它是人类和几乎所有动植物都必需的营养物，维生素 B_{12} 及其衍生物参与生物体内如脱氧核糖核酸(DNA)和血红蛋白的合成、氨基酸的代谢等重要的生化反应。镍对促进体内铁的吸收、红细胞的增长、氨基酸的合成均有重要的作用。

19.6.2 铁系元素的氧化物和氢氧化物

1. 铁系元素的氧化物

铁、钴、镍的+2 氧化态的氧化物分别是黑色的氧化亚铁(FeO)、灰绿色的氧化亚钴(CoO)和暗绿色的氧化亚镍(NiO)，它们都是碱性氧化物，能溶于酸性溶液中，但一般不溶于水或碱性溶液。它们可由铁(Ⅱ)、钴(Ⅱ)和镍(Ⅱ)的草酸盐在隔绝空气的条件下加热制得：

$$MC_2O_4 \xlongequal{\quad} MO + CO\uparrow + CO_2\uparrow \quad (M = Fe, Co)$$

上述方法制得的 FeO 是一种能自燃的黑色细粉，在低于 848 K 时不稳定，发生歧化反应生成 Fe 和 Fe_3O_4。

Fe_2O_3 具有 α 和 γ 两种不同构型，α 型是顺磁性的，而 γ 型是铁磁性的。将用碱处理铁(Ⅲ)水溶液产生的红棕色的凝胶水合氧化物沉淀加热到 473 K 时生成红棕色 $\alpha-Fe_2O_3$。自然界存在的赤铁矿是 α 型，具有刚玉型结构，广泛用作红色颜料，可制备稀土-铁石榴和其他铁氧体磁性材料，制作抛光剂(抛光宝石的铁丹)等。将 Fe_3O_4 氧化可制得 $\gamma-Fe_2O_3$，在真空中加热又转变成 Fe_3O_4，在空气中加热 $\gamma-Fe_2O_3$ 到 673 K 以上转变为 $\alpha-Fe_2O_3$。$\gamma-Fe_2O_3$是生产录音磁带的磁性材料。

碱与铁(Ⅲ)盐溶液生成的红棕色沉淀实际上是水合三氧化二铁($Fe_2O_3 \cdot H_2O$)，习惯上写成 $Fe(OH)_3$。它略显两性，但碱性强于酸性，只有新沉淀出来的 $Fe(OH)_3$ 能溶于强碱溶液中生成铁(Ⅲ)酸离子 FeO_2^- 或$[Fe(OH)_6]^{3-}$离子：

$$Fe(OH)_3 + OH^- = FeO_2^- + 2H_2O$$

$$Fe(OH)_3 + 3OH^- = [Fe(OH)_6]^{3-}$$

在实验室中常用磁铁矿(Fe_3O_4)作为制取铁盐的原料。以 $K_2S_2O_7$ 或 $KHSO_4$ 作为熔剂,熔融时分解放出 SO_3 与 Fe_3O_4 化合,生成可溶性的硫酸盐:

$$2KHSO_4 = K_2S_2O_7 + H_2O$$

$$K_2S_2O_7 = K_2SO_4 + SO_3$$

$$4Fe_3O_4 + 18SO_3 + O_2 = 6Fe_2(SO_4)_3$$

冷却后的熔块,溶于热水中,必要时加些盐酸或硫酸,以抑制铁盐水解。

Fe_3O_4 是一种混合价态(Fe^{II}/Fe^{III})氧化物,具有反式尖晶石结构。尖晶石的一般通式是 $M^{II}M^{III}_2O_4$,属于立方系。根据不同价态的正离子所占位置的方式不同,可分常式尖晶石、反式尖晶石。在常式尖晶石中,M^{II} 占据四面体位置,而 M^{III} 占据八面体位置。在反式尖晶石结构中,一半 M^{III} 占据四面体位置,另一半 M^{III} 和 M^{II} 占据八面体位置。因此,反式尖晶石 Fe_3O_4 的结构式表示为 $[Fe^{III}]_t[Fe^{II}Fe^{III}]_oO_4$。$Fe_3O_4$ 是一种铁氧体磁性物质,不溶于水和酸,具有很好的电学性质,其电导是 Fe_2O_3 的 10^6 倍,这是因为在 Fe^{II} 和 Fe^{III} 之间存在快速电子传递。Fe_3O_4 可以由铁单质在氧气中加热,或将水蒸气通过赤热的铁,或由 FeO 部分氧化,或由 Fe_2O_3 加热到1 673 K以上制得。

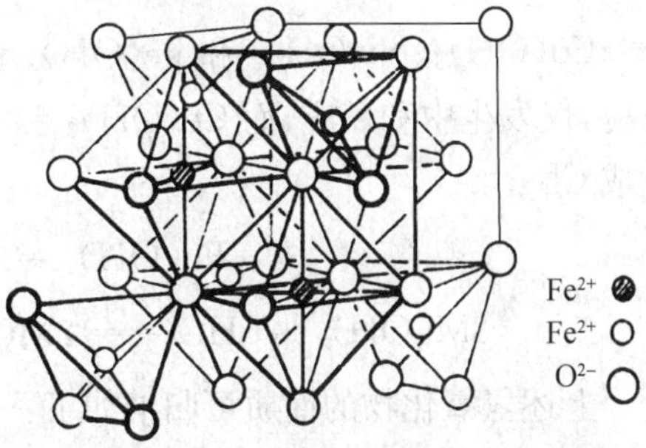

图 19-7　Fe_3O_4 反式尖晶石结构图

钴与氧气在高温时反应,或在隔绝空气和高温的条件下使钴(Ⅱ)的硝酸盐、草酸盐或碳酸盐热分解制得灰绿色氧化钴(Ⅱ)。它在常温时呈反铁磁性,难溶于水,溶于酸,一般不溶于碱性溶液。在空气中加热钴(Ⅱ)的硝酸盐、草酸盐或碳酸盐,或将 CoO 在空气中加热到673~773 K,可得黑色的四氧化三钴(Co_3O_4)。它是一种正规型尖晶石结构。纯氧化钴(Ⅲ)Co_2O_3 还没有制得,只知有一水合物 $Co_2O_3 \cdot H_2O$。

加热镍(Ⅱ)的氢氧化物、硝酸盐、草酸盐、碳酸盐生成绿色氧化镍(Ⅱ)。它不溶于水,易溶于酸。纯的无水氧化镍(Ⅲ)也未得到证实,但 β-NiO(OH)是存在的,它是在低于 298 K 用次镍酸钾的碱性溶液与硝酸镍(Ⅱ)反应得到的黑色沉淀,它易溶于酸。若用 NaClO 氧化碱性硫酸镍溶液可得的黑色的 $NiO_2 \cdot nH_2O$,它不稳定,但对有机化合物是一个有用的氧化剂。

2. 铁系元素的氢氧化物

在无氧气的情况下,在铁(Ⅱ)的盐溶液中加入碱,可得到白色胶体 $Fe(OH)_2$。在有氧气情况下迅速变暗,逐渐形成棕红色的 $Fe(OH)_3$。

$$Fe^{2+} + 2OH^- = Fe(OH)_2 \downarrow$$

$Fe(OH)_2$ 呈碱性,但对碱也能显示出弱的反应能力,溶于浓碱溶液时生成$[Fe(OH)_6]^{4-}$离子:

$$Fe(OH)_2 + 4OH^- = [Fe(OH)_6]^{4-}$$

在钴(Ⅱ)、镍(Ⅱ)的盐溶液中加入碱,也可得到相应的氢氧化物:

$$M^{2+} + 2OH^- \longrightarrow M(OH)_2\downarrow \quad (M^{2+} = Co^{2+},\ Ni^{2+})$$

$Co(OH)_2$ 具有两性,能与酸反应形成钴(Ⅱ)离子,也能溶于浓碱生成深蓝色的 $[Co(OH)_4]^{2-}$。粉红色的 $Co(OH)_2$ 在空气中能慢慢地被氧气氧化成棕红的 $Co(OH)_3$,而 $Ni(OH)_2$ 是碱性的,不能与空气中氧气作用。在钴(Ⅱ)盐溶液中,加入强氧化剂如 Cl_2、NaClO等,控制溶液的 pH>3.5 的条件下,可制得棕褐色的 $Co(OH)_3$。在低于 298 K 时,在 Ni(Ⅱ)盐的碱溶液中加入氧化剂 Br_2,可生成黑色的 $Ni(OH)_3$。

$$2Co(OH)_2 + NaClO + H_2O \longrightarrow 2Co(OH)_3\downarrow + NaCl$$

$$2Ni(OH)_2 + Br_2 + 2NaOH \longrightarrow 2Ni(OH)_3\downarrow + 2NaBr$$

$Co(OH)_3$、$Ni(OH)_3$ 和 $Fe(OH)_3$ 都溶于盐酸,但发生的反应不同。$Fe(OH)_3$ 与盐酸反应,仅发生中和反应,而 $Co(OH)_3$ 和 $Ni(OH)_3$ 都是强氧化剂,与盐酸反应时,能将 Cl^- 氧化成 Cl_2:

$$Fe(OH)_3 + 3HCl \longrightarrow FeCl_3 + 3H_2O$$

$$2M(OH)_3 + 6HCl \longrightarrow 2MCl_2 + Cl_2\uparrow + 6H_2O \ (M^{3+} = Co^{3+},\ Ni^{3+})$$

上述氢氧化物的性质可归纳如下:

还原性增强 ←

$Fe(OH)_2$ 白色	$Co(OH)_2$ 粉红色	$Ni(OH)_2$ 绿色
$Fe(OH)_3$ 棕红色	$Co(OH)_3$ 棕色	$Ni(OH)_3$ 黑色

→ 氧化性增强

3. $Fe-H_2O$ 体系的电势-pH 图

上面讨论的铁、钴、镍的不同氧化态氧化物或氢氧化物的酸碱性、氧化还原性,以及 M^{2+}、M^{3+}、$M(OH)_2$、$M(OH)_3$ 各在什么 pH 范围内存在,可以从金属-H_2O 体系的电势-pH 图中一目了然。电势-pH 图就是将各种物质的电极电势与 pH 的关系以曲线表示出来,从图中可以直接看出反应自发进行的可能性,或者要使反应能够进行所需的条件(浓度和酸度)。现在以 $Fe-H_2O$ 体系的电势-pH 图为例,说明铁与氧、酸、碱等的反应。$Fe-H_2O$ 体系的电势-pH 图是以 pH 为横坐标,以电极电势 φ 为纵坐标画出的图(图 19-8)。图中由实线划定不同的区

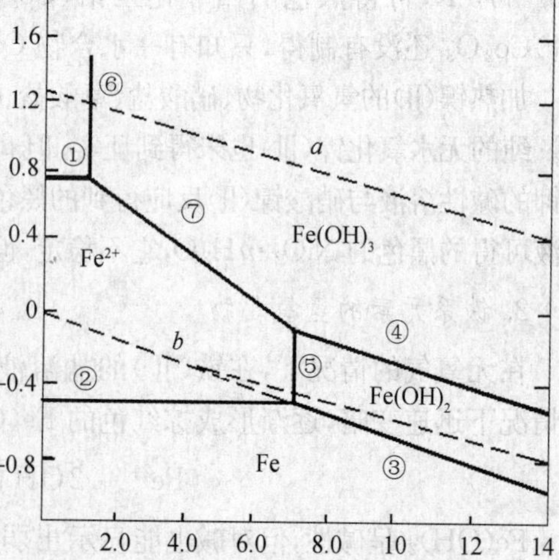

图 19-8 $Fe-H_2O$ 的电势-pH 图

域。图的左方为酸性溶液，右方为碱性溶液，上部为氧化介质，下部为还原介质。两条虚线，其中 a 线为氧线，b 线为氢线。两线之间为水的稳定区，(a)线之上和(b)线之下为水的不稳定区。

图中①～⑦条线是铁在水溶液中可能发生的多物种间的平衡。这 7 条线可以根据相对电对的电极电势以及 $Fe(OH)_2$、$Fe(OH)_3$ 的 K_{sp}、K_w 数据，并设 Fe^{2+}、Fe^{3+} 的起始浓度为 $10^{-2}\ mol\cdot L^{-1}$，将有关电极反应的电极电势和离子浓度代入能斯特公式计算出该电极反应的电势及电极电势与 pH 的关系式。其中有两条是通过溶解度 s 与 pH 关系式得出的：

线①：$Fe^{3+}+e^- \longrightarrow Fe^{2+}$；　$\varphi_1=\varphi_1^\ominus=0.771\ V$

线②：$Fe^{2+}+2e^- \longrightarrow Fe$；　$\varphi_2=\varphi_2^\ominus+\dfrac{0.059\,1}{2}\lg c_{Fe^{2+}}=-0.473\ V+\dfrac{0.059\,1}{2}\lg 10^{-2}=-0.50\ V$

线③：$Fe(OH)_2+2H^++2e^- \longrightarrow Fe+2H_2O$；　$\varphi_3^\ominus=-0.06\ V$

$$\varphi_3=\varphi_3^\ominus+\frac{0.059\,1}{2}\lg c_{H^+}^2=-0.06-0.059\,1pH$$

线④：$Fe(OH)_3+H^++e^- \longrightarrow Fe(OH)_2+H_2O$；　$\varphi_4^\ominus=0.28\ V$

$$\varphi_4=\varphi_4^\ominus+0.059\,1\lg c_{H^+}=0.28-0.059\,1pH$$

线⑦：$Fe(OH)_3+3H^++e^- \longrightarrow Fe^{2+}+3H_2O$；　$\varphi_7^\ominus=1.04\ V$

$$\varphi_7=\varphi_7^\ominus+\frac{0.059\,1}{2}\lg\frac{c_{H^+}^3}{c_{Fe^{2+}}}=\varphi_7^\ominus-\frac{0.059\,1}{2}\lg c_{Fe^{2+}}+\frac{0.059\,1}{2}\lg c_{H^+}^3=1.66-0.177pH$$

线⑤：$Fe(OH)_2 \longrightarrow Fe^{2+}+2OH^-$；据 s - pH 关系式：

$$pH=\frac{1}{2}(\lg K_{sp}-\lg c_{Fe^{2+}})-\lg K_w=7.45$$

线⑥：$Fe(OH)_3 \longrightarrow Fe^{3+}+3OH^-$；据 s - pH 关系式：

$$pH=\frac{1}{3}(\lg K_{sp}-\lg c_{Fe^{3+}})-\lg K_w=2.20$$

图中①～⑦条线可以归纳为三种类型：线①和②是没有 H^+ 参加的电化学平衡体系，在不生成 $Fe(OH)_2$、$Fe(OH)_3$ 的范围内和溶液的 pH 无关，因此是平行于横坐标轴的两条水平线。线⑤和⑥是没有电子得失的化学平衡体系，只与溶液的 pH 有关，因此是平行于纵坐标轴的两条垂直线。线③、④和⑦是既有 H^+ 参加，又有电子得失的化学平衡体系，将相应的 pH 代入直线方程中进行计算，绘出的具有一定斜率的直线。

从图 19 - 8 中直线的位置可以看出不同物种的稳定区域。线①上方为 Fe^{3+} 的稳定区域，下方是 Fe^{2+} 的稳定区域；线②上方为 Fe^{2+} 的稳定区域，下方是 Fe 的稳定区域；线⑤左方是 Fe^{2+} 的稳定区域，右方是 $Fe(OH)_2$ 的稳定区域；线⑥左方是 Fe^{3+} 的稳定区域，右方是 $Fe(OH)_3$ 的稳定区域。

从图 19 - 8 中可以看出，Fe 处在水的不稳定区，线② $\varphi(Fe^{2+}/Fe)$ 在(b)线之下，因此铁能从非氧化性酸溶液中置换出 H_2。而 Fe^{2+}、Fe^{3+}、$Fe(OH)_2$、$Fe(OH)_3$ 处于水的稳定区，所以它们都能较稳定地存在于水溶液体系中。

若向 $10^{-2}\ mol\cdot L^{-1}\ Fe^{2+}$ 的酸性溶液中加入 OH^-，使 pH>7 时则生成 $Fe(OH)_2$，所以只有控制 pH<7 以下时，Fe^{2+} 离子才较稳定存在。若向 $10^{-2}\ mol\cdot L^{-1} Fe^{3+}$ 的溶液中加入

OH^-，使 pH>2.20 时则生成 $Fe(OH)_3$。可见使 pH>7 时则生成 $Fe(OH)_2$，Fe^{3+}稳定存在时，溶液的 pH 必须小于 2.20。

从图 19－8 还可以看出，在酸性溶液中，线①在 b 线以下，由于 $\varphi(Fe^{3+}/Fe^{2+})=0.771$ V，所以空气中的 O_2 可以把 Fe^{2+} 氧化成 Fe^{3+}。因此，当配制 Fe^{2+} 溶液时，需加铁块或铁粉防止 Fe^{2+} 被氧化为 Fe^{3+}。在碱性溶液中，$\varphi(Fe(OH)_3/Fe(OH)_2)=-0.56$ V，线④在 a 线之下很多，说明空气中的氧气可以把白色的 $Fe(OH)_2$ 完全氧化成红棕色的$Fe(OH)_3$。

上述分析可以看出，Fe^{2+} 在酸性和碱性介质中都有一定的还原性，而以碱性介质更强些。Fe^{3+} 在酸性和碱性介质中都比较稳定。Fe^{3+} 在酸性溶液中有中等氧化能力，例如 Fe^{3+} 可以把 I^- 氧化成 I_2：

$$2Fe^{3+}+2I^- = 2Fe^{2+}+I_2$$

利用电势－pH 图可以帮助判别氧化还原反应在不同浓度或酸度的条件下反应进行的方向和顺序，比标准电极电势更直观，且较全面。另外，它在湿法冶金和电化学中都有一定的参考价值。以上应用电势－pH 图所讨论的水溶液体系中的一些化学反应和平衡问题，都是从热力学角度出发，而未涉及动力学问题。然而一个化学反应的实现，常受动力学因素的制约。因此，它有一定的局限性，其结果仅是一种近似处理。

19.6.3 铁系元素的盐

1. 铁系元素＋2 的盐

氧化态为＋2 的铁、钴、镍的盐，在性质上有许多相似之处。它们与强酸形成的盐，如硝酸盐、硫酸盐、氯化物和高氯酸盐等都易溶于水，并且在水中有微弱的水解使溶液显酸性。它们的碳酸盐、磷酸盐、硫化物等弱酸盐都难溶于水。它们的可溶性盐从溶液中析出时，常带有相同数目的结晶水。例如，它们的硫酸盐都含有 7 个结晶水为 $M^{II}SO_4\cdot 7H_2O$（M＝Fe、Co、Ni）。又如硝酸盐常含有 6 个结晶水为 $M^{II}(NO_3)_2\cdot 6H_2O$。

Fe^{2+}、Co^{2+}、Ni^{2+} 的水合离子都显颜色，如 $Fe(H_2O)_6^{2+}$ 为浅绿色、$Co(H_2O)_6^{2+}$ 为粉红色、$Ni(H_2O)_6^{2+}$ 为亮绿色，这和它们的 M^{2+} 具有不成对的 d 电子有关。当从溶液中析出结晶时，这些水分子成结晶水共同析出，所以它们的盐也是有颜色的。而且无水盐也有不同的颜色，如 Fe(Ⅱ)盐为白色、Co(Ⅱ)盐为蓝色、Ni(Ⅱ)盐为黄色。

铁、钴、镍的硫酸盐都能与碱金属或铵的硫酸盐形成复盐。如硫酸亚铁盐 $(NH_4)_2SO_4\cdot FeSO_4\cdot 6H_2O$（或 $(NH_4)_2Fe(SO_4)_2\cdot 6H_2O$），俗称摩尔盐（以德国化学家 Mohr 为名）。

常见的氧化态为＋2 的盐有硫酸亚铁、氯化钴(Ⅱ)和硫酸镍(Ⅱ)等，下面分别作为简单介绍。

(1) 硫酸亚铁

铁屑与稀硫酸反应，然后将溶液浓缩，冷却后就有绿色的 $FeSO_4\cdot 7H_2O$ 晶体析出，俗称绿矾。工业上绿矾往往是一种副产品，如在用硫酸法分解钛铁矿制取 TiO_2 反应中，以及用硫酸清洗钢铁表面所得的废液中都可以得到副产品 $FeSO_4\cdot 7H_2O$。工业上用氧化黄铁矿的方法来制取硫酸亚铁。

$$Fe+H_2SO_4 = FeSO_4+H_2\uparrow$$

$$2FeS_2 + 7O_2 + 2H_2O \xlongequal{} 2FeSO_4 + 2H_2SO_4$$

$FeSO_4 \cdot 7H_2O$ 加热失去水可得无水的 $FeSO_4$(白色),加强热则分解成 Fe_2O_3 和硫的氧化物。

$$2FeSO_4 \xlongequal{\triangle} Fe_2O_3 + SO_2\uparrow + SO_3\uparrow$$

绿矾在空气中可逐渐风化而失去一部分水,并且表面容易氧化为黄褐色碱式硫酸铁 $Fe(OH)SO_4$。

$$4FeSO_4 + 2H_2O + O_2 \xlongequal{} 4Fe(OH)SO_4$$

因此,亚铁盐在空气中不稳定,易被氧化成铁(Ⅲ)盐。在酸性介质中,Fe^{2+} 较稳定,而在碱性介质中立即被氧化。因而在保存 Fe^{2+} 盐溶液时,应加入足够浓度的酸,必要时应加入几颗铁钉来防止氧化。但是,即使在酸性溶液中,有强氧化剂如 $KMnO_4$、$K_2Cr_2O_7$、Cl_2 等存在时,Fe^{2+} 也会被氧化成 Fe^{3+}。

$$6FeSO_4 + K_2Cr_2O_7 + 7H_2SO_4 \xlongequal{} 3Fe_2(SO_4)_3 + Cr_2(SO_4)_3 + K_2SO_4 + 7H_2O$$

$$10FeSO_4 + 2KMnO_4 + 8H_2SO_4 \xlongequal{} 5Fe_2(SO_4)_3 + 2MnSO_4 + K_2SO_4 + 8H_2O$$

$$2FeCl_2 + Cl_2 \xlongequal{} 2FeCl_3$$

亚铁盐是分析化学中常用的还原剂,但通常使用的是它的复盐——硫酸亚铁铵(摩尔盐),它比绿矾稳定得多。一氧化氮与亚铁离子可生成棕色配离子$[Fe(H_2O)_5NO]^{2+}$,棕色环试验就是利用此性质。

硫酸亚铁与鞣酸反应可生成易溶的鞣酸亚铁,由于它在空气中易被氧化成黑色的鞣酸铁,所以可用来制蓝黑墨水。此外。绿矾可用于染色和木材防腐方面,在农业上还可做杀虫剂,用硫酸亚铁浸泡种子,对防治大麦的黑穗病和条纹病效果较好。

(2) 硫酸镍(Ⅱ)和硫酸钴(Ⅱ)

硫酸镍和硫酸钴均可由氧化物或碳酸盐溶于稀硫酸反应制得,$NiSO_4$ 还可利用金属镍与硫酸和硝酸的反应制得:

$$2Ni + 2HNO_3 + 2H_2SO_4 \xlongequal{} 2NiSO_4 + NO_2\uparrow + NO\uparrow + 3H_2O$$

$$MO + H_2SO_4 \xlongequal{} MSO_4 + H_2O \quad (M = Co、Ni)$$

$$MCO_3 + H_2SO_4 \xlongequal{} MSO_4 + H_2O + CO_2\uparrow \quad (M = Co、Ni)$$

从溶液中结晶出来的固体含有结晶水,如红色晶体 $CoSO_4 \cdot 7H_2O$、绿色晶体 $NiSO_4 \cdot 7H_2O$,后者大量用于电镀和催化剂。硫酸钴(Ⅱ)、硫酸镍(Ⅱ)也可以和碱金属或铵的硫酸盐形成复盐,如$(NH_4)_2SO_4 \cdot NiSO_4 \cdot 6H_2O$。

(3) 二氯化钴和二氯化镍

铁(Ⅱ)、钴(Ⅱ)、镍(Ⅱ)的卤化物中比较重要的是钴和镍的二氯化物。

钴或镍与氯直接反应可得二氯化钴和二氯化镍。由于二氯化钴含结晶水数目不同而呈现不同颜色,它们的相互转变温度和特征颜色如下:

$$\underset{\text{(粉红色)}}{CoCl_2 \cdot 6H_2O} \overset{325\,K}{\rightleftharpoons} \underset{\text{(紫红色)}}{CoCl_2 \cdot 2H_2O} \overset{363\,K}{\rightleftharpoons} \underset{\text{(蓝紫色)}}{CoCl_2 \cdot H_2O} \overset{393\,K}{\rightleftharpoons} \underset{\text{(蓝色)}}{CoCl_2}$$

蓝色无水$CoCl_2$在潮湿的空气中逐渐变成为粉红色，这一性质用于做干燥剂的硅胶和制备显隐墨水。当干燥硅胶吸水后，逐渐由蓝色变为粉红色。再生时，可在烘箱中受热，又失水由粉红色变为蓝色，可重复使用。$CoCl_2$主要用于电解金属钴和制备钴的化合物，此外，还用作氨的吸收剂、防毒面具和肥料添加剂等。

二氯化镍与二氯化钴同晶，在1 266 K时升华，它的水合物和转变温如下：

$$NiCl_2 \cdot 7H_2O \xrightleftharpoons{239\ K} NiCl_2 \cdot 6H_2O \xrightleftharpoons{301\ K} NiCl_2 \cdot 4H_2O \xrightleftharpoons{337\ K} NiCl_2 \cdot 2H_2O$$

这些水合物都是绿色晶体，无水盐为黄褐色，$NiCl_2$在乙醚或丙酮中的溶解度比$CoCl_2$小得多，利用这一性质可分离钴和镍。

2. 铁系元素+3的盐

铁、钴、镍中只有铁和钴才有氧化态为+3的盐，其中铁盐较多。钴(Ⅲ)盐只能存在于固态，溶于水迅速分解为钴(Ⅱ)盐。这是因为在酸性溶液中，Co^{3+}的氧化性比Fe^{3+}强。

$$Fe^{3+} + e^- = Fe^{2+} \quad \varphi^\ominus = 0.770\ V$$

$$Co^{3+} + e^- = Co^{2+} \quad \varphi^\ominus = 1.842\ V$$

例如它们的硫酸盐，已知$Fe_2(SO_4)_3 \cdot 9H_2O$是很稳定的，而$Co_2(SO_4)_3 \cdot 18H_2O$不仅在溶液中不稳定，在固态时也不稳定，分解成硫酸钴(Ⅱ)和氧。类似的镍盐尚未见到，可以推想这与高氧化态镍的氧化性更强有关。

虽然氧化态+3的盐中，Fe(Ⅲ)盐的氧化性相对较弱，但在一定条件下，它仍具有较强的氧化性。例如，在酸性溶液中，Fe^{3+}可将H_2S、KI、$SnCl_2$等氧化：

$$Fe_2(SO_4)_3 + SnCl_2 + 2HCl = 2FeSO_4 + SnCl_4 + H_2SO_4$$

$$2FeCl_3 + 2KI = 2FeCl_2 + I_2 \downarrow + 2KCl$$

$$2FeCl_3 + H_2S = 2FeCl_2 + S \downarrow + 2HCl$$

它们的卤化物也和硫酸盐相似。例如，FeF_3、$FeCl_3$、$FeBr_3$都是已知的稳定化合物，而已制得的CoF_3和$CoCl_3$，前者受热即按下式分解：

$$2CoF_3 = 2CoF_2 + F_2 \uparrow$$

后者在室温和有水时，按下式分解：

$$2CoCl_3 = 2CoCl_2 + Cl_2 \uparrow$$

相应的氧化态+3的镍盐尚未制得。由于高氧化态的钴盐和镍盐不稳定，在科研和生产中很少用到它们，下面仅介绍Fe(Ⅲ)盐。

Fe(Ⅲ)盐中，三氯化铁比较重要。用铁屑与氯气直接反应可得棕黑色的无水三氯化铁：

$$2Fe + 3Cl_2 = 2FeCl_3$$

也可将铁屑溶于盐酸中，再往溶液中通入氯气，经浓缩、冷却，就有黄棕色的六水合三氯化铁($FeCl_3 \cdot 6H_2O$)晶体析出。

无水$FeCl_3$的熔点为555 K，沸点为588 K，易溶于水和有机溶剂(如乙醚、丙酮)中，它基本上属于共价型化合物。在673 K，它的蒸汽中有双聚分子Fe_2Cl_6存在，其结构和Al_2Cl_6相似，1 023 K以上分解为单分子。无水三氯化铁在空气中易潮解。

三氯化铁主要用于有机染料的生产上。在印刷制版中，它可用作铜版的腐蚀剂。把铜版上需要去掉的部分与 $FeCl_3$ 反应，使 Cu 变成 $CuCl_2$ 而溶解。

$$Cu + 2FeCl_3 = CuCl_2 + 2FeCl_2$$

此外，三氯化铁能引起蛋白质的迅速凝聚，所以在医疗上用作伤口的止血剂。

三氯化铁以及其他铁(Ⅲ)盐溶于水后都容易水解，使溶液显酸性，它的水解平衡如下式表示：

$$[Fe(H_2O)_6]^{3+} + H_2O \rightleftharpoons [Fe(H_2O)_5(OH)]^{2+} + H_3O^+$$

$$[Fe(H_2O)_5(OH)]^{2+} + H_2O \rightleftharpoons [Fe(H_2O)_4(OH)_2]^+ + H_3O^+$$

$$2[Fe(H_2O)_6]^{3+} + H_2O \rightleftharpoons [Fe(H_2O)_4(OH)_2Fe(H_2O)_4]^{4+} + 2H_3O^+$$

第三个平衡产生的二聚离子，有下述结构：

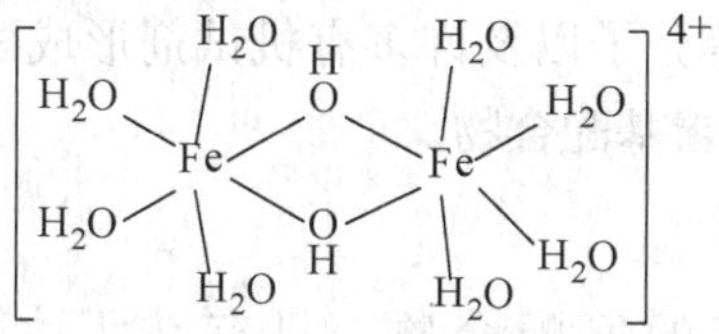

从水解平衡式可以看出，当溶液中加酸，平衡向左移动，水解度减小。当溶液的酸性较强时($pH<0$)，Fe^{3+} 主要以淡紫色的 $[Fe(H_2O)_6]^{3+}$ 离子存在。如果使 pH 提高到 2～3 时，水解趋势就很明显，聚合倾向增大，溶液颜色为黄棕色，随着 pH 继续升高，溶液由黄棕色逐渐变为红棕色，最后析出红棕色的胶状 $Fe(OH)_3$(或 $Fe_2O_3 \cdot nH_2O$)沉淀。

此外，加热也能促进水解。由于加酸可以抑制 $[Fe(H_2O)_6]^{3+}$ 的水解，故配制铁(Ⅲ)盐溶液时，往往需要加入一定的酸。

在生产中，常用使 Fe^{3+} 离子水解析出氢氧化铁沉淀的方法，除去产品中的杂质铁。例如，试剂生产中常用 H_2O_2 氧化 Fe^{2+} 成 Fe^{3+}。然后加碱，提高溶液的 pH，使 Fe^{3+} 成为 $Fe(OH)_3$ 析出。但这种方法的主要缺点在于 $Fe(OH)_3$ 具有胶体性质。不仅沉淀速度慢，过滤困难，而且使一些其他的物质被吸附而损失。通常应用凝聚剂使 $Fe(OH)_3$ 凝聚沉降或长时间加热煮沸以破坏胶体。但当 Fe^{3+} 浓度较大时，从溶液中分离 $Fe(OH)_3$ 仍然是很困难的。现在工业生产中改用加入氧化剂(如 $NaClO_3$)至含 Fe^{2+} 的硫酸盐溶液中，使 Fe^{2+} 全部转化为 Fe^{3+}，当 $pH=1.6\sim1.8$，温度为 358～368 K 时，Fe^{3+} 在热溶液中发生水解，水解产物呈浅黄色的晶体析出。此晶体的化学式可表示为 $M_2Fe_6(SO_4)_4(OH)_{12}$($M=K^+$、Na^+、NH_4^+)，俗称黄铁矾。黄铁矾颗粒大，沉淀速度快，容易过滤。

$$3Fe_2(SO_4)_3 + 6H_2O = 6Fe(OH)SO_4 + 3H_2SO_4$$

$$4Fe(OH)SO_4 + 4H_2O = 2Fe_2(OH)_4SO_4 + 2H_2SO_4$$

$$2Fe(OH)SO_4 + 2Fe_2(OH)_4SO_4 + Na_2SO_4 + 2H_2O = Na_2Fe_6(SO_4)_4(OH)_{12}\downarrow + H_2SO_4$$

由上述 Fe^{3+} 离子的性质可以看出，它和前面学过的 Cr^{3+}、Al^{3+} 有许多类似之处。主要表现在：水溶液中它们都是 6 个水分子的水合离子 $[M(H_2O)_6]^{3+}$；都容易形成矾；遇适量的碱都生成难溶的胶状沉淀。这和它们的电荷相同，半径相近有关。但是，由于离子的电子层结构不同，它们之间又有差异。如水合离子的颜色不同；$Al(OH)_3$ 和 $Cr(OH)_3$ 显两性，而 $Fe(OH)_3$ 主要显碱性；Cr^{3+} 和 NH_3 形成配合物，而 Al^{3+} 和 Fe^{3+} 在水溶液中不易形成氨配合物等等。这三种离子的类似性使它们在矿物中常常共存，它们的差异性常被利用于这些元素的分离。

Fe^{3+} 与 S^{2-} 作用的产物，与溶液的酸碱性有关。当 Fe^{3+} 与 $(NH_4)_2S$(或 Na_2S)作用时，生成 Fe_2S_3 黑色沉淀，而不是 $Fe(OH)_3$ 沉淀，这是因 Fe_2S_3 比 $Fe(OH)_3$ 难溶之故。如将该溶液酸化，就不会出现 Fe_2S_3 沉淀，而得到浅黄色的硫，铁以 Fe^{2+} 的形式存在于溶液中。

$$Fe_2S_3 + 4H^+ = 2Fe^{2+} + S\downarrow + 2H_2S\uparrow$$

19.6.4 铁系元素的配合物

铁系元素能形成多种配合物。如铁不仅可以和 CN^-、F^-、$C_2O_4^{2-}$、SCN^-、Cl^- 等离子形成配合物，还可以与 CO、NO 等分子以及许多有机试剂形成配合物。下面主要介绍氨配合物、氰配合物、硫氰配合物以及羰基配合物。

1. 氨配合物

Fe^{2+} 离子难以形成稳定的氨配合物。只有在无水状态下 $FeCl_2$ 与 NH_3 形成 $[Fe(NH_3)_6]Cl_2$，但它遇水即分解：

$$[Fe(NH_3)_6]Cl_2 + 6H_2O = Fe(OH)_2\downarrow + 4NH_3\cdot H_2O + 2NH_4Cl$$

对 Fe^{3+} 而言，其水合离子发生强烈水解，因此，在水溶液中加入氨时，不会形成氨合物，而是 $Fe(OH)_3$ 沉淀。

许多钴(Ⅱ)盐以及它们的水溶液含有八面体的粉红色 $[Co(H_2O)_6]^{2+}$ 离子。在水溶液中，Co^{2+} 是钴的最稳定的氧化态，而 Co^{3+} 很不稳定，氧化性很强：

$$[Co(H_2O)_6]^{3+} + e^- = [Co(H_2O)_6]^{2+} \quad \varphi^{\ominus} = 1.84\ V$$

将过量的氨水加入 Co^{2+} 离子的水溶液中，即生成可溶性的配合离子 $[Co^{II}(NH_3)_6]^{2+}$，该离子不稳定，易氧化成 $[Co^{III}(NH_3)_6]^{3+}$。这是因为当形成氨合物后，其电极电势发生了很大变化：

$$[Co(NH_3)_6]^{3+} + e^- = [Co(NH_3)_6]^{2+} \quad \varphi^{\ominus} = 0.1\ V$$

即由配合前的 $\varphi^{\ominus}=1.84\ V$ 降至配合后的 $\varphi^{\ominus}=0.1\ V$，这说明氧化态为+Ⅲ的钴由于形成氨合配离子而变得相当稳定。以至空气中的氧就能把 $[Co(NH_3)_6]^{2+}$ 氧化成 $[Co(NH_3)_6]^{3+}$。

$$4[Co(NH_3)_6]^{2+} + O_2 + 2H_2O = 4[Co(NH_3)_6]^{3+} + 4OH^-$$

磁矩的测量证明，$[Co(NH_3)_6]^{2+}$ 仍保持着 3 个不成对的电子，而 $[Co(NH_3)_6]^{3+}$ 已没有未成对的电子。这也说明了为什么 $[Co(NH_3)_6]^{3+}$ 比 $[Co(NH_3)_6]^{2+}$ 稳定。

在镍(Ⅱ)盐的水溶液中，总是以 $[Ni(H_2O)_6]^{2+}$ 存在。将过量的氨水加入 Ni^{2+} 的水溶液中，能形成稳定的蓝色 $[Ni(NH_3)_6]^{2+}$。磁矩测量表明，$[Ni(NH_3)_6]^{2+}$ 中有两个未成对的电子。

2. 硫氰配合物

在 Fe^{3+} 离子的溶液中,加入 SCN^- 离子,溶液即出现血红色:

$$Fe^{3+} + nSCN^- = [Fe(SCN)_n]^{3-n}$$

$n = 1 \sim 6$,随 SCN^- 浓度而异。这一反应非常灵敏,常用来检出 Fe^{3+} 和比色测定 Fe^{3+}。反应需在酸性环境中进行,否则,Fe^{3+} 发生水解,生成 $Fe(OH)_3$,破坏了硫氰配合物而得不到血红色溶液。配合物 $[Fe(SCN)_n]^{3-n}$ 能溶于乙醚、异戊醇,当 Fe^{3+} 浓度很低时,就可用乙醚或异戊醇进行萃取,可得到较好的效果。

向 Co^{2+} 的溶液中加入硫氰化钾溶液生成蓝色的 $[Co(SCN)_4]^{2+}$ 配离子,它在水溶液中易离解成简单的 Co^{2+}:

$$[Co(SCN)_4]^{2-} = Co^{2+} + 4SCN^- \qquad K_{不稳} = 10^{-3}$$

但 $[Co(SCN)_4]^{2-}$ 可溶于丙酮或戊酮,在有机溶剂中比较稳定,可用于比色分析中。向 $[Co(SCN)_4]^{2-}$ 的溶液中加入 Hg^{2+},则有 $Hg[Co(SCN)_4]$ 沉淀析出:

$$[Co(SCN)_4]^{2-} + Hg^{2+} = Hg[Co(SCN)_4] \downarrow$$

镍的硫氰配合物很不稳定。

3. 氰配合物

Fe^{3+}、Co^{3+}、Fe^{2+}、Co^{2+}、Ni^{2+} 都能与 CN^- 形成配合物。亚铁盐与适量的 KCN 溶液反应得 $Fe(CN)_2$ 沉淀,与过量 KCN 可使沉淀溶解:

$$FeSO_4 + 2KCN = Fe(CN)_2 \downarrow + K_2SO_4$$

$$Fe(CN)_2 + 4KCN = K_4[Fe(CN)_6]$$

从溶液中析出来的黄色晶体是 $K_4[Fe(CN)_6] \cdot 3H_2O$,叫六氰合铁(Ⅱ)酸钾或亚铁氰化钾,俗称黄血盐。$[Fe(CN)_6]^{4-}$ 在水溶液中相当稳定,几乎检验不出有 Fe^{2+} 的存在。工业上,常用 Fe^{2+} 处理含 CN^- 废水。黄血盐在 373 K 时失去所有结晶水,得到白色粉末,进一步加热即分解:

$$K_4[Fe(CN)_6] \xrightarrow{\triangle} 4KCN + FeC_2 + N_2 \uparrow$$

在黄血盐溶液中通入氯气(或用其他氧化剂),得到六氰合铁(Ⅲ)酸钾(或铁氰化钾)$K_3[Fe(CN)_6]$:

$$2K_4[Fe(CN)_6] + Cl_2 = 2KCl + 2K_3[Fe(CN)_6]$$

它的晶体为深红色,俗称赤血盐。它的溶解度比黄血盐大,273 K 时,每 100 g 水可溶解 31 g 盐。

赤血盐在碱性介质中有氧化作用:

$$4K_3[Fe(CN)_6] + 4KOH = 4K_4[Fe(CN)_6] + O_2 \uparrow + 2H_2O$$

在中性溶液中有微弱的水解作用:

$$K_3[Fe(CN)_6] + 3H_2O = Fe(OH)_3 \downarrow + 3KCN + 3HCN$$

所以在使用赤血盐溶液时,最好现用现配制。

人们早就知道 Fe^{3+} 和 $[Fe(CN)_6]^{4-}$ 能生成蓝色沉淀，称为普鲁士蓝，用于鉴定 Fe^{3+}。Fe^{2+} 和 $[Fe(CN)_6]^{3-}$ 能生成滕氏蓝沉淀，用于鉴定 Fe^{2+}。根据单晶 X 射线实验数据和 Mössbauer 谱的研究表明，两者是相同的物质，都是六氰合亚铁酸铁(Ⅲ)。

一般认为普鲁士蓝能以两种形式存在。一种是不溶的普鲁士蓝，它的分子式为 $Fe_4[Fe(CN)_6]_3 \cdot xH_2O$，其结构如图 19－9 所示。这个结构是有低自旋的 Fe^{II} 和高自旋的 Fe^{III} 离子排列成的立方晶格，其中自旋的 Fe^{II} 和高自旋的 Fe^{III} 之比为 3∶4，氰根离子以直线形排布在立方体的棱边上，所有的 Fe^{III} 和 Fe^{II} 位于立方体的角，水填充在立方体中心较大的空穴里。另一种是可溶的普鲁士蓝，其分子式为 $M^{I}Fe^{III}[Fe^{II}(CN)_6] \cdot yH_2O$。立方体的中心被 M^{I} 或 H_2O 分子所占据(M=Na、K、Rb)。

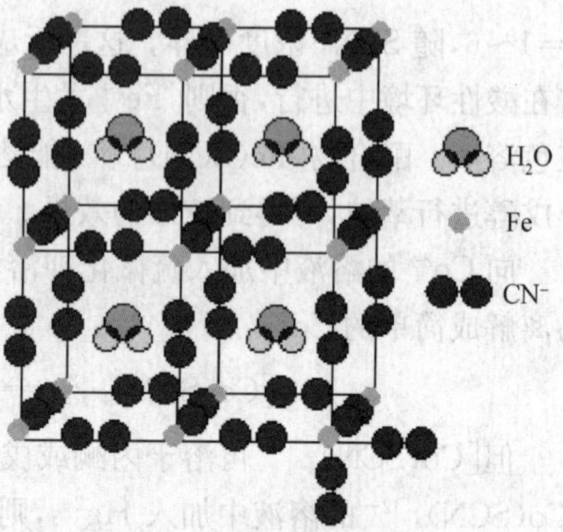

图 19－9 普鲁士蓝的结构

普鲁士蓝具有特别深的颜色，这是由于 Fe^{II} 与 Fe^{III} 之间有电荷转移。电子转移所需能量较低，跃迁的概率较大，故颜色很深。普鲁士蓝主要用于油漆和油墨工业，也用于制蜡笔、图画颜料等。

钴和镍也是可以形成氰配合物。用 KCN 处理钴(Ⅱ)盐溶液，有红色的氰化钴 $Co(CN)_2$ 析出。将它溶于过量的 KCN 溶液后，可析出紫色的 $K_4[Co(CN)_6]$ 晶体。该配合物很不稳定，将它的溶液稍稍加热，就会发生下列反应：

$$2[Co(CN)_6]^{4-} + 2H_2O \longrightarrow 2[Co(CN)_6]^{3-} + 2OH^- + H_2 \uparrow$$

所以 $[Co(CN)_6]^{4-}$ 是一个相当强的还原剂，相应的 $[Co(CN)_6]^{3-}$ 则稳定得多。这也可以从生成氰配合物的电极电势得到说明：

$$[Co(CN)_6]^{3-} + e^- \longrightarrow [Co(CN)_6]^{4-} \quad \varphi^{\ominus} = -0.83\ V$$

4. 羰基配合物

第一过渡系中从钒到镍，第二过渡系中钼到铑，第三过渡系中的钨到铱等元素都能与一氧化碳形成羰基配合物。

在这些配合物中，金属的氧化态为零。而且简单的羰基配合物的结构有一个普遍的特点：每个金属原子的价电子数和它周围 CO 提供的电子数(每个 CO 提供两个电子)加在一起满足 18 电子结构规则，是反磁性的。例如 $Fe(CO)_5$、$Ni(CO)_4$、$Mo(CO)_6$ 等。

在金属羰基配合物中，CO 的碳原子提供孤对电子，与金属原子形成配位键。但是，如果只生成通常的配位键，由配体提供电子到金属的空轨道，则金属原子上的负电荷会积累过多而使羰基配合物稳定性降低，这与羰基配合物很稳定的事实不符合。现代化学键理论认为，CO 一方面有孤对电子可以提供给中心金属原子的空轨道形成键；另一方面 CO 有空的反键 π^* 轨道可以和金属原子的 d 轨道重叠生成 π 键，这种 π 键是由金属原子单方面提供电子到配体的空轨道上，称为反馈 π 键(如图 19－10 所示)。这种反馈键的形成减少了由于生成 σ 配键而引起的中心金属原子上过多的负电荷积累，从而促使 σ 配键的形成。它们相辅相成，互相促进，其结果比单独形成一种键时强得多，从而增强了配合物的稳定性。

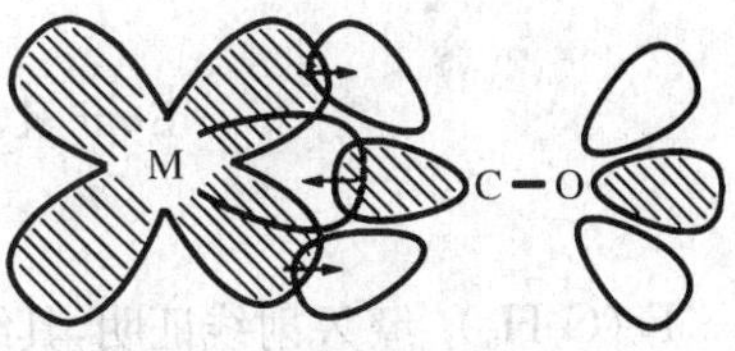

图 19－10　过渡金属 M 与 CO 间化学键的形成

镍粉在 CO 气流中轻微地加热很容易生成羰基合镍。大约在 473 K 和 20 MPa 压力下，铁粉与 CO 直接化合也可以生成五羰基合铁。其他的金属羰基化物通常是由金属的卤化物与还原剂（如钠）混合，与 CO 在约 30 MPa 压力下加热制得。

除 $Fe(CO)_5$、$Ni(CO)_4$、$Ru(CO)_5$ 和 $Os(CO)_5$ 常温下是液体外，许多羰基配合物常温下都是固体。这些配合物的熔点和沸点一般都较常见的相应金属化合物低，受热易分解，并且易溶于非极性溶剂。

利用金属羰基配合物的生成和分解，可以制备纯度很高的金属。例如，Ni 和 CO 很容易反应生成 $Ni(CO)_4$，它在 423 K 就分解为 Ni 和 CO，从而制得高纯度的镍粉。

某些金属羰基配合物及其衍生物在一些有机合成中用作催化剂，有的已用于工业生产中。

值得特别注意的是羰基配合物有毒，例如，人吸入四羰基合镍后，它能使血红蛋白和一氧化碳相化合，血液把胶态镍带到全身的器官，这种中毒很难治疗。所以制备羰基配合物必须在与外界隔绝的容器中进行。

除上述单核羰基配合物外，过渡金属可形成双核以及多核的羰基配合物，如 $Mn_2(CO)_{12}$、$Co_2(CO)_8$、$Fe_2(CO)_9$、$Fe_3(CO)_{12}$ 等。

$Mn_2(CO)_{10}$ 是典型的双核羰基化合物，其中 Mn—Mn 直接成键，每个锰原子与五个 CO 形成八面体配位中的五个配位，第六配位点通过 Mn—Mn 键互相提供（如图 19－11）。

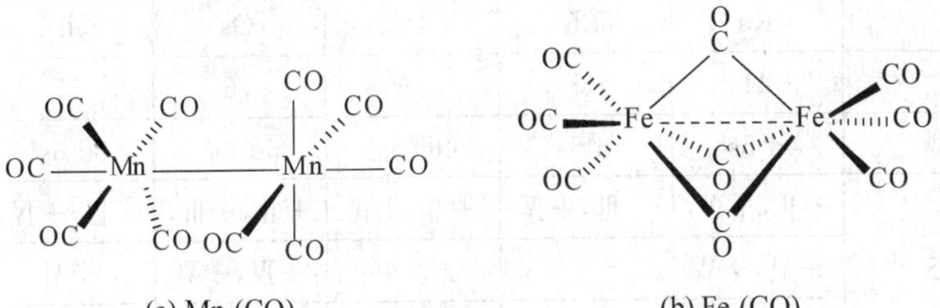

图 19－11　$Mn_2(CO)_{12}$ 和 $Fe_2(CO)_9$ 的结构

$Co_2(CO)_8$ 与 $Mn_2(CO)_{10}$ 的结构相似，由于每个钴原子的价电子比锰原子多两个，所以每个钴原子所需的羰基数要比锰少一个。$Fe_2(CO)_9$ 中也存在 Fe—Fe 键，铁原子被三个 CO 组成的桥键进一步结合。这些金属羰基配合物也属于前已提到的双核原子簇合物。此外，现已合成出更复杂的金属羰基配合物（也是多核原子簇化合物），如 $Fe_3(CO)_{12}$、$Co_4(CO)_{12}$、$Rh_4(CO)_{12}$ 等。

5. 二茂铁

某些过渡金属可以和烯烃、炔烃等不饱和烃生成配合物，例如，Fe(Ⅱ)、Ni(Ⅱ)、Mn(Ⅱ)、Co(Ⅱ)等与环戊二烯基反应生成的配合物，它们的化学式为 $M(C_5H_5)_2$，其中最典型的是环戊二烯铁。它可有下列反应制得：

$$Fe + K_2O + 2 \,\bigcirc\!\!\!\!\!\bigcirc \xrightarrow[N_2]{573\ K} \text{Fe}$$

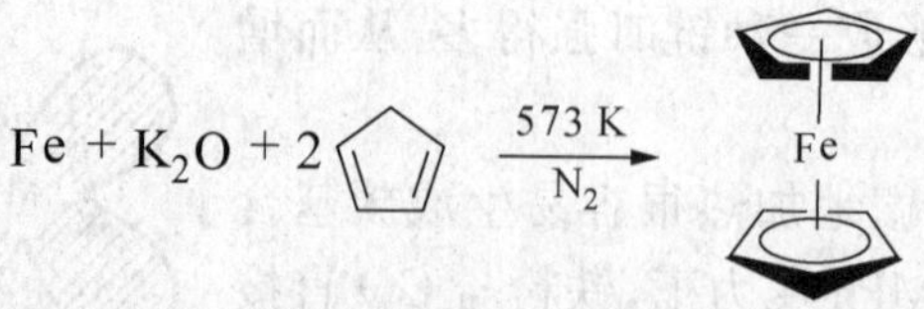

$Fe(C_5H_5)_2$ 经 X 射线证明,其结构为夹心式的。两个环戊二烯基以 π 键与 Fe 离子成键。

二戊铁为橙黄色固体,熔点为 446 K,不溶于水,易溶于乙醚、苯、乙醇等有机溶剂中,373 K 即升华,这些性质表明它是共价化合物。由于这一类化合物结构上的特殊性,以及后来发现许多过渡金属与一些有机化合物生成的配合物在有机合成中作为催化剂的重大作用,促进了这方面的研究工作。

§19.7　铂族元素

19.7.1　铂族元素通性

铂系元素是指Ⅷ族中的钌(音 liǎo)、铑(音 lǎo)、钯(音 bǎ)和锇(音 é)、铱(音 yī)、铂(音 bó)六种元素,它们和铁系元素(铁、钴、镍)一起组成周期表中的Ⅷ族元素。但是铂系元素的性质与铁系元素性质相差很大,而铂系元素彼此之间的性质却非常相似。铂系元素的基本性质列于表 19-12 中。

表 19-12　铂系元素的基本性质

性质	Ru	Rh	Pd	Os	Ir	Pt
原子序数	44	45	46	76	77	78
价电子构型	$4d^7 5s^1$	$4d^8 5s^1$	$4d^{10} 5s^0$	$5d^6 6s^2$	$5d^7 6s^2$	$5d^9 6s^1$
主要氧化态	$+II, +IV$ $+VI, +VII$ $+VIII$	$+III, +IV$	$+II, +IV$	$+II, +III,$ $+IV, +VI$ $+VIII$	$+III, +IV,$ $+VI$	$+II, +IV$
相对原子质量	101.07	102.90	106.42	190.23	192.22	195.08
原子半径/pm	132.5	134.5	137.6	134	135.7	138
M^{2+} 离子半径/pm			80			80
电离能/kJ·mol^{-1}	716	724	809	842	885	868.4
电负性	2.2	2.28	2.2	2.2	2.20	2.28
$\varphi^{\ominus}_{M2+/M}$ /V	0.45	0.6	0.92	0.85	1.0	1.2
密度/g·cm^{-3}	12.41	12.41	12.02	22.57	22.42	21.45
熔点/K	2 593	2 239±3	1 825	3 318±30	2 683	2 045
沸点/K	4 173	4 000±100	3 413	5 300±100	4 403	4 100±100
丰度/μg·g^{-1}	0.000 1	0.000 1	0.015	0.005	0.001	0.01

由上表可见，钌、铑、钯的密度约为 12 $g \cdot cm^{-3}$，锇、铱、铂的密度都在 22 $g \cdot cm^{-3}$ 以上，根据其密度，将前者称为轻铂系金属，后者称为重铂系金属。这两组元素在自然界里常共生共存，彼此间具有许多相似之处，且横向相似处明显于纵向，其共性和变化规律主要有：

(1) 都是稀有金属　铂系金属在地壳中的丰度都很小，尤其是钌、铑极其稀少，所以又把铂系元素称为稀有元素。在自然界中它们能以游离态存在，如天然铂矿和锇铱矿等，也可共生于铜和镍的硫化物中，因此，可以从电解精炼铜和镍的阳极泥中回收铂系金属。

(2) 气态原子的电子构型特例多　铂系元素中除锇铱的 ns 为 2，钌、铑、铂为 1，而钯为零。这说明铂系元素原子的最外层电子有从 ns 层填入 $(n-1)$d 层的强烈趋势，而且这种趋势在三元素组里随原子序数的增高而增强。

(3) 氧化态变化与铁系元素相似，和副族元素一样　铂系元素的氧化态变化和铁、钴、镍相似，即每一个三元素组形成高氧化态的倾向较轻铂系相应各元素大。

(4) 都是难熔的金属　在每一个三元素组中，金属的熔点、沸点从左到右逐渐降低，其中锇的熔点最高，钯的熔点最低。这也可从 nd 轨道中成单电子数从左到右逐渐减少，形成金属键逐渐减弱得到解释。

(5) 形成多种类型的配合物　由于铂系金属离子是富 d 电子离子，所以铂系元素的重要特性是与许多配体形成配合物。特别是易与 π 酸配位体如 CO、CN^-、NO 等形成反馈 π 键的配合物，与不饱和烯、炔配体形成有机金属化合物。

19.7.2　单质

1. 性质

铂系金属的颜色除锇为蓝灰色外，其余都是银白色。除钌和锇硬而脆外，其余都具有延展性，纯净的铂有很好的可塑性，冷轧可以制得厚度为 0.002 5 mm 的箔。

大多数铂系金属能吸收气体，钯的吸氢能力是所有金属中最大的，将钯从红热逐渐冷却时能吸收比自身体积多达 935 倍的氢，加热时氢气又被重新释放出来，钯吸收大量氢时其延展性并不减弱，这在金属中却是独一无二的。

铂系金属的化学稳定性很高，常温下和氧、硫、氟、氯、氮等非金属不作用，只有在高温下才与氧化性很强的 F_2、Cl_2 反应。抗腐蚀性强，钌、锇不与非氧化性酸及王水作用，铑、铱对酸及王水呈极端惰性，铂不与无机酸作用，但溶于王水。钯可缓慢溶于氧化性酸中，如热浓硝酸、硫酸，在有氧化剂如 KNO_3、$KClO_3$、Na_2O_2 作助熔剂时，铂系金属与碱共熔可生成可溶性化合物，如钌酸盐 $[RuO_4]^{2-}$、锇酸盐 $[OsO_2(OH)_4]^{2-}$ 等。

2. 用途

铂系金属的主要用途是作催化剂。Ru 和 Os 具有相当大的催化能力，可以应用在某些加氢反应中。铑作催化剂用于汽车工业中废气排放的控制和对于膦配合物的合成、加氢反应和加氢甲酰化(即羰基化)。钯催化剂用途适用于加氢和脱氢反应。铂用在多种多样的催化过程中，如氨氧化制硝酸、石油重整、在汽车尾气排放管中氧化有毒的蒸气；除此外，铂可做坩埚、蒸发皿及电极，由铂或铂铑合金制成的热电偶可测量高温。铱用在硬质合金中，可制金笔的笔尖和国际标准米尺。铂在化学和玻璃工业中还用作防止热氢氟酸或者熔融玻璃的化学侵蚀;还用在珠宝的制造上。使用铂制坩埚时应遵守有关使用规则,其中应避免在还原条件(如酒精喷灯的蓝色火焰)下在坩埚中加热含有 B、Si、P、Sb、As、Bi 的化合物,因为这些元素能与铂形成低共熔混合物而遭到破坏。

3. 提炼与分离

铂系金属主要是从电解铜、镍时产生的阳极泥中精炼得到的。将阳极泥中 Ag、Au 以及全部六种铂系金属加以分离的综合方案如图 19-12 所示。

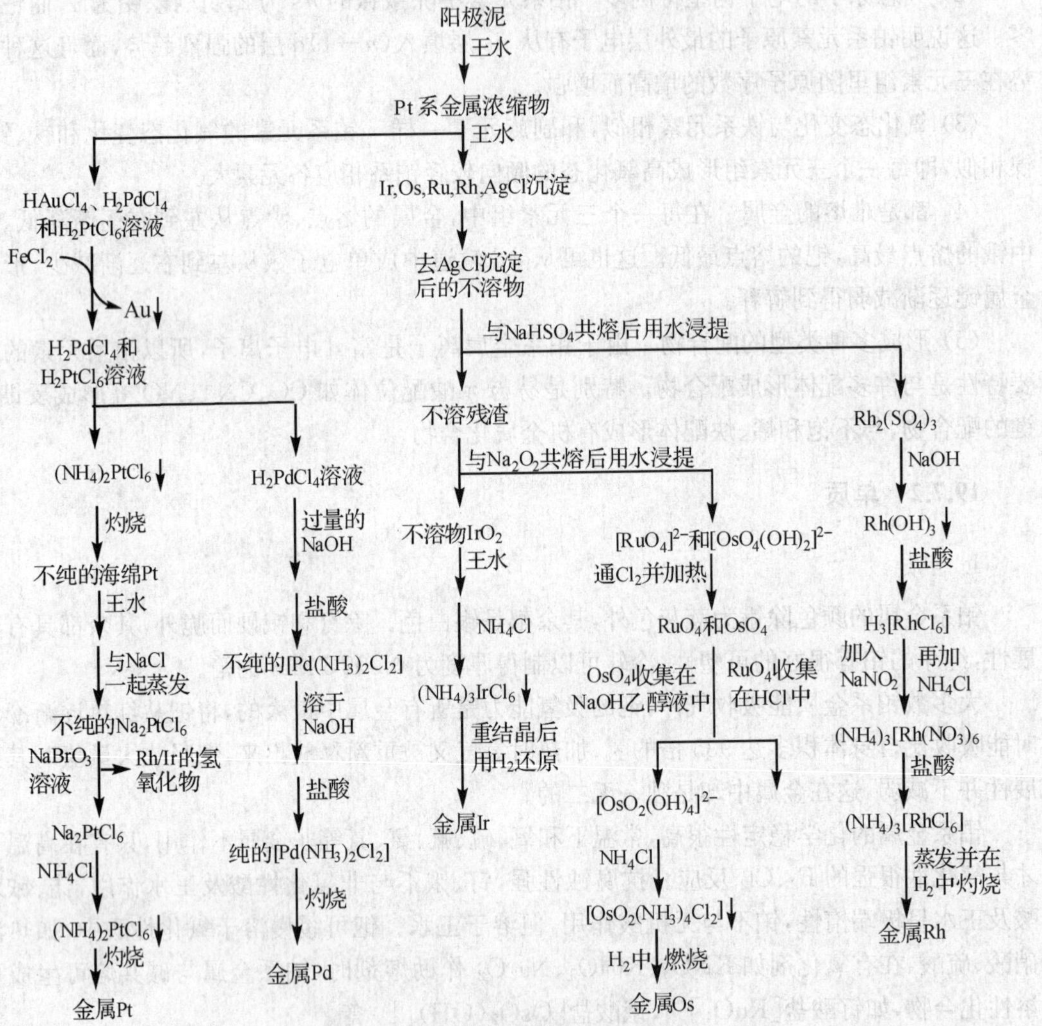

图 19-12 提取铂系金属的流程图

19.7.3 氧化物和含氧酸盐

铂系金属生成的主要氧化物有 RuO_2、RuO_4、Rh_2O_3、RhO_2、PdO、OsO_2、OsO_4、IrO_2 和 PtO_2。可见铂系金属氧化物的氧化态可从+2 到+8,只有锇和钌有+8 氧化态的四氧化物。

钌和锇的黄色四氧化物是熔沸点低、易挥发的有毒物质,RuO_4(熔点 298 K,沸点 313 K),OsO_4(熔点 313 K,沸点 403 K),它们的挥发性一方面使其变得很危险,特别是

OsO_4 毒害眼睛，造成暂时失明，另一方面可利用此性质将锇和钌进行分离。通常制备氧化物和含氧酸盐的方法有：

$$Os + 2O_2 \xlongequal{\triangle} OsO_4$$

$$Ru + 3KNO_3 + 2KOH \xlongequal{} K_2RuO_4 + 3KNO_2 + H_2O$$

$$RuO_2 + KNO_3 + 2KOH \xlongequal{} K_2RuO_4 + KNO_2 + H_2O$$

$$K_2RuO_4 + NaClO + H_2SO_4 \xlongequal{} RuO_4 + K_2SO_4 + NaCl + H_2O$$

RuO_4 和 OsO_4 微溶于水，极易溶于 CCl_4 中，OsO_4 比 RuO_4 稳定。它们都是四面体分子构型，并都有强的氧化性。RuO_4 不仅能氧化浓盐酸，而且还能氧化稀盐酸，加热到 370 K 以上时，它爆炸分解成 RuO_2，室温时与乙醇接触也易发生爆炸：

$$4RuO_4 + 4OH^- \xlongequal{} 4RuO_4^- + 2H_2O + O_2\uparrow$$

$$4RuO_4^- + 4OH^- \xlongequal{} 4RuO_4^{2-} + 2H_2O + O_2\uparrow$$

$$2RuO_4 + 16HCl \xlongequal{} 2RuCl_3 + 8H_2O + 5Cl_2\uparrow$$

$$OsO_4 + 2OH^- \xlongequal{} [OsO_4(OH)_2]^{2-}$$

$$RuO_4 \xlongequal{\triangle} RuO_2 + O_2\uparrow$$

在氧气中加热金属铑、铑的三氯化物、铑的三硝酸盐至 870 K 时，生成暗灰色的 Rh_2O_3，它具有刚玉结构，高温时发生分解反应。

在氧气中加热金属铱或者由 $[IrCl_6]^{2-}$ 水溶液加碱产生的沉淀脱水制得黑色的 IrO_2。IrO_2 不溶于水，溶于浓 HCl 生成六氯铱酸：

$$IrO_2 + 6HCl \xlongequal{} H_2[IrCl_6] + 2H_2O$$

六氯铱酸易被还原，不稳定，通常保存在硝酸的氧化气氛中。

在氧气中加热钯可制得黑色的 PdO，加热到 1 170 K 以上又分解。

19.7.4 卤化物

铂系金属的卤化物除钯外，其余铂系金属的六氟化物都是已知的，其中有实际应用的是 PtF_6。

PtF_6 在 342.1 K 时沸腾，气态和液态呈暗红色，固态几乎呈黑色，具有挥发性，它是已知的最强的氧化剂之一。它既能将 O_2 氧化到 $O_2^+[PtF_6]$，又能将 Xe 氧化到 $XePtF_6$，$XePtF_6$ 的诞生结束了将稀有气体看作惰性气体的历史，从而揭开了惰性气体化学的新篇章。所有六氟化物都是非常活泼的和有腐蚀性的物质。PtF_6 是仅次于 RhF_6 最不稳定的铂系金属的六氟化物，能迅速被水分解。

Pt、Ru、Os、Rh、Ir 的五氟化物都是四聚结构 $[M_4F_{20}]$（见图 19－13）。PtF_5 也很活泼，易水解，易歧化成六氟化铂和四氟化铂。

$$2PtF_5 \xlongequal{} PtF_6 + PtF_4$$

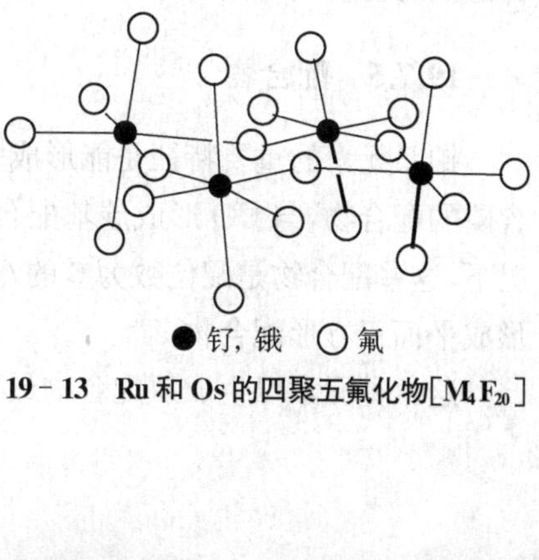

图 19－13 Ru 和 Os 的四聚五氟化物$[M_4F_{20}]$

铂系金属均能形成四氟化物，只有铂能形成四种四卤化物，四氟化物的制备反应如下：

$$10RuF_5 + I_2 = 10RuF_4 + 2IF_5$$

$$Pd_2F_6(Pd^{II}Pd^{IV}F_6) + F_2 = 2PdF_4$$

$$H_2PtCl_6 \xrightarrow{570\ K} PtCl_4 \xrightarrow{F_2} PtF_4$$

$$4IrF_5 + Ir \xlongequal{673\ K} 5IrF_4$$

$$RhCl_3 \xrightarrow{BrF_3} RhF_4 \cdot 2BrF_3 \xrightarrow{\triangle} RhF_4$$

$$OsF_6 \xrightarrow{W(CO)_6} OsF_4$$

铂系金属中除 Pt、Pd 不存在三卤化物外，其余的三卤化物均可由铂系元素和卤素直接合成，或者是从溶液中析出沉淀，例如：

$$2Rh + 3X_2 \xlongequal{\triangle} 2RhX_3 \quad (X = F、Cl、Br)$$

$$RhCl_3 + 3KI = RhI_3\downarrow + 3KCl$$

Rh 和 Ir 的三卤化物是最常见和最稳定的。RuF_3 具有类似于 ReO_3 的结构，$RhCl_3$ 与 $AlCl_3$ 同晶型，是红色的固体，1 073 K 时挥发，不溶于水，呈化学惰性。$RhCl_3 \cdot 3H_2O$ 是最常见的钌化合物，并且是制备其他钌化合物的起始物。将 $RhCl_3 \cdot 3H_2O$ 置于干燥的 HCl 气氛中，加热至 453 K 时脱水得到很活泼的红色 $RhCl_3$，由此制得的 $RhCl_3$ 可溶于水。

铂系金属中以 Pt 和 Pd 二卤化物较多。由于氟的氧化性太强，以致 PtF_2 不存在，Pt 的其他二卤化物都是已知的。Pd 的四种二卤化物都是已知的，从淡紫色的 PdF_2 颜色逐渐加深到黑色的 PdI_2。

Pt 和 Pd 的二氯化物是由单质在红热的条件下直接氯化制得的。由于实验条件不同，所得产物存在两种同分异构体，即红热至 823 K 以上时得到的是红色的、不稳定的、具有链状结构的 $\alpha-PdCl_2$（见图 19-14），在这种结构中每个 Pd 都具有平面正方形的几何形状；控温在 823 K 以下时制得 $\beta-PdCl_2$（见图 19-14），它的结构是以 Pd_6Cl_{12} 单元为基础。在这两种结构中，Pd(Ⅱ)都具有正方形配位的特征，它们都是抗磁性物质，溶解在盐酸中生成配合酸 H_2MCl_6（M=Pt、Pd）。

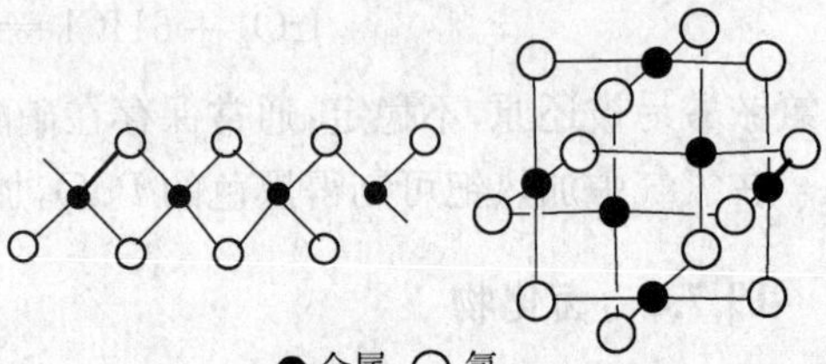

图 19-14 $\alpha-PdCl_2$（左）和 $\beta-PdCl_2$（右）的链结构

19.7.5 配合物

铂系元素的重要特征是能形成多种类型的配合物。如卤配合物、含氮和含氧的配合物、含磷的配合物，与 CO 形成羰基配合物，与不饱和的烯、炔形成有机金属化合物等。多数情况下，这些配合物是配位数为 6 的八面体结构。氧化态为+2 的钯和铂离子都是 d^8 构型，可形成平面正方形配合物。

这六种元素以生成氯配合物最为常见，将这些金属和碱金属的氯化物在氯气流中加热即可生成氯配合物。其中尤为重要的是氯铂酸(H_2PtCl_6)及其盐,棕红色的 H_2PtCl_6 是 Pt(Ⅵ)化学中最常用的起始物料,K_2PtCl_6 是商业上最普通的铂化合物。将海绵状金属铂溶于王水或氯化铂溶于盐酸都可生成氯铂酸:

$$3Pt + 4HNO_3 + 18HCl \xlongequal{} 3H_2PtCl_6 + 4NO + 8H_2O$$

$$PtCl_4 + 2HCl \xlongequal{} H_2PtCl_6$$

在铂(Ⅵ)化合物中加碱可以制得氢氧化铂,它具有两性,溶于盐酸得氯铂酸,溶于碱得铂酸盐:

$$PtCl_4 + 4NaOH \xlongequal{} Pt(OH)_4 + 4NaCl$$

$$Pt(OH)_4 + 6HCl \xlongequal{} H_2PtCl_6 + 4H_2O$$

$$Pt(OH)_4 + 2NaOH \xlongequal{} Na_2[Pt(OH)_6]$$

将固体氯铂酸与硝酸钾灼烧,可得 PtO_2:

$$H_2PtCl_6 + 6KNO_3 \xlongequal{} PtO_2 + 6KCl + 4NO_2\uparrow + O_2\uparrow + 2HNO_3$$

将氯铂酸沉淀转变成微溶的 K_2PtCl_6,然后用肼还原,或在铂黑催化下,用草酸钾、二氧化硫等还原剂可制得 K_2PtCl_4,由此提供了一条制备铂(Ⅱ)化合物的路线:

$$K_2PtCl_6 + K_2C_2O_4 \xlongequal{} K_2PtCl_4 + 2KCl + 2CO_2\uparrow$$

将 NH_4^+、K^+、Rb^+、Cs^+ 等氯化物加到氯铂酸中生成难溶于水的黄色氯铂酸盐,分析化学中常用 H_2PtCl_6 检验 NH_4^+、K^+、Rb^+、Cs^+ 等离子;工业上还常用加热分解氯铂酸铵来分离提纯金属铂:

$$(NH_4)_2[PtCl_6] \xlongequal{\triangle} Pt + 2Cl_2\uparrow + 2NH_4Cl$$

将 K_2PtCl_4 与醋酸铵作用或用 NH_3 处理$[PtCl_4]^{2-}$可制得顺式二氯二氨合铂(Ⅱ),常称为"顺铂",符号为 *cis* - $Pt(NH_3)Cl_2$:

$$K_2PtCl_4 + 2NH_4Ac \xlongequal{} Pt(NH_3)_2Cl_2 + 2KAc + 2HCl$$

1969 年罗森博格(B. Rosenberg)及其合作者发现了顺铂具有抗癌活性,从而引起了人们对铂配合物的极大兴趣,现在顺铂与$[PtCl_2(en)]$一起已成为现代最好的抗癌药物之一,曾给美国的抗癌药业带来极大的经济效益。实验表明,顺铂具有抑制细胞分裂,特别是抑制癌细胞增生的作用。现已证实,顺铂的抗癌活性是由于它与癌细胞 DNA(脱氧核糖核酸)分子结合,破坏了 DNA 的复制,从而抑制了癌细胞增长过程中所固有的细胞分裂。但是,顺铂作为一种药物的主要问题是水溶性较小,毒性较大,铂化合物对肾脏有毒害作用。目前,人们正在致力于提高其抗癌活性,降低毒性的研究工作。

文献讨论题

[文献 1]　Brinkg J, Arends I W C E, Sheldon R A. Catalytic Oxidation of Alcohols in Water. *Science*, **2000**, 287, 1 636—1 639.

醇氧化制备羰基化合物是有机化学中重要的反应之一,氧化得到的羰基化合物是合成其他重要有机化合物的中间体。传统的氧化方法多采用强氧化剂如氧化铬、高锰酸盐、氧化钌、高价碘、MnO_2 和 SeO_2 等,这些氧化方法通常需要消耗等当量甚至更多的氧化剂,并且这些氧化剂价格较高或者毒性较大,还会产生大量的金属盐废弃物,难以处理,破坏自然环境。后来人们发现:在有机溶剂中,用合适的氧化物,以金属化合物为催化剂催化醇制备羰基化合物,此方法减少了金属盐废弃物,但需要在有机溶剂中反应,也产生其他废弃物。因此,以空气、氧气为氧化剂的水相催化技术日益受到人们重视,水是副产物,是一种绿色化学。阅读上述文献,试阐述以金属为催化剂、以水为溶剂的催化体系催化醇氧化成羰基化合物有哪些好处。

[文献 2] Seidel S R, Stang P J. High-Symmetry Coordination Cages via Self-Assembly. *Acc. Chem. Res.*, **2002**, 35, 972—983; Lang J P, Xu Q F, Chen Z N, Abrahams B F. Assembly of a Supramolecular Cube, [$(Cp*WS_3Cu_3)_8Cl_8(CN)_{12}Li_4$] from a Preformed Incomplete Cubane-like Compound [PPh_4][$Cp*WS_3(CuCN)_3$]. *J. Am. Chem. Soc.*, **2003**, 125, 12682—12683.

美国化学会志(*J. Am. Chem. Soc.*, Journal of American Chemical Society)的主编 Stang P. J.在 2002 年提出:利用具有多齿连接点的配位中心和多齿连接点的桥联配体有望反应得到具有空间复杂结构的巨型分子产物。参照此思路,人们已经发现了数种配合物与桥联配体可以分别作为上述连接点,其中的配合物不仅可以是单核、双核配合物,甚至可以是异金属簇合物。如利用[PPh_4]WS_3(Cp^*=五甲基环戊二烯)与三份 CuCN 反应可以获得含有 WS_3Cu_3 核的簇合物[PPh_4][$Cp^*WS_3Cu_3(CN)_3$],再将此化合物用 LiCl 处理,则获得了具有超级立方体结构的产物[$(Cp^*WS_3Cu_3)_8(CN)_{12}Cl_8Li_4$]。试查阅上述文献并回答:

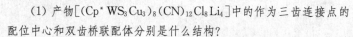

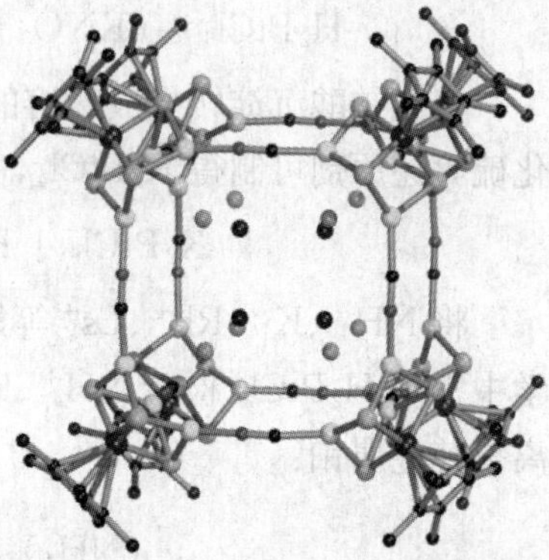

(1) 产物[$(Cp^*WS_3Cu_3)_8(CN)_{12}Cl_8Li_4$]中的作为三齿连接点的配位中心和双齿桥联配体分别是什么结构?

(2) LiCl 在该产物中如何存在?在合成中可能起到何种作用?

(3) 查阅文献说明:含有相同的配位中心的簇合物还有哪些?其表现是否全部为三齿连接点?

习题

1. 试以原子结构理论分别说明:

(1) 第四、五、六周期过渡金属元素在性质上的基本共同点,第五、六周期过渡金属元素与第四、五、六周期过渡金属元素之间的主要差别。

(2) 第四周期过渡金属元素的金属性、氧化态、氧化还原稳定性以及它们的氧化物的酸碱性。

(3) 第四周期过渡金属水合离子颜色和含氧酸根颜色产生的原因。

2. 总结+2 氧化态的铁、钴、镍化合物的还原性和+3 氧化态的铁、钴、镍化合物的氧化性的变化规律,试述铁、钴、镍的氧化物和氢氧化物的制备方法和性质。

3. 写出以下反应的方程式,说明产生这些现象的原因:

(1) $TiCl_4$ 暴露在空气中马上产生大量烟雾。

(2) 向装有少量 $TiCl_4$ 的试剂瓶中加入浓盐酸和金属锌时,生成紫色的溶液。

(3) 向上述紫色溶液中加入氢氧化钠溶液,生成紫色沉淀。

(4) 紫色沉淀过滤,先用硝酸处理,再加入双氧水,生成橘黄色溶液。

4. 铬的某橙红色化合物 A 可溶于水,将其用浓盐酸处理产生黄绿色的刺激性气体 B 和暗绿色溶液 C。

C 中逐渐加入过量氢氧化钾溶液则先生成灰蓝色沉淀 D,继而消失变成绿色溶液 E。在 E 中加入双氧水并加热,得到黄色溶液 F。F 用稀硫酸酸化,又生成 A 的溶液。试写出 A—F 的化学式和各步反应的方程式。

5. 完成下列反应方程式：

(1) 加热偏钒酸铵制备五氧化二钒。

(2) 钛缓慢地溶于热的浓盐酸中。

(3) 重铬酸铵加热,如同火山爆发式分解。

(4) 在 Ag^{+} 存在的酸性条件下,过硫酸钾和硫酸锰的反应。

6. 简述固体碱熔法制备重铬酸钾的步骤,写出各步反应的方程式。

7. 某锰的化合物 A 是稳定的不溶于水的黑色固体,将其与浓硫酸反应,可得浅红色的溶液 B,并释放出无色气体 C。向 B 中加入氢氧化钠溶液,得到白色沉淀 D。D 遇到空气易氧化为棕色固体 E。若将 A 与 KOH 和 $KClO_3$ 共融可以得到绿色物质 F。将 F 溶于水,并通入 CO_2,溶液变成紫色的 G,且又析出 A。问 A—G 分别是什么物质,并写出相关反应的方程式。

8. 将偏钒酸铵加热可以得到某砖红色固体 A,将 A 溶于稀硫酸,可得一黄色溶液 B。在 B 中加入锌粒并静置,溶液颜色可以依次变为蓝色的 C、绿色的 D 和紫色的 E。问 A—E 分别是什么物质,并写出相关反应方程式。

9. 向钒酸盐的浓溶液中加入酸,使其从 pH=14 逐渐变到 pH=1,其中含钒的离子如何变化?

10. 理论上,化学式为 $CrCl_3\cdot 6H_2O$ 的配合物存在哪些异构体?写出其结构式。

11. 为什么在 $K_2Cr_2O_7$ 溶液中加入 $AgNO_3$ 溶液,会生成砖红色的 Ag_2CrO_4 沉淀?

12. 实验室如何检验 Cr(Ⅵ)的存在?写出相关反应方程式。

13. 举例说明什么是同多酸,什么是杂多酸?

14. 举例说明什么是簇合物?

15. 根据锰的自由能-氧化态图说明,在酸性和碱性条件下,锰的哪些价态容易发生歧化反应而分解?

16. “魔棒点灯”的兴趣实验为用浓硫酸蘸取少量 $KMnO_4$ 粉末后,接触酒精灯灯芯即可点燃。试指出是何种物质使酒精点燃了?写出生成这种物质的方程式。

17. 实验室中可以用草酸为基准物质来标定高锰酸钾溶液。现取 1.025 g 的草酸配成溶液,用稀硫酸酸化,再用 $KMnO_4$ 溶液滴定,消耗 28.03 mL,求 $KMnO_4$ 溶液的浓度。

18. 为什么锆、铪及其化合物的物理、化学性质非常相似,如何分离锆和铪?

19. 试比较铂系元素与铁系元素的异同。

20. 完成下列反应方程式：

(1) $Co_2O_3+HCl \longrightarrow$　　(2) $FeCl_3+SnCl_2 \longrightarrow$

(3) $Fe^{2+}+Br_2+H^{+} \longrightarrow$　　(4) $Ni(OH)_2+Br_2 \longrightarrow$

(5) $Ni+CO \longrightarrow$　　(6) $Fe^{3+}+I^{-} \longrightarrow$

(7) $Fe(OH)_3+KClO_3+KOH \longrightarrow$　　(8) $Fe^{3+}+Cu \longrightarrow$

(9) $NiO(OH)+HCl \longrightarrow$　　(10) $Co_3O_4+HCl \longrightarrow$

(11) $(NH_4)_2PtCl_6 \xlongequal{\triangle}$　　(12) $K_2PtCl_6+K_2C_2O_4 \longrightarrow$

(13) $PdCl_2+KOH \longrightarrow$　　(14) $Co^{3+}+Mn^{2+} \longrightarrow$

21. 完成下列变化,写出反应方程式：

(1) $Pt \rightarrow H_2PtCl_6 \rightarrow (NH_4)_2PtCl_6 \rightarrow Pt$　　(2) $Ru \rightarrow Na_2RuO_4 \rightarrow RuO_4$

(3) 铂溶于王水　　(4) 将一氧化碳通入 $PdCl_2$ 溶液

22. 制备 $Co(OH)_3$ 和 $Ni(OH)_3$ 时,为什么要以 Co(Ⅱ)、Ni(Ⅱ)为原料在碱性溶液中进行氧化,而不是用 Co(Ⅲ)、Ni(Ⅲ)为原料直接制取?

23. 今有一瓶含有 Fe^{3+}、Al^{3+}、Co^{2+}、Cr^{3+} 和 Ni^{2+} 离子的混合液，如何将它们分离出来？

24. 现有二氧化锰、二氧化铅和四氧化三铁三瓶黑色固体试剂。试设计方案将其一一鉴别出来，并写出相关化学方程式。

25. 比较配合物 $[NiCl_4]^{2-}$ 与 $[PtCl_4]^{2-}$ 的稳定性并说明原因。

26. 请解释下列问题：

(1) Co(Ⅱ)盐稳定而其配离子不稳定，Co(Ⅲ)盐不稳定而其配离子稳定，这是为什么？

(2) 当 $FeCl_3$ 溶液与 Na_2CO_3 溶液反应时，产物是氢氧化铁而不是碳酸铁，这是为什么？

(3) 为什么蓝色的变色硅胶受潮后变红？能否使其再生，反复使用？

(4) 为什么 Fe^{3+} 与 I^-、Co^{3+} 与 Cl^- 反应不能生成 FeI_3 和 $CoCl_3$？

(5) Fe 与 Cl_2 反应得到 $FeCl_3$，而 Fe 与 HCl 反应只得到 $FeCl_2$。

(6) $CoCl_2$ 与 NaOH 溶液反应所得沉淀久置空气中后，再加浓盐酸有氯气产生。

27. 有一浅绿色晶体 A，可以溶于水得到溶液 B，向 B 中加入不含 O_2 的 NaOH 溶液，有白色沉淀 C 和气体 D 生成。C 在空气中逐渐变成棕色，气体 D 能使红色的石蕊试纸变蓝。若将溶液 B 加入硫酸酸化，再滴加一紫红色溶液 E，则得到浅黄色溶液 F，于 F 中加入黄血盐溶液，立即产生深蓝色的沉淀 G。若溶液 B 中加入 $BaCl_2$ 溶液，有白色沉淀 H 析出，此沉淀不溶于强酸。问 A、B、C、D、E、F、G、H 各是什么物质，写出分子式和有关的反应方程式。

28. 用化学方程式说明下列实验现象：

(1) 在无氧条件下，向含有 Fe^{2+} 离子的溶液中，加入 NaOH 溶液，生成白色沉淀，随后放置于空气中，沉淀逐渐由白色变成灰绿色，最后变成棕红色；

(2) 过滤后，沉淀能溶于盐酸得到黄色溶液；

(3) 向上述黄色溶液中加几滴 KSCN 溶液，立即变成血红色，再通入 SO_2 气体，则红色消失；

(4) 向红色消失的溶液中滴加 $KMnO_4$ 溶液，其紫色会褪去；

(5) 向上述溶液中加入黄血盐时，立即产生蓝色沉淀。

29. 有一种纯的铂化合物，经测定相对分子质量为 301，化合物中铂、氯、NH_3 和 H_2O 的含量分别为 64.8%，23.6%，5.6%和 6.0%。

(1) 写出此化合物的分子式；

(2) 画出此化合物的结构，并讨论结构的稳定性。

第 20 章　镧系和锕系元素简介

由于周期表中第 57～71 号元素在性质上的相似性，所以人们通常把这 15 种元素统称为镧系元素(Lanthanoides)，用 Ln 表示；同样原因，将第 89 至第 103 号 15 种元素称为锕系元素(Actionoides)，用 An 表示。1968 年，国际纯粹化学与应用化学联合会(IUPAC)推荐把镧以后的原子序数为第 58 至第 71 号 14 个元素称为镧系元素；第 90 至第 103 号 14 个元素称为锕系元素。这是与 f 区元素的定义有关，通常是将 f 区元素定义为最后一个电子填入 $(n-2)$f 亚层的元素。因为 57 号元素 La 和 89 号元素 Ac 的 $(n-2)$f 亚层上没有填入电子，所以就将镧系元素界定为 La 以后的 Ce～Lu 共 14 种元素，将锕系元素界定为 Ac 以后的 Th～Lr 共 14 种元素。因此，镧系元素和锕系元素的界定是一个有争议的问题，目前尚无定论。本书将 57～71 号元素称为镧系元素，89～103 号元素称为锕系元素。这样，f 区元素包括镧系和锕系共 30 种元素。f 区元素原子的电子构型主要差别在于外数第三层的 f 亚层上，因此 f 区元素又称为内过渡(inner transition)元素。

§20.1　镧系元素单质

20.1.1　镧系元素电子层结构和通性

1. 镧系元素的价层电子构型

镧系元素原子的电子层结构见表 20-1。镧系元素增加的电子相继填充 4f 能级，由于 5d 和 4f 能级的能量比较接近，个别元素有时电子也填入 5d 能级，所以镧系元素自由原子的基态构型有两种类型：$[Xe]4f^n6s^2$ 和 $[Xe]4f^{n-1}5d^16s^2$。

表 20-1　镧系元素的价层电子构型和某些性质

元素	读音	基态原子的电子构型	原子半径(pm)	Ln^{3+} 电子构型	Ln^{3+} 离子半径(pm)	常见氧化数
57 镧 La	lán	$5d^16s^2$	188	$4f^0$	106	+3
58 铈 Ce	shì	$4f^15d^16s^2$	182	$4f^1$	103	+3，+4
59 镨 Pr	pǔ	$4f^3\ 6s^2$	183	$4f^2$	101	+3，+4
60 钕 Nd	nǚ	$4f^4\ 6s^2$	182	$4f^3$	100	+3
61 钷 Pm	pǒ	$4f^5\ 6s^2$	180	$4f^4$	98	+3
62 钐 Sm	shān	$4f^6\ 6s^2$	180	$4f^5$	96	+2，+3

(续表)

元素	读音	基态原子的电子构型	原子半径(pm)	Ln^{3+}电子构型	Ln^{3+}离子半径(pm)	常见氧化数
63 铕 Eu	yǒu	$4f^7\ 6s^2$	204	$4f^6$	95	+2,+3
64 钆 Gd	gá	$4f^7 5d^1 6s^2$	180	$4f^7$	94	+3
65 铽 Tb	tè	$4f^9\ 6s^2$	178	$4f^8$	92	+3,+4
66 镝 Dy	dī	$4f^{10}\ 6s^2$	177	$4f^9$	91	+3
67 钬 Ho	huǒ	$4f^{11}\ 6s^2$	177	$4f^{10}$	89	+3
68 铒 Er	ěr	$4f^{12}\ 6s^2$	176	$4f^{11}$	88	+3
69 铥 Tm	diū	$4f^{13}\ 6s^2$	175	$4f^{12}$	87	+3
70 镱 Yb	yì	$4f^{14}\ 6s^2$	194	$4f^{13}$	86	+2,+3
71 镥 Lu	lǔ	$4f^{14} 5d^1 6s^2$	173	$4f^{14}$	85	+3

由表 20－1 可见，第一个 f 电子出现在 58 号元素铈上，此后随着原子序数的增加，14 种元素完成了 7 个 4f 能级中 14 个电子的填充。在镧系元素中 57 号 La($4f^0$)、63 号 Eu($4f^7$)、64 号 Gd($4f^7$)、70 号 Yb($4f^{14}$)处于全空、半满和全满的稳定状态，这是符合洪特规则的现象。至于 71 号镥 Lu $4f^{14}5d^16s^2$，是因为 4f 能级已填满，余下的一个电子填充在 5d 能级上。

因为镧系元素的最外两个电子层结构十分接近，4f 电子处于外数第三层，所以尽管构型上差异较大，但受到 5d6s 电子的很好屏蔽，外界化学环境对 4f 电子的影响很小，所以镧系元素的化学性质十分相似，往往在同一矿物中共生，分离十分困难。

2. 氧化态

镧系元素属于ⅢB 族元素，所以镧系元素的特征氧化值是＋3。这是因为镧系金属原子除能失去 $6s^2$ 电子外，还能失去 1 个 d 电子(或 f 电子)，所以能形成稳定的＋3 氧化态的化合物。从表 20－1 可以看出，由于 $4f^0$、$4f^7$ 和 $4f^{14}$ 电子构型属于稳定的电子构型，所以铈、镨、铽等元素能形成＋4 氧化态的化合物，钐、铕、镱等形成＋2 氧化态的化合物，但它们大多没有＋3 氧化态的化合物稳定。在为数不多的＋4 氧化态化合物中，只有 Ce(Ⅳ)能存在于溶液中，是强氧化剂；同样一些＋2 氧化态的化合物只存在于固态化合物中，溶于水会很快被氧化为＋3 氧化态，只有 Sm^{2+}、Eu^{2+}、Yb^{2+} 能存在于溶液中，它们都是强还原剂。

在镧系元素的多种氧化态化合物中，一般认为当 4f 电子处于或趋于全空、半空、全满状态时比较稳定，如＋3 氧化态的有 La^{3+}($4f^0$)、Gd^{3+}($4f^7$)、Lu($4f^{14}$)等；＋4 氧化态有Ce($4f^0$)、Pr($4f^1$)、Tb($4f^7$)等；＋2 氧化态的有 Sm($4f^6$)、Eu($4f^7$)、Tm($4f^{13}$)等。但这种看法，并不能解释一些化学现象，如 Sm、Tm 为什么只有＋2 氧化态($4f^6$、$4f^{13}$)而没有＋1 氧化态($4f^7$、$4f^{13}$)的化合物等等。这种看法还会随着新化合物的相继出现有所改变。这说明电子构型是影响某种氧化态稳定存在的重要因素，但不是唯一的因素，有时还需考虑其他因素，如电离势、升华能等对稳定性的影响。

3. 离子的颜色

表 20－2 列出了镧系元素离子在水溶液中的颜色。Ln^{3+} 水合离子有不同的颜色，且它

们的变化呈现出周期性,即以 Gd^{3+} 为中心,从 Gd^{3+} 至 La^{3+} 和从 Gd^{3+} 至 Lu^{3+} 颜色变化规律重复出现。定性的解释是:f 区元素的离子产生颜色的原因,从结构来看是由 f-f 电子跃迁而引起的,当 Ln^{3+} 离子具有相同的未成对 f 电子数时,它们就有相同或相近的颜色。通过研究 Ln^{3+} 离子的吸收光谱,可以知道 Ln^{3+} 离子的颜色是由于发生 f-f 电子跃迁时吸收不同波长的光线产生的。由于 Ce^{3+}、Gd^{3+} 的吸收峰在紫外区而不显示颜色。Eu^{3+}、Tb^{3+} 的吸收峰也仅有一部分在可见光区,故微显淡粉红色。Yb^{3+} 的吸收峰则在红外区也不显示颜色。只有 Ln^{3+} 离子的大部分吸收带发生在可见光区,才会显示出鲜艳多彩的颜色。

表 20-2　Ln^{3+} 离子的颜色

离子	4f 亚层构型和未成对电子数	颜 色	4f 亚层构型和未成对电子数	离 子
57 镧 La^{3+}	$0(4f^0)$	无	$0(4f^{14})$	71 镥 Lu^{3+}
58 铈 Ce^{3+}	$1(4f^1)$	无	$1(4f^{13})$	70 镱 Yb^{3+}
59 镨 Pr^{3+}	$2(4f^2)$	绿	$2(4f^{12})$	69 铥 Tm^{3+}
60 钕 Nd^{3+}	$3(4f^3)$	淡紫	$3(4f^{11})$	68 铒 Er^{3+}
61 钷 Pm^{3+}	$4(4f^4)$	粉红,黄	$4(4f^{10})$	67 钬 Ho^{3+}
62 钐 Sm^{3+}	$5(4f^5)$	黄	$5(4f^9)$	66 镝 Dy^{3+}
63 铕 Eu^{3+}	$6(4f^6)$	浅粉红	$6(4f^8)$	65 铽 Tb^{3+}
64 钆 Gd^{3+}	$7(4f^7)$	无	$7(4f^7)$	64 钆 Gd^{3+}

20.1.2　镧系收缩

镧系元素的原子半径和离子半径见表 20-1,由表中数据可知,从 La 到 Lu 原子半径和三价离子半径总的趋势为逐渐减小,这种镧系元素的原子半径和离子半径其总的递变趋势是随着原子序数的增大而缓慢地减小的现象称为"镧系收缩"(lanthanide contrction)。

镧系收缩的产生原因:在镧系元素中的 4f 电子虽然处于内层轨道,但 f 轨道的形状十分分散,在空间又伸展得比较远,对原子核的屏蔽作用弱,在填充 f 电子时,最外层电子数保持不变,而核电荷却逐次增加,每个 4f 电子受核的有效核电荷吸引逐渐增强,核对电子层的吸引也逐渐增强,使得整个电子层发生收缩,原子或离子半径依次缩小。

在镧系收缩中,相比较于原子半径的收缩,离子半径的收缩小要略多一些,这是因为镧系元素金属原子的电子层比离子多一个电子层。镧系金属原子失去最外层的 6s 电子以后,4f 轨道则处于次外层,这种状态的 4f 轨道比原子中的 4f 轨道对核的屏蔽作用小,从而使得离子半径的收缩效果比原子半径的明显。

在原子半径总的收缩趋势中,63 号 Eu 和 70 号 Yb 出现反常,如图 20-1,它们的原子半径比相邻元素的原子半径大得多。这是因为 Eu 和 Yb 的 f 电子分别为 $4f^7$ 和 $4f^{14}$,处于半满和全满状态,处于这种稳定态的 f 电子比其他状态的 f 电子对原子核有较大的屏蔽作用,使核对外层电子的吸引力减弱,原子半径相对增大。

镧系收缩是无机化学中的一个重要现象,由于镧系收缩,从镧到镥 15 种镧系元素的原子半径递减的积累减小了约 15 pm,这种收缩幅度超出了长周期和短周期元素间半径缩小

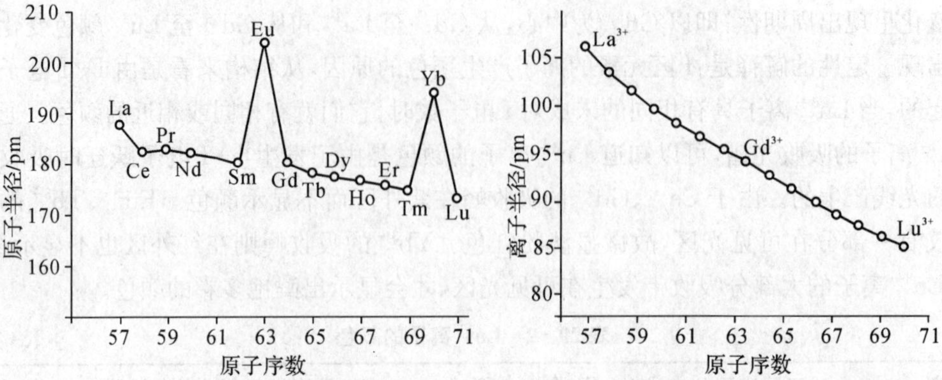

(a) Ln原子半径与原子序数的关系　　(b) Ln^{3+}离子半径与原子序数的关系

图 20-1　Ln 原子半径、Ln^{3+} 离子半径与原子序数的关系

的幅度，从而造成同族的钇原子半径(180 pm)与镧系元素十分接近，化学性质上与镧系元素相似，在矿物中共生，组成了稀土元素。镧系收缩还使得镧系后面的同族元素性质相似，造成了锆与铪、铌与钽、钼与钨、钌与锇、铑与铱、钯与铂性质相似，使这几对元素成为无机化学中很难分离的元素。

镧系收缩的另一个结果是加剧了 6s 轨道的收缩，使 $6s^2$ 电子呈现了惰性，惰性电子对效应体现在 P 区主族元素性质的递变规律是从上到下高价态趋于不稳定，对副族元素从上到下则体现的是高价态趋于稳定。

20.1.3　镧系元素单质的化学性质

1. 镧系金属单质的物理性质

镧系金属是典型的金属元素，新切开的金属表面呈银白色，质地比较软，有延展性，但抗拉强度低，它们的密度、熔点除铕和镱外，基本上随着原子序数的增大而增大。除镱以外所有镧系金属的顺磁性都相当强，所以稀土金属是制作永磁材料的绝好来源。由镧系元素标准电极电势(表 20-3)可知，它们的化学性质比较活泼，在潮湿的空气中容易被氧化，故常将金属单质保存在煤油中或在其表面涂蜡。

表 20-3　镧系元素的标准电极电势

元素符号	$\varphi^\ominus$/V $Ln^{3+}+3e^- \rightleftharpoons Ln$	$\varphi^\ominus$/V $Ln^{3+}+e^- \rightleftharpoons Ln^{2+}$	$\varphi^\ominus$/V $Ln^{4+}+e^- \rightleftharpoons Ln^{3+}$
La	−2.522		
Ce	−2.483		+1.61
Pr	−2.462		+2.28
Nd	−2.431		
Pm	−2.423		
Sm	−2.414	−1.15	
Eu	−2.407	−0.429	

（续表）

元素符号	$\varphi^{\ominus}/V$ $Ln^{3+}+3e^- \rightleftharpoons Ln$	$\varphi^{\ominus}/V$ $Ln^{3+}+e^- \rightleftharpoons Ln^{2+}$	$\varphi^{\ominus}/V$ $Ln^{4+}+e^- \rightleftharpoons Ln^{3+}$
Gd	−2.397		
Tb	−2.391		
Dy	−2.353		
Ho	−2.319		
Er	−2.296		
Tm	−2.278		
Yb	−2.267	−1.21	
Lu	−2.255		

2. 镧系金属单质的化学性质

从镧系金属的电极电势可知(表 20－3)，镧系金属是一种较强的还原剂，其还原能力仅次于碱金属的 Li、Na、K 和碱土金属的 Mg、Ca、Sr、Ba，还原能力随着原子序数的增大而减弱。镧系金属的化学性质比较活泼，能和卤素、氧、硫、氮、碳、硼等元素的单质发生反应，能与酸置换出酸中的氢。主要的化学反应如下：

$$2Ln + 3X_2 \xlongequal{>470\ K} 2LnX_3 \quad (X=\text{卤素})$$

$$4Ln + 3O_2 \xlongequal{>420\ K} 2Ln_2O_3$$

$$Ln + N_2 \xrightarrow{\text{高温}} LnN$$

$$Ln + S \xrightarrow{\text{硫的沸点下}} Ln_2S_3 \quad (LnS、LnS_2)$$

$$Ln + C \xrightarrow{\text{高温}} LnC_2$$

$$Ln + H_2 \xrightarrow{\text{高温}} LnH_4 \quad (LnH_3)$$

$$Ln + \text{酸} \xrightarrow{\text{溶液中}} Ln^{3+} + H_2$$

$$Ln + H_2O \xrightarrow{\text{高温蒸汽}} Ln_2O_3 + H_2$$

§ 20.2　镧系元素的重要化合物

20.2.1　氧化态为＋3 的化合物

1. 氧化物和氢氧化物

将镧系金属在空气中加热到 453 K 以上，能迅速氧化，大多数生成 Ln_2O_3 型氧化物。但镧系金属中铈、镨和铽与氧气反应分别生成淡黄色 CeO_2，墨绿色 Pr_6O_{11}（$Pr_2O_3\cdot 4PrO_2$）和暗红色 Tb_4O_7（$Tb_2O_3\cdot 2TbO_2$）氧化物，这三种氧化物经过还原后才能得到氧化态为 +3 的氧化物。镧系金属氧化物也可由相应金属的氢氧化物、碳酸盐、草酸盐、硝酸盐热分解制得。Ln_2O_3 型氧化物的颜色基本上与相应的离子颜色是一致的，除 Ce_2O_3 为灰绿色、Pr_2O_3 为浅绿色、Nd_2O_3 为浅蓝色、Er_2O_3 为粉红色外，其他氧化态为 +3 的氧化物均为白色。

Ln_2O_3 为离子型氧化物，不溶于水和碱，能溶于除 HF、H_3PO_4 外的无机酸生成盐，能吸收空气中的 CO_2 生成碱式碳酸盐，能与水剧烈作用生成氢氧化物。Ln_2O_3 熔点高，是很好的耐火材料。

Ln_2O 的生成焓 $\Delta_f H_m^\ominus$ 一般都在 $-1\,662.7\ kJ\cdot mol^{-1}$ 以下，比 Al_2O_3 的生成焓（$-1\,632\ kJ\cdot mol^{-1}$）更小（或更负），所以镧系金属是比铝还强的还原剂，与氧作用时放出大量的热，在黑色冶金工业中常被用作还原剂和脱氧剂。

在 Ln(Ⅲ)盐溶液中，加入 NaOH 溶液，可以得到 $Ln(OH)_3$ 沉淀。如表 20-4 所示，$Lu(OH)_3$ 溶度积从 $La(OH)_3$ 到 $Lu(OH)_3$ 在逐渐减少。由于它们的溶度积很小，以至于在 NH_4Cl 存在的情况下，加入氨水也能产生 $Ln(OH)_3$ 沉淀。$Ln(OH)_3$ 的溶解度随温度的升高而降低。除 $Yb(OH)_3$ 和 $Lu(OH)_3$ 以外，其余 $Ln(OH)_3$ 不溶于过量的 NaOH 溶液中。将 $Yb(OH)_3$ 和 $Lu(OH)_3$ 在高压釜中与浓 NaOH 一起加热，可得到 $Na_3Ln(OH)_6$。表 20-4列出了 $Ln(OH)_3$ 的溶度积和固态物质的颜色。

表 20-4　$Ln(OH)_3$ 的部分性质

氢氧化物	溶度积 K_{sp}	颜 色	氢氧化物	溶度积 K_{sp}	颜 色
$La(OH)_3$	1.0×10^{-19}	白	$Lu(OH)_3$	2.5×10^{-24}	白
$Ce(OH)_3$	1.5×10^{-20}	白	$Yb(OH)_3$	2.9×10^{-24}	白
$Pr(OH)_3$	2.7×10^{-20}	浅绿	$Tm(OH)_3$	3.3×10^{-24}	绿
$Nd(OH)_3$	1.9×10^{-21}	紫红	$Er(OH)_3$	1.3×10^{-23}	浅红
$Pm(OH)_3$			$Ho(OH)_3$	5.0×10^{-23}	黄
$Sm(OH)_3$	6.8×10^{-22}	黄	$Dy(OH)_3$	1.4×10^{-22}	黄
$Eu(OH)_3$	3.4×10^{-22}	白	$Tb(OH)_3$	2.0×10^{-22}	白
$Gd(OH)_3$	2.1×10^{-22}	白	$Gd(OH)_3$	2.1×10^{-22}	白

2. 盐类

(1) 卤化物

镧系元素的卤化物中的氟化物由于溶解度很小，难溶于水，甚至可以从 $3\ mol\cdot L^{-1}$ HNO_3 溶液中析出 LaF_3 沉淀。它们的溶度积的变化规律是由 LaF_3 到 YbF_3 逐渐增大。除 LaF_3 外，镧系元素的 $LaCl_3$、$LaBr_3$、LaI_3 均是可溶性的。它们多易形成水合物，$LaCl_3$ 和 $LaBr_3$ 常含 6～7 个结晶水，而在 LaI_3 中则含有 8～9 个结晶水。

在镧系元素的卤化物中比较重要的是氯化物。将镧系元素的氧化物、氢氧化物或碳酸盐溶于盐酸中，即可得到氯化物的水溶液。在氯化物的浓溶液中通入氯化氢气体使其饱和，冷却后即可析出含有结晶水的氯化物晶体 $LnCl_3\cdot nH_2O$。用加热脱水的方法得不到纯净的

无水氯化物，因为在脱水的同时会发生水解，有 LnOCl 生成。即

$$LnCl_3 \cdot nH_2O \xlongequal{\triangle} LnCl_3 + nH_2O$$

$$LnCl_3 + H_2O \xlongequal{\quad} LnOCl + 2HCl$$

无水的 $LnCl_3$ 可用下列反应制备：

$$2Ln + 3Cl_2 \xlongequal{\triangle} 2LnCl_3$$

$$Ln_2O_3 + 6NH_4Cl \xlongequal{573\ K} 2LnCl_3 + 3H_2O + 6NH_3$$

$$2Ln + 3HgCl_2 \xlongequal{\triangle} 2LnCl_3 + 3Hg$$

$$Ln_2O_3 + 3C + 3Cl_2 \xlongequal{\triangle} 2LnCl_3 + 3CO\uparrow$$

用还原剂 C 是为了防止生成 LnOCl。其他无水卤化物的制备与上述反应是相似的。

无水氯化物容易吸水而潮解，溶于醇，在熔融状态时导电率高，说明是离子型化合物。$LnCl_3$ 的溶解度在室温下一般都比较大，在 $440\sim540\ g\cdot L^{-1}$ 之间，并且随着温度的升高而猛增。基于这个原因，仅仅用蒸发浓缩的方法很难将水合氯化物结晶出来。

(2) 硝酸盐和硫酸盐

将镧系元素的氧化物溶于硝酸中，经蒸发浓缩，可析出含结晶水的硝酸盐 $Ln(NO_3)_3\cdot nH_2O$ ($n=3\sim6$)。无水硝酸盐可在 $Ln(NO_3)_3\cdot6H_2O$ 中加浓硝酸或用真空加热脱水干燥法得到。$Ln(NO_3)_3$ 受热分解为碱式盐，再进一步分解为氧化物。

$$2Ln(NO_3)_3 \xlongequal{\triangle} 2LnONO_3 + 4NO_2\uparrow + O_2\uparrow$$

$$4LnONO_3 \xlongequal{\triangle} 2Ln_2O_3 + 4NO_2\uparrow + O_2\uparrow$$

将镧系元素的氧化物、氢氧化物或碳酸盐溶于硫酸中，经蒸发浓缩，可析出含结晶水的硫酸盐 $Ln_2(SO_4)_3\cdot nH_2O(n=8,9)$。无水硫酸盐可从含结晶水化合物在 428～533 K 时脱水制备而得。$Ln_2(SO_4)_3$ 受热分解为碱式盐 $(LnO)_2SO_4$，再进一步分解为氧化物。$Ln_2(SO_4)_3$ 溶解是放热过程，所以溶解度随温度的升高而降低。故以冷水浸取它为宜。

硝酸盐和硫酸盐易形成 $xLn_2(SO_4)_3\cdot yM_2SO_4\cdot zH_2O$ 和 $Ln(NO_3)_3\cdot yMNO_3\cdot zH_2O$ 复盐。

(3) 草酸盐

因为镧系元素的草酸盐既不溶于水，也不溶于稀强酸。所以在可溶性镧系金属盐如硝酸盐、氯化物溶液中加入草酸或草酸铵，即可析出草酸盐沉淀。草酸盐的溶解度很小，如 $La_2(C_2O_4)_3$，298 K 时在水中溶解度为 0.02 mg/hg。在一定的酸度条件下，镧系元素的草酸盐的溶解度随原子序数的增大而增加。在碱金属草酸盐溶液中，Ho、Er、Tm、Yb、Lu 元素的草酸盐由于形成配合物 $[Ln(C_2O_4)_3]^{3-}$ 而溶解。根据这个性质，可进行镧系元素中轻、重镧系元素的分离。因此镧系元素的草酸盐在稀土化工中占有相当重要地位。

在 633～1 073 K 范围内加热镧系元素的草酸盐，最后的分解产物都是氧化物。

(4) 其他盐类

除草酸盐、氟化物外，镧系元素的碳酸盐、磷酸盐和焦磷酸盐 $[Ln_4(P_2O_7)_3]$ 也都难溶

于水。

$Ln_2(CO_3)_3$ 受热分解为碱式盐，最终产物为氧化物。

$$Ln_2(CO_3)_3 \xrightarrow{\triangle} Ln_2O(CO_3)_2 \xrightarrow{\triangle} Ln_2O_2CO_3 \xrightarrow{\triangle} Ln_2O_3$$

镧系元素的碳酸盐含有结晶水 $Ln_2(CO_3)_3 \cdot nH_2O$，它们的溶解度和溶解积都比相应的草酸盐小。Na_2CO_3 与 $Ln_2(CO_3)_3$ 作用形成溶解度较小的复盐 $xLn_2(CO_3)_3 \cdot yNa_2CO_3 \cdot zH_2O$。

Ln^{3+} 与 PO_4^{3-}、HPO_4^{2-}、$H_2PO_4^-$ 和 H_3PO_4 都能形成难溶于水的 $LnPO_4$ 沉淀，$LnPO_4$ 可溶于浓酸形成可溶性的酸式盐。$LnPO_4$ 遇强碱转化为对应的 $Ln(OH)_3$。这两个反应都是分解独居石矿的重要反应，在生产上具有十分重要的意义。

20.2.2 氧化态为+4 和+2 的化合物

1. 氧化态为+4 化合物

镧系元素中 Ce、Pr、Tb 和 Dy 都能生成氧化态为+4 的化合物。其中+4 氧化态的 Ce 化合物最重要，Ce^{4+} 在水溶液中或在固相中都可存在，在空气中加热金属铈、一些 Ce^{3+} 的含氧酸盐（碳酸盐、草酸盐、硝酸盐）或氢氧化物都可得到黄色的 CeO_2。CeO_2 是惰性物质，不溶于强酸或强碱，Ce^{4+} 盐在酸性条件下是强氧化剂，如 H_2O_2 存在时，能在酸性环境中被还原为 Ce^{3+} 离子。CeO_2 在酸性溶液中的标准电极电势为 $\varphi_A^\ominus(CeO_2/Ce^{3+}) = +1.26$ V，因而 CeO_2 可将浓盐酸氧化成氯气。反应式如下：

$$2CeO_2 + 8HCl \xlongequal{} 2CeCl_3 + Cl_2\uparrow + 4H_2O$$

CeO_2 可将 Mn^{2+} 氧化成 MnO_4^-。CeO_2 的热稳定性很好，在 1 073 K 时不分解，温度再高可失去部分氧。

在 Ce^{4+} 的溶液中加入 NaOH 溶液时将析出黄色胶状的 $CeO_2 \cdot nH_2O$ 沉淀，它能溶于酸。Ce^{4+} 易发生配位反应，如在 H_2SO_4 溶液中，可生成 $CeSO_4^{2+}$、$Ce(SO_4)_2$ 和 $Ce(SO_4)_3^{2-}$ 等。

$Ce(SO_4)_2$ 在容量分析中常作为氧化剂，具有反应快、直接及容易达到定量反应的优点。

氧化态为+4 的 Pr 和 Tb 多存在于其混合价氧化物（如 Pr_6O_{11}、Tb_4O_7 等）及配合物中。

2. 氧化态为+2 化合物

Sm、Eu、Yb 均能形成+2 氧化态的离子，它们具有不同程度的还原性。只有 Eu^{2+} 能在固态化合物中稳定存在，原因是 Yb^{2+} 和 Sm^{2+} 的还原能力较强，在水溶液中易被氧化。若溶液中存在 Eu^{3+}、Yb^{3+} 和 Sm^{3+} 三种离子，可用 Zn 作还原剂将 Eu^{3+} 还原。而要将 Yb^{3+} 和 Sm^{3+} 还原为低价离子，只能用钠汞齐那样的强还原剂。

Ln^{2+} 同碱土金属离子 Mg^{2+}、Ca^{2+} 类似，尤其同 Sr^{2+}、Ba^{2+} 相似，能形成溶解度较小的硫酸盐。

20.2.3 配合物

镧系元素与 d 区元素的明显差异，是镧系元素形成配合物的种类和数量要少得多，并且配合物稳定性较差。镧系元素配合物具有以下特点：

(1) 从价层电子构型看，Ln^{3+} 离子的 4f 电子处于次外层，被具有稳定构型的外层电子（$5s^2 6p^6$）所屏蔽，受外部原子的影响很小，与外部配体轨道之间的作用很弱，难以参与成键，所以形成的配合物数量有限。

(2) Ln^{3+} 与配体之间的作用主要是静电作用，所形成的配位键主要是离子性的，键的方向性不明显，稳定化能也很低，因此配离子稳定性差。Ln^{3+} 与单价配位体形成的配位键强度和配位原子的电负性有关，依下列次序而减弱：

$$F^- > OH^- > H_2O > NO_3^- > Cl^-$$

(3) 虽然 Ln^{3+} 离子电荷多，但半径较大（106 pm～85 pm，见表 20－1），比一般的过渡金属离子（如 Cr^{3+} 为 64 pm、Fe^{3+} 为 60 pm）的离子半径要大 20 pm 以上，导致 Ln^{3+} 像碱土金属离子那样只与配合能力强的配体，如 乙二胺四乙酸（EDTA）和其他螯合剂才能形成稳定配离子。由于离子半径较大，Ln^{3+} 所形成的配离子会有较大的配位数，通常都大于 6，有的甚至达到 12。

(4) 从金属离子的软硬酸碱性来看，Ln^{3+} 属于硬酸类（静电作用为主），它们与硬碱类（电负性大的 F、O、N 等）配位原子有较强的配位作用，形成的配离子较稳定，而与软碱类（如 Cl、S、P 等）配位原子只能形成稳定性较差的配离子，有些甚至不能从水溶液中分离出来。Ln^{3+} 与 CO、CN^- 等难以生成稳定的配合物，这与 Ln^{3+} 没有 d 电子，不能形成 π 反馈键有关。

§ 20.3　稀土元素

我国是稀土资源大国，目前已探明的储量约为世界总储量的 30％，具有储量大、分布广、类型多、矿种全、综合利用价值高等特点。我国的稀土资源以内蒙古自治区白云鄂博的储藏量最大，它以氟碳铈矿和独居石为主。目前，由于市场等因素的制约，实际被利用的稀土矿只有 4 万吨左右；其次是分布于广东、海南、中国台湾等地的海滨砂矿（以独居石为主）和遍布鄂、湘、滇、桂、川、赣、粤、鲁等省的坡积和冲积砂矿，它们都属重稀土矿类型，一般规模不大但易于开采。在 20 世纪 60 年代，在赣、粤、闽等地发现的唯有我国才有的一种离子吸附型矿，特别易于提取，生产成本很低，应用前景广阔。

目前我国的稀土生产能力已跃居世界第一位。在稀土高科技领域中，有些方面我国已达到了世界领先水平，但在整体研究和应用水平上与发达国家相比仍然有不小的差距，有待于我国科技工作者的努力。

20.3.1　稀土元素组成

由于镧系收缩，Y^{3+} 和 Er^{3+} 半径很接近，Sc^{3+} 的半径接近 Lu^{3+} 的半径，所以ⅢB 的钪（Sc 音 kàng）、钇（Y 音 yǐ）与镧系元素的性质非常相似，并在矿物中共生。在化学上钇（Y）与镧系元素一起称为稀土元素。这是狭义的稀土元素，但广义的稀土元素还包括钪（Sc）。稀土元素以 RE 表示，RE 来自英文“rare earth elements”一词的词头。实际上，稀土元素并非土，也不稀少,有的稀土元素在地壳中的丰度与常见元素锌、铅等相差不大,大多数稀土元素在地壳中的丰度是银的 10 倍以上。其中铈(Ce)的丰度最大,在地壳中占 4.6×10^{-5},比锌(4.0×10^{-5})还高,钷(Pm)的丰度最小,只有 4.5×10^{-26}。"稀土"这一名词起源于 18 世纪,由于当时这类矿物相对稀少,提取很困难,它们的氧化物又和组成土壤的 Al_2O_3 结构相似,所以就叫"稀土"。

根据稀土元素在性质上的相似性和差异性,以及处理矿物的需要,将其分为轻稀土元素和重稀土元素,见表 20-5。

表 20-5 稀土元素分组

轻稀土元素	元素符号	重稀土元素	元素符号
镧	La	钆	Gd
铈	Ce	铽	Tb
镨	Pr	镝	Dy
钕	Nd	钬	Ho
钷	Pm	铒	Er
钐	Sm	铥	Tm
铕	Eu	镱	Yb
		镥	Lu
		钪	Sc
		钇	Y

一般在轻稀土矿中铈的含量较高,在重稀土矿中钇的含量较高,所以又把轻稀土元素称为铈组,重稀土元素称为钇组。含轻稀土元素的矿床有独居石磷铈镧矿(Ce、La 等的磷酸盐)和氟碳铈镧矿(Ce、La 等的氟碳酸盐)等,含重稀土元素的有磷酸钇矿(YPO_4)、黑稀金矿[(Y, Ce, La)(No, Ta, Ti)$_2$O$_6$]、钇萤石(Ca,Y)(F,O_2)$_2$、硅铍钇矿($Y_2FeBe_2Si_2O_{10}$)等。

20.3.2 稀土元素的提取和分离

由于稀土元素性质十分相似,它们在自然界中广泛共生,且在矿物中伴生的杂质元素较多,因此分离和提纯工作非常困难。目前主要有以下三种方法,现介绍如下:

1. 化学分离法

(1) 熔盐电解法

熔盐电解法对轻稀土金属更为适用,采用的熔盐体系有氯化物体系和氧化物-氟化物熔盐体系。

氯化物熔盐体系是在$(RE)Cl_3$ 中加入碱金属或碱土金属氯化物(如 NaCl、KCl、$CaCl_2$ 等)以降低熔点。电解反应是:

阴极:$RE^{3+}+3e^-\rightleftharpoons RE$　　　　阳极:$2Cl^--2e^-\rightleftharpoons Cl_2$

氧化物-氟化物熔盐体系则是在$(RE)_2O_3$ 中加入 LiF、CaF_2 或 BaF_2,在 880～900 ℃下

电解，电解反应是：

阴极：$RE^{3+} + 3e^- \rightleftharpoons RE$　　　　阳极：$O^{2-} - 2e^- \rightleftharpoons O_2$

溶盐电解法生产成本低且可连续生产，但产品纯度稍差。

(2) 金属热还原法

常用还原剂 Na、Mg、Ca 等对稀土无水氯化物、氟化物进行热还原。稀土元素中的 Sm、Eu、Yb 等单质可用此法制备。例如，用 Ca 作还原剂：

$$3Ca + 2(RE)F_3 \xlongequal{1\,723 \sim 2\,023\ K} 3CaF_2 + 2RE$$

若用金属 Li 还原氯化物可制得纯度较高的金属，但成本较高。热还原法所得的金属都不同程度地含有各种杂质，需进一步提纯。

2. 离子交换法

离子交换法就是用离子交换树脂在交换柱内分离混合离子溶液的方法。它包括两个过程：吸附和淋洗。

(1) 吸附

把离子交换树脂放在交换柱中为固定相，含有混合稀土离子的溶液为流动相，以一定的流速通过树脂柱，在树脂与溶液之间发生异相离子交换反应，即树脂中功能基团中的阳(或阴)离子与溶液中的阳(或阴)离子发生交换。一般分离混合镧系离子的树脂为强酸性阳离子交换树脂($R—SO_3H$)。$R—SO_3H$ 经过 NH_4Cl 和 NaCl 处理后转变成为 $R—SO_3NH_4$ 或 $R—SO_3Na$。当混合镧系离子溶液流过上述阳离子交换树脂时，就发生阳离子交换作用，以 $R—SO_3H$ 为例，反应如下：

$$RE^{3+} + 3R—SO_3H \underset{\text{解吸附}}{\overset{\text{吸附}}{\rightleftharpoons}} (RSO_3)_3RE + 3H^+$$

一般常温低浓度的水溶液中阳离子交换能力的大小规律如下：

① 带正电荷越多的阳离子交换能力越强：

$$Th^{4+} > Al^{3+} > Ca^{2+} > Na^+ > H^+$$

② 氧化值相同的离子，其交换能力按离子的水合半径：

$$Sc^{3+} > Y^{3+} > Eu^{3+} > Sm^{3+} > Nd^{3+} > Pr^{3+} > Ce^{3+} > La^{3+}$$

(2) 淋洗

经吸附的离子还需要淋洗的方法洗脱下来。淋洗液通常是配位试剂如 EDTA、柠檬酸、乙酸铵及苹果酸等。利用配位试剂与 Ln^{3+} 形成的配合物的能力不同，可以使混合镧系离子陆续解析，以达到有效分离。

3. 溶剂萃取法

溶剂萃取分离法是目前稀土分离工业中应用最为广泛的一种方法。它具有处理容量大，反应速度快，分离效果好等优点。溶剂萃取分离法是指含有被分离物质的水溶液与互不混溶的有机溶剂作用，利用萃取剂的作用，使一种或几种组分进入有机相，而其他组分仍留在水相，从而达到分离的目的。它可用于每种稀土元素的分离，好的萃取剂几乎可以实现全部稀土元素的分离。利用此方法可以生产纯度高于99.99%的，甚至99.999%的单一稀土产品。

萃取剂一般分为三类：① 酸性萃取剂，如磷酸二(2-乙基己基)酯(简写HDEHP，我国商品名P204)等；② 中性萃取剂，如磷酸三丁酯(TBP)等；③ 离子缔合萃取剂，如胺类等。如用P204萃取稀土元素，P204在极性溶剂中是单体，如在水相中(反应式以HA表示)，在非极性溶剂(如煤油、苯等)中是二聚体(反应式以$(HA)_2$表示)，通过氢键结合，反应式如下：

$$RE^{3+} + 3(HA)_2(\text{有机相}) \longrightarrow RE(HA_2)_3(\text{有机相}) + 3H^+$$

20.3.3 稀土元素的应用

随着高科技的发展，对有特殊功能的新材料的需求日益迫切，而稀土元素具有独特的物理性质和化学性质，是新材料的最好来源，所以对稀土的研究、开发和利用日益成为世界各国的科技热点，已成为衡量一个国家科学技术发展水平的重要标志之一。

1. 在高新技术领域的应用

在材料工业中，稀土元素用来制造超导材料、激光材料、永磁材料、发光材料、电光源材料等，稀土元素在现代材料科学技术中占有十分重要的地位。

(1) 稀土磁、电功能材料

稀土元素的某些化合物是特殊的磁性材料。如第一代磁性材料20世纪60年代末制取的$SmCo_5$，其磁性是普通钢铁的100倍；第二代磁性材料$SmCo_{17}$，其磁性又比$SmCo_5$高20%；第三代为稀土铁系永磁性，最典型为20世纪80年代初开发出的$Nd_2Fe_{14}B$永磁铁体。发达国家中所生产的Nd-Fe-B永磁材料有一半以上用于计算机磁盘驱动器中的音圈电机(VCM)，还有部分用于电机和核磁共振仪的制造。由于稀土永磁材料的磁性能远高于传统磁体，故被称为超级磁体和当代永磁王。应用于各类电机、磁悬浮列车、核磁共振成像装置及其他光电等高技术领域中。

制造永磁体的稀土元素主要是钕、钐、镨、镝及铈等。

(2) 稀土磁制冷材料

低温超导技术的广泛应用，迫切需要液氦冷却低温超导磁体，但液氦价格昂贵，因而希望有能把液氦气化的氦气再液化的小型高效率制冷机。如果把以往的气体压缩-膨胀式制冷机小型化，必须把压缩机变小，这样将使制冷效率大大降低。因此，为了满足液化氦气的需要，人们加速研制低温(4 K～20 K)磁制冷材料和装置。磁制冷材料是用于磁制冷系统的具有磁热效应的物质。磁制冷首先是给磁体加磁场，使磁矩按磁场方向整齐排列，然后再撤去磁场，使磁矩的方向变得杂乱，这时磁体从周围吸收热量，通过热交换使周围环境的温度降低，达到制冷的目的。磁制冷材料是指用于磁制冷系统的具有磁热效应的一类材料，磁制冷材料是磁制冷机的核心部分，即一般称谓的制冷剂或制冷工质。目前低温磁制冷技术已达到实用化。低温磁制冷所使用的磁制冷材料主要是稀土石榴石$Gd_3Ga_5O_{12}$(GGG)和$Dy_3Al_5O_{12}$(DAG)单晶。使用GGG或DAG等材料做成的低温磁制冷机属于卡诺磁制冷循环型，起始制冷温度分别为16 K和20 K。低温磁制冷装置具有小型化和高效率等独特优点，广泛应用于低温物理、磁共振成像仪、粒子加速器、空间技术、远红外探测及微波接收等领域，某些特殊用途的电子系统在低温环境下，其可靠性和灵敏度能够显著提高。

磁制冷是使用无害、无环境污染的稀土材料作为制冷工质，若取代目前使用氟利昂制冷剂的冷冻机、电冰箱、冰柜及空调器等，可以消除由于生产和使用氟利昂类制冷剂所造成的环境污染和大气臭氧层的破坏，因而能保护人类的生存环境，具有显著的环境和社会效益。

(3) 稀土发光材料

物质发光现象大致分为两类：一类是物质受热，产生热辐射而发光；另一类是物体受激发吸收能量而跃迁至激发态（非稳定态）再返回到基态的过程中，以光的形式放出能量。以稀土化合物为基质和以稀土元素为激活剂的发光材料多属于后一类，即稀土荧光粉。稀土是一个巨大的发光材料宝库，在人类开发的各种发光材料中，稀土元素发挥着非常重要的作用。

自 1973 年世界发生能源危机以来，各国纷纷致力于研制节能发光材料，于是利用稀土三基色荧光材料制作荧光灯的研究应运而生。1979 年荷兰菲利浦公司首先研制成功，随后投放市场，从此，各种品种规格的稀土三基色荧光灯先后问世。如用于制造三基色荧光灯粉的原料是氧化钇、氧化铕、氧化铽及氧化铈等。随着人类生活水平的不断提高，彩电已开始向大屏幕和高清晰度方向发展。稀土荧光粉在这些方面显示自己十分优越的性能，从而为人类实现彩电的大屏幕化和高清晰度提供了理想的发光材料。如硫氧钇铕（$Y_2O_2S:Eu^{3+}$），在电子激发下可产生鲜艳的红色荧光，使彩屏亮度提高一倍。

稀土荧光材料与相应的非稀土荧光材料相比，其发光效率及光色等性能都更胜一筹。因此近几年稀土荧光材料的用途越来越广泛，年用量增长较快。根据激发源的不同，稀土发光材料可分为光致发光（以紫外光或可见光激发）、阴极射线发光（以电子束激发）、X 射线发光（以 X 射线激发）以及电致发光（以电场激发）材料等。如氧化镧、氧化铈、氧化钆等是制造 X 光增减屏的荧光材料。

激光材料是用来制造激光器的材料。稀土离子中有 13 个稀土元素具有未充满的 4f 层，为多种能级跃迁创造了条件，从而获得多种发光性能。镨、钕、钐、镝、钬、铒、铥等可作为激光材料的基体或激活物质。如掺钕的激光玻璃、掺钕的钇铝石榴石单晶（$Y_3AlO_{12}:Nd^{3+}$）是制作固体激光器的激光材料。目前使用的 54 种激光晶体中有 45 种是稀土元素掺杂的激光晶体。

(4) 储氢材料

稀土金属及其合金对氢气的吸附能力很强，镧镍合金（$LaNi_5$）是稀土系类储氢材料的典型代表，如 1 kg $LaNi_5$ 在室温和 2.5×101.325 kPa 压力下，可吸收 15 g 氢，相当于标准状态下的 180 L 氢气。并且吸氢和放氢的过程是可逆的，活化能低，速度快，因此可作为氢气储存器。除对氢的吸附以外，稀土及其合金对其他气体也有相当大的吸收能力，因此，在电子工业中可用作产生高真空的吸气材料。

目前研究的已投入使用的储氢合金主要有稀土系类（La、Nd、Ce、Sm、Y、Gd 等）及其他类。

2. 石油、化工领域的应用

在化学工业中，稀土元素是重要的催化剂和助催化剂，成功地用于石油化工、合成橡胶、合成氨和汽车尾气净化等领域中。目前世界上 90% 的炼油装置都使用含稀土的催化剂。在催化原油裂化过程中,能催化许多其他的有机反应。如催化烯烃氢化生成烷烃等。稀土分子筛型石油裂化催化剂具有活性强、选择性高及热稳定性好的优点,可使原油出油率提高10%~20%。近年来开发的稀土纳米催化剂具有广阔的前景。纳米粒子则具有更强的催化性能,在汽车尾气净化催化剂中的常规稀土化合物换成稀土纳米粒子后,提高了尾气中的一氧化碳、碳氢化合物和氮氧化物的转化率,也就是说含有稀土纳米粉末的催化剂除污染的效果更好。用纳米 La_2O_3 和 CeO_2 作为汽车尾气净化剂涂层的添加剂,通过比较表明:用纳米粉末一次涂层量比非纳米一次涂层量高近一倍,从而催化活性大有提高,50% CO 转化时温度降低了近 40 K。另外"纳米空调"生产中采用了含有稀土、稀土纳米氧化物、具有特殊化学配位结构的微孔活动中心的空气净化过滤新材料,能分解和去除居室中装修材料和家具板材中,散发出来的甲醛、苯、二甲苯、三氯乙烯等有害气体。

3. 在玻璃、陶瓷工业中的应用

稀土元素在玻璃、陶瓷工业广泛应用。将氧化镧加入到玻璃中,能提高玻璃的折射率和降低色散度,使玻璃的光学性能改善,影像清澈,用于制造高级相机镜头及精密光学棱镜,广泛应用于国防科学的研究上。CeO_2 或混合稀土氧化物广泛用于玻璃的抛光剂。它具有用量少、抛光时间短等优点。稀土可使玻璃具有特种性能和颜色。如含纯氧化钕的玻璃具有鲜红色,用于航行的仪表中;含纯氧化镨的玻璃是绿色,能随光源改变而变化颜色;含有镨和钕的玻璃因为能吸收强烈的钠黄光,可用于制造焊接工和玻璃工用的防护镜。

陶瓷材料的最大缺点是有脆性、不耐高温,但在制陶配料中加入混合稀土的氧化物形成稀土陶瓷就具有高强度和耐高温的优良性能,用以制作刀具、发动机的活塞等部件。陶瓷业中,稀土氧化物可作为陶瓷釉彩的着色剂,如 Pr_2O_3 是高级瓷器的上釉颜料。

4. 在其他方面的应用

在冶金工业上,可以利用稀土元素对氧、硫及其他非金属的强亲合性,去除钢铁中的有害杂质,减少钢材的脆性,提高钢材的韧性、耐磨性和抗腐蚀性,此外还可利用稀土来制造特种钢材。

在民用和军事工业中,用以铈为主的混合轻稀土金属,制造民用打火石和军用引火合金。军用引火合金用来制造弹药的引信和点火装置。

在农业中,稀土元素作为微量元素肥料,可以促进农作物的生长,并有增产作用。

在容量化学分析中,Ce^{4+} 的硝酸盐和硫酸盐是常用的氧化剂,它的优点是在反应过程中,Ce^{4+} 直接被还原为 Ce^{3+},没有中间过程,反应快速,容易定量。

在医药上,氯化铈及氯化钠配成的膏剂对治疗皮肤病有良好效果。

综上所述,稀土元素的应用,已深入到各行各业和日常生活中,限于篇幅不能一一提及。可以预见,随着对稀土的研究和应用的发展,稀土——这个"神奇之土",会越来越显著地改变着人类的生活。

§20.4 锕系元素

锕系元素是周期表中第二类过渡元素,以排布 5f 电子为特征,它们都具有放射性。其中位于铀后面的元素，被称为“超铀元素”。锕系元素(Actinides)常用符号 An 表示。铀(U)是 1789 年德国人克拉普罗特(Klaproth，M.H.)从沥青铀矿中发现的，它是第一种被人们认识的锕系元素。而超铀元素则是 1940 年以后，用人工核反应合成的。锕系元素的研究与原子能工业的发展有着密切关系。铀、钍和钚已大量用作核反应堆的燃料，其他的一些核素如^{138}Pu、^{244}Cm 等，在空间技术、气象学、生物学以及医学方面，都有着实际的和潜在的应用价值。

20.4.1　锕系元素电子层结构和通性

1. 电子层结构

锕系元素的价电子层结构和镧系元素一样出现两种结构：$5f^n7s^2$ 和 $5f^{n-1}6d^17s^2$。锕系元素的价层电子构型见表 20-6，电子排布选择哪种构型，取决于两种组态的能量。锕系元素的价电子层结构 5f 和 6d 的能量相近，而镧系元素价电子层结构 4f 和 5d 的能量相差较大。这就造成了有利于 f 电子从 5f 向 6d 轨道的跃迁，使得锕系元素中，从 Th 到 Np 具有强烈保持 d 电子的倾向，而 Np 以后的元素的价电子层结构与镧系元素十分相似。

表 20-6　锕系元素的价层电子构型和某些性质

元　素	读音	可能的价电子构型	An^{3+} 离子半径(pm)	An^{4+} 离子半径(pm)
89 锕 Ac	(ā)	$6d^17s^2$	126	
90 钍 Th	(tǔ)	$6d^27s^2$		108
91 镤 Pa	(pǔ)	$5f^26d^17s^2$	118	104
92 铀 U	(yóu)	$5f^36d^17s^2$	116.5	103
93 镎 Np	(ná)	$5f^46d^17s^2$	115	101
94 钚 Pu	(bù)	$5f^6\ 7s^2$	114	100
95 镅 Am	(méi)	$5f^7\ 7s^2$	111.5	99
96 锔 Cm	(jú)	$5f^76d^17s^2$	111	99
97 锫 Bk	(péi)	$5f^9\ 7s^2$	110	97
98 锎 Cf	(kāi)	$5f^{10}\ 7s^2$		
99 锿 Es	(āi)	$5f^{11}\ 7s^2$		
100 镄 Fm	(fèi)	$5f^{12}\ 7s^2$		
101 钔 Md	(mén)	$5f^{13}\ 7s^2$		
102 锘 No	(nuò)	$5f^{14}\ 7s^2$		
103 铹 Lr	(lǎo)	$5f^{14}6d^17s^2$		

2. 离子颜色

锕系元素的离子颜色见表 20-7。除少数离子为无色外，其余离子都是有颜色的。这与 f 电子有关，类似于镧系离子的情况。

表 20－7　锕系离子在水溶液中的颜色

元　素	An^{3+}	An^{4+}	MO_2^+	MO_2^{2+}
Ac	无色	—	—	—
Th	—	无色	—	—
Pa	—	无色	无色	—
U	浅红	绿色	—	黄色
Np	紫色	黄绿	绿色	粉红
Pu	蓝色	黄褐	红紫	黄橙
Am	粉红	粉红	黄色	浅棕
Cm	无色	—	—	—

3. 锕系收缩

同镧系元素相似，锕系元素相同氧化态的离子半径随原子序数的增加而逐渐减小，称之为锕系收缩。从表 20－6 可知，从 89 号锕到 93 号镎离子半径的收缩幅度还比较明显，自 94 号钚开始，收缩就很小了。

20.4.2　氧化态

锕系元素中 Th～Bk 存在多种氧化态，这是锕系元素与镧系元素的明显差别。对于镧系元素＋3 是特征氧化态，但锕系元素却不同，由表 20－8 可知，由 Ac 到 Am 为止的前半部分锕系元素具有多种氧化态，其中最稳定的氧化态由 Ac 为＋3 上升到 U 为＋6，随后又依次下降，到 Am 为＋3，Cm 以后的稳定氧化值为＋3，唯有 No 在水溶液中最稳定的氧化态为＋2。由于 5f 亚层比 4f 亚层离原子核更远，核对 5f 电子的吸引力要小些，并且 5f、6d、7s 各轨道能量比较接近，因此与镧系元素相比，同样把一个外数第三层的 f 电子激发到次外层的 d 轨道上去，在前半部分（n＝7 以前）锕系元素所需的能量要少，表明这些锕系元素的 f 电子较容易被激发，成键的可能性更大一些，更容易表现为高氧化态；在 n＝7 以后的锕系元素则相反，由于 f 电子数增加，原子半径减小，f 电子趋于稳定，表现出它们的低氧化态化合物更稳定。

表 20－8　锕系元素的氧化态

Ac	Th	Pa	U	Np	Pu	Am	Cm	Bk	Cf	Es	Fm	Md	No	Lr
						(＋2)			[＋2]	[＋2]	[＋2]	[＋2]	[＋2]	
$\underline{+3}$	(＋3)	＋3	＋3	＋3	＋3	$\underline{+3}$	$\underline{+3}$	$\underline{+3}$	$\underline{+3}$	$\underline{+3}$	$\underline{+3}$	$\underline{+3}$	＋3	＋3
	$\underline{+4}$	＋4	＋4	＋4	$\underline{+4}$	＋4	＋4	＋4						
		$\underline{+5}$	＋5	$\underline{+5}$	＋5	＋5								
			$\underline{+6}$	＋6	＋6	＋6								
				＋7	＋7									

注：$\underline{\quad}$表示最稳定的氧化态，( )表示只存在于固体中，[ ]表示只存在于溶液中。

20.4.3　锕系金属

锕系元素中只有 Th 和 U 存在于自然界的矿物中，且存在最重要的铀矿是沥青铀矿（主要成分是 U_3O_8）。锕系元素放射性强，半衰期很短，一般不易制得金属单质。它们的制备方法可用碱金属或碱土金属还原相应的氟化物或用熔盐电解法制备。目前制得的只有 Ac、Th、Pa、U、Np、Am、Cm、Bk、Cf 共 10 种金属单质。锕系元素的单质通常为银白色，都是有放射性的金属，在暗处遇到荧光物质能发光。锕系元素也是活泼金属，易与水或氧作用，保存时应避免与氧接触。锕系元素可与其他金属形成金属间化合物和合金。

§ 20.5　钍和铀的重要化合物

在锕系元素中，最常见的是钍和铀的化合物，主要原因是这两种元素可用作核燃料。

20.5.1　钍及其重要化合物

钍主要存在于硅酸钍矿（$ThSiO_4$）、独居石等矿中。金属钍可在 1 200 K 的高温下用 Ca 还原 ThO_2 而制得。从独居石中提取稀土元素时，可分离出 $Th(OH)_4$，这是钍的重要来源之一。

钍为银白色金属，质软，是活泼金属，在大气中逐渐变暗。它能与水、O_2、N_2 在不同的高温下反应；稀酸溶液（如 HF、HNO_3、H_2SO_4 及 HCl）和浓 H_3PO_4 与钍反应缓慢，浓 HNO_3 能使钍钝化。钍的特征氧化态是＋4。

1. ThO_2 和 $Th(OH)_4$

粉末状钍在氧气中加热燃烧，或将氢氧化钍、硝酸钍、草酸钍灼烧，都生成白色粉末的 ThO_2。它的熔点为 3 660 K，是所有氧化物中熔点最高的。

ThO_2 有广泛的应用。在人造石油工业中，在水煤气合成汽油时，常用含 8% ThO_2 的氧化钴作催化剂。含有 1% CeO_2 的 ThO_2 受热时强烈发光，是制作煤气灯纱罩的不可缺少的材料。

2. 硝酸钍

$Th(NO_3)_4 \cdot 5H_2O$ 是最重要的钍盐，它除易溶于水外，还易溶于醇、酮和酯中，硝酸钍常用于制取钍的其他化合物。在硝酸钍溶液中加入不同试剂，可析出不同沉淀。最重要的沉淀为钍(Ⅳ)的氢氧化物、氟化物、碘酸盐、草酸盐和磷酸盐等，除氢氧化物外，钍的后四种盐类即使在 6 $mol \cdot L^{-1}$ 的强酸中也不易溶解。因此可以用于分离钍和其他相同性质的＋3 和＋4 氧化态的离子。

Th^{4+} 在 pH＞3 时发生剧烈的水解，形成的产物是配离子，其组成与 pH、Th^{4+} 的浓度和阴离子种类有关。在高氯酸溶液中，主要离子为 $[Th(OH)]^{3+}$、$[Th(OH)_2]^{2+}$、$[Th_2(OH)_2]^{6+}$、$[Th_4(OH)_8]^{8+}$，最后的产物为六聚物 $[Th_6(OH)_{15}]^{9+}$。

此外，钍的硝酸盐、硫酸盐和氯化物均易溶于水，从水溶液中结晶析出时带结晶水。

钍可形成 $MThCl_5$、M_2ThCl_6、M_3ThCl_7 等配合物，也可与 EDTA 等形成螯合物。

20.5.2 铀及其重要化合物

铀为银白色活泼金属，在空气中很快被氧化变黄，进而变成黑色氧化膜，但此膜不致密，不能保护金属。铀在自然界中主要存在于沥青铀矿中，其主要成分是 U_3O_8。沥青铀矿经酸或碱处理后用沉淀法、溶剂萃取法或离子交换法可得到 $UO_2(NO_3)_2$，再经几步反应制备得到 U。反应式如下：

$$UO_2(NO_3)_2 \xrightarrow{\triangle} UO_2 \xrightarrow{HF} UF_4 \xrightarrow[\triangle]{Mg} U + MgF_2$$

铀易溶于 HCl 和 HNO_3，在 H_2SO_4、H_3PO_4 和 HF 中溶解较慢；不与碱作用。铀的氧化态有+2、+3、+4、+5 和+6，其中以+6 最为重要，其次是+4。

1. 氧化物

铀的主要氧化物有 UO_2（暗棕色）、U_3O_8（暗绿）和 UO_3（橙黄）。它们可通过以下反应制得：

$$2UO_2(NO_3)_2 \xlongequal{600\ K} 2UO_3 + 4NO_2\uparrow + O_2\uparrow$$

$$UO_3 + CO \xlongequal{623\ K} UO_2 + CO_2$$

$$6UO_3 \xlongequal{1\,000\ K} 2U_3O_8 + O_2\uparrow$$

UO_3 具有两性，溶于酸生成铀氧基离子（或铀酰基离子）UO_2^{2+}，溶于碱生成重铀酸根离子 $U_2O_7^{2-}$。U_3O_8 不溶于水，但溶于酸生成铀氧基离子 UO_2^{2+}，UO_2 缓慢溶于 HCl 和 H_2SO_4 中，生成 U(Ⅳ)盐，HNO_3 不仅溶解 UO_2，且氧化成 $UO_2(NO_3)_2$。

2. 硝酸铀酰

将铀的氧化物 UO_2、U_3O_8 和 UO_3 溶于硝酸可得到柠檬黄色的硝酸铀酰 $UO_2(NO_3)_2 \cdot 6H_2O$。它带黄绿色荧光，在潮湿空气中易于吸收水分。$UO_2(NO_3)_2$ 易溶于水、醇和醚中。UO_2^{2+} 在水溶液中可水解，产物主要为 UO_2OH^+、$(UO_2)_2(OH)_2^{2+}$ 和 $(UO_2)_3(OH)_3^{3+}$。

3. 铀酸盐

在 UO_2^{2+} 的水溶液中加碱，有黄色的重铀酸钠 $Na_2U_2O_7 \cdot 6H_2O$ 析出。$Na_2U_2O_7 \cdot 6H_2O$ 加热脱水后得无水盐，叫作铀黄。铀黄作为黄色颜料被广泛应用于瓷釉或玻璃工业中。

4. 六氟化铀

在氟化物 UF_5、UF_4、UF_5 和 UF_6 中，以 UF_6 最为重要，该物质为易挥发性化合物，可以用低氧化态的氟化物经进一步氟化而制得。反应式如下：

$$UO_3 + 3SF_4 \xlongequal{\quad} UF_6 + 3SOF_2$$

UF_6 是无色或淡黄色晶体，熔点 64.5～64.8 ℃（三相点温度），沸点 56.4 ℃，相对密度 4.68～5.09。在干燥空气中稳定，但遇到水蒸气即水解。

$$UF_6 + 2H_2O \xlongequal{\quad} UO_2F_2 + 4HF$$

UF_6 主要由 U 的两种不同的核素构成：$^{238}UF_6$ 和 $^{235}UF_6$，利用它们气体的扩散速率不同，可使 $^{238}UF_6$ 和 $^{235}UF_6$ 离心分离，再从 $^{235}UF_6$ 进一步制得 U－235 核燃料。

5. 其他化合物

铀与各种氟、氯、氧、氮、硫、氢等非金属元素在不同温度下反应，得到各种氧化态的化合物。

UO_2^{2+} 还能与其他许多阴离子如 Cl^-、F^-、CO_3^{2-}、SO_4^{2-}、PO_4^{3-} 等形成配合物。

醋酸铀酰 $UO_2(CH_3COO)_2 \cdot 2H_2O$ 能与钠离子加合形成 $Na[UO_2(CH_3COO)_3]$ 等配合物，这一反应可用来鉴定微量钠离子。

§20.6　核反应和超铀元素的合成

化学反应是由原子间电子的转移或得失而引起的，物质的分子和离子在化学反应中只是发生了原子间的重新组合，原子核并没有发生改变，改变的只是原子的价态电子构型。因而，元素的化学性质决定于原子的核外电子构型，特别是最外层、次外层和次次外层的电子组态。本章将简介原子核之间发生变化的有关现象及初步知识，它们属于核化学的范畴，核化学是研究原子核的反应、性质、结构、分离和鉴定及其规律的一门科学。

20.6.1　核反应

在自然界中有一些元素的原子核是不稳定的，能自发地发生核变化并放射质点和电磁辐射。如 U－238 能自发地变为 Th－234 并放射出 α 射线，α 射线是 He－4 核（α 粒子）流。这个变化可用以下方程式表示：

$$^{238}_{92}U \longrightarrow {}^{234}_{90}Th + {}^{4}_{2}He$$

像这种原子核自发地发生核结构的变化，称为核衰变（nuclear decay）；原子核自发地放射出射线的性质，称为放射性。具有放射性的同位素称为放射性同位素。U 和 Th 都是天然放射性元素。

当人们用中子或其他核轰击某一原子核时，也能产生新的原子核，像这种原子核由外因引起的核结构的变化，称为核反应。例如：用中子（^1_0n）轰击 ^{198}Hg 可以得到金核和正电子（^0_1e）：

$$^{198}_{80}Hg + {}^{1}_{0}n \longrightarrow {}^{199}_{79}Au + {}^{0}_{1}e$$

这个核反应是在 1941 年由安德逊（Anderson）完成的，它实现了古人"点石成金"的梦想。

上述核反应可将靶核（$^{198}_{80}Hg$）和产生的核（$^{199}_{79}Au$）分别写在括号的左边和右边，括号内先写出轰击粒子（n）再写出射出粒子（p）。即以上核反应可简写为：

$$^{198}_{80}Hg(n,e)^{197}_{79}Au$$

用各种粒子轰击原子核能产生自然界中没有发现的核，这些新核素称为人造同位素。

1. 放射性衰变

核的衰变发生在天然放射性元素中，通常有以下几种类型：

(1) α衰变

α衰变是不稳定的重原子核和少数轻原子核自发放射出 He-4 核流而转变为另一种核的过程。He-4 核即α粒子,用$^{4}_{2}He$或$^{4}_{2}\alpha$表示。凡是原子核发生α衰变后,它的原子质量数 A 降低 4 个单位,原子序数 Z 降低 2 个单位,例如:

$$^{226}_{88}Ra \longrightarrow ^{222}_{86}Rn + ^{4}_{2}He$$

α衰变时常常有γ辐射伴随发生。

(2) β衰变

β衰变是放射性原子核放射出β射线而转变为另一种核的过程。发生β衰变的一般是元素的最重的同位素。β射线是高速电子流,β粒子即电子,用$^{0}_{-1}e$或$^{0}_{-1}\beta$表示。β衰变一般发生在中子数过多的原子核中,放射出β粒子的过程,可认为是核内的中子转变为质子的过程:

$$^{1}_{0}n \longrightarrow ^{1}_{1}p + ^{0}_{-1}e$$

β衰变能改变 n/p 的比值,使不稳定核素转变为稳定核素。例如:

$$^{12}_{6}C \longrightarrow ^{12}_{7}N + ^{0}_{-1}e$$

$$^{141}_{56}Ba \xrightarrow{\beta} ^{141}_{57}La \xrightarrow{\beta} ^{141}_{58}Ce \xrightarrow{\beta} ^{141}_{59}Pr$$

(3) γ衰变

γ衰变常常伴随α衰变和β衰变发生,它既不改变原子核的原子序数也不改变质量数,只放射出γ射线,γ射线是波长很短、能量很大的电磁辐射。它表示损失能量,剩下的核将更稳定。在核反应式中不表示出γ衰变。

(4) 正电子衰变

正电子衰变是放射性原子核放射出正电子转变为另一种核的过程。发生正电子衰变的一般是元素的最轻的同位素。正电子与电子的质量相同,但电荷符号相反,正电子用$^{0}_{1}e$表示。正电子可认为是核内质子转变为中子时放射出的:

$$^{1}_{1}p \longrightarrow ^{1}_{0}n + ^{0}_{1}e$$

以下是正电子衰变的例子:

$$^{11}_{6}C \longrightarrow ^{11}_{5}B + ^{0}_{1}e$$

$$^{19}_{10}Ne \longrightarrow ^{19}_{9}F + ^{0}_{1}e$$

(5) 电子俘获

电子俘获是原子核从核外电子层(通常是 K 层)俘获一个电子的过程。结果使核内一个质子转为中子:

$$^{1}_{1}p + ^{0}_{-1}e \longrightarrow ^{1}_{0}n$$

电子俘获后,通常一个电子从较高能级落到 K 层的空位,这样将放射出特征的 X 射线。以下是电子俘获的例子:

$$^{7}_{4}Be + ^{0}_{-1}e \longrightarrow ^{7}_{3}Li$$

$$^{40}_{19}K + ^{0}_{-1}e \longrightarrow ^{40}_{18}Ar$$

2. 粒子轰击

粒子轰击是用高速粒子(如质子、中子等)或用简单的原子核(如氘核、氦核)去轰击一种原子核,结果导致核反应。例如:

$$^{6}_{3}\mathrm{Li}+^{1}_{0}\mathrm{n}\longrightarrow ^{3}_{1}\mathrm{H}+^{4}_{2}\mathrm{He}$$

这个反应表示用中子轰击$^{6}_{3}\mathrm{Li}$生成氚和氦。

这类反应可按轰击所用的粒子和反应后放出的粒子来分类,分别用 n(中子)、p(质子)、d(氘核)、α(氦核)、γ(光子)等符号表示粒子。中子为轰击粒子是引起核转变的有效“子弹”之一。它不像带正电荷的质子或 α 粒子被原子的带正电荷的核所排斥那样,不带正电荷的中子要打到一个核上,是不需要很高的能量。此过程发生的反应叫作中子捕获反应。

为了方便,粒子轰击反应常用缩写的记号来表示:

$$\mathrm{M(a,b)M'}$$

M 是被轰击核,a 是进行轰击的粒子,b 是发射出来的粒子,M′ 是产物核。上述用中子轰击$^{6}_{3}\mathrm{Li}$生成氚和氦的反应,缩写为$^{6}_{3}\mathrm{Li(n,\alpha)}^{3}_{1}\mathrm{H}$。

粒子轰击这一类型反应共有 20 多类。

3. 核裂变和原子弹

核裂变(nuclear fission)又称核分裂,指一个重原子核分裂两个或两个以上质量较轻的新原子核,同时放出大量能量和几个中子的过程。核裂变有自发和诱导两种,前者是由于重核不稳定自发地分裂,其裂变半衰期一般较长,后者是原子核受到其他粒子(如中子、光子等)的轰击,而立即引起核分裂。

首先发现的也是具有重要实际意义的核裂变是铀- 235 的裂变,如以慢中子轰击它,常发生以下的核裂变反应:

$$^{235}_{92}\mathrm{U}+^{1}_{0}\mathrm{n}\longrightarrow ^{131}_{50}\mathrm{Sn}+^{103}_{42}\mathrm{Mo}+2^{1}_{0}\mathrm{n}$$

$$^{235}_{92}\mathrm{U}+^{1}_{0}\mathrm{n}\longrightarrow ^{139}_{56}\mathrm{Ba}+^{94}_{36}\mathrm{Kr}+3^{1}_{0}\mathrm{n}$$

实际上铀- 235 的裂变产物复杂多样,在核裂变的产物中从$_{30}\mathrm{Zn}\rightarrow _{64}\mathrm{Cd}$约有 30 多种,所产生的放射性核素有 200 种以上,但两个碎片的质量数一般不小于 72,也不大于 162,其中概率最大的质量数为 95 和 136 的两个碎片。

一个$^{235}\mathrm{U}$核裂变时,一个中子射进去,可放射出 2～4 个中子。如果将放射出的 2 个快中子减速成为慢中子,它们又可以作为“炮弹”去轰击铀核,依此反应链接下去,则几次之后将获得 2^n 个中子,这个过程称为链式裂变反应,进行得非常之快。原子核在发生核裂变时,释放出巨大的能量称为原子核能,俗称原子能。1 千克铀- 235 的全部核的裂变将产生 20 000 兆瓦小时的能量(足以让 20 兆瓦的发电站运转 1 000 小时),与燃烧 2 500 吨煤释放的能量一样多。

后一代的中子数与前一代的中子数之比称为倍增系数(k)。在一系列的核裂变反应中,产生的中子数多于消耗的中子数,链式反应才得以继续进行,但产生的中子一部分可能被核裂变产物和反应堆内的构件所吸收,也可能有一部分中子逃逸到反应堆外,不参加链式反应。所以有效的中子的多少,对链式反应具有决定的作用。如果参与链式反应的中子的倍增系数平均小于1，则链式反应就呈收缩趋势，愈来愈弱；如果 $k>1$，则呈发散趋势，反应愈来愈烈，甚至达到无法控制的地步，引发核爆炸；如果控制 $k=1$，则链式反应可以经久不息地平稳进行，核衰变过程中所释放出的能量就可以得到利用。驾驭链式反应可通过控制棒来实现。控制棒可用中子吸收截面积很大而本身又不发生核裂变的材料如镉、硼、铪等制成。

铀的正常样品稳定存在的原因：天然铀中含有三种核素：^{238}U(99.28%)、^{235}U (0.714%)和 ^{234}U(0.006%)，能进行链式反应只有 ^{235}U。^{238}U 只是在俘获能量大于1.1 MeV的中子时才会发生裂变，如果中子的能量小于1.1 MeV，则虽被俘获但不发生裂变。可是在裂变过程中产生能量大于1.1 MeV的中子并不多。实际情况是所产生的中子大部分被 ^{238}U"吃掉"了。实验证明，当中子的能量为几十电子伏特时，^{238}U 对中子的吸收能力非常强，^{235}U无法和它竞争，而当中子的能量只有1/40 eV(即热中子)时，^{238}U 吸收中子的能力只有 ^{235}U 的1/190。此时，中子对 ^{238}U 不起作用，而 ^{235}U 则能吸收中子继续裂变。使中子减速的最理想的材料是重水(即氘水 D_2O)和石墨。

现代科学又开创了将 ^{238}U 变成钚 $^{239}_{94}Pu$，而 $^{239}_{94}Pu$ 也能进行核裂变反应，这样就可以把热中子反应堆中所积压的 ^{238}U 充分利用。在使用铀或钚作为核燃料时需要特别注意它们的质量(或体积)，即在实现自发核裂变链式反应的过程中所需裂变材料(核燃料)的量不能低于一定的极限值，这个极限值就称为临界质量。具有临界质量时核燃料的体积称为临界体积。存在临界质量的原因是：虽然核燃料裂变时产生的中子比消耗的中子多，但生成的中子除一部分用于轰击核燃料外，还可能因泄漏出核燃料系统而损失，或者部分中子被 ^{238}U 吸收。如果泄漏的量过大就不足以维持链反应，因此必须使核燃料系统的质量大(或有足够的体积)以保持有足够的中子维持链反应的进行。

核裂变是在1938年发现的，由于当时第二次世界大战的需要，核裂变被首先用于制造威力巨大的原子武器——原子弹。原子弹是利用铀和钚等较容易裂变的重原子核在核裂变瞬间可以发出巨大能量的原理而制造的。制造原子弹需要高浓度的(>93%)裂变物质 ^{235}U。科学家首先利用 UF_6 气体扩散速度不同进行提纯，使得^{235}U 富集到93%；其次，为了使原子弹在需要的时候爆炸，每个原子弹中有两块^{235}U，每块质量不大，连续裂变时释放的能量不足以引起爆炸，但当两块铀合在一起，就能在瞬间发生强烈的爆炸。所以原子弹中还有一个普通的小炸弹作为引爆装置，通过引爆装置把两块铀挤压在一起，达到超临界体积，于是瞬间形成剧烈的不受控制的链式裂变反应，在极短时间内，释放出巨大的核能，产生了核爆炸。一个原子弹的爆炸威力相当于10万吨TNT普通炸药。原子能的研究成果，不幸首次应用于战争，危害人们的生活。二战结束后，人们努力研究利用核裂变产生的巨大能量为人类造福，让核裂变始终在人们的控制下进行，使它造福于人民，核电站就是这样的装置。

4. 核聚变和氢弹

取得原子能的另一重要途径是核聚变反应(nuclear fussion)。核聚变反应是指两个轻元素的原子核发生核反应时，能合成一个较重元素的原子核，同时释放出巨大的能量。参与核聚变反应的轻元素必须具有相当高的能量。使轻核素具有高能量的一种方式是提高轻核素的温度，在几兆的高温下就能引发核聚变反应，反应一经启动，所释放的能量就能使反应系统继续维持高温，从而使核聚变反应持续进行。这是由于核聚变反应是在极高的温度下进行的核工业反应，所以又称为热核反应(thermonuclear reaction)。产生核聚变反应所用的轻核素又称为聚变核燃料(或简称为热核燃料)。

热核反应通常发生在天体中，它是宇宙能量的重要来源之一。在太阳等恒星的内部时时刻刻都在进行：

$$^{1}_{1}H + ^{1}_{1}H \longrightarrow ^{2}_{1}H + ^{0}_{1}e$$

$$^{2}_{1}H + ^{1}_{1}H \longrightarrow ^{3}_{2}He + \gamma$$

$$^{3}_{2}He + ^{3}_{2}He \longrightarrow ^{4}_{2}He + 2^{1}_{1}H$$

人工热核反应首先在氢弹爆炸中实现。氢弹(hydrogen bomb)又称聚变弹、热核弹，是利用轻原子核聚合成较重原子核过程中释放出大量能量的原理制成的核武器。这种核聚变反应要在数千万度高温和超高压条件下才能进行。所以氢弹需要装一个小型原子弹作为引爆装置。原子弹爆炸后释放出中子流并形成超高温和超高压环境，中子流与热核材料作用使氢的同位素氘等轻原子核发生聚变反应，瞬间释放出巨大能量和新的中子，接着又产生新的聚变反应，连续反应下去，直到产生热核爆炸。氢弹爆炸的威力远远大于原子弹，目前最小的氢弹威力相当于 100 万吨 TNT 炸药的威力；最大的氢弹威力可以达到 5 000 万吨 TNT 以上炸药的威力。

人们经过计算知道 1 g 核燃料经核聚变后所产生的能量约为核裂变相应能量的 4 倍。核聚变能产生如此巨大的能量，给面临能源危机的人类带来了希望。在天然水中含有氘水 0.02%，而大量的海水中含有的氘则取之不尽，这为人类开辟新的能源途径指明了方向。但受控热核反应面临着诸多难题：如何将核燃料加热到很高的温度(大约 1 亿度)以启动核聚变？什么样的反应容器能承受如此的高温？如何控制和约束反应使之平稳进行等等？所以用于工业目的的可控聚变反应堆还处于研究实验阶段。

20.6.2　核能的利用

当今世界面临的最大问题之一就是能源短缺。现代社会中能源的人均消费已经成为衡量一个国家发展程度和人民生活水平高低的重要标志之一。按现在的能源消耗，世界上已知探明的石油、天然气和煤等生物化石能源将在几十年至 200 年内逐渐耗尽。

就我国而言，能源的短缺已经成为我国经济和社会发展的巨大障碍。煤、石油、天然气是重要的化工原料，用作燃料烧掉非常可惜。同时，大量燃烧煤炭和石油严重地污染了环境，危及生态平衡。因此人类迫切需要一种新能源。

20 世纪的伟大科技成果之一是人类打开了核能利用的大门。核科技的发展是人类科技发展史上的重大成就。核能的和平利用，对于缓解能源紧张、减轻环境污染具有重要的意义。下面介绍核能的主要应用——核电站。

1. 核电站的组成和工作原理

核电站和原子弹是核裂变能的两大应用，两者机制上的差异主要在于链式反应速度是否受到控制。核电站是利用原子核内部蕴藏的能量产生电能的新型发电站，核电站大体可分为两部分：一部分是利用核能生产蒸汽的核岛，包括反应堆装置和一回路系统；另一部分是利用蒸汽发电的常规岛，包括汽轮发电机系统。

用铀制成的核燃料在反应堆内发生裂变产生大量热能，再用处于高压力下的水把热能带出，在蒸汽发生器内产生蒸汽，蒸汽推动汽轮机带着发电机一起旋转，电就源源不断地产生出来，并通过电网送到四面八方。这就是最普通的压水反应堆核电站的工作原理。

2. 核反应堆原理

核电站的中心是核燃料和控制棒组成的核反应堆，它是核电站的关键设计，链式裂变反应就在其中进行。反应堆种类很多，核电站中使用最多的是压水堆。压水堆中首先要有核燃料。核燃料是把小指头大的烧结二氧化铀芯块，装到锆合金管中，将三百多根装有芯块的锆合金管组装在一起，成为燃料组件。大多数组件中都有一束控制棒，它由能吸收中子的材料制备而成，如B、Cd和Hf等。利用它吸收中子的特性来控制链式反应的强度和反应的开始与终止。

3. 世界的核电状况

在发达国家，核电已有几十年的发展历史，核电已成为一种成熟的能源。据报道，自1954年以来，全世界总共建成几百座核电站，分布在近40个国家。现在世界许多国家，特别是工业国家几乎都用核能发电。世界六分之一的电由核电站生产，现在许多国家还继续建造核电站。我国目前已经能够设计、建造和运行自己的核电站，核电设备国产化率过九成。我国目前正在运行的核电站有秦山核电站、广东大亚湾核电站和岭澳核电站，正在建设的4座核电站包括秦山二期、三期、田湾和三门核电站。

近30年以来，尽管出现过切尔诺贝尔、福岛等核电事故，部分人对核电站的安全性提出质疑，甚至提出“废核”，但是国际经验表明，只要进一步采用新技术，加强管理，进一步妥善处理核废料，核电仍然是一种经济、安全、可靠、清洁的能源。

核电站虽然建设成本高，但没有消耗煤炭和石油，也没有产生废气和煤灰，是一种清洁的能源。

20.6.3 人工核反应和超铀元素的合成

1. 人工核反应

天然放射性是来自某些核素的自发衰变。以此相对应是人工核反应，它是指对于那些不能自发进行的核变化，在一定条件下，用具有一定能量的粒子，对靶子物质进行轰击而发生的核反应。常用的轰击粒子有质子、中子、α粒子和B、C、N、O核等，被轰击的物质称为靶核。1919年，卢瑟福在研究^{214}Po放射的α粒子的性质时，发现氮气受到α粒子的撞击，会发生如下反应：

$$^{14}_{7}\mathrm{N}+{}^{4}_{2}\mathrm{He}\longrightarrow{}^{17}_{8}\mathrm{O}+{}^{1}_{1}\mathrm{H}$$

这是第一个人工核反应。该反应也可简单的表示为$^{14}_{7}\mathrm{N}\ (\alpha,\ p)^{17}_{8}\mathrm{O}$。

1919～1932年间，人们用天然发射性核素释放的α粒子轰击B、C、O、F、Na、Al、P等，实现了一系列人工核反应，并得到了许多自然界没有的发射性核素，又称“人造同位素”。值得一提的是1930年用α粒子轰击Be-9的反应，此核反应的实施，导致了中子的发现：

$$^{9}_{4}Be + ^{4}_{2}He \longrightarrow ^{12}_{6}C + ^{1}_{0}n$$

人工核反应能使本来不具有放射性的核素转变为放射性核素。例如，1934 年居里夫妇用高速 α 粒子去轰击金属铝，发现如下的反应：

$$^{27}_{13}Al + ^{4}_{2}He \longrightarrow ^{30}_{15}P + ^{1}_{0}n$$

得到的 $^{30}_{15}P$ 不稳定，它具有放射性继续发生核衰变反应：

$$^{30}_{15}P \longrightarrow ^{30}_{14}Si + ^{0}_{1}e$$

这样就第一次发现了人造的放射性同位素。这一发现为人工获得放射性元素及完善元素周期表开辟了道路。1937 年人工制造了 43 号元素锝，1940 年合成了 85 号元素砹，1945 年合成了 61 号元素钷。

2. 超铀元素

193 号元素及其以后的元素全是人工合成的，被称为超铀元素，又叫铀后元素。自 1940 年发现第一个超铀元素镎(Np)以来，至今已合成出直到 122 号元素 ^{122}Ubb (322)。随着质子数的增加，超铀元素的半衰期越来越短。较轻的超铀元素(从 ^{93}Np 到 ^{100}Fm)可以用中子反应(反应堆或核爆炸)获得。如 ^{239}Np，是美国核物理学家麦克米伦(Edwin M. McMillian)和艾贝尔森(Philip H. Abelson)在 1940 年利用中子轰击薄铀片研究裂变物的射程时发现的。质子数大于 100 的元素要用耗费巨大的加速器重离子轰击才制备，经过许多天的辐照，每次只能获得几个甚至 1 个原子。如 105 号元素 Db，1967 年苏联杜布纳研究所宣布用 ^{22}Ni 轰击 ^{243}Am 获得 ^{260}Db 和 ^{261}Db 的几个原子。1970 年美国加州劳伦斯伯克莱实验室宣布在重离子直线加速器上用 84 MeV 的 ^{15}N 轰击 ^{249}Cf 合成了半衰期为 1.6 s 的 ^{260}Db。

在攀登制备超铀元素这个阶梯时，每登上一级都比此前一级更为困难，原子序数越大，元素就越难收集，并且也越不稳定。当到达钔(Md)这一级时，对它的认证已开始仅靠十几个原子来进行。好在辐射探测技术自 1955 年起已经非常高超。伯克利大学的科学工作者在他们的仪器上装上了一个警铃，每次只要有一个钔原子产生，在它衰变时放射出的标识辐射就会使警铃发出很响的铃声，来宣告有钔原子产生。

104 号以后的元素如下：

^{104}Rf 𬬻(257)，^{105}Db 𬭊(261)，^{106}Sg 𬭳(262)，^{107}Bh 𬭛(263)，^{108}Hs 𬭶(262)，^{109}Mt 鿏(265)，^{110}Ds 𫟼(266)，^{111}Rg 𬬭(272)，^{112}Uub(277)，^{113}Uut(284)，^{114}Uuq(289)，^{115}Uup(288)，^{116}Uuh(292)，^{117}Uus(291)(未被发现)，^{118}Uuo(293)，^{119}Uue(299)(未被发现)，^{120}Ubn(312)，^{121}Ubu(320)(未被发现)，^{122}Ubb(322)。

元素周期表(the periodic table)一直都在不停地修订，这是因为人类发现的元素数量在不停增长。使用粒子加速器让原子核对撞，科学家可以制造出新的“超重元素”(superheavy elements)。相比从自然界发现的 92 种元素，超重元素的原子核拥有更高的质子数与中子数。它们巨大的原子核非常不稳定——在极短的时间内(通常只有几千分之一秒到几分之一秒)，它们就会衰变(这种衰变具有放射性)。但是，在它们存在的时间内，这些新的人工合成元素，例如𬭳(seaborgium，第 106 号元素)以及𬭶(hassium，第 108 号元素)，和其他元素一样，都具有能够被准确定义的化学性质。通过精妙设计的实验，科学家们抓住少量的𬭳和镖在衰变之前短暂存在的一瞬间,测量了它们的部分化学性质。

这些研究不仅仅是对性质的测量,它们还探索了元素周期表概念上的限制:超重元素能否延续元素周期表展现出来的规律与趋势(这些化学规律在元素周期表诞生之初便已经被归纳出来)?答案是,有些延续了规律,有些则没有。特别是,如此之大的原子核紧紧抓住了原子最里层的电子,因而这些电子能以接近光速运动。进而根据狭义相对论(special relativity)效应,这些电子的质量会增大,有可能破坏量子化的能量状态(即不连续的能级),而它们的化学性质——进而以此形成的元素周期表——都是依赖于能级理论建立的。

物理学家认为,只要原子核拥有"魔数"数目的质子和中子,就会特别稳定,因此他们想在元素周期表中找出一个名为"稳定岛"(island of stability)的区域——在这个区域中,超重元素更稳定,寿命更长,目前的合成技术还无法合成出这样的元素。但是,超重元素的大小是否有极限?依据相对论的一项简单计算告诉我们,电子无法被拥有超过 137 个质子的原子核束缚。更加复杂的计算也证实了这个极限。然而,来自德国法兰克福歌德大学的核物理学家沃尔特·格雷纳(Walter Greiner)却坚持认为:"元素周期表绝对不会在第 137 号元素前止步不前;事实上,它永无止境。"但是,要想通过实验来验证格雷纳的断言,从目前的研究水平来看,这还是一个很遥远的目标。

从门捷列夫正式提出元素周期律,每一种元素的发现都证明了门捷列夫的理论的正确性。它促使人们去研究元素周期性所包含得更深层次的理论根据,从而引导人们进入了原子的世界。我们相信,随着科学技术的发展,人们还会发现新的元素,元素周期表这个大家族会不断增添新的成员。

文献讨论题

[文献 1] Koen Binnemans. Lanthanide－Based Luminescent Hybrid Materials. Chem. Rev., **2009**, 109, 4283—4374.

稀土元素由于特殊的 4f 电子结构,从而具有特殊的电学、光学、磁学和化学性质,这使稀土元素成为发展高新技术产业的关键元素,在信息科学、生命科学、新材料、新能源、空间和海洋科学六大新科技群中有着极其广阔的应用前景。稀土元素原子的电子构型中一般都存在 4f 轨道,其发光就是基于稀土离子的 4f 电子在 f－f 组态之内或 f－d 组态之间的跃迁。另一方面,稀土元素原子具有丰富的电子能级,可以为多种能级跃迁创造条件,从而能够获得多种发光性能,可以发射从紫外光、可见光到红外光区的各种波长的电磁辐射。稀土发光材料的优异性能主要表现为:① 稀土元素 4f 电子层结构特点使其化合物具有多种荧光特性。② 稀土元素 4f 能级差极小,f－f 跃迁呈现尖锐的线状光谱,色纯度高,色彩鲜艳;4f 电子处于内层轨道,受外层轨道的有效屏蔽,不容易被外部环境干扰。③ 吸收激发能量的能力强,转换效率高。④ 荧光寿命从纳秒跨越到毫秒 6 个数量级,荧光最长达十多个小时,激发态寿命长。⑤ 材料的物理化学性能稳定,能承受大功率的电子束,高能射线和强紫外光的作用等。这是由于上述优越性,使得稀土发光材料广泛应用于计算机显示器、彩色电视机显像管、节能灯及医疗设备等各个方面。阅读上述文献,总结稀土元素在荧光材料中的作用及其作用机理。

[文献 2] 丁厚昌,黄锦华,受控核聚变研究的进展和展望。自然杂志,**2006**,28,143—149.

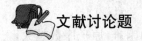

能源与人类的生存密切相关,它是人类社会发展的物质基础。目前广泛使用的能源主要是煤、石油和天然气为主的化石能源。这些化石燃料的储量十分有限,并且不能再生。因此,开发利用新能源已是迫在

眉睫的任务了。目前，除太阳能之外，最有发展前途的新能源当属核能。核能有裂变能和聚变能两种。裂变能是如铀、钍等重元素的原子核在分裂过程中所释放的能量。核聚变是指由氘或氚等质量小的原子，在超高温和高压的条件下发生原子核互相聚合作用，生成新的质量更重的原子核，并伴随着巨大的能量释放的一种核反应形式。与核裂变相比，核聚变具有两个重大优点：一是核聚变不会产生核裂变所出现的长期和高水平的核辐射，不产生核废料，也不产生温室气体，基本不污染环境；二是地球上蕴藏的核聚变能远比核裂变能丰富得多。要把核聚变时释放出的巨大能量作为人类可以利用的能源就必须对剧烈的聚变核反应加以控制，使之成为可以控制的核聚变，这是目前研究的重点。阅读上述文献，讨论核聚变反应的原理及其化学反应。

习题

1. 镧系收缩对第六周期镧系后元素性质带来什么影响？

2. 锕系元素的氧化态与镧系元素比较有何不同？

3. 试述稀土元素的重要用途。

4. 锕系元素中有哪几种比较重要的元素？如何获得？有何用途？

5. 核反应与一般的化学反应有何不同？

6. 为什么镧系元素的特征氧化数是+3，但Ce、Pr、Tb、Dy常呈+4氧化态，Eu、Sm、Yb、Tm又有+2氧化态？

7. 写出从沥青铀矿中制备铀的主要反应方程式。

8. 在稀土元素的分离中草酸盐起着重要作用，为什么？

9. 用化学方法来分离稀土元素，一般有哪些方法？

10. 试述核反应在实际生活中的应用。

11. 什么是超铀元素？包含哪些？

12. 写出下列核变化的产物。

(1) ${}^{237}_{93}Np \longrightarrow {}^{4}_{2}He + ?$

(2) ${}^{41}_{20}Ca$(俘获1个电子)

(3) ${}^{60}_{27}Co$(发生1次β衰变)

(4) ${}^{19}_{10}Ne \longrightarrow {}^{0}_{1}e + ?$

(5) ${}^{14}_{7}N + {}^{4}_{2}He \longrightarrow {}^{1}_{1}H + ?$

(6) ${}^{63}_{29}Cu + {}^{2}_{1}H \longrightarrow {}^{64}_{29}Cu + ?$

13. 下列核反应产生什么类型的粒子？

(1) ${}^{10}_{5}B + {}^{1}_{1}H \longrightarrow {}^{7}_{4}Be + ?$

(2) ${}^{14}_{6}C \longrightarrow {}^{14}_{7}N^{+} + ?$

(3) ${}^{235}_{92}U + {}^{1}_{0}n \longrightarrow {}^{135}_{53}I + {}^{97}_{39}Y + ?$

(4) ${}^{18}_{9}F \longrightarrow {}^{18}_{8}O^{-} + ?$

第21章 无机物合成简介

化学研究的根本目的就是通过从自然界中分离或人工合成出新物质来满足人类的需要，这是人类改造世界、创造未来最有力的手段与途径。1998年，美国著名化学家Stephen J Lippard在探讨未来25年的化学时说："化学最重要的是制造新物质。化学不但研究自然界的本质，而且创造出新分子，赋予人们创造的艺术；化学以新方式重排原子的能力，赋予我们从事创造性劳动的机会，而这正是其他学科所不能媲美的。"当今世界每年都有数十万种新化合物问世，其中属于无机化合物的占相当大的比例。无机物除了传统意义上分子态无机化合物外，还包括配合物、簇合物、金属有机化合物、非化学计量比化合物、无机高聚物、无机超分子，以及它们在特殊条件下用特殊技术和方法制备、组装、复合、杂化等路线所得到的无机材料、复合材料。因此，无机物的合成已成为推动无机化学、固体化学、材料化学等有关学科发展的重要基础。现代无机合成研究的内容包括典型无机化合物和典型无机材料的合成反应路线设计、制备原理、合成方法及实验技术。无机合成法包括常规经典合成方法、极端条件下(超高温、超低温、超高压、等离子体、溅射、激光等)的合成方法和特殊的合成方法(电化学合成、光化学合成、微波合成、生物合成)以及软化学和绿色合成方法。

§21.1 高温、低温法

21.1.1 高温合成

1. 高温合成概述

耐高温、耐热冲击材料在火箭、人造卫星、宇宙飞船、高速高硬钻头及切割刀具等现代生产和科技领域中占有很重要的地位，很多化合物的物相与物态是需要在高温条件下才能生成的，而大量具有不同功能的无机物与无机材料又是必须通过高温合成反应来获得。如美国科学家研制出的一种理想的涡轮叶片材料就是一种金属陶瓷化合物，其重要成分是钛、硅和碳，其耐高温性能比目前最好的超级合金还好。

所谓高温并没有明确的界定，只是相对而言，在实验室中100 ℃以上的温度就可算高温，而超高温则指数千度以上的温度。获得高温的方法有：各种高温电阻炉的加热温度可达1 273～3 273 K、聚焦炉的温度在4 000～6 000 K、闪光放电达4 273 K以上、等离子体电弧的温度在20 000 K、激光在10^5～10^6K、原子核的分离和聚变温度在10^6～10^9K、高温粒子则达到10^{10}～10^{14}K。测温仪表主要分接触式和非接触式两大类：接触式测温仪有膨胀式温度计、压力表式温度计、热电阻温度计、热电偶等；非接触式测温仪有光学高温计(亮度高温计)、辐射高温计、比色高温计等。

高温合成反应的类型主要包括:① 高温还原反应;② 高温固相反应;③ 高温固-气反应;④ 高温相变反应,也称制陶反应;⑤ 高温下的化学转移反应;⑥ 高温熔炼和合金制备;⑦ 等离子体、激光、高能聚焦等装置下的超高温合成;⑧ 高温下单晶生长和区域熔融提纯;⑨ 自蔓延高温合成与碳热合成等等。

2. 高温还原法

高温下的还原反应在实际中应用广泛,几乎所有的金属以及部分非金属都是借高温下的还原反应来制备的。高温还原是利用还原剂将高价化合物还原成低价化合物或单质的有效方法之一。常采用的原料为氧化物、卤化物及硫化物;常用的还原剂为 H_2、CO、C、活泼金属等。

无论通过什么途径,还原反应能否进行,反应进行的程度和反应的特点等均与反应物和生成物的热力学性质以及在高温下热反应的 $\Delta H_{生成}$、$\Delta G_{生成}$ 等关系紧密。在选择被还原物质和还原剂时,除考虑热力学上的可能外,还必须遵循以下原则:① 还原能力强,热效应大,以保证反应进行完全;② 过量的还原剂和被还原的产物及被氧化的产物容易分离提纯,还原剂在被还原产物中的溶解度要小;③ 还原剂要廉价易得,易于回收。

高温还原合成可分为气体还原法和金属热还原法。

(1) 气体还原法

工业上用 H_2 还原法可以生产那些用水溶液电解法生产有困难的金属,如 W、Mo、Ge、Re 及 Pt 系金属。用 H_2 还原金属的高价化合物时,在过程中会存在一系列低价态氧化物的混合物。通过适当控制还原条件,如温度 T、H_2 流速、还原时间等,可以得到某一阶段的低价化合物。如 H_2 还原 Nb_2O_5 时,在不同温度下可得到各种价态的氧化物:

$$Nb_2O_5 + H_2 \xlongequal{860\ ℃} 2NbO_2 + H_2O$$

$$Nb_2O_5 + 2H_2 \xlongequal{1\,250\ ℃} Nb_2O_3 + 2H_2O$$

$$Nb_2O_3 + H_2 \xlongequal{1\,350\ ℃} 2NbO + H_2O$$

$$2NbO + H_2 \xlongequal{1\,350\ ℃} Nb_2O + H_2O$$

$$Nb_2O + H_2 \xlongequal{>1\,350\ ℃} 2Nb + H_2O$$

(2) 金属热还原法

金属还原法就是在高温条件下,用一种金属作还原剂,来还原另一种金属氧化物或卤化物的方法,其用作还原剂的金属要比被还原的金属对非金属的亲和力强。常用的金属还原剂有 Ca、Mg、Al、Na、K 以及稀土金属等。反应时会加入熔剂,目的是改变反应热,并使熔渣有良好的流动性,易于分离。此外在以 Ca、Mg、Al 作还原剂时,由于生成的 CaO(m.p.2 570 ℃)、MgO(m.p.2 800 ℃)及 Al_2O_3(m.p.2 050 ℃)等都是高熔点化合物,单靠反应热是不能将其熔融的,必须向反应体系中加入助熔剂以降低熔体的熔点,使金属易于凝集。常用的助熔剂有氟化物、氯化物或氧化物,如冰晶石、石灰石、氯化钠、氟化钠等。

3. 高温固相法

高温固相反应是一种很主要的高温合成反应，大批具有特种性能的无机功能材料和化合物如各类复杂的氧化物、含氧酸盐类、二元或多元金属陶瓷化合物等都是通过 1 000～1 500 ℃高温下的反应物固相间的直接合成而得到的。例如：

$$MgO(s) + Al_2O_3(s) = MgAl_2O_4\text{（尖晶石型）}$$

影响此类高温固相反应速度的因素主要有以下三个方面：① 反应物固体的表面积和反应物间的接触面积；② 生成物相的成核速率；③ 相界面间特别是通过生成物相层的离子扩散速度。然而固相反应也存在一些缺点：① 反应以固态形式发生，反应物的扩散随着反应进行途径越来越长（可达～100 nm 的距离），反应速率会越来越慢；② 反应进程无法控制，反应结束时往往得到反应物和产物的混合物；③ 难以得到组成上均匀的产物。

通过“前驱物”可以增强反应物间的接触并降低反应温度，如以 $Fe_2[(COO)_2]_3$ 和 $Zn(COO)_2$ 为原料合成尖晶石型 $ZnFe_2O_4$ 的反应温度比常规方法有所降低（约1 000 ℃）。

$$Fe_2[(COO)_2]_3 + Zn(COO)_2 = ZnFe_2O_4\text{（尖晶石型）} + 4CO\uparrow + 4CO_2\uparrow$$

用高温固相合成法还可以合成化学计量的金属掺杂功能化合物，如在 600℃可制得发蓝光的铝酸盐 $BaMgAl_{10}O_{17}:Eu^{2+}$ 和发绿光的 $Ce_{0.67}Tb_{0.33}MgAl_{12}O_{20.5}$ 荧光粉。

4. 化学转移法

一种固体或液体物质 A 在一定温度下与一种气体 B 反应，形成气相产物，整个气相反应产物在体系的不同温度阶段部分又发生逆反应，结果重新得到 A。整个过程似乎像一个升华或蒸馏过程，但在该温度下，物质 A 并没有经过它应有的蒸气相，又用到物质 B（转移试剂），所以称为化学转移反应（Chemical transport reaction）。例如，以 HCl 作转移剂，用化学转移法生长的 Fe_3O_4 晶体为完整的八面体单晶：

$$Fe_3O_4 + 8HCl \underset{\text{低温}}{\overset{\text{高温}}{\rightleftharpoons}} FeCl_2 + 2FeCl_3 + 4H_2O$$

当温度升到 1 000 ℃为正向反应，降到 750℃时为逆反应。

化学转移反应广泛应用在新化合物合成、物质的分离提纯和颗粒大而完美的单晶生长以及测定一些热力学数据等方面。

5. 自蔓延高温合成法

所谓自蔓延高温合成是指利用原料反应本身所产生的热量来制备无机化合物高温材料的一种新方法。此类合成技术可以应用于迄今为止难以被制备的一些梯度功能材料、特种复合材料等，并得到了包括碳化物（TiC）、氮化物（Mg_3N_2）、硼化物（CrB）、硅化物（ZrSi）、硫化物（MgS）、氢化物（TiH_2）、磷化物、氧化物和复合氧化物、复合陶瓷、合金、超导体以及众多复合功能材料等 500 多种物质。

自蔓延高温合成可以通过不同类型的反应来实现：

（1）元素直接合成：$Ti + C = TiC$

（2）氧化还原反应：$B_2O_3 + 3Mg + N_2 = 2BN + 3MgO$

（3）金属氧化反应：$8Fe + SrO + 2Fe_2O_3 + 6O_2 = SrFe_{12}O_{19}$

(4) 组分氧化物间的直接反应：$PbO+WO_3 = PbWO_4$

(5) 元素与分解产物间的反应：$4Al+NaN_3+NH_4Cl = 4AlN+NaCl+2H_2$

(6) 热分解反应：$2BH_3N_2H_4 = 2BN+N_2+7H_2$

(7) 固相复分解反应：$ME_x+M'E'_y = ME'_y+M'E_x$

如 $V_2O_5+Mg_2Si = VSi_2+MgO$

21.1.2　低温合成

低温即指低于室温的温度。将物质的温度降到低于环境温度的操作称为制冷或冷冻。一般说来，将局部空间温度降低到－100 ℃称为普通冷冻或普冷；降低到－100 ℃至 4.2 K 之间称为深度冷冻或深冷；降低到 4.2 K 以下者称为极冷。

低温技术不仅与人们当代高质量生活息息相关，同时推动了许多尖端科学技术与学科的发展，如超导技术、航空与航天技术、高能物理、受控热核聚变、远红外探测、精密电磁计量、生物学和生命科学。在超低温条件下，物质的结构与特性会发生奇妙的变化：空气变成了液体或固体；生物细胞或组织可以长期储存而不死亡；导体的电阻消失了(超导电现象)，而磁力线不能穿过超导体(完全抗磁现象)；液体氦的黏滞性几乎为零(超流现象)，而导热性能比高纯铜还好。

随着新技术的开发，世界将进入“临界技术”或“极限技术”的发展阶段，低温或超低温合成将是未来的重要领域。低温技术的发展为某些挥发性化合物的合成及新型无机功能材料的合成开辟了新的途径。

1. 低温获得、测量和控制

低温获得可分低温冷浴：自来水冷却、冰-盐或冰-酸低共熔体系、干冰浴、液氮浴；相变制冷浴：冰-水体系、CS_2(可达－111.6 ℃)；低温制冷机等。

低温测量常用低温温度计，低温温度计包括低温热电阻温度、低温热电偶温度计、蒸气压温度计、热敏电阻计等。

低温控制有两种途径：一是用恒温冷浴；二是借助于低温恒温器。

2. 低温合成

(1) 非水溶剂中的低温合成

许多在非水溶剂中进行的反应必须在低温下进行，因为它们只在低温下才呈液体状态，如 NH_3、SO_2、HF 等，其中液氨是研究得最多，也是应用最广的非水溶剂。例如：

液氨体系：　$Mg+2NH_3(l) = Mg(NH_2)_2\downarrow+H_2\uparrow$

液态 SO_2 体系：　$CaO+2SO_2(l) = CaS_2O_5$

$$PCl_5+SO_2(l) = POCl_3+SOCl_2$$

(2) 低温下稀有气体化合物的合成

稀有气体是氦、氖、氩、氪、氙、氡等六种元素的总称。稀有气体混合物本身就是在低温下进行分离和提纯的，它们的一些化合物也是在低温下合成的，常采用的方法有低温放电合成、低温水解合成和低温光化学合成。例如：

低温放电合成：　$2F_2+SiCl_4+2Xe \xrightarrow[\text{高频放电}]{-80\ ℃} 2XeCl_2+SiF_4$

低温水解合成：　$XeOF_4+2H_2O = XeO_3+4HF$

低温光化学合成：　$Xe+F_2 \xrightarrow[\text{紫外光照}]{-78℃} XeF_2$

(3) 低温下挥发性化合物的合成

挥发性化合物由于其熔点、沸点都较低，且合成时副反应较多，因此它的合成与纯化都需在低温下进行。如在低温条件下以丙二酸为原料制备二氧化三碳：

$$C_3H_4O_4 \xrightarrow{-115\sim-110\ ℃} C_3O_2+2H_2O$$

3. 低温分离

一般来说，非金属化合物的反应由于存在一个化学平衡而不可能反应完全，且副反应较多，因此所得产物往往是一个混合物。混合物的分离主要根据它们的沸点不同通过低温来进行。低温分离的方法主要有四种：低温下的分级冷凝、低温下的分级减压蒸发、低温吸附分离、低温化学分离。

§21.2　高压、低压法

21.2.1　高压合成

高压合成就是利用外加的高压力，使物质产生多型相转变或者使不同物质间发生化合反应，从而得到新相、新化合物或新材料。自 1955 年人工合成金刚石成功以后，高压合成法在无机化合物或材料的制备合成方面得到了广泛的应用。

1. 高压的产生与测量

高压一般是指压力在($1\times10^8\sim5\times10^{11}$) Pa(0.1 GPa～500 GPa)或者 500 GPa(在高压化学合成研究中一般以 GPa 为单位)以上的压力。根据压力产生的时间，可以将高压分为动态高压和静态高压两种。

静态高压是指利用外界机械加载压力的方式，通过缓慢逐渐施加负荷，挤压所研究的物件或试样，当体积缩小时，就在物件或试样内部产生高压强。

动态高压是利用爆炸、强放电以及高速运动物件的撞击等方法产生激波(或称驻波、冲击波)，因此又称冲击波高压。

压力的测量方法有很多种。一般可分为直接测量法、热力学绝对压力测量法、相变固定点法、状态方程法、红宝石法等。

2. 高压下的无机合成

伴随相变的合成反应：高压下无机化合物或材料往往会发生相变，从而有可能导致具有新结构和新特性的无机化合物或物相的生成。例如，众所周知的石墨在大约 1 500 ℃、5 GPa下将转变成金刚石，六方相 BN 在类似的超高压下转变成立方相 BN。

非相变型高压合成：在高压下反应向体积减小的方向进行，即生成物的体积只能在小于反应物的体积时合成反应才能进行。如在 6 GPa～6.5 GPa 高压下可以合成 $BaCrO_3$：

$$BaO + CrO_2 \xlongequal{\text{高温}} BaCrO_3$$

3. 人造金刚石的高压合成

金刚石是自然界至今已知最硬的材料，人们模拟远古时当熔岩冷却固化产生的高压和高温，促使残留在其中的石墨构型的碳转变成金刚石，开展了人工合成金刚石的广泛研究。原则上讲，人造金刚石的合成有直接法和间接法两种。直接法是在高温高压下使碳素材料直接转变成金刚石；间接法是用碳素材料和合金为原料，在高温高压下合成金刚石。这两种方法需要的温度大约在 1 500 ℃，直接法需要的压力为 20 GPa，间接法需要的压力仅为 5 GPa左右。工业上人造金刚石的合成均是采用间接法。

4. 稀土复合氧化物的高压合成

稀土复合氧化物作为新一代高性能功能材料的源物质而引人注目。含有稀土的具有化学计量 AB_2O_4 型化合物主要结构类型有尖晶石、橄榄石、硅铍石等。从地球化学角度来看，这类在高压下形成的 AB_2O_4 型化合物被认为是地幔的主要组分。此外，在高压下可以合成复合双稀土氧化物、高价态和低价态稀土氧化物以及高 Tc 稀土氧化物。例如，$LuPd_2O_4$ 是由物质的量之比为 3∶12∶1 的 Lu_2O_3、PdO 和 $KClO_3$ 的混合物在 6×10^9 Pa、1 000 ℃下，反应 3 h 而制备的。

21.2.2　低压合成

在此“低压”和“真空”意义相同，真空技术在化学合成中是一种重要的实验技术。

1. 真空的概述

真空是指充有低于大气压压强的气体的给定空间，即分子密度小于 $2.5\times10^{19}/cm^3$ 的给定空间。真空度量的单位常用压强和真空度，压强的单位采用毫米汞柱或托(Torr)，现行的国际单位制中，压强的基本单位是帕斯卡(Pascal)，简称帕(Pa)。

真空度是指一个被抽空间所达到的真空程度，它只能用百分数来标识。真空度与气体压强的关系为：

$$\text{真空度}=(\text{大气压强}-\text{系统中实际压强})/\text{大气压强}$$

$$\text{一个大气压}=101\ 323.2\ \text{Pa}$$

即：

$$\text{真空度}=(101\ 323.2-p)/101\ 323.2$$

由此控制真空度和压强是完全不同的两个概念。真空度高就是压强低，如某个系统的压强为 1×10^{-1} Pa，则其真空度为 99.999 9%，而非真空度为 1×10^{-1} Pa。

真空区域的划分，目前尚无统一标准，根据实用上的方便，可定性分为六个区段：低真空(压强为 10^5 Pa～3.3×10^3 Pa)、中真空(3.3×10^3 Pa～10^{-1} Pa)、高真空(10^{-1} Pa～10^{-4} Pa)、很高真空(10^{-4} Pa～10^{-7} Pa)、超高真空(10^{-7} Pa～10^{-10} Pa)和极高真空($<10^{-10}$ Pa)。

真空的产生：产生真空的过程称为抽真空。用于产生真空的装置称为真空泵，如水泵、机械泵、扩散泵、冷凝泵、吸气剂泵、离子泵、涡轮分子泵等。

真空测量：凡用来测量稀薄气体空间压强的仪器和装置统称为真空计(规)。从测量特点可分总压强计和分压强计两类；根据测量原理总压强计可分为绝对真空计和相对真空计。如麦式真空计、热传导真空计、电离真空计、冷阴极磁控规等。

2. 低压无机合成

一些无机合成需要在低压条件下进行。例如，三氯化钛是一中间价态的钛化物，且低挥发性、易歧化。在 $1.3\times10^2\sim9\times10^2$ Pa、460 ℃下，$TiCl_4$ 与 H_2 的混合物转化为 $TiCl_3$ 与 HCl。

低压技术与常压化学气相沉积法结合形成低压化学沉积法，与常压化学沉积法相比，其优点有：① 晶体生长或成膜的质量好；② 沉积温度低，便于控制；③ 可使沉积衬底的表面积扩大，提高沉积效率。

§21.3 化学气相沉积法

21.3.1 化学气相沉积概述

1. 概念

化学气相沉积法简称 CVD(Chemical Vapor Deposition)法，是利用气态或蒸气态的物质在气相或气固界面上发生化学反应，生成固态沉积物的技术。化学气相沉积的古老原始形态可以追溯到古人类在取暖或烧烤时熏在岩洞或岩石上的黑色碳层。中国古代的炼丹术可能是最早无意识地应用该技术。

2. 原理

化学气相沉积的目的是利用气态物质在固态表面上发生化学反应，生成纯净的固态沉淀物，而生成的其他物质是易挥发的。其特点有：① 沉积反应如在气-固界面上发生，则沉淀物将按照原有固态基底(又称衬底)的形状包覆一层薄膜；② 可以得到单一的无机合成物质，并用以作为原材料制备；③ 可以得到各种特定形状的有力沉淀物器具；④ 可以沉积生成晶体或细粉状物质。

21.3.2 化学气相沉积反应类型

从外界反应条件的角度出发，化学气相沉积可分为：高压化学气相沉积(HP - CVD)、低压化学气相沉积(LP - CVD)、等离子化学气相沉积(P - CVD)、激光化学气相沉积(L - CVD)、高温化学气相沉积(HT - CVD)、中温化学气相沉积(MT - CVD)、低温化学气相沉积(LT - CVD)、金属有机化合物化学气相沉积(MO - CVD)等。

从化学反应的角度看，化学气相沉积包括热分解反应、化学合成反应和化学输运反应。

从工艺上化学气相沉积可分管内沉积法(MCVD：modified chemical vapor deposition)、管外沉积法(OVPO：outside vapor-phase oxidation)、轴向沉积法(VAD：vapor-phase axial deposition)等。

热分解反应是最简单的沉积反应，如：$SiH_4 \xrightarrow{600\sim800\ ℃} Si + 2H_2$

绝大多数沉积过程都涉及两种或多种气态反应物在同一热衬底上的相互反应，这类反应统称为化学合成反应。例如：

氧化反应沉积：　$SiH_4 + 2O_2 \xrightarrow{\sim325\ ℃} SiO_2 + 2H_2O$

还原反应沉积：　$WF_6 + 3H_2 \xrightarrow{\sim300\ ℃} W + 6HF$

其他反应沉积：　$3SiH_4 + 4NH_3 \xrightarrow{750\ ℃} Si_3N_4 + 12H_2$

把所需要的沉积物质作为反应源物质，用适当的气体介质与之反应，形成一种气态化合物，这种气态化合物借助载气输运到与源区温度不同的沉积区，再发生逆反应，使反应物重新沉积出来，这样的反应过程称为化学输运反应，化学输运反应的实质是化学转移反应。如：

$$2ZnSe(s) + 2I_2(g) \underset{低温}{\overset{高温}{\rightleftharpoons}} 2ZnI_2(s) + Se_2(g)$$

21.3.3　化学气相沉积技术的应用

化学气相沉积技术被广泛用于提纯物质、研制新晶体、沉积各种单晶、多晶或玻璃态无机薄膜材料，这些材料可以是碳化物、硫化物、氮化物，也可以是某些二元（如 GaAs）或多元（$GaAs_{1-x}P_x$）的化合物，如 SiO_2 的沉积、陶瓷薄膜的沉积、硅薄膜的沉积、金刚石薄膜的制备、碳纳米材料（管、线、绳、带）的制备等，而且它们的功能特性可以通过气相掺杂的沉积过程精确控制。

沉积生成碳化物/氮化物：如在管式炉中于 1 250℃下，以硅片和 N_2 为反应物合成 $\alpha-Si_3N_4$ 纳米线状陶瓷材料：

$$3Si(g) + 2N_2(g) \xrightarrow{1\ 250℃} \alpha-Si_3N_4(s)$$

沉积生成金属或合金：用 $Fe(CO)_5/Co_2(CO)_8$、$Fe(CO)_5/Cr(CO)_6$ 混合蒸气为起始原料，在外磁场作用下，于 300～400 ℃下合成 FeCo、FeCr 合金纳米线阵列。

§21.4　水热法和溶剂热法

21.4.1　基本概念

水热合成法是模拟自然界中某些矿石的形成过程而发展起来的一种软化学方法。水热与溶剂热合成是无机合成化学的一个重要分支。水热与溶剂热合成是指在一定温度（100～1 000 ℃）和压强（1 MPa～100 MPa）条件下，利用溶液中物质的化学反应所进行的合成。换句话说，水热与溶剂热法是指在密闭体系中，以水或有机溶剂为介质，在一定温度下，在水或有机溶剂的自生压强下，混合物进行反应的一种方法。水热与溶剂热合成化学侧重于研究水热与溶剂热合成条件下物质的反应性、合成规律以及合成产物的结构与性质。

在亚临界或超临界水热或溶剂热条件下，由于反应处于分子水平，反应活性提高。物质在溶剂中物性和化学反应性能均有很大改变，因此水热与溶剂热化学反应大多异于常态。由于水热与溶剂热合成的研究体系一般处于非理想平衡状态，通过水热或溶剂热反应，可以制得固相反应无法制得的物相或物种，有很好的可操作性和可调变性，使得化学反应处于相对温和的溶剂热条件下进行。这种方法已成为目前多数无机功能材料、特殊组成与结构的无机化合物以及特殊凝聚态材料，如超微粒、溶胶与凝胶、非晶态、单晶等合成的重要途径。

水热或溶剂热合成体系按合成路线与合成方法可分为：直接法、籽晶法、导向剂法、模板剂法、有机溶剂法、微波法以及高温高压合成；按反应温度分类可分：低温水热与溶剂热法（$<$100 ℃）、中温水热与溶剂热（100～240 ℃）以及高温高压水热与溶剂热（$>$240 ℃）。

高压容器是进行高温高压水热或溶剂热合成实验的基本设备。常用的是不锈钢反应釜，对于中、低温的微量反应也可以根据具体反应情况而选用硬质玻璃管。

水热或溶剂热反应控制系统对安全实验特别重要，通常有三个方面的控制系统：温度控制、压力控制和密闭系统控制。

21.4.2 无机合成中的应用

1. 介稳材料的合成

沸石分子筛是一类典型的介稳微孔晶体材料，这类材料具有分子尺寸、周期性排布的孔道结构，其孔道大小、形状、走向、维数及孔壁性质等多种因素为它们提供了各种可能的功能，可以应用到催化、吸附、离子交换、量子电子学、非线性光学、光学选择传感、信息储存与处理、能量储存与转换、环境保护及生命科学等领域。沸石分子筛的溶剂热法合成开始于1985年全硅方钠石的合成，这类材料还包括硅铝沸石、磷酸盐分子筛和一些其他的新型微孔材料，如微孔磷酸镓系列、磷酸铍系列、砷酸盐系列、硼酸盐系列、钛酸盐系列、金属氧化物系列、硫化物系列、氧化锗系列及锗酸盐系列等。

2. 人工水晶的合成

石英（水晶）有正、逆压电效应，被广泛用于各种谐振器、滤波器、超声波发生器等的制造。石英谐振器是无线电子设备中非常关键的一个元件，它具有高度的稳定性（即受温度、时间和其他外界因素的影响绩效）、敏锐的选择性（即从许多信号与干扰中把有用的信号选出来的能力很强）、灵敏性（即对微弱信号响应能力强）和相对宽的频率范围（从几百赫到几兆赫），人造地球卫星、导弹、飞机、电子计算机等均需石英谐振器。石英滤波器相对一般电感电容滤波器而言具有体积小、成本低、质量好等优点，在有线通讯中用石英滤波器安装各种载波装置，可做到一根导线上几千对电话互不干扰。

以各种 SiO_2 为原料要获得水晶，按一般的思路无非有两种方法：一是从水溶液中生长晶体，此法因 SiO_2 不溶于水而不通；二是从熔体中生长晶体，但 SiO_2 熔体冷却后一般生成非晶态固体——玻璃，故此法也得不到水晶。所以只有用水热法了，这就是水热法合成水晶的必然性，其方法如下：在密闭体系中，把 SiO_2 原料浸在碱溶液中，将温度升高到 350～400 ℃，此时水压可达 0.1 GPa～2 GPa（10^3 大气压～2×10^4 大气压），这时原料 SiO_2 溶解，水晶析出。

3. 金刚石的合成

金刚石是目前已知硬度最高的重要超硬优质结构材料，因其具有优异的物理学、热学、光学和化学等综合性质，也是一类具有重大发展前景的功能材料，它的合成备受关注。自从采用石墨高温、高压人工直接转变合成出金刚石以来，已相继成功地开发出低压化学气相沉积法外延生长金刚石膜、炸药爆炸法合成金刚石粉等具有发展前景的合成新方法。我国科学家钱逸泰、李亚栋等人采用一种全新的方法，用 CCl_4 为碳源(sp^3)，过量的金属钠为反应剂及熔剂，以 Ni－Co－Mn 合金为催化剂、700 ℃下，在高压釜中发生类似 Wurtz 反应，制得金刚石：

$$CCl_4 + 4Na = C(\text{金刚石}) + 4NaCl$$

1998 年在《Science》上发表该成果后，被美国《化学与工程新闻》评价为“稻草变黄金”。

§21.5 溶胶-凝胶法

21.5.1 概述

1. 概念

胶体(colloid)是一种分散相粒径很小的分散体系，分散相粒子的重力可以忽略，粒子之间的相互作用主要是短程作用力。

溶胶(sol)是具有溶液特征的胶体体系，分散的粒子是固体或大分子，大小为 1 nm～1 000 nm。

凝胶(gel)是具有固体特征的胶体体系，被分散的物质形成连续的网状骨架，骨架空隙中填充液体或气体，凝胶中分散相的含量很低，一般为 1%～3%。

溶胶-凝胶法就是用含高化学活性组分的化合物作前驱体，在液相下将这些原料均匀混合，并进行水解、缩合化学反应，在溶液中形成稳定的透明溶胶体系，溶胶经陈化，胶粒间缓慢聚合，形成三维空间网络结构的凝胶，凝胶网络间充满了失去流动性的溶剂，形成凝胶。凝胶经过干燥、烧结固化制备出分子乃至纳米级结构的材料。

2. 特点

溶胶-凝胶(sol-gel)合成是一种 20 世纪后期发展起来的，以液相反应为基础，能在相对较低的温度下发生“温和化”高温固相合成反应制备优质玻璃、精细陶瓷粉和许多固体材料的方法。其具有如下的特点：

(1) 通过各种反应物溶液的混合，很容易获得分子水平上均匀的均相多组分体系。

(2) 由于经过溶液反应步骤，因此很容易均匀定量地掺杂一些微量元素，实现分子水平上的均匀掺杂。

(3) 一般认为溶胶-凝胶体系中组分的扩散在纳米范围内，而固相反应时组分扩散是在微米范围内，因此反应更容易进行，可大幅度降低制备材料和固体化合物的温度，从而可在比较温和的条件下制备陶瓷、玻璃等功能材料。

(4) 利用溶胶或凝胶的流变性，通过某种技术(如喷射、旋涂、浸拉、浸渍等)制备出薄膜、纤维、沉积材料等特殊形态的材料。

21.5.2 反应机理及无机制备举例

1. 反应机理

Sol-gel 法是以金属醇盐为原料,在有机介质中进行水解、缩聚等化学反应,使溶液经溶胶-凝胶过程,凝胶经干燥,然后煅烧,最后得到产品。

(1) 水解和缩聚反应——溶胶化过程

了解金属醇盐的水解、缩聚反应的机理,对掌握 Sol-gel 法非常重要、金属醇盐的水解一般表示为:

$$M(OR)_n + x H_2O \Longrightarrow M(OH)_x(OR)_{n-x} + x ROH$$

在溶胶到凝胶的转变过程中,水解和缩聚并非两个孤立的过程,醇盐一旦水解,失水缩聚和失醇缩聚也几乎同时进行,并生成 M—O—M 键,形成溶胶体系:

$$—M—OH + HO—M— \longrightarrow M—O—M— + H_2O$$

$$—M—OH + RO—M— \longrightarrow M—O—M— + ROH$$

室温下,醇盐与水不能互溶,故需要醇或其他有机溶剂作共溶剂,并在醇盐的有机溶液中加水和催化剂(醇盐水解一般都要加入一定催化剂,常用酸、碱作催化剂,一般是盐酸或氨水)。

金属醇盐的水解反应与催化剂、醇盐种类、水与醇盐的物质的量比、共溶剂的种类及用量、水解温度等诸多因素有关,研究并掌握这些因素对水解作用的影响是控制水解过程的关键。

(2) 凝胶的形成

水解缩聚的结果是形成溶胶初始粒子,初始粒子逐渐长大,联结成链,最后形成三维网络结构,并得到凝胶:

$$
\begin{array}{ccccccc}
—M—O—M—O—M—O—M— \\
\quad|\quad\quad|\quad\quad|\quad\quad| \\
\quad O\quad\quad O\quad\quad O\quad\quad O \\
\quad|\quad\quad|\quad\quad|\quad\quad| \\
—M—O—M—O—M—O—M— \\
\quad|\quad\quad|\quad\quad|\quad\quad| \\
\quad O\quad\quad O\quad\quad O\quad\quad O \\
\quad|\quad\quad|\quad\quad|\quad\quad| \\
—M—O—M—O—M—O—M—
\end{array}
$$

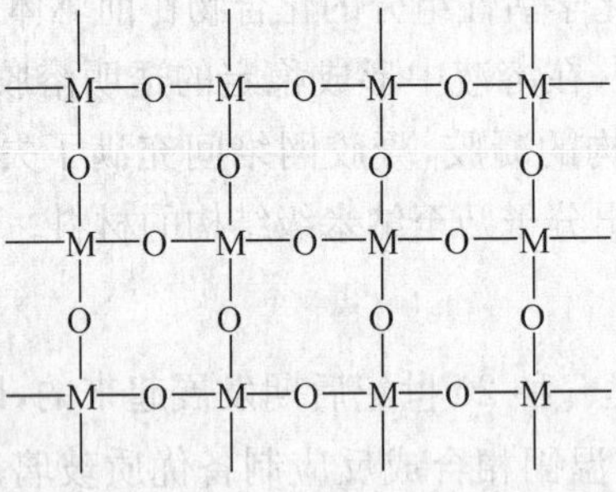

(3) 凝胶的干燥

缩聚后的凝胶称湿凝胶,干燥过程就是除去湿凝胶中物理吸附的水和有机溶剂及化学吸附的羟基或烷氧基等残余物。干燥过程主要是控制好干燥速率,速率过快会使凝胶龟裂和破碎。

(4) 煅烧过程

煅烧过程是将干凝胶在设定温度下恒温处理。由于干燥后的凝胶中仍然含有相当多的空隙和少量的杂质,因此,需要进一步的热处理来除去,以得到致密的产品。

2. 制备举例

采用溶胶-凝胶法制备 $YBa_2Cu_3O_{7-\delta}$ 超导氧化物膜有两条不同的路线:一是以化学计量

比的相关硝酸盐 $Y(NO_3)_3 \cdot 5H_2O$、$Ba(NO_3)_2$、$Cu(NO_3)_2 \cdot H_2O$ 作起始原料，将其溶于乙二醇中生成均匀的混合溶液，在 130～180 ℃下回流，并蒸发出溶剂，生成的凝胶在高温 950 ℃氧气氛下灼烧，即可获得正交型 $YBa_2Cu_3O_{7-\delta}$ 纯相；另一条路线是以化学计量比的金属有机化合物为原料，将 $Y(OC_3H_7)_3$、$Ba(OH)_2$ 和 $Cu(O_2CCH_3)_2 \cdot H_2O$ 在加热和剧烈搅拌下溶于乙二醇，蒸发后得到凝胶，经高温氧气氛下灼烧后也可得到超导氧化物 $YBa_2Cu_3O_{7-\delta}$。

§21.6　电化学合成

21.6.1　电化学合成概述

简单地说，给反应体系通电的反应就是电化学反应。电化学合成法是指利用电化学反应进行合成的方法。电化学合成本质上是电解，故也称为电解合成。

电解是最强的氧化还原制备手段，因为在电解中可以施加非常高的电势，所以它能达到任何一般化学试剂所达不到的氧化能力或还原能力。如氧化能力极强的 F_2 和还原能力极强的 Na 的制备。

电解法一般分为水溶液电解和非水溶液电解，其中非水溶液电解又分为熔岩电解和非水溶剂电解。

电解合成有其他合成所不及的优点：① 在电解中能提供高电子转移的功能，使之达到一般化学试剂所不具有的氧化还原能力；② 合成反应体系及其产物本会被还原剂（或氧化剂）及其相应的氧化产物（或还原产物）污染；③ 由于能方便地控制电极电势和电极的材质，因而可以选择性地进行氧化或还原，从而制备出许多特定价态的化合物；④ 由于电氧化还原过程的特殊性，因而能制备出其他方法不能制备的许多物质和聚集态。

电化学合成主要应用：电解盐的水溶液或熔融盐以制备金属、某些合金和镀层；通过电化学氧化过程制备最高价或特殊高价的化合物；合成含中间价态或特殊低价元素化合物；C、B、Si、P、S、Se 等二元或多元金属陶瓷型化合物的合成；非金属元素间化合物的合成；混合价态化合物、簇合物、嵌插型化合物、非计量氧化物等难以用其他方法合成的化合物。

21.6.2　水溶液体系的电化学合成

有关水溶液电解的理论和实践的研究较为完善，其应用广泛、工艺成熟，但由于在水溶液中水本身被电解为 H_2 和 O_2，使得其应用受到一定程度的限制。

在电解过程中，阳极发生氧化反应，阴极发生还原反应，因此可以利用电解手段由阳极制备氧化型产物，由阴极制备还原型产物。

以氯酸钠、$KHSO_4$ 为原料通过电解氧化法可以制备高氯酸钠、$K_2S_2O_8$。采用电解还原（阴极）法可以进行铜的电解制备、精炼；活泼金属（如 Mn）的电解制备；低价化合物的电解制备。例如，隔膜法电解亚硫酸氢钠溶液，在大电流密度及冷却下，在阴极可得连二亚硫酸钠：

$$2NaHSO_3 + 2H^+ + 2e^- \longrightarrow Na_2S_2O_4 + 2H_2O$$

21.6.3 熔盐体系的电化学合成

离子熔盐通常是指有金属阳离子和无机阴离子组成的熔融液体。熔盐电解是利用熔融体导电来电解，它可以克服水溶液电解的局限性，扩大了电解的应用范围。缺点是在高温下进行电解反应，能耗大，对设备腐蚀极大，给工艺带来一些困难。离子熔盐可分为：

(1) 二元和多元混合熔盐。如 $LiF-KF$(离子卤化物混合盐)，$KCl-NaCl-AlCl_3$(离子卤化物混合盐再与共价金属卤化物混合)和 $Al_2O_3-NaF-AlF_3-LiF-MgF_2$(多种阳离子和阴离子组成的多元混合熔盐，其中还有共价化合物 AlF_3)。

(2) 含配位阴离子的熔盐。同一熔质在不同熔剂中可能出现不同价态的配合阴离子。例如，氯化钒在 $CsAlCl_4$ 中生成$[VCl_4]^-$，而在 $LiCl-KCl$ 中则生成$[VCl_4]^{2-}$、$[VCl_6]^{3-}$和$[VCl_6]^{4-}$。同一熔质 Al_2O_3 在同一熔剂 $NaF-AlF_3$ 中，随熔质含量的变化生成不同的配合阴离子，如在 0～2% Al_2O_3(质量百分数)范围内，有 AlF_6^{3-}、AlF_4^-、$Al_2OF_{10}^{6-}$、$Al_2OF_8^{4-}$ 和 $Al_2OF_6^{2-}$；在 2%～5% Al_2O_3 时，有 AlF_6^{3-}、AlF_4^-、$AlOF_5^{4-}$ 和 $Al_2OF_5^-$；在 5%～11.5%(溶解度极限)时，则有 AlF_6^{3-}、AlF_4^- 和 $Al_2O_2F_4^{2-}$ 生成。

21.6.4 非水溶剂体系的电化学合成

非水溶剂中的电解合成是近三、四十年才发展起来的。由于电解质在非水溶剂中的性能异于其在水溶液中，其电极电位、电极反应以及非水溶剂对电解产物的选择性各具特点，因而可利用非水溶剂中的电解反应合成多种化合物。非水溶剂可以是各类有机溶剂，在无机物电化学合成中常用的有机溶剂有乙腈、DMF(N,N-二甲基甲酰胺)、DMSO(二甲亚砜)等；也包括一些熟知的无机溶剂，如 NH_3、HF 及 $SOCl_2$ 等。

非水溶剂体系的卤仿电化学合成中，有的比化学法更好，如碘仿的传统合成方法为：

$$CH_3CH_2OH + 5I_2 + 8Na_2CO_3 + 2H_2O \xlongequal{} CHI_3 + 7NaI + 9NaHCO_3$$

从上述反应式可见，碘的利用率只有 30%。而电解法以 KI、乙醇的碱性溶液为电解液制备碘仿，不仅不使用纯碘，而且碘盐中的碘可以 100%利用。其电解反应如下：

$$KI \xlongequal{} K^+ + I^-$$

阳极反应： $$CH_3CH_2OH + 10I^- + H_2O - 10e^- \xlongequal{} CHI_3 + CO_2 + 7HI$$

阴极反应： $$2K^+ + 2H_2O + 2e^- \xlongequal{} 2KOH + H_2$$

$$HI + KOH \xlongequal{} KI + H_2O$$

总反应式为： $$CH_3CH_2OH + 3KI + 10H_2O \xlongequal{} CHI_3 + CO_2 + 5H_2$$

§ 21.7 光化学合成

21.7.1 光化学合成概述

1. 概念

光化学合成是指那些用热化学反应难以或必须在苛刻条件下才能合成的化合物，且用光化学方法容易合成的光化学反应。自然界就像一个巨大的无机光化学合成工厂，人类赖以生存的氧气就是通过光化学作用氧化水产生的。与热化学相比，光化学有如下特点：① 光是一种非常特殊的生态学上清洁的"试剂"；② 反应条件温和；③ 安全，因为反应基本上在室温或低于室温下进行；④ 可缩短合成路线。

2. 原理

光化学与热化学的基础理论并无本质差别。光化学反应的发生，通常要求分子吸收的光能要超过该化学反应所需要的活化能与化学键能。光化学也可以理解分子吸收大约200～700 nm范围内的光使分子达到电子激发态的化学。光化学反应的实质是光致电子激发态发生的化学反应。

21.7.2 光化学在无机合成中的应用

光化学合成法在无机合成中按反应类型可分为：光取代反应、光异构化反应、光致电子转移反应、光敏化反应等。

光取代反应：$[Cr(NH_3)_5Cl]^{2+} + H_2O \xrightarrow{h\nu(365\sim506\ nm)} [cis-Cr(NH_3)_4(H_2O)Cl]^{2+} + NH_3$

光异构化反应：反式$(n-Pr_3P)_2PdCl_2$在三氯甲烷中紫外光照生成对光稳定的顺式异构体

$$trans-(n-Pr_3P)_2PdCl_2 \xrightarrow[CHCl_3]{h\nu} cis-(n-Pr_3P)_2PdCl_2$$

光致电子转移反应：$Fe(\eta^5-C_5H_5)_2 \longrightarrow [Fe(\eta^5-C_5H_5)_2]^+Cl^-$

光敏化反应：指在敏化剂存在下进行的光化学反应。在无机合成中光敏化的反应比较多。如：$2SiH_4 \xrightarrow{Hg(^3P_1)} Si_2H_6 + H_2$

光化学还可应用在半导体薄膜制备上，如用SiH_4和NH_3两种气体在Hg催化下光化学沉积(PVD)制备Si_3N_4：$SiH_4 + NH_3 \xrightarrow[Hg]{h\nu,254\ nm} Si_3N_4 + H_2$

§21.8 微波和等离子体合成

21.8.1 微波辐射合成概述

微波通常是指波长为0.1 mm～1 m范围内的电磁波，其相应的频率范围是300 MHz～3 000 GHz。1 cm～25 cm波长范围用于雷达，其他的波长范围用于无线电通讯，为不互相干扰，国际无线电通讯协会规定家用微波炉使用频率都是2 450 MHz(波长为12.2 cm)，工业用微波加热设备的频率为915 MHz(波长为32.8 cm)。微波化学是将微波辐射技术应用到化学领域所形成的一门新的交叉型学科。

微波在一般条件下可方便地穿透某些材料，如玻璃、陶瓷、某些塑料(如聚四氟乙烯)等。微波与物质的相互作用可以发生发射、吸收等，在化学上的应用主要是利用微波能被物质吸收的作用。这种吸收从作用机理上将可以分为两类：一类是微波能量与分子内部某些对称性相同的振动能级的变化相匹配，导致旧键的断裂与新键的生成；另一类是微波单纯引起转动的变化，致使由微波的电磁能转化为体系的热能而加热。微波加热作用的最大特点是可以在被加热物件的不同深度同时产生热，也正是这种“体相加热作用”，使得加热速率快且加热均匀，缩短了处理材料所需实践，节省了能源。微波的这种加热特点使其可以直接与化学体系发生作用从而促进各类化学反应的进行。由于有强电场的作用，在微波中往往产生用热力学方法得不到的高能态原子、分子和离子，因而可使一些在热力学上本来不可能的反应得以发生，从而为有机和无机合成开辟了一条崭新的道路。

21.8.2 微波辐射在无机合成中的应用

微波辐射合成技术在化学领域的应用已经非常广泛，如在无机化学方面，陶瓷材料的烧结、超细纳米材料和沸石分子筛的合成。

微波烧结或微波燃烧合成是用微波辐射代替传统的热源，均匀混合的物料或预先压制成型的料坯通过自身对微波能量的吸收（或耗散）达到一定高的温度，从而引发燃烧反应或完成烧结过程。

微波水热合成法主要用于沸石分子筛的合成，微波辐射法合成沸石分子筛具有许多优点，如粒度小而均匀，合成的反应混合物配比范围宽，重现性好，时间短等。

微波辐射合成在无机固相合成中得到很好的应用，如 Pb_3O_4、$CuFe_2O_4$、La_2CuO_4、YBa_2CuO_7 以及稀土磷酸盐发光材料的制备。微波可以直接穿透用品，内、外同时加热，不需传热过程，瞬时可达一定温度。微波加热节能，便于连续操作。

21.8.3 等离子体技术在无机合成中的应用

1. 概述

等离子体合成也称放电合成，是利用等离子体的特殊性质进行化学合成的一种新技术。

等离子体是宇宙中物质存在的一种状态。物质除固、液、气三态外，还有第四种聚集状态，即等离子态。所谓等离子体就是气体在外力作用下发生电离，产生电荷相反、数量相等的电子和正离子以及自由基，由于在宏观上呈中性，故称之为等离子体。等离子体具有导电性、电准中性、与磁场的可作用性。

产生等离子体的方法很多，实验室里主要有加热法和放电法。加热法需要 10 000 ℃以上的高温，不是太实用。比较适用的是放电法，如各种电弧放电、辉光放电、高频电感耦合放电、高频电容耦合放电、微波诱导放电、电容耦合微波放电等。等离子体一般分两类：一类是高温等离子体或称热等离子体；第二类是低温等离子体或称冷等离子体。

2. 合成中的应用

高温等离子体的应用：热等离子体由于温度很高（可达 6 000～10 000 K），复杂分子无法存在，一般都理解成原子、离子等。所以，在无机合成中不能用于制备低熔点、易挥发、易分解的混合物，它主要适用于金属和合金的冶炼；超细、超纯、耐高温材料（如氮化物、碳化物、硼化物）的合成；制备金属超微粒子；喷涂防热防腐层等。

低温等离子体的应用：在低温等离子体中，电子拥有足够的能量使反应物分子的化学键断裂，而气体温度又可以保持与环境温度相近，这对混合物的合成非常有利。近几十年来，低温等离子体在无机物的合成、无机薄膜材料的制备、金属材料的表面处理等方面发展十分迅速。如，利用直流辉光放电，以 MgO 为催化剂，可以在常温下由 N_2、H_2 直接合成 NH_3；以高纯氢气和甲烷为原料用微波等离子法制备金刚石。

§21.9　低热固相反应合成

21.9.1　低热固相反应概述

所谓低热固相反应是指反应温度在 100 ℃以下的固相反应。

低热固相反应共有四个阶段：扩散—反应—成核—生长。与液相反应一样，固相反应的发生起始于两个反应物分子的扩散接触，接着发生键的断裂和重组等化学作用，生成新的分子。此时生成物分子分散在母体反应物中，只有当产物分子聚积形成一定大小的粒子，才能出现产物的晶核，从而完成成核过程。随着晶核的长大，达到一定的大小后出现产物的独立晶相。这就是固相反应经历的扩散、反应、成核、生长四个阶段。

一个室温固-固反应的典型反应：固体 4-甲基苯胺与固体 $CoCl_2 \cdot H_2O$ 的物质的量按 2∶1 在室温下(20 ℃)混合，界面马上变蓝，稍加研磨反应完全，该反应在 0 ℃时同样瞬间变色。但在 $CoCl_2$ 的水溶液中加入 4-甲基苯胺(同样的比例)，无论是加热煮沸还是研磨、搅拌都不能使白色 4-甲基苯胺变蓝，即使是饱和的 $CoCl_2$ 水溶液也是如此。这是说明反应的微环境的不同使固、液反应有明显的差别。

21.9.2　低热固相反应在无机合成中的应用

低热固相反应由于其固有的特点，在合成化学中已有许多成功的应用，并有一些实现了产业化。作为绿色化学的首选工艺之一的低热固相反应在原子簇化合物、新的多酸化合物、新型配合物、固介化合物(固体介稳定态化合物的简称)、功能材料(如非线性光学材料)、纳米材料以及有机化合物的合成、制备中获得了广泛的应用和关注。

21.9.3　低热固相反应在工业生产中的应用

1. 在颜料工业中的应用

通常，镉黄颜料的工业生产有两种方法：一种是将均匀混合的镉和硫密封在管中于 500～600 ℃高温下反应制得；另一种是将碱性硫化物加入到中性镉盐溶液中沉淀出硫化镉，再经洗涤、80 ℃干燥及 400 ℃晶化获得稳定的产品。前者产生大量对环境污染的副产物——挥发性的硫化物，后者产生大量废水。将碳酸镉和硫化钠的固态混合物在球磨机中研磨，所得产品与传统工艺产品相媲美，既省时、省能源，又绿色环保。

2. 在制药工业中的应用

苯甲酸钠是制药业的一种制药原料。传统制法是用 NaOH 中和苯甲酸的水溶液，生产工序有六步，生产周期为 60 h，每生产 500 kg 的苯甲酸钠需 3 吨水。采用低热固相合成法，以苯甲酸和 NaOH 固体为原料，生产同样 500 kg 的产品只需 5～8 h，且不需水。

3. 其他应用

低热固相反应技术，还被应用到高耐候蓄光型纳米稀土长余辉发光材料、染料瓮黑 25、蛋白素、高氏净水剂、高氏凝絮剂、MUST－4B 配位催化剂、金属保护剂等工业生产中。

文献讨论题

［文献］Li Y D，Qian Y T，Liao H W，et al. A reduction-pyrolysis-catalysis synthesis of diamond. *Science*，**1998**，281(5374)：246—247.

1954 年 12 月 8 日，美国通用电器(GE)公司本迪(F. P. Bundy)、霍尔(H. T. Hall)等首次合成了人造金刚石；1958 年人造金刚石投入商业生产。20 世纪 80 年代，日本低温低压下用 CH_4、H_2 微波合成金刚石，微波(频率 $2.45\times10^6\ s^{-1}$，功率 400 W)33.7 kPa，$<1\,273$ K；1998 年，我国钱逸泰、李亚栋等以 Ni－Co－Mn 合金为催化剂，用 CCl_4 与过量金属钠于 700℃的高压釜中溶剂法合成含有大量非晶态碳的微米级金刚石晶体。通过查阅文献总结还有哪些方法可以制备金刚石，并分析比较上述两种合成方法的优势与缺陷以及选 CCl_4 制备金刚石的思路。

习 题

1. 高温如何获得？高温合成反应主要有哪些类型？
2. 低温是如何划分、获得，低温对物质有哪些影响？
3. 如何衡量真空？真空如何划分？举例说明低压技术在无机合成中的应用。
4. 简述化学气相沉积合成的原理以及在无机合成中的优势。
5. 举例说明化学气相沉积反应的类型。
6. 简述水热、溶剂热合成的原理，并举例说明其在无机合成中的应用。
7. 试总结金刚石的人工合成方法。
8. 试述溶胶-凝胶的特点，举例说明其在无机合成中的应用。
9. 电化学合成的优势及其特点是什么？
10. 简述光化学合成法的含义和特点，并举例说明其在无机合成中的应用。
11. 简述以 SiO_2 为原料，制备粗硅和高纯硅的实验方法，写出相关化学反应方程式。

第 22 章　无机化学与现代生活

§ 22.1　无机新型材料

22.1.1　无机材料的概述

无机材料化学是研究无机材料制备、组成、结构、功能及其应用的一门科学，它既是化学的一个重要分支，又是材料科学的一个重要组成部分。一般来说，无机材料化学与固体化学密切相关，属于化学与材料、能源、环境、信息等科学的交叉学科。在现代高科技领域中得到应用并与社会经济、人们生活密切相关的金属导体、半导体、超导体、光导纤维、发光材料、能源材料、磁性材料、环保材料、信息存储材料、传感材料、吸附分离材料、离子交换材料、催化剂等无不与无机材料化学有关。

新材料目前还没有公认的确切定义，有人认为新材料是指“最近将达到实用化的材料”。从词义上讲，“新”与“旧”相对应，“新材料”一次的出现是为了与传统材料加以区别。因此可以将新材料定义为最近发现的在成分、组织结构和性能等方面不同于传统材料的材料。诸如纳米材料、高效能源材料、碳材料、非晶合金、生物材料、超导材料、智能材料、环境材料、仿生材料等。

22.1.2　无机纳米材料

纳米材料是指块体中的颗粒、分体粒度在 10^0 nm～10^2 nm 之间，使其某些性能发生突变的材料。微粒可以是晶体，也可以是非晶体。纳米粒子具有尺寸效应，如粒径为 5 nm 的 Au 粒子的表面层（厚度为 1 个金原子）的体积占整个微粒的体积分数可达 30%，纳米粒子的这种独特的性质，使之表现出一系列优异的物理、化学和力学性能。如纳米晶体铁在 4 K 时的饱和磁化强度为 130×10^3 A·m^2/kg，比普通多晶铁低近 40%。

无机纳米化学是依托于纳米材料科学，以无机化学学科为平台，以基础科学研究为主，同时注重有很强应用前景的高科技，研究内容与手段涉及材料、化学、物理、信息、微制造等多个学科。主要内容包括：无机纳米材料与纳米结构的可控制备与合成，无机纳米材料的表征与结构，无机纳米材料的性能与应用、结构与性能的关系等。如半导体量子点、金刚石纳米粒子、碳纳米材料、稀土发光纳米材料，可用于生物医学领域的具有光致发光性质的无机纳米晶材料、有机荧光染料和发光金属配合物修饰的无机纳米杂化材料等。

催化是纳米微粒应用的主要领域之一。利用纳米微粒比表面积高与活性高的特点可以显著增进催化效率。纳米微粒用作液体燃料的助燃剂，既可提高燃烧效率，又可减轻污染。

如在火箭发射的固体燃料推进剂中添加1%的纳米铝粉或镍粉，燃料的燃烧热可增加一倍；纳米硼粉、高铬酸铵粉可作为炸药的有效催化剂；纳米铂粉是高效氮化催化剂。纳米铁、镍和$\gamma-Fe_2O_3$混合烧结体可替代贵金属作为汽车尾气的净化催化剂；纳米银粉可作为乙烯氧化的催化剂；Fe_2O_3微粒可在低温（270～300℃）下将CO_2分解为C和水；铁的微粒在苯气相热分解（1 000～1 100℃）时引发成核作用而生成碳纤维；金纳米微粒置于Fe_2O_3、Co_2O_3、NiO中，在－70℃就具有较高的催化氧化活性。

磁记录是信息存储与处理的重要手段，随着科学的发展，对记录密度的要求不断提高。20世纪80年代，日本就利用铁、钴、镍等金属纳米微粒制备高密度磁带，矫顽力$H_c \approx 1.61 \times 10^5$ A/m，剩磁$B_r \approx 0.3$ T，适用于纵向式垂直记录，记录密度可达$4\times10^5 \sim 4\times10^6$ bit/mm，且可降低噪声，提高信噪比，由它制成的磁带、磁盘已商品化。另外，一些含钴、钛的钡铁氧体微粒作为磁记录介质已趋于商品化，强磁微粒可制成信用卡、票证、磁性钥匙等。

利用纳米微粒的高比表面积可制成气敏、湿敏、光敏等多种传感器，只需微量的纳米微粒便可发挥相当大的功能。

纳米微粒对光具有强烈的吸收能力，而通常呈黑色，可在电镜-核磁共振波谱仪和太阳能利用中作为光照吸收材料，还可以作为防红外线、防雷达的隐性材料，如WCo微粒、铁氧体微粒制成的吸波材料，在国防中有重要应用，美国已实用化。

ZnO、Fe_2O_3、TiO等半导体纳米微粒的光催化作用在环保健康方面有广阔的用途，国内外许多文献报道了这方面的进展。随着经济的发展，人们越来越重视生活质量和健康水平的提高，防菌、防霉、除味、净化空气、优化环境将成为人们的追求，纳米材料和纳米技术在这方面有广阔的应用前景。利用纳米材料和纳米技术还可以对生物大分子进行组装，以获得具有更高性能的生物分子聚合体。

22.1.3 高效能源材料

高效能源材料是支撑能源发展的、具有高效率的能量储存和转换功能的材料或结构功能一体化材料，它是发展新能源与可再生能源的核心与基础。高效能源材料催生了低碳等新能源与可再生能源的开发，使能源利用更清洁、高效。高效能源材料主要包括嵌锂碳负极和$LiCoO_2$正极为代表的锂离子电池材料、储氢合金为代表的镍氢电池材料、燃料电池材料、硅半导体材料为代表的太阳能电池材料、相变储能材料、热电材料以及发展风能、生物质能和核能所需的关键材料。

1. 锂离子电池材料

锂离子电池是在锂二次电池基础上发展起来的高比能二次电池体系。锂离子电池的核心思想是M. Armand于1980年提出，后来由日本科学家将其正式定名为锂离子电池，并由索尼（SONY）公司于1990年率先商品化，1999年聚合物锂离子电池（PLIB）实现产业化。PLIB不但具有液态锂离子电池的所有技术优点，而且有更高的比能量和更好的安全性能，被公认为是未来最具发展潜力和应用市场的电池产品。近20年来锂离子电池取得长足的发展，代表着当前化学电源发展的最先进水平，已成为能量密度最高的绿色二次电池。该类电池具有高比能量以及循环使用、寿命长等显著优势，目前已广泛应用于移动通讯、摄像机、笔记本电脑等消费电子领域，并逐步向电动自行车、电动汽车、电站储能等领域拓展。

从锂离子电池的发展来看，电池的电化学性能主要取决于所用电极材料和电解质材料的结构与性能，如正负极材料的容量和结构稳定性、隔膜材料、安全高效的电解质。锂离子电池正极材料主要有过渡金属的嵌锂化合物组成：一方面过渡金属存在混合价态，电子导电性比较理想；另一方面不容易发生歧化反应。如一维隧道结构的正极材料 $LiFePO_4$；二维层状结构的正极材料 $LiCoO_2$、$Li_{1+x}V_3O_8$、Li_2FeSiO_4；三维框架结构的正极材料 $LiMn_2O_4$、$Li_3V(PO_4)_3$ 等。自从锂离子电池商品化以来，$LiCoO_2$ 一直是手机和笔记本电脑等使用的锂离子电池的主导正极材料。$LiCoO_2$ 具有优异的可逆性、充电效率和电压稳定性，但其实际比容量仅为理论比容量（273 $mA\cdot h\cdot g^{-1}$）的 50%，且存在容量衰减、热稳定性较差。负极材料是锂离子电池的主要材料之一，碳材料以其低廉的价格与较好的安全性成为锂离子电池负极材料的首选材料，其本身的界面状况和微细结构对电极性能有很大影响。在碳负极材料中，目前大规模商业化的主要是石墨化碳，其中具有代表性的有中间相炭微球（MCMB）和改性天然石墨（CMG）。中间相炭微球由于其本身具有球形结构，堆积密度比较高，单位体积嵌锂容量比较大，小球具有片层结构，利于锂离子的嵌入和脱嵌。另外，中间相炭微球表面光滑、外表面积比较小，在充放电过程中发生的副反应少，从而降低了第一次充放电过程中的库仑损失，解决了石墨类不能快速大电流充放电问题，已经用作一些小型动力电池的负极材料。由于碳材料的理论容量有限（372 $mA\cdot h\cdot g^{-1}$），在满足电池高容量的要求方面，存在一定的局限性，新型高性能负极材料的研究开发主要集中在合金类化合物（如锡基、硅基）、过渡金属氧化物、氮化物等材料上。

2. 高容量储氢材料

氢能的开发包括氢的制取、储存和利用等技术。当氢作为一种燃料时，具有分散性和间歇性使用的特点，储存与运输是其关键。近 10 年来，氢燃料电池、氢燃料电池汽车及其相关领域的快速发展，有效地推动了氢能技术的进步，但经济、安全、高效的氢储存技术仍是现阶段氢能应用的瓶颈。储氢方法主要有高压气态储存、低温液态储存和固态储存等。高压气态储氢存在安全问题，且压缩过程的能耗较大。低温液态储氢的体积能量密度高，但液化过程所需的能耗是储存氢气热值的 50%，且自挥发问题难以避免，绝热系统技术复杂、成本高。固态储氢材料储氢是通过化学反应或物理吸附将氢气储存在固态材料中，其能量密度高且安全性好，被认为最有发展前景的氢气储存方式之一。

3. 燃料电池

燃料电池是一种将存在于燃料与氧化剂中的化学能直接转化为电能的装置。燃料电池可分为碱性燃料电池（Alkaline Fuel Cell，AFC）、质子交换膜燃料电池（Proton Exchange Membrance Fuel Cell，PEMFC）（也有称高分子电解质膜燃料电池，Polymer Electrolyte Membrance Fuel Cell，PEMFC）、磷酸燃料电池（Phosphorous Acid Fuel Cell，PAFC）、熔融碳酸盐燃料电池（Molten Carbonate Fuel Cell，MCFC）和固体氧化物燃料电池（Solid Oxide Fuel Cell，SOFC）。燃料电池产业的技术发展趋势，主要针对不同的市场需求而发展：0.1～10 kW 电池是面向移动基站、分立电源、潜艇、电动自行车、摩托车、游艇及场地车等民用的最佳电源；10～100 kW 电池是电动汽车的首选动力源，是整个燃料电池产业发展的方向；

100 kW 以上电池是特殊条件下(如军用、边远地区等)电站动力源。燃料电池的关键部件与其他种类电池相同,也包括阴极、阳极和电解质等。燃料电池按操作温度可分为低温燃料电池、中温燃料电池和高温燃料电池三大类。一般来说,燃料电池的操作温度不同,其使用的燃料、催化剂及氧化剂也有所不同。

4. 太阳能电池关键材料

太阳能作为新能源和可再生能源,是取之不尽、用之不竭的洁净能源,是解决当今化石燃料枯竭和环境污染问题的一种主要途径。太阳能光伏发电可以将太阳能直接转变为电能,具有资源无限、无污染、系统运行可靠、少维护,且电能易于输送等优点,光伏发电将成为未来电力的主要构成部分。太阳能电池主要有晶体硅(单晶硅、多晶硅)高效太阳能电池、非晶硅薄膜太阳能电池、多晶硅薄膜太阳能电池、铜铟(镓)硒太阳能电池、染料敏化太阳能电池等。相对于晶体硅材料和其他全无机半导体材料复杂的制造工艺和昂贵的价格,以有机分子功能材料(包括有机分子半导体材料和有机染料)为基础的染料敏化太阳能电池由于其制备工艺简单、价格低廉、可以大面积涂敷、功能可调以及软性可卷曲等优点有望取代硅基太阳能电池。

染料分子被称为电池中的光子马达,由于 TiO_2 等氧化物仅对紫外光有响应,只有通过染料敏化才能实现对可见光的吸收。染料敏化剂按其有无金属元素可分为无机染料和有机染料。无机染料一般指金属有机配合物,其中研究较多的是钌-多吡啶配合物。

22.1.4 无机仿生材料

自古以来,自然界就是人类各种技术思想、工程原理及重大发明的源泉。20 世纪 50 年代以来,人们已经认识到生物系统是开辟新技术的重要途径之一。向自然学习的理念包括仿生(bio-mimetic)和受生物启发(bio-inspired)两个层面。仿生学是研究生物系统的结构、性状、原理、行为以及相互作用,从而为工程技术提供新的设计思想、工作原理和系统构成的技术科学。它是化学、材料、物理、生物学、数学、工程技术等多个学科相互渗透而合成的一门新兴学科。

仿生合成一般是指利用自然原理来指导特殊材料的合成,即受自然界生物的启示,模仿或利用生物结构、生化功能和生化过程并应用到材料设计中,以便获得接近或超过生物材料优异特性的新材料,或利用天然生物合成的方法获得所需材料。利用新颖的受生物启发而来的合成策略和源于自然的仿生原理来设计合成具有特定性能的无机、有机、无机-有机杂化材料是仿生学的一个重要方面。

自然界中的动物和植物经过大约 45 亿年优胜劣汰、适者生存的进化,已完成了智能操控的所有过程,在结构与功能上许多特性已经达到近乎完美的程度,如荷叶表面的自清洁性、水稻叶表面的滚动各向异性、蝴蝶翅膀的自清洁性、水黾腿的超疏水性等。通过揭示生物体表面特殊浸润性与微观结构之间的内在联系发现,这些生物材料表面所表现出的优异特性在很大程度上是通过微米和纳米相结合的多级结构效应来实现的,这为设计、构筑、合成具有特殊浸润性能的新型功能仿生无机材料提供了很好的理论指导。如具有超疏水性能的无机仿生纳米结构碳膜、超双疏(超疏水和超疏油)性能的阵列碳纳米管膜、可用于油水分离的超疏水-超亲油性的喷涂网膜以及 TiO_2 等无机半导体光响应超疏水-超亲水可逆开关材料。

22.1.5　先进碳材料

碳材料是人类最早开始使用的无机固体材料之一，金刚石、石墨、活性炭、碳纤维等材料在国计民生中发挥着重要作用。富勒烯、碳纳米管、石墨烯等碳基纳米材料因具有独特的结构与性质，在很多领域具有重要的潜在应用前景。

碳纳米管和石墨烯均具有独特的结构，并具备由其独特结构所赋予的奇异电子学、光电子学和量子学性质。一般来说，半导体性单壁碳纳米管可构筑场效应晶体管和光电子器件，而金属性管可用于连接导线或构筑高频器件。目前一般制备方法得到的单壁碳纳米管(SWCNTs)都是 1/3 金属性管和 2/3 半导体性管组成的混合物。

碳纳米材料具有密度小、稳定性高、载流能力强等优势，而无机纳米材料具有光、电、磁以及催化、传感等性能，两者的复合体系可应用在催化、能源、分析检测等领域。与传统的 ITO 玻璃相比，碳纳米材料成本低、导电率高，且便于构筑柔性电极和柔性电池，有望取代太阳能电池中的 ITO。基于碳纳米管与硅纳米线的异质结构可直接构筑太阳能电池。碳纳米管与无机纳米晶复合材料可以用作气体传感器，如碳纳米管与无机 Fe_2O_3 纳米晶复合物可选择性检出 H_2S 气体。

22.1.6　无机-有机杂化材料

无机材料具有电子结构多样性、高强度、高刚性、高硬度以及光、热化学稳定等特征，有机分子材料具有分子和能带结构可以进行人工设计、光电转换效率高、响应速度快及分子柔性等特点，利用功能互补和协同优化可以获得性能更优异的无机-有机杂化材料，它是无机化学、有机化学、物理学、材料科学、电子学、微电子学以及生命科学等多学科渗透交叉的结果，在能源、信息存储、传递、光通讯、隐身、生物、医学等方面具有诱人的应用前景。无机-有机杂化材料种类很多，基本涵盖了所有的功能材料，如无机-有机层状复合材料、有机高分子掺杂无机粉末复合材料和功能有机分子修饰的无机材料等。如二氧化硅纳米粒子与聚合物的组装就是一类经典的无机-有机杂化材料；项链状的铜@交联聚乙烯醇的核/壳结构的微电缆和柔性银@交联聚乙烯醇的核/壳纳米电缆是一种一维无机-有机杂化材料；有机杂化的金纳米粒子可以用于 DNA 的选择性检测，杂化的硅纳米粒子可作为荧光免疫检测的细胞成像。

22.1.7　现代陶瓷

陶瓷材料是一种无机非金属材料，此类材料具有熔点高、硬度高、化学稳定性高、耐高温、耐磨损、耐优化、耐腐蚀、弹性模量大、强度高等优良性能。陶瓷材料大致可分传统陶瓷(普通陶瓷)和特种陶瓷两大类。

传统陶瓷主要指黏土制品。以天然的硅酸盐矿物为原料经粉碎、成形、烧结制成的产品均属于传统陶瓷，包括日用陶瓷、建筑陶瓷、卫生陶瓷、电器绝缘陶瓷、化工陶瓷和多孔陶瓷等，此类陶瓷产量大、用途广。

特种陶瓷是以高纯化工原料和合成矿物为原料，沿用传统陶瓷的工艺流程制备的陶瓷，是一些具有各种特殊力学、物理或化学性能的陶瓷。特种陶瓷也可称为现代陶瓷、新型陶瓷、精细陶瓷、高技术陶瓷、高性能陶瓷等。按性能特点和应用，可分为电子陶瓷、光学陶瓷、高硬陶瓷等。按化学成分，可分为两种：一种是氧化物陶瓷，如 Al_2O_3、MgO、CaO、BeO、ThO_2、VO_2 等；另一种是非氧化物陶瓷，如含碳化合物、氮化物、硼化物、硅化物等。

特种陶瓷材料又可以分为两大类，即结构陶瓷材料（或工程陶瓷材料）和功能陶瓷材料。结构陶瓷材料是指具有机械功能、热功能和部分化学功能的陶瓷材料；功能陶瓷材料是指具有电、光、磁、化学和生物体特性，且具有相互转换功能的陶瓷材料。

1. 电子陶瓷

电子陶瓷包括陶瓷固体电解质、压电陶瓷、光电陶瓷、电光陶瓷等。陶瓷固体电解质是处于固体状态而能像液体（酸、碱、盐在溶解和熔融状态下）那样发生离子快速迁移、具有离子导电性的陶瓷材料，又称陶瓷块离子导体。在能源、冶金、环保、电化学期间等领域有广阔的应用前景。如 ZrO_2 用于汽车尾气净化、钢水定氧及制作高温燃料电池；$\beta-Al_2O_3$ 用作钠硫电池、金属钠提纯等电化学器件的电解质隔膜等。

当外力作用于晶体时，发生与应力成比例的介质极化，同时在晶体两端将出现正负电荷，这种由于形变而产生的电效应，称为正压电效应。反之，当在晶体上施加电场引起极化时，将产生与电场成比例的变形或压力，称为逆压电效应。这两种效应统称为压电效应。压电陶瓷是具有压电效应的陶瓷材料，主要有钛酸钡、钛酸铅、锆钛酸铅（PZT）、改性 PZT 和其他三元体系。目前应用最多是 PZT 和改性 PZT。压电陶瓷可用作超声波发生源的振子或在水下测声频仪器上的振子，这类振子可用在计量、加工清洗、化工和医疗等领域，也可用作声转换器，如鱼群探测器、声呐、水下定位器等；压电陶瓷受到机械应力或冲击力的反复作用时，由压电效应发生的电能可用于生活用具如煤气灶点火器、打火机等；压电陶瓷还可以用作滤波器，如 $PbTiO_3$ 正方形压电陶瓷片可用于彩色电视机中间滤波器。

光电陶瓷是能产生光电效应的陶瓷。它收到光的照射后，由于能带间的迁移和能带与能级间的迁移而引起光吸收现象时，能带内产生自由载流子，而使电导率增加，这种现象称为光电导效应。利用光电导效应监测光强度的元件叫作光敏元件。作为光传感器时称为光电导（PC）模元件。如烧结 GdS 多晶的光敏元件可用作从波长很短的 X 射线到波长很长的紫外线的光检测器。

由于高电场引起电子状态密度变化而使折射率产生变化的现象称为电子光效应，具有电子光学效应的陶瓷为电光陶瓷。典型的电光陶瓷是锆钛酸铅镧（PLZT）陶瓷，它是用 La 置换 $PbTiO_3-PbZrO_3$ 中部分 Pb 的固溶体。通过改变材料组成 PLZT 陶瓷能获得具有铁电相（FE）、顺电相（PE）和反铁电相（AFE）中任何一种的特性。它具有铁电性，对可见光和红外光透明，所以出现电光效应。外加电场会使 PLZT 陶瓷中的电畴的取向时而整齐时而混乱，从而呈现光散射效应；此外，透明陶瓷还会因光照射而呈现出自身改变颜色的光色效应，可用作光信息处理的功能元件，如光调制元件、光闸、光开关、图像显示元件和图像转换元件等，这些元件都是利用顺电相的电光效应和电控散射效应。

2. 超导陶瓷

1986 年超导陶瓷的出现，使超导体临界温度 T_c（电阻突然消失的温度）获得了重大突破。如以 La_2CuO_3 为代表的镧系高温超导陶瓷中 La－Sr－Nb－O 系陶瓷的 T_c 可达 225 K，但抗磁性较弱；以 $YBa_2Cu_2O_y$ 为代表的钇系高温超导陶瓷的 T_c 超过了 90 K；不含稀土元素的铋系氧化物超导陶瓷的 T_c 在 7～22 K 之间，尽管超导转变温度较低，但性能稳定，价格便宜，掺钙的此类超导陶瓷的 T_c 可达 10^5 K；铊系高温超导陶瓷（Tl－Ba－Ca－Cu－O系）的 T_c 可达 125 K。

氧化物陶瓷超导体在液氮温区实现超导，而液氮较便宜，容易获得和保存，这为其广泛应用打下了基础。利用超导性质而制成的超导高速元件和超导连接电路，显著改善了计算机的性能，使之更加高速化和小型化，有力地促进微波带通讯元件的改进和发展，并能广泛用于电磁传感器、红外线传感器等。在生物医学领域，超导材料实用化程度最高，目前已开始用于核磁共振断层摄像仪（MRI）、量子干涉仪、粒子线治疗装置、π 介子医疗器等。在交通运输领域，利用完全抗磁体制造的磁悬浮列车，车速超过 500 km/h，还具有无摩擦、无噪声、平稳等特点。在宇宙开发、军事领域中超导材料具有较大的应用现实性，如用作潜艇的无螺旋桨无噪声的电磁推进器使军舰、飞机快速推进，可明显提高战斗力。

3. 磁性陶瓷

铁氧体和铁粉芯永久磁体是磁性陶瓷的代表。铁氧体的晶体结构有尖晶石型、磁铅石型和石榴石型三类。20 世纪 50 年代发现含稀土元素的铁系氧化物（$R_2Fe_2O_{12}$）构成的石榴石型磁性材料，特别是作为微波波段的低损耗材料受到人们的重视。磁铅石型晶体结构的钡系铁氧体具有高矫顽力、制造容易、抗老化和性能稳定等优点而被广泛采用。常用的永磁材料和软磁材料有 $(Ba,Sr)O_6Fe_2O_3$ 和 $(Fe,Zn,Mn,Co)_2O_3$ 等铁氧体陶瓷。

4. 其他功能陶瓷

用氧化铝、氧化锆、碳化硅、氮化硅、碳化硼和立方氮化硼等烧结制成的陶瓷有很强的耐磨性，可用作研磨材料、切削刀具、机械密封件、工业设备的衬里等。氧化铝、碳化硅、氮化硅等具有高强度难变形性的陶瓷可以制作精密结构部件，如主轴和轴承等。根据用途、适用环境而设计的具有不同光学性质的光学陶瓷，具有波长选择性透过的透明陶瓷、用于各类红外接收和红外探测的红外光学陶瓷、具有明显感光特性的光色陶瓷，如氧化铝、氧化镁、氧化钇、氧化铟等陶瓷可制作电光源发光管、透明电极等；具有偏光透光性锆钛酸铅镧（PLZT）可用作光开关、护目镜等。用于人体器官替换、修补及外壳矫形的生物陶瓷材料，生物陶瓷可分在生物体内物理、化学性能稳定的生物惰性陶瓷和具有优异的生物相容性的生物活性陶瓷。如氧化铝陶瓷和磷灰石陶瓷可用于制造人造骨骼、关节和牙齿等。

§22.2　无机药物化学

22.2.1　无机药物化学的概述

药物通常是指对疾病具有预防、治疗或诊断作用以及对调节人体功能、提高生活质量、保持身体健康具有功效的物质。根据药物的来源及性质不同，可以分为中药或天然药物、化学合成药物及生物药物。在这些药物中有些是直接使用天然植物,如草、叶、根、茎、皮等,有的是直接使用动物的脏器及分泌物等,但有很大一部分是通过化学合成或生物合成的方法得到确切组成的化合物后作为药物使用。这类既具有药物的功效,又有确切化学组成的药物统称为化学药物。

无机药物化学就是研究含无机离子的药物在生物体内的分布、吸收、转化、排代及治病机理的一个新兴生物无机化学分支。无机药物化学可分为简单无机化合物、金属配合物及金属有机化合物。

将金属/类金属无机化合物用于医药用途有悠久的历史,5000 年前埃及人就已经将铜用于水的消毒。我国在无机药物化学开发、研究、利用方面,主要体现在古代将无机矿物用于疾病的治疗以及古代炼丹术等方面。雄黄为硫化物类矿物,其主要化学成分是 As_2S_2(或 As_4S_4),早在我国第一部药物学专著《神农本草经》上就有记载,是中医内治外用常用药之一,也是常用传统复方中药的组成部分,如 2000 年前东汉时期的中医已经开始使用含有雄黄成分的药物治疗外科的疱疡和痈肿。近十几年来,雄黄在临床上对急性早幼粒细胞白血病、慢性粒细胞白血病等恶性血液系统疾病取得显著的治疗效果。同样砒霜(三氧化二砷)也被应用到急性早幼粒细胞白血病、复发性白血病、急性髓系白血病的临床治疗上。由于低剂量的三氧化二砷对于复发性白血病的治愈功效得到了广泛的关注和研究, 2000 年 9 月,三氧化二砷制剂(Trisenoxo®)已经在美国获得了食品及药物管理局(FDA)的使用批准并投入市场。

现代医学和化学治疗中,相对于有机化合物药物,金属/类金属类药物的发展相当缓慢。1969 年美国密歇根州立大学的生物物理学家 Barnett Rosenberg 偶然发现顺铂具有抗肿瘤活性,顺铂在临床上成功地用于治疗癌症是金属/类金属药物用于医学的一个重要里程碑。随着对金属的生物功能和它在蛋白质以及酶的生物功能中作用研究的深入,金属/类金属化合物的用途又开始有了新的发展,使无机药物化学重要分支之一的金属药物研究涌现出一波新的发展浪潮。目前金属/类金属化合物在疾病治疗和其他医学领域中大量应用,如铂、钌、金、锇、钴、铁和镓等在癌症治疗方面的应用,锂用于狂躁抑郁症的治疗,钒用于糖尿病的治疗,砷用于急性白血病的治疗,铋用于胃溃疡的治疗,以及钆、铁、锰在磁共振成像方面的应用以及金属酶模仿的锰化合物,抗高血压的铁化合物,用于放射性诊断显影的锝化合物等。

22.2.2 杀菌药物

在无机药物化学中用于杀菌、抗炎类药物主要有含银、铋、金、锑、锌、汞、锰等金属。

1. 银抗感染

银杀菌的主要原理在于高氧化态银的还原势极高,使其周围空间产生可以灭菌的强氧化性原子氧,Ag^+ 则强烈地吸引细菌体中蛋白酶上的巯基(—SH),迅速与其结合在一起,使蛋白酶丧失活性,导致细菌死亡。

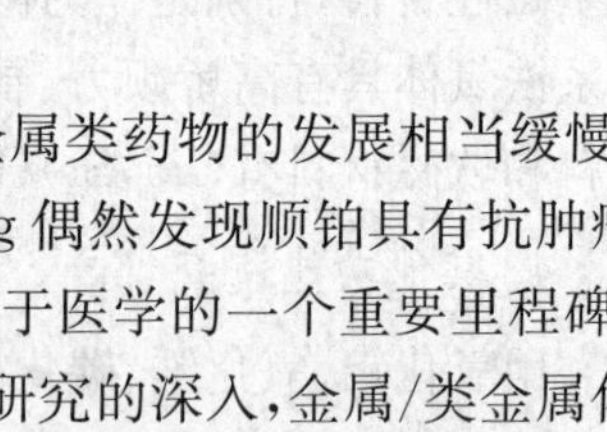

图 22-1 Ag 的磺胺嘧啶化合物

2. 锑抗寄生虫

锑类化合物具有悠久的药用历史。锑及其化合物在历史上曾被用来当作治疗肺病、血吸虫病、黑热病的药物。早在 16 世纪，锑就因为它的催吐效用进入了医疗领域。古罗马人使用富含金属锑的材料铸造酒杯，注入葡萄酒后，酒中的酒石酸会溶解微量的金属锑，制成用于医疗的所谓“鞑靼催吐剂”(tartar emetic)。尽管锑的化合物在 16 世纪已经有了很广泛的使用，但是由于其毒性和缺少药学特效的缺点，锑随后在药学上的使用大大降低了。20 世纪初，由于发现锑的化合物具有抗寄生虫的特性，锑在医药领域的应用才得到了逐渐的重视和恢复。1963 年，用于治疗咳嗽的复方甘草合剂被研制出来，其中含有酒石酸锑钾(0.24 mg/mL)。酒石酸锑钾可以起到恶心性祛痰功效，具有良好的促进支气管黏液分泌作用，可稀释痰液，使痰液容易咳出，用于呼吸道疾病时疗效特别显著。我国自行研制的次没食子酸锑钠(antimony sodium subgallate)在 20 世纪 70 年代曾被广泛用于血吸虫病的治疗，与其他锑剂相似，次没食子酸锑钠能引起成虫功能以及形态结构上的改变，如使吸盘和体肌功能丧失而不能吸附于血管壁，对雌虫卵巢和黄体退化作用强，因而使其产卵停止。

使用基于锑剂的化学治疗可以有效地提高感染利什曼原虫的病人的存活率(大于 90%)。虽然临床上一直在关注锑剂对内脏性利什曼病的治疗，实际上锑剂对其他形式的利什曼原虫感染都有治疗效果。锑剂用于治疗利什曼病的缺点是需要很长的入院治疗疗程并要辅以针对药物产生的副作用的辅助治疗，这在一些多发利什曼原虫感染的地区不容易实现。第一个使用基于锑的抗利什曼原虫药物是于 1910 年研制的 tartar emetic，这种锑剂虽然疗效不错，但是对人体却有很强的毒副作用。一些其他的锑剂，例如睇波芬(Stibophen®，antimony bis(4，5-dihydroxybenzene-3，5-disulphonate))、锑酸葡胺(Glucantime®，Meglumine antimonate)、葡萄糖酸锑(Ⅲ)钠(Triostam®，sodium antimony(Ⅲ)gluconate)和(sodium stibogluconate)也被用于各种利什曼病的治疗。因为 Sb(Ⅴ) 比 Sb(Ⅲ)具有更好的疗效，而且 Sb(Ⅴ)对人体的毒性只有 Sb(Ⅲ)的十分之一，所以 Sb(Ⅴ)是医用的首要选择。作为一种 Sb(Ⅴ) 的化合物，Pentosam®具有很好的抗寄生虫疗效，所以从 20 世纪 30 年代中期起一直被用来治疗利什曼病。锑酸葡胺是另一种 Sb(Ⅴ)的化合物，也被许多国家和地区用来治疗利什曼原虫感染，其主要组分是 $Sb(NMG)_2$。

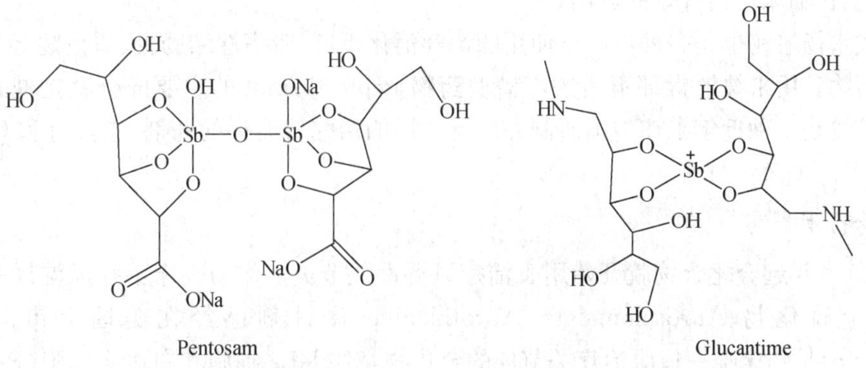

图 22-2　Pentosam® 和锑酸葡胺(Glucantime® F)的推断结构

3. 含铋菌药

铋在中世纪已经为人所知，铋化合物作为药物已经有 200 多年的历史，和同族元素砷和锑相比，铋的毒性非常低，被认为是一种对人体几乎无毒的重金属。第一个铋的药用报道是 1786 年 Louis Odier 用铋来治疗消化不良。1899 年铋也曾被用来治疗梅毒，直到 1940 年青霉素问世后逐渐被青霉素取代。但含铋药物主要还是用于治疗消化道的炎症。

铋类药物主要包括铋的碳酸氢盐、硝酸盐、水杨酸盐和胶体枸橼酸盐，但简单无机铋的疗效不理想而被淘汰。其中次水杨酸铋(BBS)在临床上主要用于治疗腹泻和消化不良，胶体枸橼酸铋(CBS)则被广泛用作胃溃疡和十二指肠溃疡。同经常临床使用的质子泵抑制剂疗法相比，基于铋剂的疗法具有更好的抗幽门螺杆菌感染的疗效。

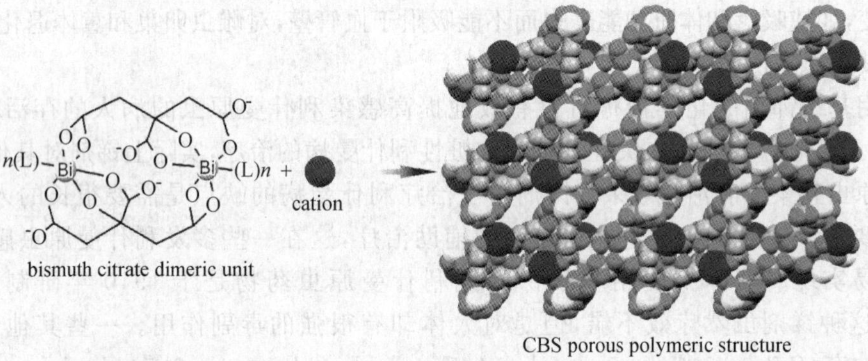

(a) CBS 的双核枸橼酸铋单元　　(b) 由双核枸橼酸铋单元形成的多孔状保护膜

图 22-3 CBS 的结构

CBS 是一种超分子化合物，它最基本的结构单元是一个稳定的双核枸橼酸铋(如图 22-3)，它可以在溃疡表面形成保护膜，从而阻止胃酸的侵蚀，有利于溃疡黏膜的再生与修复。10 年后，一种 CBS 和雷尼替丁(ranitidine) 的药物——雷尼替丁枸橼酸铋(RBC)被应用于临床。它结合了雷尼替丁的抗胃酸，CBS 保护胃黏膜和抑制幽门螺杆菌生长的特点，所以 RBC 在治疗由于幽门螺杆菌引起的胃溃疡上具有协同功效。研究发现将 RBC 或者 CBS 和抗生素组成三联复合疗法可以大幅度地提高幽门螺杆菌感染引起的胃溃疡的病人的治愈率，目前已在临床得到有效的运用。

碱式水杨酸铋也是一种被广泛使用的治疗消化不良、溃疡性结肠炎、胃溃疡等消化系统疾病的药物。用来缓解胃部不适的广谱型药物 Pepto-Bismol 的主要成分就是碱式水杨酸铋。果胶铋是一种近年来在中国研制并广泛使用的治疗胃溃疡的药剂，它具有和 CBS 相似的疗效。

4. 含金消炎药

从 1960 年起金化合物就开始用于治疗风湿性关节炎。作为临床治疗风湿性关节炎难症的含金硫化物 Aurothiomalate、Aurothioglucose 针剂已经在美国上市。金诺芬(Auranofin)是临床唯一口服治疗关节炎的金化物，对 HeLa 细胞和白血病细胞(P-388)也有抑制作用，但毒性很大。

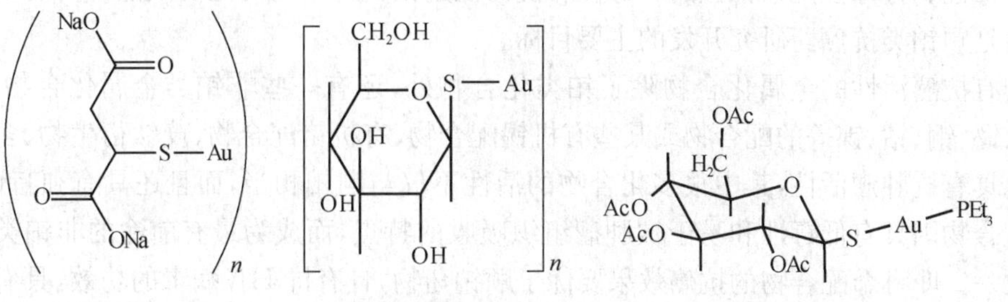

图 22-4　一些含金消炎药的结构

22.2.3　抗肿瘤金属药物

化疗是目前临床治疗癌症的三大手段之一，但是长期以来，用于肿瘤治疗的药物主要是有机化合物；直到 1969 年美国密歇根州立大学的生物物理学家 Barnett Rosenberg 偶然发现顺铂具有抗肿瘤活性，才激发了人们对金属药物的关注。科学工作者在铂类抗肿瘤药物领域进行了大量研究工作，经历了 40 多年的研究发展。

第一代铂类抗癌药顺铂(cisplatin)，对生殖系统癌症和头颈癌等非常有效，自从 1978 年被美国食品药品管理局(FDA)批准治疗癌症以来，已使睾丸癌患者的死亡率从几乎 100% 降到 10%以下，对早期发现的患者，治愈率可达 100% ，因而成为抗癌药物的杰出代表。继顺铂之后，1989 年 FDA 批准第二代铂类抗癌药卡铂(carboplatin)上市，其抗瘤谱与顺铂相似，但毒副反应较轻。2002 年 FDA 又批准第三代铂类抗癌药奥沙利铂(Oxaliplatin)进入临床治疗结肠癌，其抗瘤谱有别于顺铂且与之无交叉抗药性，毒副反应较顺铂轻。目前在临床中使用的铂类抗癌药物还有奈达铂(nedaplatin)和乐铂(lobaplatin)，另有约 10 种铂类化合物正处于不同阶段的临床试验中。

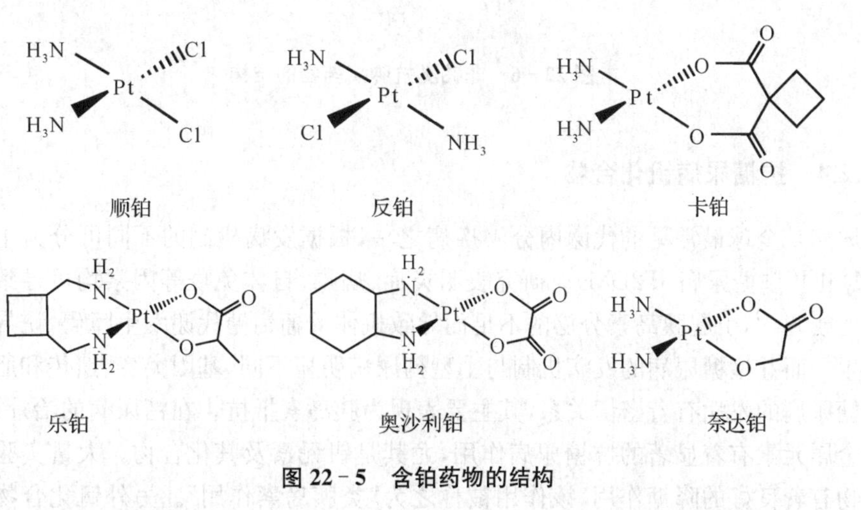

图 22-5　含铂药物的结构

临床中主流的铂类抗癌药为顺铂、卡铂，主要用于治疗睾丸癌、卵巢癌、头颈癌、膀胱癌、宫颈癌等，顺铂的缺点也是十分明显，易造成恶心、肾毒性、耳毒性、神经性毒性和脊髓抑制，其中耳毒性和肾毒性是累积性的。毒性和抗药性是铂类抗癌药的主要缺点，降低毒性、减小抗药性是顺铂类抗癌药研究开发的主要目标。

具有抗癌活性的金属化合物除了铂类化合物外，还有一些非铂类金属化合物，如钌、镓、金、铋、铜、钴、镍等的配合物或某些有机锡配合物、有机锗配合物、茂钛衍生物、多酸化合物等也具有抗肿瘤活性，其中很多化合物的活性不仅与顺铂相当，而且还具有独特的活性。钌的配合物因具有低毒性和易于被肿瘤组织吸收的特点，而成为最有前途的非铂类金属抗癌药之一。卟啉金配合物的抗癌效果要优于顺铂药物，且有抗 HⅣ病毒的功效，具有很高的应用前景。光动力疗法是将感光剂和可见光作用于病体组织和细胞进行治疗的一种方法，临床用于癌症、淋病、血液疾病和各种黄疸病。这种方法要求光敏剂对肿瘤组织有一定选择性。如图 22－6 所示的锡配合物是目前正在进行临床评估的第二代光敏剂，它优先和血浆中高密度的脂蛋白结合；镥配合物在治疗癌症方面已经进入临床试验，它在 732 nm 处有强吸收带，吸光后产生三线态化合物，与氧气反应生成具有细胞毒性的单线态氧，从而杀死肿瘤细胞。

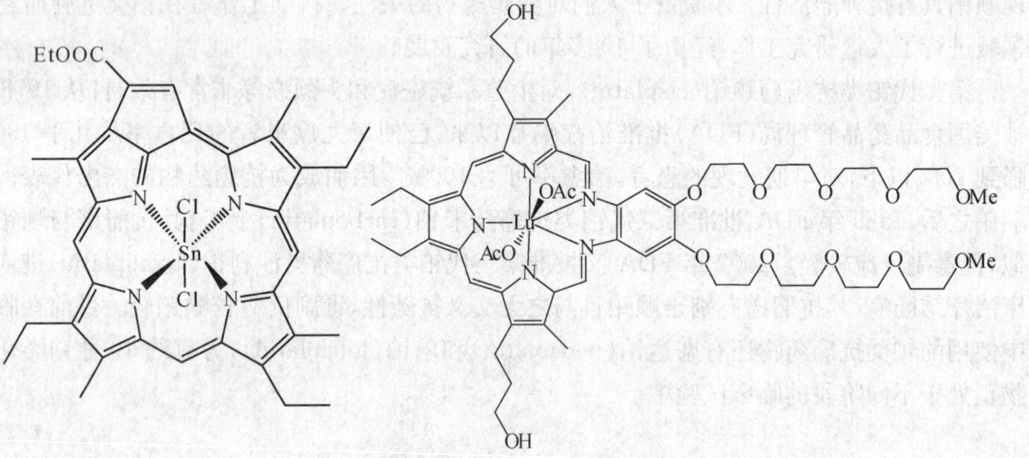

图 22－6 非铂类抗肿瘤药物的结构

22.2.4 抗糖尿病钒化合物

糖尿病是全球最常见的代谢内分泌疾病之一，根据发病机制的不同可分为Ⅰ型糖尿病(T1DM)和Ⅱ型糖尿病(T2DM)。研究表明炎症、病毒、自体免疫等因素均可导致胰岛细胞损伤坏死或凋亡，引起胰岛素分泌的不足而导致机体的葡萄糖代谢发生障碍，诱导Ⅰ型糖尿病的发生。而Ⅱ型糖尿病的发病机制与Ⅰ型糖尿病明显不同，基因突变、遗传和肥胖等因素与Ⅱ型糖尿病的发病有着密切关系，其主要表现为胰岛素抵抗。在糖尿病的治疗研究中，许多过渡金属元素有着显著的抗糖尿病作用，尤其是钒元素及其化合物。大量实验结果表明钒化合物有着良好的降糖作用，该作用被称之为“类胰岛素作用”。另外钒化合物能够显著改善胰岛素抵抗、提高胰岛素敏感性，即“促胰岛素作用”。

目前公认的观点认为，钒化合物的降糖效应是一种胰岛素增敏作用，但钒化合物抗糖尿病作用的分子机制迄今未得到阐明。对 $NaVO_3$ 处理后骨骼肌胰岛素相关信号基因表达分析发现，与 $VOSO_4$ 的作用类似，$NaVO_3$ 能够恢复高血糖引起的广泛的基因表达变化，但 $NaVO_3$ 和胰岛素两者的作用却不尽相同，显示钒化合物可能通过胰岛素依赖及非胰岛素依赖的作用途径发挥抗糖尿病作用。

钒化合物具有明确的抗糖尿病和预防肿瘤的多种药理活性，具有很高的应用前景。由于糖尿病是需要终生服药的慢性疾病，因此钒化合物的药物动力学性质和潜在金属毒性是目前限制钒化合物成为注册药物的主要瓶颈。提高钒化合物的吸收、转运和排出性质，降低毒性是此类药物进一步开发应用的主要研究方向。利用各种有机配体调控其药效是一种主要的解决策略，如 bis(ethylmaltolato) oxovanadium(Ⅳ)(BEOV)系列、bis(allixinato) oxovanadium(Ⅳ)和 bis(picolinato) oxovanadium(Ⅳ)系列、vanadium(Ⅲ，Ⅴ，Ⅳ)-dipicolinate 系列等，其中 BEOV 已经完成Ⅱa 期临床研究。

22.2.5　放射性药物化学

放射性药物是指用于临床诊断和治疗的放射性核素制剂或其标记化合物。根据放射性核素不同的核性质和化学行为，体内放射性药物分为诊断放射性药物和治疗放射性药物。在现代医学中 CT(计算机 X 射线断层扫描，Computed Tomography)、MRI(核磁共振成像)、超声和放射性核素成像已经成为不可或缺的成像方法。在几种方法中，CT、MRI 和超声成像是结构成像方法，而基于放射性核素成像原理的正电子发射断层扫描(Positron Emission Tomography，PET)和单光子发射断层扫描(Single Photon Emission Computed Tomography，SPECT)成像方法则可以直观地观察到器官的功能，因此 PET 和 SPECT 也称为功能成像方法。PET 已被医学界公认为最灵敏的诊断方法，因此放射性药物尤其适合于疾病的早期诊断。放射性药物主要用于疾病的诊断，也能用于治疗。诊断药物根据使用核素性质不同可分为单光子显像药物和正电子显像药物。

1. 单光子显像药物

在放射性药物中，诊断药物占 80%，^{99m}Tc 药物又占诊断药物的 80%，因此 ^{99m}Tc 在核医学中占据主导地位。^{99m}Tc(半衰期 $t_{1/2}=6.01$ h，光子能量 $=140$ keV)是实现 SPECT 成像的主要核素之一。在目前研究和临床所用的放射性诊断药物中，使用 ^{99m}Tc 的药物约占总数的 85%。$^{99m}Tc(MIBI)_6$ 是传统的心肌显像剂，属于单光子显像药物，它是含 6 个甲氧基异丁基异腈(MIBI)的 ^{99m}Tc 异腈类配合物(如图 22-7)。

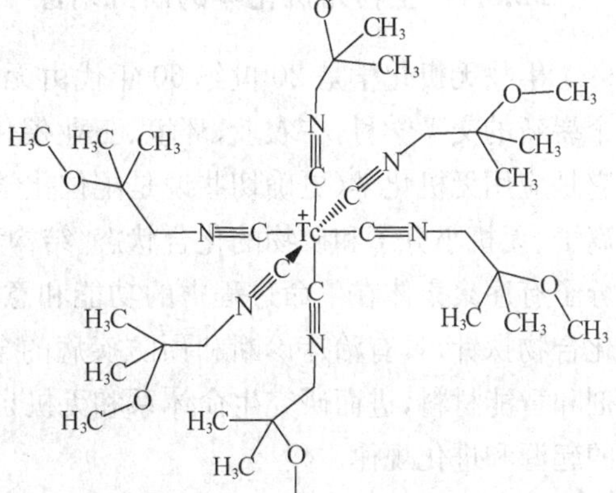

图 22-7　^{99m}Tc 异腈类配合物

^{123}I 是另一类已用于临床的单光子显像药物，如利用 ^{123}I 可以进行甲状腺功能的测定和甲状腺显像；^{123}I-IMP(^{123}I-碘苯异丙胺或安非他明®)已被 FDA 批准用于脑的血液流量测定；^{123}I-脂肪酸可用于心肌缺血部位的显像和心肌

代谢的研究；^{123}I－MIBG(^{123}I－间碘苄胍)可用于肾上腺髓质显像和心肌受体显像；^{123}I标记的19－碘胆固醇、6－碘甲基－19－去甲基胆固醇和6－碘胆固醇可用于肾上腺显像；^{123}I－邻碘马尿酸可用于肾功能测定和肾脏显像；^{123}I－标记的各类单克隆抗体也可用于肿瘤定位显像。^{123}I标记的显像剂还可以用于诸如帕金森、精神分裂症等各种神经精神疾病的诊断、评价和脑功能的研究。

2. 正电子显像药物

正电子显像药物主要有^{18}F、^{11}C、^{13}N、^{15}O等正电子核素，这些标记化合物的代谢过程能真正反映肌体生理、生化功能的变化，是生命科学研究领域的分子探针，可以有效地诊断肿瘤、早老性痴呆、癫痫、中风及精神分裂等疾病。此类放射性药物能够根据肿瘤活性对其进行分级、分期；对原发肿瘤良恶性鉴别，即恶性程度评价、恶性肿瘤分期诊断、寻找转移瘤原发灶、放射治疗后组织坏死与残余肿瘤灶鉴别、肿瘤复发的诊断以及肿瘤患者愈后评价、监控肿瘤进行单独治疗等。

3. 放射性治疗药物

治疗用放射性药物从早期的^{123}I药物，逐渐发展出^{90}Y、^{177}Lu、^{188}Re、^{64}Cu等标记药物，这些以放射粒子为主的核素对肿瘤细胞杀伤力强，但穿透力较弱，不会伤及周边正常细胞。放射性药物已广泛用于甲亢、甲状腺癌、骨肿瘤、淋巴瘤、结肠癌等疾病的治疗。如^{123}I－碘化钠口服液和胶囊主要用于治疗甲状腺功能亢进症、甲状腺肿瘤及功能性甲状腺癌转移灶，其对甲亢的治疗是国际公认的一种有效、安全、简便、经济的方法；^{32}P－磷酸盐用于恶性血液病的治疗；^{32}P－正磷酸钠、$^{89}SrCl_2$、^{153}Sm－EDTMP用于治疗骨癌和骨转移癌引起的骨疼痛；FDA批准^{90}Y－Zevalin和^{131}I－Bexxar放射药用于淋巴瘤的治疗；^{90}Y－GTMS(玻璃微球)用于肝癌治疗；^{125}I用于前列腺癌治疗；^{32}P－胶体用于脑胶质瘤的治疗。

§22.3 生物无机化学

22.3.1 生物无机化学的研究对象

生物无机化学是20世纪60年代由无机化学与生命科学相互渗透，逐步发展起来的一个崭新的交叉学科，在农业、环境、工业催化，特别是生物医学等领域有着巨大的应用前景。它是应用无机化学(更确切些说是配位化学)的理论、知识和实验技术，研究生命体系内金属离子、无机小分子和矿物的化合状态、结构和转化过程等的化学原理，阐明无机离子、分子和分子有序聚集体在生命过程中的功能和意义，发现和研究能够显示或调控生命过程的金属化合物探针，具有治疗诊断和预防疾病的金属和无机药物，以及仿生/生物启发的工业催化剂和智能材料，进而研究生命体系和无机自然环境的相互作用，并探索生物分子和生命体系的起源和进化规律。

21世纪以来，生物无机化学的研究从分离体系中的金属酶/金属蛋白、金属配合物-生物大分子(核酸/蛋白质)相互作用，逐渐转向阐明活细胞体系如何在避免金属毒性的同时利用金属离子及其配合物的分子机制或化学基础；以及金属酶模型体系、生物启发的无机材料和智能仿生体系。换句话说，生物无机化学的主要任务就是研究生命体内金属离子及其化合物的生物构造、生物功能和在生命体内的转移形式，从而为人类战胜疾病和给人类健康带来巨大的福音。

22.3.2　生物体中的元素及生理作用

1. 生物体内元素的分类

在自然界中已经发现的 90 多种稳定元素中，大部分都能在人体组织中检测到。按这些化学元素在人体内的含量不同分为宏量元素和微量元素。宏量元素又称常量元素，它们都是必需元素。

通常把含量超过人体质量 0.01％的元素称为宏量元素或常量元素。这些元素在人体内的含量由高到低依次为氧、碳、氢、氮、钙、磷、硫、钾、钠、氯、镁。这 11 种宏量元素构成人体的重要组分，约占人体质量的 99.97％。

微量元素是指总含量低于人体质量 0.01％的元素。铁、锌、铜、钴、铬、锰、钼、碘、硒、氟等 10 种元素是维持正常人体生命活动不可缺少的必需微量元素；Si、B、V、Ni 尚存疑义，可能为必需微量元素。Sn、As 被认为具有潜在毒性，但低剂量可能是具有生物功能的微量元素。根据对人体生物效应的性质不同，微量元素大致分为三类：必需元素、非必需元素和有害元素。非必需元素是指其生物功能尚未确定的微量元素。有害微量元素又称有毒微量元素，是指存在于生物体内即使浓度很低时，也能妨碍生物肌体的正常代谢和影响生物功能的元素，如铅、汞、镉、铍等。有害元素可能通过大气、水源、食物等多种途径侵入人体，逐渐积累而造成严重影响。将微量元素分为必需、非必需和有害三类是相对而言的，随着医学研究的进展和检测手段的提高，将会发生变化。例如，20 世纪 70 年代以前认为有毒的硒、镍，现已列为必需或可能必需的微量元素。某些微量元素具有“双重性”，既是必需的又是有害的。必需元素也有一个最佳摄入范围，某些元素在一定条件下对某些疾病具有治疗作用。如将砒霜制成砷注射剂治疗白血病已经收到明显的效果，这是“以毒攻毒”疗法的成功经验。

2. 生物体内宏量元素的生理功能与人体健康

根据目前报道的资料，对生物体内必需元素的主要生理功能，依次介绍如下：

(1) 氢(H)

氢占人体质量的 10％，是构成人体的最主要成分，如水、蛋白质、脂肪、核酸、糖类、酶等。这些结构复杂的物质主要通过氢键维持，一旦氢键被破坏，这些物质也丧失功能。氢元素在体内另一个重要的功能就是标志体内酸碱度的大小，如唾液、胃液、血液等体液成分中均含有一定数量的氢。

(2) 氧(O)

氧是“生命的生命”，占人体质量的 65％。主要以水、O_2 及有机物形式存在。一个体重 70 kg 的人约含 45 kg 水——氧占 36 kg。氧主要参与人体中多种氧化过程，释放能量，供生命活动利用。没有氧气，也就没有生命。

(3) 钙(Ca)

钙约占人体质量的2%。其中99%在硬组织中,是骨骼和牙齿的主要成分——羟基磷灰石[$Ca_{10}(OH)_2(PO_4)_6$];1%存在于软组织、细胞外液和血液中,保持细胞膜的完整和通透性,维持组织尤其是肌肉神经反应的功能,同时起到细胞信使作用,还是血液凝固所必需的成分,发挥止血功能。钙是许多酶的激活剂,参与激素的分泌,维持体液的酸碱平衡等。钙对心血管系统也有直接的影响。疾病的发生和治疗都有钙的参与。骨骼疏松症与羟基磷灰石的溶解(脱钙)有关。

人体缺钙,会导致过敏,肌肉抽搐、痉挛,严重时会导致佝偻病、骨质疏松症、易患龋齿等。儿童长期缺钙和维生素D可导致生长发育迟缓、骨软化、骨骼变形等。中老年随年龄的增加,骨骼逐渐脱钙,尤其绝经妇女因雌激素分泌减少,钙丢失加快,易引起骨质疏松。对婴幼儿、儿童、孕妇、乳妇、老人应适当增加钙的供给量。

食物来源:奶和奶制品含钙丰富且易吸收,是钙的良好来源。小虾皮、花生、黑芝麻、紫菜、海带、黑木耳、骨、蛋、肉、豆类、绿色蔬菜等均为含钙丰富的食物。

(4) 磷(P)

磷是构成骨骼、牙齿的重要成分:体内的磷主要是以磷酸、无机磷酸盐(主要成分是羟基磷灰石)的形式存在;少部分以有机磷酸盐的形式存在,如存在于细胞膜和神经组织中的磷脂、DNA、RNA及辅酶等。

参与能量代谢:三磷酸腺苷(ATP)水解时产生二磷酸腺苷(ADP)和磷酸(H_3PO_4),同时释放相当多的能量,供生命体活动之用,称为生物体中的“能量使者”。

$$ATP + H_2O \longrightarrow ADP + HH_3PO_4 \qquad \Delta_r G^{\ominus} = -30.5\ kJ \cdot mol^{-1}$$

调节酸碱平衡:组成体内磷酸盐缓冲体系,调节体液的酸碱平衡

磷也是酶的主要成分,参与遗传信息传递等功能。

几乎所有的食物中都含有磷,因此人们在日常生活中很少缺磷。

食物来源:瘦肉、禽、蛋、鱼、坚果、海带、紫菜、油菜籽、豆类等是磷的良好来源。

(5) 钾(K)、钠(Na)、氯(Cl)

在体内多以K^+、Na^+、Cl^-形式存在,它们在体内的作用错综复杂而又相互关联。K^+、Na^+是细胞内、外液中的阳离子,Cl^-是细胞外液中的主要阴离子。这些离子相互配合,对维持体内渗透压、酸碱平衡、电荷平衡起着重要作用。钾、钠有增强肌肉兴奋性的功能,并相互协同。钾还有维持心跳规律、参与蛋白质、糖类和热能的代谢。氯能激活唾液中的淀粉酶等。

在体内这三种离子中任一种不平衡都会对人体产生影响。K^+主要集中在细胞内,Na^+则主要集中在细胞外。细胞内、外由于离子浓度差而形成膜电势,人的思维、视觉、听觉、触觉、细胞的分泌等各种生理功能均与膜电势的变化有关。

体内缺钾,使人感到倦怠无力,精力、体力下降,肌肉麻痹。严重缺乏时出现代谢紊乱、心律失常、呼吸障碍等症状。钾过量时,表现为手足麻木、知觉异常、四肢疼痛、恶心呕吐、心力衰竭等。

人体缺钠会感到头晕、乏力,长期缺钠易患心脏病,并可导致低钠综合征。当运动过度

(特别是在炎热的夏季)汗液会带出大量的盐分,体内这些离子浓度大为降低,使肌肉和神经反应受到影响,导致恶心、呕吐、衰竭和肌肉痉挛,因此要喝特别配制的糖盐水或运动饮料,补充失去的盐分等其他物质。

食盐摄入与高血压显著相关:食盐摄入高的地区,高血压发病率也高,限制食盐的摄入可降低高血压。这种相关性不仅见于成人,也见于儿童和青少年。食盐引起的高血压与钠和氯的存在有关。

1988 年“食盐与疾病”研讨会上有报道说,骨癌、食道癌、膀胱癌的发病率随人体钠盐摄入量的增加而升高。如果增加钾盐摄入量,胃肠癌比率下降。饮食中以部分钾盐和镁盐取代钠盐,对糖尿病、高血压、骨质疏松都有一定疗效。

食物中的钾有降低血压的作用,由高钠引起的高血压患者应摄入富含钾的食物(如新鲜的蔬菜、豆类和根茎类、香蕉、杏、梅子等)。这可能与钾促进尿钠排泄、抑制肾素释放、舒张血管、减少血栓素的产生有关。

(6) 镁(Mg)

镁离子参与体内糖代谢及呼吸酶的活性,是糖代谢和呼吸不可缺少的辅酶因子,与乙酰辅酶 A 的形成有关,还与脂肪酸的代谢有关;参与蛋白质合成时的催化作用;与 Ca^{2+}、K^+、Na^+ 协同作用沟通维持肌肉神经系统的兴奋,维持心肌的正常结构和功能。另一个有镁参与的重要生物过程是光合作用,在此过程中含镁的叶绿素捕获光子,并利用此能量固定二氧化碳而放出氧。

(7) 碳(C)、氮(N)和硫(S)

碳是构成蛋白质、脂肪、糖类和维生素的主要成分。氮是蛋白质、氨基酸等有机化合物的主要组成成分。硫是铁-硫蛋白质、血红素的组分,与代谢、解毒、激素分泌有关。

3. 必需微量元素的生理功能与人体健康

必需微量元素虽然在人体中含量甚微,但对人体健康影响很大。必需微量元素在人体内主要有以下四个方面的生理功能。

(1) 作为酶的活性因子

金属酶的活性中心和酶的激活剂。例如,Cu^{2+} 作为细胞色素氧化酶的中心离子,若除去它,酶便失去活性;Fe^{2+} 是许多酶的活性中心。Zn^{2+}、Mn^{2+}、Fe^{2+}、Co^{2+}、Ni^{2+} 等可作为酶的激活剂,只有在这些金属离子存在时,酶才能被激活,发挥其催化功能(酶是具有独特生物催化功能的、结构复杂的蛋白质)。

(2) 参与运载作用

参与运载宏量元素和在酶中起传递电子的作用。例如,血红蛋白中 Fe(Ⅱ)能把氧携带到每一个细胞中去供代谢需要。酶中存在可变氧化态的金属元素,如铁、铜、钼等,在生物氧化还原反应中起着传递电子的作用。

(3) 参与激素和维生素的生理作用

某些微量元素直接参与激素的组成或影响激素的功能,如甲状腺中含的碘、胰岛素中含的铬,使其生理功能正常发挥。钴是维生素 B_{12} 的必需成分,参与造血过程,对红细胞的发育成熟和血红蛋白的合成等均有重要的生理功能。

(4) 维持核酸的正常代谢

核酸中的微量元素(如 Zn、Co、Cr、Fe、Mn、Cu、Ni、V 等)在稳定核酸构型、性质及 DNA 的正常复制等方面起重要作用。

微量元素与人体的关系很复杂,其浓度、价态、摄入机体的途径等均对人体健康有影响,表 22-1 列出一些微量必需元素的生理功能及对人体健康的影响。

表 22-1 一些微量必需元素的生理功能及对人体健康的影响

元素	生理功能	缺乏症	过量症	来源
铁 Fe	造血,组成血红蛋白和含铁酶;传递电子和氧,维持器官功能	贫血、免疫力低、无力、头痛、口腔炎、易感冒、肝癌	影响胰腺和性腺,心衰,糖尿病,肝硬化	肝、心、肺、动物血、鱼类、蛋黄、麦子、藕粉、枣、黑芝麻等
氟 F	维持骨骼和牙齿结构的稳定性,促进骨的形成和增强骨质	龋齿、骨质疏松、贫血	干扰磷和钙的代谢,氟骨病,腰腿及关节疼痛、脊柱畸形、骨质增生,氟斑牙	茶叶、海鱼、海带、紫菜、白菜、韭菜、甘蓝
锌 Zn	金属酶的组成成分或酶激活剂,促进机体免疫功能,维持细胞膜结构,在机体生长发育中其主要作用,具有抗菌、消炎等功能	锌酶活性降低,影响人体正常代谢,生长发育受阻,食欲和性腺机能减退,免疫降低	干扰铜、铁和其他微量元素的吸收,抑制细胞杀伤力,降低免疫功能,降低硒的解毒作用和抗癌能力,刺激肿瘤生长	蛏干、扇贝、牡蛎、蟹、肉类、蛋类、花生仁、核桃、黑芝麻、杏仁、豆类、燕麦、谷类胚芽等
硒 Se	最重要的生物活性是抗氧化性,谷胱甘肽过氧化酶的主要成分,清除体内脂质过氧化物,阻断活性氧和自由基对机体的损伤,激活机体的免疫防卫功能,抗衰老	克山病、动脉硬化、关节炎、癌症、白内障	腹泻、脱发、指甲脱落、肢端麻木、神经系统异常	鱼子酱、海产品、章鱼、青鱼、猪肾、猪肝、羊肉、干蘑菇、小麦胚粉、豌豆、扁豆等
碘 I	甲状腺的重要成分,促进生物氧化、蛋白质的合成、糖和脂肪的代谢、神经系统发育和维生素的吸收和利用,调节能量转换和组织中盐水代谢和激活体内许多重要的酶	甲状腺肿、克汀病、智力低下	高碘性甲状腺肿	海产品中,如海带、紫菜、哈干、干贝、海蜇、海参
铬 Cr	参与糖和脂肪的代谢,促进葡萄糖的利用及使葡萄糖转化为脂肪,促进蛋白质代谢和生长发育,激活胰岛素	生长停滞、血脂增高、葡萄糖含量异常,高血糖、糖尿病	职业性接触可仿生过敏性皮炎、鼻中隔损伤、肺癌	肉类、海产品、谷物、豆类、坚果类、黑木耳、紫菜等
铜 Cu	铜蛋白的组分,维持正常造血功能,促进骨骼、血管和皮肤健康,抗氧化作用等	贫血、冠心病、脑障碍、关节炎	黄疸肝炎、肝硬化、威尔逊(Wilson)病(震颤、神经失常)、胃肠炎	干果、葡萄干、葵花子、肝、贝类、茶叶

（续表）

元素	生理功能	缺乏症	过量症	来源
锰 Mn	构成锰酶，多种酶的激活剂，维持骨骼正常发育，促进糖和脂肪代谢及抗氧化作用	软骨、骨骼畸形、性腺机能障碍、肝癌、生殖功能受抑制	头痛、运动机能失调、心肌梗死	干果、粗谷物、核桃、板栗、菇类、茶叶、蔬菜
钼 Mo	钼酶的重要组成部分，参与氧化还原反应和配体交换反应	食道癌、肾结石、龋齿、心血管病	贫血、腹泻、性欲减退、痛风病	豌豆、谷物、肝、酵母
钴 Co	维生素 B_{12} 组分，促进细胞传输，激活生血功能	心血管病、恶性贫血	红细胞增多症、心肌病变	肝、瘦肉、乳、蛋、鱼
钒 V	刺激骨骼造血，降血压，促生长，参与胆固醇和脂质及辅酶代谢	胆固醇高、生殖功能低下、贫血、心肌无力、骨异常	结膜炎、鼻咽炎、心肾受损	
锡 Sn	促进蛋白质和核酸反应，促进生长，催化氧化还原反应	抑制生长，门齿色素不全	贫血、肠胃炎，影响寿命	
镍 Ni	参与细胞激素和色素的代谢，生血，激活酶，形成辅酶	肝硬化、尿毒、肾衰、肝脂质和磷脂质代谢异常	鼻咽炎、皮肤炎、白血病、骨癌、肺癌	

4. 有害元素

随着自然资源的开发利用和工业发展，越来越多的元素通过大气、水和食物进入人体，成为人体的"污染元素"。这些元素有的无害，进入人体后不至于造成疾病，但不少元素是有害的，如铅、汞、镉、砷等。特别是重金属元素，它们在体内累积，干扰体内代谢活动，对健康产生不良影响，引起病变。

(1) 铅(Pb)

铅是作用于全身器官、对健康危害极大的有害元素。铅及其化合物的毒性与其形态、溶解度有关。四乙基铅毒性大，可能是通过体内代谢过程形成三烷基化合物引起的；无机铅盐水溶性越大毒性越大，如硝酸铅的毒性较大，硫酸铅、铬酸铅毒性相对较小。

作用机制：铅与体内一系列蛋白质、酶和氨基酸中的巯基(—SH)结合，从多方面干扰肌体的生化和生理功能。Pb^{2+} 与含巯基的酶结合，导致酶失去活性，干扰血红蛋白的合成。铅可促进维生素 C 氧化，使其失去生理功能(保护巯基酶的功能)，出现维生素 C 缺乏症。

铅中毒：主要损伤造血系统、神经系统、消化系统和肾脏，并有致畸、致癌作用。主要症状表现为贫血、神经炎、头痛、食欲减退、疲惫、痉挛、腹痛、高血压、脑水肿、运动失调、肾衰竭等。

主要污染源："三废"排放、汽油燃烧、有色金属冶炼、生产铅制品的工矿企业，如含铅蓄电池、铸造合金、电缆包铅、油漆、颜料、焊料等。

(2) 汞(Hg)

汞在自然界中以金属汞、无机汞和有机汞三种形态存在。汞和无机汞在一定条件下(如微生物作用)，可转化为剧毒的甲基汞。水中食物，如鱼、贝类可以直接从水体中吸收和富集甲基汞化合物，通过食物链的转移和富集，大大提高汞对健康的危害。

汞及其化合物经呼吸道、消化道和皮肤黏膜进入体内，其吸收率与汞的化学形态、溶解度和被吸收部位有关，如金属汞、无机汞在消化道吸收率很低，有机汞的吸收率很高。

作用机制：汞和蛋白质中的巯基(—SH)有很强的亲和力，改变或破坏蛋白质的结构和活性，导致细胞代谢紊乱。甲基汞能使细胞膜的通透性发生改变，从而破坏细胞的离子平衡，抑制营养物质进入细胞内，由于能量缺乏而导致细胞坏死。

汞中毒：汞及其化合物主要损害神经系统、生殖系统、肾脏等。主要表现是脑部疾病，如头痛、头晕、失眠、记忆减退等；感觉障碍，如口唇和手足末端麻木等；运动失调，如动作缓慢、不协调、震颤、眼球运动异常等；语言和听力障碍、胎儿畸形、肾脏损害和致癌等。

主要污染源：汞污染来自化学、冶金等工业，农药、医药、造纸等行业。

(3) 镉(Cd)

经消化道、呼吸道及皮肤进入人体内的镉主要蓄积在肾、肝、肺、脾、胰腺、甲状腺、睾丸和卵巢等处。

作用机制：镉与含巯基、羧基、氨基的蛋白质分子结合。导致多种酶活性受到抑制和破坏，如含锌酶被镉取代(镉的亲和力比锌大)，丧失酶的功能。镉会干扰铜、钴、锌等必需微量元素在体内的正常生理功能和代谢过程，阻碍铁的吸收等产生相应的毒害作用。

镉中毒：主要症状为全身剧烈疼痛难忍、骨质疏松、易骨折、骨软化症、肾脏病、贫血和致癌(如骨癌、直肠癌、食道癌和胃癌)等。

主要污染源：有色金属的冶炼、电镀、电池、电器、焊接、合金、油漆、颜料、化肥、农药等工业生产过程。另外，水稻和烟叶是植物中富集镉能力较强的。人体中40%的镉来源于主动和被动吸烟。

22.3.3 重要的生物酶

1. 酶的概述

生物体的基本特征之一是新陈代谢，而构成新陈代谢的是各式各样的化学反应。这些化学反应的特点是快速、高效，从而使细胞能同时进行各种分解及合成代谢，以满足生命活动的需要。生物化学反应之所以能在生物体内以极快的速度有条不紊地进行，主要是由于存在特殊的催化剂——酶(enzyme)。酶是生物体活细胞产生的具有催化活性的生物分子，是生物催化剂。它是一类复杂的蛋白质，其相对分子质量约为1万～200万。酶的催化具有反应条件温和、催化高效性、催化高度专一性和活性可调控性的特点。

2. 酶的分类

酶按照化学组成可分为单纯蛋白酶和结合蛋白酶两大类。如淀粉酶、脂肪酶、核糖核酸酶、蛋白酶等一般水解酶都属于单纯蛋白酶，这些酶除了蛋白质外，不含其他成分。而转氨酶、乳酸脱氢酶及其他氧化还原酶类等均属结合蛋白酶，这些酶除了蛋白质外，还含对热稳定的非蛋白小分子物质或金属离子。前者称为酶蛋白，后者称为辅因子。酶蛋白与辅因子分别单独存在时均无催化活力。只有结合完整的分子时，才具有酶活力。这种完整的酶分子称为全酶。酶的辅因子有的是金属离子，有的是小分子有机化合物。根据它们与酶蛋白结合的紧密程度分为辅酶和辅基。

酶根据蛋白分子结构的特点可分为三类：只有一条多肽链组成的单体酶，如溶菌酶、羧肽酶A、胰凝乳蛋白酶、水解酶等；由两个或两个以上亚基组成的寡聚酶；由几种酶靠非共价键彼此嵌合形成复合体的多酶复合体，如丙酮酸脱氢酶等。

酶根据所催化反应的类型可分为六大类：催化底物发生氧化还原反应的氧化还原酶，包括氧化酶、脱氢酶两类，如琥珀酸脱氢酶、乳酸脱氢酶、葡萄糖氧化酶、多酚氧化酶等；催化底物发生基团转移的转移酶，如氨基转移酶、甲基转移酶、酰基转移酶、醛基转移酶或酮基转移酶、激酶及磷酸化酶、谷丙转氨酶、谷草转氨酶、胆碱转乙酰酶等；催化底物发生水解反应的水解酶，如淀粉酶、麦芽糖酶、蛋白酶、肽酶、脂酶及膦酸脂酶等；催化从底物分子移去一个基团或原子而形成双键的反应或其逆反应的裂解酶，如脱羧酶、异柠檬酸裂解酶、脱水酶、脱氨酶等；催化底物分子的各种同分异构体间相互变化的异构酶，如顺反异构酶、表异构酶、消旋酶等；催化两个分子连接在一起的合成酶或连接酶，如丙酮酸羧化酶、谷胱甘肽合成酶等。

3. 金属酶

在已知生物体内的1 000多种酶中，约1/3的酶必须有金属离子参与才能显活性，才能完成其在生物体内的催化功能，这些酶统称为金属酶。换句话说，金属离子与酶蛋白质的结合体统称为金属酶。

金属酶是一类含有金属离子且具备温和条件下高效催化能力的蛋白质、核酸及其复合物。如过氧化氢酶在1 min内能使500万个H_2O_2分解为H_2O和O_2，酶的高效催化的根本原因在于充分降低反应的活化能。一般来说，金属的第一配位环境（配位原子及基团）决定了金属离子的立体构型及催化性能；同时活性中心周围的第二配位环境（次层结构）对活性中心催化性能的发挥有着重大的影响。

在金属酶中已发现的金属为Co、Mn、Fe、Cu、Zn和Mo，在自然界的酶中含Co^{2+}是很少见的，最常见的金属是Fe、Zn和Cu。

4. 维生素B_{12}及其辅酶

维生素B_{12}分子中含有金属元素钴，又称钴胺素。维生素B_{12}是一个抗恶性贫血的维生素，也是一些微生物的生长因素。其结构非常复杂，分子中除含有钴原子外，还含有5,6-二甲基苯并咪唑、3'-磷酸核糖、氨基丙醇和类似卟啉环的咕啉环成分。5,6-二甲基苯并咪唑的氮原子与3'-磷酸核糖形成糖苷键，后者又和氨基丙醇通过磷脂键相连，氨基丙醇的氨基再与咕啉环的丙酸支链联结。钴位于咕啉环的中央，并与环上氮原子和5,6-二甲基苯并咪唑的氮原子以配位键结合。在钴原子上可再结合不同的基团，形成不同的B_{12}。主要有分别与5'-脱氧腺苷、—CN、—OH、—CH_3等基

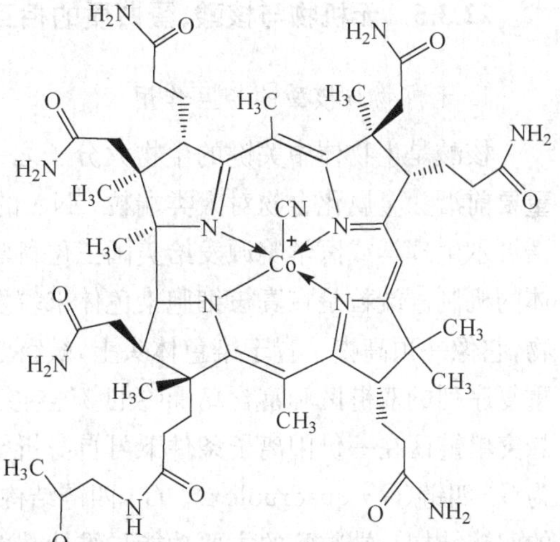

图22-8　维生素B_{12}的结构

团结合的5'-脱氧腺苷钴胺素、氰钴胺素、羟钴胺素和甲基钴胺素。其中5'-脱氧腺苷钴胺素是维生素 B_{12} 在体内的主要存在形式，又称为 B_{12} 辅酶。维生素 B_{12} 的结构式如图 22-8 所示。

22.3.4 生物矿化

生物矿化(biomineralizaton)在生命体的进化和发展中起到了非常重要的作用，它的研究核心是生命体系如何控制具有特定功能的无机生物材料的构建。在这一过程中，由细胞分泌的有机基质(蛋白质、多糖等)精确地控制无机矿物的沉积位点，并严格调控无机晶体的尺寸、形貌和组装方式以达到最优的物理化学和生物性能。与普通实验所获得的无机沉淀不同，以骨、牙和贝壳为代表的生物矿物常具有多级的无机-有机复合结构。例如，在骨骼中，薄片状的羟基磷灰石[$Ca_{10}(PO_4)_6(OH)_2$]纳米晶体沿自身 c 轴方向牢牢嵌插在胶原纤维(collagen fiber)中形成紧密的复合结构单元，之后通过分级组装最终形成具有相当韧性和弹性的骨骼材料。在珍珠贝中，片状的文石(aragonite)由一层很薄的几丁质(chitin)黏接而形成文石/几丁质层层交替组装的"砖块-混凝土"结构，其断裂韧性比单一的文石晶体提高了3 000倍。生物矿化的研究对应于高性能复合材料的人工设计和制备有着很好的仿生启示，同时它在骨、牙等硬组织修复及矿化相关疾病防治方面也具有十分重要的生物医学意义。

生物矿化的研究方向主要是不同形态的无机生物钙化物、磷化合物(如磷酸钙、碳酸钙等)在不同条件下结晶调控及生物模拟、生物程序组装及模拟、生物启迪材料及仿生矿化、生物医学相关研究等。

22.3.5 无机物与核酸、蛋白质的相互作用

1. 无机物与核酸的相互作用

核酸是生物体中关键的生物大分子之一，无机物与核酸的作用是生物无机化学研究的重要前沿。金属化合物对人类端粒DNA的识别是无机物与核酸的相互作用之一。2009年诺贝尔生理学或医学奖颁发给美国三位科学家以表彰他们发现了端粒以及端粒酶保护染色体的机制。端粒是在真核细胞染色体末端发现的由端粒DNA和端粒结合蛋白组成的复合物，它像一顶高帽子置于染色体头上，被科学家称为"生命时钟"。端粒DNA包括一段简单重复序列的双链区和富含鸟嘌呤的3'-悬突，其中双链区为典型的 B-构象双螺旋结构，3'-悬突单链区在一价阳离子条件下可自身折叠形成分子内四链结构，因富含鸟嘌呤 G 而被称为 G-四链(G-quadruolex)。G-四链结构具有构象多样性，在不同的条件下可能形成不同的四链结构。端粒酶的主要功能是维持端粒DNA的完整性，它只能够识别端粒DNA的单链形式，不能识别 G-四链结构。因此，G-四链结构的形成能够阻止其单链序列继续与端粒酶中的内部RNA模板进行直接碱基配对，从而阻止了寡核苷酸作为引物被端粒酶使用，抑制其活性。G-四链已成为抗肿瘤药物的新靶点，而能促使 G-四链形成或稳定该结构的药物则可能对癌症治疗有潜在的治疗意义。

具有荧光性质的胍盐修饰的锌酞菁染料(见图 22-9)可以作为 G-四链DNA荧光探

针，并且可称为转录调控器，干扰 RNA 的表达。

纳米科技和分子生物学是当今科学界研究的两大热点。碳纳米管(CNTs)是纳米材料中的佼佼者，由于其特殊的结构和性质受到广泛关注。DNA 分子的精确碱基互补配对性质以及准一维的线性特性使其成为化学家、生物学家、材料学家的宠儿。纳米材料和生物分子都处于纳米尺度，两者优异的性质促进了纳米科技和分子生物学交叉领域的发展。近年来，关于 DNA 与 CNTs 相互作用的研究越来越多，主要集中在 DNA 对 CNTs 的共价功能化，DNA 对 CNTs 的非共价缠绕，DNA 分子进入 CNTs 空腔等方面。CNTs 的 DNA 功能化在发展纳米器件、生物传感器、场效应晶体管和载药系统中有很大的应用潜力。在分子水平上研究 CNTs 与 DNA 之间的相互作用，进一步对合成 DNA 具有特异性识别作用的功能 CNTs 药物载体具有重要的理论指导意义。

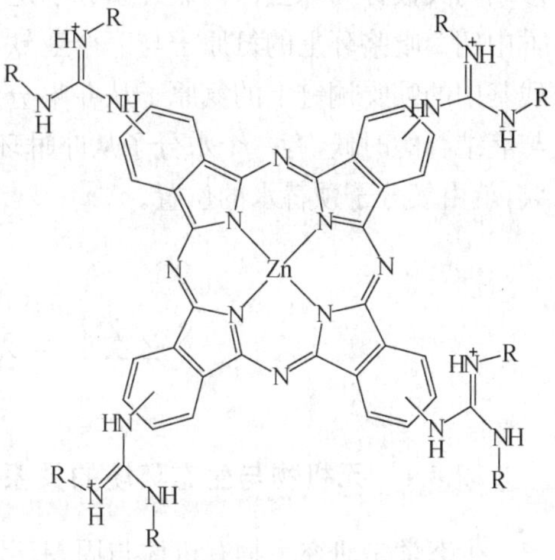

图 22-9　锌酞菁染料的结构

2. 无机物与蛋白质的相互作用

蛋白质是生物大分子，蛋白质溶液是稳定的胶体溶液。蛋白质的胶体性质具有重要的生理意义。在生物体中，蛋白质与水结合形成各种流动性不同的胶体系统，如细胞的原生质就是一个复杂的胶体系统，生命活动的许多代谢反应即在此系统中进行。

天然蛋白质分子因受到某些物理或化学因素的影响，分子内部原有的高度规律性结构发生改变，从而使蛋白质的理化性质和原有的生物活性都发生改变的现象，称为蛋白质的变性作用。蛋白质变性作用实质上是由于非共价键被破坏引起天然构象解体，蛋白质分子就从原来有序的卷曲的紧密结构变为无序的松散的伸展状结构。

引起蛋白质变性的因素很多，物理因素有高温、紫外线照射、超声波、X 射线照射、高压、剧烈振荡或搅拌等。化学因素有强酸、强碱、尿素、胍、去污剂、重金属盐(如 Hg^{2+}、Ag^{+}、Pb^{2+} 等)、三氯乙酸、苦味酸、浓乙醇等。

血红蛋白(Hb)是一种寡聚蛋白质，是高等生物体内负责运输氧的一种蛋白质，也是红细胞中唯一一种非膜蛋白。它是由四条肽链组成的具有四级结构的蛋白质分子，由 2 条 α 链、2 条 β 链和 4 个血红素辅基组成(见图 22-10)，每个亚基含有一个血红素辅基。血红素是一个取代的原卟啉，在其中央有一个铁原子，血红素中的铁原子可以处在亚铁(Fe^{2+})和铁(Fe^{3+})状态中，但只有亚铁形式才能结合 O_2。

血红蛋白的每个亚基由一条肽链和一个血红素分子构成，肽链在生理条件下会盘绕折叠成球形，把血红素分子包在里面，这条肽链盘绕成的球

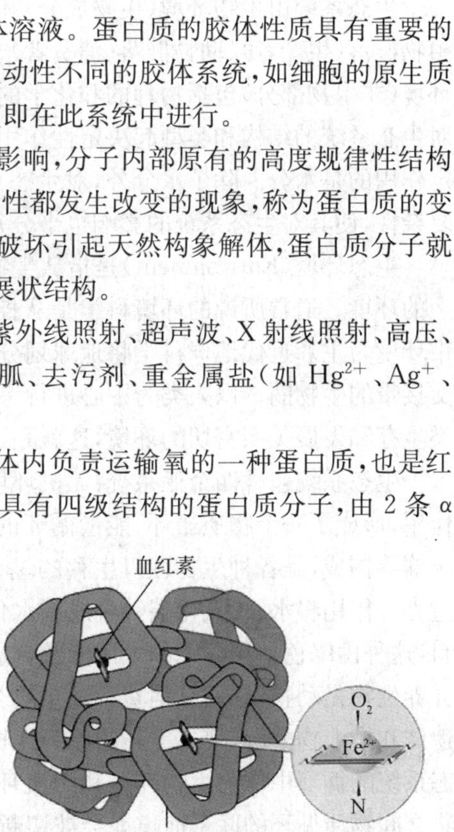

图 22-10　血红蛋白(Hb)的结构

形结构又被称为珠蛋白。血红素分子是一个具有卟啉结构的小分子，在卟啉分子中心，由卟啉中四个吡咯环上的氮原子与一个亚铁离子配位结合，珠蛋白肽链中第 8 位的一个组氨酸残基中的吲哚侧链上的氮原子从卟啉分子平面的上方与亚铁离子配位结合，当血红蛋白不与氧结合的时候，有一个水分子从卟啉环下方与亚铁离子配位结合，而当血红蛋白载氧的时候，就由氧分子顶替水的位置。

§22.4 无机物与生态环境

22.4.1 无机物与生态环境的关系

生态学是研究生物有机体与周围环境之间关系的科学。生态学按其研究的对象不同又可分为个体生态学、种群生态学、群落生态学、景观生态学和生态系统生态学等。在生态学中，生态系统(Ecosystem)被定义为在一定范围内由生物群落中的一切有机体与其环境组成的、具有一定功能的统一体。受人类活动影响，自然生态系统也产生一定的变化。任何生态系统要维持稳定，都需要遵守自然生态系统的基本规律，如能量流、物质流的维持、调控和平衡等。

生态系统由生物环境(生物成分)和自然环境(非生物成分)两部分组成。生物环境包括植物群落(生产者)、动物群落(消费者)、微生物群落和真菌群落(分解者或称还原者)。自然环境(非生物部分)包括物理的和化学的因素，如水分、气候因子和土壤条件等。非生物因子对生态系统的结构和类型起决定性作用。对陆地生态系统来说，在各种非生物因素中，起决定作用的是水分。除了水分外，对生态系统影响较大的因素是温度。土壤条件由于本身的复杂性，使其对生态系统的影响也十分复杂，但对生态系统的多样性有着重要贡献。

生态环境(Entironment)是指从生物的生存与发展角度考虑的环境，它不同于普通意义上的环境。通常所说的环境科学是从控制污染发展起来的，通常以控制工业污染和保护城市环境为主。近代地球科学将地球划分为大气圈、水圈、岩石圈(土圈)和存在于三圈界面或交接带的生物圈。以人类为中心进行考虑，生物圈是人类环境的一个组成部分，而且是与人类生存和发展关系密切的环境，这就是通常所称的生态环境。

生态系统包含四个亚系统：无机环境、自养生物、异养生物、生物分解者。它们之间相互作用，形成了一个物质循环、能量循环的稳定系统，即生态平衡体系。无机环境由水、空气、土壤等构成，是各种生物赖以生存的基础。自养生物主要是绿色植物，它们是生产者，能通过光合作用将水、二氧化碳等合成碳水化合物，使之成为自己和其他生物赖以维持生命的养料，这种由绿色植物固定的太阳能及合成的有机物是生态系统能量传递和物质循环的基础。异养生物是动物，它们是消费者。生物分解者是微生物，其实也是异养生物，它能将动植物遗体和排泄物分解，使之重新还原为无机物，变成绿色植物可利用的营养。生物分解者在生态系统的循环中作为生物环境和无机环境的中介者，必不可少，如果没有它，有机物和无机物之间物质循环的联系通道就会被切断，地球有可能会回到无生命的荒芜状态。

环境污染(Environment Pollution)是指人类的生活和生产活动或自然变异引起的环境

质量恶化、生态平衡被破坏，而有害于人类及其他生物的正常生存和发展的现象，如臭氧层破坏、温室效应、酸雨污染等。环境污染有多种类型，也有多种分类方法。按污染对象可分为大气污染、水体污染和土壤污染；按污染物性质可分为生物污染、物理污染和化学污染；按污染物形态可分为废气污染、废水污染、废渣污染、噪音污染、辐射污染、光污染、热污染等；按污染影响的范围可分为全球性污染、区域性污染、局部污染等；按污染物来源可分为自然污染和人工污染两大类。

22.4.2　无机污染物

为了进一步认识污染的危害性，下面分别讨论一下大气污染、水体污染。

1. 大气污染

1952 年 12 月一股强冷空气流入伦敦，致使千家万户燃煤取暖。居民区产生的烟雾加上工厂排放的烟雾使整个伦敦一连几天暗无天日，空气似乎凝住了，使人喘不过气来，成千上万人突患呼吸道疾病，8 000 多人死于这次事件。1979 年联合国环境规划署官员们在查阅卫星拍摄的地图时，惊奇地发现占地 4 320 公顷的本溪市从我国大陆上消失了，原因是这座城市 420 家工厂中有 200 多家排污企业的滚滚烟尘笼罩在城市上空，再加上该城市四面环山，烟尘不易散去，严重的大气污染导致高空的卫星探测不到该城市。

目前能检测到的大气污染物已有近几百种，主要有：① 颗粒物：$CaCO_3$、ZnO、PbO_2 及飞灰、碳粒、重金属微粒等；② 含硫化合物：SO_2、SO_3、H_2S、H_2SO_4 等；③ 含氮化合物：NO、NO_2、NH_3 等；④ 臭氧及氧化物：O_3、CO、CO_2 及过氧化物等；⑤ 卤素及卤化物：HF、HCl、Cl_2 等；⑥ 有机物：烃类、甲醛、有机酸、卤代烃、硫醇、稠环烃等。

燃料的燃烧是造成大气污染的主要原因。酸雨、臭氧层空洞和温室效应是当今世界三大环境问题，它们都是由大气污染造成的。

(1) 酸雨

由于大气中 SO_2、CO_2 的影响，正常雨水偏酸性，pH 约为 6～7。雨水的微酸性可使土壤的养分易溶解，有利于生物的吸收。在 1982 年 6 月的国际环境会议上，第一次统一将 pH 小于 5.6 的降水(包括雨、雪、霜、雾、雹等)正式定名为酸雨。在一些特殊情况下，雨水由于受到自然现象影响，pH 变化介于 4.9～6.5 之间，因此有些科学家认为以 pH 小于 5.0 的降水作为酸雨比较可靠。酸雨是新闻媒体常用的术语，而学术界往往用“酸沉降”一词，它不仅包括酸性湿沉降(即降水)，还包括酸性干沉降。干沉降是指在不下雨的日子，大气中的酸性物质在气流作用下直接迁移到地面的过程。目前人们对酸雨的研究较多，以至将酸沉降和酸雨的概念等同起来。

酸雨的形成与大气污染有关，主要是受硫氧化物、氮氧化物的影响。酸雨会破坏生态平衡，使水域和土壤酸化，损害作物和林木生长，危害渔业生产(水的 pH 小于 4.8 鱼类就不能生存)，腐蚀建筑物、工厂设备和文化古迹。目前全球主要有三大酸雨区，分别为北欧、北美和中国。由于我国是一个燃煤大国，又处于经济迅速发展的阶段，所以酸雨问题日益突出，已成为第三大酸雨区。我国酸雨主要是硫酸型酸雨，硝酸的含量只有硫酸的 1/10。我国酸雨主要分布在长江以南、青藏高原以东地区和四川盆地。总的酸雨面积占国土面积的 30%，呈现“一大片两小块”的区域特点：“一大片”是指长江以南，包括江苏、上海、浙江、福建、江西、湖北、湖南、广东、广西、海南、贵州、四川、重庆、云南等省市大部分地区；“两小块”是指胶东半岛和图们江地区。华中、华南、西南及华东地区是酸雨污染严重区域，北方只是局部地区出现酸雨。

(2) 臭氧层空洞

在离地面 15 km～25 km 的高空，氧吸收太阳紫外线辐射可生成大量的臭氧(O_3)，当浓度达最大值时，可形成厚度约 20 km 的臭氧层。臭氧能吸收波长 220 nm～330 nm 的紫外线，太阳辐射的紫外线通过臭氧层后 99%以上都被吸收，到达地球表面的不到 1%，从而防止高能辐射对地球上生物造成伤害。由于近代人类活动产生了大量的氮氧化物、氟氯烃等气体，臭氧层受到破坏。例如，氟氯烃进入大气平流层后，在紫外线的作用下会分解产生氯原子，而氯原子是分解 O_3 的催化剂，少量 Cl 原子就会引起大量 O_3 的分解，且在反应中 Cl 原子不被消耗，研究表明，每向大气层排放 1 个氟氯烃，就可能有 10 万个 O_3 分子被分解。20 世纪 70 年代后期，美国人首先观察到南极上空的臭氧层每到春天就会变得极其稀薄。1985 年人们发现南极上方出现了面积相当于整个美国大陆，深度可装下珠穆朗玛峰的臭氧空洞。2006 年南极上空的臭氧层空洞的面积与深度又创下了新的历史纪录，达到 1 950 万平方千米，比南极大陆大一倍，相当于三个美国那么大。

臭氧层变薄或出现空洞，就意味着有更多的紫外线辐射到地面。紫外线对动植物都具有破坏性，一般认为臭氧每减少 1%，具有生理破坏力的紫外线增加 2%。紫外线会妨碍各种农作物和树木的正常生长，对人的皮肤、眼睛、免疫系统等造成伤害。另外，紫外线辐射还会导致温室效应的加剧。

(3) 温室效应

引起气候变化的因素很多，其中一个主要的，也是较普遍被认可的原因是——温室效应。大气层中的 CO_2 和水蒸气等允许太阳光的短波辐射透过并到达地面，使地球表面温度升高，同时，CO_2 和水蒸气又能吸收太阳和地球表面发出的长波辐射，仅让很少一部分热辐射散失到宇宙空间。由于大气吸收的辐射多于散失的，最终导致地球保持相对稳定的气温，这种现象称为温室效应。温室效应是地球上生命赖以生存的必要条件。一般情况下，动物活动及燃料燃烧产生的 CO_2 可溶解在水中，也可被植物吸收，使大气中 CO_2 浓度保持在一定范围内。但是由于人口激增、化石燃料用量增加、森林面积减少、水体表面污染严重，大气中 CO_2 和各种气体微粒含量增加，从而导致大气吸收及反射回地面的热辐射增多，温室效应加剧。CO_2 是主要的温室气体，浓度的年增长为 0.5%。CFC(氟氯烃，又叫氟利昂)浓度虽小，但吸收热辐射的能力强，浓度的年增长 4.0%。温室气体还有 CH_4、N_2O 等。温室效应的加剧导致全球气候变暖，对生态环境及人类健康有多方面危害作用：使更多的冰雪融化，海平面上升，影响作物生长周期，促进病菌、霉菌生长，农业干旱(据统计，温度升高 1℃，降水量减少 15%)及虫害加剧，全球性疾病流行等。如果气温升高 2℃，那么世界上 15%～40%的物种将灭绝；升高 3℃将使数百万人遭受洪水危害；升高 4℃会严重影响世界粮食产量。

(4) 光化学烟雾

大气中碳氢(CH)、氮氧化合物(NO_x)等为一次污染物。有些污染物在太阳光紫外线照射下能发生化学反应，衍生出各种二次污染物。这种一次污染物和二次污染物混合形成的浅蓝色烟雾称为光化学烟雾，NO_x 是这种烟雾的主要成分。这种烟雾1943年最早出现在美国洛杉矶，因此又称为洛杉矶烟雾，同时被人们称之为"蓝色幽灵"。当时洛杉矶有350万辆汽车，每天有1 000多吨HC化合物、430多吨 NO_x 排入大气。NO_2 被光分解成NO和氧原子后，光化学烟雾的循环反应就开始了。原子氧会和氧分子反应生成臭氧 O_3，它是一种强氧化剂，可以与烃类发生一系列化学反应，生成醛类、酮类等物质而形成烟雾。另外，NO_2 还会形成另一种刺激性强烈的物质PAN(硝酸过氧化乙酰)，烃类中的一些挥发性小的氧化物也会凝结成气溶胶液滴而降低能见度。醛类、O_3、PAN对人和动物的伤害主要是刺激眼睛及气管、肺部，引起眼红流泪、头痛、气喘咳嗽等症状，这些物质还能造成橡胶制品、塑料制品的老化、染料的褪色、油漆涂料及纺织纤维的损失等。

1970年，日本东京发生了严重的光化学烟雾事件，烟雾整整持续了一个夏季，许多学生中毒昏倒，同一天，日本的其他城市也有类似的事件发生，有的地方同时兼有光化学烟雾和硫酸烟雾，此后日本一些大城市不断出现光化学烟雾。1997年3月7日，法国巴黎上空蒙上了一层灰色的烟雾，到10日空气中 NO_x 含量超过了 $300\ \mu g\cdot m^{-3}$(NO_x 对人体的影响浓度大约为 $200\ \mu g\cdot m^{-3}$)，巴黎市政府拉响了大气污染警报，限制汽车拥进巴黎。1997年7月22日开始，智利首都圣地亚哥的空气中 NO_x 含量严重超标，市政府发出紧急通告，规定20万辆汽车停驶，中小学校停课，并劝阻居民不要外出，不得不外出时要戴防毒面具。

我国城市大气污染虽然是以煤炭为主的能源结构导致的污染，但早在20世纪70年代末就在兰州西固石油化工区发生过光化学烟雾事件。1986年夏季在北京也发现了光化学烟雾的迹象。1995年5月成都出现了光化学烟雾，汽车在白天行驶还得开灯。北京和南宁分别于1998年和2001年发生过光化学烟雾现象。

(5) 可吸入颗粒物

空气中悬浮着固态或液态的不同粒子群系，粒径小于100 μm的所有粒子称为总悬浮颗粒物，其中粒径小于10 μm的粒子可以被吸入呼吸道，所以叫作可吸入颗粒或飘尘，又称PM10。而PM2.5是指环境空气中空气动力学当量直径小于等于2.5 μm的颗粒物，也称细颗粒物。虽然细颗粒物只是地球大气成分中含量很少的组分，但它对空气质量和能见度等有重要的影响。细颗粒物粒径小，含有大量的有毒、有害物质且在大气中的停留时间长、输送距离远，因而对人体健康和大气环境质量的影响更大。

只有头发丝平均直径1/10的可吸入颗粒物侵入人体主要有三种途径：① 呼吸道吸入；② 附着在食物上或溶于水，随饮食侵入；③ 通过接触或刺激皮肤而侵入。其中对人体健康危害最大的是呼吸道吸入的颗粒物。

可吸入颗粒物在大气中易吸收水分，形成具有很强吸附性的凝聚核，吸附有害气体和各种金属粉尘以及致癌物质。这些颗粒物滞留在呼吸道中，对黏膜组织产生刺激和腐蚀作用，引起炎症，导致慢性鼻咽炎、慢性气管炎；滞留在支气管和肺泡中，会损伤肺泡和黏膜，引起支气管和肺部炎症；通过肺部侵入血液中，会造成中毒，进而引起并发症。

目前很多城市已经开始发布城市空气质量报告，为大众提供空气质量信息。空气质量报告包括空气污染指数、空气质量等级、首要污染物等内容。检测人员每天分别测定各种污染物的浓度，计算出它们的污染指数，其中污染指数最大的污染物就是当日的首要污染物，并将其污染指数作为当日的空气污染指数(Air Pollution Index，简称 API)，API 在空气污染指数分级标准中所对应的级别就是当日的空气质量级别。如某地区各种污染物的污染指数分别为：二氧化硫 76，二氧化氮 50，可吸入颗粒物 132，则该地区的首要污染物为可吸入颗粒物，API 为 132，从表 22－2 可查到空气质量级别为Ⅲ$_1$，属轻度污染。

表 22－2 不同级别空气质量对人体健康的影响

空气污染指数(API)	空气质量级别		空气质量状况	对人体健康的影响	建议采取的措施
0～50	Ⅰ		优	可正常活动	
51～100	Ⅱ		良		
101～150	Ⅲ	Ⅲ$_1$	轻微污染	健康人群出现刺激症状，易感人群症状轻度加剧	心脏病和呼吸系统疾病患者减少体力消耗和户外活动
151～200		Ⅲ$_2$	轻度污染		
201～250	Ⅳ	Ⅳ$_1$	中度污染	健康人群普遍出现症状，心脏病和肺病患者症状显著加剧，运动耐受力降低	老年人和心脏病、肺病患者应留在室内并减少体力消耗
251～300		Ⅳ$_2$	中度重污染		
≥300	Ⅴ		重度污染	健康人群运动耐受力减低，有明显的症状，提前出现某些疾病	老年人和病人应留在室内，避免体力消耗，其他人群应避免户外活动

除了柴油车、机动车、摩托车的排出物内含大量可吸入颗粒物外，工厂、扬尘、冬天供暖燃煤、吸烟、家庭厨房油烟等也会产生大量可吸入颗粒物。它们很轻，不易沉降，在大气中能持续很长时间，阳光照在微尘上，可被吸收或发生散射，含量高时会导致大气能见度降低，致使天空显得灰蒙蒙的。

2. 水体污染

约有四分之三的地球表面被水覆盖着。水是地球上分布最广的物质，也是宝贵的自然资源，是人类生存、动植物生长、工农业生产不可缺少的物质。水是生物体代谢的重要介质，成年人每天约需 5 L 水。人类生产和生活用水主要是淡水，而淡水只占地球上总水量的 0.63%。随着社会的发展，人类对水的需求量逐年增加，现在世界年用水量已达 4 万亿吨，有 40%人口(约 80 个国家)将面临水源不足的问题。人类一方面对水的需求量增加，另一方面排放的污水量也在增加，致使陆地淡水水源污染严重。据统计，全世界每年污水排放量超过 4 200 亿吨，每分钟有 85 万吨污水进入江河湖海。世界上有 75%左右的疾病与水污染有关，如常见的伤寒、霍乱、胃炎、痢疾和肝炎等。2007 年 5 月底，太湖水富营养化较重，导致蓝藻暴发，使江苏省无锡市城区的大批市民家中自来水随之发生变化，并伴有难闻的气味，无法正常使用。

水体污染通常是指水体因某些物质的介入，而导致其化学、物理、生物或放射性等方面特征的改变，从而影响水的有效利用，危害人体健康或破坏生态环境，造成水质恶化的现象。水污染的原因有两种：一是自然的，二是人为的。由于雨水对各种矿石的溶解作用而产生的天然毒水，火山爆发和干旱地区风蚀作用所产生的大量灰尘到水体而引起的水污染，都属于自然污染；而向水体排放的未经处理的工业废水、生活污水和各种废弃物，从而造成水质恶化，属于人为污染。人们常说水体污染就是指后者。水体中的污染物种类繁多，主要分为无机污染物和有机污染物。

从历史的角度看，水体污染可分为三代：以泰晤士河黑臭缺氧为代表的第一代水污染，以重金属、有毒化学品为代表的第二代水污染，还有以营养元素超量为代表的第三代水污染。在我国，由于工业快速发展，产业结构不尽合理，以及城市管网和污水集中控制设施欠账多，使得这三代水污染同时存在，水污染现象十分严重。由于地表水普遍受污染，造成地下水的污染也相当严重，污染面已达50%，如海河、辽河、淮河流域许多城市和农村的地下水均遭受了不同程度的污染。另外，由于用水量的不断增加和地表水污染越来越严重，只有靠大量抽取地下水来满足工农业和生活需要，从而造成地下水位不断下降，如河北沧州市深层地下水位降落漏斗面积达2 089 km^2，最大水位深度达到110 m。

22.4.3 无机有毒物

1. 无机污染物

污染水体的无机污染物有酸、碱和一些无机盐类。酸、碱污染使水体的pH发生变化，破坏水体的缓冲作用，抑制细菌及微生物的生长，妨碍水体自净作用，还会腐蚀船舶、水下建筑物和渔具，影响渔业。酸、碱进入水体产生某些盐类，盐会提高水的渗透压，不利于植物根系对水分的吸收。酸污染物主要来源于矿山排水以及轧钢、电镀、硫酸、农药等工业废水。碱污染物主要来自于碱法造纸、印染、化学纤维、制革、制碱、炼油等工业废水。

2. 非金属无机毒物

非金属无机毒物包含CN^-、F^-、S^{2-}等。氰化物是剧毒物质，在体内产生氰化氢，使细胞呼吸受到麻痹，引起窒息死亡，一般人口服0.1 g左右的氰化钠或氰化钾就会致死。氰化物主要来源于电镀污水、选矿污水等。

3. 重金属无机毒物

Hg、Cd、Cr、As等属于重金属无机毒物。重金属主要通过食物进入人体，在体内一定部位积累，使人慢性中毒。采矿、冶炼、石化燃料工业的废弃物是环境中重金属的来源。

震惊世界的日本水俣病就是由汞中毒引起的。从1932年起，日本水俣市的氮肥工业公司在乙炔水合制乙醛中，使用硫酸汞作催化剂，生产中的废水直接排入水俣湾海域。汞经微生物的作用转化为甲基汞。当地居民在吃鱼、贝的同时也食用了富集在鱼、贝中的甲基汞，引起汞中毒，造成一千多人死亡的严重事故。

1955年在日本富山县神通川流域发生镉污染，使当地居民中毒，出现骨头疼痛等症状，这种病称为骨痛病。其发病原因是当地居民长期饮用受镉污染的河水(由上游锌冶炼排出的含镉废水)，食用受污染河水种植的稻米(镉与水稻蛋白的巯基结合)。数十年间，患慢性骨痛病的日本人累计有200多人，成为举世瞩目的一大公害事件。

22.4.4 放射物对生态环境的影响

环境放射化学是研究环境中业已存在的或人类活动引入环境中的放射性核素在大气、水体、土壤(包括岩石)等环境介质中的吸附、扩散和迁移，在动植物中的辅基、载带和转化，以及与之相关的核素的价态、种态以及结构的变化规律。它是20世纪50年代产生的一门放射化学与环境化学高度交叉的分支学科。

随着全球核能的新发展,核技术的更广泛应用、退役核设施数量的不断增加造成放射性污染场所的不断增多,对生态环境的影响越来越重,引起了对高放废物安全性的严重关切。因此,人们需要深入了解一些放射核素,尤其是超铀核素在环境介质中的行为及其相关机理,为整治、防护放射物对生态环境的影响而服务。环境放射化学主要研究内容有:锕系及裂变产物核素的溶液化学,包括溶解度、固溶体、配合反应、氧化还原和辐射、水岩反应、胶体等;核素迁移行为包括吸附、扩散和迁移过程、胶体迁移、生物及有机质效应、野外大尺度试验和天然类似物研究;地球化学和传输模式,包括数据筛选和评估、迁移中的耦合效应、模式开发和验证。

随着人们认识上的深入,发现如胶体、腐殖质、微生物等对一些核素的地球化学性质影响比预想的大得多,在逐步把研究的重点转向这方面的同时,也试图从结构化学和配位化学的角度来解释核素的一些性质。

习 题

1. 简述无机纳米材料的优势及其在实际中的应用。
2. 无机材料可分为哪些类型?
3. 高效能源材料的主要发展方向是什么?
4. 阐述仿生材料的设计思想和应用。
5. 什么是陶瓷,陶瓷有哪些特性?试举例说明一些应用。
6. 什么是化学药物,无机药物化学的发展方向是什么?举例简述无机药物的一些功效。
7. 简述含铂药物的种类、功效及其优缺点。
8. 试述生物无机化学的概念与研究对象。
9. 如何划分人体的常量元素和微量元素,如何区分必需微量元素与有害微量元素。
10. 简述无机物在生态环境系统中所起的作用。
11. 环境污染是如何分类的?引起大气污染和水体污染的无机物主要有哪几类?
12. 举例阐述大气污染是如何影响人类环境的?
13. 造成水体污染的因素有哪些?水体污染是如何划分的?

习题部分参考答案

第二章 **17.** 5.18 kg;**18.** 2.06%;**19.** 300 kPa;**20.** 75 kPa,37.5 kPa,112.5 kPa,243 kPa;**21.** 28 kPa;**22.** 600 K,156 kPa;**23.** 12.2 kPa,43.9 kPa,43.9 kPa;**24.** 28.0 g,0.148 L;**25.** 144.4;**26.** 41.45 $kJ\cdot mol^{-1}$,43.98 $kJ\cdot mol^{-1}$,41.45 $kJ\cdot mol^{-1}$,41.45 $kJ\cdot mol^{-1}$,43.98 $kJ\cdot mol^{-1}$;**27.** −128.0 $kJ\cdot mol^{-1}$;**29.** −16.73 $kJ\cdot mol^{-1}$;**30.** −110.5 $kJ\cdot mol^{-1}$,−201.2 $kJ\cdot mol^{-1}$,−90.7 $kJ\cdot mol^{-1}$;**31.** 226 $kJ\cdot mol^{-1}$;**32.** −2 220 $kJ\cdot mol^{-1}$,−104 $kJ\cdot mol^{-1}$;**34.** −15.6 $kJ\cdot mol^{-1}$,1 800 K;**36.** 0.74 $kJ\cdot mol^{-1}$,不自发,196 K;**37.** 468 K,673 K,Ag、NO_2、O_2;**38.** 836 K;**39.** 1 109 K;**41.** 5.1×10^{8};**42.** 3.15 mol;**43.** 0.37 mol;**44.** $p(PCl_5)$ 7.5 kPa,$p(PCl_3)$ 117 kPa,$p(Cl_2)$ 75.5 kPa;**45.** $p(CO)$ 24.8 kPa,$p(Cl_2)$ 3.1×10^{-6} kPa,$p(COCl_2)$ 114.7 kPa;**46.** 0.135 $mol\cdot L^{-1}$,0.434 $mol\cdot L^{-1}$;**47.** 0.28 mol;**48.** 0.45,0.54;**49.** (1) $K^{\ominus}=27.2$,$\alpha_1=71.4\%$,(2) $\alpha_2=68.4\%$,(3) $\alpha_3=\alpha_2$.

第三章 **3.** 13.3、1.0 $Pa\cdot s^{-1}$,26.7、13.3 $Pa\cdot s^{-1}$;**4.** 2.5×10^{3} $mol^{-2}\cdot dm^{6}\cdot s^{-1}$,0.014 $mol\cdot dm^{-3}\cdot s^{-1}$;**5.** 37.5;**7.** 0,$1.0\times10^{-3}$,$1.0\times10^{-3}$;**8.** 1.83×10^{4};**9.** 4.250×10^{-4};**10.** 24.2;**11.** 51;**12.** 240;**13.** 63;**14.** 4 480;**18.** (1) 零级反应,(2) 15.6 min;**19.** 9×10^{10};**20.** (1) 0.003 86 $mol\cdot dm^{-3}\cdot min^{-1}$,(2) 32%,(3) 0.002 6 $mol\cdot dm^{-3}\cdot min^{-1}$,(4)转化率仍为 32%,0.005 2 $mol\cdot dm^{-3}\cdot min^{-1}$。

第四章 **11.** 6.14 $mol\cdot kg^{-1}$,5.4 $mol\cdot L^{-1}$,0.1;**12.** 0.91 $mol\cdot kg^{-1}$,0.88 $mol\cdot L^{-1}$,0.016;**13.** 74.4 g;**14.** 3.85 $K\cdot kg\cdot mol^{-1}$;**15.** 6.66×10^{4};**16.** C_5H_7N,161;$C_{10}H_{14}N_2$;**19.** 1.6×10^{-7} $mol\cdot L^{-1}$,5.0×10^{-3} $mol\cdot L^{-1}$,4.0×10^{-4} $mol\cdot L^{-1}$,3.2×10^{-8} $mol\cdot L^{-1}$;**20.** 1.40,7.40,2.90,3.49;**21.** 5.00,11.30,11.27,4.97;**22.** 8.32,13.00,4.66,7.81;**23.** 1.84×10^{-5},4.2×10^{-5};**24.** $c(H^+)$ 0.411 $mol\cdot L^{-1}$,$c(HSO_4^-)$ 0.389 $mol\cdot L^{-1}$,$c(SO_4^{2-})$ 0.011 $mol\cdot L^{-1}$;**25.** 7.5×10^{-5} $mol\cdot L^{-1}$,1.2×10^{-15} $mol\cdot L^{-1}$;**26.** $c(H^+)=c(HCO_3^-)=1.3\times10^{-4}$ $mol\cdot L^{-1}$,$c(CO_3^{2-})=5.6\times10^{-11}$ $mol\cdot L^{-1}$;**27.** 6.23×10^{-8} $mol\cdot L^{-1}$,5.25×10^{-18} $mol\cdot L^{-1}$;**28.** 3.0×10^{-22} $mol\cdot L^{-1}$;**29.** 306,144;**30.** $(CH_3)_2AsO_2H$,138 g,26.8 g。

第五章 **7.** (1) 1.6×10^{-16},(2) 3.1×10^{-7};**8.** 9.1×10^{-9} $mol\cdot L^{-1}$,8.3×10^{-15} $mol\cdot L^{-1}$;**9.** 能;**10.** 2.8×10^{-16},1.0×10^{-12};**11.** 0.000 17 $mol\cdot L^{-1}$~0.1 $mol\cdot L^{-1}$;**13.** 4.2~6.0;**14.** 0.2 $mol\cdot L^{-1}$;**15.** 1.34×10^{-5},1.34×10^{-5},1.0×10^{-5} $mol\cdot L^{-1}$,1.0×10^{-5} $mol\cdot L^{-1}$;**16.** (1) $Q_i=0.01$,有沉淀,(2) $Q_i=0.01K_{sp}$,平衡右移,(3) $Q_i=K_{sp}$,平衡不移动;**17.** (1) $[Ag^+]=[Cl^-]=1.34\times10^{-5}$ $mol\cdot L^{-1}$,(2) $[Ag^+]\approx1.8\times10^{-10}$ $mol\cdot L^{-1}$,(3) $[Ag^+]\approx8.3\times10^{-17}$ $mol\cdot L^{-1}$,(4) $[Ag^+]\approx1.34\times10^{-5}$ $mol\cdot L^{-1}$,$[Cl^-]\approx1.34\times10^{-5}$ $mol\cdot L^{-1}$,$[I^-]=6.19\times10^{-12}$ $mol\cdot L^{-1}$。

第六章 **11.** 4.38×10^{15},3.9×10^{4},1.3×10^{5},1;**12.** ① 0.534 V 0.771 V 0.237 V,③ −45.7 $kJ\cdot mol^{-1}$;**13.** 0.57;**15.** 1.7×10^{10};**16.** (2) 0.739 V,(3) 0.83 V;**17.** 1.7×10^{-8};**18.** 3.3×10^{-18};**19.** 1.23×10^{-34},1.23×10^{8};**20.** 3.6×10^{-48};**21.** 5×10^{-7},6.6×10^{5};**23.** 0.06 V;**24.** 3×10^{12};**27.** 9×10^{41};**28.** 6×10^{-3};**30.** 6.03×10^{-7},4.37×10^{5}。

第七章 **1.** 4.57×10^{14},6.17×10^{14},6.91×10^{14},7.31×10^{14};**2.** -2.179×10^{-18},-0.545×10^{-18},-0.242×10^{-18},-0.136×10^{-18};**3.** 5.09×10^{14}、3.373×10^{-19},5.08×10^{14}、3.366×10^{-19};**4.** 5.40×10^{-4},1.98×10^{-4},2.92×10^{-7}、3.92×10^{-8},1.03×10^{-2}、5.51×10^{-3};0,0。

第九章 **5.** 52.33%;**6.** 127.8,8.937;**7.** 6 048 pm;**8.** 2 258;**9.** 322;**10.** 562.8 pm;**11.** 119.22 $g\cdot mol^{-1}$。

第十章 **7.** $-1\ 824.8\ kJ\cdot mol^{-1}$；**8.** $268.6\ mol\cdot dm^{-3}$；**11.** 123.9 g；**12.** -1.26 V，-0.58 V；**13.** $1.62\ mol\cdot dm^{-3}$；**14.** (1) 8.5×10^{-15}，(2) 1.0×10^{26}，(3) 1.1×10^{-7}，(4) 3.8×10^{22}；**15.** (1) 5.4×10^{-14}，(2) 1.44 V，(5) 4.57×10^{48}，$-277.7\ kJ\cdot mol^{-1}$。

第十二章 **3.** 5.4；**4.** 1.3×10^{46}

第十三章 **2.** 0.91；**18.** A：KI；B：浓 H_2SO_4；C：I_2；D：KI_3；E：$Na_2S_2O_3$；F：Cl_2；**19.** $-189.32\ kJ\cdot mol^{-1}$，$-206.3\ kJ\cdot mol^{-1}$，$57.0\ kJ\cdot mol^{-1}$，$1.30\times10^{36}$；**20.** $48\ g\cdot L^{-1}$

第十四章 **12.** 29.0%，**49.**1%；**13.** 6.47×10^{40}

第十七章 **15.** 143.6 L；**20.** 2 485 K；**21.** 8.3×10^{5}

第十八章 **19.** 19.79%；**20.** 15.22，2.5×10^{17}；**21.** 1.5×10^{-12}；**22.** 1.5×10^{-2}；**23.** $5.53\times10^{-21}\ mol\cdot L^{-1}$

第十九章 **17.** 0.116 0

附　录

附录一　国际相对原子质量

原子序数	名称	符号	相对原子质量	原子序数	名称	符号	相对原子质量
1	氢	H	1.007 94(7)	29	铜	Cu	63.546(3)
2	氦	He	4.002 602(2)	30	锌	Zn	65.39(2)
3	锂	Li	6.941(2)	31	镓	Ga	69.723(1)
4	铍	Be	9.012 182(3)	32	锗	Ge	72.61(2)
5	硼	B	10.811(7)	33	砷	As	74.921 60(2)
6	碳	C	12.010 7(8)	34	硒	Se	78.96(3)
7	氮	N	14.006 74(7)	35	溴	Br	79.904(1)
8	氧	O	15.999 4(3)	36	氪	Kr	83.80(1)
9	氟	F	18.998 403 2(5)	37	铷	Rb	85.467 8(3)
10	氖	Ne	20.179 7(6)	38	锶	Sr	87.62(1)
11	钠	Na	22.989 779 0(2)	39	钇	Y	88.905 85(2)
12	镁	Mg	24.305 0(6)	40	锆	Zr	91.224(2)
13	铝	Al	26.981 538(2)	41	铌	Nb	92.906 38(2)
14	硅	Si	28.085 5(3)	42	钼	Mu	95.94(1)
15	磷	P	30.973 761(2)	43	锝	Tc	[98]*
16	硫	S	32.066(6)	44	钌	Ru	101.07(2)
17	氯	Cl	35.452 7(9)	45	铑	Rh	102.905 50(2)
18	氩	Ar	39.948(1)	46	钯	Pd	106.42(1)
19	钾	K	39.098 3(1)	47	银	Ag	107.868 2(2)
20	钙	Ca	40.078(4)	48	镉	Cd	112.411(8)
21	钪	Sc	44.955 910(8)	49	铟	In	114.818(3)
22	钛	Ti	47.867(1)	50	锡	Sn	118.719(7)
23	钒	V	50.941 5(1)	51	锑	Sb	121.760(1)
24	铬	Cr	51.996 1(6)	52	碲	Te	127.60(3)
25	锰	Mn	54.938 049(9)	53	碘	I	126.904 47(3)
26	铁	Fe	55.845(2)	54	氙	Xe	131.293(6)
27	钴	Co	58.933 200(9)	55	铯	Cs	132.905 45(2)
28	镍	Ni	58.693 4(2)	56	钡	Ba	137.327(7)

(续表)

原子序数	名称	符号	相对原子质量	原子序数	名称	符号	相对原子质量
57	镧	La	138.905 5(2)	87	钫	Fr	[223]*
58	铈	Ce	140.116(1)	88	镭	Ra	[226]*
59	镨	Pr	140.907 65(2)	89	锕	Ac	[227]*
60	钕	Nd	144.24(3)	90	钍	Th	232.038 1(1)*
61	钷	Pm	[145]*	91	镤	Pa	231.035 88(2)*
62	钐	Sm	150.36(3)	92	铀	U	238.028 9(1)*
63	铕	Eu	151.964(1)	93	镎	Np	[237]*
64	钆	Gd	157.25(3)	94	钚	Pu	[244]*
65	铽	Tb	158.925 34(2)	95	镅	Am	[243]*
66	镝	Dy	162.50(3)	96	锔	Cm	[247]*
67	钬	Ho	164.930 32(2)	97	锫	Bk	[247]*
68	铒	Er	167.259(3)	98	锎	Cf	[251]*
69	铥	Tm	168.934 21(2)	99	锿	Es	[252]*
70	镱	Yb	173.04(3)	100	镄	Fm	[257]*
71	镥	Lu	174.967(1)	101	钔	Md	[258]*
72	铪	Hf	178.49(2)	102	锘	No	[259]*
73	钽	Ta	180.947 9(1)	103	铹	Lr	[260]*
74	钨	W	183.84(1)	104	鑪	Rf	[261]*
75	铼	Re	186.207(1)	105		Db	[262]*
76	锇	Os	190.23(3)	106		Sg	[263]*
77	铱	Ir	192.217(3)	107		Bh	[264]*
78	铂	Pt	195.078(2)	108		Hs	[265]*
79	金	Au	196.966 55(2)	109		Mt	[268]*
80	汞	Hg	200.59(2)	110		Uun	[269]*
81	铊	Tl	204.383 3(2)	111		Uuu	[272]*
82	铅	Pb	207.2(1)	112		Uub	[277]*
83	铋	Bi	208.980 38(2)	114		Uuq	
84	钋	Po	[210]*	116		Uuh	
85	砹	At	[210]*	118		Uuo	
86	氡	Rn	[222]*				

注：

1. 本表相对原子质量引自 IUPAC 国际相对原子质量表，以 $^{12}C=12$ 为基准，(　)内为末尾数的准确度。

2. [　]为放射性元素最长寿命同位素的质量数。

3. 带 * 者为放射性元素。

附录二 一些物理和化学的基本常数

量的名称	符号	数值	单位	备注
电磁在真空中的速度	c, c_0	299 792 458	$m\cdot s^{-1}$	准确值
真空磁导率	μ_0	$4\pi\times10^{-7}$ $1.256\ 637\times10^{-6}$	$H\cdot m^{-1}$	准确值
真空介电常数(真空电容率) $\varepsilon_0=1/\mu_0 c_0^2$	ε_0	$\frac{10^7}{4\pi\times299\ 792\ 458^2}$ $8.854\ 188\times10^{-12}$	$F\cdot m^{-1}$	准确值
引力常量 $F=Gm_1\ m_2/r^2$	G	$(6.672\ 59\pm0.000\ 85)\times10^{-11}$	$N\cdot m^2\cdot kg^{-2}$	
普朗克常量 h 及约化普朗克常量 $\hbar=h/2\pi$	h $\hbar$	$(6.626\ 075\ 5\pm0.000\ 004\ 0)\times10^{-34}$ $(1.054\ 572\ 66\pm0.000\ 000\ 63)\times10^{-34}$	$J\cdot s$ $J\cdot s\cdot rad^{-1}$	
元电荷	E	$(1.601\ 177\ 33\pm0.000\ 000\ 49)\times10^{-19}$	C	
电子[静]质量	m_e	$(9.109\ 389\ 7\pm0.000\ 005\ 4)\times10^{-31}$ $(5.485\ 799\ 03\pm0.000\ 000\ 13)\times10^{-4}$	kg u	
质子[静]质量	m_p	$(1.672\ 623\ 1\pm0.000\ 001\ 0)\times10^{-27}$ $1.007\ 276\ 470\pm0.000\ 000\ 012$	kg u	
精细结构常数 $\alpha=\frac{e^2}{4\pi\varepsilon_0 hc}$	α	$(7.297\ 353\ 08\pm0.000\ 000\ 33)\times10^{-3}$	1	
里德伯常量 $R_\infty=\frac{e^2}{8\pi\varepsilon_0\alpha_0 hc}$	R_∞	$(1.097\ 373\ 153\ 4\pm0.000\ 000\ 001\ 3)\times10^{7}$	m^{-1}	
阿伏伽德罗常数 $L=N/n$	L, N_A	$(6.022\ 136\ 7\pm0.000\ 003\ 6)\times10^{23}$	mol^{-1}	
法拉第常数 $F=Le$	F	$(6.648\ 530\ 9\pm0.000\ 002\ 9)\times10^{4}$	$C\cdot mol^{-1}$	
摩尔气体常数 $pV_m=RT$	R	$8.314\ 510\pm0.000\ 070$	$J\cdot mol^{-1}\cdot K^{-1}$	
玻耳兹曼常数 $k=R/T$	k	$(1.380\ 658\pm0.000\ 012)\times10^{-23}$	$J\cdot K^{-1}$	
斯忒藩-玻耳兹曼常量 $\sigma=\frac{2\pi^5\ k4}{15h^3c^2}$	σ	$(5.670\ 51\pm0.000\ 19)\times10^{-8}$	$W\cdot m^{-2}\cdot K^{-4}$	
质子质量常量	m_u	$(1.660\ 540\ 2\pm0.000\ 001\ 0)\times10^{-27}$	kg	原子质量单位 $1\ u=1m_u$

* 摩尔气体常数 R 值的单位换算(供参阅以前文献书籍时参考):

$$\begin{aligned}R&=8.314\ J\cdot mol^{-1}\cdot K^{-1}\\&=8.314\times10^7\ erg\cdot mol^{-1}\cdot K^{-1}\\&=1.987\ 2\ cal\cdot mol^{-1}\cdot K^{-1}\\&=0.082\ 06\ dm^3\cdot atm\cdot mol^{-1}\cdot K^{-1}\\&=62.364\ dm^3\cdot mmHg\cdot mol^{-1}\cdot K^{-1}\end{aligned}$$

附录三 单位和换算因数(国际单位、词头等)

一、国际单位制(SI)基本单位

量的名称	单位名称	单位符号		定 义
		中文	国际	
长度	米 metre	米	m	米是光在真空中 1/299 742 458 秒的时间间隔内所进行的路程的长度。
质量	千克 kilogram	千克	kg	千克是质量的单位,等于国际千克原器的质量。
长度	米 metre	米	m	米是光在真空中 1/299 742 458 秒的时间间隔内所进行的路程的长度。
时间	秒 second	秒	s	秒是铯-133 原子基态的两个超精细能级之间跃迁所对应的辐射的 9 192 631 770 个周期的持续时间。
电流	安培 ampere	安	A	安培是一恒定电流,若保持处于真空中相距 1 米的两无限长而圆截面可忽略的平行直导线内,则此两导线之间在每米长度上产生的 6 等于 2×10^{-7} 牛顿。
热力学温度	开尔文 kelvin	开	K	热力学温度单位开尔文是水三相热力学温度的 1/273.16
物质的量	摩尔 mole	摩	mol	(1) 摩尔是一系统的物质的量,该系统中所含的基本单位数与 0.012 千克碳-12 的原子数目相等。 (2) 在使用摩尔时,基本单位应指明可以是原子、分子、例子、电子及其他粒子,或是这些粒子的特定组合。
发光强度	坎德拉 candela	坎	cd	坎德拉是一光源在给定方向上的发光强度,该光源发出的频率为 540×10^{12} Hz(赫)的单色辐射,且在此方向上的辐射强度为 1/683 W·Sr^{-1}(瓦特每球面度)

二、国际单位制(SI)词头

倍数和分数	词头中文名称	中文符号	国际符号	词头法文名称	原始字源	原 意
10^{18}	艾克萨	艾	E	exa	希腊字头"hexa"	六组三个零
10^{15}	拍它	拍	P	peta	希腊字头"penta"	五组三个零
10^{12}	太拉	太	T	tere	希腊文	(monstrous)极大的
10^{9}	吉伽	吉	G	giga	希腊文	(gigantic)巨大的

（续表）

倍数和分数	词头中文名称	中文符号	国际符号	词头法文名称	原始字源	原　意
10^{6}	兆	兆	M	mcga	希腊文	大的
10^{3}	千	千	k	kilo	希腊文	千
10^{2}	百	百	h	hecto	希腊文	百
10^{1}	十	十	da	déca	希腊文	十
10^{-1}	分	分	d	déci	拉丁文	十分之一
10^{-2}	厘	厘	c	centi	拉丁文	百分之一
10^{-3}	毫	毫	m	milli	拉丁文	千分之一
10^{-6}	微	微	μ	micro	希腊文	小的
10^{-9}	纳诺	纳	n	nano	希腊文	很小的
10^{-12}	皮可	皮	p	pico	西班牙文	极小的
10^{-15}	飞姆托	飞	f	femto	斯堪的纳维亚	fifteen 十五的
10^{-18}	阿托	阿	a	atto	斯堪的纳维亚	eighteen 十八的

三、可与国际单位制并用的我国法定计量单位

量的名称	单位名称	单位符号	定　　义
时间	分 [小]时 天(日)	min h d	1 min = 60 s 1 h = 60 min = 3 600 s 1 d = 24 h = 86 400 s
平面角	[角]秒 [角]分 度	(″) (′) (°)	1″ = (π/648 000)rad(π 为圆周率) 1′ = 60″ = (π/10 800)rad 1° = 60′ = (π/180)rad
旋转速度	转每分	r/min	1 r/min = $(1/60)s^{-1}$
长度	海里	n mile	1 n mile = 1 852 m（只用于航程）
速度	节	kn	1 kn = 1 n mile/h = $(1\,852/3\,600)m\cdot s^{-1}$（只用于航程）
质量	吨	t	1 t = 10^{3} kg
体积	升	L, l	1 L = 1 dm^{3} = 10^{-3} m^{3}
能	电子伏	eV	1 eV ≈ $1.602\,177\times10^{-19}$ J
级差	分贝	dB	
线密度	特[克斯]	Tex	1 tex = 1 g/km
面积	公顷	Hm²	1 hm^{2} = 10^{4} m^{2}

四、常用的换算因数

1. 能量

	J	cal	erg	$cm^3\cdot atm$	eV
1 J	1	0.239 0	10^7	9.869	6.242×10^{18}
1 cal	4.184	1	4.184×10^7	41.29	2.612×10^{19}
1 erg	10^{-7}	2.390×10^{-3}	1	9.869×10^{-7}	6.242×10^{11}
1 $cm^3\cdot atm$	0.101 3	2.422×10^{-2}	1.013×10^5	1	6.325×10^{17}
1 eV	1.602×10^{-19}	3.829×10^{-20}	1.602×10^{-12}	1.581×10^{-18}	1

2. 相当的能量

	$J\cdot mol^{-1}$	$cal\cdot mol^{-1}$	尔格·分子$^{-1}$
1 cm^{-1}的波数	11.96	2.859	1.986×10^{-16}
每分子1电子伏特(eV)的能量	9.649×10^4	2.306×10^4	1.602×10^{-12}

3. 压力

	Pa	atm	mmHg	bar(巴)	$dyn\cdot cm^{-2}$ (达因·厘米$^{-2}$)	$lbf\cdot in^{-2}$ (磅力·英寸$^{-2}$)
1 Pa	1	9.869×10^{-5}	7.501×10^{-3}	10^{-5}	10	1.450×10^{-4}
1 atm	1.013×10^5	1	760.0	1.013	1.013×10^6	14.70
1 mmHg	133.3	1.316×10^{-3}	1	1.333×10^{-3}	133.3	1.934×10^{-2}
1 bar	10^5	0.986 9	750.1	1	10^6	14.50
1 $dyn\cdot cm^{-2}$	10^{-1}	9.869×10^{-7}	7.501×10^{-19}	10^{-6}	1	1.450×10^{-5}
1 $lbf\cdot in^{-2}$	6 895	6.805×10^{-2}	51.71	6.895×10^{-2}	6.895×10^4	1

附录四　一些物质的热力学数据(298.15 K,100 kPa)

单质或化合物	$\frac{\Delta_f H_m^\ominus}{kJ\cdot mol^{-1}}$	$\frac{\Delta_f G_m^\ominus}{kJ\cdot mol^{-1}}$	$\frac{S_m^\ominus}{J\cdot mol^{-1}\cdot K^{-1}}$	$\frac{C_{p,m}^\ominus}{J\cdot mol^{-1}\cdot K^{-1}}$
O(g)	249.170	231.731	161.055	21.912
O_2(g)	0	0	205.138	29.355
O_3(g)	142.7	163.2	238.93	39.20
H_2(g)	0	0	130.684	28.824
H(g)	217.965	203.247	114.713	20.784
H_2O(l)	−285.830	−237.129	69.91	75.291
H_2O(g)	−241.818	−228.572	188.825	33.577
H_2O_2(l)	−187.78	−120.35	109.6	89.1
第0族				
He(g)	0	0	126.150	20.786
Ne(g)	0	0	146.328	20.786
Ar(g)	0	0	154.843	20.786
Kr(g)	0	0	164.082	20.786
Xe(g)	0	0	169.683	20.786
Rn(g)	0	0	176.21	20.786
第Ⅶ族				
F_2(g)	0	0	202.78	31.30
HF(g)	−271.1	−273.2	173.779	29.133
Cl_2(g)	0	0	223.066	33.907
HCl(g)	−92.307	−95.299	186.908	29.12
Br_2(l)	0	0	152.231	75.689
Br_2(g)	30.907	3.110	245.463	36.02
I_2(cr)	0	0	116.135	54.438
I_2(g)	62.438	19.327	260.69	36.90
HI(g)	26.48	1.70	206.594	29.158
第Ⅵ族				
S(cr,正交晶的)	0	0	31.80	22.64
S(cr,单斜晶的)	0.33	—	—	—
SO(g)	6.259	−19.853	221.95	30.17

（续表）

单质或化合物	$\frac{\Delta_f H_m^\ominus}{kJ\cdot mol^{-1}}$	$\frac{\Delta_f G_m^\ominus}{kJ\cdot mol^{-1}}$	$\frac{S_m^\ominus}{J\cdot mol^{-1}\cdot K^{-1}}$	$\frac{C_{p,m}^\ominus}{J\cdot mol^{-1}\cdot K^{-1}}$
SO_2(g)	−296.830	−300.194	248.22	39.87
SO_3(g)	−395.72	−371.06	256.76	50.67
H_2S(g)	−20.63	−33.56	205.79	34.23
第Ⅴ族				
N_2(g)	0	0	191.61	29.125
NO(g)	90.25	86.55	210.761	29.844
NO_2(g)	33.18	51.31	240.06	37.20
N_2O(g)	82.05	104.20	219.85	38.45
N_2O_4(g)	9.16	97.89	304.29	77.28
N_2O_5(cr)	−43.1	113.9	178.2	143.1
NH_3(g)	−46.11	−16.45	192.45	35.06
HNO_3(l)	−174.10	−80.71	155.60	109.87
NH_4Cl(cr)	−314.43	−202.87	94.6	84.1
P(cr,白色)	0	0	41.09	23.840
P(cr,红色,三斜晶的)	−17.6	−12.1	22.80	21.21
P_4(g)	58.91	24.44	279.98	67.15
P_4O_{10}(cr,六方晶的)	−2 984.0	−2 697.7	228.86	211.71
PH_3(g)	5.4	13.4	210.23	37.11
第Ⅳ族				
C(cr,石墨)	0	0	5.740	8.527
C(cr,金刚石)	1.895	2.900	2.377	6.113
C(g)	716.682	671.257	158.096	20.838
CO(g)	−110.525	−137.168	197.674	29.142
CO_2(g)	−393.509	−394.359	213.74	37.11
CH_4(g)	−74.81	−50.72	186.264	35.309
HCOOH(l)	−424.72	−361.35	128.95	99.04
CH_3OH(l)	−238.66	−166.27	126.8	81.6
CH_3OH(g)	−200.66	−161.96	239.81	43.89
CCl_4(l)	−135.44	−65.21	216.40	131.75
CCl_4(g)	−102.9	−60.59	309.85	83.30
CH_3Cl(g)	−80.83	−57.37	234.58	40.75

（续表）

单质或化合物	$\Delta_f H_m^\ominus$ / $kJ\cdot mol^{-1}$	$\Delta_f G_m^\ominus$ / $kJ\cdot mol^{-1}$	$S_m^\ominus$ / $J\cdot mol^{-1}\cdot K^{-1}$	$C_{p,m}^\ominus$ / $J\cdot mol^{-1}\cdot K^{-1}$
$CHCl_3$(l)	−134.47	−73.66	201.7	113.8
$CHCl_3$(g)	−103.14	−70.34	295.71	65.69
CH_3Br(g)	−35.1	−25.9	246.38	42.43
CS_2(l)	89.70	65.27	151.34	75.7
HCN(g)	135.1	124.7	201.78	35.86
CH_3CHO(g)	−166.19	−128.86	250.3	57.3
$CO(NH_2)_2$(cr)	−333.51	−197.33	104.60	93.14
C_6H_6(g)*	82.9	129.7	269.2	82.4
C_6H_6(l)*	49.1	124.5	173.4	136.0
Si(cr)	0	0	18.83	20.00
SiO_2(cr,α 石英)	−910.94	−856.64	41.84	44.43
Pb(cr)	0	0	64.81	26.44
第Ⅲ族				
B(cr)	0	0	5.86	11.09
B_2O_3(cr)	−1 272.77	−1 193.65	3.97	62.93
B_2H_6(g)	35.6	86.7	232.11	56.90
B_5H_9(g)	73.2	175.0	275.92	96.78
Al(cr)	0	0	28.33	24.35
Al_2O_3(cr，α，刚玉)	−1 675.7	−1 582.3	50.92	79.04
第ⅡB族				
Zn(cr)	0	0	41.63	25.40
ZnS(cr，纤锌矿)	−192.63	—	—	—
ZnS(cr，闪锌矿)	−205.98	−201.29	57.7	46.0
Hg(l)	0	0	76.02	27.983
HgO(cr，红色，斜方晶的)	−90.83	−58.539	70.29	44.06
HgO(cr，黄色)	−90.46	−58.409	71.1	—
$HgCl_2$(cr)	−224.3	−178.6	146.0	—
Hg_2Cl_2(cr)	−265.22	−210.745	192.5	—
第ⅠB族				
Cu(cr)	0	0	33.150	24.435
CuO(cr)	−157.3	−129.7	42.63	42.30

(续表)

单质或化合物	$\Delta_f H_m^\ominus$ $kJ \cdot mol^{-1}$	$\Delta_f G_m^\ominus$ $kJ \cdot mol^{-1}$	$S_m^\ominus$ $J \cdot mol^{-1} \cdot K^{-1}$	$C_{p,m}^\ominus$ $J \cdot mol^{-1} \cdot K^{-1}$
$CuSO_4$(cr)	−771.36	−661.8	109	100.0
$CuSO_4 \cdot 5H_2O$(cr)	−2 279.65	−1 879.745	300.4	280
Ag(cr)	0	0	42.55	25.351
Ag_2O(cr)	−31.05	−11.20	121.3	65.86
AgCl(cr)	−127.068	−109.789	96.2	50.79
$AgNO_3$(cr)	−124.39	−33.41	140.92	93.05
第Ⅷ族				
Fe(cr)	0	0	27.28	25.10
Fe_2O_3(cr,赤铁矿)	−824.4	−742.2	87.40	103.85
Fe_3O_4(cr,磁铁矿)	−1 118.4	−1 015.4	146.4	143.43
第ⅦB族				
Mn(cr)	0	0	32.01	26.32
MnO_2(cr)	−520.03	−465.14	53.05	54.14
第Ⅱ族				
Be(cr)	0	0	9.50	16.44
Mg(cr)	0	0	32.68	24.89
MgO(cr,方镁石)	−601.70	−569.43	26.94	37.15
$Mg(OH)_2$(cr)	−924.54	−833.51	63.18	77.03
$MgCl_2$(cr)	−641.32	−591.79	89.62	71.38
Ca(cr)	0	0	41.42	25.31
CaO(cr)	−635.09	−604.03	39.75	42.80
CaF_2(cr)	−1 219.6	−1 167.3	68.87	67.03
$CaSO_4$(cr,无水石膏)	−1 434.11	−1 321.79	106.7	99.66
$CaSO_4 \cdot \frac{1}{2}H_2O$(cr, α)	−1 576.74	−1 436.74	130.5	119.41
$CaSO_4 \cdot 2H_2O$(cr,透石膏)	−2 022.63	−1 797.28	194.1	186.02
$Ca_3(PO_4)_2$(cr,β,低温形)	−4 120.8	−3 884.7	236.0	227.82
$CaCO_3$(cr,方解石)	−1 206.92	−1 128.79	92.9	81.88
$CaO \cdot SiO_2$(cr,钙硅石)	−1 634.94	−1 549.66	81.92	85.27
第Ⅰ族				
Li(cr)	0	0	29.12	24.77
Li(g)	159.37	126.66	138.77	20.786

（续表）

单质或化合物	$\Delta_f H_m^\ominus$ / $kJ\cdot mol^{-1}$	$\Delta_f G_m^\ominus$ / $kJ\cdot mol^{-1}$	$S_m^\ominus$ / $J\cdot mol^{-1}\cdot K^{-1}$	$C_{p,m}^\ominus$ / $J\cdot mol^{-1}\cdot K^{-1}$
$Li_2(g)$	215.9	174.4	196.996	36.104
$Li_2O(cr)$	−597.94	−561.18	37.57	54.10
$LiH(g)$	139.24	116.47	170.900	29.727
$LiCl(cr)$	−408.61	−384.37	59.33	47.99
$Na(cr)$	0	0	51.21	28.24
$Na(g)$	107.32	76.761	153.712	20.786
$Na_2(g)$	142.05	103.94	230.23	37.57
$NaO_2(cr)$	−260.2	−218.4	115.9	72.13
$Na_2O(cr)$	−414.22	−375.46	75.06	69.12
$Na_2O_2(cr)$	−510.87	−447.7	95.0	89.24
$NaOH(cr)$	−425.609	−379.494	64.455	59.54
$NaCl(cr)$	−411.153	−384.138	72.13	50.50
$NaBr(cr)$	−361.062	−348.983	86.82	51.38
Na_2SO_4(cr,斜方晶的)	−1 387.08	−1 270.16	149.58	128.20
$Na_2SO_4\cdot 10H_2O(cr)$	−4 327.26	−3 646.85	592.0	—
$NaNO_3(cr)$	−467.85	−367.00	116.52	92.88
$Na_2CO_3(cr)$	−1 130.68	−1 044.44	134.98	112.30
$K(cr)$	0	0	64.18	29.58
$K(g)$	89.24	60.59	160.336	20.786
$K_2(g)$	123.7	87.5	249.73	37.89
$K_2O(cr)$	−361.5	—	—	—
$KOH(cr)$	−424.764	−379.08	78.9	64.9
$KCl(cr)$	−436.747	−409.14	82.59	51.30
$KMnO_4(cr)$	−837.2	−737.6	171.71	117.57

注：(1) 本表资料引自[美] Wagman D D，Evans W H，Parker V B，et al. The NBS tables of chemical thermodynamic properties，Selected values for inorganic and C_1 and C_2 organic substances in SI units. 刘天和，赵梦月译.NBS 化学热力学性质表，SI 的单位表示的无机物质和 C_1 与 C_2 有机物质选择值.中国标准出版社，1998

(2) "＊"的数据引自[美] Lide D R. Handbook of Chemistry and Physics，78th ed. Juc Boca Raton，New York：CRC，Press，1997－1998

附录五　一些酸碱的解离常数

（离子强度近于零的稀溶液，25℃）

1. 弱酸的解离常数

名称	化学式	级	解离常数，K_a	pK_a
砷酸	H_3AsO_4	1	5.5×10^{-2}	2.26
		2	1.7×10^{-7}	6.76
		3	5.1×10^{-12}	11.29
亚砷酸	H_3AsO_3		5.1×10^{-10}	9.29
硼酸	H_3BO_3		5.8×10^{-10}	9.24
碳酸	H_2CO_3	1	4.30×10^{-7}	6.37
		2	5.61×10^{-11}	10.25
铬酸	H_2CrO_4	1	1.8×10^{-1}	0.74
		2	3.2×10^{-7}	6.49
氢氰酸	HCN		6.2×10^{-10}	9.21
氢氟酸	HF		6.3×10^{-4}	3.20
次溴酸	HBrO		2.06×10^{-9}	8.69
次氯酸	HClO		2.95×10^{-8}	7.53
次碘酸	HIO		3×10^{-11}	10.5
碘酸	HIO_3		1.7×10^{-1}	0.78
高碘酸	HIO_4		2.3×10^{-2}	1.64
过氧化氢	H_2O_2		2.4×10^{-12}	11.62
硫化氢	H_2S	1	8.9×10^{-8}	7.05
		2	1×10^{-15}	19
亚硫酸	H_2SO_3	1	1.40×10^{-2}	1.85
		2	6.00×10^{-8}	7.2
硫酸	H_2SO_4	2	1.20×10^{-2}	1.92
亚硝酸	HNO_2		5.6×10^{-4}	3.25
磷酸	H_3PO_4	1	7.52×10^{-3}	2.12
		2	6.23×10^{-8}	7.21
		3	4.8×10^{-13}	12.32
亚磷酸	H_3PO_3	1	5×10^{-2}（20℃）	1.3
		2	2×10^{-7}（20℃）	6.70
焦磷酸	$H_4P_2O_7$	1	1.2×10^{-1}	0.91
		2	7.9×10^{-3}	2.10
		3	2.0×10^{-7}	6.70
		4	4.8×10^{-10}	9.32
硒酸	H_2SeO_4	2	2×10^{-2}	1.7
亚硒酸	H_2SeO_3	1	2.4×10^{-3}	2.62
		2	4.8×10^{-9}	8.32
硅酸	H_2SiO_3	1	1×10^{-10}（30℃）	9.9
		2	2×10^{-12}（30℃）	11.8
甲酸	HCOOH		1.7×10^{-4}（20℃）	3.75
醋酸	HAc		1.76×10^{-5}	4.75
草酸	$H_2C_2O_4$	1	5.90×10^{-2}	1.23
		2	6.40×10^{-5}	4.19

2. 弱碱的解离常数

名称	化学式	级	解离常数,K_b	pK_b	名称	化学式	级	解离常数,K_b	pK_b
氨水	$NH_3 \cdot H_2O$		1.79×10^{-5}	4.75	*氢氧化钙	$Ca(OH)_2$	1	3.74×10^{-3}	2.43
联氨	NH_2NH_2		1.2×10^{-6}(20℃)	5.9			2	4×10^{-2}(30℃)	1.4
羟胺	NH_2OH		8.71×10^{-9}	8.06	*氢氧化铅	$Pb(OH)_2$		9.6×10^{-4}	3.02
*氢氧化银	AgOH		1.1×10^{-4}	3.96	*氢氧化锌	$Zn(OH)_2$		9.6×10^{-4}	3.02
*氢氧化铍	$Be(OH)_2$	2	5×10^{-11}	10.30					

摘译自 Lide D R，Handbook of Chemistry and Physics，8-43～8-44，78th Ed. 1997～1998.
*:摘译自 Weast R C，Handbook of Chemistry and Physics，D159～163，66th Ed. 1985～1986.

附录六　难溶化合物的溶度积常数(298 K)

化合物	溶度积	化合物	溶度积	化合物	溶度积
醋酸盐		碳酸盐		$CuCrO_4$ *	3.6×10^{-6}
AgAc**	1.94×10^{-3}	Ag_2CO_3	8.45×10^{-12}	Hg_2CrO_4 *	2.0×10^{-9}
卤化物		$BaCO_3$ *	5.1×10^{-9}	$PbCrO_4$ *	2.8×10^{-13}
AgBr*	5.0×10^{-13}	$CaCO_3$	3.36×10^{-9}	$SrCrO_4$ *	2.2×10^{-5}
AgCl*	1.8×10^{-10}	$CdCO_3$	1.0×10^{-12}	氢氧化物	
AgI*	8.3×10^{-17}	$CuCO_3$ *	1.4×10^{-10}	AgOH*	2.0×10^{-8}
BaF_2	1.84×10^{-7}	$FeCO_3$	3.13×10^{-11}	$Al(OH)_3$(无定形)*	1.3×10^{-33}
CaF_2 *	5.3×10^{-9}	Hg_2CO_3	3.6×10^{-17}	$Be(OH)_2$(无定形)*	1.6×10^{-22}
CuBr*	5.3×10^{-9}	$MgCO_3$	6.82×10^{-6}	$Ca(OH)_2$ *	5.5×10^{-6}
CuCl*	1.2×10^{-6}	$MnCO_3$	2.24×10^{-11}	$Cd(OH)_2$ *	5.27×10^{-15}
CuI*	1.1×10^{-12}	$NiCO_3$	1.42×10^{-7}	$Co(OH)_2$(粉红色)**	1.09×10^{-15}
Hg_2Cl_2 *	1.3×10^{-18}	$PbCO_3$ *	7.4×10^{-14}	$Co(OH)_2$(蓝色)**	5.92×10^{-15}
Hg_2I_2 *	4.5×10^{-29}	$SrCO_3$	5.6×10^{-10}	$Co(OH)_3$ *	1.6×10^{-44}
HgI_2	2.9×10^{-29}	$ZnCO_3$	1.46×10^{-10}	$Cr(OH)_2$ *	2×10^{-16}
$PbBr_2$	6.60×10^{-6}	铬酸盐		$Cr(OH)_3$ *	6.3×10^{-31}
$PbCl_2$ *	1.6×10^{-5}	Ag_2CrO_4	1.12×10^{-12}	$Cu(OH)_2$ *	2.2×10^{-20}
PbF_2	3.3×10^{-8}	$Ag_2Cr_2O_7$ *	2.0×10^{-7}	$Fe(OH)_2$ *	8.0×10^{-16}
PbI_2 *	7.1×10^{-9}	$BaCrO_4$ *	1.2×10^{-10}	$Fe(OH)_3$ *	4×10^{-38}
SrF_2	4.33×10^{-9}	$CaCrO_4$ *	7.1×10^{-4}	$Mg(OH)_2$ *	1.8×10^{-11}

（续表）

化合物	溶度积	化合物	溶度积	化合物	溶度积
$Mn(OH)_2$ *	1.9×10^{-13}	$PbSO_4$ *	1.6×10^{-8}	$Cu_3(PO_4)_2$	1.40×10^{-37}
$Ni(OH)_2$(新制备)*	2.0×10^{-15}	$SrSO_4$ *	3.2×10^{-7}	$FePO_4\cdot2H_2O$	9.91×10^{-16}
$Pb(OH)_2$ *	1.2×10^{-15}	硫化物		$MgNH_4PO_4$ *	2.5×10^{-13}
$Sn(OH)_2$ *	1.4×10^{-28}	Ag_2S*	6.3×10^{-50}	$Mg_3(PO_4)_2$	1.04×10^{-24}
$Sr(OH)_2$ *	9×10^{-4}	CdS*	8.0×10^{-27}	$Pb_3(PO_4)_2$ *	8.0×10^{-43}
$Zn(OH)_2$ *	1.2×10^{-17}	CoS(α-型)*	4.0×10^{-21}	$Zn_3(PO_4)_2$ *	9.0×10^{-33}
草酸盐		CoS(β-型)*	2.0×10^{-25}	其他盐	
$Ag_2C_2O_4$	5.4×10^{-12}	CuS*	6.3×10^{-36}	$[Ag^+][Ag(CN)_2^-]$*	7.2×10^{-11}
BaC_2O_4 *	1.6×10^{-7}	FeS*	6.3×10^{-18}	$Ag_4[Fe(CN)_6]$*	1.6×10^{-41}
$CaC_2O_4\cdot H_2O$*	4×10^{-9}	HgS(黑色)*	1.6×10^{-52}	$Cu_2[Fe(CN)_6]$*	1.3×10^{-16}
CuC_2O_4	4.43×10^{-10}	HgS(红色)*	4×10^{-53}	AgSCN	1.03×10^{-12}
$FeC_2O_4\cdot2H_2O$*	3.2×10^{-7}	MnS(晶形)*	2.5×10^{-13}	CuSCN	4.8×10^{-15}
$Hg_2C_2O_4$	1.75×10^{-13}	NiS**	1.07×10^{-21}	$AgBrO_3$ *	5.3×10^{-5}
$MgC_2O_4\cdot2H_2O$	4.83×10^{-6}	PbS*	8.0×10^{-28}	$AgIO_3$ *	$3.\times10^{-8}$
$MnC_2O_4\cdot2H_2O$	1.70×10^{-7}	SnS*	1×10^{-25}	$Cu(IO_3)_2\cdot H_2O$	7.4×10^{-8}
PbC_2O_4 **	8.51×10^{-10}	SnS_2 **	2×10^{-27}	$KHC_4H_4O_6$(酒石酸氢钾)**	3×10^{-4}
$SrC_2O_4\cdot H_2O$*	1.6×10^{-7}	ZnS**	2.93×10^{-25}	Al(8-羟基喹啉)$_3$ **	5×10^{-33}
$ZnC_2O_4\cdot2H_2O$	1.38×10^{-9}	磷酸盐		$K_2Na[Co(NO_2)_6]\cdot H_2O$*	2.2×10^{-11}
硫酸盐		Ag_3PO_4 *	1.4×10^{-16}	$Na(NH_4)_2[Co(NO_2)_6]$*	4×10^{-12}
Ag_2SO_4 *	1.4×10^{-5}	$AlPO_4$ *	6.3×10^{-19}	Ni(丁二酮肟)$_2$ **	4×10^{-24}
$BaSO_4$ *	1.1×10^{-10}	$CaHPO_4$ *	1×10^{-7}	Mg(8-羟基喹啉)$_2$ **	4×10^{-16}
$CaSO_4$ *	9.1×10^{-6}	$Ca_3(PO_4)_2$ *	2.0×10^{-29}	Zn(8-羟基喹啉)$_2$ **	5×10^{-25}
Hg_2SO_4	6.5×10^{-7}	$Cd_3(PO_4)_2$ **	2.53×10^{-33}		

摘自 Lide D R，Handbook of Chemistry and Physics，78th Ed. 1997～1998. * 摘自 Dean J A，Lange's Handbook of Chemistry，13th Ed. 1985. ** 摘自其他参考书.

附录七　一些半反应的标准电极电势(298.15 K)

1. 在酸性溶液内

电　对	电 极 反 应	$\varphi^\ominus$/V
H(Ⅰ)—(0)	$2H^+ + 2e^- \rightleftharpoons H_2$	0.000 0
D(Ⅰ)—(0)	$2D^+ + 2e^- \rightleftharpoons D_2$	−0.044
Li(Ⅰ)—(0)	$Li^+ + e^- \rightleftharpoons Li$	−3.040 1
Na(Ⅰ)—(0)	$Na^+ + e^- \rightleftharpoons Na$	−2.710 9
K(Ⅰ)—(0)	$K^+ + e^- \rightleftharpoons K$	−2.931
Rb(Ⅰ)—(0)	$Rb^+ + e^- \rightleftharpoons Rb$	−2.98
Cs(Ⅰ)—(0)	$Cs^+ + e^- \rightleftharpoons Cs$	−2.923
Cu(Ⅰ)—(0)	$Cu^+ + e^- \rightleftharpoons Cu$	0.522
Cu(Ⅰ)—(0)	$CuI + e^- \rightleftharpoons Cu + I^-$	−0.185 2
Cu(Ⅱ)—(0)	$Cu^{2+} + 2e^- \rightleftharpoons Cu(Hg)$	0.345
Cu(Ⅱ)—(Ⅰ)	$Cu^{2+} + e^- \rightleftharpoons Cu^+$	0.152
*Cu(Ⅱ)—(Ⅰ)	$2Cu^{2+} + 2I^- + 2e^- \rightleftharpoons Cu_2I_2$	0.86
Ag(Ⅰ)—(0)	$Ag^+ + e^- \rightleftharpoons Ag$	0.799 6
Ag(Ⅰ)—(0)	$AgI + e^- \rightleftharpoons Ag + I^-$	−0.152 2
Ag(Ⅰ)—(0)	$AgCl + e^- \rightleftharpoons Ag + Cl^-$	0.222 3
Ag(Ⅰ)—(0)	$AgBr + e^- \rightleftharpoons Ag + Br^-$	0.071 3
Au(Ⅰ)—(0)	$Au^+ + e^- \rightleftharpoons Au$	1.692
Au(Ⅲ)—(0)	$Au^{3+} + 3e^- \rightleftharpoons Au$	1.498
Au(Ⅲ)—(0)	$AuCl_4^- + 3e^- \rightleftharpoons Au + 4Cl^-$	1.002
Au(Ⅲ)—(Ⅰ)	$Au^{3+} + 2e^- \rightleftharpoons Au^+$	1.401
Be(Ⅱ)—(0)	$Be^{2+} + 2e^- \rightleftharpoons Be$	−1.847
Mg(Ⅱ)—(0)	$Mg^{2+} + 2e^- \rightleftharpoons Mg$	−2.372
Ca(Ⅱ)—(0)	$Ca^{2+} + 2e^- \rightleftharpoons Ca$	−2.86
Sr(Ⅱ)—(0)	$Sr^{2+} + 2e^- \rightleftharpoons Sr$	−2.89
Ba(Ⅱ)—(0)	$Ba^{2+} + 2e^- \rightleftharpoons Ba$	−2.912
Zn(Ⅱ)—(0)	$Zn^{2+} + 2e^- \rightleftharpoons Zn$	−0.761 8

(续表)

电　对	电 极 反 应	$\varphi^{\ominus}$/V
Cd(Ⅱ)—(0)	$Cd^{2+} + 2e^- \rightleftharpoons Cd$	−0.402 6
Cd(Ⅱ)—(0)	$Cd^{2+} + 2e^- \rightleftharpoons Cd(Hg)$	−0.352 1
Hg(Ⅰ)—(0)	$Hg_2^{2+} + 2e^- \rightleftharpoons 2Hg$	0.797 3
Hg(Ⅰ)—(0)	$Hg_2I_2 + 2e^- \rightleftharpoons 2Hg + 2I^-$	−0.040 5
Hg(Ⅱ)—(0)	$Hg^{2+} + 2e^- \rightleftharpoons Hg$	0.851
Hg(Ⅱ)—Hg(Ⅰ)	$2Hg^{2+} + 2e^- \rightleftharpoons Hg_2^{2+}$	0.920
* B(Ⅲ)—(0)	$H_3BO_3 + 3H^+ + 3e^- \rightleftharpoons B + 3H_2O$	−0.869
Al(Ⅲ)—(0)	$Al^{3+} + 3e^- \rightleftharpoons Al(0.1fNaOH)$	−1.706
Ga(Ⅲ)—(0)	$Ga^{3+} + 3e^- \rightleftharpoons Ga$	−0.560
In(Ⅲ)—(0)	$In^{3+} + 3e^- \rightleftharpoons In$	−0.338 2
Tl(Ⅰ)—(0)	$Tl^+ + e^- \rightleftharpoons Tl$	−0.336 3
La(Ⅲ)—(0)	$La^{3+} + 3e^- \rightleftharpoons La$	−2.522
Ce(Ⅳ)—(Ⅲ)	$Ce^{4+} + e^- \rightleftharpoons Ce^{3+}$	1.61
U(Ⅲ)—(0)	$U^{3+} + 3e^- \rightleftharpoons U$	−1.80
U(Ⅳ)—(Ⅲ)	$U^{4+} + e^- \rightleftharpoons U^{3+}$	−0.607
C(Ⅳ)—(Ⅱ)	$CO_2(g) + 2H^+ + 2e^- \rightleftharpoons HCOOH$	−0.199
C(Ⅳ)—(Ⅲ)	$2CO_2 + 2H^+ + 2e^- \rightleftharpoons H_2C_2O_4$	−0.49
Si(Ⅳ)—(0)	$SiO_2 + 4H^+ + 4e^- \rightleftharpoons Si + 2H_2O$	−0.857
Sn(Ⅱ)—(0)	$Sn^{2+} + 2e^- \rightleftharpoons Sn$	−0.137 5
Sn(Ⅳ)—(Ⅱ)	$Sn^{4+} + 2e^- \rightleftharpoons Sn^{2+}$	0.151
Pb(Ⅱ)—(0)	$Pb^{2+} + 2e^- \rightleftharpoons Pb$	−0.126 3
Pb(Ⅱ)—(0)	$PbCl_2 + 2e^- \rightleftharpoons Pb(Hg) + 2Cl^-$	−0.262
Pb(Ⅱ)—(0)	$PbSO_4 + 2e^- \rightleftharpoons Pb(Hg) + SO_4^{2-}$	−0.350 5
Pb(Ⅱ)—(0)	$PbSO_4 + 2e^- \rightleftharpoons Pb + SO_4^{2-}$	−0.359
* Pb(Ⅱ)—(0)	$PbI_2 + 2e^- \rightleftharpoons Pb(Hg) + 2I^-$	−0.358
Pb(Ⅳ)—(Ⅱ)	$PbO_2 + 4H^+ + 2e^- \rightleftharpoons Pb^{2+} + 2H_2O$	1.455
Ti(Ⅱ)—(0)	$Ti^{2+} + 2e^- \rightleftharpoons Ti$	−1.628
Ti(Ⅳ)—(0)	$TiO_2 + 4H^+ + 4e^- \rightleftharpoons Ti + 2H_2O$	−0.86
* Ti(Ⅲ)—(Ⅱ)	$Ti^{3+} + e^- \rightleftharpoons Ti^{2+}$	−0.37
Zr(Ⅳ)—(0)	$ZrO_2 + 4H^+ + 4e^- \rightleftharpoons Zr + 2H_2O$	−1.43
N(Ⅰ)—(0)	$N_2O + 2H^+ + 2e^- \rightleftharpoons N_2 + H_2O$	1.77
N(Ⅱ)—(Ⅰ)	$2NO + 2H^+ + 2e^- \rightleftharpoons N_2O + H_2O$	1.59

（续表）

电　对	电 极 反 应	$\varphi^{\ominus}$/V
N(Ⅲ)—(Ⅰ)	$2HNO_2 + 4H^+ + 4e^- \rightleftharpoons N_2O + 3H_2O$	1.297
N(Ⅲ)—(Ⅱ)	$HNO_2 + H^+ + e^- \rightleftharpoons NO + H_2O$	0.99
* N(Ⅳ)—(Ⅱ)	$N_2O_4 + 4H^+ + 4e^- \rightleftharpoons 2NO + 2H_2O$	1.035
N(Ⅴ)—(Ⅱ)	$NO_3^- + 4H^+ + 3e^- \rightleftharpoons NO + 2H_2O$	0.96
N(Ⅳ)—(Ⅲ)	$N_2O_4 + 2H^+ + 2e^- \rightleftharpoons 2HNO_2$	1.07
N(Ⅴ)—(Ⅲ)	$NO_3^- + 3H^+ + 2e^- \rightleftharpoons HNO_2 + H_2O$	0.934
N(Ⅴ)—(Ⅳ)	$2NO_3^- + 4H^+ + 2e^- \rightleftharpoons N_2O_4 + 3H_2O$	0.803
* P(Ⅰ)—(0)	$H_3PO_2 + H^+ + e^- \rightleftharpoons$ P(白磷) $+ 2H_2O$	−0.508
P(Ⅲ)—(Ⅰ)	$H_3PO_3^3 + 2H^+ + 2e^- \rightleftharpoons H_3PO_2 + H_2O$	−0.499
P(Ⅴ)—(Ⅲ)	$H_3PO_4 + 2H^+ + 2e^- \rightleftharpoons H_3PO_3 + H_2O$	−0.276
As(0)—(−Ⅲ)	$As + 3H^+ + 3e^- \rightleftharpoons AsH_3$	−0.608
As(Ⅲ)—(0)	$HAsO_2 + 3H^+ + 3e^- \rightleftharpoons As + 2H_2O$	0.247 5
As(Ⅴ)—(Ⅲ)	$H_3AsO_4 + 2H^+ + 2e^- \rightleftharpoons HAsO_2 + 2H_2O$(1fHCl)	0.58
Sb(Ⅲ)—(0)	$Sb_2O_3 + 6H^+ + 6e^- \rightleftharpoons 2Sb + 3H_2O$	0.152
Sb(Ⅴ)—(Ⅲ)	$Sb_2O_3(s) + 6H^+ + 4e^- \rightleftharpoons 2SbO^+ + 3H_2O$	0.581
Bi(Ⅲ)—(0)	$BiO^+ + 2H^+ + 3e^- \rightleftharpoons Bi + H_2O$	0.32
V(Ⅲ)—(Ⅱ)	$V^{3+} + e^- \rightleftharpoons V^{2+}$	−0.255
V(Ⅳ)—(Ⅱ)	$V^{4+} + 2e^- \rightleftharpoons V^{2+}$	−1.186
V(Ⅳ)—(Ⅲ)	$VO^{2+} + 2H^+ + e^- \rightleftharpoons V^{3+} + H_2O$	0.337
V(Ⅴ)—(Ⅳ)	$V(OH)_4^+ + 2H^+ + e^- \rightleftharpoons VO^{2+} + 3H_2O$	0.991
V(Ⅵ)—(Ⅳ)	$VO_2^{2+} + 4H^+ + 2e^- \rightleftharpoons V^{4+} + 2H_2O$	0.62
O(−Ⅰ)—(−Ⅱ)	$H_2O_2 + 2H^+ + 2e^- \rightleftharpoons 2H_2O$	1.776
O(0)—(−Ⅱ)	$O_2 + 4H^+ + 4e^- \rightleftharpoons 2H_2O$	1.229
O(0)—(−Ⅱ)	$\frac{1}{2}O_2 + 2H^+ (10^{-7}\ mol \cdot L^{-1}) + 2e^- \rightleftharpoons H_2O$	0.815
O(Ⅱ)—(−Ⅱ)	$OF_2 + 2H^+ + 4e^- \rightleftharpoons H_2O + 2F^-$	2.1
O(0)—(−Ⅰ)	$O_2 + 2H^+ + 2e^- \rightleftharpoons H_2O_2$	0.692
S(0)—(−Ⅱ)	$S + 2e^- \rightleftharpoons S^{2-}$	−0.476
S(0)—(−Ⅱ)	$S + 2H^+ + 2e^- \rightleftharpoons H_2S(aq)$	0.141
S(Ⅳ)—(0)	$H_2SO_3 + 4H^+ + 4e^- \rightleftharpoons S + 3H_2O$	0.45
* S(Ⅵ)—(Ⅳ)	$SO_4^{2-} + 4H^+ + 2e^- \rightleftharpoons H_2SO_3 + H_2O$	0.172
S(Ⅶ)—(Ⅵ)	$S_2O_8^{2-} + 2e^- \rightleftharpoons 2SO_4^{2-}$	2.0

（续表）

电对	电极反应	$\varphi^{\ominus}$/V
Se(0)—(－Ⅱ)	$Se + 2H^+ + 2e^- \rightleftharpoons H_2Se(aq)$	−0.399
Se(Ⅳ)—(0)	$H_2SeO_3 + 4H^+ + 4e^- \rightleftharpoons Se + 3H_2O$	0.74
Se(Ⅵ)—(Ⅳ)	$SeO_4^{2-} + 4H^+ + 2e^- \rightleftharpoons H_2SeO_3 + H_2O$	1.151
Cr(Ⅲ)—(0)	$Cr^{3+} + 3e^- \rightleftharpoons Cr$	−0.74
Cr(Ⅲ)—(Ⅱ)	$Cr^{3+} + e^- \rightleftharpoons Cr^{2+}$	−0.41
Cr(Ⅵ)—(Ⅲ)	$Cr_2O_7^{2-} + 14H^+ + 6e^- \rightleftharpoons 2Cr^{3+} + 7H_2O$	1.23
Mo(Ⅲ)—(0)	$Mo^{3+} + 3e^- \rightleftharpoons Mo$	−0.20
F(0)—(－Ⅰ)	$F_2 + 2e^- \rightleftharpoons 2F^-$	2.87
F(0)—(－Ⅰ)	$F_2(g) + 2H^+ + 2e^- \rightleftharpoons 2HF(aq)$	3.03
Cl(0)—(－Ⅰ)	$Cl_2(g) + 2e^- \rightleftharpoons 2Cl^-$	1.358 3
Cl(Ⅰ)—(－Ⅰ)	$HClO + H^+ + 2e^- \rightleftharpoons Cl^- + H_2O$	1.49
Cl(Ⅲ)—(－Ⅰ)	$HClO_2 + 3H^+ + 4e^- \rightleftharpoons Cl^- + 2H_2O$	1.56
Cl(Ⅴ)—(－Ⅰ)	$ClO_3^- + 6H^+ + 6e^- \rightleftharpoons Cl^- + 3H_2O$	1.45
Cl(Ⅰ)—(0)	$HClO + H^+ + e^- \rightleftharpoons \frac{1}{2}Cl_2 + H_2O$	1.63
Cl(Ⅴ)—(0)	$ClO_3^- + 6H^+ + 5e^- \rightleftharpoons \frac{1}{2}Cl_2 + 3H_2O$	1.47
Cl(Ⅶ)—(0)	$ClO_4^- + 8H^+ + 7e^- \rightleftharpoons \frac{1}{2}Cl_2 + 4H_2O$	1.39
Cl(Ⅲ)—(Ⅰ)	$HClO_2 + 2H^+ + 2e^- \rightleftharpoons HClO + H_2O$	1.645
Cl(Ⅴ)—(Ⅲ)	$ClO_3^- + 3H^+ + 2e^- \rightleftharpoons HClO_2 + H_2O$	1.21
Cl(Ⅶ)—(Ⅴ)	$ClO_4^- + 2H^+ + 2e^- \rightleftharpoons ClO_3^- + H_2O$	1.19
Br(0)—(－Ⅰ)	$Br_2(l) + 2e^- \rightleftharpoons 2Br^-$	1.085
Br(0)—(－Ⅰ)	$Br_2(aq) + 2e^- \rightleftharpoons 2Br^-$	1.087
Br(Ⅰ)—(－Ⅰ)	$HBrO + H^+ + 2e^- \rightleftharpoons Br^- + H_2O$	1.33
Br(Ⅴ)—(－Ⅰ)	$BrO_3^- + 6H^+ + 6e^- \rightleftharpoons Br^- + 3H_2O$	1.44
Br(Ⅰ)—(0)	$HBrO + H^+ + e^- \rightleftharpoons \frac{1}{2}Br_2(l) + H_2O$	1.60
Br(Ⅴ)—(0)	$BrO_3^- + 6H^+ + 5e^- \rightleftharpoons \frac{1}{2}Br_2 + 3H_2O$	1.48
I(0)—(－Ⅰ)	$I_2 + 2e^- \rightleftharpoons 2I^-$	0.535
I(Ⅰ)—(－Ⅰ)	$HIO + H^+ + 2e^- \rightleftharpoons I^- + H_2O$	0.99
I(Ⅴ)—(－Ⅰ)	$IO_3^- + 6H^+ + 6e^- \rightleftharpoons I^- + 3H_2O$	1.085
I(Ⅰ)—(0)	$HIO + H^+ + e^- \rightleftharpoons \frac{1}{2}I_2 + 2H_2O$	1.45
I(Ⅴ)—(0)	$IO_3^- + 6H^+ + 5e^- \rightleftharpoons \frac{1}{2}I_2 + 3H_2O$	1.195
I(Ⅶ)—(Ⅴ)	$H_5IO_6 + H^+ + 2e^- \rightleftharpoons IO_3^- + 3H_2O$	约1.7

（续表）

电　对	电极反应	$\varphi^{\ominus}$/V
Mn(Ⅱ)—(0)	$Mn^{2+}+2e^- \rightleftharpoons Mn$	−1.182
Mn(Ⅳ)—(Ⅱ)	$MnO_2+4H^++2e^- \rightleftharpoons Mn^{2+}+2H_2O$	1.228
Mn(Ⅶ)—(Ⅱ)	$MnO_4^-+8H^++5e^- \rightleftharpoons Mn^{2+}+4H_2O$	1.491
Mn(Ⅶ)—(Ⅳ)	$MnO_4^-+4H^++3e^- \rightleftharpoons MnO_2+2H_2O$	1.679
Mn(Ⅶ)—(Ⅵ)	$MnO_4^-+e^- \rightleftharpoons MnO_4^{2-}$	0.558
Fe(Ⅱ)—(0)	$Fe^{2+}+2e^- \rightleftharpoons Fe$	−0.440 2
Fe(Ⅲ)—(0)	$Fe^{3+}+3e^- \rightleftharpoons Fe$	−0.036
Fe(Ⅲ)—(Ⅱ)	$Fe^{3+}+e^- \rightleftharpoons Fe^{2+}$	0.770
* Fe(Ⅲ)—(Ⅱ)	$[Fe(CN)_6]^{3-}+e^- \rightleftharpoons [Fe(CN)_6]^{4-}$ (0.01fNaOH)	0.55
Co(Ⅱ)—(0)	$Co^{2+}+2e^- \rightleftharpoons Co$	−0.28
Co(Ⅲ)—(Ⅱ)	$Co^{3+}+e^- \rightleftharpoons Co^{2+}$ ($3fHNO_3$)	1.842
Ni(Ⅱ)—(0)	$Ni^{2+}+2e^- \rightleftharpoons Ni$	−0.257
Pt(Ⅱ)—(0)	$Pt^{2+}+2e^- \rightleftharpoons Pt$	约 1.2
Pt(Ⅱ)—(0)	$PtCl_4^{2-}+2e^- \rightleftharpoons Pt+4Cl^-$	0.755

2. 在碱性溶液内

电　对	电极反应	$\varphi^{\ominus}$/V
H(Ⅰ)—(0)	$2H_2O+2e^- \rightleftharpoons H_2+2OH^-$	−0.827 7
Cu(Ⅰ)—(0)	$[Cu(NH_3)_2]^++e^- \rightleftharpoons Cu+2NH_3$	−0.12
Cu(Ⅰ)—(0)	$Cu_2O+H_2O+2e^- \rightleftharpoons 2Cu+2OH^-$	−0.361
* Cu(Ⅰ)—(0)	$Cu(CN)_3^{2-}+e^- \rightleftharpoons Cu+3CN^-$	(−1.10)
Ag(Ⅰ)—(0)	$AgCN+e^- \rightleftharpoons Ag+CN^-$	−0.02
* Ag(Ⅰ)—(0)	$Ag(CN)_2^-+e^- \rightleftharpoons Ag+2CN^-$	−0.31
Ag(Ⅰ)—(0)	$Ag_2S+2e^- \rightleftharpoons 2Ag+S^{2-}$	−0.705 1
Be(Ⅱ)—(0)	$Be_2O_3^{2-}+3H_2O+4e^- \rightleftharpoons 2Be+6OH^-$	−2.63
Mg(Ⅱ)—(0)	$Mg(OH)_2+2e^- \rightleftharpoons Mg+2OH^-$	−2.69
Ca(Ⅱ)—(0)	$Ca(OH)_2+2e^- \rightleftharpoons Ca+2OH^-$	−3.02
Sr(Ⅱ)—(0)	$Sr(OH)_2 \cdot 8H_2O+2e^- \rightleftharpoons Sr+2OH^-+8H_2O$	−2.99
Ba(Ⅱ)—(0)	$Ba(OH)_2 \cdot 8H_2O+2e^- \rightleftharpoons Ba+2OH^-+8H_2O$	−2.97
* Zn(Ⅱ)—(0)	$Zn(NH_3)_4^{2+}+2e^- \rightleftharpoons Zn+4NH_3$	−1.04
Zn(Ⅱ)—(0)	$ZnO_2^{2-}+2H_2O+2e^- \rightleftharpoons Zn+4OH^-$	−1.216
Hg(Ⅱ)—(0)	$HgO+H_2O+2e^- \rightleftharpoons Hg+2OH^-$	0.098 4

(续表)

电　对	电极反应	$\varphi^{\ominus}$/V
Zn(Ⅱ)—(0)	$Zn(OH)_4^{2+} + 2e^- \rightleftharpoons Zn + 4OH^-$	−1.245
*Zn(Ⅱ)—(0)	$Zn(CN)_4^{2-} + 2e^- \rightleftharpoons Zn + 4CN^-$	−1.26
Cd(Ⅱ)—(0)	$Cd(OH)_2 + 2e^- \rightleftharpoons Cd(Hg) + 2OH^-$	0.081
B(Ⅲ)—(0)	$H_2BO_3^- + H_2O + 3e^- \rightleftharpoons B + 4OH^-$	−2.5
Al(Ⅲ)—(0)	$H_2AlO_3^- + H_2O + 3e^- \rightleftharpoons Al + 4OH^-$	−2.35
La(Ⅲ)—(0)	$La(OH)_3 + 3e^- \rightleftharpoons La + 3OH^-$	−2.90
Lu(Ⅲ)—(0)	$Lu(OH)_3 + 3e^- \rightleftharpoons Lu + 3OH^-$	−2.72
U(Ⅲ)—(0)	$U(OH)_3 + 3e^- \rightleftharpoons U + 3OH^-$	−2.17
U(Ⅳ)—(0)	$UO_2 + 2H_2O + 4e^- \rightleftharpoons U + 4OH^-$	−2.39
U(Ⅳ)—(Ⅲ)	$U(OH)_4 + e^- \rightleftharpoons U(OH)_3 + OH^-$	−2.2
U(Ⅵ)—(Ⅳ)	$Na_2UO_4 + 4H_2O + 2e^- \rightleftharpoons U(OH)_4 + 2Na^+ + 4OH^-$	−1.61
Si(Ⅳ)—(0)	$SiO_3^{2-} + 3H_2O + 4e^- \rightleftharpoons Si + 6OH^-$	−1.69
Ge(Ⅳ)—(0)	$H_2GeO_3 + 4H^+ + 4e^- \rightleftharpoons Ge + 3H_2O$	−0.18
Sn(Ⅱ)—(0)	$H_2SnO_2^- + H_2O + 2e^- \rightleftharpoons Sn + 3OH^-$	−0.909
Sn(Ⅳ)—(Ⅱ)	$Sn(OH)_6^{2-} + 2e^- \rightleftharpoons HSnO_2^- + H_2O + 3OH^-$	−0.93
Pb(Ⅳ)—(Ⅱ)	$PbO_2 + H_2O + 2e^- \rightleftharpoons PbO + 2OH^-$	0.247
N(Ⅴ)—(Ⅲ)	$NO_3^- + H_2O + 2e^- \rightleftharpoons NO_2^- + 2OH^-$	0.01
N(Ⅴ)—(Ⅳ)	$2NO_3^- + 2H_2O + 2e^- \rightleftharpoons N_2O_4 + 4OH^-$	−0.85
P(Ⅴ)—(Ⅲ)	$PO_4^{3-} + 2H_2O + 2e^- \rightleftharpoons HPO_3^{2-} + 3OH^-$	−1.05
P(0)—(−Ⅲ)	$P + 3H_2O + 3e^- \rightleftharpoons PH_3(g) + 3OH^-$	−0.87
As(Ⅲ)—(0)	$AsO_2^- + 2H_2O + 3e^- \rightleftharpoons As + 4OH^-$	−0.68
As(Ⅴ)—(Ⅲ)	$AsO_4^{3-} + 2H_2O + 2e^- \rightleftharpoons AsO_2^- + 4OH^-$	−0.71
Sb(Ⅲ)—(0)	$SbO_2^- + 2H_2O + 3e^- \rightleftharpoons Sb + 4OH^-$	−0.66
Bi(Ⅲ)—(0)	$Bi_2O_3 + 3H_2O + 6e^- \rightleftharpoons 2Bi + 6OH^-$	−0.46
O(0)—(Ⅲ)	$O_2 + 2H_2O + 4e^- \rightleftharpoons 4OH^-$	0.401
S(Ⅳ)—(Ⅱ)	$S_4O_6^{2-} + 2e^- \rightleftharpoons 2S_2O_3^{2-}$	0.09
*S(Ⅳ)—(Ⅱ)	$2SO_3^{2-} + 3H_2O + 4e^- \rightleftharpoons S_2O_3^{2-} + 6OH^-$	−0.58
S(Ⅵ)—(Ⅳ)	$SO_4^{2-} + H_2O + 2e^- \rightleftharpoons SO_3^{2-} + 2OH^-$	−0.92
S(0)—(−Ⅱ)	$S + 2e^- \rightleftharpoons S^{2-}$	−0.476
Se(Ⅵ)—(Ⅳ)	$SeO_4^{2-} + H_2O + 2e^- \rightleftharpoons SeO_3^{2-} + 2OH^-$	0.05
Se(Ⅳ)—(0)	$SeO_3^{2-} + 3H_2O + 4e^- \rightleftharpoons Se + 6OH^-$	−0.35
Se(0)—(−Ⅱ)	$Se + 2e^- \rightleftharpoons Se^{2-}$	−0.924

（续表）

电　对	电 极 反 应	$\varphi^{\ominus}$/V
Cr(Ⅲ)—(0)	$CrO_2^- + 2H_2O + 3e^- \rightleftharpoons Cr + 4OH^-$	−1.2
Cr(Ⅲ)—(0)	$Cr(OH)_3 + 3e^- \rightleftharpoons Cr + 3OH^-$	−1.48
Cr(Ⅵ)—(Ⅲ)	$CrO_4^{2-} + 4H_2O + 3e^- \rightleftharpoons Cr(OH)_3 + 5OH^-$	−0.12
Cl(Ⅶ)—(Ⅴ)	$ClO_4^- + H_2O + 2e^- \rightleftharpoons ClO_3^- + 2OH^-$	0.36
Cl(Ⅴ)—(Ⅲ)	$ClO_3^- + H_2O + 2e^- \rightleftharpoons ClO_2^- + 2OH^-$	0.35
Cl(Ⅴ)—(Ⅰ)	$ClO_3^- + 3H_2O + 6e^- \rightleftharpoons Cl^- + 6OH^-$	0.62
Cl(Ⅲ)—(−Ⅰ)	$ClO_2^- + H_2O + 2e^- \rightleftharpoons ClO^- + 2OH^-$	0.66
Cl(Ⅲ)—(−Ⅰ)	$ClO_2^- + 2H_2O + 4e^- \rightleftharpoons Cl^- + 4OH^-$	0.76
Cl(Ⅰ)—(−Ⅰ)	$ClO^- + H_2O + 2e^- \rightleftharpoons Cl^- + 2OH^-$	0.81
Br(Ⅴ)—(−Ⅰ)	$BrO_3^- + 3H_2O + 6e^- \rightleftharpoons Br^- + 6OH^-$	0.76
Br(Ⅰ)—(−Ⅰ)	$BrO^- + H_2O + 2e^- \rightleftharpoons Br^- + 2OH^-$ (1fNaOH)	0.70
I(Ⅶ)—(Ⅴ)	$H_3IO_6^{2-} + 2e^- \rightleftharpoons IO_3^- + 3OH^-$	约 0.70
I(Ⅴ)—(−Ⅰ)	$IO_3^- + 3H_2O + 6e^- \rightleftharpoons I^- + 6OH^-$	0.26
I(Ⅰ)—(−Ⅰ)	$IO^- + H_2O + 2e^- \rightleftharpoons I^- + 2OH^-$	0.49
Mn(Ⅶ)—(Ⅳ)	$MnO_4^- + 2H_2O + 3e^- \rightleftharpoons MnO_2 + 4OH^-$	0.595
Mn(Ⅳ)—(Ⅱ)	$MnO_2 + 2H_2O + 2e^- \rightleftharpoons Mn(OH)_2 + 2OH^-$	−0.05
Mn(Ⅱ)—(0)	$Mn(OH)_2 + 2e^- \rightleftharpoons Mn + 2OH^-$	−1.56
Fe(Ⅲ)—(Ⅱ)	$Fe(OH)_3 + e^- \rightleftharpoons Fe(OH)_2 + OH^-$	−0.56
Co(Ⅲ)—(Ⅱ)	$Co(NH_3)_6^{3+} + e^- \rightleftharpoons Co(NH_3)_6^{2+}$	0.108
Co(Ⅲ)—(Ⅱ)	$Co(OH)_3 + e^- \rightleftharpoons Co(OH)_2 + OH^-$	0.17
Co(Ⅱ)—(0)	$Co(OH)_2 + 2e^- \rightleftharpoons Co + 2OH^-$	−0.73
Ni(Ⅱ)—(0)	$Ni(OH)_2 + 2e^- \rightleftharpoons Ni + 2OH^-$	−0.72
Pt(Ⅱ)—(0)	$Pt(OH)_2 + 2e^- \rightleftharpoons Pt + 2OH^-$	0.14

数据摘自 Weast R C. Handbook of Chemistry and Physics，D－151，69th ed. (1988—1989)
有＊号者摘自 Dean John A. Lange's Handbook of Chemistry，6－6，12th ed. 1979

附录八　一些配离子的标准稳定常数(298.15 K)

配离子	$K_f^{\ominus}$	配离子	$K_f^{\ominus}$	配离子	$K_f^{\ominus}$
$AgCl_2^-$	1.84×10^{5}	$Ag(NH_3)_2^+$	1.67×10^{7}	$Ag(en)_2^+$	5.0×10^{7}
$AgBr_2^-$	1.93×10^{7}	$Ag(CN)_2^-$	2.48×10^{20}	$Ag(EDTA)^{3-}$	2.1×10^{7}
AgI_2^-	4.80×10^{10}	$Ag(SCN)_2^-$	2.04×10^{8}	$Al(OH)_4^-$	3.31×10^{33}
$Ag(NH_3)^+$	2.07×10^{3}	$Ag(S_2O_3)_2^{3-}$	2.9×10^{13}	AlF_6^{3-}	6.9×10^{19}

（续表）

配离子	$K_f^\ominus$	配离子	$K_f^\ominus$	配离子	$K_f^\ominus$
$Al(EDTA)^-$	1.3×10^{16}	* $Cu(NH_3)_4^{2+}$	2.10×10^{13}	$Ni(EDTA)^{2-}$	3.6×10^{18}
$Ba(EDTA)^{2-}$	6.0×10^{7}	$Cu(P_2O_7)_2^{6-}$	8.24×10^{8}	$PbCl_3^-$	2.72×10
$Be(EDTA)^{2-}$	2.0×10^{9}	$Cu(C_2O_4)_2^{2-}$	2.35×10^{9}	$PbBr_3^-$	1.55×10
$BiCl_4^-$	7.96×10^{6}	$Cu(EDTA)^{2-}$	5.0×10^{18}	PbI_3^-	2.67×10^{3}
$BiCl_6^{3-}$	2.45×10^{7}	FeF^{2+}	7.1×10^{6}	PbI_4^{2-}	1.66×10^{4}
$BiBr_4^-$	5.92×10^{7}	FeF_2^+	3.8×10^{11}	$Pb(CH_3COO)^+$	1.52×10^{2}
BiI_4^-	8.88×10^{14}	$Fe(CN)_6^{3-}$	4.1×10^{52}	$Pb(CH_3COO)_2$	8.26×10^{2}
$Bi(EDTA)^-$	6.3×10^{22}	$Fe(CN)_6^{4-}$	4.2×10^{45}	$Pb(EDTA)^{2-}$	2.0×10^{18}
$Ca(EDTA)^{2-}$	1.0×10^{11}	$Fe(NCS)^{2+}$	9.1×10^{2}	$PdCl_3^-$	2.10×10^{10}
$Cd(NH_3)_4^{2+}$	2.78×10^{7}	$FeCl_2^+$	4.9	$PdBr_4^-$	6.05×10^{13}
$Cd(CN)_4^{2-}$	1.95×10^{18}	$Fe(EDTA)^{2-}$	2.1×10^{14}	PdI_4^{2-}	4.36×10^{22}
$Cd(OH)_4^{2-}$	1.20×10^{9}	$Fe(EDTA)^-$	1.7×10^{24}	$Pd(NH_3)_4^{2+}$	3.10×10^{25}
CdI_4^{2-}	4.05×10^{5}	$HgCl^-$	5.73×10^{6}	$Pd(CN)_4^{2-}$	5.20×10^{41}
$Cd(en)_3^{2+}$	1.2×10^{12}	$HgCl_2$	1.46×10^{13}	$Pd(CNS)_4^{2-}$	9.43×10^{23}
$Cd(EDTA)^{2-}$	2.5×10^{16}	$HgCl_3^-$	9.6×10^{13}	$Pd(EDTA)^{2-}$	3.2×10^{18}
$Co(NH_3)_6^{2+}$	1.3×10^{5}	$HgCl_4^{2-}$	1.31×10^{15}	$PtCl_4^{2-}$	9.86×10^{15}
$Co(NH_3)_6^{3+}$	1.6×10^{35}	$HgBr_4^{2-}$	9.22×10^{20}	$PtBr_4^{2-}$	6.47×10^{17}
$Co(EDTA)^{2-}$	2.0×10^{16}	HgI_4^{2-}	5.66×10^{29}	$Pt(NH_3)_4^{2+}$	2.18×10^{35}
$Co(EDTA)^-$	1.0×10^{36}	HgS_2^{2-}	3.36×10^{51}	$Zn(OH)_3^-$	1.64×10^{13}
$CuCl_2^-$	6.91×10^{4}	$Hg(NH_3)_4^{2+}$	1.95×10^{19}	$Zn(OH)_4^{2-}$	2.83×10^{14}
$CuCl_3^{2-}$	4.55×10^{5}	$Hg(CN)_4^{2-}$	1.82×10^{41}	$Zn(NH_3)_4^{2+}$	3.60×10^{8}
$Cu(CN)_2^-$	9.98×10^{23}	$Hg(CNS)_4^{2-}$	4.98×10^{21}	$Zn(CN)_4^{2-}$	5.71×10^{16}
$Cu(CN)_3^{2-}$	4.21×10^{28}	$Hg(EDTA)^{2-}$	6.3×10^{21}	$Zn(CNS)_4^{2-}$	1.96×10
$Cu(CN)_4^{3-}$	2.03×10^{30}	$Ni(NH_3)_6^{2+}$	8.97×10^{8}	$Zn(C_2O_4)_2^{2-}$	2.96×10^{7}
$Cu(CNS)_4^{3-}$	8.66×10^{9}	$Ni(CN)_4^{2-}$	1.31×10^{30}	$Zn(EDTA)^{2-}$	2.5×10^{16}
$Cu(SO_3)_2^{3-}$	4.13×10^{8}	$Ni(N_2H_4)_6^{2+}$	1.04×10^{12}		

本数据根据《NBS化学热力学性质表》（刘天和、赵梦月译，中国标准出版社，1998年6月）中的数据计算得来的。有＊号者源于 CRC Handbook of Chemistry and Physics 82th。

参考文献

1. 北京师范大学等编. 无机化学(第二版). 北京:高等教育出版社,1988.

2. 北京师范大学等编. 无机化学(第四版). 北京:高等教育出版社,2002.

3. 天津大学无机化学教研室编. 无机化学(第三版). 北京:高等教育出版社,2002.

4. 大连理工大学无机化学教研室. 无机化学(第五版). 北京:高等教育出版社,2006.

5. 潘道皑等编. 物质结构. 北京:高等教育出版社,1982.

6. 刘新锦,朱亚先,高飞. 无机元素化学(第二版). 北京:科学出版社,2010.

7. 浙江大学普通化学教研组. 普通化学(第五版). 北京:高等教育出版社,2002.

8. 钱逸泰编著. 结晶化学导论(第三版). 合肥:中国科学技术大学出版社,2002.

9. 徐如人,庞文琴,霍启升. 无机合成与制备化学(第二版). 北京:高等教育出版社,2008.

10. 潘春跃. 合成化学. 北京:化学工业出版社,2005.

11. 高胜利,陈三平. 无机合成化学简明教程. 北京:科学出版社,2010.

12. 鲍建民. 钙的生理功能及吸收利用.微量元素与健康研究. 2006,23(4):65～66.

13. 汪学荣,彭顺清,吴峰. 钙代谢及生理功能研究进展. 中国食品添加剂,2005(2):42～44.

14. 王磊峰,王倩倩,魏丽琼,杨敦培. 生物法处理重金属废水研究状况. 化工技术与开发,2013,42(1):40～41.

15. 陈芳芳,张亦飞,薛光. 黄金冶炼生产工艺现状及发展,中国有色冶金,2011,(1):11～18.

16. 崔志新,任庆凯,艾胜书,边德军. 重金属废水处理及回收的研究进展. 环境科学与技术,2010,33(12F):375～377.

17. 朱彤,张翔宇,宋宝华,王中原,张秋丽. 分子筛对重金属废水吸附性能的实验研究. 无机盐工业,2012,44(1):49～51.

18. 韩磊,张恒东. 铅、镉的毒性及其危害. 职业卫生与病伤,2009,24(3):173～177.

19. 万双秀,王俊东. 汞对人体神经的毒性及其危害. 微量元素与健康研究,2005,22(2):67～69.

20. 张汉池,张继军,刘峰. 铬的危害与防治. 内蒙古石油化工,2004,30(1):72～73.

21. 刘金燕,刘立华,薛建荣,吕超强,李童,胡博强.重金属废水吸附处理的研究进展.环境化学,2018,37(9):2016～2024.